PROFESSIONAL ENGINEER SURVEYING GEO-SPATIAL INFORMATION

POINT

측량 및
지형공간정보
기술사

지적기술사

5급
국가공무원
(토목직)

KB084084

측량 및
지형공간정보
기술사 I

박성규 · 임수봉 · 박종해
강상구 · 송용희 · 이혜진

예문사

최근 공간정보학은 컴퓨터, 전자광학기술, 정보통신기술 및 위성측량의 발달로 종래 지표면에 국한된 영역에서 지하, 수중, 우주공간상의 위치 및 도면화뿐만 아니라 사진측량, 원격탐측, GNSS, GSIS 등을 이용하여 토지, 자원, 해양분야 등의 정성적 분야까지 그 활용도가 증대되고 있습니다. 이러한 관점에서 본서는 측량 및 지형공간정보기술사, 토목직 5급 공무원 등 각종 시험에 철저히 대비할 수 있도록 필수적으로 이해하여야 할 이론을 기초에서 첨단 측량분야에 이르기까지 상세히 수록하였습니다. 또한 정확한 출제경향을 파악하여 과년도 기출문제 및 예상문제를 자세히 다루었습니다.

이미 시중에는 공간정보 관련 도서가 많이 출간되어 있습니다. 그러나 측량 및 지형공간정보기술사, 토목직 5급 공무원용으로는 출간된 것이 없어 출제경향을 파악하는 데 있어 많은 수험생들이 어려움을 겪어왔습니다. 이에 본서의 저자들은 측량 및 지형공간정보기술사, 토목직 5급 공무원 강의에서 얻어진 다년간의 경험을 중심으로 본서를 집필하게 되었습니다.

항상 어떤 시험이든지 이론에 대한 확실한 이해 없이 기출제된 문제만을 접하게 된다면 응용능력이 떨어져 이와 유사한 문제가 출제된다 하더라도 문제를 푸는 데 어려움을 느낄 것입니다. 따라서 본서는 다음과 같은 사항에 역점을 두어 편찬하였습니다.

- 실전 답안작성에 요약 가능한 Basic Frame 제시
- 실전에 직접 적용이 가능한 요약답안 제시
- 수치사진측량, 원격탐측, GNSS, GSIS 등 첨단 측량 요약정리
- 공간정보와 관련된 최신 시사내용 완벽정리
- 과년도문제 경향 분석

본서를 출간하기 위해 수년간에 걸친 강의안을 재정리하여 답안에 직접 적용할 수 있는 형식을 갖추었으나, 단지 단순 암기에 의존하여 답안을 작성하는 경우 수험자가 예상하는 점수를 받기 어렵다는 것을 모든 수험생은 먼저 인식하여야 할 것입니다.

따라서 본서를 기본으로 전체적인 답안 형식을 구축한 후 각종 기술자료 및 측량경험을 토대로 차별화된 답안을 작성하여야만 예상하는 점수보다 훨씬 더 높은 점수를 받을 수 있다는 것을 명심하여야 할 것입니다.

아무쪼록 본서가 독자 여러분의 공간정보학에 대한 폭넓은 이해 및 수험에 보탬이 된다면 저자로서 큰 보람이 될 것입니다. 이 자리를 빌어 본서를 집필하는 데 참고한 저서의 저자께 심심한 감사를 드리며, 또한 많은 업무에도 불구하고 출판에 도움을 준 서초수도건설학원 직원들과 도서출판 예문사 정용수 사장님 이하 직원 여러분께도 깊은 감사를 드립니다.

공 학 박 사
측량 및 지형공간정보기술사   박성규 외 저자 일동

필기시험

직무분야	건설	중직무분야	토목	자격종목	측량 및 지형공간정보 기술사	적용기간	2019.1.1.~2022.12.31.

• **직무내용** : 측량 및 공간정보에 관한 고도의 전문지식과 실무경험에 입각한 계획, 연구, 설계, 관측, 분석, 운영, 평가 또는 이에 관한 지도, 감리 등의 직무 수행

검정방법	단답형/주관식 논문형	시험시간	400분(1교시당 100분)

시험과목	주요항목	세부항목
측량 및 측지, 지형공간정보의 계획, 관리, 실시와 평가, 그 밖의 측지·측량에 관한 사항	1. 측량 및 측지학	1. 기하측지학 2. 물리측지학(중력측량, 지자기측량, 지각변동조사 등) 3. 우주측지(VLBI, SLR 등) 및 위성측지학(GNSS, Altimetry, 위성궤도결정 등)에 관한 사항 4. 위치결정의 기준(측지기준, 좌표계, 좌표변환 등) 5. 지도투영법 6. 평면기준점측량 7. 수준점측량 8. 천문측량
	2. 일반측량 및 응용측량	1. 측량데이터 처리와 오차 2. 위치결정과 표현방법 3. 법률, 제도, 정책 등에 관한 사항 4. 응용측량(지상현황측량, 하천측량, 터널측량, 노선측량, 시공측량, 지반 및 구조물 변위측량 → 시설물 안전관리측량 등)
	3. 사진측량 및 원격탐사	1. 사진측량의 일반과 원리 2. 사진측량의 설계, 처리과정, 품질관리, 결과물 3. 수치사진측량에 관한 사항 4. 항공사진측량에 관한 사항 5. 항공 LiDAR 측량의 일반과 원리에 관한 사항 6. 원격탐사의 일반과 원리에 관한 사항 7. 위성영상처리, 분석 및 응용에 관한 사항 8. 수치표고자료구축에 관한 사항
	4. 지도제작 및 공간정보구축	1. 지도 및 공간정보의 원리와 응용 2. 지도제작(작업공정, 편집, 수정 등)에 관한 사항 3. 수치지도제작에 관한 사항 4. 공간정보 정책수립과 의사결정 분야의 활용 5. 공간정보 구축과 응용분야 6. 지하공간정보 수집 및 분석 7. 실내공간정보 수집 및 분석 8. 재난정보 수집 및 분석 9. 국토변화 분석
	5. 수로 측량	1. 수로측량 총론 및 기준에 관한 사항 2. 수로 및 연안조사 측량 방법 및 규정 3. 수로측량성과관리 및 활용분야에 관한 사항

면접시험

직무 분야	건설	중직무 분야	토목	자격 종목	측량 및 지형공간정보 기술사	적용 기간	2019.1.1.~2022.12.31.

- **직무내용** : 측량 및 공간정보에 관한 고도의 전문지식과 실무경험에 입각한 계획, 연구, 설계, 관측, 분석, 운영, 평가 또는 이에 관한 지도, 감리 등의 직무 수행

검정방법	구술형 면접시험	시험시간	15~30분 내외

면접항목	주요항목	세부항목
측량 및 측지, 지형공간정보의 계획, 관리, 실시와 평가, 그 밖의 측지·측량에 관한 전문지식/기술	1. 측량 및 측지학	1. 기하측지학 2. 물리측지학(중력측량, 지자기측량, 지각변동조사 등) 3. 우주측지(VLBI, SLR 등) 및 위성측지학(GNSS, Altimetry, 위성궤도결정 등)에 관한 사항 4. 위치결정의 기준(측지기준, 좌표계, 좌표변환 등) 5. 지도투영법 6. 평면기준점측량 7. 수준점측량 8. 천문측량
	2. 일반측량 및 응용측량	1. 측량데이터 처리와 오차 2. 위치결정과 표현방법 3. 법률, 제도, 정책 등에 관한 사항 4. 응용측량(지상현황측량, 하천측량, 터널측량, 노선측량, 시공측량, 지반 및 구조물 변위측량 → 시설물 안전관리측량 등)
	3. 사진측량 및 원격탐사	1. 사진측량의 일반과 원리 2. 사진측량의 설계, 처리과정, 품질관리, 결과물 3. 수치사진측량에 관한 사항 4. 항공사진측량에 관한 사항 5. 항공 LiDAR 측량의 일반과 원리에 관한 사항 6. 원격탐사의 일반과 원리에 관한 사항 7. 위성영상처리, 분석 및 응용에 관한 사항 8. 수치표고자료구축에 관한 사항
	4. 지도제작 및 공간정보구축	1. 지도 및 공간정보의 원리와 응용 2. 지도제작(작업공정, 편집, 수정 등)에 관한 사항 3. 수치지도제작에 관한 사항 4. 공간정보 정책수립과 의사결정 분야의 활용 5. 공간정보 구축과 응용분야 6. 지하공간정보 수집 및 분석 7. 실내공간정보 수집 및 분석 8. 재난정보 수집 및 분석 9. 국토변화 분석
	5. 수로 측량	1. 수로측량 총론 및 기준에 관한 사항 2. 수로 및 연안조사 측량 방법 및 규정 3. 수로측량성과관리 및 활용분야에 관한 사항
품위 및 자질	6. 기술사로서 품위 및 자질	1. 기술사가 갖추어야 할 주된 자질, 사명감, 인성 2. 기술사 자기계발 과제

저자 **박성규**
- 공학박사
- 측량 및 지형공간정보기술사

》서론

기술사(PE : Professional Engineer)라 함은 현장실무에 입각한 고도의 전문지식과 응용능력을 갖추고 소정의 자격검정을 거친 사람들에게만 주어지는 관련 분야의 최고기술자라 할 수 있다.

기술사 시험은 단순히 최고의 기술자가 되기 위한 것이 아니며 해당 기술 분야의 문제점을 도출하고 정확한 방향을 제시하여야 할 뿐만 아니라 해당 기술에 관한 기획 및 입안을 수행할 수 있는 기술 전문가 자격 시험이다.

또한, 기술인으로서 최고의 위치에 있으므로 신분에 맞는 인격과 인품을 겸비해야 한다고 생각한다. 최근 몇 년 전부터 우리 분야에서도 어느 특정한 사람만이 기술사가 될 수 있다는 생각을 버리고, 노력하는 사람 모두가 기술사가 될 수 있다는 인식의 전환과 함께 기술사에 대한 관심이 매우 높아지고 있다. 하지만 측량 및 지형공간정보기술사의 경우에는 다른 기술사처럼 교재가 많이 나와 있는 것도 아니기 때문에, 정리 요약된 자료를 구하기란 쉽지 않은 것이 현실이다.

기술사 시험을 준비하는 이들은 시험준비 및 참고자료를 어떻게 준비해야 하는지 모든 것이 생소하고 궁금하게 느껴질 것이다.

그래서 바쁜 가운데도 시간을 쪼개어 나름대로의 계획과 신념에 따라 기술사 시험에 정진하고 있는 여러분께 작은 보탬이 되었으면 하는 마음으로 좀 더 쉽게 접근할 수 있는 방향을 제시해 드리고자 한다.

측량 및 지형공간정보기술사 수험대비요령

기술사 시험은 단답형과 논술형으로 구분되어 출제되고 1교시(9 : 00)부터 4교시(17 : 20)까지 진행되며 매 교시 100분씩 총 400분 동안 치러지게 된다.

또한, 매 교시의 배점은 100점이며 총 400점을 만점으로 하고 총점의 60%인 240점 이상 취득하면 1차 필기 시험에 합격한다.

과거에는 매 교시마다 40점 이하이면 과락(科落)을 두어 4교시의 총 취득점수가 240점 이상이 되어도 불합격하였으나, 1999년도부터는 과락을 없애고 4교시 총 합계 점수가 240점 이상만 되면 합격할 수 있도록 규정이 바뀌었다.

또한 2000년도부터는 출제유형이 1교시의 단답형 문제는 13문제를 출제하여 그중 본인이 자신 있는 10문제를 선택하여 기술하면 된다. 1문제당 배점은 10점씩으로 되어 있으며, 2교시에서 4교시까지는 종래 배점이 50점, 40점, 30점, 25점, 20점으로 형태가 다양하였으나, 2000년도부터는 25점으로 배점된 6문제를 출제하여 본인이 가장 잘 정리할 수 있는 4문제만 선택하여 답안작성을 하면 될 수 있도록 경향이 바뀌어 출제되고 있으므로 기존의 공부방법을 완전하게 벗어나, 광범위하고 포괄적으로 공부하여야 할 것이다(본서 부록의 '측량 및 지형공간정보기술사 출제빈도표' 참조).

❶ 기술사 시험의 특징
(1) 쓰는 시간에 제약을 받는다.
(2) 답안지의 작성 공간에 제약을 받는다.
(3) 문장 표현력을 시험한다.
(4) 장기간 준비해야 한다.

❷ 수험자의 마음가짐
(1) 합격할 수 있다는 확실한 신념을 가져야 한다.
(2) 조급하게 서두르지 말고 지속적인 공부를 할 수 있도록 마음의 준비를 해야 한다.
(3) 합격으로 인한 어떤 특혜를 고려하지 말고 자신의 부족한 부분을 정립시킨다는 생각으로 공부에 임한다.
(4) 목적달성(합격)을 위해 사생활을 일시적으로 자제(절연, 절주, 절색)하여야 한다.
(5) 쉽게, 빨리 먹을 수 있는 수단과 방법이란 없다고 보며, 공부는 충분히 할 만큼 해야 합격할 수 있다는 것을 인식하여야 한다.

③ 기술사 시험의 준비요령

3.1 준비 시 유의사항

(1) 준비단계는 일정계획에 의한 자료수집, 정리, 암기, 모의답안지 작성 등의 단계로 꾸준하게 하지 않으면 안 된다.

(2) 합격할 때까지 모든 생각과 마음은 항상 시험준비에 노력을 다하여야 한다.

(3) 개인 체력 관리에 주의하여야 한다.

(4) 사생활에 따른 시간 낭비가 되지 않도록 유의하여야 한다.

(5) 주위 수험자들과 선의의 경쟁 의식을 느끼는 것이 중요하다.

(6) 생각만 가지고 도전을 하지 않는다면 기술사는 자신의 것이 되지 않는다.

3.2 일정 계획

(1) 수험준비 시간은 최근의 경향으로 연간 600~1,000시간 정도 요한다. 만약 1일 6시간 이상 공부하는 것으로 계산하면 5~6개월이 소요되며 집중적 노력이 중요하다.

(2) 측량 및 지형공간정보기술사 시험의 경우는 연간 2회 실시되고 있으므로 자신의 생활에 맞게 계획을 세우는 것이 중요하다.

3.3 자료 수집 및 정리

3.3.1 자료 수집

(1) 기본교재의 선택은 3~4권으로 정할 것

(2) 보조교재의 수량은 적으면서도 알차게 이용할 것

(3) 수집된 자료는 효율적(총괄적, 포괄적)으로 집중정리하고 관리할 것

(4) 각종 관련 학회 및 협회지, 논문집, 인터넷 측량 자료 등을 이용할 것

3.3.2 자료정리

(1) 기본교재를 구입한 후 답안지에 Sub-note 할 것

(2) 시험장에서와 같은 흑색 볼펜과 모의 답안지를 사용하여 정리해 볼 것

(3) 용어정리는 논술형 모범답안을 정리하기 전에 정리할 것

(4) 각 분야에 대한 가장 기본적인 부분의 특징, 고려사항, 문제점, 개선사항 등을 정리할 것

3.4 학습 방법

(1) 눈으로 공부하는 것보다 쓰는 공부가 효율적이다.

(2) 자료정리에 철저를 기하여야 한다.

(3) 요점을 정리한 후 모범 답안작성 연습을 한다. 답안지 양식을 복사하여 14page 단위로 1집을 만들어 쓰면서 연습하는 습관을 기른다.

(4) 자신만의 암기방법을 개발한다.

   ① 그림을 통하여 연상시키는 암기방법 및 첫 글자, 약자를 이용하여 암기하는 방법이 있다.

   ② 현장경험이나 수행업무 및 일상생활을 연상시키는 암기가 가장 효과적일 것이다.

   ③ 모범답안에 대한 중요한 내용은 반복하여 암기하여야 한다.

   ④ 100% 암기하기도 어렵지만 암기한 내용을 시험장에서 모두 표현하기는 더욱 어렵다.

   ⑤ 암기식 공부는 똑같은 문제가 나오지 않는 한 답안작성도 어렵지만 동일한 문제가 출제되어도 생각이 잘 나지 않으므로 포괄적이고 전반적인 흐름을 이해할 수 있는 공부를 하여야 한다.

   ⑥ 자료정리에서 단답형은 약 100개, 논술형은 약 100~150개 정도 준비하여야 한다.

3.5 모의 답안지 작성

(1) 사전에 답안지를 충분하게 작성하는 연습이 필요하다.

(2) 답안 작성 시 한자, 영문 등을 골고루 섞어 쓰면 좋다.

(3) 답안 작성은 그림이나 기본적인 공식을 활용하여 작성해야 한다.

(4) 기술사 수준은 해박한 지식과 고도의 경험을 요구하며 문제에 대한 정확한 방향, 문제점 및 대안을 제시할 수 있는 적합한 답안지를 작성하여야 한다.

3.6 답안작성의 일반적인 요령

(1) 출제된 문제의 핵심을 파악한 뒤 채점위원의 입장에서 작성하여야 한다.

(2) 많이 알고 있다고 점수가 되는 것은 아니며, 체계적이고 논리적으로 정리된 답안지만이 정답이다.

(3) 암기된 내용을 기록하는 것보다 이해된 내용을 이용하여 답안지를 작성하는 것이 효과적이다.

(4) 답안작성 시간(시험시간 100분)이 충분하다고 생각한 수험자의 답안은 어딘가 부실한 것이다.

(5) 문제지를 받으면 가장 확실한 문제부터 답안작성을 하는 것이 좋다. 즉, 난이도가 높은 문제를 풀었다고 점수가 많은 것은 아니다.

(6) 시험 당일 점심시간을 잘 활용하라(준비해간 도시락을 먹으면서 정리하는 것이 매우 중요하다).

3.7 답안작성 예시

(1) 개요

요구하는 문제의 정의 및 기술하고자 하는 방향제시, 문제의 요지와 답안의 범위를 제시할 것

(2) 이론

한 단계 위쪽에서부터 생각하여 간략하고 함축성 있게 세분화하여 작성할 것

① 특징(1. 장점, 2. 단점)

② 종류

③ 필요성

④ Flow Chart

(3) 문제요지(본론)

출제된 문제의 핵심을 폭넓고 포괄적으로 파악하고 경제성, 민원, 장소 선정, 학술적 검증, 안전관리, 보존상태, 규정규칙 등의 검토사항 등을 기술할 것

① 원인

② 대책

③ 유의사항(고려사항)

④ 개선사항(제안사항) 또는 본인의 경험

⑤ 현장경험이 있으면 반드시 현장경험을 기술할 것

(4) 결론

결론에는 가장 중요한 특징, 문제점, 대책, 개선방향을 기술하고 수험자의 개성이 나타나도록 기술할 것(1. 우수성, 2. 개선방향, 3. 자신의 의지가 포함되어야 한다)

CONTENTS 차례 •••

제1권

제1편 총론 및 시사성

제2편 측지학

제3편 관측값 해석(측량데이터 처리 및 오차)

제4편 지상측량

제5편 GNSS 측량

제6편 사진측량 및 원격탐측

제2권

제7편 지도 제작

제8편 지형공간정보체계(공간정보구축 및 활용)

제9편 응용측량

제10편 수로 및 지적측량

APPENDIX 부록

차례 CONTENTS

PART 01
총론 및 시사성

CHAPTER 01 Basic Frame

CHAPTER 02 Speed Summary

CHAPTER 03 단답형(용어해설)

01 측지측량과 평면측량 ·· 9
02 지구상의 위치기준 및 표시방법 ·························· 11
03 우리나라 측량의 기준 ·· 13
04 높이의 종류와 우리나라 높이의 기준 ··················· 14
05 측지 원자(Geodetic Datum) ································ 16
06 측량기준점(Control Point of Surveying) ··············· 17
07 국제단위계(SI : Unit System) ····························· 19

CHAPTER 04 주관식 논문형(논술)

01 우리나라 삼각점 및 경위도 원점의 역사적 배경 ········ 21
02 공간정보의 구축 및 관리 등에 관한 법률상 측량의 분류 및 측량업의 종류 ······· 24
03 공간정보의 구축 및 관리 등에 관한 법률을 적용받는 측량과 적용받지 않는 측량 ······· 28
04 공공의 목적으로 시행하는 공공측량 실시 목적, 공공측량 시행자, 공공측량 대상, 공공측량 성과심사 대상 ·········· 30
05 공공측량 제도 개선방안 ······································ 36
06 세계측지계와 한국측지계의 주요 내용 ··················· 40
07 통일 대비 국토개발을 위한 한반도 측량기준체계 확립 전략 ······· 45
08 우리나라 수직기준의 이원화에 따른 문제점 및 해결방안 ······· 48
09 우리나라 측량원점의 문제점 및 개선방안 ··············· 54
10 우리나라 수준원점의 문제점 및 개선방안 ··············· 57
11 우리나라 측량기준점의 현황 및 문제점 · 관리방안 ······· 59
12 측량기준점 일원화 및 통합체계 구축 ···················· 63
13 우리나라 측량의 현황, 문제점 및 개선방안 ············· 69
14 우리나라 측량(공간정보)산업의 현황, 문제점 및 개선방안 ······· 74
15 제2차 국가 측량 기본계획(2021~2025년) 주요 내용 ······· 79
16 제3차 공간정보산업 진흥 기본계획(2021~2025년) 주요 내용 ······· 82

CHAPTER 05 실전문제

01 단답형(용어) ·· 84
02 주관식 논문형(논술) ··· 85

PART

02

측지학

CHAPTER **01** Basic Frame

CHAPTER **02** Speed Summary

CHAPTER **03** 단답형(용어해설)

01 타원체(Ellipsoid) ································· 95
02 국제측지측량기준계(GRS) ·················· 97
03 지오이드(Geoid) ······························ 98
04 합성지오이드 모델(Hybrid Geoid Model) ·········· 101
05 KNGeoid ······································ 103
06 연직선 편차/수직선 편차 ·················· 105
07 평균동적 해면 ······························ 108
08 자오선과 묘유선 ···························· 110
09 자오선/묘유선 곡률반경 ·················· 113
10 측지선/항정선 ······························ 115
11 경도(Longitude)/위도(Latitude) ··········· 116
12 라플라스 점(Laplace Point) ··············· 117
13 구면삼각형/구과량 ························· 118
14 르장드르(Legendre) 정리/부가법(The Method of Addends) ·········· 121
15 측지계 확립을 위한 기본요소 ············ 122
16 코리올리 효과(Coriolis Effect)/지형류(Geostrophic Velocity) ·········· 124
17 조석(Tide) ···································· 126
18 해양조석부하(Ocean Tide Loading) ········ 128
19 세차(Precession)/장동(Nutation) ·········· 129
20 항성시/태양시/세계시/역표시 ············ 131
21 역학시/국제원자시/세계협정시 ·········· 133
22 천구좌표계(Celestial Coordinates) ········· 135
23 국제천구좌표계(ICRF : International Celestial Reference Frame) ·········· 138
24 지구중심좌표계와 타원중심좌표계 ······ 139
25 UTM/UPS ···································· 140
26 ITRF(International Terrestrial Reference Frame) 좌표계 ·········· 142
27 WGS(World Geodetic System) 좌표계 ···· 144
28 국제지구회전사업(IERS) ·················· 146
29 등퍼텐셜면(Equipotential Surface) ········· 147
30 정표고/역표고/정규표고 ·················· 148
31 지자기 3요소 ······························· 151
32 탄성파 측량(Seismic Surveying) ··········· 152
33 VLBI(Very Long Baseline Interferometry) ·········· 155
34 SLR(Satellite Laser Ranging) ·············· 156
35 위성의 궤도요소 ···························· 158

차례 CONTENTS

CHAPTER 04 주관식 논문형(논술)

01 지구형상 결정 측량 ·· 160
02 지오이드 모델(지구중력장 모델)의 필요성 및 구축현황 ·················· 165
03 좌표계(Coordinates) ·· 169
04 측지좌표계(지리좌표계)와 지심좌표계(3차원 직교좌표계) ············· 177
05 좌표변환(3차원 직각좌표↔경위도좌표) ·· 180
06 TM 평면직각좌표 및 3차원 직각좌표(X, Y, Z) 산정 ············· 183
07 동적측지계(Dynamic Datum)/준동적측지계(Semi-dynamic Datum) ····· 185
08 중력측량(Gravity Measurement) ··· 189
09 지자기측량(Geomagnetic Surveying) ··· 199
10 천문측량(Astronomical Surveying) ·· 205
11 VLBI(Very Long Baseline Interferometry) ······································· 210
12 VLBI 관측국과 국가기준점 간 연계방안 ··· 215
13 SLR(Satellite Laser Ranging) ··· 217
14 위성측량(Satellite Surveying) ·· 222
15 해양측량(Oceanographic Surveying) ·· 226

CHAPTER 05 실전문제

01 단답형(용어) ·· 230
02 주관식 논문형(논술) ··· 232

PART 03 관측값 해석 (측량데이터 처리 및 오차)

CHAPTER 01 Basic Frame

CHAPTER 02 Speed Summary

CHAPTER 03 단답형(용어해설)

01 경중률(Weight) ·· 239
02 정오차와 부정오차 ··· 240
03 오차곡선(정규분포) ·· 241
04 정밀도(Precision)와 정확도(Accuracy) ·· 243
05 오차타원(Error Ellipse) ··· 246
06 공분산과 상관계수 ··· 248
07 분산-공분산 매트릭스 ··· 249
08 면적, 체적 정확도 ·· 251

CHAPTER 04 주관식 논문형(논술)

01 측량에서 발생하는 오차의 종류 ·· 253
02 관측값의 최확값, 평균제곱근 오차, 표준오차 및 확률오차의 산정 ····· 256
03 최소제곱법의 기본이론과 실례 ·· 259
04 행렬에 의한 최소제곱법 해석 ·· 263
05 최소제곱법의 실례(Ⅰ) ·· 267
06 최소제곱법의 실례(Ⅱ) ·· 270
07 최소제곱법의 실례(Ⅲ) ·· 271
08 최소제곱법의 실례(Ⅳ) ·· 274
09 최소제곱법의 실례(Ⅴ) ·· 278
10 최소제곱법의 실례(Ⅵ) ·· 280
11 오차전파(Error Propagation) ·· 284
12 우연오차전파식 ··· 287
13 오차전파 실례(Ⅰ) ·· 289
14 오차전파 실례(Ⅱ) ·· 290
15 오차전파 실례(Ⅲ) ·· 291
16 오차전파 실례(Ⅳ) ·· 292

CHAPTER 05 실전문제

01 단답형(용어) ·· 296
02 주관식 논문형(논술) ·· 297

PART 04 지상측량

CHAPTER 01 Basic Frame

CHAPTER 02 Speed Summary

CHAPTER 03 단답형(용어해설)

01 거리의 종류 ··· 305
02 지도에 표현하기까지의 거리환산 ·· 306
03 강재 줄자(Steel Tape) ·· 307
04 전자기파 거리측량기(EDM) ·· 309
05 토털스테이션(Total Station) ·· 312
06 각의 종류 ··· 314
07 각의 단위 및 상호관계 ··· 316

차례 CONTENTS

08 자오선수차(Meridian Convergence) ·········· 318
09 삼각 · 삼변망 ·········· 321
10 측지망의 최적화 설계 ·········· 322
11 측지망의 도형강도 ·········· 323
12 편심관측 ·········· 325
13 양차(구차와 기차) ·········· 328
14 측지망의 자유망조정(Free-net Adjustment) ·········· 331
15 다각측량의 특징 및 다각형(Traverse)의 종류 ·········· 332
16 다각측량의 측각오차 점검 ·········· 334
17 다각측량의 각관측 방법 및 방위각 산정 ·········· 335
18 방위각/역방위각/방위 ·········· 338
19 컴퍼스법칙/트랜싯법칙 ·········· 340
20 수준측량(Leveling) ·········· 342
21 수준(고저)측량의 주요 용어 ·········· 344
22 수준측량의 등시준거리관측 ·········· 346
23 항정법(레벨의 말뚝조정법) ·········· 347
24 삼각수준측량 ·········· 348
25 교호수준측량 ·········· 350
26 도하수준측량 ·········· 351

CHAPTER 04 주관식 논문형(논술)

01 토털스테이션(Total Station)의 오차종류 및 보정방법 ·········· 353
02 수평각 관측방법 및 정확도 ·········· 357
03 삼각측량과 삼변측량의 원리 및 특성 ·········· 361
04 삼변측량의 조정 ·········· 364
05 측지망의 최적화 설계방안 ·········· 368
06 자유망 조정 ·········· 370
07 통합 측지망 구축방안 ·········· 374
08 다각측량의 성과표 작성 ·········· 377
09 다각측량의 오차전파 ·········· 382
10 현장에서 레벨의 기포관 감도를 측정하는 방법 ·········· 385
11 수준측량에서 발생하는 오차의 종류 및 보정방법 ·········· 387
12 통합기준점 높이 결정 ·········· 391
13 국가수준점측량에서 도하(해) 구간의 수준측량과정 및 방법 ·········· 396
14 우리나라 정밀 수준망의 구축현황, 문제점 및 개선방안 ·········· 400
15 측량장비검정방법, 문제점 및 개선방안 ·········· 403

CHAPTER 05 실전문제

01 단답형(용어) ·········· 407
02 주관식 논문형(논술) ·········· 408

PART 05
GNSS 측량

CHAPTER 01 ▷ Basic Frame

CHAPTER 02 ▷ Speed Summary

CHAPTER 03 ▷ 단답형(용어해설)

01 GPS와 GLONASS의 비교 ······ 418
02 GALILEO 위성시스템 ······ 419
03 SBAS/GBAS ······ 421
04 GPS의 정의/측위 개념/구성 ······ 422
05 GPS 측위 원리 ······ 425
06 GNSS와 광파거리측량기(EDM)의 거리측량원리 비교 ······ 427
07 GNSS와 Total Station의 특성 비교 ······ 429
08 GPS 신호 ······ 430
09 궤도정보(Ephemeris, 위성력) ······ 433
10 GPS Time ······ 435
11 GPS 시각동기(GPS Time Synchronization) ······ 436
12 윤초가 GNSS에 미치는 영향과 대처방안 ······ 437
13 GNSS 측량방법 ······ 439
14 반송파의 위상차 측정방법(반송파의 위상 조합) ······ 442
15 모호정수(Ambiguity) ······ 445
16 VLBI(초장기선간섭계)와 GNSS 간섭측위의 차이점 ······ 448
17 Zero-Baseline GNSS 안테나 검정 ······ 449
18 OTF(On The Fly) ······ 451
19 GNSS 상시관측소(위성기준점) ······ 452
20 Network-RTK 기법의 종류와 특징 ······ 453
21 VRS(Virtual Reference Station) 방식 ······ 455
22 위치보정정보 서비스 ······ 457
23 PPP-RTK ······ 459
24 Broadcast-RTK ······ 461
25 A-GNSS(Assisted GNSS) ······ 463
26 칼만 필터(Kalman Filter) ······ 465
27 직접수준측량과 GNSS 기반의 수준측량 ······ 466
28 VLBI와 GNSS 상시관측소 간 콜로케이션 측량 ······ 468
29 정밀도 저하율(DOP : Dilution Of Precision) ······ 470
30 다중경로오차(Multipath Error) ······ 472
31 GNSS 재밍(Jamming)과 기만(Spoofing) ······ 473
32 RINEX(Receiver Independent Exchange) 포맷 ······ 475
33 RTCM(Radio Technical Commission for Maritime Service) 포맷 ······ 476
34 NMEA(National Marine Electronics Association) 포맷 ······ 477
35 위치기반서비스(LBS : Location Based Service) ······ 479
36 지능형교통체계(ITS : Intelligent Transportation System) ······ 481

차례 CONTENTS

CHAPTER 04 주관식 논문형(논술)

01 멀티 GNSS ··· 483
02 GNSS와 RNSS ··· 485
03 GPS 측량 ··· 489
04 단독측위의 개념과 정확도 ··· 500
05 GNSS에 의한 통합기준점측량 ·· 503
06 공공 DGNSS(RTK) 측량 ··· 508
07 RTK-GNSS에 의한 공공기준점 측량 ·· 518
08 네트워크 RTK에 의한 공공측량 ·· 521
09 SSR(State Space Representation)에 대한 개념과 활용 분야 ···················· 525
10 GNSS를 이용한 표고측정 방법 ·· 528
11 GNSS 기반의 수준측량 ·· 531
12 GNSS의 오차 ··· 535
13 정밀도 저하율(DOP : Dilution Of Precision)의 수학적 해석 ····················· 541
14 GNSS 측량에서 전리층의 영향 ·· 544
15 GNSS 관측 시 사이클슬립(Cycle Slip)을 검출하고 이를 복원 하는 방법 ······ 548
16 GNSS 관측 데이터의 품질관리 ·· 550
17 관성측량체계 ··· 553
18 협력·지능형 교통 체계(C-ITS : Cooperative Intelligent Transport Systems) ······ 557

CHAPTER 05 실전문제

01 단답형(용어) ··· 560
02 주관식 논문형(논술) ··· 561

PART 06 사진측량 및 원격탐측

CHAPTER 01 Basic Frame

01 사진측량(Photogrammetry) ··· 565
02 원격탐측(Remote Sensing) ··· 566

CHAPTER 02 Speed Summary

CHAPTER 03 단답형(용어해설)

01 사진측량의 정의/역사/특성 ·· 574
02 사진측량의 활용분야 ·· 575

03 탐측기(Sensor) ·· 577
04 항공사진측량용 디지털 카메라의 종류 및 특징 ············ 578
05 FMC(Forward Motion Compensation) ················· 579
06 지상표본거리(Ground Sample Distance) ·············· 581
07 중심투영(Central Projection)/정사투영(Ortho Projection) ··· 584
08 사진의 특수 3점 ·· 585
09 기복변위(Relief Displacement) ························· 587
10 입체시(Stereoscopic Viewing) ························· 588
11 시차(Parallax) 및 시차차(Parallax Difference) ······ 590
12 과고감/카메론 효과 ·· 592
13 처리 단위에 따른 입체사진측량 ···························· 594
14 사진측량에 이용되는 좌표계 ······························· 595
15 2차원 등각사상 변환(Conformal Transformation) ··· 598
16 2차원 부등각사상 변환(Affine Transformation) ····· 600
17 3차원 회전변환/3차원 좌표변환 ·························· 602
18 공선조건(Collinearity Condition) ···················· 604
19 공선조건식의 선형화 ·· 606
20 공면조건(Coplanarity Condition) ····················· 607
21 사진에 의한 대상물 재현 ···································· 609
22 표정(Orientation) ·· 610
23 사진측량의 표정요소 ·· 612
24 직접표정/간접표정 ·· 613
25 사진좌표 보정 ·· 614
26 상호표정인자 ··· 617
27 공면조건을 이용한 상호표정 방법 ························· 619
28 광속조정법(Bundle Adjustment Method) ············ 622
29 사진측량에 필요한 점 ··· 624
30 수치영상/Digital Number ································· 626
31 공간 필터링(Spatial Filtering) ·························· 627
32 히스토그램 변환(Histogram Conversion) ·············· 630
33 Sobel Edge Detection ···································· 631
34 영상정합(Image Matching) ······························· 633
35 에피폴라 기하(Epipolar Geometry) ···················· 634
36 수치표고모형(DEM)과 수치표면모형(DSM) ············· 636
37 격자(Raster)와 불규칙삼각망(TIN) ····················· 638
38 델로니 삼각형(Delaunay Triangulation) ············· 640
39 공간보간법(Spatial Interpolation) ···················· 641
40 크리깅(Kriging) 보간법 ···································· 643
41 영상 재배열(Resampling) ································· 645
42 정사투영 사진지도 ·· 646
43 엄밀정사영상(True Orthoimage) ······················· 648
44 DPW(Digital Photogrammetric Workstation) ····· 650
45 Pictometry(다방향 영상 촬영시스템) ··················· 651
46 드론(Drone) ··· 652
47 SIFT/SfM 기술 ··· 654

••• 차례 CONTENTS

48 레이저 사진측량 ·· 657
49 레이저 주사방식 ·· 658
50 LiDAR 시스템 검정(Calibration) ·· 660
51 항공레이저 측량(LiDAR)의 필터링 ··· 661
52 MMS(Mobile Mapping System) ·· 662
53 대기에서 에너지 상호작용(대기의 투과 특성) ····························· 664
54 대기의 창(Atmospheric Window) ··· 665
55 방사(복사)강도 ·· 667
56 흑체 복사(Blackbody Radiation) ··· 668
57 분광반사율(Spectral Reflectance)/Albedo ····························· 670
58 NDVI(Normalized Difference Vegetation Index) ···················· 672
59 Tasseled Cap 변환 ·· 674
60 항공사진과 위성영상의 특징 ··· 675
61 다목적 실용위성 아리랑 5호(KOMPSAT-5) ····························· 676
62 다목적 실용위성 아리랑 3A호(KOMPSAT-3A) ························· 677
63 국토위성(차세대 중형위성) ··· 679
64 초미세 분광센서(하이퍼스펙트럴 센서, Hyperspectral Sensor) ······ 680
65 휘스크브룸(Whisk Broom) 방식/푸시브룸(Push Broom) 방식 ······ 682
66 순간시야각(IFOV) ··· 683
67 위성영상의 해상도 ··· 685
68 디지털 영상자료의 포맷 종류 ·· 686
69 공간데이터의 수치처리에서 거리의 종류 ···································· 688
70 영상융합(Image Fusion) ·· 689
71 주성분 분석(Principal Component Analysis) ··························· 691
72 Kappa 분석 ··· 692
73 다중분광과 초분광 영상의 특징 ·· 694
74 RPC(Rational Polynomial Coefficient) ································· 695
75 변화탐지(Change Detection) ·· 696
76 레이더 영상의 왜곡 ·· 698
77 SAR(Synthetic Aperture Radar) ··· 700
78 레이더 간섭계(InSAR) ··· 703

CHAPTER 04 주관식 논문형(논술)

01 디지털카메라의 사진측량 활용 ·· 706
02 사진측량의 공정 중 촬영계획(Flight Planning)과 지상기준점측량 ···· 709
03 사진 촬영 ··· 714
04 항공사진 촬영을 위한 검정장의 조건 및 검정방법 ························· 716
05 사진측량의 표정(Orientation of Photography) ························· 720
06 항공삼각측량(Aerial Triangulation) ····································· 725
07 항공사진측량의 공선조건과 광속조정법 ······································ 729
08 공선조건식을 기반으로 공간후방교회법(Space Resection)과
   공간전방교회법(Space Intersection)의 개념과 활용 ··················· 734

09 Direct Georeferencing(GNSS/INS 항공사진측량) ·· 738
10 수치사진측량(Digital Photogrammetry) ··· 742
11 수치영상처리(Digital Image Processing) ·· 752
12 영상정합(Image Matching) ··· 757
13 수치표고모델(DEM : Digital Elevation Model) ·· 760
14 우리나라(국토지리정보원) 수치표고자료의 구축현황과 활용방안 ·································· 767
15 정사투영 사진지도 제작 ·· 770
16 실감정사영상의 제작 ··· 776
17 항공사진 기반의 고해상도 근적외선 정사영상의 특성과 제작절차, 활용방안 ················· 780
18 UAV 기반의 무인항공사진측량 ··· 783
19 무인항공기(UAV) 측량 ·· 790
20 무인항공기(UAV) 사진측량의 작업절차(공종)와 방법 ·· 793
21 드론 라이다 측량시스템 ·· 797
22 무인비행장치를 이용한 공공측량 작업절차와 작업지침의 주요 내용 ····························· 800
23 지상사진측량(Terrestrial Photogrammetry) ·· 803
24 항공레이저(LiDAR) 측량 ··· 806
25 항공레이저측량 시 GNSS, IMU, 레이저의 상호 역할 ·· 814
26 항공레이저측량에 의한 수치표면자료(Digital Surface Data), 수치지면자료(Digital Terrain Data),
   불규칙삼각망(TIN), 수치표고모델(DEM) 제작공정 ··· 817
27 라이다(LiDAR) 센서 기술 및 응용분야 ··· 820
28 지상 LiDAR ··· 823
29 차량 기반 MMS(Mobile Mapping System) ··· 826
30 사진판독요소 및 방법 ··· 830
31 원격탐측(Remote Sensing)의 특징, 순서 및 응용분야 ··· 833
32 원격탐측에서 전자파의 파장별 특성 ··· 835
33 지표의 구성물질인 식물, 토양, 물의 대표적 분광반사특성 ··· 837
34 원격탐측의 영상처리(Image Processing) ·· 841
35 절대방사보정/상대방사보정 ··· 847
36 원격탐측의 영상분류(Image Classification) ··· 850
37 위성영상을 이용한 토지피복지도 제작 ·· 854
38 위성사진의 지상좌표화(Georeferencing) ·· 857
39 위성영상지도 제작 ··· 861
40 변화탐지를 수행하기 위한 원격탐측 시스템의 고려사항 및 자료처리 ··························· 863
41 초분광 영상탐측(Hyperspectral Imagematics) ·· 866
42 레이더 영상탐측(Radar Imagematics) ·· 872
43 SAR를 이용한 지반 변위 모니터링 방안 ··· 883

CHAPTER 05 실전문제

01 단답형(용어) ··· 886
02 주관식 논문형(논술) ·· 887

••• 그림 차례 CONTENTS

PART
01
총론 및 시사성

[그림 1-1] 공간정보학 개념 ··· 9
[그림 1-1] 평면측량과 측지측량 ··· 9
[그림 1-2] 높이의 종류 ·· 15
[그림 1-3] 각종 높이의 기준 ··· 15
[그림 1-4] 라디안 ··· 20
[그림 1-5] 스테라디안 ··· 20
[그림 1-6] 공공측량 실시 순서 ·· 33
[그림 1-7] 공공측량 실시 세부순서 ··· 34
[그림 1-8] 공공측량 업무처리 절차 ··· 37
[그림 1-9] KGD2002 좌표계 ·· 42
[그림 1-10] 수평위치 직교좌표 ··· 43
[그림 1-11] 우리나라 수직기준의 현황 ·· 49
[그림 1-12] 높이의 상관관계(육지/해양) ·· 49
[그림 1-13] TBM 값의 BM 값 환산방법 ··· 51
[그림 1-14] V Trans 변환모델링 개념도 ··· 52
[그림 1-15] 높이차(Offset)의 개념 ··· 53
[그림 1-16] 수준원점 표고 결정 방안 ··· 58

PART
02
측지학

[그림 2-1] 3축 부등타원체 ··· 97
[그림 2-2] 지오이드와 타원체 ··· 99
[그림 2-3] 지오이드고 ··· 100
[그림 2-4] 합성지오이드 개념도 ··· 101
[그림 2-5] 정밀 중력지오이드 모델 결정방법 ···································· 102
[그림 2-6] 합성지오이드 모델 결정방법 ··· 102
[그림 2-7] KNGeoid 18 주요 내용 ·· 104
[그림 2-8] 연직선 편차와 수직선 편차 ·· 105
[그림 2-9] 연직선 편차의 성분 ··· 107
[그림 2-10] 우리나라의 연직선 편차 분포도 ······································ 107
[그림 2-11] 조석관측에 의한 평균해면 결정방법 ································· 108
[그림 2-12] 위성에 의한 평균동적 해면 결정방법 ································ 110
[그림 2-13] 자오선과 묘유선 ·· 112
[그림 2-14] 묘유선 곡률반경 ·· 114
[그림 2-15] 측지선과 항정선 ·· 115
[그림 2-16] 경위도 좌표계 ··· 116
[그림 2-17] 측지경도와 천문경도 ·· 116
[그림 2-18] 위도의 종류 ·· 117
[그림 2-19] 구면삼각형의 성질 ··· 119
[그림 2-20] 구과량 ··· 119
[그림 2-21] 구면삼각법 ··· 120
[그림 2-22] 구면삼각형 ··· 121
[그림 2-23] 평면삼각형 ··· 121
[그림 2-24] 보조평면삼각형(부가법) ·· 122

[그림 2-25] 지형류 원리(1) ·· 125
[그림 2-26] 지형류 원리(2) ·· 125
[그림 2-27] 지구조석과 기조력 ·· 127
[그림 2-28] 세차운동 ·· 130
[그림 2-29] 세차와 장동의 조합 ······································ 130
[그림 2-30] 지방시(LST)와 평균태양시(LMT) ······················ 133
[그림 2-31] 세계시와 지방시 ··· 133
[그림 2-32] 지평좌표계 ·· 135
[그림 2-33] 적도좌표계 ·· 136
[그림 2-34] 황도좌표계 ·· 137
[그림 2-35] 은하좌표계 ·· 138
[그림 2-36] ICRF 좌표계 ·· 139
[그림 2-37] UTM 좌표 ··· 141
[그림 2-38] UPS 좌표 방안 ·· 141
[그림 2-39] UTM과 UPS 좌표 방안 ·································· 142
[그림 2-40] ITRF 좌표계 ·· 143
[그림 2-41] WGS84 좌표계 ·· 145
[그림 2-42] 중력등퍼텐셜면 ·· 147
[그림 2-43] 수준면과 중력 ··· 148
[그림 2-44] 정표고 ·· 149
[그림 2-45] 정규표고 ·· 150
[그림 2-46] 타원보정 ·· 151
[그림 2-47] 지자기 3요소 ·· 152
[그림 2-48] VLBI 원리 ·· 155
[그림 2-49] SLR(Satellite Laser Ranging)의 원리 ················· 157
[그림 2-50] 위성의 궤도요소 ··· 159
[그림 2-51] 지오이드고(N_H) ······································ 161
[그림 2-52] 지오이드와 타원체 ······································· 161
[그림 2-53] 텔루로이드 ·· 162
[그림 2-54] 의사지오이드 ·· 162
[그림 2-55] 타원체의 기하학적 결정 ·································· 163
[그림 2-56] 합성지오이드 개념도 ····································· 166
[그림 2-57] 좌표계의 분류 ··· 169
[그림 2-58] 평면 직각좌표 ··· 170
[그림 2-59] 평면 사교좌표 ··· 170
[그림 2-60] 2차원 극좌표 ·· 170
[그림 2-61] 원·방사선 좌표 ··· 170
[그림 2-62] 원·원 좌표 ··· 171
[그림 2-63] 쌍곡선·쌍곡선 좌표 ····································· 171
[그림 2-64] 3차원 직교좌표 ·· 171
[그림 2-65] 3차원 사교좌표 ·· 171
[그림 2-66] 원주좌표 ·· 172
[그림 2-67] 구면좌표 ·· 172
[그림 2-68] 3차원 직교 곡선좌표 ···································· 172
[그림 2-69] 경위도 좌표계 ··· 174

그림 차례 CONTENTS

[그림 2-70] 평면직각좌표계 ·· 174
[그림 2-71] 극좌표계 ·· 174
[그림 2-72] UTM 좌표계 ·· 175
[그림 2-73] UTM 좌표의 원점 ·· 175
[그림 2-74] UPS 좌표계 ·· 175
[그림 2-75] 3차원 직교좌표계 ·· 175
[그림 2-76] ITRF와 WGS 좌표계 구성 ·· 176
[그림 2-77] 측지좌표계 ·· 177
[그림 2-78] 지구중심좌표계 ·· 177
[그림 2-79] 경위도좌표(측지좌표)와 직각좌표의 관계 ···························· 180
[그림 2-80] 준동적측지계로의 보정 순서 ······································ 188
[그림 2-81] 중력성분의 합성계 ·· 190
[그림 2-82] 단진자법 ·· 191
[그림 2-83] 부게보정과 지형보정의 비교 ······································ 195
[그림 2-84] 지하구조에 따른 중력이상 ·· 196
[그림 2-85] 지자기장 요소 ·· 200
[그림 2-86] 자오선법 ·· 206
[그림 2-87] 자오선 고도법 ·· 207
[그림 2-88] 자오선상에 있지 않은 별의 고도에 의한 방법 ······················ 207
[그림 2-89] 단고도법 ·· 208
[그림 2-90] 탈코트법 ·· 208
[그림 2-91] 방위표에 의한 방위각 결정 ······································ 209
[그림 2-92] VLBI 관측원리(1) ··· 210
[그림 2-93] VLBI 관측원리(2) ··· 210
[그림 2-94] VLBI 자료처리 흐름도 ··· 211
[그림 2-95] VLBI 관측성과의 국가기준점 연계 ································· 214
[그림 7-96] VLBI와 국가기준점 간 연계측량 흐름도 ··························· 215
[그림 2-97] VLBI와 위성기준점 연결측량 ····································· 216
[그림 2-98] SLR 구성 ·· 218
[그림 2-99] SLR(Satellite Laser Ranging)의 원리 ···························· 218
[그림 2-100] 위성운동의 궤도요소 ··· 223
[그림 2-101] 방향관측 ··· 223
[그림 2-102] 거리관측 ··· 223
[그림 2-103] 위성레이저 거리측량 ··· 225
[그림 2-104] 역레이저 거리측량 ··· 225
[그림 2-105] 해상 위치 결정방법 ·· 228
[그림 2-106] 음향측심법 ··· 229
[그림 2-107] 음향측심기 원리 ··· 229

PART

03

관측값 해석
(측량데이터 처리 및 오차)

[그림 3-1] 정규분포 ·· 242
[그림 3-2] 확률분포의 특성 ·· 242
[그림 3-3] 정규분포의 영역의 확률 ·· 243
[그림 3-4] 밀도함수 ·· 244
[그림 3-5] 참값, 관측값, 평균값의 관계 ···································· 245
[그림 3-6] 정확도와 정밀도 표현 ·· 245
[그림 3-7] 오차타원 ·· 246
[그림 3-8] 표준오차타원 ·· 247
[그림 3-9] 신뢰타원 ·· 247
[그림 3-10] 면적측량의 정확도 ·· 251
[그림 3-11] 체적측량의 정확도 ·· 252
[그림 3-12] 참오차, 잔차, 편의 ·· 253
[그림 3-13] 밀도함수곡선과 확률분포 ·· 255
[그림 3-14] 정규분포와 밀도함수곡선 ·· 258
[그림 3-15] 관측방정식 조정순서 ·· 261
[그림 3-16] 조건방정식 조정순서 ·· 261
[그림 3-17] 평균제곱근오차가 다른 경우의 부정오차전파 ·········· 285
[그림 3-18] 평균제곱근오차가 같은 경우의 부정오차전파 ·········· 286
[그림 3-19] 면적측량의 부정오차전파 ·· 287
[그림 3-20] P점의 개략 오차타원 ·· 295

PART

04

지상 측량

[그림 4-1] 거리의 종류 ·· 305
[그림 4-2] 거리의 환산 순서 ·· 306
[그림 4-3] 거리의 환산 ·· 307
[그림 4-4] 전파거리 측량기 ·· 310
[그림 4-5] 광파거리 측량기 원리(1) ·· 310
[그림 4-6] 광파거리 측량기 원리(2) ·· 311
[그림 4-7] TS의 3차원 좌표 관측원리 ······································ 313
[그림 4-8] TS 관측의 흐름도 ·· 313
[그림 4-9] 각의 종류 ·· 314
[그림 4-10] 수평각의 종류 ·· 315
[그림 4-11] 수직각의 종류 ·· 315
[그림 4-12] 호도법 ·· 317
[그림 4-13] 호도와 각도 ·· 317
[그림 4-14] 스테라디안 ·· 318
[그림 4-15] 자오선수차 ·· 319
[그림 4-16] 방향각, 방위각, 진북방향각의 관계 ·························· 319
[그림 4-17] 방위각, 역방위각 ·· 319
[그림 4-18] 역방위각과 자오선수차 ·· 320
[그림 4-19] 단열삼각망 ·· 321
[그림 4-20] 유심삼각망 ·· 321
[그림 4-21] 사변형삼각망 ·· 322

그림 차례 CONTENTS

[그림 4-22] 삼변망 ·········· 322
[그림 4-23] 편심관측 ·········· 325
[그림 4-24] 편심관측의 실례 ·········· 326
[그림 4-25] sine 법칙에 의한 편심조정 ·········· 327
[그림 4-26] 2변 교각에 의한 편심조정 ·········· 327
[그림 4-27] 지구의 곡률에 의한 오차 ·········· 328
[그림 4-28] 빛의 굴절에 의한 오차 ·········· 330
[그림 4-29] 폐합 트래버스 ·········· 333
[그림 4-30] 결합 트래버스 ·········· 333
[그림 4-31] 개방 트래버스 ·········· 333
[그림 4-32] 폐합 트래버스 측각오차 ·········· 334
[그림 4-33] 결합 트래버스 측각오차(1) ·········· 334
[그림 4-34] 결합 트래버스 측각오차(2) ·········· 335
[그림 4-35] 결합 트래버스 측각오차(3) ·········· 335
[그림 4-36] 교각법 ·········· 336
[그림 4-37] 편각법 ·········· 336
[그림 4-38] 방위각법 ·········· 336
[그림 4-39] 교각관측에 의한 방위각 계산 실례(1) ·········· 337
[그림 4-40] 교각관측에 의한 방위각 계산 실례(2) ·········· 337
[그림 4-41] 교각관측에 의한 방위각 계산 실례(3) ·········· 337
[그림 4-42] 교각관측에 의한 방위각 계산 실례(4) ·········· 337
[그림 4-43] 편각관측에 의한 방위각 계산 ·········· 338
[그림 4-44] 진북, 자북, 도북의 관계 ·········· 339
[그림 4-45] 역방위각 ·········· 340
[그림 4-46] 방위 ·········· 340
[그림 4-47] 수준측량 개념도 ·········· 342
[그림 4-48] 수준면/수준선/기준면/지평면 ·········· 345
[그림 4-49] 등거리관측 ·········· 346
[그림 4-50] 항정법 ·········· 347
[그림 4-51] 간접수준측량(1) ·········· 348
[그림 4-52] 간접수준측량(2) ·········· 349
[그림 4-53] 간접수준측량(3) ·········· 349
[그림 4-54] 간접수준측량(4) ·········· 350
[그림 4-55] 교호수준측량 ·········· 350
[그림 4-56] TS의 원리 ·········· 354
[그림 4-57] 구차ㆍ기차 보정 ·········· 355
[그림 4-58] 거리의 환산 순서 ·········· 356
[그림 4-59] 거리의 환산 ·········· 356
[그림 4-60] 단각법 ·········· 357
[그림 4-61] 배각법 ·········· 358
[그림 4-62] 방향각법 ·········· 359
[그림 4-63] 조합각 관측방법 ·········· 359
[그림 4-64] 교각법 ·········· 360
[그림 4-65] 편각법 ·········· 360
[그림 4-66] 방위각법 ·········· 361

[그림 4-67]   삼각측량의 원리 ·· 362
[그림 4-68]   삼변측량 ··· 362
[그림 4-69]   단심변망 ··· 365
[그림 4-70]   거리관측 ··· 366
[그림 4-71]   측지망의 최적화 설계 ·· 369
[그림 4-72]   통합측지망 구축 흐름도 ·· 374
[그림 4-73] $\overline{1-2}$ 방위각 산정 모식도 ···································· 378
[그림 4-74]   개방 트래버스 ··· 382
[그림 4-75]   다각측량의 오차전파 ·· 384
[그림 4-76]   레벨 조정법 ·· 385
[그림 4-77]   등시준거리에 의한 오차소거 ·· 388
[그림 4-78]   표척의 영 눈금 오차 ·· 388
[그림 4-79]   양차 ·· 390
[그림 4-80]   통합기준점 수준노선 결정 ·· 392
[그림 4-81]   기기의 점검 ·· 393
[그림 4-82]   우리나라 기준점 등급체계의 비교 ······························· 395
[그림 4-83]   도해측량의 흐름도 ··· 396

P A R T

05

GNSS
측량

[그림 5-1]   GPS의 위성체계 ·· 423
[그림 5-2]   GPS 측위 개념 ··· 423
[그림 5-3]   GPS 구성도 ·· 424
[그림 5-4]   코드신호에 의한 위성과 수신기 간 거리측정 ············· 425
[그림 5-5]   반송파에 의한 위성과 수신기 간 거리측정 ················ 426
[그림 5-6]   위성궤도 요소 ·· 430
[그림 5-7]   위성궤도요소 ·· 433
[그림 5-8]   궤도정보 ··· 434
[그림 5-9]   GPS 시각 동기의 일반적 흐름도 ·································· 436
[그림 5-10]   GNSS에 의한 기준점 측량 흐름도 ······························ 440
[그림 5-11]   정지측량 관측망도 ·· 440
[그림 5-12]   RTK 측량법 ··· 441
[그림 5-13]   일중차 관측법 ·· 443
[그림 5-14]   이중차 관측법 ·· 444
[그림 5-15]   삼중차 관측법 ·· 444
[그림 5-16]   반송파 위상관측과 모호정수의 개념도 ······················· 445
[그림 5-17]   일중차 관측법 ·· 447
[그림 5-18]   이중차 관측법 ·· 447
[그림 5-19]   삼중차 관측법 ·· 447
[그림 5-20]   현행 GNSS 성능검사 순서 ·· 449
[그림 5-21]   Zero-Baseline 검정순서 ·· 450
[그림 5-22]   우리나라 위성기준점 배치도 ··· 453
[그림 5-23]   VRS 방식의 개념도 ·· 456
[그림 5-24]   OSR/SSR 개념도 ·· 458

그림 차례 CONTENTS

[그림 5-25] PPP-RTK 개념도 ·· 460
[그림 5-26] B-RTK 개념도 ··· 462
[그림 5-27] A-GNSS의 개념 ··· 463
[그림 5-28] 칼만 필터링에 의한 최확값 결정 흐름도 ····························· 465
[그림 5-29] 레벨을 이용한 높이측량 개념도 ··· 466
[그림 5-30] GNSS 기반의 높이측량 개념도 ·· 467
[그림 5-31] VLBI에 의한 기준점 좌표 갱신 순서 ································· 468
[그림 5-32] 콜로케이션 측량 개념도 ·· 469
[그림 5-33] PDOP ··· 471
[그림 5-34] LBS의 운용체계도 ·· 479
[그림 5-35] AOA 방식 ·· 480
[그림 5-36] TOA 방식 ·· 480
[그림 5-37] GNSS를 이용하는 방법 ··· 480
[그림 5-38] 코드관측방식에 의한 위치 결정 개념도 ···························· 489
[그림 5-39] 반송파 관측방식에 의한 위치 결정 개념도 ······················· 490
[그림 5-40] GPS 구성 ··· 491
[그림 5-41] GPS의 위성체계 ··· 491
[그림 5-42] 일중차 관측법 ·· 492
[그림 5-43] 이중차 관측법 ·· 493
[그림 5-44] 삼중차 관측법 ·· 493
[그림 5-45] GPS 관측방법 ·· 494
[그림 5-46] 단독 측위방법 ·· 494
[그림 5-47] 스태틱 관측방법 ··· 494
[그림 5-48] 키네매틱 관측방법 ·· 495
[그림 5-49] RTK 측량법 ·· 495
[그림 5-50] 네트워크 RTK 측량법 ·· 496
[그림 5-51] GNSS 측량의 단독측위 개념 ·· 500
[그림 5-52] 통합기준점측량의 흐름도 ·· 503
[그림 5-53] SBAS DGNSS 개념도 ·· 508
[그림 5-54] SBAS DGNSS의 일반적 순서 ·· 508
[그림 5-55] QZSS 체계도 ··· 510
[그림 5-56] VRS 개념도 ·· 512
[그림 5-57] VRS 측량의 일반적 흐름도 ·· 512
[그림 5-58] VRS-RTK 측량에 의한 위치보정 원리 ······························ 512
[그림 5-59] FKP 개념도 ·· 513
[그림 5-60] FKP 측량의 일반적 흐름도 ·· 513
[그림 5-61] PPP-RTK 개념도 ·· 514
[그림 5-62] 우리나라 비콘 기준국 설치 현황 ····································· 517
[그림 5-63] RTK-GNSS 개념도 ··· 518
[그림 5-64] 레벨 조정법 ·· 519
[그림 5-65] VRS 운영체계도 ··· 521
[그림 5-66] FKP 개념도 ·· 522
[그림 5-67] FKP 측량의 일반적 흐름도 ·· 522
[그림 5-68] Network-RTK의 일반적 흐름도 ·· 523
[그림 5-69] OSR/SSR 개념도 ··· 526

[그림 5-70] GNSS 표고관측 흐름도 ·· 529
[그림 5-71] GNSS 현장 캘리브레이션 방법 ··· 529
[그림 5-72] 위상 중심 변화 ··· 530
[그림 5-73] 레벨을 이용한 높이측량 원리 ·· 531
[그림 5-74] GNSS 기반의 높이측량 원리 ·· 532
[그림 5-75] 네트워크 RTK(VRS) 운영체계도 ·· 533
[그림 5-76] 건설현장에서 Network-RTK를 이용한 정표고 관측방법 ··············· 533
[그림 5-77] 표고 계산방법(1) ·· 534
[그림 5-78] 표고 계산방법(2) ·· 534
[그림 5-79] 표고 계산방법(3) ·· 534
[그림 5-80] 좌표차 방식의 DGNSS 방법 ·· 535
[그림 5-81] 의사거리 보정방식의 DGNSS 방법 ··· 536
[그림 5-82] PDOP ··· 537
[그림 5-83] 위상 중심 변화 ··· 539
[그림 5-84] GNSS 오차 유형 ·· 545
[그림 5-85] 전리층의 종류 ·· 546
[그림 5-86] 사이클슬립 검출 및 복원 순서 ·· 548
[그림 5-87] 관성항법체계와 타 체계의 비교 ·· 554
[그림 5-88] 관성측량의 구조 ·· 555
[그림 5-89] C-ITS 개념도 ··· 557

PART
06
사진측량 및 원격탐측

[그림 6-1]   센서의 분류 ·· 577
[그림 6-2]   영상 흘림(Shifting) 현상의 제거 개념도 ·· 580
[그림 6-3]   영상 흘림과 보정 ·· 581
[그림 6-4]   외부직경(D)과 내부직경(d) 관측 ··· 582
[그림 6-5]   중심투영과 정사투영 ··· 584
[그림 6-6]   정사투영과 중심투영의 관계 ··· 585
[그림 6-7]   사진의 특수 3점 ··· 586
[그림 6-8]   기복변위 ·· 587
[그림 6-9]   망막상의 상과 입체감 ··· 588
[그림 6-10] 시차(Prallax) ··· 590
[그림 6-11] 수직사진의 기하학적 관계 ·· 591
[그림 6-12] 입체사진측량 흐름도 ·· 595
[그림 6-13] 사진측량 좌표계 종류 ··· 596
[그림 6-14] 기계좌표계와 지표좌표계 ·· 597
[그림 6-15] 사진좌표계와 지표좌표계 ·· 597
[그림 6-16] 2차원 좌표계의 회전변환 ··· 598
[그림 6-17] 직교좌표계에 대해 변환된 비직교좌표 ··· 600
[그림 6-18] 각 축에 대한 3차원 직교좌표계의 회전 ··· 602
[그림 6-19] 공선조건 ·· 604
[그림 6-20] 공면조건을 이용한 상호표정 ··· 608
[그림 6-21] 사진측량의 대상물 재현 ··· 609

그림 차례 CONTENTS

[그림 6-22] Roll(ω), Pitch(φ), Yaw(κ) 개념도 ································ 611
[그림 6-23] 직접표정 ······································ 614
[그림 6-24] 간접표정 ······································ 614
[그림 6-25] 대기굴절보정 ··································· 615
[그림 6-26] 지구곡률보정 ··································· 616
[그림 6-27] 상호표정인자 운동 ······························ 618
[그림 6-28] 표정점 배치 ···································· 618
[그림 6-29] 평행이동인자와 회전인자 ························· 618
[그림 6-30] 상호표정인자의 작용 ···························· 619
[그림 6-31] 공면조건을 이용한 상호표정 ······················ 620
[그림 6-32] 번들 조정의 개념도 ····························· 622
[그림 6-33] 광속법의 조정 흐름도 ··························· 623
[그림 6-34] 대공표지의 형상 ································ 625
[그림 6-35] 종접합점 ······································ 625
[그림 6-36] 수치영상의 좌표체계 ···························· 627
[그림 6-37] 중앙값 연산(예) ································ 628
[그림 6-38] 이동평균법 연산(예) ···························· 628
[그림 6-39] 최댓값 필터법 연산(예) ·························· 629
[그림 6-40] 선형대비 확장기법 ····························· 631
[그림 6-41] 히스토그램 균등화(평활화) ······················ 631
[그림 6-42] 영상정합의 종류 ································ 633
[그림 6-43] 에피폴라 기하 개념도 ··························· 635
[그림 6-44] DEM 구축 흐름도 ······························ 637
[그림 6-45] 격자와 불규칙삼각망 ···························· 638
[그림 6-46] 삼각형 및 격자점 저장방법 ······················ 639
[그림 6-47] 델로니(들로네) 삼각분할 ························· 640
[그림 6-48] 가중평균보간법 ································· 641
[그림 6-49] 스플라인 보간법 ································ 642
[그림 6-50] 크리깅 보간법 ·································· 642
[그림 6-51] 크리깅 보간법 처리 과정 ························· 643
[그림 6-52] 영상 재배열 방법 ······························ 646
[그림 6-53] 정사투영 사진지도 제작 흐름도 ··················· 647
[그림 6-54] Pictometry 영상취득시스템 ······················ 652
[그림 6-55] 각종 드론 ······································ 653
[그림 6-56] 무인항공사진측량에 의한 정사영상 생성 흐름도 ······· 654
[그림 6-57] SfM 개념 ······································ 656
[그림 6-58] Pulse에 의한 거리관측원리 ······················ 658
[그림 6-59] CW에 의한 거리관측원리 ························· 659
[그림 6-60] Pitch, Roll 및 Heading 개념 ····················· 660
[그림 6-61] LiDAR 필터링 흐름도 ··························· 661
[그림 6-62] MMS 구성 ····································· 663
[그림 6-63] 인공위성에서 측정한 지표에서 방출된 복사에너지 ····· 666
[그림 6-64] 대기 투과율 ···································· 667
[그림 6-65] 방사강도 ······································ 667
[그림 6-66] 방사조도 ······································ 667

[그림 6-67] 방사발산도 ·· 668
[그림 6-68] 방사휘도 ··· 668
[그림 6-69] 스테판-볼츠만 법칙에 의한 흑체방사곡선(온도는 절대온도 K) ········· 669
[그림 6-70] 식물, 흙, 물의 분광반사율 ·· 671
[그림 6-71] 잎의 분광반사율 ··· 671
[그림 6-72] 식물종류에 따른 분광반사율 ·· 671
[그림 6-73] 암석 및 광물의 분광반사율 ·· 671
[그림 6-74] NDVI(예) ·· 673
[그림 6-75] 국토위성시스템 개념도 ·· 680
[그림 6-76] Whisk Broom과 Push Broom 방식 ······································ 683
[그림 6-77] IFOV 개념도 ·· 684
[그림 6-78] IFOV와 GSD ·· 684
[그림 6-79] 유클리드 거리 ··· 688
[그림 6-80] 맨해튼 거리 ·· 688
[그림 6-81] 대원 거리 ··· 688
[그림 6-82] 교통에서 사용되는 시간 거리 ··· 689
[그림 6-83] 마할라노비스의 거리 ··· 689
[그림 6-84] 주성분 분석의 개념 ·· 691
[그림 6-85] 변화탐지 방법 ··· 696
[그림 6-86] 변화탐지의 자료처리 흐름도 ·· 697
[그림 6-87] 레이더 영상의 음영, 단축, 전도 개념도 ·································· 699
[그림 6-88] InSAR의 원리 ·· 701
[그림 6-89] 지형정보 추출을 위한 간섭레이더의 기하학적 관계 ··················· 704
[그림 6-90] 국토지리정보원이 주관하는 항공촬영카메라 성능검사 절차 ········· 719
[그림 6-91] 표정의 종류 ·· 720
[그림 6-92] 내부표정 흐름도 ·· 721
[그림 6-93] 상호표정 흐름도 ·· 722
[그림 6-94] 절대표정 흐름도 ·· 723
[그림 6-95] 항공삼각측량의 분류 ··· 725
[그림 6-96] 항공삼각측량의 일반적 순서 ··· 725
[그림 6-97] 표정점 배치계획 (1) ··· 726
[그림 6-98] 표정점 배치계획 (2) ··· 726
[그림 6-99] 다항식법의 처리 흐름도 ··· 727
[그림 6-100] 다항식 조정법 ·· 727
[그림 6-101] 독립모델법 처리 흐름도 ·· 728
[그림 6-102] 독립모델 조정법 ·· 728
[그림 6-103] 광속조정법의 처리 흐름도 ·· 728
[그림 6-104] 광속조정법 ·· 728
[그림 6-105] 공선조건 ··· 730
[그림 6-106] 대상물 좌표체계와 평행하도록 회전된 사진좌표계 ·················· 730
[그림 6-107] 기울어진 좌표계와 기울어지지 않는 좌표계 ·························· 731
[그림 6-108] 광속조정법 처리 흐름도 ·· 732
[그림 6-109] 공선조건 ··· 735
[그림 6-110] 대상물 좌표체계와 평행하도록 회전된 사진좌표계 ·················· 735
[그림 6-111] 기울어진 좌표계와 기울어지지 않는 좌표계 ·························· 735

그림 차례 CONTENTS

[그림 6-112] 공간전방교회법 ·· 737
[그림 6-113] 항공사진측량의 Direct Georeferencing ························· 739
[그림 6-114] 항공기와 GNSS 장치 ·· 740
[그림 6-115] GNSS/INS 통합에 의한 효과 ····································· 740
[그림 6-116] 수치사진측량의 작업 흐름도 ······································ 743
[그림 6-117] 수치사진측량의 자료취득체계 ····································· 744
[그림 6-118] 수치영상 ··· 744
[그림 6-119] 영상 재배열 방법 ··· 746
[그림 6-120] 공선조건 ··· 746
[그림 6-121] 공면조건 ··· 747
[그림 6-122] 에피폴라 기하 개념도 ·· 748
[그림 6-123] 영상정합(밝기값 상관법) ·· 749
[그림 6-124] 수치사진측량의 3차원 위치 결정 흐름도 ························· 750
[그림 6-125] 수치사진측량에 의한 DEM 생성 흐름도 ························· 750
[그림 6-126] 수치사진측량에 의한 정사투영 사진지도 제작 흐름도 ·········· 751
[그림 6-127] 수치영상 ··· 752
[그림 6-128] 영상좌표계 ··· 752
[그림 6-129] 히스토그램 균등화(평활화) ·· 754
[그림 6-130] 중앙값 연산(예) ·· 755
[그림 6-131] 이동평균법 연산(예) ·· 755
[그림 6-132] 최댓값 필터법 연산(예) ··· 756
[그림 6-133] 공일차 보간법 ·· 756
[그림 6-134] 경중률 평균보간법 ·· 756
[그림 6-135] 영상정합의 종류 ·· 757
[그림 6-136] 영상정합(밝기값 상관법) ·· 758
[그림 6-137] DEM 구축 흐름도 ··· 761
[그림 6-138] 각종 자료추출방법 ·· 763
[그림 6-139] 티센 다각형 보간법 ··· 763
[그림 6-140] 가중 평균 보간법 ··· 764
[그림 6-141] 최근린 보간법 ·· 764
[그림 6-142] 선형 보간법 ··· 764
[그림 6-143] 스플라인 보간법 ·· 764
[그림 6-144] 보조변수를 사용한 스플라인 보간법 ······························ 764
[그림 6-145] 공일차 보간법 ·· 765
[그림 6-146] 공삼차 보간법 ·· 765
[그림 6-147] 보간된 DEM ··· 765
[그림 6-148] 정사투영 사진지도 제작 흐름도 ··································· 771
[그림 6-149] 정밀 수치 편위수정 ··· 773
[그림 6-150] 최근린 보간법 ·· 774
[그림 6-151] 공일차 보간법 ·· 774
[그림 6-152] 공삼차 보간법 ·· 775
[그림 6-153] 실감정사영상 제작순서 ··· 777
[그림 6-154] 근적외선 정사영상 제작 흐름도 ··································· 781
[그림 6-155] UAV시스템 구성 ·· 783
[그림 6-156] 무인항공측량 시스템 ··· 784

[그림 6-157] 무인항공사진측량 흐름도 ·· 785
[그림 6-158] 정사영상지도 제작순서 ·· 787
[그림 6-159] UAV를 이용한 항공사진측량의 자료처리 흐름도 ·········· 791
[그림 6-160] 무인항공사진측량의 흐름도 ·· 794
[그림 6-161] SfM 개념 ··· 796
[그림 6-162] 라이다의 기본구성 및 동작 원리 ································· 798
[그림 6-163] 드론에 장착하는 라이다 시스템의 구성 ······················ 799
[그림 6-164] 공공측량 작업절차 흐름도 ··· 800
[그림 6-165] 무인비행장치 측량 지상기준점 배치 ··························· 802
[그림 6-166] 지상사진측량 작업흐름도 ··· 804
[그림 6-167] 지상사진측량의 촬영방법 ··· 805
[그림 6-168] 기준점 측량방법 ·· 805
[그림 6-169] 항공 LiDAR 원리 (1) ·· 807
[그림 6-170] 항공 LiDAR 원리 (2) ·· 807
[그림 6-171] LiDAR 장비 구성요소 간의 위치 및 자세 상관관계 ······· 807
[그림 6-172] LiDAR 구성 ·· 809
[그림 6-173] LiDAR 측량의 일반적 흐름도 ···································· 810
[그림 6-174] LiDAR 측량의 자료처리 흐름도 ································· 810
[그림 6-175] GNSS, IMU, 레이저 스캐너 간의 위치 및 자세 상관관계 ····· 814
[그림 6-176] GNSS 안테나와 카메라좌표계 기하학 ························· 815
[그림 6-177] IMU 구조 ··· 816
[그림 6-178] 이동거리 및 자세방향각의 산출 ································· 816
[그림 6-179] 수치표고모델 제작을 위한 작업 흐름도 ······················ 817
[그림 6-180] 라이다 시스템 기본 구성 및 동작 원리 ······················ 821
[그림 6-181] 레이저 스캐닝체계 흐름도 ··· 824
[그림 6-182] 광삼각법(Triangulation Method) ································· 825
[그림 6-183] MMS 구성 ·· 827
[그림 6-184] MMS 일반적 작업 흐름도 ··· 828
[그림 6-185] 일반적인 사진판독의 흐름도 ····································· 831
[그림 6-186] 원격탐측의 일반적 흐름도 ··· 834
[그림 6-187] 원격탐측 센서 및 에너지원 ·· 836
[그림 6-188] 전자기 파장대역 ·· 836
[그림 6-189] 식물, 흙, 물의 분광반사율 ··· 838
[그림 6-190] 식물의 분광반사율 ··· 839
[그림 6-191] 토양의 분광반사율 ··· 839
[그림 6-192] 물의 분광반사율 ·· 840
[그림 6-193] 나뭇잎의 분광반사율 ·· 840
[그림 6-194] 식물 종류에 따른 분광반사율 ···································· 840
[그림 6-195] 암석과 광물의 분광반사율 ··· 841
[그림 6-196] 원격탐측에 의한 영상처리 흐름도 ····························· 842
[그림 6-197] 영상보정의 종류 ·· 842
[그림 6-198] 영상분류의 일반적 흐름도 ··· 845
[그림 6-199] 방사왜곡 ··· 847
[그림 6-200] 분류처리의 일반적 흐름도 ··· 850
[그림 6-201] 무감독분류 처리 흐름도 ·· 850

그림 차례 CONTENTS

[그림 6-202] 감독분류 처리 흐름도 ·· 851
[그림 6-203] 토지피복지도 제작 흐름도 ·· 855
[그림 6-204] 위성과 지상공간의 기하학적 관계 ·· 859
[그림 6-205] 위성영상지도 제작 흐름도 ·· 862
[그림 6-206] 변화정보 추출을 위한 원격탐측 자료처리 일반적 순서 ···················· 865
[그림 6-207] 초분광 영상 획득 원리 ·· 867
[그림 6-208] 초분광 영상의 구조 ·· 867
[그림 6-209] 초분광 영상의 일반적 처리순서 ·· 868
[그림 6-210] 능동형 극초단파 시스템의 구성요소 ·· 875
[그림 6-211] 음영 ·· 876
[그림 6-212] 단축 ·· 876
[그림 6-213] 전도 ·· 877
[그림 6-214] SAR의 원리 ·· 878
[그림 6-215] SAR 영상의 위치 결정 흐름도 ·· 880
[그림 6-216] InSAR의 원리 ··· 881
[그림 6-217] InSAR의 원리 ··· 884
[그림 6-218] InSAR 지반 모니터링 원리 ··· 885

P A R T 01 총론 및 시사성

[표 1-1] 우리나라 측량기준점 현황 ·· 18
[표 1-2] 측량업의 종류 및 업무내용 ·· 25
[표 1-3] 측량업의 등록기준 세부사항〈개정 2020. 12. 29.〉 ·········· 26
[표 1-4] 한국측지계2002의 제원 ·· 42
[표 1-5] 종래 측지계와 현재 측지계의 비교 ······························· 44
[표 1-6] 남·북한 측지계 비교 ·· 46
[표 1-7] 우리나라 수직기준의 세부 구분 ···································· 49
[표 1-8] 우리나라 경위도 원점의 측지학적 성질 ························· 55
[표 1-9] 평면직각좌표계 명칭 및 세부사항 ································· 55
[표 1-10] 측량기준점 현황 ·· 60
[표 1-11] 우리나라 기준점 현황 및 향후 계획 ····························· 67
[표 1-12] 우리나라 기준점 성과관리(조사) 현황 및 향후 계획 ········ 67
[표 1-13] 우리나라 위치정보 서비스 현황 및 향후 계획 ················ 68
[표 1-14] 측량기준점 조사·관리 체계화·효율화 계획 ················· 68
[표 1-15] 우리나라 기준점 관련 법·제도 현황 및 향후 계획 ·········· 68
[표 1-16] 제2차 국가 측량 기본계획 추진전략 및 추진과제 ············ 79

P A R T 02 측지학

[표 2-1] 지구타원체 종류 ··· 95
[표 2-2] GRS80 타원체 상수 ··· 98
[표 2-3] KNGeoid 14와 18의 비교 ··· 104
[표 2-4] 지구중심좌표계와 타원중심좌표계의 비교 ···················· 140
[표 2-5] ITRF 좌표계의 X, Y, Z축 차이량 비교 ·························· 143
[표 2-6] ITRF와 WGS84의 비교 ·· 145
[표 2-7] 정적·동적·준동적측지계 ·· 185
[표 2-8] 정적·준동적·동적측지계의 관리방법 ·························· 186
[표 2-9] 주요 중력측량 방법의 특징 ·· 194
[표 2-10] 중력자료의 활용분야 ·· 198
[표 2-11] 지자기측량의 관측오차 한계 ······································ 204
[표 2-12] SLR의 장단점 ··· 220
[표 2-13] VLBI와 SLR의 특성 비교 ··· 222

표 차례 CONTENTS

PART

03

**관측값
해석**
(측량데이터
처리 및 오차)

[표 3-1] 최확값 산정 ·· 257
[표 3-2] 관측 및 조건방정식의 해법 ······································· 264

PART

04

**지상
측량**

[표 4-1] 종류별 거리측정 비교 ·· 308
[표 4-2] 도하수준측량 구분 ·· 352
[표 4-3] EDM 오차 보정방법(1) ·· 354
[표 4-4] EDM 오차 보정방법(2) ·· 355
[표 4-5] 삼각·삼변측량의 비교 ·· 363
[표 4-6] 조건 및 관측방정식의 특징 ······································· 364
[표 4-7] 수준측량의 허용오차 ··· 394
[표 4-8] 관측거리에 따른 도해수준측량방법 ·························· 396
[표 4-9] 정밀 수준망의 정확도 ··· 402
[표 4-10] 단위 삼각망의 환폐합차 허용범위 ··························· 405
[표 4-11] 금속관로 탐지기 허용오차 ······································· 405

PART

05

**GNSS
측량**

[표 5-1] GPS와 GLONASS의 비교 ··· 418
[표 5-2] 갈릴레오 주파수와 신호 ·· 421
[표 5-3] GNSS와 TS의 특성 비교 ·· 429
[표 5-4] GPS 신호 ··· 430
[표 5-5] 방송력과 정밀력의 비교 ·· 434
[표 5-6] DGNSS와 RTK 비교 ··· 442
[표 5-7] VLBI와 GNSS 간섭측위의 특성 비교 ························ 448
[표 5-8] 위성기준점의 구성 및 역할 ······································· 452
[표 5-9] 위성기준점의 활용분야 ··· 452
[표 5-10] Network-RTK 기법의 종류와 특징 ·························· 454
[표 5-11] OSR과 SSR 방식의 비교 ··· 458
[표 5-12] PPP-RTK 구성 ·· 460
[표 5-13] PPP-RTK와 Network-RTK와의 비교 ····················· 460
[표 5-14] PPP-RTK의 활용분야 ··· 461
[표 5-15] 레벨과 GNSS 수준측량의 비교 ······························ 467

[표 5-16] DOP값의 의미 ·· 471
[표 5-17] 국내 GNSS 재밍 피해 사례 ························ 474
[표 5-18] GPS/GLONASS/GALILEO/BDS 비교 ··········· 483
[표 5-19] 종래 측량과 GPS 측량의 비교 ·················· 498
[표 5-20] DOP값의 의미 ·· 501
[표 5-21] GNSS에 의한 통합기준점측량의 관측단위 및 자릿수 ··········· 505
[표 5-22] GNSS에 의한 통합기준점측량의 관측시간 ····· 505
[표 5-23] 기준점망의 폐합차 및 인접 세션 간 중복변 교차의 허용범위 ··········· 506
[표 5-24] QZSS의 신호 ·· 510
[표 5-25] VRS와 FKP-RTK 특징 비교 ····················· 514
[표 5-26] Network-RTK 관측 규정 ·························· 524
[표 5-27] OSR/SSR 방식의 비교 ······························ 527
[표 5-28] 레벨과 GNSS 기반의 높이측량 비교 ············ 532
[표 5-29] GNSS 품질관리 허용범위 ·························· 551
[표 5-30] C-ITS와 ITS와의 차이점 ·························· 558

PART

06

사진측량
및
원격탐측

[표 6-1] 선형·면형 센서의 특징 ····························· 578
[표 6-2] 각종 항공측량용 디지털 카메라의 특징 ·········· 579
[표 6-3] 도화축척, 항공사진축척, 지상표본거리와의 관계 ··········· 582
[표 6-4] 공간 필터 종류와 특징 ····························· 630
[표 6-5] 영상정합 방법 및 요소 ····························· 633
[표 6-6] 전역적 보간법 및 국지적 보간법의 특징 비교 ···· 641
[표 6-7] 고정익과 회전익 드론의 특징 및 활용분야 ······· 653
[표 6-8] 펄스방식과 CW방식의 특징 비교 ················· 659
[표 6-9] 항공사진과 위성영상의 특징 비교 ················· 675
[표 6-10] 아리랑 5호 현황 ······································ 677
[표 6-11] 아리랑 위성 개발 계획 ····························· 677
[표 6-12] 아리랑 3A호 현황 ···································· 678
[표 6-13] 차세대 중형위성 1호 시스템 주요 규격 ·········· 679
[표 6-14] 각종 초미세 분광센서의 제원 ···················· 681
[표 6-15] 다중분광영상과 초분광영상의 특징 비교 ········· 694
[표 6-16] InSAR와 DInSAR의 특징 비교 ·················· 702
[표 6-17] 항공사진측량용 디지털카메라의 장단점 ·········· 706
[표 6-18] 선형·면형 센서의 특징 ···························· 707
[표 6-19] 항공측량용 디지털카메라의 효과 ················· 708
[표 6-22] 지상기준점 측량의 관측대회 수 ·················· 712
[표 6-23] 지상기준점 측량 시 GPS 관측시간 ·············· 712
[표 6-24] 지상기준점 측량의 편심요소 측정 제한 ·········· 713
[표 6-25] 지상기준점 측량의 평면기준점 오차 한계 ········ 713
[표 6-26] 지상기준점 측량의 표고기준점 오차 한계 ········ 714
[표 6-20] 공간해상도 검정을 위한 분석도형 규격 ·········· 717
[표 6-21] 검사점의 위치정확도 ······························· 718

표 차례 CONTENTS

[표 6-27] 항공삼각측량 조정법의 주요 특징 ……………………………………… 729
[표 6-28] 영상정합의 방법 및 요소 ………………………………………………… 757
[표 6-29] 격자·불규칙삼각망 방식의 특징 ……………………………………… 762
[표 6-30] DEM의 격자규격에 따른 수직위치 정확도 …………………………… 766
[표 6-31] 우리나라 수치표고 데이터 현황 ………………………………………… 769
[표 6-32] 수치표고 데이터 종류별 현황 …………………………………………… 769
[표 6-33] 정밀 수치 편위수정 방법의 특징 ……………………………………… 773
[표 6-34] 항공사진측량과 무인항공사진측량의 주요 장비 비교 ……………… 784
[표 6-35] 일반항측과 UAV 무인항측 시스템의 비교 …………………………… 789
[표 6-36] 고정익과 회전익 UAV의 특징 및 활용 ………………………………… 793
[표 6-37] 무인비행장치 측량의 촬영 중복도 ……………………………………… 803
[표 6-38] LiDAR 오차 ……………………………………………………………… 811
[표 6-39] 항공 LiDAR 측량과 항공사진측량의 비교 …………………………… 813
[표 6-40] 탑재센서 및 취득 자료 ………………………………………………… 814
[표 6-41] 수치표고모델 규격 및 정확도 …………………………………………… 819
[표 6-42] MMS 오차 ……………………………………………………………… 828
[표 6-43] 사진판독에 이용되는 영상면 …………………………………………… 831
[표 6-44] 원격탐측의 역사 ………………………………………………………… 833
[표 6-45] 무감독분류 기법의 장·단점 …………………………………………… 851
[표 6-46] 감독분류 기법의 장·단점 ……………………………………………… 851
[표 6-47] 우리나라 토지피복 분류 항목 …………………………………………… 856
[표 6-48] IKONOS 위성과 Quick Bird 위성의 제원 …………………………… 862
[표 6-49] 아리랑 위성의 제원 …………………………………………………… 862
[표 6-50] 국토위성의 제원 ………………………………………………………… 863
[표 6-51] 위성영상지도의 기대효과 ……………………………………………… 863
[표 6-52] 초분광센서의 현황 ……………………………………………………… 869

01

총론 및
시사성

CHAPTER 01 Basic Frame
CHAPTER 02 Speed Summary
CHAPTER 03 단답형(용어해설)
CHAPTER 04 주관식 논문형(논술)
CHAPTER 05 실전문제

CHAPTER **01** _ Basic Frame

CHAPTER **02** _ Speed Summary

CHAPTER **03** _ 단답형(용어해설)

    01. 측지측량과 평면측량 ·· 9
    02. 지구상의 위치기준 및 표시방법 ·· 11
    03. 우리나라 측량의 기준 ·· 13
    04. 높이의 종류와 우리나라 높이의 기준 ·································· 14
    05. 측지 원자(Geodetic Datum) ··· 16
    06. 측량기준점(Control Point of Surveying) ··························· 17
    07. 국제단위계(SI : Unit System) ·· 19

CHAPTER **04** _ 주관식 논문형(논술)

    01. 우리나라 삼각점 및 경위도 원점의 역사적 배경 ················· 21
    02. 공간정보의 구축 및 관리 등에 관한 법률상 측량의 분류 및 측량업의 종류 ··· 24
    03. 공간정보의 구축 및 관리 등에 관한 법률을 적용받는 측량과 적용받지 않는 측량 ··· 28
    04. 공공의 목적으로 시행하는 공공측량 실시 목적, 공공측량 시행자, 공공측량 대상,
        공공측량 성과심사 대상 ·· 30
    05. 공공측량 제도 개선방안 ·· 36
    06. 세계측지계와 한국측지계의 주요 내용 ································ 40
    07. 통일 대비 국토개발을 위한 한반도 측량기준체계 확립 전략 ··· 45
    08. 우리나라 수직기준의 이원화에 따른 문제점 및 해결방안 ······ 48
    09. 우리나라 측량원점의 문제점 및 개선방안 ··························· 54
    10. 우리나라 수준원점의 문제점 및 개선방안 ··························· 57
    11. 우리나라 측량기준점의 현황 및 문제점 · 관리방안 ············· 59
    12. 측량기준점 일원화 및 통합체계 구축 ································· 63
    13. 우리나라 측량의 현황, 문제점 및 개선방안 ························ 69
    14. 우리나라 측량(공간정보)산업의 현황, 문제점 및 개선방안 ··· 74
    15. 제2차 국가 측량 기본계획(2021~2025년) 주요 내용 ········· 79
    16. 제3차 공간정보산업 진흥 기본계획(2021~2025년) 주요 내용 ··· 82

CHAPTER **05** _ 실전문제

    01. 단답형(용어) ·· 84
    02. 주관식 논문형(논술) ·· 85

Basic Frame

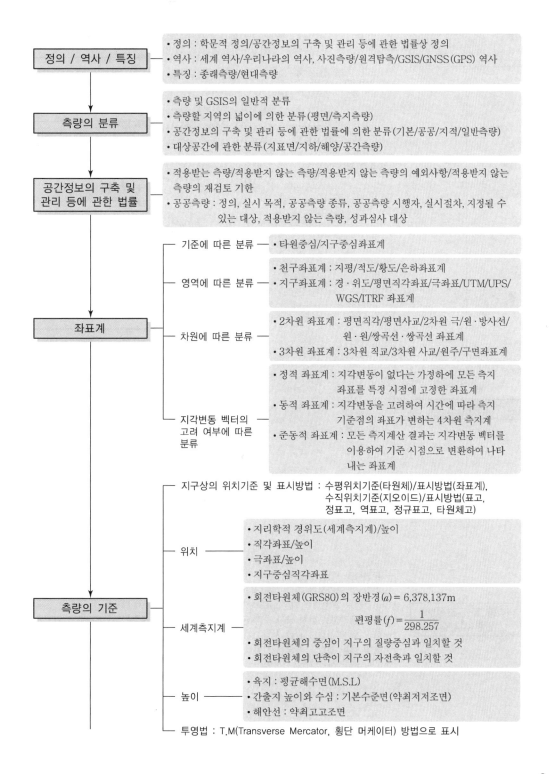

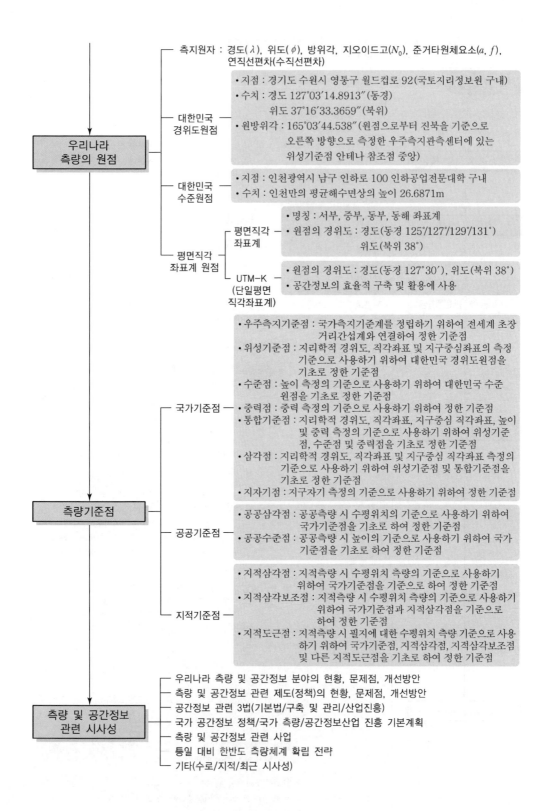

우리나라 측량의 원점

- 측지원자 : 경도(λ), 위도(ϕ), 방위각, 지오이드고(N_0), 준거타원체요소(a, f), 연직선편차(수직선편차)
- 대한민국 경위도원점
  - 지점 : 경기도 수원시 영통구 월드컵로 92(국토지리정보원 구내)
  - 수치 : 경도 127°03′14.8913″(동경)
    위도 37°16′33.3659″(북위)
  - 원방위각 : 165°03′44.538″(원점으로부터 진북을 기준으로 오른쪽 방향으로 측정한 우주측지관측센터에 있는 위성기준점 안테나 참조점 중앙)
- 대한민국 수준원점
  - 지점 : 인천광역시 남구 인하로 100 인하공업전문대학 구내
  - 수치 : 인천만의 평균해수면상의 높이 26.6871m
- 평면직각 좌표계 원점
  - 평면직각 좌표계
    - 명칭 : 서부, 중부, 동부, 동해 좌표계
    - 원점의 경위도 : 경도(동경 125°/127°/129°/131°)
      위도(북위 38°)
  - UTM-K (단일평면직각좌표계)
    - 원점의 경위도 : 경도(동경 127°30′), 위도(북위 38°)
    - 공간정보의 효율적 구축 및 활용에 사용

측량기준점

- 국가기준점
  - 우주측지기준점 : 국가측지기준계를 정립하기 위하여 전세계 초장거리간섭계와 연결하여 정한 기준점
  - 위성기준점 : 지리학적 경위도, 직각좌표 및 지구중심좌표의 측정 기준으로 사용하기 위하여 대한민국 경위도원점을 기초로 정한 기준점
  - 수준점 : 높이 측정의 기준으로 사용하기 위하여 대한민국 수준원점을 기초로 정한 기준점
  - 중력점 : 중력 측정의 기준으로 사용하기 위하여 정한 기준점
  - 통합기준점 : 지리학적 경위도, 직각좌표, 지구중심 직각좌표, 높이 및 중력 측정의 기준으로 사용하기 위하여 위성기준점, 수준점 및 중력점을 기초로 정한 기준점
  - 삼각점 : 지리학적 경위도, 직각좌표 및 지구중심 직각좌표 측정의 기준으로 사용하기 위하여 위성기준점 및 통합기준점을 기초로 정한 기준점
  - 지자기점 : 지구자기 측정의 기준으로 사용하기 위하여 정한 기준점
- 공공기준점
  - 공공삼각점 : 공공측량 시 수평위치의 기준으로 사용하기 위하여 국가기준점을 기초로 하여 정한 기준점
  - 공공수준점 : 공공측량 시 높이의 기준으로 사용하기 위하여 국가기준점을 기초로 하여 정한 기준점
- 지적기준점
  - 지적삼각점 : 지적측량 시 수평위치 측량의 기준으로 사용하기 위하여 국가기준점을 기준으로 하여 정한 기준점
  - 지적삼각보조점 : 지적측량 시 수평위치 측량의 기준으로 사용하기 위하여 국가기준점과 지적삼각점을 기준으로 하여 정한 기준점
  - 지적도근점 : 지적측량 시 필지에 대한 수평위치 측량 기준으로 사용하기 위하여 국가기준점, 지적삼각점, 지적삼각보조점 및 다른 지적도근점을 기초로 하여 정한 기준점

측량 및 공간정보 관련 시사성

- 우리나라 측량 및 공간정보 분야의 현황, 문제점, 개선방안
- 측량 및 공간정보 관련 제도(정책)의 현황, 문제점, 개선방안
- 공간정보 관련 3법(기본법/구축 및 관리/산업진흥)
- 국가 공간정보 정책/국가 측량/공간정보산업 진흥 기본계획
- 측량 및 공간정보 관련 사업
- 통일 대비 한반도 측량체계 확립 전략
- 기타(수로/지적/최근 시사성)

CHAPTER 02 Speed Summary

01 현대 측량학은 전자계산기술, 위성기술, 전자통신기술, 전자광학기술 등 기술 발전의 영향을 받아 혁신적으로 발전하고 이러한 추세를 반영하여 측량 및 지형공간정보학 관련 분야에서 새로운 용어가 많이 대두되었는데 Geomatics, Geomatic Engineering, Geoinformatics, Geospatial Informatics, Spatial Information 및 Information System 등으로 이 중에서 Surveying and Geospatial Informatics, Geomatics, Geoinformatics, Geoinformation이 측량 및 지형공간정보와 관련된 용어로 사용되고 있다.

02 측량학은 지구 및 우주공간상에 존재하는 제 점 간의 상호위치 관계와 그 특성을 해석하는 학문이다. 그 대상은 인간의 활동이 미치는 모든 영역이고, 점 상호 간의 거리, 방향, 높이, 시를 관측하여 지도제작 및 모든 구조물의 위치를 정량화시키는 것뿐만 아니라 환경 및 자원에 대한 정보를 수집하고 이를 정성적으로 해석하는 제반 방법을 다루는 학문이다.

03 「공간정보의 구축 및 관리 등에 관한 법률」상 측량의 정의는 다음과 같다. "측량"이란 공간상에 존재하는 일정한 점들의 위치를 측정하고 그 특성을 조사하여 도면 및 수치로 표현하거나 도면상의 위치를 현지에 재현하는 것을 말하며, 측량용 사진촬영, 지도의 제작 및 각종 건설사업에서 요구하는 도면작성 등을 포함한다.

04 측량 및 지형공간정보체계는 정보체계의 정량화를 위하여 위치정보와 특성정보에 의한 지형공간정보체계의 활용으로 의사결정과 각종 대상에 연계시켜 생활에 편익을 도모한다.

05 공간정보란 지상, 지하, 수상, 수중 등 공간상에 존재하는 자연적 또는 인공적인 객체에 대한 위치정보 및 이와 관련된 공간적 인지 및 의사결정에 필요한 정보를 말한다.

06 공간정보학(Geoinformation)은 지리정보나 지리자료를 수집하고, 분배하고, 저장하고, 분석하고, 처리하고, 표현하는 것에 관한 학문을 말한다. 측량, 원격탐측, GNSS 및 GSIS를 통합하는 용어로서 사용되고 있다.

07 종래 측량학은 땅을 관측하고 지도를 제작하며 건설공사에 위치자료를 제공하는 데 많은 역할을 해왔으나, 최근 측량학은 인공위성, 전자기파, 전자계산기 등의 최첨단 과학 기술의 도입으로 평면, 곡면 및 공간을 고려한 길이, 각, 시와 좌표계를 이용한 위치결정, 위치를 가시화시키는 도면화 및 도형해석에 폭넓게 활용되고 있다.

08 측량 및 지도제작분야는 측지학, 측량학, 사진측량학, 지도제작 등 독자적인 학문 경향의 기술로부터 공간정보공학(Geoinformation)이라는 방법론 경향의 통합학문으로 급격하게 변화하고 있다.

09 지형공간정보를 학문적으로 연구하는 측량학은 우리 국토는 물론, 전 지구 및 우주공간을 효율적으로 활용하기 위해 그 중요성이 매우 높다. 최근에는 측량학이 IT 기술, GNSS, GSIS와 연계되어 우리 생활 곳곳에서 유용하게 쓰이고 있다. 또 쓰나미, 산사태, 홍수 등 각종 자연재해와 인공재해에 대비한 방재시설 구축 및 관리에도 응용됨으로써 미래의 인구가 보다 안전한 생활을 할 수 있도록 하는 데 기여하고 있다.

10 공간정보는 '위치정보'만을 중요시하던 과거와 달리 ICT 기술과 융합되어 길찾기, 여행, 생활편의 등 국민들의 일상생활에서부터 교통, 국방, 도시계획 등 다양한 전문분야로 활용범위가 확대되고 있다. 또한 공간정보는 다양한 산업과 기술의 융복합을 통해 새로운 부가가치를 창출하며, 앞으로 방대한 일자리 창출이 전망되는 등 미래 국가 경쟁력의 핵심자원으로 성장하고 있다.

11 최근 공간정보는 ICT 기술 등과 융합되어 건설, 제조, 유통 등의 산업부문과 생활정보, 교통정보, 환경정보 등의 생활정보서비스부문에서 고부가가치를 창출하고 있다. 이 뿐만이 아니라 공간정보는 산사태, 홍수 등의 재난재해와 사고 및 범죄로부터 안전한 국민생활을 영위하기 위한 필수 정보로 여겨지고 있으며, 또한 실시간 물류관리나 고객관리(CRM) 등 기업경영의 기반정보로도 유용하게 활용되고 있다.

12 공간정보는 사람과 기술 간의 만남을 실현해 주는 인터페이스로서 스마트 사회 구현의 필수 핵심자원으로 급부상하고 있다. 공간정보는 공간 빅데이터, 클라우드 소싱, 오픈소스, 사물인터넷 기술 등의 발전을 통하여 그동안 인적·기술적 진입장벽들을 허물고, 다양한 기술 간의 융복합과 사용자들 간의 협업을 지원하는 플랫폼으로 진화하고 있다.

13 전 국토의 토지이용 극대화 및 도시화에 따른 복잡한 시설물 관리의 필요성과 각종 개발계획 시, 신속한 의사결정을 위해서는 높은 정확도를 요구하는 측량이 요구되고 있는 실정이다. 또한 최신 컴퓨터 기술을 바탕으로 한 네트워크 기능 등 정보화기술(IT)과 측량기술의 접목을 통하여 새로운 측량기술이 등장하고 있다. 이러한 최신 측량기술은 현재 작업시간의 단축, 장비사용의 편리성, 측량성과 정리 등 전반적인 작업의 효율성과 경제성이 우수하기 때문에 대부분의 측량산업 전반에 사용되고 있다.

14 최근 측량기술의 발전은 전자, 항공, 우주, 컴퓨터 등의 발전과 더불어 가속화되었으며, 이들의 지속적인 발전은 필연적으로 측량의 자동화 및 고정밀화를 가져와 효율성과 편의성이 극대화될 전망이다.

15 GNSS, 항공사진, 원격탐측, GSIS 등의 첨단측량기술의 발전은 사용자 입장에서 볼 때 많은 전문적인 기술들이 일반화되어 측량의 전문성 및 작업성에 중대한 영향을 미치고 있다.

16 종래의 지형도가 점과 선을 통하여 종이 위에 만들어진 시대에서 점과 선 대신 부호화와 수치화하여 컴퓨터 속에 저장되고 디지털 영상을 이용한 수치표고모델의 자동 생성은 오차를 최소화하고 도화사의 노력과 시간을 획기적으로 줄여주어 모든 지형도 작업이 빠르게 자동화될 것으로 예상된다.

17 최근 측량 및 지형공간정보 기술은 종래 아날로그방식의 공간정보를 탈피한 신개념의 통합정보 구축이 시작됨에 따라 3차원, 디지털, ICT, 융·복합 등 측량 및 공간정보 고도화를 위한 새로운 기틀이 조성되고 있다.

18 측량은 건설공사의 전 과정에서 가장 중요한 공종임에도 불구하고 각종 시방서나 공사 지침서는 물론 건설기술관리법 등의 주요 법령에서 매우 소홀히 다루어지고 있다. 따라서 측량 소홀로 인한 부실공사의 급증, 측량기술자 수요 감소에 따른 측량산업 위축 등의 문제가 발생되고 있어 측량산업의 활성화 차원에서 이에 대한 제도개선이 시급히 요청된다.

19 최근 측량산업의 국제 패러다임 변화로 기존의 아날로그형 측량에서 GNSS, GSIS, RS 등 새로운 첨단기술을 활용한 디지털 측량으로 완전 변화되어 위치정보 생산뿐만 아니라 관리, 유통, 활용까지 통합한 One-stop 서비스체계를 구축하고 있다.

20 측량업체의 해외시장 진출은 국내시장에 비해 부가가치가 훨씬 크다는 측면에서 적극적인 추진이 필수적이다. 해외시장 진출방법으로는 해외건설현장의 실시설계 및 시공측량을 수주하는 방법과 개발도상국에 대한 개발원조사업을 통해 측지 및 설계측량 등을 수주하는 방법이 있다.

21 최근 측량산업은 GNSS, MMS, 인공위성·항공(UAS)촬영, TS, 3D GPR, multi-Echosounder 등을 활용한 지상, 지표, 지하, 수중에 대한 대량의 고정밀 정보를 단시간에 취득, GIS 환경에서 속성정보와 연계된 다차원 공간정보를 구축하여 현황측량-설계-시공-유지관리 등 건설공간의 고도화에 노력하고 있다.

22 측량 및 GSIS 관련 기술의 변화와 시장의 변화를 감안하고 국내의 열악한 측량 및 GSIS 산업의 현주소를 감안하여 관련 산업을 육성하기 위한 방안을 도출하기 위해서는 기본방향을 올바르게 수립하여야 한다. 현재까지 측량 및 GSIS 산업의 공공부문이 주도해온 양적인 지리정보 데이터베이스의 구축에서 질적인 향상을 도모하는 방향으로 전환되어야 한다. 우리나라 측량정보산업 및 GSIS 산업의 기술적 취약성을 극복하기 위한 방안으로서 산학협력을 강화하기 위한 정책이 수립되어야 한다. 측량정보산업의 영세성과 취약성을 감안할 때

자체 기술 개발을 기대할 수 없다면 관련 기술을 보유한 대학 및 연구소와의 전략적 제휴, 관련 연구개발의 활성화를 위한 지원대책 등의 수립을 통하여 측량정보산업을 확대하여야 한다.

23 공간정보산업의 핵심정보는 측량인들이 생성 구축하고 있는 정사영상, DEM, 고정밀 3차원 데이터 등의 기본공간정보이므로 측량분야의 새로운 시장 창출과 더 큰 도약과 발전을 위해서는 공간정보의 기초와 출발점은 바로 측량이라는 점을 염두에 두고 측량의 정체성을 확보하여 국가공간정보의 기본에 충실할 수 있는 사회적 분위기 형성과 측량기술이 제 역할을 다할 수 있도록 해야 할 것이다.

24 향후 남북통일에 대비하여 측량 및 GSIS 분야는 남북 간 측량기준을 통일하고 지도를 통합하는 등의 기본적인 요건을 갖춤과 동시에, 한반도 전체의 효율적인 국토관리를 위한 국토 모니터링체계의 기초자료를 지속적으로 제공해야 한다는 관점에서 향후 각종 기준점의 증설 및 유지관리, 수치지도의 적기갱신 및 공급 등에 필요한 다양한 논의가 필요한 시점이라 할 수 있다.

25 제4차 산업혁명은 인공지능, 로봇기술, 생명과학, 빅데이터가 주도하는 차세대 산업혁명으로 초연결산업, 융복합산업을 지향하고 있으며, 여기서 공간정보는 이들 산업의 기반이 되는 중추적 플랫폼 역할을 담당하고 있다. 대표적인 예로 공간정보는 드론의 활용, 자율주행자동차의 실용화, 사물인터넷의 확산, 빅데이터의 분석 및 활용, 증강현실 게임 개발 등 다양한 융복합산업의 기반 요소로 자리매김하고 있다. 한편, 이러한 공간정보는 보다 정밀한 위치정보, 보다 다양한 속성정보, 보다 신속한 정보갱신, 보다 손쉬운 활용여건 등을 요구하고 있으며, 이를 통하여 보다 다양하고 부가가치가 높은 미래 산업이 창출될 것이다. 따라서, 이러한 공간정보의 수요 추세에 부응하기 위한 측량 기술의 역할이 매우 중요하다 할 수 있으며, 더불어 신기술의 활용을 촉진할 법·제도적 뒷받침, 공간정보 품질관리 및 유통체계의 개선 등이 요구되고 있고, 아울러 측량 산업의 구조적 변화가 예상되는 바 이에 대응하기 위한 선제적 대응 전략 마련이 시급한 실정이다.

26 공간정보와 위치정보의 융합으로 드론, 자율주행자동차, 사물인터넷 등은 공간정보산업의 창출 및 제4차 산업혁명에 대응하는 데 없어서는 안 될 매우 중요한 요소이다. 그러나, 공간정보 관련 수요 또한 미래 트렌드에 따라 변화할 것이며, 성장의 정체, 삶의 질 개선 등 도전적 요소를 안고 있다. 이제 현안 및 미래 이슈를 해결하고자 미래 변화에 선제적이고 능동적 대응이 가능하도록 장기적인 방향성 확립이 필요하다.

CHAPTER

03 단답형(용어해설)

01 측지측량과 평면측량

1. 개요

측량은 지구 및 우주공간상에 존재하는 제 점 간의 상호 위치관계와 그 특성을 해석하는 것으로서, 측량을 실시할 경우 측량할 지역의 넓이, 정확도 및 경제성 등을 고려해야 한다. 측량할 지역의 넓이에 따라 지구곡률을 고려하지 않는 평면측량과 지구곡률을 고려하는 측지측량으로 구분된다.

2. 평면측량(Plane Surveying)

지구곡률을 고려하지 않는 측량으로 거리측량의 허용정밀도가 $1/10^6$일 경우 반경 11km 이내의 지역을 평면으로 취급하며 소지측량(Small Area Surveying)이라고도 한다.

3. 측지측량(Geodetic Surveying)

$1/10^6$의 허용정밀도로 측량한 경우 반경 11km 이상 또는 면적 약 400km² 이상의 넓은 지역에 지구곡률을 고려하여 행하는 정밀측량을 말하며 대지측량(Large Area Surveying)이라고도 한다.

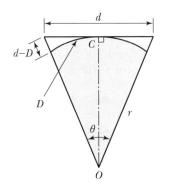

D : 지구의 표면을 따라 관측한 거리
d : 평면으로 관측한 거리
$d - D$: 거리오차
$\dfrac{d - D}{D}$: 허용오차
r : 지구반경
O : 지구중심

[그림 1-1] 평면측량과 측지측량

[그림 1-1]의 C점에서 지구의 표면을 따라 관측한 거리 D는 C점에서 접하고 있다. 평면으로 관측한 거리 d와의 차가 1 : 1,000,000 이내인 범위를 평면으로 보면,

$$d = 2\,r\,\tan\frac{\theta}{2} \ (\text{단, } \theta\text{는 호도법에 의한 값})$$

여기서, Maclaurin 급수 전개를 이용하면 $\tan\dfrac{\theta}{2} = \dfrac{\theta}{2} + \dfrac{1}{3}\left(\dfrac{\theta}{2}\right)^3 + \dfrac{2}{15}\left(\dfrac{\theta}{2}\right)^5 + \cdots\cdots$

3항 이상은 생략되며, $r\,\theta = D$에서 $\dfrac{\theta}{2} = \dfrac{D}{2r}$를 대입하면,

$$d = 2r\tan\frac{\theta}{2} = 2r\left[\frac{\theta}{2} + \frac{1}{3}\left(\frac{\theta}{2}\right)^3\right] = 2r\left[\frac{D}{2r} + \frac{1}{3}\left(\frac{D}{2r}\right)^3\right] = D + \frac{1}{12}\cdot\frac{D^3}{r^2}$$

$$\therefore \ \frac{d-D}{D} = \frac{1}{12}\left(\frac{D}{r}\right)^2$$

4. 적용

측지측량과 평면측량의 구분은 주로 천문측량, 정밀기준점측량, 삼각측량 및 수준측량 등 정밀측량에 적용된다.

(1) 정밀기준점측량

지구의 곡률을 고려하여 측지학의 원리에 따라 정밀한 측량기기의 측량기법으로 국가 측지망을 구성하고 국가기준점의 위치를 설정하는 측지측량이다.

(2) 측지삼각측량

삼각점의 위도, 경도 및 높이를 구하여 지구상의 지리적 위치를 결정하는 동시에 나아가서는 지구의 크기 및 형상까지도 결정하려는 것으로서 그 규모도 크고, 계산을 할 때 지구의 곡률 및 기차 영향을 고려하여 정확한 결과를 구하려는 측량이다.

(3) 평면삼각측량

지구의 표면을 평면으로 간주하고 실시하는 측량이며 $1/10^6$ 허용 정밀도로 측량할 경우 반경 11km 이내의 범위를 평면으로 간주하는 측량이다.

(4) 장거리 수준측량

표고는 등퍼텐셜면을 기준으로 하므로 장거리 수준측량에서는 중력, 지구곡률, 대기굴절 등을 고려하여야 한다.

(5) 단거리 수준측량

지구의 표면을 평면으로 간주한 소규모 지역에서 행하는 측량을 말한다.

(6) 지적측량

지구의 표면을 평면으로 간주하는 측량을 말한다.

(7) 수로 및 해양측량

측지측량으로 지구의 곡률을 고려하여 행하는 측량이다.

(8) 지각변동 관측 및 항로 등의 측량

측지측량으로 지구의 곡률을 고려하여 행하는 측량이다.

(9) 지구의 형이나 지오이드 기복을 결정하는 중력, 위성, 지자기 측량

측지측량으로 지구의 곡률을 고려하여 행하는 측량이다.

02 지구상의 위치기준 및 표시방법

1. 개요

평면위치의 결정이란 기준타원체의 법선이 타원체 표면과 만나는 점의 좌표, 즉 경도 및 위도를 정하는 것이다. 높이 결정은 평균해수면을 기준으로 하는 것으로 직접수준측량 또는 간접수준측량에 의해 결정된다.

2. 수평위치 기준 및 표시방법

(1) 수평위치 기준

① 수평위치란 지구 표면에 존재하는 임의의 점에 대하여 특정기준에 대한 상대적인 값을 부여하여 고유의 위치를 나타내는 것으로, 그 기준은 일반적으로 지구를 타원체로 가정하여 수학적으로 표현한다.

② 종래 세계 각국에서는 나라별로 지오이드에 가장 가까운 준거(기준) 타원체를 설정하여 사용하였으나, 최근 선진국들은 위성측량의 대중화로 국제타원체인 GRS80 타원체를 통일적으로 사용하고 있다.

(2) 수평위치 표시방법

수평위치 표시방법에는 일반적으로 지리학적 경위도 좌표, 평면직각좌표, 극좌표, UTM 및 UPS 좌표, 지구중심직각좌표(WGS/ITRF) 등으로 표시한다.

(3) 우리나라의 수평위치 기준

우리나라 수평위치는 세계측지계에 따라 측정한 지리학적 경위도, 지도제작 등을 위하여 필요한 경우 직각좌표, 극좌표, 지구중심좌표로 표시하며, 타원체는 GRS80, 좌표계는 ITRF2000을 사용하고 있다.

3. 수직위치 기준 및 표시방법

(1) 수직위치 기준

점의 위치를 표현하는 성분 중 평면위치 성분은 기준면의 기준타원체에 근거해 결정되고, 높이는 타원체를 근거하여 결정한 것은 기하학적으로는 맞으나 물리학적으로는 맞지 않으므로 지오이드면(평균해수면)을 기준으로 높이를 결정하였다. 그러나, 최근 GNSS 측량 등과 같은 위성측량의 출현으로 높이의 기준이 다양해지고 있다.

(2) 표시방법

수직위치는 한 점의 지구 연직방향에 대한 높이값으로 표고(Elevation), 정표고(Orthometric Height), 역표고(Dynamic Height), 타원체고(Ellipsoidal Height), 지오이드고(Geoidal Height), 정규표고(Normal Height) 등 다양한 표시방법이 있다.

(3) 우리나라의 수직위치 기준

우리나라의 수직위치 기준은 평균해수면(육지), 기본수준면(간출지 표고와 수심), 해안선(약 최고고조면)으로 정하여 사용하고 있다.

4. 수평위치 결정과 수직위치 결정을 별도로 하는 이유

(1) 점의 위치를 표현하는 성분 중 평면위치 성분(수평위치)은 기하학적 면인 타원체에 설정하는 것이 좌표를 취득하는 것이 용이하며, 수직위치 성분(수직위치)은 중력을 고려한 물리적인 면인 지오이드면(평균해수면)에 결정하는 것이 정확한 높이값을 얻을 수 있어 별도로 결정하여 사용하고 있다.

(2) 타원체는 매끈한 면으로 평면위치(x, y)를 결정하기 용이하며, 지오이드는 지하 물질의 불균일로 불규칙하므로 평면위치(x, y)를 결정하기 곤란하므로 수평위치와 수직위치를 별도로 결정하여 사용하고 있다.

(3) 측량에서 사용되는 광학기계는 기포관을 통하여 정준하며, 이때 기기의 수직축은 중력방향과 일치하게 되고 지오이드에 수직하게 된다. 따라서 직접수준측량에 의한 표고는 지오이드를 기준으로 하게 되며, 즉 지오이드가 표고의 기준면으로 사용되는 이유이다.

03 우리나라 측량의 기준

1. 개요

측량은 지구 및 우주공간상에 각 점 간 위치를 결정하고 특성을 해석하는 것으로 통일된 측량을 실시하기 위해서는 「공간정보의 구축 및 관리 등에 관한 법률」상에 그 기준을 정하여 정확성을 확보함으로써 효율적인 각종 측량을 실시할 수 있다.

2. 공간정보의 구축 및 관리 등에 관한 법률상 측량의 기준

「공간정보의 구축 및 관리 등에 관한 법률」상 측량의 기준은 공간정보의 구축 및 관리 등에 관한 법률 제6조에 명시되어 있으며, 이 기준을 이용하여 기본측량 및 각종 측량을 실시하여야 한다.

(1) 위치는 세계측지계(世界測地系)에 따라 측정한 지리학적 경위도와 높이(평균해수면으로부터의 높이를 말한다.)로 표시한다. 다만, 지도 제작 등을 위하여 필요한 경우에는 직각좌표와 높이, 극좌표와 높이, 지구중심 직교좌표 및 그 밖의 다른 좌표로 표시할 수 있다.

(2) 측량의 원점은 대한민국 경위도원점(經緯度原點) 및 수준원점(水準原點)으로 한다. 다만, 섬 등 대통령령으로 정하는 지역에 대하여는 국토교통부장관이 따로 정하여 고시하는 원점을 사용할 수 있다.

(3) 위치에 따른 세계측지계, 측량의 원점 값의 결정 및 직각좌표의 기준 등에 필요한 사항은 대통령령으로 정한다.

3. 세계측지계의 요건(공간정보관리법 시행령)

(1) 회전타원체의 장반경 및 편평률은 다음과 같을 것
  ① 장반경 : 6,378,137m
  ② 편평률 : 1/298.257222101

(2) 회전타원체의 중심이 지구의 질량중심과 일치할 것

(3) 회전타원체의 단축이 지구의 자전축과 일치할 것

4. 우리나라 측지계의 현황

세계 각국과 같이 측지계 기준을 평면 및 높이 부문으로 운영하고 있다.

(1) 평면

  ① 지역 측지계(동경 측지계)에서 세계 측지계로 전환하여 본격 운영(2010년~)하고 있으며, 좌표 프레임은 ITRF2000, Epoch2002, 기준타원체는 GRS80이다.

② 상대적인 지각 변동이 미소함을 고려한 정적 측지계(Static Datum) 형식이다.

(2) 높이

① 인천 앞바다 평균해수면(관측 1913~1916년) 기준의 단일 원점체계가 원칙이나 제주도 · 독도 등 도서지역은 지역별 높이기준(TBM)을 사용하는 이원화 형식이다.

② 직접수준측량에 의한 정규정표고(타원보정) 성과로 실 중력 영향을 반영하지 못하고 있다.

(3) 우리나라 각종 높이의 기준

① 육지 : 평균해수면

② 간출지 높이와 수심 : 기본수준면(약최저저조면)

③ 해안선 : 약최고고조면

---

04 높이의 종류와 우리나라 높이의 기준

1. 개요

점의 위치를 표현하는 성분 중 평면위치 성분은 기준면의 기준 타원체에 근거해 결정되고, 높이는 타원체를 근거하여 결정되는 것이 곤란하므로 종래 지오이드면(평균해수면)을 기준으로 높이를 결정하였다. 그러나 최근 GNSS 측량 등과 같은 위성 측량의 출현으로 높이의 기준이 다양해지고 있다.

2. 높이의 종류

(1) 표고(Elevation) : 평균해수면에서 그 점까지 이르는 연직거리

(2) 정표고(Orthometric Height) : 지표면의 한 점에서 중력 방향을 따라 관측한 지오이드까지의 거리(정표고를 구하기 위해 수준측량의 결과에 중력보정을 하여야 한다. 실제 일일이 중력 측량하기 어려우므로 정규표고를 활용한다.)

(3) 정규표고(Normal Height) : 기준타원체와 텔루로이드 사이의 연직거리(지구의 타원체 형상에 기초한 중력식을 사용하여 근사적으로 보정한 높이)

(4) 역표고(Dynamic Height) : 정표고의 문제점을 보완한 것으로 어떤 기준 중력값으로부터의 높이

(5) 지오이드고(Geoidal Height) : 지오이드와 타원체 사이의 고저차

(6) 타원체고(Ellipsoidal Height) : 준거타원체상에서 그 점까지 이르는 연직거리

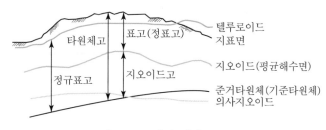

[그림 1-2] 높이의 종류

3. 우리나라 표고의 기준

(1) 우리나라의 육지 표고 기준 : 평균해수면(중등조위면, MSL : Mean Sea Level)

(2) 간출지 표고와 수심 : 기본수준면(약최저저조면)

(3) 해안선 : 약최고고조면

(4) 토지와 접한 항만 구조물의 높이 기준 : 평균해수면에 근거한 국가수준점 표고

(5) 수로 등의 해양 구조물의 높이 기준 : 약최저저조면을 기준으로 하는 수로용 수준점(수로국 TBM)

(6) 선박의 안전통항을 위한 교량 및 가공선의 높이 : 약최고고조면

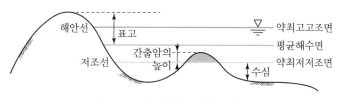

[그림 1-3] 각종 높이의 기준

4. 우리나라 높이 기준을 평균해수면으로 정한 이유

종래 높이를 타원체에 근거하여 결정하는 것이 곤란하였으므로 지오이드면(평균해수면)상의 연직방향이 중력방향과 일치하므로 중력방향과 수직을 이루는 지오이드면(평균해수면)을 우리나라 높이의 기준으로 정하였다.

5. 기준면 통합의 필요성

(1) 국토공간정보 통합상의 문제점 해결
  ① 평면 측량기준점의 공동활용을 통한 측량의 경제성 및 효율성 향상(측지 및 지적분야)
  ② 높이 기준이 상이한 BM과 TBM 성과 사용 시 혼돈 유발 방지(측지 및 수로분야)

(2) 공공측량 및 각종 건설공사, 공간정보 구축 등에 정확하고 통일된 높이값 제공

(3) 지구과학 연구에 필요한 정확한 자료 제공

1. 개요

출발 삼각점의 경도와 위도 및 어느 한 변의 방위각을 알면, 삼각측량에 의해 미지 삼각점의 경도, 위도 및 모든 변의 방위각을 결정할 수 있으며, 이와 같이 결정된 양을 측지경도, 측지위도 및 측지 방위각이라 한다. 삼각측량에서 출발점을 측지원점이라 하며 출발점의 경도, 위도, 방위각, 지오 이드 높이, 기준 타원체의 요소 및 수직선 편차 등을 측지 원자(측지기준, 측지원점요소)라 한다.

2. 측지 원자의 기본 요소(측지원점을 결정하기 위한 매개변수)

측지원점을 결정하기 위한 매개변수는 8개로 구성된다.

(1) 타원체 관련 매개변수(5개)

① 타원체의 차원을 결정하는 변수(2개) : 준거타원체 요소(a, f)

② 지구 질량중심에 대한 타원체의 중심위치를 결정하는 변수(3개) : 지오이드 높이(N_0), 수직 선(연직선)편차(ξ_0, η_0)

(2) 좌표계 관련 매개변수(3개)

그리니치 기준 자오선과 지구평균자전축에 대한 타원체 방향을 결정하는 변수 : 경도(λ), 위 도(φ), 방위각(α_0)

3. 우리나라의 측지 원자

(1) 경도는 본초 자오선과 임의 지역의 타원체상의 자오선 간의 적도상의 각거리(λ)로 한다.

(2) 위도는 지구상의 한 점과 지구중심을 맺는 직선이 적도면과 이루는 각(φ)으로 한다.

(3) 장반경(a) 및 편평률(f)은 GRS80 타원체를 기준으로 한다.

(4) 자오선 방향의 연직선 편차(ξ_0)는 0이다.

(5) 묘유선 방향의 연직선 편차(η_0)는 0이다.

(6) 측지 방위각(α_0)은 $A_0 - \eta_0 \tan\varphi_0$이다.

(7) 지오이드고(N_0)는 23.704m이다.

(8) 타원체의 단축과 지구자전축은 일치한다.

(9) 회전타원체 중심이 지구 질량중심과 일치하여야 한다.

06 측량기준점(Control Point of Surveying)

1. 개요

측량기준점이란 기준점 측량에 의하여 얻어진 점, 즉 세부측량을 하기 위해 기준으로 정한 점을 말한다. 「공간정보의 구축 및 관리 등에 관한 법률」에서는 국가기준점, 공공기준점, 지적기준점으로 크게 구분하고 있다.

2. 측량기준점의 종류

측량기준점의 종류는 「공간정보의 구축 및 관리 등에 관한 법률」에서 다음과 같이 구분하고 있다.

(1) 국가기준점

측량의 정확도를 확보하고 효율성을 높이기 위하여 국토교통부장관이 전 국토를 대상으로 주요 지점마다 정한 측량의 기본이 되는 측량기준점이다.

① 우주측지기준점

국가측지기준계를 정립하기 위하여 전 세계 초장거리간섭계와 연결하여 정한 기준점

② 위성기준점

지리학적 경위도, 직각좌표 및 지구중심 직교좌표의 측정기준으로 사용하기 위하여 대한민국 경위도원점을 기초로 정한 기준점

③ 수준점

높이 측정의 기준으로 사용하기 위하여 대한민국 수준원점을 기초로 정한 기준점

④ 중력점

중력 측정의 기준으로 사용하기 위하여 정한 기준점

⑤ 통합기준점

지리학적 경위도, 직각좌표, 지구중심 직교좌표, 높이 및 중력 측정의 기준으로 사용하기 위하여 위성기준점, 수준점 및 중력점을 기초로 정한 기준점

⑥ 삼각점

지리학적 경위도, 직각좌표 및 지구중심 직교좌표 측정의 기준으로 사용하기 위하여 위성기준점 및 통합기준점을 기초로 정한 기준점

⑦ 지자기점(地磁氣點)

지구자기 측정의 기준으로 사용하기 위하여 정한 기준점

(2) 공공기준점

공공측량시행자가 공공측량을 정확하고 효율적으로 시행하기 위하여 국가기준점을 기준으로 하여 따로 정하는 측량기준점이다.

① 공공삼각점

　공공측량 시 수평위치의 기준으로 사용하기 위하여 국가기준점을 기초로 하여 정한 기준점

② 공공수준점

　공공측량 시 높이의 기준으로 사용하기 위하여 국가기준점을 기초로 하여 정한 기준점

(3) 지적기준점

　특별시장 · 광역시장 · 도지사 또는 특별자치도지사나 지적소관청이 지적측량을 정확하고 효율적으로 시행하기 위하여 국가기준점을 기준으로 하여 따로 정하는 측량기준점이다.

① **지적삼각점**(地籍三角點)

　지적측량 시 수평위치 측량의 기준으로 사용하기 위하여 국가기준점을 기준으로 하여 정한 기준점

② **지적삼각보조점**

　지적측량 시 수평위치 측량의 기준으로 사용하기 위하여 국가기준점과 지적삼각점을 기준으로 하여 정한 기준점

③ **지적도근점**(地籍圖根點)

　지적측량 시 필지에 대한 수평위치 측량 기준으로 사용하기 위하여 국가기준점, 지적삼각점, 지적삼각보조점 및 다른 지적도근점을 기초로 하여 정한 기준점

3. 우리나라 측량기준점 현황

[표 1-1] 우리나라 측량기준점 현황　　　　　　　　　　　　　　　　　　　　　　(2016년 현재)

위성 기준점	통합 기준점	삼각점	수준점	절대 중력점	지자기점		공공 기준점	지적 기준점
					1등	2등		
182 (8개 부처)	3,898	16,448 (망실 포함)	7,299 (망실 포함)	23 (보조점 제외)	30	642	30,977	678,389

※ 측량기준점 설치 : 건설, 지도제작, 지적 등에 기반이 되는 다양한 측량기준점을 전국 곳곳에 설치

4. 우리나라 측량기준점 체계의 현황

　우리나라 국가기준점 체계는 기본적으로 1910년 실시된 기준점 체계를 그대로 유지하였으나, 최근 「공간정보의 구축 및 관리 등에 관한 법률」 제정으로 다양한 기준점 체계로 변화하고 있다.

(1) 우리나라 좌표계는 GRS80 타원체를 기준으로 한 세계좌표이다.

(2) 설치기관에 따라 국가(기본, 수로) · 지적 · 공공기준점으로 다원화되어 있다.

(3) 주로 위치의 구분이 수평과 수직으로 구분되어 기준계가 다르다.

(4) 평면 · 높이 · 특수기준점(중력, 지자기 등)과 1~4등급 등 종류별 · 등급별로 구분하여 설치 · 관리 및 사용 중이다.

(5) 대부분의 기준점이 표석에 의해 위치를 나타낸다.

(6) 전국적으로 통일된 정확도와 정밀도로 구성된 계층구조이다.

(7) 과거 재래식(광학) 측량기술 특성으로 인한 복잡한 계층구조이며, 계층 증가에 따라 기준점 자체의 오차가 측량에 반영되어 정확도가 저하되었다.

(8) 6 · 25 전쟁 등으로 인하여 복구, 재설치된 기준점이 많다.

(9) 평면직각좌표계는 T.M 투영법에 의해 4개의 좌표계로 설정되어 있다.

(10) 국가기준점은 국토교통부(지리원) 및 해양수산부(조사원)가 설치 · 관리하고 있다.

(11) 최근 국가기준점 기능을 통합한 다기능 기준점으로서 통합기준점 활용성이 확대되고 있다.

07 국제단위계(SI : Unit System)

1. 개요

국제단위계(SI)는 일반적으로 '미터법'으로 불리며 과학기술계에서 'MKSA' 단위라고 불리는 관측단위체계의 최신 형태이다. 1967년 온도의 단위가 켈빈(K)으로 바뀌고, 1971년에 7번째의 기본단위인 몰(mol)이 추가되어 현재 국제단위계(SI)의 기초가 되었다. 2018년 11월 16일 국제도량형총회(CGPM)에서 질량단위 킬로그램(kg)을 포함한 4개의 기본단위(킬로그램, 암페어, 켈빈, 몰)가 새롭게 정의되어 2019년 5월 20일부터 적용하여 사용하고 있다.

2. 국제단위계의 종류

(1) 기본단위

길이(m), 질량(kg), 시간(원자시, sec), 전류(암페어, A), 열역학적 온도(켈빈, K), 물량(몰, mol), 광도(칸델라, cd)

(2) 보조단위

① 라디안(Radian) : 평면각 SI 단위계

② 스테라디안(Steradian) : 입체각 SI 단위계

3. 보조단위계

국제단위계(SI)의 보조단위는 평면각의 라디안과 입체각의 스테라디안 두 가지가 있으며, 평면각은 두 길이의 비율로, 입체각은 넓이와 길이의 제곱과의 비율로 표현되므로 두 가지 모두 기하학적인 양이고 무차원량이다.

(1) 라디안(rad)과 스테라디안(sr)

① 라디안은 호도법에 의한 각도의 단위로서 호도라고도 한다. 반경 R인 원 내에서 원주상의 길이 R을 잡았을 때 중심각의 크기를 라디안이라 하며, 평면각을 표현하는 데 이용된다.

$$1\text{rad} = \frac{1\text{m}(\text{호의 길이})}{1\text{m}(\text{반경})}$$

② 스테라디안은 반경 r인 단위구상의 표면적을 구의 중심각으로 나타낸 것을 말하며, 공간각을 표시하는 데 이용된다.

$$1\text{sr} = \frac{1\text{m}^2(\text{구의 일부 표면적})}{1\text{m}^2(\text{구의 반경의 제곱})}$$

(2) 이용 분야

① 라디안(Radian) : 각속도(rad/s), 각가속도(rad/s^2)
② 스테라디안(Steradian) : 복사도(W/sr), 복사휘도(W/m^2 · sr), 광속도(cd · sr)

            (여기서, W : 와트, cd : 칸델라)

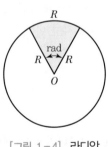

[그림 1-4] 라디안

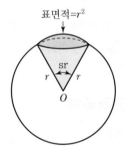

[그림 1-5] 스테라디안

CHAPTER **04** 주관식 논문형(논술)

01 우리나라 삼각점 및 경위도 원점의 역사적 배경

1. 개요

대규모 지역에 통일된 위치를 결정하기 위해서는 적당한 지점에 원점을 설치하여 정의된 기준에 의해 전국 중요 지역에 균등하게 표석을 설치하여 그 위치를 유지 계승하고 있다. 종래 국가기준점 체계는 기본적으로 1910년대 토지조사사업의 일환으로 실시된 기준점체계를 이용하고 있으나 21세기 위성측위 등 정밀 측량을 위해서는 많은 문제점이 노출되고 있어, 우리나라 삼각점 및 경위도 원점의 역사적 배경을 고찰하기로 한다.

2. 삼각점(삼각측량의 역사)

우리나라의 측지사업은 1909년 구 한국정부의 도지부(양지과)에서 본격적으로 착수하였으나, 1910년 8월 한일합병으로 인하여 그 사업이 중단되어 일본 조선총독부 임시 토지조사국에 의해 승계되었다. 우리나라 삼각점 및 삼각측량의 주요 역사는 다음과 같다.

(1) 1910년부터 1918년까지 8년간에 걸쳐 동경원점을 기준으로 한 1등, 2등, 3등, 4등 삼각점의 경위도와 평면직각좌표가 결정

(2) 1910년부터 1919년 사이에 실시된 삼각점 수는 총 31,994점 설치

(3) 6 · 25 전쟁으로 인하여 기준점 65% 이상이 파괴되고 관계서류 분실

(4) 1975년부터 1, 2등 삼각점의 전면적인 개측을 위한 정밀 1차 기준점 측량을 계획하고 변장 10km 간격인 총 1,292점을 대상으로 실시

(5) 1985년부터 3, 4등 삼각점을 대상으로 한 정밀 2차 기준점 측량을 계획하고 변장 3km 간격으로 대상점 14,798을 대상으로 실시

(6) 2001년 세계측지계로의 전환으로 새로운 원점 수치에 의한 삼각측량 실시

(7) 2000년 후반 대대적인 삼각점 정비(평지 통합기준점/수준점으로 전환)

3. 기선측량

기선측량은 1910년 6월 대전 기선의 위치 선정을 시작으로 하여 1913년 고건원 기선측량을 끝으로 전국의 13개소의 기선측량을 실시하였다.

4. 대삼각본점 측량

대삼각본점의 배치는 경도 20′, 위도 15′의 방안 내에 1점이 되도록 배치하였으며, 전국을 23개의 삼각망으로 분할하여 작업을 시행하였다. 당초 구상으로는 경위도 원점을 한국의 중앙부에 설치하려고 하였으나 시간과 경비 문제로 대마도 1등 삼각점 2점과 한국 남단의 절영도와 거제도를 연결하여 자연적으로 남에서 북으로 삼각망 계산이 진행되게 되었다.

5. 대삼각보점 측량

대삼각본점 상호 간의 거리는 매우 크므로 바로 소삼각측량으로 실시하기 위해서는 어려움이 있어서 경도 20′, 위도 15′의 방안 내에 대삼각본점을 포함하는 9점 정도로 삼각점을 배치하고 각 삼각점 간의 거리를 약 10km로 하였는데 이것을 대삼각보점이라 한다.

6. 소삼각측량

소삼각측량은 구소삼각측량, 특별소삼각측량, 보통소삼각측량으로 나누어지며 구소삼각측량에서 기선은 적당한 지점을 선정하여 죽제권척 또는 측쇄를 사용하여 관측하였고, 기선장은 약 1,600m로 하였다.

7. 평면직각좌표의 원점

우리나라 평면직각좌표의 원점은 통일원점 3개, 구소삼각지역 원점 11개, 그리고 특별소삼각지역 원점으로 구성되어 있으며, 통일원점은 북위 38° 부근에 위치하고 있고, 구소삼각지역 원점은 경기도 지역과 경북 지역에 있고, 특별소삼각지역 원점은 전라도 지역과 울릉도에 있다.

8. 투영법

우리나라는 1910년대에 조선총독부에서 토지조사사업의 일환으로 계획하고 시행한 삼각점의 평면직각좌표 계산에서 Bessel 지구타원체와 가우스 상사 이중 투영법(Gauss Conformal Double Projection)이 이용되었다. 1950년대 이후 1/50,000, 1/25,000 지형도 등을 Gauss−Krüger 도법으로 제작하여 사회적·시대적 요청에 효과적으로 대처해오고 있다.

9. 동경원점

1880년대에 일본은 근대적 대지측량을 착수하게 됨에 따라 원점이 필요하게 되어 동경의 국토지리원 구내에 설치하고 1885년에 원점에 대한 관측을 완료하여 그 결과를 발표하였다. 그 후 관동대지진에 의하여 일본원점의 자오환이 파괴되어 구체적인 원점 위치가 없어지게 되었을 뿐만 아니라 단파산, 비야산 삼각점의 수평위치가 변화하였다. 이로 인해 복구측량이 실시되었으며 이때 파괴된 자오환 중심과 신설된 1등 삼각보점과의 방위각이 실측되었다.

10. 한국원점

대한민국 경위도 원점 설치사업이 국립지리원의 장기계획에 의해 1981년 8월~1985년 10월에 걸쳐 완료되어 측량법 제19조 제1항의 규정에 의해 국립지리원 고시 제57호로 경위도 수치가 고시됨으로써 수원시 원천동 산 63번지 국립지리원 구내에 설치되었다.

11. 우리나라 근대 측량의 현황, 문제점 및 개선방안

(1) 현황

① Bessel 타원체를 기준으로 한 동경원점에 의한 지역좌표
② 수평과 수직으로 위치 구분
③ 수직위치 기준은 인천만의 평균해수면을 사용
④ 기준점이 표석에 의해 위치를 나타냄
⑤ 통일된 정확도와 밀도로 구성된 계층 구조
⑥ 6 · 25 전쟁 이후 복구, 재설치된 기준점이 많음

(2) 문제점

① 특별소삼각점과 대삼각점을 편법으로 연결함으로써 정확도 측면에 괴리 발생
② 평면직각좌표의 비효율적 배치
③ 동경원점을 이용함에 따른 오차의 편중
④ 측량과 지적측량의 이원화에 따른 문제
⑤ 21세기 위성측량과 같은 고정밀도 측량에 많은 문제점 노출

(3) 개선방안

① 체계적이고 장기적인 구상에 의해 새로운 대삼각망 구성
② 평면직각좌표계 원점이 전국적으로 고르게 분포될 수 있는 방안 마련
③ 대삼각망 조정 시 삼각망의 비틀림을 방지하기 위한 Laplace점을 전국에 배치
④ 현재 측량과 지적의 이원화에 따른 제도적 개선책 모색

12. 결론

최근 측량은 관측기기의 발달과 위성측량 등으로 비약적인 발전을 하고 있으나 이에 대한 서비스 향상과 다양한 위치 정보 욕구에는 종래 좌표체계로는 부족한 실정이다. 그러므로 효율적인 기준점 관리체계로 21세기 첨단 측량에 대비하여야 할 것으로 판단된다.

1. 개요

우리나라 측량법(1961년 12월 31일 제정)은 측량에 관한 기준을 정하여 측량의 정확성을 확보하고 측량의 중복배제 및 측량성과의 공공이용 등을 기함으로써 측량제도의 발전을 도모함을 목적으로 하고 있다. 측량법은 2009년 6월 9일 「측량·수로조사 및 지적에 관한 법률」로 통합되었고, 2015년 6월 4일에는 「공간정보의 구축 및 관리 등에 관한 법률」로 개정되었다. 개정법에서는 측량을 크게 기본측량, 공공측량, 지적측량, 수로측량, 일반측량으로 구분하며, 측량업은 측지측량업 외 10가지로 구분하고 있다. 또한 2020년 2월 18일 「해양조사와 해양정보 활용에 관한 법률」로 분리 제정됨에 따라 측량의 분류에서 수로측량이 삭제되었다.

2. 공간정보의 구축 및 관리 등에 관한 법률상 측량의 정의

"측량"이란 공간상에 존재하는 일정한 점들의 위치를 측정하고 그 특성을 조사하여 도면 및 수치로 표현하거나 도면상의 위치를 현지(現地)에 재현하는 것을 말하며, 측량용 사진의 촬영, 지도의 제작 및 각종 건설사업에서 요구하는 도면작성 등을 포함한다.

3. 공간정보의 구축 및 관리 등에 관한 법률상 측량의 분류

(1) 기본측량

모든 측량의 기초가 되는 공간정보를 제공하기 위하여 국토교통부장관이 실시하는 측량을 말한다.

(2) 공공측량

국가, 지방자치단체, 그 밖에 대통령령으로 정하는 기관이 관계 법령에 따른 사업 등을 시행하기 위하여 기본측량을 기초로 실시하는 측량을 말한다.

(3) 지적측량

토지를 지적공부에 등록하거나 지적공부에 등록된 경계점을 지상에 복원하기 위하여 제21호에 따른 필지의 경계 또는 좌표와 면적을 정하는 측량을 말하며, 지적확정측량 및 지적재조사측량을 포함한다.

(4) 일반측량

기본측량, 공공측량 및 지적측량 외의 측량을 말한다.

4. 공간정보의 구축 및 관리 등에 관한 법률상 측량업의 종류

[표 1-2] 측량업의 종류 및 업무내용

종류	업무내용
측지측량업	• 기본측량으로서 국가기준점의 측량 및 지형·지물에 대한 측량 • 공공측량업 및 일반측량업 업무 범위에 해당하는 사항
공공측량업	• 공공측량으로서 토지 및 지형·지물에 대한 측량 • 일반측량업 업무 범위에 해당하는 사항
일반측량업	• 공공측량(설계금액이 3천만 원 이하인 경우로 한정한다.)으로서 토지 및 지형·지물에 대한 측량 • 일반측량으로서 토지 및 지형·지물에 대한 측량 • 설계에 수반되는 조사측량과 측량 관련 도면의 작성 • 각종 인허가 관련 측량도면 및 설계도서의 작성
연안조사측량업	• 하천, 내수면, 연안지역 및 댐에 대한 측량과 이에 수반되는 토지에 대한 측량 및 데이터베이스 구축 • 기본측량의 성과로서의 기본도의 연장을 위한 연안조사측량과 이에 수반되는 토지에 대한 측량
항공촬영업	항공기를 이용한 측량용 공간영상정보 등의 촬영·제작과 데이터베이스 구축
공간영상도화업	측량용 사진과 위성영상을 이용한 도화기상에서의 지형·지물의 측정 및 묘사와 그에 관련된 좌표측량, 영상판독 및 현지조사
영상처리업	측량용 공간영상정보를 이용한 데이터베이스 구축, 정사사진 지도제작 및 입체영상지도의 제작과 그에 관련된 좌표측량, 영상분석·지리조사 및 제작, 데이터의 입력·출력 및 편집
수치지도제작업	지도(수치지도 포함) 제작을 위한 지리조사, 영상판독, 데이터의 입력·출력 및 편집, 지형공간정보체계의 구축
지도제작업	• 지도책자 등을 간행하거나 인터넷 등 통신매체를 통하여 지도를 제공하기 위한 지리조사, 데이터의 입력·출력 및 편집·제도(스크라이브 포함) • 지적편집도 제작
지하시설물측량업	지하시설물에 대한 측량과 데이터베이스 구축
지적측량업	• 경계점좌표등록부가 갖춰진 지역에서의 지적측량 • 지적재조사에 관한 특별법에 따른 지적재조사지구에서 실시하는 지적재조사측량 • 도시개발사업 등이 완료됨에 따라 실시하는 지적확정측량 • 지적전산자료를 활용한 정보화사업

5. 공간정보의 구축 및 관리 등에 관한 법률상 측량업의 등록기준

[표 1-3] 측량업의 등록기준 세부사항〈개정 2020. 12. 29.〉

구분	기술능력	장비기준	비고
측지 측량업	1. 특급기술인 1명 이상 2. 고급기술인 1명 이상 3. 중급기술인 2명 이상 4. 초급기술인 2명 이상 5. 측량 분야의 초급기능사 2명 이상	1. 데오드라이트(1급 이상) 2조 이상 2. 레벨(1급, 인바제표척 포함) 1조 이상 3. 거리측정기(2급 이상) 1조 이상 또는 GPS 　수신기(1급) 2조 이상	
공공 측량업	1. 고급기술인 1명 이상 2. 중급기술인 2명 이상 3. 초급기술인 2명 이상 4. 측량 분야의 초급기능사 1명 이상	1. 데오드라이트(1급 이상) 1조 이상 2. 레벨(2급) 1조 이상 3. 거리측정기(3급 이상) 1조 이상 또는 GPS 　수신기(2급) 2조 이상	
일반 측량업	1. 고급기술인 1명 이상 2. 측량 분야의 초급기능사 1명 이상	1. 트랜싯(3급 이상) 또는 데오드라이트(3급 　이상) 1조 이상 또는 GPS수신기(2급 이상) 　2조 이상 2. 레벨(3급 이상) 1조 이상	
연안조사 측량업	1. 고급기술인 1명 이상 2. 중급기술인 1명 이상 3. 초급기술인 2명 이상 4. 측량 분야의 초급기능사 2명 이상	1. 음향측심기 1조 이상 2. 지중탐사기 1조 이상 3. 전자측위기 1조 이상 또는 GPS수신기 　(2급 이상) 2조 이상 4. 데오드라이트(1급 이상) 1조 이상 5. 레벨(2급 이상) 1조 이상 6. 검조의 1조 이상	
항공 촬영업	1. 특급기술인 1명 이상 2. 고급기술인 1명 이상 3. 항공사진 분야의 초급기능사 1명 이상	1. 촬영용 카메라 1대 이상 2. 촬영용 비행기 1대 이상	
공간영상 도화업	1. 고급기술인 1명 이상 2. 중급기술인 1명 이상 3. 초급기술인 1명 이상 4. 도화 분야의 초급기능사 2명 이상	1. 도화기(1급) 또는 수치사진측량장비 2조 　이상 2. 데오드라이트(1급 이상) 1조 이상 또는 　GPS 수신기(2급 이상) 2조 이상 3. 레벨(2급 이상) 1조 이상	
영상 처리업	1. 고급기술인 1명 이상 2. 중급기술인 1명 이상 3. 초급기술인 1명 이상 4. 정보처리산업기사 1명 이상 5. 도화 또는 지도제작 분야의 초급기능사 　1명 이상	1. 영상처리 소프트웨어 1식 이상 2. 출력장치 1대 이상 　• 해상도 : 600DPI 이상 　• 출력범위 : 600밀리미터×900밀리미 　　터 이상 3. 데오드라이트(1급) 1조 이상 또는 GPS 수 　신기(2급 이상) 2조 이상 또는 토털스테이 　션(각도 측정부 1급 및 거리측정부 2급 이 　상) 1조 이상 4. 레벨(2급 이상) 1조 이상	

구분	기술능력	장비기준	비고
수치지도 제작업	1. 고급기술인 1명 이상 2. 도화 분야 또는 지도제작 분야의 중급기능사 1명 이상 3. 정보처리기사 1명 이상	1. 자동독취기(스캐너) 1대 이상 • 해상도 : 800DPI • 독취범위 : 1,000밀리미터×600밀리미터 이상 2. 출력장치 1대 이상 • 해상도 : 600DPI • 출력범위 : 600밀리미터×900밀리미터 이상 3. 입력 · 출력 소프트웨어	
지도 제작업	1. 지도제작 분야의 초급기능사 1명 이상	1. 지도제작 입력 · 출력 소프트웨어 1식 이상	
지하시설 물측량업	1. 고급기술인 1명 이상 2. 중급기술인 1명 이상 3. 초급기술인 1명 이상 4. 측량 분야의 초급기능사 1명 이상	1. 금속관로탐지기(탐사깊이 3미터 기준) • 탐사위치의 정확도 : ±20센티미터 이내 • 탐사깊이의 정확도 : ±30센티미터 이내 2. 맨홀탐지기 1대 이상 3. 트랜싯(3급 이상) 1조 이상 또는 데오드라이트(3급 이상) 1조 이상 또는 GPS 수신기(2급 이상) 2조 이상	
지적 측량업	1. 특급기술인 1명 또는 고급기술인 2명 이상 2. 중급기술인 2명 이상 3. 초급기술인 1명 이상 4. 지적 분야의 초급기능사 1명 이상	1. 토털스테이션 1대 이상 2. 출력장치 1대 이상 • 해상도 : 2,400DPI×1,200DPI • 출력범위 : 600밀리미터×1,060밀리미터 이상	

6. 결론

최근 첨단측량의 발달로 측량의 영역은 점차 광역화되고 있으나, 「공간정보의 구축 및 관리 등에 관한 법률」로의 개정에도 불구하고 광역화되고 있는 측량을 현 관행이나 인식이 제도적으로 뒷받침하지 못하고 있는 실정이다. 그러므로 측량의 영역 확대, 기준 및 표준화 측면에서 「공간정보의 구축 및 관리 등에 관한 법률」을 심도 있게 연구하여 측량의 활성화에 기여하여야 할 때라 판단된다.

공간정보의 구축 및 관리 등에 관한 법률을 적용받는 측량과 적용받지 않는 측량

1. 개요

측량이란 공간상에 존재하는 일정한 점들의 위치를 측정하고 그 특성을 조사하여 도면 및 수치로 표현하거나 도면상의 위치를 현지에 재현하는 것으로 측량용 사진의 촬영, 지도의 제작 및 각종 건설사업에서 요구하는 도면작성 등을 포함하여 「공간정보의 구축 및 관리 등에 관한 법률」의 적용을 받고, 국지적 측량, 고도의 정확도가 필요하지 않는 측량, 순수 학술연구나 군사 활동을 위한 측량은 동 법률의 적용을 받지 않는다.

2. 법률에 따른 측량의 구분

(1) 공간정보의 구축 및 관리 등에 관한 법률을 적용받는 측량

① 기본측량　　　　　　　　　② 공공측량

③ 지적측량　　　　　　　　　④ 일반측량

(2) 공간정보의 구축 및 관리 등에 관한 법률을 적용받지 않는 측량

① 국지적 측량

② 고도의 정확도가 필요하지 않는 측량

③ 순수 학술연구나 군사 활동을 위한 측량

3. 공간정보의 구축 및 관리 등에 관한 법률을 적용받는 측량

(1) 기본측량

모든 측량의 기초가 되는 공간정보를 제공하기 위하여 국토교통부장관이 실시하는 측량

(2) 공공측량

① 국가, 지방자치단체, 그 밖에 대통령령으로 정하는 기관이 관계 법령에 따른 사업 등을 시행하기 위하여 기본측량을 기초로 실시하는 측량

② 상기 ① 외의 자가 시행하는 측량 중 공공의 이해 또는 안전과 밀접한 관련이 있는 측량으로서 대통령령으로 정하는 측량

(3) 지적측량

토지를 지적공부에 등록하거나 지적공부에 등록된 경계점을 지상에 복원하기 위하여 필지의 경계 또는 좌표와 면적을 정하는 측량을 말하며, 지적확정측량 및 지적재조사측량을 포함

(4) 일반측량

기본측량, 공공측량 및 지적측량 외의 측량으로 건설현장의 공사측량이 여기에 해당

4. 공간정보의 구축 및 관리 등에 관한 법률을 적용받지 않는 측량

(1) 국지적 측량

① 채광 및 지질조사측량, 송수관·송전선로·송전탑·광산시설의 보수 측량
② 지하시설물 중 길이 50m 미만의 실수요자용 시설(관로 중 본관 또는 지관에서 분기하여 수요자에게 직접 연결되는 관로 및 부속시설물)에 대한 측량

(2) 고도의 정확도가 필요하지 않는 측량

① 항공사진측량용 카메라가 아닌 카메라로 촬영된 사진
② 국가기본도(수치지형도 및 지형도) 등 기 제작된 지도를 사용하지 않고 거리, 방향, 축척의 개념이 없는 지도의 제작
③ 기타 공공측량 및 일반측량으로서 활용가치가 없다고 인정되는 측량

(3) 순수 학술연구나 군사 활동을 위한 측량

① 교육법에 의한 각종 초·중·고등학교, 전문대학, 대학교, 대학원 또는 양성기관에서 시행하는 실습측량
② 연구개발 보고서 작성 등을 목적으로 실시하는 측량
③ 군용목적을 위하여 군 기관에서 실시하는 측량 및 지도제작

5. 공간정보의 구축 및 관리 등에 관한 법률을 적용받지 않는 측량의 예외 사항

(1) 공공측량 시행자가 공공의 안전 등을 위해 필요하다고 판단하여 실시하는 실수요자용 시설에 대한 측량
(2) 공공측량 시행자가 「무인비행장치 이용 공공측량 작업지침」에 따라 촬영한 무인항공사진
(3) 허가·인가·면허·등록 또는 승인 등의 신청서에 첨부하여야 할 측량 도서를 작성하기 위하여 실시되는 측량

6. 공간정보의 구축 및 관리 등에 관한 법률을 적용받지 않는 측량의 재검토 기한

(1) 기한 : 매 3년
(2) 내용 : 타당성을 검토하여 개선 등의 조치

7. 결론

측량은 「공간정보의 구축 및 관리 등에 관한 법률」에 의거하여 공공측량 작업규정에 따라 측량을 실시하고 있다. 관련 법률을 적용받지 않는 부분도 측량의 일관성을 위하여 공공측량 작업규정에 따라 실시할 필요가 있으므로 이 부분에 대한 관계기관의 관심과 측량기술자들의 의식 변화가 필요하다.

04 공공의 목적으로 시행하는 공공측량 실시 목적, 공공측량 시행자, 공공측량 대상, 공공측량 성과심사 대상

1. 개요

공공측량은 기본측량 이외의 측량 중 국가, 지자체 또는 정부투자기관에서 공공의 목적으로 실시하는 측량으로서 공공측량 심사를 통하여 측량의 정확성을 확보하고 각 기관별로 실시한 측량성과를 서로 활용함으로써 중복 투자를 방지하기 위해 실시되는 제도이다.

2. 공공측량의 정의

(1) 국가, 지자체, 그 밖에 공공기관 등이 관계법령에 따른 사업 등을 시행하기 위하여 기본측량을 기초로 실시하는 측량
(2) 공공의 이해 및 안전과 밀접한 관련이 있어 국토교통부장관이 공공측량으로 지정하여 고시하는 측량

3. 공공측량의 실시 목적

(1) 국민 안전 및 공공시설 관리 등을 위하여 측량성과의 정확성을 담보할 수 있도록 측량의 기준, 절차 및 작업방법 관리
(2) 기존에 구축된 측량성과를 다른 측량의 기초로 활용할 수 있도록 관리하여 측량의 효율성 제고 및 관련 비용을 절감

4. 공공측량의 종류(측량성과 심사수탁기관의 심사업무 및 지정절차 등에 관한 규정)

공공측량 시행자가 실시하는 공공측량의 종류는 다음과 같다.

(1) 공공삼각점측량

국가기준점 또는 공공기준점에 기초하여 지상현황측량 및 그 밖의 각종 측량의 기초가 되는 공공삼각점의 위치를 정밀하게 결정하는 측량으로써 TS, GNSS 등으로 실시하는 측량을 말한다.

(2) 공공수준점측량

국가기준점 또는 공공기준점에 기초하여 결합노선 방식, 환폐합노선 방식, GNSS 높이 측량 방식 등으로 미지점인 공공수준점, 공공삼각점 또는 그 밖의 기준점의 표고를 구하는 측량을 말한다.

(3) 지상현황측량

국가삼각점, 공공삼각점을 기초로 측량구역 내에 있는 지형 · 지물의 위치를 측정하여 지형현황도를 제작하는 측량을 말한다.

(4) 항공사진측량

항공사진측량 방법으로 촬영한 항공사진 또는 위성영상자료를 이용하여 지상기준점측량을 통해 얻은 평면 또는 표고기준점 성과를 기초로 세부도화 또는 수치도화를 실시하여 도화원도를 제작하거나 수치데이터를 취득하는 측량을 말한다.

(5) 무인비행장치측량

무인비행장치로 촬영된 무인항공사진과 지상기준점 성과 등을 이용하여 수치표면모델, 정사영상 및 수치지형도 등을 제작하는 것을 말한다.

(6) 지도제작

각종 목적에 따라 지도를 제작하기 위하여 규정된 작업 방법 및 도식에 따라 편집, 제도 등을 실시하여 지도를 제작하는 것을 말한다.

(7) 수치지도제작

각종 지형공간정보를 취득하여 전산시스템에서 처리할 수 있는 지도의 형태로 제작하거나 변환하는 것을 말한다.

(8) 지하시설물측량

지하에 설치 · 매설된 시설물을 효율적이고 체계적으로 유지 · 관리하기 위한 지하시설물 위치측량 및 조사 · 탐사와 도면제작 등을 말한다.

(9) 영상지도제작

정사영상에 색조보정을 하여 지형 · 지물 및 지명, 각종 경계선 등을 표시한 지도를 제작하는 것을 말한다.

(10) 수치표고자료제작

인공지물과 식생을 제외한 공간상 연속적인 실제 지형의 높낮이를 수치로 입력하여 표현한 것으로써 소요지점의 3차원 좌표를 구하여 지형기복 변화에 대한 기하학적 관계를 격자형으로 구조화한 수치표고자료를 제작하는 것을 말한다.

(11) 좌표계변환

지역측지계 기준으로 제작한 공공삼각점, 수치지형도 및 각종 주제도를 세계측지계 기준으로 변환하는 것을 말한다.

(12) 수심측량

하천, 저수지, 호수 또는 연안에 대한 수저부의 지형을 파악하기 위하여 수위와 조위(이하 "수위"라고 한다), 수심 및 측심 위치를 측정하는 것을 말하며, 종 · 횡단면도 또는 수심도 작성 등을 포함한다.

(13) 도로시설물측량

도로에 설치한 시설물을 효율적이고 체계적으로 유지 · 관리하기 위한 도로 시설물에 대한 조사와 도면제작을 위한 측량을 말한다.

(14) 수치주제도제작

수치지형도 또는 항공사진, 위성영상 등을 이용하여 「공간정보의 구축 및 관리 등에 관한 법률 시행령」 제4조에 따른 수치주제도를 제작하는 것을 말한다.

(15) 3차원공간정보구축

지형지물의 위치 · 기하정보를 3차원 좌표 및 모델로 나타내고, 속성정보, 가시화정보 및 각종 부가정보 등을 추가한 디지털 형태의 정보를 구축하는 것을 말한다.

(16) 실내공간정보구축

실내공간 및 실내공간에 설치된 구조물에 대한 위치 · 기하정보를 3차원 좌표 및 모델로 나타내고, 속성정보, 가시화정보 및 각종 부가정보 등을 추가한 디지털 형태의 정보를 구축하는 것을 말한다.

(17) 정밀도로지도 제작

법 제2조제8호에 따른 측량성과로서 자율주행자동차의 운행에 활용 가능하도록 도로 등의 위치정보와 속성정보가 포함된 정밀전자지도를 제작하는 측량을 말한다.

(18) 지하공간통합지도 제작

「지하안전관리에 관한 특별법」 제42조 및 같은 법 시행령 제33조제5항에 따라 지하의 개발 · 이용 · 관리에 활용할 수 있도록 지하정보를 통합한 지도를 제작하는 측량을 말한다.

5. 공공측량 시행자

「공간정보의 구축 및 관리 등에 관한 법률」 제2조제3호가목에서 "대통령령으로 정하는 기관"이란 다음 각 호의 기관을 말한다.

(1) 「정부출연연구기관 등의 설립 · 운영 및 육성에 관한 법률」 제8조에 따른 정부출연연구기관 및 「과학기술분야 정부출연연구기관 등의 설립 · 운영 및 육성에 관한 법률」에 따른 과학기술분야 정부출연연구기관

(2) 「공공기관의 운영에 관한 법률」에 따른 공공기관

(3) 「지방공기업법」에 따른 지방직영기업, 지방공사 및 지방공단

(4) 「지방자치단체 출자 · 출연 기관의 운영에 관한 법률」 제2조제1항에 따른 출자기관

(5) 「사회기반시설에 대한 민간투자법」 제2조제7호의 사업시행자

(6) 지하시설물 측량을 수행하는 「도시가스사업법」 제2조제2호의 도시가스사업자와 「전기통신사업법」 제6조의 기간통신사업자

6. 공공측량 실시 절차

(1) 주요 절차

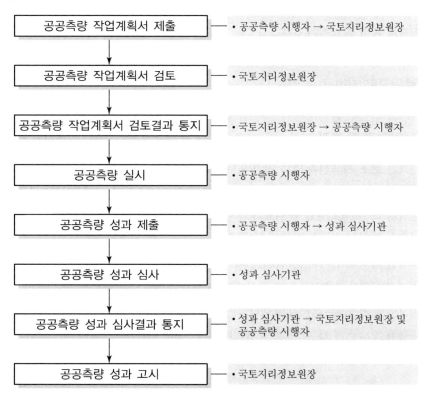

[그림 1-6] 공공측량 실시 순서

(2) 세부절차

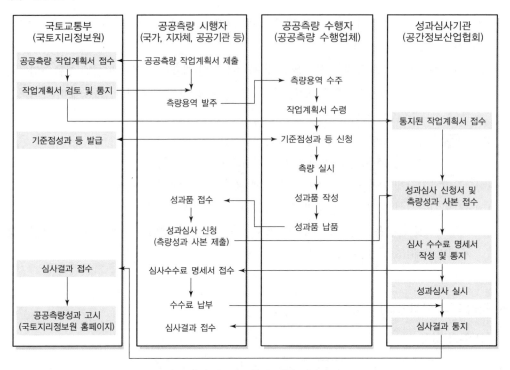

[그림 1-7] 공공측량 실시 세부순서

7. 공공측량으로 지정될 수 있는 대상

「공간정보의 구축 및 관리 등에 관한 법률 시행령」 제3조(공공측량) 법 제2조제3호나목에서 "대통령령으로 정하는 측량"이란 다음 각 호의 측량 중 국토교통부장관이 지정하여 고시하는 측량을 말한다.

(1) 측량실시지역의 면적이 1제곱킬로미터 이상인 기준점측량, 지형측량 및 평판측량

(2) 측량노선의 길이가 10킬로미터 이상인 기준점 측량

(3) 국토교통부장관이 발행하는 지도의 축척과 같은 축척의 지도 제작

(4) 촬영지역의 면적이 1제곱킬로미터 이상인 측량용 사진의 촬영

(5) 지하시설물측량

(6) 인공위성 등에서 취득한 영상정보에 좌표를 부여하기 위한 2차원 또는 3차원의 좌표측량

(7) 그 밖에 공공의 이해에 특히 관계가 있다고 인정되는 사설철도 부설, 간척 및 매립사업 등에 수반되는 측량

8. 공공측량 절차를 적용받지 않는 측량(국토지리정보원 고시 제2018 - 1078호)

「공간정보의 구축 및 관리 등에 관한 법률」을 적용받지 아니하는 측량은 다음과 같다.

(1) 제1조(국지적 측량)

① 채광 및 지질조사측량, 송수관 · 송전선로 · 송전탑 · 광산시설의 보수 측량

② 지하시설물 중 길이 50m 미만의 실수요자용 시설(관로 중 본관 또는 지관에서 분기하여 수요자에게 직접 연결되는 관로 및 부속시설물)에 대한 측량. 다만, 공공측량 시행자가 공공의 안전 등을 위해 필요하다고 판단하여 실시하는 실수요자용 시설에 대한 측량은 「공간정보의 구축 및 관리 등에 관한 법률」을 적용한다.

(2) 제2조(고도의 정확도가 필요하지 않은 측량)

① 항공사진측량용 카메라가 아닌 카메라로 촬영한 사진

※ 항공사진측량용 카메라라 함은 항공기에 설치가 가능하고, 렌즈 왜곡수차가 0.01mm 이하인 것을 말한다.

② 국가기본도(수치지형도 및 지형도) 등 기 제작된 지도를 사용하지 않고 거리, 방향, 축척의 개념이 없는 지도의 제작

③ 기타 공공측량 및 일반측량으로서 활용가치가 없다고 인정되는 측량

(3) 제3조(순수 학술연구나 군사활동을 위한 측량)

① 교육법에 의한 각종 초 · 중 · 고등학교, 전문대학, 대학교, 대학원 또는 양성기관에서 시행하는 실습측량

② 연구개발 보고서 작성 등을 목적으로 실시하는 측량

③ 군용목적을 위하여 군 기관에서 실시하는 측량 및 지도제작

(4) 제4조(적용 예외)

제1조에서 제3조까지의 규정에도 불구하고, 관계법령의 규정에 의하여 허가 · 인가 · 면허 · 등록 또는 승인 등의 신청서에 첨부하여야 할 측량 도서(「건축법 시행규칙」 [별표 2]에 따른 건축허가 시 제출도서는 제외)를 작성하기 위하여 실시되는 측량은 이 고시를 적용하지 아니한다.

9. 공공측량의 종류별 성과심사 대상(국토지리정보원 고시 제2018 - 1077호)

공공측량의 종류에 의한 공공측량의 종류별 성과심사 대상은 다음과 같다.

(1) 공공기준점측량

결합트래버스 방식, 폐합트래버스 방식, 삼각 또는 삼변측량(GNSS 및 T/S), 수준측량 등의 성과심사 항목에 필요한 관측야장, 계산부 및 성과표 일체

(2) 지형측량

지상현황측량, 항공사진측량, 지도수정측량, 지도제작, 수치지도 제작, 사진지도 및 영상지도 제작, 수치표고자료 제작 등의 성과심사 항목에 필요한 현지조사 자료, 실측원도, 지형현

황도, 항공사진, 성과표, 도화원도, 편집원도, 정위치 편집파일, 구조화 편집파일, 도면제작 편집파일, 출력도면 등 기타 성과 일체

(3) 응용측량

노선측량, 하천 및 연안측량, 용지측량, 토지구획정리측량, 지하시설물측량, 도로시설물측량 등의 성과심사 항목에 필요한 관측야장, 계산부, 측량원도, 정위치 편집파일, 구조화 편집파일, 출력도면 등 기타 성과 일체

(4) 공간정보 구축

3차원 공간정보, 실내공간정보

10. 결론

공공측량제도는 중복측량 방지의 목적도 있지만 측량의 정확도 확보가 더 중요하다고 볼 수 있는 만큼 불확실성이 높은 실내 검사보다는 현지 검사 위주로 전환하여 보다 합리적인 제도가 되어야 할 것으로 판단된다.

05 공공측량 제도 개선방안

1. 개요

공공측량 제도는 지도제작, 기준점 설치와 같은 건설분야를 중심으로 측량방법, 자료처리 등에 대한 기준을 통일하고 국민의 안전과 관련된 정확도를 확보하기 위한 목적으로 도입 운영되고 있다. 그러나, 측량환경의 다변화로 과거의 측량성과는 공간정보라는 보다 큰 범위에서 정의되고, 현재는 건설분야 외 교통, 지진 등 방재, 소방과 치안을 위한 정확한 위치와 속성정보 제공, 자율자동차 등 무인시스템 도입과 같이 다양하고 복잡한 분야의 근본 기초 데이터의 임무를 수행하고 있다.

2. 공공측량 업무 체계 및 현황

(1) 공공측량 업무 체계

공공측량 업무는 작업계획서 작성 및 검토, 성과심사, 고시의 3단계로 구성되며, 국토시리정보원에서는 국토정보플랫폼 내의 공공측량 업무지원시스템을 이용하여 공공측량 작업계획서의 입력 및 검토를 관리하고 공간정보품질관리원에서는 작업 완료된 측량성과를 심사한 뒤 기준에 적합한 성과물을 고시하고 있다.

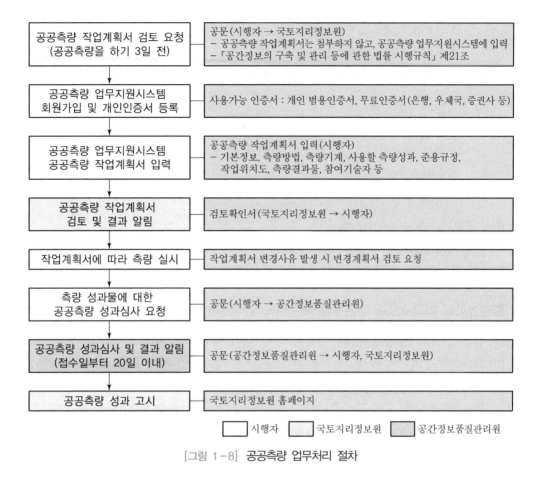

공공측량 작업계획서 검토 요청 (공공측량을 하기 3일 전)	공문(시행자 → 국토지리정보원) – 공공측량 작업계획서는 첨부하지 않고, 공공측량 업무지원시스템에 입력 – 「공간정보의 구축 및 관리 등에 관한 법률 시행규칙」 제21조
공공측량 업무지원시스템 회원가입 및 개인인증서 등록	사용가능 인증서 : 개인 범용인증서, 무료인증서(은행, 우체국, 증권사 등)
공공측량 업무지원시스템 공공측량 작업계획서 입력	공공측량 작업계획서 입력(시행자) – 기본정보, 측량방법, 측량기계, 사용할 측량성과, 준용규정, 작업위치도, 측량결과물, 참여기술자 등
공공측량 작업계획서 검토 및 결과 알림	검토확인서(국토지리정보원 → 시행자)
작업계획서에 따라 측량 실시	작업계획서 변경사유 발생 시 변경계획서 검토 요청
측량 성과물에 대한 공공측량 성과심사 요청	공문(시행자 → 공간정보품질관리원)
공공측량 성과심사 및 결과 알림 (접수일부터 20일 이내)	공문(공간정보품질관리원 → 시행자, 국토지리정보원)
공공측량 성과 고시	국토지리정보원 홈페이지

☐ 시행자 ☐ 국토지리정보원 ■ 공간정보품질관리원

[그림 1-8] 공공측량 업무처리 절차

(2) 공공측량의 현황

1) 작업계획서 작성 및 검토

① 주요 내용 : 사업명, 목적 및 활용범위, 위치 및 사업량, 작업기간, 작업방법

② 제출기한 : 착수 전 3일 이내

③ 제출방법 : 국토정보플랫폼 내의 공공측량 업무지원시스템 및 문서 작업계획서

④ 검토 : 국토지리정보원(예산의 중복 투자 방지, 경제적 효율성 향상)

2) 공공측량 작업 및 성과심사

① 공공측량 작업

• 2000~2015년, 500여 건에서 2,600여 건으로 증가

• 대규모 측량에서 소규모로 변화

• 지하시설물도 작성시기 확정 : 노출된 상태에서만 실측 허가

• 기준점 위주의 측량

② 성과심사 한계

• 규정은 대규모 측량환경에서 정립된 것으로 소규모 측량환경에 부적합

- 시공을 고려하지 않은 규정 : 노출된 상태에서의 측량
- 기준점 위주의 성과심사
- 지하시설물 측량품의 문제

3) 성과심사 수행주체
① 공간정보관리법에서 성과심사 수행주체 명시
- 대상 및 자격
- 지정
- 관리 및 감독

4) 성과의 고시, 관리 및 열람
「공간정보관리법 시행령」 제13조에 명시

3. 환경변화와 미래수요에 따른 공공측량제도의 역할과 필요성

(1) 국민의 안전과 공공의 이해와 관련된 측량성과의 정확도 품질향상
(2) 드론측량 성과, 자율주행자동차를 위한 정밀지도 성과와 같은 미래수요로 대상 변화
(3) 사물인터넷(IoT)과 연동
(4) 자율주행자동차, 드론 등의 측량 업무를 수행하는 제4차 산업혁명 시대에 대비
(5) 국민의 안전과 공공이 이용하는 사회간접자본 등에 대한 지속적인 품질관리

4. 현행 공공측량 제도의 문제점

(1) 작업계획서 작성 및 검토
① 국토지리정보원의 담당자 부족
② 컨설팅 등의 업무 불가능
③ 공공측량 장기계획, 연간계획 수립 불가

(2) 공공측량 작업 및 성과심사
1) 사업의 발주 및 공기에 맞지 않는 규정
① 소규모 측량에 불리한 규정
② 긴급 발주 등 준공일정에 부적합

2) 시공 공법 등을 고려하지 않은 규정
① 시공사의 공기단축을 위한 선 되메우기
② 실측 후 관로의 틀어짐

3) 지하시설물 측량품의 문제
① 품셈의 문제
② 실제 시공측량을 고려하지 않은 비용 산출(기준점 측량 위주)

(3) 성과심사 수행 주체
① 공정성의 논란
② 무경쟁 체제로 인한 서비스 및 환경변화에 대한 민감도 저하
③ 공공측량 기술, 제도 등 발전을 위한 성과심사비의 재투자 미흡
④ 복잡한 시공현장에 대한 기술력 부족

(4) 성과의 고시, 관리 및 연람
① 공공측량 업무지원시스템의 기능 구현 미비
② 활용을 위한 정보 부족
③ 규정과 시스템 항목의 불일치

5. 공공측량 제도의 개선방안

(1) 공공측량 업무지원시스템의 플랫폼을 일원화하여 이력관리를 효율화
(2) 공공측량 업무지원시스템의 서비스 관련 개선
(3) 경제성과 효용성 관점에서 공공측량 성과심사를 대체할 수 있는 대안 필요
(4) 지하시설물 측량은 시공현장의 특성을 고려한 개선안 개발
(5) 현실에 맞는 측량 대가의 산출 및 품셈 개선
(6) 셀프 체크로 인한 공정성 논란 제거 및 수행기관의 독립 혹은 다기관화
(7) 제4차 산업혁명시대를 대비한 측량성과의 품질 확보
(8) 기술사사무소 및 책임측량사 제도 도입

6. 기대효과

(1) 공공측량 업무시스템의 개선으로 컨설팅 및 장기계획 연간계획 수립 용이
(2) 드론측량 성과, 자율주행자동차를 위한 정밀지도 성과와 같은 미래수요 부응
(3) 자율주행자동차, 드론 등의 측량 업무를 수행하는 제4차 산업혁명 시대에 대비
(4) 국민의 안전과 공공이 이용하는 사회간접자본 등에 대한 지속적인 품질관리 기여
(5) 공공측량 업무지원시스템의 플랫폼을 일원화하여 이력관리를 효율화
(6) 현실에 맞는 측량 대가의 산출 및 품셈 개선
(7) 기술사사무소 및 책임측량사 제도 도입으로 측량 위상 확대

7. 결론

공공측량 제도는 지도제작, 기준점 설치와 같은 건설분야를 중심으로 측량방법, 자료처리 등에 대한 기준을 통일하고 국민의 안전과 관련된 정확도를 확보하기 위한 목적으로 도입 운영되고 있었으나, 사물인터넷(IoT)과의 연동 등 제4차 산업혁명 시대 대비를 위한 국민의 안전 확보와 공공이 이용하는 사회간접자본 등에 대한 지속적인 품질관리 및 기술사사무소를 통한 공공측량 확인의 방향으로 제도를 개선하기 위하여 지속적인 연구와 공간정보 관계자들의 노력이 필요할 때라 판단된다.

06 세계측지계와 한국측지계의 주요 내용

1. 개요

우리나라는 2003년 이전까지 지역측지계를 사용하여 왔으나, 측량의 원점은 애석하게도 우리나라에 있는 것을 사용한 것이 아니라 일본에 있는 동경원점을 사용하여 측량 및 지도를 제작하여 왔으며, 인공위성측량에 의한 우주측량기술이 발전됨에 따라 2007년부터 세계측지계로 전환하여 사용하고 있다. 최근 들어 VLBI, SLR, GNSS 등과 같은 우주측지기술이 발전하면서 국가 경계를 뛰어 넘어 위치를 연속적으로 하나의 기준계 위에서 표현할 필요성이 증대되었으며, 또한 이와 같은 측지기술의 발달로 지구 중심을 원점으로 하는 전 지구 측지기준계를 구축하는 것이 가능해졌다.

2. 측지계(Geodetic Datum)의 구분 및 세계측지계 도입 목적

(1) 측지계 구분

측지계란 지구상에 있는 위치를 나타내는 체계로 지역측지계(동경측지계)와 세계측지계로 구분된다.

1) 지역측지계(Local Geodetic Datum)
   ① 각 지역·국가마다 기준을 설정하여 각 국가지역의 측량원점으로부터 그 나라를 측량하여 지도제작 등에 활용하는 측지계
   ② 위치를 알고 있는 별을 관측하여 지구 표면상의 위치를 산출하는 방식으로서, 1910년대 일본 도쿄 한 지점의 경도, 위도를 산출하여 측량의 기준으로 한 측지계(동경측지계)

2) 세계측지계(Geocentric Datum, 지구중심 측지계)
   ① 전 세계 모든 국가가 지구 질량 중심을 원점으로 통일하여 측량을 실시하고 지도제작, 지리정보시스템(GIS), 자동항법시스템(Navigation System), 위치기반서비스(LBS), 지능형 교통정보체계(ITS) 등에 활용하는 측지계

② 지구의 중심으로부터 지구 표면의 위치(X, Y, Z : 3차원)를 산출하는 방식으로서, 각 국은 특정한 한 점을 정하여 그 나라의 측량기준(원점)으로 정함

(2) 세계측지계 도입목적

① 국가좌표계에 기초한 현행 국가기준점 체계의 문제점 해소
② 측량기술의 고도화 및 세계화로 인하여 위치기준 재정립
③ 21세기 위치기준의 사회적 · 시대적 요구에 효과적으로 대응

3. 세계측지계와 한국측지계

(1) 세계측지계(3차원 직교좌표계)

1) ITRF(International Terrestrial Reference Frame : 국제지구기준좌표계)
  ① 국제기구인 IERS(International Earth Rotation Service : 국제지구회전관측사업)에 의해 유지되는 정확한 좌표의 국제망으로 민간분야에서 구축하여 개방적임
  ② 좌표 결정 시점에 따라 ITRF 91, 92, ……, ITRF 2000, 2005, 2008, 2014, …… 등이 있음
  ③ VLBI, SLR, GPS 및 DORIS의 측지관측에 의하여 결정됨
  ④ 원점 : 지구의 질량중심
  ⑤ Z축 : 북극의 방향
  ⑥ X축 : 그리니치 자오선과 적도와의 교점의 방향
  ⑦ Y축 : X축의 동경 90도 방향
  ⑧ 타원체의 장반경과 편평률 : GRS80

2) WGS84 좌표계(WGS84 Coordinate System)
  ① 원점 : 해양 및 대기를 포함한 지구의 전 질량의 중심
  ② Z축 : 국제시보국(BIH)이 정의한 관용극점(CTP) 방향에 평행
  ③ X축 : BIH가 정의한 경도 0도 자오면에 평행한 면과 적도면의 교선
  ④ Y축 : X축으로부터 직각으로 적도면과 만나는 연장선으로 오른손 좌표계의 구성 방향인 X, Z축의 나머지 한 방향
  ⑤ 타원체의 장반경과 편평률 : GRS80과 거의 동일

3) ITRF와 WGS84 좌표계 비교
  ① WGS84는 수 cm 수준에서 ITRF와 일치하므로 일반적인 응용분야에서 ITRF 좌표는 WGS84 좌표로 사용할 수 있으며, WGS84는 ITRF와 실용적으로 일치함
  ② GPS 좌표는 WGS84 좌표계로 표시되며, 단독 위치관측의 경우 정확도가 수 m 정도이므로 ITRF와 WGS84 간의 좌표 차이의 구분이 불필요하나, 상대 위치관측의 경우에는 고정점의 좌푯값을 기지인 ITRF계의 값을 적용

③ ITRF계는 정밀위치 관측분야인 지각변동, 측지측량 등에 주로 사용하며, WGS84계는 항법에 주로 사용

(2) 한국측지계(KGD : Korea Geocentric Datum)

1) 개요

① 2002년 1월 1일의 특정시점(epoch2002.0)에서 ITRF2000에 설정된 기준좌표계로서 정적 측지계

② 즉, 한반도 대륙판은 매년 동남쪽 방향으로 약 3.5cm씩 움직이고 있기 때문에 특정 시점에 고정한 정적 측지계임

2) 한국측지계2002(Korea Geocentric Datum 2002 : KGD2002, 경위도 좌표)

① 한국측지계2002의 제원

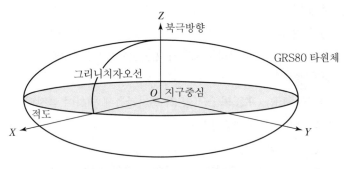

[그림 1-9] KGD2002 좌표계

[표 1-4] 한국측지계2002의 제원

지구좌표계	ITRF2000(International Terrestrial Reference Frame 2000)
기준시점(Epoch)	2002.0
타원체	GRS80
장반경(a)	6,378,137.0m
편평률(f)	1/298.257222101

② GRS80(Geodetic Reference System 1980 : 측지기준계 1980)

• IAG(International Association of Geodesy : 국제측지학회) 및 IUGG(International Union of Geodesy and Geophysics : 국제측지학 및 지구물리학연맹)가 1979년에 채택한 타원체

• 현재 지구를 가장 잘 나타내고 있는 타원체로시 넓게 이용됨

• 타원체로서의 GRS80과 WGS84와의 차이는 단반경이 약 0.1mm 다를 뿐 실용적으로 동일

3) 한국평면좌표계2002(Korea National Grid 2002 : KNG2002, 수평위치 직교좌표계)

　① 타원체에서 평면으로 투영하는 3가지 조건(기본측량 및 공공측량에 사용되는 수평위치
　　　직교좌표는 타원체를 평면으로 간주한 경우의 왜곡이 1/10,000 정도 이내가 되어야 함)

　　　• 원점을 통과하는 자오선의 거리 S와 그 평면으로 투영된 거리 s의 축척계수가 일정하
　　　　고 그 값은 1.0000

　　　• 타원체상의 각과 평면상의 각이 동등한 등각투영

　　　• 경도 2° 간격으로의 범위에 적용

　　　　⇒ 원점에서 동서로 멀어져 선 증대율이 커져서 약 90km 범주에서의 증대율은
　　　　　　1.0001이 됨

　② 수평위치직교좌표 프레임

　　　• 전역에 4개의 원점(X=0m, Y=0m)

　　　• X축은 원점에서 자오선에 접하며 진북방향이 +, Y축은 원점에서 평행권에 접하며
　　　　진동방향이 +

　　　• X축·Y축의 스케일은 등간격으로 나누어지고, 자오선 호장의 축척계수는 1.0000,
　　　　Y축의 축척계수 m은 거리에 따라 증가

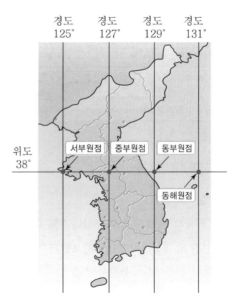

[그림 1-10] 수평위치 직교좌표

4) 표고

　① 한국측지계에서 높이의 체계는 표고를 기준으로 하며 종래의 체계를 그대로 유지

　② 1910년대 5점의 수준기점 결정 : 청진, 원산, 목포, 진남포, 인천의 5개소에 검조소를
　　　설치 → 1년 이상의 조위관측 → 각각의 평균해면을 산정 → 5점 모두를 높이의 기준면
　　　으로 설정

③ 1963년 1점의 수준기점 결정
- 인천의 수준기점으로부터 인하공업전문대학 구내에 수준원점(표고 26.6871m)을 설치
- 1913년 12월부터 1916년까지 2년 7개월 동안 조위관측한 인천만의 평균해면에 근거함

④ 제주도의 경우에는 독립된 제주수준기점을 기준으로 함

4. 종래 측지계와 현재 측지계(우리나라)

[표 1-5] 종래 측지계와 현재 측지계의 비교

구분	종래 측지계	현재 측지계	비고
측지기준계	동경측지계	세계측지계(ITRF)	
지구의 형상	베셀타원체	GRS80 타원체 • a : 6,378,137.000m • f : 1/298.257222101	
수평위치 기준	수평면	타원체면	
수직위치 기준	평균해수면	평균해수면	인천항
위치 표현	경도, 위도, 직교좌표, 극좌표, 표고	3차원 직교좌표, 경도, 위도, 직교좌표, 극좌표, 표고, 타원체고	
경위도 원점	• 천문측량 • 경도, 위도, 원방위각	• VLBI, GNSS • 경도, 위도, 원방위각	수원
수평위치 투영원점	• 3개 수평위치직교좌표원점(서부, 중부, 동부) • TM(공공측량작업규정)	• 4개 수평위치직교좌표원점(서부, 중부, 동부, 동해) • TM등 복수 투영법(장관고시)	울릉도 독도

5. 세계측지계 도입에 따른 기대효과

(1) 과학적 합리성의 향상

① 세계측지계의 타원체는 현재의 측지학이나 지구물리학의 지식에 근거해 과학적 합리성이 있는 기준으로서 전 세계적으로 가장 지표면과 유사한 면으로 결정되고 있음

② GNSS 관련 산업의 진흥 및 국제관측망과 연계 관측이 용이

③ 국제기구의 결정사항 구현으로 국제 표준화에 공헌

④ 항공·항해 등 다양한 활용분야에 동일한 위치로 표기되어 안전성이 크게 향상

(2) 측량의 비용절감과 고정밀화

① 세계측지계 적용 시 국가기준점의 정확도 및 신뢰도 향상, 신속한 측량으로 측량비용 절감

② 위성측지기술(GNSS 등)을 이용하여 고정밀의 위치측정이 가능

③ GNSS 상시관측소 등의 성과를 이용하여 측량을 실시하면 변환과정 없이 바로 성과를 사용할 수 있어 측량비용 절감

④ 세계측지계를 동경측지계로 변환하지 않고 직접 GIS 등에 활용 가능하여 시간 및 예산 절감

(3) GNSS 관련 새로운 산업의 일자리 창출

세계측지계에 근거한 지도가 보급되면, GNSS의 이용이 보다 편리하게 되어 네비게이션 및 LBS 등과 같이 GNSS와 수치지도를 활용한 새로운 공간정보산업 창출 기대

6. 결론

우리나라는 2003년에 세계측지계로 전환하였으나 아직까지 종래 측량위치 정확도를 사용하거나 일부 천문측량 위치정확도를 적용하고 있는 실정이다. 그러므로 초정밀 우주측지기술을 활용하여 국제 기준의 최신 국가위치기준체계를 확립하기 위해 산·학·연 및 정부가 보다 많은 노력을 해야 할 때라 판단된다.

07 통일 대비 국토개발을 위한 한반도 측량기준체계 확립 전략

1. 개요

통일 한반도의 측량은 남북 간 측량의 기준을 통일하고 지도를 통합하는 등의 기본적인 요건을 갖춤과 동시에 한반도 전체의 효율적인 국토관리를 위한 국토 모니터링 체계의 기초자료를 지속적으로 제공해야 한다는 관점에서 통일 대비 국토개발을 위한 한반도 측량기준체계 확립 및 전략에 대한 연구가 국토교통부를 중심으로 활발히 이루어지고 있다.

2. 추진배경 및 필요성

(1) 통일 이후 사회간접자본 연결 계획을 수립하는 데 남북 간 측량기준 불일치 등의 문제가 존재함
(2) 남북한 측량기준 불일치 문제 해결과 통일 대비 북한지역 측량기준체계 확립을 위한 전략 수립 필요
(3) 국토개발, SOC 건설 및 공간정보 등 북한정보를 활용하는 국가정책의 수립 및 시행 지원
(4) 백두산 화산 모니터링 등 인도적 차원의 남북 과학기술 협력

3. 기대효과

한반도의 일원화된 측량기준체계 전략 및 구축 연구에 따른 기대효과는 다음과 같다.

(1) 과학적 · 기술적 파급효과

① 남북한 통합공간정보 인프라 국가정책 마련

② 통일부 및 통일준비위원회 등 관련 기관과 협력관계 유지 및 환경변화에 따른 계획 수정

(2) 경제적 · 사회적 파급효과

① 한반도 국가 측지망 효율적 설계 ⇒ 국가 재정 낭비 방지

② 백두산 분화에 대한 공간정보 측면의 국가정책 제시

(3) 연구성과 적용성 증대효과

① 북한의 측량 위치기준체계 연계를 위한 정보 공유 및 교류의 장 마련

② 통일 대비 북한지역 측량기준점 개선/설치 계획 마련

③ 북한지역 측량기준점 구축 및 유지관리 중장기 계획 제시

(4) 기술개발 역량 증대 효과

① 남북 화산 모니터링 시스템 공동 구축을 위한 전략적 로드맵 구축

② 국내 운영 중인 관측장비를 활용한 백두산 화산 모니터링 시스템 구축 지원

4. 분단 이후 이원화된 측량기준체계의 현황 및 문제점

(1) 현황

1) 남 · 북한 측량의 기준 현황

[표 1-6] 남 · 북한 측지계 비교

구분	남한		북한
	구측지계	신측지계	
측지기준계	동경측지계	세계측지계(ITRF)	도플러관측점(평양 천문대) 및 국가측지 도플러 관측원점
지구의 형상	베셀타원체	GRS80 타원체 a : 6,378,137.000m f : 1/298.257222101	Krasovsky 타원체
평면위치 기준	수평면	타원체면	수평면
수직위치 기준	평균해면	평균해면	평균해면(원산만)
위치 표현	경도, 위도, 직각좌표, 극좌표, 표고	3차원 직교좌표, 경도, 위도, 직각좌표, 극좌표, 표고	측지좌표계는 UTM 좌표계, 지역좌표는 1984탐사지리표계계
경위도 원점	천문측량 실시, 경도, 위도	VLBI 실시, 경도, 위도	
평면투영원점	3개 평면직각좌표원점 (서부, 중부, 동부)	4개 평면직각좌표원점 (서부, 중부, 동부, 동해)	

2) 기준점 체계(북한)

　　① 제1차망 : 국가 삼각측량의 기선망

　　② 제2차망 : 국가 삼각측량의 1등급망

　　③ 제3차망 : 국가 삼각측량의 2등급망

　　④ 제4차망 : 국가 삼각측량의 3등급망

　　⑤ 제5차망 : 국가 삼각측량의 4등급망

3) 국가기본도(북한)

　　① 1/10,000 지형도(1999년 북한 전역을 대상으로 제작)

　　② 측량방법 : 삼각측량, 천문측량, 항공사진측량 및 현지실측에 의한 일반측량 등

(2) 문제점

분단 이후 남·북한의 측량기준체계는 각기 독자적인 측량기준과 상이한 기술체계를 중심으로 발전되어옴에 따라 타원체를 비롯한 측량기준에서 용어에 이르기까지 괴리가 커서 이에 대한 적극적인 대처가 필요

5. 남북통일을 대비한 측량 및 공간정보 분야의 대응방안

(1) 측량의 기준통일

　　① 세계측지계로 통일 사용(이미 시행 중)

　　② 사용 좌표계의 변경에 따르는 문제점 해결 방식을 분석하여 통일 후 북한지역의 세계측지계 적용 시 활용 대비

(2) 신속·정확한 지도제작 기술의 개발

　　① 고해상도 위성 영상을 이용한 지도제작 기술 개발

　　② 항공 LiDAR 및 지상 LiDAR를 이용한 지도제작 기술 개발

　　③ GCP(지상기준점)의 확보와 DB 구축 및 유지관리

(3) 효율적인 수치지도의 수정 및 갱신 방안 수립

　　① 통일 후 북한지역의 국토개발 속도가 매우 빠를 것으로 예측되므로 수치지도의 적기 갱신이 대단히 중요함

　　② 이에 대비하여 수치지도의 갱신 주체인 국토지리정보원의 규모와 예산을 대폭 늘려 통일 전 남한지역에서의 충분한 지도갱신기술 축적이 요망됨

(4) 각종 기준점의 유지관리에 필요한 예산 확보 및 용역사업 시행

　　① GSIS 구축 및 유지관리에 필요한 각종 기준점(삼각점, GCP, 공공기준점 및 수준점 등)의 유지관리 철저

② 이를 위해 각 기준점의 유지관리를 위한 충분한 예산 확보 및 기준점 유지관리 측량 용역사
업의 시행이 필요함

6. 남·북한 측량기준체계 일원화를 위한 단계별 전략

(1) 임시적 변환방법에 의한 측량성과 일원화

① 북한 좌표체계 분석을 통한 변환계수 도출, 좌표변환 실시
② 개발 여건 및 환경의 부재 등으로 인한 임시적 대처방안
③ 통일 이후 초기 혼란에 대한 완충역할 수행

(2) 부분적 변환방법에 의한 측량성과 일원화

① 변환계수의 도출과 좌표변환을 통한 남한의 측량성과와 일치화 작업 수행
② 남한 측량기준체계를 활용한 북한 측량성과 산출방안

(3) 전면 신규설치에 의한 측량성과 재생산

① 전면적인 측량성과 재생산을 통한 신규제작 실시
② 북한이 보유한 측량성과의 기술적 낙후성에 따른 품질 정확도 저하에 대비한 전략 구축

7. 결론

국토개발에 있어 측량 및 공간정보는 가장 핵심이 되는 자료이나 현행 국가의 지원 규모는 너무도
미미한 수준에 머물고 있다. 남북통일이 되면 북한지역의 국토개발이 대대적으로 이루어질 것이
므로, 과거 무계획적인 난개발과 극심한 불균형을 초래한 남한의 경우를 되풀이하지 않기 위하여
통일 초기에 측지사업을 단기간에 수행하여야 하므로 이에 대한 충분한 예산과 효율적인 중장기
전략 및 이에 대한 연구가 시급히 이루어져야 할 것으로 판단된다.

---

08 우리나라 수직기준의 이원화에 따른 문제점 및 해결방안

1. 개요

우리나라는 측지측량, 수로측량, 지적측량 등에 있어 각 분야별로 그 위치측량의 기준이 서로 다
른 문제점이 있다. 측지측량과 지적측량은 평면위치의 기준이, 또한 측지측량과 수로측량은 높이
의 기준이 상이함에 따라 각종 건설사업 및 공간정보 구축, 활용에 있어 일반인들의 혼란을 야기
시키고 있어 이에 대한 통합 또는 연계성 확립 등의 명확한 규명이 필요하다.

2. 우리나라의 수직기준

(1) 우리나라 수직기준의 현황

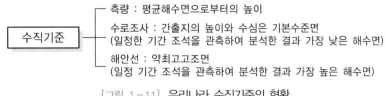

수직기준
├ 측량 : 평균해수면으로부터의 높이
├ 수로조사 : 간출지의 높이와 수심은 기본수준면
│ (일정한 기간 조석을 관측하여 분석한 결과 가장 낮은 해수면)
└ 해안선 : 약최고고조면
　 (일정 기간 조석을 관측하여 분석한 결과 가장 높은 해수면)

[그림 1-11] 우리나라 수직기준의 현황

(2) 우리나라 수직기준의 구분

[표 1-7] 우리나라 수직기준의 세부 구분

구분	육지	해양
원점	단일원점	다원점
활용분야	지도 제작과 모든 측량의 기준	해도 제작과 선박의 안전운행
지도기준면	평균해수면(인천)	약최저저조면(지역별)
기준점	수준점(BM)	기본수준점(TBM)

(3) 우리나라의 수직기준의 상관관계

육상의 경우 인천만 평균해면(IMSL)을 수직기준으로 이용하고 있으나, 해상의 경우 약최고고조면(AHHW), 평균해면(LMSL), 약최저저조면(ALHW=LDL) 등 3가지를 각기 목적에 따라 구분하여 이용함으로써 육상과 해상 수직기준 차이로 인한 공간정보 불부합이 발생하고 있다.

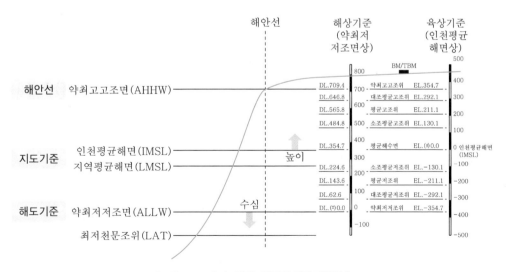

[그림 1-12] 높이의 상관관계(육지/해양)

3. 국가수직기준체계

(1) 높이기준면은 다양한 공간정보에 포함된 높이정보의 기준이 되는 면으로, 일반적으로 장기간 의 조석관측을 통해 산출한 평균해면을 통해 결정된다.

(2) 이러한 높이기준면에 기준한 높이정보를 보다 편리하게 획득할 수 있도록 하기 위해 전 국토 에 균일하게 분포된 높이기준점을 설치하고, 각 기준점의 높이성과를 국가에서 고시 및 관리 하고 있는데, 이를 통칭하여 국가수직기준체계라고 한다.

4. 국가수직기준체계의 현황 및 이원화 이유

(1) 국가수직기준체계의 현황

① 현재 우리나라의 국가수직기준체계는 두 가지 형태의 높이기준면을 채용하고 있다.

② 하나는 육상지역에서 사용되는 높이기준면으로 국토지리정보원에서 관리하고 있는 수준 점(BM : Bench Mark) 높이성과의 기준이 되는 인천만의 평균해면(Incheon Mean Sea Level : IMSL)이다.

③ 다른 하나는 해상지역에서 활용되는 것으로 국립해양조사원에서 관리하고 있는 기본수준 점(TBM : Tidal Bench Mark) 높이성과의 기준이 되는 지역별 조석의 기준면(Local Tidal Level)이다.

(2) 이원화 이유

① 이렇게 육·해상별로 서로 다른 높이기준면을 채용하는 이유는 두 기관별로 높이정보를 활용하는 목적의 차이에서 기인한다.

② 육상의 높이기준점인 BM은 공간정보 구축을 위한 측량의 목적으로 활용된다.

③ 반면, 해상의 높이기준점인 TBM은 선박의 항해·항만운영·파고측정 등의 해양 관련 부 문에 활용되는데, 특이한 점은 각 부문별 활용을 위해서 각 설치지역의 조석특성에 따라 결 정되는 지역별 조석의 기준면(약최고고조면, 평균해수면, 약최저저조면 등)을 혼용하여 활용한다는 것이다.

5. 기준면 상호변환 및 통합의 필요성

(1) 국토공간정보 통합상의 문제점을 해결할 수 있다.

(2) 공공측량 및 각종 건설공사, 공간정보 구축 등에 정확한 높이값을 제공한다.

(3) 지구과학 연구에 필요한 정확한 자료를 제공한다.

6. 통합방안

(1) 항로, 박지 등 수역 시설의 수심측량 시는 TBM 값을 기준으로 측량을 실시한다.

(2) 방조제, 계류시설, 하역시설 등과 같이 육지와 연결되어 사용되는 시설의 최종 높이값은 BM
값을 기준으로 측량을 실시(TBM 값을 BM 값으로 환산 사용)한다.

(3) TBM 값의 BM 값 환산방법

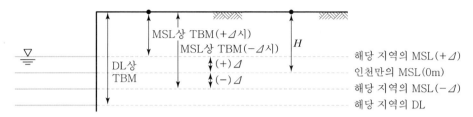

[그림 1-13] TBM 값의 BM 값 환산방법

① TBM 값의 BM 환산값＝MSL상 TBM 값±Δ

② Δ은 해당 지역과 인천만 평균해수면 값과의 차이값으로 지역에 따라 (＋) 또는 (－) 값으
로 발생된다.

③ 국립해양조사원에서 발급하는 기본수준점(TBM) 성과표에 표시되는 사항
   • MSL상 TBM 표고
   • DL상 TBM 표고
   • TBM과 BM과의 상대차(＋Δ 또는 －Δ)

7. 문제점

(1) 우리나라의 국가수직기준체계의 이원화 문제는 육·해상별 서로 다른 높이기준면을 정밀하
게 상호변환(혹은 통합)하는 것에 의해 해결이 가능하며, 이를 위한 다양한 연구들이 최근 수
십 년에 걸쳐 해양공학 분야의 다양한 연구그룹을 통해 수행되었다.

(2) 이들의 연구 결과에 따르면, 육·해상 높이기준면 변환에 있어 핵심적인 사항은 두 높이기준
면 간의 높이 차이를 정확하게 결정하는 것으로, 이를 위해 정밀수준측량, 해양수준측량 및
GNSS/Leveling 방법 등을 높이기준면 간 높이차이 결정방법으로 적용하였다.

(3) 정밀수준측량(Geodetic Leveling) 방법의 경우 매우 높은 정확도로 수준차를 결정할 수 있
으나 넓은 범위의 바다가 가로막고 있는 경우에는 두 높이기준면 간 직접적인 연결이 불가능
하다.

(4) 반면에 해양수준측량(Oceanographic Leveling)은 바다로 가로막힌 경우에도 높이기준면
간의 차이를 결정하기에는 적합하지만, 관측정확도가 상대적으로 낮은 문제가 있다.

(5) GNSS/Leveling 방법의 경우에도 두 높이기준면 간의 높이 차이를 결정하는 것이 가능하지
만, GNSS/Leveling을 적용하기 위해서 필수적으로 활용되는 지오이드모델이 관측정확도를
제한하는 문제가 발생한다.

(6) GNSS/Leveling을 사용하는 대부분의 기존 연구는 EGM2008과 같은 전 지구 지오이드모델

을 활용하였지만, 이러한 전 지구 모델의 정확도는 수십 cm 수준으로 정밀한 높이기준면 변환에 활용하기에는 어려움이 있다.

8. 해결방안

(1) 최근 이러한 기존 연구의 문제점을 해결하기 위하여 정밀한 지역지오이드모델을 개발하여 높이기준면 변환에 활용하는 새로운 방법이 제안되었다.

(2) 특히 지구물리적 특성을 반영하는 지오이드면의 형태가 지역적 평균해면의 형태와 높은 상관성을 나타내므로, 각 육·해상 높이기준면(높이가 0인 지점)에 완벽하게 적합된 지역적 지오이드모델을 개발할 수 있다면, 이를 통해 두 높이기준면 간의 차이를 정밀하게 계산하는 것이 가능하다.

(3) 특정한 높이기준면에 적합된 지역적 지오이드모델을 합성지오이드모델이라고 부르며, 결국 특정 지역의 육상과 해상 높이기준면에 기준한 합성지오이드모델을 결정할 수 있다면 높은 정확도로 육·해상 높이기준면 변환을 수행할 수 있다.

9. 국가수직기준 연계사업(V Trans) 및 활용방안

(1) 국가수직기준 연계사업

① 국토교통부 국토지리정보원에서는 2009년부터 2012년까지 총 4년여에 걸쳐 육지와 해양에서 서로 다른 기준을 채택·운영하고 있는 우리나라 수직기준을 상호 연계하기 위한 '국가수직기준 연계사업'을 추진하였다.

② 이러한 사업의 수행을 통해 도서지역을 제외한 전국 연안지역에서 육상과 해상 간 수직기준 연계데이터를 구축하였으며, 육·해상 다양한 분야에서 활용할 수 있는 상호 변환 시스템도 구축하였다.

③ 또한, 2014년에 최신 TBM, 2018년에 KNGeoid18 및 최신 TBM 자료 등을 업데이트하였으며, 지속적인 연계모델 업데이트를 실시하고 있다.

(2) 국가수직기준 연계사업(V Trans) 변환모델링

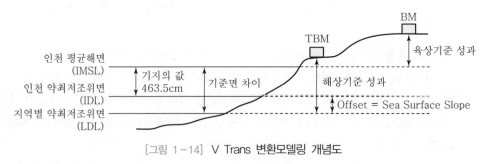

[그림 1-14] V Trans 변환모델링 개념도

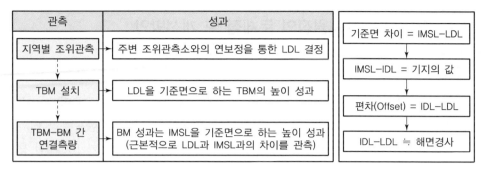

관측	성과
지역별 조위관측	주변 조위관측소와의 연보정을 통한 LDL 결정
TBM 설치	LDL을 기준면으로 하는 TBM의 높이 성과
TBM-BM 간 연결측량	BM 성과는 IMSL을 기준면으로 하는 높이 성과 (근본적으로 LDL과 IMSL과의 차이를 관측)

기준면 차이 = IMSL-LDL
↓
IMSL-IDL = 기지의 값
↓
편차(Offset) = IDL-LDL
↓
IDL-LDL ≒ 해면경사

[그림 1-15] 높이차(Offset)의 개념

(3) 국가수직기준 연계사업(V Trans)의 활용방안 및 기대효과

1) 국가공간정보의 통합활용
① 불연속 조위기준면을 기준으로 구축된 공간정보를 단일한 육상수직기준면으로 변환
② 육상과 해상수직기준면 변환모델과 S/W를 제공하여 국가공간정보 사용자의 편의 도모
③ 다양한 분야에서 정확한 높이정보를 제공

2) 국가공간정보의 효율적 활용
① 효율적인 수로측량과 해수면 위험도 평가를 위한 지역별 조위기준면에 대한 유기적 통합
② 육상의 수치표고모델, 해저지형자료 및 해안선 LiDAR 자료 등과 같은 다양한 국가공간정보를 효과적으로 이용

3) 해양 방재해석 결과의 정확도 향상
① 지형도, 해도, 항공사진, 위성영상 등과 같은 다양한 공간정보를 통합 사용
② 조석, 해일, 해수면 상승 등에 대한 해상의 자료를 연안침수, 해일범람 등에 사용
③ 연안지역의 정확한 방재해석을 수행함으로써 방재계획을 효과적으로 수립

4) 국가수직기준체계의 일관성 확보
직접수준측량이 어려운 해상지역이나 도서지역 및 산악지대 등에 대한 정확한 높이정보 획득

10. 결론

육지와 바다의 높이 기준 차이를 해소하여 연안개발의 안전성을 확보하고 재해를 예방하기 위해 추진한 국가수직기준 연계사업이 완료됨에 따라 개발된 자동변환 S/W를 이용하면 별도의 보정 측량 없이도 지역별 높이 기준면 차이를 쉽게 알 수 있어 연안지역 개발 및 재해 예방에 다양하게 활용될 것이다. 그러므로 향후 서비스 지역의 확대 및 다양한 콘텐츠 개발을 위해 정부 및 전문기관이 보다 심도 있는 연구를 진행해야 할 것으로 판단된다.

우리나라 측량원점의 문제점 및 개선방안

1. 개요

전국에 통일된 축척 및 동일 정확도의 지형도를 제작하기 위해서는 우선 국내 적당한 지점에 경위도 원점을 설치하고 높이에 대한 기준으로 수준원점을 설치하여야 한다. 현재 우리나라 경위도 원점은 천문측량, 일본 VLBI 성과를 적용하고 있고, 수준원점은 관측성과가 100여 년 경과되었으므로 이에 대한 제도적 · 기술적 대응이 요구된다.

2. 우리나라 측량원점의 변천

(1) 1910년부터 동경원점을 이용한 국내 측량 실시

(2) 1911년 평균해수면을 알기 위한 검조장 설치(5개소)

(3) 1963년 인하공업전문대학 교정에 수준원점 설치

(4) 1985년 대한민국 경위도 원점 설치

(5) 2001년 세계측지계로의 변경에 따른 경위도 원점 수치 변경

3. 우리나라 측량원점

우리나라 측량원점은 대규모 지역의 수평위치 기준을 위한 경위도 원점과 소규모 지역의 수평위치 기준인 평면직각좌표 원점 및 높이의 기준인 수준원점으로 크게 구분된다.

(1) 대한민국 경위도 원점

1) 지점

경기도 수원시 영통구 월드컵로 92(국토지리정보원 내 대한민국 경위도 원점 금속표의 십자선 교점)

2) 수치

① 경도 : 동경 127°03′14.8913″

② 위도 : 북위 37°16′33.3659″

③ 원방위각 : 165°03′44.538″(원점으로부터 진북을 기준으로 오른쪽 방향으로 측정한 우주측지 관측센터에 있는 위성기준점 안테나 참조점 중앙)

3) 경위도 원점의 측지학적 성질

[표 1-8] 우리나라 경위도 원점의 측지학적 성질

종래의 경위도 원점(지역측지계)	현재의 경위도 원점(세계측지계)

• 일본 도쿄의 경위도 원점(1898년)
• 물리적 지오이드를 기준으로 정밀 천문측량에 의하여 결정
• 정밀 천문측량에 의한 천문경도, 위도, 원방위각을 경위도 원점에서는 측지경도, 위도, 원방위각으로 간주하여 일치시킴
• 천문경위도와 측지경위도와의 차이, 즉 연직선편차가 없음(0). 준거타원체(Bessel)와 지오이드와의 차이, 즉 상대적 지오이드고가 0m로서 원점에서는 지오이드와 준거타원체가 일치
	• 우주측지기술에 의하여 국제적 합의로 정한 측량기준에 따라 대한민국 경위도 원점 1995VLBI 측량, 2001GPS 연결측량
	• GRS80 타원체상에서 측정한 지리학적(측지) 경위도를 그대로 사용
	• 지오이드는 경위도 원점에 구속되지 않고 독립적으로 사용
	  －대한민국 경위도 원점의 지오이드고 23.704m
	  －GRS80 절대지오이드 모델, GRS80 타원체상 원방위각

(2) 대한민국 수준원점

① **지점** : 인천광역시 남구 인하로 100(인하공업전문대학 원점표석 수정판의 영눈금선 중앙점)
② **수치** : 인천만 평균해수면상의 높이로부터 26.6871m

(3) 평면직각좌표원점

① 각 좌표계에서의 직각좌표는 다음의 조건에 따라 TM(Transverse Mercator, 횡단 머케이터) 방법으로 표시한다.
② X축은 좌표계 원점의 자오선에 일치하여야 하고, 진북방향을 정(+)으로 표시하며, Y축은 X축에 직교하는 축으로서 진동방향을 정(+)으로 한다.
③ 세계측지계에 따르지 아니하는 지적측량의 경우에는 가우스상사 이중투영법으로 표시하되, 직각좌표계 투영원점의 가산(加算)수치를 각각 X(N) 500,000m(제주도지역 550,000m), Y(E) 200,000m로 하여 사용할 수 있다.

[표 1-9] 평면직각좌표계 명칭 및 세부사항

명칭	원점의 경위도	투영원점의 가산(加算)수치	원점축척계수	적용구역
서부 좌표계	경도 : 동경 125°00′ 위도 : 북위 38°00′	X(N) 600,000m Y(E) 200,000m	1.0000	동경 124~126°
중부 좌표계	경도 : 동경 127°00′ 위도 : 북위 38°00′	X(N) 600,000m Y(E) 200,000m	1.0000	동경 126~128°
동부 좌표계	경도 : 동경 129°00′ 위도 : 북위 38°00′	X(N) 600,000m Y(E) 200,000m	1.0000	동경 128~130°
동해 좌표계	경도 : 동경 131°00′ 위도 : 북위 38°00′	X(N) 600,000m Y(E) 200,000m	1.0000	동경 130~132°

4. 우리나라 측량원점의 문제점 및 개선방안

우리나라 국토측량은 1910년 초 구 한국정부의 도지부에 설치된 토지조사국에서 동경원점을 기준으로 한 측량을 실시하였으나 많은 기준과 원점의 변화로 측량성과 및 도면화에 많은 문제점이 노출되고 있다. 현재 우리나라 경위도 원점은 천문측량, 일본 VLBI 성과를 적용하고 있고, 수준원점은 관측성과가 100여 년 경과되었으므로 이에 대한 제도적·기술적 대응이 요구된다.

(1) 문제점

① 현재 경위도 원점은 천문측량, 일본 VLBI 성과를 적용하였으나 실제 성과에 적용하고 있지 않음
② 수준원점의 관측성과는 100여 년 경과하여 인천만의 평균해수면 변화로 문제점 발생
③ 기존 성과와 새로운 세계측지계의 성과와의 차이에 따른 혼란
④ 크기와 방향은 지역별로 차이가 있지만 새로운 좌표계 도입에 따른 평균적인 변화량의 대응문제
⑤ 대축척 및 중축척 지형도 제작 시 문제점
⑥ 종래 기준점 성과 및 지적 성과와의 차이에 따른 문제점
⑦ 관측능력의 발전에도 불구하고 제도적·사회적 대응의 미흡에 따른 문제점

(2) 개선방안

① 경위도 원점은 우리나라 VLBI 성과를 적용하고, 실제 성과 적용 및 글로벌 세계측지계와 상호 호환성 확보
② 수준원점은 장기적 측면에서 전면 관측 및 재산정
③ 지구 중심좌표계의 전환에 따른 국가적 기본계획 수립
④ 국가적인 기본계획에 의해 전국적인 측지망의 조속한 재정비
⑤ 구 성과와 신 성과의 변환 기법 개발 및 활용
⑥ 장래 혼선을 방지하기 위한 체계적인 데이터베이스 구축
⑦ 조기에 측지계 및 원점 재확립
⑧ 글로벌 높이기준 모색
⑨ 정확한 수직위치 산정을 위한 전국적인 지오이드고 산정
⑩ 측량 관련 법 변화에 따른 제도적 개선, 교육훈련, 전문인력 양성이 시급

5. 우리나라 측지계 및 원점 관련 향후 추진방향

최근 국토지리정보원에서는 성과(정확도)의 지속적 고도화, 저비용 측량환경 조성 및 명확한 측량정책서비스를 구현하기 위하여 2015년부터 차세대 국가위치기준체계(안)를 마련하여 단계별로 추진하고 있다.

(1) 초정밀 우주측지기술이 적용된 국제기준의 고품질의 국가위치기준체계 구축

(2) 최신 ITRF 기반 위치기준체계 전환 기반 마련(수평기준체계 : ITRF2000 → ITRF2020 전환)

(3) 글로벌 세계측지계와 상호 호환성 확보(준동적 · 동적 측지계 도입 모색)

(4) 높이 체계는 정규 정표고 높이 체계에서 정표고 기반 높이 체계로 전환 추진

(5) 중력 기반 정표고 체계 도입을 통해 내륙과 도서 지역 높이 체계 불일치 해소

(6) 100여 년 전에 결정된 현행 높이 기준 체계(수준원점 성과, 단일 원점체계) 연구 · 분석

(7) 글로벌 높이 기준(지오이드, 타원체면 기준) 모색

6. 결론

최근 국토지리정보원을 중심으로 측지계 및 원점 확립, 측량기준점 위상체계 정립 등 차세대 국가위치기준체계(안)를 마련하여 체계적으로 실행하고 있다. 그러므로 철저한 기본계획 수립, 효율적인 기준점 관리체계, 위치정보 데이터베이스 구축, 전문교육기관 설립 및 유관기관과의 협조 등이 선행되어야 할 것으로 판단된다.

10 우리나라 수준원점의 문제점 및 개선방안

1. 개요

우리나라 표고 기준인 대한민국 수준원점은 그 표고가 26.6871m로서 인천만의 평균해수면 높이를 기준으로 1963년도에 설치되었다. 그러나 최근 여러 가지 환경적 요인에 의해 평균해수면의 높이가 설치 당시보다 수 cm가량 낮아져 있어 이에 따른 수준원점의 표고값에 대한 수정이 요구되고 있다.

2. 우리나라 수준원점의 설치과정

(1) 1913~1916년 : 인천항의 조위관측을 실시하여 얻은 검조자기곡선으로부터 면적 측량 방법으로 평균조위를 구해 이를 인천 중등조위면(평균해수면)으로 결정

(2) 1917년 : 토지조사국에서 상기 평균해수면을 기준으로 인천 수준기점 설치(수준기점의 표고 : 5.477m)

(3) 1963년 : 인하공업전문대학 교내에 수준원점 설치

(4) 1964년 : 인천 수준기점으로부터 수준원점까지 정밀수준측량을 실시하여 수준원점의 표고 결정(26.6871m)

3. 문제점

(1) 평균해수면의 높이 변화

① 해저지형변화, 각종 해양구조물 설치에 따른 조석변화 및 기후변화 등으로 인해 1900년도 초기에 비해 인천만 평균해수면의 높이가 낮아짐(약 3~5cm)

② 따라서 평균해수면의 높이를 기준으로 하는 수준원점의 표고도 실제 높이와 상이함

(2) 평균해수면과 지오이드의 불일치

① 평균해수면과 지오이드는 반드시 일치하지 않으므로 평균해수면 자료만을 기초로 수준측량을 수행하는 것은 비합리적임

② 따라서 평균해수면 자료와 중력관측 자료를 모두 이용하여 정밀한 지오이드모델을 개발하고 이를 이용하여 수준측량을 실시하는 것이 바람직함

4. 개선방안(해결방안)

(1) 우리나라 인천만의 평균해수면은 100여 년 전 관측성과(관측년 1913~1916)로 지구온난화 · 조류변화 · 태풍 등 자연환경 변화에 따라 해수면이 변동되었을 것으로 예상되므로 장기적 전면 관측과 재산정이 요구된다.

(2) 수준원점 표고결정을 위한 측량 실시

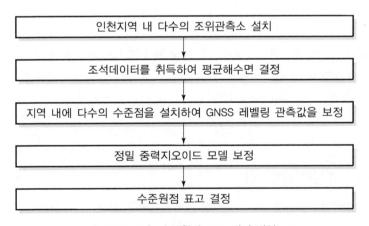

[그림 1-16] 수준원점 표고 결정 방안

(3) 정밀 중력지오이드 모델의 시급한 구축 요망

① 정밀 중력지오이드 모델을 결정하기 위해서는 해상중력관측자료(선상자료), 육상중력관측자료 및 위성중력관측자료를 통합하여(지역 평균해수면으로 적합) 정밀 지오이드 모델을 결정한다.

② 2018년에 국토지리정보원에서 합성지오이드모델을 이용하여 KNGeoid18을 구축하였

으나 자료의 정밀도와 적합도가 낮아 지역별 고정밀의 국가 지오이드 모델의 구축이 요망
된다.

③ 글로벌 높이기준(지오이드, 타원체 기준) 모색

5. 결론

수준원점은 우리나라의 모든 수준점 표고를 결정하는 기준점으로서 중요한 의미를 가진다. 그러
므로 수준원점의 기준이 되는 평균해수면의 높이에 변동이 생겼다면 이에 맞도록 수준원점의 높
이도 마땅히 재정립되어야 할 것으로 판단된다.

11 우리나라 측량기준점의 현황 및 문제점 · 관리방안

1. 개요

대규모 지역에 통일된 위치를 결정하기 위해서 우리나라는 적당한 지점에 원점을 설치하여 정의
된 기준에 의해 전국 주요 지역에 균등하게 표석을 설치하여 그 위치를 유지 계승하고 있다. 현재
국가기준점 체계는 기본적으로 1910년대 토지조사사업의 일환으로 실시된 기준점 체계를 이용
하고 있어 21세기 위성 측위 등 정밀 측량을 위해서는 많은 문제점이 노출되고 있는 실정이다.

2. 우리나라 측량기준점 체계의 현황

우리나라 국가기준점 체계는 기본적으로 1910년 실시된 기준점 체계를 그대로 유지하였으나, 최
근「공간정보의 구축 및 관리 등에 관한 법률」제정으로 다양한 기준점 체계로 변화하고 있다.
(1) 우리나라 좌표계는 GRS80 타원체를 기준으로 한 세계좌표이다.
(2) 설치기관에 따라 국가(기본, 수로) · 지적 · 공공기준점으로 다원화되어 있다.
(3) 주로 위치의 구분이 수평과 수직으로 구분되어 기준계가 다르다.
(4) 평면 · 높이 · 특수기준점(중력, 지자기 등)과 1~4등급 등 종류별 · 등급별로 구분하여 설
　치 · 관리 및 사용 중이다.
(5) 대부분의 기준점이 표석에 의해 위치를 나타낸다.
(6) 전국적으로 통일된 정확도와 정밀도로 구성된 계층구조이다.
(7) 과거 재래식(광학) 측량기술 특성으로 인한 복잡한 계층구조이며, 계층 증가에 따라 기준점
　자체의 오차가 측량에 반영되어 정확도가 저하되었다.
(8) 6 · 25 전쟁 등으로 인하여 복구, 재설치된 기준점이 많다.
(9) 평면직각 좌표계는 T.M 투영법에 의해 4개의 좌표계로 설정되어 있다.

(10) 국가기준점은 국토교통부(지리원) 및 해양수산부(조사원)가 설치·관리하고 있다.

(11) 최근 국가기준점 기능을 통합한 다기능 기준점으로서 통합기준점 활용성이 확대되고 있다.

3. 현재의 측량기준점 현황 및 관리체계

(1) 국가기준점 측량 현황

① 1975년부터 정밀 1차 기준점 측량 실시

② 1986년부터 정밀 2차 기준점 측량 실시

③ 1974~1987년까지 정밀 1등 수준측량 실시

④ 1960~1988년까지 정밀 2등 수준측량 실시

⑤ 1997년부터 GPS에 의한 정밀 2차 기준점 측량 실시

(2) 측량기준점 현황

[표 1-10] 측량기준점 현황   (2016년 현재)

VLBI점	위성 기준점	통합 기준점	삼각점	수준점	절대 중력점	지자기점		공공 기준점	지적 기준점
						1등	2등		
1개소	182 (8개 부처)	3,898	16,448 (망실 포함)	7,299 (망실 포함)	23 (보조점 제외)	30	642	30,977	678,389

(3) 현행 관리체계

1) 공간정보의 구축 및 관리 등에 관한 법률에 의한 관리 규정

①「공간정보의 구축 및 관리 등에 관한 법률」제8조 제5항에 의하여 특별자치도지사, 시장·군수 또는 구청장은 국토교통부령으로 정하는 바에 따라 매년 관할구역에 있는 측량기준점 표지의 현황을 조사하고 그 결과를 시·도지사를 거쳐 국토교통부장관에게 보고하여야 한다.

②「공간정보의 구축 및 관리 등에 관한 법률」제8조 제6항 : 국토교통부장관은 필요하다고 인정하는 경우에는 직접 측량기준점 표지의 현황을 조사할 수 있다.

③「공간정보의 구축 및 관리 등에 관한 법률」제9조 제1항 : 누구든지 측량기준점 표지를 이전·파손하거나 그 효용을 해치는 행위를 하여서는 안 된다.

④「공간정보의 구축 및 관리 등에 관한 법률」제9조 제2항 : 측량기준점 표지를 파손하거나 그 효용을 해칠 우려가 있는 행위를 하려는 자는 그 측량기준점 표지를 설치한 자에게 이전을 신청하여야 한다.

2) 측량제도에 의한 관리

① 국토지리정보원에 119 신고센터를 설치하여 측량 종사자의 자발적 신고로 손·망실된 국가기준점의 현황을 파악하고 있다.

② 국토지리정보원 홈페이지의 측량기준점 서비스 코너를 통하여 현재 설치된 국가기준점의 현황을 공개하고 있다.

4. 측량기준점 체계의 문제점 및 관리방법

현재 우리나라의 측량기준점 체계는 측량방법의 고도화, 위성측위 등 다변화된 측량에 대비하기 위해서는 현 기준점 체계로는 많은 문제점이 야기되므로 그 개선방안이 시급한 실정이다.

(1) 문제점

① 수평 및 수직위치를 분리한 체계로 기준점 수가 많아서 유지관리가 어렵다.

② 성과를 한번 고시하게 되면 그 수치를 쉽게 변경할 수 없기 때문에 기준점망의 특성상 위치 정확도의 유지관리가 어렵다.

③ 위성기준점 이상의 정확도를 유지하기 어렵다.

④ 기준점별 운영기관이 상이하다.

⑤ 기준점별 관리 및 관리시스템이 상이하다.

⑥ 기준점별 서비스 시스템이 상이하다.

⑦ 관측 능력의 발전에도 불구하고 위치 정확도 향상에 많은 시일이 필요하다.

⑧ 정보화 · 고도화되고 있는 사회에서 위치 정보의 부족으로 사용자 편의성이 미흡하다.

⑨ 법으로 국가기준점의 관리방안을 규정하고는 있지만 지자체 공무원들의 측량에 대한 인식 저하로 실질적인 측량표 감시가 이루어지지 않고 있다.

⑩ 측량표가 손 · 망실된 경우 감시체제의 부재로 행위자 파악이 불가능하다.

⑪ 손 · 망실된 측량표로 인해 다른 지역의 기준점을 사용하게 됨으로써 거리 연장에 따른 측량업자의 비용부담이 증가되고 있다.

(2) 관리방안

① 체계적이고 장기적인 유지관리방안을 수립한다.

② 향상된 정확도의 표석기준점 관리방안을 수립한다.

③ 정확도 유지를 위한 주기적인 반복 관측체제의 구축이 요구된다.

④ 정확한 위치의 위성 기준점을 확보한다.

⑤ 위치 정보 데이터베이스 체계를 구축한다.

⑥ 사용자 편의성을 위한 통신 시스템을 확보한다.

⑦ 국토지리정보원의 119 신고센터의 운영을 활성화한다.

⑧ 건설공사 시 시공사에 의한 공사구역 내의 측량표 관리방안을 수립한다.

⑨ 기준점 보호시설 및 기준점의 평지설치를 고려한다.

⑩ GNSS 측량기기를 이용한 높이 측량 등 측량기술과 환경변화에 적합한 국가기준점 설치 및 운용 · 유지관리방안을 수립한다.

⑪ 국가기준점성과의 체계적 관리 및 정확도 확보를 위하여 성과정확도 검증절차를 마련한다.

⑫ 국가기준점 정확도 및 유지·관리방향 설정을 위한 VLBI·위성·통합·수준·중력기준점의 연계방안을 수립한다.

⑬ 측량기준점 일원화 및 통합체계를 구축한다.

5. 우리나라 측량기준점 관련 향후 추진방향

최근 국토지리정보원에서는 성과(정확도)의 지속적 고도화, 저비용 측량환경 조성 및 명확한 측량정책서비스를 구현하기 위하여 2015년부터 차세대 국가위치기준체계(안)를 마련하여 단계별로 추진하고 있다.

(1) 측량기준점 확대 및 국가측량기준의 정확도 제고로 국가위치정보의 고정밀화를 추진한다.

(2) 측량기준점 성과 고정밀화 및 국가위치기준망을 확대(3차원 위치기준망 확대)한다.

(3) GNSS 위성기준점 인프라 확대 및 운영·관리로 실시간 위성측위서비스를 확대한다.

(4) 통합기준점을 골격으로 측량기준점을 운영한다.

(5) 평면은 VLBI(경위도 원점 적용) → 위성기준점 → 통합기준점(일부 핵심 삼각점 적용)으로 측량기준점 위상체계를 재정립한다.

(6) 높이는 수준원점 → 통합기준점(중력 적용)으로 측량기준점 위상체계를 재정립한다.

(7) 기준점 성과관리의 체계화 및 효율화를 추진한다.

(8) 기준점 통합관리 및 성과 제공 시스템을 구축한다.

(9) 3차원 국가위치기준망 구축 완료 및 정비를 추진한다.

6. 결론

최근 측량은 관측기기의 발달과 위성측량 등으로 비약적인 발전을 하고 있으나, 이에 대비한 서비스 향상 및 다양한 위치 정보의 욕구에 부흥할 수 있는 방안이 미흡한 실정이다. 그러므로 효율적인 기준점 관리체계, 위치 정보 데이터베이스 구축 및 전문기관에 의한 교육훈련 등으로 21세기 첨단 측량에 대비하여야 할 것으로 판단된다.

1. 개요

측량기준점은 「공간정보의 구축 및 관리 등에 관한 법률」에 따라 서로 다른 목적에 의해 국가·지적·공공기준점으로 나뉘어 별도로 설치·관리되고 있다. 그러나 측량기준점 정보를 통합적으로 관리하고 확인할 수 있는 체계가 미비하여 측량기준점을 이용하는 사용자들의 불편과 혼란을 야기해 왔으며, 비슷한 위치에 각기 다른 기준점들이 중복적으로 설치되는 문제 등도 지속적으로 제기되어 왔다. 국토지리정보원은 이러한 문제를 해결하고자 국가·지방자치단체·공공기관 등 이해관계 기관과 '측량기준점 일원화 협의체'를 구성하여 「측량기준점 일원화 중장기 실행계획(2016.12.)」을 마련하였다. 이에 따라 측량기준점(국가·지적·공공)의 효율적 관리 및 공동 활용을 위한 측량기준점 통합체계 구축을 단계적으로 추진하고 있다. 국토지리정보원에서 추진 중인 측량기준점 일원화 및 통합체계 구축사업의 주요 내용은 다음과 같다.

2. 측량기준점 현황 및 서비스

(1) 국가기준점

1) 법률적 의미

'기본측량' 및 '수로측량'을 통해 설치된 측량기준점으로 국토상에 존재하는 일정한 점들의 위치를 측정하고 그 특성을 조사하여 도면 및 수치로 표현하거나 도면상의 위치를 현지에 재현하고, 측량용 사진의 촬영, 지도의 제작 및 각종 건설 사업에서 요구하는 도면작성 등과 같은 성과물을 제작하기 위한 모든 측량 활동 및 지형공간정보 생성에 활용되는 측량기준점을 의미한다.

2) 관리 주체 및 관리기준점

① **국토교통부** : 위성기준점, 수준점, 중력점, 통합기준점, 삼각점, 지자기점

② **해양수산부** : 수로기준점, 영해기준점

3) 국가기준점 서비스

국토지리정보원 성과 발급시스템

(2) 공공기준점

1) 법률적 의미

공공기준점은 국가기관 및 공공기관, 지방자치단체에서 공공측량을 목적으로 설치된 위치·표고 등이 표시된 점을 의미한다.

2) 관리 주체 및 관리기준점
   ① 관리 주체 : 지방자치단체
   ② 관리기준점 : 공공수준점, 공공삼각점

3) 공공기준점 서비스
   공공기준점 관리 지방자치단체 홈페이지

(3) 지적기준점

1) 법률적 의미
   지적기준점은 국가기관 및 공공기관, 지방자치단체에서 지적측량을 목적으로 설치된 위치 · 표고 등이 표시된 점을 의미한다.

2) 관리 주체 및 관리기준점
   ① 관리 주체 : 국가기관 및 공공기관, 지방자치단체, 지적소관청
   ② 관리기준점 : 지적삼각점, 지적삼각보조점 및 지적도근점

3) 지적기준점 서비스
   지적기준점 관리 지방자치단체 홈페이지 등

3. 측량기준점 관리항목

(1) 국가기준점

측량기준점으로 관리되고 있는 기준점은 삼각점, 수준점, 통합기준점, 중력점, 지자기점, 지적기준점, 공공기준점으로 관리항목이 142개로 구성되어 있다. 각 기준점에서는 실제로 입력되어 있는 이력 항목과 기준점 관리 항목과는 다른 차이를 보이고 있다. 이 외에도 관리항목 자체에 없지만 이력상에만 존재하는 항목들도 있다.

(2) 공공기준점

공공기준점은 국가기준점과 비교하였을 때 공통항목과 성과항목에 많은 차이를 나타내며 국가기준점이 있는 이력관리를 위한 성과항목이 포함되어 있지 않은 경우도 있다. 또한 공공기준점은 각 지방자치단체에서 관리하는 만큼 자치단체에 따라 관리항목이 다른 경우가 존재한다.

(3) 지적기준점

지적기준점은 시 · 도지사나 지적소관청에서 도근점, 삼각보조점, 삼각점을 관리하고 있으며 각 기준점에 대한 관리항목은 공통적인 항목과 기준점 종류에 따른 개별적 항목으로 구분된다. 지적기준점의 공통항목에는 기준번호만 공유하고 있으며, 개별 항목은 각 기준점에만 관리되는 항목으로 분류된다.

4. 기준점(기본, 지적, 공공) 일원화 방안

(1) 기준점 표준 대상 선정

① 「공간정보의 구축 및 관리 등에 관한 법률」에 정의된 국가 및 공공분야에 사용되는 측량기준점 중 지상측량에 활용되는 측량기준점을 대상으로 측량기준점 표준을 선정한다.

② 측량기준점의 표준은 기존의 측량기준점 성과항목의 문제점을 개선하고 국외 및 국제표준과의 호환성을 고려하여 일관성 및 활용성을 확보할 수 있도록 측량기준점의 표준 관리항목을 선정하고, 각 항목에 대한 연관성을 고려하여 측량기준점 관리를 위한 데이터모델을 작성한다.

(2) 기준점 표준의 항목 선정

측량기준점의 표준 항목은 기준점 간의 연계와 통합 활용 및 관리와 운영을 위해 기준점 관리항목으로 필요한 항목을 크게 공통항목, 이력관리항목, 성과기준항목, 성과항목으로 분류한다.

5. 기준점(기본, 지적, 공공) 일원화를 시행할 때 문제점

(1) 기준점별 운영기관이 상이

① 국가기준점은 국토지리정보원 및 국립해양조사원에서 설치 및 운영·관리하고 있다.

② 지적기준점은 한국국토정보공사와 지방자치단체에서 설치 및 운영·관리하고 있다.

③ 공공기준점은 각종 공공사업에서 설치된 기준점으로 지방자치단체, 공공기관, 건설사업체 등 다양한 기관에서 설치 및 운영·관리하고 있다.

(2) 기준점별 관리 및 관리시스템 상이

① 국가기준점과 지적기준점은 주관기관에서 체계적인 관리체계 및 관리시스템을 통해 설치 및 운영·관리되고 있다.

② 공공기준점은 광역지방자치단체 및 일부 기관을 제외하고는 관리시스템이나 서비스 시스템은 구축되어 있지 않다.

(3) 기준점별 서비스 시스템 상이

① 국가기준점 및 지적기준점은 기준점 서비스 시스템을 통해 대외적으로 활용이 가능하다.

② 공공기준점은 광역지방자치단체 및 일부 기관을 제외하고는 관리시스템이나 서비스 시스템은 구축되어 있지 않다.

③ 대부분의 공공기준점은 점의 조서형태의 문서 또는 전자파일 형태로 관리되고 있다.

6. 기준점(기본, 지적, 공공) 일원화를 위한 법·제도 개선방안

(1) 관련 규정 개정

① 측량기준점 표준의 활성화를 위해서는 제도적으로 표준의 상위 제도인 법령, 규정, 지침 등에 대한 개정이 필요하다.

② 측량기준점 관련 법령 및 규정은 「공간정보의 구축 및 관리 등에 관한 법률」과 국토지리정보원의 삼각점측량 작업규정, 수준점측량 작업규정, 중력측량 작업규정, 지자기측량 작업규정, 통합기준점측량 작업규정, 공공측량 작업규정 등이 있으며, 앞의 법률 및 규정에 대해서 측량기준점 표준을 준용할 수 있도록 개정이 요구된다.

(2) 측량기준점 관련 용어 정립

① 측량기준점의 표준의 제정에 있어 우선적으로 정립되어야 할 부분이 관련 용어의 정립이라고 할 수 있다.
② 측량기준점의 표준을 작성하기 위하여 측량기준점에 대한 용어를 보면 우리나라에서 사용되고 있는 측량기준점의 영문용어는 법률, 규정, 기관에 따라 다르다.
③ 같은 기관에서도 동일한 측량기준점에 대하여 다른 영문용어를 사용하고 있다.
④ 따라서 측량기준점에 대한 영문용어를 정의해야 할 필요가 있다.
⑤ 측량기준점의 사용목적과 활용에 적합한 국문, 영문용어를 선정하여 현행 측량기준점 관련 법률, 규정, 지침, 표준에 표기된 측량기준점 관련 용어의 일원화가 필요하다.

(3) 기준점 일원화 방안

① 측량기준점의 표준 대상은 국가기준점, 공공기준점, 지적기준점이며, 이들에 대한 기관표준을 제정한다.
② 측량기준점의 표준항목은 각 기준점의 성과항목의 문제점을 개선하고 국제 표준과의 호환성을 고려하여 공통항목, 이력관리항목, 성과기준항목, 성과항목을 분류하여 선정한다.
③ 측량기준점의 공통항목과 이력항목을 기준으로 측량기준점의 관리 데이터모델을 정의하여 측량기준점 중 국가기준점에 국토지리정보원 기관표준(안)을 제정하여 이를 일반화한다.
④ 제정된 측량기준점의 표준을 활성화하기 위해 측량기준점 성과항목 재구성 및 관련 규정 용어 통일 등 제도적 기반을 마련하여야 한다.

7. 측량기준점 통합체계 구축의 주요 내용

(1) 3차원 위치정보 생산(2022년 측량의 편의성과 활용성이 향상)

1) 실시간 GNSS 데이터 통합 생산
   ① 공공기관 GNSS 상시관측소 데이터(170개소) 통합 제공
   ② Beidou, 갈릴레오 등 멀티 위성정보 제공
   ③ 방송망, 통신망 등을 통해 GNSS 서비스 확대 지원
   ④ 위성기준점 전력, 통신시설 이중화

2) 통합기준점 기반 위치기준망 일원화
   ① 2022년까지 통합기준점 7,000점 설치(점 간 간격 3km)
   ② 삼각점(평면좌표)과 수준점(높이)으로 이원화된 위치기준망을 통합기준점 중심으로 일

원화

③ 측량기준점 설치기관과의 협업을 통해 표석형 기준점의 중복설치 방지

[표 1-11] 우리나라 기준점 현황 및 향후 계획

구분	현황	향후
위성기준점	• 공공기관 데이터 통합 • 측량 · 지도 제작산업 위주의 활용	• 공공 · 민간 데이터 통합 • 위치기반산업에서 활용
통합기준점	• 평균 5km 설치간격 • 평면(삼각점), 높이(수준점) 기준망 이원화	• 평균 3km 설치간격 • 평면 · 높이(통합기준점) 기준망 일원화

(2) 측량성과 · 인프라 통합관리(2019년 모든 기준점 사용)

1) 측량성과 통합관리시스템 구축

① 국가 · 지적 · 공공기준점 성과 통합관리시스템 구축

(2017년 지적기준점 통합 → 2018년 공공기준점 통합)

② 통합관리를 위한 DB, 성과표, 관리기준 등 표준화

③ 공공기준점 관리체계 구축

2) 측량기준점표지 관리 · 조사방법 개선

① 측량기준점 종류별로 조사방법, 조사주체 설정

• 국가기준점 : (조사주기) 삼각점 5년, 수준점 · 통합기준점 1년

(조사주체) 특별자치시장, 특별자치도지사, 시장 · 군수 또는 구청장

• 공공기준점 : (조사주기) 공공삼각점 · 공공수준점 2년

(조사주체) 공공측량 시행자

② 측량기준점 손 · 망실 신고사이트 및 대응체계 운영

[표 1-12] 우리나라 기준점 성과관리(조사) 현황 및 향후 계획

현황	향후
• 개별 기관이 설치 및 관리 • 기관 간 데이터 공유 불가 • 매년 지자체에서 모든 측량기준점 표지 현황조사 • 표지의 망실 · 훼손에 대응 불가	• 통합관리체계 내에서 설치 및 관리 • 통합관리시스템을 통해 데이터 공유 • 기준점 종류별로 조사주기, 조사주체 설정 • 온라인 신고 및 대응체계 운영

(3) 위치정보 통합서비스(2018년 모든 측량정보를 한 곳에)

1) 정보시스템 고도화

① 측량기준점 통합체계 업무 프로세스에 적합한 시스템 구축

② 타 기준점 데이터를 포함할 수 있도록 DB 및 시스템 구조 개편

2) 정보시스템 연계

① 관련 정보시스템 연계를 통한 측량기준점 정보 통합 제공

• 2017년 국토교통부 기준점 정보시스템 연계 → 2018년 외부 정보시스템 연계

[표 1-13] 우리나라 위치정보 서비스 현황 및 향후 계획

현황	향후
• 개별 기관이 홈페이지 운영 • 공공기준점 온라인 열람 불가 • 기관별로 데이터 제공범위 상이	• 통합시스템을 통해 모든 측량기준점 정보 제공 • 통합시스템을 통해 온라인 열람 • 동일한 범위의 정보 제공, 점진적 확대 구축

(4) 거버넌스 구축 및 법·제도 개선(2022년 측량기준점 조사·관리가 더욱 체계화·효율화)

1) 거버넌스 구축·운영

① 측량기준점 일원화 협의체 구성 및 협의 기반의 주요 사안 결정(~2020년)

② 측량기준점 관리를 위한 관계기관 대응체계 운영(2020년~)

2) 법·제도 및 규정 개선

① 측량기준점 통합체계 구축을 위한 관련 법령 및 규정 개정

② 관련 법·제도 준수를 위한 제도 홍보 및 불합리한 제도 개선

[표 1-14] 측량기준점 조사·관리 체계화·효율화 계획

일정	개정(안) 주요 사안
2017년	• 측량표지조사 방법 개선(매년 → 종류별 달리 적용) • 측량성과 통합관리 체계 구축 및 운영
2018~2019년	공공기준점 관리주체, 관리항목 등 지정
2020년	이원화된 기준, 제도, 규정 체계화

[표 1-15] 우리나라 기준점 관련 법·제도 현황 및 향후 계획

현황	향후
• 측량기준점 전반에 대한 컨트롤타워 부재, 현안에 대한 기관별로 각각 대응 • 하나의 법 내에 기준점 종류별로 구분 • 용어, 형상 등 관련 법·제도 미준수	• 관계기관 협의체 운영, 주요 사안에 공동 대응 • 이원화된 제도의 점진적 통합 • 관련 법·제도 준수 요청, 불합리한 제도 개선

8. 결론

지금까지 우리나라는 측량기준점의 종류와 운영주체가 다르게 운영되어, 국가적 혼란과 공간정보 구축에 많은 어려움을 초래하였다. 이에 국토지리정보원은 시급히 기관 표준, 표준항목 및 관리 데이터모델 등을 제정하고 이를 일반화하여 측량기준점의 효율적인 생산, 관리, 운영 및 유통이 되도록 노력해야 할 때라 판단된다.

13 우리나라 측량의 현황, 문제점 및 개선방안

1. 개요

측량은 기존의 아날로그형 측량에서 GNSS측량, 수치사진측량, 위성측량, GSIS 등 새로운 첨단 기술을 활용한 디지털 측량으로 변화되었으며, 각과 거리를 관측하는 단순한 측량에서 정보기술(IT)과 공간정보의 도입·활용으로 공간정보공학으로 발전 중이다.

따라서, 우리나라 측량산업, 기술, 제도·정책, 인력 및 교육 등 측량 전반에 제도 개선 및 발전방안이 요구되고 있다.

2. 우리나라 측지사업의 연혁

(1) 1910~1915년에 조선토지조사사업에 의하여 측지측량 실시

(2) 6·25 전쟁 이후 망실 또는 손괴된 측지기준점 복구사업 추진

(3) 1960년대 후반 각종 기본도 제작 및 건설사업을 위한 공공측량 증대로 기준점 복구사업이 활성화되었으나 일관성 없는 임시적 미봉책임

(4) 정확한 기준점 성과를 실용화하기 위하여 1975년 정밀 1차 기준점 측량 실시

(5) 1986년 3, 4등 삼각점을 기초로 하여 정밀 2차 측지망사업 추진

(6) 1960~1988년까지 정밀 1, 2등 수준측량 실시

(7) 1995~2000년까지 국가지리정보체계(NGIS) 1차 계획 추진

(8) 2000년부터 건설교통부 국가지리정보원을 중심으로 "한국 측지계 재정립" 추진

(9) 2001~2005년까지 국가지리정보체계(NGIS) 2차 계획 추진

(10) 2003년부터 세계측지계를 도입하여 시행

(11) 2006년부터 국가지리정보체계(NGIS) 3차 계획 추진

(12) 2008년부터 통합 기준점 구축사업 실시

(13) 2009년부터 측량·수로조사 및 지적에 관한 법률을 제정하여 각종 사업 추진

(14) 2010~2015년까지 제4차 국가공간정보정책기본계획 추진

(15) 2012~2030년까지 지적재조사 사업 추진

(16) 2013~2017년까지 제5차 국가공간정보정책기본계획 추진

(17) 2016~2020년까지 제1차 국가측량기본계획 추진

(18) 2016~2020년까지 제2차 공간정보산업진흥기본계획 추진

(19) 2018~2022년까지 제6차 국가공간정보정책기본계획 추진

(20) 2021~2025년까지 제2차 국가측량기본계획 추진

(21) 2021~2025년까지 제3차 공간정보산업진흥기본계획 추진

3. 국가 측량의 현황, 문제점 및 개선방안

(1) 현황

1) 법률에 의한 측량의 범위에 따른 현황

① 「공간정보의 구축 및 관리 등에 관한 법률」에 의한 측량은 지형측량 및 지적측량 분야에 국한되어 있어 SOC와 자연재해 관련 분야로의 확대에 제한

② 지형측량과 지적측량 분야의 경우, 기준점을 별도로 구축 및 관리하는 등의 예산 운영의 비효율성과 성과가 불일치되는 문제

③ 건설 관련 법령에 측량업무 분야와 측량기술자의 역할을 개략적으로 간략하게 지정하여 관련 분야 전문기술자를 육성하기 곤란

④ 건설공사 관련 도면작성은 법률상 측량의 범위에 포함되어 있지만 실제적으로 건설공사에 반영되지 못하고 있는 실정

2) 기본측량 현황

① 국토지리정보원이 측량기준점, 국가기본도를 구축하여 유지관리 및 서비스를 하고 있으며, 2012~2014년까지 연평균 약 6%의 예산이 증가

② VLBI 및 관련 기술을 이용하여 측량기준이 되는 측지계의 현대화 계획을 포함한 위치측정 활용·서비스 분야 확대가 필요

③ 국가기본도는 세계적으로 최고의 현행화 수준으로 유지관리하고 있지만 공급자 위주의 공급체계로 운영 중

3) 공공측량 현황

국토개발 단계에서 국토관리 단계로 전환됨에 따라 대규모 건설 관련 지형측량사업과 지하시설물 사업이 감소하고 시설물 유지관리를 위한 소규모 사업이 증가하고 있는 추세

(2) 문제점

① 아날로그 시대의 측량 법령
② 작업규정과 품셈 미비
③ 측량 및 공간정보 시장 육성에 관한 제도 미비
④ 예산 확보의 어려움
⑤ 인력 양성의 지원 미비
⑥ 핵심 기술력의 부재로 인한 외국 S/W의 시장 장악

(3) 개선방안

① 측량 법령의 정비
② 중소기업의 육성
③ 측량성과의 품질인증제도 도입

④ 유통 및 표준안 마련

⑤ 전문인력 양성

⑥ 국제교류 및 해외시장 진출

⑦ 산·학·관의 유기적인 협력관계 유지

4. 측량산업의 현황, 문제점 및 개선방안

(1) 현황

① 국내 건설산업의 침체로 공공측량 물량이 감소하여 2011년에 측량산업 전체 매출액이 약 12% 수준으로 급격히 감소한 이후 완만한 회복세를 보이는 중

② 사업체 수와 종사자 수는 지속적인 순증가를 보이고 있으나, 인건비와 영업비용은 감소하는 등의 기업의 채산성 약화 경향을 보임

③ 건설산업에서 측량산업이 차지하는 비율이 4~5%로 매우 낮음

④ 공공기관 사업을 위주로 일부 지역에 측량업체 편중

⑤ 기술 위주의 경쟁력으로 무한 자유경쟁 시대

(2) 문제점

① 3D 업종 인식으로 인한 업체 설립 기피현상

② 주로 같은 사업을 수행함으로써 기술 개발이나 마케팅 전략 미흡으로 경쟁력 약화

③ 비전문가의 측량업무와 활동영역의 침탈로 품질 저하

④ 다양한 분야의 적용과 활용에서 오는 자료의 혼란

⑤ 측량 전문교육기관의 부재에 따른 인력 수급 불균형

(3) 개선방안

① 상대적으로 위상이 낮은 측량산업 및 기술자의 위상 제고를 통한 사회적 인식변화 추구

② 차세대 측량연구·개발을 지원하여 기술력을 확보하고 해외시장 개척을 위한 국제협력 강화

③ 측량에 대한 건설사업관리제도 및 품질인증제도의 도입

④ 신기술 도입·활용에 맞는 측량작업 규정 및 표준화 정비

⑤ 측량전공학부 및 학과 설치에 따른 측량전문인력 양성

5. 측량기술자의 문제점 및 개선방안

(1) 현황

① 측량기술자는 매년 약 7% 정도로 지속적으로 증가 추세이나, 2012년 이후로 증가세가 현저히 떨어지고 있는 추세

② 특히, 초급기술자의 공급이 지속적으로 감소하고 있으며, 이는 신규사업 부재 및 산업 침체 등으로 인한 신규 인력 배출감소가 원인

(2) 문제점

① 측량기술자는 토목분야 중 4% 내외를 차지
② 3D 업종 인식으로 인한 기피현상으로 인력 부족
③ 지방현장 파견 및 각종 업무과다로 인한 기술자 기피현상
④ 국내 고급 인력의 배치 불균형
⑤ 비전문가의 측량업무로 품질 저하
⑥ 종래의 측량기술에 의존하여 신기술 측량으로 사업 진행 시 인력 부족

(3) 개선방안

① 측량의 중요성에 대한 지속적인 홍보 및 외국인에게 인력시장 개방
② 산업계가 요구하는 창의적인 인력을 양성할 수 있고, 평생에 걸쳐 작업능력을 개발할 수 있도록 제도 개선
③ 우수 인력의 확보와 타 분야 유출 대책 마련
④ 측량책임자제도 및 건설사업관리제도 도입
⑤ 신기술 측량에 따른 교육강좌 마련

6. 측량기술의 현황, 문제점 및 개선방안

(1) 현황

① 기반기술 분야는 응용과 실용기술보다는 높은 수준이나, 정책에 따른 관련 기술을 확대 적용하기 어려운 실정
② 원격탐측, 시설물 안전 및 유지관리 분야는 선진국과 비교하여 가장 격차가 심함
③ 건설 관계 법령으로 운영되고 있는 시설물 안전 및 유지관리 분야는 선진국 대비 약 50% 기술 수준으로 개선이 시급
④ 측량기술은 토목, 건설 분야뿐만 아니라 토지관리, 시설물 관리, 항법, 지구물리학, 군사과학 등 각 분야에서 그 중요성이 크게 증대
⑤ 과거 단순기술에서 IT와 접목한 복합기술로 발전
⑥ 측량기술의 발전은 측량 이외의 전자, 항공, 우주, 컴퓨터 등의 발전으로 가속화되었으며, GNSS측량, 항공사진측량, 원격측정, GSIS 등의 첨단측량기술의 발전을 야기
⑦ 측량기술의 자동화 및 수치화로 공간정보 획득 및 분석방법에 있어서 다양한 자료에 대한 취득 및 분석이 이루어지고 있음

(2) 문제점

① 신기술 도입 및 활용에 소극적인 현행 측량작업 규정
② 측량기기 검정기술이 최신 측량기기의 관측방법 및 성능을 만족하지 못함

③ 기술도입 노력 부족 및 신기술 투자 의지 부족

④ 건설과 동일시하여 신기술 인정절차가 불합리

(3) 개선방안

① 사회환경과 정보기술 변화에 대처할 수 있도록 공간정보 법령 및 제도를 현실화

② 최신 측량기기의 검사방법 및 검사기준의 개발과 측량기기 검정프로그램 개발

③ 신기술 도입과 관련된 과감한 기술투자 유도

④ 차세대 측량연구 · 개발을 지원하여 기술력을 확보하고 해외시장 개척을 위한 국제협력 강화

⑤ 건설신기술 심사제도의 측량기술 인정절차 개선

7. 측량교육의 현황, 문제점 및 개선방안

(1) 현황

① 아날로그 측량에서 디지털 측량으로 변모

② 측량교육은 토목, 건설 분야의 부분으로 교육되고 있으며, 최근에는 공간정보 기술과 접목하여 교육

(2) 문제점

① 학계의 공사측량(설계, 시공)에 대한 교육의 현실과 불일치

② 종래의 측량기술로 인한 경쟁력 약화

③ 일반적인 측량만 교육하여 전문성 결여

(3) 개선방안

① 협회, 학계 등 현장경험 위주의 교육을 통한 질적 향상(신기술 적용)

② 공간정보 분야의 세분화 및 체계화 추구

③ 측지측량 교육의 정착

④ 공간정보 교육의 전문화 및 차별화

⑤ 공간정보 전공학부 및 학과 설치에 따른 공간정보 전문인력 양성

⑥ 공간정보 전임교수의 확충

8. 결론

측량(공간정보)산업은 정보화 사회의 핵심 기술로 정보화 사회에 맞는 패러다임을 갖추고, 기술력으로 시장을 다각화하는 전략 및 전술이 필요하다. 따라서 정부는 이에 대처할 수 있도록 공간정보 법령 및 제도를 정비하고, 공간정보 종사자에 대한 전문교육을 실시하여 측량전문인력을 양성, 관리해야 하며, 고부가가치 산업으로 발전할 수 있도록 기술개발에 힘써야 한다.

14

우리나라 측량(공간정보)산업의 현황, 문제점 및 개선방안

1. 개요

우리나라 측량산업은 종래 영세산업에서 국가 공간정보사업 추진에 따라 단기간에 급속하게 양적 성장을 이루었다. 최근 측량산업은 DB 구축이 완료됨에 따라 생산 중심에서 유통 중심으로 급격히 변모하고 있다. 본문에서는 우리나라 측량산업의 현황, 공사측량, 발주제도, 용역대가, 측량기술자 공급, 측량성과 및 발전 방향을 중심으로 기술하고자 한다.

2. 측량산업의 현황

2013년 기준으로 측량기술자는 총 100,000여 명이고, 업체 수는 3,000여 개가 등록되어 있다. 또한, 측량시장 규모는 공공측량 50%, 일반측량 50% 정도로 추정되며, 1차, 2차 NGIS를 거치면서 측량산업이 급속히 성장하였으나, 2007년을 정점으로 하향 안정화하고 있는 실정이다. 따라서, 현재 측량업계는 발주물량 감소, 과열 경쟁, 저가 수주 등으로 업계 전반에 위기의식이 팽배하고 있으며, 이에 따른 관련 법·제도 정비 요청과 발주제도에 관한 개선 요청이 요구되고 있다.

3. 측량(공간정보)산업의 현황, 문제점 및 개선방안

(1) 지도 및 공간영상 제작분야

1) 현황
   ① 수치사진측량기술 및 항공 LiDAR 등 첨단 기술의 도입으로 기술력 향상
   ② IT 기술과의 융·복합을 위한 다양한 디지털 공간영상 제작기술 확보

2) 문제점
   ① 첨단기술 도입에 따른 업체의 비용부담 증가 및 운용능력 다소 미진
   ② 내수시장만으로는 투자대비 수익성 저하

3) 개선방안
   ① 첨단기술 활용을 위한 국가사업의 확충 필요
   ② 수익성 높은 해외사업의 진출 모색
   ③ 최신 지도 및 공간영상자료 구축비용 확보를 위한 IT 업계의 비용분담 고려

(2) 공간정보 구축분야

1) 현황
   ① 공간정보 구축을 위한 기술력 및 노하우 확보
   ② 풍부한 공간정보 구축으로 인프라 보유

2) 문제점

    ① 대규모 공간정보 구축사업의 감소로 수주력 저하

    ② 기 구축된 공간정보 DB의 유지관리 및 갱신 등 후속사업 미진

3) 개선방안

    ① 활용 가치가 높은 공간정보 DB 시스템 개선방안 연구

    ② 기 구축된 공간정보 DB의 정확도 향상을 위한 경제적 DB 갱신기법 연구

    ③ IT 산업과의 융 · 복합을 위한 새로운 아이템 발굴

(3) 공사측량 분야

1) 현황

    ① 근면 · 성실한 업무수행 능력

    ② 공사측량을 위한 최첨단 측량기술 확보

2) 문제점

    ① 설계측량부분

        • 발주처 및 설계용역사의 측량에 대한 인식 결여

        • 설계측량 하도급에 대한 법적 기준이 없어 적정 측량비보다 미달하게 적용

        • 설계측량 하도급 시 계약수량과 실제수량이 상이하게 적용

        • 설계용역 시 측량에 대한 기술심의 검토 미비

        • 설계용역사에서 측량을 하도급 회사로 인정, 저급으로 하도급 처리

    ② 시공측량부분

        • 시공검측 항목에 측량을 미포함

        • 시공현장에서 필수인원배치자로서 측량기술자는 지정되지 않음

        • 측량의 준공 및 유지관리에 대한 일관된 규정 미비

        • 공구별 기준점의 상이로 인한 문제

        • 기성 및 준공검사 시 측량기술사의 검토의견서 첨부 미흡

        • 공사비 내역에 측량비가 없음

3) 개선방안

    ① 측량 및 하도급에 대한 법 · 제도의 정비 및 법적 근거 마련

    ② 시공측량의 공종별 세부시방서 작성

    ③ 발주처 및 건설회사, 설계용역사의 측량에 관한 인식 변화 유도

    ④ 한국공간정보산업협회를 중심으로 영향력 집중

    ⑤ 측량에 대한 기술심의 및 건설사업관리제도 구축

    ⑥ 엔지니어링 협회와 한국공간정보산업협회의 유기적인 업무 협조로 측량 하도급 근절 유도

⑦ 건설기술관리법, 공사시방서, 건설사업관리 업무지침 등에 측량제도의 법적 강화

⑧ 설계용역 입찰 시 설계와 측량의 별도 발주

⑨ 공사비 내역에 측량비용을 계산 및 고급기술자의 측량으로 공사의 품질 향상

4. 발주제도의 문제점 및 개선방안

(1) 문제점

1) 설계측량부분

① 현행 설계용역 측량에 대한 하도급 규정이 없으나 실제 설계용역사 및 건설회사에서 사업수주 후 무분별하게 재하도급

② 설계용역사가 측량비용을 산정하므로 건설 품셈인식 결여로 측량비 누락 및 저가로 계산

③ 측량 하도급 시 최저가 입찰로 인한 측량업체 간의 저가경쟁 심화로 인한 영세화

④ 용역설계회사 내 측량 대리인이 측량사가 아님으로 인한 측량의 중요성에 대한 인식 결여

2) 시공측량부분

① 건설회사에서 사업 수주 후 하도급 규정을 무시하고 최저가로 하도급하는 경우

② 최저가 및 무분별 선정 하도급으로 인한 측량업체 경영난 심화

③ 건설공사 내역서상에 측량비용 누락으로 측량 하도급 금액 하락

④ 건설회사의 측량 인식 부족으로 측량을 기능으로 간주하여 저급 인건비 계산처리

(2) 개선방안

① 설계와 측량의 완전분리 발주제도화

② 설계와 측량의 공동 도급방식으로 전환

③ 측량의 선 시행 후 성과를 바탕으로 기본 및 실시설계 방식으로의 발주제도 변경

④ 시공측량 하도급 시 「건설산업기본법」상의 법정 하도급 규정 준수

⑤ 공사내역서의 세분화를 통한 측량항목 신설

5. 용역대가의 문제점 및 개선방안

(1) 문제점

1) 설계측량부분

① 설계용역사의 최저가 하도급 경쟁에 의한 실질적인 측량용역 대가 감소

② 발주업체의 측량에 대한 인식 부족으로 측량품셈의 누락 및 저가계상

③ 측량 용역대가의 지급을 설계용역사에서 설계용역 준공 시에 지급

2) 시공측량부분

① 시공측량비의 선례가 없음을 들며 계상하지 않는 문제

② 발주업체의 측량 담당자의 부족에 따른 측량품셈에 대한 이해 결여

③ 측량인에 대한 단가를 초급기술자로 적용함으로 인한 기술료 및 제 경비 누락

④ 선급금 및 기성금에 있어 원 도급업체는 대부분 수령하면서 측량업체에는 일정 비율로 지급

(2) 개선방안

① 일반측량에 대한 규정 강화를 통한 업계 자체의 체질 개선

② 부득이한 측량 하도급 시 설계의 기준율 및 최저 하도급률을 적용

③ 시공측량 시 직접측량비 산정을 내역서에 포함

④ 측량업 등록 자격심사의 강화

⑤ 측량 자체를 분리발주 대상으로 선정·관리토록 법제화

6. 측량기술자 공급의 문제점 및 개선방안

(1) 문제점

① 사회적 문제 – 3D 업종이라는 인식에 따른 기피현상

② 지방현장 파견 및 각종 업무과다로 인한 기술자 기피현상

③ 측량의 재하도급에 의한 측량기술자 위상 저하로 인한 기피

④ 측부(측량보조)의 외국인 노동자 취업금지로 인한 인력공급 부족

⑤ 측량업 등록기준에 기술자, 기능사를 구분함으로 인한 중급기능사 확보의 어려움

⑥ 학계의 공사측량(설계, 시공)에 대한 교육의 현실과 불일치

⑦ 측량 전문교육기관의 부재에 따른 인력 수급 불균형

⑧ 설계 및 시공사의 측량에 대한 잘못된 편견으로 측량업종에 취업 기피

(2) 개선방안

① 시공측량에 대한 협회의 홍보 및 지속적인 지원

② 전문교육기관의 설립

③ 시공측량의 법제화로 위상을 강화하여 인재 유입 유도(건설사업관리제도 및 발주제도 등)

④ 협회의 교육 시 학계뿐만 아니라 현장경험 위주의 교육을 통한 질적 향상

⑤ 측량의 중요성에 대한 지속적 홍보 및 외국인에게 인력시장 개방

⑥ 용역 발주 시 측량부분을 별도 발주토록 유도하여 측량의 재하도급 근절

7. 측량성과의 문제점 및 개선방안

(1) 문제점

① 공공측량 성과 심사 시 내업에만 치우쳐 이중 측량성과 작성으로 심사의 부실화

② 측량기술자의 공급 부족에 따른 비전공자의 측량으로 인한 측량성과의 부실

③ 측량단가를 줄이기 위한 저급기술자 배치로 부실측량 유도

④ 측량업체의 영세화로 장비의 현대화 및 인력 부족으로 인한 측량성과 부실

⑤ 설계용역회사에서 측량에 참여하지 않는 자가 측량대리인으로 임명되어 책임감 결여

⑥ 측량기기의 정기적 점검 부족으로 인한 성과 부실

⑦ 현장 여건에 맞지 않는 측량장비 사용에 의한 측량성과 부실

⑧ 설계심의 시 측량에 대한 기술심의 제도가 없어 측량성과의 부실로 이어짐

(2) 개선방안

① 실제 측량업무 수행자의 날인제도화

② 측량에 대한 건설사업관리제도의 법제화

③ 외국 사례와 같이 「건설기술관리법」, 「건설산업기본법」 등에 측량에 관한 관리규정 및 전문 시방서의 제도화

④ 건설공사의 품질관리에 측량성과의 검사기준을 명시하고 측량기술사의 기술검토 의견서 첨부를 명시

8. 측량산업의 발전방향

측량산업을 발전시키기 위해 신규 사업 창출, 측량업종 선진화, 발주제도 개선, 측량분야 국제협력사업 활성 방안 등이 필요하다. 즉, 가스, 통신, 지하시설물과 같은 신규 사업을 추진, 측량산업 규모에 비하여 너무 세분화되어 있는 측량 업종의 개선, 분리발주 체제 확립, 협회 중심의 KOICA 등의 유관기관 협의체 구성을 통한 국제협력 활성화 방안 등이 요구된다.

9. 결론

측량(공간정보)산업은 정보화 사회의 핵심 기술로 정보화 사회에 맞는 패러다임을 갖추고, 기술력으로 시장을 다각화하는 전략 및 전술이 필요하다. 따라서 정부는 이에 대처할 수 있도록 공간정보 법령 및 제도를 정비하고, 공간정보 종사자에 대한 전문교육을 실시하여 측량전문인력을 양성·관리해야 하며, 고부가가치 산업으로 발전할 수 있도록 기술 개발에 힘써야 한다.

15

제2차 국가 측량 기본계획(2021~2025년) 주요 내용

1. 개요

국토교통부 국토지리정보원은 「공간정보의 구축 및 관리 등에 관한 법률」에 따라 향후 5년간의 국가 측량정책의 기본방향을 제시하는 '제2차 국가 측량 기본계획(2021~2025)'을 수립하였다. 정부는 한국판 뉴딜의 디지털 트윈국토를 실현할 수 있도록 측량 데이터를 양적·질적으로 혁신하기 위한 정책 방향을 설정하고 국가공간정보정책 등 범정부 국가정책을 지원토록 마련하였다.

2. 비전 및 목표

(1) 비전

측량의 스마트화를 통한 안전하고 편리한 국토관리 실현

(2) 목표

측량데이터 및 서비스 혁신으로 측량의 양적 질적 성장

3. 추진전략 및 추진과제

[표 1-16] 제2차 국가 측량 기본계획 추진전략 및 추진과제

추진 전략	추진 과제
[전략 1] 고정밀 위치정보 서비스 강화	• 우주측지기술을 이용한 국가위치기준 체계 확립 • 국가위치정보 고도화 • 실시간 위치정보 서비스 확대
[전략 2] 고품질 측량 데이터 구축	• 국가위치기준 데이터 혁신 • 디지털 트윈국토 구현을 위한 차세대 측량데이터 구축 • 측량데이터 생산체계 자동화 및 핵심기술 국산화
[전략 3] 측량데이터의 융·복합 활용 확대	• 측량데이터의 융·복합 활용을 위한 국가품질기준 확립 • 고품질 측량데이터의 맞춤형 서비스 강화 • 측량데이터의 융·복합 활용을 위한 지원체계 구축
[전략 4] 측량 제도 개선 및 신산업 육성	• 측량데이터의 성과 관리체계 등 개선 • 측량산업 발전을 위한 산업생태계 활성화 지원 • 국제활동 확대 및 글로벌 역량 강화

4. 세부내용(주요 추진과제)

(1) 우주측지기술을 이용한 국가위치기준체계 확립

VLBI 관측국 운영 및 성과 도출로 고품질의 국가위치기준체계 구축

(2) 국가위치정보 고도화

측량기준점 확대 및 국가측량 기준의 정확도 제고로 국가위치정보의 고정밀화

(3) 실시간 위치정보 서비스 확대

GNSS 위성기준점 인프라 확대 및 운영 · 관리로 실시간 위성측위 서비스 확대

(4) 국가위치기준 데이터 혁신

국가기본도 등 측량 데이터의 디지털 전환을 통한 활용성 강화

(5) 디지털 트윈국토 구현을 위한 차세대 측량데이터 구축

자율주행자동차, 스마트 건설 등 미래변화에 대응하기 위한 차세대 측량정보 구축

(6) 측량정보 생산체계 자동화 및 핵심기술 국산화

측량정보의 자동화 생산체계 구축 및 측량정보 처리 핵심기술 확보

(7) 측량정보의 융 · 복합 활용을 위한 국가품질기준 확립

측량정보의 융 · 복합 활용을 위한 품질 및 보안기준 마련

(8) 고품질 측량데이터 맞춤형 서비스 강화

국토위성을 활용하여 다양한 사용자의 수요에 부합하는 맞춤형 서비스 제공 기반 마련

(9) 측량데이터의 융 · 복합 활용을 위한 지원체계 구축

측량정보의 효율적 관리와 이용을 위한 플랫폼의 기능 고도화 및 토지이용정보 활용성 강화

(10) 측량데이터의 성과 관리체계 등 개선

새로운 측량기술과 수요변화에 따른 법 · 제도 개선 및 현행화

(11) 측량산업 발전을 위한 산업생태계 활성화 지원

측량기술자 역량 강화 및 민간 협력체계 활성화

(12) 국제활동 확대 및 글로벌 역량 강화

국제기구 활동 참여를 통한 글로벌 영향력 강화와 해외시장 진출을 봉한 국가위상 제고

5. 기대효과

(1) 국가위치정보의 품질 향상

무인기기, 디지털 국토관리, 공공 · 민간분야 등에서 요구되는 실시간 위치기준 서비스 및 측량데이터의 고품질화

(2) 측량데이터의 디지털 전환으로 생산성 · 활용성 향상

디지털 트윈국토, 자율주행차, 스마트 건설 등 미래 환경변화에 효율적, 체계적으로 대응하기 위해 측량데이터 디지털 전환

(3) 측량데이터 품질기준 확립 및 시스템 고도화

측량데이터 품질 · 보안기준 확립과 수요자 맞춤형 서비스 및 플랫폼 기술 고도화로 측량데이터 융 · 복합 활용의 상승효과 극대화

(4) 측량산업 발전 및 국내외 협력체계 강화

새로운 측량기술과 수요변화에 따른 법 · 제도 개선과 다양한 분야와의 협력체계 구축을 통한 측량산업 생태계 활성화

6. 결론

정부는 한국판 뉴딜의 디지털 트윈국토를 실현할 수 있도록 측량 데이터를 양적 · 질적으로 혁신하기 위한 정책 방향을 설정하고 국가공간정보정책 등 범정부 국가정책을 지원하기 위해 2021년에 제2차 국가 측량 기본계획을 발표하였다. 이 기본계획을 실현하기 위하여 고정밀 위치정보 서비스 강화 및 고품질 측량 데이터 구축 등을 기반으로 한국판 뉴딜의 핵심 축이라고 할 수 있는 디지털 트윈국토를 실현하기 위해 측량인들이 모두 노력해야 될 때라 판단된다.

1. 개요

국토교통부는 향후 5년간 공간정보산업을 디지털 경제의 핵심 기반 산업으로 육성하기 위한 '제3차 공간정보산업 진흥 기본계획(2021~2025년)'을 확정하였다. 정부는 최근의 산업 · 기술 환경 변화를 반영하여 디지털 트윈 · 자율주행 · 드론 등 신산업을 지원하고 공공 · 민간의 융 · 복합 서비스 창출을 촉진할 수 있도록 공간정보 산업을 육성하기 위해 기본계획을 마련하였다.

2. 비전

공간정보산업을 디지털 경제의 핵심 기반 산업으로 육성

3. 목표

(1) 공간정보산업 매출액 9조 원(2019년) → 13조 원 달성(2025년)
(2) 공간정보 분야 국가경쟁력 13위(2019년) → 7위권 진입(2025년)

4. 추진전략 및 추진과제

(1) 기업 맞춤 지원으로 산업 경쟁력 강화

① 창업기업 발굴 · 지원
② 대 · 중소기업 상생 발전
③ 사업 대가 기준 개선 및 전문 감리방안 마련
④ 해외 진출 역량 강화 및 사업 수주 지원

(2) 공간정보 유통 · 활용 체계 선진화

① 맞춤형 데이터 지원 및 유통 활성화
② 위성정보 활용 융 · 복합 서비스 창출 지원
③ 데이터 표준 개발 선도 및 적용 확대
④ 보안규제 완화를 통한 정보 유통환경 개선

(3) 미래 핵심기술 개발 및 융 · 복합 인재 육성

① 디지털 트윈 분야 신기술 개발
② R & D 추진체계 강화 및 성과 확산
③ 신산업 지원을 위한 융 · 복합 인재 육성
④ 취업-고용 매칭을 통한 일자리 지원 강화

5. 기대효과

(1) 정량적 기대효과

① 현재 둔화된 국내 산업의 성장률을 세계 수준으로 회복

② 기존 영역 고도화 및 새로운 산업 영역의 창출로 이전의 성장률을 회복

③ 다른 영역과의 융·복합을 통하여 공간정보산업의 성장이 타 산업 성장 및 일자리 창출 등의 파급효과를 가져올 것으로 예상

(2) 정성적 기대효과

① 융·복합을 통한 신산업 창출로 고부가가치 산업으로서의 위상 강화

② 중소기업의 역량 강화 및 대표기업의 산업발전 선도를 통해 공간정보산업의 활력을 확보

6. 결론

공간정보는 초연결-초지능-초융합이 구현될 제4차 산업혁명 시대에 현실과 가상을 연결하는 핵심 기반이다. 한국판 뉴딜을 중심으로 모든 산업의 디지털 전환과 기술·정보의 융·복합이 빠르게 진행 중인 상황에서 중요성이 높아지고 있다. 이에 국토교통부는 2021년에 '제3차 공간정보산업 진흥 기본계획'을 마련하였다. 이 기본계획을 실현하기 위하여 융·복합을 통한 공간정보 활용성 제고 및 건전한 공간정보기업의 역량 강화 등을 기반으로 국민 행복을 창조하기 위해 공간정보산업인들이 모두 노력해야 할 때라 판단된다.

CHAPTER

05 실전문제

01 단답형(용어)

(1) 측지측량/평면측량

(2) 기본측량/공공측량/지적측량/일반측량

(3) 지구상의 위치(수평/수직) 기준 및 표시방법

(4) 한국측지계 2002

(5) 우리나라 측량의 기준

(6) 높이의 종류와 우리나라 높이의 기준

(7) 측지기준(Geodetic Datum)

(8) 평면직각좌표 원점

(9) 측량기준점의 종류

(10) 라디안(Radian)/스테라디안(Steradian)

(1) 측량학의 의의를 정의, 대상, 요소, 최신 경향에 대하여 설명하시오.

(2) 측량의 허용오차가 $\frac{1}{10^6}$일 때 구면과 평면의 한계와 관련 공식을 유도 설명하시오.

(3) 우리나라 근대 측량의 현황, 문제점 및 개선방안에 대하여 설명하시오.

(4) 측량의 위치결정방법에 대하여 설명하시오.

(5) 기준점측량과 세부측량의 역할에 대하여 설명하시오.

(6) 지구상의 위치기준(수평/수직) 및 표시 방법과 수평위치 결정과 수직위치 결정을 별도로 하는 이유에 대하여 설명하시오.

(7) 우리나라 측량기준과 좌표계에 대한 현황, 문제점 및 개선방안에 대하여 설명하시오.

(8) 우리나라의 측량원점, 문제점 및 개선방안에 대하여 설명하시오.

(9) 우리나라의 수직기준의 현황, 수직기준 이원화에 따른 문제점 및 개선방안에 대하여 설명하시오.

(10) 우리나라 국가기준점의 현황, 문제점 및 개선방안에 대하여 설명하시오.

(11) 측량기준점 통합체계구축방안에 대하여 설명하시오.

(12) 공간정보산업의 현황, 문제점 및 개선방안에 대하여 설명하시오.

(13) 측량업체의 해외시장 진출방법에 대하여 설명하시오.

(14) 「공간정보의 구축 및 관리 등에 관한 법률」상 측량의 분류 및 측량업의 종류에 대하여 설명하시오.

(15) 「공간정보의 구축 및 관리 등에 관한 법률」을 적용받는 측량과 적용받지 않는 측량에 대하여 설명하시오.

(16) 제4차 산업혁명에 따른 공간정보정책이 나아갈 방향에 대하여 설명하시오.

PART

02

측지학

CHAPTER 01 Basic Frame
CHAPTER 02 Speed Summary
CHAPTER 03 단답형(용어해설)
CHAPTER 04 주관식 논문형(논술)
CHAPTER 05 실전문제

CONTENTS

CHAPTER **01** _ Basic Frame

CHAPTER **02** _ Speed Summary

CHAPTER **03** _ 단답형(용어해설)

01. 타원체(Ellipsoid) ····························· 95
02. 국제측지측량기준계(GRS) ················· 97
03. 지오이드(Geoid) ···························· 98
04. 합성지오이드 모델(Hybrid Geoid Model) ········· 101
05. KNGeoid ·································· 103
06. 연직선 편차/수직선 편차 ··············· 105
07. 평균동적 해면 ···························· 108
08. 자오선과 묘유선 ························· 110
09. 자오선/묘유선 곡률반경 ················ 113
10. 측지선/항정선 ··························· 115
11. 경도(Longitude)/위도(Latitude) ······· 116
12. 라플라스 점(Laplace Point) ············ 117
13. 구면삼각형/구과량 ······················ 118
14. 르장드르(Legendre) 정리/부가법(The Method
    of Addends) ·························· 121
15. 측지계 확립을 위한 기본요소 ·········· 122
16. 코리올리 효과(Coriolis Effect)/지형류(Geostrophic
    Velocity) ····························· 124
17. 조석(Tide) ······························ 126
18. 해양조석부하(Ocean Tide Loading) ········· 128

19. 세차(Precession)/장동(Nutation) ··············· 129
20. 항성시/태양시/세계시/역표시 ·············· 131
21. 역학시/국제원자시/세계협정시 ············· 133
22. 천구좌표계(Celestial Coordinates) ·········· 135
23. 국제천구좌표계(ICRF : International Celestial
    Reference Frame) ························ 138
24. 지구중심좌표계와 타원중심좌표계 ········· 139
25. UTM/UPS ······························· 140
26. ITRF(International Terrestrial Reference Frame)
    좌표계 ································· 142
27. WGS(World Geodetic System) 좌표계 ······· 144
28. 국제지구회전사업(IERS) ················· 146
29. 등퍼텐셜면(Equipotential Surface) ········· 147
30. 정표고/역표고/정규표고 ················· 148
31. 지자기 3요소 ·························· 151
32. 탄성파 측량(Seismic Surveying) ·········· 152
33. VLBI(Very Long Baseline Interferometry) ····· 155
34. SLR(Satellite Laser Ranging) ············ 156
35. 위성의 궤도요소 ························· 158

CHAPTER **04** _ 주관식 논문형(논술)

01. 지구형상 결정 측량 ···················· 160
02. 지오이드 모델(지구중력장 모델)의 필요성 및
    구축현황 ····························· 165
03. 좌표계(Coordinates) ···················· 169
04. 측지좌표계(지리좌표계)와 지심좌표계
    (3차원 직교좌표계) ···················· 177
05. 좌표변환(3차원 직각좌표↔경위도좌표) ····· 180
06. TM 평면직각좌표 및 3차원 직각좌표(X, Y, Z)
    산정 ································· 183

07. 동적측지계(Dynamic Datum)/준동적측지계
    (Semi−dynamic Datum) ················· 185
08. 중력측량(Gravity Measurement) ·········· 189
09. 지자기측량(Geomagnetic Surveying) ········ 199
10. 천문측량(Astronomical Surveying) ········· 205
11. VLBI(Very Long Baseline Interferometry) ······· 210
12. VLBI 관측국과 국가기준점 간 연계방안 ······· 215
13. SLR(Satellite Laser Ranging) ············ 217
14. 위성측량(Satellite Surveying) ·········· 222
15. 해양측량(Oceanographic Surveying) ········· 226

CHAPTER **05** _ 실전문제

01. 단답형(용어) ··························· 230
02. 주관식 논문형(논술) ···················· 232

Basic Frame

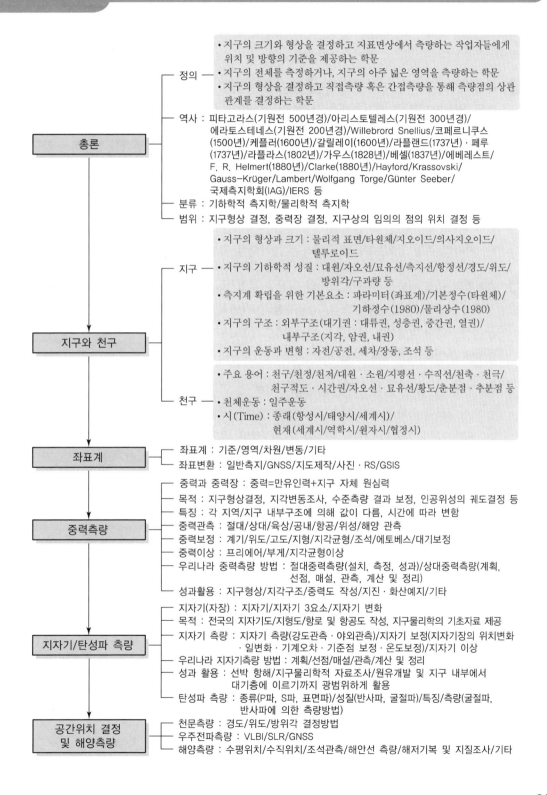

총론
- 정의
  - 지구의 크기와 형상을 결정하고 지표면상에서 측량하는 작업자들에게 위치 및 방향의 기준을 제공하는 학문
  - 지구의 전체를 측정하거나, 지구의 아주 넓은 영역을 측량하는 학문
  - 지구의 형상을 결정하고 직접측량 혹은 간접측량을 통해 측량점의 상관관계를 결정하는 학문
- 역사 : 피타고라스(기원전 500년경)/아리스토텔레스(기원전 300년경)/에라토스테네스(기원전 200년경)/Willebrord Snellius/코페르니쿠스(1500년)/케플러(1600년)/갈릴레이(1600년)/라플랜드(1737년)ㆍ페루(1737년)/라플라스(1802년)/가우스(1828년)/베셀(1837년)/에베레스트/F. R. Helmert(1880년)/Clarke(1880년)/Hayford/Krassovski/Gauss–Krüger/Lambert/Wolfgang Torge/Günter Seeber/국제측지학회(IAG)/IERS 등
- 분류 : 기하학적 측지학/물리학적 측지학
- 범위 : 지구형상 결정, 중력장 결정, 지구상의 임의의 점의 위치 결정 등

지구와 천구
- 지구
  - 지구의 형상과 크기 : 물리적 표면/타원체/지오이드/의사지오이드/텔루로이드
  - 지구의 기하학적 성질 : 대원/자오선/묘유선/측지선/항정선/경도/위도/방위각/구과량 등
  - 측지계 확립을 위한 기본요소 : 파라미터(좌표계)/기본정수(타원체)/기하정수(1980)/물리상수(1980)
  - 지구의 구조 : 외부구조(대기권 : 대류권, 성층권, 중간권, 열권)/내부구조(지각, 암권, 내권)
  - 지구의 운동과 변형 : 자전/공전, 세차/장동, 조석 등
- 천구
  - 주요 용어 : 천구/천정/천저/대원ㆍ소원/지평선ㆍ수직선/천축ㆍ천극/천구적도ㆍ시간권/자오선ㆍ묘유선/황도/춘분점ㆍ추분점 등
  - 천체운동 : 일주운동
  - 시(Time) : 종래(항성시/태양시/세계시)/현재(세계시/역학시/원자시/협정시)

좌표계
- 좌표계 : 기준/영역/차원/변동/기타
- 좌표변환 : 일반측지/GNSS/지도제작/사진ㆍRS/GSIS

중력측량
- 중력과 중력장 : 중력=만유인력+지구 자체 원심력
- 목적 : 지구형상결정, 지각변동조사, 수준측량 결과 보정, 인공위성의 궤도결정 등
- 특징 : 각 지역/지구 내부구조에 의해 값이 다름, 시간에 따라 변함
- 중력관측 : 절대/상대/육상/공내/항공/위성/해양 관측
- 중력보정 : 계기/위도/고도/지형/지각균형/조석/에토베스/대기보정
- 중력이상 : 프리에어/부게/지각균형이상
- 우리나라 중력측량 방법 : 절대중력측량(설치, 측정, 성과)/상대중력측량(계획, 선점, 매설, 관측, 계산 및 정리)
- 성과활용 : 지구형상/지각구조/중력도 작성/지진ㆍ화산예지/기타

지자기/탄성파 측량
- 지자기(자장) : 지자기/지자기 3요소/지자기 변화
- 목적 : 전국의 지자기도/지형도/항로 및 항공도 작성, 지구물리학의 기초자료 제공
- 지자기 측량 : 지자기 측량(강도관측ㆍ야외관측)/지자기 보정(지자기장의 위치변화ㆍ일변화ㆍ기계오차ㆍ기준점 보정ㆍ온도보정)/지자기 이상
- 우리나라 지자기측량 방법 : 계획/선점/매설/관측/계산 및 정리
- 성과 활용 : 선박 항해/지구물리학적 자료조사/원유개발 및 지구 내부에서 대기층에 이르기까지 광범위하게 활용
- 탄성파 측량 : 종류(P파, S파, 표면파)/성질(반사파, 굴절파)/특징/측량(굴절파, 반사파에 의한 측량방법)

공간위치 결정 및 해양측량
- 천문측량 : 경도/위도/방위각 결정방법
- 우주전파측량 : VLBI/SLR/GNSS
- 해양측량 : 수평위치/수직위치/조석관측/해안선 측량/해저기복 및 지질조사/기타

Speed Summary

01 측지학은 지구 내부의 특성, 지구의 형상 및 운동을 결정하는 측량과 지구 표면상에 있는 모든 점들 간의 상호 위치관계를 산정하는 측량으로 측량에 있어 가장 기본적인 학문이다.

02 측지학의 역할은 지구의 형상과 크기 및 중력장을 정의하고 이들의 변화를 탐구하는 학문으로서, 지구 표면상의 위치와 상호 관계에 대한 정확한 좌표 결정 및 지구 내부구조의 변화와 상태의 조사연구와 지구에 관한 과학량을 정의하는 학문이다.

03 측지학은 수평위치 결정, 높이의 결정 등을 수행하는 기하학적 측지학과 지구형상 해석, 중력, 지자기 측량 등의 측량을 수행하는 물리학적 측지학으로 대별된다.

04 측지학의 주요 내용은 지구의 크기와 형상을 결정하는 데 필요한 관측자료와 3차원 위치결정에 필요한 좌표계, 중력, 조석, 지구자전, 지각변위, 수직선 편차 등 지표면 혹은 근접한 공간 범위에서 발생하는 물리학적 변동현상, 측정단위의 정의와 곡면을 이루는 지구를 평면 종이에 투영하는 수학적 방법론 등을 다루는 학문이다.

05 위치결정이란 인간 활동영역에 존재하는 자연 및 인공물의 형태, 길이, 면적, 체적, 속도 등의 상대적인 위치 관계와 경도, 위도, 표고 등의 절대적인 위치관계를 규명하는 것을 말한다. 또한, 중력, 지자기, 전기, 탄성파, 전파, 광파, 온도, 농도 등을 이용한 지구 내부, 지표면, 해양 및 공간상의 물리적 특성을 규명하는 것도 측량에서 다루고 있다.

06 지구형상에서 지표면의 형태는 물리적 지표면, 지오이드(Geoid), 지구타원체, 수학적 지표면으로 4분하여 생각한다.

07 지구의 형상결정 측량에는 천문측량, 중력측량, 위성측량 등이 있으며, 지구의 형상은 입체로서 극축반경(c), 적도반경(a, b)을 갖는 3축 부등타원체이다.

08 정지된 평균해수면(Mean Sea Level)을 육지까지 연장하여 지구 전체를 둘러쌌다고 가상한 곡면을 지오이드라 한다. 지오이드면은 평균해수면과 일치하는 등퍼텐셜면으로 일종의 수면이라 할 수 있으므로, 어느 점에서의 중력방향은 이 면에서 수직이며, 주변 지형의 영향이나 국부적인 지각 밀도의 불균일로 인하여 타원체면에 대하여 다소의 기복이 있는(최대 수십 m) 불규칙한 면이기 때문에 간단한 수식으로는 표시할 수 없다.

09 지구의 형상을 구(Sphere)로 사용할 때 평균반경(R_1)을 갖는 제2이심률(e'^2), 편평률(f), 적도 편평률(f_e)은 다음과 같다.

$$R_1 = \frac{2a+b}{3} = a\left(1 - \frac{f}{3}\right)$$

또한 제2이심률(e'^2)은 다음과 같다.

$$e'^2 = \frac{a^2 - b^2}{b^2}$$

여기서, a : 지구타원체 장반경, b : 단반경, f : 편평률$(a-b)/a$

3축 타원체에서 장축길이($2a$), 종축길이($2c$), 단축길이($2b$)일 때

극 편평률은 $f = \dfrac{a-b}{a}$ 적도 편평률은 $f_e = \dfrac{a-c}{a}$ 이다.

10 지표상 두 점 간의 최단거리선으로서 지심과 지표상의 두 점을 포함하는 평면과 지표면 간의 교선, 즉 지표상 두 점을 포함하는 대원의 일부를 측지선(Geodetic Line)이라 한다.

11 자오선과 항상 일정한 각도를 유지하는 지표의 선으로서 그 선 내의 각 점에서 방위각이 일정한 곡선을 항정선(Rhumb Line)이라 한다.

12 지구타원체상 한 점의 법선을 포함하여 그 점을 지나는 자오면과 직교하는 평면과 타원체면과의 교선을 묘유선이라 한다.

13 지구상 한 점 A에서 타원체에 대한 법선이 적도면과 이루는 각을 측지위도 또는 지리위도라 하며, 지오이드에 대한 연직선이 적도면과 이루는 각을 천문위도라 하고, 타원체의 법선과 지오이드의 법선 차이를 연직선 편차라 한다.

14 지구상의 한 점 A에서 타원체에 대한 법선이 적도면과 이루는 위도를 측지위도 또는 지리위도라고 하며, 지구상 한 점 A에서 지오이드에 대한 연직선이 적도면과 이루는 위도를 천문위도라 한다. 지구타원체상의 한 점 A에서 지구타원체의 중심에 내린 선분과 적도가 이루는 각으로 표현되는 위도를 지심위도, 지구타원체상의 한 점 A에서 연직선을 그었을 때 연장선과 타원체 장반경을 중심으로 한 원을 이루었을 경우 만나는 점을 A'라 할 때 A'에서 타원 중심에 내린 선분과 적도가 이루는 각으로 표현되는 위도를 화성위도라 한다.

15 구면삼각형의 내각의 합은 180°보다 크며 이 차이를 구과량이라 한다.

구과량$(\varepsilon'') = \dfrac{A}{r^2}\rho''$로 구면삼각형의 면적$(F)$에 비례하고, 구의 반경$(r)$의 제곱에 반비례한다.

16 황도와 적도의 교점을 분점(Equinox)이라 하며 태양이 적도를 남에서 북으로 자르며 갈 때의 분점을 춘분점, 그 반대의 것을 추분점이라 한다.

17 지구의 자전축이 황도면의 수직방향 주위를 각 반경과 주기를 가지고 회전하는 것을 세차운동(Precession)이라 하며, 지구 자전축이 황도면에 대하여 흔들리는 현상을 장동(Nutation)이라 한다.

18 지구상에서 경도, 위도를 나타내기 위한 기준이 되는 좌표계 및 지구의 형상을 나타내는 타원체를 총칭하여 측지기준계라 한다. 측지좌표를 확립하기 위한 파라미터는 회전타원체 요소$(a,\ f)$, 수직선 편차$(\xi_0,\ \eta_0)$, 측지방위각(α_0), 지오이드고(N_0)이다.(여기서, a : 장반경, f : 편평률, ξ_0 : 자오선 방향의 연직선 편차, η_0 : 묘유선 방향의 연직선 편차)

19 천문좌표계는 지평좌표, 적도좌표, 황도좌표, 은하좌표가 있으며 천문측량의 결과 경도, 위도, 방위각 등이 결정된다.

20 지구 전체를 경도 6°씩 60개의 종대로 남북위 80°까지만 포함시켜 다시 8° 간격으로 20개의 횡대로 나눈 도법을 국제 횡메르카토르법 또는 UTM이라고 하며, 위도 80° 이상의 양극지역의 좌표를 표시한 도법을 국제 극심입체좌표 또는 UPS라고 한다.

21 타원체에서 구체로 등각투영하고 이 구체로부터 평면으로 등각횡원통 투영하는 방법을 가우스 2중 투영이라 한다. 이 방법은 지구 전체를 구에 투영하는 방법으로 소축척지도에 이용되고 일부를 구에 투영하는 경우로 대축척지도에 이용된다. 회전타원체로부터 직접 평면으로 횡축등각원통도법에 의한 투영 방법을 가우스크뤼거 도법 또는 TM이라 하며 이 투영 범위는 중앙 경선으로부터 넓지 않은 범위에 한정하며 넓은 지역에 대해서는 지구를 분할하여 지구 각각에 중앙 경선을 설정하여 투영한다. 또한 투영식은 타원체를 평면의 등각투영이론에 적용함으로써 구해진다.

22 1950년대 말 미국 국방성에서 전 세계에 대하여 하나의 통일된 좌표계로 세계측지기준계 WGS60이라는 지심 좌표계를 만든 이후 1966년 1월 WGS 위원회는 WGS60을 확장된 삼각망과 삼변망, 도플러효과 및 광학위성자료들을 적용하여 WGS66을 만들고 도플러효과 및 광학위성자료, 표면중력측량, 삼각 및 삼변측량, 고정밀 트래버스와 천문측량으로부터 얻은 새로운 자료와 발달된 전산기 및 정보처리기법을 이용하여 WGS72, $a = 6{,}378.137\text{km}$을 만들었으나, 사용된 지구중력모형이 오래되어 더욱 정확하고 광역의 기준계 변환이 요구되어 GRS80의 값인 장반경 $a = 6{,}378.137 \pm 2\text{km}$를 택한 WGS84로 바뀌게 되었다.

23 공간상의 한 물체 또는 한 점의 위치는 일반적으로 좌표로 표시되며, 어느 좌표계의 기준이 되는 고유한 1점을 원점, 매개가 되는 실수를 좌표라 한다.

24 지구의 표면이나 주위에서 측량을 하는 경우, 그 기기들은 여러 가지 물리적인 힘의 영향을 받는다. 지구의 표면에서 존재하는 것으로 가장 쉽게 느낄 수 있는 힘이 중력이며, 지구상의 모든 물체는 중력에 의해 지구중심방향으로 끌리고 있다.

25 중력관측값의 보정은 계기, 위도, 고도, 지형, 지각균형, 조석, 에토베스, 대기 보정 등이 있다.

26 중력관측은 상대관측, 절대관측으로 대별되며, 중력이상은 프리에어 이상, 부게 이상, 지각 균형 이상 등이 있다.

27 지자기 측량에서 지자기 3요소에는 편각, 복각, 수평분력이 있다.

28 어느 점에서 삼각측량에 의해 계산된 측지방위각과 천문측량에 의해 관측된 값들을 라플라스 방정식에 적용하여 계산한 측지방위각과 비교하여 그 차이를 조정함으로써 보다 정확한 위치 결정이 가능하여 삼각망의 비틀림을 바로잡을 수 있다. 이와 같은 점을 라플라스 점이라고 한다. 200~300km마다 1점의 비율로 삼각점을 선정하여 천문관측에 의해 얻어진 천문경위도 와 측지경위도를 비교하여 라플라스 조건이 만족되도록 측지 측량망의 방위를 규정한다.

29 인공위성은 지구의 중력장에서 운동하므로 그 궤도의 복잡한 섭동에 의해 지구의 물리적인 형을 재현할 수 있으며, 동시관측에 의해 장거리의 두 지점을 연결할 수 있다.

30 위성측량은 관측자로부터 위성까지의 거리, 거리변화율 또는 방향을 관측하기 위해 전자공 학적으로 또는 광학적으로 관측된다. 이들 관측값으로부터 관측지점의 위치, 관측지점들 간 의 상대거리 및 위성궤도 등을 결정할 수 있다.

31 지구 내부의 특성, 지구의 형상과 운동 특성 등을 결정하고 지구 표면상에 있는 모든 점들 간의 상호 위치관계를 결정하기 위한 측지학적 관측기술로 VLBI, SLR, GNSS 등이 대표적 이다.

32 세계측지계는 각 나라가 그동안 채택해 왔던 지역적인 좌표계를 버리고 전 세계가 하나의 통합된 측지기준계를 사용하여 위치를 표현하는 측지기준시스템을 말한다. 최근까지 지역 적인 기준계를 사용하기 위하여 세계 각국은 천문관측을 기초하여 결정한 경위도 원점으로 부터 측지망을 전개하여 왔으나, 최근 들어 VLBI, SLR, GNSS 등과 같은 우주측지기술이 급속하게 발전하면서 국가의 경계를 뛰어넘어 위치를 연속적으로 하나의 기준계로 표현할 필요성이 증대되었으며, 또한 위와 같은 측지기술의 발달로 지구중심을 원점으로 하는 전 지구 측지기준계를 구축하는 것이 가능해졌다.

33 한번 정해진 국가기준좌표계나 지도를 어떤 원인에 의해 기준좌표계의 원점이 변했다 해서 그때마다 바꿀 수는 없는 것이 현실이다. 그러나 그 원점이 얼마나 변동했으며, 또한 그 변한 값으로 인해 사회에 미치는 영향과 파급효과 등에 대해 과학적으로 엄밀히 조사·검토하는 것은 매우 중요한 일이다. 그리고 이것은 측량의 정확성·공정성의 확보가 목적인 측량법에 대한 제도적 이행을 위해서 국가기관이 수행해야 할 고유 업무인 것이다. 이러한 목적으로 우주측지기술은 측지 VLBI, GNSS 그리고 SLR 등의 관측이 전 세계적으로 실시되고 있다. 가장 이상적인 방법은 이 3가지 우주측지기술을 함께 사용해서 그 평균값을 원점의 좌표로 결정하는 일이다. 그러나 세계적으로 이 3가지를 모두 구비한 관측소는 몇 군데 밖에 없는 것이 현실이다. 따라서 그 나라의 측지관측 여건과 사회적 시급성 등을 고려해서 어느 것을 우선적으로 선정하느냐는 오직 그 나라의 국가정책에 좌우되는 것이 보편적이다.

34 레이저 거리측정의 역사는 1965년 LAGEOS 위성과 지상 관측소 간에 SLR 신호 수신에 성공하고, 1969년 아폴로 11호의 달착륙이 성공되면서 그때 설치한 달 역반사체를 이용해 LLR(Lunar Laser Ranging)이 가능해지면서 큰 발전을 이루게 되었다. 그 이후, 광학기술의 발달 및 우주측지기술의 발전에 힘입어 발전에 발전을 거듭하여 m 단위에서 cm 단위로, 다시 cm에서 mm 단위로 싱글샷 거리측정의 정확도를 갖게 되었다. 현재 세계적으로 약 58개의 SLR 지상관측소가 운영되고 있으며, 이들 관측소는 데이터의 공유 및 처리에 의해 세계측지계인 ITRF의 유지관리에 큰 기여를 하고 있다.

35 해안선은 해수면이 약최고고조면에 이르렀을 때의 육지와 해수면과의 경계로 표시하는 것으로 정의하고 있다. 해안선은 국가 형상을 결정하는 경계이며, 육지와 바다를 구분 짓는 중요한 기준으로 사용된다.

36 해안선은 바다와 육지 사이의 접선으로 지상측량, 항공사진측량, 항공레이저(LiDAR)측량, 위성측량에 의하여 결정할 수 있다.

37 최신의 해양측량기술은 DGNSS 기법에 의한 수평위치 관측, 멀티빔 음향측심기에 의한 수심관측, 측면주사 탐측기에 의한 해저 위험물 관측 등 과거 후처리 방식의 1점 측위개념에서 실시간 방식의 스캔 측량 개념으로 기술이 확대되어 가고 있다.

단답형(용어해설)

01 타원체(Ellipsoid)

1. 개요

지구의 형상은 크게 물리적 표면, 지오이드, 타원체, 수학적 형상 등으로 구분되며, 타원체에는 한 개의 축을 기준으로 타원체를 회전시켰을 때 형성되는 입체로 회전타원체, 지구타원체, 준거타원체, 국제타원체 등으로 세분화된다.

2. 회전타원체

지구의 형상을 수학적으로 정의한 것으로 한 타원의 지축을 중심으로 회전하여 생기는 입체 타원체를 말한다. 지구는 타원의 단축을 축으로 해서 회전시킨 형상, 즉 조금 눌러 찌부러진 구상이다. 즉, 극축반경(c), 적도반경(a, b)을 갖는 3축 부등타원체이다.

3. 지구타원체

부피와 모양이 실제의 지구와 가장 가까운 회전타원체를 지구의 형으로 규정한 타원체를 말한다. 즉, 지구를 남북으로 다소 편평한 타원체로 보고 여러 가지 원자를 산출해 내고 있다.

[표 2-1] 지구타원체 종류   (단위 : m)

연도	타원체 명칭	장축(a)	단축(b)	편평률(f)	이용
1984	WGS84	6,378,137	6,356,752	1/298.2572	GPS
1980	GRS80	6,378,136	6,356,752	1/298.257	IUGG
1942	Krassovski	6,378,245	6,356,863	1/298.3	러시아
1924	International	6,378,388	6,356,912	1/297	유럽, 중국, 남미
1880	Clark 1880	6,378,249	6,356,515	1/293.46	아프리카, 중동
1866	Clark 1860	6,378,206	6,356,584	1/294.98	미국, 캐나다, 필리핀
1841	Bessel	6,377,397	6,356,079	1/299.15	일본, 한국, 인도네시아
1830	Everest	6,377,304	6,356,103	1/300.80	인도, 미얀마, 말레이시아, 태국

4. 준거타원체(기준타원체)

구면상의 넓은 지역에 분포된 점들의 위치나 지도를 제작할 때 지구를 타원체로 가정하여 수학적으로 표현하게 된다. 이때 측량 지역의 지오이드에 가장 가까운 지구타원체를 선정하여야 하는데 이와 같이 어느 지역의 대지측량에 기준이 되는 지구타원체를 준거타원체(Reference Ellipsoid)라 한다. 우리나라는 종래 Bessel 타원체를 준거타원체로 사용하였으나, 2003년 세계측지계 사용을 시행하면서 GRS80 타원체를 준거타원체로 사용하고 있다.

5. 국제타원체(범지구 타원체)

나라마다 관용적으로 각기 다른 지구타원체를 사용하는 대신에 전 세계적으로 일치된 대지측량 값을 사용하기 위하여 IUGG(국제 측지학 및 지구물리학 연합)에서 채택한 지구타원체를 국제타원체라 한다.

6. 타원체 특징

(1) 형상과 활용성의 특징

① 기하학적 타원체이므로 굴곡이 없는 매끈한 면
② 지구의 반경, 면적, 표면적, 부피, 삼각측량, 경위도 결정, 지도제작 등의 기준
③ 타원체의 크기는 삼각측량 등의 실측이나 중력 측정값을 클레로 정리를 이용하여 결정
   ※ 클레로 정리 : 타원체의 기하학적 편평률과 중력 편평률의 합은 적도상 원심력과 중력의 비의 5/2배와 같다는 정리로 기하학적 지구형상과 순수한 역학적인 양인 중력과의 관계를 나타낸다.

(2) 수학적 특징(타원체의 구성요소)

① 극 편평률 : $f = \dfrac{a-b}{a}$ ② 이심률 : e^2(제1이심률)$= \dfrac{a^2-b^2}{a^2}$

    적도 편평률 : $f_e = \dfrac{a-c}{a}$ e'^2(제2이심률)$= \dfrac{a^2-b^2}{b^2}$

③ 평균반경 : $R = \dfrac{2a+b}{3}$ ④ 평균 곡률반경 : $R = \sqrt{MN}$

- 자오선 곡률반경$(M) = \dfrac{a(1-e^2)}{W^3}$, $W = \sqrt{(1-e^2\sin^2\phi)}$

- 묘유선 곡률반경(횡곡률반경, $N) = \dfrac{a}{W} = \dfrac{a}{\sqrt{(1-e^2\sin^2\phi)}}$

⑤ 극곡률반경$(c) = \dfrac{a^2}{b}$

여기서, a : 타원체의 적도 장반경
b : 타원체의 적도 단반경
c : 극곡률 반경

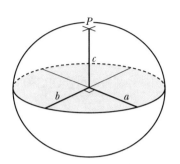

a : 적도 장반경
b : 적도 단반경
c : 극축 반경

[그림 2-1] 3축 부등타원체

02 국제측지측량기준계(GRS)

1. 개요

국제측지학회(IAG)에서 국제지구타원체(1924년), 국제중력식(1930년)을 결정하여 지구의 형상과 크기 및 중력장을 정의하고 이것을 대지측량기준계(GRS : Geodetic Reference System)로 확립하였다.

2. GRS 1967

(1) 인공위성의 출현, 새로운 측량자료의 누적, 천문상수계의 제정(IAU : 국제천문연합)을 반영하였다.
(2) 지구 적도 반경(a), 대기를 포함한 지구의 지심인력상수(GM), 지구의 역학적 형상요소(J_2), 지구의 자전각속도(ω)를 측지 정수계 기본 상수로 하여 GRS67에 제정되었다.

3. GRS 1975

진공 중의 광속도, 지구의 형과 그 중력장을 특정 짓는 매개변수 등을 고려하여 대지측량 상수를 개정하였다.

4. GRS 1980

(1) 지심등퍼텐셜 타원체 이론에 기초하여 a, GM, J_2, ω를 새로 정의하였다.

(2) 계산식은 GRS67과 동일하다.

(3) 기준타원체의 단축은 주운동과 관용국제원점 방향과 평행하다.

(4) 본초자오선은 BIH의 자오선과 평행하다.

(5) 국제측지학회(IAG) 및 국제지구회전관측사업(IERS)에서 사용을 권고하고 있다.

(6) 지구중심좌표계를 사용하는 국가에서는 국제화 추세에 적합한 GRS80 타원체를 채택하고 있다.

(7) WGS84 타원체와 거의 동일한 타원체이다.

5. GRS80 타원체 상수

[표 2-2] GRS80 타원체 상수

타원체 상수	기호	GRS80 상수
장반경	a	6,378,137m
편평률	f	1/298.25223563
구면조화함수 전개계수	$C_{2.0}$	$-484.16685 \times 10^{-6}$
지구인력상수(대기질 포함)	GM	$3,986,005 \times 10^8 m^3 s^{-2}$
지구인력상수(대기질 제외)	GM'	$3,986,001 \times 10^8 m^3 s^{-2}$

03 지오이드(Geoid)

1. 개요

지구 표면의 대부분은 바다가 점유하고 있는데 평균해수면(Mean Sea Level)을 육지까지 연장하여 지구 전체를 둘러쌌다고 가상한 곡면을 지오이드라 한다. 물리적 형상을 고려하여 만든 불규칙한 곡면이며, 높이 측량의 기준이 된다.

2. 지오이드의 특징

지오이드는 중력장이론에 따라 물리적으로 정의되므로 다음과 같은 특징이 있다.

(1) 지오이드면은 지구의 평균해수면에 근사하는 등퍼텐셜면으로 일종의 수면이다.

(2) 지오이드는 어느 점에서나 중력방향에 수직인 등퍼텐셜면이다.

(3) 주변 지형의 영향이나 국부적인 지각 밀도의 불균일로 인하여 타원체면에 대하여 다소의 기복이 있는 불규칙한 면이다.

(4) 고저측량은 지오이드면을 표고 0m로 하여 측량한다.

(5) 지오이드면은 높이가 0m이므로 위치에너지($E = mgh$)가 0이다.

(6) 지구상 어느 한 점에서 타원체의 법선과 지오이드 법선은 일치하지 않게 되며 두 법선의 차,
즉 연직선 편차가 생긴다.

(7) 지오이드면은 대륙에서는 지오이드면 위에 있는 지각의 인력 때문에 지구타원체보다 높으며,
해양에서는 지구타원체보다 낮다.

(8) 측지학에서 참 지구로 생각하는 지구의 형상이다.

(9) 지오이드는 장시간에 걸쳐 조금씩 변화한다.

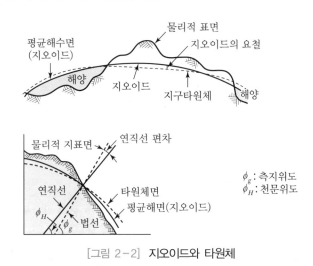

[그림 2-2] 지오이드와 타원체

3. 지오이드 결정의 필요성

(1) 대상지역의 가장 적합한 최적타원체 결정에 필요하다.

(2) 전 세계에 대한 최적지심타원체 결정에 필요하다.

(3) 국제타원체 결정에 필요하다.

(4) GNSS 측량 등 위성측량의 정밀높이 관측에 필요한 자료가 된다.

4. 지오이드고 결정방법

(1) 중력측정 자료에 의한 방법

측정된 중력자료로부터 프리에어 중력이상을 구하고, 이로부터 지오이드고를 구하는 방법이다.

(2) 천문측량 자료에 의한 방법

연직선 편차는 천문측량에 의한 경위도와 측지경위도의 차로 구할 수 있으며, 이 연직선 편차
를 거리에 대해 적분하면 지오이드고의 변화를 구할 수 있다.

(3) 위성의 해면고도 자료에 의한 방법

해면고도의 관측은 인공위성에서 해면에 수직방향으로 데이터를 발사하여 해면으로부터 반사되어 오는 시간을 측정함으로써 해면과 위성 간의 거리(H_a)를 구하며, 이와 함께 인공위성의 궤도 정보에 의해 지구타원체면으로부터 위성까지의 거리(H_0)를 결정함으로써 해면고도(SSH : Sea Surface Height)를 다음과 같이 구한다.

$$SSH = H_0 - H_a - H_c$$

여기서, H_c : 대기 및 전리층에 의한 전파지연, 태양
과 달의 조석영향, 대기압의 차 등에
기인하는 각종 보정항

(4) GNSS/Leveling에 의한 방법

인공위성 측위방식인 GNSS 측량에 의해 측점에 대한 타원체고(h)를 직접 계산할 수 있다. 따라서 표고(H)를 정확히 아는 점에서 GNSS 측량을 실시하면 식으로부터 직접 지오이드고를 계산할 수 있으며, 이를 GNSS/Leveling이라 한다.

(5) 지구중력모델을 이용하는 방법

지구중력모델(Global Geopotential Model)이란 각종 중력 자료원을 이용하여 위도 및 경도 간격이 일정한 중력퍼텐셜을 계산한 뒤 이를 구조화 분석(Spherical Harmonic Analysis)하여 구면조화계수로 나타낸 것으로, 이를 이용하면 중력이상과 지오이드고, 연직선 편차(수직선 편차) 등을 비교적 정밀하면서도 간단히 계산할 수 있다.

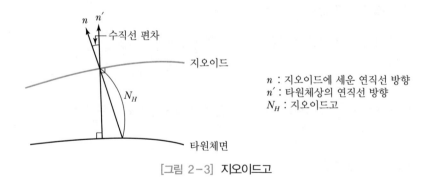

[그림 2-3] 지오이드고

5. 우리나라의 지오이드 분포 현황

우리나라의 지오이드 변화는 지오이드 경사가 서서북에서 남남동으로 완만한 경사를 이루며 높아지는 경향을 보이고 있고, 산악지인 동부지역과 지리산 및 제주도에서는 지형효과로 인한 지오이드의 변화를 뚜렷하게 보이고 있다.

합성지오이드 모델(Hybrid Geoid Model)

1. 개요

합성지오이드 모델이란 중력관측자료를 통해 개발되는 중력지오이드 모델과 지역적 수직기준을 대변하는 기하학적 지오이드와의 합성으로 만들어진 모델을 말한다. 최근 GNSS/Leveling 데이터에 의한 기하학적 지오이드를 합성한 합성지오이드 모델을 개발하여 정확도를 높이고 있다. 또한, 정확한 합성지오이드 모델을 위해서는 먼저 정밀한 중력지오이드 모델을 개발하여야 한다.

2. 합성지오이드 개념

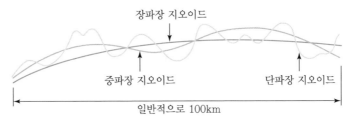

[그림 2-4] 합성지오이드 개념도

(1) 장파장의 지오이드(Long Wavelength Geoid)

글로벌 지오이드 모델(EGM96, EGM2008, OSU91, XGM2016 등)

(2) 중파장의 지오이드(Medium Wavelength Geoid)

통합기준점에 대한 중력측량, GNSS-Leveling, 삼각점 및 수준점 중력자료, 항공중력자료, 선상중력자료 등

(3) 단파장의 지오이드(Detailed Geoid)

항공라이다에 의한 지면자료, SRTM 지면자료 등

3. 정밀 중력지오이드 모델 결정

정확한 중력지오이드 모델을 결정하기 위해서는 해상중력관측자료(선상자료), 육상중력관측자료, 항공중력관측자료 및 위성중력관측자료를 통합하여 정밀 중력지오이드 모델을 결정한다.

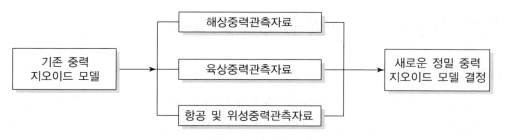

[그림 2-5] 정밀 중력지오이드 모델 결정방법

4. 합성지오이드 모델 결정

결정된 정밀 중력지오이드 모델은 전 지구적인 중력장 모델을 이용하여 생성된 것으로 전 지구적 수직기준을 기준으로 개발된 것이라 할 수 있다. 이를 우리나라 육상과 해상의 수직기준으로 사용하기 위해서는 개발된 중력지오이드 모델을 인천 평균해수면과 지역평균해수면으로 적합(Fitting)하여야 한다. 이를 통해 최종적인 육상과 해상의 합성지오이드(Hybrid Geoid) 모델이 개발된다. 국소지역(우리나라)으로의 수직기준으로의 적합은 조석관측자료, GNSS/Leveling 자료, 천문측량자료 등에서 계산된 기하학적 지오이드와 중력지오이드 간의 적합을 의미한다.

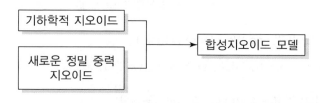

[그림 2-6] 합성지오이드 모델 결정방법

5. 기대효과

(1) 육상 및 해상 국가 공간정보의 연계 및 활용 시 높이 정보 불일치로 인한 혼란을 최소화할 수 있다.
(2) 연안지역 개발과 해양방재의 수행에 경제적 · 시간적 손실을 최소화할 수 있다.
(3) 합성지오이드 모델을 활용함으로써 지역적 평균해수면 간의 차이를 쉽게 확인할 수 있다.
(4) 향후 조위관측 없이도 특정 지점의 평균해수면을 정확하게 결정할 수 있다.

6. 최근 우리나라 합성지오이드 모델 구축현황

(1) KNGeoid 13

2011년부터 국토지리정보원에서는 전국을 대상으로 국가 지오이드 모델을 구축하기 위한 연구를 수행하여 2012년에는 지오이드 모델 구축 기반자료를 수집하고 국가 지오이드 모델을 개발하였다. 2013년에는 산악지역의 정밀도를 보완하고자 삼각점 중력자료를 획득하고 이를 반영하여 지오이드 모델 KNGeoid 13을 구축하였다. 현재 KNGeoid 13의 적합도는 3.08cm, 정밀도는 3.41cm 정도이다.

(2) KNGeoid 14

2014년에 재처리가 완성된 선상중력자료와 신규삼각점 중력자료를 반영하여 육지와 해양을 아우르는 고정밀의 국가 지오이드 모델이 구축되었다.

(3) KNGeoid 18

2014년 이후 자료를 반영하여 지오이드를 개선하였고 GOCE 위성관측자료가 포함된 신규 범지구장 모델(XGM2016)을 적용하였다. 삼각점 중력자료(2015~2016년) 및 2차 통합기 준점 중력자료(2017년)를 추가하였고 1·2차 통합기준점 GNSS/Leveling 자료를 이용하였 다. 전체 정밀도는 2.33cm, 평지 2.15cm, 산악 2.68cm 정도이다.

---

05   KNGeoid

1. 개요

지오이드 모델은 불연속적인 지오이드고를 수학식으로 나타내거나 격자 간격의 모델로 구성한 것이다. 지오이드 모델은 지구의 물리적 형상을 파악한다는 의미가 있으며, 측량분야에서는 높이 측량을 빠르고 효율적으로 수행할 수 있어 그 모델 구축이 중요하다. 최근 2018년에 KNGeoid 14 발표 이후 자료를 반영하여 개선된 KNGeoid 18이 발표되었다.

2. 우리나라 지오이드 모델 구축현황

(1) 베셀 지오이드 모델(1996년 발표)
(2) KGEOID 99(1998년 발표)
(3) KGD 2002 지오이드(2002년 발표)
(4) GMK 09(2009년 발표)
(5) KNGeoid 14(2014년 발표)
(6) KNGeoid 18(2018년 발표)

3. KNGeoid

(1) KNGeoid 13

2011년부터 국토지리정보원에서는 전국을 대상으로 국가 지오이드 모델을 구축하기 위한 연구를 수행하여 2012년에는 지오이드 모델 구축 기반자료를 수집하고 국가 지오이드 모델을 개발하였다. 2013년에는 산악지역의 정밀도를 보완하고자 삼각점 중력자료를 획득하고 이를 반영하여 지오이드 모델 KNGeoid 13을 구축하였다. KNGeoid 13의 적합도는 3.08cm, 정밀도는 3.41cm 정도이다.

(2) KNGeoid 14

2014년에 재처리가 완성된 선상중력자료와 신규삼각점 중력자료를 반영하여 육지와 해양을 아우르는 고정밀의 국가 지오이드 모델이 구축되었다.

(3) KNGeoid 18

2014년 이후 자료를 반영하여 지오이드를 개선하였고 GOCE 위성관측자료가 포함된 신규 범지구장 모델(XGM2016)을 적용하였다. 삼각점 중력자료(2015~2016년) 및 2차 통합기준점 중력자료(2017년)를 추가하였고, 1·2차 통합기준점 GNSS/Leveling 자료를 이용하였다. 전체 정밀도는 2.33cm, 평지 2.15cm, 산악 2.68cm 정도이다.

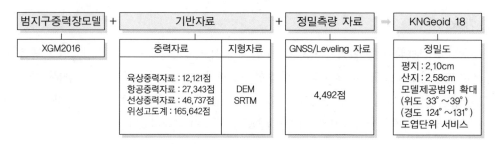

[그림 2-7] KNGeoid 18 주요 내용

4. KNGeoid 14와 18의 비교

[표 2-3] KNGeoid 14와 18의 비교

구분	KNGeoid 14	KNGeoid 18
범지구중력장 모델	EGM2008	XGM2016
육상중력자료	9,455점	12,117점
항공중력자료	27,343점	
해상중력자료	242,379점(선상+DTU10)	
지형자료	국토지리정보원+SRTM	
GNSS/Leveling 자료	1,034점	2,791점

5. 활용

    (1) GNSS 타원체고의 표고 전환에 활용

    (2) 기준점측량 및 응용측량에 활용

    (3) 무인자동차, 자율주행 및 드론에 활용

    (4) 해수면 측정 및 수고 측정에 활용

    (5) 홍수 예방 및 모니터링에 활용

06 | 연직선 편차/수직선 편차

1. 개요

중력퍼텐셜이 일정한 값을 갖는 등퍼텐셜면 중 지구의 형상과 가까운 것을 지오이드라 하며, 이들 등퍼텐셜면에 직교하는 방향을 중력방향으로 연직선이라 하고 지구의 질량 분포에 관계없이 매끈한 곡선을 이루는 지구타원체의 법선을 수직선이라 한다. 일반적으로 연직선과 수직선은 지구타원체와 지오이드의 차이로 인해 일치하지 않으며 그 편차를 지오이드 기준 시 수직선 편차, 타원체 기준 시 연직선 편차라 하는데 그 차이가 미소하여 일반적으로 연직선 편차로 사용한다.

2. 연직선 편차와 수직선 편차

    (1) 연직선 편차(Deflection of Plumb Line)

        지구타원체상의 점 Q에 대한 수직선과 이를 통과하는 연직선 사이의 각

    (2) 수직선 편차(Deflection of Vertical Line)

        지오이드상의 점 P에 대한 연직선과 이를 통과하는 수직선 사이의 각

[그림 2-8] 연직선 편차와 수직선 편차

3. 연직선 편차의 특징

(1) 지구상 어느 한 점에서 타원체 법선과 지오이드 법선의 차이
(2) 일반 삼각점에서 연직선 편차를 관측하면 그 점에서 지오이드면과 준거타원체의 경사를 알 수 있어 지오이드 기복 결정 가능

4. 연직선 편차를 측정하는 방법

(1) 천문측량 결과를 사용하여 연직선 편차를 측정하는 방법
(2) GNSS 측량과 수준측량의 결과를 사용하여 지오이드고를 계산하고 연직선 편차를 측정하는 방법
(3) 지오이드 모델을 사용하여 연직선 편차를 측정하는 방법

5. 연직선 편차 산정(천문측량 결과 사용)

연직선 편차는 남북 성분(자오선 연직선편차)과 동서 성분(묘유선 연직선편차)으로 구분한다.

$$\xi = \phi^* - \phi$$
$$\eta = (\lambda^* - \lambda)\cos\phi$$

여기서, ξ : 연직선 편차의 자오선 성분(경선 성분)
η : 연직선 편차의 묘유선 성분(위선 성분)
λ, ϕ : 측지경위도
λ^*, ϕ^* : 천문경위도

이며, 방위각 α 방향의 연직선 편차(ε)는

$$\varepsilon = \xi\cos\alpha + \eta\sin\alpha \text{이다.}$$

두 점 A, B의 거리를 S, AB의 방위각을 α, 각 점에서 α방향의 연직선 편차를 ε_A, ε_B라 하면, 두 점 간의 지오이드고 차는 다음 식으로 구할 수 있다.

$$\Delta N = N_B - N_A = \int \varepsilon ds = -\frac{\varepsilon_A + \varepsilon_B}{2}S$$

즉, 연직선 편차는 천문측량에 의한 경위도와 측지 경위도의 차로 구할 수 있으며, 이 연직선 편차를 거리에 대해 적분하면 지오이드고의 변화를 구할 수 있다.

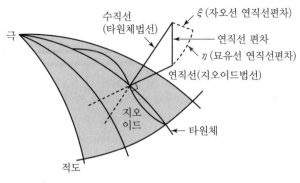

[그림 2-9] 연직선 편차의 성분

6. 우리나라의 연직선 편차 분포

(1) 연직선 편차량이 크고 (10″ 이상), 분포가 계통적이며 대체로 북서 방향

(2) 경선 방향 연직선 편차(ξ)는 +11.25″(북쪽으로 약 350m), 위선 방향 연직선 편차(η)는 −10.01″(서쪽으로 약 240m)

(3) 태백산맥을 경계로 동서의 분포가 뚜렷한 차이를 보이고 서쪽이 최대편차, 중부지역은 중간 값(수원에 경위도 원점을 설치한 이유)

(4) 연직선 편차의 분포도를 통해 종래 측지삼각망의 기준인 일본측지원점의 연결이 지역상 부적절함을 지적

[그림 2-10] 우리나라의 연직선 편차 분포도

평균동적 해면

1. 개요

평균해수면은 여러 해 동안 관측한 해수면의 평균값으로 평균해면이라고 한다. 또한, 평균동적 해면은 인공위성에 장착된 고도계로 관측한 실시간 평균해수면 높이를 말한다. 2002년 이후에는 3대 이상의 인공위성이 동시에 관측을 수행하여 정밀한 평균해수면의 높이를 관측할 수 있다.

2. 평균해수면 및 평균동적 해면 관측방법

평균해수면은 위성고도계 데이터를 기반으로 지구중력데이터, 해양수심데이터 및 조위관측자료 등 장기간의 다양한 데이터를 통해서 계산된다. 따라서 사용된 데이터들의 관측기간 및 종류에 따라 그 정밀도와 정확도에 차이가 있다.

(1) 조석관측에 의한 평균해면 결정

1) 관측
① 조위계(Tide Gauge)는 압력식 또는 음파식을 사용
② 조위관측은 최소 1개월 이상 연속 관측

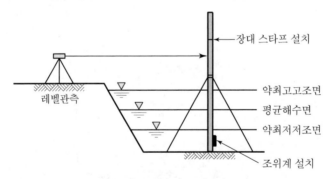

[그림 2-11] 조석관측에 의한 평균해면 결정방법

2) 평균해수면 결정
① 관측데이터 출력(조위계 → 컴퓨터 내려 받기)
② 관측데이터와 인근 국가 검조소(기준 검조소)의 관측데이터를 비교하여 조위 결정
③ 월별 조석 오차 발생률을 보정(기준 검조소의 동기간 조화 상수값 보정)하여 기본수준 면 결정

④ 평균해면 결정 공식

$$A_0' = A_1'(A_0 - A_1)$$

여기서, A_0 : 기준 검조소의 평균해면
A_1 : 기준 검조소의 단기해면(산술평균)
A_0' : 측량지역 검조소의 평균해면
A_1' : 측량지역 검조소의 단기평균해면(산술평균)

⑤ 기본수준면으로부터의 높이값을 직접수준측량에 의해 관측하여 도서지역의 수준점 표고 결정

(2) 위성에 의한 평균동적 해면 결정

1970년대부터 개발되어온 Skylab, Geo-3, Seasat, Geosat, ERS-1/2, Jason-1, Envisat 및 Topex / Poseidon 등과 같은 위성고도계들은 해양에 대한 다양한 데이터들을 수집하여 왔으며, 이러한 데이터들은 해양학뿐만 아니라 지구물리학, 측지학 등 여러 과학분야에서 광범위하게 활용되고 있다. 위성에 의한 평균동적 해면의 결정은 위성에 장착된 고도계로 4개의 탐사 위성이 동시에 동적 해수면을 관측하여 고해상도의 자료를 취득할 수 있는 방법이다.

1) 관측방법

해면고도의 관측은 인공위성에서 해면에 수직방향으로 데이터를 발사하여 해면으로부터 반사되어 오는 시간을 측정함으로써 해면과 위성 간의 거리(H_a)를 구하며, 이와 함께 인공위성의 궤도 정보에 의해 지구타원체면으로부터 위성까지의 거리(H_0)를 결정함으로써 해면고도(SSH : Sea Surface Height)를 다음과 같이 구한다.

$$SSH = H_0 - H_a - H_c$$

여기서, H_c : 대기 및 전리층에 의한 전파지연,
태양과 달의 조석영향, 대기압의
차 등에 기인하는 각종 보정항

2) 관측오차 및 보정

① 여러 개의 인공위성에서 얻어진 해수면 높이 자료라 할지라도 일반적으로 대기압의 효과를 제거하고 지오이드 정보를 활용하는 과정에서 발생한 다양한 오차가 포함된다.
② 이러한 문제를 해결하기 위하여 여러 인공위성 고도계들에서 관측한 해수면 높이자료를 연안조위관측소 자료와 함께 최적합(Fitting) 보안하여 이용하여야 한다.

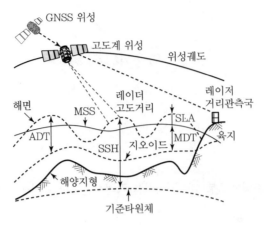

[그림 2-12] 위성에 의한 평균동적 해면 결정방법

3. 평균동적 해면의 활용

평균동적 해면 산정은 효율적이고 안전한 항해와 물류수송, 연안 양식업과 원양 수산업에 유용하게 활용될 수 있다.

---

08 자오선과 묘유선

1. 개요

지구상의 절대 위치인 경도와 위도는 지구의 기하학적 성질을 이용하여 결정된다. 지구의 기하학적 성질 중에서도 자오선과 묘유선은 서로 상호 관계를 가지고 있다. 지구상 자오선은 양극을 지나는 대원호로 적도와 직교하며, 한 점을 지나는 자오선과 정확하게 직교하는 선은 평행권이 아니라 묘유선으로 정의한다.

2. 자오선(Meridian)

(1) 개념

① 양극을 지나는 대원의 북극과 남극 사이의 절반으로 180°의 대원호로서, 무수히 많음
② 12간지 중에서 자(子)의 방향인 북과 오(午)의 방향인 남을 연결하는 선

(2) 특징

① 관찰자의 위치에 따라 수없이 존재하며, 수직권인 동시에 시간권임

② 관측자의 천정과 천구의 북극 및 남극을 지나는 자오면이 천구와 교차되는 대원을 천구의 자오선이라고 하고, 관측자와 지구의 북극 및 남극을 지나는 평면이 지구와 교차하는 대원을 지구의 자오선이라고 함

(3) 종류

1) 천구의 자오선(Meridian)

① 관측자의 천정과 천극을 지나는 대원을 천구자오선이라 하며, 천구자오선은 수직권인 동시에 시간권

② 천구자오선은 한 지점에서는 유일하게 정해지며 관측자의 위치에 따라 달라짐

③ 천구자오선과 지평선의 교점은 남점(S)과 북점(N)을 결정하고 이것을 연결한 직선이 일반측량에서 쓰이는 자오선

2) 지구의 자오선(Meridian)

양극을 지나는 대원의 북극과 남극 사이의 절반으로 180°의 대원호(무수히 많다.)

3) 도북자오선(Grid Meridian)

① 직각 좌표계에서 중앙자오선과 나란한 자오선

② 도북자오선들은 모두 중앙자오선에 나란하기 때문에, 진북자오선에서와 같이 극점에 수렴하지 않음

③ 지도에 표시된 직각좌표의 종선들은 모두 도북자오선을 의미함

4) 자침자오선(Magnetic Meridian)

① 자유로이 움직이는 자침이 가리키는 북쪽 방향과 나란한 선

② 자북과 진북이 일치하지 않기 때문에, 자침자오선과 진북자오선이 나란하지 않음

③ 자북의 위치가 주기적으로 변화하기 때문에, 자침자오선의 방향도 항상 일정하지 않음

5) 본초자오선(Prime Meridian)

① 지구의 경도 측정에 기준이 되는 경선

② 그리니치 천문대를 지나는 경선을 기준으로 함

6) 표준자오선(Standard Meridian)

① 표준시를 정하기 위한 기준이 되는 자오선(경선)

② 15° 간격이며, 우리나라의 표준시는 동경 135°를 표준자오선으로 사용

7) 중앙자오선(Prime Meridian)

한 나라의 중앙부를 가르는 자오선(경선)이며, 우리나라는 127°30′

3. 묘유선(Prime Vertical)

(1) 개념

① 지구타원체상 한 점의 법선이 지나는 자오면과 직교하는 평면과 타원체면과의 교선으로 서, 수평선에 해당함

② 12간지 중에서 묘(卯)의 방향인 동과 유(酉)의 방향인 서를 연결하는 선

(2) 특징

① 천구상에서 동점(東點), 천정(天頂), 서점(西點)을 잇는 대원이며, 묘유권이라고도 함

② '동쪽(묘의 방각)과 서쪽(유의 방각)을 잇는다'는 뜻에서 생긴 말

③ 자오선과는 천정에서 직각으로 교차

(3) 종류

1) 천구의 묘유선

지평선상에서 남점과 북점의 이등분점은 동점(E)과 서점(W)이며 동점, 서점과 천정을 지나는 수직권

2) 지구의 묘유선

① 한 점을 지나는 자오선과 정확하게 직교하는 선은 평행권이 아니라 묘유선으로 정의

② 지표상 묘유선은 지구타원체상 한 점에 대한 묘유선과 지표면의 교선

③ 한 점의 묘유선은 그 점의 법선을 포함하며 자오면과 직교하는 평면

④ 타원체면상 한 점에서 임의 방향의 수직단면의 곡률반경은 자오선 곡률반경과 묘유선 곡률반경의 함수로 표시

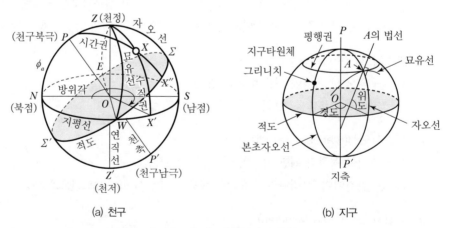

[그림 2-13] 자오선과 묘유선

자오선/묘유선 곡률반경

1. 개요

곡률반경(Radius of Curvature)은 곡면이나 곡선의 각 점에 있어서 만곡의 정도를 표시하는 값으로, 곡률반경이 클수록 만곡은 완만하다. 회전타원체상에서 지구의 위도와 경도의 길이를 구하려면 자오선 곡률반경과 묘유선 곡률반경을 알아야 한다. 자오선 곡률반경은 타원인 자오선의 곡률반경으로서 적도상에서는 장반경의 길이와 같으나 위도가 높아질수록 그 값이 커진다. 묘유선 곡률반경은 위도권의 접선에 수직하는 법선의 반경을 말하며, 위도가 높아질수록 커져 극에서는 자오선 곡률반경과 같아진다.

2. 자오선 곡률반경(Radius of Curvature of the Meridian)

타원체상 임의 점에서의 남북 방향의 곡률반경으로, 자오선은 타원이므로 어떤 지점의 곡률반경 (M)은 위도(ϕ)에 따라 다르며, 다음 식으로 구한다.

$$M = \frac{a(1-e^2)}{W^3}, \quad W = \sqrt{(1-e^2\sin^2\phi)}$$

여기서, a : 지구의 장반경, e : 이심률

3. 묘유선 곡률반경(Radius of Curvature of the Prime Vertical)

평행권은 적도면에 평행한 평면으로 지구를 자른 자리의 소원이다. 이 평행권상의 두 점 P, P'에서 지구타원체 내에 법선을 그으면 두 법선은 지축상의 한 점 K에서 만난다. 이 두 법선에 대하여 P'점을 P점에 가까이 해서 P점과 P'점이 겹쳤을 때 PK의 길이를 묘유선(횡) 곡률반경이라 한다. 타원체상 임의 점에서의 동서 방향의 곡률반경으로 묘유선 곡률반경(N)은 위도 ϕ에 따라 그 값이 다르며, 다음 식으로 구한다.

$$N = \frac{a}{W} = \frac{a}{\sqrt{(1-e^2\sin^2\phi)}}$$

여기서, a : 지구의 장반경, e : 이심률

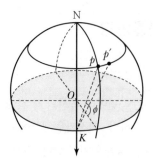

[그림 2-14] 묘유선 곡률반경

4. 평균 곡률반경(Mean Radius of Curvature)

평균 곡률반경(R)은 타원체면상에서 자오선 곡률반경(M)과 묘유선(횡) 곡률반경(N)의 기하학적 평균을 말한다.

$$M = \frac{a(1-e^2)}{W^3}, \quad W = \sqrt{(1-e^2\sin^2\phi)}$$

$$N = \frac{a}{W} = \frac{a}{\sqrt{(1-e^2\sin^2\phi)}}$$

$$평균\ 곡률반경(R) = \sqrt{MN}$$

5. 자오선 곡률반경과 묘유선 곡률반경의 이용

(1) 타원체의 평균 곡률반경 산정에 이용

(2) 타원체상에서 위도와 경도의 길이 산정에 이용

(3) 경위도 및 높이 좌표계 ↔ 3차원 직각좌표계로 변환 시 이용

(4) GNSS에 의한 기준점측량 시 기선거리 및 고저 계산에 이용

1. 개요

지구의 기하학적 성질 중에서 측지선과 항정선은 상호 관계를 가지고 있다. 측지선은 지구면(곡
면)상의 두 점을 잇는 최단곡선이며, 항정선은 항상 일정한 각도를 유지하는 지표선으로, 그 선
내 각 점에서 방위각이 일정한 곡선을 말한다.

2. 측지선(Geodetic Line)

지표상 두 점 간의 최단거리선으로서 지심과 지표상 두 점을 포함하는 평면과 지표면의 교선, 즉
지표상의 두 점을 포함하는 대원의 일부이다.

(1) 타원체상에서 두 점을 맺는 최단의 선을 고려하면 이 선은 하나가 아니고 평면상의 직선이나
구면상의 대원호에 상당하는 선이 된다.

(2) 타원체상의 측지선은 수직절선(평면곡선)과 같은 것이 아니고 이중곡률을 갖는 곡선이다.

(3) 측지선은 두 개의 평면곡선의 교각을 2 : 1로 분할하는 성질을 가지고 있다.

(4) 평면곡선과 측지선의 길이의 차는 극히 미소하여 무시할 수 있다.

(5) 측지선은 실측에 의해 결정할 수 없고 미분기하학에 의해 결정한다.

3. 항정선(Rhumb Line)

자오선과 항상 일정한 각도를 유지하는 지표의 선으로서 그 선 내의 각 점에서 방위각이 일정한
곡선이다.

(1) 항정선은 등방위선이므로 계속 연장할 경우 극지방에 도달하게 된다.

(2) 나침반을 일정하게 유지하는 간편한 항정선항법이 항해에 많이 이용된다.

(3) 항해용 해도로 많이 사용되는 메르카토르 도법에서는 자오선이 평행하게 나타나므로 항정선
은 직선으로 표시된다.

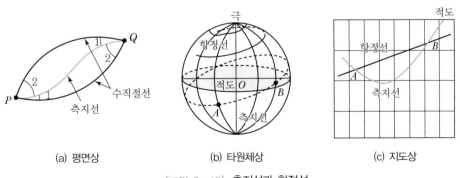

| (a) 평면상 | (b) 타원체상 | (c) 지도상 |

[그림 2-15] 측지선과 항정선

1. 개요

경위도 좌표계는 지구상의 절대위치를 표시하는 데 가장 많이 사용되는 좌표계이다. 이 좌표계에서는 경도와 위도에 의해 좌표(λ, ϕ)로 수평위치를 나타내며, 3차원 위치를 표시하려면 타원체면으로부터 높이 또는 표고를 도입해야 한다. 경도와 위도는 천문측량이나 측지측량에 의해 결정되는데 천문측량에 의해 지오이드를 기준으로 구한 경위도를 "천문경위도"라 하고 측지측량에 의해 준거타원체상에서 구한 경위도를 "측지경위도"라 한다.

2. 경도

본초자오면과 지표면상의 한 점 A를 지나는 자오면이 만드는 적도면상의 각거리로 동서로 180°씩 나눠진다.

(1) 종류

① 측지경도(λ_g) : 본초자오선과 임의의 점 A의 타원체상의 자오선이 이루는 적도면상 각거리

② 천문경도(λ_a) : 본초자오선과 임의의 점 A의 지오이드상의 자오선이 이루는 적도면상 각거리

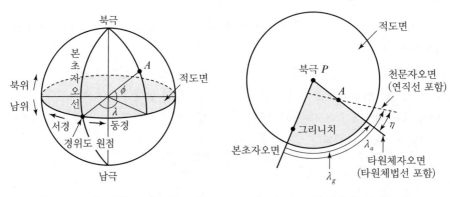

[그림 2-16] 경위도 좌표계 [그림 2-17] 측지경도와 천문경도

3. 위도

지표면상의 한 점 A에서 세운 법선이 적도면과 이루는 각으로 남북으로 90°씩 나뉜다.

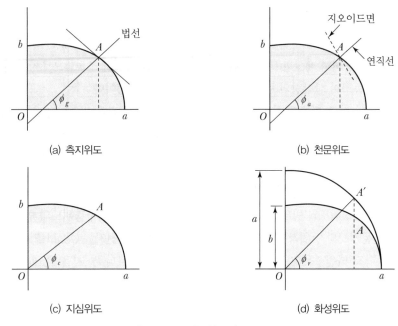

(a) 측지위도

(b) 천문위도

(c) 지심위도

(d) 화성위도

[그림 2-18] 위도의 종류

(1) 종류

① **측지위도**(ϕ_g) : 지구상의 한 점에서 회전타원체의 법선이 적도면과 이루는 각

② **천문위도**(ϕ_a) : 지구상의 한 점에서 지오이드의 연직선이 적도면과 이루는 각

③ **지심위도**(ϕ_c) : 지구상의 한 점과 지구중심을 맺는 직선이 적도면과 이루는 각

④ **화성위도**(ϕ_r) : 지구중심으로부터 장반경(a)을 반경으로 하는 원과 지구상의 한 점을 지나는 종선의 연장선과 지구중심을 연결한 직선이 적도면과 이루는 각

12 라플라스 점(Laplace Point)

1. 개요

측지망이 광범위하게 설치된 경우 측량오차가 누적되는 것을 피해야 되는데 이에 따라 200~300km마다 1점의 비율로 삼각측량에 의해 계산된 측지 방위각과 천문측량에 의해 관측된 값들을 라플라스 방정식에 적용하여 계산한 측지 방위각과 비교하여 그 차이를 조정함으로써 삼각점 성과의 정확도를 확보할 수 있다.

2. 라플라스 점(Laplace Point)

(1) 어느 점에서 삼각측량에 의해 계산된 측지 방위각과 천문측량에 의해 관측된 값들을 Laplace 방정식에 적용하여 계산한 측지 방위각을 비교하여 그 차이를 조정함으로써 보다 정확한 위치 결정이 가능하며 삼각망의 비틀림을 바로잡을 수 있는 점이다.

(2) 삼각망 속의 각 점 가운데 천문측량에 의해서 경도 및 방위각을 관측한 점을 말하며, 삼각망의 조정에 쓰인다.

3. 라플라스 조건(Laplace Condition)

(1) 측지학적인 경위도와 방위각이 정해진 삼각점에 있어 천문학적 경위도와 방위각을 구하였을 경우, 천문경도와 방위각 및 측지경도와 방위각에 있어서 전자는 Geoid를 기준으로 하고, 후자는 수학적 타원형을 기준으로 하고 있으므로 둘은 다르다. 이것을 Laplace의 조건식이라 한다.

$$(A_a - A_g) - (\lambda_a - \lambda_g)\sin\phi = 0$$

여기서, λ : 경도(g : 측지, a : 천문), A : 방위각, ϕ : 위도

(2) 천문방위각(A_a), 천문경도(λ_a), 측지경도(λ_g), 측지위도(ϕ)를 알면 타원체면상 계산에 필요한 측지 방위각 A_g를 구할 수 있는 조건식(방정식)이다.

$$A_g = A_a - (\lambda_a - \lambda_g)\sin\phi$$

13 　구면삼각형/구과량

1. 개요

측량 대상지역이 넓은 경우에는 평면삼각법만에 의한 측량계산에 오차가 생기므로 곡면각의 성질을 알아야 한다. 측량에서 이용되는 곡면각은 대부분 타원체면이나 구면상 삼각형에 관한 것이다.

2. 구면삼각형(Spherical Triangle)

3개의 대원의 호로 둘러싸인 구면상 도형을 구면삼각형이라 한다. 그러므로 구면삼각형의 성질을 보정함으로써 정확한 삼각측량을 할 수 있다.

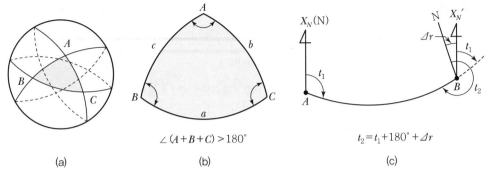

$$\angle (A+B+C) > 180°$$

$$t_2 = t_1 + 180° + \varDelta r$$

(a) (b) (c)

[그림 2-19] 구면삼각형의 성질

3. 구면삼각형의 특징

(1) 두 점 간의 거리가 구면상에서는 대원의 호 길이가 된다.[그림 (a)]

(2) 구면삼각형의 내각의 합(180°+구과량)은 180°보다 크다.[그림 (b)]

(3) A점으로부터 B점을 본 방위각 t_1과 B점에서 A점을 본 방위각 t_2의 차이는 180°보다 크다.($t_1 - t_2 > 180°$)[그림 (c)]

4. 구과량(Spherical Excess)

구면삼각형 ABC의 세 내각을 A, B, C라 하고 이 내각의 합이 180°가 넘으면 이 차이를 구과량(ε)이라 한다. 즉, $\varepsilon = (A+B+C) - 180°$

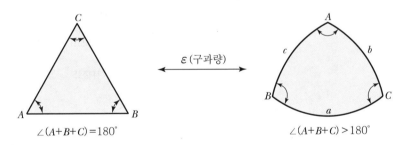

$$\angle (A+B+C) = 180°$$

ε (구과량)

$$\angle (A+B+C) > 180°$$

[그림 2-20] 구과량

$$\varepsilon'' = \frac{A}{r^2} \rho''$$

여기서, ε'' : 구과량, A : 삼각형 면적
r : 지구 반경, ρ'' : 206,265''

5. 구과량의 특징

(1) 구과량은 구면삼각형의 면적(A)에 비례하고 구의 반경(r)의 제곱에 반비례한다.

(2) 구면삼각형의 한 정점을 지나는 변은 대원이다.

(3) 구과량은 구면삼각형 내각의 합이 180°보다 큰 값으로 항상 (+)이다.

(4) 일반측량에서 구과량은 미소하므로 구면삼각형 면적 대신에 평면삼각형 면적을 사용해도 크게 지장 없다.

(5) 소규모 지역에서는 르장드르 정리를 이용하고, 대규모 지역에서는 슈라이버 정리를 이용한다.

6. 구면삼각법(Spherical Trigonometry)

구면삼각형에 관한 삼각법을 구면삼각법이라 한다. 구면삼각법에서는 변도 일종의 각으로 생각하여 일반각과 같은 도, 분, 초를 사용한다. 구면상의 위치관계를 얻기 위해서는 구면삼각공식을 이용하는데 가장 기본이 되는 두 공식은 다음과 같다.

(1) sine 법칙

$$\frac{\sin a}{\sin A} = \frac{\sin b}{\sin B} = \frac{\sin c}{\sin C}$$

(2) cosine 법칙

$$\cos a = \cos b \cos c + \sin b \sin c \cos A$$
$$\cos b = \cos a \cos c + \sin a \sin c \cos B$$
$$\cos c = \cos a \cos b + \sin a \sin b \cos C$$

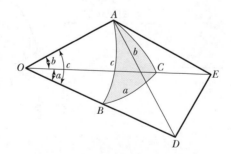

[그림 2-21] 구면삼각법

르장드르(Legendre) 정리/부가법(The Method of Addends)

1. 개요

경위도 계산에 있어서 구면삼각형 적용은 평면삼각형보다 계산이 복잡하고 시간이 많이 걸리므로 단거리 지역에서는 평면삼각형 공식을 이용하여 변의 길이를 구한다. 변의 길이를 구하는 방법에는 르장드르 정리, 부가법, 슈라이버 정리가 이용된다.

2. 르장드르 정리

각 변이 그 구면의 반경에 비해서 매우 미소한 구면삼각형은 삼각형의 세 내각에서 각각 구과량의 1/3을 뺀 각을 갖고, 각 변 길이는 구면삼각형과 같은 평면삼각형으로 간주하여 해석할 수 있다. 이 방법은 각이 감소되는 동안 삼각형의 변들은 고정되어 유지된다.

3. 르장드르 정리의 적용

측지삼각형의 계산을 예를 들면 다음과 같다.

(1) 구면삼각형 A, B, C의 변 길이를 그대로 취함
(2) 구면삼각형 내각 α, β, γ를 통해 구과량 ε 계산

$$\varepsilon = (\alpha + \beta + \gamma) - 180°$$

(3) 르장드르 정리를 사용하여 전환된 평면삼각형의 내각 α', β', γ'를 산정

$$\alpha' = \alpha - \frac{\varepsilon}{3}, \ \beta' = \beta - \frac{\varepsilon}{3}, \ \gamma' = \gamma - \frac{\varepsilon}{3}$$

(4) sine 법칙에 의해 변의 길이(a, b, c)를 평면삼각형으로 구함

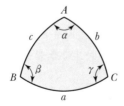

[그림 2-22] 구면삼각형

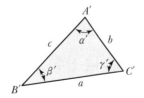

[그림 2-23] 평면삼각형

4. 부가법

보조평면 삼각형을 사용하여 구면삼각망을 해결하는 데 이용된다. 이 방법은 변장들이 단축되는 동안 각들은 고정되어 유지된다. 각들은 동일하지만 평면삼각형에서 변장 a', b', c'는 구면삼각형에서의 대응 변장 a, b, c보다 짧다. 유럽에서 사용되었다.

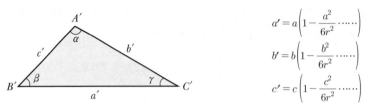

$$a' = a\left(1 - \frac{a^2}{6r^2} \cdots\cdots\right)$$

$$b' = b\left(1 - \frac{b^2}{6r^2} \cdots\cdots\right)$$

$$c' = c\left(1 - \frac{c^2}{6r^2} \cdots\cdots\right)$$

[그림 2-24] 보조평면삼각형(부가법)

15 측지계 확립을 위한 기본요소

1. 개요

지구상에서 경도, 위도를 나타내기 위한 기준이 되는 좌표계 및 지구의 형상을 나타내는 타원체를 총칭하여 측지기준계라 한다. 측지계 확립을 위한 각종 기본요소는 다음과 같다.

2. 측지좌표 확립을 위한 파라미터

(1) 회전타원요소(a, f)

(2) 수직선 편차(ξ_0, η_0)

① 자오선 방향의 연직선 편차(ξ_0)

② 묘유선 방향의 연직선 편차(η_0)

(3) 측지방위각(α_0)

(4) 지오이드고(N_0)

3. 측지정수계 기본 상수

(1) 지구의 적도반경(a)

(2) 대기를 포함한 지구의 지심인력상수(GM)

(3) 지구의 역학적 형상요소(J_2)

(4) 지구의 자전각속도(ω)

4. 대지측량기준계의 기하상수(1980년)

(1) 장반경 : $a(6,378,137\text{m})$

(2) 단반경 : $b(6,356,752.3141\text{m})$, $b = a\sqrt{1-e^2}$

(3) 제1이심률 : $e^2 = \dfrac{a^2-b^2}{a^2}$

(4) 제2이심률 : $e'^2 = \dfrac{a^2-b^2}{b^2}$

(5) 선형이심률 : $E = \sqrt{a^2-b^2}$

(6) 극곡률반경 : $C = \dfrac{a^2}{b}$

(7) 편평률 : $f = \dfrac{a-b}{a}$

(8) 평균반경 : $R_1 = \dfrac{2a+b}{3} = a\left(1-\dfrac{f}{3}\right)$

(9) 같은 표면적을 갖는 구의 반경 : $R_2 = c\left[\displaystyle\int_0^{\pi/2} \dfrac{\cos\phi}{(1+e'^2\cos^2\phi)^2}d\phi\right]^{\frac{1}{2}}$

(10) 같은 체적을 갖는 구의 반경 : $R_3 = \sqrt[3]{a^2b}$

5. 대지측량기준계의 물리상수(1980년)

(1) 지심인력상수(GM)

(2) 자전각속도(ω)

(3) 타원체상의 정규퍼텐셜(U_0)

(4) 구면조화함수 전개의 계수(J_2)

(5) $m = \dfrac{\omega^2 a^2 b}{GM}$

(6) 적도에서의 정규중력(γ_e)

(7) 극에서의 정규중력(γ_p)

(8) 중력 편평률(f^*)

1. 개요

코리올리 효과(Coriolis Effect)는 전향력 또는 코리올리 힘(Coriolis Force)이라고도 하며, 회전하는 계에서 느껴지는 관성력이다. 지형류는 수압경도력과 전향력이 평형을 이루며 수압경도력의 오른쪽 직각방향으로 흐르는데, 이러한 해류를 지형류라 한다. 이러한 지형류의 추정을 통하여 해양의 물리학적인 특성을 연구할 수 있다.

2. 코리올리 효과(Coriolis Effect)

북반구에서 직선 방향으로 적도를 향하여 날아가는 물체가 오른쪽으로 편향되어 날아가는 것은 지구 자전으로 인하여 적도의 표적 자체가 동쪽으로 움직이기 때문인데 이러한 효과를 코리올리 효과(Coriolis Effect)라 한다.

(1) 코리올리 힘

지구의 자전으로 생기는 가상적인 힘을 전향력 또는 코리올리 힘이라 한다. 전향력의 크기는 다음의 식으로 구한다.

$$f = 2\omega mv\sin\phi$$

여기서, ω : 지구의 자전각속도
m : 물체의 질량
v : 물체의 속도
ϕ : 운동하고 있는 지점의 위도

(2) 코리올리 힘(전향력)의 특징

① 같은 조건하에서 전향력의 크기는 극에서 가장 크고 적도에서 0이다.
② 물체의 운동방향에 따라 북반구에서는 오른쪽, 남반구에서는 왼쪽으로 작용한다.
③ 대기의 순환, 해류의 방향에도 전향력의 효과가 나타난다.

3. 지형류(Geostrophic Velocity)

지형류는 바람이 주요 원인으로 수압경도력과 전향력이 평형을 이루어서 발생하게 된다. 즉, 바람이 불기 때문에 전향력과 수압경도력이 평형을 이루는 방향으로 해류가 흐르게 되며, 수압의 차이에 의해 발생하는 수압경도력과 전향력이 평형을 이루면서 수압경도력에 오른쪽 직각방향으로 흐르는 해류를 지형류라고 한다.

(1) 지형류의 원리

각기 다른 수면 높이 A와 B가 존재하면 상대적으로 높은 해수면에 위치해 있는 A점이 B보다 높은 압력을 발생시킨다. 기압은 높은 곳에서 낮은 곳으로 작용하므로 A′에서 B′으로 압력이 작용하면서 수압경도력이 발생하게 된다. 또한 지구 자전에 의해 발생하는 전향력은 A′ 방향으로 발생하고 수압경도력과 전향력이 평형을 이루게 되면서 수압경도력의 오른쪽 방향으로 지형류, 즉 물의 흐름이 발생하게 된다. 이처럼 지형류는 서로 다른 해수면의 압력 차이인 수압경도력의 차이로 인해 발생한다.

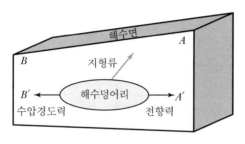

[그림 2-25] 지형류 원리(1)

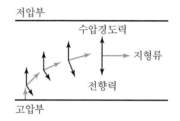

[그림 2-26] 지형류 원리(2)

(2) 지형류 산정

지형류의 흐름방정식은 수평속도가 연직속도보다 크고, 마찰력이 매우 작으며, 외력은 중력뿐이라는 가정하에 다음과 같은 방정식으로 나타낼 수 있다.

$$u = -\frac{1}{fp}\frac{\partial p}{\partial y}, \quad v = \frac{1}{fp}\frac{\partial p}{\partial x}$$

$$f = 2\Omega \sin\phi$$

여기서, f : 코리올리 파라미터
Ω : 지구 자전각속도(7.29×10^{-5}rad/sec)
ϕ : 위도

(3) 해면지형 계산

해면은 조석과 바람 등의 영향으로 시시각각 변화하며, 해류의 존재로 인하여 평균해면 또한 지오이드와 완전히 일치하지 않는다. 이러한 차이를 나타내는 해면지형(Sea Surface Topography)은 다음과 같은 식으로 표시된다.

$$해면지형(SST) = 평균해면고(SSH) - 지오이드(N)$$

(4) 우리나라 지형류 분포 및 활용

우리나라 지형류 관측은 위성고도계 자료를 이용하여 개발된 평균해면 모델(CLS-SHOM)과 지구 중력장 모델인 EGM96으로부터 평균해면고와 지오이드고를 계산하여 해면지형을 계산하고, 이를 이용하여 지형류 흐름을 추정할 수 있다. 우리나라 지형류 분포는 서해에서는 그 흐름 분포가 매우 완만하고 저속이나 동해에서는 러시아 및 중국 측 해안으로부터 우리나라로 유입되는 지형류와 다시 일본 해안으로 유출되는 지형류가 매우 빠른 분포를 나타내고 있다. 이러한 지형류의 추정을 통하여 해양의 물리학적인 특성을 연구할 수 있다.

17 조석(Tide)

1. 개요

천체의 인력에 의한 해수면의 주기적인 승강운동을 조석이라 한다. 그로 인해 중력의 변화, 연직선 방향의 변화, 지표면상 거리의 변화 등이 생기며, 지구조석을 정밀하게 관측함으로써 지구 내부구조에 관한 정보를 얻을 수 있다.

2. 조석과 기조력

(1) 조석(Tide)

① 지구·달·태양 간의 인력에 의하여 발생하는 해수면의 규칙적인 승강운동을 말한다.
② 기조력에 따라 지구 전체가 신축되는 현상이다.

(2) 기조력(Tide Producing Force)

① 조석파를 일으키는 힘을 말하며, 조석력이라고도 한다.
② 지구 주변의 천체, 즉 달과 태양의 인력에 좌우되며, 천체의 크기는 작으나 지구와의 거리가 가까운 달의 인력에 의해 가장 크게 영향을 받는다.
③ 기조력의 크기(F)는 천체의 질량(M)에 비례하고, 지구와 천체 간의 거리 d의 세제곱에 반비례한다. 단, k는 비례상수이다.

$$F = k \cdot \frac{M}{d^3}$$

[그림 2-27] 지구조석과 기조력

3. 조석의 특징

(1) 조석은 지구중심과 지표면에 미치는 달의 중력장 차에 의해 일어난다.

(2) 지표면의 물은 달의 움직임을 따라 이동하는데, 달의 위치변화는 지구 자전뿐만 아니라 달의 궤도에 의해 일어난다.

(3) 만조와 간조의 반복 주기는 평균 12시간 25분이다.

(4) 큰 조차를 갖는 사리는 태양과 달이 일직선상에 놓이는 삭일 때와 반대방향에 놓이는 망일 때 나타나며, 조차가 가장 작은 조금은 삭과 망의 중간 위상에 위치할 때 일어난다.

4. 조석관측의 목적

조석관측은 여러 가지 조석현상은 물론, 정확한 평균해수면을 구함으로써 지각변동의 검측, 지진 예지, 지구 내부구조 파악 등에도 중요한 자료를 제공한다. 어느 지점의 조석 양상을 제대로 파악하기 위해서는 적어도 1년 이상 연속적으로 관측하여야 한다.

(1) **기준면 결정** : 기본수준면(DL), 평균해면(MSL), 약최고고조면(AHHW)

(2) **수심의 조위 결정** : 측심한 해저깊이를 기본수준면하의 깊이로 변경

(3) **조석예보** : 원하는 지역에서 원하는 시각의 조위를 예측

(4) 해수면의 변화 등 해양의 물리적 이해

(5) 연안방재, 항만공사, 항해 등 연안 및 해양분야에 활용

(6) 지각변동, 지구 내부구조 파악, 지진 예지 등에 활용

5. 조석관측방법

(1) 검조주(Tide Pole)

① 눈금판을 붙인 기둥을 해수 중에 설치하고 대체로 10분마다 그 수위를 읽는 방식

② 검조주를 설치할 때는 반드시 부근의 암석 등에 목표를 설정하고 관측 도중 수시로 그 상대 위치의 변화를 검토

(2) 수압식 자동기록 검조의(Pressure Type Tide Guage)

수압감지기를 해저에 설치하여 해수의 승강에 따라 생기는 수압 변화를 해수면 승강으로 환산하여 기록지에 자동 기록하는 방식

(3) 부표식 자동기록 검조의(Bouy Type Tide Guage)

① 해안에 우물을 파고 해수를 도수관으로 우물에 끌어들여, 우물에 띄운 부표의 승강을 기록지에 기록하는 방식
② 주요 지점의 장기간에 걸친 조석관측을 위한 고정점조소는 주로 이 방식을 사용

(4) 해저검조의(Off-shore Tide Guage)

① 수면에 직접 부표를 띄우고 부표의 승강을 해저에 설치한 기록기에서 자동 기록하는 방식
② 해안에서 상당히 멀리 떨어진 곳의 조석관측에 사용

(5) 원격자동기록 검조의

(6) 레이더 및 레이저식 검조의

18 해양조석부하(Ocean Tide Loading)

1. 개요

해양조석부하란 조석에 의해 발생되는 해수의 하중이 해저면에 작용하여 인근의 지각이 변동되는 현상으로서, 일반적으로는 조석관측 데이터를 이용하여 개발되는 해양조석모델에 의해 각 부하성분이 결정되나, 최근에는 정밀 GNSS 관측 데이터를 이용하여 역으로 해양조석모델을 개발할 수 있다.

2. 상시관측소를 이용한 지각변동량 분석

(1) 해양조석부하의 영향이 거의 없는 내륙의 상시관측소(예 대전)를 고정점으로 선정
(2) 전국 해안에 위치한 상시관측소를 대전관측소와 연결하는 다각망을 구성하고 GNSS 관측
(3) 정밀 후처리 소프트웨어를 사용하여 각 상시관측소의 기선길이 및 수직위치를 1시간 단위로 결정하여 시간 경과에 따른 시계열적 데이터 작성
(4) 시계열 자료를 토대로 스펙트럼 분석을 실시하여 해양조석의 부하영향으로 인한 부하성분의 진폭 및 위상차를 구하여 지각의 연직 변동량 모델링

3. 우리나라 상시관측소의 수직방향 지각변동량

(1) 서해안의 상시관측소 : 약 1~3cm

(2) 동해안의 상시관측소 : 약 0.4~0.8cm

4. 측지측량에 대한 해양조석부하의 영향

(1) 해양조석부하는 수평 성분의 지각변동에 영향이 매우 적으므로 일반기준점 측량 시 상시관측소 성과를 사용하는 데에는 큰 문제가 없을 것으로 판단

(2) 해안으로부터 멀리 떨어진 내륙의 상시관측소일수록 해양조석부하의 영향이 거의 없으므로 안정적임

(3) 해안에 위치한 상시관측소의 경우, 수직 성분의 지각변동(약 3cm 정도 발생)에 다소 영향을 받으므로 이들 관측소에 대하여는 향후 3차원 위성측지기준점으로의 사용에 다소 신중한 결정이 필요

---

19 세차(Precession)/장동(Nutation)

1. 개요

천구상 모든 별의 시운동은 좌표계의 원점이 되는 춘분점이 황도를 따라 1년에 50″씩 동쪽에서 서쪽으로 이동한다고 간주하고 있으므로, 천구북극이 황도북극을 중심으로 한 회전운동인 세차와 천구북극의 진동현상인 장동이 발생한다.

2. 세차(크고 느린 움직임 = 옆돌기 운동)

황극과 천극의 각거리는 황도 경사각과 같으므로 천구북극은 황도북극을 중심으로 각반경 23.5°인 원을 그리며 $360° \div 50″/$년 = 26,000년을 주기로 회전한다. 이것은 지구 자전축이 황도면을 따라 수직방향 주위를 각반경과 주기를 가지고 회전하기 때문이며 이런 현상을 세차운동이라 한다.

세차는 1일과 1년의 길이의 정의에 따라 지구상의 시간법에 영향을 미치며, 별자리의 위치를 크게 변화시키며 모든 천체의 적경(α)과 적위(δ)에도 영향을 미친다.

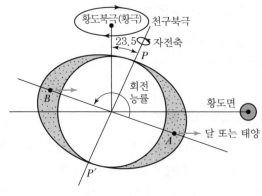

[그림 2-28] 세차운동

그림에서 A는 B보다 강하게 달 또는 태양의 인력이 작용하므로 중력차가 일어나 회전능률이 발생한다.

3. 장동(작고 빠른 움직임)

황도 경사의 영향으로 태양과 달은 적도면의 위와 아래로 움직이므로 지구 적도의 융기부에 작용하는 회전능률도 주기적으로 변하며, 이 변화는 지구의 형상축이 자전축 주위를 약 15m 거리를 두고 불규칙하게 도는 현상을 일으킨다. 이처럼 자전축이 흔들리는 현상을 장동이라 한다. 장동은 챈들러 진동 및 연주섭동을 일으킨다.

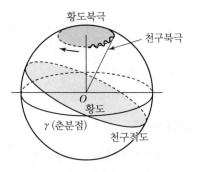

[그림 2-29] 세차와 장동의 조합

항성시/태양시/세계시/역표시

1. 개요

종래에는 시간을 정의할 때 평균태양일, 즉 태양에 대해서 지구의 평균자전주기를 24로 나눈 것을 사용했다. 항성(별)을 기준으로 지구의 자전주기를 24로 나눈 값을 항성시라고 하며, 이 항성시에서의 1시간은 평균태양시보다 10초 정도 짧다.

2. 항성시(LST 또는 ST : Local Sidereal Time)

1항성일은 춘분점이 연속해서 같은 자오선을 두 번 통과하는 데 걸리는 시간으로, 이 항성일을 24등분하면 항성시가 되며 지방시라고도 한다.

$$항성시(LST) = 춘분점\ 시간각(H_V) = \alpha + H$$

여기서, α : 적경
H : 천체의 시간각

3. 태양시(Solar Time)

(1) 시태양시(Apparent Solar Time)

춘분점 대신 시태양을 사용한 항성시이며, 태양의 시간각에 12시간을 더한 것으로 하루의 기점은 정오가 된다.

$$시태양시 = 태양의\ 시간각 + 12^h$$

(2) 평균태양시(LMT : Local Mean Time)

시태양시의 불편을 없애기 위해 천구적도상을 1년간 일정한 평균 각속도로 동쪽으로 운행하는 가상적인 태양을 사용한 시이며, 우리가 쓰는 상용시이다.

$$평균태양시(LMT) = 평균태양의\ 시간각(H_{m \cdot s}) + 12^h$$

(3) 균시차

시태양시와 평균태양시 사이의 차를 말한다.

$$균시차 = 시태양시 - 평균태양시$$

4. 세계시(UT, GCT, GMT : Universal Time)

(1) 지방시(LST : Local Sidereal Time)

천체를 관측해서 결정되는 시(항성시, 평균태양시)는 그 지점의 자오선마다 다르므로 이를 지방시라 한다. 항성시(LST) 식의 천체를 평균태양으로 하고 $\alpha_{m \cdot s}$를 평균태양의 적경, $H_{m \cdot s}$를 평균태양의 시간각으로 하면 다음과 같은 관계가 있다.

$$LST = \alpha_{m \cdot s} + H_{m \cdot s}$$

(2) 표준시(Standard Time)

지방시를 직접 사용하면 불편하므로 실용상 곤란을 해결하기 위하여 경도 15° 간격으로 전 세계에 24개의 시간대(Time Zone)를 정하고, 각 경도대 내의 모든 지점은 동일한 시간을 사용하도록 하는데 이를 표준시라 한다. 우리나라 표준시는 동경 135°를 기준으로 하고 있다.

(3) 세계시(Universal Time)

표준시의 세계적인 기준시간대는 경도 0°인 영국의 Greenwich를 중심으로 하며 Greenwich 자오선에 대한 평균태양시를 세계시라 한다.

$$UT = LST - \alpha_{m \cdot s} + \lambda + 12^{h}$$

여기서, LST : 지방시
$\alpha_{m \cdot s}$: 평균태양시 적경
λ : 관측점의 경도(서경)

① UT_0 : 경도 0도를 표준으로 정한 세계시, 극운동과 계절변화를 보정하지 않은 세계시, 전 세계가 같은 시각이다.
② UT_1 : 극운동의 영향에 의한 경년변화를 보정한 세계시, 전 세계가 다른 시간이다.
③ UT_2 : UT_1에 지구의 자전속도의 변동에 관한 계절적 변화를 보정한 세계시, 전 세계가 다른 시각이다.

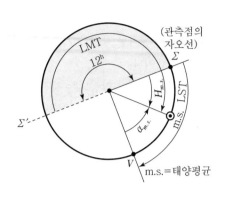
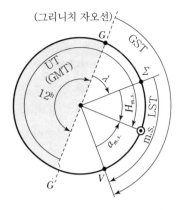

[그림 2-30] 지방시(LST)와 평균태양시(LMT)　　　[그림 2-31] 세계시와 지방시

5. 역표시(ET : Ephemeris Time)

지구는 자전운동뿐 아니라 공전운동도 불균일하므로 이러한 영향 ΔT를 고려하여 균일하게 만들어 사용한 것을 역표시라 한다.

$$\mathrm{ET} = \mathrm{UT}_2 + \Delta T$$

21　역학시/국제원자시/세계협정시

1. 개요

현대의 원자시는 천문학적인 방법(지구의 자전과 태양에 대한 공전의 측정)에 의한 것보다 시간을 더 정확하게 측정할 수 있는 원자시계를 이용한 시간단위이다. 또한, 협정세계시(UTC)는 상용되는 과학적 시간의 국제적 표준원자시(원자시계로 구함)와 태양시(태양에 대한 지구의 자전을 천문학적으로 측정한 것) 사이의 시간차를 조정하는 데 이용된다. 그러므로 UTC는 국제원자시의 초 단위까지 정확하며, 세계시(UT_1)로 표시되는 태양시의 0.9초 이내로 정확하다.

2. 역학시(TD : Dynamical Time)

(1) 역학시

역학시는 상대론적 시간시스템으로 뉴턴 역학에 의한 역표시(ET)를 상대성 이론에 의해 개량, 발전시킨 것이다. 일반 상대론에서는 지구중심으로부터 출발하여 시각을 정의하는 경우와 태양 중심으로 시간을 정의하는 경우로 약간의 차이가 있다.

(2) 특징

① 역학시는 역표시(ET)라고 하는 명칭이 부여되었고, 지구 자전을 기준으로 하는 시간시스템과는 다른 상당히 균일하고 정확한 시간시스템이다.

② 역표시라는 것은 천체의 운행을 계산한 역을 기초로 하여 결정되는 시간이라는 의미이다.

③ 역학시는 상대론적 시간시스템이며, 지구중심을 기준으로 한 지구역학시(TDT), 태양 중심을 기준으로 한 태양역학시(TDB), 상대론적 시간시스템의 전신인 역표시(ET) 등이 있다.

3. 국제원자시(TAI : Temps Atomique International)

(1) 국제원자시

국제표준시계로서 진동수가 가장 안정적인 세슘원자시계에 의해 측정되는 시각을 국제원자시라 하며, 여기에 윤초를 보정하면 국제표준시가 생성된다. 국제표준시로 사용되는 UTC와 GMT는 초의 소수점 단위에서만 차이가 날 뿐 거의 동일하므로 일상에서는 주로 GMT를, 기술적 표기에서는 UTC를 사용한다.

(2) 특징

① 진동수가 가장 안정적인 세슘원자시계(국제표준시계)에 의한 시각이다.

② 오차(1초/3,000년)가 가장 적으므로 그만큼 윤초를 줄일 수 있는 장점이 있다.

③ TAI의 원점은 1958년 1월 1일 0 : 00 : 00 UT_2이다.

4. 협정세계시(UTC : Coordinated Universal Time)

(1) 협정세계시

지구의 자전과 원자시를 타협(절충)한 시간시스템으로 일상적으로 사용하고 있는 시각이다.

(2) 특징

① 협정세계시 UTC는 안정적이면서 균질한 국제원자시와 일상 생활에 밀착되어 있는 시간이다.

② 지구 회전을 기준으로 한 세계시와 균형을 맞춘 시간 시스템으로서, 1972년 1월 1일부터 시행된 국제표준시이다.

③ 현재 세계 거의 모든 나라에서 협정세계시를 채택하고 있다.

④ 협정세계시는 국제원자시와 윤초 보정을 기반으로 표준화되었다.

⑤ 협정세계시의 1초의 길이는 국제원자시이 1초의 길이와 동일하나 시구 자전속도가 늦어짐에 따라 1년이 경과하면 1초 전후의 차이가 발생한다. 이 차이는 윤초를 사용하여 근사적으로 수정하고 있다.

22

천구좌표계(Celestial Coordinates)

1. 개요

천체의 위치를 나타내는 좌표계는 천구좌표계가 이용되며, 마치 지구상에서 한 지점의 위치를 경도와 위도로 나타내듯이 2개의 좌표요소로 표시할 수 있다. 천구좌표에는 관측자의 연직선과 지평면을 기준으로 하는 지평좌표, 좌표축과 수직인 적도면을 기준으로 하는 적도좌표, 지구공전궤도면을 기준으로 하는 황도좌표, 은하계의 적도면을 기준으로 하는 은하좌표 등이 있다.

2. 지평좌표계(Horizontal Coordinate)

관측자를 중심으로 천체의 위치를 간략하게 표시하는 좌표계로서 방위각 – 고저각(Azimuth – altitude) 좌표계라고도 한다.

(1) 특징

① 관측자를 중심으로 천체를 가장 간략하게 표시한다.
② 중심평면은 지평면이며 위치요소는 방위각(A), 고저각(h)이다.
③ 관측시간, 관측자의 위치에 따라 방위각(A), 고저각(h)이 변하는 단점이 있다.

(2) 관련 용어

① 고도(h) : 천체를 지나는 수직권을 따라 지평면에서 천체까지 잰 각
② 방위각(A) : 천체를 지나는 수직권과 자오선 사이를 북점을 기준으로 시계방향으로 잰 각 ($0 \sim 360°$)
③ 천정 거리(z) : 천정에서 천체까지의 각도($z = 90° - h$)

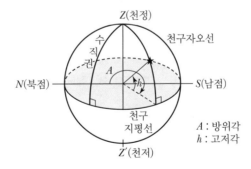

[그림 2-32] **지평좌표계**

3. 적도좌표계(Equatorial Coordinate) : 국제천구좌표계(International Celestrial Reference Frame)

어떤 천체의 위치를 지평좌표로 나타내면 그 값이 시간과 장소에 따라 변하므로 불편하다. 천구상 위치를 천구적도면을 기준으로 해서 적경과 적위 또는 시간각과 적위로 나타내는 좌표계를 적도 좌표계라 하는데 시간과 장소에 관계없이 좌푯값이 일정하지만 특별한 시설이 없으면 천체를 바로 찾기는 어렵다.

(1) 특징

① 천체의 위치값이 시간과 장소에 관계없이 일정하다.
② 정확도가 좋아 가장 널리 이용된다.
③ 특별한 시설이 없으면 천체를 나타내지 못한다.
④ 중심평면은 천구적도이며 위치요소는 적경(α)·적위(δ)와 시간각(H)·적위(δ)이다.

(2) 관련 용어

① 적경(α) : 춘분점을 따라 반시계 방향으로 천체의 시간권까지 잰 값(0~24h)
② 적위(δ) : 천구의 적도면에서 천체까지의 각을 시간권을 따라 남북 방향으로 잰 값(0~ ±90°)

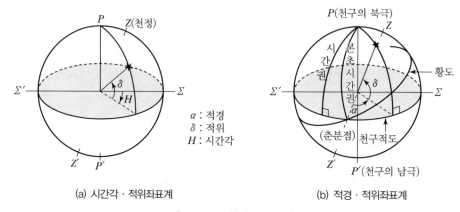

(a) 시간각·적위좌표계   (b) 적경·적위좌표계

[그림 2-33] 적도좌표계

4. 황도좌표계(Ecliptic Coordinate)

태양계 내의 천체의 운동을 설명하는 데는 황도좌표계가 대단히 편리하다. 이것은 태양계의 모든 천체의 궤도면이 지구의 궤도면과 거의 일치하며 천구상에서 황도 가까운 곳에 나타나기 때문이다.

(1) 특징

① 태양계 내의 천체 운동을 설명할 때 편리하다.

② 중심평면은 황도이며 위치요소는 황경과 황위이다.

(2) 관련 용어

① 황경(λ) : 황도상에서 춘분점으로부터 동쪽으로 잰 각거리($0 \sim 360°$)

② 황위(β) : 황도상에서 황도의 북극과 남극으로 잰 각거리($0 \sim \pm 90°$)

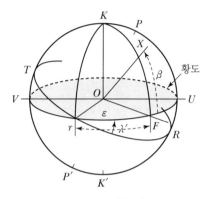

[그림 2-34] 황도좌표계

5. 은하좌표계(Galactic Coordinates)

은하계 내의 천체의 위치나 은하계와 연관 있는 현상을 설명할 때는 은하좌표계를 쓰는 것이 편리하다. 은하의 중간평면을 기준평면으로 잡고 은하적도(Galactic Equator)라 한다. 은하적도를 나타낸 대원은 천구적도에 대하여 63°만큼 기울어져 있다. 은하적도에 대한 두 극을 북은하(North Galactic Pole), 남은하(South Galactic Pole)이라 한다.

(1) 특징

① 은하계 내의 천체 위치, 은하계와 연관 있는 현상을 설명할 때 편리하다.

② 중심평면은 은하적도이며 위치요소는 은경과 은위이다.

(2) 관련 용어

① 은경(l) : 은하 중심 방향으로부터 은하 적도를 따라 동쪽으로 잰 각($0 \sim 360°$)

② 은위(b) : 은하 적도에서 은하 북극과 은하 남극 쪽으로 잰 각($0 \sim \pm 90°$)

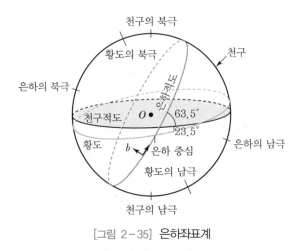

[그림 2-35] 은하좌표계

23

국제천구좌표계(ICRF : International Celestial Reference Frame)

1. 개요

천구의 춘분점과 적도면을 기준으로 우주공간상의 위치를 적경과 적위로 나타내는 좌표계로서
우주공간상의 위치측정체계이다. 적경(赤經, Right Ascension, α)은 춘분점의 시간권으로부터
천체의 시간권까지의 각이며, 적위(赤緯, Declination, δ)는 천구의 적도면에서 천체까지의 각이
다. 춘분점은 천구의 적도와 황도가 만나는 지점으로서 지구의 축이 태양의 축과 일치하는 점을
말한다.

2. 국제천구좌표계(International Celestrial Reference Frame)

어떤 천체의 위치를 지평좌표로 나타내면 그 값이 시간과 장소에 따라 변하므로 불편하다. 천구상
위치를 천구적도면을 기준으로 해서 적경과 적위로 나타내는 좌표계를 국제천구좌표계라 하는데
시간과 장소에 관계없이 좌푯값이 일정하지만 특별한 시설이 없으면 천체를 바로 찾기는 어렵다.

(1) 특징

① 천체의 위치값이 시간과 장소에 관계없이 일정
② 정확도가 좋아 가장 널리 이용
③ 특별한 시설이 없으면 천체를 나타내지 못함
④ 중심평면은 천구적도이며 위치요소는 적경(α) · 적위(δ)

(2) 관련 용어

① 적경(α) : 춘분점을 따라 반시계 방향으로 천체의 시간권까지 잰 값($0 \sim 24h$)
② 적위(δ) : 천구의 적도면에서 천체까지의 각을 시간권을 따라 남북 방향으로 잰 값($0 \sim \pm 90°$)

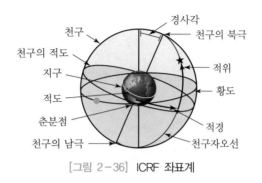

[그림 2-36] ICRF 좌표계

3. 천구좌표계(Celestial Coordinates)의 종류

천체의 위치를 나타내는 좌표계는 천구좌표계가 이용되며, 천구좌표계는 지평좌표계, 적도좌표계, 황도좌표계, 은하좌표계로 구분된다.

(1) 지평좌표계(Horizontal Coordinate) : 관측자의 연직선과 지평면을 기준
(2) 적도좌표계(Equatorial Coordinate) : 좌표축과 수직인 적도면을 기준, 국제천구좌표계 (International Celestrial Reference Frame)
(3) 황도좌표계(Ecliptic Coordinate) : 지구 공전 궤도면을 기준
(4) 은하좌표계(Galactic Coordinates) : 은하계의 적도면을 기준

---

24 | 지구중심좌표계와 타원중심좌표계

1. 개요

최근 측량은 위성측지계의 보급에 따라 측지분야, 지적 및 지형공간정보체계의 데이터베이스 관리분야에서 그 활용성이 커지고 있으나, 기존 좌표체계로는 새로운 위성측지기술 및 장비 사용에 부적합하여 세계 단일의 지구중심좌표계로 전환하고 있는 실정이다. 종래 우리나라 좌표계와 지구 중심 좌표계의 큰 차이점은 종래 우리나라는 지역좌표계이고 수평, 수직으로 구분되어 있으며 a, f에 약간 차이가 있다.

2. 지구중심좌표계와 타원중심좌표계

(1) 지구중심좌표계

여러 가지 관측 장비를 가지고 전 세계적으로 관측해온 지구의 중력장과 지구 모양을 근거로 하여 만들어진 3차원 좌표계이며, 좌표원점은 지구 질량중심을 사용하고 지구의 자전축을 Z로 할 때 이를 일반적으로 지구중심좌표계라 한다.

(2) 타원중심좌표계

기하학적으로 만들어진 좌표계로 3차원 좌표계로 사용할 수 있으나 주로 2차원 좌표계로 활용하고 있다.

3. 지구중심좌표계와 타원중심좌표계의 비교

[표 2-4] 지구중심좌표계와 타원중심좌표계의 비교

지구중심좌표계	타원중심좌표계
• 원점(0, 0, 0)은 지구의 질량중심	• 원점(0, 0, 0)은 타원체 중심(지구중심 부근)
• 북측(Z축)은 BIH방향(Z축은 지구자전축)	• Z축은 타원체의 북극방향
• X축은 적도면과 그리니치 자오선이 교차하는 방향	• X축은 타원체의 기준 자오선 방향
• 오른손 좌표계	• 오른손 좌표계

4. 지구중심좌표계의 종류

(1) WGS(World Geodetic System)

(2) ITRF(International Terrestrial Reference Frame)

(3) NAD(North American Datum)

---

25 UTM/UPS

1. 개요

UTM(국제횡메르카토르) 투영법에 의하여 표현되는 좌표계로서 적도를 횡축, 자오선을 종축으로 한다. 투영방식, 좌표변환식은 TM과 동일하나 원점에서 축척계수를 0.9996로 하여 적용범위를 넓혔다. UTM 좌표의 범위는 남북위 80°까지이며 그 이상의 양극지역은 극심입체 투영방식의 UPS 좌표를 사용한다.

2. UTM 좌표(Universal Transverse Mercator Coordinates)

(1) 지구를 베셀값을 사용하는 회전타원체로 보고 지구 전체를 경도 6°씩 60개의 구역(종대)으로 나누고 각 종대의 중앙자오선과 적도의 교점을 원점으로 하여 원통도법인 횡메르카토르 투영 법으로 등각투영한다.

(2) 각 종대는 180°W 자오선에서 동쪽으로 6° 간격으로 1~60까지 번호를 붙인다.

(3) 중앙자오선에서의 축척계수는 0.9996이다.

(4) 중앙경선상의 축척계수를 0.9996으로 하면, 중앙경선에서 동서로 각각 약 180km 떨어진 곳에서 축척계수가 1.0000이 된다.

(5) 종대에서 위도는 남북의 80°까지만 포함시키며 다시 8° 간격으로 20구역(횡대)으로 나누어 C(80°S~72°S)~X(72°N~80°N)까지(I, O 제외) 20개의 알파벳 문자로 표시한다.

(6) 우리나라는 51~52종대, S~T횡대에 속한다.

3. UPS 좌표(Universal Polar Stereographic Coordinates)

(1) 위도 80° 이상의 양극지역의 좌표를 표시하는 데 사용한다.

(2) UPS 좌표는 극심입체 투영법에 의한 것이며 UTM 좌표의 상사투영법과 같은 특징을 가진다.

(3) 양극을 원점으로 하는 평면 직교좌표계를 사용하며 거리좌표는 m로 나타낸다.

(4) 원점에서 축척계수는 0.9994이다.

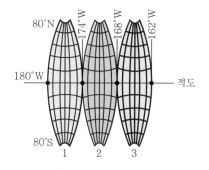

[그림 2-37] UTM 좌표

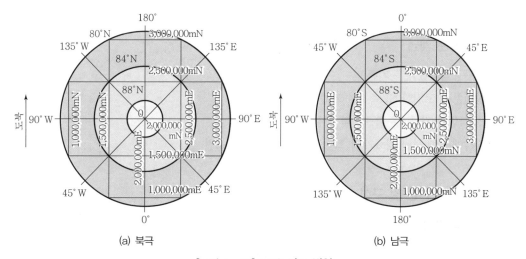

(a) 북극   (b) 남극

[그림 2-38] UPS 좌표 방안

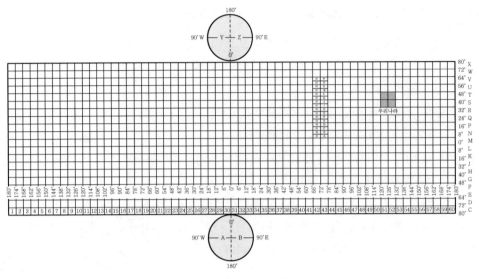

[그림 2-39] UTM과 UPS 좌표 방안

ITRF(International Terrestrial Reference Frame) 좌표계

1. 개요

국제지구회전사업(IERS)에서 설정한 국제지구기준좌표계(ITRF)는 International Terrestrial Reference Frame의 약자로 국제지구회전관측연구부라는 국제기관이 제정한 3차원 국제지심직교좌표계이다. 세계 각국의 VLBI, GNSS, SLR, DORIS 등의 관측 자료를 종합해서 해석한 결과에 의거하고 있다.

2. ITRF의 기본 개념

(1) 지구중심좌표계를 기준
(2) 상대론을 고려한 SI 축척을 기준
(3) BIH1984 지구기준좌표계를 기준
(4) 지각에 상대적인 좌표계의 회전과 변위가 없다는 조건

3. ITRF 좌표계 변천 및 구성

(1) ITRF의 변천

ITRF 좌표는 ITRF 88, 90, 91, 92, 93, 94, 96, 97, 00, 05, 08, 14, 20, …… 등이 지속적으로 발표되고 있으며, 상호 간에 cm 수준으로 변환할 수 있도록 변화요소를 제공하고 있다.

(2) ITRF 좌표계 구성

① ITRF 좌표계는 지구의 질량중심에 위치한 좌표 원점과 X, Y, Z축으로 정의되는 좌표계

② Z축은 국제시보국(BIH)에 의해 정의된 관용극점(CTP) 방향에 평행

③ X축은 BIH에 의해 정의된 경도 0도의 자오면에 평행한 면과 적도면의 교선

④ Y축은 X축으로부터 직각으로 적도면과 만나는 연장선, 오른손 좌표계 구성방향인 X, Z축의 나머지 한 방향

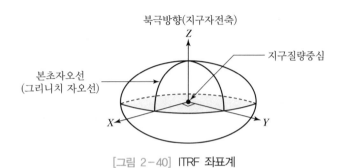

[그림 2-40] ITRF 좌표계

4. ITRF 좌표계 특징

(1) 가장 정확한 지구중심좌표계(타원체의 중심과 지구중심이 일치)이다.

(2) ITRF는 좌표원점을 지구중심(대기를 포함)으로 한 지구질량중심계이다.

(3) ITRF에서 위도와 경도가 필요할 때는 GRS80을 이용할 수 있다.

(4) ITRF와 WGS84의 차이는 cm 단위로 접근하게 되었다.

(5) 국제지구회전관측사업(IERS)에서 유지관리하고 있다.

(6) 전 세계가 공통적으로 사용하는 좌표계로서 자료 공개를 원칙으로 하고 있다.

(7) 21세기에 들어 ITRF2000, ITRF2005, ITRF2008, ITRF2014, ITRF2020 등 총 5회 개정하였다.

5. ITRF 좌표계의 차이량

[표 2-5] ITRF 좌표계의 X, Y, Z축 차이량 비교

ITRF	X(m)	Y(m)	Z(m)	차이(m)		
				Δx	Δy	Δz
2000	−3 062 022.153	4 055 448.089	3 841 818.340	0.000	0.000	0.000
2005	−3 062 022.227	4 055 448.058	3 841 818.307	−0.074	0.031	0.033
2008	−3 062 022.859	4 055 448.017	3 841 818.268	−0.706	0.072	0.072
2014	−3 062 022.994	4 055 447.969	3 841 818.182	−0.841	0.120	0.158

6. ITRF 좌표계의 활용

ITRF 좌표계를 활용하여 국가 기본망을 구축하기 위해서는 먼저 국제적인 ITRF/IGS와 관련되는 대륙망이 결정되어야 하며, 구성이 곤란한 경우는 VLBI/SLR 관측점을 활용하는 것이 필요하다.

---

27   WGS(World Geodetic System) 좌표계

1. 개요

종래에는 각 나라마다 독자적인 측지좌표계를 채용해 왔지만 기술발전, 처리대상의 확대로 기준좌표계가 그 요구를 충족시키지 못해 통합된 측지측량기준계가 필요하게 되었다. 전 세계를 하나의 통일된 좌표계로 나타내기 위해 개발된 지심좌표계를 세계측지측량기준계(WGS)라 한다.

2. WGS 좌표계의 변천

(1) WGS60 : 1950년대 말 미 국방성에서 전 세계를 하나의 통일된 좌표계로 만들기 위해 개발
(2) WGS66 : 확장된 삼각망, 삼변망, 도플러 및 광학위성자료 적용 계산
(3) WGS72 : 정밀 지구 관측(지오이드, 중력 등)과 발달된 전산처리기법 이용
(4) WGS84 : WGS72의 지구중력 모형과 지오이드 모형의 노후화, 광역변환 가능한 기준계의 필요성으로 증보시킴

3. WGS84 좌표계

여러 가지 관측장비를 가지고 전 세계적으로 측정해 온 중력측량(중력장과 지구형상)을 근거로 만들어진 지심좌표계이다.

(1) 특징

① WGS84는 지구의 질량중심에 위치한 좌표원점과 X, Y, Z축으로 정의되는 좌표계
② Z축은 1984년 국제시보국(BIH)에서 채택한 지구 자전축과 평행
③ X축은 BIH에서 정의한 본초자오선과 평행한 평면이 지구적도선과 교차하는 선
④ Y축은 X축과 Z축이 이루는 평면에 동쪽으로 수직인 방향으로 정의
⑤ WGS84 좌표계의 원점과 축은 WGS84 타원체의 기하학적 중심과 X, Y, Z축으로 쓰임

(2) 개선점

① 개선된 전산기에 의한 정보처리기법 이용, 도플러 위치결정에 의한 좌표 이용

② 개선된 레이저 추적자료, 표면중력자료 이용

③ 남북 70° 범위의 해양지역의 지오이드고 사용(위성레이더 고도계로 관측)

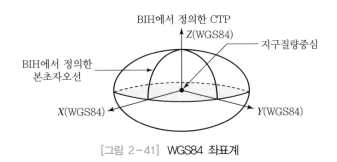

[그림 2-41] WGS84 좌표계

4. ITRF와 WGS84의 비교

[표 2-6] ITRF와 WGS84의 비교

구분	ITRF	WGS84
좌표계 원점	Epoch : 1988.0(ITRF0) ITRF89, 91, 92, 94, 96, 97, 2000, 2005, 2008, 2014, 2020	1987년 1월, 1994년 1월(G730), 1997년 10월(G873), 2002년 2월(G1150), 2012년 2월(G1674)
	원점 : 해양 및 대기를 포함한 지구 전체 질량의 중심	원점 : 좌동
좌표축 방향	BTS 1984.0	좌동
좌표축	• Z축 : 국제시보국(BIH)에 의해 정의된 관용극점(CTP) 방향에 평행 • X축 : BIH에 의해 정의된 경도 0도의 자오면에 평행한 면과 적도면의 교선 • Y축 : X축으로부터 직각으로 적도면과 만나는 연장선, 오른손 좌표계 구성방향인 X, Z축의 나머지 한 방향	좌동
타원체	없음	WGS84 타원체
지오이드	없음	WGS84 지오이드
사용	GNSS 정밀측위, 지각변동 등	GPS 항법
주관	국제적 합의	미 국방성

국제지구회전사업(IERS)

1. 개요

지구의 회전과 관련된 세차, 장동, 극운동 및 시간의 변화를 결정하는 기관으로 1988년 국제극운동서비스(IPMS)와 국제시보국(BIH)의 회전축 업무가 통합되어 탄생된 기구이다.

2. IERS의 설립 목적

(1) 범지구적으로 통일된 고정밀 좌표계의 구현
(2) 지구 극운동 변화 감시
(3) 지구동역학(Geodynamic) 연구

3. IERS의 활동분야

(1) VLBI와 LLR(Lunar Laser Ranging), GNSS, SLR 등으로 구성된 국제적인 관측망을 총괄
(2) GNSS와 SLR과 같이 인공위성을 이용하는 위성측지 관측망을 주도

4. 국내 현황

한국천문연구원과 국토지리정보원이 GNSS 관측망의 일원으로 IERS 활동에 참여

5. IERS DATA

(1) 매년 세계 각국 관측망의 고정밀 좌표와 이동속도를 산출 및 발표
(2) 관측망의 정밀좌표는 각국 내지는 그 지역의 측지기준점으로 활용
(3) 이동속도는 판구조론에 입각한 지진 등의 연구 자료로 활용

등퍼텐셜면(Equipotential Surface)

1. 개요

중력퍼텐셜(Gravitational Potential)은 중력장 내의 임의의 한 점에서 단위 질량을 어떤 점으로부터 그 점까지 옮겨오는 데 필요한 일로 정의하며, 중력퍼텐셜이 일정한 값을 갖는 면을 등퍼텐셜면이라 한다.

2. 중력퍼텐셜과 중력

중력퍼텐셜 W는 만유인력에 의한 퍼텐셜 U와 원심력에 의한 퍼텐셜 V의 합으로 표시할 수 있다.

$$W = U + V$$

중력은 중력퍼텐셜로부터 중력퍼텐셜의 거리에 대한 미분으로 구해진다.

$$g = -\frac{\partial W}{\partial r}$$

3. 지구중력장과 중력등퍼텐셜면

해수면 P_0에서 산 위의 점 P에 대한 고저 측량을 생각한다면 dH의 합으로 계산되는 P점의 표고는 등퍼텐셜면이 평행하지 않으므로 왼쪽과 오른쪽이 다르다. 이와 같이 등퍼텐셜면이 평행하지 않으므로 고저측량만으로는 물리적 의미가 없고 중력측량이 수반되어야 한다.

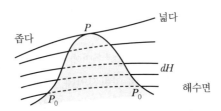

[그림 2-42] 중력등퍼텐셜면

4. 등퍼텐셜면의 특징

(1) 중력퍼텐셜이 일정한 값을 갖는 면을 등퍼텐셜면이라 한다.

(2) 지구의 형상이 가장 가까운 등퍼텐셜면이 지오이드이다.

(3) 지오이드로서 높이가 같은 점이 등퍼텐셜면이고 또한 수준면이라 하며, 이 수준면을 확장하면 지구의 형을 구할 수 있다.

(4) 등퍼텐셜면은 중력이 큰 극에서 조밀하고 적도에서는 넓다. 이와 같이 등퍼텐셜면의 비평행성 때문에 고저측량만으로는 의미가 없고 중력측량을 병행해야 한다.

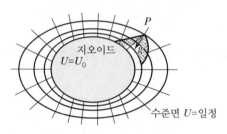

[그림 2-43] 수준면과 중력

30 정표고/역표고/정규표고

1. 개요

수준측량에서 수준면이 평행한 것으로 간주하지만, 사실 수준면은 중력등퍼텐셜면이므로 중력이 다르면 평행하지 않아 장거리 수준측량처럼 엄밀측량이 필요한 경우 중력측량을 병행하여 보정해야 하며, 어떤 방식으로 중력을 보정하느냐에 따라 정표고, 역표고, 정규표고로 구분된다.

2. 정표고(Orthometric Height)

(1) 어느 지점의 해수면으로부터 높이는 평균해수면에 대한 등퍼텐셜면(지오이드)으로부터 그 지점까지의 연직선 길이로 나타내는 것이 일반적인데, 이렇게 나타내는 높이를 정표고라 한다.

(2) 정표고는 기하학적 높이이므로 고저측량 시 등퍼텐셜면의 비평행 때문에 다음 그림처럼 비고요소 d_Z의 합과 정표고 차($H_A - H_P$)가 일치하지 않는다.

$$\int_A^P d_Z \neq H_A - H_P$$

여기서, H_A, H_P : 각 점의 정표고
d_Z : 비고요소

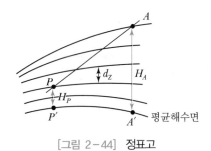

[그림 2-44] 정표고

(3) 그래서 지오이드와 A점 간의 퍼텐셜 차로 AA′ 간의 평균중력값 $\overline{g_A}$로 나누어 정표고를 계산한다.

$$H_A{}^o = \frac{1}{\overline{g_A}} \int_0^A g\,dz$$

여기서, g : 각 비고의 실측중력값
$\overline{g_A}$: 평균중력값

3. 역표고(Dynamic Height)

(1) 정표고는 기하학적인 길이를 나타내는 것으로 동일 수준면상의 값이 반드시 일치하지 않는다. 하나의 등퍼텐셜면상의 여러 점들에게는 같은 값을 주는 것이 좋으며, 어떤 기준을 중심으로 높이에 해당하는 값을 고려해야 하는데 이러한 개념으로 고려된 것 중의 하나가 역표고이다.

(2) 역표고라는 것은 그 지점과 지오이드 간의 퍼텐셜 차를 임의 표준위도에서의 정규 중력값 γ_0로 나눈 것이며, 일반적으로 γ_0는 위도 45° 값을 사용한다.

$$H_A{}^D = \frac{1}{\gamma_{45°}} \int_0^A g\,dz$$

여기서, $\overline{\gamma_{45°}}$: 위도 45°의 정규중력

4. 정규표고(Normal Heights)

(1) Molodenski(1954)는 지구표면과 지오이드 간의 중력값을 알아야 할 필요성이 없는 새로운 표고체계를 제안하였다. 정규표고($H_A{}^N$)는 지오이드가 준거타원체와 일치하거나 중력이 Normal인 경우에는 정표고와 동일하게 될 것이다.

(2) 정표고체계를 지오이드와 지구 표면 간의 수직재선상의 평균중력값을 사용하는 반면, 정규표고는 준거타원체와 Telluroid 사이의 준거타원체의 법선상의 평균정규중력을 사용한다.

(3) 정규표고에 관한 식은 다음과 같이 표시된다.

$$C = \int_0^A g \cdot dh$$

$$H_A{}^N = \frac{C}{\bar{r}}$$

여기서, $\bar{r}$: 준거타원체와 Telluroid 사이의 평균정규중력

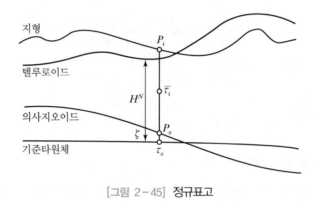

[그림 2-45] 정규표고

5. 타원보정

(1) 지구는 회전타원체이기 때문에 위도가 높아짐에 따라 평균해수면상의 중력이 커지게 되는데 회전타원체의 지구형상에 기초한 중력식을 사용하여 수준측량에서 측정된 높이에 보정하는 것으로 정표고를 근사적으로 구할 수 있다.

(2) 즉, 정표고와 역표고의 계산에는 중력측량으로 각 지점의 중력값을 알아야 하지만 중력을 측정하지 않은 경우 회전타원체의 지구형상에 기초한 중력식을 사용하면 근사식으로 구할 수 있다.

(3) 타원 보정 방법

표준 중력식 $g_t = g_0(1 + 0.00529\sin^2\phi_t)$ (g_0는 적도에서의 중력가속도)를 이용하여 위치에너지를 산정하면

$\overline{W_P}$(위치에너지)$= mH_1g_1 = mH_2g_2$

$\dfrac{H_1}{H_2} = \dfrac{g_2}{g_1} = \dfrac{1 + 0.00529\sin^2\phi_2}{1 + 0.00529\sin^2\phi_1}$

$H_1 + H_1 0.00529\sin^2\phi_1 = H_2 + H_2 0.00529\sin^2\phi_2$

$$\therefore \int_{1}^{2} dz(\text{타원보정량}) = H_2 - H_1 = -0.00529(\sin^2\phi_2 H_2 - \sin^2\phi_1 H_1)$$

$$\fallingdotseq -0.00529(\sin^2\phi_2 - \sin^2\phi_1)\frac{H_1 + H_2}{2}$$

$$\fallingdotseq -0.00529(\sin^2\phi_2 - \sin^2\phi_1)H$$

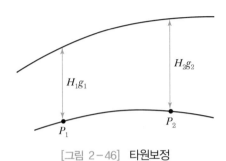

[그림 2-46] 타원보정

31 지자기 3요소

1. 개요

지자기는 지구가 가지고 있는 자기와 그 자장에서 일어나는 여러 현상이며, 지구 각 지점의 자장은 편각, 복각, 수평분력 등 지자기 3요소에 의해 결정된다.

2. 편각(Declination)

자침이 가리키는 방향은 진남북이 아니라 어느 정도 서 또는 동쪽으로 치우쳐 있다. 이렇게 진남북으로부터의 기울기의 수평각을 편각이라 한다.

(1) 자침이 가리키는 방향(자북)과 진북이 이루는 각, 즉 전자장 F벡터의 수평성분 H와 진북이 이루는 각

(2) 진북을 기준으로 시계방향을 (+)로 함

(3) 우리나라의 경우 약 $-5\sim-6°$의 편각을 가짐

3. 복각(Inclination)

지구 자력선 방향이 그곳의 수평면과 이루는 경사각을 말한다.

(1) 전자장 F와 그 수평성분 H가 이루는 각

(2) 수평면을 기준으로 시계방향을 (+)로 함

4. 수평분력(Horizontal Intensity)

전자장 F벡터를 수평면(XY평면) 내로 투영한 수평성분을 말한다.

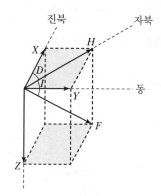

F : 전자장
H : 수평분력(X : 진북방향성분,
        Y : 동서방향성분)
Z : 연직분력
D : 편각
I : 복각

[그림 2−47] 지자기 3요소

32 탄성파 측량(Seismic Surveying)

1. 개요

자원 측량을 위한 물리탐사법은 지각을 구성하고 있는 물질의 물리적 또는 화학적 성질과 지구물리학적 현상을 이용해서 지질구조의 연구와 광물 및 지하수 등의 지하자원 측량에 이용된다. 탄성파 측량은 인공적으로 지하에 진동을 일으킨 탄성파를 관측하여 지하구조 등을 조사하는 측량을 말한다.

2. 지하자원 측량에 이용되는 물리탐사법

(1) 전기 측량   (2) 전자파 측량

(3) 탄성파 측량   (4) 해양음파 탐사법

(5) 중력 탐사법   (6) 자력 탐사법

(7) 방사능 탐사법   (8) 물리 검층법

3. 탄성파의 종류

탄성파는 탄성체에 충격으로 급격한 변형을 주었을 때 생기는 파로 지진파의 종류에는 종파(P파), 횡파(S파), 표면파(L파) 등의 3종류가 있다.

(1) 종파(Compressional Wave, Longitudinal Wave) : 압축파, P파

① 매질밀도의 증감에 의한 입자운동에 의해 발생되는 파로 입자의 진동방향이 파의 진행방향과 일치한다.

② 고체, 액체, 기체의 모든 매질을 통과한다.

③ 속도가 가장 빠르며 파괴력이 가장 작다.

(2) 횡파(Shear Wave, Transverse Wave) : 전단파, S파

① 입자의 진동방향과 파의 진행방향이 수직이다.

② 고체상태의 매질만 통과한다.

(3) 표면파(Surface Wave)

표면파는 탄성체의 표면 부근으로 전달되는 파로 P파, S파에 비해 느리지만 진폭이 커서 지진에 의한 피해는 대부분 이것에 의하며 Rayleigh파와 Love파가 있다.

① Rayleigh파 : 입자운동은 진행방향에 연직으로 회전운동하며 탄성체의 자유표면만을 따라서 움직인다.

② Love파 : 탄성체의 표층에 이질적 성질을 갖는 층이 있는 경우 표층 사이에서 발생하는 파이다.

4. 탄성파의 성질

(1) 반사파

각각 종속도, 횡속도와 밀도를 갖는 두 탄성체의 접촉면에 부딪치는 평면종파가 상부 매질로 되돌아가는 파를 말한다.

(2) 굴절파

성질이 다른 두 탄성체의 접촉면에서 하부 매질로 입사하는 종파를 말한다.

5. 탄성파의 주요 특징

(1) 탄성파 성질은 탄성상수가 큰 물질에서 속도가 빠르다.

(2) 탄성파의 전파속도를 관측하여 유전조사, 탄광, 금속 및 비금속성의 복잡한 지질구조 파악에 이용된다.

(3) 탄성파 관측은 지표면에서 얕은 곳에는 굴절법, 깊은 곳에는 반사법이 이용된다.

(4) 지진계에 기록되는 순서는 P파－S파－L파 순이다.

6. 탄성파 측량

탄성파 측량은 모든 지구물리학에 가장 널리 이용되고 있으며, 이 관측은 지질학적면으로 쉽게 변환시킬 수 있다. 특히, 반사파에 의한 측량은 지구 내부구조 조사에서 중력, 지자기, 전자기 측량에 의한 것보다 더 정확한 결과를 보인다.

(1) 굴절파에 의한 측량방법

1) 단면구조 조사법
측선하의 지하구조를 연직단면에 가까이 탐사할 때 쓰는 방법이다.

2) 평면구조 조사법
조사지역 내의 알고자 하는 층의 평면적 혹은 기복을 조사하는 방법이다.

3) 미세구조 조사법
토목, 건축 또는 그 밖에 행하는 얕은 층의 미세구조를 조사하는 방법이다.

(2) 반사파에 의한 측량방법

① 반사파는 직접파보다 나중에 도착하게 되므로 기록상에는 이미 진동이 있는 곳에서 새로운 진동이 나타나게 된다. 반사파를 식별하기 위해서는 여러 개의 지진기록계를 전기적 방법으로 동일선상에 설치하여 기록한다.

② 여러 측선에서 기록하게 되면 반사파는 관측점의 거리의 차이는 있어도 거의 동시에 직하로부터 도착하므로 모든 기록에 거의 같은 시각에 같은 모양을 가진 진동이 나타난다.

③ 즉, 몇 개의 기록에 동일위상으로 나타나는 진동은 반사파에 의한 것이라 볼 수 있다.

④ 연속적인 기록계의 간격과 발파점과 수신점의 배열을 측량결과의 정확도, 조사목적, 지하지질의 상태 및 대상지역의 지표조건 등에 따라 결정한다.

⑤ 발파점과 수신점의 간격은 초기에는 약 2km 정도 떨어지도록 하였으나, 최근에는 넓은 간격으로 지질의 연속상태를 가정하는 데에 큰 오차가 발생하고, 지질면에서 중요한 지하세부도가 틀릴 수 있다는 경험으로 수신점에서 약 400m 떨어진 곳에서 발파한다.

1. 개요

VLBI(초장기선 간섭계)란 수십억 광년 떨어져 있는 준성(Quasar)에서 방사되는 잡음전파를 2개의 안테나에서 독립적으로 동시에 수신하여 전파가 도달되는 시간차(지연시간)를 관측함으로써 안테나를 세운 두 지점 사이의 거리를 관측(±수 cm의 정확도)하는 방식이며, 지연시간은 2개의 안테나를 연결하는 기선벡터, 별의 위치 및 지구의 자전 때문에 변화한다.

2. VLBI의 원리

(1) 전파원

수십억 광년의 거리, 전파강도가 강한 점원, 부근에 다른 전파원이 없는 준성을 선택한다.

(2) 거리(S) 계산

준성의 먼 거리로 전파가 2개의 안테나에 평행하게 도달한다고 가정하고, $\overline{A_1 A_2} = S$, $\angle QA_2 A_1 = \varphi$, 광속도를 C라 하면 지연시간 τ는 다음과 같다.

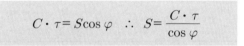

$$C \cdot \tau = S \cos \varphi \quad \therefore \quad S = \frac{C \cdot \tau}{\cos \varphi}$$

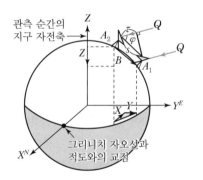

τ : 지연시간(Geometrical Delay Time)
B : 기선 Vector
S : 준성(Quasar) 방향의 단위 Vector
C : 광속

[그림 2-48] VLBI 원리

(3) 일반적으로 지연시간은 전파산란 때문에 변하므로 지연시간 보정값, 준성의 적경과 적위(φ), 기선의 위치벡터를 미지수로 한 최소제곱법에 의해 거리를 결정한다.

(4) 한 개의 전파원에 대해 한 조의 간섭계로 미지량을 한 번에 관측하기 어려우므로 관측점 수를 늘리거나, 전파원의 수를 늘려 관측한다.

3. VLBI 오차 및 보정

(1) 지연시간 관측의 우연오차

(2) 관측지점마다 일정 편의를 포함시키는 계통오차

(3) 물리모델이 불안정하여 생기는 오차

(4) 준성의 위치와 구조에 기인하는 오차

(5) 많은 지점 관측, 충분한 관측시간을 취해 최소제곱법으로 보정

4. VLBI 활용

(1) 안테나 사이의 거리(기선길이)와 정확도가 무관하므로 수천 km 대륙 간에서도 ±수 cm의 정확도를 유지할 수 있어 높은 정확도의 정밀측량에 주로 사용된다.

(2) 지각변동을 관측 목적으로 한 수백 km의 장거리 측량에 이용된다.

(3) 국제협동 관측에 의해 Plate 운동, 지구회전, 극운동 등에 활용된다.

(4) 인공위성에 의한 VLBI : 준성 대신에 위성(전파강도가 준성의 약 1,000배)을 사용하여 VLBI 장비를 소형화시켜 경제성을 도모하고, 이동관측을 가능하게 하여 정확도를 $10^{-6} \sim 10^{-7}$ 정도로 높일 수 있다.

34   SLR(Satellite Laser Ranging)

1. 개요

위성측량방법으로 사진에 의해 위성의 방향을 관측하는 광학적 방향관측법이 일찍부터 실시되었으나, 대기의 영향에 의해 정확도 면에서 만족할 만한 값을 얻지 못하였다. 따라서, 지상측량에서 삼각측량이 삼변측량으로 대체되는 것과 같이 위성측량에 있어서도 방향관측에 대신하여 거리관측이 등장하게 되었다. SLR(위성레이저 거리측량)은 지상에서 레이저 광선을 인공위성을 향해 발사하여 위성의 역반사기에 반사되어 돌아오는 왕복시간을 측정해 위성까지의 거리를 구하는 고정밀 거리측정방법이다.

2. SLR의 원리

인공위성까지 거리를 관측하는 방법에는 전파를 사용하는 방법도 있으나, 대출력의 레이저 펄스(Laser Pulse)를 이용하는 방법이 정확도 면에서 유리하므로 현재는 레이저 거리측량(Laser Ranging) 방식이 주류를 이루고 있다. 위성레이저 거리측량은 위성을 향해 레이저 펄스를 발사하고 위성으로부터 반사되어 돌아오는 왕복시간으로부터 위성까지의 거리를 관측하는 방법이다.

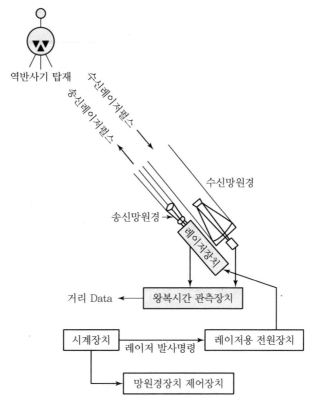

[그림 2-49] SLR(Satellite Laser Ranging)의 원리

3. 관측방법

(1) 거리관측

관측된 왕복시간에 속도를 곱하여 지상관측소와 위성 사이의 거리를 관측한다.

$$거리\,(r) = \frac{\Delta t}{2} \cdot c$$

여기서, Δt : 왕복시간
c : 광속도(3×10^{10}cm/sec)

(2) 관측점의 좌표 결정

① 레이저 거리측량에서는 위성과 관측점 간의 거리가 유일한 관측값이므로, 관측방정식은
다음과 같이 위성의 위치를 중심으로 한 구면방정식으로 표시된다.

$$(X_S{}^N - X^N)^2 + (Y_S{}^E - Y^E)^2 + (Z_S - Z)^2 = r^2$$

여기서, $X_S{}^N$, $Y_S{}^E$, Z_S : 위성좌표
X^N, Y^E, Z : 관측점의 위치좌표
r : 위성까지 관측거리

② 따라서, 위성의 궤도가 정확히 결정되면 위성의 위치 $X_S{}^N$, $Y_S{}^E$, Z_S가 기지값이므로 3회 이상의 관측에 의해 각 구면의 교점인 관측점의 좌표 X^N, Y^E, Z를 구할 수 있다.

4. 활용

(1) 지구의 회전 및 지심변동량 관측, 지각변동 및 기초물리학의 연구 데이터를 제공한다.

(2) 표면의 표고를 직접 관측할 수 있으며 해수면과 빙하면을 관측하는 데 기여한다.

(3) SLR은 상대성 이론을 실험할 수 있는 유일한 기술이다.

(4) 위성 대신 달에 설치된 역반사기를 이용하는 월레이저 거리측량방법도 있다.

(5) 역레이저 방법이라 하여 위성에 레이저를 탑재하고 지상에 역반사기를 설치하여 관측하는 방법도 있다.

---

35 위성의 궤도요소

1. 개요

인공위성의 등장으로 장거리 측량 및 측지측량망 결합이 급진전을 보게 되었고 인공위성이 지구 중력장 내에서 운동하는 궤도의 섭동을 역해석하여 지구의 형을 재현할 수 있게 되었다. 위성의 궤도와 임의 시각의 궤도상의 위치를 결정하기 위해서는 위성의 궤도요소를 알아야 하며 6가지가 있다.

2. 인공위성의 궤도해석

인공위성의 운동은 Kepler의 법칙에 의해 위성의 고도(H)와 주기(T)의 관계를 나타낼 수 있다. 그러나 실제 위성의 궤도는 태양, 달 또는 행성의 인력, 지구대기의 마찰, 지구의 자기장, 태양의 방사압 등에 의해 Kepler 법칙에서 어긋나는 섭동을 일으킨다.

(1) Kepler의 법칙

① **제1법칙** : 인공위성은 지구의 중심을 하나의 초점으로 하는 타원상을 운행한다.

② **제2법칙** : 지구의 질량중심과 인공위성을 잇는 동경이 단위시간에 통과하는 면적은 일정하다.

③ **제3법칙** : 인공위성의 궤도 긴반지름의 3제곱을 공전주기의 제곱으로 나눈 값은 모든 인공위성에서 일정하다.

$$\frac{a^3}{T^2} = \frac{G}{4\pi^2}(M+m) \fallingdotseq \frac{GM}{4\pi^2}$$

여기서, a : 궤도의 장반경
M : 지구의 질량
T : 위성의 공전주기
m : 위성의 질량
G : 만유인력 상수

3. 위성의 궤도요소

(1) 궤도면의 공간위치를 나타내는 3가지 요소

① 승교점(위성궤도와 천구적도의 교점) 적경(Ω) : 궤도가 남에서 북으로 지나는 점의 적경

② 궤도경사각(i) : 궤도면과 적도면에 대한 각도

③ 근지점의 독립변수(ω) : 근지점 인수

(2) 궤도의 크기와 형을 결정하는 3가지 요소

① 궤도의 장반경(a) : 타원궤도의 장반경

② 이심률(e) : 타원궤도의 이심률

③ 궤도주기(T) : 근지점 통과시각

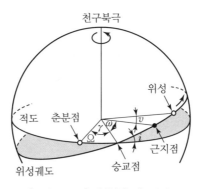

[그림 2-50] 위성의 궤도요소

CHAPTER
04 주관식 논문형(논술)

01 지구형상 결정 측량

1. 개요

지구의 형상은 측량학 및 측지학에서 다양한 의미로 생각할 수 있는데, 주로 회전타원체와 지오이드 형상을 결정하는 것을 말하며, 세부적으로는 회전타원체의 크기와 형상 결정, 회전타원체에 대한 지오이드 기복 결정, 지오이드와 지형면의 관계 결정 등으로 구분된다.

2. 지구의 형상

지구의 형상은 크게 물리적 표면, 구, 타원체, 지오이드, 수학적 형상으로 대별된다.

(1) 물리적 표면(Physical Surface of the Earth)

지구의 전체 혹은 부분의 물리적 표면의 형상을 표시할 때, 그 묘사 방법은 여러 가지 양식과 축척에 의한 도형, 혹은 수치 형식의 지형도로 나타난다.

(2) 타원체(Ellipsoid)

일반적으로 타원체는 회전 타원체, 지구 타원체, 준거 타원체, 국제 타원체로 구분한다.

1) 회전 타원체(Spheroid, Rotation Ellipsoid)

한 타원의 주축을 중심으로 회전하여 생기는 입체 타원체를 말한다.

2) 지구 타원체(Earth Ellipsoid)

부피와 모양이 실제 지구와 가장 가까운 회전 타원체를 말한다.

3) 준거 타원체(기준 타원체, Reference Ellipsoid)

측량의 결과를 이용하여 넓은 지역의 지도를 제작할 경우에 얻어진 결과를 기준이 되는 지구 타원체에 투영하여 지도를 만들게 되는데, 이때 측량지역의 지오이드에 가장 가까운 지구 타원체를 선정해야 한다. 이렇게 어느 지역의 대지 측량계의 기준이 되는 지구 타원체를 말한다.

4) 국제 타원체(International Ellipsoid)

전 세계적으로 일관된 대지 측량값을 사용하기 곤란하므로 국제측지학회 및 지구물리학연합 총회에서 결정된 타원체를 말한다.

(3) 지오이드(Geoid)

지구 타원체는 지표의 기복과 지하 물질의 밀도차가 없다고 가정한 것이므로 실제 지구와 차가 너무 커서 보다 지구에 가까운 모양을 정할 필요가 있다. 지구 타원체를 기하학적으로 정의하는 데 비하여 지오이드는 중력장 이론에 따라 물리적으로 정의한다. 지구 표면의 대부분은 바다가 점유하고 있는데 정지된 평균해수면(Mean Sea Level)을 육지까지 연장하여 지구 전체를 둘러쌌다고 가상한 곡면을 지오이드라 한다.

1) 지오이드 특징

① 지오이드면은 평균해수면과 일치하는 등퍼텐셜면으로 일종의 수면이다.

② 지오이드는 어느 점에서나 중력방향에 수직이다.

③ 주변 지형의 영향이나 국부적인 지각 밀도의 불균일로 인하여 타원체면에 대하여 다소의 기복이 있는 불규칙한 면이다.

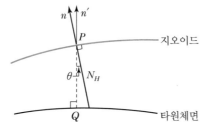

n : 지오이드에 세운 연직선 방향
n' : 타원체상의 연직선 방향
N_H : 지오이드고
θ : 수직선 편차

[그림 2-51] 지오이드고(N_H)

④ 고저측량은 지오이드면을 표고 0으로 하여 측량한다.

⑤ 지오이드면은 높이가 0m이므로 위치에너지($E = mgh$)가 0이다.

⑥ 지구상 어느 한 점에서 타원체의 법선과 지오이드 법선은 일치하지 않게 되며 두 법선의 차, 즉 연직선 편차가 생긴다.

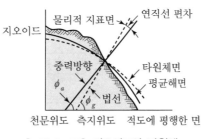

[그림 2-52] 지오이드와 타원체

⑦ 지오이드면은 대륙에서는 지오이드면 위에 있는 지각의 인력 때문에 지구 타원체보다 높으며, 해양에서는 지구 타원체보다 낮다.

(4) 수학적 형상

극히 정밀한 위치 결정이나 측지학적인 문제를 다룰 때에는 중력장에 의한 지표면을 수학적으로 표시하는 텔루로이드, 의사지오이드의 지표면으로 구분된다.

1) 텔루로이드(Telluroid)

텔루로이드는 지구의 근사적인 물리적 표면으로 고안된 것인데 지심 기준 타원체의 높이를 가진 표면으로 정의된다.

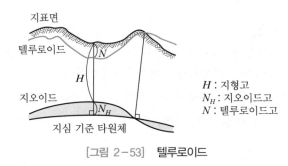

[그림 2-53] 텔루로이드

2) 의사지오이드(Quasi Geoid)

지오이드를 계산할 때 지각의 지오이드와 밀접한 관련이 있는 것은 의사지오이드이다. 지오이드를 계산할 때 지각의 질량분포를 가정하게 되는데 이런 가정을 하지 않고 유도된 지오이드를 말한다.

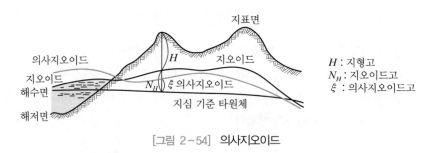

[그림 2-54] 의사지오이드

3. 지구형상 결정방법

(1) 기하학적 방법

① 측지측량에 의한 방법
② 천문측량에 의한 방법
③ VLBI 및 인공위성 관측에 의한 방법

(2) 역학적 방법

① 중력관측에 의한 방법

② 인공위성 궤도 해석에 의한 방법

4. 천문 및 측지측량에 의한 방법

지구상 다수의 관측점에서 관측된 자료를 이용하여 적도반경과 편평률을 결정하고, 천문 및 측지경위도에 의한 연직선 편차를 각 지점에 대하여 적분하여 지오이드 기복을 결정하며, 이것을 전 측지계에 결합하여 지구 타원체를 결정하는 방법이다.

(1) 타원체의 결정

자오선의 두 호장 dS_1, dS_2와 위도차 $d\phi_1$, $d\phi_2$를 알면 자오선 호장식으로부터 타원체의 적도반경 a와 편평률 f를 결정할 수 있다.

$$R_m(\text{평균곡률반경}) = \frac{dS}{d\phi} = \frac{a(1-e^2)}{(1-e^2\sin^2\phi)^{3/2}}$$

$$\int ds_1 = \int a(1-e^2)(1-e^2\sin^2\phi)^{-\frac{3}{2}} d\phi_1 \cdots\cdots ①$$

$$\int ds_2 = \int a(1-e^2)(1-e^2\sin^2\phi)^{-\frac{3}{2}} d\phi_1 \cdots\cdots ②$$

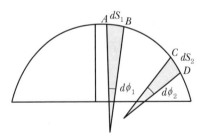

[그림 2-55] 타원체의 기하학적 결정

①, ②식을 연립하여 적도반경 a와 이심률 e를 결정하면 편평률(f)을 구할 수 있다.

$$\text{편평률}(f) = \frac{a-b}{a} = 1 - \sqrt{1-e^2}$$

(2) 천문 및 측지측량에 의한 지오이드의 결정

한 지점의 천문위도 및 경도와 측지위도 및 경도를 관측하여 연직선 편차를 구하면 보정식에 의하여 지오이드 기복을 결정할 수 있다.

(3) 문제점

① 천문측량 성과를 지오이드상의 값으로 환산하여야 함

② 지표면과 지오이드 사이의 물질 분포를 알아야 함

③ 보정량 계산 시 엄밀한 중력관측과 중력의 수평미분값이 필요함

④ 지오이드를 구하기 위해 지오이드가 이미 기지인 것으로 해석해야 하는 모순점을 내포함

5. 중력관측에 의한 방법

(1) 기하학적인 지구형상이 순수한 역학적인 양인 중력과 관계가 있음을 정의한 클레로의 정리를 이용하여 지구의 적도반경과 편평률을 구한다.

(2) 하나의 등퍼텐셜면상에서 중력 분포를 알고 있고 그 등퍼텐셜면 밖에 물질이 존재하지 않는다는 가정의 스토크스 정리에 의하여 등퍼텐셜면의 형상을 알 수 있고, 이 등퍼텐셜면으로서 지오이드를 잡으면 지구 타원체를 기준으로 한 지오이드 기복의 결정이 가능하다.

(3) 문제점

① 실제 중력관측값은 지오이드상의 값이 아니고 지표상의 값이다.

② 지오이드와 지표면상에 물질차가 있으므로 엄밀한 의미로 스토크스 정리는 적용할 수 없다.

③ 중력관측값이 충분하지 않으므로 중력이상자료를 지구 전 표면에 대하여 수치적분하는 것은 어렵다.

TIP 클레로 정리(Clairaut's Theorem)

타원체의 기하학적 편평률(f)과 중력 편평률(f^*)의 합은 적도상의 원심력과 중력비(c)의 5/2와 같다.

$$f + f^* = \frac{5}{2}c$$

---

6. 인공위성관측에 의한 방법

(1) 기하학적 방법

위성을 공간상의 삼각점으로 간주하고 지구상의 다수의 관측점에서 동시 관측하여 측지 측량망을 결합하고 좌표계를 통일함으로써 지구형상과 크기를 결정한다.

(2) 역학적 방법

위성궤도의 변동 양상을 관측하여 이로부터 지구중력장의 변동요소를 구하여 지오이드의 기복과 대략적인 지구형상을 결정하는 방법으로 위성삼각측량과 위성레이저 거리측량이 있다.

(3) 문제점

① 궤도 변동 해석에 의한 지오이드 형상은 지구 표면 가까이의 지오이드 형상과 차이가 있을 수 있다.

② 지구 조석에 의한 지오이드 변동의 영향도 위성 궤도에 영향을 주게 된다.

③ 현실적으로 지오이드의 미세한 기복을 구하기가 어렵다.

7. 지구형상 결정의 최근 이론(몰로덴스키 방법)

몰로덴스키 방법은 경계조건을 지표면상에 두고 근사 측지좌표 또는 천문좌표의 함수로서 지표면상 점의 중력퍼텐셜 W와 그 경사인 중력 g를 구하여 의사지오이드고를 구하고 이를 이용하여 측지측량 성과를 타원체상의 값으로 보정하는 방법이다.

8. 결론

지구의 형상 결정방법은 많은 학자들에 의하여 연구되고 있는 학문으로서 아직도 많은 이론에는 각기 장단점이 있다. 우리나라의 지구형상 결정에 관한 연구는 전무하여 측량의 세계화를 추구하는 데 저해되는 요인이기도 하다. 그러므로 대학교육 및 연구기관을 중심으로 시급히 측지학적 연구에 많은 관심을 가져야 할 것으로 판단된다.

---

02 지오이드 모델(지구중력장 모델)의 필요성 및 구축현황

1. 개요

지오이드 모델은 불연속적인 지오이드고를 수학식으로 나타내거나 격자 간격의 모델로 구성한 것이다. 지오이드 모델은 지구의 물리적 형상을 파악한다는 의미가 있으며, 측량분야에서는 높이 측량을 빠르고 효율적으로 수행할 수 있어 그 모델 구축이 중요하다.

2. 지오이드 모델

(1) 지오이드란 평균해수면을 육지까지 연장했다고 가정한 가상의 곡면으로 지오이드면은 해발고도를 재는 높이측량의 기준이 되며, 어디에서나 중력방향에 수직이고 지하 물질의 분포에 따라 불규칙하게 변한다. 육지에서는 평균해수면을 직접 측정할 수 없으므로 수준원점(인하공업전문대학 내)으로부터 직접수준측량 방법에 의해 설치한 수준점을 높이의 기준으로 사용한다.

(2) 직접수준측량은 측점 사이의 중력 변화를 반영하지 않으며 측량 거리가 멀어질수록 오차가 누

적되어 수준점 성과는 엄밀한 의미의 정표고와는 차이가 있다. 지오이드고는 어떤 지점의 타원체고와 표고의 차이를 말하며 지오이드 모델은 불연속적인 지오이드고를 수학식으로 나타내거나 격자간격의 모델로 구성한 것이다. 이러한 지오이드 모델은 전 세계적으로 수집된 중력성과를 기반으로 계산된다.

(3) 지오이드 모델은 지구의 물리적 형상을 파악한다는 의미가 있으며 측량분야에서는 높이측량을 빠르고 효율적으로 수행할 수 있어 중요하다.

3. 지오이드 모델의 필요성

(1) 직접수준측량은 정확한 높이측량 방법이지만 비용과 시간이 많이 소요되는 단점이 있다. 최근에는 다양한 측량분야에 GNSS가 활용되며 비용과 시간을 절감하고 있는데, GNSS를 이용한 간접수준측량 방법은 적은 비용으로 높이측량을 가능하게 할 수 있다. 하지만 GNSS 높이는 지오이드가 아닌 타원체를 기준으로 계산되기 때문에 어느 지점에서나 GNSS를 이용해 표고를 산출하려면 지오이드 모델 구축이 필수적이다.

(2) 이 외에도 지오이드 모델은 각 지역의 밀도 변화에 의한 중력 차이를 구하여 지하 내부구조 해석, 지하자원 탐사에도 활용될 수 있고 해양 분야에서는 해류의 흐름을 예측하고 해수면 변화를 파악하는 기본 자료가 된다.

4. 지오이드 모델 종류

(1) 중력장 지오이드 모델

세계적으로 수집된 중력 측량자료 기반의 지오이드 모델로 EGM96, EGM2008, OSU91A, XGM2016 등이 있다.

(2) 합성지오이드 모델

중력 관측자료를 통해 개발되는 중력장 지오이드 모델과 지역적 수직기준인 기하학적 지오이드를 합성하여 만든 지오이드 모델이다.

(3) 합성지오이드 개념

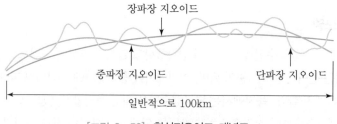

[그림 2-56] 합성지오이드 개념도

1) 장파장의 지오이드(Long Wavelength Geoid)

글로벌 지오이드 모델(EGM96, EGM2008, OSU91, XGM2016 등)

2) 중파장의 지오이드(Medium Wavelength Geoid)

통합기준점에 대한 중력측량, GNSS/Leveling, 삼각점 및 수준점 중력자료, 항공중력자료, 선상중력자료 등

3) 단파장의 지오이드(Detailed Geoid)

항공라이다에 의한 지면자료, SRTM 지면자료 등

5. 우리나라 지오이드 모델의 구축현황

국토지리정보원은 그동안 구축한 중력성과를 이용해 2009년 GMK09 지오이드 모델을 시범 제작하였으며, 전국의 균질한 중력성과를 확보하여 정밀 지오이드 모델을 지속적으로 구축하고 있다.

(1) 베셀지오이드 모델(1996년 발표)

① 1947년부터 1979년까지 관측된 일본 국토지리원의 천문측량성과 354점과 국토지리정보원의 천문측량성과 40점을 혼합하여 결정한 천문지오이드 모델
② 베셀타원체와 지오이드와의 연직선 편차를 이용하여 구축
③ 우리나라의 준거타원체(베셀)의 형상을 결정하는 것이므로 세계측지계로의 좌표변환계수 산출 시 활용

(2) KGEOID 99(1998년 발표)

① 중력학적 지오이드 모델로서 이를 구축하기 위하여 EGM96 지구중력장 모델을 기초로 제작
② 지오포텐셜 모델을 해석한 장파장효과와 중력자료를 해석한 중파장효과와 DTM 자료를 해석한 단파장효과를 각각 Remove and Restore 기법에 의하여 적용하였으며 최대 오차는 70cm 정도

(3) KGD 2002 지오이드(2002년 발표)

① EGM96 지구중력장 모델을 기반으로 전국의 수준점과 삼각점에서 실시한 GNSS 측량의 성과를 레벨링 결과를 이용하여 지구중심 합성 지오이드 제작
② 국토지리정보원의 좌표계 변환 소프트웨어인 NGI_Pro Ver.1.0을 이용하여 지오이드고 계산

(4) GMK09(2009년 발표)

EGM96 지구중력장 모델을 기반으로 2008년까지 구축된 수준점과 통합기준점에서의 중력성과와 2,187점과 GNSS/Leveling 성과 15,076점을 이용한 합성 지오이드 모델

(5) KNGeoid 14(2014년 발표)

① EGM08 범지구중력장 모델을 기반으로 육상, 항공, 해상 중력 자료를 이용한 합성 지오이
드 모델

② 육상부분에서는 약 ±3cm 정확도(평지 : 1~2cm, 산악지역 : 3~5cm)

③ 우리나라 육지와 해상을 아우르는 단일 지오이드 모델 구축

(6) KNGeoid 18(2018년 발표)

① 2014년 이후 자료를 반영하여 지오이드 개선

② GOCE 위성관측자료가 포함된 신규 범지구장 모델(XGM2016) 적용

③ 삼각점 중력자료(2015~2016년) 및 2차 통합기준점 중력자료(2017) 추가

④ 1·2차 통합기준점 GNSS/Leveling 자료 이용

⑤ 전체 정밀도 2.33cm(평지 : 2.15cm, 산악지역 : 2.68cm)

6. 지오이드 모델의 활용분야

(1) GNSS 타원체고의 표고 전환에 활용

(2) 기준점 측량 및 응용측량에 활용

(3) 무인자동차, 자율주행차, 드론에 활용

(4) 해수면 측정 및 수고 측정에 활용

(5) 홍수 예방 및 모니터링에 활용

7. 우리나라 지오이드 모델의 문제점 및 개선방안

(1) 문제점

건설분야의 정밀수준측량에서 요구하는 정밀도에 미흡

(2) 개선방안

중력자료 등의 갱신을 통한 지속적인 지오이드 모델의 정밀도 향상

8. 결론

최근 KNGeoid 18 지오이드 모델이 고시되면서 3차원 측량의 효율성이 크게 증가되었다. 이로 인하여 3차원 위치측량의 시간과 비용이 크게 설감됨은 물론 측량방법 또한 매우 쉬워짐에 따라 이제는 GNSS에 대한 기초지식만 있으면 누구나 3차원 측위가 가능한 시대에 접어들었다. 따라서, 3차원 측위는 더 이상 특별한 기술이 아니므로 이제는 측량기술의 개념에 대한 재정립이 필요한 시점이라 판단된다.

03 좌표계(Coordinates)

1. 개요

공간상의 한 물체 또는 한 점의 위치는 일반적으로 좌표로 표시되며, 측량에서 이용되는 좌표계는 차원에 따라 2차원, 3차원 좌표계, 영역에 따라 천구좌표계와 지구좌표계로 대별된다.

2. 측량에서 일반적으로 활용되는 좌표계의 분류

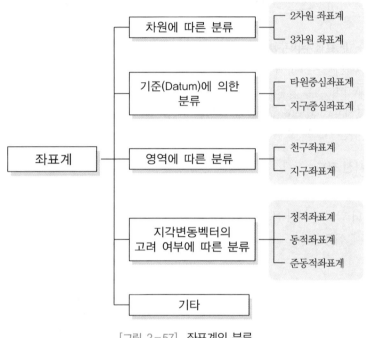

[그림 2-57] 좌표계의 분류

3. 2차원 좌표

공간상의 한 점의 위치를 2차원으로 표시하기 위한 좌표는 평면 직각좌표, 평면 사교좌표, 2차원 극좌표, 원·방사선 좌표, 원·원 좌표, 쌍곡선·쌍곡선 좌표 등으로 구분할 수 있다.

(1) 평면 직각좌표

평면상의 한 점의 위치를 표시하는 데 있어서 가장 대표적인 좌표계이다. 평면 위에 한 점 O를 원점으로 정하고, O를 지나고 서로 직교하는 두 수직선 XX', YY'를 좌표축으로 삼는다.

(2) 평면 사교좌표

평면상 한 점의 위치를 표시하기 위해서 서로 교차하는 두 개의 수직직선을 좌표축으로 한다. 평면상에서 교차하는 두 개의 수직직선을 각각 X, Y 좌표축으로 잡고 그 교점 O를 원점으로 한다.

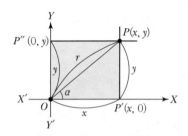

[그림 2-58] 평면 직각좌표

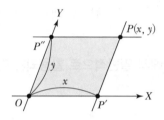

[그림 2-59] 평면 사교좌표

(3) 2차원 극좌표

2차원 극좌표는 평면상 한 점과 원점을 연결한 선분의 길이와 원점을 지나는 기준선과 그 선분이 이루는 각으로 표현된 좌표이다.

(4) 원 · 방사선 좌표

원점을 중심으로 하는 동심원과 원점을 지나는 방사선을 좌표선으로 하는 좌표이다. 이 좌표는 레이더 탐지에 의한 물체의 위치표시나 지도 투영에서 극심입체도법, 원추도법에 의한 좌표계 등에 이용된다.

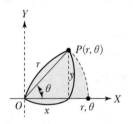

[그림 2-60] 2차원 극좌표

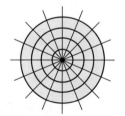

[그림 2-61] 원 · 방사선 좌표

(5) 원 · 원 좌표

한 점을 중심으로 하는 동심원과 또 다른 동심원을 좌표선으로 하는 좌표이다. 이 좌표계는 전파 측량에서 주로 중단거리용인 Raydist(100~300km) 등의 원호방식에 응용된다.

(6) 쌍곡선 · 쌍곡선 좌표

두 정점을 초점으로 하는 하나의 쌍곡선군과 또 다른 두 정점에 의한 쌍곡선군을 좌표선으로 하는 좌표이다. 이 좌표계는 전파기 측량에서 주로 장거리용인 LORAN, DECCA 등의 쌍곡선 방식에 응용된다.

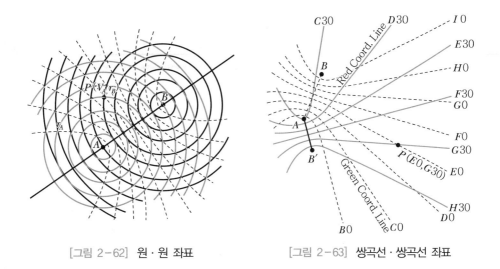

| [그림 2-62] 원·원 좌표 | [그림 2-63] 쌍곡선·쌍곡선 좌표 |

4. 3차원 좌표

공간상의 한 점의 위치를 표시하기 위한 3차원 좌표는 3차원 직교좌표, 3차원 사교좌표, 원주좌표, 구면좌표 등으로 구분할 수 있다.

(1) 3차원 직교좌표

직교하는 세 개의 축 방향에 대한 길이로 공간상의 한 점의 좌표를 결정하는 좌표계이다. 공간의 위치를 나타내는 데 가장 기본적으로 사용되는 좌표계로서 평면 직각좌표계를 확장해서 생각하면 된다.

(2) 3차원 사교좌표

공간에 한 점을 원점으로 정하고, 원점을 지나며 서로 직교하지 않는 세 평면상에서 세 개의 수치직선을 좌표축으로 한다.

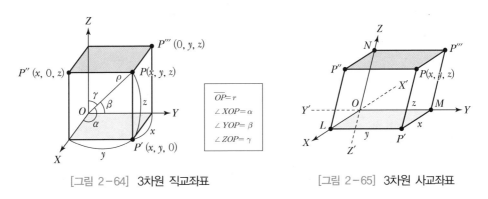

| [그림 2-64] 3차원 직교좌표 | [그림 2-65] 3차원 사교좌표 |

(3) 원주좌표

공간에서 점의 위치를 표시하는 데 원주좌표가 종종 편리하게 이용된다. 원주좌표계에서는 평면 $Z=0$ 위의 좌표(x, y) 대신 극좌표(r, θ)를 사용한다.

(4) 구면좌표

원점을 중심으로 대칭일 때 유용하다. 구면좌표에서는 하나의 길이와 두 개의 각으로 공간상 위치를 나타낸다.

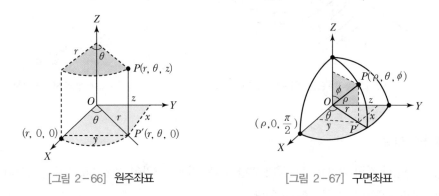

[그림 2-66] 원주좌표   [그림 2-67] 구면좌표

(5) 3차원 직교 곡선좌표

공간상에 한 점을 원점으로 정하고, 원점을 지나며 서로 직교하는 세 평면상에서 세 개의 수치 곡선을 좌표축 또는 좌표곡선으로 한다. 이 좌표곡선 U, V, W는 3차원 직교좌표계의 X, Y, Z과 유사하다.

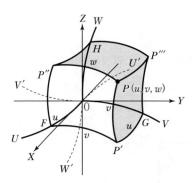

[그림 2-68] 3차원 직교 곡선좌표

5. 천구좌표계

천체의 위치를 표시하기 위하여 이용되는 좌표계는 지평좌표계, 적도좌표계, 황도좌표계, 은하좌 표계 등으로 구분할 수 있다.

(1) 지평좌표계

관측자를 중심으로 천체의 위치를 간략하게 표시하는 좌표계로서 방위각 – 고저각(Azimuth – Altitude) 좌표계라고도 한다. 지평좌표계에서는 시각과 장소만 주어지면 고저각과 방위각으로 천체의 위치를 쉽게 찾아낼 수 있으나, 천체의 일주운동으로 시간에 따라 방위각과 고도가 모두 변하기도 하고, 또 같은 천체라도 관측자의 지구상 위치에 따라 달라지는 결점이 있다.

(2) 적도좌표계

어떤 천체의 위치를 지평좌표로 나타내면 그 값이 시간과 장소에 따라 변하므로 불편하다. 천구상 위치를 천구적도면을 기준으로 해서 적경과 적위 또는 시간각과 적위로 나타내는 좌표계를 적도좌표계라 하는데, 시간과 장소에 관계없이 좌푯값이 일정하지만 특별한 시설이 없으면 천체를 바로 찾기는 어렵다.

(3) 황도좌표계

태양계 내의 천체의 운동을 설명하는 데는 황도좌표계가 대단히 편리하다. 이것은 태양계의 모든 천체의 궤도면이 지구의 궤도면과 거의 일치하며 천구상에서 황도 가까운 곳에 나타나기 때문이다.

(4) 은하좌표계

은하계 내의 천체의 위치나 은하계와 연관있는 현상을 설명할 때는 은하좌표계를 쓰는 것이 편리하다. 은하의 중간평면을 기준평면으로 잡고 이것을 은하적도라 한다. 은하적도를 나타낸 대원은 천구적도에 대하여 63°만큼 기울어져 있다. 은하적도에 대한 두 극을 북은극, 남은극이라 한다.

6. 지구좌표계

지구상 위치를 표시하기 위한 좌표계에는 평면좌표(평면직교좌표, 평면극좌표, UTM 좌표), 구면좌표(경위도좌표, 구면극좌표), 3차원 좌표(ITRF 좌표, WGS 좌표) 등이 사용된다. 지표면의 위치 결정을 위해서는 우선 측량의 원점을 정하고, 원점의 좌푯값을 천문측량, 위성측량, 관성측량 등을 통하여 위도, 경도, 방위각 등을 정확하게 관측하여야 한다.

좁은 지역의 위치 결정이나 평면측량에서는 평면 직교좌표(X, Y)가 주로 이용되며, 수직위치는 평균해수면 또는 지구타원체면으로부터의 표고 또는 임의의 기준면으로부터의 높이를 쓰기도 한다. 지구상 3차원 위치를 표시하는 데는 경도, 위도, 표고(λ, φ, h)가 주로 사용되어 왔지만 근래 위성측량이나 3차원 측량에서는 타원체와 관계없이 독립적으로 계산을 진행할 수 있는 3차원 직교좌표(X, Y, Z)가 이용된다.

(1) 경위도 좌표계

① 지구상 절대적 위치를 표시하는 데 널리 이용

② 경도(λ), 위도(φ), 표고(h)로 3차원 위치를 표시

③ 경도는 동·서쪽으로 0~180°, 위도는 남·북쪽으로 0~90°로 구분

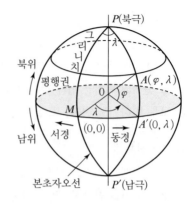

[그림 2-69] 경위도 좌표계

(2) 평면직각좌표계

① 측량범위가 크지 않은 일반측량에 사용

② 직교좌푯값(x, y)으로 표시

(3) 극좌표계

① 극좌표는 거리 S와 방향 T로 제 점을 위치 표시

② 방향은 특정한 방향을 기준으로 오른쪽으로 관측한 각도

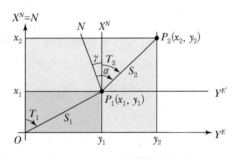

[그림 2-70] 평면직각좌표계

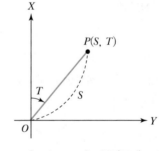

[그림 2-71] 극좌표계

(4) UTM 좌표계(Universal Transverse Mercator Coordinates)

① UTM(국제 횡 Mercator) 투영법에 의하여 표현되는 좌표계로서 적도를 횡축, 자오선을 종축으로 함

② 경도는 서경 180°를 기준으로 지구 전체를 6° 간격으로 60등분

③ 위도는 남북위 80°까지 포함하여 8° 간격으로 20등분

④ 중앙 자오선에 대하여 횡메르카토르 투영 적용

⑤ 경도의 원점은 중앙자오선

⑥ 위도의 원점은 적도상에 있음

⑦ 길이의 단위는 m

⑧ 중앙자오선에서의 축척계수는 0.9996

⑨ 우리나라는 51~52 종대, S~T 횡대에 속함

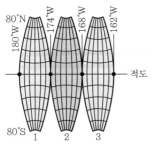

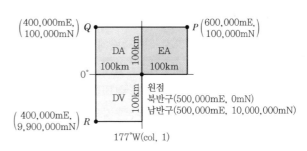

[그림 2-72] UTM 좌표계

[그림 2-73] UTM 좌표의 원점

(5) UPS 좌표계(Universal Polar Stereographic Coordinate)

① 국제 극심입체 좌표계

② 위도 80° 이상의 양극지역의 좌표를 표시하는 데 사용

③ 양극을 원점으로 하는 평면 직교좌표계 사용

④ 축척계수는 0.9994

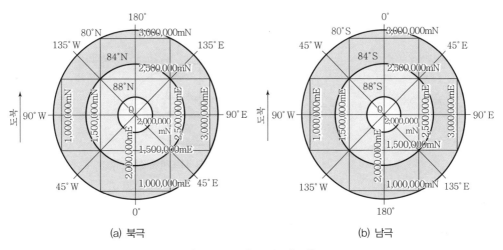

(a) 북극   (b) 남극

[그림 2-74] UPS 좌표계

(6) 3차원 직교좌표계

① 3차원 직교좌표의 원점은 지구중심

② 적도면상에 X 및 Y축을 잡고, 지구의 극축을 Z축으로 함

③ 일반적으로 사용되는 좌표축에는 그리니치 자오면과 적도면의 교선이 X축

④ Y축은 XZ면에 직교하도록 동쪽으로 택함

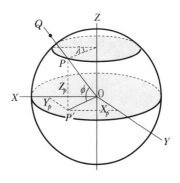

[그림 2-75] 3차원 직교좌표계

(7) WGS 좌표계

① 지심좌표 방식으로 위성측량에서 이용하는 좌표계

② WGS84는 지구의 질량중심에 위치한 좌표원점과 X, Y, Z축으로 정의되는 좌표계

③ Z축은 1984년 국제시보국(BIH)에서 채택한 지구 자전축과 평행

④ X축은 BIH에서 정의한 본초자오선과 평행한 평면이 지구적도선과 교차하는 선

⑤ Y축은 X축과 Z축이 이루는 평면에 동쪽으로 수직인 방향으로 정의

⑥ WGS 좌표계의 원점과 축은 WGS 타원체의 기하학적 중심과 X, Y, Z축으로 쓰임

(8) ITRF 좌표계

① IERS 데이터 해석센터에서 제공하는 3차원 지구기준좌표계

② 지구중심좌표계를 기준

③ 상대론을 고려한 SI 축척을 기준

④ 지각에 상대적인 좌표계의 회전과 변위가 없다는 조건

⑤ ITRF 좌표계 구성은 WGS 좌표계와 동일

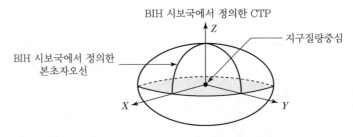

[그림 2-76] ITRF와 WGS 좌표계 구성

7. 결론

최근 측량은 위성측지계의 보급에 따라 측지분야, 지적 및 지형공간정보체계의 데이터베이스 분야에서 그 활용성이 커지고 있으나, 기존 좌표체계로는 새로운 위성측지기술 및 장비 사용에 부적합하여 세계 단일의 지구중심좌표계로 전환을 하고 있는 실정이다. 그러므로 우리나라의 지구중심좌표계로의 전환에 따른 기준점 망의 구성, 전환에 따른 문제점 및 대응방안을 면밀하게 분석하여 대처하는 것이 무엇보다도 중요하다 하겠다.

측지좌표계(지리좌표계)와 지심좌표계(3차원 직교좌표계)

1. 개요

최근 측량은 위성측지계의 보급에 따라 측지분야, 지적 및 지형공간정보체계의 데이터베이스 관리분야에서 그 활용성이 커지고 있으나, 기존 지역 좌표계로는 새로운 위성측지기술 및 장비 사용에 부적합하여 2003년부터 세계 단일의 지구중심좌표계로 전환하였다. 그러나 측지좌표계와 지심좌표계는 두 좌표계 간의 차이가 크게 발생하므로 측량기술자는 이러한 차이를 잘 이해하여 올바르게 좌표변환을 하여야 한다.

2. 측지좌표계 및 지구중심좌표계의 정의

(1) 측지좌표계(Geodetic Coordinate System)

지표면상의 위치를 측지경도, 측지위도 및 높이로 나타낸 좌표계이다.

(2) 지구중심좌표계(Geocentric Coordinate System)

지구의 질량 중심을 원점(0, 0, 0)으로 하고, 그리니치 자오선과 적도면이 교차하는 방향을 X축, 자전축을 Z축, 오른손 법칙에 따라 적도면에서 X축에 90°인 방향을 Y축으로 하는 좌표계를 말한다.

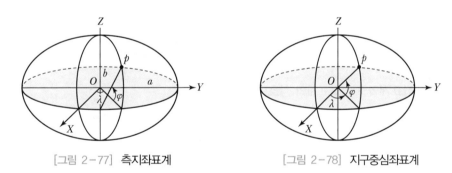

[그림 2-77] 측지좌표계   [그림 2-78] 지구중심좌표계

3. 측지좌표계와 지심좌표계의 특징 및 용도

(1) 측지좌표계

① 좌표계는 본질적으로 무수히 많은 방법이 있으나, 지표 부근에 있는 물체의 3차원 위치를 표시하는 방법으로는 경도·위도·높이 등 3요소를 이용하는 측지좌표계가 가장 널리 이용된다.

② 측지좌표계는 지구가 장반경 a, 단반경 b인 타원체인 것으로 가정하고 경도 및 위도를 사용하여 위치를 표시하는 좌표계이다.

③ 경도는 그리니치 자오선으로부터 관측한 각이며, 위도(φ)는 적도면과 회전타원체의 법선이 이루는 각이다.

④ 지구의 형상을 나타내는 장반경 a와 단반경 b는 국가에 따라 채용하는 값이 다르며, 종래 우리나라에서는 1841년 관측된 베셀(Bessel)의 값을 채용하였다.

(2) 지심좌표계

① 인공위성은 지구를 중심으로 회전하므로 그 운동을 기술하려면 지구중심을 기준으로 한 좌표계가 편리하다.

② 지구중심좌표계는 지구중심을 원점으로 하며, 지구의 자전과 동시에 회전하는 좌표계이다.

③ 경도(λ)는 측지좌표계와 마찬가지로 그리니치 자오선으로부터의 각이다.

④ 위도(φ)는 지구중심과 구점을 연결하는 선과 적도면과 이루는 각이다.

4. 측지좌표계와 지심좌표계의 상호변환

(1) 측지좌표로부터 직각좌표로 변환

$$X = (N+h)\cos\varphi\cos\lambda$$
$$Y = (N+h)\cos\varphi\sin\lambda$$
$$Z = \{N(1-e^2)+h\}\sin\varphi$$

여기서, $X,\ Y,\ Z$: 3차원 직교좌표
λ : 경도, φ : 위도, h : 타원체고
N : 묘유선 곡률반경, e : 이심률

(2) 측지좌표계와 지심좌표계의 상호변환

2개의 3차원 직각좌표계의 기하학적인 관계는 원점을 중심으로 하는 좌표축 회전, 원점의 평행이동, 축척변화 등 총 7개의 파라미터를 사용하여 수학적으로 표현할 수 있다. 좌표계1(측지좌표) 3차원 직각좌표를 $(X_1,\ Y_1,\ Z_1)$, 좌표계2(지심좌표)의 3차원 직각좌표를 $(X_2,\ Y_2,\ Z_2)$라고 하면, 이 두 가지 좌표는 다음과 같은 관계가 있다.

$$\begin{vmatrix} X_2 \\ Y_2 \\ Z_2 \end{vmatrix} = \begin{vmatrix} \Delta X \\ \Delta Y \\ \Delta Z \end{vmatrix} + (1+\Delta)R_z(\omega_z)R_y(\omega_y)R_x(\omega_x)\begin{vmatrix} X_1 \\ Y_1 \\ Z_1 \end{vmatrix}$$

여기서, $\Delta X,\ \Delta Y,\ \Delta Z$: 원점의 평행이동
$\omega_x,\ \omega_y,\ \omega_z$: 각 축 둘레의 회전(라디안)
Δ : 축척 변화량

또한, 회전행렬은 다음과 같다.

$$R_x(\omega_x) = \begin{vmatrix} 1 & 0 & 0 \\ 0 & \cos\omega_x & \sin\omega_x \\ 0 & -\sin\omega_x & \cos\omega_x \end{vmatrix}$$

$$R_y(\omega_y) = \begin{vmatrix} \cos\omega_y & 0 & -\sin\omega_y \\ 0 & 1 & 0 \\ \sin\omega_y & 0 & \cos\omega_y \end{vmatrix}$$

$$R_z(\omega_z) = \begin{vmatrix} \cos\omega_z & \sin\omega_z & 0 \\ -\sin\omega_z & \cos\omega_z & 0 \\ 0 & 0 & 1 \end{vmatrix}$$

이 회전행렬에서, 일반적인 좌표변환에서는 ω가 매우 작으므로, 다음과 같이 근사값을 사용할 수 있다.

$$\sin\omega = \omega, \ \cos\omega = 1$$

이러한 근사값을 사용하여 회전행렬을 계산한 후, 2차항 이상을 무시하면 다음과 같은 결과를 얻을 수 있다.

$$R_z(\omega_z)R_y(\omega_y)R_x(\omega_x) = \begin{vmatrix} 1 & \omega_z & -\omega_y \\ -\omega_z & 1 & \omega_x \\ \omega_y & -\omega_x & 1 \end{vmatrix}$$

5. 결론

측량학은 지구 및 우주공간상의 제 점 간의 위치결정 및 특성을 해석하는 학문으로 위치결정의 핵심사항인 좌표계 및 원점 설정, 좌표변환은 측량자의 중요한 임무이다. 그러므로 대학교 및 기타 교육 시 철저한 이론 및 프로그래밍에 대한 집중적인 교육훈련이 요구된다.

3차원 직각좌표(X, Y, Z)와 경위도좌표(ϕ, λ, h)의 관계식은 다음과 같다.

$$X=(N+h)\cos\phi\cos\lambda$$
$$Y=(N+h)\cos\phi\sin\lambda$$
$$Z=\{N(1-e^2)+h\}\sin\phi$$

단, $N=\dfrac{a}{\sqrt{1-e^2\sin^2\phi}}$

여기서, ϕ는 위도, λ는 경도, h는 타원체고, N은 묘유선 곡률반경, e는 이심률, a는 타원체 장반경일 때 다음 물음에 답하시오.

1. 위 관계식에서 3차원 직각좌표(X, Y, Z)로부터 경위도좌표(ϕ, λ, h)를 역계산하는 3개의 식을 유도하시오.
2. 역계산식에서 위도를 반복계산하는 방법과 절차를 설명하시오.

1. 위 관계식에서 3차원 직각좌표(X, Y, Z)로부터 경위도좌표(ϕ, λ, h)를 역계산하는 3개의 식을 유도하시오.

3차원 직각좌표(X, Y, Z)로부터 경위도좌표(ϕ, λ, h)로 변환할 경우 경도는 다음과 같이 직접 구할 수 있다.

$$\tan\lambda = \frac{Y}{X} \quad\text{.....................................} ①$$

위도는 다음과 같은 식을 사용하여 계산할 수 있다.

$$\tan\phi = \frac{(Z+Ne^2\sin\phi)}{(X^2+Y^2)^{\frac{1}{2}}} \quad\text{..........................} ②$$

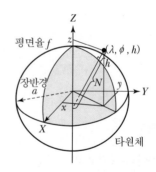

[그림 2-79] 경위도좌표(측지좌표)와 직각좌표의 관계

이 식은 좌우변에 ϕ와 N이 있어서 직접 풀 수 없다.

여기서, 먼저 $\tan\phi = \dfrac{Z}{(X^2+Y^2)^{\frac{1}{2}}}$에서 근사값 ϕ를 구한 후, 이것을 식 ②에 대입하여 새로운 ϕ를 구한다. 이러한 방법으로 ϕ가 수렴될 때까지 계산을 반복한다. ϕ가 구해지면 다음 공식을 사용하여 h도 계산할 수 있다.

$$h = \frac{(X^2+Y^2)^{\frac{1}{2}}}{\cos\phi} - N \quad\text{...} ③$$

실용적으로는 ϕ 를 다음과 같은 근사식을 사용하여 계산하여도 무방하다.

$$\tan\phi = \frac{(Z + e'^2 b \sin^3\theta)}{\left((X^2 + Y^2)^{\frac{1}{2}} - e^2 a \cos^3\theta\right)} \quad \dots\dots\dots\dots\dots\dots\dots \text{④}$$

여기서,

$$\tan\theta = \frac{Za}{\left((X^2 + Y^2)^{\frac{1}{2}} b\right)} , \ e^2 = \frac{(a^2 - b^2)}{a^2} , \ e'^2 = \frac{(a^2 - b^2)}{b^2}$$

2. 역계산식에서 위도를 반복계산하는 방법과 절차를 설명하시오.

3차원 직각좌표$(X, \ Y, \ Z)$가 기지값인 경우 이것에 대응하는 경위도좌표$(\phi, \ \lambda, \ h)$를 구하는 경우 경도(λ)값은 $\tan\lambda = \dfrac{Y}{X}$ 에 의해서 정확하게 구해지나, 경위도좌표의 범위에서 정확한 위도(ϕ)와 높이(h)는 근사값 위도(ϕ)와 높이(h)에서 기지값 3차원 직각좌표$(X, \ Y, \ Z)$로부터 수학적 반복계산(Iteration)에 의해서 구할 수 있다.

먼저 위도(ϕ)와 높이(h)의 근사값을 (ϕ')와 (h')라 하고, 이에 대응하는 3차원 직각좌표 근사값을 $(X', \ Y', \ Z')$라 하면,

$$\left. \begin{array}{l} X' = (N' + h')\cos\phi'\cos\lambda \\[6pt] Y' = (N' + h')\cos\phi'\sin\lambda \\[6pt] Z' = \left\{ N'(1 - e^2) + h' \right\}\sin\phi' \end{array} \right\} \text{ 및 } N' = \frac{a}{\sqrt{1 - e^2\sin^2\phi'}} \quad \dots\dots\dots\dots \text{①}$$

이 된다.

여기서, 근사값이 어느 정도 정확하면 참좌표$(X, \ Y, \ Z)$와 근사값좌표$(X', \ Y', \ Z')$의 차는 매우 미세하며, 다음과 같이 표현된다.

$$\left. \begin{array}{l} \Delta X' = X - X' \\[6pt] \Delta Y' = Y - Y' \\[6pt] \Delta Z' = Z - Z' \end{array} \right\} \quad \dots\dots\dots\dots\dots\dots\dots\dots\dots\dots\dots\dots \text{②}$$

3차원 직각좌표에서의 미세차이량$(\Delta X', \ \Delta Y', \ \Delta Z')$에 대응하는 경위도좌표의 미세차이량을 $\Delta\phi', \ \Delta h'$라 하면, 이 사이에는 다음과 같은 식이 성립된다.(여기서, M은 자오선 곡률반경)

$$\begin{pmatrix} (M'+h')\Delta\phi' \\ \Delta h' \end{pmatrix} = \begin{pmatrix} -\sin\phi'\cos\phi' \\ \cos\phi'\sin\phi' \end{pmatrix} \begin{pmatrix} \Delta X'\cos\lambda + \Delta Y'\sin\lambda \\ \Delta Z' \end{pmatrix} \quad \cdots\cdots\cdots\cdots\cdots\cdots \text{③}$$

$$M' = \frac{a^2 b^2}{(a^2\cos^2\phi' + b^2\sin^2\phi')^{\frac{3}{2}}} = \frac{a(1-e^2)}{(1-e^2\sin^2\phi')^{\frac{3}{2}}}$$

식 ③의 우변이 기지값으로 구성되어 있으므로 $\Delta\phi'$와 $\Delta h'$가 구해진다.

근사값 ϕ'와 h'에 이 값을 보정하면 보다 높은 정확도의 근사값을 얻는 것이 가능하다.

$$\left.\begin{aligned} \phi'' &= \phi' + \Delta\phi' \\ h'' &= h' + \Delta h' \end{aligned}\right]$$

이 과정이 수학적 반복계산(Iteration)의 제1단계이다.

제2단계는 얻어진 ϕ''와 h''를 사용하여 X'', Y'', Z''를 구한다.

$$\left.\begin{aligned} X'' &= (N''+h'')\cos\phi''\cos\lambda \\ Y'' &= (N''+h'')\cos\phi''\sin\lambda \\ Z'' &= \{N''(1-e^2)+h''\}\sin\phi'' \end{aligned}\right]$$

여기서, N''는 식 ①의 ϕ'을 ϕ''로 치환한 식이다.

다시 식 ②와 같이 표현하면 다음과 같다.

$$\left.\begin{aligned} \Delta X'' &= X - X'' \\ \Delta Y'' &= Y - Y'' \\ \Delta Z'' &= Z - Z'' \end{aligned}\right]$$

그리고 식 ③에 있는 변수의 첨자를 $(o' \to o'')$로 치환한 식에 의해서 $\Delta\phi''$와 $\Delta h''$를 얻는다. 그러므로 다음 식과 같은 고정확도 근사값에 이를 수 있다.

$$\left.\begin{aligned} \phi''' &= \phi'' + \Delta\phi'' \\ h''' &= h'' + \Delta h'' \end{aligned}\right]$$

다음과 같은 과정을 순차적으로 반복하면 참값 ϕ와 h에 근접하게 된다는 것을 알 수 있다.

다음은 세계측지계(장반경=6,378,137m, 편평률=$\dfrac{1}{298.257222101}$)를 기준으로 한 삼각점의 위치정보를 나타낸 것이다. 설악11 삼각점에서 속초21 삼각점까지의 평균방향각이 29°00′00″, 평면거리가 7,780m였다. 다음 물음에 답하시오.(단, 0.1m 단위까지 계산)

점의 번호	위도	경도	타원체고	TM의 N좌표 (진북방향)	TM의 E좌표 (동서방향)
설악11	38°07′08″	128°27′55″	1,733m	613,357m	153,117m
속초21	38°10′49″	128°30′31″	551m		

1. 속초21 삼각점의 TM 평면직각좌표를 구하시오.
2. 설악11과 속초21 삼각점의 3차원 직각좌표(X, Y, Z)를 구하시오.
3. 3차원 공간상에서 두 지점 간 거리를 구하고, 평면거리와의 차이 값을 계산하시오.

1. 속초21 삼각점의 TM 평면직각좌표를 구하시오.

- $N(X) = X_{설악11} + (S \cdot \cos T)$
  $= 613,357 + (7,780 \times \cos 29°00′00″)$
  $= 620,161.5\text{m}$
- $E(Y) = Y_{설악11} + (S \cdot \sin T)$
  $= 153,117 + (7,780 \times \sin 29°00′00″)$
  $= 156,888.8\text{m}$

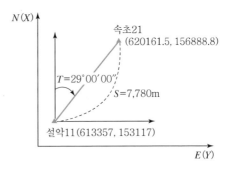

2. 설악11과 속초21 삼각점의 3차원 직각좌표(X, Y, Z)를 구하시오.

- 측지좌표에서 3차원 직각좌표로 변환

$$N = \frac{a}{\sqrt{(1 - e^2 \times \sin^2\phi)}} , \quad e^2 = \frac{a^2 - b^2}{a^2}$$
$$X = (N + h) \cdot \cos\phi \cdot \cos\lambda$$
$$Y = (N + h) \cdot \cos\phi \cdot \sin\lambda$$
$$Z = \{N(1 - e^2) + h\} \cdot \sin\phi$$

여기서, a : 장반경, b : 단반경, ϕ : 위도, λ : 경도
h : 타원체고, N : 묘유선 곡률반경, e^2 : 제1이심률

(1) 설악11 3차원 직각좌표변환

- 단반경(b) 산정

$$f(편평률)= \frac{a-b}{a} \text{에서}$$

$$\frac{1}{298.257222101} = \frac{6,378,137-b}{6,378,137}$$

$$\therefore \text{ 단반경}(b) = 6,356,752\text{m}$$

- $e^2 = \dfrac{a^2-b^2}{a^2} = \dfrac{6,378,137^2 - 6,356,752^2}{6,378,137^2} = 0.0066945$

- $N = \dfrac{a}{\sqrt{(1-e^2 \times \sin^2\phi)}} = \dfrac{6,378,137}{\sqrt{(1-0.0066945 \times \sin^2 38°07'08'')}} = 6,386,288\text{m}$

- $X = (N+H) \cdot \cos\phi \cdot \cos\lambda$

  $= (6,386,288+1,733) \times \cos 38°07'08'' \times \cos 128°27'55''$

  $= -3,126,161.4\text{m}$

- $Y = (N+H) \cdot \cos\phi \cdot \sin\lambda$

  $= (6,386,288+1,733) \times \cos 38°07'08'' \times \sin 128°27'55''$

  $= 3,935,016.0\text{m}$

- $Z = \{N(1-e^2)+H\} \cdot \sin\phi$

  $= \{6,386,288 \times (1-0.0066945)+1,733\} \times \sin 38°07'08''$

  $= 3,916,903.9\text{m}$

(2) 속초21 3차원 직각좌표변환

- $e^2 = \dfrac{a^2-b^2}{a^2} = \dfrac{6,378,137^2 - 6,356,752^2}{6,378,137^2} = 0.0066945$

- $N = \dfrac{a}{\sqrt{(1-e^2 \times \sin^2\phi)}} = \dfrac{6,378,137}{\sqrt{(1-0.0066945 \times \sin^2 38°10'49'')}} = 6,386,310\text{m}$

- $X = (N+H) \cdot \cos\phi \cdot \cos\lambda$

  $= (6,386,310+551) \times \cos 38°10'49'' \times \cos 128°30'31''$

  $= -3,125,936.4\text{m}$

- $Y = (N+H) \cdot \cos\phi \cdot \sin\lambda$

  $= (6,386,310+551) \times \cos 38°10'49'' \times \sin 128°30'31''$

  $= 3,928,628.6\text{m}$

- $Z = \{N(1-e^2)+H\} \cdot \sin\phi$

  $= \{6,386,310 \times (1-0.0066945)+551\} \times \sin 38°10'49''$

  $= 3,921,533.2\text{m}$

3. 3차원 공간상에서 두 지점 간 거리를 구하고, 평면거리와의 차이 값을 계산하시오.

- 3차원 공간상거리 $= \sqrt{(X_{속초21} - X_{설악11})^2 + (Y_{속초21} - Y_{설악11})^2 + (Z_{속초21} - Z_{설악11})^2}$

$$= \sqrt{\begin{array}{c}(-3,125,936.4 - (-3,126,161.4))^2 + (3,928,628.6 - 3,935,016.0)^2 \\ + (3,921,533.2 - 3,916,903.9)^2\end{array}}$$

$$= 7,891.8\text{m}$$

- 3차원 공간상거리와 평면거리와의 차이

  3차원 공간상거리 $-$ 평면거리 $= 7,891.8 - 7,780 = 111.8\text{m}$

---

07 동적측지계(Dynamic Datum)/준동적측지계(Semi-dynamic Datum)

1. 개요

측량에서는 2점 간의 상대적인 위치 관계가 중요하기 때문에 정상적인 지각변동에 기인하는 측량 오차는 즉각적인 문제로 야기되지는 않지만, 오랜 세월이 지나면 기준점의 측지성과(좌푯값) 개정이 필요하게 된다. 또한, 현재로서도 광역에서 고정확도 GNSS 측량을 실시할 때에는 주의를 요하는 경우가 있다. 그러므로 종래 지각변동이 없다고 간주하고 사용해 왔던 정적측지계에서 탈피하여, 지각변동 크기에 따른 변동 좌표계인 동적측지계 및 준동적측지계 도입의 필요성이 대두되고 있다.

2. 정적측지계, 동적측지계 및 준동적측지계

측지계는 지구상의 절대위치를 나타내기 위한 기준으로 물리적 표지인 관측점으로 이루어진 측지망과 각 관측점의 좌표 산정을 통해 구현되며 지각변동 벡터의 고려 여부와 방법에 따라 정적측지계(Static Datum), 동적측지계(Dynamic Datum) 그리고 준동적측지계(Semi-dynamic Datum)로 구분된다.

[표 2-7] 정적 · 동적 · 준동적측지계

정적측지계	동적측지계	준동적측지계
• 지각변동이 없다는 가정하에 모든 측지좌표를 특정 시점(Epoch)에 고정 • 시간에 따라 측지기준점의 좌표가 변하지 않는 특성	• 지각변동을 고려하여 시간에 따라 측지기준점의 좌표가 변하는 4차원 측지계 • 지구상의 절대위치를 항상 정확하게 나타낼 수 있음 • 세계측지계(ITRF)의 구현과 운용에 사용	• 정적측지계와 같이 특정 시점(Epoch)에 측지기준점의 좌표를 고정 • 모든 측지계산 결과는 지각변동 벡터를 이용하여 기준시점으로 변환하여 나타냄

3. 정적측지계(Static Datum)

(1) 기준점의 좌푯값을 고정하고, 지각변동에 의한 오차를 무시할 수 없게 된 시점에서 좌푯값을 한꺼번에 개정한 측지계로 시간과 더불어 좌푯값이 변화하지 않기 때문에 정적좌표계라 한다.

(2) 현재 우리나라에서 사용되고 있는 세계측지계(ITRF 2000)는 이 방식으로 기준시점 2002년에서의 좌푯값(경위도)이 측지성과로 부여되고 있다.

(3) 세계 각국에서 사용되고 있는 매우 일반적인 방식이기는 하나, 지각변동이 큰 국가에서는 문제가 발생한다.

4. 동적측지계(Dynamic Datum)

(1) 시간과 함께 변화하는 좌푯값을 취급하는 경우, 좌푯값을 시간의 함수로서 취급하는 것이 가장 일반적인 방법이다. 시간과 더불어 좌푯값이 바뀌기 때문에 동적측지계라 한다.

(2) 이것은 ITRF계에서도 사용되고 있는 방법으로 기준시점에서의 좌푯값과 그 시간변화(속도)가 부여되고 있다. 과학적으로는 정확한 기준점의 위치를 표현할 수 있으나, 시간과 더불어 좌푯값이 바뀌기 때문에 그 관리가 매우 복잡하며, 한 나라의 측량의 기준으로서 사용하기가 어렵다.

5. 준동적측지계(Semi-dynamic Datum)

(1) 동적측지계와 정적측지계 방법의 절충안이다.

(2) 좌표계 값을 고정하여 취급하나, 정상적인 지각변동량을 무시하지 않고, 관측값에 대하여 보정하는 방식이다.

(3) 좌푯값이 고정되기 때문에 측량성과의 관리는 종전과 동일하게 하는 것이 좋고, 정상적인 지각변동도 고려하기 때문에 정적측지계보다도 측량의 기준으로서 안정적이라는 장점이 있다.

(4) 플레이트(판) 경계에 위치하여 지각변동이 큰 뉴질랜드에서 사용하고 있고, 일본에서도 사용을 검토하고 있으며, 우리나라도 최근 '신 국가위치기준체계' 사업에서 사용을 검토하고 있다.

(5) 측지성과(좌푯값)의 관리방법

[표 2-8] 정적 · 준동적 · 동적측지계의 관리방법

종류	측지성과(좌푯값)	정상적인 지각변동의 취급	사례
정적측지계	고정	허용범위를 넘으면 측량성과를 전면 개정	KTRF 2000
준동적측지계	고정	• 관측값에 대하여 보정 • 지각변동 모델이 필요	뉴질랜드 측지계 2000
동적측지계	시간의 함수로서 취급	직접 고려	ITRF 94, ITRF 2000, ITRF 2008, ITRF 2014, ITRF 2020

(6) 준동적측지계의 개념

기준점 A로부터 신설점 B의 좌푯값을 상대측위로 결정하는 경우, 점 A의 좌푯값 X_A를 결정한 날(기준시점)에 있어 AB 간의 관측값 AB(기준시점)가 있으면, 점 B의 좌푯값 X_B는 식 ①과 같다.

$$X_B = X_A + AB(기준시점) \text{ ···} ①$$

이것은 기준시점에서 점 B의 올바른 좌푯값이다. 다음으로 기준시점으로부터 시간이 경과된 어떤 날(현재)에 다시 AB 간의 상대측위를 실시하여, 점 B의 좌푯값을 구하면 다음과 같다. (지각변동으로 점 A는 ΔA, 점 B는 ΔB 만큼 이동, AB는 현재 관측값)

$$X_B + \Delta B = X_A + \Delta A + AB(현재) \text{ ·····································} ②$$

이기 때문에,

$$X_B = X_A + AB(현재) + \Delta A - \Delta B \text{ ·····························} ③$$

이 된다.

현재의 관측값으로부터 기준시점에서의 신설점 좌푯값을 구하려면, 기준시점에서 현재까지 점 A, B에서 나아간 지각변동량을 알 필요가 있다.

①식과 ②식을 비교해 보면

$$AB(기준시점) \Leftrightarrow AB(현재) + \Delta A - \Delta B \text{ ·····················} ④$$

가 대응하고 있다. 즉, 현재의 관측값에 과거의 지각변동을 보정함으로써 기준시점에서 관측되었던 관측값을 만들어낼 수 있다. 이와 같이 관측값을 좌푯값과 같은 시각에 나열하여 정합성을 확보하는 것이 준동적측지계의 기본적인 개념이다.

(7) 지각변동의 보정을 실시하기 위해서는 측량을 실시하는 각 점에 대해 기준시점으로부터의 지각변동량을 알아야 한다.(상시관측소 자료 이용)

(8) 그러나 일반적으로 신설점 B는 아무것도 없는 장소에 설치되기 때문에 그 지점의 지각변동량은 관측되어 있지 않다.(상시관측소의 지각변동량으로부터 주변 지점의 지각변동량을 보정 계산에 의해 구함)

(9) 장기적으로는 우리나라의 임의 지점에 있어 기준시점에서부터 현재까지 누적된 지각변동량을 부여하는 지각변동모델 구축에 대한 연구가 필요하다.

(10) 준동적측지계라 하더라도 새로운 측지좌표계나 측량 성과로 바뀌는 것이 아니라, 실질적으로는 측량계산 속에 지각변동을 보정하는 새로운 단계가 추가될 뿐이다. 이 보정을 준동적 보정이라 한다.

(11) 준동적 보정은 모든 측량에 필요한 것이 아니라, 원거리의 기준점을 이용하는 GNSS 측량에서 중요한 의미를 가진다(근거리 측량에서는 의미가 없음).

(12) GNSS 측량에서 준동적 보정의 순서

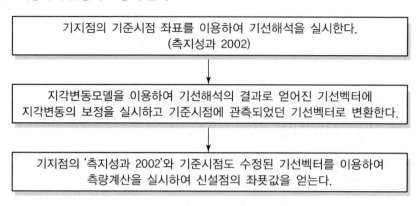

기지점의 기준시점 좌표를 이용하여 기선해석을 실시한다.
(측지성과 2002)

↓

지각변동모델을 이용하여 기선해석의 결과로 얻어진 기선벡터에
지각변동의 보정을 실시하고 기준시점에 관측되었던 기선벡터로 변환한다.

↓

기지점의 '측지성과 2002'와 기준시점도 수정된 기선벡터를 이용하여
측량계산을 실시하여 신설점의 좌푯값을 얻는다.

[그림 2-80] 준동적측지계로의 보정 순서

6. 필요성

(1) 종래에는 광학적 측정기술의 한계로 미세하게 광역적으로 변화하고 있는 지구의 동역학적 변화를 정확하게 측정하기가 매우 어려웠음

(2) 종래 원점 및 기준점에 의해 관리되는 측량성과는 한번 결정되면 특별한 사유가 없는 한 일률적으로 유지

(3) 현대 VLBI, GNSS 등 우주 측지기술 및 IT와 통신기술이 융합된 위치측정기술은 지구 및 우주공간까지 정확하게 측정할 수 있음

(4) 초정밀 측정장치가 보편화되고 있는 요즈음, 과거부터 결정해 놓은 측량성과를 기준으로 하면, 그동안의 위치 변화량은 현실적 측정값이 아닌 부정오차로 나타나므로 여러 가지 비과학적 현상을 초래

7. 도입방안

(1) 정적측지계의 운영은 현실과 부합되지 않으므로 현재의 측량의 기준에 대한 당해 규정에 측량성과의 시간적 변화를 고려한 신개념의 측량기준을 명시할 수 있도록 관련 법령 개정

(2) 현재까지 측량성과는 3차원 직각좌표, 경위도좌표, 2차원 평면 직각좌표 등으로 표시하여 왔으나 이제부터는 이 평면좌표에 지각의 움직임에 따른 시기적 변화량을 표기할 수 있도록 관련 규정 개정

(3) 고도의 정밀을 요하지 않는 측량에서는 기존과 같이 정적좌표계를 사용하는 것이 효율적인 수도 있으므로 관련 규정 마련 시 유연하게 대처

(4) 동적좌표계를 채택하면 측량 계산식이 매우 복잡해지므로 이에 따른 작업 표준과 측량 기술자의 교육, 관련 소프트웨어 등을 마련

8. 결론

21세기에 접어들어 전 세계가 디지털화되므로 많은 분야에 커다란 환경 변화가 일어나고 있다. 우리 측량 분야에도 우주측지기술의 발달로 종래 3차원에서 4차원 측량으로 급속하게 변화되고 있으므로 근본적인 측지계 및 원점을 재정비하여 21세기 급격하게 변하는 신개념의 측량 및 지형공간정보 시대에 대비하여야 할 것으로 판단된다.

---

08 중력측량(Gravity Measurement)

1. 개요

중력측량은 지오이드 및 연직선편차 등을 계산하여 지구의 형상을 결정하거나 지하 내부구조의 밀도분포 등을 연구하기 위한 목적으로 지리적 분포나 시간변화를 정밀하게 구하기 위해 중력가속도의 크기를 측정하는 작업이다. 중력의 관측방법은 절대관측과 상대관측으로 나누어지며, 중력은 서로 다른 고도 및 위도의 중력값을 직접 비교할 수 없으며 중력의 지리적 분포를 구하기 위해서는 실측된 중력값을 기준면(지오이드 또는 평균해수면)의 값으로 보정하여야 한다.

2. 중력과 중력장

(1) 중력 : 만유인력 + 지구 자체 원심력

- 중력(Gravitation) : 지표 부근에 있는 물체를 지구의 중심 방향으로 끌어당기는 힘
- 만유인력 : 질량을 가진 모든 물체 사이에 작용하는 서로 끌어당기는 힘
- 원심력 : 물체가 원운동할 때 중심에서 바깥쪽으로 작용하는 힘

$$g = \sqrt{\left(\frac{GM}{R^2}\right)^2 + (R\omega^2 \cos\phi)^2 - 2\frac{GM\omega^2}{R}\cos^2\phi}$$

여기서, G : 만유인력 상수
M : 지구의 질량
ω : 지구의 자전각속도
ϕ : 위도
R : 지구반경

① 적도 : $g_e = \frac{GM}{R^2} - R\omega^2$, 극 : $g_p = \frac{GM}{R^2}$

② 중력은 극으로 갈수록 크다.

(2) 중력장

중력은 단위질량에 작용하는 힘이며, 지표상의 임의의 점에서의 중력가속도는 그 점에서의 중력장 세기이다. 그러므로 중력장 내에서 같은 점에 위치하는 모든 질량체는 같은 중력을 갖게 된다.

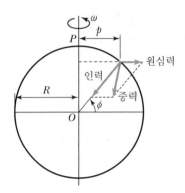

[그림 2-81] 중력성분의 합성계

3. 중력의 특징

(1) 중력은 지구상의 위치나 높이에 의해 각 지역마다 그 값이 다르다.

(2) 지하의 광산이나 단층 등 지구 내부구조의 차이에 의해 값이 다르다.

(3) 지진이나 화산활동 등 지구의 물리적인 운동의 영향으로 중력은 시간과 함께 변화한다.

4. 중력측정의 목적

(1) 지구의 형상 및 크기 결정(지오이드 및 지구타원체 결정)

(2) 측지망의 3차원망 조정

(3) 해수면의 절대변화 연구

(4) 지각변동조사 연구

(5) 지하수 이동 연구

(6) 지구 내부의 밀도분포 연구(지하자원 탐사)

(7) 지구 내부의 탄성 계산

(8) 수준측량 결과의 보정

(9) 인공위성의 궤도 결정

5. 중력관측

중력의 관측은 어느 지점의 중력값을 다른 점과 관계없이 그 절댓값을 구하는 절대관측과 중력 기지점의 중력값을 기준으로 측점 상호 간의 절대 중력값의 차이를 구하여 미지점의 중력값을 구하는 상대관측으로 나눌 수 있으며, 중력관측의 허용범위는 ±0.1mgal 이하이어야 한다.

(1) 절대관측

1) 자유낙하법

자유낙하법은 중력장 안에서 자유운동하는 물체의 낙하거리(S)와 경과시간(t) 사이의 관계를 알아서 이로부터 중력값을 구하는 방법이다. 자유낙하법은 운동물체를 출발시키는 방법에 따라 낙하법과 투상법으로 구분할 수 있다.

$$S = \frac{g\,t^2}{2} + v_o t + s_o$$

① **낙하법** : 낙하법에서는 위 식에서와 같이 미지수가 3개이므로, $(t,\ s)$에 대하여 최소한 3점의 관측이 필요하다.

② **투상법** : 투상법은 물체를 장치 내의 진공 중에서 연직하방으로 투사하여 물체가 움직인 거리와 시간 사이의 관계를 이용하여 중력 g를 결정한다.

$$g = 2\left(\frac{V_0}{t} - \frac{S}{t^2} \right)$$

여기서, V_0 : 투사속도
t : 물체가 투사지점으로부터 거리 S인 곳까지
도달하는 데 소요되는 시간

2) 중력진자법

① **단진자법** : 질량 m인 물체를 길이 l의 실에 매달아 실의 상단을 고정하고 물체를 동일평면 내에서 진동하게 하면 질량에 관계없이 주기 T는 다음과 같이 나타낼 수 있다.

$$T = 2\pi \sqrt{\frac{l}{g}} \left(1 + \frac{1}{16}\alpha^2 \right)$$

여기서, g : 중력가속도, α : 진폭

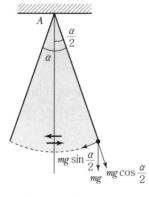

[그림 2-82] 단진자법

② **강체진자법** : 단진자에서 길이 l인 진자의 질량을 실제로 무시할 수 없기 때문에 강체진자를 사용하면 주기 T_0는 다음 식으로 표시된다.

$$g = \frac{4\pi^2 I}{M h T_0^{\,2}} = \frac{4\pi^2 (k^2 + h^2)}{h T_0^{\,2}}$$

여기서, M : 진자의 질량
I : 회전축에 관한 진자의 관성모멘트
h : 회전축과 중심 간의 거리
k : 진자의 회전반경

(2) 상대관측

중력의 상대적인 변화를 관측하는 상대관측은 중력계(Gravimeter)를 사용하며, 중력계의 원리는 중력에 의한 탄성체의 변형에 의해 중력을 관측하는 기기이다. 중력계는 탄성변형을 이용하는 것과 탄성진동을 이용하는 것으로 나눌 수 있으며, 탄성변형을 이용하는 것이 탄성진동을 이용하는 것에 비해 관측범위는 좁지만 분해능이 높으며, 가볍고 사용하기 편리하다.

1) 휴대용 단진자

절대관측에서 사용하는 것과 같은 단진자로서, 두 측점에서 단진자의 주기를 T_1, T_2라 하면 상대중력은 다음과 같은 관계가 성립한다.

$$\Delta g = \frac{-2g(T_2 - T_1)}{T_1}$$

2) 중력계

탄성용수철을 이용하는 중력계는 스프링의 사용방법에 따라 안정형 중력계와 불안정형 중력계로 나누어진다.

① **안정형 중력계(Stable-type Gravimeter)**

이 중력계 원리는 보통 용수철저울과 똑같다. 일정한 질량에 작용하는 중력과 변위에 비례하는 탄성력이 결합된 위치를 구하여 중력차를 관측한다. 일반적으로 스프링에 무게추를 놓은 경우에 다음과 같은 관계식이 성립한다.

$$\Delta g = \frac{k}{m} \Delta x = \frac{g}{x} = \Delta x$$

여기서, m : 무게추의 질량
g : 중력, k : 용수철 상수
x : 무게추에 작용하는 중력에 의한 스프링의 변위

② 불안정형 중력계(Unstable-type Gravimeter)

불안정형 중력계에서는 무게추의 이동량과 무게추를 돌려보내는 복원력이 비례관계에 있지만, 무정위형 중력계에서는 무게추가 이것에 작용하는 가속도의 증감에 따라 오르내리더라도 복원력이 아주 조금밖에 변화하지 않도록 스프링이 배치되어 있다. 즉, 무게추가 불안정상태로 지지되어 있고, 중력값이 조금 변해도 무게추는 크게 변위한다. 그러므로 정위형과 같이 중력변화의 변위 사이에 비례관계는 없지만, 극히 커다란 증배율을 얻을 수 있는 장점이 있다. 중력변화와 무게추의 이동량 사이에는 다음과 같은 관계가 있다.

$$\Delta s = \frac{ax(h+x)^2 \sin\alpha}{x(h+x)^2 \cos\alpha + bnh \sin^2\alpha} \frac{\Delta g}{g}$$

(3) 야외관측

1) 중력측량은 육상과 해상에서 주로 실시되나 최근에는 항공기 및 위성을 이용한 측량도 실시

2) 중력관측 시 고려하여야 할 사항
   ① 대상지역 근처의 중력기준점과 각 측점 간의 상대중력값 관측
   ② 측점의 수평위치 및 표고를 정확하게 관측
   ③ 측점에서 관측시간을 기록
   ④ 관측기간 동안 중력의 시간적 변화를 관측하여 기록

3) 종류
   ① **육상관측** : 측점 선정은 지역 내의 수계 및 도로의 분포 등 지형상태를 파악하여 관측이 용이한 곳으로 하며, 측점은 전체적인 형태를 격자망으로 구성
   ② **해상관측** : 해상중력관측은 해저면에 중력계를 설치하고 케이블을 선상에 연결하여 관측하는 해저면중력계를 이용하는 방법과 중력계에 배의 진동이나 수평 및 수직운동에 의한 영향을 줄여주는 장치를 부착한 해상중력계를 이용하는 방법이 있음
   ③ **항공관측** : 항공기를 이용한 중력관측은 항공기를 빠른 속도와 비행고도의 변화에 따라서 중력관측값의 변화도 매우 빠르고 크기 때문에 해석에 어려움이 많고 정밀도가 비교적 낮음
   ④ **공내관측** : 주로 깊이에 따른 지층의 밀도관측을 목적으로 실시되는 것으로 수직공에 시추공중력계를 넣고 깊이가 다른 두 지점에서 중력을 관측한 후, 이들의 차이로부터 밀도를 구함

4) 특징

[표 2-9] 주요 중력측량 방법의 특징

방법	특징	중력계
육상 및 선상관측	• 고밀도 탐사 가능 • 많은 탐사시간 소요 • 계기, 위도, 고도, 지형, 지각균형, 조석, 에토베스, 대기 등의 보정 필요	• 스프링형 중력계 • 라코스트 중력계 • 신트렉스 중력계 • KSS-31 중력계(선상관측)
항공관측	• 적은 탐사 시간 • 연안 광역 탐사 • 철저한 후처리 필요	
위성관측	• 매우 적은 탐사 시간 • 광역 탐사	

(4) 중력망

폐합된 노선을 따라 중력차를 관측한다면 그 누적오차를 알아낼 수 있다. 또한, 넓은 범위에 걸쳐서 중력을 관측할 때는 그 측량의 중간에 일련의 폐쇄된 중력망을 구성하도록 계획하여 오차를 조정(최소제곱법)한다.

6. 중력보정과 중력이상

(1) 중력보정

측정 중력을 평균해수면에서의 중력값으로 보정해야 한다.

1) 계기보정

스프링 크리프현상으로 생기는 중력의 시간에 따른 변화를 보정하는 것

2) 위도보정

지구의 적도반경과 극반경 차이에 의하여 적도에서 극으로 갈수록 중력이 커지므로 위도차에 의한 영향을 제거하는 것

3) 고도보정

관측점 사이의 고도차가 중력에 미치는 영향을 제거하는 것

① 프리에어보정 : 관측값으로부터 기준면 사이에 질량을 무시하고 기준면으로부터 높이의 영향을 고려하는 보정(단순히 높이차만을 계산에 의해 보정)

② 부게보정 : 관측점들의 고도차에 존재하는 물질의 인력이 중력에 미치는 영향을 보정하는 것(높이 h인 면과 지오이드면 사이의 물질에 의한 인력값을 뺀 것)

4) 지형보정

부게보정은 관측점과 기준면 사이에 일정한 밀도의 물질이 수평으로 무한히 퍼져 있는 것

으로 가정하여 보정한 것이지만, 실제 지형은 능선이나 계곡 등의 불규칙한 형태를 이루고 있으므로, 이러한 지형의 영향을 보정하는 것

5) 지각균형보정
지각 균형설에 의하면 밀도는 일정하지 않기 때문에 이를 보정하는 것

6) 조석보정
달과 태양의 인력에 의하여 지구 자체가 주기적으로 변형하는 지구 조석현상은 중력값에도 영향을 주게 되므로 이것을 보정하는 것

7) 에토베스보정
선박이나 항공기 등의 동체에서 중력을 관측하게 되는 경우에 지구에 대한 동체의 상대운동의 영향에 의한 중력효과를 보정하는 것

8) 대기보정
대기에 의한 중력의 영향을 보정하는 것

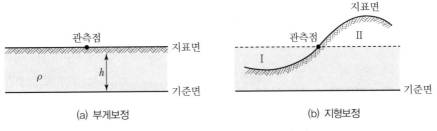

[그림 2-83] 부게보정과 지형보정의 비교

(2) 중력이상
중력이상은 보정된 기준면의 중력값과 표준중력의 차를 나타내며, 중력이상의 주된 원인은 지하의 밀도가 고르게 분포되어 있지 않기 때문이다. 중력이상을 해석함으로써 지하구조나 지하광물체의 탐사에 이용한다.

1) 프리에어이상
① 관측된 중력값으로부터 위도보정과 프리에어보정을 실시한 중력값에서 기준점에서의 표준중력값을 뺀 값이다.
② 프리에어이상은 관측점과 지오이드 사이의 물질에 대한 영향을 고려하지 않았기 때문에 고도가 높은 점일수록 (+)로 증가한다.

2) 부게이상
① 프리에어이상에 부게보정 및 지형보정을 더하여 얻은 이상이다.
② 고도가 높을수록 (−)로 감소한다.

3) 지각균형이상

① 지질광물의 분포상태에 따른 밀도차의 영향을 고려한 이상이다.

② 부게이상에 지각균형보정을 더하여 얻는 이상이다.

※ 중력이상과 지하구조 : 중력이상은 지하에 존재하는 물질의 분포에 따라서 여러 가지 형태로 나타나는데, 그 몇 가지 예는 다음과 같다.

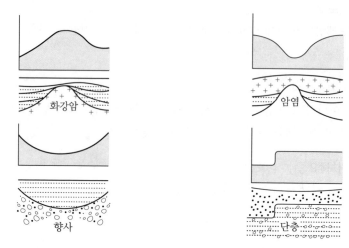

[그림 2-84] 지하구조에 따른 중력이상

7. 우리나라 중력측량의 현황(연혁)

(1) 1930년대 일본에 의해 중력측량 시행(결과기록 소멸)

(2) 1970년대 구 지질조사국에서 미국 연구진과 세계중력망 설립을 위한 국제협동사업의 일환으로 중력측정 시도

① 라코스테 중력계 사용

② 일본 교토의 국제중력기준점과 연결한 당시의 중력기준점 3점 값이 IGSN1971(International Gravity Standardization Net 1971)에 반영

(3) 1975년 이후 국토지리정보원 활동

① 목적 : 중력의 지리적 분포 조사(중력이상도 작성), 지하구조의 조사, 연구를 위한 기초자료 제공

② 중력기준점(서울 동대문구 휘경동 구 국립지리원 구내) 설치, 이를 상대관측(일본 국토지리원 내 중력기준점과)에 의해 중력값 결정

③ 1984년까지 2등 중력점(약 2,000점)에서 676점 완료

④ 1981년 서울대, 부산, 대구, 대덕 등지에 4점의 중력보조기준점을 상대관측에 의해 설치

⑤ 1990년 이후 통합기준점, 수준점, 삼각점 등에서 육상중력자료를 획득하고, 2009년에는 항공중력자료, 1996~2010년에는 선상중력자료 획득

8. 우리나라 중력측량의 방법

(1) 절대중력측량

1) 절대중력점 설치
　① 절대중력점은 절대중력계 운용 시 진동으로 인한 오차가 발생되지 않는 안정된 장소에 설치하여야 하며, 수준측량 및 GPS 측량 등을 실시하여 그 높이 및 지리학적 경위도를 결정
　② ①에 따라 설치된 모든 절대중력점 인근에는 반드시 1점 이상의 보조점을 설치해야 하며 그 성과는 상대중력측량으로 결정

2) 절대중력 측정
　① 절대중력계의 아이언 펌프의 출력은 4kV, 0.1×10^{-1}mA 정도가 되어야 함
　② 절대중력의 1회 측정이라 함은 세트당 100번의 낙하로 12세트를 측정하는 것을 말함
　③ 절대중력값을 결정하기 위해서는 ②에 따른 측정을 5회 이상 실시
　④ 관측 전에는 레이저 출력을 확인·기록하여야 하며, 레이저 출력은 아이솔레이터 전단에서 100μW 이상이 되어야 함
　⑤ 레이저 프린지 수는 300mV 이상이 되어야 함

3) 절대중력 성과
　최종 절대중력값은 각 측정 회차별 관측값의 편차가 $\pm 2\mu$Gal 이하인 경우에 이를 평균하여 산정

(2) 상대중력측량

1) 일반적 순서
　작업계획 → 선점 → 매설 → 관측 → 계산 및 정리

2) 상대중력계의 성능
　상대중력계는 0.001mgal 단위까지 읽을 수 있어야 하고, 측정 결과를 자동으로 기록 및 출력할 수 있는 장치가 내장되어 있어야 함

3) 상대중력 측정
　① 상대중력 측정을 시작하기 최소 24시간 전부터 측정이 완료될 때까지 상대중력계의 전원이 항상 연결되어 있어야 함
　② 측정 전·후에 각각 시험측정을 실시해 중력계의 이상 유무 및 드리프트 형태를 파악해야 함
　③ 측정은 중력값이 이미 결정된 중력점에서 시작하여 동일 중력점에 다시 폐합하는 왕복측정을 실시해야 하며, 1일마다 폐합하는 것을 원칙으로 함
　④ ③에 따른 왕복측정은 A−B−C−C−B−A 방식의 측정을 말하며, 이때 C−C 관측은 최소 30분 이상의 시간차를 두어야 함

⑤ 측정 시 중력계에서 출력되는 에러값과 표준편차값을 확인하고 이때 표준편차값이 시간이 지남에 따라 커지거나 0.1mgal 이상이면 재측정해야 함

⑥ 측정은 1회에 2분씩 3회 관측을 원칙으로 하며, 각 읽음값의 차이가 0.02mgal를 초과하는 경우에는 재측정해야 함

⑦ 측정 결과는 측정기록부에 mgal 이하 소수 셋째 자리까지 기재

⑧ 측정 결과 기재 시 측점명, 측정일자, 측정시간, 읽음값, 기계고, 기압 및 온도 등을 함께 기입

⑨ ⑧에 따른 기계고라 함은 중력점 상면으로부터 중력계 상면까지의 높이

4) 측정오차의 한계
드리프트 보정 및 조석보정을 실시한 왕복 측정값 차이가 0.05mgal을 초과하는 경우에는 재측

5) 계산
① 측정값에 기계고 보정, 지구조석 보정, 드리프트 보정을 실시하여 해당 측점의 보정된 중력값을 계산

② 측점 간의 중력차를 구한 후 기준 중력점의 중력값에 의해 계산하고 그 결과에 기초해서 중력 이상값을 구함. 여기서 중력 이상값은 프리에어이상(Free Air Anomaly, 프리에어 보정과 대기질량 보정을 한 것), 단순부게이상(Simple Bouguer Anomaly, 프리에어이상에 부게 보정을 한 것), 완전부게이상(Complete Bouguer Anomaly, 단순부게이상에 지형 보정을 한 것)을 말함

③ 최종 중력값 및 중력 이상값은 0.001mgal까지 산출

9. 활용방안

[표 2-10] 중력자료의 활용분야

활용분야	세부분야
지구물리학	• 지각의 밀도 구조의 변화 규명(지하자원, 지각구조 탐사) • 지층이나 암상의 변화를 규명함으로써 지진예측 구역 설정, 지층구조, 해산, 해구, 해령 및 해분 등의 구조해석 • 지하수 이동 연구
측지학 및 측량학	• 지구의 형상 결정 • 중력도 및 중력이상도 작성 • 측지 및 측량의 기준고도에 필요한 지오이드 모델 구축 • 수준측량의 보정사료로 사용
해양자원학	해저자원 부존지역을 파악함으로써 해저가스, 석유자원 탐사 등 산업적인 측면에서 활용
기타	• 태양계의 역학적 관계를 규명하는 천문학적 분야의 자료 수집 • 미사일, 우주선 등 국방과학 연구 • 대륙붕 퇴적층의 기반암 추정

10. 결론

중력관측 및 보정 등은 특수한 측량분야에서 수행되는 과정으로 정밀 수준측량에 매우 중요하게 활용된다. 최근 국토지리정보원에서는 전국 중력기준점에 대하여 중력관측을 수시로 진행하였으나 특정 분야에만 자료가 이용되고 있는 실정이므로 관측 위치 증설 및 정확한 자료 구성으로 우리나라의 기초측량 분야에 널리 활용되어야 할 것으로 판단된다.

09 지자기측량(Geomagnetic Surveying)

1. 개요

지자기측량은 중력측량과 함께 지하측량에 많이 이용되는 측량으로, 중력측량은 지하물질의 밀도 차이가 원인이 되지만, 지자기측량은 지하물질의 자성의 차이가 원인이 된다. 또한 지하의 구조 및 광물체의 물리적 성질에 의한 이상을 발견하고, 퍼텐셜 이론을 기본으로 하는 것은 지자기측량이 중력측량과 유사한 점이지만, 그 측량방법과 해석방법은 좀 더 복잡하고 어렵다고 할 수 있다. 지자기측량의 결과는 지도와 해도에 기재되는 편각과 자오선수차의 결정을 비롯하여 지하자원의 탐사, 로켓이나 인공위성의 자세 결정에 필요한 귀중한 자료를 제공해 준다.

2. 지구자기장

지구자기가 작용하는 장을 일반적으로 지구자기장 또는 줄여서 지구자장이라 부른다. 지구자장은 주자장과 변화자장으로 나누어진다. 주자장은 지구자장의 대부분을 차지하고 있고, 그 원인은 지구 내부에 있다. 변화자장은 태양활동 등 지구 외부에 의한 것으로 일변화, 자기폭풍 등이 있다.

3. 지자기 3요소

(1) 수평면에서 자장의 방향과 지리적 북극 방향이 이루는 각을 편각(D)이라 한다.
(2) 수평면과 자장의 방향이 이루는 각을 복각(I)이라 한다.
(3) 전자장 F의 수평성분을 수평분력(H)이라 한다.

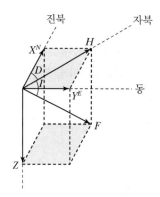

[그림 2-85] 지자기장 요소

(4) F, D, I 는 절대측량에 의해 구해지며, 이들 상호 간에는 다음과 같은 관계가 있다.

$$F = \sqrt{H^2 + Z^2}, \ \cos I = \frac{H}{F}, \ \sin I = \frac{Z}{F}, \ \tan I = \frac{Z}{H}$$

$$H = \sqrt{(X^N)^2 + (Y^E)^2}, \ \cos D = \frac{X^N}{H}, \ \sin D = \frac{Y^E}{H}, \ \tan D = \frac{Y^E}{X^N}$$

(5) 경우에 따라서, 수평분력 대신에 연직분력(Z)이나 전자력(F)을 사용하는 것도 가능하다. 수평분력을 북성분(X^N), 동성분(Y^E)으로 나누어서 X^N, Y^E, Z로 지정하는 경우도 있다.

4. 지자기측량

지자기는 방향과 크기를 가진 양이며, 이를 구하는 것을 지자기측량이라 한다.

(1) 지자기측량(이론적)

지자기측량은 일반적으로 강도관측에 의하며, 그 방법은 수평분력 및 연직분력을 관측하는 방법, 전자력을 관측하는 방법, 그리고 수평 및 연직분력의 1차 미분값인 자기 경사를 관측하는 방법이 있다.

(2) 단위

가우스(Gauss), 테슬라(Tesla)

(3) 절대관측

지구자장의 측정은 크기와 방향을 결정하는 것으로 그 방향성분(D, I)의 측정으로 가능해졌다. 편각측정의 가장 단순한 방법은 작은 자석을 비틀림이 없는 가는 실로 수평으로 매달아 그 작은 자석이 정지하는 방향과 지리적인 남북방향을 비교하면 된다. 복각은 자침을 중심에서 떠받친 간단한 장치(복각계)로 측정할 수 있다.

(4) 연속관측

지구자장은 일변화나 자기풍 등 현저한 시간적 변화를 나타낸다. 지자기 관측소에서 이러한 변화를 통상 지자기 변화계에 의하여 연속적으로 기록하는 방법이다.

(5) 육상에서의 관측

육상에서의 지자기 측정은 움직이지 않는 대지 위에 계기를 설치하여 측정하는 것으로 측정계기의 특성을 충분히 발휘시킬 수 있고, 측정장소도 명확하며 같은 장소에서의 반복 측정이 가능한 방법이다.

5. 지자기의 변화

지자기의 변화는 하루를 주기로 하는 일변화와 수십 년 내지 수백 년에 걸친 영년변화 및 갑작스럽고도 큰 변화인 자기풍으로 나눌 수 있다.

(1) 일변화는 주로 태양에 의한 자외선, X선, 전자 등의 플라스마(Plasma)로 인하여 지구 상층부의 대기권이 이온화되고, 전류가 생성되어 전자장이 유도됨으로써 생기는 변화로서, 24시간 주기로 변화한다.

(2) 영년변화는 일변화에 비해 변화량이 크며, 수십 년 내지 수백 년 걸쳐 변화한다. 영년변화의 원인은 맨틀이나 외핵의 운동에 의한 지구 내부의 자기장 변화에 있는 것으로 생각된다.

(3) 자기폭풍(자기풍)은 자침편차의 불규칙하고 일시적인 변화로서 폭우나 지진 전후에 생기며, 계속시간은 2~3일간이고, 그 크기는 보통 1° 이하지만 클 때는 1~3°일 때도 있다.

6. 지자기의 보정 및 이상

(1) 지자기 보정

지자기 보정은 지자기장의 위치변화에 따른 보정과 지자기장의 일변화 및 기계오차에 의한 시간적 변화에 따른 보정 및 기준점보정, 온도보정 등이 있다.

(2) 지자기 이상

지구의 자장과 거의 일치하는 쌍극자를 지구중심에 놓은 상태와 실측결과의 차이를 비쌍극자장 또는 지자기 이상이라 한다. 현재, 비쌍극자장의 원인은 정확하게 규명되지 않았지만, 코어와 맨틀 경계부에서의 유체의 와동에 의한 것으로 생각된다.

※ 쌍극자의 축이 지구의 자전축과 11.5°의 각을 이루고 있다.

7. 우리나라 지자기측량의 현황

(1) 국토지리정보원에서 1975년부터 1, 2등 지자기점으로 지자기측량 실시

(2) 목적

① 지자기의 수평적 분포 조사

② 지자기의 영년변화 조사

③ 지역적인 자기이상을 조사

(3) Proton 자력계를 도입하여 1975년부터 1978년까지 전자력측정 실시

(4) 1978년에 GSI형 2등 자기의와 1981년에 GSI형 1등 자기의를 도입하여 지자기 3성분을 측정

(5) 1등 지자기측량

① 약 $3,500km^2$에 1점씩 총 30점으로 매 5년마다 17시간 측정(매시 1회 측정)을 원칙

② 관측 평균값에 일변화의 보정을 한 다음 기준년의 값으로 환산

③ 편각관측에는 북극성을 사용

④ 1등 지자기점 : 일반적인 지구자장의 분포와 영년변화를 조사·연구하고 국가 기본도의 자편각 표기의 목적을 위해 설치한 점

(6) 2등 지자기측량

① 1 : 25,000 도엽에 약 1점씩 800점을 선정하여 16~17시 사이에 4회 등간격으로 실시

② 관측값에 일변화, 영년변화의 보정을 한 다음 기준년값으로 환산

③ 편각 산출을 위한 진북방향은 태양관측으로 결정

④ 2등 지자기점 : 우리나라 각 지역의 자기이상을 조사하여 지자기도를 작성하기 위해 설치한 점

8. 우리나라 지자기측량의 방법

(1) 도상 선점

① 도상계획은 1/50,000 지형도를 이용하여 작성

② 지자기점은 가능한 전국에 균일하게 분포되게 하고 시가지, 철도, 송전탑 등으로부터 충분한 거리를 확보

(2) 선점 실시

① 도상에서 미리 선점한 지역을 현장 조사하여 인공적인 지자기 잡음이 발생하지 않고 자연 자장을 측정할 수 있는 조건을 갖추고 있는 지역을 선점

② ①에 따라 선점 시 장래에도 영구적으로 유지될 수 있는지를 고려

③ 육안으로 확인할 수 없는 지하의 자기발생원이 있을 수 있으므로 선점지역 주변에서 전자력을 측정하여 자장분포를 조사

④ 지자기점의 주변은 태양 또는 북극성 관측에 의한 진북관측과 방위표 설치 등에 지장이 없어야 함

(3) 점의 위치도 및 조서

① 선점작업에 의하여 지자기점의 위치를 정한 때에는 1 : 50,000 지형도상에 점의 위치도를 작성

② 점의 조서에는 지자기점의 명칭, 소재지, 경로, 매설일자, 소유자 또는 관리자 및 그 주변의 상세한 약도 등 지자기점의 유지관리에 참고할 사항을 기재

(4) 매설

표지를 매설할 때에는 지자기점이라고 새겨진 면을 남쪽으로 향하도록 하고 표지상면은 수평으로 함

(5) 관측용 기계기구

지자기 관측 장비는 지자기 3요소와 방위각 관측이 가능하여야 함

(6) 관측의 준비

① 지자기계의 중심은 반드시 표지 중심의 연직선상에 설치하며, 삼각대의 1개 다리는 북쪽을 향하도록 함

② 방위표지는 지자기점으로 부터 100m 이상의 거리에 견고하게 설치 또는 인근의 구조물을 선택하고 가능한 자기계에 대하여 수평 방향으로 함

(7) 관측의 실시

1) 지자기 관측

① 1등 지자기측량의 관측은 09시부터 15시까지 1시간 간격으로 1일 6대회를 실시

② 2등 지자기측량의 관측은 09시 이후와 15시 이전 15분 간격으로 1일 4대회를 실시

③ 지자기계에 의한 편각, 복각, 전자력의 관측을 실시

④ ③에 따른 편각 관측은 지구물리학적 진북으로부터 산출하는 것을 원칙으로 함

⑤ 진북 및 방위각 관측은 천문측량 및 관성항법장치에 의함

2) 방위표지 관측

① 방위표지 관측은 방위각 관측 및 지자기관측과 동일 회차에 실시

② 고도각이 10°를 초과하는 경우에는 레벨 보정을 함

3) 방위각 관측

① 1등 지자기측량의 방위각 관측은 북극성에 의하여 6세트 이상의 관측을 실시

② 2등 지자기측량의 방위각 관측은 태양 및 관성항법장치에 의하여 5세트 이상의 관측을 실시

③ 최초로 정한 방위각은 지자기점 및 방위표지의 이동 등이 없는 한 계속하여 사용

(8) 관측오차의 한계

[표 2-11] 지자기측량의 관측오차 한계

편각의 정수차	복각의 정수차	관측시간
21″	21″	10분 이내

(9) 계산

관측된 편각, 복각 및 전자력에 일변화와 영년변화를 보정하고, 기준년 값으로 환산하여 최종 성과를 산정

9. 우리나라 지구자장의 분포

① 한반도의 전반적인 편각은 서편차 5°~8°30′ 이내임
② 편각 분포 : 휴전선 부근 서편 7°30′, 제주도 남단 남편 5°30′
③ 전자력 분포 : 휴전선 부근 50,500mT, 제주도 부근 48,000mT

10. 지자기측량 성과의 활용

측정된 지자기는 선박의 항해, 지구물리학적 자료조사, 원유개발 및 지구 내부에서 대기층에 이르는 광범위의 과학적인 연구에 활용이 가능하다. 국토지리정보원에서는 전국의 지자기도, 지형도, 항로 및 항공도 작성, 지구물리학의 기초자료로 제공하는 것을 목적으로 1975년부터 현재까지 측정하고 있다.

11. 결론

현재 우리나라의 지자기측량은 매우 열악한 실정이며, 1980년대부터 국토지리정보원에서 실시한 지자기측량은 매우 소규모적으로 이루어지고 있는 상황이므로 자기측정에 관한 기술 도입 및 개발, 국제공동관측 등 국제적인 지자기에 관한 자료 및 정보의 교류를 통한 기술의 선진화, 국제화를 모색하여야 할 때라 판단된다.

10 천문측량(Astronomical Surveying)

1. 개요

천문측량은 태양이나 별을 이용하여 경도, 위도 및 방위각을 모르는 지점의 위치와 방향을 고정하기 위한 측량으로 관측대상은 주간에는 태양을, 야간에는 별을 관측하지만 태양관측은 별관측에 의한 것보다 정확도가 떨어진다. 천문측량을 하기 위해서는 천체 및 시간에 관한 기본지식과 구면삼각법을 포함한 제반 수학적 개념을 알고 있어야 하며, 최종 관측자의 경험과 숙련도가 요구된다.

2. 천문측량의 목적

(1) 경위도 원점 및 측지원자 결정
(2) 독립된 지역의 위치 결정
(3) 측지 측량망의 방위각 조정
(4) 연직선 편차 결정

3. 천문측량에 의한 경도 결정

경도는 시간과 비례하며, 어느 두 점 간의 경도차는 그들 지방시 차와 같다.

$$\lambda_a = \text{LST} - \text{GST} = \text{LHA} - \text{GHT} = \text{LMT} - \text{GMT}$$

여기서, λ_a : 경도
　　　　LST : 지방항성시
　　　　GST : 그리니치 항성시
　　　　LHA : 지방시각
　　　　GHT : 그리니치 시각
　　　　LMT : 평균태양시각
　　　　GMT : 그리니치 표준시

자오선상에서 있는 별의 적경은 지방항성시와 같으므로 별이 자오선을 통과하는 순간의 그리니치 항성시를 결정하여 천문경도를 얻는다. 별의 적경은 역표에 의하며, 그리니치 시보는 라디오 시보를 이용한다.

(1) 자오선법

항성이 자오선을 통과하는 순간을 클리노미터로 읽어 지방항성시를 구한다.

$$\text{지방항성시(LST)} = \text{적경}(\alpha) + \text{시간각}(H)$$

여기서, 천체가 남중할 때는 $H = 0$이므로 지방항성시는 항성의 적경과 같게 되는 것을 이용하는 방법이다.

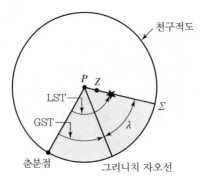

P : 천구북극
Z : 천정
LST : 지방항성시
GST : 그리니치 항성시
λ : 관측점의 경도

[그림 2-86] 자오선법

(2) 등고도법

자오선을 사이에 두고 동서에 있어서 동일 고도에 달한 순간의 눈금을 읽어 이것을 평균하면 천체의 자오선 통과시간을 알 수 있다. 항성의 경우와 태양의 경우가 있다.

(3) 단고도법

임의의 위치에 있는 별 또는 태양의 고도를 관측하고 천문력에서 얻은 천체의 적위와 관측점의 위도를 가정하여 천문삼각법으로부터 시각(시각이 곧 경도)을 얻는다. 항성의 경우와 태양의 경우가 있다.

4. 천문측량에 의한 위도 결정

천문위도는 관측지점에서의 연직선 방향과 적도면 사잇각을 말하며 천정의 고도와 일치한다. 따라서 천문위도는 북극성에 의해 단순하게 결정할 수 있다. 그러나 정확성을 요하는 경우 별의 자오선 고도 또는 자오선 천정각거리를 관측하고 별의 적위를 이용하여 결정한다.

(1) 자오선 고도법

천체의 적위는 알 수 있으므로 고도 또는 천정각거리를 관측하면 위도 결정식으로부터 위도를 구한다. 자오선 고도법은 북극성의 관측과 자오선상의 별을 관측하는 것으로 구분되며, 관측 방법으로는 북극성 관측, Sterneck법, 자오선상의 관측이 있다.

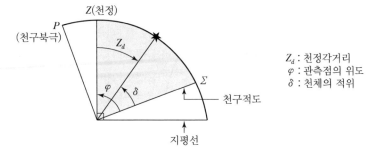

[그림 2-87] 자오선 고도법

(2) 주자오선법

별이 자오선을 통과하는 전후 수분 동안 각각의 별에 대해 천정각거리를 여러 번 관측하는 방법이다.

(3) 자오선상에 있지 않은 별의 고도에 의한 방법

시(t)를 알고 있고 천체의 고도(h)관측과 역표를 통해 적위(δ)를 구하면 천문삼각형의 두 변 $90° - \delta$, $90° - h$와 각 t를 이용하여 천문삼각법으로 다른 변 $90° - \varphi$를 결정할 수 있어 위도 φ를 최종적으로 구한다.

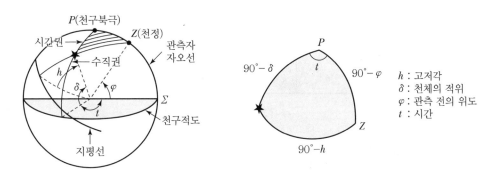

[그림 2-88] 자오선상에 있지 않은 별의 고도에 의한 방법

(4) 단고도법(북극성 고도법)

적위가 90°에 가까운 북극성을 관측하여 위도를 구한다.

$$\varphi(위도) = 90° - Z_d(천정각거리)$$

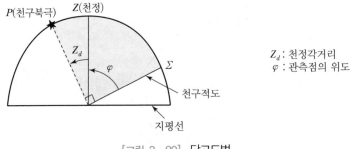

Z_d : 천정각거리
φ : 관측점의 위도

[그림 2-89] 단고도법

(5) 탈코트법

1등 천문관측으로서 자오선상 남쪽과 북쪽의 두 별이 거의 같은 천정각거리에 있을 때 관측자
의 위도는 두 별의 적위를 더하여 1/2을 곱한 것과 같다.

$$\varphi(\text{위도}) = \delta_N - \theta = \delta_S + \theta$$

$$\therefore\ \varphi(\text{위도}) = \frac{1}{2}(\delta_S + \delta_N)$$

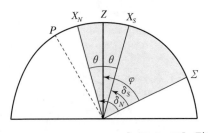

θ : X_N, X_S의 천정각거리
δ_S : 별 X_S의 적위
δ_N : 별 X_N의 적위
φ : 관측점 위도

[그림 2-90] 탈코트법

5. 천문경도와 위도의 동시 결정

사진천정통(PZT) 또는 애스트로레이브에 의해서 관측한다.

6. 천문측량에 의한 방위각 결정

(1) 지상에 설치된 방위표에 이르는 방위선과 천체 사이의 수평각을 관측한다.

$$A_\star = A_m + K$$

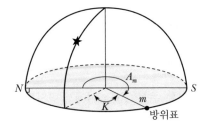

A_m : 방위표의 방위각
K : 방위표와 천체의 지평선상 사잇각

[그림 2-91] 방위표에 의한 방위각 결정

(2) 천체의 방위각을 관측한다.

정밀한 천문방위각 관측은 주극성을 여러 번 관측하여 결정한다. 주극성으로는 북극성을 주로 선택한다.

① 시각관측법
② 고도관측법
③ 주극성법

7. 우리나라의 적용 현황

우리나라는 중위도 지역이며 T−4의 관측기기 및 SPFS(FK−4)의 항성표를 사용하고 있기 때문에 Sterneck법을 채택하고 있다.

> **TIP** **Sterneck법**
>
> 자오선의 천정각거리를 관측하고 위도(φ) = 적위(δ)±천정거리(z)를 이용하여 위도를 관측하는 방법으로 중저위도에서 Takott법과 함께 많이 이용한다. 또한 위도관측에는 탈코트법보다 많이 이용한다.
> Sterneck법의 특징은 다음과 같다.
>
> • 관측기록 작성이 쉽다.
> • 번거로운 계산이 적다.
> • 경위도 동시 관측이 가능하다.

8. 결론

천문측량에 의한 경위도 결정 및 방위각 결정은 측량의 위치 결정에 매우 중요한 사항이다. 그러나, 측량교육의 낙후로 인하여 측량업에 종사하는 많은 사람들에게 생소한 내용으로 그 중요성을 모르고 측량함으로써 측량의 정확도 등의 문제의 원인이 되기도 한다. 그러므로 측량교육의 활성화를 통하여 많은 부분에 연구가 진행되어야 할 것으로 판단된다.

1. 개요

VLBI(초장기선간섭계)란 수십억 광년 떨어져 있는 준성(Quasar)에서 방사되는 전파를 지구상 복수의 전파망원경(안테나)으로 동시에 수신하여 그 도달시각의 차이를 정밀하게 계측하고 해석함으로써 관측점의 위치좌표를 고정밀로 구하는 시스템을 말한다. VLBI 시스템은 전파천문학뿐 아니라 관련 기술과 응용분야가 매우 다양하고 국가적으로 중요한 연구를 수행할 수 있기 때문에 각 나라는 국가 차원의 적극적인 지원 아래 최첨단의 전파, 고속통신, 디지털레코더, 전파영상합성 등의 VLBI 관련 기술 개발을 경쟁적으로 수행하고 있다.

2. VLBI 원리

(1) 전파원

수십억 광년의 거리, 전파강도가 강한 점원, 부근에 다른 전파원이 없는 준성을 선택한다.

(2) 거리(S) 계산

준성의 먼 거리로 전파가 2개의 안테나에 평행하게 도달한다고 가정하고 다음 그림에서 $\overline{A_1A_2} = S$, $\angle\,QA_2A_1 = \varphi$, 광속도를 C라 하면 지연시간 τ는 다음과 같다.

$$C \cdot \tau = S\cos\varphi \qquad \therefore S = \frac{C \cdot \tau}{\cos\varphi}$$

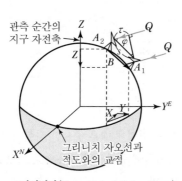

τ : 지연시간(Geometrical Delay Time)
B : 기선 Vector
S : 준성(Quasar) 방향의 단위 Vector
C : 광속

[그림 2-92] VLBI 관측원리(1)

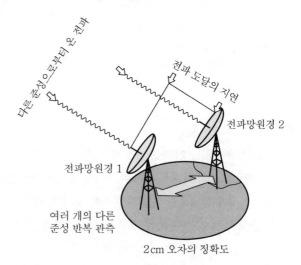

[그림 2-93] VLBI 관측원리(2)

(3) 일반적으로 지연시간은 전파산란 때문에 변하므로 지연시간 보정값, 준성의 적경과 적위(φ), 기선의 위치벡터를 미지수로 한 최소제곱법에 의해 거리를 결정한다.

(4) 한 개의 전파원에 대해 한 조의 간섭계로 미지량을 한 번에 관측하기 어려우므로 관측점 수를 늘리거나, 전파원의 수를 늘려 관측한다.

3. VLBI 특징

(1) 두 점 사이의 거리 정확도는 두 점 사이의 거리와 상관없이 수 cm의 정확도로 관측 가능
(2) 정밀 측량으로 장거리 기선관측, 지각변동, 지구의 극운동 관측 등에 이용
(3) 최근에는 VLBI 방법을 GNSS에 응용한 GNSS – VLBI 방법에 의한 소형 지상관측 장비로 약 100km 이상의 거리에 대해 2~3cm 정확도 획득이 가능

4. VLBI 조건

(1) 안테나 직경이 커야 한다.
(2) 안테나는 빠른 구동속도를 가져야 한다.
(3) 안테나에서 수신한 다양한 전자기파 중 필요한 전자기파만을 필터링할 수 있는 수신기를 지녀야 한다.
(4) 각 관측국마다 도달한 전자기파의 시간을 정밀하게 비교할 수 있어야 한다.

5. VLBI 자료처리

VLBI 시스템은 수십억 광년 떨어져 있는 준성(Quasar)에서 방사되는 전파의 도달시각의 차이를 정밀하게 관측하여 기록장치에 저장하고 처리 · 분석하는 과정을 거쳐 관측점의 거리 및 위치를 산출한다.

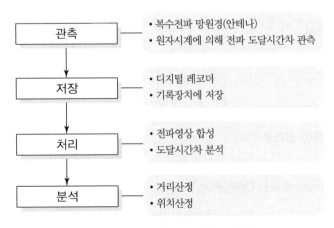

[그림 2-94] VLBI 자료처리 흐름도

6. VLBI 오차 및 보정

(1) 지연시간 관측의 우연오차

(2) 관측지점마다 일정 편의를 포함시키는 계통오차

(3) 물리모델이 불안정하여 생기는 오차

(4) 준성의 위치와 구조에 기인하는 오차

(5) 많은 지점 관측, 충분한 관측시간을 취해 최소제곱법으로 보정

7. VLBI 활용

(1) 국토기본도와 관련된 측지원점의 관리

(2) 지각의 수평이동 연구

(3) 대륙 간 삼각망 연결

(4) 바다의 영향에 따른 지각의 수직운동 연구

(5) GNSS를 보완하고 지원하는 관측보조 시스템

(6) 지구회전 등 지구물리 연구

(7) 정확한 시보를 위한 UT_1의 결정

(8) 국제 협동관측에 의한 지구 판의 운동, 지구회전, 지구 극운동 연구

8. IVS(International VLBI Services for Geodesy and Astronomy)

IVS는 IERS(International Earth Rotation and Reference Systems Service)의 협력 기구로서, 총 7개 부분인 관제센터(Coordinating Center), 상관국(Correlators), 관측국(Network Stations), 데이터센터(Data Centers), 해석센터(Analysis Centers), 운영센터(Operation Centers), 기술개발센터(Technology Development Centers)로 구성되어 있으며, 그 역할로는 VLBI 운용기관을 지원한다.

(1) IVS의 설립목적

① 측지, 지구물리학 및 천문학 연구와 VLBI 운용활동 지원

② 측지와 천문 VLBI 기술의 모든 면에 대한 연구 개발 활동 장려

③ VLBI 결과물 사용자와의 공동연구 및 VLBI를 전 지구 관측시스템으로 통합

(2) IVS 관측을 통한 결과물

① ITRF(International Terrestrial Reference Frame)

② ICRF(International Celestrial Reference Frame)

③ EOP(Earth Orientation Parameters)

9. 우리나라 VLBI 구축현황

국내에 최초로 도입하는 측지 VLBI 관측국은 2012년 충남 연기군 세종시에 관련 시스템, 관측동 등이 완공되어 현재 다양한 분야에 활용되고 있다.

(1) 우리나라 VLBI 의 역사

① 1995년 한일 측지 VLBI 관측
② 2007년 측지 VLBI 구축 실시설계
③ 2008년 관측부지 확정(세종시)
④ 2010년 측지 VLBI 관측장비 제작 및 관측동 신축공사
⑤ 2011년 측지 VLBI 관측국 구축 Project 완료
⑥ 2012년 준공식(2012년 3월 27일)

(2) KVN(Korea VLBI Network) 구축

효율적인 VLBI 관측 및 성과 검증을 위하여 세종시, 서울(연세대), 울산, 제주(탐라대)를 연결하는 VLBI Network 망을 구성하였다. KVN 구축을 통한 효과는 다음과 같다.
① 국내 장기선 관측
② 지각변동 조사
③ 관측 정확도 상호 보완

(3) 활용효과

① 모든 측량의 기준이 되는 대한민국 경위도 원점 성과를 높은 정밀도로 산출하고 관리하여 측량의 정확도 향상에 기여
② 대륙 간 정밀 지각변동 조사 등 전 지구적 자연재해 예방을 위한 공동 관측에 참여함으로써 국제사회공헌 및 국가 위상제고
③ mm 정확도(약 1,000km에 1~2mm 오차)의 측위 기술력 확보로 우주측지기술의 발전을 도모

10. VLBI 관측성과의 국가기준점 연계방안

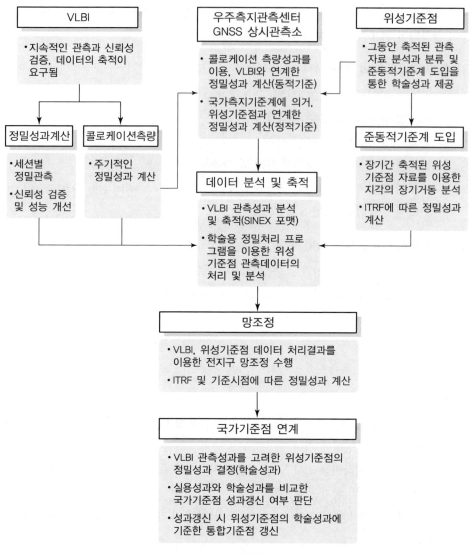

[그림 2-95] VLBI 관측성과의 국가기준점 연계

11. 결론

VLBI 관측기술은 종래 천문측량을 대체할 수 있는 중요한 천문측지기술이다. 우리나라도 2012년
에 VLBI 관측국이 세종시에 구축되어 많은 분야에 효율적으로 활용되고 국제사회의 여러 분야에
자료를 제공함으로써 국가적 위상이 한층 너 상승하게 되었다. 그러나 VLBI 관측국 구축에도 불구
하고 국민적 홍보 부족, 전문인력 양성 및 교육훈련 부족 등 많은 문제를 시급히 개선하여 측량의
위상을 한층 더 높여야 할 것으로 판단된다.

VLBI 관측국과 국가기준점 간 연계방안

1. 개요

GNSS 상시관측소(위성기준점)는 현재 우리나라 최상위 국가기준점으로서 통합기준점, 삼각점, 중력 및 지자기점 등 모든 국가기준점의 위치기준으로 사용되고 있다. 그러나 모든 국가기준점의 위치 정확도를 향상시키고 글로벌화하기 위해서는 VLBI-GNSS 간의 결합측량 결과를 이용하여 모든 국가기준점의 위치를 갱신할 필요가 있다.

2. VLBI 관측국과 국가기준점의 연계측량 방안

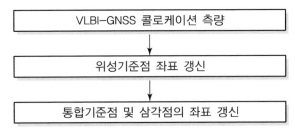

[그림 7-96] VLBI와 국가기준점 간 연계측량 흐름도

3. 콜로케이션 측량

(1) 콜로케이션(Co-location) 측량

① TS를 이용한 지상측량을 통해 VLBI 관측국과 GNSS 상시관측소 간의 연결벡터(Tie Vectors)를 계산하는 것으로, 로컬타이(Local Tie) 측량이라고도 함

② ITRF 구축 및 갱신을 위한 기초자료로 다양한 우주측지기술의 관측결과들을 결합하는 데 중요한 의미가 있음

(2) 측량 방법

국제관측으로 결정된 측지 VLBI 성과를 지상의 국가기준점에 연결(전파)하기 위하여 측지 VLBI 안테나 주변 4개소 이상의 필라에 광학측정장치를 설치하여 안테나 중심과 필라, 그리고 위성기준점 간 상대위치와 좌표를 정함으로써, 측지 VLBI에 의한 우주측지성과를 국가기준점에 연결한다.

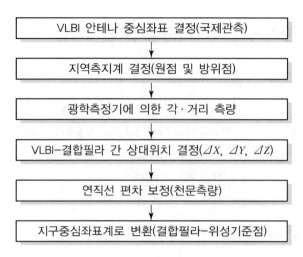

[그림 2-97] VLBI와 위성기준점 연결측량

1) 초기 좌표의 계산
　① VLBI 주변에 1점의 GNSS 위성기준점, 1점의 통합기준점 및 4점의 TS 기준점(콘크리트 필라) 설치
　② 이들을 하나의 네트워크로 연결하여 지역좌표계로 각각의 좌표 결정

2) VLBI 안테나의 기준점 결정
　① 4점의 필라에 TS를 설치하고 VLBI 안테나 위상 중심에 반사경을 설치하여 관측
　② VLBI 안테나 관측
　　• 수평 : VLBI 안테나의 방위각 축을 10° 또는 15° 간격으로 회전시키면서 반사경 관측
　　• 수직 : VLBI 안테나의 방위각 축에 대하여 5° 간격으로 회전시키면서 반사경 관측
　③ 계산된 초기 좌푯값을 이용하여 관측망 조정을 통해 필라, 위성기준점, 통합기준점, VLBI 금속표, 반사경 관측점 등의 좌표 계산
　④ 각각의 측정결과에 대하여 최소제곱 3-D Circle Fitting 방법으로 중심위치 추정

3) VLBI-GNSS 간의 연결벡터 계산
　① 2개의 필라에서 GNSS 관측을 실시하고 위성기준점과 연계하여 좌표와 방위각 계산
　② 임의로 설정한 지역좌표계를 진북방향으로 보정
　③ 지역좌표계의 연직축에 대하여 연직선 편차 보정
　④ 지역좌표계를 지구중심좌표계로 변환
　⑤ 최종적으로 VLBI 안테나의 기준점과 GNSS 안테나 기준점의 지역좌표계 측정 결과를 지구중심좌표계로 변환하고, 그에 따른 VLBI-GNSS 간의 상대벡터를 계산하여 VLBI-GNSS의 연결벡터(ΔX, ΔY, ΔZ) 결정

4. VLBI 관측국과 국가기준점 연계에 따른 활용방안

(1) 측정 정밀도에 따라 VLBI를 최상위 국가기준점으로 선정
(2) 콜로케이션 측량 결과를 이용하여 위성기준점과 통합기준점을 통합 망조정함으로써 성과 갱신
(3) 주기적인 결합측량을 통해 VLBI-GNSS 간 연결벡터를 갱신하고 위치변동 모니터링
(4) 전 지구 망조정을 통해 ITRF와 기준시점에 따른 정밀성과 계산

5. 결론

VLBI-GNSS의 연계를 통한 세계측지계의 유지관리는 물론, 더 나아가 측지기준원점의 설정 및 유지관리를 위해서는 향후 우주측지관측소 내에 SLR 관측소를 추가로 설치할 필요가 있다. 그렇게 되면 국토지리정보원이 국제적인 측지기구로서 위상이 강화될 뿐 아니라 우리나라의 국제적 위상도 크게 향상될 것으로 기대된다.

---

13 SLR(Satellite Laser Ranging)

1. 개요

SLR(위성레이저 거리측량)은 지상에서 레이저 광선을 인공위성을 향해 발사하여 위성의 역반사기에 반사되어 돌아오는 왕복시간을 관측해 위성까지의 거리를 구하는 고정밀 거리측정방법이다. 위성에 대한 레이저 측거는 1964년 NASA에 의해 Beacon B의 발사와 함께 시작되었고, 최근 기술이 빠르게 발전되어 거리측정의 정확도는 수 cm에서 수 mm까지 향상되고 있다.

2. SLR 역사

(1) 1964년 NASA에 의해 Beacon B의 발사와 함께 시작
(2) 1965년 LAGEOS 위성과 지상관측소 간에 SLR 신호 수신에 성공
(3) 1969년 아폴로 11호의 달착륙 성공 때 설치된 달 역반사체 이용 LLR이 가능
(4) 현재 mm 단위 거리 측정 정확도
(5) 세계측지계 ITRF 유지관리에 큰 기여
(6) 현재 세계적으로 약 60여 개 지상관측소 운영

3. SLR 구성

SLR은 크게 우주부문과 지상부문으로 나누어지며, 우주부문은 인공위성, 지상부문은 광학계, 마운트, 수신망원경 및 시간측정장치로 구성되어 있다.

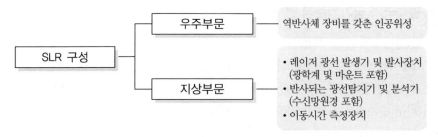

[그림 2-98] SLR 구성

4. SLR 원리

인공위성까지 거리를 관측하는 방법에는 전파를 사용하는 방법도 있으나, 대출력의 레이저 펄스(Laser Pulse)를 이용하는 방법이 정확도면에서 유리하므로 현재는 레이저 거리측량(Laser Ranging) 방식이 주류를 이루고 있다. 위성레이저 거리측량은 위성을 향해 레이저 펄스를 발사하고 위성으로부터 반사되어 돌아오는 왕복시간으로부터 위성까지의 거리를 관측하는 방법이다.

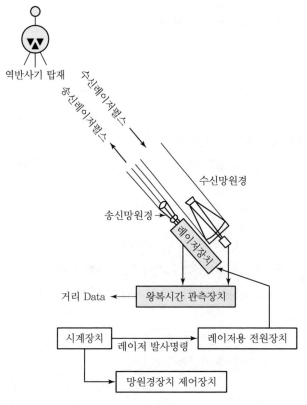

[그림 2-99] SLR(Satellite Laser Ranging)의 원리

5. SLR 특징

SLR은 지구, 대기, 해양 시스템의 과학적인 연구에 중요한 기여를 하는 입증된 측지 기술이다.

(1) 지구과학 분야에 기여

① 지구중력장의 시간적인 변화를 관측할 수 있고, 지구중심에 대한 지상관측망의 움직임을 모니터링할 수 있으며, 장시간의 기후변화를 평가하고 모델링할 수 있는 유일한 방법이다.

② 대기, 해양, 고체지구의 시간적인 질량 재분배를 결정할 수 있다.

③ 태양 복사의 계절별 변화에 대한 대기의 반응을 모니터링할 수 있다.

④ 일반 상대성 이론을 입증할 수 있는 유일한 기술이다.

(2) 표면의 고도 등을 직접 측정

① 해수면 및 빙하 모니터링에 기여하며, 빙하기 후의 융기, 해수면과 빙하부피 변화를 위한 기준을 제공한다.

② 구조지질학의 움직임 연구를 뒷받침한다.

③ 인공위성의 지구중심 위치를 결정할 수 있는 가장 정확한 기술로 레이더 고도계의 정밀한 보정 및 해양 지형의 장기간의 변화와 장기간의 기계의 변화량을 구별 가능하게 한다.

6. SLR의 관측방법

(1) 거리관측

관측된 왕복시간에 속도를 곱하여 지상관측소와 위성 사이의 거리를 관측한다.

$$\text{거리}\,(r) = \frac{\Delta t}{2} \cdot c$$

여기서, Δt : 왕복시간, c : 광속도$(3 \times 10^{10} \mathrm{cm/sec})$

(2) 관측점의 좌표 결정

① 레이저 거리측량에서는 위성과 관측점 간의 거리가 유일한 관측값이므로, 관측방정식은 다음과 같이 위성의 위치를 중심으로 한 구면방정식으로 표시된다.

$$(X_S{}^N - X^N)^2 + (Y_S{}^E - Y^E)^2 + (Z_S - Z)^2 = r^2$$

여기서, $X_S{}^N$, $Y_S{}^E$, Z_S : 위성좌표
X^N, Y^E, Z : 관측점의 위치좌표
r : 위성까지 관측거리

② 따라서, 위성의 궤도가 정확히 결정되면 위성의 위치 $X_S{}^N$, $Y_S{}^E$, Z_S가 기지값이므로 3회 이상의 관측에 의해 각 구면의 교점인 관측점의 좌표 X^N, Y^E, Z를 구할 수 있다.

(3) 수평위치 관측

① 지구중심의 X, Y 성분의 명확한 변화는 mm 수준으로 모니터링될 수 있다.

② SLR은 관측소의 움직임을 지구중심좌표계상에서 mm/년간으로 결정할 수 있다.

③ SLR에 의한 지구의 회전 및 방위 결정은 전체 지구계에서 각(角)운동량 교환과 질량분배의 변화의 비밀을 알아낼 수 있는 방법이다.

(4) 표면의 고도관측

① SLR은 직접, 명확하게 위성 고도계를 관측하여 cm 이내의 정확도로 장기간의 해양 지형 변화와 고도계 장치의 이동을 구별하는 데 효과적이다.

② 이런 보정은 전 세계 평균해수면을 mm/연 변화로 관측하고 빙하의 부피 변화를 평가하는 데 사용되는 빙하지역의 지형 지도 제작에 필수적이다.

③ 지오이드고는 1,500km보다 작은 장파장에 10cm 이내로 결정될 수 있으며, 중력변화 연구의 기초가 되는 장파장의 중력장 모델을 제공한다.

④ 연안의 관측소들의 높이의 시간적인 변화를 연간 mm 수준으로 알려주며, 검조소 기록상의 모호값을 해결하는 데 이용된다.

7. SLR의 장단점

[표 2-12] SLR의 장단점

장점	단점
• 매우 높은 정확도 • 능동적인 성분이 필요 없는 위성의 긴 수명	• 기상조건에 크게 좌우됨 • 지상부분에 대한 높은 유지 및 건설비용 • 지상부분 이동이 제한적이거나 불가능 • 운용 능력이 제한적임

8. SLR의 위성

레이저 거리측정을 위한 위성에는 그 종류가 20여 가지가 넘지만 대표적인 것에는 STARLETTE, LAGEOS, AJISAI, ETALON 등이 있다.

9. SLR의 정밀도

SLR의 정밀도는 VLBI와 비슷하지만 두 점 간의 기하학적 거리를 측정하는 VLBI에 비하여 SLR
(위성은 지구중심을 중심으로 회전)은 지구중심에 대한 관측점의 위치를 알 수 있으며, 상하변동
의 검출에 대하여 아주 유효하다. 이는 고정밀도의 기선측량을 통한 위치 결정 및 지각변동의 연
구와 다양한 인공위성들의 궤도 추적을 통한 정밀궤도 결정 등에 있어서 핵심적 기술이다.

10. SLR의 활용

(1) 지구의 회전 및 지심변동량 관측, 지각변동 및 기초물리학의 연구 데이터를 제공한다.
(2) 대기-물-얼음-고체 지구의 연구를 지원한다.
(3) 해양의 표면지도를 그리는 우주레이더 고도계 미션을 위한 정밀한 궤도를 결정한다.
(4) 표면의 표고를 직접 관측할 수 있으며 해수면과 빙하면을 관측하는 데 기여한다.
(5) 대륙 빙하 부피의 변화 지도 제작 및 대륙의 지형도 제작에 기여한다.
(6) 지구질량중심 관측, 정밀 중력장 지도 작성 등의 우주측지 연구를 위한 필수기술이다.
(7) 나노초 이하의 전 세계 시간전달 및 상대성 이론의 기초 테스트를 위한 수단을 제공한다.
(8) 위성 대신 달에 설치된 역반사기를 이용하는 월레이저 거리측량방법도 있다.
(9) 역레이저 방법이라 하여 위성에 레이저를 탑재하고 지상에 역반사기를 설치하여 관측하는 방
   법도 있다.

11. SLR의 우리나라 및 세계 동향

(1) 우리나라의 동향

한국천문연구원은 2012년에 위성레이저추적시스템(SLR)을 개발하여 다양한 분야에 활용하
고 있다.

(2) 세계 동향

① 측정시스템 정확도가 향상되고 발전됨에 따라 더 넓은 분야에 활용하고 있다.
② NASA의 차세대 SLR 관측소는 현재 개발 중이며, 완전자동 및 무인시스템으로 안전하고
   하루 24시간 운용체계를 구축하고 있다.
③ SLR 세계 공동체에 의해 지구물리 및 측지연구 등에 활발히 활동 중이다.
④ 위성 레이저 측거시스템은 전 세계 여러 곳에서 개발되고 배치되어 왔고, 2000년대 약 60곳
   의 시스템이 전 세계에서 운영 중이다.

12. VLBI와 SLR의 특성 비교

[표 2-13] VLBI와 SLR의 특성 비교

VLBI	SLR
• 지각변동을 목적으로 한 수백 km의 장거리 측량에 이용 • 국제협동관측에 의해 Plate 운동, 지구회전, 극운동에 활용 • 장거리 삼각측량에 이용 • 측지좌표계의 확립	• 인공위성의 거리측정 및 추적 • 3차원 지각변동의 관측 • 관측점 간의 상호 위치관계가 단시간 내에 관측되며, 반복관측도 가능 • 달에 설치된 5개의 역반사기를 이용한 월레이저 거리측량에 이용

13. 결론

경위도 원점의 관리와 천문 및 지구관측에 필요한 우주측지를 위해 우리나라에서는 2012년에 자체 기술로 SLR을 개발하여 다양한 분야에 활용하고 있다. 그리고 향후 VLBI 사업과 SLR 사업이 연계되어 국제사회와 협력 시스템을 구축하여 지구물리 및 측지연구에 기여할 것이라 판단되므로 적극적인 투자와 연구가 요구된다.

14 위성측량(Satellite Surveying)

1. 개요

위성측량은 관측자로부터 위성까지의 거리, 거리변화율, 방향을 전자공학적 또는 광학적으로 관측하여 관측지점의 위치, 관측지점들 간의 상대거리 및 위성궤도를 결정하는 측량이다. 또한, 수백, 수천 km 떨어진 지점들에서 동시관측에 의한 두 지점의 장거리 측량과 인공위성의 궤도요소가 정확할 때 단독관측으로 세계적인 통일 측지측량망의 실현이 가능하게 되었다.

2. 인공위성의 궤도운동 및 궤도요소

(1) 위성 궤도운동의 특징

① 위성은 장반경(a)과 이심률의 제곱(e^2)에 의해 정의되는 타원운동을 하며 그 초점 중 하나가 지구중심이다.

② 위성운동은 지구중력장의 지배를 받아 지구까지의 거리, 각속도 등이 불규칙적이다.

③ 실제 위성의 궤도는 태양, 달, 행성의 인력, 대기마찰, 지구의 자기장 등에 의해 균질한 지구모형에서의 궤도와는 다른데, 이를 섭동이라 한다.

(2) 위성의 궤도요소(6개 : 케플러 요소)

① 승교점(위성 궤도와 천구적도의 교점) 적경(a)

② 궤도경사각(i)

③ 근지점의 독립변수(ω)

④ 궤도의 장반경(Q)

⑤ 이심률(e)

⑥ 궤도주기(T)

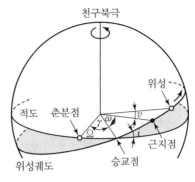

[그림 2-100] 위성운동의 궤도요소

3. 인공위성에 의한 관측방법

(1) 위성의 이용방법에 따른 분류

① 위성을 정지된 목표로 이용하는 정적인 방법

② 궤도요소가 기지일 때 궤도상의 위성 위치를 관측하여 관측점의 상호 위치관계를 구하는 동역학적 방법

(2) 관측대상에 따른 분류

① 방향관측

지상 2점에서 위성 S의 방향을 동시 관측하여 평면 A를 구하고, 지상 2점에서 위성 S'의 방향을 동시 관측하여 평면 B를 구해 A, B의 교선을 구하면 기지점으로부터 미지점의 방향을 알 수 있다.

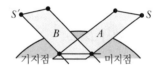

[그림 2-101] 방향관측

② 거리관측

지상의 3기지점으로 동시에 거리관측하여 위성의 공간위치를 결정하고 이것과 동시에 미지점으로부터 위성까지의 거리도 구한다. 이 작업을 3회 하면 미지점의 위치를 결정할 수 있다.

③ 거리변화율 관측

최소 3개의 기지점과 미지점에서 동시에 전파의 도플러 효과에 의한 거리변화율을 관측하여 위성까지의 거리를 구해 미지점의 위치를 결정할 수 있다.

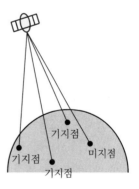

[그림 2-102] 거리관측

(3) 관측방법에 따른 분류

1) 광학적인 방법(사진기에 의한 방법)

몇 개의 지점에서 항성을 배경으로 위성을 동시 촬영하여 위상의 방향관측으로부터 위치를 결정하는 방법

2) 전자공학적인 방법

① 전파에 의한 방법
- 도플러 효과로부터 얻어지는 거리변화율을 이용하는 도플러 방식
- 거리와 도플러 효과를 동시에 관측하는 거리 · 거리변화율 방식

② 레이저에 의한 방법
- 인공위성에 역반사기를 탑재하여 반사되어 오는 왕복시간에 의해 위성까지의 거리를 구하는 방법
- 인공위성이 레이저를 발사하는 역레이저 방식

4. 기하학적 위성측량

위성측량은 기하학적 위성측량과 동역학적 위성측량으로 나눌 수 있는데 기하학적 위성측량에서는 여러 지점에서의 동시관측만을 필요로 하지만, 동역학적 위성측량에서는 위성의 운동방정식을 풀어야 하므로 대형 계산처리시스템이 필요하다.

(1) 위성삼각측량

대륙과 대륙 사이와 같이 상호 기준타원체의 기하학적 위치관계가 불명확한 경우 이를 명확히 하기 위해 위성을 공간상의 광점으로 하여 2 이상의 지점에서 동시에 관측하여 설정된 다른 좌표계들 간의 결합을 가능하게 할 수 있는 방법이다.

(2) 위성레이저 거리측량(SLR)

사진에 의한 광학적 방향관측법은 대기의 영향으로 정확도가 떨어지므로 지상측량에서 삼각측량이 삼변측량으로 대체되듯이 위성측량에서도 방향관측에 대신하여 거리관측이 등장하게 되었다.

① 원리 : 위성을 향해 레이저펄스를 발사하고, 위성에서 반사되어 돌아오는 왕복시간으로부터 위성까지의 거리를 관측하는 방법이다.

② 관측방정식 : 위성의 궤도를 알면 미지수가 X^N, Y^E, Z이므로 3회 이상의 관측에 의해 관측점의 좌표를 알 수 있다.

$$(X_S{}^N - X^N)^2 + (Y_S{}^E - Y^E)^2 + (Z_S - Z)^2 = r^2$$

여기서, $X_S{}^N, Y_S{}^N, Z_S$: 위성좌표

X^N, Y^E, Z : 관측점의 좌표

r : 위성까지의 관측거리

③ 월 레이저 거리측량 : 달에 설치된 5개의 역반사기를 이용한 월 레이저 거리측량도 이용되고 있다.

(3) 역레이저 거리측량

① 위성이나 우주선에 레이저장치를 탑재하고, 지상에 반사기를 설치하여 공중에서 지상을 측량하는 방법이다.

② 일반적인 레이저 거리측량에서는 관측지점마다 고가의 레이저 발사장치를 설치해야 하나 역레이저 거리측량에서는 지상설비가 반사기뿐이므로 비용이 절감된다.

③ 관측점 간의 상호 위치관계가 단시간 내에 관측되고 반복관측도 가능하므로 지각변동의 시와 같은 시급한 사항이나 연속적인 감시가 필요한 경우에 유리하다.

④ 이 방식은 Space Borne Laser Ranging이라고도 불리며 현재 연구 중이고 실용화되어 있지는 않다.

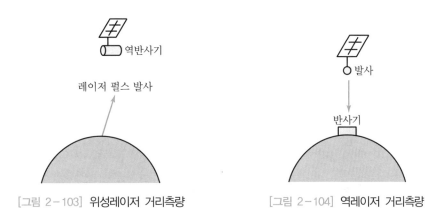

[그림 2-103] 위성레이저 거리측량　　　　[그림 2-104] 역레이저 거리측량

5. 결론

최근 고해상도 위성 및 SAR 위성의 출현으로 지도 제작 및 다양한 분야에 활용되고 있다. 그러나 현장에서는 아직도 종래 방법에 의해 측량이 실시되고 있으므로, 관련 법령의 정비 및 전문인력 양성을 통하여 위성측량이 측량분야에 활발히 활용될 수 있도록 측량인들이 노력해야 할 때라 판단된다.

해양측량(Oceanographic Surveying)

1. 개요

해양측량은 해상위치 결정, 수심관측, 해저지형의 기복과 구조, 해안선의 결정, 조석의 변화, 해양 중력 및 지자기 분포, 해수의 흐름과 특성 등 해양에 관한 제반 정보를 체계적으로 수립, 정리하며 해양을 이용하는 데 필수적인 자료를 제공하기 위한 해양과학의 한 분야이다.

2. 해양측량의 내용

(1) 해상위치측량

(2) 수심측량

(3) 해저지형측량

(4) 해저지질측량

(5) 조석측량

(6) 해도 작성을 위한 측량

(7) 해양중력측량

(8) 해양지자기측량

(9) 해양기준점측량

3. 해상 위치 결정방법

해상에서의 선박의 위치를 결정하기 위한 해상위치측량은 선박의 항로 유지, 수심측량 등 해양측량뿐만 아니라 모든 해양활동에 있어서 가장 기초적이며 중요한 것이다. 해상의 위치 결정방법은 관측장비, 관측원리, 측량거리나 목적에 따라 다양하게 분류할 수 있다.

(1) 측량거리 및 목적에 따른 분류

① 근거리용 항법 : 재래적인 연안 항법, 근거리용 전파측량 System

② 중거리용 항법 : Radiobeacon, Consol, Decca

③ 장거리용 항법 : 천문항법, 위성항법, 관성항법, 추측항법, Loran, Omega, Autotape

(2) 주요 해상위치 결정체계

1) 지문항법

① 연안의 지물이나 항로표식 등에 의하여 항로위치를 결정하는 방법

② 연안항법과 추측항법으로 대별됨

2) 천문항법

① 항성이나 태양 등 천체를 관측하여 선박 위치를 결정하는 방법(육분의 이용)

② 원리는 천문측량과 동일

③ 주로 육분의에 의하며 천정각거리나 방위각 대신 고도와 시각을 관측

3) 전파항법

전파를 이용하여 무선국 간의 거리, 거리차 또는 방위를 관측함으로써 위치를 결정하는 방법

① 유효거리에 의한 분류
- 장거리 방식 : 유효거리 500해리 이상(Loran-A, Loran-C, Omega, Lambda)
- 중거리 방식 : 유효거리 100~500해리(Beacon, Consol, Decca)
- 단거리 방식 : 유효거리 100해리 이내(Hi-Fix, Raydist, ……)

② 위치선에 따른 분류
- 방사선 방식 : 위치선은 무선국 간의 방위선
- 원호 방식 : 두 무선국 간의 거리를 관측한 경우, 위치선은 원호가 되며, 중거리·단 거리용으로 사용
- 쌍곡선 방식 : 두 무선국과 다른 하나의 무선국 사이의 거리차를 관측한 경우 위치선 은 쌍곡선이 되며 장거리에 사용

③ 주파수에 의한 분류
- 초장파 방식 : 초장거리용
- 장파 방식 : 장거리용
- 중파 방식 : 중거리용
- 단파 방식 : 중거리용
- 초단파 방식 : 중거리/단거리용

4) 위성항법

① 인공위성은 지구중력장의 성질을 반영하므로 위성궤도를 정확히 관측하여 지구중력장 해석, 지오이드 결정, 수신점의 위치를 구할 수 있는 방법

② NNSS와 GNSS 방식이 있음

5) 관성항법

① 관성항법장치에 의하여 출발점으로부터 이동경로에 따른 순간 가속도를 구하여 위치를 결정하는 방법

② 전파항법, 위성항법과 함께 대양을 항해하는 선박이나 항공기에 널리 사용

③ 시통성, 기상, 대기 굴절 등과 무관하므로 잠수함 항법으로도 이용

④ 최근 정확도 향상으로 기준점 측량, 공사측량, 진북자오선 결정, 지구 물리측량에 신속 간편하게 적용

6) 음향항법

해저의 기지점에 설치된 음향표식(Acoustic Beaconer Transponder)의 초음파 신호를 이용하여 해수면 또는 수중에서의 위치를 결정하는 기법

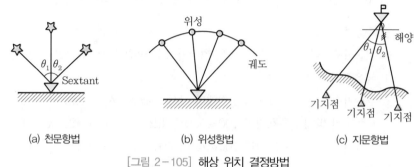

(a) 천문항법   (b) 위성항법   (c) 지문항법

[그림 2-105] 해상 위치 결정방법

4. 수심측량 방법

수심측량은 수심을 체계적인 방법으로 관측하여 해저지형기복을 알아내기 위한 측량이다. 오늘날 거의 대부분의 수심측량은 수면에서 해저까지의 음파신호의 왕복시간을 관측하여 수심을 알아내는 음향측심(Echo Sounding)에 의하여 이루어진다.

(1) 측추, 측간에 의한 방법

무게추를 매단 줄이나 막대로 직접 재는 방식이고 얕은 바다에서 활용된다.

(2) 사진측량에 의한 방법

수질이 아주 투명한 해역에서는 항공사진 또는 수중사진을 활용할 수 있다.

(3) 수중측량에 의한 방법

주로 해저 유물탐사 및 고고학적 연구에 응용되는 방법이다.

(4) 레이저에 의한 방법

초음파보다 훨씬 분해능이 높은 레이저를 이용하는 방법이다.

(5) 음향측심기에 의한 방법

1) 음향측심기의 원리

음향측심기는 선박에서 나간 음의 파동이 해저 바닥까지 도달한 후 반사되어 되돌아오는 것을 이용한다. 파동이 발사되어 되돌아오는 데 걸린 시간과 물속에서의 소리속도를 감안하여 계산함으로써, 해저지형에 대한 연속적인 기록을 얻을 수 있다.

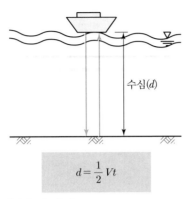

$$d = \frac{1}{2} Vt$$

여기서, d : 수심

V : 물속의 음파속도(1,500m/sec)

t : 음파가 해저에 닿아 되돌아오는
데 걸린 시간

[그림 2-106] 음향측심법

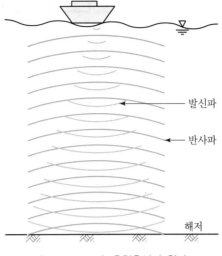

발신파

반사파

해저

[그림 2-107] 음향측심기 원리

2) 측정 시 고려사항

해수 중의 음파속도는 온도, 밀도, 염분, 압력 등의 물리적 조건에 따라 변화하므로 음속을
정확히 구하려면 물리적 조건을 정확히 측정하여야 한다.

5. 결론

최근 해양측량의 범위가 확산되고 해양과학 및 해양공학과의 상관성이 높아짐에 따라 해양측량
의 결과는 주로 항해용 해도는 물론 해저지형도, 해저지질구조도, 중력이상도 등의 다양한 형태
의 도면으로 작성되어 제공되며, 이를 기초로 하여 해양의 이용과 개발을 위한 항해 안전과 항만,
방파제 등 해양구조물 건설, 자원 탐사 및 개발계획 등이 이루어지고 있는 추세이다. 그러나 우리
나라의 해양측량은 음향측심기의 보급조차 일반화되어 있지 못할 만큼 낙후되어 있으므로 이 분
야에 대한 연구 및 예산 지원이 활성화되어야 할 것이라 판단된다.

CHAPTER 05 실전문제

01 단답형(용어)

(1) 타원체 종류

(2) 지구의 평균곡률반경

(3) 지오이드

(4) 합성지오이드 모델

(5) KNGeoid

(6) 자오선/묘유선

(7) 측지선/항정선

(8) 라플라스 점/라플라스 방정식

(9) 구면삼각형/구과량

(10) 경도/위도

(11) 위도의 종류

(12) 연직선 편차/수직선 편차

(13) 르장드르 정리/부가법

(14) 적경/적위

(15) 측지방위각/천문방위각

(16) 코리올리 효과/지형류

(17) 춘분점/추분점

(18) 세차/장동

(19) 항성시/세계시/표준시

(20) 역학시/국제원자시/협정세계시

(21) 천구좌표계

(22) ICRF 좌표계

(23) 지구좌표계

(24) UTM/UPS 좌표계

(25) WGS 좌표계

(26) ITRF 좌표계

(27) IERS

(28) 등퍼텐셜면

(29) 정표고/역표고/정규표고

(30) 중력보정 및 이상

(31) 지자기 3요소

(32) 탄성파 측량

(33) VLBI/SLR

(34) 위성 궤도요소(케플러 위성 궤도요소)

(35) 해양조석 관측

(36) 평균동적 해면

(37) 해양조석 부하

(1) 지구형상을 기하학적으로 정의하는 데 필요한 주요소에 대하여 설명하시오.

(2) 지오이드 결정방법 및 필요성에 대하여 설명하시오.

(3) 지표면을 수학적으로 표시하는 텔루로이드와 의사지오이드에 대하여 설명하시오.

(4) 천구좌표계에 대하여 설명하시오.

(5) 측량에 널리 이용되는 지구좌표계에 대하여 설명하시오.

(6) 좌표변환의 종류와 변환 과정에 대하여 설명하시오.

(7) 동적 및 준동적 측지계 도입의 필요성과 도입방안에 대하여 설명하시오.

(8) 중력 관측방법과 보정 및 이상에 대하여 설명하시오.

(9) 상대 중력측량의 수행방법에 대하여 설명하시오.

(10) 고도계 위성과 중력측정위성에 대하여 설명하시오.

(11) 중력측정에 의한 지하자원 및 지각구조탐사 방법에 대하여 설명하시오.

(12) 지자기측량 방법과 활용에 대하여 설명하시오.

(13) 천문측량의 목적 및 방법에 대하여 설명하시오.

(14) VLBI와 SLR에 대하여 설명하시오.

(15) VLBI 관측자료의 국가기준점 연계 방안에 대하여 설명하시오.

03

관측값 해석
(측량데이터 처리 및 오차)

CHAPTER 01 Basic Frame
CHAPTER 02 Speed Summary
CHAPTER 03 단답형(용어해설)
CHAPTER 04 주관식 논문형(논술)
CHAPTER 05 실전문제

CONTENTS

CHAPTER **01** _ Basic Frame

CHAPTER **02** _ Speed Summary

CHAPTER **03** _ 단답형(용어해설)

01. 경중률(Weight) ·· 239
02. 정오차와 부정오차 ·· 240
03. 오차곡선(정규분포) ·· 241
04. 정밀도(Precision)와 정확도(Accuracy) ··· 243
05. 오차타원(Error Ellipse) ·· 246
06. 공분산과 상관계수 ·· 248
07. 분산 – 공분산 매트릭스 ·· 249
08. 면적, 체적 정확도 ·· 251

CHAPTER **04** _ 주관식 논문형(논술)

01. 측량에서 발생하는 오차의 종류 ·· 253
02. 관측값의 최확값, 평균제곱근 오차, 표준오차 및 확률오차의 산정 ········· 256
03. 최소제곱법의 기본이론과 실례 ·· 259
04. 행렬에 의한 최소제곱법 해석 ·· 263
05. 최소제곱법의 실례(Ⅰ) ·· 267
06. 최소제곱법의 실례(Ⅱ) ·· 270
07. 최소제곱법의 실례(Ⅲ) ·· 271
08. 최소제곱법의 실례(Ⅳ) ·· 274
09. 최소제곱법의 실례(Ⅴ) ·· 278
10. 최소제곱법의 실례(Ⅵ) ·· 280
11. 오차전파(Error Propagation) ·· 284
12. 우연오차전파식 ·· 287
13. 오차전파 실례(Ⅰ) ·· 289
14. 오차전파 실례(Ⅱ) ·· 290
15. 오차전파 실례(Ⅲ) ·· 291
16. 오차전파 실례(Ⅳ) ·· 292

CHAPTER **05** _ 실전문제

01. 단답형(용어) ·· 296
02. 주관식 논문형(논술) ·· 297

CHAPTER

01 Basic Frame

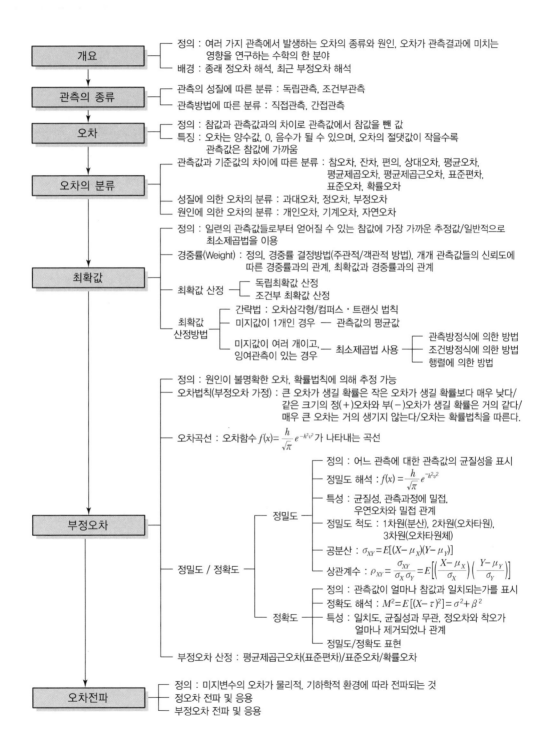

개요
- 정의 : 여러 가지 관측에서 발생하는 오차의 종류와 원인, 오차가 관측결과에 미치는 영향을 연구하는 수학의 한 분야
- 배경 : 종래 정오차 해석, 최근 부정오차 해석

관측의 종류
- 관측의 성질에 따른 분류 : 독립관측, 조건부관측
- 관측방법에 따른 분류 : 직접관측, 간접관측

오차
- 정의 : 참값과 관측값과의 차이로 관측값에서 참값을 뺀 값
- 특징 : 오차는 양수값, 0, 음수가 될 수 있으며, 오차의 절댓값이 작을수록 관측값은 참값에 가까움

오차의 분류
- 관측값과 기준값의 차이에 따른 분류 : 참오차, 잔차, 편의, 상대오차, 평균오차, 평균제곱오차, 평균제곱근오차, 표준편차, 표준오차, 확률오차
- 성질에 의한 오차의 분류 : 과대오차, 정오차, 부정오차
- 원인에 의한 오차의 분류 : 개인오차, 기계오차, 자연오차

최확값
- 정의 : 일련의 관측값들로부터 얻어질 수 있는 참값에 가장 가까운 추정값/일반적으로 최소제곱법을 이용
- 경중률(Weight) : 정의, 경중률 결정방법(주관적/객관적 방법), 개개 관측값들의 신뢰도에 따른 경중률과의 관계, 최확값과 경중률과의 관계
- 최확값 산정
  - 독립최확값 산정
  - 조건부 최확값 산정
- 최확값 산정방법
  - 간략법 : 오차삼각형/컴퍼스・트랜싯 법칙
  - 미지값이 1개인 경우 — 관측값의 평균값
  - 미지값이 여러 개이고, 잉여관측이 있는 경우 — 최소제곱법 사용
    - 관측방정식에 의한 방법
    - 조건방정식에 의한 방법
    - 행렬에 의한 방법

부정오차
- 정의 : 원인이 불명확한 오차, 확률법칙에 의해 추정 가능
- 오차법칙(부정오차 가정) : 큰 오차가 생길 확률은 작은 오차가 생길 확률보다 매우 낮다/같은 크기의 정(+)오차와 부(−)오차가 생길 확률은 거의 같다/매우 큰 오차는 거의 생기지 않는다/오차는 확률법칙을 따른다.
- 오차곡선 : 오차함수 $f(x)=\frac{h}{\sqrt{\pi}}e^{-h^2x^2}$ 가 나타내는 곡선
- 정밀도 / 정확도
  - 정밀도
    - 정의 : 어느 관측에 대한 관측값의 균질성을 표시
    - 정밀도 해석 : $f(x)=\frac{h}{\sqrt{\pi}}e^{-h^2x^2}$
    - 특성 : 균질성, 관측과정에 밀접, 우연오차와 밀접 관계
    - 정밀도 척도 : 1차원(분산), 2차원(오차타원), 3차원(오차타원체)
    - 공분산 : $\sigma_{XY}=E[(X-\mu_X)(Y-\mu_Y)]$
    - 상관계수 : $\rho_{XY}=\frac{\sigma_{XY}}{\sigma_X\sigma_Y}=E\left[\left(\frac{X-\mu_X}{\sigma_X}\right)\left(\frac{Y-\mu_Y}{\sigma_Y}\right)\right]$
  - 정확도
    - 정의 : 관측값이 얼마나 참값과 일치되는가를 표시
    - 정확도 해석 : $M^2=E[(X-\tau)^2]=\sigma^2+\beta^2$
    - 특성 : 일치도, 균질성과 무관, 정오차와 착오가 얼마나 제거되었나 관계
    - 정밀도/정확도 표현
- 부정오차 산정 : 평균제곱근오차(표준편차)/표준오차/확률오차

오차전파
- 정의 : 미지변수의 오차가 물리적, 기하학적 환경에 따라 전파되는 것
- 정오차 전파 및 응용
- 부정오차 전파 및 응용

CHAPTER

02 Speed Summary

01 오차론이란 여러 가지 관측에서 발생하는 오차의 종류와 원인, 오차가 관측결과에 미치는 영향을 연구하는 수학의 한 분야로 관측값해석론이라고도 한다.

02 과거에는 관측에서의 통계적 변화가 관측값의 정오차에 기인한 것으로 고려하여 오차론을 전개하였다. 그러나 오늘날의 오차론은 관측값을 참값이 아닌 평균값(또는 최확값)과 어떤 특정 편차를 갖는 불규칙한 확률분포의 표본값으로 고려하고 있다.

03 측량에서는 아무리 관측하여도 정확성의 한계로 인하여 참값을 얻을 수 없으므로 관측값을 보정 및 조정하여 최확값을 산정하고 오차를 해석하는데, 이 이론들을 총칭하여 관측값해석론 또는 오차론이라 한다.

04 관측(Observation)은 대상물의 현상과 요소를 측정하는 것을 의미한다. 관측을 통하여 얻은 관측값에 보정 및 조정을 거쳐 최종으로 얻는 최확값을 조정환산값이라 한다.

05 사물의 어떤 미지량 또는 현상을 헤아리기 위해 수행하는 일련의 과정인 관측은 그 성격에 따라 독립관측과 조건부관측으로 나눌 수 있다. 또한 이 두 관측은 관측방법에 따라 다시 직접관측과 간접관측으로 나누어진다.

06 참값(True Value)이란 대상물의 길이, 무게, 부피 등 여러 가지 형태의 진값을 말한다. 참값은 알 수 없으므로 일반적으로 통계학적, 확률론적으로 추정한 최확값을 참값으로 사용한다. 관측값과 참값의 차를 참오차라고 한다.

07 어떤 양을 관측할 때 아무리 주의하여도 정확성에는 한계가 있기 마련이므로 참값(True Value)을 얻을 수 없다. 이때 참값과 관측값의 차를 오차(Error)라 한다.

08 최확값과 참값의 차를 편의(Bias)라 하며, 관측값과 조정계산에 의해 추정된 추정값을 사용하여 계산된 값과의 차이를 잔차라 한다. 조정계산이 잘 수행되었는지에 대한 첫 번째 지표로 사용된다.

09 최확값(Most Probable Value)은 확률론적으로 기장 정확하다고 생각할 수 있는 값으로서, 최소제곱법에서 최확값은 평균값이 된다. 일반적으로 측정값들로부터 얻어질 수 있는 참값에 가장 가까운 추정값이라 할 수 있다.

10▸ 표준편차(Standard Deviation)는 잔차의 제곱의 합을 산술평균하고 이 값에 제곱근을 취하여 구한 값을 말한다.

11▸ 평균제곱근오차(RMSE : Root Mean Square Error)는 오차의 제곱을 산술평균한 값의 제곱근으로, 관측값의 불일치도를 나타낸다.

12▸ 오차전파(Error Propagation)란 랜덤 변수의 오차가 물리적, 기하학적 환경에 따라 전파되는 것을 의미한다.

13▸ 정밀도의 척도는 1차원인 경우 분산이나 표준오차, 2차원인 경우 오차타원, 3차원인 경우 오차타원체로 표현된다.

14▸ 두 개 이상의 임의 변수의 오차는 2차원 평면상에서 주어진 신뢰도를 만족하는 궤적인 타원으로 나타낼 수 있으며 이를 오차타원이라 한다.

15▸ 참값과 관측값의 편차인 정확도는 적합도를 표시하며, 관측값 간의 편차는 정밀도로 균질성을 표시한다.

16▸ 종래 오차론은 정오차에 기인한 오차를 고려하였으나, 최근 관측값을 참값이 아닌 최확값과 어떤 특정한 편차를 갖는 불규칙한 확률분포의 표본값으로 고려하고 있다. 미지량 관측 시 부정오차 발생 가능성의 정도를 확률이라고 하고, 오차법칙을 따르는 곡선을 오차곡선(확률곡선, 정규분포)이라 한다.

17▸ 관측값은 정규분포를 이루며 큰 오차가 생기는 확률은 작은 오차가 발생할 확률보다 매우 작다. 또한 같은 크기의 정(+)오차와 부(-)오차가 발생할 확률은 거의 같으며, 매우 큰 오차는 발생하지 않는다는 오차법칙을 따른다. 이 오차분포는 연속적인 확률변수 X가 분포할 때 평균 μ와 분산 σ^2을 갖는 정규분포이며 이 분포곡선을 확률곡선이라 한다.

18▸ 관측값으로부터 최확값을 얻기 위해 잔차의 제곱합이 최소가 되게 하는 기법을 최소제곱법이라 하며 이 경우 관측값이 정규분포곡선을 이룬다.

19▸ 공분산은 두 개의 확률변수가 있을 때 이들 상호 간의 분산을 나타낸다. 공분산은 X, Y의 관측단위에 관계하므로 상관의 정확도를 나타내는 척도로서는 좋지 않다. 따라서 단위에 관계하지 않는 X, Y의 표준편차에 의해 X, Y의 상관관계를 나타내는 척도로서 상관계수(Correlation Coefficient)가 이용되고 있다.

20▸ 착오(Mistake)란 관측자의 부주의에 의해 일어나는 오차이다. 눈금 읽기나 야장 기입을 잘못한 경우도 포함되며, 주의하면 방지할 수 있다. 일반적으로 관측한 값에 큰 오차가 있을 때는 반드시 착오가 있음을 알 수 있다.

21 정오차(Constant Error)는 일정한 조건하에서 일련의 관측값에 항상 같은 방향(+ 또는 −)과 같은 크기로 발생하는 오차로, 관측횟수에 따라 오차가 누적됨으로써 누차 또는 계통오차라고도 한다. 일정한 법칙에 따라 발생하므로 그 원인과 크기를 알면 보정할 수 있는 오차이다.

22 부정오차(Random Error)는 착오와 정오차를 제거하고 남는 오차로, 수 회 반복 관측 시 관측값이 일치하지 않는 경우이다. 오차발생 원인을 알 수 없고 관측값이 분산되며 부호와 크기가 불규칙하게 나타난다. 발생 원인이 불명확하여 보정이 어려운 오차로 관측 중에 우연히 생긴 조건 변화에 의한 것이다. 따라서 우연오차는 여러 번 관측 시 때때로 양측 방향이 불규칙적으로 발생하여 (+), (−) 오차가 서로 상쇄되는 오차라 하여 상차(Compensating Errors)라고도 한다. 부정오차는 주로 오차론에서 다루어지며, 수 회의 관측에 의해 나타나는 오차는 정규분포를 이루므로 확률법칙에 의해 처리된다. 이때 관측값의 처리는 최소제곱법(Least Square Method)을 사용하여 최확값을 추정하고 표준편차를 산출한다.

23 측량에서는 한번에 측정할 수 없는 경우 구간을 나누어 관측하며, 따라서 각각의 관측값에는 오차가 포함되어 계산 관측값에 누적되므로 이를 고려해야 한다. 정오차는 관측횟수에 비례하여 점점 누적되는 데 비하여 우연오차는 확률법칙에 따라 전파된다.

24 측량에 있어서 변수들은 여러 번 되풀이하면 다른 관측값을 갖는 임의의 변수가 된다. 이들 변수들은 관측값에 의해 조정하여 최확값을 산정하게 되며, 관측값 조정방법에는 간이법, 최소제곱법 등이 있다.

25 관측값의 오차 해석 시 가장 중요한 개념은 정확도와 정밀도의 차이를 이해하는 것이다. 정밀도는 특정 관측에 대한 관측값의 균질성을 표시하는 척도이며, 정확도는 관측값이 얼마나 참값과 일치되는가를 표시하는 척도이다.

26 분산이란 한 개의 확률변수에 대해 관측값들의 상관성을 나타내는 척도이고, 공분산이란 두 개의 확률변수에 대해 관측값들의 상관성을 나타내는 척도이다.

27 측량관측 시 아무리 주의해도 정확성 향상에는 한계가 있으므로 참값을 얻을 수 없다. 오차란 참값과 관측값의 차를 말하며 그 오차는 여러 구간 및 각으로 전파되므로, 각각의 오차에 대한 전파값을 계산하고 관측오차가 허용오차 범위 내에 있음을 확인하여야 한다. 오차전파는 정오차전파와 부정오차전파로 대별된다.

28 관측방정식에 의한 좌표조정법을 통해 구한 좌표(x, y)의 최확값의 표준편차는 방향에 따라 다르다. 오차타원(Error Ellipse)은 이와 같이 점의 수평위치에 대한 정밀도 영역을 나타내는 타원이다. 추정값의 오차타원은 Covariance Matrix를 이용해 도시할 수 있으며, 오차타원의 방향과 각 축의 크기는 Covariance Matrix의 고유벡터(Eigen Vector)와 고유값(Eigen Value)으로부터 구할 수 있다.

CHAPTER 03 단답형(용어해설)

01 경중률(Weight)

1. 개요

미지의 관측에서 개개 관측값의 정밀도가 동일하지 않을 경우에는 어떤 계수를 곱하여 개개 관측값 간에 균형을 이루게 한 후 최확값을 구한다. 이때 이 계수를 경중률이라 하는데, 개개 관측값들의 신뢰도를 나타내는 값으로서 이를 결정하는 데에는 주관적 결정방법과 객관적 결정방법이 있다.

2. 경중률 결정방법

(1) 주관적 방법

측량자의 기능, 기계의 성능, 관측 시의 기상조건 등에 따라 주관적으로 결정한다.

(2) 객관적 방법

관측반복횟수에 비례, 관측거리에 반비례, 표준오차의 제곱에 반비례, 확률오차의 제곱에 반비례, 정밀도의 제곱에 비례한다.

3. 개개 관측값들의 신뢰도에 따른 경중률과의 관계

(1) 경중률은 관측횟수(N)에 비례한다.

$$W_1 : W_2 : W_3 = N_1 : N_2 : N_3$$

(2) 경중률은 노선거리(S)에 반비례한다.

$$W_1 : W_2 : W_3 = \frac{1}{S_1} : \frac{1}{S_2} : \frac{1}{S_3}$$

(3) 경중률은 표준오차(E) 및 확률오차(r)의 제곱에 반비례한다.

$$W_1 : W_2 : W_3 = \frac{1}{E_1{}^2} : \frac{1}{E_2{}^2} : \frac{1}{E_3{}^2}$$

(4) 경중률은 정밀도(m)의 제곱에 비례한다.

$$W_1 : W_2 : W_3 = m_1{}^2 : m_2{}^2 : m_3{}^2$$

4. 최확값과 경중률과의 관계

(1) 최확값은 어떤 관측값에서 가장 높은 확률을 가지는 값이다.
(2) 관측값들의 경중률이 다르면 최확값을 구할 때 경중률을 고려해야 한다.

02 정오차와 부정오차

1. 개요

오차란 참값과 관측값의 차를 말한다. 측량에 있어서 요구 정확도를 미리 정하고 관측값의 오차가 허용오차 범위 내에 있음을 확인하는 것은 매우 중요한 일이다. 이러한 오차는 자연오차나 기계의 결함 또는 관측자의 습관과 부주의에 의해 일어난다. 측량값의 조정순서는 우선 과오를 제거하고, 정오차를 보정 후 우연오차를 추정하여 최종적으로 최확값을 얻는 과정을 거친다.

2. 과대오차(Blunders)

(1) 측량의 오차 종류 중에서 주로 관측자의 미숙이나 부주의에 의해 발생하는 것으로 관측 시 주의를 기울이면 방지할 수 있는 오차이다.
(2) 일반적으로 반복 관측한 값에 큰 오차가 있을 때는 과오가 있다고 볼 수 있다.
(3) 과오는 이론적으로 보정할 수 없으므로 반복관측된 값으로부터 이를 찾아내어 제거한다.
(4) 이 오차가 포함되면 최소제곱법의 대상이 되지 못한다.

3. 정오차(Systematic Error)

(1) 일정한 조건하에서 일련의 관측값에 항상 같은 크기로 발생하는 오차를 말한다.
(2) 관측 횟수에 따라 오차가 누적됨으로 누차라고도 한다.
(3) 오차가 일정한 법칙에 따라 발생하므로 원인과 상태만 알면 오자를 제거할 수 있나.

4. 부정오차(Random Error)

(1) 관측값에 포함된 오차의 하나로, 원인을 알 수 없고 그 크기와 부호가 불규칙하여 관측값에서 소거할 수 없는 작은 오차를 말한다.

(2) 동일 대상을 여러 번 관측한 관측값에서 착오를 소거하고 정오차를 보정하여도 관측값이 모두 같지 않은 이유는 관측값에 아직 이 오차가 포함되어 있기 때문이다.

(3) 우연오차(Acidental Error), 또는 여러 번 관측 시 그 크기와 부호가 불규칙적으로 발생하여 서로 상쇄되는 오차라 하여 상차(Compensating Error)라고도 한다.

(4) 부정오차는 정규분포를 이루므로 확률법칙에 의해 처리된다.

03 오차곡선(정규분포)

1. 개요

종래의 오차론은 정오차에 기인한 오차를 고려하였으나, 근래에는 관측값을 참값이 아닌 최확값과 어떤 특정한 편차를 갖는 불규칙한 확률분포의 표본값으로 추정하고 있다. 측량에 있어서 미지량 관측 시 부정오차의 발생 가능성의 정도를 확률이라 하고 오차법칙을 따르는 곡선을 오차곡선(확률곡선, 정규곡선, 가우스곡선)이라 한다.

2. 오차법칙

부정오차는 어떤 법칙을 갖고 분포하게 되며 분포 특성을 다음과 같이 정의할 수 있다.

(1) 큰 오차가 생길 확률은 작은 오차가 생길 확률보다 매우 낮다.

(2) 같은 크기의 정(+)오차와 부(−)오차가 생길 확률은 거의 같다.

(3) 매우 큰 오차는 거의 생기지 않는다.

(4) 모든 오차들은 확률법칙을 따른다.

3. 오차곡선(정규분포)

오차곡선은 오차의 분포상태를 나타낸다고 인정되는 곡선으로 연속적인 확률변수 X 가 아래 식과 같은 분포를 할 때 평균 μ 와 분산 σ^2 을 갖는 분포를 정규분포라고 하며, 이 분포곡선이 확률곡선이다.

$$f(x) = \frac{1}{\sqrt{2\pi}\,\sigma} e^{-\frac{1}{2}\left(\frac{x-\mu}{\sigma}\right)^2} \longrightarrow f(x) = \frac{h}{\sqrt{\pi}} e^{-h^2 v^2}$$

여기서, 관측의 정밀도 계수$(h) = \dfrac{1}{\sigma\sqrt{2}}$, $(x-\mu) = v$

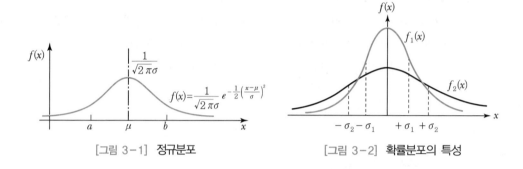

[그림 3-1] 정규분포   [그림 3-2] 확률분포의 특성

4. 오차곡선의 특징

(1) 오차곡선은 평균 μ에 대칭인 종 모양이다.

(2) 정규분포는 N(평균 μ, 분산 σ^2)으로 표기한다.

(3) X가 a와 b 사이에 존재할 확률은 $P(a \le X \le b) = \displaystyle\int_a^b f(x)dx$이다(그림 3-1).

(4) σ가 클 때 확률변수는 평균값에서 멀리 분포하고 σ가 작을 때 확률변수는 평균값으로 밀집한다.(그림 3-2)

(5) 독립확률변수 l_i가 $N(\mu_i, \sigma_i^2)$일 때 l_i의 전체 평균(μ)과 분산(σ^2)은

$$\mu = \frac{1}{n}\sum_{i=1}^{n}\mu_i, \ \ \sigma^2 = \frac{1}{n}\sum_{i=1}^{n}\sigma_i^2 \text{로 표시된다.}$$

(6) 표준정규분포 : 확률변수 X가 $N(0, 1)$일 때 분포로 $Z = \dfrac{X-\mu}{\sigma}$는 표준정규분포가 된다.

5. 정규분포의 영역의 확률(측량에서 많이 이용되는 확률)

정규분포 $N(\mu, \sigma^2)$에서 σ의 상수배인 영역의 확률은 다음과 같다.

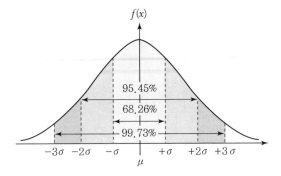

$$P[-\sigma \leq (x-\mu) \leq \sigma] = 0.6826$$
$$P[-2\sigma \leq (x-\mu) \leq 2\sigma] = 0.9545$$
$$P[-3\sigma \leq (x-\mu) \leq 3\sigma] = 0.9973$$
$$P[-4\sigma \leq (x-\mu) \leq 4\sigma] = 1.0000$$

[그림 3-3] 정규분포의 영역의 확률

04 정밀도(Precision)와 정확도(Accuracy)

1. 개요

관측값의 오차 해석 시 가장 중요한 개념은 정확도와 정밀도의 차이를 이해하는 것이다. 정밀도는 어느 관측에 대한 관측값의 균질성을 표시하는 척도이며, 정확도는 관측값이 얼마나 참값과 일치되는가를 표시하는 척도이다. 정확도는 정오차와 우연오차를 포함한 크기를 나타내고 정밀도는 주로 우연오차의 크기를 나타낸다.

2. 오차법칙

관측값은 정규분포(Normal Distribution)를 이루고 다음과 같은 오차법칙을 따른다고 가정한다.
(1) 큰 오차가 생기는 확률은 작은 오차가 발생할 확률보다 극히 작다.
(2) 같은 크기의 정(+)오차와 부(−)오차가 발생할 확률은 거의 같다.
(3) 매우 큰 오차는 거의 발생치 않는다.
(4) 오차들은 확률법칙을 따른다.

3. 정밀도

정밀도는 어느 관측값에 대한 균질성을 표시하며 우연오차와 매우 밀접한 관계를 갖는다.

(1) 정밀도 해석

연속적인 확률변수 X가 $f(x) = \dfrac{h}{\sqrt{\pi}} e^{-h^2 v^2}$과 같이 분포할 때 평균 μ와 분산 σ^2을 갖는 분포를 정규분포라 하며, 이 분포곡선이 확률곡선이다.

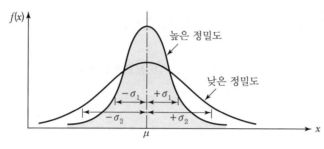

$$f(x) = \frac{1}{\sqrt{2\pi}\,\sigma} e^{-\frac{1}{2}\left(\frac{x-\mu}{\sigma}\right)^2} \longrightarrow f(x) = \frac{h}{\sqrt{\pi}} e^{-h^2 v^2}$$

여기서, $h = \dfrac{1}{\sigma\sqrt{2}}$ 는 정밀도계수, $x - \mu = v$

[그림 3-4] 밀도함수

[그림 3-4]에서 $\sigma_1 < \sigma_2$이므로 σ_1은 높은 정밀도를 나타내며 σ_2는 낮은 정밀도를 나타낸다. 표준편차는 정밀도를 나타내는 척도이며, 정밀도는 반복관측일 경우 각 관측값의 편차를 의미한다.

(2) 정밀도 특성

① 관측의 균질성을 표시하는 척도
② 관측값의 편차가 적으면 정밀하고 편차가 크면 정밀하지 못함
③ 정밀도는 관측과정과 밀접한 관계가 있음
④ 관측장비와 관측방법에 크게 영향을 받음
⑤ 우연오차와 매우 밀접한 관계가 있음

4. 정확도

참값과 관측값의 편차를 나타낸 것으로 우연오차뿐만 아니라 보정되지 않는 정오차 또는 과실에 의해 일어난 편의(Bias)에 의해 영향을 받는다.

(1) 정확도 해석

평균제곱오차(MSE : M^2)는 $M^2 = E[(X-\tau)^2] = \sigma^2 + \beta^2$

여기서, τ는 참값이고, 평균제곱오차는 정확도를 나타내는 척도이다. 평균제곱오차 M^2에 편의($\beta = \mu - \tau$)를 대입하고 기댓값 정리($\sigma^2 = E(X^2) - \mu^2$)를 이용하면 다음과 같은 식이 된다.

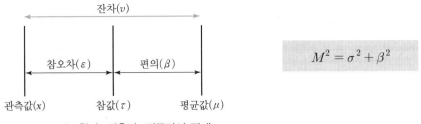

$$M^2 = \sigma^2 + \beta^2$$

[그림 3-5] 참값, 관측값, 평균값의 관계

즉, σ가 증가하면 정밀도는 감소하고 β가 증가하면 정확도는 감소한다. σ가 감소하고 β가 증가하면 정밀도는 높아지나 정확도는 낮아지므로, 정밀도가 높다고 해서 반드시 정확도가 높다고 말할 수는 없다.

(2) 정확도 특성

① 관측값과 참값이 얼마나 일치되는가 표시하는 척도
② 관측의 정교성이나 균질성과는 무관
③ 정오차와 착오를 얼마나 제거하였는가와 관계

5. 정확도와 정밀도 표현

[그림 3-6]에서 보는 바와 같이 (a)는 정확하면서 정밀하고, (b)는 정확하지 않지만 정밀하며, (c)는 정확하나 정밀하지 않고, (d)는 정밀도 및 정확도와는 무관하다.

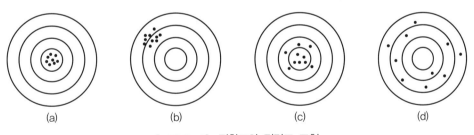

[그림 3-6] 정확도와 정밀도 표현

1. 개요

분산이나 표준편차는 각이나 거리와 같이 1차원의 경우에 대한 정밀도의 척도이며, 점의 수평위치와 같이 2차원상에서의 정밀도 영역은 오차타원으로 나타낸다. 두 개 이상의 임의 변수의 오차는 2차원 평면상에서 주어진 신뢰도를 만족하는 타원으로 나타낼 수 있으며 이를 오차타원이라한다.

2. 오차타원

관측값 x, y에 대해 σ_x를 장반경, σ_y를 단반경으로 하는 타원을 오차타원이라 하며, 오차타원에서 X축을 기준으로 각 θ를 이룬 선분 $\overline{OQ}$상의 점 S에서 수선을 그어 타원과 접할 때 점 S가 나타내는 궤적을 오차곡선이라 한다.

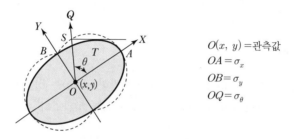

$O(x,\ y) =$ 관측값
$OA = \sigma_x$
$OB = \sigma_y$
$OQ = \sigma_\theta$

[그림 3-7] 오차타원

3. 오차타원의 특징 및 도시방법

(1) 오차타원의 크기가 작을수록 정확도가 높다.
(2) 오차타원이 원에 가까울수록 오차의 균질성이 좋다.
(3) 오차타원의 요소는 타원의 장·단축과 회전각이다.
(4) 오차타원은 분산, 공분산 행렬의 계수로부터 구할 수 있다.
(5) 측정값의 오차타원은 Covariance Matrix를 이용해 도시할 수 있으며, 오차타원의 방향과 각축의 크기는 Covariance Matrix의 고유벡터와 고유값으로부터 구할 수 있다.

4. 표준오차타원(Standard Error Ellipse)

관측값 x, y에 대해 장반경 축이 $\sigma_{\max}$이고 단반경 축이 $\sigma_{\min}$인 타원을 표준오차타원이라 하며, 신뢰타원에서 표준오차타원 내에 존재할 확률은 0.394이다.

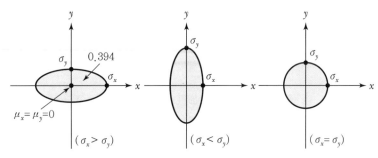

[그림 3-8] 표준오차타원

5. 신뢰타원(Confidence Ellipse)

표준오차타원의 장반경과 단반경에 2.447배가 되는 타원을 신뢰타원이라 한다. 즉, 2차원의 랜덤변수에 신뢰도를 나타내는 타원을 말한다. 추정된 2차원 랜덤변수의 값은 2차원 평면상에 도시되며, 이 점을 기준으로 하여 두 변수의 추정오차를 타원으로 도시하는 것으로 추정값의 상관관계와 오차의 크기에 따라 타원의 방향과 크기가 다르게 된다.

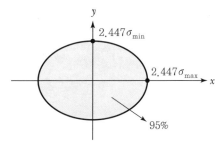

[그림 3-9] 신뢰타원

공분산과 상관계수

1. 개요

한 개의 확률변수에 대한 관측값들의 상관성을 나타내기 위해 분산과 표준편차를 사용하며, 두 개의 확률변수에는 공분산과 상관계수가 이용되고 있다.

2. 분산과 표준편차(Variance & Standard Deviation)

분산은 확률분포(관측값)의 흩어짐을 나타내는 척도이며 분산의 제곱근인 표준편차도 관측값들 상호 간의 편차를 나타낸다.

(1) 분산은 밀도함수를 갖는 확률변수 X와 평균값 μ의 차의 제곱의 기댓값

$$E[(X-\mu)^2] = \sum_{i=1}^{N}(x_i-\mu)^2 \cdot P(x_i)$$
$$= \int_{-\infty}^{\infty}(x-\mu)^2 f(x)dx$$

(2) 분산의 표기

$$\sigma^2 = Var(X) = E[(X-\mu)^2]$$

여기서, E : 기댓값
μ : 평균값
$P(x_i)$: x_i의 확률값

3. 공분산과 상관계수(Covariance & Correlation Coefficient)

공분산은 두 개의 확률변수가 있을 때 이들 상호 간의 분산을 나타낸다. 공분산은 X, Y의 관측단위에 관계하므로 상관의 정도를 나타내는 척도로서는 좋지 않다. 따라서 단위에 관계하지 않는 X, Y의 표준편차에 의해 X, Y의 상관관계를 나타내는 척도로서 상관계수(ρ_{XY} : Correlation Coefficient)가 이용되고 있다.

(1) 공분산

두 개의 확률변수 X, Y에 대한 함수를 $(X-\mu_X)(Y-\mu_Y)$라 하면 이때 기댓값을 공분산이라 하며 σ_{XY}로 표기한다.

$$\sigma_{XY} = E[(X - \mu_X)(Y - \mu_Y)]$$

(2) 상관계수

단위에 관계하지 않는 X, Y의 표준편차에 의해 X, Y의 상관관계를 나타내는 척도로서 상관계수(ρ_{XY})가 이용된다.

$$\rho_{XY} = \frac{\sigma_{XY}}{\sigma_X \sigma_Y} = E\left[\left(\frac{X - \mu_X}{\sigma_X}\right)\left(\frac{Y - \mu_Y}{\sigma_Y}\right)\right]$$

여기서, μ_X, μ_Y : 확률변수 X, Y의 평균값

07 분산 – 공분산 매트릭스

1. 개요

분산이란 한 개의 확률변수에 대해 관측값들의 상관성을 나타내는 척도이고, 공분산이란 두 개의 확률변수에 대해 관측값들의 상관성을 나타내는 척도이다.

2. 분산과 공분산의 매트릭스

분산과 공분산을 매트릭스로 표현하면 분산은 대각 행렬이 되고 공분산은 비대각 행렬이 된다.

$$\begin{pmatrix} \sigma_{11} & \sigma_{12} & \sigma_{13} & \sigma_{14} & \sigma_{15} & \sigma_{16} & \sigma_{17} \\ \sigma_{21} & \sigma_{22} & \sigma_{23} & \sigma_{24} & \sigma_{25} & \sigma_{26} & \sigma_{27} \\ \sigma_{31} & \sigma_{32} & \sigma_{33} & \sigma_{34} & \sigma_{35} & \sigma_{36} & \sigma_{37} \\ \sigma_{41} & \sigma_{42} & \sigma_{43} & \sigma_{44} & \sigma_{45} & \sigma_{46} & \sigma_{47} \\ \sigma_{51} & \sigma_{52} & \sigma_{53} & \sigma_{54} & \sigma_{55} & \sigma_{56} & \sigma_{57} \\ \sigma_{61} & \sigma_{62} & \sigma_{63} & \sigma_{64} & \sigma_{65} & \sigma_{66} & \sigma_{67} \\ \sigma_{71} & \sigma_{72} & \sigma_{73} & \sigma_{74} & \sigma_{75} & \sigma_{76} & \sigma_{77} \end{pmatrix}$$

(1) 분산

분산은 확률변수가 하나인 경우로 상기의 σ_{11}, σ_{22}, σ_{33} ……은 확률변수 $\sigma_{ii} = \sigma_i \times \sigma_i$의 곱의 형태로 확률변수가 하나 있음을 뜻하며, 이러한 분산은 매트릭스로 표현하면 대각선상에 위치하게 된다.

(2) 공분산

공분산은 확률변수가 두 개 있는 경우로 상기의 σ_{12}, σ_{13}, σ_{14} ⋯은 확률변수 $\sigma_{ij} = \sigma_i \times \sigma_j$ 의 곱의 형태로 확률변수가 두 개 있음을 뜻하며, 이러한 공분산은 매트릭스로 표현하면 비대각선상에 위치하게 된다.

3. 분산 – 공분산 매트릭스의 응용

부정오차전파의 오차전파식을 매트릭스를 이용하여 표현할 수도 있다.

(1) 부정오차전파식(일반식)

$$(\sigma_y)^2 = \left(\frac{\partial f}{\partial x_1}\right)^2 \sigma_1{}^2 + \left(\frac{\partial f}{\partial x_2}\right)^2 \sigma_2{}^2 + \cdots + \left(\frac{\partial f}{\partial x_n}\right)^2 \sigma_n{}^2 + 2\left(\frac{\partial f}{\partial x_1}\right)\left(\frac{\partial f}{\partial x_2}\right)\sigma_{12}$$
$$+ 2\left(\frac{\partial f}{\partial x_1}\right)\left(\frac{\partial f}{\partial x_3}\right)\sigma_{13} + \cdots$$

(2) 부정오차전파식의 매트릭스 표현

$$(\sigma_y)^2 = \begin{pmatrix} \dfrac{\partial f}{\partial x_1} & \dfrac{\partial f}{\partial x_2} & \dfrac{\partial f}{\partial x_3} & \cdots & \dfrac{\partial f}{\partial x_n} \end{pmatrix} \begin{pmatrix} \sigma_{11} & \sigma_{12} & \cdots & \sigma_{1n} \\ \sigma_{21} & \sigma_{22} & \cdots & \sigma_{2n} \\ \sigma_{31} & \sigma_{32} & \cdots & \sigma_{3n} \\ \cdots & \cdots & \cdots & \cdots \end{pmatrix} \begin{pmatrix} \dfrac{\partial f}{\partial x_1} \\ \dfrac{\partial f}{\partial x_2} \\ \cdots \\ \dfrac{\partial f}{\partial x_n} \end{pmatrix}$$

만약 변수들이 비상관관계에 있다면, 즉 독립관측일 경우 공분산은 0이 되어 오차전파식이 일반화된다.

08 면적, 체적 정확도

1. 개요

면적과 체적은 거리관측을 통하여 계산되므로 거리측량의 정확도와 면·체적측량의 정확도 사이의 관계를 고려하면 거리측량의 정확도를 통해 면·체적의 측량의 정확도를 산정할 수 있다.

2. 면적측량의 정확도

관측된 수평거리 x, y의 거리오차를 dx, dy라 하고 거리관측의 정확도가 $\dfrac{dx}{x} = \dfrac{dy}{y} = k$로 동일하다고 할 때 면적오차 dA는 다음과 같다.

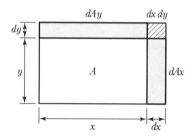

[그림 3-10] 면적측량의 정확도

$$dA = (x+dx)(y+dy) - xy = xdy + ydx + dxdy$$

미소항의 2차식을 무시하고, 양변을 면적(A)으로 나누면 면적 정확도는 다음과 같다.

$$\frac{dA}{A} = \frac{dy}{y} + \frac{dx}{x} = 2k$$

즉, 면적측량의 정확도는 거리측량 정확도의 2배이다.

3. 면적측량의 정확도의 실례

> $3,000\text{m}^2$ 면적을 측량하고자 하는데 동일한 정밀도로 거리관측을 수행한다고 하였을 때 면적오차가 0.3m^2 이내일 때 거리관측의 소요 정밀도는?

$\dfrac{dA}{A} = 2\dfrac{dl}{l}$ 에서 $\dfrac{0.3}{3,000} = 2 \times \dfrac{dl}{l}$ 이므로 거리의 정밀도 $\left(\dfrac{dl}{l}\right) = \dfrac{1}{20,000}$ 이 된다.

4. 체적측량의 정확도

관측된 수평 및 수직거리 x, y, z의 거리오차를 dx, dy, dz라 하고 거리관측의 정확도가 k로 일정하다고 할 때 체적오차 dV는 다음과 같다.

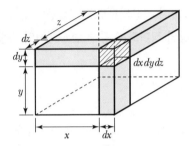

[그림 3-11] 체적측량의 정확도

$$dV = (x+dx)(y+dy)(z+dz) - xyz$$
$$= xydz + xzdy + xdydz + yzdx + ydxdz + zdxdy + dxdydz$$

미소항의 2차식을 무시하고, 양변을 체적(V)으로 나누면 체적측량의 정확도는 다음과 같다.

$$\frac{dV}{V} = \frac{dz}{z} + \frac{dy}{y} + \frac{dx}{x} = 3k$$

즉, 체적측량의 정확도는 거리측량 정확도의 3배가 된다.

5. 체적측량의 정확도의 실례

체적 1,000m³지역을 0.2m³까지 정확히 잴 경우 거리관측의 정확도는?(단, 거리관측은 동일함)

$\dfrac{dV}{V} = 3\dfrac{dl}{l}$ 에서 $\dfrac{0.2}{1,000} = 3 \times \dfrac{dl}{l}$ 이므로 거리의 정밀도 $\left(\dfrac{dl}{l}\right) = \dfrac{1}{15,000}$ 이 된다.

CHAPTER 04 주관식 논문형(논술)

01 측량에서 발생하는 오차의 종류

1. 개요

오차란 참값과 관측값의 차를 말한다. 측량에 있어서 요구 정확도를 미리 정하고 관측값의 오차가 허용오차 범위 내에 있음을 확인하는 것은 매우 중요한 일이다. 이러한 오차는 자연오차나 기계의 결함 또는 관측자의 습관과 부주의에 의해 일어나며, 일반적으로 관측값과 기준값의 차이에 따른 오차, 성질에 의한 오차, 원인에 의한 오차로 크게 분류된다.

2. 관측값과 기준값의 차이에 따른 오차의 분류

관측값과 기준값의 차이에 따른 오차에는 참오차, 편의, 평균제곱근오차, 표준오차, 확률오차 등 으로 구분된다.

(1) 참오차(True Error)

관측값과 참값의 차

$$\varepsilon = x - \tau$$

(2) 잔차(Residual)

관측값과 조정계산에 의해 추정한 최확값의 차

$$v = x - \mu$$

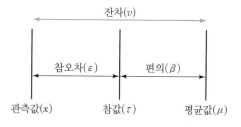

[그림 3-12] 참오차, 잔차, 편의

(3) 편의(Bias)

최확값과 참값의 차

$$\beta = \mu - \tau$$

(4) 상대오차(Relative Error)

관측값 x에 대한 잔차의 절댓값의 비율

$$R_e = \frac{|v|}{x}$$

(5) 평균오차(Mean Error)

관측값들의 잔차를 절댓값으로 취해 평균한 오차

$$M_e = \frac{\sum |v|}{n}$$

(6) 평균제곱오차(MSE : Mean Square Error)

분산과 편의제곱의 합(정확도의 척도)

$$M^2 = \sigma^2 + \beta^2 = E\left[(X-\tau)^2\right]$$ 　여기서, X : 확률변수, τ : 참값

(7) 평균제곱근오차(RMSE : Root Mean Square Error)

잔차의 제곱합을 산술평균한 값의 제곱근(밀도함수 68.26%)

$$\sigma = \pm \sqrt{\frac{[vv]}{n-1}}$$

(8) 표준편차(Standard Deviation)

잔차의 제곱합을 산술평균한 값의 제곱근(독립관측값의 정밀도 척도)

$$\sigma = \pm \sqrt{\frac{[vv]}{n-1}}$$

(9) 표준오차(Standard Error)

오차의 제곱합을 산술평균한 값의 제곱근(조정환산값(평균값)의 정밀도의 척도)

$$\sigma = \pm \sqrt{\frac{[vv]}{n(n-1)}}$$

(10) 확률오차(Probability Error)

절댓값이 큰 오차가 생기는 확률과 절댓값이 작은 오차가 생기는 확률이 같은 오차(밀도함수의 50%)

$$\gamma_o = \pm 0.6745 \sqrt{\frac{[vv]}{n(n-1)}}$$

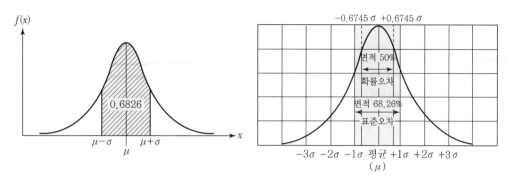

[그림 3-13] 밀도함수곡선과 확률분포

3. 성질에 의한 오차의 분류

(1) 착오, 과실, 과대오차(Blunders, Mistakes)

① 관측자의 미숙, 부주의에 의한 오차(눈금 읽기, 야장 기입 잘못 등)
② 주의하면 방지 가능

(2) 정오차, 계통오차, 누차(Constant Error, Systematic Error)

① 일정 조건하에서 같은 방향과 같은 크기로 발생되는 오차로서, 오차가 누적되므로 누차라
고도 함
② 원인과 상태만 알면 제거 가능

(3) 부정오차, 우연오차, 상차(Random Error, Compensating Error)

① 원인이 불명확한 오차
② 서로 상쇄되기도 하므로 상차라고 함
③ 최소제곱법에 의한 확률법칙에 의해 추정 가능

4. 원인에 의한 오차의 분류

(1) 개인 오차(Personal Error)

관측자의 습관과 부주의에 의한 오차로 관측방법과 관측자를 바꿈으로써 보정 가능

(2) 기계 오차(Instrumental Error)

사용하는 관측기기의 상태와 정밀도에 따라 생기는 오차

(3) 자연적 오차(Natural Error)

주위환경 및 자연현상의 조건에 따라 생기는 오차

5. 결론

측량에서 관측 시 수반되는 오차는 무수히 많으며 관측값의 신뢰성에 많은 영향을 미친다. 그러나 현장측량에는 많은 관측을 실시함에도 불구하고 오차에 대한 개념숙지와 처리능력이 현실적으로 부족하므로 성과심사에 대한 정확성 및 제도적 뒷받침이 수행되어야 한다고 판단된다.

---

02 관측값의 최확값, 평균제곱근 오차, 표준오차 및 확률오차의 산정

1. 개요

측량에서는 아무리 관측하여도 정확성의 한계로 인하여 참값을 얻을 수 없으므로 최확값을 산정하여 관측값을 해석한다. 관측값 해석에서 신뢰도 표현인 평균제곱근오차와 확률오차 산정은 오차해석의 중요한 요소이다.

2. 최확값(Most Probable Value)

측량은 반복관측하여도 참값을 얻을 수 없으며, 참값에 가까운 값에 도달하는 데 그칠 수밖에 없다. 이 값을 참값에 대한 최확값이라 한다. 최확값은 일련의 관측값들로부터 얻어질 수 있는 참값에 가장 가까운 추정값이다.

(1) 경중률(Weight) : 무게, 중량값, 비중

어느 한 관측값과 이와 연관된 다른 관측값에 대한 상대적 신뢰성을 표현하는 척도로서 다음과 같은 성질을 가진다.

① 경중률은 관측횟수(N)에 비례한다.

$$w_1 : w_2 : w_3 = N_1 : N_2 : N_3$$

② 경중률은 노선거리(S)에 반비례한다.

$$w_1 : w_2 : w_3 = \frac{1}{S_1} : \frac{1}{S_2} : \frac{1}{S_3}$$

③ 경중률은 평균제곱근오차(m)의 제곱에 반비례한다.

$$w_1 : w_2 : w_3 = \frac{1}{m_1^2} : \frac{1}{m_2^2} : \frac{1}{m_3^2}$$

(2) 최확값 산정

최확값 산정은 독립관측에서는 관측값들의 경중률에 따른 평균값의 산정을 의미하고, 어떤 조건하에서 수행되는 조건부관측에서는 관측값과 조건이론값의 차이를 경중률에 따라 보정하는 과정을 의미한다.

1) 독립관측

[표 3-1] 최확값 산정

경중률이 일정할 때	경중률을 고려할 때
$L_0 = \dfrac{L_1 + L_2 + \cdots\cdots + L_n}{n}$	$L_0 = \dfrac{w_1 L_1 + w_2 L_2 + \cdots\cdots + w_n L_n}{w_1 + w_2 + \cdots\cdots + w_n}$

여기서, L_0 : 최확값　　　$L_1, L_2, \cdots\cdots, L_n$: 관측값　　　$w_1, w_2, w_3, \cdots\cdots, w_n$: 경중률

2) 조건부관측

① 경중률이 일정할 때 : 관측값과 조건이론값의 차이를 등배분한다.

② 경중률을 고려할 때 : 보정량을 경중률에 비례하여 배분한다.

3. 평균제곱근오차(RMSE : Root Mean Square Error, 표준편차) 및 표준오차(Standard Error)

평균제곱근오차는 잔차의 제곱을 산술평균한 값의 제곱근을 말하고, 관측값들 상호 간의 편차를 의미하는 표준편차와 같은 의미로 사용된다. 표준오차는 평균값의 표준편차를 말하며, 관측값의 표준편차를 관측횟수의 제곱근으로 나눈 값이다.

(1) 정규분포와 확률곡선

관측값은 정규분포(Normal Distribution)를 이루고 다음과 같은 오차법칙을 따른다고 가정한다.

• 큰 오차가 생기는 확률은 작은 오차가 발생할 확률보다 매우 작다.

• 같은 크기의 정(+)오차와 부(−)오차가 발생할 확률은 거의 같다.

• 매우 큰 오차는 거의 발생하지 않는다.

오차곡선은 오차의 분포상태를 나타낸다고 인정되는 곡선으로 연속적인 확률변수 X가 다음 식과 같은 분포를 할 때 평균 μ와 분산 σ^2을 갖는 분포를 정규분포라고 하며, 이 분포곡선이 확률곡선이다.

$$f(x) = \frac{1}{\sqrt{2\pi}\,\sigma} e^{-\frac{1}{2}\left(\frac{x-\mu}{\sigma}\right)^2} \Rightarrow f(x) = \frac{h}{\sqrt{\pi}} e^{-h^2 v^2}$$

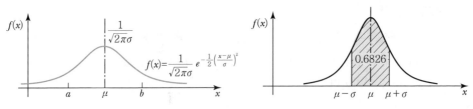

[그림 3-14] 정규분포와 밀도함수곡선

(2) 평균제곱근오차 및 표준오차 산정

밀도함수 68.26% 범위에서 잔차의 제곱을 산술평균한 값의 제곱근을 말한다.

1) 최확값의 표준오차

① 관측정밀도가 같을 때

$$\overline{\sigma} = \pm\sqrt{\frac{[vv]}{n(n-1)}}$$

② 관측정밀도가 다를 때

$$\overline{\sigma} = \pm\sqrt{\frac{[wvv]}{[w](n-1)}}$$

2) 1회 관측 시(개개 관측 시) 평균제곱근오차

① 관측정밀도가 같을 때

$$\sigma = \pm\sqrt{\frac{[vv]}{n-1}}$$

② 관측정밀도가 다를 때

$$\sigma = \pm\sqrt{\frac{[wvv]}{n-1}}$$

여기서, $\overline{\sigma}$: 표준오차 σ : 평균제곱근오차
n : 관측횟수 v : 잔차(관측값 – 최확값)
w : 경중률

4. 확률오차 및 정도

확률오차는 밀도함수 전체의 50% 범위를 나타내는 오차를 말하며, 표준편차승수 k가 0.6745인 오차를 말한다.

(1) 확률오차(γ_0) 산정

1) 1회 관측(개개관측)에 대한 확률오차(γ_0)

① 관측정밀도가 같을 때

$$\gamma_0 = \pm 0.6745\sqrt{\frac{[vv]}{n-1}}$$

② 관측정밀도가 다를 때

$$\gamma_0 = \pm 0.6745\sqrt{\frac{[wvv]}{n-1}}$$

2) 최확값에 대한 확률오차($\overline{\gamma_0}$)

① 관측정밀도가 같을 때

$$\overline{\gamma_0} = \pm 0.6745 \sqrt{\frac{[vv]}{n(n-1)}}$$

② 관측정밀도가 다를 때

$$\overline{\gamma_0} = \pm 0.6745 \sqrt{\frac{[wvv]}{[w](n-1)}}$$

(2) 정도(R) 산정

$$R = \frac{M_0}{L_0} \quad or \quad \frac{\gamma_0}{L_0}$$

여기서, M_0 : 평균제곱근(표준) 오차, γ_0 : 확률오차, L_0 : 최확값

5. 결론

측량은 관측이 무수히 진행되므로 관측값 해석은 측량의 정밀도 향상의 아주 중요한 단계이며, 각 관측에 대한 신뢰도 검증이 더욱 신중히 검토되고 연구되어야 할 것으로 판단된다.

---

03 최소제곱법의 기본이론과 실례

1. 개요

측량에 있어 변수들이란 여러 번 관측을 행하였을 때 서로 다른 관측값을 갖는 임의의 변수들을 뜻한다. 이러한 변수들은 관측값을 조정하여 최확값을 결정하는데, 관측값의 조정방법에는 간략법, 회귀방정식에 의한 방법, 최소제곱법 등이 있다. 특히 최소제곱법(Least Square Method)은 측량의 최확값 산정에 널리 이용되고 있다.

2. 최소제곱법 기본 이론

일반적으로 측량에서는 엄밀한 참값을 얻기 어려우므로 관측하여 얻는 관측값으로부터 최확값을 구하여 참값 대신 활용한다.

$$\overline{x} - x_1 = v_1$$
$$\overline{x} - x_2 = v_2$$
$$\vdots$$
$$\overline{x} - x_n = v_n$$

여기서, $\overline{x}$: 최확값
x : 관측값
v : 잔차

잔차 v_1, v_2, ..., v_n이 발생할 확률 P_i는

$$P_i = \frac{1}{\sqrt{2\pi}\,\sigma}e^{-\frac{1}{2}\left(\frac{x-\mu}{\sigma}\right)^2} \rightarrow P_i = \frac{h}{\sqrt{\pi}}e^{-h^2v^2} = Ce^{-h^2v^2}\ \left(C = \frac{h}{\sqrt{\pi}}\right)$$

여기서, $h = \dfrac{1}{\sigma\sqrt{2}}$: 관측 정밀도 계수, $x - \mu = v$

그러므로, 각 잔차가 발생할 확률은

$$P_1 = Ce^{-h_1^2v_1^2}$$
$$P_2 = Ce^{-h_2^2v_2^2}$$
$$\vdots$$
$$P_n = Ce^{-h_n^2v_n^2}$$

이들이 동시에 일어날 확률 P는

$$P = P_1 \times P_2 \times \cdots\cdots \times P_n$$
$$P = C^n e^{-(h_1^2v_1^2 + \cdots\cdots + h_n^2v_n^2)}$$
$$P = \frac{C^n}{e^{(h_1^2v_1^2 + \cdots\cdots + h_n^2v_n^2)}}$$

즉, 측정정밀도가 같은 조건에서 P가 최대가 되기 위한 조건은 $v_1^2 + v_2^2 + \cdots\cdots + v_n^2 = \min$이 며, 측정정밀도가 다른 조건에서 P가 최대가 되기 위한 조건은 각각의 경중률을 w_1, w_2, ..., w_n이라고 하였을 때, $w_1v_1^2 + w_2v_2^2 + \cdots\cdots + w_nv_n^2 = \min$이다.

3. 최소제곱법의 특징

(1) 같은 정밀도로 관측된 관측값에서 잔차 제곱의 합이 최소일 때 최확값이 된다.

(2) 서로 다른 경중률로 관측된 관측값에 경중률을 고려하여 최확값을 구한다.

(3) 오차의 빈도 분포는 정규분포로 가정한다.

(4) 관측값에는 과대오차 및 정오차는 모두 제거되고 우연오차만이 측정값에 남아 있는 것으로 가정한다.

(5) 통계적 이론에 충실하므로 조정 결과가 엄격하다.

(6) 관측인자에 관계없이 미지변수를 조정할 수 있어 알고리즘 적용이 용이하다.

(7) 결과의 통계학적 정밀도 분석이 가능하므로 조정 후 최확값에 대한 정밀 분석이 가능하다.

(8) 관측계획에 대한 모의가 가능하여 실행 전 관측계획을 수립할 수 있다.

(9) 행렬연산이 가능하다.

(10) 각 관측값의 신뢰성에 따라 관측값의 무게(경중률)를 달리할 수 있다.

4. 최소제곱법의 조정순서

(1) 관측방정식에 의한 조정순서

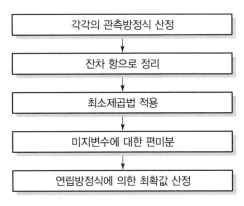

[그림 3-15] 관측방정식 조정순서

(2) 조건방정식에 의한 조정순서

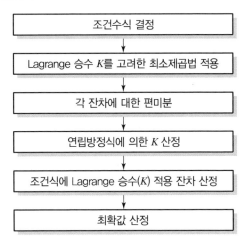

[그림 3-16] 조건방정식 조정순서

5. 최소제곱법 실례

다음 거리측량을 실시하여 관측값 x_1, x_2, x_3를 얻었다. 각각의 최확값을 최소제곱법에 의하여 산정하시오.

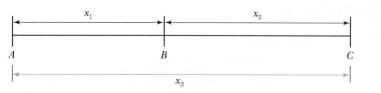

풀이

(1) 관측방정식에 의한 방법

$\overline{x_1} + \overline{x_2} = \overline{x_3}$ 에서

각각의 관측방정식은 $\overline{x_1} = x_1 + v_1$, $\overline{x_2} = x_2 + v_2$, $\overline{x_3} = x_3 + v_3$ 이다.

잔차 항으로 정리하면,

$$\overline{x_1} - x_1 = v_1$$

$$\overline{x_2} - x_2 = v_2$$

$$\overline{x_3} - x_3 = v_3$$

여기서, $\overline{x_1}$, $\overline{x_2}$, $\overline{x_3}$: 최확값

x_1, x_2, x_3 : 관측값

v_1, v_2, v_3 : 잔차

잔차의 제곱의 합이 최소가 된다는 최소제곱법에 의해 정리하면,

$$\phi = v_1{}^2 + v_2{}^2 + v_3{}^2 = (\overline{x_1} - x_1)^2 + (\overline{x_2} - x_2)^2 + (\overline{x_1} + \overline{x_2} - x_3)^2 = \min$$

미지변수 $\overline{x_1}$, $\overline{x_2}$에 대하여 편미분하면,

$$\frac{\partial \phi}{\partial \overline{x_1}} = 2(\overline{x_1} - x_1) + 2(\overline{x_1} + \overline{x_2} - x_3) = 0 \quad \cdots\cdots\cdots ①$$

$$\frac{\partial \phi}{\partial \overline{x_2}} = 2(\overline{x_2} - x_2) + 2(\overline{x_1} + \overline{x_2} - x_3) = 0 \quad \cdots\cdots\cdots ②$$

①과 ②식을 정리하여 연립방정식에 의해 $\overline{x_1}$, $\overline{x_2}$, $\overline{x_3}$를 산정할 수 있다.

(2) 조건방정식에 의한 방법

조건방정식은 다음과 같다.

$$\overline{x_1} + \overline{x_2} = \overline{x_3}$$

$$(x_1 + v_1) + (x_2 + v_2) = (x_3 + v_3)$$

$$v_1 + v_2 - v_3 + (x_1 + x_2 - x_3) = 0 \quad \cdots\cdots\cdots ①$$

Lagrange 승수 K_i값을 고려하여 정리하면,

$$\phi = v_1{}^2 + v_2{}^2 + v_3{}^2 - 2K_1\{v_1 + v_2 - v_3 + (x_1 + x_2 - x_3)\} = \min$$

위 식에서 잔차 v_1, v_2, v_3에 대하여 편미분하면,

$$\begin{aligned}
\frac{\partial \phi}{\partial v_1} &= 2v_1 - 2K_1 = 0 & K_1 &= v_1 \\
\frac{\partial \phi}{\partial v_2} &= 2v_2 - 2K_1 = 0 & K_1 &= v_2 \\
\frac{\partial \phi}{\partial v_3} &= 2v_3 + 2K_1 = 0 & K_1 &= -v_3
\end{aligned}\right\} \quad \cdots\cdots\cdots\cdots ②$$

①식에 대입하여 정리하면 $3K_1 = -(x_1 + x_2 - x_3)$가 되므로 다시 ②의 식에 적용하여 v_1, v_2를 구하여 최확값 $\overline{x_1}, \overline{x_2}, \overline{x_3}$ 를 구하면 된다.

$$\overline{x_1} = x_1 + v_1, \ \overline{x_2} = x_2 + v_2, \ \overline{x_3} = x_3 + v_3$$

6. 결론

종래 다각측량 및 삼각측량의 조정법은 거의 간이법에 의한 방법으로 조정되어 그 신뢰성에 많은 문제점을 내포하고 있다. 그러므로 신뢰성이 있는 최소제곱법에 의한 조정이 이루어지도록 제도·교육적 차원에서 많은 노력을 기울여야 할 것으로 판단된다.

---

04 행렬에 의한 최소제곱법 해석

1. 개요

측량에 있어 변수들은 여러 번 관측을 행하였을 때 서로 다른 관측값을 갖는 임의의 변수들이다. 이러한 변수들은 관측값을 조정하여 최확값으로 결정되는데, 이러한 관측값의 조정방법에는 간략법, 회귀방정식에 의한 방법, 최소제곱법 등이 있다. 특히 최소제곱법(Least Square Method)은 측량의 정밀 최확값 결정에 널리 이용되고 있다.

2. 최소제곱법의 기본 이론

잔차$(x - \mu)$ v_1, $v_2,\cdots\cdots$, v_n이 발생할 확률 P_1, $P_2,\cdots\cdots$, P_n은

$$P_i = \frac{h}{\sqrt{\pi}}e^{-h^2v^2} = Ce^{-h^2v^2} \left(C = \frac{h}{\sqrt{\pi}}\right)$$

로 표시할 수 있으며, 이들 확률이 동시에 일어날 확률 P는

$$P = P_1 \times P_2 \times \cdots\cdots \times P_n = Ce^{-(h_1^2v_1^2 + h_2^2v_2^2 + \cdots\cdots + h_n^2v_n^2)}$$
$$= \frac{C}{e^{(h_1^2v_1^2 + h_2^2v_2^2 + \cdots\cdots + h_n^2v_n^2)}}$$

여기서, 미지량 관측 시 부정오차가 발생할 가능성의 정도를 확률이라 하고, P가 최대로 되기 위해서는 분모항이 최소가 되어야 하므로 잔차의 제곱의 합이 최소가 되는 값이 최확값이다.

$$h_1^2v_1^2 + h_2^2v_2^2 + \cdots\cdots + h_n^2v_n^2 = \min$$

3. 최소제곱법 해법

[표 3-2] 관측 및 조건방정식의 해법

구분	관측방정식	조건방정식
기본형태	$v + B\Delta = f$	$A \cdot v = f$
정규방정식	$N \cdot \Delta = t$ $N = B^TwB$ $t = B^Twf$	$v = QA^TK$ $Q = w^{-1}$ $K = Q_e^{-1}f$ $Q_e = AQA^T$

(1) 관측방정식에 의한 조정

관측방정식에 의한 최소제곱법의 조정은 "$h_1^2v_1^2 + h_2^2v_2^2 + \cdots\cdots + h_n^2v_n^2 = $최소" 조건을 만족하는 관측값들의 상호관계를 이용하여 방정식을 해석한다.

$$\phi = v_1^2 + v_2^2 + \cdots\cdots + v_n^2 = \sum_{i=1}^{n}v_i^2 : \text{동일 정밀도일 때} \cdots\cdots\cdots\cdots\cdots\cdots ①$$

$$\phi = w_1v_1^2 + w_2v_2^2 + \cdots\cdots + w_nv_n^2 = \sum_{i=1}^{n}w_iv_i^2 : \text{동일 정밀도가 아닐 때} \cdots\cdots ②$$

여기서, $w_1, w_2, \cdots\cdots, w_n$은 경중률을 구하고 $v_i = x_i - \mu_i$를 대입해서 최확값 μ_i을 구하기 위해 ϕ를 각 $\mu_i \cdots\cdots \mu_n$으로 편미분하여 0이 되는 값을 찾는다.

[행렬에 의한 방법]

$$\phi = {v_1}^2 + {v_2}^2 + \cdots\cdots + {v_n}^2 = \sum_{i=1}^{n} {v_i}^2 : 동일 \ 정밀도일 \ 때 \ \cdots\cdots\cdots\cdots\cdots\cdots ①$$

$$\phi = w_1 {v_1}^2 + w_2 {v_2}^2 + \cdots\cdots + w_n {v_n}^2 = \sum_{i=1}^{n} w_i {v_i}^2 : 동일 \ 정밀도가 \ 아닐 \ 때 \ \cdots\cdots\cdots ②$$

이를 행렬로 나타내면,

$$\phi = \begin{bmatrix} v_1 \ v_2 \ v_3 \ \cdots\cdots \ v_n \end{bmatrix} \begin{bmatrix} w_1 & 0 & \cdots & 0 \\ 0 & w_2 & \cdots & \\ \vdots & \vdots & \vdots & \vdots \\ 0 & 0 & \cdots & w_n \end{bmatrix} \begin{bmatrix} v_1 \\ \vdots \\ \vdots \\ v_n \end{bmatrix}$$

잔차벡터 v를 $n \times 1$행렬로 나타내면,

$$\phi = v^T w v$$

관측방정식 $v + B\Delta = f$, 즉 $v = f - B\Delta$를 대입하면(여기서, Δ : 미지수 행렬, B : 계수 행렬, f : 관측값 행렬)

$$\phi = (f - B\Delta)^T w (f - B\Delta) = (f^T - \Delta^T B^T) w (f - B\Delta)$$
$$= f^T w f - \Delta^T B^T w f - f^T w B\Delta + \Delta^T B^T w B\Delta$$

ϕ는 스칼라 양이라 $\Delta^T B^T w f = f^T w B\Delta$이므로

$$\phi = f^T w f - 2 f^T w B\Delta + \Delta^T (B^T w B)\Delta$$

ϕ가 최소가 되기 위해서는 Δ에 대해 편미분 값이 0이어야 하므로 편미분하면,

$$\frac{\partial \phi}{\partial \Delta} = -2 f^T w B + 2\Delta^T (B^T w B) = 0$$

$$\therefore (B^T w B)\Delta = B^T w f$$

여기서, $B^T w B = N$, $B^T w f = t$로 하여 역행렬을 취하면 최확값 Δ를 구할 수 있다.

$$\Delta = N^{-1} t$$
$$N = B^T w B$$
$$t = B^T w f$$

(2) 조건방정식에 의한 조정

조건방정식에 대한 최소제곱법의 조정은 n개의 관측값의 잔차에 대한 K개의 조건방정식이다.

$$A \cdot v = f \quad \text{···} \quad ③$$

K가 n보다 적으면 이 조건만으로는 해를 얻을 수 없고 추가적인 방정식이 ①, ②로부터 얻어져야 한다. w를 경중률 행렬, K를 Lagrange 승수벡터라 하고 일반적으로 경중률을 고려한 ϕ는 조건방정식에 제한되었음을 이용해 v를 잔차벡터로 나타내면,

$$\phi = v^T w v \rightarrow \phi = v^T w v - 2K^T(Av - f) \rightarrow \frac{\partial \phi}{\partial v} = 0$$

$$\rightarrow 2v^T w - 2K^T A = 0 \rightarrow v^T w = K^T A \rightarrow wv = A^T K \rightarrow v = w^{-1} A^T K$$

$$v = w^{-1} A^T K = QA^T K$$

여기서, $Q = w^{-1}$여인수 행렬

③으로부터 $Av = (AQA^T)K = f$ $(AQA^T = Q_e$로 정규방정식의 계수 행렬)

$$Q_e K = f$$
$$K = Q_e^{-1} f = w_e f$$
$$(w_e = Q_e^{-1} = (AQA^T)^{-1})$$

즉, 조정과정을 살펴보면 A, Q로 Q_e를 구하고 Q_e로 K를 구한다. 그리고 K와 A, Q로 v를 산정하여 최확값을 결정한다.

4. 결론

종래 다각측량 및 삼각측량의 조정법은 거의 간이법에 의한 방법으로 조정되어 왔기 때문에 그 신뢰성에 많은 문제점을 내포하고 있다. 그러므로 신뢰성 있는 최소제곱법에 의한 조정이 이루어지도록 제도·교육적 차원에서 많은 노력을 기울여야 할 것으로 판단된다.

최소제곱법의 실례(Ⅰ)

다음 그림은 A점(표고 : H_A)에서 P와 Q의 표고를 구하기 위해 고저 측량을 실시하여 표와 같은 관측값을 얻었다. 관측방정식에 의한 최소제곱법으로 P, Q의 표고를 구하여라.

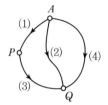

노선	관측값
(1)	l_1
(2)	l_2
(3)	l_3
(4)	l_4

1. 개요

측량에 있어 변수들은 여러 번 관측을 행하였을 때 서로 다른 관측값을 갖는 임의의 변수들이다. 이러한 변수들은 관측값을 조정하여 최확값으로 결정되는데, 이러한 관측값의 조정방법에는 간이법, 회귀방정식에 의한 방법, 최소제곱법 등이 있다. 특히, 최소제곱법(Least Square Method)은 부정오차의 처리에 널리 이용되고 있다.

2. 최소제곱법 이론

잔차$(x - \mu)$ $v_1, v_2, \cdots\cdots, v_n$이 발생할 확률 $P_1, P_2, \cdots\cdots, P_n$은

$$P_i = \frac{h}{\sqrt{\pi}} e^{-h^2 v^2} = C e^{-h^2 v^2} \left(C = \frac{h}{\sqrt{\pi}} \right)$$

이들 확률이 동시에 일어날 확률 P는

$$P = P_1 \times P_2 \times \cdots\cdots \times P_n = C e^{-(h_1^2 v_1^2 + h_2^2 v_2^2 + \cdots\cdots + h_n^2 v_n^2)}$$
$$= \frac{C}{e^{(h_1^2 v_1^2 + h_2^2 v_2^2 + \cdots\cdots + h_n^2 v_n^2)}}$$

여기서, P가 최대로 되기 위해서는 분모항이 최소가 되어야 하므로

$$h_1^2 v_1^2 + h_2^2 v_2^2 + \cdots\cdots + h_n^2 v_n^2 = \min$$

즉, 잔차의 제곱의 합이 최소가 되는 값이 최확값이다.

3. 최소제곱법의 적용

(1) 관측방정식에 의한 방법

l_1', l_2', l_3', l_4'를 최확값, l_1, l_2, l_3, l_4를 관측값이라고 하고 이 관측값의 잔차를 v_1, v_2, v_3, v_4라 하면 관측방정식은 다음과 같다.

$$H_A + l_1' - H_P = 0, \ H_A + l_1 + v_1 - H_P = 0, \ v_1 = H_P - H_A - l_1$$
$$H_A + l_2' - H_Q = 0, \ H_A + l_2 + v_2 - H_Q = 0, \ v_2 = H_Q - H_A - l_2$$
$$H_P + l_3' - H_Q = 0, \ H_P + l_3 + v_3 - H_Q = 0, \ v_3 = H_Q - H_P - l_3$$
$$H_A + l_4' - H_Q = 0, \ H_A + l_4 + v_4 - H_Q = 0, \ v_4 = H_Q - H_A - l_4$$

동일 정밀도로 관측된 경우 잔차 제곱의 합이 최소가 되어야 한다는 최소제곱법 이론을 적용하여 H_p, H_Q에 대하여 편미분하면 다음과 같이 표시된다.

$$\phi = v_1{}^2 + v_2{}^2 + v_3{}^2 + v_4{}^2 = \min$$

$$\frac{\partial \phi}{\partial H_P} = 0 \quad \cdots\cdots\cdots\cdots\cdots\cdots\cdots\cdots\cdots\cdots\cdots\cdots\cdots\cdots\cdots \text{①}$$

$$\frac{\partial \phi}{\partial H_Q} = 0 \quad \cdots\cdots\cdots\cdots\cdots\cdots\cdots\cdots\cdots\cdots\cdots\cdots\cdots\cdots\cdots \text{②}$$

①과 ②를 정리하여 연립방정식에 의하여 H_P, H_Q를 구한다.

(2) 조건방정식에 의한 방법

조건방정식을 적용하기 위해 먼저 조건식 수를 결정한다.

조건식 수 = 관측 수 − (측점 수 − 기지점 수) = 4 − (3 − 1) = 2개

조건방정식은 다음과 같다.

$$l_1' - l_2' + l_3' = 0 \ \rightarrow \ (l_1 + v_1) - (l_2 + v_2) + (l_3 + v_3) = 0$$
$$\rightarrow \ v_1 - v_2 + v_3 + (l_1 - l_2 + l_3) = 0 \quad \cdots\cdots\cdots\cdots\cdots\cdots\cdots \text{③}$$

$$l_2' - l_4' = 0 \ \rightarrow \ l_2 + v_2 - (l_4 + v_4) = 0$$
$$\rightarrow \ v_2 - v_4 + (l_2 - l_4) = 0 \quad \cdots\cdots\cdots\cdots\cdots\cdots\cdots\cdots\cdots \text{④}$$

Lagrange의 상수 K_i를 도입하여 ③, ④ 조건식을 고려한 최소제곱법을 적용하면 다음과 같다.

$$\phi = v_1{}^2 + v_2{}^2 + v_3{}^2 + v_4{}^2$$
$$= v_1{}^2 + v_2{}^2 + v_3{}^2 + v_4{}^2 - 2K_1(v_1 - v_2 + v_3 + (l_1 - l_2 + l_3))$$
$$- 2K_2(v_2 - \nu_4 + (l_2 - l_4))$$
$$= \min$$

ϕ값을 최소로 하기 위해 미지변수에 대하여 편미분하면 다음과 같다.

$$\frac{\partial \phi}{\partial v_1} = 2v_1 - 2K_1 = 0, \qquad\qquad v_1 = K_1$$

$$\frac{\partial \phi}{\partial v_2} = 2v_2 + 2K_1 - 2K_2 = 0, \qquad\qquad v_2 = -K_1 + K_2$$

$$\frac{\partial \phi}{\partial v_3} = 2v_3 - 2K_1 = 0, \qquad\qquad v_3 = K_1$$

$$\frac{\partial \phi}{\partial v_4} = 2v_4 + 2K_2 = 0, \qquad\qquad v_4 = -K_2$$

위의 식 v_1, v_2, v_3, v_4의 K_i 값을 ③, ④ 조건방정식에 대입하면 K_1, K_2를 구할 수 있고 K_1, K_2에 의해 v_1, v_2, v_3, v_4를 구한 다음, 조정환산값을 구해낸다.

4. 결론

종래 다각측량 및 삼각측량의 조정법은 거의 간이법에 의한 방법으로 조정되어 왔으므로 그 신뢰성에 많은 문제점을 내포하고 있다. 그러므로 신뢰성 있는 최소제곱법에 의한 조정이 측량에서 이루어지도록 제도 · 교육적 차원에서 많은 노력이 있어야 한다고 판단된다.

동일한 정확도로 삼각형 ABC의 내각을 관측하였다. 최소제곱법을 적용하여 각각의 최확값을 구하라.

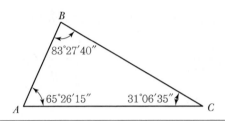

풀이

$\angle A = x_1$, $\angle B = x_2$, $\angle C = x_3$를 최확값으로 하고 각각의 관측값을 α_1, α_2, α_3라고 하면,

$$v_1 = x_1 - \alpha_1, \; v_2 = x_2 - \alpha_2, \; v_3 = x_3 - \alpha_3$$

여기서, 삼각형의 내각의 합이 180°인 조건을 사용하면 다음과 같다.

$$x_1 + x_2 + x_3 - 180° = 0$$
$$(\alpha_1 + v_1) + (\alpha_2 + v_2) + (\alpha_3 + v_3) - 180° = 0$$

이때, $v_1 + v_2 + v_3 - 180° = 30''$이므로 $v_1 + v_2 + v_3 = -30''$가 된다.

v_1을 소거하면,

$$v_1 = -v_2 - v_3 - 30''$$
$$v_2 = v_2$$
$$v_3 = v_3$$

이므로, 최소제곱법의 원리 $\phi = {v_1}^2 + {v_2}^2 + \cdots\cdots + {v_n}^2 = \min$를 적용하면 다음과 같다.

$$\phi = (-v_2 - v_3 - 30'')^2 + {v_2}^2 + {v_3}^2 = \min$$

이 식은 v_2와 v_3의 함수이므로 각각에 대해 편미분하면 ①, ②식이 된다.

$$2v_2 + v_3 + 30'' = 0 \; \cdots\cdots\cdots\cdots\cdots\cdots\cdots\cdots\cdots\cdots\cdots \text{①}$$
$$v_2 + 2v_3 + 30'' = 0 \; \cdots\cdots\cdots\cdots\cdots\cdots\cdots\cdots\cdots\cdots\cdots \text{②}$$

①과 ②식으로부터 $v_2,\ v_3$를 구하면,

$$v_2 = v_3 = -\frac{30''}{3} = -10''$$

$$\therefore\ v_1 = -10''$$

그러므로, $\angle A,\ \angle B,\ \angle C$의 최확값은

$$\angle A = x_1 = \alpha_1 - 10'' = 65°26'05''$$
$$\angle B = x_2 = \alpha_2 - 10'' = 83°27'30''$$
$$\angle C = x_3 = \alpha_3 - 10'' = 31°06'15''$$

07 최소제곱법의 실례(Ⅲ)

그림과 같은 측점 조정에서 관측방정식 및 조건방정식을 이용하여 최확값을 산정하라.
(단, P는 각관측의 경중률이다.)

관측값 $\angle A = 40°13'28.6'',\ P = 1$
$\angle B = 34°46'15.5'',\ P = 1$
$\angle A + \angle B = 74°59'43.0'',\ P = 2$
$\angle A + \angle B + \angle C = 132°31'07.2'',\ P = 1$
$\angle B + \angle C = 92°17'42.3'',\ P = 3$

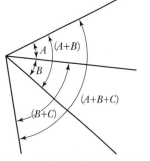

풀이

(1) 관측방정식에 의한 방법

우선 $\angle A,\ \angle B,\ \angle C$를 $\angle A = 40°13'28.6'',\ \angle B = 34°46'15.5'',\ \angle C = 57°31'26.8''$
로 가정하고 이에 대한 잔차를 $v_1,\ v_2,\ v_3$로 하여 각각의 관측방법을 정리하면 다음과 같다.

$$40°13'28.6'' + v_1 = 40°13'28.6''$$

$$34°46'15.5'' + v_2 = 34°46'15.5''$$

$$(40°13'28.6'' + v_1) + (34°46'15.5'' + v_2) = 74°59'43.0''$$

$$(40°13'28.6'' + v_1) + (34°46'15.5'' + v_2) + (57°31'26.8'' + v_3) = 132°31'07.2''$$

$$(34°46'15.5'' + v_2) + (57°31'26.8'' + v_3) = 92°17'42.3''$$

위의 식을 정리하면 각각의 관측방법에 따른 방정식이 성립된다.

$$v_1 = 0$$

$$v_2 = 0$$

$$v_1 + v_2 + 1.1'' = 0$$

$$v_1 + v_2 + v_3 + 3.7'' = 0$$

$$v_2 + v_3 = 0$$

경중률을 고려한 최소제곱법을 적용하면,

$$\phi = v_1{}^2 + v_2{}^2 + 2(v_1 + v_2 + 1.1'')^2 + (v_1 + v_2 + v_3 + 3.7'')^2 + 3(v_2 + v_3)^2 = \min$$

$$\therefore \ \frac{\partial \emptyset}{\partial v_1} = 0, \ \ \frac{\partial \phi}{\partial v_2} = 0, \ \ \frac{\partial \phi}{\partial v_3} = 0 \ \cdots\cdots\cdots\cdots\cdots\cdots\cdots\cdots\cdots\cdots\cdots ①$$

①식을 정리하면 다음과 같다.

$$\left. \begin{array}{l} 4v_1 + 3v_2 + v_3 + 5.9 = 0 \\ 3v_1 + 7v_2 + 4v_3 + 5.9 = 0 \\ v_1 + 4v_2 + 4v_3 + 3.7 = 0 \end{array} \right] \cdots\cdots\cdots\cdots\cdots\cdots\cdots\cdots\cdots\cdots ②$$

②식에 의해 v_1, v_2, v_3를 산정하면 $v_1 = -1.45''$, $v_2 = 0.24''$, $v_3 = -0.80''$가 된다.
그러므로 각각의 최확값은

$$\angle A = 40°13'28.6'' - 1.45'' = 40°13'27.15''$$

$$\angle B = 34°46'15.5'' + 0.24'' = 34°46'15.74''$$

$$\angle C = 57°31'26.8'' - 0.8'' = 57°31'26.0''$$

(2) 조건방정식에 의한 방법

$\angle A$, $\angle B$, $\angle A + \angle B$, $\angle A + \angle B + \angle C$ 및 $\angle B + \angle C$의 잔차를 각각 v_1, v_2, v_3, v_4, v_5라고 하면 조건방정식은

$$\left. \begin{array}{l} v_1 + v_2 - v_3 = -1.1'' \\ v_4 - v_5 - v_1 = 3.7'' \end{array} \right] \cdots\cdots\cdots\cdots\cdots\cdots\cdots\cdots\cdots\cdots\cdots\cdots\cdots ③$$

③식에 Lagrange 승수 $-2K_1$, $-2K_2$를 적용하여 경중률을 고려한 최소제곱법은 다음과 같다.

$$\phi = v_1{}^2 + v_2{}^2 + 2v_3{}^2 + v_4{}^2 + 3v_5{}^2 - 2K_1(v_{1} + v_2 - v_3 + 1.1) -$$
$$2K_2(v_4 - v_5 - v_6 - 3.7) = \min$$

$\dfrac{\partial \phi}{\partial v_1} = 0, \ \dfrac{\partial \phi}{\partial v_2} = 0, \cdots, \ \dfrac{\partial \phi}{\partial v_5} = 0$으로 놓고 각 잔차에 대한 편미분을 실시하면,

$$
\left.
\begin{aligned}
v_1 &= K_1 - K_2 \\
v_2 &= K_1 \\
v_3 &= -\frac{1}{2} K_1 \\
v_4 &= K_2 \\
v_5 &= -\frac{1}{3} K_2
\end{aligned}
\right\} \quad \cdots\cdots\cdots\cdots\cdots\cdots\cdots\cdots\cdots\cdots\cdots\cdots\cdots\cdots\cdots ④
$$

④식을 ③식에 대입하면,

$$25 K_1 - K_2 = -1.1''$$

$$-K_1 + 2.33 K_2 = 3.7''$$

이 식을 풀면 $K_1 = 0.24$, $K_2 = 1.69$가 된다. 이 값을 ④식에 대입하면,

$$v_1 = -1.45''$$

$$v_4 = 1.69''$$

$$v_2 = 0.24''$$

$$v_5 = -0.56''$$

$$v_3 = -0.12''$$

그러므로 각각의 최확값은

$$\angle A = 40°13'28.6'' - 1.45'' = 40°13'27.15''$$

$$\angle B = 34°46'15.5'' + 0.24'' = 34°46'15.74''$$

$$\angle B + \angle C = 92°17'42.3'' - 0.56'' = 92°17'41.74''$$

$$\angle C = 57°31'26.0''$$

P, Q점의 표고를 구하는데, 기지점 A로부터 고저측량을 실시하여 아래와 같은 관측값을 얻었다. A점의 표고를 17.532m라 할 때 P, Q의 표고를 각각의 방법에 의하여 구하라.

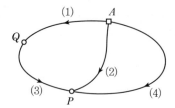

번호	고저차
(1)	l_1=4.251m
(2)	l_2=−8.536m
(3)	l_3=−12.781m
(4)	l_4=−8.556m

풀이

(1) 관측방정식에 의한 방법

최확값을 $\overline{l_1}$, ……, $\overline{l_4}$, 관측값을 l_1, ……, l_4, 잔차를 v_1, ……, v_4라 하면 관측방정식은

$$
\begin{aligned}
A + \overline{l_1} - Q &= 17.532 + l_1 + v_1 - Q = 0 \\
A + \overline{l_2} - P &= 17.532 + l_2 + v_2 - P = 0 \\
Q + \overline{l_3} - P &= Q + l_3 + v_3 - P = 0 \\
A + \overline{l_4} - P &= 17.532 + l_4 + v_4 - P = 0
\end{aligned}
$$

$$
\begin{aligned}
v_1 &= -4.251 - 17.532 + Q = Q - 21.783 \\
v_2 &= -17.532 + 8.536 + P = -8.996 + P \\
v_3 &= 12.781 + P - Q \\
v_4 &= -17.532 + 8.556 + P = -8.976 + P
\end{aligned}
$$

최소제곱법을 적용하면,

$$
\begin{aligned}
\phi &= v_1{}^2 + v_2{}^2 + v_3{}^2 + v_4{}^2 \\
&= (Q - 21.783)^2 + (8.996 + P)^2 + (12.781 + P - Q)^2 + (-8.976 + P)^2 = \min
\end{aligned}
$$

$$
\frac{\partial \phi}{\partial P} = 2(-8.996 + P) + 2(12.781 + P - Q) + 2(-8.976 + P) = 0
$$

$$
\frac{\partial \phi}{\partial Q} = 2(Q - 21.783) - 2(12.781 + P - Q) = 0
$$

이것을 P, Q에 대해 정리하면,

$$
3P - Q = 5.191
$$

$$
-P + 2Q = 34.564
$$

$$\therefore P = 8.9892\text{m} \quad Q = 21.7766\text{m}$$

(2) 조건방정식에 의한 방법

조건방정식을 적용하기 위해 먼저 조건식 수를 결정한다.

조건식 수=관측 수-(측점 수-기지점 수)=4-(3-1)=2개

조건방정식은 다음과 같다.

$$\overline{l_1} - \overline{l_2} + \overline{l_3} = 0$$

$$\overline{l_2} - \overline{l_4} = 0$$

이 되므로,

$$
\left.\begin{array}{l}
v_1 - v_2 + v_3 + (l_1 - l_2 + l_3) = v_1 - v_2 + v_3 + 0.006 = 0 \\
v_2 - v_4 + (l_2 - l_4) = v_2 - v_4 + 0.02 = 0
\end{array}\right] \quad \cdots\cdots\cdots\cdots\cdots\cdots\cdots\cdots\cdots\cdots ①
$$

최소제곱법을 적용하면,

$$\phi = v_1{}^2 + v_2{}^2 + v_3{}^2 + v_4{}^2 = \min$$

조건방정식인 경우 Lagrange 승수인 K_i값을 고려하여 정리하면 다음과 같다.

$$\phi = v_1{}^2 + v_2{}^2 + v_3{}^2 + v_4{}^2 - 2K_1(v_1 - v_2 + v_3 + 0.006) - 2K_2(v_2 - v_4 + 0.02) = \min$$

ϕ값을 최소로 하기 위해 미지변수에 대해 편미분하면, 다음과 같다.

$$
\left.\begin{array}{ll}
\dfrac{\partial \phi}{\partial v_1} = 2v_1 - 2K_1 = 0 & \rightarrow v_1 = K_1 \\[2mm]
\dfrac{\partial \phi}{\partial v_2} = 2v_2 + 2K_1 - 2K_2 = 0 & \rightarrow v_2 = -K_1 + K_2 \\[2mm]
\dfrac{\partial \phi}{\partial v_3} = 2v_3 - 2K_1 = 0 & \rightarrow v_3 = K_1 \\[2mm]
\dfrac{\partial \phi}{\partial v_4} = 2v_4 + 2K_2 = 0 & \rightarrow v_4 = -K_2
\end{array}\right] \quad \cdots\cdots\cdots\cdots\cdots\cdots\cdots\cdots\cdots ②
$$

이것을 ①에 대입하면,

$$3K_1 - K_2 = -0.006$$

$$-K_1 + 2K_2 = -0.02$$

$$\therefore K_1 = -0.0064, \ K_2 = -0.0132$$

가 되며, ②에 대입하면,

$$v_1 = -0.0064, \ v_2 = -0.0068, \ v_3 = -0.0064, \ v_4 = 0.0132$$

가 된다. 따라서,

$$\overline{l_1} = 4.251 - 0.0064 = 4.2446\text{m}$$
$$\overline{l_2} = -8.536 - 0.0068 = -8.5428\text{m}$$
$$\overline{l_3} = -12.781 - 0.0064 = -12.7874\text{m}$$
$$\overline{l_4} = -8.556 + 0.0132 = -8.5428\text{m}$$

가 되므로

$$\therefore \ P\text{점의 표고} = A\text{점의 표고} + \overline{l_2} = 17.532 - 8.5428 = 8.9892\text{m}$$
$$Q\text{점의 표고} = A\text{점의 표고} + \overline{l_1} = 17.532 + 4.2446 = 21.7766\text{m}$$

(3) 행렬에 의한 방법

1) 관측방정식

$$17.532 + l_1 + v_1 - Q = 0 \qquad\qquad v_1 - Q = -21.783$$
$$17.532 + l_2 + v_2 - P = 0 \qquad\qquad v_2 - P = -8.996$$
$$Q + l_3 + v_3 - P = 0 \qquad\qquad v_3 + Q - P = -12.781$$
$$17.532 + l_4 + v_4 - P = 0 \qquad\qquad v_4 - P = -8.976$$

$$\begin{bmatrix} v_1 \\ v_2 \\ v_3 \\ v_4 \end{bmatrix} + \begin{bmatrix} -1 & 0 \\ 0 & -1 \\ 1 & -1 \\ 0 & -1 \end{bmatrix} \begin{bmatrix} P \\ Q \end{bmatrix} = \begin{bmatrix} -21.783 \\ -8.996 \\ 12.781 \\ -8.976 \end{bmatrix}$$

$$\qquad V \qquad\qquad B \qquad\quad \Delta \qquad\qquad f$$

$$N = B^T W B = \begin{bmatrix} -1 & 0 & 1 & 0 \\ 0 & -1 & -1 & -1 \end{bmatrix} \begin{bmatrix} -1 & 0 \\ 0 & -1 \\ 1 & -1 \\ 0 & -1 \end{bmatrix} = \begin{bmatrix} 2 & -1 \\ -1 & 3 \end{bmatrix}$$

$$t = B^T W f = \begin{bmatrix} -1 & 0 & 1 & 0 \\ 0 & -1 & -1 & -1 \end{bmatrix} \times f = \begin{bmatrix} 34.564 \\ 5.191 \end{bmatrix}$$

$$\Delta = N^{-1} t = \frac{1}{5} \begin{bmatrix} 3 & 1 \\ 1 & 2 \end{bmatrix} \begin{bmatrix} 34.564 \\ 5.191 \end{bmatrix} = \begin{bmatrix} 21.777 \\ 8.989 \end{bmatrix}$$

$$\therefore Q = 21.777\text{m}$$
$$\therefore P = 8.989\text{m}$$

2) 조건방정식

$K = 4 - (3-1) = 2$개 (조건식 수)

$Av = f$

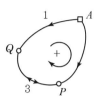

- $-l_1 - v_1 - l_3 - v_3 + l_2 + v_2 = 0$

  $-v_1 + v_2 - v_3 = l_1 - l_2 + l_3 = 0.006$

- $l_4 + v_4 - l_2 - v_2 = 0$

  $-v_2 + v_4 = l_2 - l_4 = 0.02$

$v = QA^T K = (w^{-1})A^T((AQA^T)^{-1}f)$

$A = \begin{bmatrix} -1 & 1 & -1 & 0 \\ 0 & -1 & 0 & 1 \end{bmatrix} \quad f = \begin{bmatrix} 0.006 \\ 0.02 \end{bmatrix}$

$v = QA^T K (Q = w^{-1} = I)$

$K = Qe^{-1}f$

$Qe = AQA^T$

$Qe = \begin{bmatrix} -1 & 1 & -1 & 0 \\ 0 & -1 & 0 & -1 \end{bmatrix} \begin{bmatrix} -1 & 0 \\ 1 & -1 \\ -1 & 0 \\ 0 & 1 \end{bmatrix} = \begin{bmatrix} 3 & -1 \\ -1 & 2 \end{bmatrix}$

$K = \begin{bmatrix} 3 & -1 \\ -1 & 2 \end{bmatrix} \begin{bmatrix} 0.0064 \\ 0.0132 \end{bmatrix} = \frac{1}{5}\begin{bmatrix} 2 & 1 \\ 1 & 3 \end{bmatrix} \begin{bmatrix} 0.006 \\ 0.02 \end{bmatrix} = \begin{bmatrix} 0.0064 \\ 0.0132 \end{bmatrix}$

$v = \begin{bmatrix} -1 & 0 \\ 1 & -1 \\ -1 & 0 \\ 0 & 1 \end{bmatrix} \begin{bmatrix} 0.0064 \\ 0.0132 \end{bmatrix} = \begin{bmatrix} -0.0064 \\ -0.0068 \\ -0.0064 \\ 0.0132 \end{bmatrix}$

$l_1 = 4.251 - 0.0064 = 4.2446\text{m}$

$l_2 = -8.536 - 0.0068 = -8.5428\text{m}$

$l_3 = -12.781 - 0.0064 = -12.7874\text{m}$

$l_4 = -8.556 + 0.0132 = -8.5428\text{m}$

$$\therefore Q = A + l_1 = 21.7766\text{m}$$
$$P = A + l_2 = 8.9892\text{m}$$

그림과 같이 $\overline{AD}$ 길이를 여러 구간으로 나누어 관측하였다. 최소제곱법에 의해 조정한 $\overline{AD}$ 거리를 구하라.(단, 모든 관측값은 비상관관계이며, 동일 정밀도로 관측하였다.)

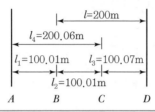

풀이

(1) 조건방정식($AV = f$)에 의한 방법

1) $l_1 + v_1 + l_2 + v_2 - (l_4 + v_4) = 0 \rightarrow v_1 + v_2 - v_4 = -(l_1 + l_2 - l_4) = 0.04$

$l_2 + v_2 + l_3 + v_3 - (l_5 + v_5) = 0 \rightarrow v_2 + v_3 - v_5 = -(l_2 + l_3 - l_5) = -0.08$

조건방정식은 $AV = f$

$$A = \begin{bmatrix} 1 & 1 & 0 & -1 & 0 \\ 0 & 1 & 1 & 0 & -1 \end{bmatrix} \qquad V = \begin{bmatrix} v_1 \\ v_2 \\ v_3 \\ v_4 \\ v_5 \end{bmatrix} \qquad f = \begin{bmatrix} 0.04 \\ -0.08 \end{bmatrix}$$

2) $Qe = AQA^T \quad K = Qe^{-1}f \quad V = QA^TK \quad (Q = W^{-1})$

① $Q = \mathrm{I}$이므로,

$$Qe = A \cdot A^T = \begin{bmatrix} 3 & 1 \\ 1 & 3 \end{bmatrix} \Leftarrow \begin{bmatrix} 1 & 1 & 0 & -1 & 0 \\ 0 & 1 & 1 & 0 & -1 \end{bmatrix} \begin{bmatrix} 1 & 0 \\ 1 & 1 \\ 0 & 1 \\ -1 & 0 \\ 0 & -1 \end{bmatrix}$$

② $K = \begin{bmatrix} 3 & 1 \\ 1 & 3 \end{bmatrix}^{-1} \begin{bmatrix} 0.04 \\ -0.08 \end{bmatrix} = \dfrac{1}{8} \begin{bmatrix} 3 & -1 \\ -1 & 3 \end{bmatrix} \begin{bmatrix} 0.04 \\ -0.08 \end{bmatrix} = \begin{bmatrix} 0.025 \\ -0.035 \end{bmatrix}$

③ $V = A^TK = \begin{bmatrix} 0.025 \\ -0.010 \\ -0.035 \\ -0.025 \\ 0.035 \end{bmatrix} \leftarrow \begin{bmatrix} 1 & 0 \\ 1 & 1 \\ 0 & 1 \\ -1 & 0 \\ 0 & -1 \end{bmatrix} \begin{bmatrix} 0.025 \\ -0.035 \end{bmatrix}$

3) 최확값

$$\overline{l_1} = 100.01 + 0.025 = 100.035$$

$$\overline{l_2} = 100.01 - 0.01 = 100.000$$

$$\overline{l_3} = 100.07 - 0.035 = 100.035$$

$$\overline{l_4} = 200.06 - 0.025 = 200.035$$

$$\overline{l_5} = 200.035$$

$$\therefore \overline{l_{AD}} = \overline{l_1} + \overline{l_2} + \overline{l_3} = 300.070\text{m}$$

(2) 관측방정식에 의한 방법

$$v_1 + 100.01 = x_1 \qquad\qquad v_1 - x_1 = -100.01$$

$$v_2 + 100.01 = x_2 \qquad\qquad v_2 - x_2 = -100.01$$

$$v_3 + 100.07 = x_3 \qquad\qquad v_3 - x_2 = -100.07$$

$$v_4 + 200.06 = x_1 + x_2 \qquad\qquad v_4 - x_1 - x_2 = -200.06$$

$$v_5 + 200 = x_2 + x_3 \qquad\qquad v_5 - x_2 - x_3 = -200$$

위의 식을 행렬 형태로 표시하면,

$$\begin{bmatrix} v_1 \\ v_2 \\ v_3 \\ v_4 \\ v_5 \end{bmatrix} + \begin{bmatrix} -1 & 0 & 0 \\ 0 & -1 & 0 \\ 0 & 0 & -1 \\ -1 & -1 & 0 \\ 0 & -1 & -1 \end{bmatrix} \begin{bmatrix} x_1 \\ x_2 \\ x_3 \end{bmatrix} = \begin{bmatrix} -100.01 \\ -100.01 \\ -100.07 \\ -200.06 \\ -200 \end{bmatrix}$$

$$\quad V \qquad\qquad B \qquad\quad \Delta \qquad\qquad f$$

$N = B^T w B$ 은

$$= \begin{bmatrix} -1 & 0 & 0 & -1 & 0 \\ 0 & -1 & 0 & -1 & -1 \\ 0 & 0 & -1 & 0 & -1 \end{bmatrix} \begin{bmatrix} 1 & 0 & 0 & 0 & 0 \\ 0 & 1 & 0 & 0 & 0 \\ 0 & 0 & 1 & 0 & 0 \\ 0 & 0 & 0 & 1 & 0 \\ 0 & 0 & 0 & 0 & 1 \end{bmatrix} \begin{bmatrix} -1 & 0 & 0 \\ 0 & -1 & 0 \\ 0 & 0 & -1 \\ -1 & -1 & 0 \\ 0 & -1 & -1 \end{bmatrix}$$

$$= \begin{bmatrix} 2 & 1 & 0 \\ 1 & 3 & 1 \\ 0 & 1 & 2 \end{bmatrix} \text{이고}$$

$$t = B^T w f = \begin{bmatrix} 300.04 \\ 500.04 \\ 300.08 \end{bmatrix} \text{이므로}$$

$$\text{최확값 } \Delta = N^{-1}t = \begin{bmatrix} 2 & 1 & 0 \\ 1 & 3 & 1 \\ 0 & 1 & 2 \end{bmatrix}^{-1} \begin{bmatrix} 300.07 \\ 500.07 \\ 300.07 \end{bmatrix} \begin{bmatrix} 100.035 \\ 100.000 \\ 100.035 \end{bmatrix} = \begin{bmatrix} x_1 \\ x_2 \\ x_3 \end{bmatrix}$$

$$\therefore \overline{l_{AD}} = x_1 + x_2 + x_3 = 300.07\text{m}$$

10 최소제곱법의 실례(Ⅵ)

$BM1$, $BM2$, $BM3$, $BM4$ 등 4개의 기설 수준점을 이용하여 새로운 A, B의 신규 수준점을 설치하고자 한다. 기설 수준점에 대한 표고와 각 코스의 측량성과는 그림과 표와 같다. 다음 물음에 답하시오.

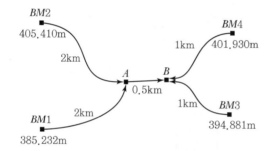

측점경로	높이차(m)
$BM1{\to}A$	11.010
$BM2{\to}A$	−9.172
$A{\to}B$	3.538
$BM3{\to}B$	4.865
$BM4{\to}B$	−2.218

1. 관측방정식으로 A, B점에 대한 표고를 행렬을 이용하여 구하시오.
2. 수준점 A, B의 조정된 표곳값에 대한 개개의 표준편차를 구하시오.

풀이

1. 관측방정식으로 A, B점에 대한 표고를 행렬을 이용하여 구하시오.

(1) 개요

측량에 있어 변수들은 여러 번 관측을 행하였을 때 서로 다른 관측값을 갖는 임의의 수들을 의미한다. 이러한 변수들은 관측값을 조정하여 최확값을 결정하게 되는데, 이러한 관측값의 조정방법에는 간략법, 회귀방정식에 의한 방법, 최소제곱법 등이 있다. 특히 최소제곱법은 측량의 최확값 산정에 널리 이용되며, 최소제곱법의 조정방법에는 관측방정식, 조건방정식 및 행렬에 의한 방법이 있다.

(2) 관측방정식(Observation Equations)

최소제곱법의 관측방정식이란 관측값을 미지변수와 관측값 잔차의 함수로 표현한 방정식이다. 관측방정식을 행렬 형태로 바꾸면, 아래 수식과 같이 표현할 수 있다.

$$AX = L + V$$

$$A = \begin{bmatrix} a_1 & b_1 & \dots & n_1 \\ a_2 & b_2 & \dots & n_2 \\ \vdots & \vdots & \dots & \vdots \\ a_m & b_m & \dots & n_m \end{bmatrix}^n_m , \quad X = \begin{bmatrix} x_1 \\ x_2 \\ \vdots \\ x_n \end{bmatrix}^1_n , \quad L = \begin{bmatrix} l_1 \\ l_2 \\ \vdots \\ l_m \end{bmatrix}^1_m , \quad V = \begin{bmatrix} \nu_1 \\ \nu_2 \\ \vdots \\ \nu_m \end{bmatrix}^1_m$$

여기서, X행렬은 미지변수 행렬, A행렬은 미지변수의 계수 행렬, L행렬은 관측값 행렬, V행렬은 잔차 행렬이다. 이 때 행렬의 크기는 $A = m \times n$, $X = n \times 1$, $L = m \times 1$, $V = m \times 1$이다.

(3) 행렬에 의한 A, B점의 표고 산정(관측방정식)

1) 수준망의 관측방정식

$$A = BM1 + l_1 + V_1 = 11.010 + BM1$$

$$A = BM2 + l_2 + V_2 = -9.172 + BM2$$

$$B = A + l_3 + V_3 = 3.538$$

$$B = BM3 + l_4 + V_4 = 4.865 + BM3$$

$$B = BM4 + l_5 + V_5 = -2.218 + BM4$$

$$A = \begin{bmatrix} 1 & 0 \\ 1 & 0 \\ -1 & 1 \\ 0 & 1 \\ 0 & 1 \end{bmatrix}, \quad X = \begin{bmatrix} A \\ B \end{bmatrix}, \quad L = \begin{bmatrix} 11.010 + BM1 \\ -9.172 + BM2 \\ 3.538 \\ 4.865 + BM3 \\ -2.218 + BM4 \end{bmatrix}, \quad V = \begin{bmatrix} V_1 \\ V_2 \\ V_3 \\ V_4 \\ V_5 \end{bmatrix}$$

관측방정식을 $AX = L + V$의 행렬 형태로 표현하면,

$$\begin{bmatrix} 1 & 0 \\ 1 & 0 \\ -1 & 1 \\ 0 & 1 \\ 0 & 1 \end{bmatrix} \begin{bmatrix} A \\ B \end{bmatrix} = \begin{bmatrix} 11.010 + BM1 \\ -9.172 + BM2 \\ 3.538 \\ 4.865 + BM3 \\ -2.218 + BM4 \end{bmatrix} + \begin{bmatrix} V_1 \\ V_2 \\ V_3 \\ V_4 \\ V_5 \end{bmatrix}$$

경중률은 노선거리에 반비례하므로 경중률 행렬 W는

$$W_1 : W_2 : W_3 : W_4 : W_5 = \frac{1}{S_1} : \frac{1}{S_2} : \frac{1}{S_3} : \frac{1}{S_4} : \frac{1}{S_5} = \frac{1}{2} : \frac{1}{2} : \frac{1}{0.5} : 1 : 1$$

$$W = \begin{bmatrix} \frac{1}{2} & & & & \\ & \frac{1}{2} & & & \\ & & \frac{1}{0.5} & & \\ & & & 1 & \\ & & & & 1 \end{bmatrix}$$

2) 관측방정식을 이용한 A, B점의 표고 산정

관측방정식에서 잔차에 관한 식을 구하고, 최소제곱법 원리에 의해 정규방정식을 유도하여 최확값을 구한다.

① 관측방정식 : $AX = L + V$

② 잔차식 : $V = AX - L$

③ 잔차제곱의 합(ϕ)

$$\phi = V^T WV = (AX - L)^T W(AX - L) = (X^T A^T - L^T) W(AX - L)$$
$$= X^T A^T WAX - X^T A^T WL - L^T WAX + L^T WL$$

여기서, ϕ는 스칼라 양이므로 우변의 각 항들도 스칼라 양이다.

스칼라는 전치하여도 변하지 않으므로 $(X^T A^T WL) = L^T WAX$

$$\therefore \ \phi = X^T A^T WAX - 2L^T WAX + L^T WL$$

④ 최소제곱법 적용

최소제곱법의 원리에 의해 잔차제곱의 합이 최소일 때 최확값을 얻을 수 있으며, 잔차제곱합을 최확값 X에 대해 편미분한 값이 0일 때, 잔차제곱의 합이 최소가 된다.

$$\frac{\partial \phi}{\partial X} = 2X^T A^T WA - 2L^T WA = 0$$

정리하면, $(A^T WA)X = A^T WL$이고, 이는 정규방정식이다.

그러므로 $X = (A^T WA)^{-1}(A^T WL)$이다.

$$N = (A^T WA) = \begin{bmatrix} 3 & -2 \\ -2 & 4 \end{bmatrix}$$
$$A^T WL = \begin{bmatrix} 389.164 \\ 806.534 \end{bmatrix}$$

따라서, 최확값은

$$X = N^{-1}(A^T WL) = \begin{bmatrix} 396.216 \\ 399.741 \end{bmatrix}$$

$$\therefore \ A, \ B점의 \ 표고 : A = 396.216\text{m}, \ B = 399.741\text{m}$$

2. 수준점 A, B의 조정된 표곳값에 대한 개개의 표준편차를 구하시오.

단위경중률에 대한 표준편차 : $\sigma_0 = \sqrt{\dfrac{V^T \cdot W \cdot V}{\text{자유도}}} = \sqrt{\dfrac{V^T \cdot W \cdot V}{5-2}}$

$$X + \Delta X = X_{True}$$
$$X_{True} = (A^T W A)^{-1} \cdot (A^T W (L + \Delta L))$$
$$= (A^T W A)^{-1} \cdot (A^T W L) + (A^T W A)^{-1} \cdot (A^T W \Delta L)$$

$X = (A^T W A)^{-1} \cdot (A^T W L)$ 이므로

$$\Delta X = (A^T W A)^{-1} \cdot (A^T W \Delta L) = (A^T W A)^{-1} \cdot (A^T W V)$$
$$\therefore \ \Delta X = BV \qquad B = (A^T W A)^{-1} \cdot (A^T W)$$

$\Delta X \cdot \Delta X^T = (BV) \cdot (BV)$ 이고, 이를 전개하여 정리하면

$$\sigma_{XX} = \sigma_0{}^2 \cdot (A^T W A)^{-1}$$
$$\therefore \ \Sigma = \sigma_0{}^2 \cdot (A^T W A)^{-1}$$

$AX = L + V$ 이므로 $V = AX - L = \begin{bmatrix} -0.0265 \\ -0.0225 \\ -0.01225 \\ -0.00475 \\ 0.02925 \end{bmatrix}$

$$V^T W V = [0.001783]$$

$$\sigma_0 = \sqrt{\dfrac{V^T \cdot W \cdot V}{5-2}} = 0.024376$$

$$\Sigma = (A^T W A)^{-1} \cdot \sigma_0{}^2 = \begin{bmatrix} 0.000297 & 0.000149 \\ 0.000149 & 0.000223 \end{bmatrix}$$

$$\sigma_A = \sqrt{0.000297} = 0.017236\text{m}$$
$$\sigma_B = \sqrt{0.000223} = 0.014927\text{m}$$

$\therefore$ 개개의 표준편차 : $\sigma_A = 0.017236\text{m}$, $\sigma_B = 0.014927\text{m}$

11 오차전파(Error Propagation)

1. 개요

측량관측 시 아무리 주의해도 정확성 향상에는 한계가 있으므로 참값을 얻을 수 없다. 오차란 참값과 관측값의 차를 말하며 그 오차는 여러 구간 및 각으로 전파가 되므로 각각의 오차에 대한 전파값을 계산하고 관측오차가 허용오차 범위 내에 있음을 확인하여야 한다. 오차전파는 크게 정오차전파와 부정오차전파로 구분된다.

2. 오차 종류

(1) 과실, 착오(Blunders, Mistakes)

관측자의 잘못과 부주의로 측량작업에 과오를 초래하는 것으로 오차가 크게 발생하므로 제거가 원칙이다.

(2) 정오차(Systematic Error)

조건이 같으면 언제나 같은 크기와 같은 방향으로 발생되는 오차로서 누차라고도 하며 원인과 상태를 알면 제거할 수 있다.

(3) 부정오차(Random Error)

오차 발생원인이 불명확하거나 원인을 알아도 소거할 수 없이 복잡하게 겹쳐서 생기는 오차로 일어나는 방향도 일정하지 않으며, 확률법칙에 의해 처리된다.

3. 정오차전파(Propagation of Systematic Errors)

오차의 부호와 크기를 알 때 이들 오차의 함수가 $y = f(x_1, x_2, x_3, \cdots\cdots, x_n)$로 구성되면 정오차전파식은 다음과 같다.

$$\Delta y = \frac{\partial y}{\partial x_1}\Delta x_1 + \frac{\partial y}{\partial x_2}\Delta x_2 + \cdots\cdots + \frac{\partial y}{\partial x_n}\Delta x_n$$

> **TIP** 정오차전파 예
>
> $D = L\cos\theta$에서
>
> $\Delta D = \Delta L\cos\theta + L(-\sin\theta) \cdot \dfrac{d\theta''}{\rho''}$

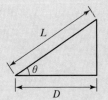

4. 부정오차전파(Propagation of Random Errors)

어떤 양 X가 x_1, x_2, x_3, x_4, ……, x_n의 함수로 표시되고 관측된 평균제곱근오차를 $\pm m_1$, $\pm m_2$, $\pm m_3$, ……, $\pm m_n$이라 하면 $X = f(x_1, x_2, x_3, ……, x_n)$에서 부정오차의 총합의 일반식은 다음과 같이 표시할 수 있다.

$$M = \pm \sqrt{\left(\frac{\partial X}{\partial x_1}\right)^2 m_1{}^2 + \left(\frac{\partial X}{\partial x_2}\right)^2 m_2{}^2 + …… + \left(\frac{\partial X}{\partial x_n}\right)^2 m_n{}^2}$$

(1) 부정오차전파 응용

① $Y = X_1 + X_2 + …… + X_n$인 경우

$$M = \pm \sqrt{m_1{}^2 + m_2{}^2 + m_3{}^2 + …… + m_n{}^2}$$

② $Y = X_1 \cdot X_2$인 경우

$$M = \pm \sqrt{(X_2 \cdot m_1)^2 + (X_1 \cdot m_2)^2}$$

③ $Y = X_1 / X_2$인 경우

$$M = \pm \frac{X_1}{X_2} \sqrt{\left(\frac{m_1}{X_1}\right)^2 + \left(\frac{m_2}{X_2}\right)^2}$$

④ $Y = \sqrt{X_1{}^2 + X_2{}^2}$인 경우

$$M = \pm \sqrt{\left(\frac{X_1}{\sqrt{X_1{}^2 + X_2{}^2}}\right)^2 m_1{}^2 + \left(\frac{X_2}{\sqrt{X_1{}^2 + X_2{}^2}}\right)^2 m_2{}^2}$$

(2) 각종 측량의 부정오차전파 실례

1) 거리측량의 부정오차전파

① 구간거리가 다르고 평균제곱근오차가 다를 때

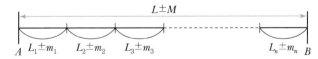

[그림 3-17] 평균제곱근오차가 다른 경우의 부정오차전파

$$L = L_1 + L_2 + L_3 + \cdots\cdots + L_n$$

$$M = \pm \sqrt{{m_1}^2 + {m_2}^2 + {m_3}^2 + \cdots\cdots + {m_n}^2}$$

여기서, $L_1, L_2, \cdots\cdots, L_n$: 구간 최확값

$m_1, m_2, \cdots\cdots, m_n$: 구간 표준오차

L : 전 구간 최확길이

M : 전 구간의 평균제곱근오차 총화

② 평균제곱근오차를 같다고 가정할 때

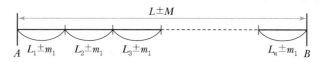

[그림 3-18] 평균제곱근오차가 같은 경우의 부정오차전파

$$L = L_1 + L_2 + L_3 + \cdots\cdots + L_n$$

$$M = \pm \sqrt{{m_1}^2 + {m_1}^2 + \cdots\cdots + {m_1}^2} = \pm m_1 \sqrt{n}$$

여기서, m_1 : 1구간 평균제곱근오차

n : 관측횟수

2) 다각측량의 부정오차전파

$$X = S\cos\alpha, \quad Y = S\sin\alpha$$

여기서, X, Y : 임의점 좌표

S : 관측거리

α : 관측각

$$\Delta X = \pm \sqrt{(\Delta s \cos\alpha)^2 + \left(S(-\sin\alpha)\frac{d\alpha''}{\rho''}\right)^2}$$

$$\Delta Y = \pm \sqrt{(\Delta s \sin\alpha)^2 + \left(S\cos\alpha\,\frac{d\alpha''}{\rho''}\right)^2}$$

여기서, $\Delta X, \Delta Y$: 부정오차의 총화

$\Delta s, d\alpha''$: 거리 및 각의 부정오차

3) 면적측량의 부정오차전파

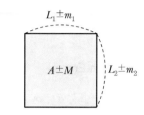

[그림 3-19] 면적측량의 부정오차전파

$$A = L_1 \cdot L_2$$
$$M = \pm \sqrt{(L_2 m_1)^2 + (L_1 m_2)^2}$$

여기서, L_1, L_2 : 각 변의 관측길이
m_1, m_2 : 각 변의 평균제곱근오차

5. 결론

관측에는 항상 오차가 수반되게 되어 있으나, 현장에서는 그 오차에 대한 원인과 점검에 대해서는 대부분 무관심해온 실정이다. 그러므로 오차에 대한 정확한 연구와 적용으로 신뢰성 있는 관측값을 획득하는 것이 향후 측량성과 정확도의 향상이나 측량 발전에 도움이 될 것이라 판단된다.

12 우연오차전파식

1. 개요

측량관측 시 아무리 주의해도 정확성 향상에는 한계가 있으므로 참값을 얻을 수 없다. 오차란 참값과 관측값의 차를 말하며, 그 오차는 여러 구간 및 각으로 전파가 되므로 각각의 오차에 대한 전파값을 계산하고 관측오차가 허용오차 범위 내에 있음을 확인하여야 한다. 오차전파는 크게 정오차전파와 부정오차전파로 구분된다.

2. 정오차전파(Propagation of Systematic Errors)

오차의 부호와 크기를 알 때 이들 오차의 함수가 $y = f(x_1, x_2, x_3, \cdots, x_n)$로 구성되면 정오차 전파식은 다음과 같다.

$$\triangle y = \frac{\partial y}{\partial x_1} \triangle x_1 + \frac{\partial y}{\partial x_2} \triangle x_2 + \cdots + \frac{\partial y}{\partial x_n} \triangle x_n$$

3. 우연오차전파(Propagation of Random Errors)

$Z = y_1 + y_2$ 식에서 y_1, y_2는 독립관측값이고, σ_1, σ_2은 표준오차, 함수 Z의 표준오차는 σ_Z이며, σ_Z 식을 유도하면 다음과 같다. x_1', x_1'', $\cdots\cdots$, x_2', x_2'', $\cdots\cdots$는 독립관측값 y_1, y_2의 오차이다.

$$y_1 = x_1', \ x_1'', \ x_1''', \ \cdots\cdots, \ x_1{}^n$$
$$y_2 = x_2', \ x_2'', \ x_2''', \ \cdots\cdots, \ x_2{}^n$$

각 독립관측값에서 Z의 참값을 Z_T라 하면,

$$Z_T = (y_1' + x_1') + (y_2' + x_2') = y_1' + y_2' + x_1' + x_2' = Z' + x_1' + x_2'$$
$$Z_T = (y_1'' + x_1'') + (y_2'' + x_2'') = y_1'' + y_2'' + x_1'' + x_2'' = Z'' + x_1'' + x_2''$$
$$Z_T = (y_1''' + x_1''') + (y_2''' + x_2''') = y_1''' + y_2''' + x_1''' + x_2''' = Z''' + x_1''' + x_2'''$$
$$\vdots$$

이때, 각 관측의 오차는,

$$\left. \begin{array}{l} Z_T - Z' = x_1' + x_2' \\ Z_T - Z'' = x_1'' + x_2'' \\ Z_T - Z''' = x_1''' + x_2''' \\ \vdots \end{array} \right\} \cdots\cdots\cdots\cdots\cdots\cdots\cdots\cdots\cdots\cdots\cdots\cdots\cdots ①$$

이 식을 분산으로 표현하면,

$$\sigma^2 = \frac{\sum x^2}{n}, \ n\sigma^2 = \sum x^2 \text{에서}$$
$$\sum x^2 = (x_1' + x_2')^2 + (x_1'' + x_2'')^2 + (x_1''' + x_2''')^2 + \cdots\cdots = n\sigma_Z{}^2$$
$$n\sigma_Z{}^2 = (x_1')^2 + 2x_1'x_2' + (x_2')^2 + (x_1'')^2 + 2x_1''x_2'' + (x_2'')^2 + \cdots\cdots$$

우연오차는 양수와 음수가 거의 비슷하다는 가정에 $2x_1'x_2'$, $2x_1''x_2''$, $\cdots$ 의 합은 Zero가 된다.

$$n\sigma_Z{}^2 = (x_1')^2 + (x_2')^2 + (x_1'')^2 + (x_2'')^2 + \cdots\cdots$$
$$\sigma_Z{}^2 = \frac{\sum x_1{}^2}{n} + \frac{\sum x_2{}^2}{n} = \sigma_{y_1}{}^2 + \sigma_{y_2}{}^2$$
$$\therefore \ \sigma_Z = \sqrt{\sigma_{y_1}{}^2 + \sigma_{y_2}{}^2} \ \cdots\cdots\cdots\cdots\cdots\cdots\cdots\cdots\cdots\cdots\cdots\cdots\cdots ②$$

계산값(Z)이 관측값 y_1, y_2, $\cdots$, y_n의 함수라면, 우연오차 함수의 σ_Z은 다음과 같이 표현된다.

$$\sigma_Z = \sqrt{\left(\frac{\partial_Z}{\partial y_1}\sigma_{y_1}\right)^2 + \left(\frac{\partial_Z}{\partial y_2}\sigma_{y_2}\right)^2 + \cdots + \left(\frac{\partial_Z}{\partial y_n}\sigma_{y_n}\right)^2}$$

4. 결론

관측에는 항상 오차가 수반되나, 현장에서는 그 오차에 대한 원인과 점검을 매우 소홀히 다루고 있어 많은 문제점이 발생한다. 그러므로 오차에 대한 정확한 이해와 교육으로 신뢰성 있는 측량이 이루어지도록 측량인 모두가 노력하여야 할 것으로 판단된다.

13 오차전파 실례(I)

> 직각삼각형의 직각을 낀 두 변 a, b를 측정하여 다음 결과를 얻었다. 빗변 c의 거리 및 오차는?(단, $a = 92.56 \pm 0.08$m, $b = 43.25 \pm 0.06$m)

풀이

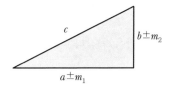

(1) 빗변길이(c)

$$c = \sqrt{a^2 + b^2} = \sqrt{92.56^2 + 43.25^2} = 102.166\text{m}$$

(2) 총오차(Δc) 산정

$$\Delta c = \pm\sqrt{\left(\frac{a}{\sqrt{a^2+b^2}}\right)^2 \cdot m_1{}^2 + \left(\frac{b}{\sqrt{a^2+b^2}}\right)^2 \cdot m_2{}^2}$$

$$= \pm\sqrt{\left(\frac{92.56}{\sqrt{92.56^2+43.25^2}}\right)^2 \times 0.08^2 + \left(\frac{43.25}{\sqrt{92.56^2+43.25^2}}\right)^2 \times 0.06^2}$$

$$= \pm 0.077\text{m}$$

$$\therefore\ c = 102.166 \pm 0.077\text{m}$$

14 오차전파 실례(Ⅱ)

> ΔPQR에서 $\angle P$와 변 길이 q, r을 TS(Total Station)로 측정하였다. 다음을 계산하시오. 단, $\angle P$ $= 60°00'00''$, $q = 200.00\text{m}$, $r = 250.00\text{m}$이며, 각 측정의 표준오차 $\sigma_\alpha = \pm 40''$, 거리측정의 표준 오차 $\sigma_l = \pm (0.01\text{m} + \dfrac{D}{10,000})$, D는 수평거리이다.
> (단, 거리는 소수 셋째 자리까지 구하시오.)
>
>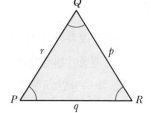
>
> (1) ΔPQR의 면적(A)에 대한 표준오차(σ_A)
> (2) ΔPQR의 면적(A)에 대한 95% 신뢰구간

풀이

(1) ΔPQR의 면적(A)에 대한 표준오차(σ_A)

$$A = \frac{1}{2} r \cdot q \, \sin \angle P$$

면적(A)에 대한 표준오차(σ_A)는 오차전파법칙에 의해 다음과 같이 표현된다.

$$\sigma_A = \pm \sqrt{\left(\frac{1}{2}\Delta r \, q \sin \angle P\right)^2 + \left(\frac{1}{2}r\Delta q \sin \angle P\right)^2 + \left(\frac{1}{2}rq \cos \angle P \frac{\Delta \alpha''}{\rho''}\right)^2}$$

여기서 Δr, Δq, $\Delta \alpha$를 구하면 다음과 같다.

$$\Delta r = \pm \left(0.01 + \frac{250}{10,000}\right) = 0.035\text{m}$$

$$\Delta q = \pm \left(0.01 + \frac{200}{10,000}\right) = 0.030\text{m}$$

$$\Delta \alpha = \pm 40''$$

$$\sigma_A = \pm \sqrt{\left(\frac{1}{2} \times 0.035 \times 200 \times \sin 60°\right)^2 + \left(\frac{1}{2} \times 250 \times 0.030 \times \sin 60°\right)^2 +}$$
$$\overline{\left(\frac{1}{2} \times 250 \times 200 \times \cos 60° \times \frac{40''}{206,265''}\right)^2}$$

$$= \pm 5.061\text{m}^2$$

$$\therefore \text{ 표준오차}(\sigma_A) = \pm 5.061\text{m}^2$$

(2) ΔPQR의 면적(A)에 대한 95% 신뢰구간

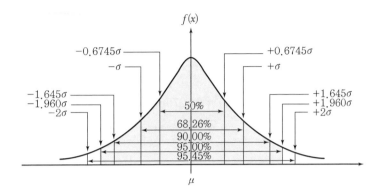

$\therefore$ 95% 신뢰구간은 $\pm(1.960 \times \sigma_A) = \pm(1.960 \times 5.061) = \pm 9.920\text{m}$

15 오차전파 실례(Ⅲ)

삼각수준측량에 의해 높이 H를 구하기 위한 측정값이 경사거리 $S = 100\text{m}$, 경사각 $\theta = 40°$이고, 거리(S)와 각(θ)에 대한 표준오차가 각각 $\sigma_S = \pm 0.1\text{m}$, $\sigma_\theta = \pm 5'$이다. 이때 S와 θ가 서로 독립 관측되었다면 높이 H와 높이의 표준오차 σ_H를 구하시오.

풀이

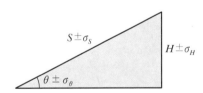

$H = S\sin\theta = 100 \times \sin 40° = 64.279\text{m}$

$$\sigma_H = \pm \sqrt{\left(\frac{\partial H}{\partial S} \cdot \sigma_S\right)^2 + \left(\frac{\partial H}{\partial \theta} \cdot \sigma_\theta\right)^2}$$

$$\left(\frac{\partial H}{\partial S} = \sin\theta, \; \frac{\partial H}{\partial \theta} = S\cos\theta\right)$$

$$\sigma_H = \pm \sqrt{(\sin\theta \cdot \sigma_S)^2 + \left(S\cos\theta \cdot \frac{\sigma_\theta''}{\rho''}\right)^2}$$

$$= \pm \sqrt{(\sin 40° \times 0.1)^2 + \left(100 \times \cos 40° \times \frac{300''}{206,265''}\right)^2}$$

$$\fallingdotseq 0.129\text{m}$$

∴ 높이(H)와 높이의 표준오차(σ_H) $= 64.279\text{m} \pm 0.129\text{m}$

16 오차전파 실례(Ⅳ)

2차원 평면에서 점 P의 좌표(x, y)를 결정하기 위하여 원점(0, 0)으로부터 거리(r)와 방위각(y축 양의 방향으로부터 시계방향각, α)을 측정하였다. 거리관측값이 150m, 방위각관측값이 30°이며, 관측정밀도(표준편차)는 각각 0.1m, 0.1°이다. 다음 물음에 답하시오.
(1) 거리관측과 방위각관측의 상관계수를 0.2라고 할 때, 점 P의 좌표를 결정하고 그 추정표준편차를 계산하시오.
(2) 점 P의 오차타원을 개략 도시하고 그 의미를 설명하시오.

풀이

(1) 거리관측과 방위각관측의 상관계수를 0.2라고 할 때, 점 P의 좌표를 결정하고 그 추정표준편차를 계산하시오.

① 점 P의 좌표 결정

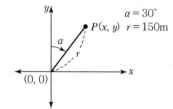

$P_x = r \times \sin\alpha = 150 \times \sin 30° = 75\text{m}$

$P_y = r \times \cos\alpha = 150 \times \cos 30° = 129.9038\text{m}$

∴ $P(x, y) = (75\text{m}, 129.9038\text{m})$

② 추정표준편차 계산
- r과 α의 상관계수가 0.2라는 것은 서로 독립적이지 않다는 것을 의미한다.
- 따라서, 분산-공분산 오차전파식을 이용하여 추정표준편차를 구한다.
- 비선형방정식에 대한 오차전파법칙을 본 문제에 적용하기 위해서는 Jacobian Matrix(J)와 거리-각 관측에 대한 공분산 행렬(COV(r, α))을 구해야 한다.

$$COV(x,\ y) = J\,COV(r,\ \alpha)\,J^T$$

$$COV(r,\ \alpha) = \begin{bmatrix} \sigma_r^{\ 2} & \sigma_{r\alpha} \\ \sigma_{r\alpha} & \sigma_\alpha^{\ 2} \end{bmatrix}$$

$$J = \begin{bmatrix} \dfrac{\partial x}{\partial r} & \dfrac{\partial x}{\partial \alpha} \\ \dfrac{\partial y}{\partial r} & \dfrac{\partial y}{\partial \alpha} \end{bmatrix} \qquad J^T = \begin{bmatrix} \dfrac{\partial x}{\partial r} & \dfrac{\partial y}{\partial r} \\ \dfrac{\partial x}{\partial \alpha} & \dfrac{\partial y}{\partial \alpha} \end{bmatrix}$$

- $\sigma_{r\alpha}$는 거리와 각의 상관계수로부터 구할 수 있으며, 상관계수를 구하는 식은 다음과 같다.

$$\text{상관계수(Correlation Coefficient)} = \frac{\sigma_{r\alpha}}{\sigma_r \sigma_\alpha} = 0.2$$

그러므로 거리와 각 관측의 공분산은 $\sigma_{r\alpha} = 0.2 \times \sigma_r \times \sigma_\alpha$이다.

- 오차전파를 위한 Jacobian Matrix는 $x,\ y$의 추정식을 관측값인 r과 α로 편미분하여 구할 수 있다. 모든 값을 대입하여 계산하면 다음과 같다.(오차전파법칙 이용)

$$\begin{bmatrix} \sigma_x^{\ 2} & \sigma_{xy} \\ \sigma_{xy} & \sigma_y^{\ 2} \end{bmatrix} = \begin{bmatrix} \dfrac{\partial x}{\partial r} & \dfrac{\partial x}{\partial \alpha} \\ \dfrac{\partial y}{\partial r} & \dfrac{\partial y}{\partial \alpha} \end{bmatrix} \begin{bmatrix} \sigma_r^{\ 2} & 0.2\,\sigma_r \sigma_\alpha \\ 0.2\,\sigma_r \sigma_\alpha & \sigma_\alpha^{\ 2} \end{bmatrix} \begin{bmatrix} \dfrac{\partial x}{\partial r} & \dfrac{\partial y}{\partial r} \\ \dfrac{\partial x}{\partial \alpha} & \dfrac{\partial y}{\partial \alpha} \end{bmatrix}$$

- 임의의 x에 대해 r과 α로 나타내면 다음과 같다.

$$x = r \cdot \sin\alpha,\ y = r \cdot \cos\alpha$$

$$\frac{\partial x}{\partial r} = \frac{\partial(r \cdot \sin\alpha)}{\partial r} = \sin\alpha = 0.5$$

$$\frac{\partial x}{\partial \alpha} = \frac{\partial(r \cdot \sin\alpha)}{\partial \alpha} = r \cdot \cos\alpha = 150 \times \frac{\sqrt{3}}{2} = 129.9838$$

$$\frac{\partial y}{\partial r} = \frac{\partial(r \cdot \cos\alpha)}{\partial r} = \cos\alpha = 0.866025$$

$$\frac{\partial y}{\partial \alpha} = \frac{\partial(r \cdot \cos\alpha)}{\partial \alpha} = r \cdot (-\sin\alpha) = -75$$

$$\sigma_r = 0.1\text{m}$$

$$\sigma_\alpha = 0.1° \rightarrow \text{라디안 단위로 변환하면 } 0.1° \times \frac{\pi}{180°} = 0.001745$$

$$\begin{bmatrix} 0.5 & 129.9038 \\ 0.866025 & -75 \end{bmatrix} \begin{bmatrix} (0.1)^2 & 0.2 \times 0.1 \times 0.1 \times \dfrac{\pi}{180} \\ 0.2 \times 0.1 \times 0.1 \times \dfrac{\pi}{180} & \left(0.1 \times \dfrac{\pi}{180}\right)^2 \end{bmatrix} \begin{bmatrix} 0.5 & 0.866025 \\ 129.9038 & -75 \end{bmatrix}$$

$$= \begin{bmatrix} 0.058439 & -0.02273 \\ -0.02273 & 0.0201 \end{bmatrix} = \begin{bmatrix} \sigma_x{}^2 & \sigma_{xy} \\ \sigma_{xy} & \sigma_y{}^2 \end{bmatrix}$$

$\sigma_x{}^2 = 0.058439$ 이므로 $\sigma_x = \pm 0.241742$

$\sigma_y{}^2 = 0.0201$ 이므로 $\sigma_y = \pm 0.141774$

$\sigma_{xy} = -0.02273$

추정표준편차 : $\sigma_x = \pm 0.2417\text{m}$, $\sigma_y = \pm 0.1418\text{m}$, $\sigma_{xy} = -0.02273$

(2) 점 P의 오차타원을 개략 도시하고 그 의미를 설명하시오.

① 두 개 이상의 임의 변수의 오차는 2차원 평면상에서 주어진 신뢰도를 만족하는 타원으로 나타낼 수 있으며 이를 오차타원이라 한다.

② 추정값의 오차타원은 Covariance Matrix를 이용해 도시할 수 있으며, 오차타원의 방향과 각 축의 크기는 Covariance Matrix의 고유벡터(Eigen Vector)와 고유값(Eigen Value)으로부터 구할 수 있다.

③ 오차타원의 방정식은 다음과 같다.

$$\left(\frac{x}{\sigma_x}\right)^2 + \left(\frac{y}{\sigma_y}\right)^2 = S$$

여기서, σ_x, σ_y : 타원의 축방향 표준편차

S : 오차타원의 크기를 결정하는 Scale

④ S는 임의로 결정하여 오차의 경향만을 파악할 수도 있으나, 추정값의 신뢰구간을 표현하도록 결정할 수 있다.

⑤ S는 정규분포를 따르는 두 변수의 제곱 형태로 계산되므로 Chi-Square 분포를 따르게 된다.(예를 들어, 95% 신뢰구간을 갖는 오차타원을 도시하고 싶은 경우 S를 Chi- Square 분포의 확률표에서 찾아 5.991로 설정해주면 된다.)

⑥ X, Y축에 대한 오차타원의 회전각은 고유벡터의 방향으로부터 구할 수 있다.

$$\theta = \arctan \frac{\sigma_y}{\sigma_x}$$

이와 같이 Covariance Matrix로부터 오차타원 형태와 회전각을 구하여 95% 신뢰수준을 갖는 오차타원을 개략 도시하면 다음과 같다.(추정된 점 P의 위치와 그 신뢰구간)

오차타원의 주축은 다음 식을 이용하여 구한다.

$$\tan 2\phi = \frac{2 \cdot \sigma_{xy}}{\sigma_x{}^2 - \sigma_y{}^2} = \frac{2 \times (-0.02273)}{0.058439 - 0.0201} = -1.18574$$

$$2\phi = \tan^{-1}(-1.18574) = -0.870172(rad)$$

$$\phi = -0.435086(rad)$$

$$= -24.9286°(도분초 단위로 바꿔준 값)$$

이 의미는 x축에서 반시계방향 기준 $-24.9286°$ 회전하였다는 의미로 결국 시계방향으로 $24.9286°$ 움직였다는 의미이다.

즉, 주축의 각도는 x축에서 시계방향으로 $24.9286°$만큼 회전했다.
그때의 σ_{max}값과 σ_{min}값을 구하면

$$\sigma_{max} = \pm \sqrt{\frac{1}{2}(\sigma_x{}^2 + \sigma_y{}^2 + \sqrt{(\sigma_x{}^2 - \sigma_y{}^2)^2 + 4\sigma_{xy}{}^2})}$$

$$= \pm \sqrt{\frac{1}{2}(0.05844 + 0.0201 + \sqrt{(0.05844 - 0.0201)^2 + 4(-0.02273)^2})}$$

$$= \pm 0.262687$$

$$\sigma_{min} = \pm \sqrt{\frac{1}{2}(\sigma_x{}^2 + \sigma_y{}^2 - \sqrt{(\sigma_x{}^2 - \sigma_y{}^2)^2 + 4\sigma_{xy}{}^2})}$$

$$= \pm \sqrt{\frac{1}{2}(0.05844 + 0.0201 - \sqrt{(0.05844 - 0.0201)^2 + 4(-0.02273)^2})}$$

$$= \pm 0.09765$$

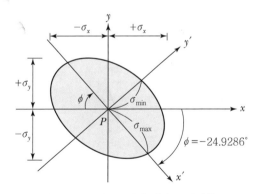

[그림 3-20] P점의 개략 오차타원

CHAPTER 05 실전문제

01 단답형(용어)

(1) 정오차/부정오차

(2) 오차타원(신뢰타원)

(3) 오차곡선(정규분포)

(4) 정밀도/정확도

(5) 최확값/경중률(Weight)

(6) 최소제곱법

(7) 평균제곱근오차(확률오차)

(8) 관측값의 분산/공분산/상관계수

주관식 논문형(논술)

(1) 측량에서 발생하는 오차의 종류에 대하여 기술하시오.

(2) 오차의 원인, 처리방법, 성질에 따른 분류에 대하여 기술하시오.

(3) 정밀도와 정확도의 차이점에 대하여 기술하시오.

(4) 정규분포를 설명하고 우연오차, 과대오차의 영역분포를 설명하시오.

(5) 관측값의 최확값, 평균제곱근오차 및 확률오차 산정에 대하여 기술하시오.

(6) 오차전파의 법칙에 대하여 기술하시오.

(7) 1개 미지량을 관측할 때 일반적으로 참값을 알 수 없으므로 반복관측한 결과를 최소제곱법을 이용하여 최확값을 구한다. 최확값의 의의와 $y = \dfrac{1}{\sigma\sqrt{2\pi}}e^{-h^2v^2}\left(단,\ h = \dfrac{1}{\sqrt{2}\,\sigma},\ c = \dfrac{h}{\sqrt{\pi}}\right)$ 의 확률밀도함수식을 사용하여 최소제곱법의 원리를 설명하시오.

(8) 관측방정식과 조건방정식을 실례를 들어 기술하시오.

(9) 평면삼각형의 세 내각을 측정한 최확값과 표준오차는 다음과 같다. 최소제곱법을 이용하여 조정하시오.(단, 0.1″단위까지 계산하시오.)

$$\alpha_1 = 56°21'32''\quad (\sigma_1 = \pm 1'')$$
$$\alpha_2 = 49°52'09''\quad (\sigma_2 = \pm 2'')$$
$$\alpha_3 = 73°46'28''\quad (\sigma_3 = \pm 3'')$$

(10) 3,000m² 면적을 측량하고자 하는 경우, 동일한 정밀도로 거리관측을 수행한다고 하였을 때 면적오차가 0.3m² 이내라면 거리관측의 소요 정밀도는 얼마인지 구하시오.

(11) 체적 1,000m³ 지역을 0.2m³까지 정확히 잴 경우 거리관측의 정확도를 구하시오.

04

지상측량

CHAPTER 01 Basic Frame
CHAPTER 02 Speed Summary
CHAPTER 03 단답형(용어해설)
CHAPTER 04 주관식 논문형(논술)
CHAPTER 05 실전문제

CHAPTER **01** _ Basic Frame

CHAPTER **02** _ Speed Summary

CHAPTER **03** _ 단답형(용어해설)

01. 거리의 종류 ····································305
02. 지도에 표현하기까지의 거리환산 ·········306
03. 강재 줄자(Steel Tape) ·····················307
04. 전자기파 거리측량기(EDM) ···············309
05. 토털스테이션(Total Station) ···············312
06. 각의 종류 ·····································314
07. 각의 단위 및 상호관계 ·····················316
08. 자오선수차(Meridian Convergence) ·······318
09. 삼각 · 삼변망 ································321
10. 측지망의 최적화 설계 ·······················322
11. 측지망의 도형강도 ··························323
12. 편심관측 ·····································325
13. 양차(구차와 기차) ··························328

14. 측지망의 자유망조정(Free – net Adjustment) ····331
15. 다각측량의 특징 및 다각형(Traverse)의 종류 ···332
16. 다각측량의 측각오차 점검 ················334
17. 다각측량의 각관측 방법 및 방위각 산정 ···335
18. 방위각/역방위각/방위 ·····················338
19. 컴퍼스법칙/트랜싯법칙 ····················340
20. 수준측량(Leveling) ·························342
21. 수준(고저)측량의 주요 용어 ···············344
22. 수준측량의 등시준거리관측 ···············346
23. 항정법(레벨의 말뚝조정법) ················347
24. 삼각수준측량 ·······························348
25. 교호수준측량 ·······························350
26. 도하수준측량 ·······························351

CHAPTER **04** _ 주관식 논문형(논술)

01. 토털스테이션(Total Station)의 오차종류 및 보정방법 ···············353
02. 수평각 관측방법 및 정확도 ··357
03. 삼각측량과 삼변측량의 원리 및 특성 ·································361
04. 삼변측량의 조정 ···364
05. 측지망의 최적화 설계방안 ··368
06. 자유망 조정 ···370
07. 통합 측지망 구축방안 ··374
08. 다각측량의 성과표 작성 ··377
09. 다각측량의 오차전파 ···382
10. 현장에서 레벨의 기포관 감도를 측정하는 방법 ·······················385
11. 수준측량에서 발생하는 오차의 종류 및 보정방법 ·····················387
12. 통합기준점 높이 결정 ··391
13. 국가수준점측량에서 도하(해) 구간의 수준측량과정 및 방법 ···········396
14. 우리나라 정밀수준망의 구축현황, 문제점 및 개선방안 ················400
15. 측량장비검정방법, 문제점 및 개선방안 ·······························403

CHAPTER **05** _ 실진문제

01. 단답형(용어) ··407
02. 주관식 논문형(논술) ···408

CHAPTER

01 Basic Frame

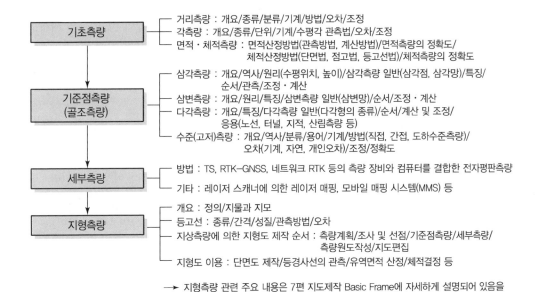

기초측량 ── 거리측량 : 개요/종류/분류/기계/방법/오차/조정
　　　　　── 각측량 : 개요/종류/단위/기계/수평각 관측법/오차/조정
　　　　　── 면적·체적측량 : 면적산정방법(관측방법, 계산방법)/면적측량의 정확도/
　　　　　　　　　　　　　　체적산정방법(단면법, 점고법, 등고선법)/체적측량의 정확도

기준점측량 ── 삼각측량 : 개요/역사/원리(수평위치, 높이)/삼각측량 일반(삼각점, 삼각망)/특징/
(골조측량)　　　　　　　순서/관측/조정·계산
　　　　　── 삼변측량 : 개요/원리/특징/삼변측량 일반(삼변망)/순서/조정·계산
　　　　　── 다각측량 : 개요/특징/다각측량 일반(다각형의 종류)/순서/계산 및 조정/
　　　　　　　　　　　응용(노선, 터널, 지적, 산림측량 등)
　　　　　── 수준(고저)측량 : 개요/역사/분류/용어/기계/방법(직접, 간접, 도하수준측량)/
　　　　　　　　　　　　　오차(기계, 자연, 개인오차)/조정/정확도

세부측량 ── 방법 : TS, RTK-GNSS, 네트워크 RTK 등의 측량 장비와 컴퓨터를 결합한 전자평판측량
　　　　　── 기타 : 레이저 스캐너에 의한 레이저 매핑, 모바일 매핑 시스템(MMS) 등

지형측량 ── 개요 : 정의/지물과 지모
　　　　　── 등고선 : 종류/간격/성질/관측방법/오차
　　　　　── 지상측량에 의한 지형도 제작 순서 : 측량계획/조사 및 선점/기준점측량/세부측량/
　　　　　　　　　　　　　　　　　　　　　　측량원도작성/지도편집
　　　　　── 지형도 이용 : 단면도 제작/등경사선의 관측/유역면적 산정/체적결정 등

→ 지형측량 관련 주요 내용은 7편 지도제작 Basic Frame에 자세하게 설명되어 있음을
　알려드립니다.

CHAPTER

02 Speed Summary

01 측량학은 지구 및 우주공간상에 존재하는 각 점 간의 상호 위치관계와 그 특성을 해석하는 학문이며, 점 상호 간의 거리, 방향, 높이를 관측하고 도시하여 지도제작 및 모든 시설물의 위치를 정량화시키는 것뿐만 아니라, 환경 및 자원에 관한 정보를 수집하고 이를 정성적으로 해석하는 제반방법을 다루는 학문이다.

02 전자기파 거리측량기(EDM : Electromagnetic Distance Measurement)는 가시광선, 적외선, 레이저광선 및 극초단파(Microwave) 등의 전자기파를 이용하여 거리를 관측하는 방법으로, 장거리관측을 높은 정밀도로 간편·신속하게 할 수 있어 널리 이용되고 있다. 또한 전자기파 거리측량기는 변장을 정확히 관측할 수 있으므로 삼각측량에서처럼 각의 관측 없이 변의 길이만 정확히 관측하여 수평위치를 결정하는 방법으로서 삼변측량의 정밀도 향상에 기여하고 있다.

03 각측량이라 함은 어떤 점에서 시준한 두 점 사이에 낀 각을 구하는 것을 말하며, 공간을 기준으로 할 때 평면각, 공간각, 곡면각으로 구분하고 면을 기준으로 할 때 수직각, 수평각으로 구분할 수 있다. 수평각관측법에는 단각법, 배각법, 방향각법, 조합각관측법의 4종류가 있다.

04 수평위치 결정이라 함은 지구상의 X, Y를 구하는 측량으로 일반적으로 삼각측량과 다각측량이 많이 이용되고 있으나 EDM의 출현으로 변길이관측에 신속·정확한 삼변측량이 많이 이용되고 있다. 또한 세부측량 시 평판측량 및 도해법이 이용되고 있으며, 최근 3차원 위치 결정방법인 사진측량, 관성측량, 위성측량 등이 수평위치 결정방법에 많이 이용되고 있다.

05 다각측량은 기준이 되는 측점을 연결하는 측선의 길이와 방향을 관측하여 측점의 수평위치를 결정하는 측량으로 소규모 지역의 기준점측량으로 널리 이용됐지만 최근 EDM으로 거리측량의 정확도가 높아져 고정밀 결합다각망을 이용한 위치결정으로 국가기본망까지 가능하게 되었다.

06 삼각측량은 기선을 관측한 후 각만을 관측하여 삼각법으로 정밀하게 수평위치 결정, 지도작성, 국토조사, 도로, 철도, 하천 등에 필요한 기준점인 삼각점의 위치를 구하며, 측량구역의 넓이에 따라 대지삼각측량, 소지삼각측량으로 구분된다.

07 장거리를 정확히 관측한다는 것은 매우 어려운 일이므로 지금까지는 거리관측을 최소로 하는 삼각측량을 널리 이용하였다. 그러나 최근 전자기파 거리측량기(EDM)의 출현으로 장거리관측의 정확도가 향상되어 변길이의 관측만으로 수평위치를 결정하는 삼변측량이 사용되기에 이르렀다.

08 레벨(Level)을 사용하여 두 점에 세운 표척의 눈금 차이로부터 두 점의 고저차를 직접 구하는 방법을 직접수준측량이라고 하며, 수준측량 중에서 가장 정확도가 높기 때문에 기준점(수준점)을 설치할 때 실시한다.

09 직접수준측량이 적용될 수 없는 높은 산의 높이나 시설물의 수준측량에는 간접수준측량이 이용된다. 간접수준측량에는 평판시준기에 의한 방법, 기압수준측량, 시거측량, 표척에 의한 방법, 삼각수준측량, 항공사진에 의한 방법, GNSS에 의한 방법 등이 있다.

10 표고는 등퍼텐셜면을 기준으로 하고 있어 장거리 고저측량에는 중력, 지구곡률, 대기굴절 등을 보정하여야 한다.

11 다각측량(Traverse Surveying)은 기준이 되는 측점을 연결하는 측선의 길이와 그 방향을 관측하여 측점의 위치를 결정하는 방법이다. 또한, 삼각점이 멀리 배치되어 있는 좁은 지역에 세부측량의 기준이 되는 점을 추가 설치할 때 편리한 방법이다.

12 2점 A, B의 고저차를 구할 때, 전시와 후시를 같게 취하여 높이를 구할 수 있으나 중간에 하천 등이 있으면 중앙에 레벨을 세울 수 없다. 이 경우 높은 정밀도를 요하지 않는 경우는 한쪽에서만 관측하여도 좋으나, 높은 정밀도를 필요로 할 경우에는 교호수준측량을 행하여 두 점의 높이차를 관측한다.

13 트랜싯을 사용하여 고저각과 거리를 관측하고 삼각법을 응용한 계산으로 2점의 고저차를 구하는 측량을 삼각수준측량이라 하며, 직접수준측량에 비해 비용 및 시간이 절약되지만 정확도는 낮다.

14 삼변측량은 대 삼각망의 기선장을 과거와 같이 기선 삼각망에 의한 기선 확대를 하지 않고 직접 관측할 수 있으며, 각과 변장을 적당히 관측하여 삼각망을 만들 수 있는 장점이 있다.

15 삼각측량이나 삼변측량 설계작업에서 측지망에 대한 도형의 강도를 결정하는 것은 측지망에 대한 균일한 정확도를 얻기 위함이다.

16 자오선수차란 평면직각좌표에서의 진북(N)과 도북($X^{N'}$)의 차이를 나타내는 것으로, 어느 한 삼각점에서 그 삼각점을 통과하는 자오선과 그 삼각점에서 직각좌표 원점을 통과하는 자오선과 만들어지는 각을 뜻한다.

17 측지망의 최적화 설계는 측지학과 측지산업의 중요한 부분이다. 설계된 망은 질적인 설계기준이라는 의미에서 최적화되어야 하며, 측지망의 질은 정밀도, 신뢰성, 강도 및 비용에 의하여 특징화된다. 공분산 매트릭스(추정된 파라미터)로서 표시되는 정밀도는 우연오차들이 전파되는 망의 특성에 대한 척도이며, 과대오차를 조사하고 제거할 수 있는 측정계획의 능력은 신뢰성과 강도, 경제성의 경우 관측프로그램에 의하여 표시된다.

18 기준점측량의 망조정을 실시할 때 최소한 2점의 기지점이나 또는 1점과 1방향을 알지 못하면 조정할 수 없다. 자유망조정은 기지의 3~4등 저등급망을 사용할 경우 기지점 자체에 상당한 오차가 내포되어 있어 기지점을 오차각이 없는 것으로 간주하여 조정하는 이론에 무리가 따르게 된다. 이러한 편향적 오차분포를 제거하고 비교적 균일한 망의 강도를 유지하기 위하여 기지점을 소구점과 함께 미지점으로 간주하여 망을 조정하는 것이다. 이러한 망조정기법은 삼각·삼변측량의 조정, 또한 지구역학적 연구를 위해 GNSS 자료를 처리할 때 이용되며, 이 기법 중 하나는 고정(제한)망조정법이고, 다른 하나는 자유망조정법이다.

19 도하수준측량은 직접수준측량으로 연결할 수 없는 수준노선을 연결하는 것을 목적으로 실시하며, 수준측량의 각 등급의 정확도에 맞추어 실시하여야 한다. 도하수준측량은 관측거리에 따라 교호법, 틸팅나사법, 데오드라이트법으로 구분된다.

20 최근 GNSS 측량의 보편화로 사용자의 접근성이 뛰어나고 3차원 성과의 직접 취득이 가능하여 측량 효율성이 매우 높은 통합기준점의 사용이 각광 받고 있다. 더욱이 통합기준점은 지적재조사사업을 위한 기준점으로도 사용될 계획이므로 위성기준점, 통합기준점 및 수준점을 모두 포함하는 통합측지망의 최적화 시뮬레이션을 통해 망의 강도와 배점 밀도를 높이는 등의 측지망 개선이 시급히 요구되고 있다.

21 1등 및 2등 수준점은 표고에 관한 국가기준점으로서 국토지리정보원 내규 "국가기준점측량작업규정"에 의해 실시되어야 하며, 지도제작이나 GSIS 구축은 물론 모든 공사측량의 표고기준점으로 사용되므로 주기적인 검사측량을 통한 유지관리와 각종 건설공사로 인한 위치변경 시 이에 따른 재설 및 복구측량 등에 세심한 주의를 기울여야 한다.

22 측지수준측량방법(Geodetic Leveling)에 의한 정밀 수준망을 구성하는 방법은 세계 각국에서 널리 채택하고 있다. 수준망을 형성하는 각 수준점 표고는 각종 지형도 제작, 건설공사 등과 같은 국토개발분야는 물론이고 지각변동의 연구와 같은 과학분야에까지 응용되고 있어 그 파급효과와 중요성이 인식되고 있다. 따라서 높은 정확도의 수준망을 구축하고 유지관리하는 데는 여러 가지 문제점이 내포되어 있어 효과적인 해결 방안이 강구되어야 한다.

23 공간정보의 구축 및 관리 등에 관한 법률에 따라 측량기기는 매 3년마다 성능검사를 받아야한다. 성능검사를 받아야 하는 장비로는 데오드라이트, 레벨, 거리측정기, 토털스테이션, GNSS, 금속관로 탐지기 등이 있다.

CHAPTER

03 단답형(용어해설)

01 거리의 종류

1. 개요

거리는 하나의 직선 또는 곡선 내 두 점의 위치 차이를 나타내는 양으로서 각과 함께 위치결정에 가장 기본이 되는 요소이다. 길이의 관측경로가 되는 선형은 크게 평면거리, 곡면거리, 공간거리로 나눌 수 있다.

2. 평면거리

(1) 평면상의 선형을 경로로 측량한 거리

(2) 중력과의 관계에 따른 평면상 거리의 분류

　① **수평면** : 수평직선, 수평곡선
　② **수직면** : 수직직선, 수직곡선
　③ **경사면** : 경사직선, 경사곡선

3. 곡면거리

(1) 곡면상의 선형을 경로로 측량한 거리
(2) 대원, 자오선, 평행권, 측지선, 항정선, 묘유선 등

4. 공간거리

(1) 공간상의 두 점을 잇는 선형을 경로로 측량한 거리
(2) 위성측량, 공간삼각측량 등에 이용

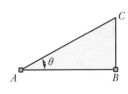 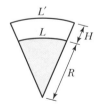

$\overline{AB}$: 수평거리
$\overline{AC}$: 경사거리
$\overline{BC}$: 수직거리
L' : 임의 높이의 수평거리
L : 기준면상의 수평거리
R : 지구반경
H : 표고

[그림 4-1] 거리의 종류

1. 개요

지상측량에서 최초로 관측된 거리는 경사거리로 이를 기준면상에 투영한 수평거리로 환산하여
사용함을 원칙으로 하며, 지도에 표시하기까지의 환산절차는 관측된 경사거리를 평균해수면의
표고기준면이나 관측지역의 평균표고 수준면상거리로 환산 후 도법을 고려하여 평면, 원통 또는
원추상에 투영하여 지도상의 거리로 나타낸다.

2. 지도투영면상 거리환산 순서

그림 4-3에서 두 점 A, B의 관측거리 a가 경사거리일 때는 수평거리 b로 고쳐 사용하며 이 수
평거리는 필요에 따라 표고 O 미터인 타원체면이나 구면상의 거리 c로 환산한다. 또한 지도편집
시에는 투영면상의 거리 d로 표시하게 된다.

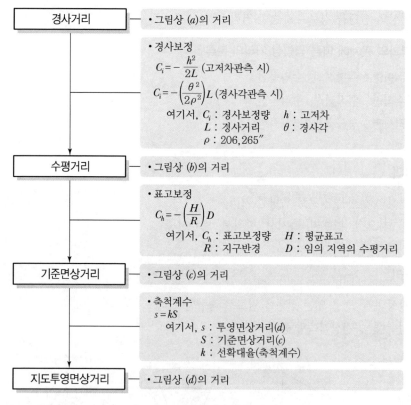

[그림 4-2] 거리의 환산 순서

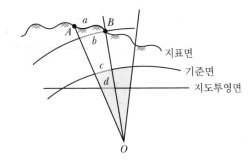

[그림 4-3] 거리의 환산

강재 줄자(Steel Tape)

1. 개요

공간정보 구축의 기본요소는 각도(Angle)와 거리(Distance)이며, 각도측정장비는 트랜싯, 데오드라이트, TS이고 거리측정은 줄자, 광파거리측정기, 전파거리측정기, GNSS, VLBI가 있다. 거리측정장비 중에서 측정정밀도를 높이기 위하여 온도, 장력 등의 변화가 적은 재질로 제작된 강재줄자(Steel Tape)가 가장 많이 사용되고, 온도 변화 등이 극히 적은 재질을 사용한 인바 줄자(Invar Tape)도 있다.

2. 거리측정방법

(1) 줄자(Tape)
① 두 점 간의 거리를 직접 측정
② 30cm, 1m, 2m, 5m, 30m, 50m, 100m 길이로 제작
③ 재질
  • 과거 천, 에스론 등으로 제작되었으나 신축량이 커 현재는 사용하지 않음
  • 스테인리스, 강철, 인바(Invar) 등으로 제작

(2) TS(Total Station)
① 광파를 이용하여 두 점 간의 거리측정
② 50m~2km 이하의 거리측정에 이용
③ 전파거리측정기 등이 있으나 현재는 광파를 이용한 TS로 통일됨

(3) GNSS(Global Navigation Satellite System)

① GNSS 위성을 이용하여 두 점 간의 거리측정 : 간접거리측정 방법

② 수 100m~50km 이하의 거리 측정

③ 기준점(위성기준점, 통합기준점, CP점)측량에 이용

④ GNSS 측량기 필요

(4) VLBI(Very Long Baseline Interferometer)

① 전파망원경을 이용하여 수십억 광년 떨어진 준성(Quasar)에서 방사되는 전파를 수신하여 거리측정

② 수 km~5,000km의 거리측정

③ 전 세계 대륙 간 거리측정

(5) 거리측정 비교

[표 4-1] 종류별 거리측정 비교

거리 / 종류	0m	50m	100m	2km	50km	5,000km	비고
줄자	████████████						
TS		████████████████					
GNSS			████████████████				
VLBI				████████████████			

3. 줄자(Steel Tape)

(1) 쇠자(Steel Ruler)

① 스테인리스 재질로 제작

② 30cm, 1m, 2m 길이로 제작

③ 목공 등 실내작업에 주로 이용

(2) 강재 줄자(Steel Tape)

① 강철(Steel), 스테인리스 재질로 제작

② 5m, 30m, 50m, 100m 길이로 제작

③ 건설 현장의 검측(구조물 규격, 길이 등)에 사용

④ 시공 예정, 시공 완료 구조물의 규격을 직접 관측

(3) 강재 줄자(Steel Tape)의 특징

① 길이에 비례하여 처짐 발생

② 온도에 비례하여 신축 발생

③ 재질마다 변형량이 다름

4. 건설 현장에 사용되는 줄자(Steel Tape)

(1) 건설 현장의 측량기기는 공간정보관리법 제92조(측량기기의 검사)의 규정에 따라 성능검사를 필한 장비를 사용하여야 함
(2) 줄자(Steel Tape)의 경우 현장에서 시공 및 검측에 직접 필요한 기기이므로 시공과 검측에 동일한 성능 필요
(3) 따라서 줄자(Steel Tape)도 공사 착공 전에 사용측량기기에 포함하여 공사감독자의 승인 필요

5. 미승인 측량기기 사용 시 문제점

(1) 시공과 검측의 오류 발생
(2) 시공성과와 검측성과의 차이로 다툼 발생
(3) 성과 차이로 인하여 재시공에 따른 공기 및 예산 낭비
(4) 공간정보 구축의 신뢰성 저하
(5) 공간정보 구축 오류로 인한 건설 현장 붕괴 등 안전사고 발생

04 전자기파 거리측량기(EDM)

1. 개요

전자기파 거리측량기(EDM : Electromagnetic Distance Measurement)는 가시광선, 적외선, 레이저광선 및 극초단파(Microwave) 등의 전자기파를 이용하여 거리를 관측하는 방법으로 장거리관측을 높은 정밀도로 간편·신속하게 할 수 있다. 종래 세계 각국에서는 변관측을 EDM으로 하는 다각측량방식을 이용하여 국가기준망을 구성하고 있으며, 전자데오드라이트와 EDM을 결합한 토털스테이션이 현장에서 널리 사용되고 있다.

2. 전자기파 측정기의 종류 및 원리

(1) 전파거리 측량기

① 주국과 종국의 두 점 간을 전파가 왕복한 시간으로부터 거리를 구한다.
② 비, 눈, 안개 등의 기상조건에 관계없이 관측이 가능하다.
③ 통상 파장이 3cm인 10GHz의 전파가 사용된다.
④ 장거리(40~150km)의 측거에 유리하다.
⑤ 정확도는 ±(15mm + 5ppm)이다.

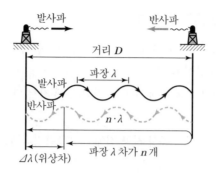

[그림 4-4] 전파거리 측량기

(2) 광파거리 측량기

1) 특징

① 기계에서 발사한 적외선이 반사경에 반사되어 돌아오는 반사파와 발사파의 위상차를 측정하여 거리를 관측한다.

② 기상조건에 영향을 받는다.

③ 단거리(5km 이내)의 측거에 사용된다.

④ 정확도는 ±(5mm+5ppm) 내외이다.

2) 원리

$$D = \frac{1}{2}(n\lambda + P),\ P = \frac{\Delta\phi°}{360°}\lambda$$

여기서, D : 관측거리
λ : 적외선 파장
$\Delta\phi°$: 적외선 파장의 위상차
n : 적외선 파장 개수
P : 파장의 마지막 부분

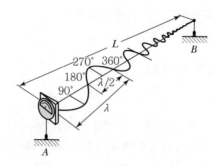

[그림 4-5] 광파거리 측량기 원리(1)

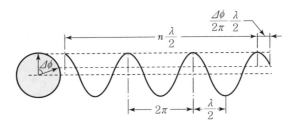

[그림 4-6] 광파거리 측량기 원리(2)

3. EDM의 오차

EDM의 오차는 거리에 비례하는 오차와 거리에 비례하지 않는 오차로 구분할 수 있다.

(1) 거리에 비례하는 오차

① 광속도 오차 : 공기밀도에 의한 광속도의 미소 오차

② 광변조 주파수 오차 : 거리에 비례하여 증가하는 주파수 오차

③ 굴절률 오차 : 파의 진행 시 통과 매질들상의 속도비인 굴절률의 대기상태에 따른 변화 오차

(2) 거리에 비례하지 않는 오차

① 위상차 관측 오차 : 위상차 검출기의 해상력 오차

② 영점 오차 : 기계상수와 반사경 상수 오차

③ 편심 오차 : 기계 또는 반사경의 중심과 지상측점이 일치하지 않으므로 생기는 오차

4. EDM에서 주파수를 고주파로 채택한 이유

전자기파 거리측정기는 연속적인 형태의 전자파를 송신하는 송신장치와 송신된 전자기파를 수신하는 수신장치로 구성된다. EDM에서 사용하는 전자기파 중에서 가장 많이 이용되는 것은 적외선과 마이크로파이며 적외선은 가시광선과 매우 유사한 전파특성이 있어 광통신 분야 및 광파거리측정기 등에 많이 이용된다.

(1) 저주파

① 관측범위가 넓음

② 매우 큰 송신장치 필요

③ 대기(온도, 기압 등)의 조건에 큰 영향을 받음

④ 고주파 EDM보다 상대적으로 정밀도가 낮음

⑤ 정밀을 요하지 않는 선박 또는 항공기의 항로 등에 이용

⑥ 반송파의 위상차 관측이 가능

(2) 고주파

① 측량 현장에서 사용

② 고주파를 사용하면 기계장치를 단순, 최소화할 수 있음

③ 대기를 통과할 때 전파특성이 안정적

④ 저주파 경우보다 정밀 관측 가능

⑤ 기상영향이 거의 없음

⑥ 전파특성 및 위상차 관측을 정밀하게 결정하기 어려움

05 토털스테이션(Total Station)

1. 개요

광파종합관측기(TS : Total Station)는 광파거리관측기, Theodolite(각관측기)와 Computer가 합쳐진 관측장비로서 각(수평각, 수직각)과 거리(수평거리, 수직거리, 경사거리)를 관측하여 삼각 및 다각 측량원리를 이용하여 3차원 좌푯값을 구할 수 있다.

2. 특징

(1) 관측범위는 3km 정도이며, 높은 정확도를 요할 시(1~1.5초 독취로 각관측)는 (1~2+1ppm × D)mm이고, 일반적인 경우(3~5초 독취로 관측)는 (3~5+3ppm × D)mm의 정확도를 확보할 수 있다.(D는 관측거리, km 단위)

(2) TS는 관측 시 공간적(지상, 지하, 좁은 지역, 건물, 숲속, 가로수 아래, 복잡한 도심 등) 제한을 안 받고 관측값을 구할 수 있으며, 관측장비도 저렴하고 휴대도 가능하다.

(3) TS 관측 시 시준선이 확보되어야 하며, 기상조건에 영향을 크게 받는 것이 단점이다.

(4) 거리관측 시 광파가 대기 중을 통과하여 반사경에 반사된 후 다시 관측장비로 되돌아올 때까지의 시간을 계산하여 거리를 산출하여야 하므로 대기의 온도와 기압에 따라 관측값이 다르게 나타난다. 따라서 이를 보정해야 하는 번거로움이 있다.

3. 원리

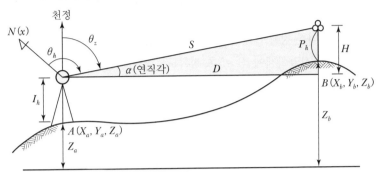

S : 경사거리, D : 수평거리, θ_z : 천정각, θ_h : 방향각, I_h : 기계고, P_h : 프리즘고

[그림 4-7] TS의 3차원 좌표 관측원리

$$X_b = X_a + D\cos\theta_h = X_a + S\sin\theta_z\cos\theta_h$$
$$Y_b = Y_a + D\sin\theta_h = Y_a + S\sin\theta_z\sin\theta_h$$
$$Z_b = Z_a + I_h + H - P_h = Z_a + I_h + S\cos\theta_z - P_h$$

여기서, $D = S\sin\theta_z$, $H = S\cos\theta_z$

4. TS 관측의 체계

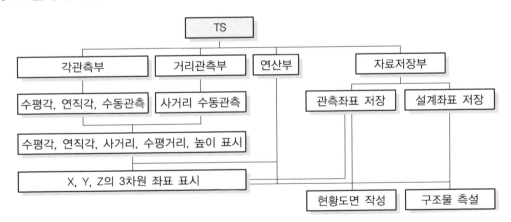

[그림 4-8] TS 관측의 흐름도

5. TS의 기능

    (1) EDM이 갖고 있는 거리측정 기능
    (2) 디지털 데오드라이트가 가지고 있는 각측정 기능
    (3) 각과 거리측정에 의한 좌표계산 기능

6. TS의 정확도

(1) 각관측의 경우

독취각의 초독에 따른 정확도의 경우, 0.5~1초 정확도는 정밀시공 및 관측업무에, 2초 정확도는 정밀시공 및 정밀설계에, 3~5초 정확도는 일반시공 및 일반설계에 사용하고 있다.

(2) 거리관측의 경우

독취단위가 모두 1mm일 때, $(1\sim2+1\text{ppm} \times D)$mm일 경우는 정밀시공 및 관측에, $(3\sim5+3\text{ppm} \times D)$mm인 경우는 일반시공 및 설계에 이용되고 있다. 따라서, $(5+3\text{ppm} \times D)$mm의 거리 정확도를 가진 TS를 이용하여 1km의 거리관측 시에는 기계오차 5mm와 거리에 따른 오차 3mm가 더해지는데, 이 경우는 서로 성질이 다른 두 가지의 오차에 대한 합이므로 평균제곱근오차를 적용해 $\sqrt{(5)^2 + (3)^2}$ mm $= \sqrt{34}$ mm $= 5.83$mm 의 오차가 발생하게 된다.

7. 활용

(1) 거리와 각을 동시에 관측하면 작업 효율이 높아지는 트래버스측량(지적측량)
(2) 지형측량과 같이 많은 점의 평면 및 표고좌표가 필요한 측량(지형측량)
(3) 종 · 횡단 측량이 필요한 측량(종 · 횡단 측량)
(4) 고정밀을 요하는 정밀측량 및 구조물 변형측량(구조물 변형측량)
(5) 기타

---

06 각의 종류

1. 개요

두 방향선의 방향의 차이를 각이라 하며, 공간을 기준으로 할 때는 평면각, 곡면각, 공간각으로 구분하고 면을 기준으로 할 때는 수평각, 수직각으로 구분할 수 있다.

2. 각의 분류

[그림 4-9] 각의 종류

3. 평면각(Plane Angle)

넓지 않은 지역에서의 상대적 위치결정을 위한 평면측량에 널리 사용되며 평면삼각법을 기초로 한다.

(1) 수평각(Horizontal Angle)

중력방향과 직교하는 수평면 내에서 관측되는 각으로서 기준선의 설정과 관측방법에 따라 교각, 편각, 방향각, 방위각, 자북방위각, 진북방향각으로 나뉜다.

① 교각 : 전 측선과 그 측선이 이루는 각

② 편각 : 각 측선이 그 앞 측선의 연장선과 이루는 각

③ 방향각 : 도북방향을 기준으로 어느 측선까지 시계방향으로 잰 각

④ 방위각 : 진북자오선을 기준으로 하여 시계방향으로 잰 각

⑤ 진북방향각(자오선수차) : 도북을 기준으로 한 도북과 진북의 사잇각

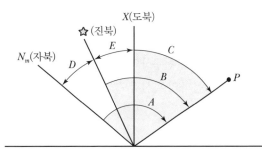

A : 자북방위각, B : (진북)방위각
C : 방향각, D : 자침편차
E : 진북방향각(자오선수차)

[그림 4-10] 수평각의 종류

(2) 수직각(Vertical Angle)

중력방향 면 내에서 관측되는 각으로서 기준선의 설정과 관측방법에 따라 천정각, 고저각, 천저각 등으로 구분된다.

① 천정각 : 연직선 위쪽을 기준으로 목표점까지 내려 잰 각

② 고저각 : 수평선을 기준으로 목표점까지 올려서 잰 각을 상향각(앙각), 내려 잰 각을 하향각(부각)이라 하며 지상측량이나 천문측량의 지평좌표계에 주로 이용

③ 천저각 : 연직선 아래쪽을 기준으로 목표점까지 올려서 잰 각으로 항공사진측량에 주로 이용

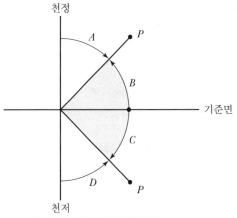

A : 천정각, B : 고저각(상향각)
C : 고저각(하향각), D : 천저각

[그림 4-11] 수직각의 종류

4. 곡면각(Curved Surface Angle)

넓은 지역의 곡률을 고려한 각으로 구면 또는 타원체면상의 각을 말한다. 천문측량, 대지측량에 널리 사용되며 구면삼각법을 기초로 한다.

5. 공간각(Solid Angle)

넓이와 길이의 제곱과의 비율로 표시되는 스테라디안을 사용하는 각으로 사진측량, 천문측량, 원격탐측 등에서 천구상의 천체의 위치해석 그리고 해양측량, 수심측량, 해양생태조사, 어군탐지 등에서 초음파의 확산각도 및 광원의 방사휘도 관측에 사용된다.

07 각의 단위 및 상호관계

1. 개요

각은 호와 반경의 비율로 표현되는 평면각과 구면 또는 타원체면 상의 성질을 나타내는 곡면각, 넓이와 길이의 제곱과의 비율로 표현되는 공간각으로 나눈다. 각의 단위는 무차원이므로 순수한 수처럼 취급할 수 있으나 방정식의 의미를 분명하게 하거나 위치결정, 벡터해석, 광도관측 등에서 중요한 역할을 한다.

2. 평면각(Plane Angle)

일반측량에서는 60진법 표시(Sexadesimal Representation)와 호도법(Circular Measure, Radian)이 주로 사용되며, 군(포병)에서는 Mil(Milliemes)을 사용하기도 하나, 요즈음 구미 각국에서는 계산에 편리한 100진법(Grade 또는 Grad, 또는 Gon)도 많이 사용되고 있다.

(1) 평면각 단위의 종류별 정의

① 60진법 : 원주를 360등분할 때 그 한 호에 대한 중심각을 1도라 하며, 도, 분, 초로 나타낸다.
② 100진법 : 원주를 400등분할 때 그 한 호에 대한 중심각을 1그레이드(Grade)로 정하여, 그레이드, 센티그레이드, 센티센티그레이드로 나타낸다.
③ 호도법 : 원의 반경과 같은 호에 대한 중심각을 1라디안(Radian)으로 표시한다.

(2) 각의 상호관계

① 도와 그레이드

$\alpha^\circ : \beta^g = 90 : 100$이므로 $\alpha^\circ = \dfrac{9}{10}\beta^g$ 또는 $\beta^g = \dfrac{10}{9}\alpha^\circ$

그러므로

$$1^g = 0.900^\circ,\ 1^c = 0.540',\ 1^{cc} = 0.324'',\ 1^g = 0.9^\circ = 54' = 3,240''$$

② 호도와 각도

1개의 원에 있어서 중심각과 그것에 대한 호의 길이는 서로 비례하므로 반경 R과 같은 길이의 호 $\widehat{AB}$를 잡고 이것에 대한 중심각을 ρ로 잡으면

$$\dfrac{R}{2\pi R} = \dfrac{\rho^\circ}{360^\circ}$$

$$\rho^\circ = \dfrac{180^\circ}{\pi} = 57.29578^\circ$$

$$\rho' = 60 \times \rho^\circ = 3,437.7468'$$

$$\rho'' = 60 \times \rho' = 206,264.806''$$

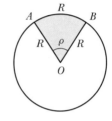

[그림 4-12] 호도법

반경 R인 원에 있어서 호의 길이 L에 대한 중심각 θ는

$\theta = \dfrac{L}{R}$(Radian)을 도, 분, 초로 고치면

$$\theta^\circ = \dfrac{L}{R}\rho^\circ,\ \theta' = \dfrac{L}{R}\rho',\ \theta'' = \dfrac{L}{R}\rho''$$

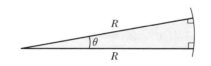
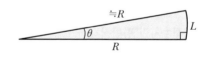

[그림 4-13] 호도와 각도

3. 곡면각(Curved Surface Angle)

대단위 정밀삼각측량이나 천문측량 등에서와 같이 구면 또는 타원체면상의 위치결정에는 평면삼각법을 적용할 수 없으므로 구과량이나 구면삼각법의 원리를 적용해야 하며, 이때 곡면각의 특성을 잘 파악해야 한다.

4. 공간각(또는 입체각 : Solid Angle)

(1) 평면각의 호도법에서는 원주상에서 그 반경과 같은 길이의 호를 끊어서 얻은 2개의 반경 사이에 끼는 평면각을 1라디안(Radian, rad로 표시)으로 표시한다. 이와 마찬가지로 반지름 r인 단위구상의 표면적을 구의 중심각으로 나타낼 수 있다.

(2) 스테라디안(Steradian, sr)은 공간각의 단위로서 구의 중심을 정점으로 하여 구표면에서 구의 반경을 한 변으로 하는 정사각형의 면적과 같은 면적(r^2)을 갖는 원과 구의 중심이 이루는 공간각을 말한다.

(3) 구의 전 표면적은 $4\pi r^2$이므로 전 구를 공간각으로는 4π 스테라디안으로 나타낼 수 있다. 구의 중심을 지나는 평면상에서 1sr을 나타내는 양 반경 사이의 평면각은 약 65°가 된다.

$$1\text{sr} = 1\text{제곱라디안} = (57.3°)^2 = 3,283 \text{ 제곱도}$$
$$= (206,265'')^2$$
$$= 4.25 \times 10^{10} \text{ 제곱초}$$

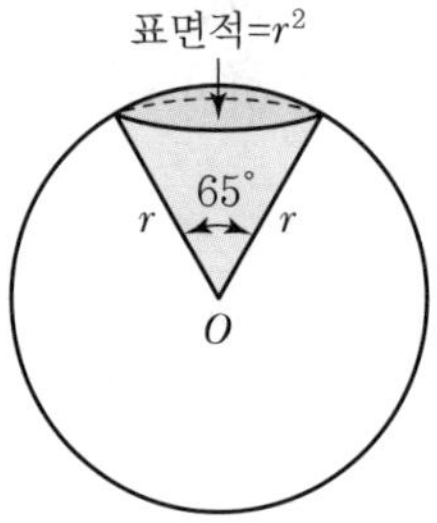

[그림 4-14] 스테라디안

(4) 이 스테라디안은 복사도(W/sr), 복사휘도(W/m² · sr), 광속 (루멘 : 1m=cd · sr)의 관측 등에도 사용된다. 여기서 W는 와트, cd는 칸델라이다.

---

08 자오선수차(Meridian Convergence)

1. 개요

자오선수차란 평면직각좌표에서의 진북(N)과 도북($X^{N'}$)의 차이를 나타내는 것으로 어느 한 삼각점에서 그 삼각점을 통과하는 자오선과 그 삼각점에서 직각좌표 원점을 통과하는 자오선과 만들어지는 각을 자오선수차라 한다.

2. 자오선수차의 특징

(1) 자오선수차는 삼각점의 원점으로부터 동쪽에 위치할 때는 (+)이고, 서쪽에 위치할 때는 (−)이다.

(2) 좌표원점에서 동서로 멀어질수록 자오선수차가 커진다(좌표원점에서는 0).

(3) A점의 경도를 L, 0점의 경도를 L_0, A점의 위도를 B 라 하면 자오선수차 $\Delta \alpha = (L - L_0) \sin B$가 된다.

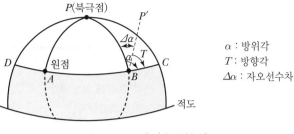

α : 방위각
T : 방향각
$\Delta\alpha$: 자오선수차

[그림 4-15] 자오선수차

3. 방향각(T), 방위각(α), 자오선수차($\Delta\alpha$)의 관계

도북을 기준으로 하는 방향각과 진북을 기준으로 하는 방위각 및 자오선수차의 관계는 다음과 같다.

$$방향각(T) = 진북방위각(\alpha) + 자오선수차(\pm\Delta\alpha)$$

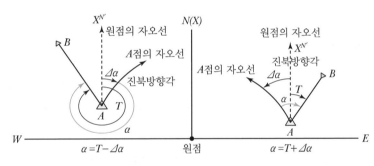

[그림 4-16] 방향각, 방위각, 진북방향각의 관계

4. 역방위각과 자오선수차의 관계

(1) 평면측량의 경우

$$\alpha_2 = \alpha_1 + 180°$$

여기서, α_1 : P_1에서 P_2를 관측한 방위각
α_2 : P_2에서 P_1을 관측한 역방위각

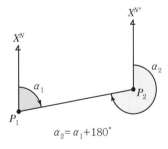

[그림 4-17] 방위각, 역방위각

(2) 구면측량의 경우

$$\alpha_2 = \alpha_1 + 180° + \Delta\alpha$$

여기서, α_1 : P_1에서 P_2를 관측한 방위각
α_2 : P_2에서 P_1을 관측한 역방위각
$\Delta\alpha$: 자오선수차(진북방향각)

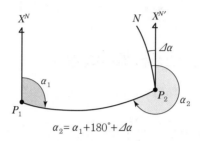

$$\alpha_2 = \alpha_1 + 180° + \Delta\alpha$$

[그림 4-18] 역방위각과 자오선수차

5. 자오선수차의 실례

평면직각좌표 원점에서 동쪽에 있는 P_1점에세 P_2점 방향의 자북방위각을 관측한 결과 80°9′20″
였다. P_1점에서 자오선수차가 1′40″, 자침편차가 5° W일 때 방향각은 얼마인가?

$$
\begin{aligned}
\text{방향각}(T) &= \text{자북방위각}(\alpha_n) - \text{자침편차} - \text{자오선수차}(\Delta\alpha) \\
&= 80°9′20″ - 5° - 1′40″ \\
&= 75°7′40″
\end{aligned}
$$

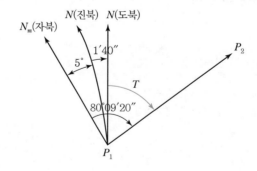

09 삼각 · 삼변망

1. 개요

삼각 · 삼변측량은 다각측량, 지형측량, 지적측량 등 기타 각종 측량에서 골격이 되는 기준점 위치를 정밀하게 결정하기 위한 측량으로 삼각망은 단열삼각망, 유심삼각망, 사변형망, 삼변망은 유심사각형, 유심오각형, 유심육각형으로 구분된다.

2. 삼각망

(1) 단열삼각망

① 폭이 좁고 거리가 먼 지역에 적합하다.

② 노선, 하천, 터널측량 등에 이용된다.

③ 거리에 비해 관측 수가 적으므로 측량이 신속하고 경비가 적게 드나 조건식이 적어 정도가 낮다.

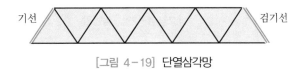

[그림 4-19] 단열삼각망

(2) 유심삼각망

① 동일 측점 수에 비하여 표면적이 넓다.

② 농지측량 등 방대한 지역의 측량에 적합하다.

③ 정도는 단열삼각망보다 높으나 사변형삼각망보다는 낮다.

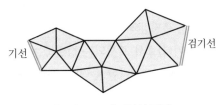

[그림 4-20] 유심삼각망

(3) 사변형삼각망

① 조건식의 수가 가장 많아 정밀도가 높다.

② 조정이 복잡하고 포함면적이 적으며 시간과 비용이 많이 든다.

③ 주로 기선 삼각망 설치 시 이용된다.

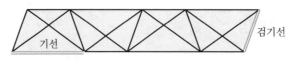

[그림 4-21] 사변형삼각망

3. 삼변망

삼변측량에서는 변을 적게 관측하면 조건수식이 성립되지 않으므로 정밀도를 검증하기 위해서는 많은 잉여조건이 필요하게 되며, 이러한 잉여조건을 충족시키기 위해서는 복잡한 기하학적인 도형이 필요하게 된다. 이론적으로 유심오각형 또는 유심육각형삼변망이 가장 이상적인 도형이나 실제로 현장에서는 모두 이러한 도형을 구성하기가 불가능하므로 추가 측선을 가진 유심사각형 또는 유심오각형이 실제적으로 가장 바람직한 삼변망이다.

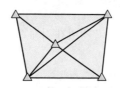 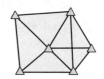

[그림 4-22] 삼변망

---

10 측지망의 최적화 설계

1. 개요

측지망의 최적화 설계는 측지학과 측지사업의 중요한 부분이다. 설계된 망은 질적인 설계 기준이라는 측면에서 최적화되어야 하며, 측지망의 질은 정밀도, 신뢰성, 강도 및 비용에 의하여 특징화된다. 공분산 매트릭스(추정된 파라미터)로서 표시되는 정밀도는 우연오차들이 전파되는 망의 특성에 대한 척도이며, 과대오차를 조사하고 제거할 수 있는 측정계획의 능력은 신뢰성과 강도, 경제성은 관측프로그램에 의하여 표시된다.

2. 측지망의 최적화 설계

측지망을 설계하고 최적화하는 것은 동시에 경제적인 방법으로 현실화할 수 있는 정밀하고 신뢰할 수 있는 망을 설계하는 것을 뜻한다. 최적화 문제는 다음 항목으로 나누어볼 수 있다.
(1) 최적 기준계 선택
(2) 망에 대한 최적 형태 선택

(3) 관측치에 대한 최적 중량의 선택

(4) 기존망의 개선

3. 측지망의 신뢰성, 정밀도 및 강도

측지망의 질은 정밀도, 신뢰성 및 강도로 구분할 수 있는데, 정밀도는 우연오차들이 전파되는 척도이며, 과대오차를 조사하고 제거할 수 있는 측정계획의 능력은 신뢰성과 강도이다.

(1) 공분산 매트릭스의 계산

공분산 매트릭스는 분석하고자 하는 양들의 정밀도를 설명하는 2개의 매트릭스, 즉 미지파라미터들의 공분산 매트릭스와 잔차의 공분산 매트릭스를 이용한다.

(2) 품질기준(척도)

기존의 측지망과 GNSS 관측치의 통합조정을 통한 측지망의 품질척도는 정밀도와 신뢰성이다. 정밀도는 오차타원, 신뢰성은 통계학적 검정기법을 사용한다.

(3) 망의 강도

망의 강도는 각의 크기, 만족시켜야 하는 조건의 수, 기선의 분포, 관측변의 정밀도로 결정된다. 삼각망에서 망의 강도는 절대적인 축척을 바탕으로 할 뿐만 아니라 상대적인 강도의 표현이기도 하다.

---

11 측지망의 도형강도

1. 개요

삼각측량이나 삼변측량 설계작업에서 측지망에 대한 도형의 강도를 결정하는 것은 측지망에 대한 균일한 정확도를 얻기 위함이다. 실측 이전에 도형의 강도를 결정함으로써 망에 대한 균일한 정확도를 얻을 수 있다. 이는, 어디서 망을 측정하고 어느 측점 간을 거리측정하면 가장 효율적이고 강한 망을 얻을 수 있는가를 고려하는 망의 설계단계에서 최적 측량 계획을 수립하는 데 적용할 수 있다.

2. 도형의 강도 계산

망의 강도는 망을 형성하고 있는 삼각형의 기하학적 강도, 각 또는 방향관측 지점수 그리고 각과 변조건의 수들의 함수로 되어 있다. 망의 강도는 오차전파법칙을 적용하여 계산하면 다음과 같다.

$$R = \frac{D-C}{D} \sum \left(\delta_{Ai}{}^2 + \delta_{Ai}\delta_{Bi} + \delta_{Bi}{}^2\right)$$

여기서, R : 도형의 강도(적을수록 최적의 도형강도)
D : 망 내의 총 방향 수
C : 총 각과 변조건 수(조건식 총수)
δ_A, δ_B : A, B 각에 대한 sine 대수 $1''$ 차

방향의 수 D는 데오드라이트로 새로이 관측된 방향을 말하고, 기지점 간의 방향선은 D의 값에 포함되지 않는다. 조건식의 총수 C는 다음 식으로 계산한다.

$$C = C_A + C_S = (n' - s' + 1) + (n - 2S + 3)$$

여기서 C_A : 각 조건식의 총수
C_S : 변조건식
n : 총 방향 수
n' : 양쪽에서 관측한 변수

두 개의 요소 $D - C/D$와 $\left(\delta_A{}^2 + \delta_A\delta_B + \delta_B{}^2\right)$은 조건식과 관측식의 수와 삼각형의 기하학 성질에만 관계하므로 R의 값은 관측 정확도와는 무관하다.

그러므로 이것은 최적의 기하학 조건과 적당한 조건의 수와 관측식의 수를 얻기 위한 여러 형태의 망의 배열을 비교할 수 있는 유용하고 기본적인 방법이다. 또한, 삼각망의 계산을 위한 가장 적절한 방법을 결정하는 데에도 이용된다. 여기서 R값이 적으면 망의 강도는 크다고(최적) 할 수 있다.

3. 특징

(1) 도형강도는 망을 형성하고 있는 삼각형의 기하학적 강도, 각 또는 방향관측을 하는 지점의 수 및 망조정에 사용된 변조건수 등의 함수로 되어 있다.
(2) 강도(R)는 관측 정확도와는 무관하다.
(3) 최적의 기하학적 조건과 적당한 조건수와 관측식을 얻기 위함이다.

12 편심관측

1. 개요

삼각측량은 기선관측과 각관측으로 이루어지며, 기선관측은 일반적으로 기본 삼각점을 이용하는 경우가 많으므로 성과표를 이용하게 되고, 기선관측이 필요한 경우에는 정확도에 따른 정밀한 관측이 이루어져야 한다. 또한 삼각점의 표석, 측표 및 기계중심이 연직선의 한 점에 일치될 수 없는 조건에서 부득이하게 측량해야 할 때는 편심을 시켜서 관측하여야 하며 이를 편심관측 또는 귀심관측이라 한다.

2. 편심의 종류

표석중심을 C, 관측점을 B, 측표중심을 P라 할 때 측표의 설치 당시에는 측표중심과 표석중심이 일치하나, 시일이 경과함에 따라 편심이 일어나 $P \neq C$의 상태가 되며 이로 인하여 편심관측이 요구된다.

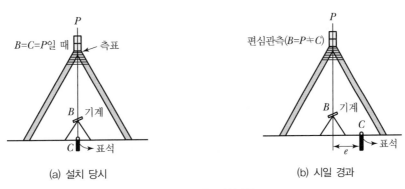

(a) 설치 당시 (b) 시일 경과

[그림 4-23] 편심관측

> **TIP** 여러 가지 편심관측 실례
> ① 표석의 위치에 고정할 수 없어 e만큼 떨어진 지점에서 측표를 세워 관측하는 경우($B = P \neq C$), 표석이 탑이나 굴뚝인 경우(그림 4-24 (a))
> ② 측표의 설치가 정확하게 되며 측표가 오래된 경우($B = C \neq P$), 가장 일반적인 경우(그림 4-24 (b))
> ③ 말뚝의 삼각점을 시준할 때 이 중 하나가 시준이 불량한 경우($B \neq C = P$), 일반적으로 거의 없음(그림 4-24 (c))
> ④ 관측점, 표석중심, 측표중심이 흩어지는 경우($B \neq C \neq P$), 1측점에서 2개의 편심조정(그림 4-24 (d))

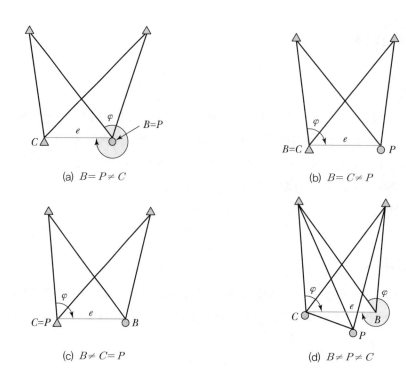

(a) $B = P \neq C$ (b) $B = C \neq P$

(c) $B \neq C = P$ (d) $B \neq P \neq C$

[그림 4-24] 편심관측의 실례

3. 편심요소 관측

(1) 편심조정에 필요한 편심요소에는 편심거리(e) 및 편심각(φ)이 있다.

(2) 관측점과 표석중심 간의 거리인 편심거리는 mm까지 관측한다.

(3) 편심각은 편심거리에 따라 $30' \sim 1''$ 단위까지 관측한다.

4. 편심조정

(1) sine 법칙에 의한 방법

$S \fallingdotseq S'$되는 경우 이용되며 가장 널리 이용되는 방법이다.

$$\frac{e}{\sin x_1} = \frac{S_1'}{\sin(360° - \varphi)} \Rightarrow x_1'' = \frac{e \sin(360° - \varphi)}{S_1'} \rho''$$

$$\frac{e}{\sin x_2} = \frac{S_2'}{\sin(360° - \varphi + t)} \Rightarrow x_2'' = \frac{e \sin(360° - \varphi + t)}{S_2'} \rho''$$

$$\therefore T = t + x_2'' - x_1''$$

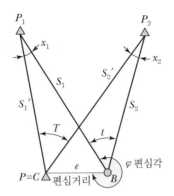

[그림 4-25] sine 법칙에 의한 편심조정

(2) 2변 교각에 의한 방법

$S = S'$로 되지 않은 경우에 sine 법칙에 의하여 조정계산을 하지 않고 2변 교각에 의한 방법을 사용한다.

$\gamma + x = 180° - \alpha$에서

$$\frac{1}{2}(\gamma + x) = 90° - \frac{\alpha}{2} \quad \cdots\cdots\cdots\cdots \text{①}$$

또한 삼각법

$$\frac{a-b}{a+b} = \frac{\tan\left(\dfrac{A-B}{2}\right)}{\tan\left(\dfrac{A+B}{2}\right)} \text{을 이용해서}$$

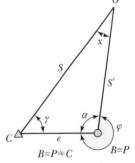

[그림 4-26] 2변 교각에 의한 편심조정

$$\tan\left(\frac{\gamma - x}{2}\right) = \frac{S'-e}{S'+e}\tan\left(90° - \frac{\alpha}{2}\right) = \frac{\dfrac{S'}{e}-1}{\dfrac{S'}{e}+1}\tan\left(90° - \frac{\alpha}{2}\right)$$

를 구성하고 $S'/e = \tan\lambda$로 놓으면

$$\tan\left(\frac{\gamma - x}{2}\right) = \frac{\tan\lambda - 1}{\tan\lambda + 1}\tan\left(90° - \frac{\alpha}{2}\right)$$

$$= \tan(\lambda - 45°)\tan\left(90° - \frac{\alpha}{2}\right) \quad \cdots\cdots\cdots\cdots\cdots\cdots\cdots\cdots \text{②}$$

①, ②식에 의해 γ, x를 결정한다.

양차(구차와 기차)

1. 개요

구차와 기차의 영향이 측량에 어떠한 영향을 주며 또 이것이 측량결과에 어떠한 영향을 주는가를 점검하는 일은 매우 중요한 일이다. 대지측량 시 구차와 기차의 영향은 매우 크므로 측량 시 발생되는 구차와 기차를 산정하여 보정하는 것은 측량의 정밀도 향상에 매우 중요한 사항이다.

2. 지구의 곡률에 의한 오차(구차)

(1) 정의

대규모 지역에서 수평면에 대한 높이와 지평면에 대한 높이가 다르게 나타나는데, 이를 곡률오차라 한다.

(2) 특징

① 지구가 회전타원체인 것에 기인된 오차를 말하며, 이 오차는 고도각이 작게 나타나는 경향이 있으므로 이 오차만큼 크게 조정한다.
② 곡률오차는 거리의 제곱에 비례하여 변화한다.

(3) 해석

[그림 4-27]에 있어서 NAN을 수평면, 그 반경을 r, A에 대한 지평면을 AH, B'에 대한 고저각을 $BB' = h$로 하고 $AB = D$, A에 있어서 B'를 시준할 때의 고저각 $= v'$, $\angle AOB$
$= \theta$로 하면 $\angle HAB = \dfrac{\theta}{2}$이므로 $\triangle ABB'$에 있어서

$$\angle B' = 180° - (90° + v' + \theta) = 90° - (v' + \theta)$$

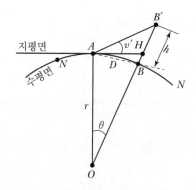

[그림 4-27] 지구의 곡률에 의한 오차

그러므로 다음 식이 얻어진다.

$$\frac{h}{D} = \frac{\sin\left(v' + \frac{\theta}{2}\right)}{\sin B'} = \frac{\sin\left(v' + \frac{\theta}{2}\right)}{\cos\left(v' + \theta\right)}$$

그런데 θ는 미소하게 되므로 위 식에 있어서

$$\sin\left(v' + \frac{\theta}{2}\right) = \sin v' \cos\frac{\theta}{2} + \cos v' \sin\frac{\theta}{2} \fallingdotseq \sin v' + \frac{\theta}{2}\cos v'$$

$$\cos\left(v' + \theta\right) = \cos v' \cos\theta - \sin v' \sin\theta \fallingdotseq \cos v'$$

으로 하면,

$$\frac{h}{D} = \frac{\sin v' + \frac{\theta}{2}\cos v'}{\cos v'} = \tan v' + \frac{\theta}{2}$$

또 $\theta = \dfrac{D}{r}$ 로 볼 수 있다. 따라서

$$h = D\tan v' + \frac{D^2}{2r}$$

그러므로 ΔC를 곡률오차라 하면,

$$\Delta C = + \frac{D^2}{2r}$$

3. 빛의 굴절에 의한 오차(기차)

(1) 정의

광선이 대기 중을 진행할 때는 밀도가 다른 공기층을 통과하면서 일종의 곡선을 그리는데, 물체는 접선방향에 서서 보면 시준방향, 진행방향과 다소 다르게 나타난다. 이때의 차를 굴절오차라 한다.

(2) 특징

① 이 오차만큼 작게 조정한다.
② 기차 또한 거리의 제곱에 비례한다.

(3) 해석

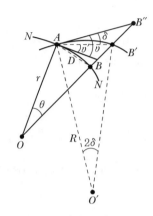

[그림 4-28] 빛의 굴절에 의한 오차

[그림 4-28]에 있어서 B'에서 A에 오는 광선은 곡선이 되므로 B'는 그 접선 AB''와 연직선 BB'연장과의 교점 B''에 온다고 본다. 지금 접선 AB''와 AB'가 이룬 각을 δ라 하고 AB'' 와 지평면과 이룬 각을 v라 하며 다른 것은 전항(前項)의 기호를 사용하면,

$$v' = v - \delta$$

$$\tan v' = \tan(v - \delta) = \frac{\tan v - \tan \delta}{1 + \tan v \tan \delta}$$

그런데 δ는 미소하게 되므로 분모의 제2항을 생략하고 또한 $\tan \delta$의 대신으로 δ를 사용하면,

$$\tan v' = \tan v - \delta$$

곡선 $B'A$를 원호로 가정하고 그 중심을 O'로 하면 중심각은 2δ가 된다. 그 반경을 R이라 하면 $\frac{r}{R} = k$가 되며, 이때 k는 굴절계수(coefficient of refraction)라 한다. 호 AB 및 호 AB'는 r에 비하여 미소하므로 $AB = AB' = D$로 된다. 그러므로 다음 식으로 쓸 수 있다.

$$\delta = \frac{1}{2} \cdot \frac{D}{R} \qquad \therefore \ \delta = \frac{kD}{2r}$$

이것을 $\tan v' = \tan v - \delta$식에 대입하면,

$$\tan v' = \tan v - \frac{kD}{2r}$$

$$\therefore \ D\tan v' = D\tan v - \frac{kD^2}{2r}$$

따라서 굴절오차를 Δr로 하면,

$$\Delta r = -\frac{k}{2r}D^2$$

4. 양차

(1) 정의

양차란 지구의 곡률에 의한 오차(구차)와 빛의 굴절에 의한 오차(기차)의 합을 말한다.

(2) 해석

$$\Delta E = \Delta C + \Delta r = \frac{(1-k)D^2}{2r}$$

여기서, ΔC : 구차, Δr : 기차
ΔE : 양차, r : 지구반경
D : 수평거리, k : 빛의 굴절계수

구차(ΔC)와 기차(Δr)를 고려하여 A에 대한 B'의 높이 h는 다음과 같다.

$$h = D\tan v' + \Delta C = D\tan v + \Delta r + \Delta C = D\tan v + \frac{1-k}{2r}D^2$$

---

14 측지망의 자유망조정(Free-net Adjustment)

1. 개요

기준점측량의 망조정에 있어서는 최소한 2점의 기지점이나 또는 1점과 1방향을 알지 못하면 조정할 수 없다. 자유망조정은 기지의 3~4등 저등급망을 사용할 경우 기지점 자체에 상당한 오차가 내포되어 있어 기지점을 오차가 없는 것으로 간주하여 조정하는 이론에 무리가 따르게 된다. 이러한 편향적 오차분포를 제거하고 비교적 균일한 망의 강도를 유지하기 위하여 기지점을 소구점과 함께 미지점으로 간주하여 망을 조정하는 것이다. 이러한 망조정기법은 삼각·삼변측량의 조정, 또한 지구역학적 연구를 위해 GNSS 자료를 처리할 때 이용되며 그중 하나는 고정(제한)망조정법이고, 다른 하나는 자유망조정법이다.

2. 고정(제한)망조정 방법과 자유망조정 방법

(1) 고정(제한)망조정

① 측지망 조정 시 제한조건으로 망 내에 임의의 고정점을 가정하여 정규방정식의 역행렬(Inverse Matrix)을 구하는 방법

② 이 경우 고정점의 오차를 영(0)으로 하는 조건으로 인하여 고정점이 갖고 있는 오차가 미지점에 전파되어 상대적인 오차를 증가시키는 요인으로 작용

(2) 자유망조정

① 제한망조정 시 상대적 오차를 감소시키기 위한 방법으로 모든 점을 자유롭게 놓고 망조정을 하는 방법이 개발

② 자유망조정에서는 정규방정식이 특이행렬(Singular Matrix)이 되므로 이에 대한 특별한 해석법이 필요

3. 종류

(1) Mittermayer의 방법

(2) 정규방정식에 의한 Moore – Penrose형 역행렬을 이용한 방법

(3) 관측방정식의 Norm(Normal)이 최소인 최소제곱법의 직접해를 이용한 방법

---

15 다각측량의 특징 및 다각형(Traverse)의 종류

1. 개요

다각측량은 기준이 되는 측점을 연결하는 측선의 길이와 그 방향을 관측하여 측점의 위치를 결정하는 방법으로, 길이와 방향이 정해진 선분이 연속된 것을 다각형(Traverse)이라 하며 폐합, 결합 및 개방 트래버스로 구분된다.

2. 다각측량의 특징

(1) 국가기본삼각점이 멀리 배치되어 있어 좁은 지역에 세부측량이 기준이 되는 점을 추가 설치할 경우에 편리하다.

(2) 복잡한 시가지나 지형의 기복이 심해 시준이 어려운 지역의 측량에 적합하다.

(3) 선로(도로, 수로, 철도 등)와 같이 좁고 긴 곳의 측량에 편리하다.

(4) 거리와 각을 관측하여 도식해법에 의하여 모든 점의 위치를 결정할 때 편리하다.

(5) 일반적인 다각측량은 삼각측량과 같은 높은 정확도를 요하지 않는 골조측량에 사용되나, TS
를 이용한 결합다각측량은 고정밀도 국가측지기본망에도 이용되고 있다.

3. 다각형의 종류

(1) 폐합 트래버스(Closed Traverse)

소규모 지역의 측량에 적합한 방법이며 임의
의 한 점에서 출발하여 최후에 다시 시작점에
폐합시키는 트래버스이다.

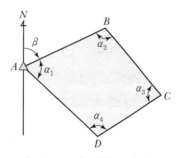

[그림 4-29] 폐합 트래버스

(2) 결합 트래버스(Decisive Traverse)

어떤 기지점에서 출발하여 다른 기지점에 결
합시키는 방법이며 대규모 지역의 정확성을
요하는 측량에 사용한다.

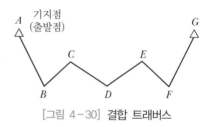

[그림 4-30] 결합 트래버스

(3) 개방 트래버스(Open Traverse)

임의의 한 점에서 출발하여 아무런 관계나 조
건이 없는 다른 점에서 끝나는 트래버스이며
정도가 가장 낮다. 하천이나 노선의 기준점을
정하는 데 이용하며 오차조정이 불가능하다.

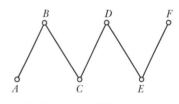

[그림 4-31] 개방 트래버스

(4) 트래버스 망(Traverse Network)

트래버스를 조합한 것으로서 넓은 지역에서 높은 정밀도의 기준점측량에 많이 이용된다. 다
각망의 구성에는 Y형, X형, H형, θ형, A형 등이 있다.

16 다각측량의 측각오차 점검

1. 개요

다각측량은 기준이 되는 측점을 연결하는 측선의 길이와 그 방향을 관측하여 측점의 위치를 결정하는 방법으로 관측된 관측각과 관측거리를 허용오차 한계와 비교하여 엄밀히 조정한다.

2. 폐합 트래버스

폐합 트래버스의 변의 총수를 n, 교각의 관측값을 α_1, α_2, ……, α_n이라 하면 그 총합은 $180°(n-2)$가 되어야 하지만 다음과 같은 각오차(E_α)가 실제로 생긴다.

(1) 내각관측 시 : $E_\alpha = [\alpha] - 180°(n-2)$

(2) 외곽관측 시 : $E_\alpha = [\alpha] - 180°(n+2)$

(3) 편각관측 시 : $E_\alpha = [\alpha] - 360°$

여기서, E_α : 측각오차
n : 관측각의 수
$[\alpha]$: $\alpha_1 + \alpha_2 + \alpha_3 + \cdots\cdots + \alpha_n$
r : $\overline{AB}$측선의 방위각

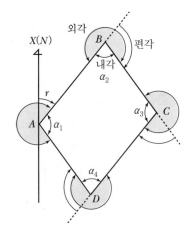

[그림 4-32] 폐합 트래버스 측각오차

3. 결합 트래버스

결합 트래버스는 아래 그림과 같이 기지점 A, B를 연결한 트래버스로 A점 및 B점에서 다른 기지의 삼각점 L 및 M이 시준되며 α_1, α_2, α_3, ……, α_{n-1}, α_n을 관측한 경우 측각오차(E_α)는 다음과 같다.

(1) $E_\alpha = w_a - w_b + [\alpha] - 180°(n+1)$

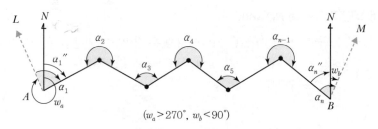

$(w_a > 270°, \ w_b < 90°)$

[그림 4-33] 결합 트래버스 측각오차(1)

(2) $E_\alpha = w_a - w_b + [\alpha] - 180°(n-1)$

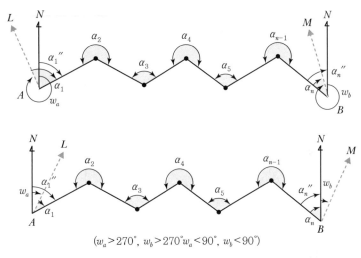

$(w_a > 270°,\ w_b > 270° w_a < 90°,\ w_b < 90°)$

[그림 4-34] 결합 트래버스 측각오차(2)

(3) $E_\alpha = w_a - w_b + [\alpha] - 180°(n-3)$

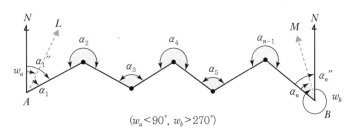

$(w_a < 90°,\ w_b > 270°)$

E_a : 측각오차 w_a : 첫 측점 방위각
w_b : 마지막 측점 방위각 α : 관측각
n : 관측각 수

[그림 4-35] 결합 트래버스 측각오차(3)

17 ## 다각측량의 각관측 방법 및 방위각 산정

1. 개요

다각측량은 기준이 되는 측점을 연결하는 측선의 길이와 그 방향을 관측하여 측점의 수평위치를 결정하는 측량으로 효과적인 다각측량을 수행하기 위해서는 정확한 각관측과 방위각이 우선 산정되어야 한다.

2. 각관측 방법

다각측량의 각관측 방법은 크게 교각법, 편각법 및 방위각법으로 구분된다.

(1) 교각법(Intersection Angle Method)

어떤 측선이 그 앞의 측선과 이루는 각을 관측하는 방법이다.

① 반복법을 사용하여 측각의 정밀도를 높일 수 있다.

② 각 측점마다 독립하여 측각할 수 있으므로 작업순서에 관계하지 않는다.

③ 측각이 잘 되지 않아도 다른 각에 영향을 주지 않으며, 그 각만 재측량하여 점검할 수 있다.

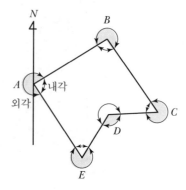

[그림 4-36] 교각법

(2) 편각법(Deflection Angle Method)

각 측선이 그 앞측선의 연장선과 이루는 각을 편각이라 하고 그 편각을 관측하는 방법으로 철도, 도로, 수로 등 노선의 중심선 측량에 이용된다.

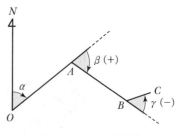

[그림 4-37] 편각법

(3) 방위각법(Azimuth Method)

각 측선의 진북방향과 이루는 방위각을 시계방향으로 관측하는 방법이다.

① 방위각을 관측하므로 계산과 제도가 편리하다.

② 한 번 오차가 생기면 끝까지 영향을 미친다.

③ 험준한 지형에는 부적합하다.

④ 신속히 관측할 수 있어 노선측량, 지형측량에 이용된다.

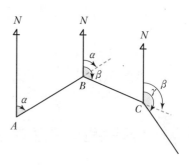

[그림 4-38] 방위각법

3. 방위각 산정

방위각은 진북에서 어느 측선까지 시계방향으로 관측한 각으로 교각에 의한 방위각 산정 및 편각에 의한 방위각 산정으로 나누어진다.

(1) 교각에 의한 방위각 계산방법

① 진행방향 : 시계방향

측각방향 : 우측(γ_1)

$\overline{BC}$의 방위각 $\alpha_1 = \alpha_0 + 180° - \gamma_1$

② 진행방향 : 시계방향

측각방향 : 좌측(γ_1)

$\overline{BC}$의 방위각 $\alpha_1 = \alpha_0 - 180° + \gamma_1$

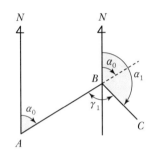

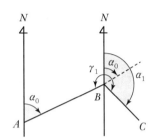

[그림 4-39] 교각관측에 의한 방위각 계산 실례(1)　[그림 4-40] 교각관측에 의한 방위각 계산 실례(2)

③ 진행방향 : 시계방향

측각방향 : 좌측(γ_1)

$\overline{BC}$의 방위각 $\alpha_1 = \alpha_0 - 180° + \gamma_1$

④ 진행방향 : 반시계방향

측각방향 : 우측(γ_1)

$\overline{BC}$의 방위각 $\alpha_1 = \alpha_0 + 180° - \gamma_1$

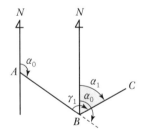

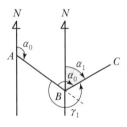

[그림 4-41] 교각관측에 의한 방위각 계산 실례(3)　[그림 4-42] 교각관측에 의한 방위각 계산 실례(4)

(2) 편각관측 시 방위각 계산방법

연장선에서 시계방향 관측각을 (+)편각, 반시계방향 관측각을 (−)편각이라 정한다.

$$\alpha_1 = \alpha_0 + \beta_1, \quad \alpha_2 = \alpha_1 - \beta_2$$

여기서, α_0, α_1, α_2 : 방위각
　　　　β_1, β_2 : 편각

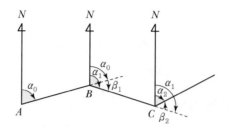

[그림 4-43] 편각관측에 의한 방위각 계산

즉, 어느 측선의 방위각 = 하나 앞의 측선의 방위각 ± 그 측점의 편각

18 방위각/역방위각/방위

1. 개요

수평각은 중력방향과 직교하는 평면, 즉 수평면 내에서 관측되는 각으로서 그 기준선의 설정과 관측방법에 따라 방향각, 방위각, 방위 등으로 구분된다.

2. 방향각과 방위각

(1) 방향각(Grid Azimuth, Direction Angle)

넓은 의미로 기준선으로부터 어느 측선까지 시계방향으로 잰 각이나 일반적으로는 도북방향을 기준으로 어느 측선까지 시계방향으로 잰 각을 말한다.

(2) 방위각(Azimuth Angle, Heridian Angle)

① 자오선(진북)을 기준으로 어느 측선까지 시계방향으로 잰 각으로 일반적으로 진북방위각을 방위각이라 한다.
② 방위각도 일종의 방향각이다.
③ 진북방위각(진북기준), 도북방위각(도북기준), 자북방위각(자북기준)

(3) 방향각과 방위각의 관계

$$방향각(T) = 자북방위각(\alpha_m) + (\pm \Delta) + (\pm \Delta\alpha)$$

1) 자오선수차($\Delta\alpha$)

  ① 평면직교좌표계에서 진북(N)과 도북($X^{N'}$)의 차이

  ② 좌표원점에서 자오선수차는 0이고 동서로 멀어질수록 커짐

  ③ 측점이 원점의 서쪽에 있을 때($-$), 동쪽은($+$)

  ④ 자오선수차와 진북방향각은 항상 부호는 반대고 절대값은 같음

2) 자침편차(Δ)

  ① 진북방향을 기준으로 한 자북방향의 편차

  ② 자침편차는 자북이 동편일 때($+$), 서편일 때($-$)

  ③ 우리나라는 일반적으로 $4\sim9°\ W$의 자침편차

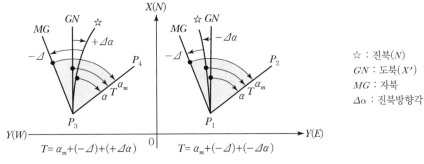

[그림 4-44] 진북, 자북, 도북의 관계

3. 역방위각(Reverse Azimuth)

평면측량에서 두 점 P_1, P_2를 생각할 때 도북과 진북을 일치한다고 간주할 수 있으므로 P_1에서 P_2를 관측했을 때의 정방위각과 P_2에서 P_1을 관측한 역방위각은 180° 차이가 난다. 그러나 구면상에서는 [그림 4-45]와 같이 두 점 간의 자오선수차를 고려해야 한다.

4. 방위(Azimuth)

자오선을 기준으로 어느 측선까지 0~90°까지 관측한 각으로 방향에 따라 부호를 붙여줌으로써 상한을 표시한다.

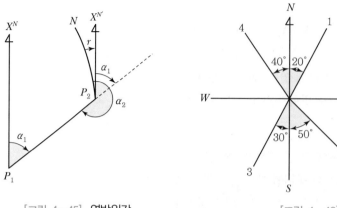

[그림 4-45] 역방위각   [그림 4-46] 방위

$1 : N20°E$
$2 : S50°E$
$3 : S30°W$
$4 : N40°W$

컴퍼스법칙/트랜싯법칙

1. 개요

각 변의 방위 또는 각과 변의 길이를 관측하였을 때 생기는 오차를 각 변에 적당히 배분하여 다각형을 폐합 및 결합시키는 조정방법으로 컴퍼스법칙과 트랜싯법칙이 있다.

2. 컴퍼스법칙

각관측의 정도와 거리관측의 정도가 동일할 때 실시하는 방법으로 각측선의 길이에 비례하여 오차를 배분한다.

(1) 위거오차 조정량

$$\varepsilon_l = E_L \times \frac{L}{[L]}$$

(2) 경거오차 조정량

$$\varepsilon_d = E_D \times \frac{L}{[L]}$$

여기서, $[L]$: 측선장의 합, L : 보정할 측선의 길이
E_L : 위거오차, E_D : 경거오차
ε_l : 위거조정량, ε_d : 경거조정량

3. 트랜싯법칙

각측량의 정밀도가 거리의 정밀도보다 높을 때 이용되며 위거, 경거의 오차를 각 측선의 위거 및 경거에 비례하여 배분한다.

(1) 위거오차 조정량

$$\varepsilon_l = E_L \times \frac{L}{\sum |L|}$$

(2) 경거오차 조정량

$$\varepsilon_d = E_D \times \frac{D}{\sum |D|}$$

여기서, $\sum |L|$: 위거절대치의 합
$\sum |D|$: 경거절대치의 합
L : 보정할 측선의 위거
D : 보정할 측선의 경거
ε_l : 위거조정량
ε_d : 경거조정량

4. Crandall법(Crandall Method)

Crandall법은 폐합되기 위한 총각관측오차를 모든 각관측값에 동일하게 배분하여 각을 조정하고, 조정된 각을 고정시키고 경중률을 고려하여 최소제곱법에 따라 거리관측값에 남아 있는 오차들을 조정하는 방법이다. 트랜싯법칙이나 컴퍼스법칙보다 계산 시간이 더 많이 걸리지만 거리관측값이 각관측값보다 더 큰 우연오차를 포함하고 있을 때 적절한 방법이다.

5. 최소제곱법

최소제곱법은 확률론에 근거를 둔 방법으로 잔차의 제곱을 최소로 한다는 조건 아래 각과 거리관측값을 동시에 조정하는 방법이다. 이 방법은 각과 거리관측값의 상호정밀도에 관계없이 어떤 다각형도 해석할 수 있다. 긴 계산과정 때문에 널리 사용되지 못하였지만 최근 전산기의 발달로 널리 이용되고 있는 방법이다.

1. 개요

지상 여러 점에 대한 고저나 표고를 결정하기 위한 측량으로, 일반적으로 레벨과 표척을 이용해서 측점의 높이를 구한다. 수준측량은 도로, 하천, 운하의 설계 및 시공측량, 토공량의 계산, 지형의 형태를 나타내는 지형도 제작, 국가수준점측량 등에 이용된다. 수준측량은 측량방법에 따라 직접수준측량, 간접수준측량, 교호수준측량 그리고 약수준측량 등으로 구분한다.

2. 개념 및 용어

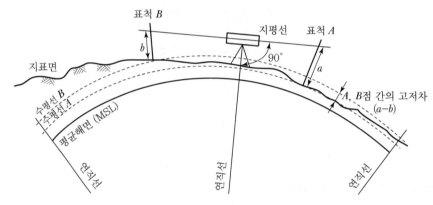

[그림 4-47] 수준측량 개념도

(1) **수준측량** : 지구상 여러 점 사이의 고저차를 측정하여 그 점들의 표고를 결정한다.
(2) **표고** : 어떤 기준면으로부터 그 점까지의 연직거리를 말한다.
(3) **고저차** : 수평선의 차이에 의하여 결정한다.

3. 특징

(1) 측량에서의 높이는 지오이드면에서 연직방향의 길이로 정의하며, 이 높이를 정표고라 한다.
(2) 정표고는 정확한 중력분포를 알지 못하면 계산 불가능하다.
(3) 정확한 중력분포를 몰랐던 시대는 지구를 동일한 타원체라고 가정한 정규중력을 실제의 중력 대신 사용하였고, 이를 정규 정표고라 한다.
(4) 정규 정표고는 "표고"라 하며, 수준측량 결과에서 얻어진 수준비고에 타원보정을 추가하여 계산한다.

※ **타원보정** : 지구를 동일한 중력분포라고 가정하고, 정규 중력식을 사용하여 수준측량 시 위도별 중력에 대한 보정을 실시

4. 분류

(1) 측량방법에 의한 분류

1) 직접수준측량(Direct Leveling)

레벨을 사용하여 2점에 세운 표척의 눈금차로부터 직접 고저차를 구한다.

2) 간접수준측량(Indirect Leveling)

레벨 이외의 기구를 사용해서 고저차를 구하는 측량방법이다.

① 삼각법

② TS에 의한 방법

③ GNSS 측량에 의한 방법

④ 기압수준측량

⑤ 중력에 의한 방법

⑥ 사진측량 및 위성측량에 의한 방법

3) 교호수준측량(Reciprocal Leveling)

강, 바다 등 접근 곤란한 2점 간의 고저차를 직접 또는 간접수준측량으로 구한다.

4) 약수준측량

간단한 레벨로서 정밀을 요하지 않는 점 간의 고저차를 구하는 방법이다.

(2) 측량 목적에 의한 분류

1) 고저차수준측량(Differential Leveling)

두 점 사이의 고저차를 구하는 측량방법이다.

2) 단면수준측량

① 종단측량(Profile Leveling) : 도로, 철도, 하천 등과 같이 일정한 선을 따라 측점의 높이와 거리를 관측하여 종단면도를 작성하는 측량방법이다.

② 횡단측량(Cross Leveling) : 노선 위의 각 측점에서 그 노선의 직각방향으로 고저차를 관측하여 횡단면도를 작성하는 측량방법이다.

1. 개요

수준측량(Leveling)이라 함은 지구상에 있는 점들의 고저차를 관측하는 것을 말하며 레벨측량이라고도 한다. 표고는 등포텐셜면을 기준으로 하고 있어 장거리수준측량에는 중력, 지구곡률, 대기굴절 등을 보정한다. 수준측량 관련 주요 용어는 다음과 같다.

2. 주요 용어

(1) 수준면(Level Surface)

① 각 점들이 중력방향에 직각으로 이루어진 곡면, 즉 지구표면이 물로 덮여 있을 때 만들어지는 형상의 표면으로 지오이드면이나 정수면과 같은 것을 말한다.

② 중력포텐셜이 동일한 곡면으로, 지오이드면이나 평균해수면을 말한다.

③ 해수면의 높이는 중력 이외에 조석, 조류, 기압, 해수밀도, 해수온도 등의 영향에 따라 변하는데 장기간의 관측으로 평균을 구하면 주기적인 영향이 상쇄되어 거의 하나의 수준면에 이른다고 볼 수 있다.

④ 수준면은 수준측량에서 높이의 기준이 된다.

(2) 수준선(Level Line)

지구의 중심을 포함한 평면과 수준면이 교차하는 선을 말한다.

(3) 수평면(Horizontal Plane)

① 지표면상에서 연직선에 직교하는 평면으로, 수준면과 접하는 평면이다.

② 수평면은 레벨의 시준면이 되고, 또한 트랜싯으로 고저각을 잴 때 기준이 된다.

(4) 수평선(Horizontal Line)

수준선에 접하는 직선을 말한다. 정준된 레벨의 시준선은 수평선과 평행해야 한다.

(5) 지평면(Horizontal Plane)

① 수평면의 한 점에서 접하는 평면을 말한다.

② 지구 표면상에서 연직선에 직교하는 평면을 말하며, 고저각을 재는 기준이 된다.

(6) 지평선(Horizontal Line)

① 수평면의 한 점에서 접하는 직선을 말한다.

② 지구 표면상에서 연직선에 직교하는 직선이다. 지평면과 천구가 서로 접한 것처럼 보이는 선을 말한다.

(7) 기준면(Datum Level)

① 높이의 기준이 되는 수준면을 말한다(우리나라는 평균해수면을 기준면으로 한다).

② 측량의 기본이 되는 면으로 수직기준면(지오이드)과 수평기준면(회전타원체)으로 구분된다.

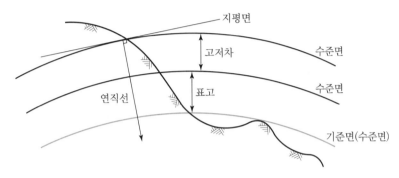

[그림 4-48] 수준면/수준선/기준면/지평면

(8) 수준점(Bench Mark)

① 수준원점으로부터 높이를 정확히 구하여 놓은 국가기준점으로, 수준측량의 기준이 되는 점이다.

② 우리나라는 전국의 국도와 도로를 따라 약 4km 마다 1등 수준점을, 이를 기준으로 다시 약 2km 마다 2등 수준점을 설치하였으며, 이들 수준점들에 대한 성과는 국토지리정보원에서 발행하고 있다.

(9) 수준망(Leveling Network)

① 수준점을 연결한 수준노선이 원점, 즉 출발점으로 돌아가거나 다른 표고의 수준점에 연결하여 망을 형성하는 것을 말한다.

② 여러 개의 인접한 수준환이 사방으로 연결되어 그물모양을 이룬 구조를 말한다.

③ 우리나라는 전국에 걸쳐 주요 국도를 따라 1등 수준망이 구축되어 있고, 1등 수준환 내에 2등 수준환이 구축되어 있다.

수준측량의 등시준거리관측

1. 개요

수준측량에서 전시와 후시의 점에 대한 시준거리가 같게 되도록 레벨을 세우거나 표척을 세운 점을 잘 선정하는 것은 높은 정확도의 고저차를 측정할 경우에 대단히 중요한 조건이 된다.

2. 등시준거리로 관측하는 이유

전시와 후시를 같게 한 시준거리(d), 시준선의 경사각(v), 관측한 후시와 전시(a_1, b_1), 정확한 후시와 전시(a, b)라 하고 $a_1 - b_1$을 구하면 시준선이 기포관축과 평행하지 않는 경우에도 정확히 고저차 ΔH가 얻어진다.

$$\Delta H = (a - b) = \{(a_1 - d\tan v) - (b_1 - d\tan v)\} = a_1 - b_1$$

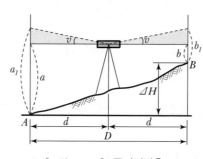

[그림 4-49] 등거리관측

3. 등시준거리로 관측함으로써 제거되는 오차

(1) 레벨의 조정이 불안전하여 시준선이 기포관축과 평행하지 않을 때 표척의 눈금값에 생긴 오차는 시준거리에 정비례하므로 전·후시의 시준거리를 똑같이 하면 고저차에 영향을 주지 않는다.
(2) 전·후시의 점에 대한 시준거리를 똑같이 하면 지구의 곡률오차와 빛의 굴절오차가 소거된다.
(3) 시준거리를 같게 하면 초점나사를 움직일 필요가 없으므로 그로 인하여 일어난 오차가 줄어들게 되는 이점이 있다.

항정법(레벨의 말뚝조정법)

1. 개요

레벨은 공장에서 아주 정밀하고 매우 세심하게 제작되지만 오랫동안 사용하면 조정상태가 달라지므로 주기적으로 검사하여야 하며, 조정법으로는 일반적으로 항정법이 많이 이용된다.

2. 레벨의 조건

(1) 기포관축과 연직축은 서로 직교할 것
(2) 시준선과 기포관축은 서로 평행할 것

3. 조정

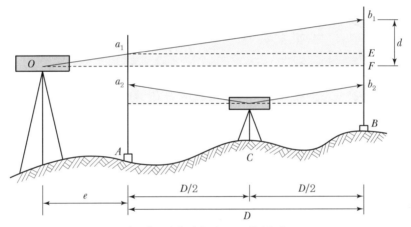

a_1, b_1 : 시준선 오차에 의한 A, B 표척읽음값
a_2, b_2 : 등거리상에 있는 A, B 표척읽음값
d : B점 표척상에서 보정하여야 할 높이

[그림 4−50] 항정법

$\triangle a_1 b_1 E$와 $\triangle O b_1 F$는 닮은꼴이며 $b_1 E$는 (관측값 − 최확값)이므로

$$D : (a_1 - b_1) - (a_2 - b_2) = (D + e) : d$$

$$\therefore \ d = \frac{D + e}{D}[(a_1 - b_1) - (a_2 - b_2)]$$

1. 개요

삼각수준측량은 트랜싯을 이용해 고저각과 수평거리를 관측한 뒤 삼각법에 의해 두 점 간의 고저차를 구하는 방법이다.

2. 특징

(1) 삼각측량의 보조수단으로 멀리 떨어진 측점 간의 고저차를 구할 때 사용한다.

(2) 직접고저측량에 비해 시간은 절약되지만 정도가 낮다.

(3) 대기 중 광선으로 인한 굴절오차로 정확도가 저하되므로 공기밀도의 변화가 큰 아침, 저녁은 피한다.

(4) 정밀관측을 하려면 고저관측용 트랜싯을 사용하여 정 · 반관측 후 평균을 취한다.

3. 방법

(1) 수평거리 D와 수직각 α를 잰 경우

$$H_p = H_A + I + D\tan\alpha + k$$

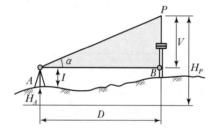

H_A : 기지점 표고
H_p : 미지점 높이
V : 고저차
k : 양차(수평거리가 먼 경우 고려)
I : 기계고
α : 수직각

[그림 4 – 51] 간접수준측량(1)

(2) 세 점 A, B, P가 동일 수직면 내에 있을 경우

$$V_1 = \frac{D + \Delta I\cot\beta_1}{\cot\alpha_1 - \cot\beta_1}$$

$$V_2 = \frac{D - \Delta I\cot\beta_2}{\cot\alpha_2 - \cot\beta_2}$$

$$\therefore \ 탑의 \ 비고 = V_1 + V_2$$

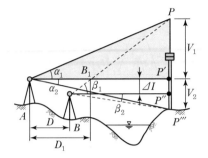

α_1, α_2 : A점에서 관측한 수직각

β_1, β_2 : B점에서 관측한 수직각

ΔI : A, B의 표고차

D : A, B의 수평거리

[그림 4-52] 간접수준측량(2)

(3) 세 점 A, B, P가 경사면을 이룰 경우

$$V = D_1 \tan\alpha_A = D_2 \tan\alpha_B$$

$$\frac{D_1}{\sin B} = \frac{D_2}{\sin A} = \frac{D}{\sin(A+B)}$$

$$H = D_1 \tan\alpha_A + I_A = D_2 \tan\alpha_B + I_B$$

$$H = \frac{\sin B}{\sin(A+B)} D\tan\alpha_A + I_A = \frac{\sin A}{\sin(A+B)} D\tan\alpha_B + I_B$$

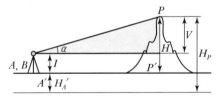

$I_A = I_B$이 $\alpha_A = \alpha_B$이므로
둘을 비교하여 평균값을 취한다.

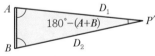

[그림 4-53] 간접수준측량(3)

(4) 표고차를 구하는 두 지점에서 고저차를 잰 경우

$$A \rightarrow B : \Delta H = D\tan\alpha_A + I_A - h_B + K$$

$$B \rightarrow A : \Delta H = D\tan\alpha_B - I_B + h_A - K$$

이를 평균하면 정확한 표고차 ΔH를 구할 수 있다.

$$\Delta H = \frac{D}{2}(\tan\alpha_A + \tan\alpha_B) + \frac{1}{2}(I_A - I_B) + \frac{1}{2}(h_A - h_B)$$

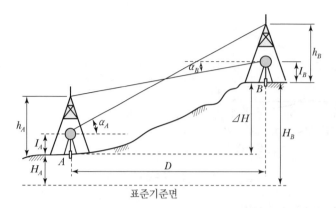

H_A, H_B : 표고
I_A, I_B : 기계고
h_A, h_B : 시준고
K : 양차

[그림 4-54] 간접수준측량(4)

25 교호수준측량

1. 개요

2점 A, B의 고저차를 구할 때, 기계오차 및 양차를 소거하기 위하여 전시와 후시의 거리를 같게 취하여 높이를 구하는데, 중간에 하천 등이 있으면 중앙에 레벨을 세울 수 없게 된다. 이 경우에는 기계오차 및 양차를 소거하기 위하여 교호수준측량을 행하여 양단의 높이차를 관측한다.

2. 교호수준측량의 원리

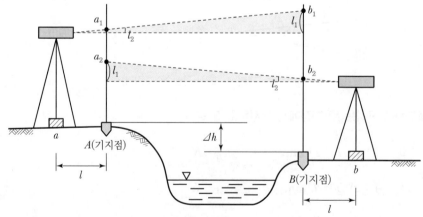

a_1, a_2 : A점의 표척읽음값
b_1, b_2 : B점의 표척읽음값
l_1, l_2 : A, B 표척관측값과 참값의 차이(오차)

[그림 4-55] 교호수준측량

(1) $A \to B$

표고차 Δh를 정확한 눈금값으로 계산하면

$$\Delta h = (a_1 - l_2) - (b_1 - l_1)$$

(2) $B \to A$

표고차 Δh를 정확한 눈금값으로 계산하면

$$\Delta h = (a_2 - l_1) - (b_2 - l_2)$$

두 식을 더하여 평균하면 오차가 소거되어 다음과 같다.

$$\Delta h = \frac{1}{2}[(a_1 - b_1) + (a_2 - b_2)]$$

$$\therefore H_B = H_A \pm \Delta h$$

이를 통해 a_1, a_2, b_1, b_2는 부정확한 표척의 읽음값이지만 동시에 수준측량결과를 평균하면 오차가 소거된 정확한 높이차가 산정됨을 알 수 있다.

3. 교호수준측량의 장점

(1) 레벨의 조정이 불안전하여 시준선이 기포관축과 평행하지 않을 때 표척의 눈금값에 생기는 기계오차를 제거한다.
(2) 교호수준측량을 실시하면 지구의 곡률오차와 빛의 굴절오차가 제거된다.

26 　도하수준측량

1. 개요

도하수준측량은 직접수준측량으로 연결할 수 없는 수준노선을 연결하는 것을 목적으로 실시하며, 수준측량의 각 등급의 정확도에 맞추어 실시하여야 한다.

2. 도하수준측량 구분

도하수준측량은 관측거리에 따라 다음 표의 구분을 표준으로 한 측량방법에 의하여 실시하여야 한다.

[표 4-2] 도하수준측량 구분

구분	측량방법	표준관측거리
교호법 (5m법)	표척에 목표판을 붙이고 이를 아래 위로 움직여 레벨의 시준선과 일치시킨 다음 표척눈금을 읽어 고저차를 구한다.	약 300m까지 ※ 약 450m까지
틸팅나사법 (레벨 2대)	표척에 일정간격으로 두 목표판을 붙이고, 그 간격을 레벨의 틸팅나사눈금에 의하여 관측하여 고저차를 계산한다. 다만, 레벨은 양안 각 1대씩 사용한다.	약 2km까지
틸팅나사법 (레벨 4대)	표척에 일정간격으로 두 목표판을 붙이고, 그 간격을 레벨의 틸팅나사눈금에 의하여 관측하여 고저차를 계산한다. 다만, 레벨은 양안 각 2대씩 사용한다.	약 5km까지
데오 드라이트법	측표를 세우고 데오드라이트로 천정거리를 관측하여 고저차를 계산한다. 다만, 도하점 간의 거리는 광파거리측량기에 의하여 구한다.	5km 이상

※ 2등 수준측량에 적용

3. 도하수준측량의 순서

계획 → 선점 → 관측(교호법, 틸팅나사법, 데오드라이트법) → 계산

※ 자세한 사항은 국가기준점측량 작업규정 참고

토털스테이션(Total Station)의 오차종류 및 보정방법

1. 개요

Total Station이란 전자데오드라이트(수평각, 연직각 측정)와 EDM(거리 측정)을 결합한 측량장비를 말한다. 공간의 위치를 결정하기 위한 수평각, 연직각, 그리고 사거리를 동시에 관측하며 지형도 제작 및 현장측설 등을 할 수 있는 측량장비이다. TS의 오차는 수평각 연직각을 측정하는 측각부 각오차와 거리를 관측하는 EDM부 오차로 구분되며, 측각부 오차는 장비의 제작과 관련이 있고, EDM부 오차는 지구곡률 기상조건 작업환경과 영향이 있으므로 EDM 부분을 중심으로 설명하고자 한다.

2. Total Station 구성, 원리, 특징

(1) 토털스테이션의 구성

1) 토털스테이션 본체
   ① 수평각, 연직각을 측정하는 전자데오드라이트
   ② 거리(사거리)를 관측하는 EDM
   ③ 내부 컴퓨터와 메인 표시부로 구성

2) 반사경
   ① 정밀프리즘 : 트래버스 측량
   ② 폴프리즘 : 현황측량
   ③ 시트프리즘 : 계측 등

(2) 토털스테이션의 특징 및 원리

1) 특징
   ① TS에서 발사한 적외선이 반사경(프리즘)에 반사되어 돌아오는 반사파와 발사파의 위상차를 측정하여 거리관측
   ② 기상조건(온도, 고도 등)의 영향을 받음

2) 원리

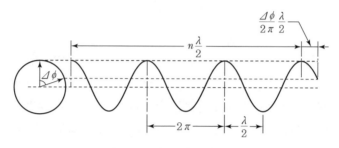

$$D = \frac{1}{2}(n\lambda + p), \; P = \frac{\Delta\phi°}{360°}\lambda$$

여기서, D : 관측거리, λ : 적외선 파장

$\Delta\phi°$: 적외선 파장의 위상차

n : 적외선 파장 개수

P : 파장의 마지막 부분

[그림 4-56] TS의 원리

3. TS 측량 시 오차의 종류

(1) 기계적 오차

① 거리에 비례하지 않는 오차 : 2mm

② 거리에 비례하는 오차 : $2\text{mm}D$

③ EDM의 오차 = 2mm + 2mm × D (D : km)

(2) 측지학적 오차

① 양차   ② 투영오차

4. TS 측량 시 오차의 보정방법(측지학적 오차 보정방법)

(1) EDM의 오차 보정방법

[표 4-3] EDM 오차 보정방법(1)

구분	원인	보정방법	비고
1. 거리에 비례하는 오차			
1) 광속도 오차	장비의 정밀도	고정밀 장비 사용	
2) 광변조 주파수 오차	장비의 정밀도	고정밀 장비 사용	
3) 굴절률 오차	기상상태	기상보정(기압, 습도, 온도)	메뉴얼 준수
2. 거리에 비례하지 않는 오차			
1) 위상차 관측 오차	장비의 해상력	고정밀 장비 사용	

(2) 사용자 장비 조작미숙으로 인한 오차 보정방법

[표 4-4] EDM 오차 보정방법(2)

구분	원인	보정방법	비고
1. 영점 오차	• 낮은 기술력 • 매뉴얼 미숙지	• 기술력 향상 • 매뉴얼 숙지 • 기상보정(기압, 습도, 온도)	
2. 편심 오차			
3. 틀린 데이터 입력			
4. 기상보정 미실시			
5. 시준오차			

(3) 측지원리 미숙지로 인한 오차 보정방법

1) 구차, 기차 보정

수평거리, 고저차 측정에 있어서 지구의 구면과 빛의 굴절의 영향이 매우 크므로 측량 시 발생되는 구차와 기차를 산정하여 보정하는 것은 측량의 정밀도 향상에 매우 중요한 사항이다.

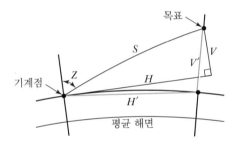

S : 사거리(기상보정 후의 값)
Z : 천정각
K : 대기의 굴절계수
R : 지구의 반경(6.372×10^6)

[그림 4-57] 구차 · 기차 보정

① 보정이 없을 때

> • 수평거리 : $H = S \times \sin Z$
> • 고저차 : $V = S \times \cos Z$

② 보정할 때

> • 수평거리 : $H' = S \times \sin Z - \dfrac{1 - \dfrac{K}{2}}{R} \times S^2 \times \sin Z \times \cos Z$
>
> • 고저차 : $V' = S \times \cos Z + \dfrac{1 - K}{2R} \times S^2 \times \sin^2 Z$

2) 투영 보정

Total Station으로 최초 관측된 거리는 지표면상의 경사거리로, 이를 기준면상에 투영한 수평거리로 환산하여 사용함을 원칙으로 한다. 직각좌표로 표시하기까지의 환산절차는 관측된 경사거리를 평균해수면의 표고기준면이나 관측지역의 평균표고, 수준면상의 거리로 환산 후 도법을 고려하여 평면, 원통에 투영하여 지도상의 거리로 나타낸다.

① 거리의 환산 순서

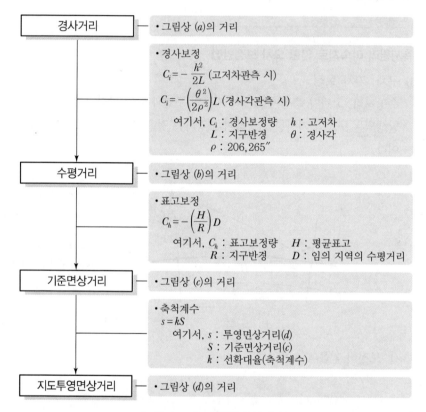

[그림 4-58] 거리의 환산 순서

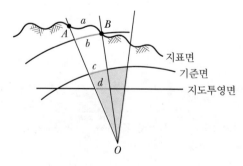

[그림 4-59] 거리의 환산

5. 결론

Total Station은 3차원 위치결정이 가능한 측량장비이다. TS에서 관측된 거리는 지표면상의 거리이므로 각 설계도서에 명시한 지도투영면상의 거리로 환산하여 사용하여야 한다. 터널 현장의 트래버스 측량은 거리의 관측부터 환산까지 정밀하게 실시하여야 그 오차를 줄일 수 있다. 또한 시방서 및 규정의 측량방법을 준수하여 측량을 실시하여야 관측오차를 최소로 할 수 있으므로 관련규정을 철저히 숙지하여야 한다. 현장에 근무하는 감리원 및 대다수의 기술자의 거리의 환산절차에 대한 미숙지가 곧 부실공사로 이어지고 있는 상황이므로 이 부분에 대한 철저한 교육이 필요하다.

---

02 수평각 관측방법 및 정확도

1. 개요

각측량이라 함은 어떤 점에서 시준한 두 점 사이의 낀 각을 구하는 것을 말하며, 공간을 기준으로 할 때 평면각, 공간각, 곡면각으로 구분하고 면을 기준으로 할 때 수직각, 수평각으로 구분할 수 있다. 수평각관측법에는 단각법, 배각법, 방향각법, 조합각관측법 등 4종류가 있다.

2. 수평각관측법

(1) 단각법(Method of Single Observation)

1개의 각을 1회 관측하는 방법으로 수평각 측정법 중 가장 간단하나 관측결과가 좋지 않다.

1) 방법

결과는 (나중 읽음값 − 처음 읽음값)으로 구해진다.

$$\angle AOB = \alpha_n - \alpha_0$$

여기서, α_n : 나중 읽음값
α_0 : 처음 읽음값

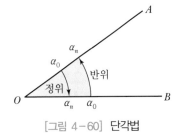

[그림 4−60] 단각법

2) 정확도

① 1방향 부정오차

$$M = \pm \sqrt{\alpha^2 + \beta^2}$$

② 단각법 부정오차

$$M = \pm \sqrt{2(\alpha^2 + \beta^2)}$$

여기서, α : 시준오차
β : 읽음오차

(2) 배각법(Repetition Method of Angle Observation)

하나의 각을 2회 이상 반복 관측하여 누적된 값을 평균하는 방법으로, 이중축을 가진 트랜싯의 연직축 오차를 소거하는 데 유용하며 트랜싯의 최소눈금 이하로 정밀하게 읽을 수 있다.

1) 방법

1개의 각을 2회 이상 관측한 뒤 관측횟수로 나누어 구한다.

$$\angle AOB = \frac{\alpha_n - \alpha_0}{n}$$

여기서, α_n : 나중 읽음값
α_0 : 처음 읽음값
n : 관측횟수

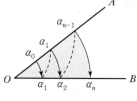

[그림 4-61] 배각법

2) 정확도

① n배각의 관측에 있어서 1각에 포함되는 시준오차(m_1)

$$m_1 = \pm \sqrt{\frac{2\alpha^2}{n}}$$

② n배각의 관측에 있어서 1각에 포함되는 읽음오차(m_2)

$$m_2 = \pm \frac{\sqrt{2\beta^2}}{n}$$

여기서, α : 시준오차
β : 읽음오차
n : 관측횟수

③ 1각에 생기는 배각법의 오차(M)

$$M = \pm \sqrt{m_1{}^2 + m_2{}^2} = \pm \sqrt{\frac{2}{n}\left(\alpha^2 + \frac{\beta^2}{n}\right)}$$

3) 배각법의 특징

① 눈금을 계산할 수 없는 미량값은 계적하여 반복횟수로 나누면 구할 수 있다.

② 시준오차가 많이 발생한다.

③ 눈금의 부정에 의한 오차를 최소로 하기 위해 n회의 반복결과가 360°에 가까워야 한다.

④ 방향 수가 많은 삼각측량과 같은 경우 적합하지 않다.

⑤ 읽음오차의 영향을 적게 받는다(방향각법에 비해).

(3) 방향각법(Direction Method)

어떤 시준방향을 기준으로 하여 각 시준방향에 이르는 각을 차례로 관측하는 방법으로 3등 삼각측량에 이용되며 배각법에 비해 시간이 절약된다. 1점에서 많은 각을 잴 때 이용한다.

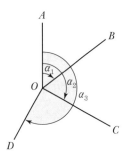

[그림 4-62] 방향각법

1) 방법

$\angle AOB = \alpha_1, \ \angle BOC = \alpha_2 - \alpha_1, \ \angle COD = \alpha_3 - \alpha_2$
로 결정

관측정밀도를 높이려면 A에서 D까지 우측각을 잰 후 D에서 A까지 좌측각을 재서 1대회 관측한다.

2) 정확도

① 1방향에 생기는 각 오차(m_1) : $m_1 = \pm \sqrt{\alpha^2 + \beta^2}$

② 각관측오차(m_2) : $m_2 = \pm \sqrt{2(\alpha^2 + \beta^2)}$

③ n회 관측한 평균값오차(M)

$$M = \pm \sqrt{\frac{2}{n}(\alpha^2 + \beta^2)}$$

여기서, α : 시준오차
β : 읽음오차

(4) 조합각관측법(Method of Combination Angle)

수평각 관측방법 중 가장 정확한 방법으로 1등 삼각측량에 이용되며 각관측방법이라고도 한다.

① 방법

여러 개의 방향선의 각을 차례로 방향각법으로 관측하여 얻어진 여러 개의 각을 최소제곱법에 의해 최확값을 결정한다.

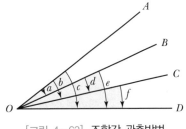

[그림 4-63] 조합각 관측방법

② 측각 총수, 조건식 총수

$$측각\ 총수 = \frac{1}{2}N(N-1)$$

$$조건식\ 총수 = \frac{1}{2}(N-1)(N-2)$$

여기서, N : 측선 수

3. 기타 수평각관측법

(1) 교각법(Direct Angle Method)

① 전 측선과 그 측선이 이루는 교각을 관측하는 방법으로 수평각관측의 가장 일반적인 방법이다.

② 각관측이 독립적이므로 오측의 경우 다른 각에 영향 없이 재측이 가능하다.

③ 결합, 폐합다각형에 적합하며 측점 수 20개가 효과적이다.

(2) 편각법(Deflection Angle Method)

① 각측선이 그 앞 측선의 연장선과 이루는 각을 편각이라 하며 그 편각을 관측하는 방법이다.

② 철도, 도로, 수로 등의 노선의 중심선 측량에 이용된다.

③ 신속하지만 정도는 낮다.

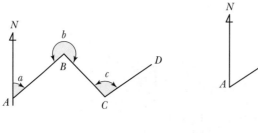

[그림 4-64] 교각법

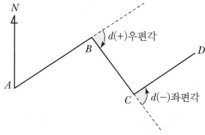

[그림 4-65] 편각법

(3) 방위각법(Azimuth Method, Full circle Method)

① 각측선의 진북방향과 이루는 방위각을 시계방향으로 관측하는 방법으로 각관측법에 따라 반전법과 고정법이 있다.

② 방위각을 관측하므로 계산과 제도가 편리하고 신속 관측이 가능해 노선측량, 지형측량에 이용된다.

③ 오차가 생기면 끝까지 영향을 미치며, 험준한 지형에는 부적합하다.

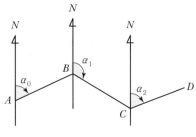

[그림 4-66] 방위각법

4. 결론

각관측기기가 현재 디지털에 의한 트랜싯으로 모두 바뀌어 읽음오차는 거의 소거되고 있으므로 시준오차를 위주로 한 측량방법이 주로 이용하여야 할 것으로 판단된다.

<hr>

03 삼각측량과 삼변측량의 원리 및 특성

1. 개요

넓은 지역의 측량이나 높은 정밀도를 필요로 하는 기준점측량, 특히 다각측량, 지형측량, 지적측량 등 기타 각종 측량의 골격이 되는 기준점 결정 측량으로, 종래에는 삼각측량이 널리 이용되었으나, 최근에는 삼변측량이 실용화되고 있다.

2. 삼각측량

(1) 삼각측량(Triangulation)

삼각측량은 삼각형의 3각을 관측하여 각종 측량의 골격이 되는 기준점 위치를 sine 법칙으로 정밀하게 결정하기 위한 측량이다.

① **수평위치** : 방향과 거리를 알면 한 지점의 수평위치를 결정할 수 있다. 그러므로 각측선의 수평각과 삼각측량의 기준이 되는 기선을 관측하여 sine 법칙에 의해 수평위치를 결정한다.

② **수직위치** : 삼각점의 높이는 직접수준측량 또는 간접수준측량으로 구할 수 있으며, 국가수준점을 기준으로 한다.

$$\frac{a}{\sin A'} = \frac{b}{\sin B} = \frac{c}{\sin C}$$

$$b = \frac{\sin B}{\sin A'} \cdot a$$

$$c = \frac{\sin C}{\sin A'} \cdot a$$

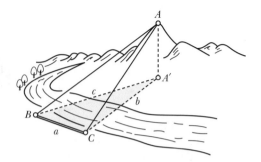

[그림 4-67] 삼각측량의 원리

(2) 삼각측량의 특징

① 넓은 지역에 똑같은 정확도의 기준점 배치에 편리하다.

② 넓은 지역의 면적 측정에 적합하다.

③ 삼각점은 시통이 잘 되어야 하고 후속측량의 이용도가 좋은 곳에 설치해야 한다.

④ 조건식이 많아 계산과 조정이 복잡하다.

3. 삼변측량

(1) 삼변측량(Trilateration)

수평각을 관측하는 대신 삼변의 길이를 측정하여 삼각점의 위치를 구하는 측량으로 근래에 와서 전파나 광파를 이용한 거리측정기 발달로 높은 정밀도의 삼변측량이 많이 이용되고 있다.

① cosine 제2법칙

$$\cos A = \frac{b^2 + c^2 - a^2}{2bc}$$

$$\cos B = \frac{a^2 + c^2 - b^2}{2ac}$$

$$\cos C = \frac{a^2 + b^2 - c^2}{2ab}$$

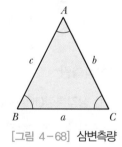

[그림 4-68] 삼변측량

② 반각공식

$$\sin \frac{A}{2} = \sqrt{\frac{(s-b)(s-c)}{bc}}, \quad \cos \frac{A}{2} = \sqrt{\frac{s(s-a)}{bc}}$$

$$\tan \frac{A}{2} = \sqrt{\frac{(s-b)(s-c)}{s(s-a)}}, \quad 단, \ s = \frac{1}{2}(a+b+c)$$

③ 면적조건

$$\sin A = \frac{2}{bc}\sqrt{s(s-a)(s-b)(s-c)}$$

(2) 삼변측량의 특징

① 기선 삼각망에 의한 기선 확대를 하지 않고 직접 관측

② 각과 변장을 적당히 관측하여 삼각망을 구성

③ 변장만을 이용하여 삼각망을 구성

4. 삼각 · 삼변측량의 비교

[표 4-5] 삼각 · 삼변측량의 비교

삼각측량	삼변측량
• 변의 관측보다 각의 관측에 정밀성을 더 요함 • 정밀한 각관측기를 필요로 함 • 내각의 크기는 최소한 20° 이상이어야 함 • 삼각망은 최소한 한 점 이상의 기지점에 고정되어야 하고 출발변의 방위각을 알아야 함 • 측지 삼각측량에서는 구면삼각형 지식을 필요로 함 • 기선을 현장에 설치할 경우 짧은 기선을 정밀히 실측하고 기선을 확대해야 하는 등 기선 설치에 어려움이 많음 • 조정을 위한 조건수식이 많음 • 조정계산에 시간이 많이 소요됨 • 관측거리에 한계가 있음 • 장거리를 관측하기 위해서는 높은 관측탑이 필요	• 장거리를 신속하게 관측할 수 있음 • 변의 수가 증가함에 따라 방위각 오차가 급격히 누적되므로 많은 방위각관측이 필수임 • 일반적으로 삼각측량에 비하여 신속하고 경제적인 방법임 • 과거 삼각측량과 같은 기선 확대가 불필요 • 각과 변장을 적당히 관측하여 삼각망을 만듦 • 변장만으로 삼각망을 만듦 • 조정을 위한 조건수식이 적음 • 변의 관측이 정밀도 좌우 • 정밀도 검증을 위한 잉여조건 및 복잡한 기하학적 도형이 필요 • 장거리관측 시 높은 관측탑이 필요 없음 • 측정된 거리는 모든 기계오차와 기상보정을 필요로 함 • 관측거리가 경사거리이므로 평균해면상의 수평거리로 환산하여야 함

5. 결론

종래 삼각측량은 넓은 지역의 수평위치 결정을 위한 측량으로 중요한 역할을 해왔다. 그러나 최근 거리측량기 발달로 삼각측량의 실용성이 대두되면서 두 측량방법의 정확도 문제에 많은 논란이 제기되고 있다. 삼변측량을 실용화시키기 위해서는 빠른 시일 내에 국토지리정보원 삼각점 성과를 삼변측량으로 정비하여 이러한 혼란을 방지하여야 하며, 간이법에 의한 조정법에서 탈피하여 최소제곱법에 의한 정밀한 성과를 획득하는 것이 무엇보다도 중요하다 하겠다.

1. 개요

삼변망의 조정은 삼각망의 조정과 같이 간이조정법과 엄밀조정법으로 구분할 수 있으며, 간이법은 먼저 측정된 변을 사용하여 각을 계산하고 삼각측량 측정각 조정에 의해 좌표를 산정한다. 간이법은 정밀을 요하지 않는 저등급의 측량에만 사용하며 정밀한 측량의 경우에는 최소제곱법의 원리를 이용한다. 관측방정식에 의한 망조정은 조건방정식에 의한 망조정보다 훨씬 많은 방정식을 처리해야 하므로 과거에는 잘 사용되지 않았으나 오늘날에는 컴퓨터의 발달에 힘입어 널리 이용되고 있다.

2. 삼변측량에 의한 삼각망 조정방법의 종류 및 특징

삼변측량은 cosine 제2법칙과 반각공식을 이용하여 변의 길이로부터 각을 구하여 거리와 각을 이용하여 수평위치를 결정하는 방법이다.

(1) 종류

[표 4-6] 조건 및 관측방정식의 특징

조건방정식법	도형에 내재된 기하학적 조건을 이용하여 조건방정식을 구성한 후 최소제곱법을 적용하여 최확값을 구하는 방법
관측방정식법	관측값을 이용 관측 수와 동일한 수의 관측방정식을 구성한 후 최소제곱법을 적용하여 최확값을 구하는 방법

(2) 특징

① 변장만을 이용하여 삼각망을 구성한다(변의 길이를 정확히 측정해야 한다).
② 삼각측량에 사용되는 기선의 확대·축소가 불필요하다.
③ 적당한 각을 관측하여 삼각망의 오차를 점검할 수도 있다.
④ 조건식수가 적고, 조정이 오래 걸린다.
⑤ 정확도를 높이기 위해서는 많은 복수변장 관측이 필요하다.

3. 조건방정식법

삼변망은 단삼변망, 사변망, 유심삼각망으로 구성되며, 여기에서는 단삼변망에 대해 설명하기로 한다.

(1) cosine 제2법칙을 이용

$$\cos A' = \frac{b^2 + c^2 - a^2}{2bc}$$

$$\cos B' = \frac{a^2 + c^2 - b^2}{2ac}$$

$$\cos C' = \frac{a^2 + b^2 - c^2}{2ab}$$

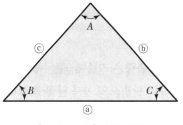

[그림 4-69] 단삼변망

여기서, a, b, c : 변의 관측값
A', B', C' : 관측값에 의한 각
A, B, C : 각의 최확값

(2) cosine의 전미분을 취한 후 정현방정식을 적용하여 정리하면

$$dA' = \frac{1}{c\sin B'}da - \frac{\cot C'}{b}ab - \frac{\cot B'}{c}dc$$

$$dB' = \frac{1}{a\sin C'}db - \frac{\cot A'}{c}dc - \frac{\cot C'}{a}da$$

$$dC' = \frac{1}{b\sin A'}dc - \frac{\cot B'}{a}da - \frac{\cot A'}{b}db$$

(3) $dA + dB + dC + \varepsilon = 0$을 이용하면

$$G_a\,da + G_b\,db + G_c\,dc + \varepsilon = 0$$

$$\varepsilon = A' + B' + C' - 180°$$

여기서, $G_a = \dfrac{1}{c\sin B'} - \dfrac{\cot C'}{a} - \dfrac{\cot B'}{a}$

$G_b = \dfrac{1}{a\sin C'} - \dfrac{\cot A'}{b} - \dfrac{\cot C'}{b}$

$G_c = \dfrac{1}{b\sin A'} - \dfrac{\cot B'}{c} - \dfrac{\cot A'}{c}$

(4) 이것을 조건방정식으로 표현하면

$$A \cdot V - f = 0$$

여기서, A=계수 매트릭스=$[G_a \; G_b \; G_c]$

V=잔차 매트릭스$\begin{bmatrix} da \\ db \\ dc \end{bmatrix}$

f=상수행렬=$-\varepsilon$

(5) 조건방정식 계산

① $K = (A \cdot A^T)^{-1} \cdot f = \dfrac{-\varepsilon}{(G_a{}^2 + G_b{}^2 + G_c{}^2)}$

② $V = A^T K$

③ $X =$ 관측변 길이 $+ V$

4. 관측방정식법

관측방정식은 조건방정식보다 훨씬 많은 방정식을
처리해야 한다. 그러나 최근에는 전자계산기의 발전
으로 널리 이용되고 있다.

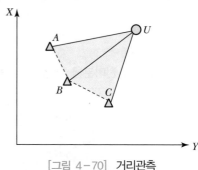

[그림 4-70] 거리관측

(1) 기본방정식

$$L_{ij} + V_{ij} = \sqrt{(X_j - X_i)^2 + (Y_j - Y_i)^2} \quad \cdots\cdots\cdots\cdots \textcircled{1}$$

(2) 선형방정식

위의 ①식은 비선형이므로 Taylor 급수를 이용하여 선형화한다.

- $L_{Lij} + V_{Lij} = \left[\dfrac{X_{i0} - X_{j0}}{(IJ)_0}\right] dx_i + \left[\dfrac{Y_{i0} - Y_{j0}}{(IJ)_0}\right] dY_i + \left[\dfrac{X_{j0} - X_{i0}}{(IJ)_0}\right] dx_j$

  $\qquad + \left[\dfrac{Y_{j0} - Y_{i0}}{(IJ)_0}\right] dY_j$

- $K + V = A \cdot X$

  여기서, A : 계수매트릭스, X : 미지보정매트릭스
  K : 상수매트릭스, V : 잔차매트릭스

(3) 관측방정식

U의 좌표(x, y)는 X^N, Y^E 좌표를 알고 있는 기준점 A, B, C로부터의 거리 $(AU, BU,$
$CU)$를 관측함으로써 구할 수 있으며 이 중 2개만 있으면 (x, y)를 구할 수 있으므로 나머지
하나는 잉여 관측값이 된다.

- $K + V = A \cdot X$

- $(AU - AU') + V_{LAU} = \left[\dfrac{X_{U0} - X_{A0}}{AU'} \right](dX_U) + \left(\dfrac{Y_{U0} - Y_{A0}}{AU'} \right)(dY_U)$

- $(BU - BU') + V_{LBU} = \left[\dfrac{X_{U0} - X_{B0}}{BU'} \right](dX_U) + \left(\dfrac{Y_{U0} - Y_{B0}}{BU'} \right)(dY_U)$

- $(CU - CU') + V_{LCU} = \left[\dfrac{X_{U0} - X_{C0}}{CU'} \right](dX_U) + \left(\dfrac{Y_{U0} - Y_{C0}}{CU'} \right)(dY_U)$

여기서, $AU = AU$ 간의 관측거리
$AU' =$ 좌푯값으로 구한 AU 거리
$AU' = \sqrt{(X_{U0} - X_{A0})^2 + (Y_{U0} - Y_{A0})^2}$
$BU' = \sqrt{(X_{U0} - X_{B0})^2 + (Y_{U0} - Y_{B0})^2}$
$CU' = \sqrt{(X_{U0} - X_{C0})^2 + (Y_{U0} - Y_{C0})^2}$

(4) 매트릭스 계산

미지수보다 방정식수가 더 많으므로 최소제곱법을 이용한 관측방정식을 사용하면 미지보정 매트릭스 X는 다음과 같다.

$$X = (A^T \cdot A)^{-1} \cdot (A^T \cdot K)$$

5. 결론

종래 삼각측량은 넓은 지역의 수평위치 결정을 위한 측량으로 중요한 역할을 해왔다. 그러나 최근 거리측량기 발달로 삼각측량의 실용성이 대두되면서 두 측량방법의 정확도 문제에 많은 논란이 제기되고 있다. 삼변측량을 실용화시키기 위해서는 빠른 시일 내에 국토지리정보원 삼각점 성과를 삼변측량으로 정비하여 이러한 혼란을 방지하여야 하며, 간이법에 의한 조정법에서 탈피하여 최소제곱법에 의한 정밀한 성과를 획득하는 것이 무엇보다도 중요하다.

05 측지망의 최적화 설계방안

1. 개요

기준점 망의 최적화 설계는 망의 분석과 설계에 수학적인 최적화의 일반 개념을 적용하여 처리하는 것으로서 정밀도(Precision)와 신뢰도(Reliability) 및 비용(Cost) 측면에서 가장 합리적인 설계요소를 마련하는 것이다.

2. 측지망의 최적화 설계 연구 동향

(1) 원래 수학적인 최적화 이론(Theory of Optimization)은 G.Leibniz(1710)에 의해 시작되었다.
(2) 측량문제에 이 이론이 적용된 것은 컴퓨터가 측량업무에 활용되기 시작한 1960년대 중반 이후부터다.
(3) 1960년대 중반부터 1970년대 중반까지 많은 학자들에 의해 새로운 접근방법으로 해석적 방법을 개발하여 수학적 비용함수(Cost Fuction)를 최적으로 결정하는 문제를 직접해법(Direct Solution)으로 처리하였다.
(4) 1980년대 초, 이론적으로 다양한 최적화 해법이 발표되었고, 자유망(Free Network Adjust-ment)을 여러 형태의 g-inverse를 이용하여 처리하는 기법이 개발되었다.
(5) 최근에는 더욱 신속한 최적 측지망 설계방법이 연구되고 있으며, 대화식 컴퓨터 도형설계에 의한 망분석과 설계를 시도하는 등 활발한 연구가 진행되고 있다.

3. 측지망의 최적화 설계 이론

(1) 기본 원리

기준점 망의 최적화에 대한 기본 개념은 관측 이전에 망의 질(Quality of Network)을 추정할 수 있다는 것이다. 이러한 개념은 기준점 망의 설계 시에 정확도, 신뢰도, 비용에 관한 세부분석이 가능하며 또한, 필요한 부분을 개선할 수 있는데 이러한 것은 문제의 자유요소를 변화시켜 Simulation 기법으로 분석하는 것이다.

1) 측지망의 최적설계 구분
   ① Zero Order Design(ZOD) : 원점 문제(Datum Problem)로서 적절한 좌표기준계의 결정을 위한 것이다.
   ② First Order Design(FOD) : 기지망의 측점위치 결정 문제를 취급하는 것으로서 망 계획과 관측계획을 검토하는 것이다.
   ③ Second Order Design(SOD) : 망의 관측에 있어서 경중률의 선택 문제이다.
   ④ Third Order Design(ThOD) : 기준점 망의 특성을 개선하기 위하여 적절한 신설점의 설

치나 이의 관측문제로서 측점밀도의 문제가 된다.

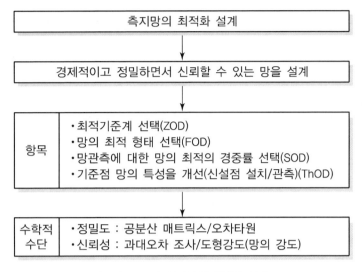

[그림 4-71] 측지망의 최적화 설계

2) 기준점측량에서 동질성과 정확도를 확보하기 위한 조건
   ① 가능한 한 망을 정규 형태(Regular Form)와 등거리로 유지한다.
   ② 망조정을 위한 조건식 수는 관측요소의 수에 비하여 더 커야 한다. 따라서, 단열삼각망
      은 보조기준점의 경우 이외는 사용하지 말아야 한다.
   ③ 측선은 한쪽에서만 관측하지 않도록 하여야 한다.

3) 소요 정밀도를 정확히 유지하기 위한 조건
   ① 측선이나 측정각이 목적별 소유 정밀도를 만족하여야 하고 측선길이에 대한 분산은 분
      산법칙을 적용하여 구하는데, 이 함수는 조정 후의 거리에 의한 경중률 계수로 사용하여
      야 한다.
   ② 측점 좌표의 표준오차타원을 비교하여 두 인접 측점 사이의 상대오차타원으로 나타낼
      수 있는 경중률 계수가 계산되어야 한다.
   ③ SOD의 목적은 소요 정밀도를 포함한 분산-공분산행렬을 추정하여 관측 경중률을 계
      산하는 것이며, 따라서 좁은 망은 각 측점의 오차타원이 원을 이루거나 이와 유사한 형
      태를 이루어야 한다. 이러한 오차상태는 균질성을 유지하고 있다고 말할 수 있다.

4. 결론

측지망의 최적화 설계는 1960년대 중반 이후부터 연구되어 최근까지 활발한 연구가 진행되고 있
다. 그러나 우리나라는 측지망설계에 관한 연구가 미진한 것이 현실이므로 학계를 중심으로 심도
있는 연구가 진행되어야 할 것으로 판단된다.

1. 개요

기준점측량의 망조정에 있어서는 최소한 2점의 기지점이나 또는 1점과 1방향을 알지 못하면 조정할 수 없다. 자유망 조정은 기지의 3~4등 저등급망을 사용할 경우 기지점 자체에 상당한 오차가 내포되어 있어 기지점을 오차가 없는 것으로 간주하여 조정하는 이론에 무리가 따르게 된다. 이러한 편향적 오차분포를 제거하고 비교적 균일한 망의 강도를 유지하기 위하여 기지점을 소구점과 함께 미지점으로 간주하여 망을 조정하는 것이다. 이러한 망조정기법은 삼각·삼변측량의 조정, 또한 지구역학적 연구를 위해 GNSS 자료를 처리할 때 이용되며, 그중 하나는 고정(제한)망 조정법이고, 다른 하나는 자유망 조정법이다.

2. 고정(제한)망 조정

(1) 측지망 조정 시 제한조건으로 망 내에 임의의 고정점을 가정하여 정규방정식의 역행렬(Inverse Matrix)을 구하는 방법이다.

(2) 이 경우 고정점의 오차를 영(0)으로 하는 조건으로 인하여 고정점이 가지고 있는 오차가 미지점에 전파되어 상대적인 오차를 증가시키는 요인으로 작용한다.

3. 자유망 조정 도입 배경 및 해설

(1) 기준점 망조정에는 관측방정식에 의한 방법과 조건방정식에 의한 방법이 이용되고 있다. 관측방정식에 의한 망조정은 조건방정식에 의한 망조정보다 훨씬 많은 방정식을 처리해야 되므로 과거에는 널리 이용되지 않았으나, 컴퓨터의 보급으로 오늘날에는 방정식 형성에 획일성이 있는 관측방정식에 의한 방법이 널리 이용되고 있다.

(2) 기준점측량의 망조정에 있어서는 최소한 2점의 기지점이나 또는 1점 1방향을 알지 못하면 조정할 수 없다. 자유망조정은 기지의 3~4등 저등급망을 사용할 경우 기지점 자체에 상당한 오차가 내포되어 있어 기지점을 오차각이 없는 것으로 간주하여 조정하는 이론에는 무리가 따르게 된다. 이러한 편향적 오차분포를 제거하고 비교적 균일한 망의 강도를 유지하기 위하여 기지점을 소구점과 함께 미지점으로 간주하여 망을 조정하는 것이다. 이러한 자유망조정의 경우에는 관측방정식의 계수행렬이 특이행렬로 되고, 미지 Parameter의 행렬식 det.=0이 되어 역행렬을 구할 수 없다.

(3) 또한, 기준점 망조정식 제한조건으로는 망 내에 임의의 고정점을 가정하여 표준방정식의 역행렬(Inverse Matrix)을 구한다. 하지만 이 경우에는 고정점의 오차를 영(0)으로 하는 조건 때문에 고정점이 가지고 있는 오차가 미지점에 전파되어 상대적인 오차를 더 크게 하는 요인이 된다.

(4) 따라서 상대적 오차를 감소시키기 위한 방법으로 모든 점을 독립적으로 생각하여 망조정을 하는 방법이 개발되었는데 이를 자유망조정이라 한다. 그러나 자유망조정에서는 표준방정식이 특이행렬(Singular Matrix)이 되므로 이에 대한 특별한 해석법이 필요하게 되며, 표준방정식의 행렬식, 즉 $|N| = 0$인 경우의 특수한 역행렬을 일반역행렬(Generalized Inverse Matrix)이라 한다.

4. 자유망 조정의 해법

여러 가지 형태의 일반 역행렬에 의한 망조정 해법은 다음과 같다. 망조정의 관측방정식은 $S_{ij}{}^b$를 관측거리, S'_{ij}를 근사좌표에서 구한 계산값으로 하여 $-b_{ij}\Delta x_i - a_{ij}\Delta y_i + b_{ij}\Delta x_j + a_{ij}\Delta y_i$ $= (S_{ij}{}^b - S'_{ij}) + v_{ij}$으로 설정한다. 여기서, $a_{ij} = \dfrac{y_j' - y_i'}{S'_{ij}}$, $b_{ij} = \dfrac{x_j' - x_i'}{S'_{ij}}$이다.

자유망 조정의 해석에는 Mittermayer의 방법, 정규(표준)방정식에 의한 Moore-Penrose형 역행렬을 이용하는 방법, 관측방정식의 Norm(Normal)이 최소인 최소제곱법의 직접해를 이용하는 방법 등이 있다.

(1) Mittermayer의 방법

관측방정식 $AX + L = V$에서 구한 표준방정식 $A^TPAX + A^TPL = 0$은 반드시 해를 갖는다. 그것은 A^TPA가 정칙이든 아니든 관계없이 행렬 A^TPA에 열 V벡터 A^TPL을 더한 행렬의 계수(rank)가 A^TPA와 같다. 즉, 벡터 A^TPL은 A^TPL을 구하는 열 벡터의 집합에는 종속되는 것이다.

g-inverse의 개념은 그 뿌리를 동시선형방정식(Simultaneous Linear Equation)의 이론에 두고 있다.

$$AX = Y$$

여기서, $A : (n \times k)$ 차원의 계수행렬

방정식의 해를 구하기 위해서는 역행렬을 구하여야 하며, 표준역행렬은 $A \neq 0$의 조건에서만 성립한다.

$$X = A^{-1}Y$$

그러나 A가 정방행렬이나 특이행렬이면 $A = 0$가 되어 A의 역행렬의 해는 보다 어려워진다. 이 g-inverse는 다음과 같은 성질을 가지고 있다.

$$AA^-A = A$$
$$A^-AA = A^-$$

이것은 정방행렬의 표준역행렬

$$AA^- = A^{-1} = I$$

와는 다르다. $NX = U$이며, $X = N^-U$이다.(여기서, N^- : N의 g$-$inverse)
이 해는 일반적으로 무수히 존재한다.

그러나 이들 중 X의 norm $\parallel X \parallel = (X^TX)^{\frac{1}{2}} = (X_1{}^2 + X_2{}^2 + \cdots + X_n{}^2)^{\frac{1}{2}}$을 최소로 하는 해는 다음과 같다.

$$X = N^-{}_{10}U$$

$N^-{}_{10}$가 갖는 필요충분조건은 다음과 같다.

$$NN^-{}_{10}N = N, \ (N^-{}_{10}N)^T = N^-{}_{10}N$$

$|NN^T| \neq 0$이면 $(NN^T)^{-1}$가 존재한다. 따라서, $N^-{}_{10} = N^T(NN^T)^{-1}$이고, $|NN| = 0$일 때에는 $N^-{}_{10} = N^T(NN^T)^-$ 이다. 왜냐하면 (NN^T)와 $(NN^T)^-$는 대칭이기 때문에

$$
\begin{aligned}
(N^-{}_{10}N)^T &= \{N^T(NN^T)^-N\}^- \\
&= N^T\{(NN^T)^-\}N \\
&= N^T(NN^T)^-N \\
&= N^-{}_{10}N
\end{aligned}
$$

이다. 별해로서 $m \times m$의 정방행렬 A의 계수가 m인 경우

$$AA^{-1} = A^{-1}A = mIm$$

을 만족하는 A^{-1}가 존재하여 방정식 $AX = Y$의 해는 $X = A^{-1}Y$ 이다. 그러나 A가 특이행렬인 경우($|A| = 0$) 해는 무수히 존재하며 많은 해 중 하나를 $X = A^{-1}Y$로 표시할 때 A^-를 A의 일반역행렬이라 한다. 이 일반역행렬의 특성은 다음과 같다.
① A가 $n \times m$인 행렬이면 A^-는 $m \times n$ 행렬이다.

② $A^-A = A^0$라 하면 A^0는 멱등행렬(Idempotent Matrix)이다.

그러므로, $A^0A^0 = A^-AA^-A = A^-A = A^0$이다.

③ $AA^0 = A$ 또는 계수 A = 계수 A^0 = 적(Trace) A^0이다.

④ $AX = 0$의 일반해는 $X = (I - A^0)M$ 이며, M은 X와 크기가 같은 임의벡터이다.

따라서, 방정식 $AX = L$ 이 해를 갖는다면 $X = LA^{-1} + M(I - AA^-)$로 된다.

(2) 표준방정식의 Moore-Penrose 역행렬을 이용한 방법

표준방정식의 일반해 N^-에 Moore-Penrose형 일반역행렬 N^-_{11}을 사용하여

$$X = -N^-_{11}U \quad \text{··· ①}$$

로 하면 표준방정식 식 ①은 norm(normal) 최소해가 된다.

즉, 해는 표준방정식을 구하는 단계에서 최소제곱해를 구하고 또한 Moore-Penrose의 역행렬을 사용한 것이므로 이중으로 최소제곱해의 작업을 반복한 것이 된다.

(3) 관측방정식의 Norm(Normal)이 최소인 최소제곱법의 직접해

이 방법은 이론적으로 가장 좋으며 계산도 간단하다.

즉, 관측방정식 $AX + L = V$에서 우변의 잔차를 0벡터로 한 방정식

$$AX + L = 0 \quad \text{·· ②}$$

은 일반적으로 해가 없는 방정식이다.

또한, (A^TPA)도 정칙인 것으로 한다. P를 경중률 행렬로 한 경우, 식 ②의 최소제곱해에서 norm 최소형의 해는 $X = -A^-_{1P}L$ 이며, A^-_{1P} 는 (A^TPA)가 정칙이면, $A^-_{1P} = (A^TPA)^{-1}A^TP$ 로 되고, 일반적인 최소제곱법의 결과와 일치한다.

5. 결론

측량에서 망조정은 아주 정확한 관측값을 산정하기 위한 중요한 작업과정이다. 종래 삼각·삼변 측량에서 널리 활용되었고, 최근 GNSS에 의한 기준점측량에서 망조정은 필수적인 기법이 되었다. 그러므로 다양한 교육훈련을 통한 망조정 기법 습득이 체계적으로 이루어져야 할 것으로 판단된다.

1. 개요

최근 GNSS 측량의 보편화로 사용자의 접근성이 뛰어나고 3차원 성과의 직접 취득이 가능하여 측량 효율성이 매우 높은 통합기준점의 사용이 각광 받고 있다. 더욱이 통합기준점은 지적재조사 사업을 위한 기준점으로도 사용될 계획이므로 위성기준점, 통합기준점 및 수준점을 모두 포함하는 통합측지망의 최적화 시뮬레이션을 통해 망의 강도와 배점 밀도를 높이는 등의 측지망 개선이 시급히 요구되고 있다.

2. 통합측지망 구축의 필요성

(1) 사용자 접근성이 뛰어난 평지 기준점의 요구 증가(삼각점 이용 급격히 감소)

(2) 기존 통합기준점의 배점 밀도가 낮아 세부측량 시 사용 불편

(3) 위성기준점은 표고성과가 없어 3차원측량에는 사용이 제한됨

(4) 기존 수준점은 배치간격이 넓고 손·망실된 경우가 많아 측량에 어려움 가중

(5) 지적재조사 사업의 기준점으로 사용하기 위해서는 배점 밀도의 향상 필요(2~3km 간격)

3. 통합측지망의 조건

(1) 배치 간격이 2~3km 이내로 사용이 편리하도록 할 것

(2) 정확도가 높고(3cm 이내), 모든 점의 정확도가 균일할 것

(3) X, Y, Z의 3차원 성과와 중력측량 성과를 모두 가질 것

(4) 접근성이 뛰어나고 식별이 용이할 것

4. 통합측지망 구축 순서

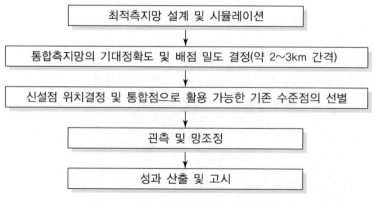

[그림 4-72] 통합측지망 구축 흐름도

5. 최적측지망의 설계

(1) 기존 측지망의 설계 방법

① 기선거리가 가능한 한 짧고 고르게 분포

② 정삼각형에 가깝도록 기준점 배치

③ 신속한 측량사업의 진행을 위하여 동시 관측조건이 우수한 점들을 우선시함

(2) 최적 측지망의 설계 시 고려사항

① 관측 기선별 정밀도

② 측지망의 기하학적 특성

③ 과대오차의 점검

④ 오차의 배분

⑤ 설계된 측지망의 최종 품질을 정량적으로 평가(기대 정확도 : ±3cm 이내)

(3) 설계 기준

1) 정밀도 기준

① 오차타원

• 기준점의 위치가 측지망 내에 적용된 기하학적 특성과 중량결정에서 발생할 것으로 예측되는 실제 위치에 대한 확률의 면적을 나타내는 것

• 타원체의 방향, 장반경 및 단반경의 크기 등 3개의 요소로 표시

② 2DRMS

• DRMS(Distance Root Mean Squared)의 2배라는 뜻

• 2차원의 RMSE가 아님

• 측정된 위치와 기지(또는 평균)위치 간의 선형거리에 대한 RMSE를 계산

③ CEP(Circular Error Probability, 원형확률오차)

• 값들이 발생할 수 있는 확률이 50%인 원의 반경

• CEP가 100m라 함은 계산된 기준점 중 50%가 실제위치의 100m 이내에서 결정됨을 표시

2) 신뢰성 기준

① 내적 신뢰성

• 검정통계를 사용하여 검출해낼 수 있는 과대오차와 이상값들의 크기를 나타내기 위해 사용

• 내적 신뢰성의 기준 : MDE(Minimum Detectable Error, 최소검출가능오차)로서 불량데이터가 통과되거나 되지 않는 경우에 대한 특정확률을 결정하기 위하여 관측값에 포함될 수 있는 오차의 최소 크기를 결정하는 것

② 외적 신뢰성

- 검출되지 않은 과대오차가 추정된 파라미터나 전체 계산값에 미치는 영향을 평가하기 위한 기준
- 측지망 내의 좌표들과 좌표로부터 계산된 값들에 포함되어 있는 과대오차 중 검출할 수 없는 과대오차들의 영향을 측정하는 것

3) 견인성 기준

① 2차원 또는 3차원 도형을 구성하는 점의 변위로 인해 도형에 변형이 발생되는 것
② 변형률이 작을수록 견인성이 높음

6. 통합측지망 구축 방법

(1) 통합측지망 구성 및 선점

① 기존 통합기준점에 기초하여 배점밀도 향상
② 기존의 수준점을 선별하여 통합측지망에 합병

(2) 기존 수준점에 대한 평면위치 측량 및 GNSS 레벨링

① 기존 수준점 중 통합기준점으로 사용 가능한 수준점에 대하여 GNSS 측량을 실시하여 평면좌표 및 지오이드고 산출
② 기선해석 및 망조정 시 기지점은 위성기준점 사용
③ 기존 통합기준점과 연결하여 중력측량 실시

7. 결론

통합기준점은 측지측량, 항공사진측량, 지하시설물측량 등 각종 측량 및 GNSS 성능검사 시 검기선 용도로 사용되고 있음은 물론 향후 지적재조사 사업에도 다양하게 활용될 예정이므로 보다 높은 밀도로 배치되도록 개선하여 사용자의 편리성을 증대할 필요가 있다.

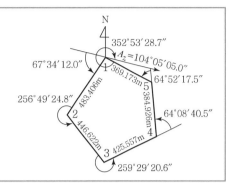

08 다각측량의 성과표 작성

트래버스측량과 관련하여 다음 물음에 답하시오.
1. 트래버스 조정에 사용되는 트랜싯법칙과 컴퍼스
   법칙을 비교하여 설명하시오.
2. 다음과 같은 트래버스 관측결과를 컴퍼스 법칙으
   로 조정하여 각 측점의 좌표를 구하시오.(단, 각도
   는 초 단위 소수 둘째 자리까지 조정하고, 거리는
   0.001m 단위까지 계산한다. 편의상 1번 측점의
   좌표는 (0, 0)으로 한다.)

1. 트래버스 조정에 사용되는 트랜싯법칙과 컴퍼스법칙을 비교하여 설명하시오.

각 변의 방위 또는 각과 변의 길이를 관측하였을 때 생기는 오차를 각 변에 적당히 배분하여 다각
형을 폐합 및 결합시키는 조정방법으로 트랜싯법칙과 컴퍼스법칙이 있다.

(1) 트랜싯법칙

각측량의 정밀도가 거리의 정밀도보다 높을 때 이용되며 위거, 경거의 오차를 각 측선의 위거
및 경거에 비례하여 배분한다.

① 위거오차 조정량

$$\varepsilon_l = E_L \times \frac{L}{\sum |L|}$$

② 경거오차 조정량

$$\varepsilon_d = E_D \times \frac{D}{\sum |D|}$$

여기서, $\sum |L|$: 위거 절대치의 합, $\sum |D|$: 경거 절대치의 합
L : 보정할 측선의 위거, D : 보정할 측선의 경거
E_L : 위거오차, E_D : 경거오차
ε_l : 위거 조정량, ε_d : 경거 조정량

(2) 컴퍼스법칙

각관측의 정도와 거리관측의 정도가 동일할 때 실시하는 방법으로 각 측선의 길이에 비례하여
오차를 배분한다.

① 위거오차 조정량

$$\varepsilon_l = E_L \times \frac{L}{|L|}$$

② 경거오차 조정량

$$\varepsilon_d = E_D \times \frac{L}{|L|}$$

여기서, $|L|$: 측선장의 합, L : 보정할 측선의 길이
E_L : 위거오차, E_D : 경거오차
ε_l : 위거 조정량, ε_d : 경거 조정량

2. 다음과 같은 트래버스 관측결과를 컴퍼스법칙으로 조정하여 각 측점의 좌표를 구하시오.
(단, 각도는 초 단위 소수 둘째 자리까지 조정하고, 거리는 0.001m 단위까지 계산한다. 편의상 1번
측점의 좌표는 (0, 0)으로 한다.)

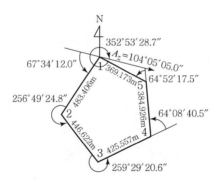

문제에서 주어진 외각과 편각을 계산의 일관성을 위하여 내각으로 환산한 후 측각오차를 계산하
여 각의 조정량을 산정한다.

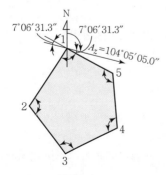

[그림 4-73] $\overline{1-2}$ 방위각 산정 모식도

측선	거리(m)	내각
$\overline{1-2}$	483.406	105°19′16.7″
$\overline{2-3}$	446.622	103°10′35.2″
$\overline{3-4}$	425.557	100°30′39.4″
$\overline{4-5}$	384.926	115°51′19.5″
$\overline{5-1}$	369.173	115°07′42.5″

(1) 성과표

측점	관측각	조정량	조정각	측선	방위각	거리(m)	위거(m)	경거(m)
					104°05′05.00″			
1	105°19′16.7″	+5.34″	105°19′22.04″	$\overline{1-2}$	216°30′58.34″	483.406	− 388.508	− 287.651
2	103°10′35.2″	+5.34″	103°10′40.54″	$\overline{2-3}$	139°41′38.88″	446.622	− 340.595	288.905
3	100°30′39.4″	+5.34″	100°30′44.74″	$\overline{3-4}$	60°12′23.62″	425.557	211.448	369.308
4	115°51′19.5″	+5.34″	115°51′24.84″	$\overline{4-5}$	356°03′48.46″	384.926	384.018	− 26.426
5	115°07′42.5″	+5.34″	115°07′47.84″	$\overline{5-1}$	291°11′36.30″	369.173	133.462	− 344.204
계	539°59′33.3″	+26.7″	540°00′00″			2,109.684	− 0.175	− 0.068

측선	위거조정량(m)	경거조정량(m)	조정위거(m)	조정경거(m)	측점	합위거(m)	합경거(m)
$\overline{1-2}$	0.040	0.016	− 388.468	− 287.635	1	0.000	0.000
$\overline{2-3}$	0.037	0.014	− 340.558	288.919	2	− 388.468	− 287.635
$\overline{3-4}$	0.035	0.014	211.483	369.322	3	− 729.026	1.284
$\overline{4-5}$	0.032	0.012	384.050	− 26.414	4	− 517.543	370.606
$\overline{5-1}$	0.031	0.012	133.493	− 344.192	5	− 133.493	344.192
계	0.175	0.068	0.000	0.000			

(2) 측각오차(내각) 산정

$$E_{\alpha} = [\alpha] - 180°(n-2) = 539°59′33.3″ - 180°(5-2) = -26.7″$$

$$\therefore \ 조정량 = \frac{26.7″}{5} = 5.34″(\oplus 조정)$$

(3) 각관측 허용오차 산정

본 문제에서 산정한 각의 오차는 $26.7″$이므로 시가지 및 평지의 각관측 오차의 허용범위 안에 있으며, 동일 정밀도로 관측하였으므로 각의 크기에 상관없이 등배분해서 조정각을 산정한다.

- 시가지 : $20″\sqrt{n} \sim 30″\sqrt{n} = 20″\sqrt{5} \sim 30″\sqrt{5} = 45″\sim 67″$
- 평 지 : $30″\sqrt{n} \sim 60″\sqrt{n} = 30″\sqrt{5} \sim 60″\sqrt{5} = 67″\sim 134″$

  여기서, n은 각의 수

(4) 조정각 산정

- 측점 1 : $105°19′16.7″ + 5.34″ = 105°19′22.04″$
- 측점 2 : $103°10′35.2″ + 5.34″ = 103°10′40.54″$
- 측점 3 : $100°30′39.4″ + 5.34″ = 100°30′44.74″$

• 측점 4 : $115°51'19.5'' + 5.34'' = 115°51'24.84''$

• 측점 5 : $115°07'42.5'' + 5.34'' = 115°07'47.84''$

조정각(합계) $540°00'00''$

(5) 방위각 산정

① $\overline{1-2}$ 방위각 $= 104°05'05.0'' + 7°06'31.3'' + 105°19'22.04'' = 216°30'58.34''$

② $\overline{2-3}$ 방위각 $= 216°30'58.34'' - 180° + 103°10'40.54'' = 139°41'38.88''$

③ $\overline{3-4}$ 방위각 $= 139°41'38.88'' - 180° + 100°30'44.74'' = 60°12'23.62''$

④ $\overline{4-5}$ 방위각 $= 60°12'23.62'' - 180° + 115°51'24.84'' = 356°03'48.46''$

⑤ $\overline{5-1}$ 방위각 $= 356°03'48.46'' - 180° + 115°07'47.84'' = 291°11'36.30''$

(6) 위거 및 경거 산정

1) 위거($l \cdot \cos\theta$)

① $\overline{1-2}$ 위거 $= 483.406 \times \cos 216°30'58.34'' = -388.508$m

② $\overline{2-3}$ 위거 $= 446.622 \times \cos 139°41'38.88'' = -340.595$m

③ $\overline{3-4}$ 위거 $= 425.557 \times \cos 60°12'23.62'' = 211.448$m

④ $\overline{4-5}$ 위거 $= 384.926 \times \cos 356°03'48.46'' = 384.018$m

⑤ $\overline{5-1}$ 위거 $= 369.173 \times \cos 291°11'36.30'' = 133.462$m

2) 경거($l \cdot \sin\theta$)

① $\overline{1-2}$ 경거 $= 483.406 \times \sin 216°30'58.34'' = -287.651$m

② $\overline{2-3}$ 경거 $= 446.622 \times \sin 139°41'38.88'' = 288.905$m

③ $\overline{3-4}$ 경거 $= 425.557 \times \sin 60°12'23.62'' = 369.308$m

④ $\overline{4-5}$ 경거 $= 384.926 \times \sin 356°03'48.46'' = -26.426$m

⑤ $\overline{5-1}$ 경거 $= 369.173 \times \sin 291°11'36.30'' = -344.204$m

(7) 폐합오차 및 폐합비 산정

1) 폐합오차

폐합오차 $= \sqrt{(위거오차)^2 + (경거오차)^2} = \sqrt{(-0.175)^2 + (-0.068)^2} = 0.188$m

2) 폐합비

① 폐합비 $= \dfrac{폐합오차}{전거리} = \dfrac{0.188}{2,109.684} ≒ \dfrac{1}{11,222}$

② 폐합비의 허용범위는 시가지의 경우는 1/5,000~1/10,000, 평지의 경우는 1/1,000~
1/3,000이고 본 문제에서 산정한 폐합비는 시가지, 평지의 허용범위에 있으므로 컴퍼스

법칙 방법으로 측선의 길이에 비례하여 오차를 배분한다.

(8) 위거조정량 및 경거조정량 산정

1) 위거조정량(컴퍼스법칙 : 위거오차가 －0.175m이므로 ⊕조정)

① $\overline{1-2}$ 위거조정량 $= \dfrac{0.175}{2,109.684} \times 483.406 = 0.040\text{m}$

② $\overline{2-3}$ 위거조정량 $= \dfrac{0.175}{2,109.684} \times 446.622 = 0.037\text{m}$

③ $\overline{3-4}$ 위거조정량 $= \dfrac{0.175}{2,109.684} \times 425.557 = 0.035\text{m}$

④ $\overline{4-5}$ 위거조정량 $= \dfrac{0.175}{2,109.684} \times 384.926 = 0.032\text{m}$

⑤ $\overline{5-1}$ 위거조정량 $= \dfrac{0.175}{2,109.684} \times 369.173 = 0.031\text{m}$

2) 경거조정량(컴퍼스법칙 : 경거오차가 －0.068m이므로 ⊕조정)

① $\overline{1-2}$ 경거조정량 $= \dfrac{0.068}{2,109.684} \times 483.406 = 0.016\text{m}$

② $\overline{2-3}$ 경거조정량 $= \dfrac{0.068}{2,109.684} \times 446.622 = 0.014\text{m}$

③ $\overline{3-4}$ 경거조정량 $= \dfrac{0.068}{2,109.684} \times 425.557 = 0.014\text{m}$

④ $\overline{4-5}$ 경거조정량 $= \dfrac{0.068}{2,109.684} \times 384.926 = 0.012\text{m}$

⑤ $\overline{5-1}$ 경거조정량 $= \dfrac{0.068}{2,109.684} \times 369.173 = 0.012\text{m}$

(9) 합위거 및 합경거 산정

측점	합위거(m)	합경거(m)
1	0.000	0.000
2	$0.000 + (-388.468) = -388.468$	$0.000 + (-287.635) = -287.635$
3	$-388.468 + (-340.558) = -729.026$	$-287.635 + 288.919 = 1.284$
4	$-729.026 + 211.483 = -517.543$	$1.284 + 369.322 = 370.606$
5	$-517.543 + 384.050 = -133.493$	$370.606 + (-26.414) = 344.192$
1	$-133.493 + 133.493 = 0.000$	$344.192 + (-344.192) = 0.000$

09 다각측량의 오차전파

1. 개요

측량 관측 시 아무리 주의해도 정확성 향상에는 한계가 있으므로 참값을 얻을 수 없다. 오차란 참값과 관측값의 차를 말하며, 그 오차는 여러 구간 및 각으로 전파가 되므로 각각의 오차에 대한 전파값을 계산하고 관측오차가 허용오차 범위 내에 있음을 확인하여야 한다. 다각측량의 오차전파는 다음과 같이 설명할 수 있다.

2. 다각측량의 오차전파

다각측량의 정밀도는 다각망의 폐합정밀도로 판단한다. 이 폐합정밀도는 각 측선의 길이 및 방위각을 관측할 때 발생하는 오차들의 전파에 영향을 받는다. 그림 4−74에서 측선 A_{12}의 방위각은 $A_{12} = A_r + \alpha_1 - 180°$이며, 기준방위각 A_r의 표준편차가 0이며, $\sigma_{A_{12}} = \delta_{\alpha_1}$이다. 또, 거리 d_1의 표준편차를 σ_{d_1}으로 하고, α_1과 d_1이 비상관관계($\sigma_{\alpha_1 d_1} = 0$)로 가정하면 첫 번째 측선의 공분산 행렬은 다음과 같다.

$$\Sigma_{m_1} = \begin{bmatrix} \sigma_{\alpha_1}{}^2 & 0 \\ 0 & \sigma_{d_1}{}^2 \end{bmatrix}$$

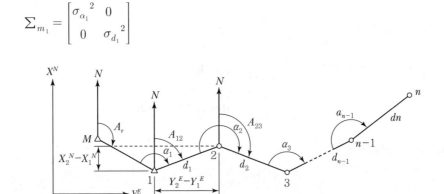

[그림 4−74] 개방 트래버스

측점 2의 좌표는

$$\left.\begin{aligned} Y_2 &= Y_1 + d_1 \sin A_{12} = Y_1 + d_1 \sin(A_r + \alpha_1 - 180°) \\ X_2 &= X_1 + d_1 \cos A_{12} = X_1 + d_1 \cos(A_r + \alpha_1 - 180°) \end{aligned}\right\} \quad \cdots\cdots\cdots\cdots\cdots\cdots\cdots ①$$

이다. 여기서, X_1, Y_1은 측점 1의 좌표이며 오차가 없다고 가정한다. 오차전파식을 적용하면 측점 2의 좌표공분산 행렬은 다음과 같다.

$$\sum_{c2} = \begin{bmatrix} \sigma_{X_2}{}^2 & \sigma_{X_2 Y_2} \\ \sigma_{X_2 Y_2} & \sigma_{Y_2}{}^2 \end{bmatrix} = J \sum_{m_1} J^T \quad \cdots\cdots\cdots\cdots\cdots\cdots\cdots\cdots\cdots\cdots\cdots\cdots\cdots\cdots\cdots\cdots\cdots\cdots\cdots ②$$

여기서,

$$J = \begin{bmatrix} \dfrac{\partial X_2}{\partial \alpha_1} & \dfrac{\partial X_2}{\partial d_1} \\ \dfrac{\partial Y_2}{\partial \alpha_1} & \dfrac{\partial Y_2}{\partial d_1} \end{bmatrix} = \begin{bmatrix} -d_1 \sin A_{12} & \cos A_{12} \\ d_1 \cos A_{12} & \sin A_{12} \end{bmatrix} \quad \cdots\cdots\cdots\cdots\cdots\cdots\cdots ③$$

또는,

$$J = \begin{bmatrix} -(Y_2 - Y_1) & \dfrac{X_2 - X_1}{d_1} \\ (X_2 - X_1) & \dfrac{Y_2 - Y_1}{d_1} \end{bmatrix}$$

이며, $(X_2 - X_1)/d_1 = \cos A_{12},\ (Y_2 - Y_1)/d_1 = \sin A_{12}$로 대치된다.

식③을 식②에 대입하면 측점 2의 공분산 행렬은 다음과 같다.

$$\sum_{c2} = \begin{bmatrix} d_1{}^2 \sigma_{\alpha_1}{}^2 \sin^2 A_{12} + \sigma_{d_1} \cos^2 A_{12} & (\sigma_{d_1}{}^2 - d_1{}^2 \sigma_{\alpha_1}{}^2) \sin A_{12} \cos A_{12} \\ \hline (\sigma_{d_1}{}^2 - d_1{}^2 \sigma_{\alpha_1}{}^2) \sin A_{12} \cos A_{12} & d_1{}^2 \sigma_{\alpha_1}{}^2 \cos^2 A_{12} + \sigma_{d_1}{}^2 \sin^2 A_{12} \end{bmatrix}$$

$$= \begin{bmatrix} (Y_2 - Y_1)^2 \sigma_{\alpha_1}{}^2 + \dfrac{(X_2 - X_1)^2}{d_1{}^2} \sigma_{d_1}{}^2 & -(X_2 - X_1)(Y_2 - X_1)(Y_2 - Y_1)\sigma_{\alpha_1}{}^2 + \dfrac{(X_2 - X_1)(Y_2 - Y_1)}{d_1{}^2} \sigma_{d_1}{}^2 \\ \hline symmetric & (X_2 - X_1)^2 \sigma_{\alpha_1}{}^2 + \dfrac{(Y_2 - Y_1)^2}{d_1{}^2} \sigma_{d_1}{}^2 \end{bmatrix}$$

앞의 과정과 같은 형태로 출발점에서부터 시작하여 측점 n까지 유도하면 측점 n의 좌표는 다음과 같이 표시된다.

$$X_n = X_1 + \alpha_1 \cos(A_r + \alpha_1 - 180°) + d_2 \cos[A_r + \alpha_1 + \alpha_2 - (2)180°] + \cdots$$
$$+ d_n \cos[A_r + \alpha_1 + \alpha_2 + \cdots + \alpha_{n-1} - (n-1)180°]$$

$$Y_n = Y_1 + d_1 \sin(A_r + \alpha_1 - 180°) + d_2 \sin[A_r + \alpha_1 + \alpha_2 - (2)180°] + \cdots$$
$$+ d_n \sin[A_r + \alpha_1 + \alpha_2 + \cdots + \alpha_{n-1} - (n-1)180°]$$

또, 관측한 각과 거리가 비상관관계로 가정하고 측점 n에서의 공분산 행렬은

$$\sum_{\substack{c_n \\ 2n}} = \mathop{J}_{\substack{2 \\ 2n,\,2}} \sum_{\substack{m\,(n-1) \\ 2n}} \mathop{J}^T_{\substack{2n,\,2}} = \begin{bmatrix} \sigma_{X_n}^{\,2} & \sigma_{X_n Y_n} \\ \sigma_{X_n Y_n} & \sigma_{Y_n}^{\,2} \end{bmatrix}$$

이며, $\sigma_{X_n}^{\,2}$, $\sigma_{Y_n}^{\,2}$, $\sigma_{X_n Y_n}$은 다음과 같다.

$$\sigma_{X_n}^{\,2} = \sum_{i=1}^{n-1}(Y_n - Y_i)^2\,\sigma_{\alpha_i}^{\,2} + \sum_{i=1}^{n-1}\left(\frac{X_{i+1}-X_i}{d_i}\right)^2\sigma_{d_i}^{\,2}$$

$$\sigma_{Y_n}^{\,2} = \sum_{i=1}^{n-1}(X_n - X_i)^2\,\sigma_{\alpha_i}^{\,2} + \sum_{i=1}^{n-1}\left(\frac{Y_{i+1}-Y_i}{d_i}\right)^2\sigma_{d_i}^{\,2}$$

$$\sigma_{Y_n X_n} = -\sum_{i=1}^{n-1}(Y_n - Y_i)(X_n - X_i)\sigma_{\alpha_i}^{\,2} + \sum_{i=1}^{n-1}\left[\frac{(X_{i+1}-X_i)(Y_{i+1}-Y_i)}{d_i^{\,2}}\right]\sigma_{d_i}^{\,2}$$

다각측량에서 오차의 전파를 그림으로 표시하면 다음 그림과 같다.

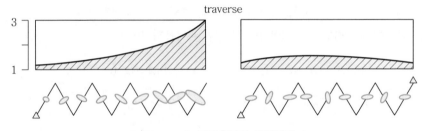

[그림 4-75] 다각측량의 오차전파

3. 결론

관측에는 항상 오차가 수반됨에도 불구하고, 현장에서는 그 오차에 대한 원인과 점검에 대하여 매우 소홀히 다루어지고 있어 많은 문제점을 야기시키고 있다. 그러므로 오차에 대한 정확한 이해와 교육으로 신뢰성 있는 측량이 이루어지도록 측량인 모두가 노력하여야 할 것으로 판단된다.

10 현장에서 레벨의 기포관 감도를 측정하는 방법

1. 개요

최근 사용되는 레벨은 거의 자동레벨 또는 디지털레벨을 사용하며 이들은 모두 자동보정장치 (Compensator)에 의해 레벨 본체의 기울기를 10′ 이내에서 자동으로 수평보정하고 있다. 따라서 본 내용에서는 현장에서의 원형 기포관 조정과 십자선 조정을 통한 레벨 조정법에 대하여 주로 기술하고자 한다.

2. 현장에서의 레벨 기포관 검사 측정 방법

레벨 기포관 검사측정은 레벨의 등거리관측을 통해 실시하게 된다.

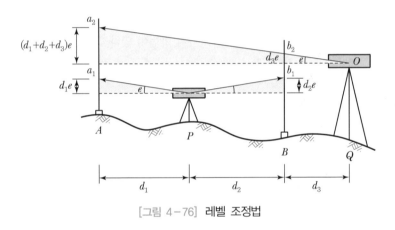

[그림 4-76] 레벨 조정법

(1) 약 100m의 평탄한 지형 중간 지점에 레벨을 설치한다.
(2) 레벨로부터 50m 떨어진 양 지점에 표척 A, B를 세운다.
(3) 표척의 눈금을 읽어 표척 A의 표고 a_1, 표척 B의 표고 b_1을 얻는다.
(4) 두 점의 표고차를 얻는다.

$$\Delta h_{AB} = (a_1 - d_1 e) - (b_1 - d_2 e)$$

여기서 e는 경사 오차이나 d_1과 d_2는 등거리로 같은 값이므로

$$\Delta h_{AB} = a_1 - b_1 \,\cdots\cdots\cdots\cdots\cdots\cdots\cdots\cdots\cdots\cdots\cdots\cdots\cdots ①$$

(5) 다음에 레벨을 A, B의 연장선상에 있는 B점에서 3~5m 정도 떨어진 Q에 옮겨 세운 후 표척 A, B를 관측하여 a_2, b_2의 표고를 얻어 표고차를 구한다.

$$\therefore \; \Delta h_{AB} = \{a_2 - (d_1 + d_2 + d_3)e\} - \{b_1 - d_3e\}$$
$$= (a_2 - b_2) - (d_1 + d_2)e \quad \cdots\cdots\cdots\cdots\cdots\cdots\cdots\cdots\cdots\cdots\cdots ②$$

(6) 위의 두 경우 ①과 ②의 표고차는 동일해야 하므로

$$(a_1 - b_1) = (a_2 - b_2) - (d_1 - d_2)e$$

$$\therefore \; e = \frac{(a_2 - b_2) - (a_1 - b_1)}{d_1 + d_2} \quad \cdots\cdots\cdots\cdots\cdots\cdots\cdots\cdots\cdots\cdots\cdots ③$$

(7) 식 ③에 표시된 e는 레벨의 시준오차로서 허용한계 이내에 존재할 때는 레벨에 대한 조정이 필요 없으나 그 이상일 때는 조정이 필요하다.

3. 레벨의 조정

레벨의 조정에는 제1항정법과 제2항정법 두 가지 방법이 있다.

(1) 제1항정법(십자선 조정방법)

① 레벨을 Q에 정치
② A에 세운 표척의 읽음값이 $a_2 - (d_1 + d_2 + d_3)e$가 되도록 시준선 조정
③ 시준선 조정은 십자선 조정나사를 이용하여 십자선을 조정

(2) 제2항정법(기포관 조정방법)

① A점에 세운 표척의 읽음값이 $a_2 - (d_1 + d_2 + d_3)e$가 되는 곳에 망원경의 시준선을 조정 (정준나사 이용)
② 기포관 조정나사를 사용하여 기포를 중앙에 오도록 조정

4. 결론

레벨은 오랫동안 사용하면 조정상태가 달라지므로 주기적인 검사가 필요하다. 측량법상 매 3년 주기로 성능검사를 받도록 되어 있으나, 그와는 별도로 현장에서 수시로 검사를 실시하여 기계오차를 최소화하는 것이 바람직한 방법이라 판단된다.

11 수준측량에서 발생하는 오차의 종류 및 보정방법

1. 개요

수준측량에서 발생하는 오차의 원인은 여러 가지가 있으나 기계오차, 개인오차, 자연오차, 과실 등에 기인된 오차가 주로 발생한다. 그러므로 정오차와 착오 같은 것은 미리 주의하여 이에 따른 오차가 발생하지 않도록 하여야 높은 정밀도의 측량을 기대할 수 있다.

2. 수준측량의 분류

(1) 직접수준측량(Direct Leveling)

레벨을 이용하여 2점에 세운 표척의 눈금차로부터 고저차를 구하는 방법이다.

(2) 간접수준측량(Indirect Leveling)

레벨 이외의 기구를 사용하여 고저차를 구하는 측량방법이다.
① 삼각법
② TS에 의한 방법
③ GNSS 측량에 의한 방법
④ 중력/기압에 의한 방법
⑤ 사진측량 및 위성측량에 의한 방법

(3) 교호수준측량(Reciprocal Leveling)

강 또는 바다 등으로 인하여 접근이 곤란한 2점 간의 고저차를 직접 또는 간접수준측량에 의하여 구하는 방법이다.

(4) 약수준측량(Approximate Leveling)

핸드레벨(Hand Level) 등의 간단한 수준측량기구를 이용하여 두 점 간의 표고차를 구하는 측량방법이다.

3. 수준측량에 발생되는 오차

(1) 기계에 의해 생기는 오차

1) 기계조정 불안정 오차
　① 원인
　　• 연직축 기울임에 의한 오차 → 높은 정도의 측량 외에는 보통 무시
　　• 시준선과 기포관축이 평행하지 않기 때문에 생기는 오차

② 소거방법

정오차이므로 전·후시 거리를 같게 하므로 소거할 수 있다.

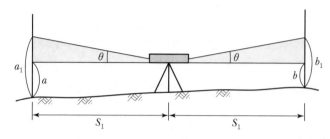

[그림 4-77] 등시준거리에 의한 오차소거

$$\Delta H = a - b = (a_1 - S_1\tan\theta) - (b_1 - S_1\tan\theta)$$
$$= a_1 - S_1\tan\theta - b_1 + S_2\tan\theta = a_1 - b_1$$

2) 시차에 의한 오차

시차가 있는 망원경으로 표척을 읽으면 눈의 위치가 변하여 정확한 값을 얻을 수 없으므로 이것을 부정오차라 하며 시차가 없도록 망원경을 조정해야 한다.

3) 표척의 영 눈금 오차

저면이 마모·변형·부상할 경우 표척의 눈금이 아래면과 일치하지 않아 발생하는 오차로 정오차이며, 이 오자를 없애기 위해서는 출발점에 쓰던 표척을 도착점에 쓰면 된다(기계의 설치 수를 짝수 회).

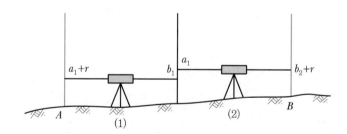

[그림 4-78] 표척의 영 눈금 오차

$$\Delta H = \{(a_1 + r) - b_1\} + \{a_2 - (b_2 + r)\} = \Sigma a - \Sigma b$$

여기서, r : 영 눈금 오차

4) 표척의 눈금이 정확하지 않을 때 발생하는 오차

눈금오차는 직접 고저차에 영향을 주며 정오차로서 고저차에 비례하며 증가한다. 이 오차를 소거하기 위해서는 표척을 표준자와 비교하여 보정값을 정하고 관측결과에 보정한다.

(2) 인위적 오차

① 관측 순간 기포관이 중앙에 있지 않아 생기는 오차 : 시준거리에 비례하는 오차이며 관측 직전에 기포위치를 점검하여 보정한다.

② 표척의 기울기에 의한 오차 : 표척이 기울어져 있으면 표척 읽기에 커다란 오차가 발생하며 이 오차는 대개 부정오차이다.

③ 기계 및 표척의 침하에 의한 오차 : 이 오차를 작게 하려면 기계의 삼각 및 표척대를 견고하게 지반에 잘 정치하고 단시간 내에 관측을 끝내야 한다.

④ 관측자에 의한 오차 : 관측자의 개인오차, 기포의 수평조정, 표척의 읽기오차 등이 있다.

(3) 자연적 원인에 의한 오차

1) 곡률오차 및 굴절오차

대지측량 시 구차와 기차의 영향은 매우 크므로 측량 시 발생되는 구차와 기차를 산정하여 보정하는 것은 측량의 정밀도 향상에 매우 중요한 사항이다.

① 지구의 곡률에 의한 오차(구차) : 지구가 회전타원체인 것에 기인된 오차를 말하며 이 오차만큼 크게 조정한다.

$$E_c = + \frac{S^2}{2R}$$

② 빛의 굴절에 의한 오차(기차) : 지구 공간에 대기가 지표면에 가까울수록 밀도가 커지므로 생기는 오차를 말하며 이 오차만큼 작게 조정한다.

$$E_r = - \frac{KS^2}{2R}$$

③ 양차 : 구차와 기차의 합을 말한다.

$$\Delta E = E_c + E_r = \frac{(1-K)S^2}{2R}$$

여기서, E_c : 구차
E_r : 기차
ΔE : 양차
R : 지구반경
S : 수평거리
K : 빛의 굴절계수

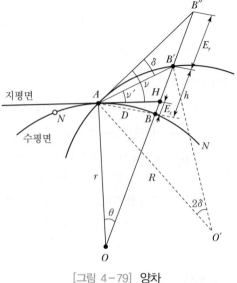

[그림 4-79] 양차

2) 기후, 기상의 상태에 따라 생기는 기타 오차

태양의 광선, 바람, 습도 및 온도 변화 등이 기계나 표척에 미치는 영향은 일정하지 않으며 측량 결과에 각각 영향을 미친다. 높은 정확도의 측량에서는 우산으로 기계를 태양이나 바람으로부터 보호하고 왕복관측한 그 평균값을 구하여 측량 결과에 이용함으로써 가능한 한 오차를 작게 할 필요가 있다.

(4) 고저측량에 발생하는 과실

① 표척을 잘못 읽은 경우
② 전시와 후시 표척읽음값을 야장에 잘못 기입하는 경우
③ 전시를 읽고 후시를 관측할 동안에 표척의 위치가 변하는 경우

4. 결론

수준측량은 현장에서 높이 결정 및 종·횡단 측량의 중요한 측량이므로, 정밀도 확보에 많은 노력을 기해야 한다. 그러므로 최근 개발된 레이저 레벨과 GNSS 측량에 의한 수직위치 결정이 현장에 실용화되도록 다양한 연구와 시도를 수행하여야 할 것으로 판단된다.

12 통합기준점 높이 결정

1. 개요

통합기준점은 개별적(삼각점, 수준점, 중력점 등)으로 설치·관리되어 온 국가기준점 기능을 통합하여 편의성 등 측량능률을 극대화하기 위해 구축한 새로운 기준점으로 같은 위치에서 GNSS 측량(평면), 직접수준측량(수직), 상대중력측량(중력) 성과를 제공하기 위해 2007년 시범사업을 통해 통합기준점 설치를 시작하였고, 2020년 현재 전국 3~5km 간격으로 주요지점에 5,500점을 설치하여 관리하고 있다.

2. 통합기준점측량

(1) GNSS 측량

GNSS 측량기기를 사용하여 통합기준점에 대한 지리학적 경위도 및 직각좌표를 결정하는 측량

(2) 직접수준측량

레벨과 표척을 사용하여 통합기준점에 대한 높이를 결정하는 측량

(3) 상대중력측량

중력측정기기를 사용하여 통합기준점에 대한 중력값을 결정하는 측량

3. 통합기준점의 수준노선 결정

(1) 수준측량의 종류

① 1등 수준측량 : 국도 또는 주요지방도를 따라 1등 수준점을 새로 설치하거나 이미 설치되어 있는 1등 수준점의 표고를 1급 이상의 레벨과 표척을 사용하여 규정된 정확도로 결정하는 측량

② 2등 수준측량 : 1등 수준점으로 구성되는 1등 수준망을 보완하기 위하여 2등 수준점을 2등 수준점의 표고를 결정하는 측량

③ 통합기준점 높이 결정 : 1등 수준점 또는 이미 설치되어 있는 2등 수준점에 결합되도록 형성

(2) 통합기준점의 수준노선 결정

1) 통합기준점 및 수준점은 모두 수준측량 단위노선 단위로 출발점과 도착점을 정한다.

2) 노선 결정 방법

① 통합기준점 1과 2의 높이를 결정하기 위한 관측 구간이 1환 1노선의 2번과 3번, 4번 수준점이고 이를 연결하여 오차 분배를 실시하였다면 통합기준점 1의 출발점과 도착점은

01-01-01-02와 01-01-01-03이 되고 통합기준점 2의 출발점과 도착점의 경우 01-01-01-03과 01-01-01-04가 된다.

② 통합기준점 4는 01-01-01-02를 출발점, 01-01-02-02를 도착점으로 정한다. 통합기준점 3은 통합기준점 2와 왕복측량만 수행하여 높이를 결정하였으므로 통합기준점 2를 출발점, 통합기준점을 도착점으로 지정함으로써 개방측량임을 명시한다.

③ 통합기준점 5 역시 수준점 01-01-01-02와 왕복측량만 수행하여 높이를 결정하였으므로 01-01-01-02를 출발점, 통합기준점을 도착점으로 지정한다.

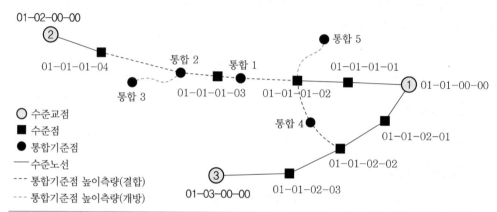

구분	통합기준점 1	통합기준점 2	통합기준점 3	통합기준점 4	통합기준점 5
출발점	01-01-01-02	01-01-01-03	통합기준점 2	01-01-01-02	01-01-01-02
도착점	01-01-01-03	01-01-01-04	통합기준점 3	01-01-02-02	통합기준점 5

[그림 4-80] 통합기준점 수준노선 결정

4. 통합기준점의 수준측량

(1) 관측용 기기

① 전자레벨

기포관감도	Compensator	최소눈금	비고
3분	0.4초	0.01mm	

② 스타프

테이프	간격	정도	전장	기포관 감도
인바	10mm 또는 5mm 양측 눈금	100μ/m 이상	3m 이상	15~25분

(2) 기기점검

① 표척을 30m 간격으로 바르게 세우고 그 중앙에 레벨을 세운 다음 두 표척간의 고저차를 측정한다. 읽음 단위는 0.01mm로 한다.

　　A지점에서 관측한 두 표척 간의 고저차 $= a-b$

② 레벨의 위치를 되도록 두 표척을 잇는 직선상으로 18m 옮긴 다음 두 지점의 고저차를 측정한다. 읽음 단위는 0.01mm로 한다.

　　B지점에서 관측한 두 표척간의 고저차 $= a'-b'$

③ 두 관측 고저차의 차이가 0.3mm 이내인지 점검한다.

$$(a-b)-(a'-b') < 0.3\text{mm}$$

④ ③의 점검 결과 고저차의 차이가 0.3mm 이상이면 장비점검 결과 보정 후 고저차 차이가 0.3mm 이하가 될 때까지 ①~③의 과정을 반복한다.

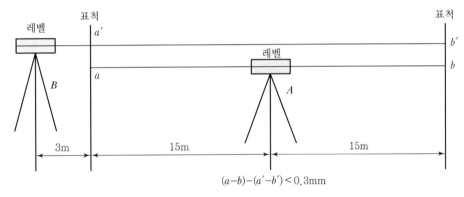

[그림 4-81] 기기의 점검

(3) 관측

① 관측시간은 일출 2시간 후부터 일몰 2시간 전까지 수행한다.
② 관측은 왕복관측(수준점에 연결하여 마감)으로 한다.
③ 표척은 2개를 한조로 하여 Ⅰ호, Ⅱ호의 번호를 부여하고 왕과 복의 관측에서는 Ⅰ호, Ⅱ호를 바꾸어 관측한다.
④ 표척의 하단 20cm 이하와 상단 20cm 이상은 읽지 아니한다.
⑤ 수준점 간의 편도관측의 측점 수는 짝수로 한다.(출발점과 도착점에서 동일한 표척 이용)
⑥ 레벨과 후시 및 전시 표척과의 거리는 되도록 같게 하고, 레벨은 가능한 두 표척을 잇는 직선상에 세워야 한다.
⑦ 시준거리는 50m, 읽음 단위는 0.01mm로 한다.

(4) 관측의 제한 및 허용범위

1) 관측값의 교차 및 환폐합차

[표 4-7] 수준측량의 허용오차 S : 관측거리(편도) km 단위

구분	1등 수준측량	2등 수준측량
왕복관측 값의 교차	$2.5\text{mm}\sqrt{S}$ 이하	$5\text{mm}\sqrt{S}$ 이하
검측의 경우 전회의 관측 고저차와의 교차	$2.5\text{mm}\sqrt{S}$ 이하	$5\text{mm}\sqrt{S}$ 이하
재설 및 신설의 경우 기지점 간의 폐합차	$15\text{mm}\sqrt{S}$ 이하	$15\text{mm}\sqrt{S}$ 이하
환폐합차	$2.0\text{mm}\sqrt{S}$ 이하	$5\text{mm}\sqrt{S}$ 이하

2) 통합기준점의 결합측량

① 2점의 수준점을 이용하는 경우

② 결합측량 시 도착점에서의 교차 : $2.5\text{mm}\sqrt{S}$ 이하 [S는 전체 관측거리(편도, km 단위)]

(5) 계산

① 관측값에 타원보정을 적용하여 계산하고, 수준망 평균 계산을 시행하여 표고를 구하여야한다.

② 최종성과는 0.1mm 단위까지 구한다.

③ 중력에 의한 영향은 타원을 기준으로 하는 타원보정량

$$K = 5.29 \times \sin(B_1 + B_2) \times \frac{B_1 - B_2}{\rho'} \times H$$

여기서, K : 타원보정량(mm 단위)

B_1, B_2 : 수준노선의 출발점 및 도착점(또는 변곡점)의 위도(분 단위)

H : 수준노선의 평균표고 (m 단위)

$\rho' = \dfrac{180°}{\pi} \times 60' = 3437.7468$

5. 통합기준점 기반의 높이측량의 개선방안

(1) 높이 성과 정확도 분석 결과 추가 보완측량이 필요

(2) 개방 수준노선 및 불부합 수준노선에 대한 추가적 보완측량 후 망조정을 통해 최종적으로 위치기준체계 안전성 향상이 필요

① 개방 수준노선 결합측량을 통한 3차원 국가위치기준망 구축

② 환폐합차 및 망조정 분석결과 도출된 높이성과 불부합 노선에 대해 보완측량을 수행하여높이성과 정비

(3) 우리나라 기준점 체계 조정

1) 현재 기준점 등급체계

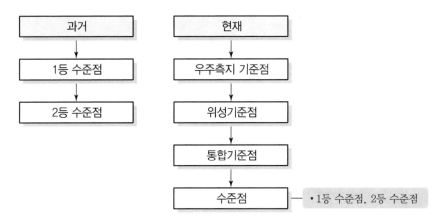

[그림 4-82] 우리나라 기준점 등급체계의 비교

2) 기준점 등급체계 조정 필요
① 법 : 통합기준점 아래에 수준점 배치
② 측량성과 : 1등 수준점, 2등 수준점을 기초로 통합기준점 성과 결정(3급, 4급)
③ 법과 성과의 일치 필요
④ 통합기준점, 1등 수준점, 2등 수준점, 전체를 대상으로 전국적 수준망 재편성 필요

6. 결론

통합기준점은 개별적(삼각점, 수준점, 중력점 등)으로 설치 · 관리되어 온 국가기준점 기능을 통합하여 편의성 등 측량능률을 극대화하기 위해 구축한 새로운 기준점으로, 현재는 높이에 대한 성과를 1등 수준점, 2등 수준점을 기준으로 측량하여 성과를 관리하고 있으나, 우리나라 기준점 등급체계에 맞는 수준점보다 상위 기준점으로서의 통합기준점 성과를 관리할 수 있게 새로운 국가수준망 및 수준환의 조정이 필요할 것으로 판단된다.

13

국가수준점측량에서 도하(해) 구간의 수준측량과정 및 방법

1. 개요

도하(渡河) 또는 도해(渡海)수준측량은 해협 또는 하천과 같이 직접수준측량으로 연결할 수 없는 수준노선을 연결하기 위하여 서로 격리된 양안의 고저차를 관측거리에 따라 레벨 및 표척 또는 데오드라이트 및 측표 등을 사용하여 규정된 정확도로 구하는 측량을 말한다.

2. 도해측량의 순서

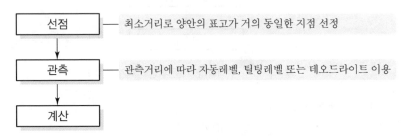

[그림 4-83] 도해측량의 흐름도

3. 관측거리에 따라 적절한 도해수준측량방법 적용

[표 4-8] 관측거리에 따른 도해수준측량방법

구분	측량방법	표준관측거리
교호법 (5m법)	표척에 목표판을 붙이고 이를 아래 위로 움직여 레벨의 시준선과 일치시킨 다음 표척눈금을 읽어 고저차를 구한다.	약 300m까지 ※ 약 450m까지
틸팅나사법 (레벨 2대)	표척에 일정간격으로 두 목표판을 붙이고, 그 간격을 레벨의 틸팅나사눈금에 의하여 관측하여 고저차를 계산한다. 다만, 레벨은 양안 각 1대씩 사용한다.	약 2km까지
틸팅나사법 (레벨 4대)	표척에 일정간격으로 두 목표판을 붙이고, 그 간격을 레벨의 틸팅나사눈금에 의하여 관측하여 고저차를 계산한다. 다만, 레벨은 양안 각 2대씩 사용한다.	약 5km까지
데오드라이트법	측표를 세우고 데오드라이트로 천정거리를 관측하여 고저차를 계산한다. 다만, 도하점 간의 거리는 광파거리측량기에 의하여 구한다.	5km 이상

※ 2등 수준측량에 적용

4. 선점

(1) 교호법 및 틸팅나사법에 의하는 경우의 선점

① 양안 측점의 비고차는 1m 이내로 함
② 양안 측점은 되도록 안에 가깝고 지형이 비슷하며 지반이 견고한 장소

③ 시준선은 수면으로부터 약 3m 이상 떨어져야 함

(2) 데오드라이트법에 의할 때의 선점

① 양안의 측점은 표고가 거의 같고 지형이 유사하고 지반이 견고하며 시준선이 수면으로부터 되도록 높고 또한 최대한으로 육상부분을 적게 통과할 수 있는 위치

② 관측거리가 약 10km를 넘는 경우에는 그 비고차가 약 50m 이상인 두 측점을 양안에 선정

5. 관측 준비

(1) 기계를 튼튼히 세우기 위하여 삼각의 말목 및 답판을 설치

(2) 관측점에는 직사광선이나 바람 등의 영향을 막을 수 있는 설비 설치

(3) 교호법 및 틸팅나사법에 의하는 경우에는 관측점으로부터 약 5m 떨어진 위치에 표척 가대를 설치하여 표척을 고정

(4) 목표판의 백색선의 굵기는 관측거리 및 관측용 기계, 기구에 따라 시준이 용이하도록 조정

(5) 목표판은 양안 각각의 표척에 교호법에서는 1개, 틸팅나사법에서는 2개 부착

(6) 데오드라이트법에 의하는 경우에는 목표물(측기대, 회광대 및 회조기대)을 설치

(7) 목표판의 백색선의 굵기는 4 · S(cm)를 표준으로 한다[단, S : 관측거리(km 단위)].

6. 관측

(1) 관측은 다음 계산식으로부터 산출한 관측일수, 관측세트수를 표준으로 하여 실시

$$T = 2 \cdot S$$
$$n = 4 \cdot T$$

여기서, T : 관측일수
n : 관측세트수
S : 관측거리(km 단위)

(2) 교호법

① 관측은 처음에 자안표척을 관측한 다음 대안표척을 5회 관측하고 다시 자안표척을 관측하며 이것을 1세트로 함

② 대안표척의 읽음은 표척에 부착된 목표판을 관측자의 지시에 따라 상하로 움직여 시준선에 합치시킨 다음 표척눈금을 mm 단위까지 읽어 기록

③ 레벨을 대안에 옮겨 동일한 방법으로 관측 실시

(3) 틸팅나사법(레벨 2대에 의한 경우)

① 관측은 자안·대안에 각각 1대의 레벨을 사용하여 양안 동시관측 실시
② 시준축의 조정을 마친 레벨을 삼각에 수평으로 세우고 자안의 표척눈금을 1회 시준하여 1회 읽음
③ 대안의 목표판을 시준할 때에는 항상 마이크로미터를 "0"에 합치
④ 레벨의 시준방향을 대안목표에 합치시킨 다음 대안에 대하여 동시관측 실시
⑤ 대안의 하단목표판을 틸팅나사를 돌려 시준하고 틸팅나사 눈금(m_1)을 읽음
⑥ 다음 틸팅나사를 사용하여 수평이 되게 하고 그때의 틸팅나사 눈금(m_0)을 읽음
⑦ 틸팅나사를 돌려 상단목표판을 시준하고 틸팅나사 눈금(m_2)을 읽음
⑧ 다시 m_2, m_0, m_1의 순서로 관측을 실시. 이것을 1대회로 하여 5대회의 관측을 실시
⑨ 다시 레벨을 자안의 표척을 시준하여 표척눈금을 읽음
⑩ ②~⑨를 양안에서 실시하는 관측을 1/2세트로 함
⑪ 레벨과 표척을 교체하여 ②~⑨를 양안에서 실시
⑫ 1세트의 관측은 약 13시를 경계로 한 대칭의 시각에서 1/2세트씩 나누어 실시

(4) 틸팅나사법(레벨 4대에 의한 경우)

① 관측은 자안, 대안에 각각 2대의 레벨을 사용하여 양안 동시관측을 실시한다.
② 각각 시준축의 조정을 마친 2대의 레벨을 기계고가 같게 기대에 세우고 시준방향을 대안목표에 합치시킨다.
③ 그 다음 자안에서 대물경을 마주보게 하고 한쪽 레벨의 십자선에 상대방 레벨의 십자선의 영상이 일치하도록 전면의 쐐기렌즈로 조정한다.
④ 1대의 레벨의 대안의 표척눈금을 1회 시준하여 1회 읽는다.
⑤ (3)-③~(3)-⑨와 같은 방법으로 관측을 실시한다.
⑥ 그다음 다른 1대의 레벨을 사용하여 ④ 및 ⑤의 관측을 실시한다.
⑦ ④~⑥을 양안에서 실시한 관측을 1/2세트로 한다.
⑧ 1세트의 관측은 약 13시를 경계로 한 대칭의 시각에서 1/2세트씩 나누어 실시한다.

(5) 데오드라이트법

① 기계고 및 시준목표고 측정
② 2점(양안) 동시관측 실시
③ 망원경의 우측 및 좌측 위치에서 매 1회 관측함. 이를 1대회로 한 5대회의 관측 실시
④ 상하 2짐의 측점(시준점)을 설치한 때에는 상목표와 하목표를 각 5대회의 관측 실시
⑤ ③~④를 양안에서 실시한 관측을 1/2세트로 함
⑥ 1세트의 관측은 낮에는 13시, 야간에는 24시를 경계로 하는 대칭시각에 1/2세트씩 나누어 관측

⑦ 데오드라이트법에서 1/2세트에 대한 고도정수교차의 제한
- 1등 수준측량 : 5″ 이내
- 2등 수준측량 : 7″ 이내
⑧ 관측거리가 10km 이상인 경우에는 4점 동시관측 실시
⑨ 거리측정은 2회 읽음을 1세트로 하고 3세트 관측 실시

(6) 관측 시 주의사항

① 관측은 일출 전후 및 일몰 전후 각 2시간을 제외한 시간대에서 실시
② 세트간의 측정 간격은 30분 이상
③ 관측일수의 산정은 관측거리(km 단위)의 소수점이하 1자리까지 취하고 곱셈 후의 끝수는 4사5입. 단, 관측일수가 1일에 미달한 경우는 이를 1일로 함
④ 1일 관측은 4세트를 초과할 수 없다. 또한 1일 관측이 3세트 이하에서 중지된 경우에는 관측세트수를 충족시켜야 함

7. 계산

(1) 도하점의 고저차 계산은 관측값을 기초로 총괄계산식의 해당 계산식에 의하여 구한다.
(2) 데오드라이트법에서 2점 동시관측인 경우 관측방정식의 제2차미분계수는 생략한다.

8. 결론

도해수준측량은 매우 드물게 실시되므로 대다수의 측량기술자들이 수행상 많은 어려움을 겪는다. 따라서 도해수준측량의 실시 전에는 거리가 가까운 하천에서 충분한 연습을 통하여 작업방법을 완전히 숙지한 다음 본 작업에 임할 필요가 있다.

14

우리나라 정밀수준망의 구축현황, 문제점 및 개선방안

1. 개요

측지수준측량방법(Geodetic Leveling)에 의한 정밀 수준망을 구성하는 방법은 세계 각국에서 널리 채택하고 있다. 수준망을 형성하는 각 수준점 표고는 각종 지형도 제작, 건설공사 등과 같은 국토개발분야는 물론이고 지각변동의 연구와 같은 과학분야에까지 응용되고 있어 그 파급효과와 중요성이 인식되고 있다. 다만, 높은 정확도의 수준망을 구축하고 유지관리하는 데는 여러 가지 문제점이 내포되어 있어 효과적인 해결 방안이 강구되어야 한다.

2. 우리나라 수준측량의 역사

(1) 1913~1916년

인천항의 조위관측을 실시하여 얻은 검조자기곡선으로부터 면적 측량방법으로 평균조위를 구해 이를 인천 중등조위면(평균해수면)으로 결정함

(2) 1917년

토지조사국에서 상기 평균해수면을 기준으로 인천 수준기점 설치(수준기점의 표고 : 5.477m)

(3) 1931~1937년

원산에 검조장을 설치, 원산 수준원점에 대한 평균해수면 확정, 북한지역 수준측량 실시

(4) 1963년

인하공전 교내에 수준원점 설치

(5) 1964년

인천수준기점으로부터 수준원점까지 정밀수준측량을 실시하여 수준원점의 표고 결정 (26.6871m)

(6) 1974~1987년

정밀 1등 수준측량 실시 및 조정

(7) 1975~1988년

정밀 2등 수준측량 실시 및 조정

(8) 1990년~

지속적인 수준망 정비사업 실시

3. 우리나라의 표고기준 및 원점

우리나라 육지표고의 기준은 전국 각지에서 수년간 실시한 조석관측 결과를 평균 조정한 평균해수면(Mean Sea Level)을 사용한다. 평균해수면은 일종의 가상적인 면으로서 수준측량에 직접 사용할 수는 없으므로 그 위치를 지상에 영구표석으로 설치하여 OBM(Original Bench Mark)으로 삼아 이것을 기준으로 전국에 수준망을 형성하였으며, 해저수심은 약최저저조면을, 해안선은 약최고고조면을 기준으로 하였다. 우리나라 표고위치의 기준은 지오이드(인천만의 평균해면)이며, 수준원점의 표고는 26.6871m(인천 인하공업전문대학 구내에 위치)이다.

4. 정밀 수준망 구축사업 현황

국토지리정보원(구 국립지리원)은 1975년부터 국토의 높이의 기준이 되는 수준점의 표고를 보다 높은 정확도로 결정하기 위한 기하학적인 정밀 수준망 구축사업을 실시하고 있으며, 정밀 1등 수준측량 및 정밀 2등 수준측량으로 구분하여 실시하고 있다.

(1) 정밀 1등 수준측량

① 1등 수준점의 표고 결정은 물론 지각변동조사 및 지반침하조사 등을 위하여 반복측량으로 실시되는 측량이다.

② 1등 수준측량의 레벨과 표척은 정밀 1등 레벨(Wild N-3), 1급 인바표척 및 정밀 2등 레벨(Wild N-2), 2급 인바표척이다.

③ 정밀 수준점의 표고를 전국적으로 통일 기준에 의하여 결정하기 위해 1987년에 1974~1986년에 걸쳐 실시된 1등 수준측량의 관측값을 기초로 한 1등 수준망 조정을 시행하였다.

④ 1988년부터는 1등 수준점의 설치 간격을 약 4km에서 약 2km로 단축함으로써 공공측량에서의 정밀 수준점 이용의 활성화를 도모하고 있다.

⑤ 수준점 표지는 흔히 도로에 연하여 설치됨으로써 망실·손괴율이 삼각점과 비교하여 상대적으로 높아 1987년부터 시작된 제2차 1등 수준측량 구축사업에서는 안전표지판 설치와 아울러 표지를 가능한 한 학교 등 공공건물 구내에 설치하도록 하고 있다.

⑥ 현재도 1등 국가수준점의 정비사업은 진행 중이다.

(2) 정밀 2등 수준측량

① 2등 수준측량은 공공측량 등의 기준으로서 1등 수준점을 보완하여 높은 배점밀도로 설치된 2등 수준점의 표고를 결정하기 위한 측량이다.

② 2등 수준측량의 레벨과 표척은 1등 수준측량과 같다.

③ 1988년에는 1975~1987년에 걸쳐 실시된 2등 수준측량의 관측값을 기초로 한 2등 수준망 조정을 시행하였다.

④ 현재도 2등 국가수준점 정비사업은 진행 중이다.

(3) 망조정에 따른 정밀 수준망 정확도(1987~1988년)

[표 4-9] 정밀 수준망의 정확도

등급	η	$\xi 1$	$\tau 1$	$\tau 2$	$\sigma 01$ (1점 고정)	$\sigma 02$ (다점 고정)
1등 수준망	0.349	0.500	0.610	4.450	4.910	–
2등 수준망	1.989	2.087	2.883	–	9.116	12.051

η : 평균우연오차, ξ : 평균정오차, τ : 정오차, σ : 사후기준표준편차

5. 문제점 및 개선방안

(1) 문제점

① 측정시기, 장소, 방법, 장비, 절차 등의 상이함은 구성된 수준망의 정확도와 신뢰성을 저하시키는 요인이 된다.

② 우리나라 정밀수준측량 구축사업은 장기간에 걸쳐 시행되었기 때문에 측정년도마다 측정자, 측정장비, 측정조건 등이 각각 다르므로 이에 대한 이론적인 분석과 평가가 필요하다.

③ 평균해수면과 지오이드는 반드시 일치하진 않으므로 평균해수면 자료만을 기초로 정밀 수준측량을 수행하는 것은 비합리적이다.

④ 건설공사 시 표석의 위치 변동으로 인해 수준점 간 성과에 과대오차가 발생하여 신뢰도가 저하되고 있다.

⑤ 측지와 수로분야의 높이 기준의 상이함에 따른 BM성과와 TBM성과의 사용 시 혼란이 발생하는 사례가 많이 발생하고 있다.

(2) 개선방안

① 수준망에 내재된 오차를 점검하고 지각변동에 따른 표고의 변화 등을 조사하며, 망실된 수준점을 복구하기 위하여 기존 수준망의 재측량 및 재조정은 체계적인 계획하에 진행되어야 한다.

② 우리나라 정밀수준측량에서 실시된 수준성과는 많은 오차가 내재되었을 확률이 높으므로 전국 동시망 조정을 통하여 오차를 최소화하여야 한다.

③ 평균해수면 자료와 중력관측 자료를 모두 이용하여 정밀 지오이드 모델을 개발하고 이를 이용하여 정밀수준측량을 실시하여야 한다.

④ 건설공사 시 수준점 간 고시 성과의 차이 발생 시 국토지리정보원에 신고, 보완 후 사용할 수 있는 시스템 구축이 필요하다.

⑤ TBM값과 BM값의 환산이 가능한 시스템 구축 및 활용이 요구된다.

⑥ 향후 정밀수준측량에서는 해면조사나 지각변동 조사 등의 과학적인 목적에 합당한 고정밀 수준측량이 수행되어야 하므로 이에 대한 연구가 요구된다.

6. 결론

21세기를 대비하는 새로운 국가기준점체계 구축에는 국제 수준의 높은 정확도의 정밀 수준망 정비가 필요불가결한 요소이므로 수준측량의 계통오차원, 수준망에서의 오차, 중력보정 등에 관한 연구와 새로운 수준측량기술의 개발 및 도입이 요청된다. 이에 법 개정, 전문인력양성, 국가의 정책적인 지원이 뒤따라야 할 것으로 판단된다.

---

15 측량장비검정방법, 문제점 및 개선방안

1. 개요

공간정보의 구축 및 관리 등에 관한 법률에 따라 측량기기는 매 3년마다 성능검사를 받아야 한다. 성능검사를 받아야 하는 장비로는 데오드라이트, 레벨, 거리측정기, 토털스테이션, GPS, 금속관로 탐지기 등이 있다.

2. 성능검사 방법

(1) 데오드라이트(트랜싯)

① 콜리메이터(Collimator, 작은 각도를 측정하는 망원경)를 이용하여 수평각과 연직각의 정확도를 검사(실내검사)

② **수평각** : 0°, 90°, 180° 방향에 대한 오차량 측정

③ **연직각** : +30°, 0°, −30° 방향에 대한 오차량 측정

(2) 레벨

① 검사시설 2점에 표척과 중앙에 레벨을 설치하고 레벨을 다르게 하여 10회 측정, 표척을 교환하여 다시 10회 측정하여 2점의 교차 확인

② 검사시설의 2점 간 거리 : 60~100m

③ 경사계를 이용하여 보상판(Compensator)의 기능 범위 검사

(3) 거리측정기

1) 기계정수의 검사

① 50m 간격으로 설치된 기선장을 측정하여 기계정수 검사

② 기계정수는 반사경 정수 포함

2) 실외 측정 검사

　① 최소 5점 이상의 기선장에서 각 기선의 거리를 10회 측정하고 온도, 기압 및 습도 보정

　② 평균값, 표준편차 및 기계상수 결정

　③ 기선장의 거리와 비교하여 그 차가 15mm 이하, 표준편차가 ±3mm 이하이면 정상

(4) 토털스테이션

　① 각도측정부는 데오드라이트 검사방법과 동일

　② 거리측정부는 거리측정기와 동일

(5) GPS

1) GPS 수신기 검기선 성과의 산출 및 유지관리

　① GPS 수신기 검사를 위한 측정은 지역별 GPS 검기선 중 1점과 검기선 인접 GPS 상시관
측소 2점을 이용

　② GPS 수신기 검기선의 각 기선별 기선장과 3차원 직교좌표계의 값은 국가기준좌표계 상
에서 GPS 정밀해석 소프트웨어(GIPSY, GAMIT, Bernese 등)를 이용하여 GPS 상시
관측소의 성과(좌표 등)를 기준으로 산출

　③ GPS 수신기 검기선의 이용이 곤란할 경우 다음과 같이 GPS 수신기 검기선장을 설치하
여 이용

2) GPS 수신기 검기선의 설치

　① GPS 수신기 검기선의 설치는 지반침하가 없는 견고한 지점에 금속표 또는 화강석으로
2점 이상 견고하게 설치

　② 검기선 2점 간의 간격은 최소 100m 이상

　③ 설치한 검기선의 성과는 상기 ①과 동일하게 산출

3) 실외 측정을 통한 GPS 수신기 검사방법

　① 측정은 정적 상대측위방식으로 실시

　② GPS 수신기는 국토지리정보원장에 의해 인증된 GPS 수신기 검기선장에서만 측정

　③ GPS 신호 취득간격은 30초로 하고 3시간 이상 연속적인 동시 관측

　④ GPS 위성의 최저관측 고도각은 15° 이상으로 동시에 4개 이상의 위성 사용

　⑤ 기선벡터의 해석에 사용하는 GPS 위성의 궤도요소는 정밀력으로서, 사이클 슬립(Cycle
Slip)은 자동편집을 원칙으로 하며, GPS 해석프로그램은 성능이 인정된 프로그램 사용

　⑥ 단위 삼각망의 환폐합차 허용범위가 다음 표의 범위 내에 있는기를 검사한다.

[표 4-10] 단위 삼각망의 환폐합차 허용범위

폐합차	허용범위	비고
기선해석에 의한 Δx, Δy, Δz, 각 성분의 폐합차	10km 이상 : 1ppm×ΣD	D : 사거리(km)
	10km 미만 : 2ppm×ΣD	

(6) 금속관로 탐지기

① 금속관로 탐지기를 검사하기 위해서는 지하시설물 탐사장비 검사장을 구축

② 검사방법은 관로 탐지기의 종류에 따라 전자유도방식, 음향탐사, 전기탐사, 전자탐사, 자기탐사 등 방법에 따라 평면위치 및 깊이에 대한 검사

③ 금속관로 탐지기의 송신기, 수신기, 시그널 크램프, 공관로 탐사용 탐침, 접지선 및 접지봉의 외형의 상태를 검사

④ 관로의 종류에 따라 평면위치 및 깊이에 대하여 각각 10회씩 관측

⑤ 종합검사의 판정

[표 4-11] 금속관로 탐지기 허용오차

측량기기	성능	비고
금속관로 탐지기	• 평면위치 : ±20cm • 깊　　이 : ±30cm	관경 100mm 이상 깊이 3m 이내의 관로 대상

3. 성능검사의 문제점 및 대책

(1) 해양측량용 수심측정기, DGPS, 지층탐사기 등은 측량에 많이 사용되고 있음에도 불구하고 성능검사 규정에 명시되어 있지 않으므로 검사가 면제되고 있음

　→ 대책 : 해양측량용 장비에 대해서도 성능검사를 적용할 수 있도록 규정 마련 시급

(2) GPS는 정지측량용으로만 성능검사를 받도록 규정되어 있어 RTK GPS와 네트워크 RTK GPS 수신기 등과 같이 실시간으로 관측되는 성과에 대해서는 사실상 성능검사가 이루어지지 않고 있음

　→ 대책 : GPS 기선장에서 RTK 및 네트워크 RTK GPS 측량장비의 실시간 좌표 관측 성능에 대한 성능검사가 이루어지도록 제도 개선

(3) 모든 측량업체가 보유한 장비의 성능검사를 받고 있음에도 불구하고 한국국토정보공사만은 성능검사를 받지 않고 자체 검정에 의해 장비를 사용할 수 있도록 한 규정은 지나친 특혜임

　→ 대책 : 한국국토정보공사도 보유하고 있는 모든 측량장비에 대하여 성능검사를 받도록 법 규정을 개정해야 함

(4) 성능검사에만 의존하여 장비의 정확도를 유지하기 위한 자체 검사나 수리 등 유지관리에 소홀한 경우가 많음

→ 대책 : 성능검사와 관계없이 상시 검사를 통해 장비의 정확도가 유지될 수 있도록 자체적인 노력이 필요함

4. 결론

성능검사의 근본적인 취지는 측량의 정확도를 확보하기 위해 실시하는 것이므로 법에서 정한 규정 외에도 측량업체 스스로가 상시 검사를 통해 장비가 최상의 상태를 유지하도록 노력해야 할 것으로 판단된다.

CHAPTER

05 실전문제

01 단답형(용어)

(1) 지도에 표현하기까지의 거리 환산

(2) 토털스테이션/EDM

(3) EDM에서 사용하는 주파수가 대부분 고주파인 이유

(4) 곡면각/공간각

(5) 자오선수차/진북방향각

(6) 삼각망의 종류

(7) 삼각측량의 도형강도

(8) 편심관측

(9) 측지망의 최적화 설계

(10) 자유망조정

(11) 양차

(12) 삼변망

(13) 다각형의 종류

(14) 다각측량 각관측법

(15) 방위각/방향각/방위/역방위각

(16) 컴퍼스법칙/트랜싯법칙

(17) 수평면/지평면/기준면

(18) 삼각수준측량

(19) 교호수준측량

(20) 도하수준측량

(21) 항정법(레벨의 말뚝조정)

(22) 수준측량의 등거리관측

(1) 거리측량의 종별과 특성에 대하여 설명하시오.

(2) 측량에서 주 대상이 되는 거리와 거리의 환산에 대하여 설명하시오.

(3) 전자파거리측량기(EDM)의 분류, 특성, 원리, 보정에 대하여 설명하시오.

(4) TS에 의한 3차원 측량의 원리, 원리 결정, 지형도 제작, 현장활용에 대하여 설명하시오.

(5) 수평각 관측방법 및 각관측오차에 대하여 설명하시오.

(6) 수평위치 결정방법에 대하여 설명하시오.

(7) 삼각측량과 삼변측량의 원리 및 특성에 대하여 비교하시오.

(8) 삼각측량의 관측값 조정에 대하여 설명하시오.

(9) 삼변측량에서 조건방정식에 의한 조정과 관측방정식에 의한 조정을 비교 설명하시오.

(10) 우리나라 삼각망의 설치과정을 역사적 관점에서 설명하시오.

(11) 다각측량의 특징, 작업순서 및 응용에 대하여 설명하시오.

(12) 다각측량에서 각관측 방법, 관측값의 조정 및 허용오차에 대하여 설명하시오.

(13) 결합 트래버스(Traverse)의 폐합 오차식을 유도하시오.

(14) 결합 트래버스와 폐합 트래버스에서 측각오차 점검과 배분에 대하여 설명하시오.

(15) 직접수준측량의 오차에 대하여 설명하시오.

(16) 간접수준측량에 대하여 설명하시오.

(17) 삼각수준측량의 원리, 방법, 수반되는 오차와 소거방법에 대하여 설명하시오.

(18) 장거리 노선의 정밀수준측량 시 오차의 원인 및 정확도 향상 방안에 대하여 설명하시오.

(19) 우리나라 정밀 수준망 구축현황, 문제점 및 개선방안에 대하여 설명하시오.

(20) 통합기준점의 높이 결정을 위한 수준측량방법에 대하여 설명하시오.

(21) 측량장비의 검정방법, 문제점 및 개선방안에 대하여 설명하시오.

PART

05

GNSS 측량

CHAPTER 01 Basic Frame
CHAPTER 02 Speed Summary
CHAPTER 03 단답형(용어해설)
CHAPTER 04 주관식 논문형(논술)
CHAPTER 05 실전문제

PART 05 CONTENTS

CHAPTER **01** _ Basic Frame

CHAPTER **02** _ Speed Summary

CHAPTER **03** _ 단답형(용어해설)

01. GPS와 GLONASS의 비교 ······························· 418
02. GALILEO 위성시스템 ································· 419
03. SBAS/GBAS ·· 421
04. GPS의 정의/측위 개념/구성 ······················ 422
05. GPS 측위 원리 ······································ 425
06. GNSS와 광파거리측량기(EDM)의 거리측량원리
　　비교 ··· 427
07. GNSS와 Total Station의 특성 비교 ··············· 429
08. GPS 신호 ··· 430
09. 궤도정보(Ephemeris, 위성력) ····················· 433
10. GPS Time ··· 435
11. GPS 시각동기(GPS Time Synchronization) ······· 436
12. 윤초가 GNSS에 미치는 영향과 대처방안 ········· 437
13. GNSS 측량방법 ······································ 439
14. 반송파의 위상차 측정방법(반송파의 위상 조합) ··· 442
15. 모호정수(Ambiguity) ······························· 445
16. VLBI(초장기선간섭계)와 GNSS 간섭측위의
　　차이점 ··· 448
17. Zero-Baseline GNSS 안테나 검정 ················ 449
18. OTF(On The Fly) ··································· 451
19. GNSS 상시관측소(위성기준점) ···················· 452

20. Network-RTK 기법의 종류와 특징 ··············· 453
21. VRS(Virtual Reference Station) 방식 ············ 455
22. 위치보정정보 서비스 ······························ 457
23. PPP-RTK ··· 459
24. Broadcast-RTK ····································· 461
25. A-GNSS(Assisted GNSS) ························· 463
26. 칼만 필터(Kalman Filter) ························· 465
27. 직접수준측량과 GNSS 기반의 수준측량 ········· 466
28. VLBI와 GNSS 상시관측소 간 콜로케이션 측량 ·· 468
29. 정밀도 저하율(DOP : Dilution Of Precision) ····· 470
30. 다중경로오차(Multipath Error) ···················· 472
31. GNSS 재밍(Jamming)과 기만(Spoofing) ·········· 473
32. RINEX(Receiver Independent Exchange) 포맷 ·· 475
33. RTCM(Radio Technical Commission for
　　Maritime Service) 포맷 ·························· 476
34. NMEA(National Marine Electronics Association)
　　포맷 ··· 477
35. 위치기반서비스(LBS : Location Based Service) ·· 479
36. 지능형교통체계(ITS : Intelligent Transportation
　　System) ··· 481

CHAPTER **04** _ 주관식 논문형(논술)

01. 멀티 GNSS ··· 483
02. GNSS와 RNSS ······································ 485
03. GPS 측량 ·· 489
04. 단독측위의 개념과 정확도 ······················· 500
05. GNSS에 의한 통합기준점측량 ···················· 503
06. 공공 DGNSS(RTK) 측량 ··························· 508
07. RTK-GNSS에 의한 공공기준점 측량 ············· 518
08. 네트워크 RTK에 의한 공공측량 ················· 521
09. SSR(State Space Representation)에 대한
　　개념과 활용 분야 ································ 525
10. GNSS를 이용한 표고측정 방법 ·················· 528

11. GNSS 기반의 수준측량 ···························· 531
12. GNSS의 오차 ······································· 535
13. 정밀도 저하율(DOP : Dilution Of Precision)의
　　수학적 해석 ······································ 541
14. GNSS 측량에서 전리층의 영향 ··················· 544
15. GNSS 관측 시 사이클슬립(Cycle Slip)을
　　검출하고 이를 복원 하는 방법 ················· 548
16. GNSS 관측 데이터의 품질관리 ··················· 550
17. 관성측량체계 ······································ 553
18. 협력ㆍ지능형 교통 체계(C-ITS : Cooperative
　　Intelligent Transport Systems) ················· 557

CHAPTER **05** _ 실전문제

01. 단답형(용어) ··· 560
02. 주관식 논문형(논술) ································ 561

CHAPTER

01 Basic Frame

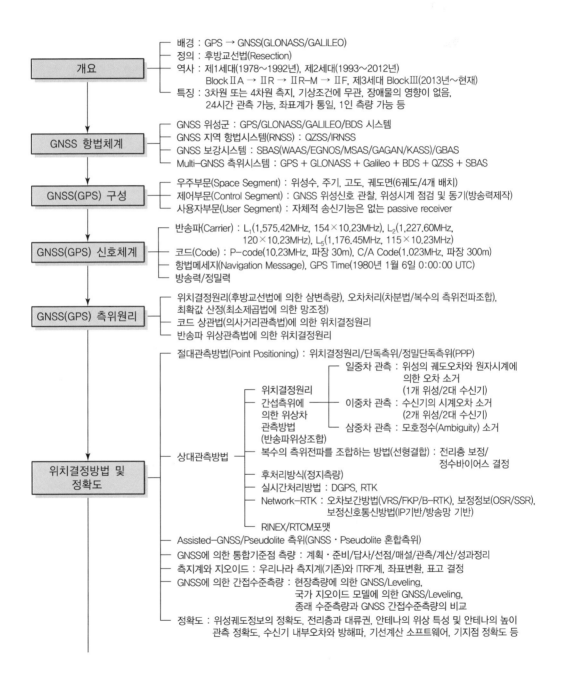

```
┌─────────────────┐     ┌ 배경 : GPS → GNSS(GLONASS/GALILEO)
│      개요        │─────┤ 정의 : 후방교선법(Resection)
└─────────────────┘     │ 역사 : 제1세대(1978~1992년), 제2세대(1993~2012년)
                        │        Block ⅡA → ⅡR → ⅡR-M → ⅡF, 제3세대 BlockⅢ(2013년~현재)
                        └ 특징 : 3차원 또는 4차원 측지, 기상조건에 무관, 장애물의 영향이 없음,
                                 24시간 관측 가능, 좌표계가 통일, 1인 측량 가능 등

┌─────────────────┐     ┌ GNSS 위성군 : GPS/GLONASS/GALILEO/BDS 시스템
│  GNSS 항법체계   │─────┤ GNSS 지역 항법시스템(RNSS) : QZSS/IRNSS
└─────────────────┘     │ GNSS 보강시스템 : SBAS(WAAS/EGNOS/MSAS/GAGAN/KASS)/GBAS
                        └ Multi-GNSS 측위시스템 : GPS + GLONASS + Galileo + BDS + QZSS + SBAS

┌─────────────────┐     ┌ 우주부문(Space Segment) : 위성수, 주기, 고도, 궤도면(6궤도/4개 배치)
│  GNSS(GPS) 구성  │─────┤ 제어부문(Control Segment) : GNSS 위성신호 관찰, 위성시계 점검 및 동기(방송력제작)
└─────────────────┘     └ 사용자부문(User Segment) : 자체적 송신기능은 없는 passive receiver

┌─────────────────┐     ┌ 반송파(Carrier) : L₁(1,575.42MHz, 154×10.23MHz), L₂(1,227.60MHz,
│ GNSS(GPS) 신호체계│─────┤                    120×10.23MHz), L₅(1,176.45MHz, 115×10.23MHz)
└─────────────────┘     │ 코드(Code) : P-code(10.23MHz, 파장 30m), C/A Code(1.023MHz, 파장 300m)
                        │ 항법메세지(Navigation Message), GPS Time(1980년 1월 6일 0:00:00 UTC)
                        └ 방송력/정밀력

┌─────────────────┐     ┌ 위치결정원리(후방교선법에 의한 삼변측량), 오차처리(차분법/복수의 측위전파조합),
│ GNSS(GPS) 측위원리│─────┤   최확값 산정(최소제곱법에 의한 망조정)
└─────────────────┘     │ 코드 상관법(의사거리관측법)에 의한 위치결정원리
                        └ 반송파 위상관측법에 의한 위치결정원리
```

L_1(1,575.42MHz, 154×10.23MHz), L_2(1,227.60MHz, 120×10.23MHz), L_5(1,176.45MHz, 115×10.23MHz)

```
┌─────────────────┐     ┌ 절대관측방법(Point Positioning) : 위치결정원리/단독측위/정밀단독측위(PPP)
│                 │     │                                          ┌ 일중차 관측 : 위성의 궤도오차와 원자시계에
│                 │     │                                          │              의한 오차 소거
│                 │     │              ┌ 위치결정원리              │              (1개 위성/2대 수신기)
│                 │     │              │ 간섭측위에 ──────────────┤ 이중차 관측 : 수신기의 시계오차 소거
│                 │     │              │ 의한 위상차              │              (2개 위성/2대 수신기)
│                 │     │              │ 관측방법                  └ 삼중차 관측 : 모호정수(Ambiguity) 소거
│                 │     │              │ (반송파위상조합)
│ 위치결정방법 및 │─────┤ 상대관측방법 ┤ 복수의 측위전파를 조합하는 방법(선형결합) : 전리층 보정/
│    정확도       │     │              │                                          정수바이어스 결정
│                 │     │              │ 후처리방식(정지측량)
│                 │     │              │ 실시간처리방법 : DGPS, RTK
│                 │     │              │ Network-RTK : 오차보간방법(VRS/FKP/B-RTK), 보정정보(OSR/SSR),
│                 │     │              │                보정신호통신방법(IP기반/방송망 기반)
│                 │     │              └ RINEX/RTCM포맷
│                 │     │ Assisted-GNSS/Pseudolite 측위(GNSS·Pseudolite 혼합측위)
│                 │     │ GNSS에 의한 통합기준점 측량 : 계획·준비/답사/선점/매설/관측/계산/성과정리
│                 │     │ 측지계와 지오이드 : 우리나라 측지계(기존)와 ITRF계, 좌표변환, 표고 결정
│                 │     │ GNSS에 의한 간접수준측량 : 현장측량에 의한 GNSS/Leveling,
│                 │     │                            국가 지오이드 모델에 의한 GNSS/Leveling,
│                 │     │                            종래 수준측량과 GNSS 간접수준측량의 비교
│                 │     └ 정확도 : 위성궤도정보의 정확도, 전리층과 대류권, 안테나의 위상 특성 및 안테나의 높이
└─────────────────┘               관측 정확도, 수신기 내부오차와 방해파, 기선계산 소프트웨어, 기지점 정확도 등
```

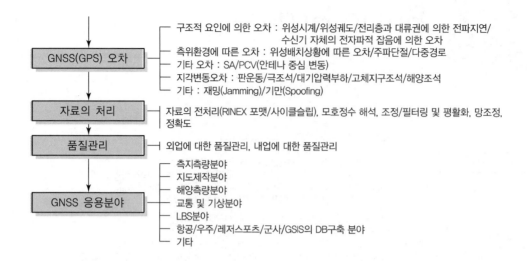

GNSS(GPS) 오차 ─┬─ 구조적 요인에 의한 오차 : 위성시계/위성궤도/전리층과 대류권에 의한 전파지연/
                │   수신기 자체의 전자파적 잡음에 의한 오차
                ├─ 측위환경에 따른 오차 : 위성배치상황에 따른 오차/주파단절/다중경로
                ├─ 기타 오차 : SA/PCV(안테나 중심 변동)
                ├─ 지각변동오차 : 판운동/극조석/대기압력부하/고체지구조석/해양조석
                └─ 기타 : 재밍(Jamming)/기만(Spoofing)

자료의 처리 ─── 자료의 전처리(RINEX 포맷/사이클슬립), 모호정수 해석, 조정/필터링 및 평활화, 망조정, 정확도

품질관리 ─── 외업에 대한 품질관리, 내업에 대한 품질관리

GNSS 응용분야 ─┬─ 측지측량분야
               ├─ 지도제작분야
               ├─ 해양측량분야
               ├─ 교통 및 기상분야
               ├─ LBS분야
               ├─ 항공/우주/레저스포츠/군사/GSIS의 DB구축 분야
               └─ 기타

Speed Summary

01 GNSS(Global Navigation Satellite System)는 인공위성을 이용한 지구위치 결정체계로, 정확한 위치를 알고 있는 위성에서 발사한 전파를 수신하여 관측점까지의 소요시간 또는 반송파의 개수를 관측함으로써 관측점의 위치를 구하는 체계이다.

02 GPS는 연속적인 다중위치결정 항법체계로 적도면 55°의 궤도경사각과 위도 60°의 6궤도면을 도는 31개 위성이 운행되고 있으며, 고도 20,183km에서 약 12시간(11시간 58분)의 주기로 운행한다.

03 GPS 각 위성은 1.6GHz의 주파수를 가진 L_1파와 1.2GHz의 주파수를 가진 L_2파 신호를 전송하며, L_1 및 L_2 신호는 위성의 위치계산을 위한 케플러(Keplerian) 요소와 형식화된 자료 신호를 포함한다.

04 C/A Code 유사거리나 P-Code 유사거리를 사용해 다른 수신기에 관계없이 현장 관측용 수신기의 절대위치를 계산하는 것을 절대측위(Absolute Positioning)라 하며 상대측위방식으로 계산된 위치보다 정확도가 매우 떨어진다.

05 방송력(방송궤도력, Broadcast Ephemeris)은 시간에 따른 전체 위성의 예정궤적을 기록한 것으로 각각의 GPS 위성으로부터 송신되는 항법 메시지에는 앞으로의 궤도에 대한 예측값이 들어 있다. 형식은 매 30초마다 기록되어 있으며 16개의 케플러 요소로 구성되어 있다.

06 정밀력(정밀궤도력, Precise Ephemeris)은 실제 위성의 궤적으로서 지상 추적국에서 위성 전파를 수신하여 계산된 궤도정보이다. 방송력에 비해 정확도가 높으며 위성관측 후에 정보를 취득하므로 주로 후처리 방식의 정밀 기준점 측량 시 적용된다.

07 정지측량(Static Surveying)은 관측기간 동안 수신기 한 대는 기지점에, 다른 수신기는 미지점에 설치하여 최소 30분 이상 동시에 관측하는 기법이다. 이 방법은 관측되는 점의 위치에 관계없이 동일한 좌표 체계 내에서 비교적 저렴한 비용으로 높은 정확도의 좌푯값을 얻을 수 있다는 장점을 가지고 있다. 정지측량은 비교적 긴 관측시간을 요하는 만큼 장거리 기선장의 정밀측정에 유효하다. 기준점 측량에 주로 사용되며 기선장에 따른 오차의 크기는 1ppm(기선장 10km당 1cm 오차) 정도이다.

08 반송파 위상관측 시 GNSS 수신기는 첫 번째 관측 순간에 수신되는 파의 일부(소수파)를 알려줄 수 있지만, 이 파가 위성에서 방송되는 순간에 얼마나 많은 파(정수파)가 수신기와 위

성 사이에 놓여 있는가는 알 수 없기에 이를 파의 모호정수(Integer Ambiguity)라 한다. 그러나 첫 번째 관측이 이루어진 후에는 수신기가 첫 번째 관측에 대한 잔여 부분의 위상을 인지하고 그 순간부터 반송파에 대한 연속적인 추적을 통해 위성과 수신기 사이에 놓인 전체 파의 정수를 계산할 수 있다. 이것을 연속적인 반송파 위상(Continuous Carrier Phase)이라 한다.

09 연속이동측량(Continuous Kinematic)은 모호정수를 결정한 후에 이동수신기를 차량 등에 부착하고 이동하는 순간마다의 위치를 궤적으로 구할 수 있지만 장애물이 거의 없는 지역에서만 사용이 가능하다.

10 위성배열군(Constellation)은 위치를 계산하기 위하여 수신기에 의해 사용된 3대 이상의 위성군을 말한다. 위성배열군에 있는 위성수와 서로의 상대적인 위치는 상대적인 기선성분의 정확도에 영향을 미친다. 위치계산을 위한 최적의 위성배열군은 PDOP(Position Dilution Of Precision)가 가장 낮은 경우이다.

11 P코드(Precise or Private 코드)의 파장은 C/A코드의 1/10 수준에 불과한 약 30m로서 이는 L_1파와 L_2파 모두에 운반되며, 코드의 주기는 267일 정도로서 극히 긴 시간으로 반복된다. 사실상 각각의 위성에 대하여는 일주일 단위로 쪼개어 제공되고 있으므로 위성마다 P코드의 분리된 부분을 발사하고 있다. P코드는 유사거리를 관측하기 위한 Time Marker로서의 역할과 24개 GPS 위성의 식별부호 역할을 병행한다. 유사잡음은 비트율 10.23Mpbs, 부호열의 길이는 1주간인 장대한 것도 있다. 현재는 실질적으로 공개되어 L_2대는 P코드에 의하는데, Codeless 방식에 의해서는 수신되지 않는다.

12 단독측위에서는 4개의 위성거리를 관측한다. 거리는 전파가 위성을 출발한 시각과 수신기에 도착한 시각의 차를 구함으로써 알 수 있는데, 1차적으로 수신기 시계에 포함된 오차, 대기의 영향 오차 등을 포함하고 있으며, 이와 같은 오차들이 위성과 수신기 사이의 거리에 포함되므로 이를 의사거리(Pseudo Range)라 한다.

13 RTCM-SC104 메시지 형식에 있어서, 기준국에서 계산된 의사거리의 오차를 의사거리 보정값(Pseudo Range Correction)이라 하고, 이는 미지점의 정확한 위치를 계산하기 위해 이동국 수신기로 획득된 자료에 적용된다. 보정값들은 무선통신을 이용해 실시간으로 방송되거나, 후처리를 위해 저장된다.

14 의사잡음코드(PRN Code)는 0과 1이 불규칙적으로 교체되는 디지털 부호이며 GPS의 배열을 위성마다 식별한다. PRN 번호는 각 GPS 위성에 할당된 의사랜덤 잡음코드의 번호이며, 스프레드, 스펙트럼 통신의 직접 확산방식에서 신호를 송신하는 역할을 한다.

15 관측이 시작되면, 위성과 수신기 간의 전체 파장의 개수는 미지수인 채로 GNSS 수신기가 한 파장 내의 위상차와 전체 파장수의 변화값만 관측한다. 이때 전체 파장의 개수는 미지변수로서 모호정수(Integer Ambiguity)라 하며, 이는 데이터 처리과정에서 동시에 결정되어야 하나 관측 중의 신호 단절에 의한 Cycle Slip이 발생하면 또 다른 불확정치를 결정해야만 한다. GNSS 측량에서 가장 중요한 문제는 이 불확정치의 정밀 결정, 즉 위성과 수신기 간 전체 파장의 개수를 정확히 결정하는 일이기 때문에 수신기의 특성에 맞도록 제작사에서 개발한 수신기의 펌웨어(Firmware)를 사용하는 것이 보통이다.

16 네트워크 RTK 측량은 3점 이상의 상시관측소에서 관측되는 위치오차량을 보간하여 생성되는 반송파 위치보정신호를 모바일 인터넷 방식 및 방송망으로 전송받아 이동국 GNSS 관측값을 보정함으로써 수신기 1대만으로 고정밀의 RTK 측량을 수행하는 작업이다.

17 FKP(면 보정 파라미터)－RTK 측량은 최인근 상시관측소의 위치보정데이터와 다수의 상시관측소 데이터로부터 시계오차, 위성궤도오차, 전리층오차 등의 주요 오차원의 보정치를 측정하여 생성한 면 보정 파라미터를 사용자에게 전송하여 수신기 한 대만으로 RTK 측량을 수행하는 네트워크 RTK의 한 방법이다.

18 후방교회법에서 기준점의 배치가 정확도에 영향을 주는 것과 마찬가지로 GNSS의 오차는 수신기와 위성들 간의 기하학적 배치에 따라 영향을 받으며, 이때 측위 정확도의 영향을 표시하는 계수로 DOP(Dilution Of Precision, 정밀도 저하율)가 사용된다.

19 전리층을 통하여 전달되는 파는 지연을 갖게 된다. 위상지연은 전자(Electron)의 용적과 반송파 신호의 영향에 기인하며, 집단지연(Group Delay)은 전리층에서의 분산에 영향을 받을 뿐만 아니라, 신호 변조(코드)에도 영향을 받는다. 이러한 위상지연과 집단지연은 중요성이 동일하지만 정반대의 신호이다.

20 일반적인 GNSS 신호는 GNSS 장비에 직접파와 반사파가 동시에 도달하기 때문에 다중경로(Multipath)라고 하는데, 다중경로는 마이크로파 신호를 둘 다 사용하기 때문에 기계에 문제를 일으키는 원인이 된다. 다른 전기적인 길이의 두 개의 경로에 의해 발신기와 수신기 사이에 이동되는 무선파들 사이의 간섭으로부터 기인한 위치결정오차를 다중경로오차(Multipath Error)라 한다.

21 선택적 가용성(SA : Selective Availability)은 인위적으로 GPS 측량의 정확도를 저하시키기 위한 조치로서 미국 정부에서 필요시 적대국의 GPS 이용을 제한하기 위하여 위성의 시각정보 및 궤도정보 등에 임의의 오차를 부여하거나 송신, 신호 형태를 임의로 변경하는 것이나 2000년 5월 1일부로 해제되었다.

22 최근 전자 장비의 발달로 인해 자동항법 장치와 제어시스템이 비행물체를 비롯한 각종 이동체에 적용되고 있다. 이러한 시스템들은 이동체의 운송학적 정보인 현재 위치, 속도 및 자세의 빠른 획득과 갱신을 생성하는 항법체계가 필요하다. 대표적인 항법시스템으로는 GPS와 관성항법체계(INS)를 들 수 있다.

특히, GPS는 명확한 오차정보를 생성할 수 있으며 정확한 위치 및 속도 정보를 제공하므로 육상항법시스템에 널리 이용되고 있다. 하지만 GPS는 위성의 가시성을 좌우하는 주위환경에 의해 발생되는 다중경로, 신호차단 등의 우연오차를 결정하지 못하며, 이동체의 속도보다 낮은 자료전송 속도로 정보를 생성하기 때문에 정확한 동적 위치 결정을 하기 힘들다. 이에 외부의 도움 없이 높은 자료전송 속도로 자세, 위치, 속도정보를 제공하고 이 데이터를 Filtering 하는 MEMS(Micro Electro Mechanical System) 기반의 AHRS(Attitude Heading Reference System) IMU(Initial Measurement Unit)를 결합하여 보다 정확한 이동체의 자세와 동적 위치결정에 활용하고 있다.

23 차세대 위성항법시스템(SBAS)은 추가적인 위성방송 메시지를 사용해서 광범위한 지역 또는 지역적 관측오차의 보강을 지원하는 시스템이다. 또한 SBAS는 차세대 위성항법보정시스템으로 GNSS 신호의 위치오차를 보정하여 현재 위치를 실시간으로 1m 이내로 알 수 있도록 한 것을 말한다.

24 최근 GNSS 재밍에 따른 사태에 대응할 대체 항법의 요구와 QZSS로 대체하기로 한 일본의 로란-C 운용 중단 방침에 따라 새로운 e로란의 개발 필요성이 증대되고 있다. e로란은 최고 460m까지 오차가 발생하는 로란-C를 보완해 20m 수준까지 오차범위를 줄일 수 있는 전파항법시스템이다.

25 GNSS 재밍은 GNSS 전파교란으로 항공기, 선박, 공항항법장비, 이동통신망, 전력망, 금융망 등에 피해를 줄 수가 있다. 피해발생 시 예방·대비는 어떻게 하며 동시다발적인 상황발생 시 대응·복귀계획은 어떤지 면밀히 검토되어야 할 것이다.

26 1990년 정밀절대측위(PPP : Precise Point Positioning)가 발표된 이후, PPP 해석 알고리즘의 향상, GPS의 현대화 추진, GLONASS 위성체제 완성, BDS 및 GIOVE 위성의 약진 등 위성환경이 모두 변화됨에 따라 GNSS 조합위성을 활용한 다양한 연구가 여러 응용분야에서 발표되고 있다. 정밀절대측위 정확도의 주요 변수는 위성궤도력의 정확도, 위성시계오차 및 모델화할 수 없는 오차들(전리층 및 대기층 지연, Multipath, 위성자세, 위성안테나 Offset 및 Phase Wind-up, Tides 등)과 관련한 모호정수의 해석 문제 등이다. IGS(the International GNSS Service) 및 GNSS 상시관측망과 연계된 해석센터(AC : Analysys Center)에서는 전 지구 또는 지역망 GNSS 상시관측망 자료의 종합해석으로부터 위성궤도력, 위성시계오차 및 대기층 지연 관련 보정모델의 정확도와 품질을 꾸준히 향상시켜 제공하고 있어 PPP 기술의 전망은 매우 긍정적으로 기대되고 있다.

27 GNSS 위성신호는 건조 공기, 수증기, 액상 비중 및 모래, 먼지, 에어로졸이나 화산재와 같은 다른 미세 입자에 의한 지연이 발생한다. 황사에 의해 발생되는 미세 먼지는 GNSS 안테나의 다중경로를 약화시켜 GNSS 위성신호 중 반송파의 탈분극 및 위상 지연에 중대한 영향을 미칠 수 있다. 왜냐하면 미세 입자의 신호 전파 방해로 인한 반송파의 원형 분극 현상이 분해되기 때문에 송출된 GNSS 위성신호의 안테나 수신 능력이 저하되기 때문이다. 따라서, 황사가 진행하는 동안 GNSS 신호의 특성을 분석하고 정밀 위치의 변화를 추정하여 황사로 인한 먼지 에어로졸의 영향을 정량적으로 분석할 필요가 있다.

28 최근 개발된 GNSS 측량로봇은 GNSS 측량로봇에 장착된 카메라를 통하여 측량대상지의 환경파악 및 제어가 가능하고 통신시스템을 이용하여 실시간 데이터 전송으로 측량 진행 파악이 쉽다. 또한, GNSS 이동로봇을 이용하면 접근이 어려운 지역의 무인측량이 가능하고, 장비의 간소화 및 일체화를 통한 1인 측량이 가능하다. 따라서, GNSS 측량로봇을 이용하면 토목사업에 필요한 각종 현황 측량 및 지리적 제약으로 유인측량이 어려운 장소 또는 환경적으로 위험한 장소에서 측량을 할 경우 용이하게 사용할 수 있다.

29 우리나라 국토지리정보원에서는 2006년 10개의 GPS 상시관측소에서 VRS 시스템인 GPS Net 설치를 시작으로 2007년부터 "실시간 정밀 GPS 서비스"란 이름으로 VRS 서비스를 실시하였다. 또한, 지속적인 고도화를 통해 2014년 현재 59개의 위성기준점을 기반으로 VRS 3 Net을 도입하여 Network RTK 서비스를 제공하고 있다. 위성측량 인프라 고도화를 통해 Network 내 위성기준점 및 동시 접속 가능 수가 크게 증가하였으며, 분산 처리 기반의 MS SQL Sever 데이터베이스를 통해 시스템 안정성과 보안성을 크게 향상시켰다.
서비스 고도화를 통해 동시 접속자 수가 최대 2,000명으로 증가하여 사용과 편의성이 크게 향상되었으며, GPS L5, Galileo, COMPASS 및 QZSS 위성신호 처리가 가능하여 진정한 GNSS 기반 Network RTK 서비스가 가능하게 되었다.

30 현재 국내에서는 국토지리정보원을 비롯한 7개 기관에서 국가 GNSS 상시관측소를 운영하고 있고 기관별 활용 목적에 따라 관측데이터를 이용하고 있으며 일부 지방자치단체와 민간 업체가 단독적으로 GNSS 상시관측소를 설치·운영하는 사례도 있다. 그런데 이러한 분리 운영체계는 통합활용을 통해 기대할 수 있는 다양한 효과들을 누리지 못하게 하고 있다. 또한 분야별 정보제공 사이트가 분산되어 있기 때문에 사용자가 필요로 하는 GNSS 정보를 검색·활용하는 데 있어서 혼란을 야기할 수 있다. 국토지리정보원에서는 이러한 한계점들을 보완하기 위하여 7개 GNSS 관련 기관과 민간 지방자치단체에서 운영하고 있는 GNSS 상시관측소들의 데이터를 통합하여 활용할 수 있게 하고 있다. 더불어 다양한 GNSS 정보들을 종합적으로 제공할 수 있는 국가 GNSS 오픈플랫폼의 구조와 기능에 대한 연구도 활발히 진행되고 있다.

CHAPTER

03 단답형(용어해설)

---

01 GPS와 GLONASS의 비교

1. 개요

러시아의 GLONASS는 미국의 GPS와 동일한 개념의 측지위성 시스템으로서 GPS와 병용함으로써 DOP를 크게 개선하는 장점이 있다. GPS와 GLONASS의 주요 특징은 다음과 같다.

2. GPS와 GLONASS의 특징

[표 5-1] GPS와 GLONASS의 비교

Parameter	GPS	GLONASS
운용체계의 전체 위성의 수	24+6(예비) 2018년 현재 30개	21+3(예비) 2018년 현재 24개
궤도 평면의 수	6	3
궤도 경사각	55°	64.8°
위성 궤도의 고도	20,180km	19,100km
궤도 주기	12시간(11시간 58분)	11시간 15분
지상 반복궤도	매 8항성일	매 항성일
위성(위치추산력)의 자료 전송	케플러 요소 보간계수	9매개 변수 EC(Earth-Centered) EF(Earth-Fixed) Cartesian 좌표계상에서의 위치, 속도, 가속도
측지 기준계	WGS84	PZ90
시간 기준	GPS 체계시간(GPST)	GLONASS 체계시간(GLONASST)
체계의 시간 보정	UTC(USNO)	UTC(SU)
전송시간	12.5분	2.5분
위성신호 영역	코드 영역	주파수 영역
L_1 밴드의 주파수	1,575MHz	1,602~1,615MHz
L_2 밴드의 주파수	1,228MHz	1,246~1,256MHz
코드	각각의 위성이 다르게 C/A-Code L_1 P-Code L_1, L_2	모든 위성이 동일하게 C/A-Code L_1 P-Code L_1, L_2

Parameter	GPS	GLONASS
코드 형태	Gold Code	PRN Sequence
코드 주파수	C/A-Code 1.023Mhz P-Code 10.23MHz	C/A-Code 0.511MHz P-Code 5.11MHz
시계 자료	Clock Offset Frequency Offset And Rate	Clock Offset Frequency Offset

02 GALILEO 위성시스템

1. 개요

갈릴레오(Galileo) 위성시스템은 유럽우주국(ESA) 및 타 국가들이 공동으로 개발 운용하고 있는 GNSS의 하나로 GPS와 러시아의 GLONASS가 군사상의 이유 등으로 발생할 수 있는 서비스의 악화 및 중단을 피할 목적으로 개발하고 있다. 갈릴레오 위성시스템의 주요 내용은 다음과 같다.

2. 주요 내용

(1) 유럽 독자의 순수 민간 통제에 의한 위성항법시스템으로 지속적 이용 보장
(2) 미국의 GPS나 러시아의 GLONASS는 본래의 목적이 군용항법시스템이므로 군사 전략적 측면에서 계속적인 이용 보장에 한계가 있음
(3) 갈릴레오 위성 개발 경과
   ① 2002년 : EU 정상급 회의에서 추진 합의
   ② 2003년 : ESA(유럽우주기관) 가맹국의 최종합의로 갈릴레오 계획 추진결정
   ③ 2004년 : 미국과의 사이에 갈릴레오와 GPS의 신호주파수 조정에 협의하여 상호운용 가능토록 합의
   ④ 2009년 : 한국, 중국, 이스라엘, 인도 등 EU 이외의 국가도 갈릴레오 계획에 참가함으로써 국제적인 항법시스템으로 발전
(4) 활용분야 : 도로, 철도, 해상, 항공에서의 교통운송, 어업, 농업, 건설, 토목 등의 분야에서 효율적 사용 기대

3. 갈릴레오 위성

(1) 고도 : 23,222km, 궤도주기 : 14시간 04분, 측지기준계 : GTRF, 시간기준 : Galileo System Time(GST)

(2) 3개의 타원궤도에 9개의 위성배치 및 3개의 예비 위성(총 30개의 위성)
→ 2018년 현재 24＋6(예비)

(3) 궤도경사각 : 56°로 GPS보다 다소 크게 설정

(4) GPS에는 없는 수소 메이저(Maser, 발진기)가 탑재되어 보다 안정된 주파수 표준 획득 가능

4. 갈릴레오 측위 서비스

(1) OS(Open Service)

① 무료측위 서비스(기본 서비스)

② 1주파 사용 시 정확도 : 15m(H), 35m(V)

③ 2주파 사용 시 정확도 : 4m(H), 8m(V)

(2) CS(Commercial Service)

① 상업용 서비스 : 데이터 방송, 정밀시각서비스, 위치보정정보 서비스 등

② Global 정확도 : 1m 이내(2주파 사용 시)

③ Local 정확도 : 10cm 이내(단, 보강시스템인 경우)

(3) PRS(Public Regulated Service)

① 공공규제 서비스 : 경찰, 세관 등 EU 가입국의 정부기관에만 제한적으로 사용

② Global 정확도 : 6m(H), 12m(V)

③ Local 정확도 : 1m(단, 보강시스템인 경우)

(4) SOL(Safety of Life Service)

① 생활안전 서비스 : 항공이나 철도교통 등을 위한 측위 서비스

② 정확도 : 4~6m(2주파 사용 시)

(5) SAR(Search and Rescue Service)

① 탐색 및 구조 서비스 : 조난 구조용 측위 서비스

② 지구상 어느 곳에서나 구난 신호를 수신하여 그 위치를 핀 포인트 방식으로 검색, 이를 위해 각 위성에는 조난 신호를 구조 센터로 전송하는 트랜스폰더(Transponder)가 장착되어 있음

5. 갈릴레오 주파수와 신호

[표 5-2] 갈릴레오 주파수와 신호

반송파(4개)	신호(총 10개 신호)
E_5a : 1,176.45MHz	E_5a-I, E_5a-Q
E_5b : 1,207.14MHz	E_5b-I, E_5b-Q
E_6 : 1,278.75MHz	E_6-A, E_6-B, E_6-C
$E_2-L_1-E_1$: 1,575.42MHz	L_1-A, L_1-B, L_1-C

※ E_5a : GPS의 L_5파에 대응
   $E_2-L_1-E_1$: GPS의 L_1파에 대응
   E_5a-I, E_5a-Q, E_5b-I, E_5b-Q, L_1-B, L_1-C(6개 신호) : OS에 이용
   E_6-B, E_6-C : CS용으로서 암호화되어 제한적인 사용자만 사용

6. 갈릴레오의 좌표계

(1) ITRF에 준거한 GTRF(Galileo Terrestrial Reference Frame)
(2) WGS84 좌표계로 표시되는 GPS 좌표계로부터 독립성을 확보하는 동시에 GPS 좌표계의 백업 기능도 수행함
(3) 양 좌표계의 차이는 수 cm 이내이므로 측지학적 연구분야를 제외하고는 실질적으로 WGS84와 같다고 볼 수 있어 실제 측위에 있어서는 GPS와 갈릴레오의 상호운용성이 확보되고 있음

03 SBAS/GBAS

1. 개요

GNSS 위치보강시스템은 위치보정신호의 생성 및 제공방식에 따라 크게 나누어 SBAS와 GBAS로 구분된다. 다수의 지상기준국 망으로부터 생성된 위치보정신호를 정지위성 또는 극궤도위성을 통해 방송하는 시스템을 SBAS라 하며, 1~2개의 지상기준국 망에서 직접 위치보정신호를 방송하는 시스템을 GBAS라 한다.

2. SBAS(Satellite Based Augmentation System)

(1) 위성 기반의 위치보강시스템
(2) 다수의 지상기준국 망으로부터 오차 관련 데이터를 통합 처리하여 해당 지역 전체에 대한 위치보정데이터를 생성하고, 이를 정지위성 또는 극궤도위성을 통해 서비스 지역에 방송
(3) 서비스되는 신호의 종류에 따라 수 cm, 1m, 2~3m 정확도의 측위 가능

(4) 넓은 지역을 대상으로 하는 WADGPS(Wide Area DGPS) 개념

(5) SBAS 신호의 수신이 가능한 GNSS 안테나를 사용하면 누구나 자유롭게 이용 가능

(6) SBAS의 종류

① WAAS(아메리카), EGNOS(유럽 및 아프리카), MSAS(아시아 지역)

② 일본 : QZSS

③ 인도 : GAGAN

④ 러시아 : SDCM(System for Differential Correction and Monitoring)

⑤ 중국 : SNAS(Satellite Navigation Augmentation System)

⑥ 한국 : KASS(Korea Augmentation Satellite System)

⑦ 전 세계 유료 서비스 : StarFire(John Deer 사), OmniStar(Fugro 사)

3. GBAS(Ground Based Augmentation System)

(1) 지상 기반의 위치보강시스템으로 GBAS 또는 GRAS(Ground−based Regional Augmenta− tion System)라고도 함

(2) 지상 기준국에서 VHF 또는 UHF 전파를 통해 위치보정신호를 방송하므로 일반적으로 반경 20km 이내에서만 이용 가능

(3) 공항 등에서의 항공기 자동관제, 특정 기관 또는 회사에서 사용

(4) 단일 기준국 방식의 DGNSS 체계이므로 근거리에서는 측위정확도가 높은 반면, 장거리에서 는 거리에 따라 오차 증가

---

04 GPS의 정의/측위 개념/구성

1. 개요

GPS 체계의 원명은 NAVSTAR GPS로 본래 군사적 목적과 항법을 위해 개발되었지만, 측지 및 측량 분야, 지도제작 및 지구물리 분야, 무선통신 분야를 비롯한 각종 응용 분야에서도 그 이용이 늘고 있다. GPS 정의/측위 개념/구성의 주요 내용은 다음과 같다.

2. GPS의 정의

GPS(Global Positioning System)는 기지점인 위성에서 방송하는 전파신호를 수신하여, 전파의 도달시간 또는 전파의 위상차 관측에 의해 위성과 수신기 간의 거리를 계산함으로써 후방교회법에 의해 관측점의 좌표를 구하는 위성측량시스템이다. 즉, GPS는 사용자에게 정확한 PVT(Position,

Velocity, Time) 정보를 전달하기 위한 목적으로 운용 중인 전파항법시스템이라 할 수 있다.

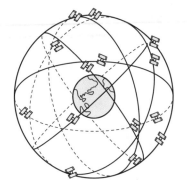

- 궤도 : 대략 원궤도
- 궤도수 : 6개
- 위성수 : 24개＋7개＝31개
- 궤도경사각 : 55°
- 높이 : 약 20,000km
- 사용좌표계 : WGS84

[그림 5-1] GPS의 위성체계

3. GPS 측위 개념

(1) GPS 수신기는 4개의 위성신호를 수신하면 4차 방정식을 자동 생성하여 미지점에 대한 X, Y, Z, T값을 결정한다(후방교회법).

(2) GPS는 위도, 경도, 고도, 시간에 대한 차분해를 얻기 위해 최소 4개의 위성이 필요하다.

(3) 수신기 위치와 시계오차를 구하기 위해서는 최소 4개의 위성이 필요하다.

(4) 위성이 지구를 한 바퀴 공전할 때 지구는 반 바퀴 자전한다.

(5) 위성의 고도는 정지궤도위성의 고도보다 낮다.

(6) 북극점 혹은 남극점에서도 가시위성이 존재한다.

(7) 하나의 궤도면에 4개의 위성이 등간격을 이루도록 설계되었다.

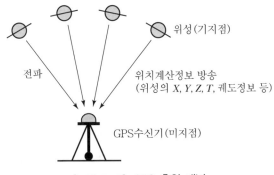

위성(기지점)

전파

위치계산정보 방송
(위성의 X, Y, Z, T, 궤도정보 등)

GPS수신기(미지점)

[그림 5-2] GPS 측위 개념

4. GPS의 구성

GPS는 크게 나누어 우주 부문, 제어 부문, 사용자 부문으로 구성되며 세부 구성 및 기능은 다음과 같다.

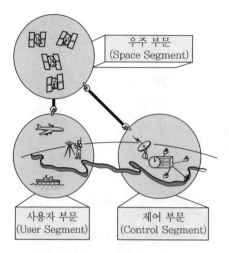

[그림 5-3] GPS 구성도

(1) 우주 부문

1) 구성

① 31개의 GPS 위성(24개+7개=31개의 GPS 위성)

② 궤도는 공진(Resonance) 현상이 발생되지 않도록 배치

③ 지상 어느 곳에서나 6~11개 사이의 위성이 보이도록 설계

④ GPS+GNSS가 작동되면 한 점에서 12~20개 위성관측

2) 기능

① 측위용 전파 상시 방송

② 위성궤도정보, 시각 신호 등 측위 계산에 필요한 정보 방송

(2) 사용자 부문

① 구성

GPS 수신기 및 자료처리 소프트웨어

② 기능

위성으로부터 전파를 수신하여 수신점의 좌표나 수신점 간의 상대적인 위치관계를 구함

※ GPS 위성에는 루비듐과 세슘 원자시계를 탑재해 모든 위성에 동시에 신호를 송신하도록 되어 있다. 위성과 마찬가지로 신호전달 시간을 측정하기 위하여 수신기에도 같은 정확도의 원자시계를 탑재한다. 하지만 일반적 수신기에는 크기, 비용 등의 문제로 원자시계를 사용하지 못하고 고정밀도의 수정 발진기에 의한 시계를 사용한다.

(3) 제어 부문

1) 구성

1개의 주 제어국, 5개의 추적국 및 3개의 지상 안테나

2) 기능

① 추적국 : GPS 위성의 신호를 수신하고 위성의 추적 및 작동상태를 감독하여 위성에 대한 정보를 주 제어국으로 전송함

② 주 제어국 : 추적국에서 전송된 정보를 사용하여 궤도 요소를 분석한 후 신규 궤도 요소, 시계 보정, 항법 메시지 및 컨트롤 명령 정보 등을 지상 안테나를 통해 위성으로 전송함

05 GPS 측위 원리

1. 개요

GPS를 이용한 측위 방법에는 코드신호 측정방식과 반송파신호 측정방식이 있다. 코드신호에 의한 방법은 위성과 수신기 간의 전파 도달시간차를 이용하여 위성과 수신기 간의 거리를 구하며, 반송파신호에 의한 방법은 위성으로부터 수신기에 도달되는 전파의 파장 개수를 이용하여 거리를 구한다.

2. 코드신호 측정방식

(1) 기본 원리

위성에서 발사한 코드와 수신기에서 미리 복사된 코드를 비교하여, 두 코드가 완전히 일치할 때까지 걸리는 시간을 관측하고 여기에 전파속도를 곱하여 거리를 결정한다. 이때 시간에 오차가 포함되어 있으므로 이를 의사거리(Pseudo Range)라 한다.

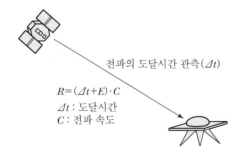

전파의 도달시간 관측(Δt)

$R = (\Delta t + E) \cdot C$

Δt : 도달시간
C : 전파 속도

[그림 5-4] 코드신호에 의한 위성과 수신기 간 거리측정

(2) 계산식

$$R = (\Delta t + E) \cdot C$$

여기서, R : 위성과 수신기 간의 거리
Δt : 전파의 도달시간
E : 시계오차
C : 전파속도

(3) 특징 및 용도

① 동시에 4개 이상의 위성신호를 수신해야 3차원 좌표를 취득함

② 단독측위(1점 측위, 절대측위)에 사용되며 이때 허용오차는 5~15m 정도임

③ 2대 이상의 GPS를 사용하는 상대측위 중 코드신호만을 해석하여 측정하는 DGPS(Diffe rential GPS) 측위 시 사용되며, 이때 정확도는 약 1m 내외임

3. 반송파신호 측정방식

(1) 기본 원리

코드신호를 운반하는 반송파는 그 자체가 정현파로서 L_1파의 경우 약 19cm, L_2파의 경우 약 24cm 길이의 파장으로, 위성과 수신기 간의 파장 개수를 측정함으로써 거리를 결정한다. 이와 같이 반송파의 위상차에 의해 간섭법으로 거리를 측정하는 방법이 반송파신호 측정방식이다. 그러나 코드방식에 비해 정확도가 높지만 측정시간이 길다.

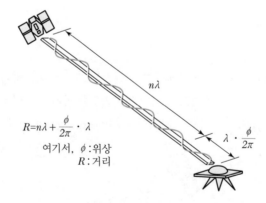

$$R = n\lambda + \frac{\phi}{2\pi} \cdot \lambda$$
여기서, ϕ : 위상
R : 거리

[그림 5-5] 반송파에 의한 위성과 수신기 간 거리측정

(2) 계산식

$$R = \left(N + \frac{\phi}{2\pi}\right) \cdot \lambda + C(dT + dt)$$

여기서, R : 위성과 수신기 간의 거리
N : 위성과 수신기 간의 정수파의 개수
ϕ : 위상각
λ : 반송파의 파장
C : 전파속도
$dT + dt$: 위성과 수신기의 시계오차

(3) 특징 및 용도

① 반송파신호 측정 방식은 일명 간섭측위라 하며 전파의 위상차를 관측하는 방식이다. 이 방식은 수신기에 마지막으로 수신되는 소수 부분의 위상은 정확히 알 수 있으나 위성과 수신기 간에 존재하는 정수 부분 파장의 위상은 정확히 알 수 없으므로, 이를 불명확정수 또는 모호정수(Integer Ambiguity) 혹은 정수값 편의(Bias)라고 한다.

② 이 방식은 불명확정수를 정확히 계산하는 방법이 관건이 되며 그 방법으로 1중차, 2중차, 3중차 차분기법의 단계를 거친다.

③ 일반적으로 수신기 1대만으로는 정확한 불명확정수를 결정할 수 없으며 최소 2대 이상의 수신기로부터 정확한 위상차를 관측해야 한다.

④ 후처리용 정밀 기준점 측량(정확도 : 5mm 내외) 및 RTK(Realtime Kinematic)와 같은 실시간 이동측량(정확도 : 1~2cm)에 사용된다.

---

06 GNSS와 광파거리측량기(EDM)의 거리측량원리 비교

1. 개요

거리를 관측함에 있어 GNSS와 EDM은 각각 성질이 서로 다른 전파와 광파를 이용하지만, 두 장비 공히 거리는 전파 또는 광파의 이동시간과 위상차를 관측하여 측정한다는 면에서 매우 유사하다.

2. 시간차(TOF, Time Of Flight) 방식

(1) TOF

전파 또는 광파의 도달시간을 관측한 뒤 파의 속도에 도달시간을 곱하여 거리 관측

(2) GNSS의 TOF 방식

① 코드신호를 이용한 측위방식에 사용됨

② 위성에서 출발한 코드신호가 수신기에 도달할 때까지 걸리는 시간을 관측하여 거리 계산

③ 수신기의 시계오차가 크므로 거리 정확도가 떨어짐(의사거리)

④ 주로 내비게이션용으로 사용되며, 상대측위 시에는 Code DGNSS 방식에 적용됨

(3) EDM의 TOF 방식

① EDM에서 출발한 광파가 반사경에서 반사되어 되돌아오는 시간을 관측하여 거리 계산

② 공기 중의 온도, 기압에 따라 광파의 이동시간이 달라져 거리오차가 발생되므로 온도 및 기압에 대한 보정이 필요함(표준온도 : 15℃, 표준기압 : 1,013hPa)

③ 주로 3D 레이저스캐너 및 항공라이다 시스템에 적용됨

2. 위상차 관측(Phase Measurement)방식

(1) Phase Measurement

전파 또는 광파의 위상과 위상차를 관측하여 정수파의 개수에 파장의 길이를 곱하고, 여기에 위상차의 길이를 더하여 거리 계산

(2) GNSS의 위상차 관측방식

① 위성과 수신기 사이에 존재하는 정수파의 개수에 파장의 길이를 곱하고, 여기에 수신기에서 위상차 방식으로 직접 관측한 소수파의 길이를 더하여 위성과 수신기 간의 거리를 계산함

② 위성신호 중 반송파신호를 이용하므로 Carrier Phase Measurement 방식이라고 함

③ 위상차(소수파)는 수신기에서 직접 취득되나, 정수파는 수신기 2대를 이용하여 3중차 차분기법 등에 의해 개수 추정

④ 전리층 지연오차, 시계오차, 궤도오차, 수신기 잡음, 사이클슬립, 멀티패스 등의 오차 요인이 발생되므로 이에 대한 보정이 필요함

⑤ 정지측량 또는 RTK 측량과 같은 정밀측량에 적용됨

(3) EDM의 위상차 관측방식

① EDM과 반사경 사이에 존재하는 정수파의 개수와 소수파의 거리를 더하고 이를 1/2로 하여 거리 계산

② 일반적으로 EDM에 내장된 주파수 카운터 장치에 의해 정수파가 관측됨

③ 기자 및 구차에 대한 보정 필요

④ 주로 TS 및 일부 3D 레이저스캐너에 적용됨

GNSS와 Total Station의 특성 비교

1. 개요

GNSS는 인공위성을 이용한 항법 및 위치결정에 활용되는 시스템으로 각과 거리를 동시에 관측할 수 있는 Total Station과 측정방식 및 원리가 매우 유사하다. 두 장비의 주요 특성은 다음과 같다.

2. GNSS와 Total Station의 주요 특징

[표 5-3] GNSS와 TS의 특성 비교

구분	GNSS	Total Station
측정방식	거리관측에 의한 좌표 산출	각, 거리관측에 의한 좌표 산출
측량방식	삼변측량 원리 적용	삼각·다각측량 원리 적용
측정원리	인공위성(기지점)으로부터의 전파 수신에 의한 거리 측정	적외선 송수신에 의한 거리측정 및 인코더에 의한 각 측정
측량범위	• 정지측량 시(Static) : 약 50km • 실시간 이동측량 측량 시(RTK) : 무선모뎀 성능에 따라 약 30km	약 3km 이내
정확도	• 정지측량 시(Static) : 5mm+1ppm • 실시간 이동측량 측량 시(RTK) : 1~2cm	통상 2mm+2ppm
장점	• 시준이 필요 없다. • 눈, 비, 안개, 어두움 등 기상조건에 관계없다. • 장거리 측량 용이 • 1인 측량 가능	• 공간상(지상, 지하) 제약이 없다. • 좁은 지역의 국지적 측량 시 편리하고 정확도가 높다.
단점	• 인공위성과의 시통이 나쁜 지역에서는 사용 불가(고층건물군, 짙은 숲속, 지하공간 등)	• 반드시 시준선이 확보되어야 한다. • 기상조건에 영향이 크다. • 장거리 측량이 불가하다.
작업효율 대비	• 인공위성 시통이 좋은 지역에서 사용 - 해양측량 : 광파기 대비 5배 이상의 효율 - 육상측량 : 광파기 대비 2배 정도의 효율	• 인공위성 시통이 나쁜 지역에서 사용 - 건물 내부 - 숲속 및 가로수 아래 - 지하공간
매핑 시 권유사항	• 복잡한 도심지 : 기준점 및 도근점 • 일반지형 : 기준점, 도근점 및 현황측량	• 복잡한 도심지에서의 도근점 및 현황측량

08 GPS 신호

1. 개요

GPS 신호는 측위계산용 정보를 코드값으로 변조한 형태의 코드신호와 이를 지상으로 운반하는 전파형태의 반송파신호로 구분된다.

2. GPS 신호

GPS 각 위성은 1.6GHz의 주파수를 가진 L_1파와 1.2GHz의 주파수를 가진 L_2파 신호를 전송하며, L_1 및 L_2 신호는 위성의 위치 계산을 위한 케플러(Keplerian) 요소와 형식화된 자료신호를 포함한다.

[표 5-4] GPS 신호

반송파 신호	코드 신호	용도
L_1파(1,575.42MHz)	C/A코드 : 위성궤도정보를 PRN 코드로 암호화한 코드	민간용
	P코드 : 위성궤도정보를 PRN 코드로 암호화한 코드	군사용
	항법 메시지 : 시각정보, 궤도정보 및 타 위성의 궤도정보	민간용
L_2파(1,227.60MHz)	P코드	군사용
	항법 메시지	민간용

3. 반송파 신호

(1) L_1, L_2 신호는 위성의 위치 계산을 위한 케플러(Keplerian) 요소와 형식화된 자료신호를 포함

(2) 케플러 요소(궤도의 6요소)

　1) 타원궤도를 돌고 있는 위성의 위치와 속도를 정의하는 6가지 요소

　2) 궤도 장반경, 이심률, 궤도 경사각, 승교점의 적경, 근지점 인수(引數), 근지점 통과시각

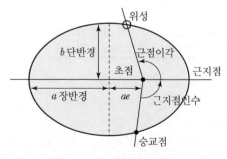

[그림 5-6] 위성궤도 요소

3) 각 요소의 설명

① 궤도 장반경(a) : 타원에서 장축의 1/2로 정의되는 타원궤도의 크기

② 궤도 이심률(e) : 타원궤도의 형상을 표현하는 수치

③ 궤도 경사각(i) : 인공위성의 궤도가 만드는 평면(궤도면)이 적도면과 이루는 각도

④ 승교점 적경(Ω) : 인공위성의 궤도가 지구의 적도면을 남쪽에서 북쪽으로 지나가는 점을 승교점이라 하고, 지구 중심에서 춘분점 방향과 승교점 방향 사이의 각을 승교점 적경이라 함. 궤도 경사각과 승교점 적경이 구해지면 우주공간에서 궤도면의 위치가 정해짐

⑤ 근지점 인수(ω) : 인공위성 궤도상에서 지구와 가장 가까워지는 점이 근지점이며, 궤도 면상에서 타원의 방향을 정의하기 위해 승교점 방향과 근지점 방향 사이에 이루는 각을 이용하는데 그 각거리가 근지점 인수임

⑥ 근지점 통과시각(T) : 임의의 시각에서 인공위성의 궤도상 위치를 계산하기 위해 인공 위성이 근지점을 통과하는 시각을 정함

(3) 종류

① L_1파 : 약 1.6GHz, C/A코드와 P코드 변조(Modulation)

② L_2파 : 약 1.2GHz, P코드 변조

(4) 2개의 주파수로 방송되는 이유는 위성궤도와 지표면 중간에 있는 전리층의 영향을 보정하기 위함(L_2파 : 전리층 지연량 보정기능)

(5) 기존 L_2파 신호의 업그레이드(L_2C파)

① L_1파와 같이 L_2파에도 새로운 민간신호(C/A코드)를 탑재하여 2주파 보정을 통해 단독 측위 정확도 향상

② 현재의 C/A코드 및 P코드에 정밀항법 소프트웨어를 포함하여 측위 정확도 향상

③ 독자적인 군용 신호(M코드) 지원으로 보안 강화 및 측위 정확도 향상

(6) L_5파

① L_1 및 L_2파에 이어 세 번째 민간신호인 L_5파(1,176.45MHz) 제공

② 기존의 Block Ⅱ R 위성군에 이은 Block Ⅱ F(Follow) 위성 6기를 통하여 L_5파 전송 서비스

③ P코드에 준하는 수준의 측위 정확도 제공

④ 실시간 간섭측위(RTK)의 반송파 추적을 위한 신호의 제공으로 모호정수 해결 향상 기대

4. 코드 신호

(1) C/A코드(Coarse Acquisition Code)

① 반복주기 1ms(Milli-second)인 PRN코드

② L_1파에 변조되며 SPS 사용자에게 제공됨

- SPS(Standard Positioning Service, 표준측위 서비스)
- PRN(Pseudo Random Noise, 의사잡음신호)코드는 의사잡음부호로서 0과 1이 불규칙적으로 교체되는 수치 부호(이진수열)이다.

(2) P코드(Precision Code)

① 반복주기가 7일인 PRN코드

② AS(Antispoofing) mode로 동작하기 위해 Y-code로 암호화되어 PPS 사용자에게 제공됨(군사용)

③ PPS(Precise Positioning Service, 정밀측위 서비스)

④ AS : 유사시 미군 이외에는 이용이 제한되는 조치로서 P코드를 암호화하여 Y코드로 만드는 방법을 말함

※ P코드는 군용의 비밀 측위부호였으나 예전 그 정보가 공개된 적이 있어 이를 재암호화한 코드를 Y코드라 한다.

5. 항법 메시지(Navigation Message)

(1) 측위 계산에 필요한 정보

① 위성 탑재 원자 시계 및 전리층 보정을 위한 Parameter 값

② 위성 궤도정보

③ 위성의 항법 메시지 등을 포함

(2) 위성 궤도정보에는 평균 근점각, 이심률, 궤도 장반경, 승교점 적경, 궤도 경사각, 근지점 인수 등 기본적인 양 및 보정항(項)이 포함

궤도정보(Ephemeris, 위성력)

1. 개요

GPS 측량의 정밀도는 위성궤도정보의 정확도, 전리층과 대류층의 영향, 안테나의 위상특성, 수신기 내부오차와 방해파, 기선계산 소프트웨어의 영향을 받는다. GPS 궤도정보에는 항법메세지에 포함되어 실시간으로 전송되는 방송력과 추후에 제공되는 정밀력으로 대별된다. 방송력은 6개의 케플러 요소로 구성되어 있으며, GPS 측위 정확도를 좌우하는 중요한 사항이다.

2. 방송력(Broadcast Ephermeris) : 방송궤도정보

시간에 따른 천체의 궤적을 기록한 것으로 각각의 GPS 위성으로부터 송신되는 항법 메시지에는 앞으로의 궤도에 대한 예측치가 들어있다. 형식은 30초마다 기록되어 있으며 6개의 케플러 궤도 요소(Keplerian element)로 구성되어 있다.

(1) GPS 위성이 타 정보와 마찬가지로 지상으로 송신하는 궤도정보임

(2) 사전에 계산되어 위성에 입력한 예보궤도로서 실제 운행궤도에 비해 정확도가 떨어짐

(3) 향후의 궤도에 대한 예측치가 들어 있으며 형식은 매 30초마다 기록되어 있고 6개의 케플러 요소로 구성되어 있음

(4) 위성 전파를 수신하지 않고도 획득 가능하며, 수신하는 순간부터도 사용이 가능하여 측위 결과를 신속히 알 수 있으므로 일반측량에 주로 사용됨

[케플러 6요소]

① 궤도 장반경(a) : 타원궤도의 장반경

② 궤도 이심률(e) : 타원궤도의 이심률

③ 궤도 경사각(i) : 궤도면의 적도면에 대한 각도

④ 승교점 적경(Ω) : 궤도가 남에서 북으로 지나는 점의 적경

⑤ 근지점 적위(ω) : 궤도면 내에서 근지점 방향

⑥ 근지점 통과시각(T)

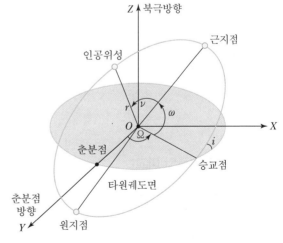

[그림 5-7] 위성궤도요소

3. 정밀력(Precise Ephemeris) : 정밀궤도정보

(1) 실제 위성의 궤적으로서 지상 추적국에서 위성전파를 수신하여 계산된 궤도정보임

(2) 전 세계 약 110개 관측소가 참여하고 있는 국제 GPS 관측망(IGS)에서 정밀궤도력을 산출하여 공급 중(좌표형식으로 제공)

(3) GPS 관측소에서 수신한 약 11일치의 GPS 데이터를 종합하여 처리한 것으로 방송궤도력보다 정밀도가 높음

(4) 방송궤도력은 예측에 오차가 포함되어 있으므로 궤도력 오차가 지상의 위치측정오차로 전파됨(오차가 3cm 정도로 예측됨)

(5) 정밀측지에서는 방송궤도력으로 만족할 수 없으며 정밀궤도력이 필요함

(6) IGS에 관측자료가 국제데이터 센터로 모아져 7개의 자료분석 센터에서 처리함

(7) IGS에서는 각 분석센터의 결과를 종합하여 최종인 IGS 정밀궤도력을 산출함

(8) 정밀궤도력(Final Orbit)의 정밀도는 약 5cm 정도임

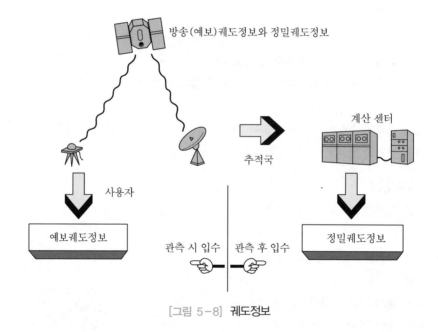

[그림 5-8] 궤도정보

4. 방송력과 정밀력의 비교

[표 5-5] 방송력과 정밀력의 비교

구분	방송력	정밀력
궤도정보	예보궤도	실제 운행 궤적
정확도	낮다(정밀력에 비해)	매우 높다(방송력에 비해)
데이터 취득	신속 취득	11일 후
사용	측량	지각 변동량 관측

1. 개요

GPS시는 위성에 탑재된 세슘 원자시계 및 류비듐 원자시계를 통하여 UTC 시각을 기준으로 송출된다. 이는 위성신호 중 항법 메시지를 해독하여 생성되는 시각 데이터로서 위치 측정뿐만 아니라 국제 원자시 및 세계시와 결합하여 표준시 생성에도 사용되며 측지측량뿐 아니라 정보통신망 구축에 필요한 시각 동기화에도 널리 이용되고 있다.

2. GPS Time 설정

(1) 1980년 1월 6일 0시에 세계시(UTC)와 동일하게 설정

(2) 지구 자전주기의 변화에 의해 세계시보다는 약 10초, 국제 원자시보다는 약 19초 지연

(3) 우리나라 표준시와는 9시간의 정수차가 있으며 정수차의 차는 지구자전의 감속에 의한 윤초 때문에 수시로 변경

3. GPS Time의 활용

(1) 위치 결정

① 코드관측방식에 의한 위치 결정 시 위성시계와 수신기 시계와의 시각동기 오차 결정에 사용

② 단독측위 및 DGPS 측위에 적용

③ 측위가 신속한 반면 반송파 측위방식에 비해 정확도 저하

(2) 국제 원자시 · 세계시 및 한국 표준시 생성

① GPS시와 원자시계를 매일 비교

② 국제 도량형 기구에 전송하여 국제 원자시, 세계시 및 한국 표준시 생성

(3) 정보통신망 구축

휴대폰 및 인터넷 등 디지털 통신망의 원활한 작동을 위한 망동기(Network Synchronization)용 고정 및 시각동기 장치개발에 활용

(4) 이기종 측량장비와의 시각동기/시간동기(Time Synchronization)

2개의 공간 및 시간을 달리하는 이기종 장비 간의 시간 관계를 일치시켜 동시에 데이터 취득

GPS 시각동기(GPS Time Synchronization)

1. 개요

GPS 수신기에 탑재된 시계는 오차가 크므로 3차원 좌표 외에도 시각오차를 미지수로 정해 4개의
위성신호로 생성되는 4차 방정식을 풂으로써 수신기의 시각오차를 정확하게 결정한다. 이는
GPS 측위의 부산물로 다양한 분야에서 시각을 동기화하는 데 유용하게 사용된다.

2. GPS 시각 동기화

(1) GPS에 수신되는 4개의 위성신호 중 3개의 위성신호로 수신기의 좌표를 먼저 결정하고, 다시
1개 위성신호를 추가하여 좌표 계산 수행
(2) 상기 두 좌표 간의 차이로부터 위성의 원자시계와 수신기 시계의 시각을 동기화하는 단일보정
인수를 결정하여 두 좌푯값을 일치시킴
(3) 그 결과 수신기의 시각과 위성의 시각을 동기화(일치시킴)

3. 다수의 GPS 수신기에 의한 시각 동기화 장치

(1) 단일 수신기(마스터 수신기)의 시각정보를 기반으로 다수의 수신기(슬레이브 수신기)에 대한
시각을 동기화하여 다양한 분야에서 활용토록 하는 기술

(2) 시각 동기화 순서

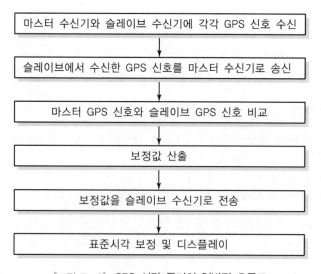

[그림 5-9] GPS 시각 동기의 일반적 흐름도

4. 시각 동기화 활용

(1) 세계 표준시에 입각한 정확한 시각 제공

(2) 해킹의 경로를 원천적으로 봉쇄

(3) 여러 시스템의 연계 작업 시 정확한 기준 시각 제공

(4) 이벤트 발생의 정확한 작성 시점 관리

(5) 시간 설정 및 시간 오차 자동 보정

(6) 금융, 교통, 예매, 수강신청, 보안관리, 컴퓨터 클라우딩 및 모바일 단말기 운영 등에 활용

12 윤초가 GNSS에 미치는 영향과 대처방안

1. 개요

윤초는 지구 자전속도의 변화에 의해 발생되는 천문시와 국제표준시(UTC) 간의 차이가 0.9초 이상 벌어지는 경우 천문시에 1초를 삽입하여 두 시간을 맞추는 것을 말한다. GNSS 측량은 위성신호의 도달시간을 이용하여 현 지점의 위치를 계산하는데, 윤초를 사용하지 않는 GPS와 달리 GLONASS는 윤초를 사용하기 때문에 GNSS 측위에 영향을 미칠 수 있다. 그러므로 이에 대한 보정이 필요하다.

2. 윤달, 윤일, 윤초의 개념

(1) 윤달

① 음력과 태양의 공전주기 간의 차이 보정

② 19년에 7달 삽입(음력 보정)

(2) 윤일

① 양력과 태양의 공전주기 간의 차이 보정

② 양력 : 그레고리우스력(1년=365.25일), 태양 공전주기(365.242196일)

③ 400년에 97일 삽입(양력 보정)

(3) 윤초

① 국제표준시와 천문시 간의 차이 보정

② 국제표준시(1초=세슘 133원자가 91억 9,263만 1,770번 진동하는 시간), 천문시(1초= 1/60분)

③ 두 시간이 0.9초 이상 차이가 나면 1초 삽입

④ 우리나라에서는 1972년 이래 총 25회 윤초 보정 실시

⑤ 2015년 7월 1일 오전 9시, 26번째 윤초 삽입

3. 윤초로 인한 피해

(1) 컴퓨터 오작동

① 컴퓨터의 1분은 무조건 60초, 1시간은 3,600초, 하루는 86,400초이어야 함

② 따라서 1초만 더 삽입해도 오작동 유발

(2) CDMA 방식의 이동통신 기지국 간 시간차가 100만분의 1초 이상 차이 발생 시 데이터 손실, 잡음이 발생되고 통화가 끊어질 수 있음

(3) 인터넷을 이용한 거래, 경매, 입찰 등에서 1초 차이에 의해 각종 피해 발생

(4) GNSS 측위의 경우 100만분의 1초 이상 차이 발생 시 300m 가량의 위치오차 발생

(5) 윤초버그 발생 시 정상화를 위해서는 대규모의 인력과 비용이 소요됨

(6) 따라서 윤초 사용 여부에 따른 세계 각국의 견해차가 큼

① 윤초 폐지에 찬성하는 국가 : 미국, 프랑스, 일본, 한국 등

② 윤초 폐지에 반대하는 국가 : 러시아(윤초 폐지 시 윤초시스템에 최적화시킨 자국의 GLONASS 운영시스템을 변경해야 함)

4. GPS시와 GNSS시

(1) GPS시

1) GPS시는 지구의 자전을 고려하지 않았으므로 UTC와 달리 윤초 등의 주기적인 보정량이 삽입되어 있지 않음

2) GPS 시각은 1980년 1월 6일 0시 UTC와 동기되어 시작된 이후 오차가 누적되어 국제 원자시(TAI)와 비교하여 19초의 차이가 발생

3) GPS 위성 내부 시각은 상대론적 효과를 보정하고 지상국과의 동기를 위해 시계 보정계수를 이용하여 주기적으로 보정하고 있음

4) GPS 항법 메시지의 개량

① 항법 메시지의 시각체계

• GPS 날짜는 연, 월, 일이 아니라 주(week) 번호를 사용

• 주 번호는 10비트 필드에 담겨 C/A코드 및 P(Y)코드를 통해 전송되며

• 1,024주(19.6년)마다 0으로 돌아옴

② 종래 항법 메시지의 시간

• GPS 주 번호는 1980년 1월 6일 00 : 00 : 00 UTC(00 : 00 : 19 TAI)에 0으로 시작하여 1999년 8월 22일 23 : 59 : 47 UTC(00 : 00 : 19 TAI)에 다시 0으로 리셋된 바 있음

③ 개량된 항법 메시지
- 13비트의 필드를 사용해 주 번호가 0으로 돌아오는 주기를 8,192주(157년)로 늘림
- 따라서 2,137년까지는 주 번호가 0으로 리셋되는 일이 없음

(2) GNSS시

① GPS time, GLONASS time, Galileo time, Beidou time 등 각 GNSS는 항법 해를 구하기 위해 내부적인 연속적 참조 시각원을 사용하고 있음
② GPS는 윤초를 고려하지 않음
③ Galileo와 Beidou도 윤초는 고려하지 않으나 GPS 시간과의 옵셋은 고려함
④ GLONASS는 윤초를 고려하여 운영되므로 연속적인 시간이 아님

5. GPS 시간과 GLONASS 시간에 대한 윤초의 영향과 대처 방안

(1) 윤초의 영향

윤초가 누적되어 GPS와 GLONASS 간 시각 옵셋이 큰 경우 GNSS 측위가 불가능함

(2) 대처 방안

① 응급조치 : GNSS 수신기에서 GLONASS 신호 수신기능을 차단하고 GPS와 Beidou 신호만 수신하여 측위를 수행함
② 정상조치 : 수신기 제조사에서 GPS와 GLONASS의 시각 동기화가 완료된 펌웨어를 제공받아 수신기에 설치해야 함(주기적인 펌웨어 업데이트 필요)

---

13 GNSS 측량방법

1. 개요

GNSS 측량은 2대 이상의 수신기를 동시에 사용하는 상대측위방식에 의하여 기지점의 좌표를 기준으로 미지점의 좌표를 결정하는 측량으로서, 크게 나누어 후처리 방법과 실시간처리 방법이 있다.

2. 후처리 방법(PP : Post Processing)

(1) 정지측량(Static Survey)

① 기지점과 미지점에 수신기를 설치하고 최소 60분 이상 4개 이상의 위성을 동시에 관측(세션관측)한 후, 각 기선벡터를 구하고 기지점의 좌표를 고정점으로 하는 망조정을 통해 미

지점의 좌표를 결정하는 방법이다.

② 신뢰도가 높아 모든 기준점 측량에 적용된다.

③ 관측거리가 10km를 초과하는 경우에는 1급 GPS 수신기(2주파 수신기)에 의해 120분 이상을 관측한다.

④ 작업순서

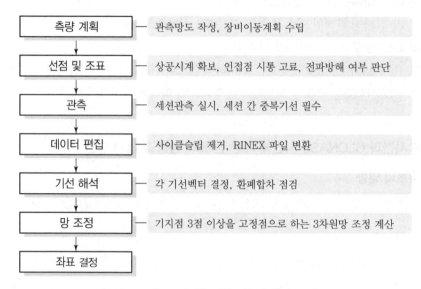

[그림 5-10] GNSS에 의한 기준점 측량 흐름도

⑤ 정지측량 관측망도

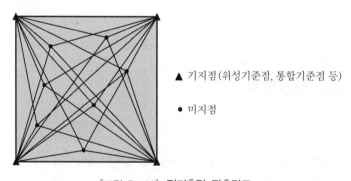

▲ 기지점(위성기준점, 통합기준점 등)

● 미지점

[그림 5-11] 정지측량 관측망도

(2) 신속 정지측량(Rapid Static Survey)

① 측량방법은 정지측량과 동일하나 관측시간이 짧고(최소 20분 이상), 관측 위성 수가 5개 이상이어야 하며, 데이터 수신 간격이 15초 이하로 신호를 좀 더 자주 관측해야 하는 점이 다르다.

② 주로 3~4급 공공삼각점 측량과 같이 기선거리가 짧은 기준점 측량에 적용된다.

(3) 후처리 이동측량(PPK : Post Processing Kinematic)

① 기지점에 한 대의 수신기를 고정시키고 다른 한 대의 수신기로 미지점을 이동하면서 수 초 또는 수 분간씩 관측하여 기선벡터를 구하는 방법이다.

② 모호정수를 소거(정수 편의값을 확정)하기 위해서는 일반적으로 기지점에서 출발할 때 우선 위치를 정확히 알고 있는 2점에서 수신을 개시함으로써 거리차의 모호정수를 결정하여 정수 편의값을 확정한다.

③ 3~4급 공공삼각점 측량에 적용할 수 있으며 최근 지상측량에 있어서는 주로 RTK 측량으로 대체하여 적용되고 있다.

④ 무선모뎀의 사용이 어려운 항공사진측량 시 사진의 주점 위치를 결정(지오태깅)하는 데 주로 사용되고 있다.

3. 실시간처리 방법(Realtime Processing)

(1) DGNSS(또는 RTK) 측량

DGNSS(또는 RTK)는 상대측위방식의 정밀 GNSS 측량기법으로서, 기지점과 미지점에 기준국 GNSS와 이동국 GNSS를 각각 설치하고 기준국 GNSS에서 구해지는 위치오차량을 이동국 GNSS에 연속 보정하여 측위 정확도를 높이는 실시간 측량 기법이다.

① 기지점에 기준국 GNSS(Reference Station)를 설치하고 기지점 좌표와 위성관측 좌표의 차이값(위치보정데이터)을 취득하여 무선 모뎀을 통해 이동국 GNSS로 전송한다(매 1초 간격).

② 이동국 GNSS에서는 위성관측 좌표에 기지국으로부터 송신되는 위치보정데이터(Correction Data)를 보정하여 미지점의 정확한 좌표를 실시간으로 결정한다.

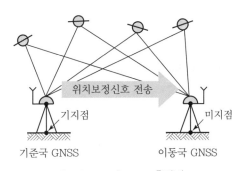

[그림 5-12] RTK 측량법

(2) 실시간 측량의 종류

[표 5-6] DGNSS와 RTK 비교

구분	DGNSS	RTK
일반 용어	DGNSS(Differential GNSS)	RTK(Real Time Kinematic)
학술 용어	Code DGNSS	Carrier Phase DGNSS
측량 방법	동일	동일
사용위성신호	코드 신호	반송파 신호
정확도	0.3~1m	1cm 내외
적용성	2차원 측량(X, Y)	3차원 측량(X, Y, Z)
수신 위성 수	최소 3개	최소 5개
사용 수신기	L_1 1주파(2급 GNSS)	L_1/L_2 2주파(1급 GNSS)

(3) 특징

① 기준국 GNSS와 이동국 GNSS 간의 위치보정신호 통신을 위한 무선 모뎀의 역할이 매우 중요하다.

② 기준국과 이동국 간 거리에 비례하여 오차가 증가되므로 장거리 RTK 측량 시에는 관측지역에 존재하는 다수의 기지점에서 반드시 현장 캘리브레이션(Localization)을 실시하여 별도로 생성한 국소 위치보정데이터를 매 관측값에 보정하여야 높은 정확도의 성과를 얻을 수 있다.

③ RTK 측량에서는 후처리 시와 같이 성과에 대한 계산부가 없으므로 매 관측점에 대한 10epoch 이상의 관측값을 중복 관측하여 산술평균한 성과를 제출해야 하며, 이때 중복하는 기선벡터의 교차값은 25mm $\sqrt{N}$ (N : 변수) 이내이어야 한다.

---

14 반송파의 위상차 측정방법(반송파의 위상 조합)

1. 개요

방송파의 위상 조합방법은 정지측량 시 기선해석을 하거나 RTK 측량 시 고정해(Fixed)를 획득하는 데 사용하는 방법으로서, 기지점과 미지점에 GPS 수신기를 설치하고 위상차를 측정하여 기선의 길이와 방향을 3차원 벡터량으로 결정하는 방법이다.

2. 기본조건

(1) 공통된 위성으로부터 수신된 신호는 같은 궤도 오차를 가진다.

(2) 하나의 수신기에 수신된 여러 위성으로부터의 신호는 같은 수신기 시계오차를 가진다.

(3) 기지점과 미지점의 거리가 짧다면 대기효과는 비슷하게 나타난다.

3. 일중차(일중위상차, Single Phase Differencing)

(1) 간섭측위에 의한 기선해석의 1단계

(2) 한 개의 위성과 두 대의 수신기를 이용하여, 두 대의 수신기에서 수신되는 신호의 순간적인 위상차를 측정(행로차)

(3) 동일 위성에 대한 측정치이므로 위성의 궤도오차와 원자시계에 의한 오차가 소거된 상태

(4) 수신기의 시계오차는 내재되어 있음

(5) 계산 주체 : 수신기

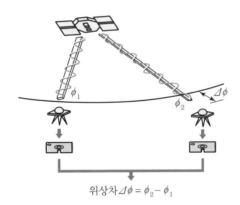

[그림 5-13] 일중차 관측법

4. 이중차(이중위상차, Double Phase Differencing)

(1) 두 개의 위성과 두 대의 수신기를 이용하여, 각각의 위성에 대한 수신기 사이의 1중차끼리의 차이값

(2) 두 개의 위성에 대하여 두 대의 수신기로 관측함으로써 같은 양으로 존재하는 수신기의 시계오차를 소거한 상태

(3) 계산 주체 : 수신기와 위성

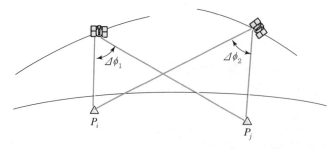

이중차 : $\Delta\phi_{12} = \Delta\phi_2 - \Delta\phi_1 + 2n\pi$
시계오차가 소거된다.

[그림 5-14] 이중차 관측법

5. 삼중차(삼중위상차, Triple Phase Differencing)

(1) 한 개의 위성에 대하여, 어떤 시각의 위상 적산치(측정치)와 다음 시각의 위상 적산치와의 차이값(적분 위상차라고도 함)

(2) 일반적으로 이중차법을 두 번 연속된 시간에 실시하여 그 차이값을 측정함. 즉, 일정 시간 동안의 위성거리 변화를 뜻하며 파장의 정수배의 불명확을 해결하는 방법으로 이용

(3) **계산 주체** : 수신기, 위성 및 시간

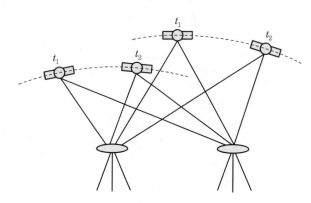

[그림 5-15] 삼중차 관측법

15　모호정수(Ambiguity)

1. 개요

모호정수는 반송파 위상의 사이클에 대한 미지정수를 말한다. GNSS 수신기는 매우 높은 정확도로 위성과 수신기 사이에 놓여 있는 파의 개수를 셈한다. 그러나 첫 번째로 도달한 파의 소수파부분은 계산할 수 있지만, 그 순간에 위성과 수신기 안테나 사이에 놓여 있는 정수파의 개수는 알 수 없다. 이와 같이 알 수 없는 정수파의 개수를 Ambiguity라 하며, 모호정수, 미지상수(Integer Ambiguity) 또는 정수 바이어스(Integer Bias)라고도 한다.

2. 불명확 상수(모호정수)

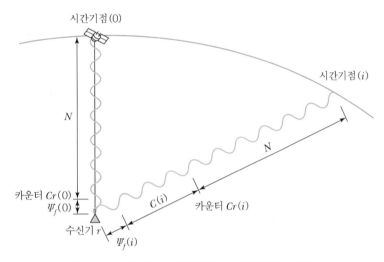

[그림 5-16] 반송파 위상관측과 모호정수의 개념도

(1) 일정한 시간 기점(epoch(0))에서 관측이 시작되면 수신기 r에서는 위상변이량 $\Psi_f(0)$를 관측함과 동시에 내부 파장의 수를 세는 카운터(counter)는 0의 상태가 된다.

(2) 다음 기지(i)에서는 이에 해당하는 위상변이량 $\Psi_f(i)$와 단지 기점(0)에 대한 파장의 증가값 $C(i)$만 관측한다.

(3) 따라서, 파장의 불명확 상수인 전체 파장의 숫자 N은 미지수로 남게 된다. 위의 과정을 토대로 임의의 기점(t)에서 반송파의 위상관측은 다음 식으로 표시된다.

$$\Psi_f(t) = \frac{2\pi}{\lambda}(|X_s - X_r| - N \cdot \lambda + c \cdot \delta t)$$

여기서, $\Psi_f(t)$: 시간기점 t에서 관측된 위상값
N : 파장의 불명확 상수, λ : 파장

3. 모호정수 결정방법

(1) 위성의 이동을 이용(스태틱 측위에만 이용) : 최근에는 이 방식을 거의 사용하지 않는다.

(2) 여러 위성의 조합 : 최근의 기선해석 소프트 웨어는 어떤 형태로든 위성의 조합을 이용하고 있다.

(3) 측위부호(의사거리)의 이용 : 단독측위 또는 DGNSS의 정수 바이어스 결정에 이용된다.

(4) 삼중위상차 : 스태틱 측위에만 이용된다.

(5) OTF(On The Fly) : 고속 바이어스 결정에 이용된다.

4. 위상차 관측(차분법)에 대한 모호정수 해결방법

> 위상관측치(측정되는 반송파 위상)
> =(수신 위상관측치 − 발신된 위상치) − (수신기 시계의 지연오차량
>   − 위성시계의 지연오차량) + (전리층의 전파지연량 − 대류권 전파지연량)
>   + (최초 위상관측 시 위성과 수신기 간의 파장수) + (불규칙 오차항)

(1) 단일차분(Single Differencing)

수신기 간(1위성/2수신기) 차분의 위상관측식을 계산함으로써 위성시계의 오차항을 제거하거나 또는 위성 간(2위성/1수신기) 차분의 위상관측식을 계산함으로써 수신기 시계의 오차항을 제거한다.

(2) 이중차분(Double Differencing)

① 2개 이상의 단일차분을 계산하여 수신기 및 위성시계의 오차항을 모두 제거하고, 미지항은 모호정수항만을 남기게 된다. 따라서, $n(n \geq 4)$개의 위성에 대한 관측식으로 $(n-1)$개의 이중차분을 이용하여 측량계산을 실시

② A, B(수신기) 지점이 가깝다면 전리층 지연량과 대류권 지연량이 거의 0이 됨

③ 복수주파 데이터의 선형결합에 의한 전리층 지연의 보정

④ 수학적 모델링을 통하여 대류권 지연 보정

(3) 삼중차분(Triple Differencing)

① 두 개의 이중차분의 차이를 구하는 방식을 삼중차분이라 하며, 위성과 수신기의 시계오차뿐만 아니라 정수 바이어스도 상쇄되는 것이 가장 큰 장점이다.

② 스태틱 측위에서는 실제로 삼중차분을 이용하여 기선을 해석하기도 하지만, 계산 정확도가 이중차분보다 조금 떨어진다는 단점이 있다.

③ 정확도가 저하되는 이유에는 장시간 데이터를 사용하므로 위성의 움직임에 대한 계산 정확도가 떨어지기 쉽다는 점, 그리고 대류권 영향이 미칠 수 있다는 점 등이 있다.

④ 그러나 삼중차분을 적용하면 정수 바이어스가 제거되므로 스태틱 측위에서 정수 바이어스를 결정하는 수단으로 매우 효율적이다.

⑤ 또한, 관측 도중 발생하는 사이클슬립(Cycle Slip)을 보정하는 데 이용된다.

⑥ 사이클슬립은 관측 도중 나무와 같은 장애물을 통과하거나, 전리층이 활발하게 활동하거나, 또는 전파가 많이 발사되는 지역에서 나타나는 전자파 장애로 인하여 발생한다.

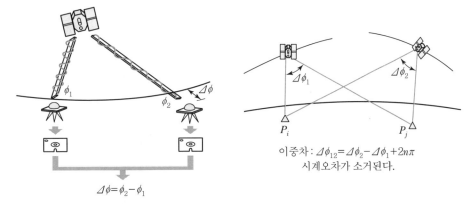

$$\Delta\phi = \phi_2 - \phi_1$$

[그림 5-17] 일중차 관측법

이중차 : $\Delta\phi_{12} = \Delta\phi_2 - \Delta\phi_1 + 2n\pi$
시계오차가 소거된다.

[그림 5-18] 이중차 관측법

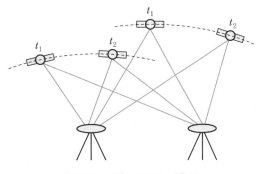

[그림 5-19] 삼중차 관측법

5. Ambiguity Fixed(고정해)와 Ambiguity Floating(유동해)

(1) Ambiguity Fixed

위성과 수신기 간의 정수파 개수가 계산된 상태로 고정밀 RTK측량이 가능한 상태를 나타낸다.

(2) Ambiguity Floating

유동해는 수신기가 계속해서 위성과 수신기 사이의 전체 정수 파장의 개수를 계산하지 못하는 상태로, 이 해는 관측값으로 사용할 수 없다.

16 VLBI(초장기선간섭계)와 GNSS 간섭측위의 차이점

1. 개요

GNSS는 여러 위성을 동시에 관측함으로써 이중위상차 처리를 통해 관측하는 수신기의 시계오차를 완전히 제거할 수 있으므로 간편하고 저렴한 비용으로 VLBI와 동등한 정확도를 실현할 수 있다. VLBI와 GNSS 간섭측위의 특성을 비교하면 다음과 같다.

2. VLBI와 GNSS 간섭측위의 차이점

[표 5-7] VLBI와 GNSS 간섭측위의 특성 비교

구분	VLBI(초장기선간섭계)	GNSS 간섭측위
관측대상	천체전파원	GNSS 위성
동시 관측하는 대상의 수	1개 안테나 지향성이 뛰어남	최저 4개 일반적으로 관측 가능한 모든 위성
기선해석에 필요한 대상의 수	수십 개 안테나 방향을 바꿈	최저 4개 무지향성 안테나 사용
필요 관측시간	10~24시간	0.5~5시간(static) 1~10초(kinematic)
측정하는 물리량	2개 안테나 간 전파 경로차	2개 안테나 간 전파 경로차
안테나	파라볼라(parabola) 안테나 지향성 안테나	마이크로 스트립 다이폴 등의 소형 무지향성 안테나
수신하는 전파	잡음전파	PSK변조파
주파수	S대~2GHz, X대~8GHz 2주파수에 의한 전리층 보정	1.1대~1.7GHz 2주파수에 의한 전리층 보정
국간(局間)의 시각동기	수소 원자시계 시각차를 미지수로 두고 푼다.	간단한 수정발진기 2중 위상차를 적용하여 제거한다.
해석처리와 소요시간	잡음신호의 상관처리 후에 해석 상관기(相關器) 하드웨어 필요 관측시간과 동등한 시간 필요	반송파 위상을 수치처리 1기선당 몇 분 정도 소요
측지정확도	1cm	1cm, 근거리에서는 수 mm
허용 최대기선거리	무제한 우주공간 VLBI도 가능	측지정확도를 유지하기 위해서는 최대 수천 km 이내

17

Zero – Baseline GNSS 안테나 검정

1. 개요

Zero – Baseline 검정이란 1개의 GNSS 안테나에서 관측되는 GNSS 신호를 신호분배기(Splitter)로 검정된 수신기와 미검정 수신기에 동시 전송하고, 양 수신기 간의 기선거리를 0m로 가정하여 관측한 각각의 측위결과들을 비교해 GNSS 수신기의 성능을 검정할 수 있는 방법을 말한다.

2. 현행 GNSS 성능검사

(1) 성능검사 방법

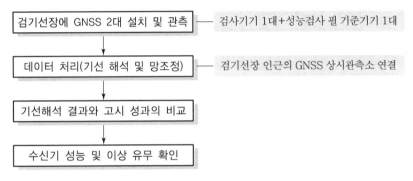

[그림 5 – 20] 현행 GNSS 성능검사 순서

(2) 매 3년 주기의 성능검사를 위해 검기선장을 방문해야 하므로 시간 소요 및 불편 초래

3. Zero-Baseline 검정

(1) 검정방법

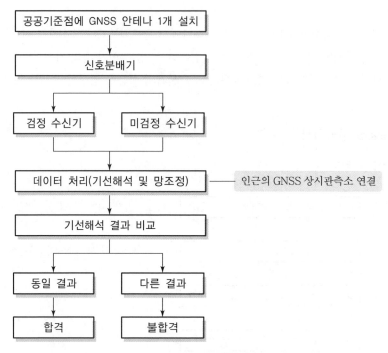

[그림 5-21] Zero-Baseline 검정순서

(2) 효과

① 수시 검정을 통한 측량의 신뢰도 확보

② 성능검사에 따른 시간 및 경비 절감

③ 향후 Zero-Baseline 검정에 관한 법·제도적 장치 마련 필요

18

OTF(On The Fly)

1. 개요

OTF는 이동국 GPS에 대한 초기화 기법의 하나로서 종래와 같이 이동국 GPS가 정지되어 있는 상태에서뿐만 아니라 이동 중에도 초기화를 할 수 있는 기술을 뜻한다.

2. 초기화

DGPS 또는 RTK 관측에 있어 초기화란 최초 전원을 켠 상태에서 이동국 GPS가 정상적인 측위 모드로 도달할 때까지의 과정을 뜻하며 이를 위하여는 다음과 같은 여러 가지 초기화 조건이 필요하다.

(1) 위성신호

① 지정된 임계고도각(일반적으로 15°) 이내에서 DGPS인 경우는 4개, RTK인 경우는 5개 이상의 건강한 위성신호가 수신되어야 함

② 사이클슬립 및 다중경로오차가 없어야 함

③ DOP 상태가 양호해야 함

(2) 위치보정 신호

① 기준국 GPS로부터의 위치보정신호 수신이 양호해야 함

② 무선모뎀의 수신 감도가 20dB 이상 유지되어야 함

(3) 수신기 상태

① 위성신호 및 위치보정신호의 흐름에 있어 각종 케이블의 연결 상태가 양호해야 함

② 수신기 공급 전원이 충분해야 함

3. 종래의 초기화

(1) 이동국 GPS가 정지되어 있는 상태에서 L_1파 또는 L_1/L_2파를 수신하여 모호정수를 결정하였음

(2) L_1파만 사용할 경우 약 15분, L_1/L_2파를 모두 사용할 경우 약 30초의 초기화 시간 소요

4. OTF 초기화

(1) 이동국 GPS를 정지시킬 필요 없이 이동 중에도 초기화가 가능한 기법

(2) 반드시 L_1/L_2의 2주파 수신기를 사용하여야 함

(3) L_1/L_2 반송파뿐만 아니라 암호화된 P코드를 해독하여 초기화에 사용함으로써 2~10초 이내 의 짧은 시간 내에 초기화 실행

19 GNSS 상시관측소(위성기준점)

1. 개요

(1) 현재 국토지리정보원에서는 국가위치기준의 결정과 위성측량 지원서비스 등을 위해 GNSS 상시관측소(위성기준점) 설치 및 GNSS 중앙국을 운영하고 있다.

(2) 현재 서울, 수원, 세종 등 77개소의 상시관측소 운영 중(전국 30km 간격 배치)이다.

(3) 수신된 데이터의 정밀처리를 통해 3차원 위치정보를 산출할 수 있으며, 이를 통해 측량, LBS, 지각변동, 기상기후 등 다양한 분야에서 활용 중에 있다.

(4) 수원·세종 위성기준점은 IGS(International GNSS Service) 네트워크에 등록되어 실시간 으로 관측 데이터를 공유함으로써 전 지구 공간정보 업무(기준좌표계 설정) 수행하고 있다.

2. 위성기준점의 구성 및 역할

[표 5-8] 위성기준점의 구성 및 역할

구성	역할
안테나	GNSS 신호 수신
수신기	GNSS 위성신호 저장
통신장비	실시간 관측데이터 전송
내부 온도 조절 장치	• 전압, 온도, 습도 등 관측 • 온습도 조절
전원관리장비	시설 내 전력 공급 모니터링
충전기 및 배터리	상시전원이 끊겼을 때 전원 공급

3. 활용분야

측량분야 외에도 자율주행차, 무인비행체, 스마트폰, IoT, 구조물 안전관리, 레저용 LBS, 영상 기기 등 다양한 분야에 널리 활용 중이다.

[표 5-9] 위성기준점의 활용분야

구분	활용 분야
재난·재해·안전	지진, 홍수 등 재난재해 관리 및 구조물 변위측정 등
항법	자율주행 자동차, 무인 항공기, 선박 등 자동항법
LBS	위치기반 마케팅, 내비게이션, 게임과 증강현실 등
공간정보	정밀측량 및 지도제작, 지적재조사, 도로·철도·지하시설물 등 측량

4. 위성기준점 전국 배치도

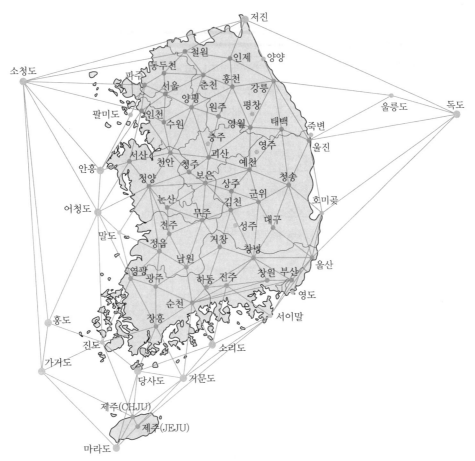

※ ● 국토지리정보원 기준국, ● 해양측위정보원 공동활용 관측소

[그림 5-22] 우리나라 위성기준점 배치도

---

20 Network-RTK 기법의 종류와 특징

1. 개요

Network-RTK란 3점 이상의 상시관측소에서 취득한 위성데이터로부터 계통적 오차를 분리 모델링하여 생성한 보정데이터를 사용자에게 실시간으로 전송함으로써 수신기 1대만으로 높은 정확도의 측량이 가능하도록 한 기술이며, N-RTK 기법의 종류와 특징은 다음과 같다.

2. 네트워크 RTK의 분류

(1) 보정정보에 따른 분류

1) 관측공간정보(OSR) 기반의 네트워크 RTK
① OSR : Observation Space Representation
② 위성 관련 오차, 전리층 및 대류층 오차 등 GNSS 측위 시 발생되는 모든 오차 요소를 통합하여 생성한 보정신호를 서버에서 제공
③ 종류 : VRS, FKP

2) 상태공간정보(SSR) 기반의 네트워크 RTK
① SSR : State Space Representation
② 서버에서 GNSS 오차요소를 각각 분리하여 모델링하고 파라미터 값으로 제공하므로 GNSS 수신기에서 위치보정신호를 생성
③ 종류 : PPP-RTK

(2) 오차 보간 방법에 따른 분류
① 가상기준점 보정 : VRS
② 면보정 방식 : FKP
③ 단일기준점 방식 : B-RTK

(3) 보정신호 통신 방법에 따른 분류
① IP 기반 : VRS, FKP   ② 방송망 기반 : B-RTK

3. Network-RTK 기법의 종류와 특징

[표 5-10] Network-RTK 기법의 종류와 특징

항목 \ 기법	VRS	FKP	MAX (I-MAX)	PRS (또는 MGRS)
제안자 (발표연도)	Wanninger 등 (1995)	Wübbena (1996)	Euler (2001) 등	Raquet, Varner (1997) 등
사용자 기준국/ 계산 장소	가상/AC	실체(or 가상)/ 사용자	실체(or 가상)/ 사용자(AC)	가상/AC
통신방식	양방향	단방향	단방향(양방향)	양방향
보정값 전송형식	CMR/RTCM	FKP+54/RTCM	RTCM3.1(2,3)	RTCM
최소 기준점 수 (실전 기준점 수)	3(5)	3(5)	3(5)	3(5)
동시 이용자 수	제한	무제한(이론)	무제한(이론)	제한
특징	가상점 선정 시 보정값의 선형 보정 (수 m)	NS 및 EW 방향의 선형 면 보정계수	Cluster 내 주국과 보조국 간 보정값의 편차	사전에 선정된 격자 가상점 (수 km)

4. 적용현황

(1) RTK – GNSS 측량의 경우 관측거리의 제약을 받아 주로 10km 이내에서 활용되고 있다. 국내에 설치되어 있는 공공기관의 GNSS 상시기준국은 총 70여 개로, 상시기준국 간의 상호거리가 30~40km가 되어 거리에 따른 오차가 증가하므로 이와 같은 RTK – GNSS 측량의 한계성을 해결하기 위해 네트워크 RTK 방법을 도입하게 되었다.

(2) 전통적인 RTK 측량 기술의 제약을 극복하고자 VRS 또는 FKP와 같은 네트워크 RTK GNSS 측량기술이 국가 상시관측소와 무선인터넷망을 기반으로 널리 이용되고 있다.

(3) VRS 방식은 이동국 GNSS의 현재 위치를 서버에 전송하고 그 지점의 위치보정신호를 수신하는 양방향 통신체계로 인터넷 회선의 부하가 가중되므로 서버 용량과 동시 접속자 수에 따라 위치보정신호의 전송이 실패하거나 지연되는 문제가 있다. 이에 반해 FKP 방식은 일종의 방송시스템으로 VRS와 같이 이동국의 현재 위치를 서버에 전송하지 않고 사용자가 최인근 상시관측소를 직접 선택하여 위치보정신호와 면보정계수를 수신하는 단방향 통신체계로 운용된다. 따라서, FKP 방식에서는 접속자 수와 관계없이 많은 사용자에 대한 위치보정 서비스가 가능하여 최근 사용자 수가 크게 증가하고 있다.

---

21 VRS(Virtual Reference Station) 방식

1. 개요

VRS 방식은 가상 기준국 방식의 실시간 GNSS 측량법으로서, 기준국 GNSS를 설치하지 않고 이동국 GNSS만을 이용하여 VRS 서비스센터에서 제공하는 위치보정데이터를 휴대전화로 수신함으로써 RTK 또는 DGNSS 측량을 수행할 수 있는 방법이다.

2. VRS 방식의 개념

(1) VRS 서버에서 상시관측소의 GNSS 관측데이터를 24시간 수신하고 가상기준점에 설치한 이동국 수신기의 위치를 수신하면 해당 지점에 대한 위치보정신호 생성

(2) 이동국 수신기 위치를 둘러싼 3점의 상시관측소에서 생성된 위치보차량을 보간하여 가상기준점의 위치보정데이터를 생성하고 이를 휴대전화로 이동국 GNSS 사용자에게 송신

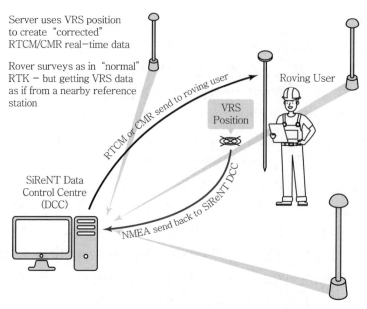

Server uses VRS position
to create "corrected"
RTCM/CMR real–time data

Rover surveys as in "normal"
RTK – but getting VRS data
as if from a nearby reference
station

RTCM or CMR send to roving user

Roving User

VRS
Position

SiReNT Data
Control Centre
(DCC)

NMEA send back to SiReNT DCC

[그림 5-23] VRS 방식의 개념도

3. VRS 측위의 조건

   (1) 전 국토의 상시관측망 체계가 완벽히 갖춰져야 함

   (2) 상시관측소가 최소 30~50km 간격으로 균등하게 배치되어야 함

   (3) 위치보정데이터를 순간 생성할 수 있는 GNSS 기선해석 및 망조정 기술능력이 확보되어야 함

   (4) 제공되는 위치보정데이터에 대하여 측지 성과로서의 공신력이 확보되어야 함

   (5) 위치보정데이터의 통신 매체인 휴대전화나 인터넷모뎀 등의 통신품질이 확보되어야 함

   (6) 다수의 VRS 사용자와 접속이 용이하도록 충분한 양의 인터넷 회선이 요구됨

4. VRS 측위의 장점

   (1) 종래의 RTK 또는 DGNSS 측위 시의 제반 문제점을 해결할 수 있음(별도의 기준국, 통신장
      치, 거리의 제한 등)

   (2) 기준국 GNSS가 필요 없음(경제적임)

   (3) 위치보정데이터 송수신을 위한 무선모뎀장치가 필요 없음

   (4) 휴대전화의 사용으로 통신거리에 제약이 없음

5. VRS 측위의 단점

   (1) GNSS 상시 관측망에 근거한 VRS망 외부 지역에서는 측위 불가능

   (2) 휴대전화 가청 범위로 측위 제한

(3) 휴대전화 요금의 문제

(4) 상시관측소 설치, VRS 서비스센터 구축, 휴대전화기지국 망의 확충 및 통화품질 등 전체적인 VRS 시스템 구축에 막대한 비용 소요

(5) 사용자가 기준국을 직접 설치하여 수행하는 RTK − GNSS 측량방법에 비해 정확도가 다소 떨어짐

(6) 인터넷 회선이 부족할 경우 접속자 수가 제한됨

6. 활용분야

(1) 댐 계측 분야 활용

(2) 교량, 사면 계측 분야 활용

(3) 지능형 교통시스템 분야 활용

(4) 지적 분야 활용

(5) 건축물 변위 및 측량 분야 활용

(6) 항만 물류 분야 활용

(7) 농업 및 특수차량 분야 활용

---

22 위치보정정보 서비스

1. 개요

국토교통부 국토지리정보원은 측량 목적으로 사용되던 cm 수준의 위치보정정보를 일반 위치기반서비스에 확대 이용할 수 있도록 하는 새로운 SSR(State Space Representation 상태공간보정)방식의 위치보정정보를 2020년부터 제공하고 있다.

2. 목적 및 필요성

(1) 정확한 위치를 알고 있는 위성기준점 망을 이용해 사용자 위치에 적합한 보정정보를 생성·제공하여 사용자의 측위정확도 향상을 목적으로 한다.

(2) GNSS는 위성에서부터 지상까지 신호를 전달하면서 다양한 오차가 발생하여, 정확도 향상을 위해 각 오차의 보정이 필요하다.

3. 서비스의 종류

관측 시 발생하는 오차에 대한 보정정보를 생성·제공하는 방식에 따라 OSR과 SSR 방식으로 분류된다.

(1) OSR(Observation Space Representation)방식

측위 시 발생하는 각 오차요인을 하나의 보정정보로 생성하여 제공하는 방식이다.

(2) SSR(State Space Representation)방식

측위 시 발생하는 각 오차요인별로 보정정보를 생성하여 제공하는 방식, 보정정보 선택에 따라 저가형 수신장비에 활용이 가능하다.

4. OSR과 SSR 방식의 비교

[표 5-11] OSR과 SSR 방식의 비교

OSR	SSR
• 양방향통신(동시접속자수 제한)	• 단방향통신(동시접속 제한 없음)
• 모든 보정정보(비선택적 사용)	• 오차별 정보(선택적 사용)
• 고가의 수신장비 사용	• 저가형 수신장비 사용 가능
• 측지측량분야 위주 사용	• 스마트폰, 드론 등 LBS 활용 가능

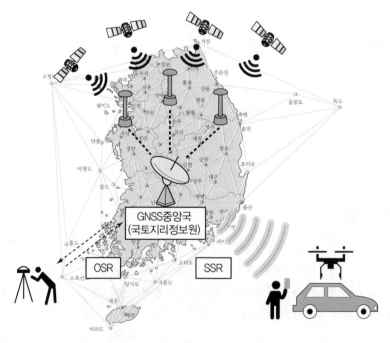

[그림 5-24] OSR/SSR 개념도

1. 개요

PPP-RTK는 PPP(Precise Point Positioning)와 RTK(Real Time Kinematic)의 장점을 혼합한 방식으로 중앙제어국이 상시기준점의 원시데이터를 통해 위치오차를 요소별로 분리하여 통신위성이나 인터넷을 통해 사용자에게 전달하는 방식으로 비교적 정확하고 기준국에 종속되지 않는 장점이 있다.

2. 네트워크 RTK의 분류

(1) 보정정보에 따른 분류

1) 관측공간정보(OSR) 기반의 네트워크 RTK

① OSR : Observation Space Representation

② 위성 관련 오차, 전리층 및 대류층 오차 등 GNSS 측위 시 발생되는 모든 오차 요소를 통합하여 생성한 보정신호를 서버에서 제공

③ 종류 : VRS, FKP

2) 상태공간정보(SSR) 기반의 네트워크 RTK

① SSR : State Space Representation

② 서버에서 GNSS 오차요소를 각각 분리하여 모델링하고 파라미터 값으로 제공하므로 GNSS 수신기에서 위치보정신호를 생성

③ 종류 : PPP-RTK

(2) 오차 보간 방법에 따른 분류

① 가상기준점 보정 : VRS

② 면보정 방식 : FKP

③ 단일기준점 방식 : B-RTK

(3) 보정신호 통신 방법에 따른 분류

① IP 기반 : VRS, FKP

② 방송망 기반 : B-RTK

3. PPP-RTK 측위원리

PPP-RTK 측위는 중앙제어국이 상시기준점의 원시데이터를 통해 위치오차를 요소별로 분리하여 통신위성이나 인터넷을 통해 사용자에게 전달하는 방식이다.

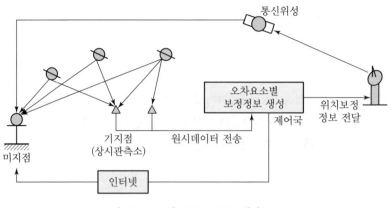

[그림 5-25] PPP-RTK 개념도

4. PPP-RTK 구성

[표 5-12] PPP-RTK 구성

인프라	상시기준국 네트워크
중앙제어국	• 상시기준국 원시데이터 송신 • 오차요인별 SSR 메시지 생성 • 인터넷 및 위성을 통해 사용자에게 제공
사용자	• SSR 메시지 송신 • 현재위치 GNSS 정보와 SSR 메시지를 활용하여 GNSS 측량 수행

5. PPP-RTK와 일반 Network-RTK와의 비교

[표 5-13] PPP-RTK와 Network-RTK와의 비교

PPP-RTK	일반 Network-RTK
• 저가의 수신장비 • 단방향(접속자 수 무제한) • 요소별 오차정보 제공(선택 가능) • LBS, 자율주행차 활용 가능 • SSR방식(State Space Representation)	• 고가의 수신장비 • 양방향(접속자 수 제한) • 오차정보 통합 제공(선택 불가능) • 측지측량, 건설현장 등 활용 • OSR방식(Observation Space Representation)

6. 활용분야

측량분야 외에도 자율주행차, 무인비행체, 스마트폰, IoT, 구조물 안전관리, 레저용 LBS, 영상기기 등 다양한 분야에 널리 활용

[표 5-14] PPP-RTK의 활용분야

구분	활용 분야
재난·재해·안전	지진, 홍수 등 재난재해 관리 및 구조물 변위측정 등
항법	자율주행 자동차, 무인 항공기, 선박 등 자동항법
LBS	위치기반 마케팅, 내비게이션, 게임과 증강현실 등
공간정보	정밀측량 및 지도제작, 지적재조사, 도로·철도·지하시설물 등 측량

24 Broadcast-RTK

1. 개요

Broadcast-RTK(B-RTK) 기법은 상시관측소에서 관측되는 위치오차량을 보간하여 생성되는 반송파위치 보정신호를 방송망을 통해 전송받아 이동국 GNSS 관측값을 보정함으로써 수신기 1대만으로 고정밀의 RTK 측량을 수행하는 기법으로 기존 IP 기반 Network RTK에서 발생할 수 있는 네트워크 부하 문제를 해결할 수 있고 단방향 서비스 제공이 가능하다.

2. 네트워크 RTK의 종류

(1) 보정정보에 따른 분류

1) 관측공간정보(OSR) 기반의 네트워크 RTK

① OSR : Observation Space Representation

② 위성 관련 오차, 전리층 및 대류층 오차 등 GNSS 측위 시 발생되는 모든 오차 요소를 통합하여 생성한 보정신호를 서버에서 제공

③ 종류 : VRS, FKP

2) 상태공간정보(SSR) 기반의 네트워크 RTK

① SSR : State Space Representation

② 서버에서 GNSS 오차요소를 각각 분리하여 모델링하고 파라미터 값으로 제공하므로 GNSS 수신기에서 위치보정신호를 생성

③ 종류 : PPP-RTK

(2) 오차 보간 방법에 따른 분류

① 가상기준점 보정 : VRS

② 면보정 방식 : FKP

③ 단일기준점 방식 : B-RTK

(3) 보정신호 통신 방법에 따른 분류

　　① IP 기반 : VRS, FKP

　　② 방송망 기반 : B−RTK

3. Broadcast−RTK(B−RTK)

(1) B−RTK 개념

　　1) B−RTK는 보정신호의 전달매체로 지상파 DMB 통신망을 활용하는 기술

　　2) B−RTK의 구성

　　　① 보정신호 수집 : GNSS 상시관측소

　　　② RTK 보정신호 가공 : B−RTK 서버

　　　③ RTK 보정신호 전달 : DMB 서버 및 안테나

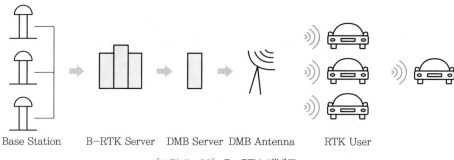

Base Station　　B−RTK Server　　DMB Server　DMB Antenna　　　RTK User

[그림 5−26]　**B−RTK 개념도**

(2) Base−Station

　　① GNSS 데이터 수신

　　② GNSS 데이터 B−RTK 서버로 송신

(3) B−RTK 서버

　　① 보정신호 가공 생성

　　② 보정신호 DMB 서버로 송신

(4) DMB 서버 및 안테나

　　① 보정신호 전달

　　② 보정신호 방송

(5) 사용자

　　① DMB 서버로부터 방송되는 위치보정신호를 수신

　　② GNSS 관측값을 위치보정신호를 이용 보정하여 위치 보정

4. Broadcast – RTK(B – RTK) 활용분야

(1) 자율주행차, 자율주행로봇, 드론, 스마트 모빌리티 등
(2) 각종 센서 기술과 융합
(3) 정밀 이동 측위

25 A – GNSS(Assisted GNSS)

1. 개요

독립형 GNSS 수신기의 경우 초기 동기 획득시간이 40초~수 분까지 소요되며 고층빌딩이 많은
도심이나 실내에서는 위성 신호가 미약하여 탐지되지 않는 경우가 발생한다. A – GNSS는 GNSS
신호를 이용한 측위를 할 때, 이동통신망이나 무선 인터넷 망으로 연결된 보조 서버(Assistance
Server)를 사용하여 다양한 보조 정보를 제공받아 보다 신속하고 정확한 위치 파악이 가능하도록
하는 시스템이다.

2. A – GNSS

A – GNSS는 Assisted GNSS의 약어로 GNSS(Global Navigation Satellite System) 신호를
이용한 위치 측정을 할 때, 이동통신 망이나 무선 인터넷 망으로 연결된 보조 서버(Assistance
Server)를 사용하여 다양한 보조 정보를 제공받아 보다 신속하고 정확한 위치파악이 가능하도록
하는 시스템을 말한다.

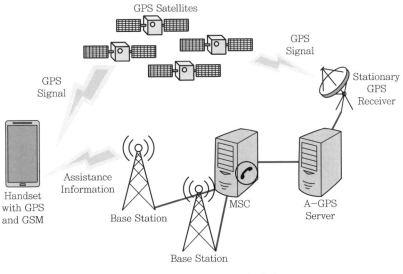

[그림 5 – 27] A – GNSS의 개념

3. A-GNSS 보조 정보

(1) 획득 보조 정보(Acquisition Assistance)

① 획득 보조 정보를 단말기로 전송하여 초기 동기 획득 시간을 줄인다.

② 획득 보조 정보는 A-GNSS 단말기가 각 GNSS 신호를 신속히 탐색하도록 보다 정확한 코드 위상 가설 영역 및 도플러 주파수 가설 영역을 제공한다.

(2) 감도 보조 정보(Sensitivity Assistance)

① 감도 보조 정보를 제공하여 단말기의 신호 탐지 성능을 높인다.

② 감도 보조 정보는 현재 GNSS 신호에 담겨 있는 항법 메시지 비트(Navigation Message Bit) 값 및 현재 측정되고 있는 신호의 비트 에폭(Epoch)에 대한 정보 등을 포함하고, 단말기가 비트 천이(Bit Transition)를 예측할 수 있어 동기 적산(Coherent Integration) 시간을 증가시킬 수 있다.

(3) 기타 보조 정보

① 기타 보조 정보 등을 이용하여 위치 측정 정확도를 높이기 위한 여러 가지 오차 정보를 제공한다.

② 보조 서버는 기지국의 측위 관련 기능, 위치 계산을 위한 기준 정보(시각 및 위치), 정확도 향상을 위한 D-GNSS정보(이온층 및 대류권 보정 정보 등), 그리고 무결성(Integrity) 검증에 관한 정보(위성 시계 오차, 궤도 오차 등)를 단말기로 제공한다.

4. A-GNSS 기능에 추가된 새로운 기능

(1) 반송파 위상 측정을 포함한 다중 주파수 측정(Multi-frequency Measurement) 지원

(2) 궤도력 확대(Ephemeris Extension) 정보 제공

(3) 위치 응답(Location Response) 제공

(4) 정밀 측위를 위한 General, Extended 보조 정보 제공

(5) 기존 GPS 외에도 현대화 GPS(Modernized GPS), Galileo나 Glonass 같은 새로운 위성 시스템, 그리고 SBAS(WAAS, EGNOS, MSAS, GAGAN, QZSS) 등의 광역 D-GNSS 보강 시스템으로 지원 범위 확대

칼만 필터(Kalman Filter)

1. 개요

모든 관측값을 토대로 최확값을 구하려면 관측이 모두 종료될 때까지 기다려야 하며 관측 중에는 정확도를 향상할 수 없다. 칼만 필터는 초기에 관측되는 적은 양의 데이터를 최소제곱법에 의해 반복 연산함으로써 최확값을 추정하는 알고리즘으로 실시간 관측값의 정확도를 향상시키는 기법이다.

2. 특징

(1) 실시간 관측값의 변동식을 토대로 시간에 따른 관측값의 변화상태를 추정하는 재귀 계산법 (Recursive Computational Solution)

(2) 예측 후 신규 RTK 관측값을 이용하여 보정하고, 다시 그 보정값을 이용하여 다음 예측을 반복함

(3) 관측값의 분산이 클 경우 예측오차가 한 번 크게 발생하면 다시 0에 근접하게 수렴하기까지 장시간이 소요됨

3. 칼만 필터링 순서

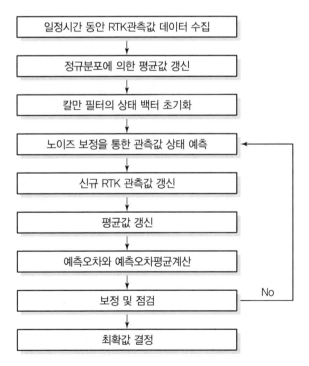

[그림 5-28] 칼만 필터링에 의한 최확값 결정 흐름도

4. 칼만 필터의 적용

(1) 칼만 필터 알고리즘을 펌웨어에 적용하여 RTK 관측 정확도를 향상하는 데 이용

(2) 노이즈모델이 정규분포를 가지고 시스템이 선형 시스템이면 칼만 필터가 최적

(3) 비선형 시스템일 경우 파티클 필터(Particle Filter) 기법 이용

(4) RTK 기준점 측량(3, 4급 기준점 측량 시)

(5) 구조물 변위 계측(mm 정확도)

(6) 구조물 정밀 검사 측량 등

---

27 직접수준측량과 GNSS 기반의 수준측량

1. 개요

표고는 지오이드면으로부터 지표면까지의 중력방향에 대한 거리로서, 일반적으로는 직접수준측량을 통해 수준점으로부터 관측점까지 표척을 연결 관측하여 표고를 직접 구하는 반면, GNSS 레벨링은 동일 노선상의 수준점 2점에서 GNSS 관측을 하여 취득한 타원체고로부터 표고값을 감산함으로써 각각의 지오이드를 구하고, 이를 기준으로 동 구간 내에서 매 GNSS 관측값에 지오이드고를 보간하여 표고를 간접 계산한다.

2. 레벨을 이용한 높이측량

(1) 기포를 사용하여 레벨을 중력방향과 직교하도록 수평으로 설치하고, 표척은 중력방향과 일치하도록 수직으로 설치함

(2) 중력방향과 직교하는 수평면상에서 레벨로 기지점을 후시한 후, 미지점을 전시하여 고저차 계산

(3) 고저차 = 후시값(a) − 전시값(b)

(4) 직접수준측량은 매 기계점마다 기포에 의해 레벨과 표척을 수평, 수직으로 설치하여 표고를 직접 관측하므로, 지오이드고를 알 수 없어도 수준측량이 가능함

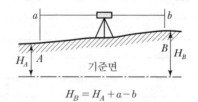

$$H_B = H_A + a - b$$

[그림 5-29] 레벨을 이용한 높이측량 개념도

3. GNSS 기반의 높이측량

(1) GNSS에 의해 관측되는 높이값은 타원체고이므로, 표고를 구하기 위해서는 매 관측점마다 해당 지점의 지오이드고를 감산해야 함

(2) GNSS 높이측량은 동일 노선상에서 직접수준측량에 의해 결정된 2개의 수준점을 GNSS로 관측하여 각각의 지오이드고를 구한 후, 동 구간 내에서 이를 보간하여 매 GNSS 관측고로부터 각각의 지오이드고를 감산함으로써 표고를 구할 수 있음

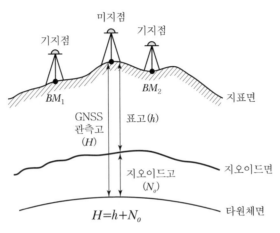

[그림 5-30] GNSS 기반의 높이측량 개념도

4. 레벨과 GNSS 수준측량의 비교

레벨을 이용한 높이측량과 GNSS 기반의 높이측량의 차이점을 비교하면 다음과 같다.

[표 5-15] 레벨과 GNSS 수준측량의 비교

구분	레벨을 이용한 높이측량	GNSS 기반의 높이측량
관측장비	레벨	GNSS
관측기준	표고(지표면 - 지오이드면)	타원체고(지표면 - 타원체면)
표고결정	1개의 수준점으로부터 레벨과 표척에 의해 직접 관측함	동일 노선상에 있는 2개의 수준점으로부터 지오이드고를 구한 후, 동 구간 내에서 관측한 타원체에 지오이드를 보간하여 표고를 간접 관측함
관측거리	매 관측점을 직접 시준해야 하므로, 50~70m 이내에서 관측해야 함	관측점을 직접 시준하는 것이 아니므로, 관측거리에 제한이 없음
장점	• 정확도가 매우 높음 • 수준점 노선에 관계없이, 어느 지점에서나 측량이 가능함	• 측량시간 단축 및 기상 영향이 적음 • RTK 관측 시 1인 측량으로 경비 절감
단점	• 측량시간이 길고, 기상의 영향이 큼 • 최소 3인 이상 필요함	• 정확도가 다소 떨어짐 • 정밀수준측량 적용에는 한계가 있음

5. GNSS 수준측량에서 일반적으로 발생할 수 있는 오차

(1) GNSS는 PCV에 의해 높이오차가 평면오차에 비해 1.5~2배 이상 필연적으로 발생함

(2) GNSS 측량오차, 수준측량의 오차 등 각각의 관측오차

(3) 기준계의 상이함에 따른 Datum 안의 좌표변환 시 발생하는 오차

(4) 지각변동, 융기, 해수면 상승 등 다양한 지구동력학적인 영향에 의한 중력 관측값 변화에 따른 지오이드 모델 오차

(5) 지각의 밀도가 균질하다는 가정하에 결정된 지오이드고의 오차

---

28 VLBI와 GNSS 상시관측소 간 콜로케이션 측량

1. 개요

GNSS 상시관측소는 현재 우리나라 최상위 국가기준점으로서 통합기준점, 중력 및 지자기점 등 모든 국가기준점의 위치기준으로 사용되고 있다. 그러나 모든 국가기준점의 위치 정확도를 향상하고 글로벌화하기 위해서는 VLBI-GNSS 간의 결합측량 결과를 이용하여 모든 국가기준점의 위치를 갱신할 필요가 있다.

2. VLBI와 국가기준점의 연계측량

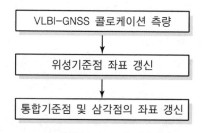

[그림 5-31] VLBI에 의한 기준점 좌표 갱신 순서

3. 콜로케이션 측량

(1) 콜로케이션(Co-location) 측량

① TS를 이용한 지상측량을 통해 VLBI 관측국과 GNSS 상시관측소 간의 연결벡터(Tie Vectors)를 계산하는 것으로, 로컬타이(Local Tie) 측량이라고도 함

② ITRF 구축 및 갱신을 위한 기초자료로 다양한 우주측지기술의 관측결과들을 결합하는 데 중요한 의미가 있음

(2) 측량 방법

1) 초기 좌표의 계산

  ① VLBI 주변에 1점의 GNSS 위성기준점, 1점의 통합기준점 및 4점의 TS 기준점(콘크리트 필라) 설치

  ② 이들을 하나의 네트워크로 연결하여 지역좌표계로 각각의 좌표 결정

2) VLBI 안테나의 기준점 결정

  ① 4점의 필라에 TS를 설치하고 VLBI 안테나 위상 중심에 반사경을 설치하여 관측

  ② VLBI 안테나 관측

    • 수평 : VLBI 안테나의 방위각축을 10° 또는 15° 간격으로 회전시키면서 반사경 관측

    • 수직 : VLBI 안테나의 방위각축에 대하여 5° 간격으로 회전시키면서 반사경 관측

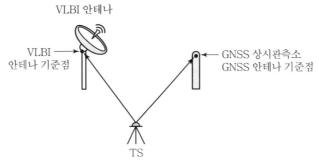

VLBI 안테나

VLBI 안테나 기준점

GNSS 상시관측소
GNSS 안테나 기준점

TS

TS에 의해 VLBI 안테나 기준점과
GNSS 안테나 기준점 간의 상대적인 위치관계 정립
(지역좌표계로 측정 후 지구중심좌표계로 변환)

[그림 5-32] 콜로케이션 측량 개념도

  ③ 계산된 초기 좌푯값을 이용하여 관측망 조정을 통해 필라, 위성기준점, 통합기준점, VLBI 금속표, 반사경 관측점 등의 좌표 계산

  ④ 각각의 측정결과에 대하여 최소제곱 3-D Circle Fitting 방법으로 중심위치 추정

3) VLBI-GNSS 간의 연결벡터 계산

  ① 2개의 필라에서 GNSS 관측을 실시하고 위성기준점과 연계하여 좌표와 방위각 계산

  ② 임의로 설정한 지역좌표계를 진북방향으로 보정

  ③ 지역좌표계의 연직축에 대하여 연직선 편차 보정

  ④ 지역좌표계를 지구중심좌표계로 변환

  ⑤ 최종적으로 VLBI 안테나의 기준점과 GNSS 안테나 기준점의 지역좌표계 측정 결과를 지구중심좌표계로 변환하고, 그에 따른 VLBI-GNSS 간의 상대벡터를 계산하여 VLBI-GNSS의 연결벡터(ΔX, ΔY, ΔZ) 결정

4. VLBI와 국가기준점 연계

(1) 측정 정밀도에 따라 VLBI를 최상위 국가기준점으로 선정

(2) 콜로케이션 측량 결과를 이용하여 위성기준점과 통합기준점을 통합 망조정함으로써 성과 갱신

(3) 주기적인 결합측량을 통해 VLBI−GNSS 간 연결벡터를 갱신하고 위치변동 모니터링

(4) 전 지구 망조정을 통해 ITRF와 기준시점에 따른 정밀성과 계산

29 정밀도 저하율(DOP : Dilution Of Precision)

1. 개요

측위에 사용되는 위성의 기하학적 배치나 분포가 측위 정확도에 영향을 미치는 현상을 DOP라 하는데, 이는 삼각측량 또는 삼변측량에서 도형의 강도에 따라 정확도가 달라지는 것과 같은 원리이다. 일반적으로 위성의 개수가 증가하면 DOP 수치가 양호해지는 위성들의 선별적 사용이 가능하여 보다 정확한 GNSS 측위를 수행할 수 있다.

2. 정밀도 저하율(DOP)

(1) 위성들의 상대적인 기하학이 위치결정에 미치는 오차를 표시하는 무차원의 수로, 상공에 있는 GNSS 위성의 배치에 따라 단독위치결정과 상대위치결정에서 위치결정 정밀도는 영향을 받는다.

(2) 작은 정밀도 저하율은 위성의 기하학적인 배치상태가 양호하여 위치결정 정밀도가 높다는 것을 나타낸다. 반면에 큰 정밀도 저하율은 위성의 기하학적 배치 상태가 불량하여 위치정밀도가 낮다는 것을 나타낸다.

(3) GNSS 관측 중 DOP가 수신기 화면에 나타나므로 관측점의 위치와 높이의 정밀도를 점검할 수 있다.

(4) 위성의 기하학적 분포 상태는 의사거리에 의한 단독측위의 선형화된 관측방정식을 구성하고 정규방정식의 역행렬을 활용하면 판단할 수 있다.

3. DOP의 종류

(1) GDOP : 기하학적 정밀도 저하율

(2) PDOP : 위치 정밀도 저하율(3차원 위치), 3~5 정도가 적당

(3) HDOP : 수평 정밀도 저하율(수평 위치), 2.5 이하가 적당

(4) VDOP : 수직 정밀도 저하율(높이)

(5) RDOP : 상대 정밀도 저하율

(6) TDOP : 시간 정밀도 저하율

4. DOP의 특징

(1) 수치가 작을수록 정확하다.

(2) 지표에서 가장 좋은 배치 상태일 때를 1로 한다.

(3) 5까지는 실용상 지장이 없으나, 10 이상인 경우는 좋은 조건이 아니다.

(4) 수신기를 가운데 두고 4개의 위성이 정사면체를 이룰 때, 즉 최대체적일 때 GDOP, PDOP 등
이 최소가 된다.

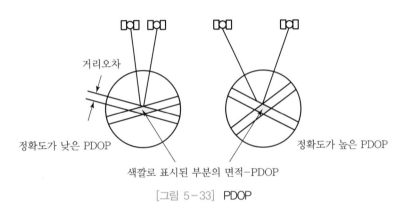

[그림 5-33] PDOP

5. DOP값의 의미

[표 5-16] DOP값의 의미

DOP값	양호한 정도	비고
< 1	이상적	가장 높은 신뢰도, 항상 높은 정확도를 가짐
1~2	매우 좋음	충분히 높은 신뢰도, 민감한 정확도가 요구되는 분야에 사용 가능
2~5	좋음	경로 안내를 위한 요구사항을 만족시키는 신뢰도
5~10	보통	위치관측 결과를 사용 가능하나 좀 더 열린 시야각에서의 관측을 요함
10~20	불량	낮은 신뢰도, 위치관측 결과는 대략적인 위치를 파악할 때만 사용
> 20	매우 불량	매우 낮은 신뢰도(6m의 오차를 가지는 기기가 약 300m 정도 발생)

1. 개요

GNSS 측량을 실시할 때 위성으로부터 송신되는 신호가 수신기 주변의 장애물로 인해 위성신호의 굴절이 발생하는데 이를 다중경로라 하고, 이에 따른 오차를 다중경로 오차라 한다. GNSS측량의 정확도는 위성과 수신기 사이의 거리를 얼마나 정확하게 계산하는가로 결정되는데 수신기에 도달하는 신호의 다중경로가 발생하는 경우에는 위성에서 송신된 신호가 수신기 주변에 존재하는 여러 종류의 물체를 거쳐 수신기로 들어오기 때문에 거리의 오차를 발생시키게 된다.

2. GNSS 오차

(1) 구조적 요인에 의한 거리오차

① 위성시계오차

② 위성궤도오차

③ 전리층과 대류층에 의한 전파 지연오차

④ 수신기 자체의 전파 잡음에 의한 오차

(2) 측위환경에 따른 오차

① 위성의 배치 상황에 따른 오차(DOP)

② 주파 단전(Cycle Slip)

③ 다중경로오차(Multipath Error)

(3) 기타 오차

① SA(Selective Availability)

② PCV(Phase Center Variable)

3. 다중경로오차(Multipath Error)

위성신호는 GNSS 안테나에 직접파로만 수신되어야 하는데 건물 벽면 등에 부딪혀 들어오는 반사파와 같이 다른 경로로 신호가 수신되는 경우가 있다. 이때 정상적인 측위 계산이 되지 않는 현상을 멀티패스에 의한 오차라 한다.

(1) 멀티패스의 원인

① 건물 벽면, 바닥면 등에 의한 반사파 수신

② 낮은 위성 고도각(Elevation Mask)

③ 다중경로에 따른 영향은 위상측정방식보다 코드측정방식이 더 크다

(2) 오차소거 방법

① 멀티패스가 발생하는 지점 회피

② 관측시간을 길게 설정 : 양호한 시간대 추출 계산

③ 위치 계산 시 반송파와 코드를 조합하여 해석

(3) 멀티패스를 줄이는 측량 방법

① 멀티패스 발생지점 회피

② 임계 고도각을 앙각 15° 이상 설정

③ Chock Ring 안테나 사용

31 GNSS 재밍(Jamming)과 기만(Spoofing)

1. 개요

GNSS는 사용자에게 정확한 PVT(Position, Velocity, Time) 정보를 전달하기 위한 목적으로 운용 중인 전파항법시스템이다. GNSS 시스템의 기능을 방해하기 위한 고의적 방해요소로 재밍(Jamming), 블러킹(Blocking), 신호 기만(Spoofing), 시간차 전송(Meaconing) 등이 있다.

2. 위성항법신호의 취약성

(1) 매우 낮은 신호전력을 사용(**예** 휴대전화 최소 수신세기의 1/300 수준)

(2) 민간용으로 단일주파수 사용(1,575.42MHz)

(3) 위성항법시스템 구조가 일반인에게 공개되어 전파혼선장치 제작 용이

(4) 전 세계 군 무기체계가 GNSS에 의존한다는 점에서 외부 신호에 취약

3. GNSS 재밍(Jamming)

GNSS 재밍은 GNSS 신호가 사용하는 주파수 대역에서 GNSS 수신기 세기보다 높은 신호를 송출하는 전파교란 형태를 말한다. 블러킹이나 재밍의 목적은 타깃 수신기의 획득 및 추적기능을 방해하여 수신기가 PVT 정보를 서비스받지 못하도록 하는 것이다.

(1) 국내 GNSS 재밍에 의한 피해 사례(국내 GNSS 전파 교란 사례)

[표 5-17] 국내 GNSS 재밍 피해 사례

구분	발생시기	피해지역	피해사례
1차 전파교란	2010년 8월 23~26일 (4일간)	인천공항 등 경기 서북부	기지국, 선박, 항공기 GPS 수신 장애
2차 전파교란	2011년 3월 4~14일 (11일간)	인천공항 등 경기 서북부	기지국, 선박, 항공기 GPS 수신 장애
3차 전파교란	2012년 4월 28일~5월 13일 (16일간)	인천공항 등 경기 서북부	기지국, 선박, 항공기 GPS 수신 장애

(2) 외국의 GNSS 재밍에 의한 피해 사례

① 2003년 이라크 전쟁 당시 GPS에 의한 유도탄 항법 장치의 오작동으로 낙하지점을 크게 벗어나는 사례 발행

② 2007년 샌디에이고 항구 지역에서 항공기 및 선박의 항법시스템 오작동과 휴대폰 오작동 사례 발생

(3) GNSS 재밍의 대처방안

① 강력한 전파를 발사할 수 있는 안테나 설치

② GNSS 송신위성 신호 개량 : $L_1 \cdot L_2$ 신호세기 강화, $L_2C \cdot L_5$ 신호 추가, 군암호화 코드 활용

③ GNSS 체계의 효율적 활용 : GPS+GLONASS+Galileo+CNSS+QZSS 혼합 사용

④ GNSS 수신 안테나 개량 : 수신기 안테나 조합 운용(수 개 안테나 조합 운용)

⑤ 교란파를 필터링할 수 있는 기법 활용

⑥ 지상전파항법(e-로란) 및 INS 활용

4. 기만(Spoofing)

GNSS 기만과 미코닝은 타깃 수신기가 거짓된 정보를 실제 GNSS 신호라 판단하고 신뢰하여 사용하도록 하므로 사용환경에 따라 치명적인 영향을 미칠 수 있다. 신호 기만과 미코닝은 사용자가 정확한 PVT 정보를 서비스받지 못하도록 거짓된 정보를 전달하는 것을 목적으로 한다.

[기만의 대처방안]

① 스푸핑 기술탐지는 수신기가 다양한 수신정보를 공유함으로써 가능하다고 알려져 있지만 현재까지 실제로 설치된 적은 없는 것으로 알려졌다. 암호화만이 유일한 수단인 만큼 앞으로 대응 기술이 필요하다.

② 항공기에 달려 있는 GNSS 수신기로 스푸핑을 하기 위해서는 항공기의 속도 · 위치 · 가속도 등 움직임에 관한 모든 정보를 알아야 하기 때문에 일반적 의미의 스푸핑은 사실상 불가능하나 이에 대한 대응책에도 다양한 연구가 필요하다.

③ 신호 기만의 위험성 및 기만 대응의 필요성에 대한 인식이 확산되는 상황에서, 기만 대응연구에 앞서 기만 신호의 특성 및 기만 신호가 GNSS 수신기에 미치는 영향에 대한 연구가 선행되어야 할 것이다.

32 RINEX(Receiver Independent Exchange) 포맷

1. 개요

GPS 측량에서 수신기의 기종이 다르고 기록형식이나 자료의 내용이 다르기 때문에 기종을 혼용하면 기선해석에 어려움이 있다. 이를 통일시킨 자료형식으로 만들어 다른 기종 간에 기선해석이 가능하도록 한 것으로 1996년부터 GPS의 공동포맷으로 사용하고 있다. 여기서 만들어지는 공통적인 자료로는 의사거리, 위상자료, 도플러자료 등이다.

2. 개발 배경 및 역사

(1) 각각의 GPS 처리 소프트웨어도 자체적인 자료포맷을 가지고 있으므로 관측자료가 다양한 소프트웨어에서도 처리될 수 있도록 독립적인 포맷으로 변환될 필요가 있다.

(2) GPS 자료의 변환을 위한 독립적인 수신자료 포맷의 필요성이 대두되었으며, 이를 위해 RINEX(Receiver Independent Exchange) 포맷이라 불리는 새로운 자료 포맷이 개발되었다.

(3) 이 포맷은 Gurtner 등(1989)에 의해 처음 정의되었으며, Gurtner와 Mader(1990)에 의해서 다시 그 두 번째 버전이 발표되었다.

(4) 이후 몇 차례에 걸친 세부적인 수정이 이루어졌으며, 1997년에는 GLONASS 데이터도 취급할 수 있도록 변경되었다.

3. RINEX 포맷의 특징

(1) 현재 RINEX 포맷은 관측자료 파일, 항법메세지 파일, 기상자료 파일, GLONASS 항법 메시지 파일을 포함한 4개의 ASCII 파일로 구성되어 있다.

(2) 각각의 파일은 헤더부분(Header Section)과 자료부분(Data Section)으로 구성되어 있다.

(3) 각 헤더부분에는 파일에 대한 포괄적인 정보가 포함되어 있으며, 자료 부분에는 실제의 관측자료가 포함되어 있다.

(4) RINEX 포맷에서는 파일명으로 "ssssdddf.yyt"와 같은 약속된 형태를 사용하도록 하고 있다.

(5) RINEX 포맷은 현재 가장 널리 사용되는 자료포맷이며, 대부분 수신기 제조사들은 미국 NGS의 조정을 통해 자체적인 수신기 자료의 포맷을 RINEX 포맷으로 변환하는 소프트웨어를 제공하고 있다.

4. 관측자료 파일의 주요 내용

(1) 라이넥스(RINEX)는 GNSS 수신기 기종에 따라 기록방식이 달라 이를 통일하기 위하여 만든 표준파일 형식이다.

(2) 해더 부분에는 관측명, 안테나 높이, 관측날짜, 수신기명 등 파일에 대한 정보가 들어간다.

(3) 라이넥스(RINEX) 파일로 변환하였을 경우 자료의 신뢰도를 높이기 위해 사용자가 편집할 수 있도록 해놓았다.

(4) 반송파, 코드신호를 모두 기록한다.

(5) 해더 바로 다음 첫 번째 행은 에포크 1의 측정시각과 그때 수신된 위성의 번호이다.

---

33 RTCM(Radio Technical Commission for Maritime Service) 포맷

1. 개요

RTCM(GNSS 위치보정신호 표준형식) 포맷은 DGNSS 및 RTK 측량 시 사용되는 위치보정신호의 세계 표준 형식을 말하며 정식 명칭은 RTCM SC-104 포맷이라 한다.

2. 위치보정신호 표준형식의 종류

(1) RTCM 포맷 : 세계 표준 GNSS 위치보정신호 형식

(2) RTCA 포맷 : Radio Technical Commission for Aeronautics의 약어로 항공분야 전파 규약 협의체에서 규정한 위치보정신호 형식

(3) SARP 포맷 : Standard And Recommended Practices의 약어로 국제민간항공기구(ICAO)에서 규정한 항공기 정밀접근용 위치보정신호 형식이며 RTCA 포맷과 거의 유사함

3. RTCM 포맷의 특징

(1) 기준국에서 보이는 위성의 개수에 따라 메시지의 길이가 달라짐으로써 효율적인 데이터 전송이 이루어짐

(2) GNSS 위성으로부터 방송되는 항법 메시지의 Parity 알고리즘을 그대로 사용하기 때문에 데이터 전송이 확실하고 수신기 내부에서 추가적인 알고리즘을 구현할 필요 없음

(3) 편리한 타이밍 특성이 있음

(4) 코드 DGNSS 및 Carrier Phase DGNSS(RTK)에 모두 사용

4. 현재 사용되는 RTCM 버전

(1) RTCM V2.3

① RTCM 메시지 1, 2, 3, 6, 9, 16, 18, 19, 22 등을 사용

② 데이터의 안정성이 높은 반면 RTK 처리속도가 약간 느림

③ GPS 위성만 사용하는 위치보정신호

(2) RTCM V3.1

① RTCM 메시지 1001~1006 등을 사용

② 압축데이터의 사용으로 RTK 처리속도가 빠름

③ GNSS(GPS+GLONASS)만 사용하는 위치보정신호

(3) RTCM V3.2

멀티 GNSS(GPS+GLONASS+BDS)에 사용되는 위치보정신호

5. 유사 RTCM 포맷

(1) CMR(RTCM V2.3과 유사), CMR+(RTCM V3.1과 유사) 포맷 : 세계 표준포맷이 아닌 특정 회사의 고유포맷

(2) CMRx 포맷(RTCM V3.2와 유사) : 멀티 GNSS에 사용되는 위치보정신호

---

34 NMEA(National Marine Electronics Association) 포맷

1. 개요

NMEA(미국해양전자협회) 포맷은 GNSS의 다양한 활용은 물론 위치정보를 필요로 하는 각종 관측장비와의 호환을 위하여 제정한 GNSS 측위데이터의 표준을 의미하며, 일반적으로 NMEA 0183 포맷이 사용되고 있다.

2. NMEA 0183 포맷의 종류

수신되는 위성신호는 수신기에 설치된 프로그램에 의하여 다음과 같은 여러 종류의 형식으로 정의되어 출력된다.

① GGA 포맷 : GNSS 기본 데이터(관측일시, 경도, 위도, 위성수, DOP, RTK 고정해 상태, 안테나고 등)

② GLL 포맷 : 위치 데이터(경도/위도)

③ VTG 포맷 : 지상 속도 데이터

④ GSA 포맷 : DOP 및 위성의 가동 상황 데이터

⑤ ZDA 포맷 : 시간 및 일자 데이터

⑥ RMC 포맷 : 요구되는 GNSS의 최소 시료 데이터

⑦ 기타 포맷 : GRS, GST, GSV, Time Mark 등

3. NMEA 0183 포맷의 활용

(1) GGA 데이터를 이용한 RTK 측량성과 검사

① GGA 데이터는 매 관측점에 대한 RTK 측정상태를 모두 표시하므로 성과검사에 용이

② GGA 데이터 표시 내용

관측일시, 좌표, 고정해 상태, 사용 위성 수, 정밀도 저하율, 안테나고, 위치보정신호 갱신

시간, 사용 기준국명 등을 표시

(2) GNSS를 이용한 다양한 프로그램 개발

① 각종 Navigation 프로그램 : CNS, 토공장비 및 해상장비 유도 등

② 구조물 설치 프로그램 : 교량 상판 또는 케이슨 설치 등

③ 시공측량 프로그램 : 현황측량, 측설 등

(3) 위치정보와 관련된 각종 측량 장비와의 호환

① 수심측정기 : 기록지상에 수심관측위치에 대한 GPS 관측 좌표 자동 표시

② Motion Sensor : 선박의 롤링, 피칭, 상하 움직임 관측에 대한 위치정보 연계

③ 지층탐사기 : 지층탐사용 안테나의 위치정보 자동 표시 등

④ 항공라이다, 항공사진측량, MMS 등에 있어 각종 센서와의 위치정보 연계 등

4. NMEA 0183 포맷의 사용성

(1) 모든 GNSS 수신기의 표준 출력 데이터 포맷으로 기종 간 호환에 사용

(2) ASCII 부호로 출력되므로 내용의 파악이 쉽고 컴퓨터와의 호환이 용이함

위치기반서비스(LBS : Location Based Service)

1. 개요

LBS는 이동통신망을 기반으로 사람이나 사물의 위치를 정확히 파악하고 이를 활용하는 응용 시스템 및 서비스를 통칭하는 것으로서 비상 구조 지원, 개인 위치정보 서비스, ITS 관련 서비스 등의 기능이 수행되는바, 수치지도 기반에서의 위치정보 획득 및 추적이 가장 중요한 요소로 대두된다.

2. LBS의 기능 및 기대 효과

(1) 비상 구조 지원 서비스

① 응급 재난 상황에서의 위치정보 제공

② 차량 사고, 도난 방지, 응급 구조, 범죄 예방 분야 서비스

③ 119, 112 시스템과의 연계를 통한 자동통지 기능

(2) 위치정보 서비스

영업, 관광, 물류, 택배, 보안 등 다양한 산업 분야에 사용자의 현재 위치와 연관된 각종 서비스 제공

(3) 교통정보 서비스

① 실시간 교통정보 제공 및 CNS(Car Navigation System) 기능

② 최단경로 및 최적경로 제공

③ 물류관리 기능

3. LBS의 운용체계

LBS는 기설치 이동통신 기지국망과 개인휴대 단말기, 그리고 LBS 운영센터의 무선통신체계로 이루어진다.

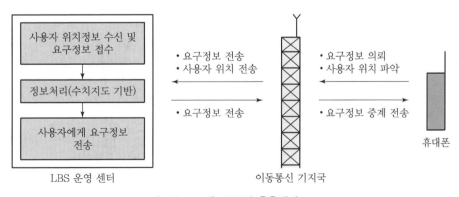

[그림 5-34] LBS의 운용체계도

4. LBS의 위치 측위 방법

(1) 기존의 이동통신용 기지국망을 이용하는 방법

① AOA 방식(Angle Of Arrival)

두 개 이상의 기지국에서 휴대폰으로부터 오는 신호의 방향을 측정, 방위각을 구하여 휴대폰의 위치 측위

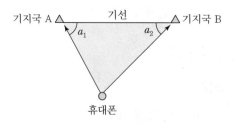

[그림 5-35] AOA 방식

② TOA 방식(Time Of Arrival)

3개 이상의 기지국에서 휴대폰으로부터 오는 전파의 도달시간을 측정, 거리를 구하여 휴대폰의 위치 측위

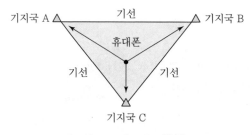

[그림 5-36] TOA 방식

(2) GNSS를 이용하는 방법

① 휴대폰에 GNSS를 장착하여 직접 위치 측정
② 측정된 위치를 기지국을 통해 운영 센터로 직접 전송

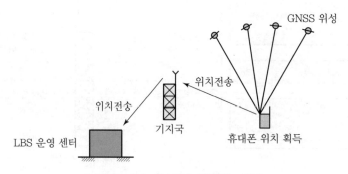

[그림 5-37] GNSS를 이용하는 방법

5. LBS 시스템의 구축을 위한 측량 조건

(1) 기존 이동통신 기지국망을 이용하는 경우

① 각 기지국에 대하여 국가기준점에 근거한 절대좌표 측량 필요

② 도심지의 경우 건물 등에 의한 반사신호에 의해 휴대폰의 위치오차가 발생되므로 이에 대한 기술 개발이 필요

(2) GNSS를 이용하는 경우

① 개인 휴대폰에 GNSS가 장착되어야 함

② GNSS로 측정한 사용자의 위치정보 전송과 LBS 운영 센터에서 처리된 서비스 데이터가 이동통신으로 양방향 전송되어야 함

(3) 상기 항목 공히 용도별 다양한 레이어의 수치지도 확보

① 사용자의 위치를 표시, 추적할 수 있는 수치지도 확보

② 사용자의 요구 목적에 부합하는 다양한 종류의 레이어별 수치지도 확보

---

36 지능형교통체계(ITS : Intelligent Transportation System)

1. 개요

ITS는 기존의 교통체계에 GNSS, 전자, 컴퓨터, 정보, 통신, 제어 등의 지능형 기술을 접목시킨 차세대 교통체계로 교통관리, 정보제공, 대중교통, 화물차량의 운영과 차량의 제작에 이르기까지 교통 전 분야에 걸친 신기술을 응용한 총체적인 교통체계이다.

2. ITS의 목표

(1) 교통체계운영 효율성 및 용량의 증가를 통한 교통혼잡 완화

(2) 여행자 서비스 개선을 통한 운전자의 이동성, 편의성 및 안전성 향상

(3) 교통시스템의 안전성 제고

(4) 에너지 효율 제고 및 대기오염 절감을 통한 환경비용의 절감

3. ITS의 분류

(1) ATMS(Advanced Traffic Management System : 첨단 교통관리 시스템)

① 도로상의 차량 특성과 속도 등 교통정보 감지
② 교통상황의 실시간 분석을 통해 도로교통 관리와 최적 신호체계 구현

(2) ATIS(Advanced Traveler Information System : 첨단 운전자 정보 시스템)

① 교통여건, 도로상황, 최단경로, 소요시간 등 교통정보를 FM 방송 또는 차량 단말기를 통해 운전자에게 제공
② 운전자 정보시스템, 최적경로 안내 시스템, 여행 서비스 정보 시스템 등

(3) APTS(Advanced Public Transportation System : 첨단 대중교통 시스템)

① 시민들에게 대중교통 수단의 운행 스케줄, 차량위치 등의 정보 제공
② 운송회사에 차량관리, 배차 및 모니터링 등의 정보 제공

(4) CVO(Commercial Vehicle Operation : 첨단 물류차량 운용 시스템)

① 각 차량의 위치, 운행상태, 차내 상황 등을 관제실에서 파악하고 실시간 최적운행 지시
② 전자통관 시스템, 화물차량 관리 시스템 등

(5) AVHS(Advanced Vehicle and Highway System : 첨단 차량 및 도로 시스템)

① 차량에 각종 센서와 제어장치를 부착하여 운전 자동화
② 도로에 지능형 통신시설을 설치하여 일정간격 주행으로 사고 예방 및 도로 소통능력 증대

4. 협력·지능형 교통체계(C-ITS : Cooperative-Intelligent Transport Systems)

(1) 차량에 장착된 단말기를 통해 주변 차량, 도로변 기지국과 사고, 낙하물, 공사장 정보 등 도로 상황에 대한 정보를 교환하여 교통사고를 예방하는 시스템이다.
(2) 전용 주파수 대역(5.9GHz)을 사용하여 고속주행 시 정보교환이 가능한 통신시스템이다.
(3) 차세대 지능형 교통시스템(C-ITS)은 무선통신을 통해 안전정보를 주고 받는 시스템인 만큼 해킹으로 인한 잘못된 정보 전송을 방지하고 개인정보를 보호하기 위하여 보안기능을 더욱 강화할 필요가 있다.
(4) 우리나라는 스마트하고 안전한 도로교통환경을 구축하기 위해 2007~2014년까지 연구개발 (R&D)을 통해 차세대 지능형교통시스템(C-ITS) 기술개발을 완료하고, 2016년 7월부터 시범서비스를 제공하기 위해 대전~세종 간 87.8km 구간에서 시스템을 구축 중에 있다.

주관식 논문형(논술)

01 멀티 GNSS

1. 개요

미국의 GPS와 러시아의 GLONASS 시스템이 결합된 GNSS 시스템에 유럽연합의 GALILEO와
중국의 BDS(또는 Beidou) 시스템 그리고 GNSS 보강시스템으로서 SBAS 및 QZSS 등 모든 위
성항법시스템이 결합된 시스템을 멀티 GNSS라 한다.

2. 주요 위성항법시스템 비교

[표 5-18] GPS/GLONASS/GALILEO/BDS 비교

구분	GPS	GLONASS	GALILEO	BDS	비고
국가	미국	러시아	유럽연합	중국	일본 : QZSS
설계위성 수	24 (6궤도×4기)	24 (3궤도×8기)	30 (3궤도×10기)	정지위성 : 5기 궤도위성 : 30기	(3궤도×9기) +(3궤도×1기)
사용측지계	WGS84	PZ-90	GTRF(FTRF)	CGCS2000	
시간기준	UTC	UTC(러시아)	GST (갈릴레오 시간)	BDT(Bei Dou Time)	
고도	약 20,000km	약 20,000km	약 23,000km	약 21,500km(27기) 약 36,000km(3기)	
신호주파수	L_1, L_2	L_1, L_2	E_1, E_5, E_6	E_1, E_2, E_5, E_6	
신호방식	CDMA	FDMA	CDMA	CDMA	CDMA(코드 분할방식) FDMA(주파수 분할방식)

3. 각 위성항법시스템의 특징

(1) GPS

① 신호가 안정적으로 수신되므로 가장 높은 정확도로 위치 결정

② 멀티 GNSS 데이터 처리 시 기준값으로 사용

③ 미국을 중심으로 정확도가 높게 나타남

(2) GLONASS

① 신호가 다소 불안정하게 수신되어 정확도에 영향을 미치는 경우가 간혹 발생

② FDMA(주파수 분할방식)의 신호체계이므로 멀티 GNSS 데이터 처리 시 어려움 발생

③ 북반구에 위치한 우리나라에 유리하게 위성 배치

(3) GALILEO

① 설계 위성 수는 30기이며 2021년 현재 26기 운용 중

② 26기 중 2개는 "시험 중"이며 2기는 사용 불가하므로 실제 가동 중인 것은 현재 22기

(4) BDS

① 총 35기가 목표이며 현재 25기 운용 중

② 특히 5기의 정지위성이 아시아에 배치되어 우리나라에서의 활용도가 매우 높음

③ 비교적 신호가 안정적이므로 GPS 신호와 결합하여 사용 시 효율적 측량 가능

④ PPP 보정신호를 방송하므로 기준국 없이도 정밀단독측위 가능

4. 멀티 GNSS 시스템의 장점 및 단점

(1) 장점

① 가시위성의 증가로 측위 성능 향상(DOP 문제 해소)

② 특정 위성항법시스템의 의도적인 간섭신호에 영향을 덜 받음

③ RTK 초기화 시간이 크게 단축됨

(2) 단점

① 각 시스템의 시각차(Time difference)가 상이하므로 데이터 통합처리 방법에 따라 멀티 GNSS 수신기별로 정확도가 달라짐(특히 GLONASS는 다른 위성시스템과 달리 FDMA 신호 방식을 사용하므로 멀티 GNSS 처리에 어려움이 있음)

② 특정 위성항법시스템의 신호가 불안정할 경우 전체 측위 정확도에 영향을 미치므로 이런 경우에는 수신기에서 불안정한 위성시스템의 신호는 수신하지 않도록 해야 함

5. 멀티 GNSS 사용 시 주의사항

(1) 측위환경에 따라 위성항법시스템을 선별적으로 사용해야 함

① 측위환경(Cycle slip, Multipath, 상공시계 확보 등)이 양호한 지형에서는 GPS 신호만 수신하여 사용하는 것이 바람직함(가장 높은 정확도)

② 측위환경이 불량한 지형에서는 GPS → GPS+BDS → GPS+BDS+GLONASS 신호의 결합 순서로 사용하는 것이 바람직함

(2) 각 위성항법시스템의 신호 방송 상태를 수시로 확인해야 함

    ① 개별 위성항법시스템을 업데이트하거나 수리 중일 때는 멀티 GNSS의 성능이 크게 저하되므로 인터넷 매체를 통해 이를 확인하여야 함

    ② 특정 시스템의 신호가 불량할 경우에는 해당 신호 수신을 차단하고 측량하여야 함

6. 결론

멀티 GNSS의 사용으로 측량효율이 크게 높아진 반면, 특정 위성신호의 상태가 불량할 경우에는 오히려 효율이 떨어지므로 상황에 맞도록 각 위성신호를 적절하게 결합하여 사용하여야 한다.

---

02   GNSS와 RNSS

1. 개요

GNSS는 전 세계를 대상으로 기본측위정보를 제공하는 1차 위성측량 시스템이며, RNSS는 특정 지역 또는 국가를 대상으로 기본측위정보와 함께 위치보정신호를 제공하는 2차 위성시스템이다. RNSS는 자체적으로도 측위가 가능하지만 GNSS와 결합할 경우 위성의 가시성을 증대하고 측위 정확도를 향상시킬 수 있으므로 향후 그 활용성이 크게 기대된다.

2. GNSS와 RNSS의 비교

(1) GNSS(Global Navigation Satellite System)

    1) 전 세계를 대상으로 하는 위성항법시스템

    2) PNT(Position, Navigation and Time)의 기본측위 및 시각정보 제공

    3) 전 지구를 공전하는 궤도위성 시스템

    4) 종류

        ① GPS(미국)

        ② GLONASS(러시아)

        ③ Galileo(유럽)

        ④ BDS(중국)

(2) RNSS(Regional Navigation Satellite System)

1) 자국 부근에서 GNSS의 정확도 및 가용성을 향상하는 위치보강 시스템

2) WAAS, EGNOS 및 MSAS 등의 SBAS가 DGPS 보정신호만을 제공하는 데 반해, RNSS 는 자체적으로 단독측위 및 상대측위가 가능하고, GNSS와 결합하여 악조건에서의 측위 성능 향상

3) 특정 지역에서의 극궤도 또는 정지궤도 위성시스템

4) 종류
   ① QZSS(일본)
   ② BDS−1(중국)
   ③ IRNSS(인도)

3. 주요 제원 및 신호 특성

(1) GNSS

1) GPS
   ① 궤도위성(6궤도×4기＝24기, 예비위성 6기, 적도면 기준 55° 경사각)
   ② L_1(1,575.42MHz), L_2, L_2C(1,227.60MHz)파 방송(향후 L_5파 방송 예정)
   ③ 신호방식 : CDMA(Code Division Multiple Access)
   ④ 좌표계 : WGS84, 시간계 : UTC 기준의 GPS 시간
   ⑤ 반송파 신호가 매우 안정적으로 정밀측량에 최적

2) GLONASS
   ① 궤도위성(3궤도×8기=24기, 적도면 기준 64.8° 경사각)
   ② L_1(1,602MHz), L_2(1,246MHz)파 방송
   ③ 신호방식 : FDMA(향후 민간용 신호인 L_3에는 CDMA 신호 추가 예정)
   ④ 좌표계 : PE−09(PZ−90), 시간계 : UTC 기준의 GLONASS 시간
   ⑤ 반송파신호가 다소 불안정하여 정밀측량 시에는 사용하지 않거나 캘리브레이션 필요

3) Galileo
   ① 궤도위성(3궤도×9기＝27기, 예비위성 3기, 적도면 기준 56° 경사각)
   ② E_1(1,575.42MHz), E_5a(1,176.45MHz), E_6(1,278.75MHz)파 방송
   ③ 좌표계 : GTRF(Galileo Terrestrial Reference Frame), ITRF와의 편차는 약 $3cm(2\sigma)$
   ④ 시간계 : GST(Galileo System Time)
   ⑤ 현재 운용위성 3기로 측위에는 거의 활용되지 않음

4) Beidou-2(BDS : Beidou Navigation Satellite System 또는 Compass라고도 함)

　① **구성** : 궤도위성 30기, 정지위성 5기(2020년 완성), 저도면 기준 55° 경사각

　② B_1(1,559~1,591MHz), B_2(1,166~1,217MHz), B_3(1,250~1,286MHz)파 방송

　③ **좌표계** : CGS2000(China Geodetic System), 시간계는 중국표준시

　④ 현재 25기 이상 운용 중으로 우리나라의 경우 전체 Beidou 신호의 수신이 가능함

　⑤ 반송파 신호가 안정되어 있고 활용성 높음

(2) RNSS

1) QZSS(일본)

　① **구성** : 정지위성 1기, 극궤도위성 3기

　② L_1, L_2, L_5파 방송 (L_5파의 경우 GPS에 앞서 방송)

　③ 그 외에도 LEX(Galileo의 E_6와 동일) 및 L_1-SAIF(Submeter-class Augmentation with Integrity Function, 1,575.42MHz) 신호 방송

　④ 도심지 건물 밀집지역에서의 측위 성능을 향상할 목적으로 준천정 상공에 위성 상시 배치

　⑤ DGPS뿐만 아니라 RTK 보정신호도 방송

　⑥ **좌표계** : JGS(Japan Satellite Navigation Geodetic System)

　⑦ QZSS 단독으로는 위치정보를 제공하지 않으므로 엄밀한 의미에서 RNSS보다는 GPS 및 GALILEO의 측위 정확도를 보강하는 의미가 강함

2) IRNSS(인도)

　① **구성** : 정지위성 3기+극궤도위성 4기

　② **서비스 내용** : 위치정보, 시각정보

　③ **표준측위 신호** : L_5파, 1MHz BPSK 신호, 20m 정확도

　④ **정밀측위 신호** : S밴드파, BOC(Binary Offset Carrier) 모듈레이션 신호, 10m 정확도

　⑤ **사용가능 지역** : 동경 40~140°, 위도 ±40° 지역

3) BDS-1(중국)

　① **구성** : 정지위성 5기(아시아 지역)

　② **서비스 내용** : 위치정보, 시각정보

　③ 일반 사용자는 수신 불가

　④ 위성을 통해 지상관제국으로부터 수신허가를 득한 특정 사용자만 수신 가능

4. 고정밀 측위에 미치는 영향

(1) 가시 위성 수의 증가로 측위 성공률 향상

　① 산림, 도심지 등에서의 측위율 향상

　② 지하 터파기 지역에서도 일부 측위 가능

　③ 현재 우리나라에서의 가시 위성 수 : 30개 이상

(2) GDOP의 향상으로 정확도 증대

(3) 고정해(Fixed) 성공률 증대

(4) RAIM(Receiver Autonomous Integrity Monitoring, 수신기 자체의 무결성 모니터링) 성능 향상

(5) 측위환경 및 요구 정확도에 따라 각 위성의 선택적 사용 가능

　1) GPS + QZSS 측량

　　① QZSS는 GPS와 동일한 신호를 방송하므로 사용에 편리

　　② GPS 관측에 비해 측위 성공률이 10% 정도 증대

　　③ QZSS가 고앙각 상공에 위치하므로 도심지에서의 측량에 다소 유리

　2) GPS + BDS

　　① 가시 위성수 및 PDOP의 현격한 증가

　　② **정확도 증가** : mm 정확도의 RTK 측위 가능

　　③ 산지, 도심지, 지하 터파기 지역에서의 측위율 향상

　3) GLONASS는 반송파의 위상이 다소 불안정하여 캘리브레이션을 하지 않을 경우 오히려 정확도가 다소 떨어질 수 있음

5. 결론

BDS와 QZSS의 운용이 개시됨에 따라 우리나라를 포함한 아시아 지역에서의 멀티 GNSS 측위가 전 세계적으로 주목받고 있다. 특히 우리나라는 지정학적으로 이 두 위성시스템의 혜택을 가장 많이 받을 수 있는 위치에 있어 이를 잘 활용할 경우 향후 측량 품질 및 원가관리에 큰 도움이 될 것으로 기대된다.

03 GPS 측량

1. 개요

GPS(Global Positioning System)는 인공위성을 이용한 위치 결정체계로 정확한 위치를 알고 있는 위성에서 발사한 전파를 수신하여 관측점까지 소요시간을 관측하거나 위성과 수신기 간에 존재하는 반송파의 개수를 측정함으로써 관측점의 위치를 구하는 체계이다.

2. 위치측정 원리

(1) 코드관측방식에 의한 위치 결정 원리(의사거리를 이용한 위치 결정)

위성과 수신기 간 신호의 도달시간을 관측하여 거리를 결정하며 이때 수신기 시계의 부정확에 따른 오차가 포함한 거리를 의사거리(Pseudo Range)라고 한다.

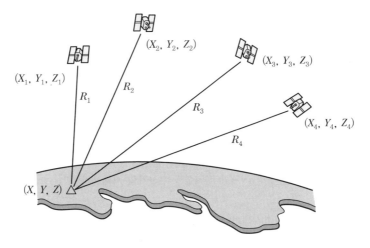

[그림 5-38] 코드관측방식에 의한 위치 결정 개념도

① 계산식

$$R = \left\{ (X_S - X_R)^2 + (Y_S - Y_R)^2 + (Z_S - Z_R)^2 \right\}^{\frac{1}{2}} + C \cdot dt$$

여기서, R : 위성(S)과 수신기(R) 사이의 거리
C : 신호의 전파속도
X, Y, Z : 위성(S) 또는 수신기(R)의 좌푯값
dt : 위성과 수신기 간의 시각동기오차

② 절대관측방법(1점 측위) 및 DGPS(Differential GPS) 측량에 사용한다.

(2) 반송파 관측방식에 의한 위치 결정 원리

위성과 수신기 간 반송파의 파장 개수(위상차)에 의해 간섭법으로 거리를 결정한다.

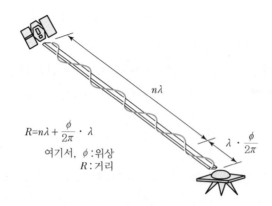

$$R = n\lambda + \frac{\phi}{2\pi} \cdot \lambda$$

여기서, ϕ : 위상
R : 거리

[그림 5-39] 반송파 관측방식에 의한 위치 결정 개념도

1) 계산식

$$R = \left(N + \frac{\phi}{2\pi} \right) \cdot \lambda + C(dT + dt)$$

여기서, R : 위성과 수신기 사이의 거리
N : 위성과 수신기 간 반송파의 개수
ϕ : 위상각
λ : 반송파의 파장
C : 광속도
$dT + dt$: 위성과 수신기의 시계오차

2) 모호정수(Integer Ambiquity)

수신기에 마지막으로 수신되는 파장의 소수 부분의 위상은 정확히 알 수 있으나 정수 부분의 위상은 정확히 알 수 없으므로 이를 모호정수(Integer Ambiquity) 또는 정수값의 편의(Bias)라고도 한다.

3) 위상차를 정확히 계산하기 위한 방법으로 일중차, 이중차, 삼중차의 위상차 차분기법을 이용한다.

① 일중차 : 1개의 위성과 2대의 수신기를 이용한 거리 측정
② 이중차 : 2개의 위성과 2대의 수신기를 이용한 각각의 위성에 대한 일중차끼리의 차이값
③ 삼중차 : 1개의 위성에 대하여 어떤 시각의 위상 측정치와 다음 시각의 위상 측정치와의 차이값

4) 정지측량 및 RTK(RealTime Kinematic) 측량에 사용한다.

3. GPS 구성

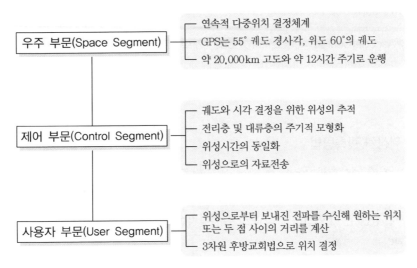

우주 부문(Space Segment)	― 연속적 다중위치 결정체계 ― GPS는 55° 궤도 경사각, 위도 60°의 궤도 ― 약 20,000km 고도와 약 12시간 주기로 운행
제어 부문(Control Segment)	― 궤도와 시각 결정을 위한 위성의 추적 ― 전리층 및 대류층의 주기적 모형화 ― 위성시간의 동일화 ― 위성으로의 자료전송
사용자 부문(User Segment)	― 위성으로부터 보내진 전파를 수신해 원하는 위치 또는 두 점 사이의 거리를 계산 ― 3차원 후방교회법으로 위치 결정

[그림 5-40] GPS 구성

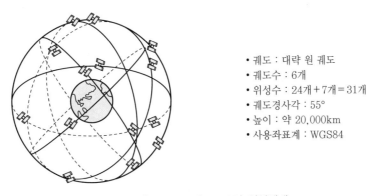

- 궤도 : 대략 원 궤도
- 궤도수 : 6개
- 위성수 : 24개 + 7개 = 31개
- 궤도경사각 : 55°
- 높이 : 약 20,000km
- 사용좌표계 : WGS84

[그림 5-41] GPS의 위성체계

4. GPS 신호체계

(1) 반송파(Carrier) : 코드신호를 운반해 오는 전파

반송파인 L_1, L_2 신호는 위성의 위치 계산을 위한 Keplerian 요소와 형식화된 자료 신호를 포함

① L_1 : 1,575.42MHz(154×10.23MHz), C/A-code와 P-code 변조 가능

② L_2 : 1,227.60MHz(120×10.23MHz), P-code만 변조 가능

(2) 코드(Code) : 위성의 위치정보를 변조한 코드

1) P-code(Precision Code, 정밀코드)

① 원칙적으로 군사용

② AS Mode로 동작하기 위해 Y-code로 암호화되어 PPS 사용자에게 제공

③ PPS(Precise Positioning Service, 정밀측위서비스) : 군사용

2) C/A code(Coarse/Acquisition Code, 개략취득용 코드)

① L_1 반송파에 변조되어 일반 사용자에게 제공

② SPS(Standard Positioning Service, 표준측위서비스) : 민간용

5. 반송파 위상차 관측방법

이 방법은 정적 간섭측위(Static Positioning)를 통하여 기선해석을 하는 데 사용하는 방법으로서 두 개의 기지점에 GPS 수신기를 설치하고 위상차를 측정하여 기선의 길이와 방향을 3차원 벡터량으로 결정한다. 이 방법은 다음과 같은 위상차 차분기법을 통하여 기선해석의 품질을 높이는데 이용된다.

(1) 일중차(일중위상차, Single Phase Difference)

① 간섭측위에 의한 기선해석의 1단계

② 1개의 위성과 2대의 수신기를 이용한 위성과 수신기 간의 거리 측정차(행로차)

③ 동일 위성에 대한 측정치이므로 위성의 궤도오차와 원자시계에 의한 오차가 소거된 상태

④ 수신기의 시계오차는 내재되어 있음

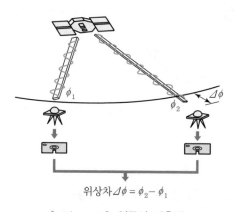

위상차 $\Delta\phi = \phi_2 - \phi_1$

[그림 5-42] 일중차 관측법

(2) 이중차(이중위상차, Double Phase Difference)

① 2개의 위성과 2대의 수신기를 이용하여 각각의 위성에 대한 수신기 사이의 일중차끼리의 차이값

② 2개의 위성에 대하여 2대의 수신기로 관측함으로써 같은 양으로 존재하는 수신기의 시계오차를 소거한 상태

③ 일반적으로 최소 4개의 위성을 관측하여 3회의 이중차를 측정하여 기선해석을 하는 것이 통례

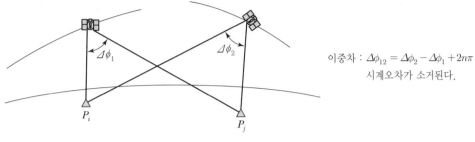

이중차 : $\Delta\phi_{12} = \Delta\phi_2 - \Delta\phi_1 + 2n\pi$
시계오차가 소거된다.

[그림 5-43] 이중차 관측법

(3) 삼중차(삼중위상차, Triple Phase Difference)

① 1개의 위성에 대하여 어떤 시각의 위상 적산치(측정치)와 다음 시각의 위상 적산치의 차이 값(적분 위상차라고도 함)
② 반송파의 모호정수(Ambiguity)를 소거하기 위하여 일정 시간 간격으로 이중차의 차이값을 측정하는 것
③ 즉, 일정 시간 동안의 위성거리 변화를 뜻하며 파장의 정수배의 불명확을 해결하는 방법으로 이용

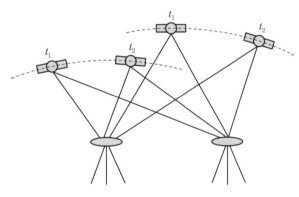

[그림 5-44] 삼중차 관측법

6. GPS 관측방법 및 정확도

GPS의 관측방법에는 크게 절대관측과 상대관측으로 나누어지며, 상대관측은 후처리 방법과 실시간처리 방법으로 구분된다.

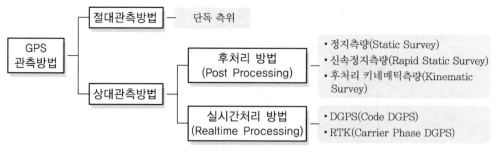

[그림 5-45] GPS 관측방법

(1) 단독 측위

수신기 단독으로 4개 이상의 위성을 수신하여 관측 즉시 수신기의 좌표를 결정하는 방법이다.

① 사용자의 개략 위치좌표 관측

② 위성신호 수신 즉시 수신기의 위치 계산

③ GPS의 가장 일반적이고 기초적인 응용단계

④ 계산된 위치의 정확도가 낮음(±10m 이상의 오차)

⑤ 선박, 자동차, 항공기 등의 항법에 이용

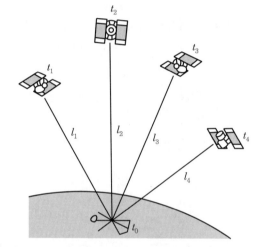

[그림 5-46] 단독 측위방법

(2) 후처리 상대관측방법(PP : Post Processing)

2점 간에 도달하는 전파의 시간적 지연을 측정하고, 2점 간의 거리를 정확히 측정하여 관측하는 방법으로 정지측량과 이동측량으로 나누어진다.

1) 정지(Static)측량

2개 이상의 수신기를 각 측점에 고정하고 양 측점에서 동시에 4대 이상의 위성으로부터 신호를 30분 이상 수신하는 방식이다.

① VLBI의 보완 또는 대체 가능

② 수신완료 후 데이터 처리 SW로 각 수신기의 위치, 거리 계산

③ 계산된 위치 및 거리 정확도가 높음

④ 측지측량에 이용

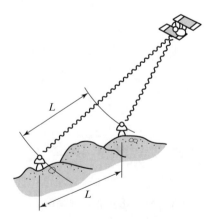

[그림 5-47] 스태틱 관측방법

2) 신속정지측량(Rapid Static Survey)
　① 정적 상대측위기법의 일종(정지측량과 동일)
　② 미지정수의 검색범위를 축소시켜 미지정수 검색에 따른 시간을 단축시킨 방법

3) 후처리 키네매틱 측량
기지점에 1대의 수신기를 기준국으로 설치하고, 다른 수신기를 이동국으로 하여 4대 이상의 위성으로부터 신호를 수초~수분 정도 수신하는 방식이다.

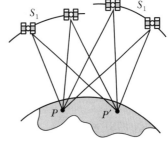

　① RTK 측량이 어려운 위치결정에 이용
　② 항공사진측량에 주로 이용
　③ 정확도는 수 cm 정도

[그림 5-48] 키네매틱 관측방법

(3) 실시간 상대관측방법

1) DGPS(또는 RTK 측량)
　① DGPS는 세선관측을 통해 기준국과 이동국에서 발생하는 동일한 오차량을 상대적으로 소거하는 위치 결정 방식으로 기지점에 기준국용 GPS 수신기를 설치, 위성을 관측하여 각 위성의 의사거리 보정값을 구하고 이 보정값(위치보정데이터)을 이용하여 이동국용 GPS 수신기의 위치오차를 실시간으로 보정하는 정밀측위 방법이다.

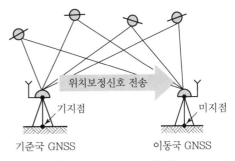

[그림 5-49] RTK 측량법

　② DGPS 측량 시 코드신호를 사용하여 관측하는 것을 DGPS(Code DGPS)라 하고, 반송파신호를 사용하여 관측하는 것을 RTK(Carrier Phase DGPS)라 한다.
　③ 일반적으로 DGPS 측량은 1m, RTK 측량은 1cm 내외의 정확도를 가진다.

2) 네트워크 RTK 측량
　① 네트워크 RTK 측량은 상시관측망에서 생성한 위치보정신호를 수신하여 이동국 1대만으로도 RTK 측량을 수행하는 방법이다.
　② 네트워크 RTK 방법에는 점보정 방식의 VRS-RTK 및 면보정 방식의 FKP-RTK 방법 등이 있다.

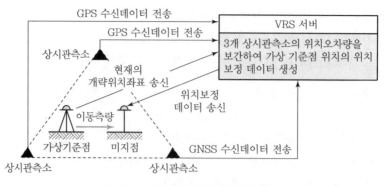

[그림 5-50] 네트워크 RTK 측량법

7. GPS 오차 및 소거방법

GPS의 측위오차는 거리오차와 DOP(정밀도 저하율)의 곱으로 표시가 되며 크게 구조적 요인에 의한 거리오차, 위성의 배치상황에 따른 오차, SA, 사이클슬립, 멀티패스 등으로 구분할 수 있다.

(1) 구조적 요인에 의한 거리오차

① 전리층과 대류권에 의한 전파 지연

② 위성궤도오차

③ 수신기 시계오차

④ 수신기 자체의 전자파적 잡음에 의한 오차

⑤ 구조적 요인에 의한 오차는 상대측위(DGPS 또는 RTK) 방법으로 소거

(2) 측위환경에 따른 오차

1) 위성의 배치상황에 따른 오차

후방교회법에 있어서 기준점의 배치가 정확도에 영향을 주는 것과 마찬가지로 GPS의 오차는 수신기와 위성들 간의 기하학적 배치에 따라 영향을 받는데, 이때 측위 정확도가 영향을 표시하는 계수로 DOP(정밀도 저하율)가 사용된다.

① DOP의 종류

- GDOP : 기하학적 정밀도 저하율
- PDOP : 위치정밀도 저하율(3차원 위치), 3~5 정도가 적당
- HDOP : 수평정밀도 저하율(수평위치), 2.5 이하가 적당
- VDOP : 수직정밀도 저하율(높이)
- RDOP : 상대정밀도 저하율
- TDOP : 시간정밀도 저하율

② DOP의 특징

- 수치가 작을수록 정확하다.

- 지표에서 가장 좋은 배치 상태일 때를 1로 한다.
- 5까지는 실용상 지장이 없으나 10 이상인 경우는 좋은 조건이 아니다.
- 수신기를 가운데 두고 4개의 위성이 정사면체를 이룰 때, 즉 최대체적일 때는 GDOP, PDOP 등이 최소이다.
- 최근 멀티 GNSS의 사용으로 DOP에 의한 오차 영향 크게 감소

2) 주파 단절(Cycle Slip)

① 반송파의 위상치의 값을 순간적으로 놓침으로써 발생하는 오차로 상공 시계가 불량하거나 전파 간섭이 심한 지역에서 흔히 발생한다.

② 사이클슬립의 원인
- GPS 안테나 주위의 지형 · 지물에 의한 신호 단절(최근 멀티 GNSS 사용으로 지형 · 지물에 대한 영향 크게 감소)
- 높은 신호 잡음(고압선 직하 지점 등)
- 낮은 신호 강도
- 낮은 위성의 고도각

③ 사이클슬립은 해결하기 어려우나 최근 불량 신호 필터링 알고리즘의 개발로 다소 해결되고 있음

3) 다중경로(Multipath)

GPS 신호는 GPS 수신기에 위성으로부터 직접파와 건물 등으로부터 반사되어오는 반사파가 동시에 도달하는데 이를 다중경로라고 하며, 의사거리와 위상관측값에 영향을 주어 관측에 오차가 발생하며 해결이 어려우나 최근 불량 신호 필터링 알고리즘의 개발로 다소 해결

(3) 기타 오차

① SA(Selective Availability, 선택적 가용성)에 의한 오차
② PCV(Phase Center Variable)

8. GPS 관측데이터의 품질관리

(1) 외업에 대한 품질관리

① 위성 배치 점검
② 다중경로(Multipath) 오차 점검
③ 전리층 지연 점검
④ 위성신호 강도 점검

(2) 내업에 대한 품질관리

① 단일기선에 대한 품질관리

② 환폐합에 대한 품질관리

③ 기타 품질관리

> **TIP**
>
> GPS 신호의 품질은 일반적으로 건물이나 지형·지물에 의해 반사된 신호, 대기층에 수증기의 양이 많을수록, 또 전리층의 전자수가 많을수록 품질이 좋지 않다.

9. 종래 측량과 GPS 측량의 비교

[표 5-19] 종래 측량과 GPS 측량의 비교

종래 측량	GPS 측량
1차원 또는 2차원 측지 (평면측량과 수준측량이 별도)	3차원 측지
정확도 1/100,000	정확도 1/1,000,000
기상조건에 좌우됨	기상조건에 무관(천둥, 번개는 영향을 미침)
상호 관측기선이 가시구역 내 위치	가시구역이 필요 없고, 위성을 추적할 수 있는 공간 필요
관측시간의 제약	24시간 관측 가능
좌표계가 통일되지 않음	좌표계가 통일
다수 인원 필요	1인 측량 가능
정적 측량	동적 고속측량 가능

10. 응용 분야

GPS는 위치나 시간정보를 필요로 하는 모든 분야에 이용될 수 있기 때문에 매우 광범위하게 응용되고 있으며 그 범위가 확산되고 있는 추세이다.

(1) 측지측량 분야

(2) 해상측량 분야

(3) 교통 분야

(4) 지도제작 분야

(5) 항공 분야

(6) 우주 분야

(7) 레저·스포츠 분야

(8) 군사용

(9) GSIS의 D/B구축

(10) GPS와 InSAR를 융합한 화산 활동 감시

11. GNSS(Global Navigation Satellite System, 위성항법시스템)

지구상의 위치를 결정하기 위한 위성과 이를 보강하기 위한 시스템 및 지역 보정시스템을 총칭하여 GNSS(Global Navigation Satellite System)라고 한다.

(1) GNSS 위성군

지구상의 위치를 결정하기 위해 활용되고 있는 인공위성들

① GPS : 미국의 측지위성

② GLONASS(GLObal NAvigation Satellite System) : 러시아의 측지위성

③ GALILEO : 유럽의 측지위성

④ BDS : 중국의 측지위성

(2) GNSS 측위 보강시스템

GNSS 위성측량의 정확도 향상을 위해 위치보정신호를 지원하고 있는 위성 및 지상기반의 보강시스템을 말한다.

① SBAS(Satellite Based Augmentation System, 위성기반의 위치보강시스템) : GNSS 위성의 위치정보에 대해 보강위성을 활용하여 위치보정신호를 GNSS 사용자에게 전송해주는 위성기반의 광역보정시스템으로, WAAS(미국), EGNOS(유럽연합), MSAS (일본) 등이 있다.

② GBAS(Ground Based Augmentation System, 지상기반의 위치보정시스템)

③ GRAS(Ground Regional Augmentation System, 고위도지역의 지상위치보정시스템)

(3) GNSS 지역 보정시스템

위치보강 위성을 특정지역의 천정 방향에 위치시킴으로써 고층빌딩 및 신호 음영지역 등을 보완하여 GPS 정밀도를 향상하기 위한 항법시스템을 말한다.

① QZSS(Quasi-Zenith Satellite System) : 일본의 위치보강위성시스템

② GAGAN(GPS Aided Geo Augmented Navigation) : 인도의 위치보강위성시스템

12. 결론

GNSS에 의한 기준점 측량은 TS에 의한 삼각, 삼변측량 방식에 비하여 정확도가 높을 뿐 아니라 시간과 비용이 크게 절감되는 등 여러 가지 이점이 많아 최근 널리 이용되고 있는 만큼 올바른 GNSS 사용을 위한 체계적이고 철저한 교육시스템이 요구된다.

04 **단독측위의 개념과 정확도**

1. 개요

단독측위란 한 개의 GNSS 수신기를 세우고 위성으로부터 신호를 수신받아 그 지점의 위치를 결정하는 방법으로 단독측위의 정확도와 관계있는 요소는 위성의 궤도정보, 관측하는 위성의 배치, 전리층과 대류권의 영향, 수신기에 의한 의사거리 측정오차, 측위계산에 따른 여러 가지 오차 등이다. 이 중 전리층과 대류권의 영향은 결국 의사거리 측정오차가 된다. 이러한 오차를 종합하면 1주파수 관측에 의한 정확도는 95% 확률에서 20m 정도이다. 20m 이상의 오차가 발생할 가능성도 5%는 있는 의미로서, 실제로 단독측위 데이터 중에는 결과가 크게 빗나가는 경우도 있다.

2. 단독측위 개념

4개 이상의 위성으로부터 수신한 신호 가운데 C/A code를 이용해 실시간 처리로 수신기의 위치를 결정하는 방법이다.

(1) 원리

① 관측점의 위치좌표(X, Y, Z)가 미지수이므로, 원리적으로는 3개의 위성에서 전파를 수신함으로써 관측점의 위치를 구할 수 있으나, 이때 위성의 시계와 관측점의 시계가 일치해야만 한다.

② 즉, GNSS는 관측점의 좌표(X, Y, Z)와 시각 t의 4차원 좌표의 결정 방식이므로 비행기, 배 및 자동차와 같이 고속운동하는 물체의 위치관측은 물론 속도관측에도 유효하다.

③ 따라서 GNSS에서는 다음 그림과 같이 4개의 위성을 동시에 관측함으로써 시계의 오차도 미지수로 취급하여 해석한다.

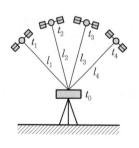

$$\left.\begin{array}{l} C(t_0 - t_1) = l_1 \\ C(t_0 - t_2) = l_2 \\ C(t_0 - t_3) = l_3 \\ C(t_0 - t_4) = l_4 \end{array}\right\} \to X,\ Y,\ Z,\ t_0$$

여기서, C : 광속도
t_0 : 신호 수신 시각
$t_1 \sim t_4$: 신호 발신 시각
$l_1 \sim l_4$: 위성까지의 거리
$X,\ Y,\ Z$: 관측점의 위치좌표

[그림 5-51] GNSS 측량의 단독측위 개념

(2) 특징

① 지구상에 있는 사용자의 위치를 관측하는 방법

② 위성신호 수신 즉시 수신기의 위치 계산

③ GNSS의 가장 일반적이고 기초적인 응용단계

④ 계산된 위치의 정확도가 낮음(15~25m의 오차)

⑤ 선박, 자동차, 항공기 등의 항법에 이용

3. 단독측위의 정확도

단독측위의 정확도와 관계있는 요소는 위성의 궤도정보, 관측하는 위성의 배치, 전리층과 대류권의 영향, 수신기에 의한 의사거리 측정오차, 측위계산에 따른 여러 가지 오차 등이다.

(1) 관측하는 위성의 배치(DOP)

측위에 사용되는 우주공간에서의 위성배치 및 분포를 말하며, 4개의 GNSS 위성이 천구상에서 구성하는 사면체의 체적이 최대일 때 GDOP가 가장 좋게(수치가 낮음) 나타난다.

1) 종류

① 기하학적 정확도 저하율(GDOP)

② 위치 정확도 저하율(PDOP)

③ 수평 정확도 저하율(HDOP)

④ 수직 정확도 저하율(VDOP)

⑤ 시각 정확도 저하율(TDOP)

2) DOP값의 의미

[표 5-20] DOP값의 의미

DOP값	양호한 정도	비고
<1	이상적	가장 높은 신뢰도, 항상 높은 정확도를 가짐
1~2	매우 좋음	충분히 높은 신뢰도, 민감한 정확도가 요구되는 분야에 사용 가능
2~5	좋음	경로 안내를 위한 요구사항을 만족시키는 신뢰도
5~10	보통	위치관측 결과를 사용 가능하나 좀 더 열린 시야각에서의 관측을 요함
10~20	불량	낮은 신뢰도, 위치관측 결과는 대략적인 위치를 파악할 때만 사용
>20	매우 불량	매우 낮은 신뢰도(6m의 오차를 가지는 기기가 약 300m 정도 발생)

(2) 전리층 영향 및 보정

전리층을 통과하면서 생기는 오차를 말하며, 관측 주파수 제곱에 반비례하는 성질이 있기 때문에 복수주파수의 동시관측으로 소거한다.

(3) 대류권 영향 및 보정

대류권을 통과하면서 생기는 오차를 말하며, 건조공기에 의한 영향이 2m, 수증기에 의한 영향이 최대 0.4m 정도가 된다. 단독측위에서는 위성의 고도를 기준으로 보정해도 충분하므로 실질적으로 영향을 0이라 간주해도 무방하다.

(4) 의사거리 측정오차 및 정확도

1) 의사거리 측정오차

전파경로에 의한 오차(전리층 및 대류권)와 수신기에 의한 의사거리 측정오차이다. 수신기에 관한 오차는 주로 전자회로 성능에 대한 것으로 신호강도, 즉 신호 대 잡음비와 관계가 있다.

2) 측위 정확도

① 수신기에 의한 오차와 전리층에 의한 오차를 합하면

$$\{(1 \sim 3\mathrm{m})^2 + (3 \sim 5\mathrm{m})^2\}^{\frac{1}{2}} = 3.2 \sim 5.8\mathrm{m} \text{이다.}$$

② 측위를 수행할 경우 4개의 위성을 관측하므로 $\sqrt{4} = 2$배로 되어 의사거리만 위치오차에 영향을 미친다고 하면 측위정확도는 6~12m가 된다.

(5) 측위결과의 최종정확도

① 단독측위의 오차는 근사적으로

$$[PDOP^2 \times \{\sqrt{4}(\text{위성의 위치오차})^2 + \sqrt{4}(\text{의사거리 오차})^2\}$$
$$+ (\text{좌표변환 오차})^2]^{\frac{1}{2}}$$

이다.

② 여기에 $\sqrt{4}$는 4개 위성을 동시에 관측한다는 의미이며, 의사거리의 오차는 전파경로에 따른 오차도 포함된 것이다. 좌표변환 오차는 주로 지오이드고 오차에서 발생하는데, 거의 높이에만 영향을 미친다.

③ 실례

PDOP를 2로 가정하고 위성위치오차를 1m, 의사거리오차를 측정오차와 전리층을 포함하여 5m, 좌표변환오차는 지오이드 높이의 추정오차로서 10m로 가정하면,

측위오차는 $[2^2 \times \{\sqrt{4} \times 1^2 + \sqrt{4} \times 5^2\} + 10^2]^{\frac{1}{2}} = 17.5\mathrm{m}$이다.

4. 결론

최근 GNSS 기반의 위치정보는 공간정보의 기반자료로서 그 활용도가 점차 높아지고 있다. 또한 위치정보의 활용도가 증가함에 따라 위치정보의 정확성과 안전성에 대한 개선 요구도 함께 증가하고 있다. 그러므로 올바른 GNSS 사용을 위한 체계적이고 철저한 교육시스템이 요구되는 시점에 있다고 판단된다.

GNSS에 의한 통합기준점측량

1. 개요

통합기준점은 개별적(삼각점, 수준점, 중력점 등)으로 설치·관리되어온 국가기준점 기능을 통합하여 편의성 등 측량능률을 극대화하기 위해 구축한 새로운 기준점이다. 같은 위치에서 GNSS측량(평면), 직접수준측량(수직), 상대중력측량(중력) 성과를 제공하기 위해 전국 3~5km 간격으로 주요 지점에 약 5,500점(2020년 현재)을 설치하여 관리하고 있으며 GNSS에 의한 통합기준점측량은 전국의 위성기준점과 일정한 밀도로 설치되어 있는 통합기준점에 의한 각 단위다각형으로 구성된 통합기준점망을 기초로, 당해 통합기준점에 대하여 지리학적 경위도, 직각좌표, 타원체고를 정하기 위하여 실시하는 측량이다.

2. 통합기준점측량 순서

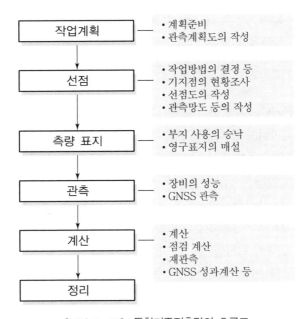

[그림 5-52] 통합기준점측량의 흐름도

3. 작업계획

(1) 계획준비

① 위성기준점, 통합기준점 및 수준점 등을 고려하여 배점계획도를 작성한다.

② GNSS 위성의 최신 운항정보를 고려하여 작업기간·작업반편성·작업계획공정 등을 결정한다.

③ 측량기기는 성능검사를 받은 기기를 사용하고 관측 시작 전과 후에 정비·점검 및 기능을 확인한다.

(2) 관측계획도 작성

① 관측계획도는 지형도 또는 수치지형도(1/50,000 또는 1/25,000)상에 주변의 국가기준점 (위성기준점, 통합기준점, 수준점 등) 배점밀도를 확인하여 작성한다.
② 관측계획도에서의 단위다각형은 최소한 통합기준점 3점 이상으로 구성한다.
③ 기지점으로 사용하는 위성기준점 및 통합기준점은 작업지역 내에 배치된 3점 이상으로 하고, 작업지역과 가장 가까운 위치에 있는 위성기준점 및 통합기준점과 결합하는 것을 원칙으로 한다.

4. 선점

(1) 선점 방법

① 관측계획도에 의거 지반의 견고성, 지형의 변형 예상, 전파 장해 유무, 5년 이내 공사계획, 식생 등 현지 상황을 조사 후 선점조서를 작성한다.
② 매설위치는 영구보존 및 유지관리가 용이한 부지 내 지반이 견고하고 이용이 편리한 장소를 선정한다.
③ 국가기준점 근처에 전파발신기지 등이 있어 전파 장해가 예측되는 경우 GNSS측량기기를 사용한 사전데이터 수집 등으로 관측 가능 여부를 확인하여야 한다.
④ GNSS 안테나의 설치예정 장소는 고도각 15° 이상의 상공시계를 확보할 수 있는 장소여야 한다.
⑤ 제1방위표 선점 시 통합기준점과 방위표까지의 거리는 500m 이상을 표준으로 한다. 단, 주변 여건상 500m 이상으로 선점이 불가능한 경우에는 그 사유를 보고하고 국토지리정보원장의 승인을 받아 위치를 달리할 수 있다.
⑥ 인덱스방위표 및 제2방위표는 통합기준점으로부터 500m 이상의 거리를 표준으로 하며, 육안 식별이 용이한 지물과 영구구조물의 첨단부분으로 선점할 수 있다.

(2) 선점도의 작성

① 지형도 또는 수치지형도(1/50,000 또는 1/25,000)를 이용하여 선점도를 작성한다.
② 선점도의 작성은 관측계획도에 의거 현지답사를 통해 실시한다.
③ 선점도에는 기준점의 주위 상황 등을 기재한다.

(3) 관측망도 등의 작성

① 선점도 작성 후 관측망도를 작성한다.
② 단위다각형, 위성기준점 및 통합기준점으로 구성한다.

③ 위성기준점, 통합기준점의 명칭 및 점번호 등을 표기한다.

④ 관측망도의 방위표를 표기한다.

⑤ 관측망도는 축척 1/50,000 지형도 또는 수치지형도를 사용한다.

5. 관측

(1) 관측단위

[표 5-21] GNSS에 의한 통합기준점측량의 관측단위 및 자릿수

구분	단위	자릿수	비고
GNSS 측량	DMS(도분초)	00°00′0.00001″	기선해석 결과
	m	0.0001	
	m	0.001	안테나 높이

(2) GNSS 관측

① GNSS 관측은 관측망도 및 관측계획에 따라 실시한다.

② GNSS 위성의 최신 운행정보 · 위성배치 및 사용하는 위성기준점의 운용 상황을 수집 · 확인하는 등 적정한 관측조건을 갖춘 상태에서 관측을 실시한다.

③ 사용하고자 하는 위성기준점의 가동상황을 관측 전 · 후에 확인한다.

④ 국가기준점의 지반침하 등을 고려하여 설치완료 24시간이 경과한 후 침하량을 파악하여 지반침하가 없는 경우에 관측을 실시한다.

⑤ GNSS 관측은 정적간섭측위방식으로 실시한다.

⑥ GNSS 측량기기를 설치할 때에는 GNSS 안테나 등의 기계적 중심이 국가기준점의 수평면에서의 중심과 동일 연직선상에 위치하도록 치심에 세심한 주의를 기울이고, 이때 정준대를 설치하는 개소는 수평이 되게 하고 관측 전과 관측 후에 치심상황을 점검한다.

⑦ GNSS 안테나의 높이는 강권척을 사용하여 통합기준점 표지의 중심에서 안테나 참조점(ARP)까지 연직방향으로 정확한 값이 되도록 관측 전과 관측 후에 각각 3회 측정하고 당해 측정값을 확인할 수 있도록 사진을 촬영한다.

⑧ GNSS 관측은 단위다각형마다 또는 통합기준점마다 실시하고 관측시간 등은 다음을 표준으로 한다.

[표 5-22] GNSS에 의한 통합기준점측량의 관측시간

구분		비고
연속관측시간	4시간	• KST 기준으로 09시 이후 관측을 시작하고 익일 09시 이전에 관측을 종료하여야 함
세션수	1	
데이터 취득간격	30초	• 관측 시 라이넥스 도엽명 및 점번호 코드는 별도 규정에 따라 입력

⑨ GNSS 관측에 사용하는 GNSS 위성은 다음 각 호와 같은 조건으로 한다.
- 고도각 15도 이상의 GNSS 위성 사용
- 작동상태(health status)가 정상인 GNSS 위성 사용
- 4개 이상의 위성을 동시에 사용

⑩ 모든 GNSS 관측데이터는 RINEX포맷으로 변환(이하 "관측RINEX데이터"라 한다)하여 전산기록매체에 저장한다.

⑪ 방위표관측
- 제1방위표의 GNSS 측량은 통합기준점과 2시간 이상 동시관측을 통해 제1방위각을 결정한다.
- 제1방위각을 기준으로 내각은 2대회 관측을 실시(배각차 10″, 관측차 7″ 이내) 관측기계(1초독 이상)를 이용하여 정밀 각(角)관측을 통해 인덱스방위각과 제2방위각을 산출한다.

6. 계산

(1) 점검계산

① 기선해석에 의한 단위다각형의 폐합차 및 인접 세션 간 중복변 교차를 점검한다.
② 기선해석에 의한 기준점망의 폐합차 및 인접 세션 간 중복변 교차의 허용범위는 다음 표를 표준으로 한다.
③ GNSS 위성의 궤도요소는 방송력으로 한다.

[표 5-23] 기준점망의 폐합차 및 인접 세션 간 중복변 교차의 허용범위

구분	허용범위	비고
단위 통합기준망의 폐합차	$5mm+1.0ppm \times \sum D$	D : 사거리(km)
인접 세션 간 중복변의 교차	15mm	

(2) 재관측

① GNSS 관측 점검계산 결과 허용오차범위를 초과할 경우와 관측조건 부적격 등의 사유가 있는 경우에는 다음 각 호에 따라 재관측을 실시한다.
② 정상점이 2점 이하인 단위다각형은 모두 재관측한다.

(3) GNSS 성과계산

① 정밀력에 따라 위성기준점·통합기준점을 고정점으로 한 기선해석 및 망평균 계산을 실시하여 통합기준점의 경위도 및 타원체고를 결정한다.
② 성과 결정을 위한 기선해석 및 망평균 계산은 정밀 GNSS 관측데이터 처리 소프트웨어 또는 국토지리정보원에서 승인한 상용 GNSS 관측데이터 처리 소프트웨어를 사용하여 위성

기준점 성과 결정방식과 동일한 방식으로 계산한다.

③ GNSS 관측데이터의 기선해석은 KST 기준 09시 00분부터 다음날 09시 00분 이전까지 취득된 4시간 이상의 연속관측데이터만을 사용한다.

④ 기선해석에서 고정하는 관측점의 좌표는 세계측지계의 값을 사용하고, 기선해석은 세션마다 실시한다. 다만, 재관측에 따라 관측망도를 변경한 경우에는 당해 변경된 관측망도에 따라 기선해석한다.

⑤ 기선해석 결과를 이용한 망평균 계산을 실시할 때에는 기존 통합기준점을 고정점으로 하여 기존 통합기준점망에 기선을 연결하여 망을 구성하고 계산한다.

⑥ 제1방위표에 대한 방위각은 당해 통합기준점을 고정점으로 하여 정밀력에 따른 기선해석을 실시하여 결정한다.

7. 정리

(1) GNSS 측량성과 및 측량기록은 GNSS 관측데이터·GNSS 관측 RINEX데이터·기선해석결과파일·망평균 계산결과파일·GNSS 관측기록부 및 GNSS 해석부·계산부 등으로 구분하여 정리한다.

(2) 국가기준점에 대한 성과표 및 관측망도를 작성한다.

8. 결론

GNSS에 의한 통합기준점측량은 다양한 공간정보를 제공하기 위한 국가기준점의 기초 성과를 결정하는 측량이다. 통합기준점은 건설공사, 지적재조사사업 등에 이용되는 국가기준점으로 정확한 성과가 결정되어야 하므로 관련 기술인의 교육훈련 그리고 관측기기의 발전에 따른 기술개발이 필요할 때라 판단된다.

1. 개요

공공 DGNSS(RTK) 측량은 기준국을 별도로 설치하지 않고 GNSS 상시관측망에서 생성한 위치
보정신호를 실시간으로 제공받아 이동국 수신기 1대만으로도 DGNSS 또는 RTK 측량을 수행하
는 최신 측량기법이다.

2. SBAS DGNSS(WADGNSS : Wide Area DGNSS, 광역 DGNSS)

(1) 정의

SBAS(Satellite Based Augmentation System)는 위성 기반의 위치보강시스템으로 GNSS
상시관측망에서 생성한 네트워크 기반의 위치보정데이터를 정지위성을 통해 지상으로 중계
방송하는 광역 DGNSS(WADGNSS : Wide Area DGNSS) 체계의 하나이다.

(2) SBAS DGNSS 개념

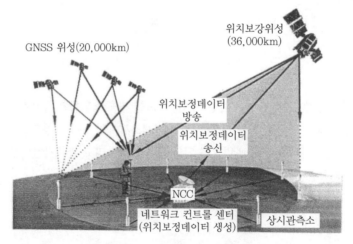

[그림 5-53] SBAS DGNSS 개념도

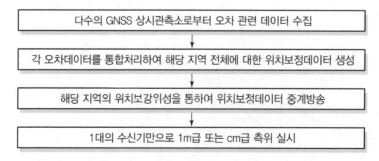

[그림 5-54] SBAS DGNSS의 일반적 순서

(3) SBAS DGNSS 시스템의 종류

1) 1m급 DGNSS 보정신호 서비스 시스템

① WAAS : Wide Area Augmentation System의 약어로 아메리카 대륙에 DGNSS 보정 신호를 서비스하는 시스템

② EGNOS : European Geostationary Navigation Overlay System의 약어로 유럽 대륙에 DGNSS 보정 신호를 서비스하는 시스템

③ MSAS : MTSAT Satellite Augmentation System의 약어로 우리나라를 비롯한 아시아 및 오세아니아 대륙에 DGNSS 보정신호를 서비스하는 시스템

2) cm급 RTK 보정신호 서비스 시스템

QZSS : Quasi-Zenith Satellite System, 준천정위성시스템의 약어로 한국, 일본 및 오세아니아 대륙에 DGNSS 및 RTK 보정신호를 서비스하는 시스템

(4) MSAS 시스템

1) 일본 민간항공국에서 운용하는 MTSAT(Multi-functional Transport Satellite, 다목적 운수위성) 위성을 통하여 위치보정신호 방송

2) 경도 135°, 적도상에 고정 배치되어 아시아 · 태평양 전체 지역을 대상으로 24시간 위치보정 서비스

3) 서비스 신호

① Global Beam : 전체 대상 지역에 표준 정확도의 보정신호 방송(2~3m 정확도)

② Spot Beam : 한국 및 일본을 비롯한 6개 주요 지역에 정밀 보정신호 방송(0.3~1m 정확도)

3. GBAS(Ground Based Augmentation System)

① 지상 기반의 위치보정시스템

② 공항 또는 그 주변의 비교적 좁은 지역 내에 3~4개의 기준국 수신기들로 이루어진 몇 개의 수신기 집합들로 구성

③ GNSS에서 획득한 위치정보에 지상기준국에서 분석된 오차량을 보정한 정밀 위치정보를 수신자에게 제공해주는 시스템

4. QZSS(준천정위성시스템)

(1) QZSS

QZSS는 앙각이 45° 미만인 기존의 SBAS 정지위성시스템과 달리 극궤도운동을 하는 3대의 위치보강위성을 배치하여, 적어도 1개 위성이 70° 이상의 앙각에서 항상 위치보정신호를 방

송함으로써 상공 장애물이 많은 도심지 등에서의 고정밀측위가 가능하도록 하는 신개념의 위치보강시스템이다.

1) QZSS의 배치
   ① 각기 다른 궤도면을 가진 3개의 위성으로 구성
   ② 그림과 같이 8자 형태의 지상궤적을 그리며 23시간 56분의 주기로 지구 공전(극궤도운동)
   ③ 최소 1대는 항상 일본 및 한반도 상공에서 70°의 앙각을 갖고 지상으로 위치보정신호 방송

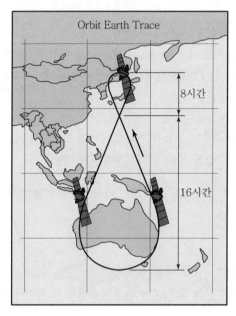

[그림 5-55] QZSS 체계도

2) QZSS의 신호
[표 5-24] QZSS의 신호

신호종류	주파수	내용
L₁, C/A코드	1,575.42MHz	• 기존 GPS 신호와 동일한 신호 방송 • GPS 보강 효과
L₁C		
L₂C	1,227.6MHz	
L₅	1,176.45MHz	
L₁-SAIF	1,575.42MHz	DGPS 보정신호 방송(1m급)
LEX	1,278.75MHz	• RTK 보정신호 방송(수 cm급) • Galileo의 E₆ 신호와 호환

3) QZSS의 특징 및 활용
    ① 앙각 70° 이상의 준천정 방향에 위치하여 위치보정신호를 방송하므로 수신기 1대만으로도 건물이 밀집한 도심에서의 DGNSS 및 RTK 관측성 증대
    ② QZSS 위성 자체로도 GNSS 위성의 기능을 수행하므로 DOP 지수가 개선됨
    ③ 기존의 SBAS시스템과 달리 DGNSS뿐 아니라 RTK 보정신호를 방송함으로써 휴대폰 불통지역에서의 RTK 측량이 가능
    ④ 2011년 현재 1개의 QZSS 위성만 가동되고 있어 한반도 상공의 체류시간은 1일 8시간 이내로 제한되고 있음

5. 네트워크 RTK

(1) 정의

네트워크 RTK 측량은 3점 이상의 상시관측소에서 관측되는 위치오차량을 보간하여 생성되는 반송파 위치보정신호를 모바일 인터넷 방식 및 방송망으로 전송받아 이동국 GNSS 관측값을 보정함으로써 수신기 1대만으로 고정밀의 RTK 측량을 수행하는 작업이다.

(2) 네트워크 RTK의 종류

1) 관측공간정보(OSR) 기반의 네트워크 RTK
    ① OSR : Observation Space Representation
    ② 위성 관련 오차, 전리층 및 대류권 오차 등 GNSS 측위 시 발생되는 모든 오차요소를 통합하여 생성한 위치보정신호를 서버에서 제공함
    ③ 종류 : VRS, FKP, MAX, PRS, Multi Ref

2) 상태공간정보(SSR) 기반의 네트워크 RTK
    ① SSR : State Space Representation
    ② 서버에서는 GNSS 오차요소를 각각 분리하여 모델링하고 파라미터 값으로 제공하므로 GNSS 수신기에서 위치보정신호를 생성함
    ③ 종류 : PPP-RTK

(3) VRS-RTK

GNSS 상시관측소로부터 얻은 위치보정정보를 통합, 보간하여 현 지점을 가상의 기지국으로 하고 그 위치 보정신호를 생성하여 3차원 위치를 결정할 수 있는 측량방법이다.

1) VRS 개념

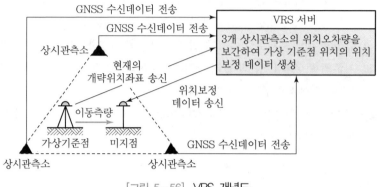

[그림 5-56] VRS 개념도

2) VRS 측량 순서

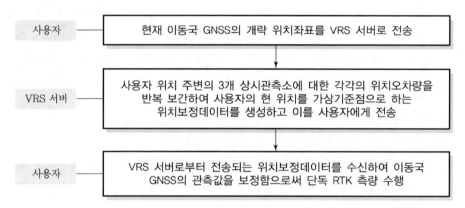

[그림 5-57] VRS 측량의 일반적 흐름도

3) VRS 위치보정 원리

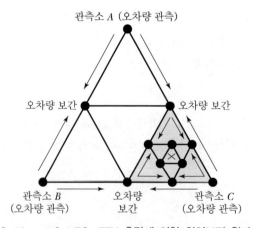

[그림 5-58] VRS-RTK 측량에 의한 위치보정 원리

(4) FKP – RTK

일종의 방송시스템으로 VRS와 같이 이동국의 현재 위치를 서버에 전송하지 않고 사용자가 최인근 상시관측소를 직접 선택하여 위치보정신호와 면보정계수를 수신하는 단방향 통신체계로 운용된다.

① FKP 위치정보 원리

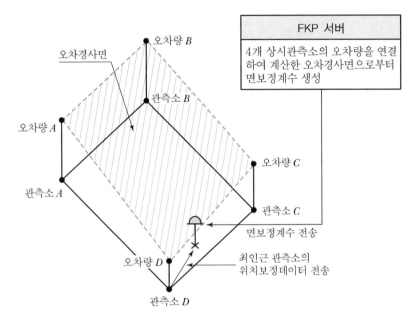

※ FKP=(최인근 관측소의 위치보정 데이터)+(면보정계수)

[그림 5-59] FKP 개념도

② FKP 측량 순서

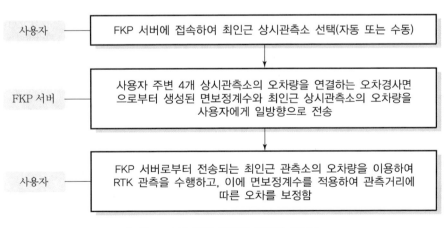

[그림 5-60] FKP 측량의 일반적 흐름도

(5) VRS 및 FKP-RTK 측량 비교

[표 5-25] VRS와 FKP-RTK 특징 비교

구분	VRS-RTK	FKP-RTK
특징	• 가상기준점 보정 방식 • 가상기준점에 대한 위치보정데이터를 서버에서 계산하여 사용자에게 제공 • 관측 중 사용자와 서버 간 양방향 통신 유지 (서버 ↔ 사용자)	• 면보정 방식(다각형 오차경사면 보정) • 최인근 관측소의 오차량과 다각형의 면보정계수를 서버로부터 수신하여 위치보정데이터를 사용자가 계산 • 서버 접속 후, 일방향 통신(서버 → 사용자)
장점	• 별도의 VRS용 소프트웨어 불필요 (모든 RTK장비에 적용 가능) • 점보정 방식으로 정확도가 매우 높음(±1cm) • 현행 공공측량에 적용 가능	• 일방향 통신이므로 고속 이동체의 위치측량에 유리 • 일방향 통신방식이므로 서버 접속자 수에 제한이 없음 • 휴대전화 외에도 공중파 방송에 의한 서비스 가능
단점	• 양방향 통신이므로 고속 이동체의 위치측량에 불리 • 서버의 통신회선에 따라 접속자 수 제한	• 별도의 FKP용 소프트웨어가 필요함 (FKP용 펌웨어가 설치된 RTK 장비) • 수신기의 성능에 따라 기선해석 거리가 짧은 장비는 사용이 제한됨

(6) PPP-RTK

PPP-RTK는 네트워크 RTK와 달리 기준국과 결합하지 않고 상시 관측망에서 추정한 위성 신호의 상태공간정보 모델링 데이터를 정지궤도위성 등을 통해 사용자에게 제공하여 수신기 자체에서 위치보정을 수행하는 정밀단독측위 방법이다.

SBAS시스템과 거의 유사하나 SBAS는 코드신호만을 이용하는 DGPS시스템이며 PPP-RTK는 반송과 신호를 이용하는 RTK시스템이다.

1) PPP-RTK 개념

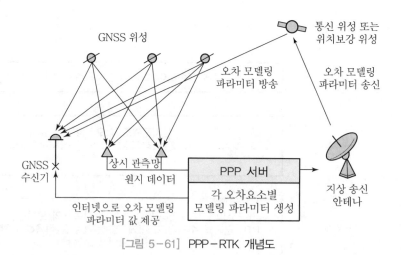

[그림 5-61] PPP-RTK 개념도

2) PPP – RTK 흐름도

① PPP 서버

- 상시 관측망에서 수신되는 각 위성(GPS, Galileo 및 BDS)의 신호를 계산하여 방송되는 위성신호의 오차요인을 분리하여 모델링을 통해 상태보정데이터(SSR 데이터)를 생성함
- SSR 데이터 : 위성궤도 및 시계보정 데이터
- SSR 데이터를 정지궤도위성에 송신

② 정지궤도위성

PPP 서버에서 송신되는 SSR 데이터를 지상으로 중계 방송

③ GNSS 수신기

- GNSS 신호와 SSR 데이터를 수신하고 SSR을 OSR 데이터로 변환하여 RTK 측위 수행
- 위성궤도 오차와 시계 오차는 SSR 데이터를 이용하여 보정하고, 전리층 지연 오차는 L_1/L_2 신호의 차이값을 이용하여 보정
- SSR 데이터를 수신하고 이를 OSR 데이터로 변화하는 펌웨어를 갖춘 GNSS 수신기가 필요함

3) PPP와 RTK 및 네트워크 RTK와의 차이점

① 위치 보정방법

- RTK 및 네트워크 RTK는 요인별 오차를 고려하지 않고 기준국 및 상시관측소에서 관측한 GNSS 관측좌표와 기준국 관측 좌표로부터 보정신호를 생성하는 OSR(관측공간보정정보)를 이용함
- PPP – RTK는 상시관측망에서 수신한 GNSS 데이터를 오차별로 모델링하여 생성한 SSR(상태공간정보)를 이용함

② 정확도

- RTK는 수 km 이내의 근거리 측량 방식으로 수 mm의 정확도로 측위가 가능하며, 네트워크 RTK는 30km 내외의 기선망을 이용하므로 1~2cm 정확도의 측위가 가능하다.
- PPP – RTK는 수백 km의 글로벌 위성 추적국 데이터를 이용하므로 수 cm~10cm 이내의 정확도로 측위가 가능하다.

③ 초기화 시간(수렴시간)

- RTK 및 네트워크 RTK는 초기화 시간이 수 초 이내로 즉시 초기화가 가능하다.
- PPP – RTK는 수 cm의 정확도로 수렴되기까지 약 30분 내외의 시간이 필요하다(수신기에서 계산되는 시간이 길다).

4) PPP-RTK 보정신호를 방송하는 위성
 ① 무료 수신
  - Galileo 위성에서 PPP-RTK 신호를 제공하나 위성 수의 부족으로 활용성이 떨어짐
  - BDS 위성 중 아시아 지역에 배치된 정지궤도위성(GEO)에서 PPP-B2b 보정신호를 2020년 7월 이후 방송하나 중국 및 우리나라 등에서 수신 가능(단, PPP 신호를 처리할 수 있는 GNSS 수신기가 필요함)
 ② 유료 수신 : Omni STAR, StarFix, StarFire, Atlas 등 민간 회사에서 유료 서비스

5) PPP-RTK 보정신호(파라미터)를 방송하는 위성(유료로 수신)
 ① OmniSTAR사(OmniSTAR 서비스)
 ② Fugro사(Starfix 서비스)
 ③ NavCom사(StarFire 서비스)
 ④ Hemisphere사(Atlas 서비스) 외 다수

6) PPP-RTK의 장·단점
 ① 장점
  - 수신기 1대만을 이용하여 위성으로부터 위치보정신호를 직접 수신하는 단독 정밀측위이며 거리에 따른 오차가 없다.
  - 인터넷 음영지역에서도 사용 가능
  - 저개발국가 등 기준국 및 상시관측소가 없는 지역에서 정밀측량 가능
 ② 단점
  - 초기화 시간이 약 20~30분 이상 소요됨
  - 수평정확도가 약 10cm, 수직정확도가 약 20cm 내외로 정확도가 다소 떨어짐
  - 위성 추적국이 없는 지역에서는 사용이 제한됨(예 해양 등)
  - 공공측량에는 적용할 수 없음
  - PPP 보정신호를 수신하여 데이터를 처리할 수 있는 펌웨어가 설치된 GNSS 수신기가 필요함

6. 우리나라의 공공위성항법 서비스(우리나라의 LADGNSS)

우리나라의 LADGNSS(Local Area DGNSS, 지역 DGNSS)는 위성항법 중앙사무소에서 설치한 전국 17개소의 지상 기준국에서 방송하는 DGNSS 위치보정신호를 수신하여 수신기 1대만으로도 1m 정확도의 측위가 가능한 공공 DGNSS 시스템으로 비콘(Beacon) DGNSS 시스템이라고도 불린다.

(1) 비콘 DGNSS

① 비콘은 선박이나 항공기의 항로를 안내하기 위해 설치하는 고정된 부호, 표시, 광원 또는
  이와 관련된 시설물을 뜻한다.

② 비콘 DGNSS는 해양수산부에서 설치한 DGNSS 기준국(비콘 기준국)에서 방송하는 위치
  보정신호(비콘 신호)를 수신하여 GNSS 수신기 한 대만으로도 1~3m의 정확도로 위치정
  보를 획득할 수 있는 실시간 DGNSS 측위법이다.

(2) 우리나라 비콘 기준국 설치현황

① 전국에 17개의 기준국 설치 : 소청도, 팔미도, 어청도, 소흑산도, 거문도, 마라도, 영도, 주
  문진, 울릉도(이상 해양기준국 11개) 및 무주, 영주, 춘천, 충주, 성주(이상 내륙기준국 6개)

② 측위 가능 범위 : 기준국으로부터 반경 80~150km

③ 측위정확도 : 약 1~3m

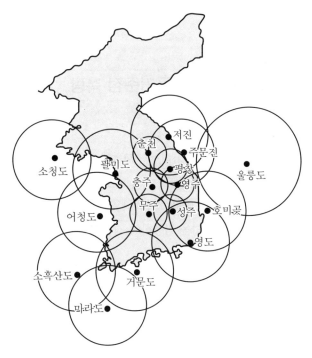

[그림 5-62] 우리나라 비콘 기준국 설치 현황

(3) 위치보정데이터

① 위치보정신호는 국제표준형식인 RTCM(Radio Technical Commission for Maritime
  Service) SC-104 형식으로 방송됨

② 방송에 사용되는 전파는 중파(MF)로서 280~319KHz의 주파수로 24시간 방송됨

(4) 장 · 단점

① LADGNSS(Local Area DGNSS) 개념으로서 일부지역을 제외한 전국에서 DGNSS 측위
가 가능함

② 사용 전파가 중파로서 산업소음(Industrial Noise)의 영향이 크므로 내륙지방에서는 수신
기의 성능과 지역에 따라 위치보정신호의 수신 불량으로 사용에 제한을 받을 수 있음

③ 단일 기준국 방식이므로 기준국과의 거리에 따라 오차가 증가함

7. 결론

공공 DGNSS(RTK) 측량은 TS에 의한 삼각, 삼변측량 방식에 비하여 정확도가 높을 뿐 아니라
시간과 비용이 크게 절감되는 등 여러 가지 이점이 많아 최근 널리 이용되고 있는 만큼 올바른
GNSS 사용을 위한 체계적이고 철저한 교육시스템이 요구된다.

---

07 RTK – GNSS에 의한 공공기준점 측량

1. 개요

공공기준점 측량은 공공측량 시 평면위치의 기준이 되는 기준점 좌표를 결정하는 측량으로서 위성
기준점, 통합기준점 및 타 공공기준점 등을 기지점으로 하여 신점의 위치를 정한다. 일반적으로는
GNSS에 의한 정지측량방법이 가장 널리 적용되나 세부기준점으로 사용하는 근거리의 3, 4급 기
준점측량 시는 RTK – GNSS 측위법을 적용하여 경제성을 높일 수 있다.

2. RTK – GNSS 측위법

(1) 기준국 GNSS를 기지점에 설치하여 위성관측
좌표와 실제 좌표와의 차이값을 계산, 위치보
정데이터를 생성하여 이동국 GNSS로 전송

(2) 이동국 GNSS에서는 위성관측좌표에 기준국
으로부터 전송되는 위치보정데이터를 보정하
여 신점의 정확한 좌표를 결정

(3) 신점 간 거리가 짧은 3, 4급 기준점 측량에 적용

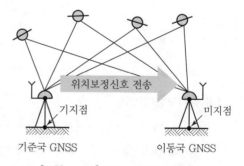

[그림 5-63] RTK – GNSS 개념도

3. RTK – GNSS에 의한 공공기준점 측량

(1) 측량 순서

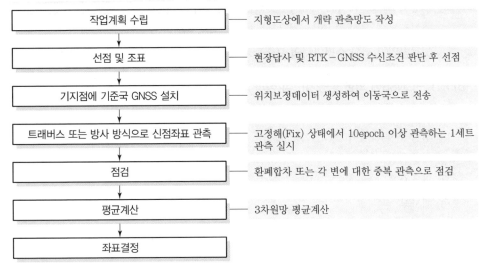

[그림 5-64] 레벨 조정법

(2) RTK – GNSS 관측

① 최근 GPS, GLONASS 및 BDS 신호를 동시 수신하는 멀티 GNSS 수신기를 사용할 경우 주변 지형 · 지물 및 식생조건 등에 영향을 적게 받으므로 RTK에 의한 공공기준점 측량이 매우 용이해졌음

② 안테나 폴의 기포감도 확인(45″/2mm 이상)하고 보조삼각대 이용, 연직 설치

③ 관측은 각 변에 대해 1세트 실시하되 Fix 후 10epoch 이상 수신하며 데이터 수신 간격은 1초 유지

(3) 점검계산(환폐합차 방법 또는 기선중복관측방법 중 택일)

1) 기선벡터의 환폐합차 점검 선택 시

① 가능한 한 짧은 노선을 선정하여 실시

② 신점이 1점인 경우는 기지점 간의 관측을 추가하여 폐합차 점검

③ 폐합차 점검은 소정의 소프트웨어에 의해 실시

④ **환폐합차 허용범위** : 25mm $\sqrt{N}$ (단, N : 변수)

2) 기선벡터 세트 간 교차점검 선택 시

① 기선을 중복 관측하여 교차 비교 실시

② **교차허용범위** : 25mm 이하(ΔX, ΔY, ΔZ 각 성분마다)

(4) 3차원망 평균 계산

① 기지점 1점 또는 2점을 고정하여 망평균 계산

② 소정의 소프트웨어에 의해 실시하나, 기선해석에 의한 분산·공분산이 세트 내의 모든 관측치로부터 구할 수 있는 경우는, 기선해석으로부터 구한 값으로 한다.

③ 허용범위(미지점 수평위치의 표준편차) : 10cm(3, 4급 공공기준점 측량)

(5) RTK-GNSS에 의한 공공기준점 성과

① 성과표

② 성과수치 데이터

③ 기준점망도

④ 관측수부

⑤ 계산부

⑥ 점의조서

⑦ 관측계획도

⑧ 관측기록 데이터

⑨ 평균계산 데이터 파일

⑩ 기준점 현황조사 보고서

4. 문제점 및 대책

(1) GPS 신호만 수신하는 RTK-GPS의 경우, 도심지 및 산림에서는 위성수신율이 저하되어 사용에 제한이 많았음

→ 최근 GPS, GLONASS 및 BDS 신호를 모두 수신하는 멀티 GNSS 수신기를 사용함으로써 건물 옆, 가로수 밑 또는 수목밀도가 높은 산림에서도 RTK 측량이 가능

(2) 측량지역 인근에 기지점이 없는 경우, RTK 측량이 불가하여 정지측량으로 기준점측량을 수행해야 하는 경우가 많았음

→ 최근 VRS 및 FKP 방식의 네트워크 RTK 측량이 가능함에 따라 기지점이 없는 곳에서도 RTK 측량이 가능. 단, 네트워크 RTK 측량은 3, 4점 공공삼각점측량에만 적용될 수 있음

(3) 기지점과 신점 간의 거리 증가에 따라 오차가 발생함에도 현장 캘리브레이션을 실시하지 않은 사례가 빈번함

→ 기지점으로부터 1km 이상 떨어진 지역에서는 측량구역 전체를 둘러싼 최소 5점 이상의 기지점을 이용하여 현장 캘리브레이션을 실시한 후 RTK 관측을 실시해야 함

5. 결론

RTK-GNSS 측량은 시간과 비용을 크게 절감할 수 있는 측량방법인 반면, 고정해(Fix)의 취득, 교차점검, 현장 캘리브레이션 등 높은 정확도의 올바른 측량을 위한 최소한의 기초적인 과정을 충분히 숙지한 후 실시해야 한다.

08 | 네트워크 RTK에 의한 공공측량

1. 개요

네트워크 RTK 측량은 관측점을 둘러싼 3점 이상의 상시관측소에서 생성되는 위치오차량을 보간한 위치보정신호를 수신하여 관측점의 위치를 보정함으로써 수신기 1대만으로도 RTK 측량을 수행할 수 있는 측위 방법으로, 시간과 비용을 크게 절감할 수 있으며 VRS와 FKP 두 가지 방식이 있다.

2. 네트워크 RTK 측위법

(1) VRS 방식

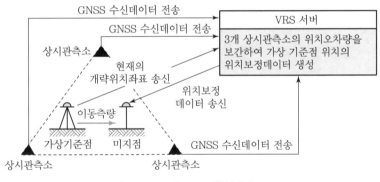

[그림 5-65] VRS 운영체계도

① 현재 이동국 GNSS의 개략위치좌표를 VRS 서버로 전송
② 이동국 GNSS를 둘러싼 3개 상시관측소에서 생성되는 각각의 위치오차량을 반복 보간, 현위치를 가상기준점으로 가정하는 위치보정데이터를 생성하여 이를 사용자에게 전송
③ VRS 서버로부터 전송되는 위치보정데이터를 수신하여 이동국 GNSS의 관측값을 보정함으로써 단독 RTK 측량 수행

(2) FKP 방식

일종의 방송시스템으로 VRS와 같이 이동국의 현재 위치를 서버에 전송하지 않고 사용자가 최인근 상시관측소를 직접 선택하여 위치보정신호와 면보정계수를 수신하는 단방향 통신체계로 운용된다.

① FKP 개념

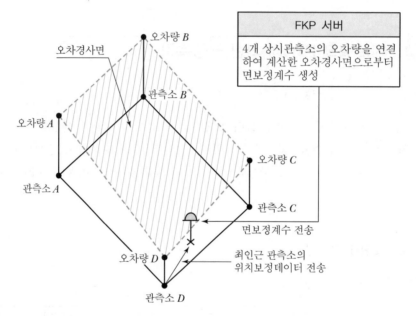

[그림 5-66] FKP 개념도

② FKP 측량 순서

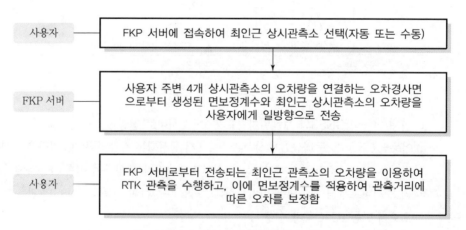

[그림 5-67] FKP 측량의 일반적 흐름도

3. 네트워크 RTK에 의한 공공측량(기준점 및 현황 측량)

(1) 측량 순서

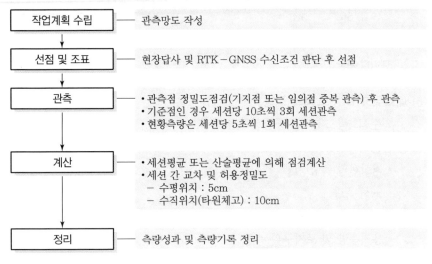

```
┌──────────────┐
│  작업계획 수립  │ ── 관측망도 작성
└──────────────┘
        ↓
┌──────────────┐
│  선점 및 조표   │ ── 현장답사 및 RTK–GNSS 수신조건 판단 후 선점
└──────────────┘
        ↓
┌──────────────┐     • 관측점 정밀도점검(기지점 또는 임의점 중복 관측) 후 관측
│     관측      │ ──  • 기준점인 경우 세션당 10초씩 3회 세션관측
└──────────────┘     • 현황측량은 세션당 5초씩 1회 세션관측
        ↓
┌──────────────┐     • 세션평균 또는 산술평균에 의해 점검계산
│     계산      │ ──  • 세션 간 교차 및 허용정밀도
└──────────────┘        – 수평위치 : 5cm
                        – 수직위치(타원체고) : 10cm
        ↓
┌──────────────┐
│     정리      │ ── 측량성과 및 측량기록 정리
└──────────────┘
```

[그림 5-68] Network–RTK의 일반적 흐름도

(2) 관측 전 정밀도 점검

1) 관측 전 기지점 또는 임의점을 중복 측정하여 점검

2) 측정 정밀도 점검방법(중복 관측 점검)
   ① 최소 30m 이상 이동 후 모든 관측위성 초기화
   ② 점검하고자 하는 위치로 다시 이동하여 고정해(Fix 값)를 얻을 때까지 대기
   ③ 재측정한 좌푯값이 요구정밀도(수평 : 5cm, 수직 : 10cm)를 만족하는지 점검

3) 측정 정밀도 점검시기
   ① 작업시작 전
   ② 서버와 통신 단절 후 재연결된 경우
   ③ 장비에서 표시되는 정밀도가 허용범위를 초과하는 경우
   ④ 작업종료 후

(3) 관측의 실시

1) 동시 수신 위성 수 : 5개 이상 유지
2) 고정해를 얻고 나서 20초 이상 경과 후 기기의 관측 정밀도를 점검하고 관측
3) 장비에서 표시되는 정밀도가 허용정밀도(수평 5cm, 수직 10cm) 이내인 경우 관측 실시

4) 네트워크 RTK 관측 규정

[표 5-26] Network-RTK 관측 규정

구분	공공기준점 측량	현황 측량
세션수	3회	1회
세션 관측시간	고정해를 얻고 나서 10초 이상	좌동
데이터 취득 간격	1초	1초

5) 네트워크 RTK 측량의 적용

① **기준점측량** : 3, 4급 공공삼각점 측량

② **현황측량**
- 지상현황 측량
- 노선 측량
- 하천 및 연안 측량
- 용지측량 및 토지구획 측량
- 지하시설물 측량

③ 공공수준점 측량에는 적용 불가

(4) 관측 시 주의사항

① PDOP가 3 이상인 경우 관측을 수행하지 않는다.

② 장비에서 표시하는 정밀도가 수평 5cm 이상 또는 수직 10cm 이상인 경우 관측에서 제외한다.

③ 관측기간 중 네트워크 RTK 결과는 계속 고정해(Fix)를 유지해야 한다.

(5) 계산

① 세션의 수가 1회 이상인 경우 장비에서 제공하는 정밀도를 이용하여 가중평균한 결과를 최종 성과로 제출(단, 공공측량 시행자가 승인한 경우 산술평균 적용 가능)

② 신점의 좌표는 mm 단위까지 기록

(6) 현황측량 시 네트워크 RTK를 이용한 표고 측량방법(현장 캘리브레이션 또는 로컬라이제이션)

① 작업지역에 균등하게 분포하는 최소 5개의 수준점에서 네트워크 RTK 측량을 통한 타원체고 산출

② (산출된 타원체고) - (수준점의 표고) = (각 지점에서의 기하학적 지역 지오이드고 산정)

③ (매 관측점의 타원체고) - (5개 지점의 지오이드고로부터 내삽한 지오이드고) = (각 관측점의 표고)

4. 문제점 및 대책

(1) 문제점

네트워크 RTK에 의한 표고 관측시 현장 캘리브레이션(로컬라이제이션)을 소홀히 하거나 잘못 실시하여 과대 오차가 발생하는 사례가 빈번함

(2) 대책

① 현장 캘리브레이션에 대한 철저한 교육 필요
② 현장 캘리브레이션은 관측지역을 모두 포함하는 외곽의 수준점 또는 가수준점의 성과를 이용하여야 함
③ 현장 여건에 따라 네트워크 RTK로는 수평위치만 관측하고, 수직위치는 직접수준측량으로 실시하는 것을 고려(단, 현황측량 시는 직접수준측량으로 얻은 공공수준점의 성과를 이용하여 현장 캘리브레이션을 실시한 후 VRS-RTK 측량을 수행함으로써 효율성을 높일 수 있음)

5. 결론

네트워크 RTK 측량은 수신기 1대만으로도 정밀측량이 가능하여 매우 편리한 반면, 그 작동원리나 장비의 특성, 현장 캘리브레이션 등에 관한 기초지식이 없이 사용할 경우 과대오차가 발생될 소지가 크므로 이에 대한 충분하고도 철저한 사전 교육이 요망된다.

---

09 SSR(State Space Representation)에 대한 개념과 활용 분야

1. 개요

최근에는 텔레매틱스, 위치기반서비스 등 다양한 분야에서 GNSS를 이용한 위치결정 기술을 활용하고 있으며, 특히 스마트기기의 보급 확대, 자율주행기술 발전 등 새로운 산업의 발전으로 GNSS를 이용한 정확도 높은 위치결정서비스 수요가 크게 증가하고 있다.

이에 따라, 국토교통부 국토지리정보원은 측량 목적으로 사용되던 cm 수준의 위치보정정보를 일반 위치기반서비스에 확대 이용할 수 있도록 하는 새로운 SSR(State Space Representation 상태공간보정)방식의 위치보정정보를 2020년부터 제공하고 있다.

2. SSR 방식의 서비스 제공 목적 및 필요성

(1) 정확한 위치를 알고 있는 위성기준점 망을 이용해 사용자 위치에 적합한 보정정보를 생성 · 제 공하여 사용자의 측위정확도 향상을 목적으로 한다.

(2) GNSS는 위성에서부터 지상까지 신호를 전달하면서 다양한 오차가 발생하여, 정확도 향상을 위해 각 오차의 보정이 필요하다.

3. SSR 및 OSR 방식의 개념

관측 시 발생하는 오차에 대한 보정정보를 생성 · 제공하는 방식에 따라 OSR과 SSR 방식으로 분류된다.

(1) OSR(Observation Space Representation) 방식

측위 시 발생하는 각 오차요인을 하나의 보정정보로 생성하여 제공하는 방식이다.

(2) SSR(State Space Representation) 방식

측위 시 발생하는 각 오차요인별로 보정정보를 생성하여 제공하는 방식으로, 보정정보 선택에 따라 저가형 수신장비에 활용 가능하다.

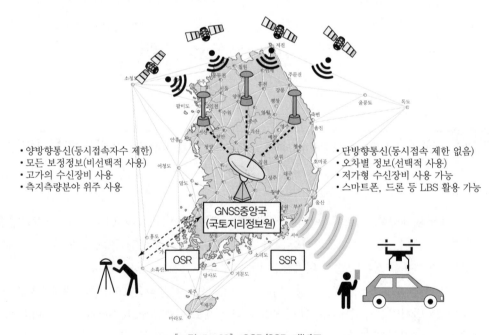

[그림 5-69] OSR/SSR 개념도

4. OSR/SSR 방식의 비교

[표 5-27] OSR/SSR 방식의 비교

구분	OSR 방식	SSR 방식
원리	중앙 서버가 사용자 위치에 적합한 보정정보를 생성하고 인터넷 등 통신매체를 이용해 사용자에게 전달하여 측위정확도를 향상	• 중앙 서버가 위성항법측위에 발생하는 오차를 모델링하여 사용자에게 제공하는 방식 • 사용자는 모델링된 보정정보로 오차보정값을 계산하여 측위정확도 향상
서비스대상	• 기본 · 공공측량, 일반측량 등 측량사 • 정지한 상태로 정확한 위치결정 • 고가의 2중 주파수 수신장비 필요	• 측량사업자(정밀측량용) • 일반사용자(스마트폰, 내비게이션 등) • 자동차, 드론 등 이동체 대상 서비스 • 장비성능에 따라 보정정보 선택적용이 가능 (저가 수신기에 보정정보 적용 가능)
서비스방식	• 인터넷 통신(TCP/IP)방식의 서비스 제공 • 중앙 서버와 양방향 통신(사용자 위치를 서버로 송신, 보정신호 수신)	• 양방향(인터넷 통신 방식) • 단방향(DMB, 위성통신 등 방송형태)(오차모델링 정보를 방송하여 사용자 개별활용)
활용 장비	2주파수 이상 고정밀 GNSS관측장비	• 2주파수 이상 고정밀 GNSS관측장비 • 저가형(1주파수)장비(스마트폰, 차량내비게이션 등 활용장비)
정확도성능	정밀측량기기 : 2~3cm	• 정밀측량기기 : 수 cm • 중저가 수신기 : 수십 cm • 저가 수신기 : 수 m
특이 사항	• 양방향통신이 반드시 필요 • 고가 수신장비 필요(2주파 수신기) • 정지측량에 한해 정밀도 확보 가능	• 단방향통신이 가능 • 이동측위(드론, 자율주행차 등) 활용가능 • 보정정보의 국제표준포맷 부재

5. 현황 및 SSR 방식의 이점

(1) 현황

① 위치보정정보란 GPS 등 위성항법시스템(GNSS)을 이용하는 위성측위에서 정확도를 향상 시키기 위해 사용되는 부가 정보로, 국토지리정보원은 2007년부터 인터넷을 통해 실시간 으로 위치보정정보(OSR) 서비스를 무상으로 제공하고 있다.

② OSR(Observation Space Representation, 관측공간보정) 방식인 기존의 서비스는 연간 150만 명 이상의 사용자가 이용하고 있으며, 3~5cm 수준의 정확도로 측위가 가능하다.

③ 하지만 고가(高價)의 측량용 기기를 이용해야 하므로, 일반사용자를 대상으로 하는 민간 위치기반서비스에는 쉽게 활용하기가 다소 어렵다는 한계가 있었다.

(2) SSR 방식의 이점

① 새로운 방식의 위치보정서비스는 GNSS를 이용한 위치결정 시 발생하는 오차보정정보를 위성의 궤도, 시각, 대기층 등 오차요인별로 구분하여 사용자에게 제공하는 방식으로, 기 존 방식(OSR)에서 제한적이었던 스마트폰 등 보급형 수신기에서도 cm급 위치결정이 가 능하다.

② 특히, 전송되는 데이터 양이 작아 방송 등 단방향의 형태로 보정정보를 제공할 수 있어, 드론·자율주행자동차 등 이동체의 위치 안정성과 정확도를 제고할 수 있는 이점이 있다.

③ 또한 스마트폰이나 드론에 탑재되는 저가의 위치결정용 단말기에도 적용이 가능해 일반 위치정보 사용자의 위치결정에 보다 유리한 방식이다.

6. 활용분야

(1) SSR 방식의 위치보정정보서비스는 스마트폰, 드론 등 LBS에서 활용이 가능하며, 국내 위치기반 산업과 서비스 시장의 활성화에 기여할 수 있다.

(2) SSR 방식은 필요한 정보만 활용할 수 있어 데이터 양이 적으므로 보급형 GNSS 기기인 스마트폰 및 드론, 자율주행차 등에서도 활용이 가능하다.

(3) SSR 방식의 기술을 활용해 일상 생활에서 많이 사용하는 스마트폰 위치정보서비스(지도, 내비게이션 등) 및 드론, 자율주행차 등에서 더욱 정확한 위치정보를 얻을 수 있다.

(4) SSR 방식의 위치보정정보서비스는 스마트폰, 드론 등 민간부문에서 사용되는 위치결정용 단말기(GNSS 수신기)의 정확성을 높이는 데 활용이 가능하다.

(5) 일반인도 전문가용 위치정보를 활용할 수 있어 오차 1m 이하의 도심지 위치정보서비스가 가능하다.

7. 결론

최근 국토교통부 국토지리정보원은 측량 목적으로 사용되던 고정밀 위치보정정보를 일반 위치기반서비스에 확대 이용할 수 있도록 하는 새로운 방식의 위치보정정보를 2020년부터 제공하고 있다. 따라서, 그동안 측량 분야에만 한정적으로 사용하던 고정밀 위치보정정보를 민간에서 보다 쉽게 활용할 수 있도록 하여 위치기반서비스의 품질을 향상시키고 공익적 서비스를 지속 발굴하여 국민생활의 편의 증진과 산업발전을 위해 측량인 모두 노력해야 할 때라 판단된다.

---

10 GNSS를 이용한 표고측정 방법

1. 개요

GNSS에 의해 관측되는 높이는 타원체고이므로 표고로 변환하기 위해서는 관측된 타원체고로부터 해당 지점의 지오이드고를 감산해야 한다. 그러므로 관측지역 인근에 위치한 수준점 또는 가수준점에서 각각의 지오이드고를 구한 후, 이들 값을 감산하거나 KN Geoid 18 모델로부터 얻은 지오이드고를 감산하여 관측점의 표고를 측정할 수 있다.

2. GNSS 표고측정 원리

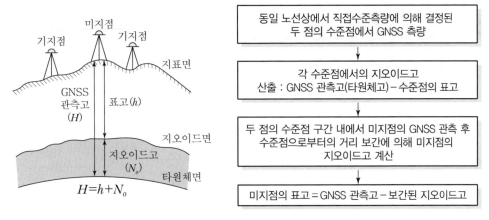

[그림 5-70] GNSS 표고관측 흐름도

3. GNSS 표고측정 방법

(1) 현장 캘리브레이션(로컬라이제이션) 방법

① 현장 캘리브레이션은 지형현황 측량 시 넓은 면적에 존재하는 다수의 수준점(가수준점)에
서 각각의 지오이드고를 구하고, 이를 면보간하여 해당 지역의 국지적 지오이드모델을 생
성하는 작업이다.

② 현장 캘리브레이션 방법

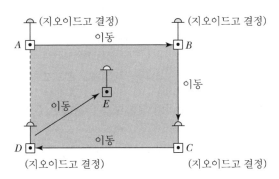

[그림 5-71] GNSS 현장 캘리브레이션 방법

- A, B, C, D 등 측량구역 외곽에 배치된 수준점을 순차적으로 이동하면서 RTK 관측을
  실시하여 각 지점의 지오이드고 결정
- 각 수준점은 X, Y, Z의 3차원좌표 성과를 갖추어야 거리 보간에 의한 전체 지역의 지오
  이드모델 생성 가능
- 각 수준점에서의 RTK관측은 고정해(Fix)를 얻은 이후 10에포크 이상을 수신하도록 함
- 지오이드모델은 대다수 GNSS 장비의 현장용 RTK 프로그램에서 자동으로 생성되며,

일단 지오이드모델이 생성되면 구역 내에서는 모든 GNSS 관측값에 해당 지점의 지오이드고가 반영되어 표고가 자동으로 측정됨

(2) 국가 지오이드모델, KN Geoid 18을 이용하는 방법

① 국토지리정보원의 국토정보 플랫폼 사이트에서 관측지점의 위도, 경도, 타원체고를 입력하면 자동 계산된 표고를 제공한다.

② KN Geoid 18 모델을 이용하여 타원체고를 표고로 변환할 경우 평균 정밀도는 약 2.33cm임

4. GNSS를 이용한 표고측정의 한계

(1) GNSS 측량 시 높이값 측정 정확도는 일반적으로 평면위치 정확도의 1.5~2배로 나타남

(2) 수직위치 정확도가 평면위치 정확도에 비해 떨어지는 것은 실제 GNSS 안테나의 위치가 측정되는 전기적 위상 중심의 위치가 매 GNSS 신호마다 각기 다른 위상신호의 가변성(PCV : Phase Center Variable)에 기인하며, 이때 평면 위상 중심군에 비해 수직 위상 중심군의 오차가 더 크게 나타나기 때문임

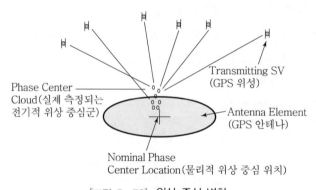

[그림 5-72] 위상 중심 변화

(3) 일반적으로 RTK 관측 시 평면위치 정확도가 1cm라면 수직위치 정확도는 1.5~2cm로 나타남

(4) 따라서 GNSS는 cm 정확도의 표고측정에는 사용이 가능하지만 mm 정확도의 표고측량에는 사용이 어려우므로 이때는 반드시 직접수준측량 방법으로 표고를 측정하여야 함

5. 결론

GNSS를 이용한 표고 측량 시에는 KN Geoid 18 모델의 지오이드고를 이용하거나 다수의 기지점에서 현장 캘리브레이션을 실시하여 측량구역 내의 국소 지오이드모델을 생성한 후, 그 값을 이용하여 표고를 측정하여야 하며, 수 mm 이내의 정밀 수준측량 시에는 반드시 레벨에 의한 직접수준측량을 실시하여야 한다.

GNSS 기반의 수준측량

최근 GNSS 기반의 측량이 많이 활용되고 있다. 이와 관련하여 다음 물음에 답하시오.
1. 전통적인 레벨을 이용한 높이측량과 GNSS 기반의 높이측량의 차이점에 대하여 설명하시오.
2. 건설현장 등에서 네트워크 RTK를 이용하여 정표고를 결정하는 방법에 대하여 설명하시오.

1. 전통적인 레벨을 이용한 높이측량과 GNSS 기반의 높이측량의 차이점에 대하여 설명하시오.

(1) 레벨을 이용한 높이측량 원리

① 기포를 사용하여 레벨을 중력방향과 직교하도록 수평으로 설치하고, 표척은 중력방향과 일치하도록 수직으로 설치함

② 중력방향과 직교하는 수평면상에서 레벨로 기지점을 후시한 후, 미지점을 전시하여 고저차 계산

③ 고저차＝후시값(a) − 전시값(b)

④ 직접수준측량은 매 기계점마다 기포에 의해 레벨과 표척을 수평, 수직으로 설치하여 표고를 직접 관측하므로, 지오이드고를 알 수 없어도 수준측량이 가능함

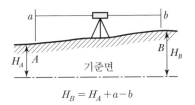

$$H_B = H_A + a - b$$

[그림 5-73] 레벨을 이용한 높이측량 원리

(2) GNSS 기반의 높이측량 원리

① GNSS에 의해 관측되는 높이값은 타원체고이므로, 표고를 구하기 위해서는 매 관측점마다 해당 지점의 지오이드고를 감해야 함

② GNSS 높이측량은 동일 노선상에서 직접수준측량에 의해 결정된 2개의 수준점을 GNSS로 관측하여 각각의 지오이드고를 구한 후, 동 구간 내에서 이를 보간하여 매 GNSS 관측고로부터 각각의 지오이드고를 감산함으로써 표고를 구할 수 있음

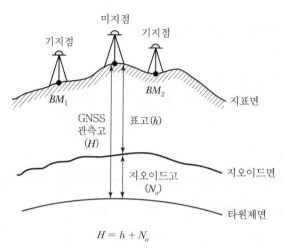

$$H = h + N_o$$

[그림 5-74] GNSS 기반의 높이측량 원리

(3) 차이점(레벨/GNSS)

레벨을 이용한 높이측량과 GNSS 기반의 높이측량의 차이점을 비교하면 다음과 같다.

[표 5-28] 레벨과 GNSS 기반의 높이측량 비교

구분	레벨을 이용한 높이측량	GNSS 기반의 높이측량
관측장비	레벨	GNSS
관측기준	표고(지표면 − 지오이드면)	타원체고(지표면 − 타원체면)
표고 결정	1개의 수준점으로부터 레벨과 표척에 의해 직접 관측함	동일 노선상에 있는 2개의 수준점으로부터 지오이드고를 구한 후, 동 구간 내에서 관측한 타원체에 지오이드를 보간하여 표고를 간접 관측함
관측거리	매 관측점을 직접 시준해야 하므로, 50~70m 이내에서 관측해야 함	관측점을 직접 시준하는 것이 아니므로, 관측거리에 제한이 없음
장점	• 정확도가 매우 높음 • 수준점 노선에 관계없이, 어느 지점에서나 측량이 가능함	• 측량시간 단축 및 기상영향이 적음 • RTK 관측 시 1인 측량으로 경비 절감
단점	• 측량시간이 길고, 기상의 영향이 큼 • 최소 3인 이상 필요함	• 정확도가 다소 떨어짐 • 정밀수준측량 적용에는 한계가 있음

2. 건설현장 등에서 네트워크 RTK를 이용하여 정표고를 결정하는 방법에 대하여 설명하시오.

(1) 네트워크 RTK(VRS)

네트워크 RTK 측량은 관측점을 둘러싼 3점 이상의 GNSS 상시관측소에서 취득한 위성데이터로부터 계통적 오차를 분리 모델링하여 생성한 보정데이터를 사용자에게 실시간으로 전송함으로써 수신기 1대만으로 높은 정확도의 측량을 가능하도록 한 기술로, 최근 널리 사용되고 있는 측위방법이다.

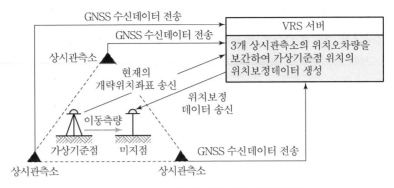

[그림 5-75] 네트워크 RTK(VRS) 운영체계도

(2) 건설현장에서 네트워크 RTK를 이용하여 정표고를 구하는 일반적 방법

1) 작업지역에 균등하게 분포하는 최소 5개의 수준점 및 통합기준점에서 네트워크 RTK 측량을 통한 타원체고 산출

2) (산출된 타원체고) − (수준점의 표고) = (각 지점에서의 기하학적 지역 지오이드고 산정)

3) (각 관측점의 타원체고) − (5개 지점의 지오이드고로부터 내삽한 지오이드고) = (각 관측점의 정표고 결정)

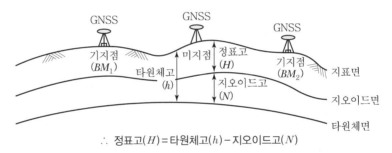

$$\therefore \text{정표고}(H) = \text{타원체고}(h) - \text{지오이드고}(N)$$

[그림 5-76] 건설현장에서 Network-RTK를 이용한 정표고 관측방법

4) 문제점 및 대책

① 문제점 : 네트워크 RTK 표고 관측 시 현장 캘리브레이션을 소홀히 하거나 잘못 실시하여 과대오차가 발생하는 사례가 빈번함

② 대책 : 현장 캘리브레이션은 관측지역을 둘러싼 외곽의 수준점 또는 가수준점의 성과를 이용하여야 함

(3) 국가 지오이드모델을 이용하여 정표고를 구하는 방법

1) GNSS와 지오이드모델을 이용하여 정표고를 결정할 경우에는 다음과 같은 총 세 단계에 걸쳐 보정을 수행한다.

① 1단계 : 먼저, 지오이드모델로부터 계산된 지오이드고가 실제 지오이드고와 같다고 가정하고 타원체고에서 모델로부터 계산된 지오이드고를 뺄 때 고시된 표고와 부합하도

록 기지점의 타원체고를 조정한다.

② 2단계 : 1단계 과정을 거쳐 보정된 타원체면이 결정되면 기지점에서의 위도, 경도와 조정된 타원체고를 고정하여 미지점에서의 타원체고를 계산한다.

③ 3단계 : 마지막 단계에서는 미지점에서 결정한 조정된 타원체고에 지오이드모델로부터 계산된 지오이드고를 빼서 표고를 결정한다.

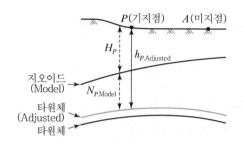

[그림 5-77] 표고 계산방법(1)

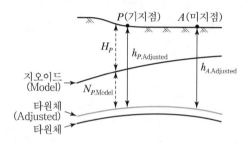

[그림 5-78] 표고 계산방법(2)

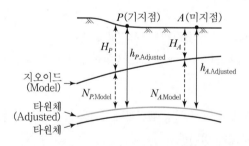

[그림 5-79] 표고 계산방법(3)

2) 국가 지오이드모델을 이용한 높이측량의 기본규칙 및 선점조건

① 국토지리정보원이 제공하는 최신 지오이드 모델을 이용한다.

② 표고는 고시된 최신 성과를 이용하여야 한다.

③ 기지점이 미지점 주변을 둘러쌓도록 최소 3점 이상을 배치하여 망을 구성한다.

④ 기지점과 미지점 사이의 거리는 20km 이내가 되도록 한다.

3) 적용범위

① 국토지리정보원에서 제공하는 합성지오이드모델을 적용할 수 있는 지역에 한한다.

② 3급 공공수준점 측량, 4급 공공수준점 측량 및 공사측량에 적용한다.

12 GNSS의 오차

1. 개요

GNSS는 수신기 1대만 사용하여 단독측위하는 경우 코드 측위 시에는 5~15m, 반송파 측위 시에는 1~3m 정도의 오차가 발생되는데 그 원인 및 소거방법은 다음과 같다.

2. 구조적 요인에 의한 오차

(1) 오차요인

① 전파의 전리층 통과 시 전파속도 지연오차

② GNSS 수신기에 탑재된 시계오차

③ 위성의 궤도 운동오차

④ 수신기 자체의 전자파적 잡음에 의한 오차

(2) 오차소거방법

① 2대의 수신기를 동시에 사용하여 양측에서 동일하게 발생되는 오차를 상대적으로 소거하는 상대측위(DGNSS : Differential GNSS)를 실시하여 정확도를 높일 수 있다.

② DGNSS 방법에는 오차처리 방법에 따라 좌표차방식의 DGNSS와 의사거리 보정방식의 DGNSS 방법 등이 있다.

③ 좌표차방식의 DGNSS 방법

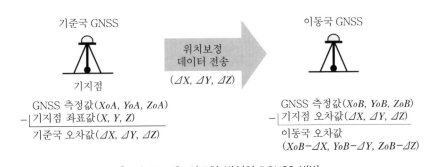

[그림 5-80] 좌표차 방식의 DGNSS 방법

④ 의사거리 보정방식의 DGNSS 방법

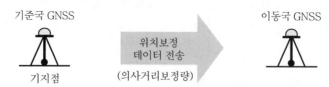

기준국 GNSS   위치보정 데이터 전송   이동국 GNSS

기지점   (의사거리보정량)

기준국 오차값(ΔX, ΔY, ΔZ)을
각 위성에 대한 의사거리로 환산 :
의사거리 보정량 산출

이동국에서 수신되는 각 의사
거리에 기준국의 오차보정량
만큼 삭제한 후 보정좌표 결정

[그림 5-81] 의사거리 보정방식의 DGNSS 방법

⑤ DGNSS 방법에 의해 오차를 소거할 경우, 코드신호를 사용하는 Code DGNSS(DGNSS)
는 1m 이내, 반송파신호를 사용하는 Carrier Phase DGNSS(RTK)는 1cm 이내까지 측
위 정확도를 높일 수 있다.

3. 측위환경에 따른 오차

(1) 위성의 배치 상태에 따른 정밀도 저하율(DOP : Dilution Of Precision)

측위에 사용되는 위성의 기하학적 배치나 분포가 측위 정확도에 영향을 미치는 현상을 DOP
이라 하며, 이는 삼각측량 또는 삼변측량에서 도형의 강도에 따라 정확도가 달라지는 것과 같
은 원리이다. 일반적으로 위성의 개수가 증가하면 DOP 수치가 양호해지는 위성들의 선별적
사용이 가능하여 보다 정확도의 GNSS 측위를 수행할 수 있다.

1) DOP의 종류

   ① GDOP : 기하학적 정밀도 저하율

   ② PDOP : 위치 정밀도 저하율(3차원 위치) : 3~5 정도가 적당

   ③ HDOP : 수평 정밀도 저하율(수평 위치) : 2.5 이하가 적당

   ④ VDOP : 수직 정밀도 저하율(높이)

   ⑤ RDOP : 상대 정밀도 저하율

   ⑥ TDOP : 시간 정밀도 저하율

2) DOP의 특징

   ① 수치가 작을수록 정확하다.

   ② 지표에서 가장 좋은 배치 상태일 때를 1로 한다.

   ③ 5까지는 실용상 지장이 없으나, 10 이상인 경우는 좋은 조건이 아니다.

   ④ 수신기를 가운데 두고 4개의 위성이 정사면체를 이룰 때, 즉 최대체적일 때는 GDOP,
PDOP 등이 최소가 된다.

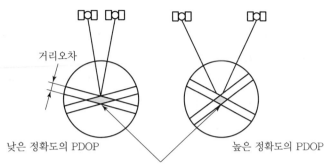

거리오차

낮은 정확도의 PDOP   높은 정확도의 PDOP

색깔로 표시된 부분의 면적-PDOP

[그림 5-82] PDOP

3) DOP의 계산
  ① GDOP는 의사거리 관측값의 수평분산, 수직분산, 시각오차 추정 등을 모두 고려하여
    계산됨
  ② PDOP는 의사거리 관측값의 수평분산과 수직분산을 고려하여 계산되며, 수평방향과
    수직방향으로 분리하여 HDOP, VDOP로 나타낼 수 있음
  ③ DOP은 위성이 구성하는 사면체의 체적이 최대일 때 수치가 가장 낮게 됨

4) 오차소거방법
  ① GPS 수신기만으로는 오차소거방법이 없으며, GPS 위성의 배치상태가 좋아질 때까지
    기다려야 한다(GPS 측량의 한계).
  ② 그러나 GLONASS, GALILEO, Beidou 신호를 수신할 수 있는 멀티 GNSS 수신기를
    사용하면 DOP에 의한 영향을 받지 않는다.

(2) 사이클슬립(Cycle Slip)
  사이클슬립은 측위계산에 필요한 최소한의 건강한 위성신호가 수신기에 도달하지 않는 현상
  으로서, 불명확정수 해결을 위한 건강한 반송파의 위상을 위상 추적 회로에서 순간적으로 놓
  침으로써 발생하는 오차를 말한다.

  1) 사이클슬립의 원인
    ① GPS 안테나 주위의 지형 · 지물에 의한 신호 단절
    ② 높은 신호 잡음
    ③ 낮은 신호 강도(Low Signal Strength)
    ④ 낮은 위성 고도각
    ⑤ 전파 방해(고압선, 고주파의 전파 등)

2) 오차소거방법

① 정지측량과 같은 후처리 시에는 데이터 전처리 과정에서 사이클슬립을 발견하여 편집함으로써 오차소거 가능

② RTK와 같은 실시간측량 시에는 오차를 소거할 방법이 없으며 사이클슬립이 발생하지 않는 지점으로 이동하여야 함(GPS 측량의 한계)

③ RTK의 경우 칼만필터 기법의 적용 여부나 안테나의 성능에 따라 다소의 개선 효과가 있으며, 최근에는 IMU를 융합하여 사이클슬립을 보정하는 연구가 진행 중임

(3) 다중경로(Multipath)에 의한 오차

위성신호는 GNSS 안테나에 직접파로만 수신되어야 하는데 건물 벽면 등에 부딪혀 들어오는 반사파와 같이 다른 경로로 신호가 수신되는 경우 정상적인 측위 계산이 되지 않는 현상을 멀티패스에 의한 오차라 말한다.

1) 멀티패스의 원인

건물 벽면, 바닥면 등에 의한 반사파의 수신

※ 다중경로에 따른 영향은 위상측정방식보다 코드측정방식이 더 크다.

2) 오차소거방법

① 멀티패스가 발생되는 지점을 회피하는 것 외에는 방법이 없음(GPS 측량의 한계)

② 멀티패스를 차단할 수 있는 안테나의 성능이나 수신기 펌웨어의 성능에 따라 다소의 증상개선 효과는 있음

③ 관측시간을 길게 설정

④ Choke Ring 안테나 사용

⑤ 절대측위에 의한 위치 계산 시 반송파와 코드를 조합하여 해석

(4) 낮은 위성 고도각(Elevation Mask)

수평선을 기준으로 앙각 15° 미만에 배치된 낮은 고도각의 위성신호를 수신할 경우 정확도가 떨어지게 된다.

1) 오차원인

① 낮은 고도각의 위성신호는 전리층 통과시간이 길어지므로 오차 증가

② 지면에 반사되어 신호가 수신되는 멀티패스의 발생 가능성

2) 오차소거방법

임계 고도각을 앙각 15° 이상으로 설정하여 임계 고도각 미만으로 배치된 위성신호는 수신을 거부함으로써 일정한 정확도 유지

4. 기타 오차

(1) SA(Selective Availability, 선택적 가용성)에 의한 오차

미 국방부의 정책적 판단에 의해 인위적으로 GPS 측량의 정확도를 저하시키기 위한 조치로 위성의 시각정보 및 궤도정보 등에 임의의 오차를 부여하거나 송신신호형태를 임의 변경하는 것을 SA라 한다. 이와는 달리 군사적 목적으로 P코드를 암호화하는 것을 AS(Antispoofing)라 한다.

1) SA
① 천체위치표에 의한 자료와 위성시계자료를 조작하여 위성과 수신기 사이에 거리오차가 생기도록 하는 방법이다.
② SA 작동 중 오차 : 약 100m
③ SA에 의한 오차는 상대위치 해석이나 DGPS 기법에 의해 감소시킬 수 있다.

2) SA의 해제
① GPS 오차에서 가장 큰 영향을 주던 SA는 2000년 5월 1일 해제조치
② SA가 해제되었더라도 수 m의 고정밀도를 요하는 자동차 항법 및 GIS 분야에는 기존의 DGPS 기술이 여전히 필요

3) AS(코드의 암호화, 신호차단)
① 군사목적의 P코드를 적의 교란으로부터 방지하기 위해 암호화시키는 기법이다.
② 암호를 풀 수 있는 수신기를 가진 사용자만이 위성신호 수신이 가능하다.

(2) PCV(Phase Center Variable)

위상 중심(Phase Center)이란 위성과 안테나 간의 거리를 관측하는 안테나의 기준점을 말하는데, 실제 안테나 패치가 설치된 물리적 위상 중심의 위치와 위상 측정이 이루어지는 전기적 위상 중심점의 위치는 위성의 고도와 수신신호의 방위각에 따라 변하게 되므로 이를 PCV(위상신호의 가변성)이라 하며, 이로부터 얻은 안테나 옵셋값을 실측에 적용함으로써 고정밀 GNSS측량이 가능하다.

1) 위상 중심의 변화

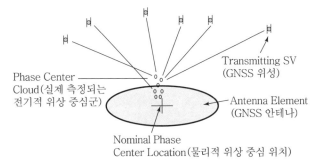

[그림 5-83] 위상 중심 변화

① 물리적 위상 중심
  • GNSS 안테나 내부에 장착된 안테나 패치의 중심위치
  • L_1 및 L_2 신호 수신용 안테나 패치가 각기 별도로 설치되어 있음
② 전기적 위상 중심
  • 위성신호가 수신되어 위성과 수신기 간의 거리가 관측되는 실제의 위상 중심
  • 위성의 고도와 수신 방위각에 따라 그 위치가 수시로 변함

2) 안테나 옵셋(Offset) 거리의 규정
  ① 안테나 옵셋 거리 : 안테나의 물리적 위상 중심과 전기적 위상 중심 간의 옵셋 거리
  ② 실험실 시험을 통해 생산되는 GNSS 안테나의 기종별 안테나 옵셋 거리 규정
  ③ 표준 안테나(Choke Ring 안테나)의 위상관측 결과를 기준으로 각 기준별 안테나의 옵셋 거리 규정
  ④ 모든 GNSS 안테나 옵셋은 미국 NGS(National Geodetic Survey) 홈페이지에서 검색 가능

3) 측량 시 PCV의 적용
  ① 서로 다른 기종의 GNSS와 혼합하여 정지측량 시, 각 기종별 안테나의 옵셋 거리 및 안테나고를 기선해석 프로그램에 정확히 입력하여야 함
  ② 안테나에 N(북) 방향 표시가 있는 구형 안테나는 측량 시 반드시 북쪽을 향하도록 안테나를 설치하여야 함
  ③ 동일 기종의 GNSS 안테나는 동일 방향을 향하도록 설치함으로써 안테나 위상 중심 변동에 의한 영향을 줄일 수 있음
  ④ 정지측량 시에는 모든 GNSS의 수신 고도각을 일정하게 설정하여야 함

5. 결론

GNSS 측량은 기존의 광학식 측량장비에 의한 방법보다 매우 편리한 측량방법이긴 하지만 소정의 정확도를 실현하기 위해서는 관측이나 오차처리에 있어 다양한 지식이 요구된다. 특히 GNSS 측량 자료의 오차처리는 고정밀 기준점 측량에 있어 매우 중요한 사항으로서 이에 대한 정확한 이해가 반드시 선행되어야 한다.

13

정밀도 저하율(DOP : Dilution Of Precision)의 수학적 해석

1. 개요

측위에 사용되는 위성의 기하학적 배치나 분포가 측위 정확도에 영향을 미치는 현상을 DOP라 하는데, 이는 삼각측량 또는 삼변측량에서 도형의 강도에 따라 정확도가 달라지는 것과 같은 원리이다. 위성의 개수가 증가하면 DOP 수치가 양호해지는 위성들의 선별적 사용이 가능하여 보다 정확한 GNSS 측위를 수행할 수 있으며 최근에는 멀티 GNSS의 사용으로 DOP에 의한 영향이 크게 감소되었다.

2. 정밀도 저하율(DOP)

(1) 위성들의 상대적인 기하학이 위치결정에 미치는 오차를 표시하는 무차원의 수로, 상공에 있는 GNSS 위성의 배치에 따라 단독위치결정과 상대위치결정에서 위치결정 정밀도는 영향을 받는다.

(2) 작은 정밀도 저하율은 위성의 기하학적인 배치상태가 양호하여 위치결정 정밀도가 높다는 것을 나타낸다. 반면에 큰 정밀도 저하율은 위성의 기하학적 배치상태가 불량하여 위치정밀도가 낮다는 것을 나타낸다.

(3) GNSS 관측 중 DOP가 수신기 화면에 나타나므로 관측점의 위치와 높이의 정밀도를 점검할 수 있다.

(4) DOP에는 PDOP, GDOP, HDOP, VDOP, TDOP 등이 있다.

3. DOP의 수학적 해석

관측지점 및 위성의 좌표와 수신기에 의해 측정된 전파시간 τ 및 의사거리 ρ_i는 피타고라스정리에 의해 다음과 같은 관계가 성립한다.

$$\rho_i = \rho_{io} + \left(\frac{\partial \rho}{\partial x}\right) \cdot \delta x + \left(\frac{\partial \rho}{\partial y}\right) \cdot \delta y + \left(\frac{\partial \rho}{\partial z}\right) \cdot \delta z - c\delta\tau \quad \cdots\cdots\cdots ①$$

단, ρ_{io}(초깃값에 의한 위성과 지상의 거리)는 다음과 같다.

$$\rho_{io} = \left\{(x_i - x_{oo})^2 + (y_i - y_{oo})^2 + (z_i - z_{oo})^2\right\}^{\frac{1}{2}}$$

이때, 편미분 값을 반복 계산하면 다음과 같다.

$$\frac{\partial \rho}{\partial x} = -\frac{(x_i - x_{oo})}{\rho_i} = \alpha_i$$

$$\frac{\partial \rho}{\partial y} = -\frac{(y_i - y_{oo})}{\rho_i} = \beta_i \qquad i = 1, 2, 3, 4$$

$$\frac{\partial \rho}{\partial z} = -\frac{(z_i - z_{oo})}{\rho_i} = \gamma_i$$

위의 ①번 식을 행렬 형태로 고치면 다음과 같다.

$$A \cdot \delta X = \delta R$$

여기서, A : 계수행렬
δX : 미지수행렬
δR : 관측행렬

$$A = \begin{vmatrix} \alpha_1 & \beta_1 & \gamma_1 & 1 \\ \alpha_2 & \beta_2 & \gamma_2 & 1 \\ \alpha_3 & \beta_3 & \gamma_3 & 1 \\ \alpha_4 & \beta_4 & \gamma_4 & 1 \end{vmatrix} \quad \delta X = \begin{vmatrix} \delta x \\ \delta y \\ \delta z \\ c\delta\tau \end{vmatrix} \quad \delta R = \begin{vmatrix} \delta\gamma_1 \\ \delta\gamma_2 \\ \delta\gamma_3 \\ \delta\gamma_4 \end{vmatrix}$$

여기서, α_i, β_i, γ_i는 관측지점으로부터 위성의 방향에 대한 cosine(의 추정치)이다.
A^{-1}(A의 역행렬)를 양변에 곱해주면

$$\delta X = A^{-1} \cdot \delta R$$

이때, δX에 대한 분산은 다음과 같다.

$$Cov(\delta X) = A^{-1} \cdot Cov(\delta R) \cdot (A^{-1})^T$$

각 위성의 의사거리에 단위오차가 존재하고, 그것들이 상호 독립일 경우 $Cov(\delta R)$는 단위행렬이
된다. 따라서

$$Cov(\delta X) = (A^T \cdot A)^{-1} \quad \cdots\cdots\cdots\cdots\cdots\cdots\cdots\cdots\cdots\cdots\cdots\cdots\cdots ②$$

GDOP는 위 ②번 식 우변 행렬의 대각선원소의 합(Trace)의 제곱근으로 정의된다.

$$GDOP = \sqrt{\{Trace(A^T \cdot A)^{-1}\}} = \sqrt{(\sigma_{xx}^2 + \sigma_{yy}^2 + \sigma_{zz}^2 + \sigma_{tt}^2)}$$

GDOP에는 시계오차도 $c\delta\tau$의 형태로 의사거리와 동등한 오차요인으로서 기여하고 있다. 이것을 공간좌표에 관한 부분과 시각에 관한 부분으로 나누어 PDOP 및 TDOP를 정의하면,

$$PDOP = \sqrt{\left(\sigma_{xx}^{2} + \sigma_{yy}^{2} + \sigma_{zz}^{2}\right)}$$
$$TDOP = \sigma_{tt}$$

또한, 수평성분과 수직성분을 분리하여 사용하면,

$$HDOP = \sqrt{\left(\sigma_{xx}^{2} + \sigma_{yy}^{2}\right)}$$
$$VDOP = \sqrt{\sigma_{zz}^{2}} = \sigma_{zz}$$

식 ②에서 A가 클수록 측위정확도가 좋아진다. A의 요소는 위성의 방향 코사인이므로 측위 정확도는 위성배치에 따라 달라진다는 것을 알 수 있다. 즉, 4개의 GNSS 위성이 천구상에서 구성하는 사면체의 체적이 최대일 때 GDOP가 가장 좋게(수치가 낮음) 나타난다는 것을 알 수 있다.

4. 결론

DOP는 삼각측량 또는 삼변측량에서 도형의 강도에 따라 정확도가 달라지는 것과 같은 원리이다. 그러므로 철저한 이론 해석을 기반으로 현장 실무에 효율적으로 적용해야 할 것으로 판단된다.

14

GNSS 측량에서 전리층의 영향

1. 개요

GNSS의 측위오차는 크게 나누어 구조적 요인에 의한 오차, 측위환경에 따른 오차 및 기타 오차 등으로 구분되며 전리층 영향에 대한 오차는 대기권 전파지연 오차에 해당된다. 전리층 영향 오차는 위성궤도 오차, 대류권 오차와 더불어 VRS와 같은 실시간 측량의 정밀도에 크게 영향을 미친다.

2. GNSS 오차의 종류

GNSS 측량의 오차는 위성궤도 오차, 시간오차, 전리층과 대류층 오차와 같은 구조적 오차와, 위성배치에 따른 기하학적 오차인 DOP, 지금은 해제된 SA와 같은 오차가 있다.

(1) 구조적 요인에 의한 오차(Bias)

GNSS에서 Bias는 체계화된 오차 형태를 말하며 일반적으로 구조적인 오차를 말한다.

1) Bias의 원인
   ① 인공위성 시간오차(위성시계 편의량)
   ② 위성궤도 편의량
   ③ 수신기시계 편의량
   ④ 전리층 전파지연
   ⑤ 대기권 전파지연
   ⑥ 수신초기의 위성과 수신기간 정수 Cycle 편기
   ⑦ 잡음(Noiose)
   ⑧ 다중경로 오차

(2) 위성의 배치상태에 따른 오차

1) GNSS 관측지역의 상공을 지나는 위성의 기하학적 배치상태에 따라 측위의 정확도가 달라지는데 이를 DOP(Dilution Of Precision)라 함
2) 3차원 위치의 정확도는 PDOP에 따라 달라지는데 PDOP은 4개의 관측 위성들이 이루는 사면체의 체적이 최대일 때 가장 정확도가 좋으며 이때는 관측자의 머리 위에 다른 3개의 위성이 각각 120°를 이룰 때임
3) DOP(정밀도 저하율)는 값이 작을수록 정확하며, 1이 가장 정확하고 5까지는 실용상 지장이 없음

4) DOP의 종류

① GDOP : 기하학적 정밀도 저하율

② PDOP : 위치 정밀도 저하율(3차원 위치)

③ HDOP : 수평 정밀도 저하율(수평위치)

④ VDOP : 수직 정밀도 저하율(높이)

⑤ RDOP : 상대 정밀도 저하율

⑥ TDOP : 시간 정밀도 저하율

(3) 오차의 소거 방법

1) 구조적 요인에 의한 오차 소거(차분법으로 소거)

① 위성시계 오차와 전파지연량은 제어국에서 조정하여 최소화

② 2대 이상의 GNSS 수신기를 이용하여 동일한 오차 성분을 동시에 소거하는 상대측위 방식을 통해 정확도를 높일 수 있음(전리층 지연오차는 L_1, L_2를 조합 사용)

2) 위성의 배치상태에 따른 오차

소거방법이 없으며 측량 지역 상공의 위성배치가 좋아질 때까지 기다려야 함

3) GNSS와 VLBI, 토털스테이션(Total Station), INS 결합 사용

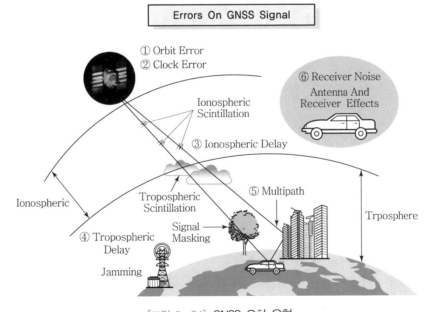

[그림 5-84] GNSS 오차 유형

3. 전리층 영향

(1) 전리층 개요

① 대기의 상층부에서 태양으로부터 받은 자외선이나 우주선 등으로 기체 분자가 전리한 층으로 위도나 계절, 시각 등에 따라서 변동

② 전자 밀도에 따라 전파를 반사, 흡수하며 전리층은 전파의 특성에 따라 D, E, F층으로 구분됨

③ D층은 지상 60~90km에 있으며 전파를 흡수하고 E층은 지상 약 100km, 두께 약 20km이며, 헤비사이드층이라고도 함. F층은 지상 200~400km에 있고, 주간에는 F_1, F_2층으로 분리되며 Es층은 스포라딕 E층이며, 여름철 한낮에 돌발적으로 출현함

(2) 전리층의 종류

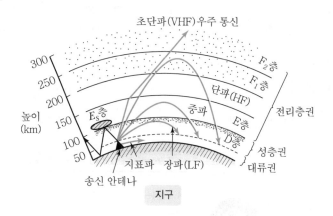

[그림 5-85] 전리층의 종류

4. GNSS 측량의 전리층 영향

(1) 전리층 영향

① 전리층과 대류권은 GNSS에서 송신된 신호의 속도에 영향을 미치며, 의사거리의 오차를 줄이는 데에는 대기권으로 인한 오차를 줄이는 것이 가장 효과적

② 전리층 오차는 위성에서 송신된 신호가 전리층을 통과하면서 발생하는 전리층 지연오차

③ 전리층 지연의 크기는 전리층 활동이 심한 낮에는 20~30m, 밤에는 3~6m 정도의 오차를 나타내며 전리층 지연으로 발생하는 측위오차

④ 전리층 지연의 크기는 주파수에 반비례하므로 L_1, L_2의 두개의 주파수를 수신하는 2주파 수신기를 사용하면 전리층 지연을 효과적으로 제거할 수 있음

(2) 전리층 영향 보정

① 전리층으로 인한 오차는 산란으로 인한 것으로 신호의 주파수에 따라서 달라짐

② 2주파 GNSS 수신기는 L_1과 L_2 채널을 이용해 전리층 효과를 직접 보정 가능

③ L_1 채널 수신기는 항법 메시지에 포함된 오차보정 계수를 사용해 전리층 효과를 보정

④ 전리층에 대한 전파경로를 최소로 하기 위해 수평선 위로 어느 각도 밑에 있는 인공위성으로부터 오는 신호는 무시하도록 Mask Angle을 설정

⑤ 이것의 단점은 Mask Angle이 너무 높게 입력된 경우에는 최소 필요한 4개의 위성에 미달될 수도 있으며 대부분 Mask Angle은 $10 \sim 20°$ 정도로 유지

(3) 한반도 전리층 영향 모델링

① 실시간으로 수집된 국내 80개 GNSS 상시관측소 자료를 이용하여 우리나라 전리층의 시·공간 변화를 감시

② 전리층 관측기(Ionosonde)를 통해 높이에 따른 전리층 플라스마의 전자밀도의 분포를 측정하는 것으로 전파를 수직 입사하여 전리층 내의 여러 전자층에 반사되어오는 전파를 측정함으로써 전리층 내의 전자들의 분포를 높이에 따른 함수로 나타냄

③ TEC 관측기는 전리층 전자밀도(Total Electron Content)를 관측하는 시스템으로 다수의 GNSS 위성으로부터 신호를 수신하여 전리층 전자밀도와 신틸레이션(위성신호 페이딩 현상)을 실시간 측정하여 지구~위성 간 통신에 미치는 전리층 변화 현상 연구에 활용

5. 결론

GNSS의 대표적인 오차요인으로는 위성궤도 오차, 위성시계 오차, 전리층 지연 오차, 대류층 지연 오차, 수신기 잡음 오차가 있으며, 이러한 오차요인들을 제거하기 위한 방법들이 지속적으로 개발되고 있다. 단일 주파수 사용자는 이 전리층 모델을 이용하여 전리층 지연 오차를 보정하는데 오차보정 성능은 60% 정도이다. 이 중 주파수 사용자는 전리층 지연량이 파수의 제곱에 반비례함을 이용하여 L_1, L_2 주파수의 의사거리 측정치를 이용하여 정확히 전리층 지연 오차를 추정할 수 있다.

15

GNSS 관측 시 사이클슬립(Cycle Slip)을 검출하고 이를 복원하는 방법

1. 개요

사이클슬립은 주변 장애물 또는 전파 방해 등의 요인에 의해 반송파 신호가 단절되거나 노이즈를 일으켜 정수만큼의 불연속이 발생하는 것으로서 GNSS 측량 시 가장 큰 어려움으로 인식되고 있는바, 본 내용에서는 후처리 방식과 실시간처리 방식에 있어서의 검출 및 복원방법에 대하여 중점적으로 기술하고자 한다.

2. 후처리 방식에 있어서의 검출 및 복원

(1) 자동검출 및 편집

① 관측된 원시데이터를 기선해석 소프트웨어로 전송
② 소프트웨어상에서 사이클슬립 발생구간 자동검출
③ 사이클슬립 발생구간의 데이터 삭제 후 기선해석
④ 실무적으로는 주로 자동검출 및 편집방법 사용

(2) 수동검출 및 복원

① 삼중차 차분기법을 이용하여 사이클슬립 검출
② 삼중차 차분기법의 순서 및 방법

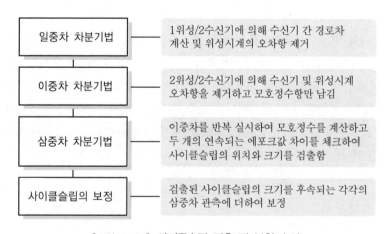

[그림 5-86] 사이클슬립 검출 및 복원 순서

3. 실시간처리 방식에 있어서의 검출 및 복원

(1) RTK 측량 시에는 위성과 수신기의 위치가 동시에 변하므로 위성과 수신기 간 거리의 변화율이 일정한 정지측량 시에 비해 사이클슬립의 검출이 어려움

(2) 따라서 GNSS와 INS를 융합, INS 위치정보를 이용하여 위성과 수신기 간의 이중차분된 거리를 계산하고, 이중차 반송파 위상과 비교함으로써 위성신호의 단절을 검출함

(3) INS 예측위치를 기반으로 위성과 INS 간 이중차의 RMS를 계산하고, 파장의 0.2배인 경우에 CUSUM 방법으로 신호 단절 보정

(4) 모호정수를 해결하기 위해서는 코드 또는 반송파 신호를 이용하여 실수 모호정수를 해결한 후, 다양한 모호정수 검색 방법을 이용하여 최적 및 차선의 모호정수를 검색함

(5) 상기 방법은 현재 연구 진행 중이며 실용화를 위하여는 보다 정밀한 INS 장비와 소프트웨어의 개발이 요구됨

4. 사이클슬립 처리의 문제점 및 대책

(1) 후처리(정지측량) 시

① 문제점 : 다양한 원인에 의해 사이클슬립이 발생되므로 이를 근본적으로 방지할 방법은 없음

② 대책 : 자동검출된 사이클슬립 신호를 깨끗이 제거하고 기선해석을 실시함으로써 고정밀의 GNSS 측량 가능

(2) 실시간처리(RTK 측량) 시

① 문제점 : 이동 중 사이클슬립이 빈번하게 발생되어 측량능률 저하

② 대책 : 최근 크기가 작은 사이클슬립은 펌웨어의 지속적인 개발로 인해 수신기의 작동이 멈춰 지더라도 즉시 재초기화되는 등 개선이 되었으나, 크기가 큰 사이클슬립은 아직 해결되지 못하고 있음(GNSS 측량의 한계)

5. 결론

위성신호만을 이용하는 경우 RTK 측량 시의 사이클슬립은 전파의 특성상 해결이 어려우므로 향후 고정밀의 INS가 결합된 형태의 신기술 개발을 통하여 이를 해결해 나아갈 필요가 있다고 판단된다.

1. 개요

RTK 측량과 같은 실시간 GNSS 측량의 경우에는 관측 즉시 기지점 좌표와의 비교와 관측값의 변화상태를 통해 데이터의 품질을 점검할 수 있으나, 정지측량 등의 후처리 GNSS 측량에서는 관측데이터의 품질상태에 대한 실시간 파악이 어렵다. 따라서 내업을 통해서만 재측 여부를 결정할 수 있으므로 이에 따른 시간적 · 경제적 손실을 방지하기 위해서는 관측 데이터의 각종 품질관리 요인을 사전에 관리하는 QC 시스템의 구축이 필요하다.

2. 관측 데이터의 품질관리 종류

(1) 외업에 대한 품질관리 – 데이터 취득 시 고려사항

(2) 내업에 대한 품질관리 – 데이터 처리 시 고려사항

3. 외업에 대한 품질관리

(1) 위성 배치 점검

① 시간대별 위성의 위치를 기록한 방송력 파일 및 Sky Plot, 시계열 그래프 등 참조

② 관측시간 내 위성의 고도 및 방위각 계산

③ DOP 수치가 최대 7 이내인 시간대를 선별하여 관측시간 결정

(2) 다중경로(Multipath) 오차 점검

① 관측 데이터에 기록된 L_1, L_2 의사거리를 사용하여 다중경로 오차량 계산

② 다중경로 오차량 계산은 프로그램 처리로 데이터의 해석 없이 그래프로 표시하여 현장에서 재측 여부 즉시 결정

(3) 전리층 지연 점검

① 2주파 수신기를 사용하여 정확한 지연시간 측정

② 전리층 지연량(Ion) 및 전리층 지연시간의 변화율(Iod)을 계산

(4) 위성신호 강도 점검

① 신호(Signal) 대 잡음(Noise)비, 즉 S/N 비 계산

② L_2 신호보다 값이 높은 L_1 신호의 신호강도를 주로 이용함

(5) 품질관리 기준

[표 5-29] GNSS 품질관리 허용범위

구분		허용범위	허용 포함률	비고
위성의 배치	고도	10° 이상	90%	
	방위각	PDOP 3~7	70%	
다중경로 오차	Mp1	1.0m	95%	
	Mp2	2.0m	95%	
전리층 지연	Ion	±10 이내	80%	
	Iod	±0.3 이내	80%	
위성신호 강도	SN1	10 이상	80%	
	SN2	7 이상	80%	

4. 내업에 대한 품질관리

(1) 단일기선에 대한 품질관리

1) 정수 바이어스 결정비(Ratio Value)

① 다중해 선택시 참값을 판별하는 신뢰도를 나타내는 숫자로서 특정 기선의 모호정수 (Integer Ambiguity)가 올바르게 해석되었는가를 평가함

② 일반적으로 바이어스 결정비가 높을수록 측정값이 양호함

③ 바이어스 결정비 = $\dfrac{\text{두 번째로 작은 값의 분산}}{\text{최솟값의 분산}}$

④ 일반적으로 저고도 위성데이터를 사용하거나 철탑, 전선의 영향으로 반송파 위상에 혼란이 생기는 경우에 바이어스 결정비가 낮게 나타남

2) 데이터 기각률(관측 데이터 수, 채택 데이터 수)

① 기선 해석 시 반송파 위상 데이터 중에서 불량 데이터를 제거한 비율

② 전체 데이터의 20% 이상 기각되는 경우는 관측값의 신뢰도 저하

③ 데이터 수가 적은 키네매틱 측위의 경우는 특별한 주의 요망

3) 해석결과의 표준편차

① 해석결과의 표준편차는 실제 측량의 정확도보다 월등히 우수하므로 이를 측량의 정확도로 오인하면 안 됨

② 그러나 표준편차가 정상값보다 큰 경우는 주의 요망

③ 표준편차가 큰 원인은 수신 강도의 저하, 잡음 및 다중경로오차 등에 있음

4) 가변요소(Variance Factor)

① 최소제곱의 조정 과정에서 얻어지는 무차원의 수치로서 측정값의 초기 편차가 해의 표준편차에 대하여 이상적인지를 나타냄

② 이 값이 1이면 측정값에 책정된 분산값이 추정값과 일치하는 것이나 일반적으로는 10보다 크게 나타남

③ 가변요소 값이 낮을수록 측정값이 양호함

5) 기선해석 결과 불량시 점검사항

① 소프트웨어와 컴퓨터의 점검 및 조작 실수 여부 점검

② 하드디스크에 수록된 관측 데이터의 정확성 확인

③ 파일 입력의 오류 확인

④ 수신기 데이터의 불량 여부 확인

- 모든 관측자료의 불량 여부
- 수신기의 고장, 회로 및 케이블 등의 단선 여부
- 강하고 연속적인 전파혼신의 존재 여부
- 관측시간 중 일부만 불량인지의 여부
- 수신환경 불량(수신위성 수의 부족, 잡음) 여부

⑤ 모든 기선을 하나씩 시험하여 어떤 관측점에 잘못이 있는지 확인

⑥ 사이클슬립 편집 작업 과정 검토

(2) 환폐합에 대한 품질관리

1) 중복 세션에서 관측점 기선 점검

① 폐합 점검을 통하여 불량기선을 찾아낼 때 사용하는 방법

② 1개의 세션이 사용될 때 망폐합은 항상 우수한 결과가 산출되나 다중세션 관측 시는 불량한 기선에 대한 검출이 가능함

③ 국토지리정보원 정밀 2차 GPS 작업규정의 1개 세션 관측 시 환폐합차는 다음과 같다.

- DX, DY, DZ 각 성분의 폐합차
  - 10km 이상 : 1ppm $\times D$
  - 10km 이내 : 2ppm $\times D$(단, D =사거리, km 단위)
- 2세션 이상의 경우 세션 간 삼각형 또는 사각형의 환폐합차
- 기선 해석에 의한 X, Y, Z 각 성분의 좌표 비교차 : 15mm

2) Internal Accuracy(Loop Test)

　　① 내부 정확도라고 하며 전체 기선 길이에 대한 ppm으로 표현한다.

Closure 6 Baselines		
	Errors(m)	Errors(ppm)
X	0.0107	0.9531
Y	0.0043	0.3848
Z	0.0140	1.2497
Total Dist(m)		1,1182.7581
Total Err(ppm)		1.6181

(3) 기타 품질관리

　　① RMSE(평균제곱근오차, 표준편차) : 기선 길이가 길어질수록 커진다.

　　② 잔차에 대한 통계 테스트(Chi-Square Test)

　　③ 망조정(Network Adjustments)

5. 결론

GNSS 측량은 기존의 광학식 측량 장비에 의한 방법보다 매우 편리한 측량 방법이긴 하지만 소정의 정확도를 실현하기 위해서는 관측이나 계산에 있어 다양한 지식이 요구된다. 특히 GNSS 측량자료의 품질관리는 고정밀의 기준점 측량에 있어 매우 중요한 사항으로서 이에 대한 정확한 이해가 반드시 선행되어야 한다.

17 　관성측량체계

1. 개요

관성측량체계(ISS : Inertial Surveying System)는 세 가속도계를 서로 수직으로 설치하여 여기에 각각 자이로(Gyro)를 부착한 후 탑재기에 장착하여 물체의 거동으로부터 회전각과 이동거리의 변화를 계산하는 자주적인 위치 결정체계이다. 관성측량은 기후의 조건 및 관측지역의 여건과 무관하게 신속히 관측이 가능하며, 또한 위치, 속도, 방향 및 가속도를 동시에 결정할 수 있는 장점을 지니고 있다. 그러므로 관성측량체계는 GNSS와 결합하여 다양한 측량분야에 응용될 수 있는 체계이다.

2. 특징

(1) 기후조건과 관측지역에 완전히 무관하게 신속히 관측 가능

(2) 위치, 속도, 방향 및 가속도가 동시에 결정이 가능하나 주로 회전각 결정에 이용

(3) 산악이나 산림지역과 같이 GNSS의 적용이 불가능한 곳에 그 활용도 인정

(4) 지나온 모든 점들의 좌표를 알 수 있어 측량지역이 넓거나 측정량이 많을 때 적당

(5) 시통은 불필요하나, 두 지점 간의 이동장치가 필요

(6) GNSS와 결합하여 다양한 측량분야에 활용 가능한 큰 잠재력을 지님

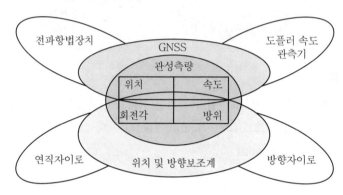

[그림 5-87] 관성항법체계와 타 체계의 비교

3. 원리

① 뉴턴의 운동 제2법칙(가속도의 법칙)

$$f = m \cdot a = m \cdot \frac{d^2 r}{dt^2}$$

여기서, f : 힘
m : 질량
a : 가속도

② 경과거리 산정 : 질량은 기지값이고 힘을 관측하여 두 번 적분하면 경과거리를 얻을 수 있다.

$$r_2 - r_1 = \int_{t_1}^{t_2} \int_{t_1}^{t_2} \frac{f}{m} \cdot dt \cdot dt$$

4. 방법

관성측량기를 시점에서 초기화 및 필요한 보정을 한 뒤 관성측량기를 탑재한 차량, 항공기 등으로 미지측점을 이동하면서 가속도와 시간을 측정하면 내장된 전산기 처리과정(가속도를 시간으로 이중적분)을 통해 각 측점의 상대위치 Δx, Δy, Δz를 결정할 수 있다. 그리고 마지막 기지점에 도착하여 그 좌표를 컴퓨터에 입력시키면 개략적 근사위치를 얻게 된다.

(1) **가속도계** : x, y, z 방향 가속도 측정
(2) **자동평형기** : 가속도계의 평형 유지 기능
(3) **시계** : 각 미지측점의 가속도 측정 시 시간 관측

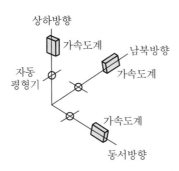

[그림 5-88] 관성측량의 구조

5. 오차

관성측량의 오차원인은 관성탐측기에 따라 매우 다양하지만 자이로스코프에 의한 오차가 가장 크다.

(1) **기계오차** : 자이로의 편류(Drift), 가속도계의 잡음(Noise), 축척계수의 오차(Scale)
(2) 노선 설정 시 초기화 오차
(3) 지구중력의 모형 오차

6. 정확도

관성측량의 정확도는 시간당 비행 정도로 표현한다. 현재 10km당, 20~30cm 정도의 정밀도 실현이 가능하다.

(1) INS(고정밀 비행체계) : 위치오차(500~1,000m), 속도(0.5~1.0m/s), 회전각(10~30″)
(2) AHRS(촬영경로, 회전각 유도 보조수단) : 위치오차(200~300km), 속도(200~300m/sec), 회전각(1,800~3,600″)

7. 장 · 단점

(1) 장점

① 계산 속도가 빠르고 운동체의 운동에 따른 영향을 거의 받지 않음

② 악천후나 전파 방해 등의 영향을 받지 않음

③ 안정적으로 시스템을 유지

(2) 단점

① 시간이 길어질수록 오차 증가

② 장거리일수록 오차 범위 증가

③ GNSS와 결합하여 단점 해결

8. 관성측량의 응용

(1) 기준점 측량(Control Surveying)

① 기지점 성과로 유용한 효과와 기지점의 검사 및 신속하고 경제적인 복구 가능

② 기준점은 도플러 위성측량으로 실측하여 항공사진의 기준점 측량에 이용

(2) 토지측량(Property Surveying)

다각측량에서 각 점의 대각선이 분명치 않을 때 더욱 유용

(3) 시공측량(Construction Surveying)

다른 측량방법과 지도 제작이 실패한 예가 많은 산림지역 같은 먼 지역에서는 그 성능이 우수함

(4) 지구물리 측량(Geophysical Surveying)

탄성파나 중력측량에서 측점의 수평위치나 표고 결정 및 오차 제거에 활용

(5) GNSS 측량

GNSS를 적용 불가능한 곳에 활용

(6) 항공사진측량

항공사진측량, 레이저 거리측량 및 스캐닝, 항공중력관측, 원격탐측 분야에 활용

(7) 특수측량 및 해양측량

MBES의 정확도 향상

9. 결론

관성측량은 다양한 측위 분야에서 그 중요성이 인정되고 있으나, 장비가 고가여서 실무현장에 잘 사용되지 못하고 있는 실정이다. 그러므로 국가적인 지원 아래 다양한 분야에 활용될 수 있도록 심도 있는 제도적 연구가 필요하다고 판단된다.

18 협력 · 지능형 교통 체계(C-ITS : Cooperative Intelligent Transport Systems)

1. 개요

차세대 지능형 교통체계(C-ITS)란 차량이 주행 중 운전자에게 주변 교통상황과 급정거, 낙하물 등의 사고 위험 정보를 실시간으로 제공하는 시스템이다. C-ITS는 V2X 기술을 기반으로 하여 도로, 차량, 운전자 간의 관련성이 보다 긴밀해지고, 차량은 주행 중 다른 차량에서 직접 정보를 수신하거나 노변의 기지국이나 CCTV를 통해 주변 교통 상황, 급정거, 낙하물 등의 정보를 실시간으로 확인할 수 있다. C-ITS는 2009년부터 유럽에서 사용된 용어이며, 미국에서는 커넥티드 비히클(connected vehicle), 일본에서는 아이티에스 스폿(ITS spot)이라 불리기도 한다.

2. 개념

C-ITS는 자동차가 인프라 또는 다른 차량과 통신을 통해 상호 협력하는 시스템으로, 교통안전 제고를 위해 도입되어 추진되고 있다.

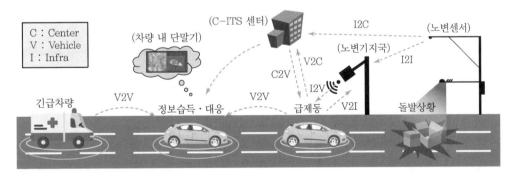

[그림 5-89] C-ITS 개념도

3. 구성요소 및 운영

(1) **구성요소** : 차량 내(車內) 단말기·노변기지국(통신), 신호제어기(교통신호), 돌발상황 검지기(도로변 교통상황), 인증서 기반 보안시스템 등

(2) **운영** : ① 데이터 취득 → ② 통신을 통한 정보전달 → ③ 활용 단계로 운영

4. 기대효과

(1) 우선 정책적으로는 줄어드는 교통 인프라 부문 예산과 관련해 기존 도로·교통 인프라를 효율적으로 운영하고 관리할 수 있게 된다.

(2) C-ITS의 도시지역 효율적 도입을 통해 도로·교통 서비스를 개선해 공공성을 강화하고, 낙후된 교통 인프라 개선 방향을 제시할 수 있다.

(3) 경제·사회적 기대효과 부문에서는 차량 간 통신을 이용한 실시간 교통정보 수집·제공 서비스인 C-ITS를 도시지역에 효율적으로 구축하여 돌발상황에 대한 신속하고 능동적인 대응력 향상을 통해 도시지역 교통안전성을 개선하고, 교통사고 감소 및 사고비용 절감 효과가 기대된다.

(4) 도로·자동차·ICT 산업 관련 분야 및 C-ITS 관련 해외시장에 대한민국의 국가 경쟁력 향상 및 전문 인력 양성을 통한 일자리 창출 효과를 기대할 수도 있다.

5. C-ITS와 ITS와의 차이점

[표 5-30] C-ITS와 ITS와의 차이점

ITS(현재)	C-ITS(향후)
• 현장 → 센터 → 현장 등 센터 중심의 일방향 교통 서비스 제공	• 현장(차량 ↔ 센터, 차량 ↔ 도로) 중심의 양방향 교통 서비스 제공
• 차량과 차량, 차량과 도로 간 교통정보 수집 및 제공이 분리	• 주행 중 주변 차량 및 도로와 끊임없이 상호 통신하며 교통정보 교환·공유
• 운전자 인지반응의 한계로 교통사고 시 신속한 대응에 한계	• 교통상황 대응에 현장 중심의 신속하고 능동적인 대응 가능
• 사후 관리 중심	• 사전 대비 및 회피 또는 사후 대응 중심

6. C-ITS 주요 서비스

(1) 위치기반 차량 데이터 수집

(2) 위치기반 교통정보 제공

(3) 스마트 통행료 징수

(4) 도로 위험구간 정보 제공

(5) 노면상태, 기상정보 제공

(6) 도로 작업구간 주행 지원

(7) 교차로 신호위반 위험 경고

(8) 우회전 안전운행 지원

(9) 버스 운행 관리

(10) 옐로버스 운행 안내

(11) 스쿨존, 실버존 속도제어

(12) 보행자 충돌방지 경고

(13) 차량 충돌방지 지원

(14) 긴급차량 접근 경고

(15) 차량 긴급상황 경고

7. 구축현황

(1) 우리나라는 스마트하고 안전한 도로교통환경을 구축하기 위해 2007~2014년까지 연구개발 (R&D)을 통해 차세대 지능형 교통시스템(C-ITS) 기술개발을 완료하고, 2016년 7월부터 시범서비스를 제공하기 위해 대전~세종 간 87.8km 구간에서 시스템을 구축 중에 있다.

(2) 현재 한국도로공사 등 공공기관과 민간기업의 주도 하에 대전시~세종시 고속도로 및 몇몇 국도와 시가지도로에서 C-ITS 확대기반 조성을 위한 기술·서비스 개발 및 검증을 위한 시범사업을 진행하고 있다.

8. 결론

현 ITS는 교통수단과 시설이 분리된 상태에서 교통관리 또는 교통소통 중심의 정보수집 및 제공 시스템인 반면에 C-ITS는 개별차량에 대하여 실시간 정보를 제공하여 돌발상황에 사전대응 및 예방이 가능하다. 그러므로 C-ITS의 효율적 도입을 위한 단말기 보급 및 24시간 지속적인 서비스 문제 등 정부는 법·제도 마련을 통해 효율적인 차세대 교통체계가 구축되도록 힘써야 할 것으로 판단된다.

05 실전문제

01 단답형(용어)

(1) Ambiguity(불명확정수)

(2) GPS Time

(3) Cycle Slip

(4) DGNSS(Differential GNSS)/LADGNSS(Local Area DGNSS)/WADGNSS(Wide Area DGNSS)

(5) DOP(Dilution of precicion, 정밀도 저하율)

(6) Ephemeris(Almanac, 위성력)/Precise Ephemeris(정밀궤도력)

(7) GPS 구성요소

(8) GPS 신호 및 특징

(9) GLONASS(Global Navigation Satellite System)

(10) GALILEO

(11) ITS(Intelligent Transport System)/C-ITS(Cooperative Intelligent Transport Systems)

(12) INS(Inertial Navigation System, 관성측량체계)

(13) Kalman Filter(칼만 필터)

(14) Keplerian 요소

(15) GNSS 시각동기

(16) On-The Fly(OTF)

(17) GNSS 상시관측소

(18) Zero-Baseline GNSS 안테나 검정

(19) 위치보정서비스(OSR/SSR)

(20) RTK(실시간 이동 측량)

(21) Network-RTK(VRS/FKP)

(22) Broadcast-RTK

(23) GNSS Leveling

(24) SBAS/GBAS

(25) 반송파의 위상차 측정방법

(26) PCV(Phase Center Variable)

(27) RINEX/NMEA/RTCM 포맷

(28) LBS(Location Based Service)

(29) GNSS 재밍(Jamming)/기만(Spooting)

02 주관식 논문형(논술)

(1) GNSS 측량에 대하여 설명하시오.

(2) GNSS 위치결정원리와 방법 및 정확도에 대하여 설명하시오.

(3) GNSS 측량에서 발생하는 오차에 대하여 설명하시오.

(4) GNSS와 광파거리측량기(EDM)의 거리측량 원리를 비교 설명하시오.

(5) GNSS 측량을 이용한 통합기준점 측량에 대하여 설명하시오.

(6) GNSS 측량과 종래 측량의 차이를 비교하고 GNSS 측량의 한계에 대하여 설명하시오.

(7) 네트워크 RTK에 의한 공공측량 방법에 대하여 설명하시오.

(8) RTK – GNSS에 의한 공공측량 방법에 대하여 설명하시오.

(9) GNSS 측량에서 단독측위와 상대측위의 원리 및 특성에 대하여 설명하시오.

(10) 정지측량(Static방식)으로 GNSS 측량을 실시할 때 현장에서 준비, 관측하는 과정에서 주의할 사항에 대하여 설명하시오.

(11) GNSS 측량자료의 품질관리를 위한 항목에 대하여 설명하시오.

(12) GNSS Leveling에 대하여 설명하시오.

(13) 지구중심좌표계를 이용한 GNSS 측량에서 Geoid를 고려해야 하는 이유에 대하여 설명하시오.

(14) 직접수준측량과 GNSS 기반의 수준측량을 비교 설명하시오.

(15) SSR에 대한 개념과 활용분야에 대하여 설명하시오.

(16) GPS 측량과 GLONASS의 차이점에 대하여 기술하고 통합활용방안에 대하여 설명하시오.

(17) GNSS 현장관측 시 책임자의 역할에 대하여 설명하시오.

(18) VLBI와 GNSS 상시관측소 간 콜로케이션 측량방법에 대하여 설명하시오.

(19) GNSS 측량에 있어 VRS와 FKP에 대하여 설명하시오.

(20) PPP – RTK 시스템에 대하여 설명하시오.

(21) 교량측량의 GNSS 적용에 대하여 설명하시오.

(22) 댐측량의 GNSS 적용에 대하여 설명하시오.

(23) 시설물변위측량의 GNSS 적용에 대하여 설명하시오.

(24) 첨단장비를 이용한 초고층 건물의 수직도 결정 측량에 대하여 설명하시오.

PART

06

사진측량 및
원격탐측

CHAPTER 01 Basic Frame
CHAPTER 02 Speed Summary
CHAPTER 03 단답형(용어해설)
CHAPTER 04 주관식 논문형(논술)
CHAPTER 05 실전문제

PART 06　CONTENTS

CHAPTER **01** _ Basic Frame

01. 사진측량(Photogrammetry) ·································565 | 02. 원격탐측(Remote Sensing) ·······························566

CHAPTER **02** _ Speed Summary

CHAPTER **03** _ 단답형(용어해설)

01. 사진측량의 정의/역사/특성 ·······························574
02. 사진측량의 활용분야 ··575
03. 탐측기(Sensor) ···577
04. 항공사진측량용 디지털 카메라의 종류 및 특징 ·····578
05. FMC(Forward Motion Compensation) ················579
06. 지상표본거리(Ground Sample Distance) ············581
07. 중심투영(Central Projection)/정사투영(Ortho Projection) ···584
08. 사진의 특수 3점 ··585
09. 기복변위(Relief Displacement) ·························587
10. 입체시(Stereoscopic Viewing) ··························588
11. 시차(Parallax) 및 시차차(Parallax Difference) ·····590
12. 과고감/카메론 효과 ··592
13. 처리 단위에 따른 입체사진측량 ·························594
14. 사진측량에 이용되는 좌표계 ·····························595
15. 2차원 등각사상 변환(Conformal Transformation) ···598
16. 2차원 부등각사상 변환(Affine Transformation) ····600
17. 3차원 회전변환/3차원 좌표변환 ·························602
18. 공선조건(Collinearity Condition) ·····················604
19. 공선조건식의 선형화 ··606
20. 공면조건(Coplanarity Condition) ·····················607
21. 사진에 의한 대상물 재현 ··································609
22. 표정(Orientation) ··610
23. 사진측량의 표정요소 ··612
24. 직접표정/간접표정 ···613
25. 사진좌표 보정 ···614
26. 상호표정인자 ··617
27. 공면조건을 이용한 상호표정 방법 ·····················619
28. 광속조정법(Bundle Adjustment Method) ············622
29. 사진측량에 필요한 점 ·······································624
30. 수치영상/Digital Number ·································626
31. 공간 필터링(Spatial Filtering) ·························627
32. 히스토그램 변환(Histogram Conversion) ············630
33. Sobel Edge Detection ····································631
34. 영상정합(Image Matching) ·······························633
35. 에피폴라 기하(Epipolar Geometry) ···················634
36. 수치표고모형(DEM)과 수치표면모형(DSM) ··········636
37. 격자(Raster)와 불규칙삼각망(TIN) ·····················638
38. 델로니 삼각형(Delaunay Triangulation) ··············640
39. 공간보간법(Spatial Interpolation) ······················641

40. 크리깅(Kriging) 보간법 ·····································643
41. 영상 재배열(Resampling) ··································645
42. 정사투영 사진지도 ···646
43. 엄밀정사영상(True Orthoimage) ·······················648
44. DPW(Digital Photogrammetric Workstation) ·······650
45. Pictometry(다방향 영상 촬영시스템) ··················651
46. 드론(Drone) ···652
47. SIFT/SfM 기술 ···654
48. 레이저 사진측량 ··657
49. 레이저 주사방식 ··658
50. LiDAR 시스템 검정(Calibration) ·······················660
51. 항공레이저 측량(LiDAR)의 필터링 ·····················661
52. MMS(Mobile Mapping System) ·························662
53. 대기에서 에너지 상호작용(대기의 투과 특성) ········664
54. 대기의 창(Atmospheric Window) ······················665
55. 방사(복사)강도 ··667
56. 흑체 복사(Blackbody Radiation) ·······················668
57. 분광반사율(Spectral Reflectance)/Albedo ···········670
58. NDVI(Normalized Difference Vegetation Index) ····672
59. Tasseled Cap 변환 ··674
60. 항공사진과 위성영상의 특징 ······························675
61. 다목적 실용위성 아리랑 5호(KOMPSAT-5) ···········676
62. 다목적 실용위성 아리랑 3A호(KOMPSAT-3A) ·······677
63. 국토위성(차세대 중형위성) ································679
64. 초미세 분광센서(하이퍼스펙트럴 센서, Hyperspectral Sensor) ···680
65. 휘스크브룸(Whisk Broom) 방식/푸시브룸(Push Broom) 방식 ···682
66. 순간시야각(IFOV) ···683
67. 위성영상의 해상도 ···685
68. 디지털 영상자료의 포맷 종류 ····························686
69. 공간데이터의 수치처리에서 거리의 종류 ··············688
70. 영상융합(Image Fusion) ····································689
71. 주성분 분석(Principal Component Analysis) ·········691
72. Kappa 분석 ··692
73. 다중분광과 초분광 영상의 특징 ·························694
74. RPC(Rational Polynomial Coefficient) ···············695
75. 변화탐지(Change Detection) ·····························696
76. 레이더 영상의 왜곡 ··698
77. SAR(Synthetic Aperture Radar) ·······················700
78. 레이더 간섭계(InSAR) ·······································703

CHAPTER **04** _ 주관식 논문형(논술)

01. 디지털카메라의 사진측량 활용 ····························706
02. 사진측량의 공정 중 촬영계획(Flight Planning)과 지상기준점측량 ···709
03. 사진 촬영 ···714
04. 항공사진 촬영을 위한 검정장의 조건 및 검정방법 ····716
05. 사진측량의 표정(Orientation of Photography) ·······720
06. 항공삼각측량(Aerial Triangulation) ·····················725
07. 항공사진측량의 공선조건과 광속조정법 ···············729
08. 공선조건식을 기반으로 공간후방교회법(Space Resection)과
    공간전방교회법(Space Intersection)의 개념과 활용 ····734
09. Direct Georeferencing(GNSS/INS 항공사진측량) ····738
10. 수치사진측량(Digital Photogrammetry) ···············742
11. 수치영상처리(Digital Image Processing) ··············752
12. 영상정합(Image Matching) ································757
13. 수치표고모델(DEM : Digital Elevation Model) ·······760
14. 우리나라(국토지리정보원) 수치표고자료의 구축현황과 활용방안 ···767
15. 정사투영 사진지도 제작 ·····································770
16. 실감정사영상의 제작 ···776
17. 항공사진 기반의 고해상도 근적외선 정사영상의 특성과 제작절차,
    활용방안 ···780
18. UAV 기반의 무인항공사진측량 ···························783
19. 무인항공기(UAV) 측량 ·······································790
20. 무인항공기(UAV) 사진측량의 작업절차(공종)와 방법 ···793
21. 드론 라이다 측량시스템 ·····································797
22. 무인비행장치를 이용한 공공측량 작업절차와 작업지침의 주요 내용 ···800

23. 지상사진측량(Terrestrial Photogrammetry) ···········803
24. 항공레이저(LiDAR) 측량 ····································806
25. 항공레이저측량 시 GNSS, IMU, 레이저의 상호 역할 ···814
26. 항공레이저측량에 의한 수치표면자료(Digital Surface Data),
    수치지면자료(Digital Terrain Data), 불규칙삼각망(TIN),
    수치표고모델(DEM) 제작공정 ······························817
27. 라이다(LiDAR) 센서 기술 및 응용분야 ·················820
28. 지상 LiDAR ···823
29. 차량 기반 MMS(Mobile Mapping System) ···········826
30. 사진판독요소 및 방법 ··830
31. 원격탐측(Remote Sensing)의 특징, 순서 및 응용분야 ···833
32. 원격탐측에서 전자파의 파장별 특성 ····················835
33. 지표의 구성물질인 식물, 토양, 물의 대표적 분광반사특성 ···837
34. 원격탐측의 영상처리(Image Processing) ·············841
35. 절대방사보정/상대방사보정 ·······························847
36. 원격탐측의 영상분류(Image Classification) ··········850
37. 위성영상을 이용한 토지피복지도 제작 ··················854
38. 위성사진의 지상좌표화(Georeferencing) ··············857
39. 위성영상지도 제작 ··861
40. 변화탐지를 수행하기 위한 원격탐측 시스템의 고려사항 및 자료처리 ···863
41. 초분광 영상영상탐측(Hyperspectral Imagematics) ···866
42. 레이더 영상탐측(Radar Imagematics) ·················872
43. SAR를 이용한 지반 변위 모니터링 방안 ···············883

CHAPTER **05** _ 실전문제

01. 단답형(용어) ···886 | 02. 주관식 논문형(논술) ··887

CHAPTER

01 Basic Frame

01 사진측량(Photogrammetry)

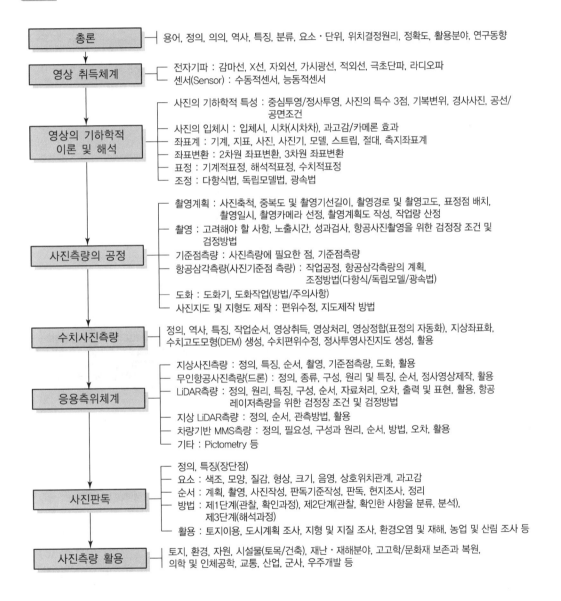

| 총론 |—| 용어, 정의, 의의, 역사, 특징, 분류, 요소·단위, 위치결정원리, 정확도, 활용분야, 연구동향 |

영상 취득체계 —
- 전자기파 : 감마선, X선, 자외선, 가시광선, 적외선, 극초단파, 라디오파
- 센서(Sensor) : 수동적센서, 능동적센서

영상의 기하학적 이론 및 해석 —
- 사진의 기하학적 특성 : 중심투영/정사투영, 사진의 특수 3점, 기복변위, 경사사진, 공선/공면조건
- 사진의 입체시 : 입체시, 시차(시차차), 과고감/카메론 효과
- 좌표계 : 기계, 지표, 사진, 사진기, 모델, 스트립, 절대, 측지좌표계
- 좌표변환 : 2차원 좌표변환, 3차원 좌표변환
- 표정 : 기계적표정, 해석적표정, 수치적표정
- 조정 : 다항식법, 독립모델법, 광속법

사진측량의 공정 —
- 촬영계획 : 사진축척, 중복도 및 촬영기선길이, 촬영경로 및 촬영고도, 표정점 배치, 촬영일시, 촬영카메라 선정, 촬영계획도 작성, 작업량 산정
- 촬영 : 고려해야 할 사항, 노출시간, 성과검사, 항공사진촬영을 위한 검정장 조건 및 검정방법
- 기준점측량 : 사진측량에 필요한 점, 기준점측량
- 항공삼각측량(사진기준점 측량) : 작업공정, 항공삼각측량의 계획, 조정방법(다항식/독립모델/광속법)
- 도화 : 도화기, 도화작업(방법/주의사항)
- 사진지도 및 지형도 제작 : 편위수정, 지도제작 방법

수치사진측량 —
정의, 역사, 특징, 작업순서, 영상취득, 영상처리, 영상정합(표정의 자동화), 지상좌표화, 수치고도모형(DEM) 생성, 수치편위수정, 정사투영사진지도 생성, 활용

응용측위체계 —
- 지상사진측량 : 정의, 특징, 순서, 촬영, 기준점측량, 도화, 활용
- 무인항공사진측량(드론) : 정의, 종류, 구성, 원리 및 특징, 순서, 정사영상제작, 활용
- LiDAR측량 : 정의, 원리, 특징, 구성, 순서, 자료처리, 오차, 출력 및 표현, 활용, 항공레이저측량을 위한 검정장 조건 및 검정방법
- 지상 LiDAR측량 : 정의, 순서, 관측방법, 활용
- 차량기반 MMS측량 : 정의, 필요성, 구성과 원리, 순서, 방법, 오차, 활용
- 기타 : Pictometry 등

사진판독 —
- 정의, 특징(장단점)
- 요소 : 색조, 모양, 질감, 형상, 크기, 음영, 상호위치관계, 과고감
- 순서 : 계획, 촬영, 사진작성, 판독기준작성, 판독, 현지조사, 정리
- 방법 : 제1단계(관찰, 확인과정), 제2단계(관찰, 확인한 사항을 분류, 분석), 제3단계(해석과정)
- 활용 : 토지이용, 도시계획 조사, 지형 및 지질 조사, 환경오염 및 재해, 농업 및 산림 조사 등

사진측량 활용 —
토지, 환경, 자원, 시설물(토목/건축), 재난·재해분야, 고고학/문화재 보존과 복원, 의학 및 인체공학, 교통, 산업, 군사, 우주개발 등

원격탐측(Remote Sensing)

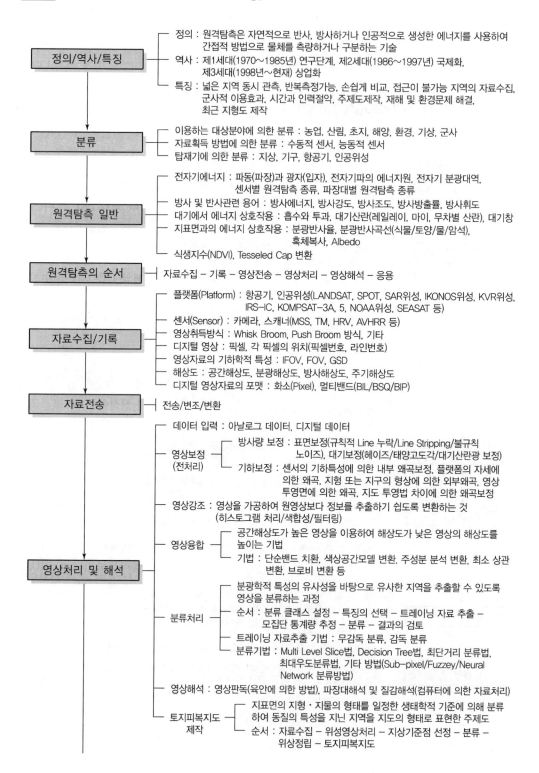

정의/역사/특징
- 정의 : 원격탐측은 자연적으로 반사, 방사하거나 인공적으로 생성한 에너지를 사용하여 간접적 방법으로 물체를 측량하거나 구분하는 기술
- 역사 : 제1세대(1970~1985년) 연구단계, 제2세대(1986~1997년) 국제화, 제3세대(1998년~현재) 상업화
- 특징 : 넓은 지역 동시 관측, 반복측정가능, 손쉽게 비교, 접근이 불가능 지역의 자료수집, 군사적 이용효과, 시간과 인력절약, 주제도제작, 재해 및 환경문제 해결, 최근 지형도 제작

분류
- 이용하는 대상분야에 의한 분류 : 농업, 산림, 초지, 해양, 환경, 기상, 군사
- 자료획득 방법에 의한 분류 : 수동적 센서, 능동적 센서
- 탑재기에 의한 분류 : 지상, 기구, 항공기, 인공위성

원격탐측 일반
- 전자기에너지 : 파동(파장)과 광자(입자), 전자기파의 에너지원, 전자기 분광대역, 센서별 원격탐측 종류, 파장대별 원격탐측 종류
- 방사 및 반사관련 용어 : 방사에너지, 방사강도, 방사조도, 방사방출률, 방사휘도
- 대기에서 에너지 상호작용 : 흡수와 투과, 대기산란(레일레이, 마이, 무차별 산란), 대기창
- 지표면과의 에너지 상호작용 : 분광반사율, 분광반사곡선(식물/토양/물/암석), 흑체복사, Albedo
- 식생지수(NDVI), Tesseled Cap 변환

원격탐측의 순서
- 자료수집 – 기록 – 영상전송 – 영상처리 – 영상해석 – 응용

자료수집/기록
- 플랫폼(Platform) : 항공기, 인공위성(LANDSAT, SPOT, SAR위성, IKONOS위성, KVR위성, IRS-IC, KOMPSAT-3A, 5, NOAA위성, SEASAT 등)
- 센서(Sensor) : 카메라, 스캐너(MSS, TM, HRV, AVHRR 등)
- 영상취득방식 : Whisk Broom, Push Broom 방식, 기타
- 디지털 영상 : 픽셀, 각 픽셀의 위치(픽셀번호, 라인번호)
- 영상자료의 기하학적 특성 : IFOV, FOV, GSD
- 해상도 : 공간해상도, 분광해상도, 방사해상도, 주기해상도
- 디지털 영상자료의 포맷 : 화소(Pixel), 멀티밴드(BIL/BSQ/BIP)

자료전송
- 전송/변조/변환

영상처리 및 해석
- 데이터 입력 : 아날로그 데이터, 디지털 데이터
- 영상보정 (전처리)
  - 방사량 보정 : 표면보정(규칙적 Line 누락/Line Stripping/불규칙 노이즈), 대기보정(헤이즈/태양고도각/대기산란광 보정)
  - 기하보정 : 센서의 기하특성에 의한 내부 왜곡보정, 플랫폼의 자세에 의한 왜곡, 지형 또는 지구의 형상에 의한 외부왜곡, 영상 투영면에 의한 왜곡, 지도 투영법 차이에 의한 왜곡보정
- 영상강조 : 영상을 가공하여 원영상보다 정보를 추출하기 쉽도록 변환하는 것 (히스토그램 처리/색합성/필터링)
- 영상융합
  - 공간해상도가 높은 영상을 이용하여 해상도가 낮은 영상의 해상도를 높이는 기법
  - 기법 : 단순밴드 치환, 색상공간모델 변환, 주성분 분석 변환, 최소 상관 변환, 브로비 변환 등
- 분류처리
  - 분광학적 특성의 유사성을 바탕으로 유사한 지역을 추출할 수 있도록 영상을 분류하는 과정
  - 순서 : 분류 클래스 설정 – 특징의 선택 – 트레이닝 자료 추출 – 모집단 통계량 추정 – 분류 – 결과의 검토
  - 트레이닝 자료추출 기법 : 무감독 분류, 감독 분류
  - 분류기법 : Multi Level Slice법, Decision Tree법, 최단거리 분류법, 최대우도분류법, 기타 방법(Sub-pixel/Fuzzey/Neural Network 분류방법)
- 영상해석 : 영상판독(육안에 의한 방법), 파장대해석 및 질감해석(컴퓨터에 의한 자료처리)
- 토지피복지도 제작
  - 지표면의 지형·지물의 형태를 일정한 생태학적 기준에 의해 분류하여 동질의 특성을 지닌 지역을 지도의 형태로 표현한 주제도
  - 순서 : 자료수집 – 위성영상처리 – 지상기준점 선정 – 분류 – 위상정립 – 토지피복지도

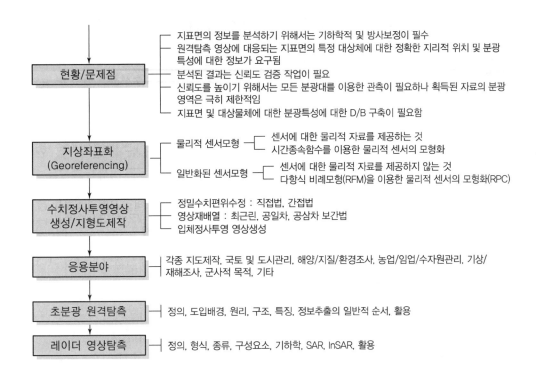

현황/문제점	─┤	지표면의 정보를 분석하기 위해서는 기하학적 및 방사보정이 필수

현황/문제점
- 지표면의 정보를 분석하기 위해서는 기하학적 및 방사보정이 필수
- 원격탐측 영상에 대응되는 지표면의 특정 대상체에 대한 정확한 지리적 위치 및 분광 특성에 대한 정보가 요구됨
- 분석된 결과는 신뢰도 검증 작업이 필요
- 신뢰도를 높이기 위해서는 모든 분광대를 이용한 관측이 필요하나 획득된 자료의 분광 영역은 극히 제한적임
- 지표면 및 대상물체에 대한 분광특성에 대한 D/B 구축이 필요함

지상좌표화 (Georeferencing)
- 물리적 센서모형
  - 센서에 대한 물리적 자료를 제공하는 것
  - 시간종속함수를 이용한 물리적 센서의 모형화
- 일반화된 센서모형
  - 센서에 대한 물리적 자료를 제공하지 않는 것
  - 다항식 비례모형(RFM)을 이용한 물리적 센서의 모형화(RPC)

수치정사투영영상 생성/지형도제작
- 정밀수치편위수정 : 직접법, 간접법
- 영상재배열 : 최근린, 공일차, 공삼차 보간법
- 입체정사투영 영상생성

응용분야
- 각종 지도제작, 국토 및 도시관리, 해양/지질/환경조사, 농업/임업/수자원관리, 기상/재해조사, 군사적 목적, 기타

초분광 원격탐측
- 정의, 도입배경, 원리, 구조, 특징, 정보추출의 일반적 순서, 활용

레이더 영상탐측
- 정의, 형식, 종류, 구성요소, 기하학, SAR, InSAR, 활용

Speed Summary

01 사진측량은 전자기파를 수집하는 센서에 의하여 얻어진 영상을 이용하여 대상물에 대한 크기, 위치, 형상을 알아내는 정량적 해석과 특성 및 현상변화를 도출하는 정성적 해석을 하는 학문이다.

02 사진측량은 종래 해석도화기에 의한 수치지도제작에서 디지털 영상을 대상으로 하는 수치사진측량으로 전환되고 있으며, 사진측량과 원격탐측은 그 기술에 대한 연구 활용분야의 구분이 모호해지고 있다.

03 원격탐측의 기본은 전자파에너지의 방사 특성과 전자파와 물질의 상호작용이다. 전자파는 아날로그 혹은 디지털 방식의 센서에 수신되며 영상처리의 대상이 된다. 사진측량에서는 입체개념을 활용하여 위치정보를 3차원으로 추출한다. 고해상도 입체 위성영상이 등장하면서 2차원 영상으로부터 3차원 정보를 복원하는 해석사진측량의 원리가 점점 더 중요하게 되었으며, 이에 따라 원격탐측과 사진측량의 기술이 병합되게 되었다.

04 항공사진과 지도는 지면이 평탄한 곳에서는 지도와 사진은 일치하지만 지표면에 높낮이가 있는 경우에는 사진의 형상이 다르다. 항공사진이 중심투영인 것에 대해 지도는 정사투영이다.

05 사진의 특수 3점은 사진의 중심점으로 렌즈의 투영 중심점 또는 렌즈 중심에서 내린 수선의 발을 주점, 투영중심으로부터 지표면에 내린 수선의 발의 연장이 사진면과 만나는 점을 연직점, 투영중심에서 주점과 연직점을 연결하여 이루는 각을 이등분하는 선분이 사진과 만나는 점을 등각점이라 한다.

06 사진의 표정은 크게 내부표정, 외부표정으로 양분되며, 해석적 사진표정에서 상좌표로부터 사진좌표로 변환하는 내부표정, 사진좌표로부터 Model 좌표로 변환하는 상호표정, 사진좌표나 Model 좌표를 접합시켜 통일된 좌표계로 만드는 접합표정, 가상좌표(사진좌표, Model 좌표 등)를 절대 또는 대지좌표로 변환하는 절대표정이 있다.

07 등각사상변환(Conformal Transformation)은 각 축에 대한 동일한 축척변환, 회전 및 평행변환이 있는 것이고, 부등가 사상변환(Affine Transformation)은 각 축에 대하여 축척이 다르고 회전, 평행변환 및 경사나 Skew가 존재하는 것을 의미한다.

08 종시차를 소거하여 Model 좌표를 얻는 상호표정은 $(\kappa,\ \varphi,\ \omega,\ b_y,\ b_z)$의 표정요소가 필요하며 최소한 5개의 표정점이 필요하다. 또한 이 표정을 위하여 공선조건, 공면조건 등이 필요하다.

09 공간상의 임의의 점 또는 대상물의 점(X_p, Y_p, Z_p)과 그에 대응하는 사진상의 점 또는 상점 $(x,\ y)$ 및 사진기의 투영중심(X_0, Y_0, Z_0)이 동일 직선상에 있어야 하는 조건을 공선조건 (Collinearity Condition)이라 한다.

10 한 쌍의 중복사진에 있어서 2개의 투영중심과 양 사진의 대응되는 상점이 동일평면 내에 있기 위한 필요충분 조건을 공면조건(Coplanarity Condition)이라 한다.

11 절대표정을 통하여 축척과 경사조정을 끝내면 사진 Model과 지형 Model과는 상사관계가 이루어진다.

12 종횡접합모형(Block) 조정에는 종접합모형 좌표(Strip 좌표)를 기본단위로 하는 다항식 (Polynomial)법, 입체모형좌표(Model)를 기본단위로 하는 독립모형(Independent Model Triangulation)법, 사진좌표(Photo Coordinate)를 기본단위로 다수의 광속(Bundle)을 이용하는 광속(Bundle)법이 있다. 독립모형법(IMT)이나 광속법(Bundle)에서 자체검정(Self Calibration) 또는 부가매개변수(Additional Parameter)를 이용하면 정확도가 향상된다.

13 최근에는 정확한 3차원 위치정보를 얻을 수 있는 방법에 대한 연구가 여러 분야에서 중요시 되고 있는데 사진측량이 수치화 시대로 접어듦에 따라 CCD(Charge Coupled Device)를 장착한 디지털 카메라를 이용하여 직접 수치영상을 얻고 이를 처리하는 수치사진측량이 발달하고 있다. 수치사진측량은 대상물의 수치화된 영상을 취득하고, 이를 수치영상처리 함으로써 과거 고가의 장비에 의해서 처리되던 정보를 PC에서도 처리 · 출력할 수 있다는 장점이 있다. 또한, 자료의 취득 및 처리과정의 온라인화와 높은 정확도의 실시간 수치영상처리 기술의 개발로 인해 토목 · 건축분야에서 구조물의 모델링이나 기록은 물론, 고고학 분야에서 훼손되기 쉬운 대상물과 장소에 대한 비접촉 기록, 경찰 및 법과학 분야에서 교통사고 조사 · 분석 · 정밀 관측을 요하는 분야 등 수치사진측량의 활용이 증대되고 있다.

14 정사영상 제작공정에서 Direct Georeferencing 기법이란 촬영용 항공기에 탑재되어 항측 카메라와 연동하여 작동하는 GNSS와 INS로부터 구한 사진의 외부표정요소를 이용하여 지상기준점측량이나 사진기준점 측량 등 별도의 작업과정을 거치지 않고 바로 지상좌표로 등록(Georeferencing)하는 방법을 말한다. 이러한 작업이 가능하기 위해서는 우선적으로 위치와 회전센서에 의해서 결정되는 원시 표정데이터가 항측 목적을 충족시킬 수 있을 정도로 매우 정확해야 하며, 촬영대상지역 전체에 대하여 빠짐없는 자료의 취득이 가능해야만 한다. GNSS와 INS 센서에 의해서 이러한 조건을 만족하는 데이터를 얻을 수 있다면, Direct

표정방식에 의한 도화와 유사한 원리와 방법으로 매우 효율적으로 정사영상을 제작할 수 있다.

15 크리깅 보간법은 주변 값을 이용하여 미지점의 속성값을 예측하는 방법이다. 크리깅 보간법은 단순거리에 관한 함수를 사용하는 역거리 가중법(IDW)과 달리 통계학적인 거리를 이용하여 점 정보들 간의 선형조합으로 미지점의 값을 예측한다. 또한, 거리만을 이용하는 것이 아니라 주변에 이웃한 값 사이의 상관강도를 반영하기 때문에 다른 보간법에 비해 더 정확한 특징이 있다.

16 항공라이다 데이터는 지형공간정보 인프라를 구축하기 위한 중요한 데이터이다. 라이다 데이터는 다량의 고밀도 3차원 좌표를 직접 제공하므로 데이터 획득의 효율성, 신속성 및 정확성 측면에서 장점이 있지만, 점군집 데이터의 좌표를 이용하여 다양한 종류의 공간정보 성과물을 생성하는 과정은 어렵고 복잡하다. 특히 시각적 및 의미적 정보가 결여된 3차원 좌표 데이터를 육안에 의존하지 않고 자동으로 신뢰성 높은 결과를 도출하는 방법을 개발하는 것은 라이다의 핵심 과제이다. 라이다 데이터 처리에 필요한 일련의 주요 과정은 객체분류, 분할, 객체인식, 형태분석, 객체 모델링 등이다.

17 무인항공사진촬영시스템(UAV : Unmanned Aerial Vehicle)은 카메라, 센서, 통신장비 등을 탑재하여 무인으로 지표면의 대상물을 촬영할 수 있는 시스템으로 유인 촬영에 비하여 촬영 영역이 작고 소형이며, 촬영 및 비행절차의 운용이 간편하고 비용이 저렴하여 토지이용의 변화를 준실시간으로 취득할 수 있어 국토모니터링 자료구축에 적용 검토되고 있다. 1910년 제1차 세계대전 중 미국은 정찰용 무인항공기의 필요성을 인식하여 군사적인 목적으로 연구를 시작하였고, 현재 개발 완료되어 유럽(프랑스, 독일 등) 및 이스라엘, 한국 등지의 원격탐사, 통신중계, 환경감시 등 다양한 분야에서 활용되고 있다. 위치 및 속도를 제어하기 위한 DGNSS, 비행자세를 보정하기 위한 3축 자이로 및 가속도계, 지상제어국과 통신을 위한 무선모뎀, 캘리브레이션 디지털카메라로 구성되어 있다.

18 UAV(Unmanned Aerial Vehicle)의 활용분야는 농업분야, 어업분야, 기상관측분야, 통신분야, 엔터테인먼트 분야 등에서 광범위하게 사용되고 있으며, 최근에는 UAV를 이용한 공간정보의 제작에 관한 연구 및 사업이 수행되고 있다. UAV는 비행체, 디지털카메라, GNSS/IMU로 구성되어 일반 디지털항공사진촬영 시스템의 구성요소와 동일하며, 디지털항공사진, 외부표정요소 등의 기초자료를 제공하고 있다. UAV에서 제공하는 기초자료를 이용한 공간정보의 제작은 UAV 전용 소프트웨어를 이용하여 정사영상 및 DEM(Digital Elevation Model)을 생성하고, 이를 합성한 3차원 공간정보를 제작하고 있으나, UAV로 취득된 기초자료를 이용하여 다양한 공간정보를 제작하기 위해서는 현재 상용으로 이용되고 있는 디지털항공사진 기반의 공간정보 제작 시스템과의 호환성과 수치지형도, 3차원 객체 모델 등 다양한 공간정보 제작 가능성에 대한 분석이 요구된다.

19 우리나라처럼 인구에 비해 국토면적은 좁고, 도시에 인구가 집중되어 있는 나라는 효율적인 관리와 이용계획을 세우는 것이 무엇보다 중요하다. 과거의 정확한 도시개발 기록으로부터 도시화에 의한 확장분석이 중요한 요소이다. 지속 가능한 개발을 위해서는 계획 단계에서 현재의 토지이용 현황을 기반으로 미래의 토지이용 계획을 수립해야 한다. 토지이용 현황은 현장조사, 지적자료 해석, 항공사진, 위성자료 등의 원격탐측 자료 등 다양한 자료를 통해 수집될 수 있다. 이 중 위성에 의한 원격탐측 기법은 지리정보 수집 및 관리, 지구환경의 감시, 기상예측, 해양관측 및 자원탐사 등 여러 분야에 다양하게 활용되고 있으며, 특히 근래 민간용 위성영상의 고해상도화와 극다중분광화 기술의 발전으로 인해 그 응용분야가 급속도로 확대되고 있는 추세이다.

20 항공사진과 달리 위성영상은 촬영대상 면적이 넓고 비접근지역에 대한 정보를 수집할 수 있는 장점이 있는 반면, 위성의 기하특성이 복잡하고 해상도가 항공사진에 미치지 못하였다. 그러나 IKONOS, Quick Bird, OrbView, SPOT-5와 같은 고해상도 위성의 등장에 힘입어 사진측량 및 원격탐측 분야에서 다양한 정보를 제공받게 됨으로써 새로운 전기를 맞게 되었다. 특히 1m급의 영상정보를 상업적으로 최초로 제공한 Space Imaging 사의 경우는 위성의 궤도정보와 센서모형화에 대한 내용을 비공개함으로써 다항식 비례모형(RFM : Rational Function Model)에 대한 다양한 연구를 수행하게 하였다. IKONOS 영상을 제공하고 있는 Space Imaging사와 달리, Quick Bird 영상을 제공하고 있는 Digitial Globe사의 경우는 엄밀 센서 모형을 적용할 수 있는 위성의 궤도 정보를 제공하고 있다. 그러나 엄밀 센서모형을 이용하여 에피폴라 영상을 생성하는 것은 매우 복잡한 처리과정을 필요로 한다.

21 원격탐측 위성은 넓은 지역에 대한 최근의 자료를 일시에 수집할 수 있으며, 이러한 주기적인 데이터 취득으로 지형의 변화 및 시설물의 관리감독이 가능하여 통신망 구축, 도시계획, 재난예보, 자원탐사 및 각종 영향평가 등에 필요한 국가 공간영상정보 인프라 구축에 널리 활용되어 중요 정책 결정의 자료로 사용된다.

22 최근 위성영상은 탑재기와 센서의 발달로 자료취득 시간이 단축되고 공간해상력이 향상됨에 따라 자원 및 환경분야의 정성적인 판독목적으로 이용되던 종래의 활용범주에서 탈피하여 지형도 제작이나 대규모 지역의 지형공간정보체계를 위한 지형자료 기반생성 등 정량적인 위치결정에도 이용되고 있다.

23 위성영상은 광역에 대한 최신의 정보를 제공하므로 적국의 감시와 같은 군사정보분야로부터 자원탐사, 지도제작분야에 활용되어 왔다. 불과 수년 전까지 국가안보 등에 제한적으로 활용되어 오던 위성영상자료가 위성과 광학 그리고 컴퓨터 처리기술의 발달로 광범위한 지역에 대한 정보를 수집할 수 있게 되어 위성영상 활용 범위가 확대되고 있으며, 이와 더불어 위성영상 고해상도 및 극 다중분광 추세는 위성영상의 활용을 더욱 가속화시키고 있다.

우리나라의 경우 1992년 8월에 국내 최초로 과학위성인 우리별 1호(KITSAT-1)를 발사한 이후로 1993년에 우리별 2호(KITSAT-2), 1995년에 통신위성인 무궁화 1호(KOREASAT-1), 1996년에 무궁화 2호(KOREASAT-2), 1999년에는 지구관측을 목적으로 하는 다목적 위성 시리즈인 아리랑 1호(KOMPSAT-1, 해상도 6.6m)를 발사하여 운영하고 있으며, 2006년에는 1m급 고해상도 위성영상을 공급할 수 있는 아리랑 2호가 발사됨으로써 국내에서도 본격적인 고해상도 위성영상 서비스 시대가 열리게 되었다. 고해상도 인공위성영상이 상용화되기 전에는 토지피복분류, 소축척 지형도의 갱신 등 높은 수준의 위치정확도가 필요치 않은 분야에서 주로 이용되었다. 그러나 IKONOS, Quick Bird 등의 고해상도 위성영상이 공급되면서부터 항공사진 및 지상측량에 의존했던 대축척 지도의 부분 갱신이나 제작에 위성영상을 이용하는 연구가 진행되고 있다.

24 최근 고해상도 위성영상의 활동이 증가하면서 위성영상으로부터 정밀 3차원 위치정보 취득에 관한 관심이 증대되고 있다. 기존에 이러한 3차원 위치정보취득을 위해서는 동일한 센서 내에서 얻어지는 스테레오 영상을 이용하는 것이 일반적이었다. 서로 다른 센서로부터 취득한 영상을 결합하여 3차원 정보를 얻게 되면 동종 센서 내의 스테레오만 사용할 경우 발생되는 자료의 제약, 비용 등의 문제를 극복할 수 있으며, 이로 인해 위성영상이 폭넓게 이용될 수 있어 이에 대한 지속적인 연구가 요구된다.

25 지표면에 존재하는 물질은 고유의 분광반사 특성을 갖고 있으며, 광학 원격탐측 자료는 이러한 분광반사 특성을 이용하여 지표물의 종류 또는 특성을 파악하는 데 사용된다. 감독분류는 훈련샘플을 기준으로 원격탐측 영상의 각 화소가 어떤 피복 또는 재질인지 분류하는 것으로 정의할 수 있다. 감독분류의 정확도는 사용하는 영상자료, 분류기법, 참조자료 또는 분석자에 의존하는 훈련샘플에 의해 달라진다. 감독분류에 있어 훈련샘플을 수집하는 방법은 육안 판독을 통해 화소를 선택하거나, 현장조사를 통해 얻어진 좌표를 이용하여 영상에서 해당 위치의 화소를 선택할 수 있다. 영상 자체에서 훈련샘플을 수집하기 위해서는 숙련된 영상판독 기술 또는 현장 조사를 위한 많은 비용이 필요하다. 참조자료를 이용하는 방법은 지도, 이종 영상, 지상 분광반사자료 등을 이용할 수 있다. 참조자료를 이용한 훈련샘플 수집의 경우 판독 기술 또는 현장조사 비용이 필요하지 않다. 그러나 시기 차이에 의한 오차와 훈련샘플의 개수가 충분하지 않아 적용 가능한 분류 알고리즘에 제한이 발생할 수 있다.

26 영상은 지형 · 지물을 용이하게 판독하고 객체들을 실감적으로 인식할 수 있는 시각적 정보를 제공하지만, 지형 · 지물들의 형상뿐 아니라 객체들의 정확한 위치정보를 취득하기 위해서는 영상에 지상좌표를 부여하는 과정인 Geocoding이 필요하다. 이를 위해서는 지상의 기준점(GCP)을 이용하여 영상과 지상 좌표계 간의 기하학적 특성에 적합한 변환식을 적용하여야 한다. 특히 최근에는 여러 종류의 플랫폼에 탑재된 센서들로부터 다양한 영상을 획득

할 수 있으므로, 영상의 활용도를 향상시키기 위해서는 영상으로부터 절대 위치정보를 얻을 수 있어야 한다.

27 인공위성을 이용한 재난관리는 세 가지 측면에서 매우 큰 장점을 갖는다. 첫째, 폭설, 가뭄과 같이 광역적으로 발생하는 재난을 관측할 수 있다. 둘째, 재난 발생으로 인해 접근이 불가능한 지역의 현황을 파악할 수 있다. 셋째, 최소한의 비용으로 재난정보를 취득할 수 있다. 이러한 장점을 기반으로 재난관리를 위한 위성영상의 활용이 점점 증가하는 추세이다.

28 변화탐지체계는 항공영상 또는 위성영상을 이용하여 과거의 정보와 현재의 정보를 비교하고, 여기서 얻어지는 변화정보를 택지개발, 신도시개발, 재해예방 등 중앙부처 및 공공기관 등의 국가정책 수립과정에 신속히 제공하여 활용하는 체계이다. 변화탐지체계는 실시간 국토정보수립체계구축, 국토의 변화 및 이력정보 서비스 제공, 지속 가능한 국토발전기반을 구축하고, 국토변화지역의 분석 결과를 이용하여 수치지형도 수정·갱신 지역을 효과적으로 추출하는 데 그 목적이 있다.

03 단답형(용어해설)

01 사진측량의 정의/역사/특성

1. 개요

사진측량(Photogrammetry)은 사진(Photos), 형상(Gramma), 관측(Metron)의 합성어로서 사진을 이용하여 대상물을 관측하고 해석하여 대상물의 위치와 형상, 성질에 관한 정보를 얻는 기술을 말한다. 유인 또는 무인 항공기, 인공위성, 지상에서 촬영된 사진을 사용하며, 과거에는 필름 카메라를 사용하였으나 현재는 주로 디지털 카메라를 사용한다.

2. 사진측량의 정의

전자기파를 수집하는 센서에 의하여 얻어진 영상을 이용하여 대상물에 대한 위치결정, 도면화 및 도형해석, 생활공간에 관한 개발과 유지관리에 필요한 자료제공, 정보의 정량화 및 경관관측을 통하여 쾌적한 생활환경 창출에 이바지하고 있다.

3. 사진측량의 역사

(1) 제1세대(사진측량의 개척기)

① 1837년 프랑스의 Louis Daguerre가 사진술 발명

② 1840년경 프랑스의 Lausedat가 사진을 이용한 지형도 제작 시도

③ 1858년 프랑스의 Tourmachon이 열기구에서 첫 항공사진을 촬영

(2) 제2세대(기계적 사진측량)

① 20세기 전반(1900~1950년)에 항공사진기와 비행기 사용

② 기계적 편위수정기와 입체도화기 개발

③ 1970년대까지 발전

(3) 제3세대(해석적 사진측량)

① 1957년 8월 캐나다의 Helava 대학의 연구와 해석적 도화기 개발

② 해석적 도화기 발전과 병행하여 항공삼각측량이 발전

③ 컴퓨터의 지원을 받은 세대, 일부에서는 현재도 이용

(4) 제4세대(수치사진측량)

① 1950년부터 연구 시작

② 1980년대 초 컴퓨터 발전으로 수치영상처리기법의 연구가 활발히 진행

③ 1988년부터 이론 개발이 활발해지며 본격적인 연구가 진행

④ 현재 대부분 사진측량은 수치사진측량으로 진행

4. 사진측량의 특성

(1) 사진측량의 장점

① 정량적 및 정성적 측량이 가능하다.

② 동적인 측량이 가능하다.

③ 단시일에 넓은 지역을 촬영할 수 있기 때문에 성과에 동시성이 있고, 균일한 정밀도를 유지 시킬 수 있다.

④ 대상물에 직접 접근할 필요가 없기 때문에 산악지역 등의 측량에 적합하다.

⑤ 분업화에 의한 작업 능률성이 높다.

⑥ 축척 변경이 용이하다.

⑦ 시간변화에 따른 대상물의 변화와 같은 4차원(X, Y, Z, t) 정보취득이 가능하다.

⑧ 자료의 처리범위가 넓다.

⑨ 자료의 교환 및 유지관리가 용이하다.

⑩ 수치형태로 자료가 처리되므로 공간정보구축에 쉽게 적용된다.

⑪ 대규모 지역에서는 경제적이다.

(2) 사진측량의 단점

① 시설비용이 많이 든다.

② 피사체 식별이 난해한 경우도 있다.

③ 기상조건 및 태양고도 등에 영향을 받는다.

---

02 사진측량의 활용분야

1. 개요

사진측량은 사진의 영상을 이용하여 피사체에 대한 정량적·정성적 해석을 하는 학문으로서 지형도 제작뿐만 아니라 토지, 자원, 환경 및 사회기반시설 등 다양한 분야에 활용된다.

2. 토지

(1) 국토기본도 및 지형도 제작
(2) 토지 이용도 및 도시 계획도 작성
(3) 지적도 재정비
(4) 해안선 및 해저 수심조사

3. 자원

(1) **지하자원** : 지질조사 및 광물자원 조사
(2) **농업자원** : 농작물의 종별, 분포 및 수확량 조사
(3) **산림자원** : 산림의 식종, 치산 등 산림자원 조사
(4) **수산자원** : 관개배수, 어군의 이동상황 및 분포 등 조사

4. 환경

(1) **오염조사** : 대기, 수질, 해양 등
(2) **토양조사** : 식물의 활력조사, 토양의 함수비 및 효용도 조사
(3) **해양환경조사** : 수온, 조류, 파속 등
(4) **기상조사** : 태풍, 구름, 풍향 및 천기 예보
(5) **경관분석**
(6) **방재대책 · 피해조사** : 홍수피해, 병충해, 적설량, 해수 침입, 삼림화재, 연약지반조사 등
(7) **도시조사** : 도시온도, 도시발달과 분포상태, 인구분포, 건축물 단속, 적정 재산세 과세 등

5. 사회기반시설(토목 · 건축의 시설물)

(1) 토목 · 건축 시설물의 변위 관측
(2) 도로 시설물 관리
(3) 건설공사 공정 사진촬영 및 준공도면 제작

6. 기타

(1) 고고학, 문화재 보존과 복원
(2) 의상, 의학 및 인체공학
(3) **교통조사** : 교통량, 주행방향, 교통사고, 도로상태 조사
(4) 산업 생산품 설계 및 제품 조사

(5) 군사(이동, 분포, 작전 등)분야에 이용

(6) **사회문제 연구** : 사건 · 사고 조사 등

(7) 우주개발

03 탐측기(Sensor)

1. 개요

탐측기는 전자기파를 수집하는 장비로서 수동적 탐측기(Passive Sensor)와 능동적 탐측기
(Active Sensor)로 구분되며, 수동적 탐측기는 대상물에서 방사되는 전자기파를 수집하는 방식이
며, 능동적 탐측기는 전자기파를 발사하여 대상물에서 반사되는 전자기파를 수집하는 방식이다.

2. 탐측기의 분류

탐측기는 대상물에 방사 또는 반사되는 전자기파 신호를 전달하는 장치를 총칭한다. 탐측기는 다
음과 같이 분류할 수 있다.

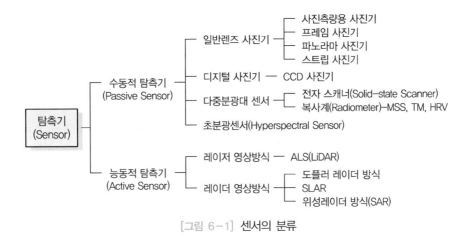

[그림 6-1] 센서의 분류

3. 탐측기의 시장동향

향후 수요가 증가할 것으로 예상되는 3대 주요센서는 Hyperspectral, LiDAR 및 SAR센서 자료
이며, 다중분광대 자료에 대한 수요는 약간 감소하고, 흑백영상은 크게 감소할 것으로 예상된다.

항공사진측량용 디지털 카메라의 종류 및 특징

1. 개요

항공사진촬영은 기존 아날로그 카메라(촬영영상기록매체로 사용하던 필름 형태)에서 현재 CCD 센서 기술을 이용하여 촬영영상을 전자파일로 기록하는 디지털 방식으로 발전되어 왔다. 우리나라 항공사진측량용 디지털 카메라는 2009년도부터 측량에 사용되었으며, 항공사진측량용 디지털 카메라의 종류 및 특징은 다음과 같다.

2. 종류 및 특징

(1) 2000년대 초부터 실용화되었다.(우리나라는 2009년부터 사용)

(2) 선형 센서와 면형 센서 방식으로 구분되어 발전해 오고 있다.

(3) 단일렌즈방식과 다중렌즈방식으로 구분된다.

(4) 흑백, 천연색, 컬러 적외선 사진을 동시에 촬영할 수 있다.

(5) 렌즈 초점거리는 약 20~120mm 정도이다.

(6) 디지털 영상 크기는 7,500×12,000픽셀 정도이다.

(7) 촬영영상은 1,200Gbite 이상을 저장할 수 있다.

(8) 촬영범위가 넓고, 지도 제작과정이 빠르며, 위치에 대한 정확도가 높다.

3. 선형 센서(Linear Array Sensor)와 면형 센서(Area Array Sensor)의 특징

[표 6-1] 선형·면형 센서의 특징

선형 센서	면형 센서
• 일렬로 배열된 센서(선형 CCD 소자 이용) • 매 라인별로 서로 다른 외부표정요소를 가짐(GNSS/INS 이용) • 수직 영상에서는 진행 방향의 폐색영역이 없음 • 각 라인별 영상은 중심투영 • 현재 전방, 연직, 후방을 동시에 촬영하는 3-라인카메라 이용 • 상대적으로 높은 GSD를 얻을 수 있음 (움직이는 대상물의 촬영 한계)	• 일정한 면적을 동시 촬영(2차원 형태의 CCD 소자 이용) • 중심투영 영향에 따라 폐색영역이 발생 • 촬영면적이 적어지는 문제점을 해결하기 위해 여러 개의 센서를 병렬로 배치 • 상대적으로 GSD가 낮음

4. 현재 활용되고 있는 항공측량용 디지털 카메라의 특징

[표 6-2] 각종 항공측량용 디지털 카메라의 특징

모델명	ADS80(40)	DMC	Ultra Cam
제조사	Leica-Geosystem	Z/I Imaging	Vexcel
센서방식	Line Sensor	Area Sensor	Area Sensor
초점거리(mm)	62.77	120	100
CCD 크기(μm)	6.5	12	7.2
촬영각(°)	64	69.3/42	55/37

05 FMC(Forward Motion Compensation)

1. 개요

FMC 장치는 항공사진측량의 발전사에 있어서 대단히 중요한 역할을 한 발명품의 하나로 실용성 및 우수성이 증명되기 시작하면서 기존의 광학(Optic) 항공사진기부터 오늘날 최신의 디지털 (Digital) 항공사진기에 이르기까지 모든 항공사진측량에 FMC의 장착이 의무화되었다.

2. FMC

FMC는 항공사진기에 부착되어 영상을 취득하는 동안 비행기의 흔들림이나 움직이는 물체의 촬영 등으로 인해 발생되는 영상 흘림 현상을 제거하는 장치이며, Image Motion Compensator라고도 한다. FMC는 항공사진 촬영 시 사진기의 셔터가 열리는 동안 항공기가 빠른 속도로 비행함으로써 사진에 맺히는 영상이 흐릿하고 번지는 현상이 발생하게 되므로 이를 방지 또는 보정하여 선명한 영상을 얻을 수 있도록 고안된 장치이다.

3. 역사

(1) 1982년에 칼 제이스 제나(Carl Zeiss Jena)에 의해 이론이 도입되었다.

(2) 1997년 IGN의 C. Thom에 의해 첫 번째 실험이 성공하였다.

(3) Recon Optical and Lockhead Martin에서 개발된 Recce 사진기에 실제로 장착되어 실험을 실시하였다.

4. 작동원리 및 보정방법

(1) 작동원리

① 움직이는 물체를 촬영할 경우 움직이는 물체의 진행 방향으로 사진기를 움직여서 촬영하는 기술과 동일한 원리이다.

② 사진 촬영 시 셔터의 노출시간 동안 사진기에 장착된 영상을 항공기의 진행 방향으로 순간적으로 이동시켜 선명한 영상을 취득한다.

(2) 영상의 흘림 현상 제거 개념

① FMC가 장착된 광학 혹은 디지털 사진기는 비행 중 렌즈를 통해 필름이 노출되는 순간(디지털 사진기의 경우는 CCD 소자가 반응하는 순간) 영상 흘림 현상이 발생할 경우, 동시에 인위적으로 동일한 방향과 크기의 움직임을 가함으로써 영상의 흘림 현상을 제거하게 된다.

② 광학항공사진과 마찬가지로 디지털 항공카메라에도 FMC 기술이 적용된다. 디지털 항공카메라에서는 CCD 평면의 움직임을 TDI(Time Delayed Intergration)를 이용하여 전기학적으로 보정한다.

③ 디지털 항공카메라 프레임 센서의 영상 획득 과정은 먼저 CCD 센서에 저장된 에너지들을 라인별로 Readout Register에 전송한 후에 데이터의 readout를 수행하게 된다.

④ 이 과정 중 카메라 노출 시간 동안 영상의 움직임이 동시적으로 발생하므로 전기학적인 과정을 통하여 비행 움직임에 대하여 영상을 보정한다. 이러한 FMC는 비행체의 속도와 비행고도와의 관계에 기반을 두고 있다.

⑤ 대축척의 고해상도 영상을 획득하기 위해 낮은 비행고도로 촬영을 하는 경우 이러한 FMC는 반드시 수행하게 된다.

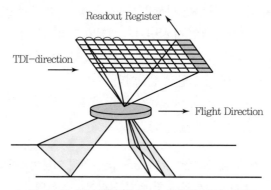

[그림 6-2] 영상 흘림(Shifting) 현상의 제거 개념도

(3) 보정방법

① 항공카메라의 셔터 속도를 1/1,000~1/2,000로 하더라도 항공기의 속도 때문에 영상의 흘림 상태를 피할 수 없다. 이러한 현상으로 인하여 영상의 질과 정밀도가 현저히 저하된다.

② 일반적으로 영상의 흘림 상태가 $25\mu\mathrm{m}$이내까지는 허용되고 있으나 정밀한 측정을 위해서
　는 그 이하이어야 한다. 어느 일정한 속도에서의 영상 흘림 거리를 미리 계산하여 그 크기
　만큼 영상을 이동시키는 방법 등을 사용하면 영상 흘림 현상을 보정할 수 있다.

③ 노출시간 Δt에 대한 영상 흘림 보정량($\Delta x'$)은 다음과 같다.

$$\Delta x' = \frac{f}{H} \cdot V \cdot \Delta t$$

여기서, H : 촬영고도
　　　　V : 항공기 속도
　　　　f : 초점거리

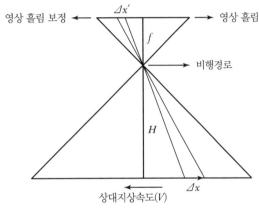

[그림 6-3] 영상 흘림과 보정

06 　지상표본거리(Ground Sample Distance)

1. 개요

지상표본거리(GSD)란 지상 해상력과 동일한 의미로 사용하며, 각 영상소(Pixel)가 나타내는 실
제(X, Y) 지상거리를 말한다.

2. 지상표본거리(GSD) 산정

항공사진촬영에서 촬영고도(H), 초점거리(f) 및 물리적인 픽셀크기를 이용하여 산출된 지상표
본거리(GSD : Ground Sample Distance)를 cm 단위로 기록한다.

$$GSD = \frac{H}{f} \times 픽셀크기$$

3. 도화축척, 항공사진축척, 지상표본거리와의 관계(항공사진측량 작업규정)

[표 6-3] 도화축척, 항공사진축척, 지상표본거리와의 관계

도화축척	항공사진축척	지상표본거리(GSD)
1/500~1/600	1/3,000~1/4,000	8cm 이내
1/1,000~1/1,200	1/5,000~1/8,000	12cm 이내
1/2,500~1/3,000	1/10,000~1/15,000	25cm 이내
1/5,000	1/18,000~1/20,000	42cm 이내
1/10,000	1/25,000~1/30,000	65cm 이내
1/25,000	1/37,500	80cm 이내

4. 지상해상도 검정방법

(1) 실제 외부 직경

공간해상도 검증을 위해서 검정장에 설치된 시각적 해상도 분석 도형의 실제 직경을 미터(m) 단위로 기록한다(예 2m).

(2) (평균) 직경비(내부 직경(d)/외부 직경(D))

① 영상의 공간해상도 분석을 위하여 촬영한 시각적 해상도 분석 도형의 내부 직경과 외부 직경의 비를 소수 3자리까지 기록한다.

② 시각적 해상도 분석을 위해 검정장에 설치한 분석 도형의 개수가 여러 개일 경우 직경비의 평균값을 표시한다.

[그림 6-4] 외부직경(D)과 내부직경(d) 관측

③ 예 시각적 해상도 분석 도형을 촬영한 영상을 이용하여 외부직경(D)과 내부직경(d)을 관측하여 각각 29.62와 13.32가 나왔을 경우 직경비는 0.450이 된다.

$$(직경비 = \frac{13.32}{29.62})$$

(3) 흑백선 수

검정장에 설치된 분석 도형의 흑백선의 개수를 숫자로 표시한다.

(4) (평균)시각적 지상해상도 산정

① 영상의 시각적 지상해상도(l) 분석을 위하여 다음의 식을 적용하여 결과를 산출하고 단위는 cm 단위로 표기하며 소수 1자리까지 표시한다.

$$l = \frac{\pi \times 직경비\left(= \dfrac{내부직경\,(d)}{외부직경\,(D)}\right)}{흑백선\ 수\,(n)} \times 실제\ 외부\ 직경$$

여기서, n은 흑백선의 개수, 직경비는 내부직경/외부직경

② 시각적 지상해상도의 경우에도 검정장에 설치한 분석 도형의 개수가 여러 개일 경우 평균 직경비를 이용하여 평균 시각적 지상해상도를 산출한다.

③ 예 직경비가 0.450이고 흑백선의 개수가 32이며, 실제외부직경이 2m일 경우 시각적 해상도(l)는 8.8cm이다.

$$l = \frac{\pi \cdot 0.450}{32} \times 2\mathrm{m} = 8.8\mathrm{cm}$$

(5) (평균)영상의 선명도 산정

① 영상의 선명도는 시각적 해상도(l)/지상표본거리(GSD)의 비로 나타내고 단위는 cm 단위로 표기하며 소수 2자리까지 표시한다.

② 예 시각적 해상도(l)가 8.8cm이고 GSD가 10cm일 경우 영상의 선명도는 0.88이다.

1. 개요

항공사진과 지도는 지표면이 평탄한 곳에서는 지도와 사진이 같으나 지표면에 높낮이가 있는 경우는 사진과 지도의 형상이 다르다. 항공사진이 중심투영인 것에 비해 지도는 정사투영이다.

2. 중심투영

사진의 상은 피사체로부터 반사된 광이 렌즈 중심을 직진하여 평면인 영상면에 투영되어 나타나는데, 즉 피사체, 렌즈 중심 및 영상면의 영상점이 일직선상에 있다고 하는 기하학이 유일한 조건이다. 이를 공선조건이라 하고 이같은 투영을 중심투영이라 하며, 사진은 중심투영의 원리이다.

3. 정사투영

도형이나 물체를 다른 평면에 옮겨 그릴 때, 보는 시점을 그 평면으로부터 수직방향으로 무한대에 두고 그리는 방법으로, 지도는 정사투영의 원리이다.

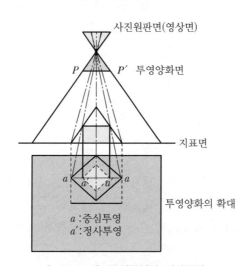

[그림 6-5] 중심투영과 정사투영

4. 중심투영과 정사투영의 관계

(1) 아래 그림 (a)와 같이 정사투영은 지형싱의 각 점들은 기준면에 수지으로 투영되어 있는데, 지도상의 임의의 두 점간의 거리는 지도의 축척을 곱해주면 실제 지형에서 관측된 수평거리와 같다.

(2) 그러므로 $ab = AB$, $bc = BC$가 되고, 축척의 변화를 소거하면 $ab/bc = AB/BC$가 성립한다.

(3) 중심투영(Central Projection)은 아래 그림 (b)와 같이 지형상의 모든 점이 투영중심점(Perspective Center)을 통해서 영상면으로 투영되는 방법이다.

(4) 그림 (b)에 나타난 대로 각 점들이 다른 수직높이를 가진다면 투영점들은 원래의 점들 상호 간의 관계를 그대로 갖지 않게 된다. 그러므로 $ab/AB \neq cd/CD$가 된다.

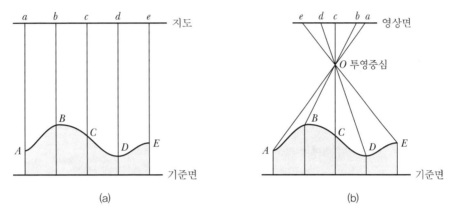

(a)   (b)

[그림 6-6] 정사투영과 중심투영의 관계

08 사진의 특수 3점

1. 개요

항공사진은 촬영 시 정확한 수직사진 촬영이 어려우므로 엄격히 말해서 경사사진이라고 말할 수 있다. 수직사진의 경우에도 연직점 부근과 가장자리 부분의 사진축척이 다르며 특히 경사사진의 경우 그 차이가 커 축척의 결정이 쉽지 않다. 이러한 이유로 경사사진의 특수 3점에 대한 이해와 정의가 필요하다. 이 특수 3점은 경사사진에서 발생하며 수직사진에서는 하나의 점으로 일치된다.

2. 주점(Principal Point)

렌즈 중심으로부터 사진화면에 내린 수선의 발로 조정이 완전한 카메라에서는 사진의 중심과 일치한다.

3. 연직점(Nadir Point)

렌즈 중심으로부터 지표면에 내린 수선의 발로 카메라 밑의 지상의 점과 그 사진상의 점을 말하며, 연직점은 비고나 경사각에 관계없이 유일하게 기복의 변위가 발생하지 않는 점이다.

$$\text{주점에서 연직점까지의 거리}(\overline{mn}) = f\tan i$$

4. 등각점(Isocenter Point)

주점과 연직선이 이루는 각을 2등분한 선이 사진면과 만나는 점을 말한다. 사진상에서 잰 각은 사진이 경사되어 있더라도 지상의 각도와 같다. 등각점에서는 경사각 i에 관계없이 수직사진의 축척과 같다.

$$\text{주점에서 등각점까지의 거리}(\overline{mj}) = f\tan\frac{i}{2}$$

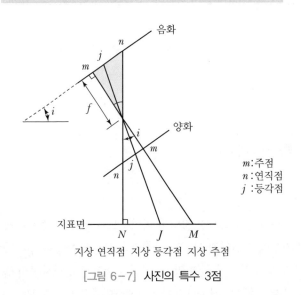

[그림 6-7] 사진의 특수 3점

5. 특수 3점의 활용

평탄지역의 거의 수직사진은 주점, 고저차가 큰 지형의 수직 및 경사사진에서는 연직점, 평탄한 지역의 경사사진에서는 등각점을 각 관측의 중심점으로 사용한다.

09 기복변위(Relief Displacement)

1. 개요

지표면에 기복이 있을 경우 연직으로 촬영하여도 축척은 동일하지 않으며(평면좌표(x, y)가 같고 높이(Z)가 서로 다른 두 점) 사진면에서 연직점을 중심으로 방사상의 변위가 생기는데 이를 기복변위라 한다.

2. 기복변위

기복변위는 중심투영에 의해 촬영되는 사진의 투영특성과 대상물의 높이에 의해 사진상에 대상물의 평면위치가 이동하여 나타나는 현상을 말한다. 기복변위(Δr)는 다음과 같이 해석할 수 있다.

$$H : h = r : \Delta r, \quad \Delta R : \Delta r = H : f$$

$$\Delta r = \frac{h}{H} r, \quad \Delta r = \frac{f}{H} \Delta R$$

$$\Delta r_{\max} = \frac{h}{H} r_{\max}$$

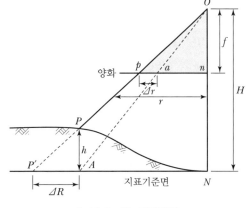

[그림 6-8] 기복변위

여기서, Δr : 변위량
ΔR : 지상 변위량
r : 화면 연직점에서의 거리
H : 비행고도
h : 비고
$r_{\max}$: 최대 화면 연직선에서의 거리

3. 기복변위의 특징

(1) 기복변위는 비고(h)에 비례한다.
(2) 기복변위는 촬영고도(H)에 반비례한다.
(3) 연직점으로부터 상점까지의 거리에 비례한다.
(4) 표고차가 있는 물체에 대한 사진의 중심으로부터 방사상의 변위를 말한다.
(5) 돌출비고에서는 내측으로, 함몰지에서는 외측으로 조정한다.
(6) 정사투영에서는 기복변위가 발생하지 않는다.
(7) 지표면이 평탄하면 기복변위가 발생하지 않는다.

1. 개요

물체를 눈으로 보는 방법은 한 눈으로 보는 단안시 두 눈으로 보는 쌍안시로 구분되며, 원근감은 두 눈으로 보아야 정확히 판단할 수 있다. 동일한 대상을 찍은 두 장의 입체사진을 왼쪽 눈으로 왼쪽 영상을, 오른쪽 눈으로 오른쪽 영상을 보게 되면 입체감을 느끼게 되며, 이와 같이 입체로 물체를 보는 것을 입체시라 한다.

2. 입체시의 원리

(1) 그림에서 (a)는 사람이 $\overline{PQ}$를 위에서 보고 있는 것으로 이 경우 P쪽이 Q쪽보다 가깝게 보일 것이다. 이것은 수렴각(시차각) γ_1과 γ_2의 값이 다르기 때문이다. 또한, P와 Q는 각각 안구에 있는 렌즈의 중심 O_1, O_2를 통하여 망막상의 p_1', p_2'와 q_1', q_2'에 맺히게 되는데 이 $\overline{p_1'p_2'}$와 $\overline{q_1'q_2'}$를 각각 점 P 및 Q의 시차(Parallax)라 한다. 따라서, 원근을 느끼는 것은 점 P와 Q의 시차의 차이며, 이것을 시차차(Parallax Difference)라 한다.

(2) 그림 (a)를 항공기에서 중복 사진촬영하는 것으로 고려하여 O_1, O_2가 사진기 렌즈의 중심이라면 굴뚝 PQ는 필름상에 각각 $\overline{p_1'q_1'}$와 $\overline{p_2'q_2'}$의 길이로 찍힌다. 지금 이와 같이 찍힌 사진을 그림 (b)처럼 두고(사진상의 굴뚝의 꼭대기와 밑을 각각 P_1Q_1, P_2Q_2라 함) 왼쪽 눈으로 왼쪽 사진, 오른쪽 눈으로 오른쪽 사진을 바라보면 그 상은 망막상에 $\overline{p_1''q_1''}$와 $\overline{p_2''q_2''}$로 나타나므로 원근감을 얻을 수 있다.

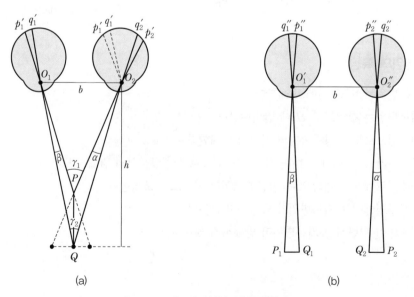

[그림 6-9] 망막상의 상과 입체감

3. 입체시의 종류

(1) 정입체시

중복사진을 명시거리(약 25cm 정도)에서 왼쪽 사진을 왼쪽 눈으로, 오른쪽 사진을 오른쪽 눈으로 보면 좌우가 하나의 상으로 융합되면서 입체감을 얻게 된다. 즉, 높은 곳은 높게, 낮은 곳은 낮게 입체시되는 현상을 말한다.

(2) 역입체시

입체시 과정에서 높은 것은 낮게, 낮은 것은 높게 보이는 현상을 말한다.
① 정입체시되는 한 쌍의 사진에 좌우사진을 바꾸어 입체시하는 경우
② 정상적인 여색입체시 과정에서 색안경의 적과 청을 좌우로 바꾸어 볼 경우

4. 입체시 방법

(1) 육안에 의한 입체시

중복사진을 왼쪽 그림은 왼쪽 눈으로, 오른쪽 그림은 오른쪽 눈으로 입체시하여 얻는 방법이다.

(2) 인공입체시

① 입체경에 의한 방법
② 여색입체시에 의한 방법
③ 편광입체시에 의한 방법
④ 순동입체시에 의한 방법
⑤ 컴퓨터상에서 입체시하는 방법
⑥ 컬러입체시에 의한 방법

5. 입체감을 얻기 위한 입체사진의 조건

(1) 한 쌍의 사진을 촬영한 사진기의 광축은 거의 동일 평면 내에 있어야 한다.
(2) B를 촬영기선길이라 하고, H를 기선으로부터 피사체까지의 길이라 할 때 기선고도비(B/H)가 적당한 값이어야 하며, 그 값은 약 0.25 정도이다.
(3) 2매의 사진축척은 거의 같아야 한다. 축척차가 15%까지는 어느 정도 입체시될 수 있지만 장시간 입체시할 경우에는 5% 이상의 축척차는 좋지 않다.

6. 입체상의 변화

(1) 입체상은 촬영기선이 긴 경우가 촬영기선이 짧은 경우보다 더 높게 보인다.
(2) 렌즈의 초점거리가 긴 쪽의 사진이 짧은 쪽의 사진보다 더 낮게 보인다.

(3) 같은 촬영기선에서 촬영하였을 때 낮은 촬영고도로 촬영한 사진이 높은 고도로 촬영한 경우보다 더 높게 보인다.

(4) 눈의 위치가 약간 높아짐에 따라 입체상은 더 높게 보인다.

11 시차(Parallax) 및 시차차(Parallax Difference)

1. 개요

한 쌍의 사진상에 있어서 동일점에 대한 상점이 연직하에서 만나야 되는데 일점에서 생기는 종횡의 시각적인 오차를 시차(P)라 한다. 또한 각 점이 가지고 있는 시차의 산술적 차를 시차차라 한다. 시차차는 피사체의 높이의 차이에 의하여 발생하기 때문에 입체상의 높이관측에서는 이 시차차가 이용된다.

2. 시차

두 투영 중심 O_1과 O_2에서 나온 대응하는 광선이 평면 r과 만나는 점 A'와 A''가 그림과 같이 일치하지 않는 경우 평면 r상의 $\overline{A'A''}$를 시차(P)라 하며, 시차 P의 X성분을 횡시차(P_x), Y성분을 종시차(P_y)라 한다. 가장 안정한 입체시가 이루어지는 것은 비행방향과 평행하도록 상응하는 두 점을 위치시키는 것이며, 이 방향이 비행경로와 평행하게 놓이지 않으면 y시차가 발생한다. y시차는 눈의 피로를 가져오며 y시차가 커지면 입체시를 방해하게 된다.

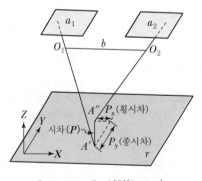

[그림 6-10] 시차(Prallax)

3. 시차의 특징

(1) 시차는 입체모델에서 비행고도의 차이 및 경사사진의 영향으로 나타난다.

(2) 입체모델에서 표고가 높은 곳이 낮은 곳보다 시차가 크다.

(3) 시차는 촬영기선을 기준으로 비행방향 성분을 횡시차, 비행방향에 직각인 성분을 종시차라 한다.

(4) 종시차는 대상물 간 수평위치 차이를 반영하며, 종시차가 커지면 입체시를 방해하게 된다.

4. 시차차(Parallax Difference)

관측위치의 변동으로 인하여 대상물의 상이 사진상의 주점에 대하여 변위되어 촬영된 것으로, 두 점 사이의 시차차는 두 점 사이의 높이차에 기인한다. 비행고도, 촬영기선길이, 초점길이 등과 시차차의 관계를 규정하여 높이를 보다 용이하게 계산할 수 있다.

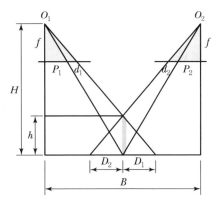

[그림 6-11] 수직사진의 기하학적 관계

[그림 6-11]은 정확하게 연직인 2매의 사진이 같은 고도에서 h인 탑을 촬영한 관계를 나타내고 있다.

$$D_1 = (d_1 + P_1)\frac{h}{f}, \ D_2 = (d_2 + P_2)\frac{h}{f}$$

$$D_1 + D_2 = \frac{h}{f}(d_1 + d_2 + P_1 + P_2) \ \cdots\cdots\cdots\cdots\cdots\cdots\cdots\cdots\cdots\cdots\cdots\cdots ①$$

$d_1 + d_2 = \triangle p$(시차차), $P_1 + P_2 = b_0$(주점기선 길이)라 하고 식 ①에 대입하면,

$$h = \frac{f(D_1 + D_2)}{\triangle p + b_0} = \frac{f}{\triangle p + b_0} \ \cdot \ \frac{H}{f}(d_1 + d_2)$$

$$\therefore h = \frac{\triangle p}{\triangle p + b_0}H$$

5. 기타(시차차공식)

시차공식을 이용한 높이의 계산은 높은 정밀도를 필요로 하지 않는 경우 지형도의 등고선 제작이나 종단 및 횡단도의 작성에 활용되기도 한다.

(1) 기준면시차(P_r), 정상시차(P_a)에 의한 비고(h) 산정공식

$$h = \frac{H}{P_r + \triangle p} \triangle p$$

여기서, H : 비행고도
$\triangle p$: 시차차($P_a - P_r$)
P_a : 정상시차
P_r : 기준면시차

(2) 시차가 주점기선길이(b_0)보다 무시할 정도로 작을 때 비고(h) 산정공식

평탄지 또는 구릉지에서 $\triangle p$는 P_r에 비하여 무시할 정도로 매우 작으므로 분모에서 $\triangle p$를 생략하면 다음과 같은 근사식이 된다.

$$h = \frac{H}{b_0} \triangle p$$

6. 시차차 측정

시차차는 보통 눈금자로도 측정할 수 있으나 정확한 측정을 위해서는 입체경과 시차봉을 사용한다. 이때 시차봉은 부점의 원리를 사용한다.

---

12 과고감/카메론 효과

1. 개요

한 쌍의 사진을 입체시할 때 대상물의 실제 기복이 과장되게 나타나는 현상을 과고감이라 한다. 또한, 입체사진 위에서 이동한 물체를 입체시하면 그 운동 때문에 그 물체가 겉보기상의 시차를 발생하고, 그 운동이 기선방향이면 물체가 뜨거나 가라앉아 보이는 현상을 카메론 효과라 한다. 과고감과 카메론 효과의 주요 내용은 다음과 같다.

2. 과고감(Vertical Exaggeration)

과고감은 인공입체시를 하는 경우 과장되어 보이는 정도이다. 항공사진에서 입체시하면 같은 축척의 실제모형을 보는 것보다 상이 약간 높게 보인다. 즉, 평면축척에 비하여 수직축척이 크게 되기 때문이다.

(1) 과고감(V)

일반적으로 수직축척은 수평축척에 비해 다소 크게 나타난다. 즉, 실제 대상물보다 과장되어 나타난다. 이러한 외견상 축척의 불일치를 수직과장 또는 과고감이라 한다.

과고감은 사진의 기선고도비$\left(\dfrac{B}{H}\right)$와 이에 상응하는 입체시의 기선고도비$\left(\dfrac{b}{h}\right)$의 불일치에 의해 발생한다.

$$V = \frac{Bh}{Hb}$$

여기서, b : 안기선 길이
h : 눈에서 취해진 입체 모델까지 거리
B : 촬영기선 길이
H : 촬영고도

(2) 과고감의 발생 원인

① 입체촬영 시의 $\dfrac{B}{H}$비(약 $\dfrac{1}{3} \sim \dfrac{3}{4}$)와 관측 시 $\dfrac{b}{h}$비($\dfrac{64\text{mm}}{250\text{mm}} \fallingdotseq \dfrac{1}{4}$)와의 차이에 의한 것이다.

② 입체관측 시에는 입체촬영 시와 비교하여 h값에 비해 b값이 크기 때문에 수직방향이 수평방향보다 더 과장되어 보인다.

(3) 과고감 발생에 영향을 주는 요소

① 촬영고도와 기선 길이 : 과고감은 기선고도비$\left(\dfrac{B}{H}\right)$에 비례한다.

② 사진기의 초점거리 : 과고감은 초점기리(f)에 반비례한다.

③ 사진의 축척과 중복도 : 과고감은 같은 카메라로 촬영 시 종중복도에 반비례한다.

(4) 특징

① 항공사진을 입체시한 경우 과고감은 촬영에 사용한 렌즈의 초점거리, 사진의 중복도에 따라 변한다.

② 과고감은 부상도와 관찰자의 경험이나 심리 또는 생리적 작용 등이 복잡하게 합하여 생기는 것이다.

③ 과고감은 지표면의 기복을 과장하여 나타낸 것으로 낮고 평탄한 지역에서의 지형판독에
　크게 도움이 된다.
④ 과고감은 사면의 경사가 실제보다도 급하게 보이기 때문에 오판하지 않도록 하는 주의가
　필요하다.
⑤ 과고감은 필요에 따라 사진판독 요소로서 사용될 수 있다.

3. 카메론 효과(Cameron Effect)

도로변 상공 위의 항공기에서 1대의 주행차를 연속하여 항공사진으로 촬영하여 이것을 입체시시
켜볼 때 차량이 비행방향과 동일한 방향으로 주행하고 있다면 가라앉아 보이고, 반대방향으로 주
행하고 있다면 부상하여 보인다. 또한, 오르고 가라앉는 높이는 차량의 속도에 비례하고 있다. 이
와 같이 이동하는 피사체가 오르고 가라앉아 보이는 현상을 카메론 효과라고 한다.

13 　처리 단위에 따른 입체사진측량

1. 개요

해석사진측량에서 실공간 3차원 위치결정을 위한 처리 단위는 광속(Bundle), 모델(Model), 스트
립(Strip), 블록(Block) 등으로 구분된다.

2. 사진측량의 단위

(1) 광속(Bundle)

각 사진의 광속을 처리 단위로 취급한다.

(2) 모델(Model)

다른 위치로부터 촬영되는 2매 1조의 입체사진으로부터 만들어지는 모델을 처리 단위로 한다.

(3) 스트립(Strip)

서로 인접한 모델을 결합한 복합모델, 즉 Strip을 처리 단위로 한다.

(4) 블록(Block)

사진이나 모델이 종·횡으로 접합된 모형 또는 스트립이 횡으로 접합된 모형이다.

3. 처리 단위에 따른 입체사진측량의 순서

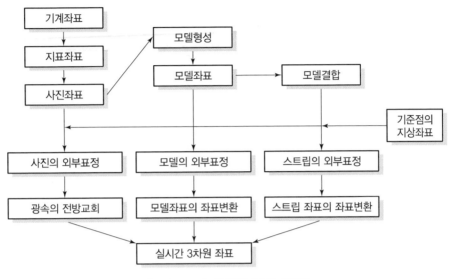

[그림 6-12] 입체사진측량 흐름도

14 사진측량에 이용되는 좌표계

1. 개요

사진좌표계(Photo Coordinate System)는 오른손 좌표계를 사용하여 X축을 비행방향, Y축은 비행방향에 직각, Z축은 천정방향으로 정한다. 사진좌표계의 주요 내용은 다음과 같다.

2. 사진측량 좌표계 규정

좌표계에 대한 정의는 1960년 열린 국제 사진측정학회(ISPRS)에서 통일하여 사용하고 있는 것을 원칙으로 하고 현재는 다음과 같은 규정을 택하고 있다.

(1) 오른손 좌표계(Right-Hand Coordinate System)를 사용한다.
(2) 좌표축의 회전각은 X, Y, Z축을 정방향으로 하여 시계 방향을 (+)로 하며 각 축에 대해 각 각 ω, φ, κ라는 기호를 사용한다.
(3) X축은 비행방향으로 놓아 제1축으로, Y축은 X축의 직각방향인 제2축으로, Z축은 제3축으로 상방향으로 한다.
(4) 원칙적으로 필름면은 양화면(Positive)으로 하나, 도화기의 구조에 따라 반드시 이에 따르지는 않는다.

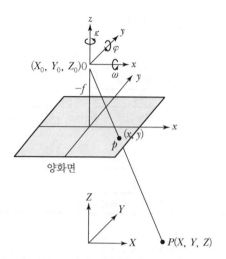

[그림 6-13] 사진측량 좌표계 종류

3. 사진측량에 이용되는 좌표계 종류

해석사진측량에서 이용되는 좌표계는 기계, 지표, 사진, 사진기, 모델, 코스, 절대 및 측지좌표계로 구분되며 이 좌표의 변환을 위해서는 다양한 변환방법이 활용된다.

(1) 기계좌표계(x'', y'') → Comparator 좌표계

① 평면좌표를 측정하는 Comparator 등의 장치에 고정되어 있는 원점과 좌표축을 갖는 2차원 좌표계이다.

② 일반적으로 사진상의 모든 x'', y'' 좌표가 (+)값을 갖도록 좌표계가 설치된다.

(2) 지표좌표계(x', y') → Helmert 변환, 내부표정

① 지표에 주어지는 고유의 좌푯값을 기준으로 하여 정해지는 2차원 좌표계이다.

② 원점의 위치는 일반적으로 사진의 4모퉁이 또는 4변에 있는 지표중심이 원점이 된다.

③ 지표중심(사진중심)으로부터 비행방향축의 변을 $x'(+)$로 한다.

(3) 사진좌표계(x, y) → 지구곡률, 대기굴절, 필름왜곡, 렌즈왜곡 보정

① 주점을 원점으로 하는 2차원 좌표계이다.

② x, y 축은 지표좌표계의 x', y' 축과 각각 평행을 이루며, 일반적으로 지표 중심과 주점 사이에는 약간의 차이가 있다.

③ 지표중심과 주점 차이의 원인이 되는 왜곡은 렌즈왜곡, 필름왜곡, 대기굴절, 지구곡률 등이 영향을 미친다(10μ 이내).

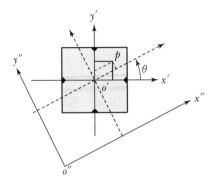

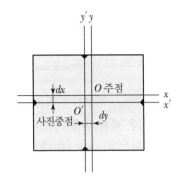

[그림 6-14] 기계좌표계와 지표좌표계   [그림 6-15] 사진좌표계와 지표좌표계

(4) 사진기좌표계($x_0,\ y_0,\ z_0$) → 회전변환

① 렌즈 중심(투영 중심)을 원점으로 하여 x_0축 및 y_0축은 사진좌표계의 $x,\ y$축에 각각 평행하고 z_0축은 좌표계에 의해 얻는다.

② 사진촬영 시 기울기(경사)는 일반적으로 z_0축, y_0축, x_0축의 좌표축을 각각 $\kappa,\ \varphi,\ \omega$의 순으로 축차 회전하는 것을 말한다.

(5) 모델좌표계($x,\ y,\ z$) → 상호표정

① 2매 1조의 입체사진으로부터 형성되는 입체상을 정의하기 위한 3차원 좌표계로 원점은 좌사진의 투영중심을 취한다.

② 모델좌표계의 축척은 각 모델마다 임의로 구성된다.

(6) 코스(Course)좌표계($x',\ y',\ z'$) → 접합표정

복수모델좌표계를 인접한 모델에 접속할 때의 조건을 이용하여 하나의 좌표계로 통일할 때에 사용되는 3차원 직교좌표계이다. 코스좌표계는 복수의 연속하는 모델좌표계를 결합하여 첫 번째 모델좌표계로 통일한 것이다.

(7) 절대좌표계($X,\ Y,\ Z$) → 절대표정

모델의 실공간을 정하는 3차원 직교좌표계이다.

(8) 측지좌표계($E,\ N,\ H$) → 곡률보정

지구상의 위치를 나타내기 위하여 통일적으로 설정되어 있는 좌표계로서 위도, 경도, 높이로 표시한다(3차원 직교좌표계가 아님).

15

2차원 등각사상 변환(Conformal Transformation)

1. 개요

등각사상 변환은 직교기계 좌표에서 관측된 지표좌표계를 사진좌표계로 변환할 때 이용된다. 또한, 이 변환은 변환 후에도 좌표계의 모양이 변화하지 않으며 이 변환을 위해서는 최소한 2점 이상의 좌표를 알고 있어야 한다. 점의 선택 시 가능한 한 멀리 떨어져 있는 점이 변환의 정확도를 향상시키며 2점 이상의 기준점을 이용하게 되며 최소제곱법을 적용하면 더욱 정확한 해를 얻을 수 있다. 2차원 등각사상 변환은 축척변환, 회전변환, 평행변환 세 단계로 이루어진다.

2. 회전 변환

동일 원점 O를 갖는 두 직교좌표(x, y), (x', y')의 한 축이 다른 축에 대해 θ만큼 회전하였다면 (x, y)를 알고 있다는 가정하에서 (x', y')는 θ 및 (x, y)의 함수로 구할 수 있다.

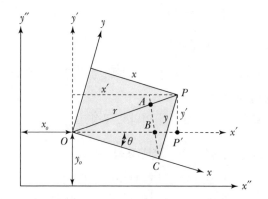

[그림 6-16] 2차원 좌표계의 회전변환

$x' = \overline{OB} + \overline{BP'} = x\cos\theta + y\sin\theta$, $y' = \overline{AC} - \overline{BC} = y\cos\theta - x\sin\theta = x(-\sin\theta) + y\cos\theta$
를 행렬로 표시하면,

$$\begin{bmatrix} x' \\ y' \end{bmatrix} = \begin{bmatrix} \cos\theta & \sin\theta \\ -\sin\theta & \cos\theta \end{bmatrix} \begin{bmatrix} x \\ y \end{bmatrix} \rightarrow x' = Rx \ (R : 회전행렬)$$

이고, (x', y')에서 (x, y)로 변환하면 다음과 같다.
$x = x'\cos\theta - y'\sin\theta$, $y = x'\sin\theta + y'\cos\theta$ 이므로 행렬로 표시하면,

$$\begin{bmatrix} x \\ y \end{bmatrix} = \begin{bmatrix} \cos\theta & -\sin\theta \\ \sin\theta & \cos\theta \end{bmatrix} \begin{bmatrix} x' \\ y' \end{bmatrix}$$

3. 회전 및 축척 변환

$x' = SRx(S:$ 축척계수)이므로 앞 식을 대입하면,

$$SR = \begin{bmatrix} S\cos\theta & S\sin\theta \\ -S\sin\theta & S\sin\theta \end{bmatrix}$$

$$\begin{bmatrix} x' \\ y' \end{bmatrix} = \begin{bmatrix} S\cos\theta & S\sin\theta \\ -S\sin\theta & S\cos\theta \end{bmatrix} \begin{bmatrix} x \\ y \end{bmatrix} = \begin{bmatrix} a & b \\ -b & a \end{bmatrix} \begin{bmatrix} x \\ y \end{bmatrix}$$

여기서, $a = S\cos\theta, b = S\sin\theta$

역행렬을 취하면 다음과 같이 표현된다.

$$\begin{bmatrix} x \\ y \end{bmatrix} = \frac{1}{a^2 + b^2} \begin{bmatrix} a & -b \\ b & a \end{bmatrix} \begin{bmatrix} x' \\ y' \end{bmatrix}$$

여기서, $a^2 + b^2 = s^2$

4. 회전, 축척 변환 및 평행 변위

(x, y)에서 (x'', y'')로의 변환은 회전 및 축척 변환과 평행변위로 구성된다.

$x'' = ax + by + x_0,\ y'' = -bx + ay + y_0$를 행렬로 표시하면,

$$\begin{bmatrix} x'' \\ y'' \end{bmatrix} = \begin{bmatrix} a & b \\ -b & a \end{bmatrix} \begin{bmatrix} x \\ y \end{bmatrix} + \begin{bmatrix} x_0 \\ y_0 \end{bmatrix}$$

이것의 역관계는

$$x = x''\cos\theta - y''\sin\theta + x_0 = ax'' - by'' + x_0$$
$$y = y''\cos\theta + x''\sin\theta + y_0 = bx'' + ay'' + y_0$$

로 표시되며 행렬로 표시하면 다음과 같다.

$$\begin{bmatrix} x \\ y \end{bmatrix} = \frac{1}{a^2 + b^2} \begin{bmatrix} a & -b \\ b & a \end{bmatrix} \begin{bmatrix} x'' - x_0 \\ y'' - y_0 \end{bmatrix}$$

(위 식은 4개 미지수 a, b, x_0, y_0를 갖고 있으므로 4변수 변환)

16 | 2차원 부등각사상 변환(Affine Transformation)

1. 개요

Affine 변환은 2차원 등각사상 변환에 대한 축척에서 x, y 방향에 대해 축척인자가 다른 미소한 차이를 갖는 변환으로 비록 실제 모양은 변화하지만 평행선은 Affine 변환 후에도 평행을 유지한다. Affine 변환은 비직교인 기계좌표계에서 관측된 지표좌표계를 사진좌표계로 변환할 때 이용된다. 또한, Helmert 변환과 자주 사용되어 선형 왜곡 보정에 이용된다.

2. 2차원 부등각사상 변환

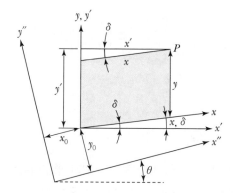

[그림 6-17] 직교좌표계에 대해 변환된 비직교좌표

그림에서 직교좌표계(x', y')는 비직교좌표(x, y)로부터 다음과 같이 구해진다.

$$\begin{cases} x' = x \cos \delta = x \\ y' = y + x \sin \delta = y + x\,\delta \end{cases}$$

행렬형으로 쓰면

$$\begin{bmatrix} x' \\ y' \end{bmatrix} = \begin{bmatrix} 1 & 0 \\ \delta & 1 \end{bmatrix} \begin{bmatrix} x \\ y \end{bmatrix} = R_\delta \begin{bmatrix} x \\ y \end{bmatrix}$$

이 되며 R_δ는 직교행렬이 아니다.

등각사상 변환의 회전변환식을 이용하여 축척변환 S_x, S_y를 적용한 다음 평행변위 x_0, y_0를 더하면

$$\begin{bmatrix} x'' \\ y'' \end{bmatrix} = \begin{bmatrix} \cos\theta & -\sin\theta \\ \sin\theta & \cos\theta \end{bmatrix} \begin{bmatrix} 1 & 0 \\ \delta & 1 \end{bmatrix} \begin{bmatrix} S_x \cdot x \\ S_y \cdot y \end{bmatrix} + \begin{bmatrix} x_0 \\ y_0 \end{bmatrix}$$

$$= R_\theta R_\delta \begin{bmatrix} S_x \cdot x \\ S_y \cdot y \end{bmatrix} + \begin{bmatrix} x_0 \\ y_0 \end{bmatrix}$$

이 되고 변환행렬 $R = R_\theta R_\delta$이며

$$\begin{bmatrix} (\cos\theta - \delta\sin\theta) & -\sin\theta \\ (\sin\theta + \delta\cos\theta) & \cos\theta \end{bmatrix}$$

이므로

$$\begin{cases} x'' = S_x(\cos\theta - \delta\sin\theta)x - (S_y\sin\theta)y + x_0 \\ y'' = S_x(\sin\theta + \delta\cos\theta)x + (S_y\cos\theta)y + y_0 \end{cases}$$

이 되며

$$\begin{cases} S_x(\cos\theta - \delta\sin\theta) = a_1, \ S_x(\sin\theta + \delta\cos\theta) = a_2 \\ -S_y\sin\theta = b_1 \\ S_y\cos\theta = b_2 \end{cases}$$

라 하면

$$\begin{cases} x'' = a_1 x + b_1 y + x_0 \\ y'' = a_2 x + b_2 y + y_0 \end{cases}$$

이 된다. 행렬식으로 쓰면

$$\begin{bmatrix} x'' \\ y'' \end{bmatrix} = \begin{bmatrix} a_1 & b_1 \\ a_2 & b_2 \end{bmatrix}\begin{bmatrix} x \\ y \end{bmatrix} + \begin{bmatrix} x_0 \\ y_0 \end{bmatrix}$$

이 되며, 역관계에 의해 다음과 같다.

$$\begin{bmatrix} x \\ y \end{bmatrix} = \begin{bmatrix} 1 & \delta \\ 0 & 1 \end{bmatrix}\begin{bmatrix} S_x & 0 \\ 0 & S_y \end{bmatrix}\begin{bmatrix} \cos\theta & -\sin\theta \\ \sin\theta & \cos\theta \end{bmatrix}\begin{bmatrix} x'' \\ y'' \end{bmatrix} + \begin{bmatrix} x_0 \\ y_0 \end{bmatrix}$$

$$\begin{cases} x = a_1 x'' + a_2 y'' + x_0 \\ y = b_1 x'' + b_2 y'' + y_0 \end{cases}$$

$$즉, \ \begin{bmatrix} x \\ y \end{bmatrix} = \frac{1}{a_1 b_2 - a_2 b_1}\begin{bmatrix} b_2 & -b_1 \\ a_2 & a_1 \end{bmatrix}\begin{bmatrix} x'' - x_0 \\ y'' - y_0 \end{bmatrix}$$

(변수가 6개이므로 6 변수변환)

17 3차원 회전변환/3차원 좌표변환

1. 개요

회전변환은 사진기의 기울기를 표현하는 데 이용되며, 경사사진 사진기의 사진좌표계와 경사가 없는 사진기의 좌표계 사이의 관계를 구하는 데 이용된다. 3차원 좌표변환은 하나의 3차원 좌표에서 다른 3차원 좌표로의 변환을 의미한다.

2. 3차원 회전변환

X, Y, Z좌표를 축 x', y', z' 좌표축으로 회전할 때 회전각을 ω, φ, κ로 표시하며, 회전에 의한 사진기 좌표계의 변환식은 다음과 같다.

$$\begin{bmatrix} x' \\ y' \\ z' \end{bmatrix} = R_{\kappa\varphi\omega} \begin{bmatrix} X \\ Y \\ Z \end{bmatrix} = R_\kappa \cdot R_\varphi \cdot R_\omega \begin{bmatrix} X \\ Y \\ Z \end{bmatrix}$$

3. 회전인자의 영향

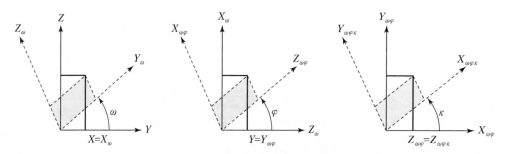

[그림 6-18] 각 축에 대한 3차원 직교좌표계의 회전

여기서 ω, φ, κ의 회전을 기본좌표계(X, Y, Z)와 변환좌표계(x', y', z')을 고려한 행렬형태로 다음과 같이 표시할 수 있다.

(1) ω의 영향

$$\begin{bmatrix} x' \\ y' \\ z' \end{bmatrix} = \begin{bmatrix} 1 & 0 & 0 \\ 0 & \cos\omega & \sin\omega \\ 0 & -\sin\omega & \cos\omega \end{bmatrix} \begin{bmatrix} X \\ Y \\ Z \end{bmatrix} = R_\omega \begin{bmatrix} X \\ Y \\ Z \end{bmatrix}$$

$$\begin{bmatrix} X \\ Y \\ Z \end{bmatrix} = \begin{bmatrix} 1 & 0 & 0 \\ 0 & \cos\omega & -\sin\omega \\ 0 & \sin\omega & \cos\omega \end{bmatrix} \begin{bmatrix} x' \\ y' \\ z' \end{bmatrix} = R_\omega^T \begin{bmatrix} x' \\ y' \\ z' \end{bmatrix}$$

(2) φ의 영향

$$\begin{bmatrix} x' \\ y' \\ z' \end{bmatrix} = \begin{bmatrix} \cos\varphi & 0 & -\sin\varphi \\ 0 & 1 & 0 \\ \sin\varphi & 0 & \cos\varphi \end{bmatrix} \begin{bmatrix} X \\ Y \\ Z \end{bmatrix} = R_\varphi \begin{bmatrix} X \\ Y \\ Z \end{bmatrix}$$

$$\begin{bmatrix} X \\ Y \\ Z \end{bmatrix} = \begin{bmatrix} \cos\varphi & 0 & \sin\varphi \\ 0 & 1 & 0 \\ -\sin\varphi & 0 & \cos\varphi \end{bmatrix} \begin{bmatrix} x' \\ y' \\ z' \end{bmatrix} = R_\varphi{}^T \begin{bmatrix} x' \\ y' \\ z' \end{bmatrix}$$

(3) κ의 영향

$$\begin{bmatrix} x' \\ y' \\ z' \end{bmatrix} = \begin{bmatrix} \cos\kappa & \sin\kappa & 0 \\ -\sin\kappa & \cos\kappa & 0 \\ 0 & 0 & 1 \end{bmatrix} \begin{bmatrix} X \\ Y \\ Z \end{bmatrix} = R_\kappa \begin{bmatrix} X \\ Y \\ Z \end{bmatrix}$$

$$\begin{bmatrix} X \\ Y \\ Z \end{bmatrix} = \begin{bmatrix} \cos\kappa & -\sin\kappa & 0 \\ \sin\kappa & \cos\kappa & 0 \\ 0 & 0 & 1 \end{bmatrix} \begin{bmatrix} x' \\ y' \\ z' \end{bmatrix} = R_\kappa{}^T \begin{bmatrix} x' \\ y' \\ z' \end{bmatrix}$$

4. 3차원 좌표변환

(1) 3차원 등각사상 변환

하나의 3차원 좌표에서 다른 3차원 좌표변환을 의미하며, 변환 후에도 원래 모양이 유지된다. 이 변환은 경사사진상의 점의 좌표를 대응하는 수직사진상의 좌표로 변환하는 경우와 독립 입체모형으로부터 연속적인 3차원 종접합 입체모형(Strip Model)을 형성하려는 경우에 필요하다(회전, 축척, 평행변위).

$$\begin{bmatrix} x' \\ y' \\ z' \end{bmatrix} = SR_{\kappa,\varphi,\omega} \begin{bmatrix} x \\ y \\ z \end{bmatrix} + \begin{bmatrix} x_0 \\ y_0 \\ z_0 \end{bmatrix} = S \begin{bmatrix} r_{11} & r_{12} & r_{13} \\ r_{21} & r_{22} & r_{23} \\ r_{31} & r_{32} & r_{33} \end{bmatrix} \begin{bmatrix} x \\ y \\ z \end{bmatrix} + \begin{bmatrix} x_0 \\ y_0 \\ z_0 \end{bmatrix}$$

(2) 3차원 부등각사상 변환

3차원 부등각사상(Affine) 변환은 각 축에 대하여 서로 다른 축척을 갖고 있을 경우, 즉 초점거리가 다른 경우의 입체모형이나 초광각 사진에 의한 입체모형에 대한 변환에 이용된다.

(3) 3차원 다항식 변환

입체모형이나 지도 투영의 최종결과에서 발생되는 정오차 변형이나 오차전파를 보정하기 위해 사용된다.

공선조건(Collinearity Condition)

1. 개요

공선조건이란 사진상의 한 점과 렌즈의 중심 및 대응하는 지상의 한 점이 일직선상에 존재하도록
하는 조건을 말한다.

2. 공선조건 및 조건식

공간상의 임의의 점(또는 대상물의 점 : X_p, Y_p, Z_p)과 그에 대응하는 사진상의 점 (또는 상점 :
x, y) 및 사진기의 촬영 중심(X_0, Y_0, Z_0)이 동일 직선상에 있어야 하는 조건을 공선조건이라 한
다. 공선조건식은 센서와 지상의 점과 사진상의 점 사이의 기하를 표현하기 위한 물리적 모델을
말한다.

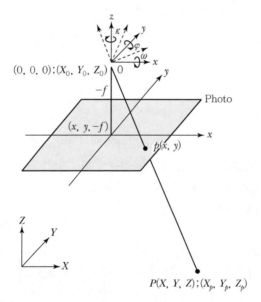

[그림 6-19] 공선조건

사진투영중심과 P의 상점 및 대상물 사이에는 다음과 같은 관계가 성립한다. 3축 회전변환식은

$$\begin{bmatrix} X_p - X_0 \\ Y_p - Y_0 \\ Z_p - Z_0 \end{bmatrix} = R \begin{bmatrix} x \\ y \\ -f \end{bmatrix} = \begin{bmatrix} a_{11}x + a_{12}y - a_{13}f \\ a_{21}x + a_{22}y - a_{23}f \\ a_{31}x + a_{32}y - a_{33}f \end{bmatrix}$$

로 표시되며, $\dfrac{X - X_0}{X_p - X_0} = \dfrac{Y - Y_0}{Y_p - Y_0} = \dfrac{Z - Z_0}{Z_p - Z_0}$ 을 위 식에 대입하면

$$X - X_0 = Z - Z_0 \frac{X_p - X_0}{Z_p - Z_0} = Z - Z_0 \frac{a_{11}x + a_{22}y - a_{13}f}{a_{31}x + a_{32}y - a_{33}f}$$

$$Y - Y_0 = Z - Z_0 \frac{Y_p - Y_0}{Z_p - Z_0} = Z - Z_0 \frac{a_{21}x + a_{22}y - a_{23}f}{a_{31}x + a_{32}y - a_{33}f}$$

가 된다.

또한, $\overline{PO}$와 $\overline{pO}$ 사이의 비를 S(축척계수)라 하면

$$\frac{x}{X_p - X_0} = \frac{y}{Y_p - Y_0} = \frac{-f}{Z_p - Z_0} = S$$

즉,

$$\begin{bmatrix} x \\ y \\ -f \end{bmatrix} = S \begin{bmatrix} X_p - X_0 \\ Y_p - Y_0 \\ Z_p - Z_0 \end{bmatrix}$$

이며, 상좌표 $(x,\,y)$가 사진기 검정값과 $x_0,\,y_0$의 차가 있고 $X,\,Y,\,Z$ 좌표축에 대한 $x,\,y,\,z$축의 방향여현(Direction Cosine)을 A라 하면

$$\begin{bmatrix} x - x_0 \\ y - y_0 \\ -f \end{bmatrix} = S \begin{bmatrix} a_{11}\ a_{12}\ a_{13} \\ a_{21}\ a_{22}\ a_{23} \\ a_{31}\ a_{32}\ a_{33} \end{bmatrix} \begin{bmatrix} X_p - X_0 \\ Y_p - Y_0 \\ Z_p - Z_0 \end{bmatrix}$$

이며,

$$S = \frac{-f}{a_{31}(X_p - X_0) + a_{32}(Y_p - Y_0) + a_{33}(Z_p - Z_0)}$$

라 할 때, 공선조건식은 다음과 같다.

$$x(X, Y, Z\,;\, \omega,\, \varphi,\, \kappa,\, X_0,\, Y_0,\, Z_0,\, x_0,\, y_0,\, f)$$
$$= x_0 - f \frac{a_{11}(X_p - X_0) + a_{12}(Y_p - Y_0) + a_{13}(Z_p - Z_0)}{a_{31}(X_p - X_0) + a_{32}(Y_p - Y_0) + a_{33}(Z_p - Z_0)}$$

$$y(X, Y, Z\,;\, \omega,\, \varphi,\, \kappa, X_0,\, Y_0,\, Z_0,\, x_0,\, y_0,\, f)$$
$$= y_0 - f \frac{a_{21}(X_p - X_0) + a_{22}(Y_p - Y_0) + a_{23}(Z_p - Z_0)}{a_{31}(X_p - X_0) + a_{32}(Y_p - Y_0) + a_{33}(Z_p - Z_0)}$$

3. 적용

(1) 상기 공선조건식은 비선형 방정식이므로 최소제곱법을 이용하여 표정요소 및 사진기준점좌표를 구하기 위해서는 각각의 관측에 대한 초깃값과 보정량이 포함된 선형방정식으로 변환해야 한다(Taylor급수를 사용).

(2) 공선조건에 의한 공간후방교회법으로 사진의 6개 외부표정요소를 결정한다.

(3) 공선조건에 의한 공간전방교회법을 이용하여 외부표정요소와 결정된 사진좌표들로부터 지상점의 좌표를 결정할 수 있다.

---

19 공선조건식의 선형화

1. 개요

공선조건은 공간상에 존재하는 임의 점 A, 투영점 L, 사진에 찍힌 상점 a가 동일 직선상에 놓여야 하는 조건이다. 하지만 이 공선조건식은 비선형방정식이므로 최소제곱법을 이용하여 표정요소 및 사진기준점의 좌표를 구하기 위해서는 각각의 관측에 대한 초깃값과 보정량이 포함된 선형방정식으로 변환해야 한다. 선형화에는 Taylor급수를 사용한다.

2. 공선조건식

$$x_a = x_0 - f \left[\frac{m_{11}(X_A - X_L) + m_{12}(Y_A - Y_L) + m_{13}(Z_A - Z_L)}{m_{31}(X_A - X_L) + m_{32}(Y_A - Y_L) + m_{33}(Z_A - Z_L)} \right]$$

$$y_a = y_0 - f \left[\frac{m_{21}(X_A - X_L) + m_{22}(Y_A - Y_L) + m_{23}(Z_A - Z_L)}{m_{31}(X_A - X_L) + m_{32}(Y_A - Y_L) + m_{33}(Z_A - Z_L)} \right]$$

여기서, x_a, y_a : 사진상에 있는 점 a의 좌표
f : 카메라의 초점거리
X_A, Y_A, Z_A : 점 a의 지상좌표
X_L, Y_L, Z_L : 사진 L에 대한 카메라 노출점의 지상좌표

3. Taylor급수 정리에 의한 선형화한 공선조건식

선형화한 공선조건식은 다음과 같다.

$$b_{11}d\omega + b_{12}d\varphi + b_{13}d\kappa - b_{14}dX_L - b_{15}dY_L - b_{16}dZ_L + b_{14}dX_A + b_{15}dY_A + b_{16}dZ_A = J + v_{x_a}$$
$$b_{21}d\omega + b_{22}d\varphi + b_{23}d\kappa - b_{24}dX_L - b_{25}dY_L - b_{26}dZ_L + b_{24}dX_A + b_{25}dY_A + b_{26}dZ_A = K + v_{y_a}$$

여기서, $d\omega$, $d\varphi$, $d\kappa$ 등은 초기 근사값에 대한 미지 보정량

4. 공간후방교회법에 의한 외부표정요소 결정

(1) 외부표정요소는 지상기준점 좌표와 그 영상좌표를 이용하여 공간후방교회법으로 결정할 수 있다. 여기서, 지상점의 좌표는 알고 있는 값이므로 선형화된 공선조건식에서 dX_A, dY_A, dZ_A는 0이 된다.

$$b_{11}d\omega + b_{12}d\varphi + b_{13}d\kappa - b_{14}dX_L - b_{15}dY_L - b_{16}dZ_L = J + v_{x_a}$$
$$b_{21}d\omega + b_{22}d\varphi + b_{23}d\kappa - b_{24}dX_L - b_{25}dY_L - b_{26}dZ_L = K + v_{y_a}$$

(2) 미지수가 6개로, 1점에 대하여 2개의 관측방정식이 만들어지므로 1매의 사진에 3점의 지상 기준점이 있으면 6개의 방정식에 의해 외부표정요소를 구할 수 있다.

5. 공간전방교회법에 의한 지상점의 3차원 좌표 결정

(1) 사진의 외부표정요소가 얻어지면 공간전방교회법으로 기지인 카메라에서 미지의 지상점을 관측하여 지상점의 3차원 좌표를 결정할 수 있다.

(2) 선형화된 공선조건식에서 카메라의 외부표정요소가 결정되었다면 $d\omega$, $d\varphi$, $d\kappa$, dX_L, dY_L, dZ_L는 0이 되므로 아래 식에서 미지수 3개로, 입체영상으로 촬영된 1개의 지상점에 대하여 4개 관측방정식이 만들어지므로 입체로 촬영만 되었다면 해를 구할 수 있다.

$$b_{14}dX_A + b_{15}dY_A + b_{16}dZ_A = J + v_{x_a}$$
$$b_{24}dX_A + b_{25}dY_A + b_{26}dZ_A = K + v_{y_a}$$

20 공면조건(Coplanarity Condition)

1. 개요

공면조건이란 한 쌍의 중복된 항공사진에서 두 노출점과 지상의 어느 한 점 및 이 점에 상응하는 두 사진상에서의 점은 모두 하나의 평면에 있어야 하는 조건을 말한다.

2. 공면조건 및 조건식

3차원 공간상의 평면의 일반식은 $AX + BY + CZ + D = 0$이며 두 개의 투영중심과 공간상의 임의의 점 P의 두 상점이 동일 평면상에 있기 위한 조건이 공면조건이다.

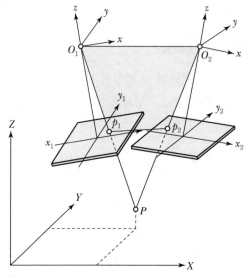

[그림 6-20] 공면조건을 이용한 상호표정

즉, 2개의 투영중심 $O_1(X_{O_1}, Y_{O_1}, Z_{O_1})$, $O_2(X_{O_2}, Y_{O_2}, Z_{O_2})$와 공간상의 임의의 점 P의 상점 $p_1(X_{p_1}, Y_{p_1}, Z_{p_1})$, $p_2(X_{p_2}, Y_{p_2}, Z_{p_2})$가 동일 평면상에 있기 위한 관계식은 다음과 같다.

$$\begin{bmatrix} X_{O_1} & Y_{O_1} & Z_{O_1} & 1 \\ X_{O_2} & Y_{O_2} & Z_{O_2} & 1 \\ X_{p_1} & Y_{p_1} & Z_{p_1} & 1 \\ X_{p_2} & Y_{p_2} & Z_{p_2} & 1 \end{bmatrix} \begin{bmatrix} A \\ B \\ C \\ D \end{bmatrix} = \begin{bmatrix} 0 \\ 0 \\ 0 \\ 0 \end{bmatrix}$$

따라서, 4점(O_1, O_2, p_1, p_2)이 동일 평면상에 있기 위한 조건인 공면조건을 만족하기 위해서는 다음의 행렬식이 0이 되어야 한다.

$$\begin{vmatrix} X_{O_1} & Y_{O_1} & Z_{O_1} & 1 \\ X_{O_2} & Y_{O_2} & Z_{O_2} & 1 \\ X_{p_1} & Y_{p_1} & Z_{p_1} & 1 \\ X_{p_2} & Y_{p_2} & Z_{p_2} & 1 \end{vmatrix} = 0$$

3. 적용

(1) 공면조건식은 인접된 두 사진에 나타나는 지상점에 대하여 각각 쓸 수 있으며, 이 조건식에서는 지상좌표를 미지수로 하지 않고 입체 모델의 두 사진의 외부표정요소를 미지수로 한다.

(2) 공면조건식은 비선형방정식이므로 공선조건식에서와 같이 Taylor급수에 의하여 선형화하여야 한다.

(3) 선형화 작업은 공선조건식에서와 같이 단순하지 않고 복잡하며 해석사진측량에서는 거의 대부분 공면조건식 대신에 공선조건식을 사용하고 있다.

(4) 입체모델에서 상호표정요소를 알고 있다면 에피폴라 선을 결정하는 데 공면조건을 이용할 수 있다.

21 사진에 의한 대상물 재현

1. 개요

공간상의 임의의 점과 투영중심 및 상점이 동일선상에 있어야 할 조건이 공선조건이며, 사진측량의 기본 원리이다. 사진측량에 쓰이는 조건들도 이 공선 조건의 조합에 의해 얻어진다.

2. 사진에 의한 대상물 재현

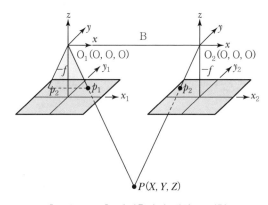

[그림 6-21] 사진측량의 대상물 재현

위의 그림에서 표현한 바와 같이 각각의 사진면상에서 주점을 원점으로 하고 비행기 방향을 x축으로 갖는 평면직각좌표계$(x_1,\ y_1),\ (x_2,\ y_2)$를 사진좌표계라 한다.

그림에서 $\Delta O_1 p_1 p_2$와 $\Delta O_1 O_2 P$의 비례관계에서 $X,\ Y,\ Z$를 산정할 수 있다.

$$X = \frac{x_1}{x_1 - x_2} B$$

$$Y = \frac{y_1}{x_1 - x_2} B = \frac{y_2}{x_1 - x_2} B$$

$$Z = \frac{-f}{x_1 - x_2} B$$

여기서, $x_1 - x_2$: 시차차, f : 초점거리, B : 촬영기선길이

따라서, f와 B의 값을 알면, p_1, p_2의 사진좌표를 관측하여 위의 식으로부터 P의 공간좌표 X, Y, Z를 구할 수 있다.

22 표정(Orientation)

1. 개요

항공사진은 촬영 당시의 기상조건 또는 대기상태 등에 의해 각 영상마다 카메라의 내부적 환경과 촬영자세가 모두 다르다. 따라서, 항공삼각측량을 통해 영상에 정확한 절대좌표를 부여하기 위해서는 사진의 표정작업을 수행하여 촬영 당시 카메라 센서와 지상좌표계 간의 관계를 정확하게 재현하는 것이 가장 중요하다. 즉, 사진의 표정은 촬영위치와 카메라 경사, 사진의 축척 등의 정보를 이용하여 촬영 당시의 카메라 센서와 대상물의 관계를 정의하는 것을 의미한다.

2. 표정

표정은 내부표정과 외부표정으로 구분할 수 있으며, 외부표정은 상호표정과 접합표정 및 절대표정으로 구분된다.

(1) 내부표정(Inner Orientation)

① 사진측량에서 사진좌표의 정확도를 향상시키기 위해 카메라의 렌즈와 센서에 대한 정확한 제원을 산출하는 과정을 말한다. 내부표정을 통해 산출되는 요소는 주점거리, 주점변위, 렌즈의 방사왜곡 및 편심왜곡 계수 등이다.

② 내부표정은 카메라 내부에서 발생하는 렌즈의 왜곡 수차 보정, 카메라의 광축 및 투영기의 광축을 일치시키는 작업을 의미한다.

③ 사진의 주점을 촬영중심에 일치시키는 등의 화면거리 조정 및 주점의 조정 작업이라고 할 수 있다. 즉, 기계좌표(x'', y'')에서 지표좌표(x', y')으로 변환하고, 지표좌표에서 사진좌표(x, y)로 변환하는 과정을 의미한다.

(2) 상호표정(Relative Orientation)

① 동일 대상을 촬영한 한 쌍의 좌우 사진 간에 촬영 시와 같게 투영관계를 맞추는 작업을 말한다.

② 항공사진촬영 단계에서 각각의 영상이 촬영될 당시 항공기는 바람 등의 영향으로 X, Y, Z축을 기준으로 기체에 회전이 발생한다. 따라서, 외부표정 중 상호표정 단계에서는 항공사진과 지상기준점 측량성과, GNSS/INS 정보 등을 이용하여 영상 중심의 자세(X, Y, Z)와 회전요소(ω, φ, κ)를 산출함으로써 촬영 당시의 항공기 자세를 추정해야 한다.

③ 항공기의 진행방향을 X축, 직교하는 방향을 Y축, 항공기의 위쪽 방향을 Z축이라고 할 때, X축을 기준으로 회전하는 값을 ω(Omega) 또는 Roll, Y축을 기준으로 회전하는 값을 φ(Phi) 또는 Pitch, Z축을 기준으로 회전하는 값을 κ(Kappa) 또는 Yaw라고 한다.

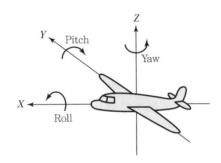

[그림 6-22] Roll(ω), Pitch(φ), Yaw(κ) 개념도

④ 항공기의 회전요소(ω, φ, κ)와 평행요소(b_y, b_z)로 구성된 5개의 상호표정요소를 이용하여 종시차를 소거하거나 공선(공면)조건을 이용함으로써 사진기좌표를 모델좌표로 변환하는 것을 의미한다.

(3) 접합표정(Successive Orientation)

① 접합표정에서는 7개의 접합표정요소(ω, φ, κ, λ, S_x, S_y, S_z)와 모델 및 스트립 간의 접합요소를 결정하여 스트립좌표로 변환하는 과정이다.

② 한 쌍의 입체사진 내에서 한 쪽의 표정인자는 전혀 움직이지 않고 다른 한 쪽을 움직여 그 다른 쪽에 접합시키는 표정방법이다.

(4) 절대표정(Absolute Orientation)

① 절대표정은 상호표정이 끝난 한 쌍의 입체사진모델에 대하여 축척과 수준면, 위치결정을 결정함으로써 사진상에 대상물의 절대좌표를 정의하는 과정이다.

② 사진측량에서 모형공간과 실제공간 사이의 관계를 이용하여 상호표정된 영상들의 상대좌표를 실세계의 절대좌표로 변환하는 과정을 말한다. 모형공간과 실제공간 사이의 관계는 지상기준점과 이에 해당하는 영상점 간의 이동, 회전, 축척 변환으로 표현한다.

$$\begin{bmatrix} X_G \\ Y_G \\ Z_G \end{bmatrix} = SR \begin{bmatrix} X_m \\ Y_m \\ Z_m \end{bmatrix} + \begin{bmatrix} X_0 \\ Y_0 \\ Z_0 \end{bmatrix}$$

여기서, X_G, Y_G, Z_G : 지상좌표(구하려는 3차원 좌표)

X_m, Y_m, Z_m : 모델좌표

X_0, Y_0, Z_0 : 원점이동량(평행변위)

S : 축척

R : 회전(κ, φ, ω로 구성되는 회전행렬)

3. 항공삼각측량

(1) Aerial Triangulation(AT)은 지상기준점(GCP : Ground Control Point)측량 성과를 이용하여 표정(Orientation)작업을 거쳐 항공사진에 절대좌푯값을 입력해주는 작업이다.

(2) 항공사진측량 작업규정에서는 항공삼각측량을 도화기 또는 좌표측정기에 의하여 항공사진상에서 측정된 구점의 모델좌표 또는 사진좌표를 지상기준점 및 GNSS/INS 외부표정 요소를 기준으로 지상좌표로 전환시키는 작업을 의미한다고 정의되어 있다.

23　사진측량의 표정요소

1. 개요

사진측량의 표정이란 사진을 촬영 당시의 기하학 조건으로 재현하는 것을 말한다. 내부표정, 상호표정, 접합표정, 절대표정 등이 있으며, 이것을 수행하기 위해서는 내부표정요소와 외부표정요소가 필요하다.

2. 내부표정요소(Interior Orientation Parameters)

카메라 내부에서 투영중심점으로부터 사진상의 점까지 광선 경로에 영향을 주는 요소들을 말한다. 영상좌표계에서의 주점의 위치, 초점거리 또는 주점거리, 부가 매개변수가 있다.

(1) 주점(Principal Point)의 위치 : 지표축 X, Y에 대한 주점의 지표좌표

(2) 초점거리(Focal Length) : 렌즈의 중심과 초점사이의 거리

① EFL(Equivalent Focal Length) : 렌즈 중심부에 유효한 초점길이

② CFL(Calibrated Focal Length) : 방사상의 렌즈왜곡수차를 평균 배분한 초점길이

3. 외부표정요소(Exterior Orientation Parameters)

영상촬영 당시의 촬영점의 3차원 좌표$(X_0,\ Y_0,\ Z_0)$와 회전요소$(\kappa,\ \varphi,\ \omega)$를 말한다. 촬영점의 위치와 경사를 구하는 방법에는 직접표정과 간접표정방법이 있다.

(1) 직접표정

영상의 위치와 자세를 GNSS, INS 센서의 조합에 의하여 지상기준점을 이용하지 않고 실시간으로 최확값을 구하는 과정을 직접표정(DO : Direct Orientation)이라 한다. 지상기준점 수를 줄이거나 사용하지 않으므로 시간과 비용 면에서 효율을 기할 수 있어 지상기준점이 적거나 설치하기 힘든 지역에도 적용할 수 있다.

(2) 간접표정

간접표정(IO : Indirect Orientation)은 지상기준점을 이용하여 외부표정요소를 구하여 최확값을 구한다.

24 직접표정/간접표정

1. 개요

표정(Orientation)은 영상취득 시 기하학적 조건에서 가상값으로부터 최확값을 구하는 단계적인 해석 및 작업을 말한다. 사진측량에서는 사진기와 사진촬영 시의 사정으로 엄밀수직영상을 얻을 수 없으므로 촬영점의 위치나 사진기의 경사 및 사진(영상)축척 등을 구해 촬영 시의 사진기와 대상물좌표계 관계를 재현한다. 촬영점의 위치와 경사를 구하는 방법에는 직접표정과 간접표정방법이 있다.

2. 직접표정

영상의 위치와 자세를 GNSS, INS 센서의 조합에 의하여 지상기준점을 이용하지 않고 실시간으로 최확값을 구하는 과정을 직접표정(DO : Direct Orientation)이라 한다. 지상기준점 수를 줄이거나 사용하지 않으므로 시간과 비용 면에서 효율을 기할 수 있어 지상기준점이 적거나 설치하기 힘든 지역에도 적용할 수 있다. 이 방법은 GNSS 신호와 INS 관측값의 신호 동기화, 센서 간의 정확한 거리와 각도의 관측 등의 관측체계(영상센서, GNSS, INS) 간의 관계보정이 필수적이다.

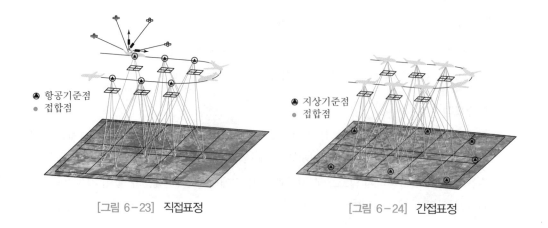

<table>
<tr><td>▲ 항공기준점</td></tr>
<tr><td>● 접합점</td></tr>
</table>

▲ 항공기준점
● 접합점

[그림 6-23] 직접표정

▲ 지상기준점
● 접합점

[그림 6-24] 간접표정

3. 간접표정

간접표정(IO : Indirect Orientation)은 지상기준점을 이용하여 외부표정요소를 구하여 최확값을 구한다. 내부표정에 오차가 있는 경우 간접표정 방법을 적용하면 외부표정값이 광속조정에 의하여 내부표정의 오차가 처리되어 정확한 지상좌표를 얻을 수 있다. 그러나 직접표정의 경우 GNSS와 INS에 의해 외부표정이 정해지므로 내부표정의 오차가 있다면 지상좌표 결정 시 오차가 전파되어 정확한 지상좌푯값(최확값)을 얻을 수 없다. 직접표정인 경우는 반드시 정확한 내부표정을 해야 한다.

25 사진좌표 보정

1. 개요

지표좌표와 사진좌표에는 약간의 차이가 발생하므로(항공사진에서 공선조건을 어긋나게 하는 요소) 렌즈왜곡, 대기굴절, 지구곡률, 필름변형 등의 보정이 필요하다.

2. 렌즈왜곡

렌즈왜곡은 방사왜곡(Radial Distortion)과 접선왜곡(Tangential Distortion)으로 나누어진다.

(1) 방사왜곡(Radial Distortion)

렌즈의 방사왜곡은 대칭형이며, 사진기마다 다르고 렌즈왜곡에 큰 비중을 차지하므로 일반적으로 방사왜곡만을 보정하는 경우가 많다.

$$x = x' - \frac{x'}{r} \Delta r$$

$$y = y' - \frac{y'}{r} \Delta r$$

여기서, x, y : 사진좌표, x', y' : 지표좌표
r : 주점으로부터 거리($r = \sqrt{x'^2 + y'^2}$)
Δr : 방사왜곡

※ 방사왜곡 Δr은 검정결과로부터 근사적으로 구하는 방법과 $\Delta r = k_1 r^1 + k_2 r^3 + k_3 r^5 + k_4 r^7 + \cdots\cdots + k_n r^{2n-1}$과 같은 다항식근사법이 있다. k_1에서 k_n은 렌즈의 방사왜곡항의 계수이며 일반적으로 r^7항까지만 고려하면 충분하다.

(2) 접선왜곡(Tangential Distortion)

접선왜곡은 비대칭이며, 렌즈의 제작 및 합성과정에서 각 렌즈들의 중심이 일치하지 않으므로 발생한다. 일반적으로 접선왜곡($\pm 2\mu m$)은 방사왜곡($\pm 20 \sim 25 \mu m$)의 1/10 정도로 미소하여 무시하지만 정밀한 관측을 요할 경우에는 Conrady Model에 의한 식으로 사진좌표를 보정한다.

$$\Delta x = P_1(r^2 + 2x'^2) + 2P_2 x'y'$$
$$\Delta y = P_1(r^2 + 2y'^2) + 2P_2 x'y'$$

여기서, P_1, P_2는 접선왜곡항의 계수이다.

3. 대기굴절

촬영고도가 높아지면 광선은 대기굴절의 영향을 받으며 보정량(Δr)은 주점에서 사진상의 점까지의 거리 r의 함수로 나타낼 수 있다. 또한 대기굴절에 의한 사진좌표보정은 방사왜곡 식과 같이 보정한다.

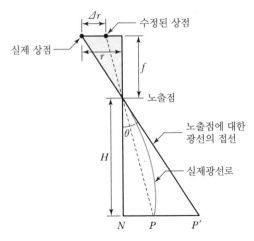

[그림 6-25] 대기굴절보정

$$\Delta r = D_x \left\{ 1 + \left(\frac{r}{f} \right)^2 \right\} r$$

여기서, Δr : 대기굴절 보정량
D_x : $1.5 \times 10 - 5 (H-h) \{ 1 - 0.035 (2H+h) \}$
H : 촬영고도(km)
h : 지점의 고도(km)
f : 초점거리

4. 지구곡률

지상점의 위치를 수평위치로 계산하려면 지구곡률에 의한 영상의 왜곡을 보정하여야 한다. 지구곡률에 의한 왜곡 보정량(Δe)은 주점으로부터 거리(r)의 함수로 나타낼 수 있으며, 사진좌표보정은 방사왜곡 식과 같이 보정한다.

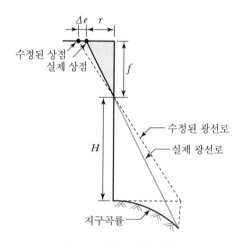

[그림 6-26] 지구곡률보정

$$x = x' - \frac{x'}{r} \Delta e$$

$$\Delta e = \frac{Hr^3}{2Rf^2}$$

여기서, H : 촬영고도
R : 지구반경
f : 초점거리
r : 주점으로부터 거리
Δe : 지구곡률에 의한 왜곡보정량

5. 필름변형

필름의 수축 및 팽창량은 지표(Fiducial Mark) 사이의 관측점 거리와 검정자료를 비교하여 결정한다.

$$x = \left(\frac{x_c}{x_m}\right)x'$$

$$y = \left(\frac{y_c}{y_m}\right)y'$$

여기서, x, y : 사진좌표
x_m, y_m : 지표 간의 관측 거리
x_c, y_c : 검정좌표
x', y' : 지표좌표

26 상호표정인자

1. 개요

상호표정은 입체도화기에서 내부표정을 거친 후 상호표정인자에 의해 종시차를 소거하는 입체시를 통하여 3차원 가상좌표인 모델좌표를 구하는 기계적 상호표정과 사진좌표로부터 해석적으로 모델좌표를 구하는 해석적 표정으로 구분된다. 상호표정에서 모형을 형성하기 위해서는 5개의 표정요소를 이용해 공액점의 시차를 제거함으로써 이루어진다.

2. 상호표정인자

상호표정인자는 $\kappa, \varphi, \omega, b_y, b_z$으로서 표정을 하기 위하여 표정점이 5점 있으면 가능하지만 보통 대칭적으로 6점을 취하고 번호를 붙인다. 상호표정에서 모형을 형성하기 위해서는 5개의 표정요소를 이용해 공액점의 시차를 제거함으로써 이루어진다.

3. 표정점 선점 요령

(1) 점 1, 2는 좌우 사진의 주점이거나 그 가까이 있는 점을 선택한다.
(2) 표정점은 사진상에서 명료하며 측정하기 용이한 곳을 선정한다.
(3) 가능한 한 인접한 모델에서도 표정점으로서 공통으로 사용할 수 있는 위치에 선택하는 것이 이상적이다.

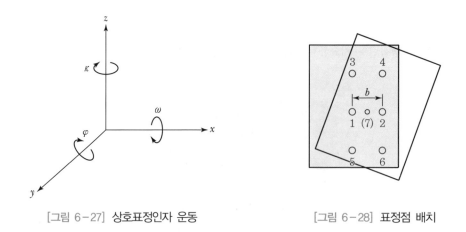

[그림 6-27] 상호표정인자 운동   [그림 6-28] 표정점 배치

(4) 점 1, 2 사이의 거리는 b와 같고 $\overline{1 \cdot 3}$, $\overline{1 \cdot 5}$, $\overline{2 \cdot 4}$, $\overline{2 \cdot 6}$ 의 거리는 되도록 일정하게 취한다.

(5) 경우에 따라서 점 1, 2의 중간에 표정점 7을 취할 때도 있다.

4. 상호표정인자의 작용

각 표정인자를 조금씩 움직일 때 사진상에서, κ_1, κ_2, φ_1, φ_2, ω, b_y, b_z 의 점의 변화는 다음과 같다.

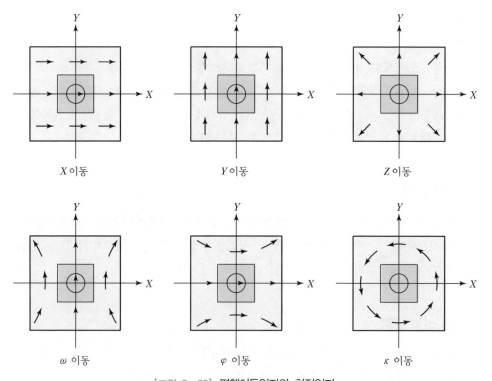

[그림 6-29] 평행이동인자와 회전인자

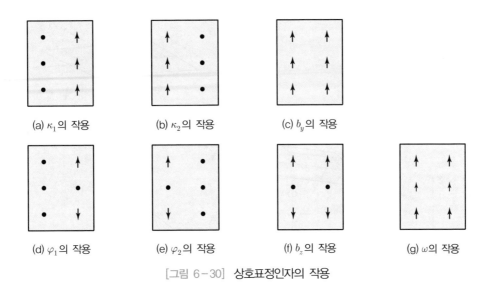

(a) κ_1의 작용   (b) κ_2의 작용   (c) b_y의 작용

(d) φ_1의 작용   (e) φ_2의 작용   (f) b_z의 작용   (g) ω의 작용

[그림 6-30] 상호표정인자의 작용

5. 그루버 소거법(Gruber's Method)

입체시할 경우 중복지역의 6개 표정점에 대한 종시차를 3개의 회전인자를 이용하여 소거하는 방법은 그루버 소거법으로 할 수 있다. b_y, b_z은 소거 후에 수행되는 작업이다. ω, φ_1, φ_2, κ_1, κ_2 요소를 사용한다.

27 공면조건을 이용한 상호표정 방법

1. 개요

공면조건(Coplanarity Condition)이란 좌측과 우측 투영중심 간의 벡터, 대상점까지의 좌측영상 벡터 그리고 대상점까지의 우측영상 벡터가 하나의 면(공면)상에 존재해야 한다는 조건을 말한다. 공면조건을 이용하여 상호표정방법은 다음과 같다.

2. 공면조건을 이용한 상호표정 방법

그림과 같은 사진좌표계에서 표정요소, 즉 왼쪽의 회전각(κ_1, φ_1, ω_1)과 오른쪽의 회전각(κ_2, φ_2, ω_2) 및 평행인자(b_y, b_z)를 고려한 공면조건을 이용하여 상호표정 방법을 유도할 수 있다. 공면조건식의 행렬식은 식 ①과 같다.

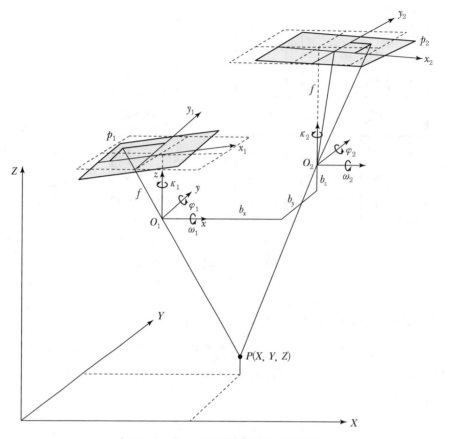

[그림 6-31] 공면조건을 이용한 상호표정

$$\begin{bmatrix} X_1 & Y_1 & Z_1 \end{bmatrix} \begin{bmatrix} 0 & b_z & -b_y \\ -b_z & 0 & b_x \\ b_y & -b_x & 0 \end{bmatrix} \begin{bmatrix} X_1 \\ Y_1 \\ Z_1 \end{bmatrix} = 0 \quad \cdots\cdots\cdots\cdots\cdots\cdots\cdots\cdots ①$$

여기서

$$\begin{bmatrix} X_1 \\ Y_1 \\ Z_1 \end{bmatrix} = R_1 \begin{bmatrix} x_1 \\ y_1 \\ f \end{bmatrix} \quad \begin{bmatrix} X_2 \\ Y_2 \\ Z_2 \end{bmatrix} = R_2 \begin{bmatrix} x_2 \\ y_2 \\ f \end{bmatrix}$$

R_1, R_2는 κ, φ, ω로 구성된 3×3 회전행렬이다. 그러므로 식 ①은

$$\begin{bmatrix} x_1 & y_1 & f \end{bmatrix} R_1^{\ T} \begin{bmatrix} 0 & b_z & -b_y \\ -b_z & 0 & b_x \\ b_y & -b_x & 0 \end{bmatrix} R_2 \begin{bmatrix} x_2 \\ y_2 \\ -f \end{bmatrix} = 0 \quad \cdots\cdots\cdots\cdots\cdots\cdots\cdots ②$$

이다. $U_x = \dfrac{b_y}{b_x}$, $U_z = \dfrac{b_z}{b_x}$, $\overline{x} = \dfrac{x}{f}$, $\overline{y} = \dfrac{y}{f}$ 라 하면 식 ②는 식 ③과 같이 된다.

$$\begin{bmatrix} \overline{x_1} & \overline{y_1} & 1 \end{bmatrix} R_1^T \begin{bmatrix} 0 & U_z & -U_y \\ -U_z & 0 & 1 \\ U_y & -1 & 0 \end{bmatrix} R_2 \begin{bmatrix} \overline{x_2} \\ \overline{y_2} \\ 1 \end{bmatrix} = 0 \quad \cdots\cdots\cdots\cdots\cdots\cdots\cdots\cdots\cdots \text{③}$$

식 ③은 비선형방정식이므로 표정요소 근사값을 $\kappa_1{}^\circ$, $\varphi_1{}^\circ$, $\omega_1{}^\circ$, $\kappa_2{}^\circ$, $\varphi_2{}^\circ$, $\omega_2{}^\circ$, $U_y{}^\circ$, $U_z{}^\circ$ 라 하고, 그 보정량을 $\Delta\kappa_1$, $\Delta\varphi_1$, $\Delta\omega_1$, $\Delta\kappa_2$, $\Delta\varphi_2$, $\Delta\omega_2$, ΔU_y, ΔU_z 라 하여 다음과 같은 테일러 전개에 의해 선형화된다.

$$F(\kappa_1, \varphi_1, \omega_1, \kappa_2, \varphi_2, \omega_2, U_y, U_z) \fallingdotseq F(\kappa_1{}^\circ, \varphi_1{}^\circ, \omega_1{}^\circ, \kappa_2{}^\circ, \varphi_2{}^\circ, \omega_2{}^\circ, U_y{}^\circ, U_z{}^\circ)$$

$$+ \dfrac{\partial F}{\partial \kappa_1}\Delta\kappa_1 + \dfrac{\partial F}{\partial \varphi_1}\Delta\varphi_1 + \dfrac{\partial F}{\partial \omega_1}\Delta\omega_1 + \dfrac{\partial F}{\partial \kappa_2}\Delta\kappa_2 + \dfrac{\partial F}{\partial \varphi_2}\Delta\varphi_2 + \dfrac{\partial F}{\partial \omega_2}\Delta\omega_2$$

$$+ \dfrac{\partial F}{\partial U_y}\Delta U_y + \dfrac{\partial F}{\partial U_z}\Delta U_z \quad \cdots\cdots\cdots\cdots\cdots\cdots\cdots\cdots\cdots \text{④}$$

식 ③을 식 ④에 대입하여 정리하면 식 ⑤와 같은 공면조건을 이용한 관측방정식이 얻어진다. 즉, 두 사진의 관계를 공면조건으로 이용한 비선형 종시차방정식은 식 ⑤와 같다.

$$(\overline{x_2} - \overline{x_1})\Delta U_y + (\overline{x_1 y_2} + \overline{x_2 y_1})\Delta U_z + \overline{x_1}\Delta\kappa_1 - \overline{x_2}\Delta\kappa_2$$

$$+ \overline{x_1 y_2}\Delta\varphi_1 - \overline{x_2 y_1}\Delta\varphi_2 - (\overline{y_1 y_2} + 1)\Delta\omega_1 + (\overline{y_1 y_2} + 1)\Delta\omega_2 \quad \cdots\cdots\cdots\cdots\cdots \text{⑤}$$

$$= -(y_2 - y_1) = -L$$

이며, 여기서

$$L = \begin{bmatrix} \overline{x_1} & \overline{y_1} & 1 \end{bmatrix} R_1^T \begin{bmatrix} 0 & U_z & -U_y \\ -U_z & 0 & 1 \\ U_y & -1 & 0 \end{bmatrix} R_2 \begin{bmatrix} \overline{x_2} \\ \overline{y_2} \\ 1 \end{bmatrix}$$

이다.

1. 개요

항공삼각측량(Aerial Triangulation)이란 항공사진을 이용하여 내부표정, 상호표정, 절대표정을 거쳐 사진상 여러 점의 절대좌표를 구하는 방법을 말한다. 항공삼각측량 조정방법에는 다항식 조정법(Polynomial Method), 독립모델법(Independent Model Triangulation), 광속조정법(Bundle Adjustment) 등이 있다.

2. 광속조정법

(1) 항공사진측량에서 가장 기본적인 단위는 사진상의 점과 투영중심점 그리고 대상점의 공간위치를 연결하는 광선(Image Ray)이다.

(2) 한 점의 영상은 위치와 방향이 알려져 있지 않은 투영중심점에 수렴하는 광선들의 묶음 즉 광속(Bundle of Rays)으로 생각할 수 있다.

(3) 번들 조정은 모델좌표의 계산과정을 거치지 않고 사진좌표로부터 직접 지상좌표로 환산하는 방법이다.

3. 원리

(1) 사진좌표와 투영중심점, 지상의 대상점이 하나의 광속으로 나타난다.

(2) 블록 안에 있는 모든 광속의 외부표정요소가 모든 사진에 의하여 동시에 계산된다.

(3) 따라서, 번들 조정은 모든 사진으로부터 나오는 서로 상응되는 광선들이 지상의 접합점에서 동시에 교차하고 지상기준점들을 통과하도록 각 광속들의 위치(X_0, Y_0, Z_0)와 방향(κ, φ, ω)을 결정하는 것이다.

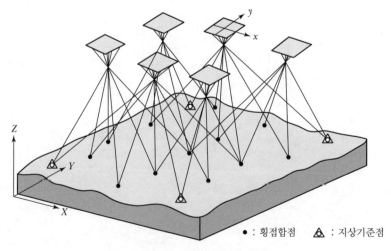

● : 횡접합점   △ : 지상기준점

[그림 6-32] 번들 조정의 개념도

4. 특징

(1) 상좌표를 사진좌표로 변환시킨 다음 사진좌표로부터 직접 절대좌표를 구하는 방법이다.

(2) 내부표정만으로 AT가 가능한 최신의 방법이다.

(3) 블록내의 각 사진상에 관측된 기준점, 접합점의 사진좌표를 이용하여 최소제곱법으로 각 사진의 외부표정요소 및 접합점의 최확값을 결정하는 방법이다.

(4) 비선형의 공선조건식을 선형화한 후 최소제곱법을 기반으로 반복보정을 통해 최확값을 산출한다.

(5) 조정능력이 높은 방법이나 계산과정이 매우 복잡한 방법이다.

5. 조정순서

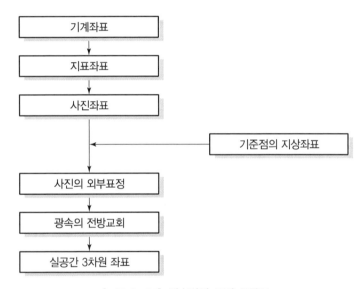

[그림 6-33] 광속법의 조정 흐름도

6. 세부적 조정순서

(1) 번들 조정을 위한 기본 관측방정식은 공선조건식을 사용한다.

(2) 공선조건식은 비선형이므로 Taylor급수 전개식에 의하여 선형화한다.

(3) 공간후방교회법에 의해 외부 표정요소를 산정한다.

(4) 공간전방교회법에 의해 중복지역내의 대상점에 대한 지상좌표를 산정한다.

1. 개요

사진상에 나타난 점과 대응되는 실제의 점과의 상관성을 해석하기 위한 점을 표정점 또는 기준점이라 하며, 자연점, 지상기준점, 대공표지, 종접합점, 횡접합점 및 자침점 등이 있다.

2. 자연점(Natural Point)

지상기준점, 종 · 횡 접합점은 자연물체로서 사진상에 명확히 나타나고 정확히 관측할 수 있는 점(돌, 관목, 도로교차로 등)을 선택한다.

3. 지상기준점(Ground Control Point)

지상측량으로 직접 현지에 측설한 점을 말한다.

4. 대공표지(Air Target)

항공사진에 관측용 기준점의 위치를 정확하게 표시하기 위하여 촬영 전에 지상에 설치한 표지를 말한다.

(1) 대공표지의 선점 시 유의사항

① 사진상에 명확하게 보이기 위해서는 주위 색상과 대조가 되어야 한다.
② 상공은 45° 이상의 각도로 열어 두어야 한다.
③ 사진상의 크기는 대공표지가 촬영 후 사진상에 30μ 정도 나타나야 한다.

(2) 대공표지의 크기

① 주로 베니어합판, 목재판 등을 이용한다.
② 대공표지의 크기는 다음과 같이 한다.

$$d = \frac{1}{T \cdot M} ≒ \frac{m}{T}\,(\mathrm{m})$$

여기서, d : 대공표지의 최소한의 크기
M : 사진축척
m : 축척분모수
T : 촬영축척에 대한 상수

(3) 대공표지의 형상

① 기준점(십자형)
② 표정점(삼각형)
③ 필계점(정방형)

(a) 기준점   (b) 표정점   (c) 필계점

[그림 6-34] 대공표지의 형상

5. 종접합점(Pass Point)

(1) 항공삼각측량과정에서 스트립을 구성하기 위하여 사용되는 점이다.
(2) 도화 시 각 모델마다 절대표정의 기준이 되며, 도화된 도면의 접합 기준점으로도 사용한다.
(3) Pass Point는 우선 각 사진의 주점 부근에 점 b를, 그 상하 양측에 대체로 주점 기선 길이와 같은 길이인 장소에 점 a, c를 선점한다.
(4) a, b, c는 항공삼각측량에서 X, Y, H의 좌푯값이 관측되고 항공삼각측량의 모델접합이나 코스 접합에 사용된다.
(5) 수치사진측량에서는 자동매칭에 의한 방법으로 Pass Point를 선점한다.

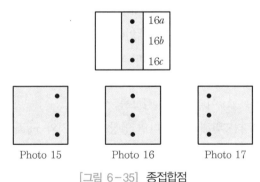

[그림 6-35] 종접합점

6. 횡접합점(Tie Point)

사진 기준점측량을 할 때 인접한 2개의 코스 결합을 위하여 양쪽 코스에서 관측된 점으로, 항공삼각측량 과정 중 스트립을 인접 스트립에 연결시켜 블록을 형성하기 위한 점이다. Pass Point와 Tie Point는 동일점을 사용해도 된다.

7. 자침점(Prick Point)

(1) 각 점들이 인접 사진에 옮겨지는 점(최대 정확요구)이며, 산림지역이나 사막지역에 특히 유용하다.

(2) 정밀을 요할 경우 이용되는 것으로 어떤 점을 인접한 사진에 옮기는 과정을 점이사라 한다.

(3) 정확하게 분별할 수 있는 자연점이 없는 지역에서 연속으로 사진을 결합시킬 경우에 표정점 등의 위치를 인접사진에 옮긴 점을 점이사라 한다.

---

30 수치영상/Digital Number

1. 개요

디지털 사진측량은 수치영상을 이용하므로 종래 아날로그 사진측량과는 많은 차이가 있으므로 수치영상을 이해하는 것이 매우 중요하다. 수치영상은 측정되어지고 있는 특성이 아날로그값의 연속된 범위로부터 0에서 255까지의 이진코드 또는 1바이트로 기록되어진 유한 정수로 표현되는 범위로 변환되어진 영상이다.

2. 수치영상

(1) 수치영상(Digital Image)은 요소(Element) g_{ij}를 가지는 2차원 행렬 G로 구성된다. 각 요소들을 영상소(Pixel)라고 한다. 행방향 색인(Row Index) i는 0에서 I까지 1씩 증가하므로 $i = 0(1)I$이다. 열방향 색인(Column Index)은 $j = 0(1)J$이다. 모든 행렬요소가 영역을 나타내기 때문에 영상점(Image Point)이라는 말보다 영상요소 또는 영상소(Pixel)라 한다. 영상소의 크기는 $\Delta x \times \Delta y$이다. g_{ij}는 정보를 전달한다.

(2) 수치영상을 사진측량을 위해 이용한다면 영상소의 위치와 xy좌표계 사이의 관계가 필요하다. 아래 그림 (a)는 영상좌표계(Image Coordinate System)이며, xy좌표계에서 영상소 H의 위치를 나타내고 있다. 그림 (b)는 항공 사진을 스캐닝하여 얻은 수치영상의 개략적인 그림이다.

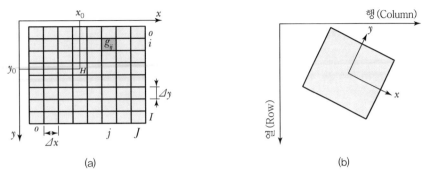

[그림 6-36] 수치영상의 좌표체계

3. Digital Number

DN은 수치영상에서 하나의 영상소(Pixel) 수치로 대상물의 상대적인 반사나 방사를 표현하는 수치로 가장 널리 사용되는 값이다. 값의 범위는 0~255로 인간의 눈으로 차이를 식별할 수 없다. 256개의 서로 다른 값을 포함하는 정보는 8비트(Bit)로 저장될 수 있고 8비트(Bit)는 하나의 단위, 즉 바이트(Byte)로 취급된다.

31 공간 필터링(Spatial Filtering)

1. 개요

공간 필터링이란 영상좌표(x, y) 혹은 공간 주파수영역(ξ, η)에서 입력영상에 어떤 필터함수를 적용시켜 향상된 출력영상을 얻는 기술을 말한다. 결과로서는 평활화, 잡음제거, Edge 강조, 영상의 선명화 등이 있다.

2. 공간영역 필터링

디지털 영상의 경우 공간영역의 필터링은 국소적인 연산을 실시하며, 일반적으로 $n \times n$ 연산자가 함수로 이용된다. 영상자료는 양이 많으므로 일반적으로 3×3 연산자가 주로 사용되나, 5×5 또는 11×11 연산자가 이용되는 경우도 있다.

$$g(i, j) = \sum_{k=1-\omega}^{i+\omega} \sum_{l=j-\omega}^{j+\omega} f(k, l) \times h(i-k, j-l)$$

여기서, f : 입력영상
h : 필터함수
g : 필터링 후 출력영상

공간영역필터링의 주요 방법은 다음과 같다.

(1) 중앙값 필터법(Median Method)

이웃 영상소 그룹의 중앙값을 결정하여 영상소 변형을 제거하는 방법이다. 잡음만을 소거할 수 있는 기법으로 가장 많이 사용되는 기법이며, 어떤 영상소 주변의 값을 작은 값부터 재배열한 후 가장 중앙에 위치한 값을 새로운 값으로 설정하여 치환하는 방법이다.

영상 입력

11	8	14	24	14	24
13	11	15	7	15	25
21	4	11	21	10	21
18	12	17	19	99	27
9	11	19	13	29	14
17	14	12	22	12	22

정렬된 영상

7	10	11	15	15	17	19	21	99

중
앙
값

영상 출력

11	8	14	24	14	24
13	11	15	7	15	25
21	4	11	15	10	21
18	12	17	19	99	27
9	11	19	13	29	14
17	14	12	22	12	22

[그림 6-37] 중앙값 연산(예)

(2) 이동평균법(Moving Average Method)

어떤 영상소의 값을 주변의 평균값을 이용하여 바꾸어주는 방법으로 영상 전역에 대해서도 값을 변경하므로 노이즈뿐만 아니라 테두리도 뭉개지는 단점이 발생한다.

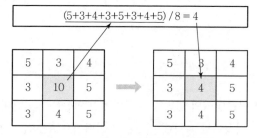

[그림 6-38] 이동평균법 연산(예)

(3) 최댓값 필터법(Maximum Filter)

영상에서 한 화소의 주변들에 윈도를 씌워 이웃 화소들 중에서 최댓값을 출력영상에 출력하는 필터링 방법이다.

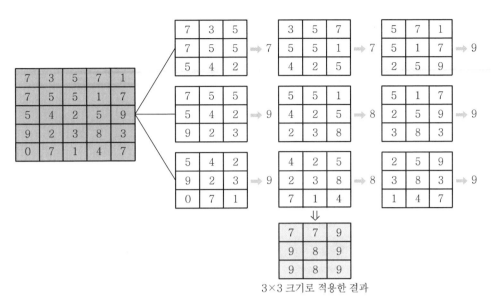

3×3 크기로 적용한 결과

[그림 6-39] 최댓값 필터법 연산(예)

※ 최솟값 필터법(Minimum Filter) : 영상에서 한 화소 주변 화소들에 윈도를 씌워서 이웃 화소들 중에서 최솟값을 출력 영상에 출력하는 필터링 방법이다.

3. 주파수 공간에 대한 필터링

(1) 기본식

수치영상처리에서 공간 영역과 주파수 영역 간에 기본적인 연결을 구성하는 방법에는 푸리에(Fourier), 호텔링(Hotelling), 발쉬(Walsh) 변환이 있다. 영상처리 기술을 이해하는 데 중요한 내용이다. 주파수 공간에 대한 필터링은 푸리에변환(Fourier Transformation)식으로 표현되며, G에 역변환을 실시하여 필터링 후의 영상을 얻을 수 있다.

$$G(\xi, \eta) = F(\xi, \eta) + H(\xi, \eta)$$

여기서, F : 원영상의 푸리에변환
H : 필터링 함수
G : 출력영상의 푸리에변환

(2) 필터링 함수 종류

① Low Pass Filter : 낮은 주파수의 공간 주파수 성분만을 통과시켜서, 높은 주파수 성분을 제거하는 데 이용된다. 일반적으로 영상의 잡음 성분은 대부분 높은 주파수 성분에 포함되어 있으므로 잡음제거의 목적에 이용할 수 있다.

② High Pass Filter : 고주파수 성분만을 통과시키는 데 대상물의 윤곽 강조 등에 이용할 수 있다.

③ Bend Pass Filter : 일정 주파수 대역의 성분만 보존하므로 일정 간격으로 출현하는 물결 모양의 잡음을 추출(제거)하는 데 이용된다.

④ Sobel/Preneit/Laplacian : 에지 추출(경계 추출)에 이용된다.

⑤ 가우시안 필터(Gaussian Filter) : 평활화(부드러움) 필터에 이용된다.

4. 공간 필터 종류와 특징(결과)

[표 6-4] 공간 필터 종류와 특징

공간 필터	Sobel	Preneit	Laplacian	Smoothing	Median	High Pass	Sharpening
특징 (결과)	Gradient (차분)	Gradient (차분)	2차 미분	평활화	잡음 제거	Edge 강조	선명한 영상

32 히스토그램 변환(Histogram Conversion)

1. 개요

영상의 히스토그램은 영상정보에 관한 여러 가지 작업을 수행하는 데 중요한 요소가 된다. 히스토 그램은 가로에 밝기값, 세로에 영상소 개수로 축을 잡고 정량화된 밝기값을 누적 밀도함수로 표현 한다. 히스토그램 변환 기법에는 명암 대비 확장, 히스토그램 균등화 기법이 있다.

2. 명암 대비 확장(Contrast Stretching) 기법

영상을 디지털화할 때는 가능한 밝기값을 최대한 넓게 사용해야 좋은 품질의 영상을 얻을 수 있 다. 영상 내 픽셀의 최소, 최댓값의 비율을 이용하여 고정된 비율로 영상을 낮은 밝기와 높은 밝기 로 펼쳐주는 기법을 말한다.

(1) 선형대비 확장기법

$$g_2(x,\ y) = [g_1(x,\ y) + t_1]\ t_2$$

$$t_1 = g_2{}^{min} - g_1{}^{min}$$

$$t_2 = \frac{g_2{}^{max} - g_2{}^{min}}{g_1{}^{max} - g_1{}^{min}}$$

여기서, $g_1(x, y)$: 원영상의 밝기값
$g_2(x, y)$: 새로운 영상의 밝기값
t_1, t_2 : 변환 매개변수

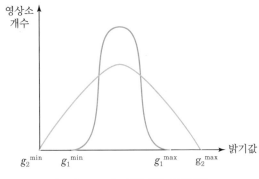

(2) 부분 대비 확장기법

(3) 정규분포 확장기법

[그림 6-40] 선형대비 확장기법

3. 히스토그램 균등화(Equalization)기법

히스토그램 균등화는 영상 밝기값의 분포를 나타내는 히스토그램이 균일하게 되도록 변환하는 방법이다. 즉, 출력할 때의 영상이 각 밝기값에서 동일한 개수의 영상소를 가지도록 영상의 밝기값을 분포시키는 것을 말한다. 너무 밝거나, 어두운 영상 또는 편향된 영상의 개선에 이용된다.

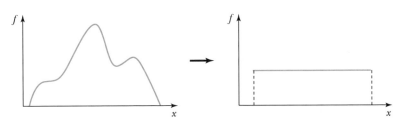

[그림 6-41] 히스토그램 균등화(평활화)

33 Sobel Edge Detection

1. 개요

영상처리에서 에지(Edge) 추출방법으로는 Sobel, Preneit, Rebert, Laplacian, Canny 방법 등이 있다. 이 중 윤곽선 검출의 대표적인 미분연산자를 이용하는 Sobel 방법이 대표적인 방법이다.

2. 특징

(1) 윤곽선 검출의 대표적인 미분 연산자이다.

(2) 1차 미분 연산자이며, X축/Y축으로 각각 한 번씩 미분한다.

(3) 돌출된 값을 비교적 평균화시킨다.

(4) 대각선 방향에 놓인 에지(Edge)에 민감하게 반응하는 특징이 있다.

3. Sobel Edge Detection

Z_1	Z_2	Z_3
Z_4	Z_5	Z_6
Z_7	Z_8	Z_9

$$g_x = \frac{\partial f}{\partial x} = (Z_7 + 2Z_8 + Z_9) - (Z_1 + 2Z_2 + Z_3)$$

$$g_y = \frac{\partial f}{\partial y} = (Z_3 + 2Z_6 + Z_9) - (Z_1 + 2Z_4 + Z_7)$$

$$M_{(x, y)} = g_x + g_y$$

4. 실례

다음과 같은 3×3 크기의 영상자료에서 Sobel Edge 추출 연산자를 적용하면 중앙위치에 할당될 값을 구하시오.

4	6	9
7	2	8
3	9	4

$$g_x = \frac{\partial f}{\partial x} = \{3 + (2 \times 9) + 4\} - \{4 + (2 \times 6) + 9\} = 0$$

$$g_y = \frac{\partial f}{\partial y} = \{9 + (2 \times 8) + 4\} - \{4 + (2 \times 7) + 3\} = 8$$

$$\therefore M_{(x, y)} = g_x + g_y = 0 + 8 = 8$$

즉, 중앙위치에 할당될 값은 8이다.

4	6	9
7	8	8
3	9	4

34 영상정합(Image Matching)

1. 개요

사진 측정학에서 가장 기본적인 과정은 입체사진의 중복 영역에서 공액점을 찾는 것이라 할 수 있으며, 아날로그나 해석적 사진측정에서는 이러한 점을 수작업으로 식별하였으나 수치사진측정기술이 발달함에 따라 이러한 공정은 점차 자동화되고 있다. 영상정합은 영상 중 한 영상의 한 위치에 해당하는 실제의 객체가 다른 영상의 어느 위치에 형성되었는가를 발견하는 작업으로서 상응하는 위치를 발견하기 위해서 유사성 측정을 이용한다.

2. 영상정합 분류

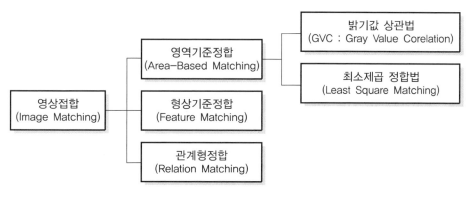

[그림 6-42] 영상정합의 종류

3. 정합방법과 정합요소의 관계

[표 6-5] 영상정합 방법 및 요소

영상정합 방법	유사성 관측	영상정합 요소
영역기준정합	상관성, 최소제곱법	밝기값
형상기준정합	비용함수	경 계
관계형정합	비용함수	기호특성 : 대상물의 점, 선, 면 밝기값

4. 영상정합 방법

(1) 영역기준정합(Area – Based Matching)

영역기준정합에서는 오른쪽 사진의 일정한 구역을 기준영역으로 설정한 후 이에 해당하는 왼쪽 사진의 동일구역을 일정한 범위 내에서 이동시키면서 찾아내는 원리를 이용하는 기법으로 밝기값 상관법과 최소제곱 정합법이 있다. 이 방식은 주변 픽셀들의 밝기값 차이가 뚜렷한 경우 영상정합이 용이하나 불연속면에 대한 처리가 어렵다. 또한 선형 경계를 따라 중복된 정합점이 발견될 수도 있으며 계산량이 많아서 시간이 많이 소요된다.

(2) 형상기준정합(Feature Matching)

형상기준정합에서는 대응점을 발견하기 위한 기본자료로서 특징(점, 선, 영역 등이 될 수 있으나 일반적으로 Edge 정보를 의미함)을 이용한다. 두 영상에서 대응하는 특징을 발견함으로써 대응점을 찾아낸다. 이 방식은 영상에서 특정 형상들이 포함된 영역만을 추출하여 상대적 위치를 보정하므로 매우 빠른 결과를 보여준다.

(3) 관계형정합(Relation Matching)

영역기준정합과 형상기준정합은 여전히 전역적인 정합점을 구하기에는 역부족이다. 관계형정합은 영상에 나타나는 특징들을 선이나 영역 등의 부호적 표현을 이용하여 묘사하고, 이러한 객체들뿐만 아니라 객체들끼리의 관계까지도 포함하여 정합을 수행한다.

35 에피폴라 기하(Epipolar Geometry)

1. 개요

최근 수치사진측량기술이 발달함에 따라 입체사진에서 공액점을 찾는 공정은 점차 자동화되고 있으며, 공액요소 결정에 에피폴라 기하를 이용한다. 에피폴라 기하는 입체영상을 구성하는 두 영상의 기하학적 상관관계를 나타내는 개념으로 입체모델을 구성하는 두 장의 영상 사이에는 반드시 에피폴라 선이 존재하므로 자동 Matching에 유용하게 활용된다.

2. 에피폴라 기하(Epipolar Geometry)

좌우 카메라의 노출 중심점, 목표점, 목표점의 좌우 영상점이 하나의 공통면에 있어야 한다는 조건을 공면조건이라 한다. 만일 입체모델에서 상호표정 요소를 알고 있다면 에피폴라 선을 결정하는 데 공면조건을 이용할 수 있다.

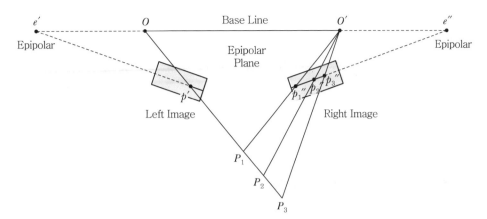

Base Line : 두 영상의 투영중심 연결선
Epipolar Plane : 양 투영중심과 지상점 P가 이루는 평면
Epipoles : Base Line과 두 영상점이 만나는 점
Epipolar Line : Epipolar Plane과 각 영상의 교차선

[그림 6-43] 에피폴라 기하 개념도

3. 특징

(1) 에피폴라 기하는 입체영상을 구성하는 두 영상의 기하학적 상관관계를 나타내는 개념이다.

(2) 에피폴라 선과 에피폴라 평면은 공액요소 결정에 이용된다.

(3) 에피폴라 평면은 양 투영중심과 지상점의 P에 의해 정의된다.

(4) 에피폴라 선은 에피폴라 평면과 각 영상의 교차선이다.

(5) 입체 모델을 구성하는 두 장의 영상 사이에는 반드시 에피폴라 선이 존재한다.

(6) 에피폴라 선은 공액점 결정에서 탐색영역을 크게 감소시켜준다(입체시, 자동 Matching에 유용).

(7) 공액점 결정에 실제로 적용하기 위해서는 수치영상의 행(Row)과 에피폴라 선이 평행이 되도록 하는데 이러한 입체 영상을 정규화 영상이라 한다.

4. 에피폴라 기하의 필요성

영상정합은 많은 양의 계산을 필요로 하기 때문에 영상정합 추적범위를 제한하는 방법을 사용하여 불필요한 계산을 피한다. 이러한 목적으로 에피폴라(Epipolar) 원리를 사용하며 이 원리를 사용하면 추적범위를 하나의 선으로 한정할 수 있다.

5. 활용(효율성)

(1) 에피폴라 기하학의 원리를 이용하면 영상정합점에 대한 추적이 매우 용이해진다.

(2) 이러한 방법은 수치표고모델의 생성과 같이 수많은 점들의 영상정합이 필요한 경우 매우 효과

적이다.

(3) 많은 수치사진측량 소프트웨어는 양쪽 이미지에 있는 화소행렬의 열이 에피폴라 선 위에 위치할 수 있도록 상호표정 후에 에피폴라 재배열 작업을 수행한다. 이와 같은 화소 재배열 작업을 수행하면 영상정합작업의 효율이 높아진다.

36 수치표고모형(DEM)과 수치표면모형(DSM)

1. 개요

DEM은 공간상에 나타난 연속적인 기복의 변화를 수치적으로 표현한 것으로 그 표현 대상에 따라 DSM, DTM으로 구분하며, 적절한 수의 평면좌표와 표고를 관측하여 저장하고 저장된 기지의 좌표로부터 지형좌표(평면 및 표고)를 산정하여 필요에 따라 지형정보를 3차원으로 수치화할 수 있는 기법이다. 최근 지형을 단순히 표시하는 것을 벗어나 보다 다양한 정보를 함께 제공하기 위한 노력이 이루어지고 있다.

2. 종류

(1) 수치표고모형(DEM : Digital Elevation Model)
① 공간상에 나타난 지표의 연속적인 기복변화를 수치적으로 표현
② X, Y좌표로 표현된 2차원의 데이터 구조에 각 격자에 대한 표고(Z)값이 연결된 2, 3차원의 자료
③ 지형의 위치에 대한 표고를 일정한 간격으로 배열한 수치정보

(2) 수치표면모형(DSM : Digital Surface Model)
① 표고뿐만 아니라 강, 하천, 지성선 등과 지리학적 요소, 자연지물 등이 포함된 자료로서 포괄적 개념에서는 건물 등의 인공구조물을 포함한 지형기복을 표현하는 자료
② DTED(Digital Terrain Elevation Data)라고도 함

(3) 수치지형모형(DTM : Digital Terrain Model)
① 표고뿐 아니라 지표의 다른 속성까지 포함하여 표현한 것
② 표고값 이외에도 최대, 최소, 평균 표고값 등을 제공하여 표고, 경사, 표면의 거칠기 등의 정보를 제공하는 자료
③ 적당한 밀도로 분포하는 지점들의 위치 및 표고의 수치정보

3. 수치고도모형 구축 순서

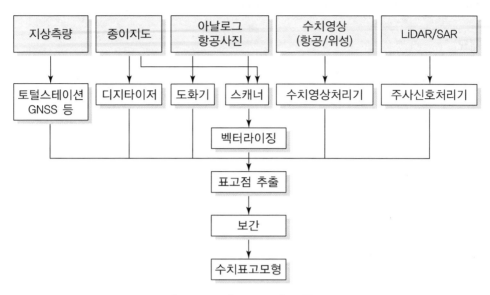

[그림 6-44] DEM 구축 흐름도

4. 활용

(1) 수치지형도 작성에 필요한 표고정보

(2) 군사적 목적의 3차원 표현

(3) 조경설계 및 계획을 위한 입체적인 표현

(4) 지형의 통계적 분석과 비교

(5) 도로의 부지 및 댐의 위치 선정

(6) 경사도, 사면방향도, 경사 및 단면의 계산과 음영 기복도 제작

(7) 경관 또는 지형 형성 과정의 영상모의 시험

(8) 절토량과 성토량의 산정

(9) 수문 정보체계 구축

(10) 3D를 통한 광산, 채석장, 저수지 등의 개발 및 설계

1. 개요

공간상에 나타난 연속적인 기복 변화를 수치적으로 표현하는 방법을 큰 의미로는 수치지형모형 (DTM) 또는 고도만을 다루는 면에서는 수치고도모형(DEM)이라 한다. 컴퓨터를 통해 수치적으로 지형을 표현하는 데는 밀집된 고도 격자법과 불규칙삼각망의 두 가지 방법이 있다.

2. 격자법(Raster)

규칙적인 격자의 교차점에서 고도를 저장하며, 기준점들의 불규칙한 집합으로부터 보간기법을 거쳐야 한다.

(1) 특징

① 고도만 저장하므로 자료구조가 간단하다.

② 배열처리를 적용함에 있어서 계산이 빠르다.

③ 표면을 보간하기 위해서는 계산해야 할 방정식 체계가 매우 크다.

④ 측정한 점의 값이 보존되지 않는다.

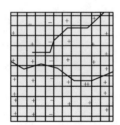 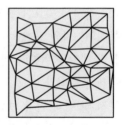

[그림 6-45] 격자와 불규칙삼각망

3. 불규칙삼각망(TIN)

불규칙삼각망은 수치모형이 갖는 자료 중복을 줄일 수 있으며, 지형공간 정보체계와 수치지도 제작 및 등고선 처리 프로그램과 같은 여러 분야에 효과적으로 적용되는 방법이다. TIN은 공간을 불규칙한 삼각형으로 분할하여 모자이크 형태로 생성된 일종의 공간자료 구조로서, 삼각형의 꼭짓점들은 불규칙적으로 벌어진 절점을 형성한다(경사와 경사변형을 설정하고 효율적으로 지형의 높낮이와 음영을 표현할 수 있는 방법임).

(1) 특징

① 세 점으로 연결된 불규칙 삼각형으로 구성된 삼각망

② 페이스(Face), 노드(Node), 에지(Edge)로 구성된 벡터구조

③ 기복의 변화가 적은 지역에서 절점수를 적게 함

④ 기복의 변화가 심한 지역에서 절점수를 증가시킴

⑤ 자료량 조절이 용이함(적은 자료로 복잡한 지형을 효율적으로 나타낼 수 있음)

⑥ 위상정보를 가지고 있음

⑦ 어떠한 연속필드에도 적용 가능함

⑧ 델로니 삼각망으로 분할함

⑨ 경사가 급한 지역에 적당함

⑩ 선형 침식이 많은 하천 지형의 적용에 특히 유용함

⑪ 격자형 자료의 단점인 해상력 저하, 해상력 조절, 중요한 정보의 상실 가능성 해소

(2) 격자점 선정방법

① Fowler and Little 연산방식

② Very Important Points 연산방식

③ 격자점 소거 반복법

(3) 불규칙삼각망 구성

1) 최단 격자점 연결법

① 가장 근접한 두 점을 서로 교차하지 않도록 직선으로 연결하는 방법

② 불규칙삼각망에 적합하지 않은 삼각형을 생성하는 경향이 있음

2) 들로네 삼각법

관측점을 삼각법에 따라 연속적인 삼각망을 연결하는 방법으로 다음과 같은 특징이 있다.

① 불규칙삼각망에 적합한 삼각형 생성

② 여러 삼각형을 합하여 큰 삼각형을 구성하는 데는 곤란

③ 한 삼각형을 이분했을 경우에 불규칙삼각망에서 사용하기에는 부적합한 형태의 삼각형 생성

(4) 불규칙삼각망 저장방법

① 삼각형 저장법 : 각 삼각형에 부여된 일련번호와 삼각형을 구성하는 세 격자점 좌푯값, 그리고 그 삼각형과 접해 있는 다른 세 삼각형의 일련번호를 저장하며, 경사분석에 용이하다.

② 격자점 저장법 : 모든 격자점에 부여된 일련번호와 그 격자점들의 좌푯값을 저장하며, 등고선 작성이나 기타 작업에 용이하다.

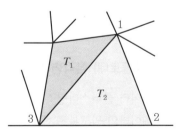

[그림 6-46] 삼각형 및 격자점 저장방법

1. 개요

델로니 삼각형은 델로니 삼각분할, 델로니 삼각망, 들로네 삼각형이라고도 한다. 이것은 수치고
도모형(DEM)의 지형 표현방법, 즉 불규칙삼각망(TIN) 구성에 이용된다.

2. 델로니(들로네) 삼각분할

(1) 델로니 삼각분할이란 평면 위의 점들을 삼각형으로 연결하여 공간을 분할할 때, 이 삼각형 내
각의 최솟값이 최대가 되도록 하는 분할을 말한다.

(2) 아래 그림 (a)와 같이 점들이 있을 때 이 점들을 연결하여 삼각형을 만드는 방법은 (b), (c)와
같이 다양하다. 델로니(들로네) 삼각분할은 이러한 삼각분할 중에서 (b)와 같이 각각의 삼각
형들이 최대한 정삼각형에 가까운, 즉 (c)와 같이 길쭉하고 홀쭉한 삼각형이 나오지 않도록 하
는 분할을 말한다.

(3) 불규칙삼각망(TIN)에 적합한 삼각형을 생성한다.

(4) 여러 삼각형을 합하여 큰 삼각형을 구성하는 데는 곤란한 점이 있다.

(5) 한 삼각형을 이분했을 경우에 불규칙삼각망(TIN)에서 사용하기에는 부적합한 형태의 삼각형
이 생성된다.

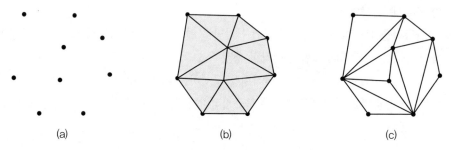

[그림 6-47] 델로니(들로네) 삼각분할

3. 델로니(들로네) 삼각형의 응용

(1) 데이터 클러스터링 : 데이터 마이닝(Mining), 분류(Classification)

(2) 데이터의 밀도분포 해석, 최근린점 구하기

(3) 수치고도모형(DEM) 자료 추출 : 불규칙삼각망(TIN) 구성

(4) 도로망 설계 : 도시와 도시를 연결하는 도로망을 연결할 때

(5) 문화재 복원

1. 개요

보간법이란 구하고자 하는 지점의 높이값을 관측을 통해 얻어진 주변지점의 관측값으로부터 보간 함수를 적용하여 추정하는 것을 말한다. 공간 보간법은 크게 전역적 보간법(Global Interpolation)과 국지적 보간법(Local Interpolation)으로 나눌 수 있으며, 대표적인 국지적 보간법에는 크리깅(Kriging), 스플라인(Spline), 이동평균 · 역거리 가중치(Moving Average/Inverse Distance Weighting) 보간법 등이 있다.

2. 전역적 보간법 및 국지적 보간법

[표 6-6] 전역적 보간법 및 국지적 보간법의 특징 비교

전역적(Global) 보간법	국지적(Local) 보간법
• 모든 기준점을 하나의 연속함수로 표현 • 한 지점의 입력값이 변하는 경우 전체 함수에도 영향을 끼침 • 지형의 기복이 완만한 표면을 생성하는데 적합 • 근사치적 보간법(Approximate Interpolation) • 종류 : 경향분석	• 대상지역 전체를 작은 도면이나 한 구획으로 분할하여 각각의 세분화된 구획별로 부합되는 함수를 산출하는 방법 • 한 지점의 입력값의 변화는 추정하는 반경 또는 참조창 내에만 영향을 미침 • 표본지점들의 고도값에 의해서만 영향받기 때문에 지형의 연속성이나 전지역에 대한 기복적인 특징을 나타내지 못함 • 종류 : 정밀보간법(Exact Interpolation) - 크리깅(kriging) 보간법, 스플라인, 이동평균 · 역거리 가중치(Moving Average/Inverse Distance Weighting)

3. 대표적인 공간보간법

(1) 가중 평균 보간법(Weight Average Interpolation)

보간할 점을 중심으로 $6 \sim 8$점의 관측값이 반경 d_{max}인 원속으로 들어오도록 원을 그린다. 이때 보간값(Z)은 다음 가중평균방법으로 구할 수 있다. 거리에 반비례해서 표고값에 가중값을 주는 보간법을 역거리 가중법(IDW)이라고도 한다.

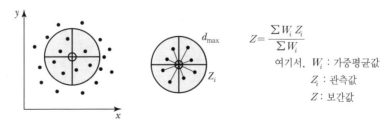

$$Z = \frac{\sum W_i Z_i}{\sum W_i}$$

여기서, W_i : 가중평균값
Z_i : 관측값
Z : 보간값

[그림 6-48] 가중평균보간법

(2) 3차 곡선법(스플라인 보간법)

2개의 인접한 관측점에서 곡선의 1차 미분 및 2차 미분이 연속이라는 조건으로 3차 곡선을 접합한다. 이러한 곡선을 스플라인이라고 한다.

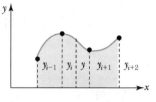

[그림 6-49] 스플라인 보간법

(3) 크리깅(Kriging) 보간법

① 크리깅 보간법은 주위의 실측값들을 선형으로 조합하며, 통계학적인 방법을 이용하여 값을 추정한다. 즉, 값을 추정할 때 실측값과의 거리뿐만 아니라 주변에 이웃한 값 사이의 상관강도를 반영한다. 크리깅 보간법은 매우 정확하다는 특징이 있으나, 새로운 점에서 보간을 수행할 때마다 새로운 가중값을 계산하여야 하므로 많은 양의 계산이 필요하다는 단점이 있다.

② 크리깅 보간법은 표본지점들 간의 z_i값과 이들 지점들 간의 거리에 대한 평균분산의 차이를 베리오그램(Variogram)으로 나타내고, 이를 토대로 하여 실측되지 않은 지점에 대한 Z_i값을 추정하는 것이다. 정규 크리깅의 보간법 공식을 보면 표본지점들의 z_i값과 거리에 따른 가중치들의 합에 의해 추정되며 가중치(λ_i)는 추정치인 Z_i가 편기되지 않고 분산값이 최소화되는 경우를 선택한다.

$$Z_i = \sum_{i=1}^{n} \lambda_i z_i$$

여기서, Z_i : 위치를 알고 있는 보간점의 예측값
z_i : 위치를 알고 있는 표본점의 속성값
λ_i : 각 표본점의 가중치, n은 선정된 표본점의 개수

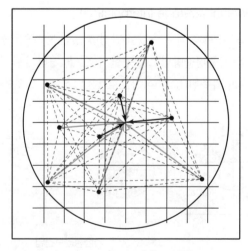

[그림 6-50] 크리깅 보간법

크리깅(Kriging) 보간법

1. 개요

크리깅 보간법은 주변 값을 이용하여 미지점의 속성값을 예측하는 방법으로 단순거리에 관한 함수를 사용하는 역거리 가중법(IDW)과 달리 통계학적인 거리를 이용하여 점 정보들 간의 선형조합으로 미지점의 값을 예측한다. 또한 거리만 이용하는 것이 아니라 주변에 이웃한 값 사이의 상관 강도를 반영하기 때문에 다른 보간법에 비해 더 정확한 특징이 있다.

2. 기본이론

크리깅(Kriging) 보간법은 표본지점들 간의 z_i값과 이들 지점들 간의 거리에 대한 평균분산의 차이를 베리오그램(Variogram)으로 나타내고, 이를 토대로 하여 실측되지 않은 지점에 대한 Z_i값을 추정하는 것이다. 정규 크리깅의 보간법 공식을 보면 표본지점들의 z_i값과 거리에 따른 가중치들의 합에 의해 추정되며 가중치(λ_i)는 추정치인 Z_i가 편기되지 않고 분산값이 최소화되는 경우를 선택한다.

$$Z_i = \sum_{i=1}^{n} \lambda_i z_i$$

여기서, Z_i : 위치를 알고 있는 보간점의 예측값
z_i : 위치를 알고 있는 표본점의 속성값
λ_i : 각 표본점의 가중치, n은 선정된 표본점의 개수

3. 크리깅(Kriging) 보간법의 과정

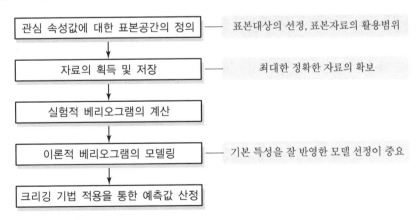

[그림 6-51] 크리깅 보간법 처리 과정

4. 크리깅(Kriging) 보간법의 종류

(1) 단순 크리깅(Simple Kriging)

예측오차를 최소로 하는 가중값을 구해 보간하는 기법

(2) 정규 크리깅(Ordinary Kriging)

크리깅 추정식이 편향되지 않으면서 오차분산을 최소로 하는 기법

(3) 구역 크리깅(Block Kriging)

정해진 구역에 대해 하나의 크리깅 방정식을 세워 보간하는 기법

(4) 공동 크리깅(Co-Kriging)

다양한 변수의 선형조합을 사용해 보간하는 기법

(5) 일반 크리깅(Universal Kriging)

일정한 경향을 나타내는 자료에도 적용 가능한 기법

5. 자기공분산(Autocovariance)과 반베리오그램(Semi-Variogram)

보간에 필요한 미지값을 결정하기 위해 표본자료들의 공간적 상호관계 및 연속성을 파악해야 하며, 자기공분산과 반베리오그램 등을 이용한다.

(1) 자기공분산(Autocovariance)

자기공분산이란 동일 변수에 대하여 분리거리만큼 떨어진 두 지점 간의 상관관계를 표현하기 위한 값으로 분리거리가 가까우면 가까울수록 자기공분산은 크게 나타나고 그 거리가 증가할수록 작아진다.

(2) 반베리오그램(Semi-Variogram)

반베리오그램이란 베리오그램의 반에 해당하는 값으로 아래 식을 통해 계산할 수 있다.
베리오그램이란 일정한 거리만큼 떨어진 자료들의 유사성 정도를 나타내는 지표로 일정거리 h만큼 떨어진 두 자료 간의 차이를 제곱한 것의 기댓값이다.

$$\gamma(h) = \frac{1}{2n} \sum_{i=1}^{n} \left[z(x_i) - z(x_i + h) \right]^2$$

여기서, $\gamma(h)$: 거리 h만큼 떨어진 두 지점 간의 반베리오그램
h : 지연거리 또는 분리거리(두 자료 간의 거리)
$z(x)$: x지점의 속성값(위치 x에서의 변수 값)
$z(x+h)$: x지점으로부터 h만큼 떨어진 지점의 속성값
n : 선정된 표본점의 개수

41 영상 재배열(Resampling)

1. 개요

영상 재배열은 항공사진 또는 위성영상의 기하보정과정에서 최종 결과 영상을 제작하는 데 필요한 재배열(Resampling)을 말한다. 즉, 수치고도모형자료의 자료기반 구축에서 임의로 분포된 실측 자료점을 이용하여 격자형 자료를 생성하거나 항공사진, 인공위성영상의 기준점 자료를 이용하여 영상소를 재배열할 경우에 이용되는 보간법은 최근린 보간법, 공일차 보간법, 공삼차 보간법 등이 있다.

2. 최근린 보간법(Nearest Neighbor Interpolation)

(1) 최근린 보간법은 입력 격자상에서 가장 가까운 영상소의 밝기값을 이용하여 출력격자로 변환시키는 방법이다.

(2) 원자료를 그대로 사용하기 때문에 자료가 손실되지 않는다.

(3) 계산이 단순하고 고유의 픽셀값을 손상시키지 않으나 영상이 다소 거칠게 표현되는 방법이다.

(4) 0.5화소 이상의 변이가 발생할 수 있으며, 이로 인해 지표면에 대한 영상이 불연속으로 나타날 수도 있다.

3. 공일차 보간법(Bilinear Interpolation)

(1) 공일차 보간법은 편위수정된 영상소의 자료값은 재변환된 좌표위치(x_γ, y_γ)와 입력영상 내의 가장 가까운 4개의 영상소 사이의 거리에 의해 처리된다.

(2) 출력영상에서 나타나는 지표면이 불연속으로 나타나는 것을 줄일 수 있다.

(3) 새로운 영상소를 제작하므로 Data가 변질될 수도 있다.

4. 공삼차 보간법(Bicubic Interpolation)

(1) 공삼차 보간법은 출력 자료값을 결정하기 위해 4×4 배열의 16개 영상소를 평균한다.

(2) 최근린 보간법에서 나타날 수 있는 지표면의 불연속 표현을 줄일 수 있다.

(3) 공일차 보간법보다도 더 양질의 영상을 제공한다.

(4) 최근린 보간법보다는 계산시간이 3배 이상 걸리고, 공일차 보간법보다는 1.7배 이상 걸리는 단점이 있다.

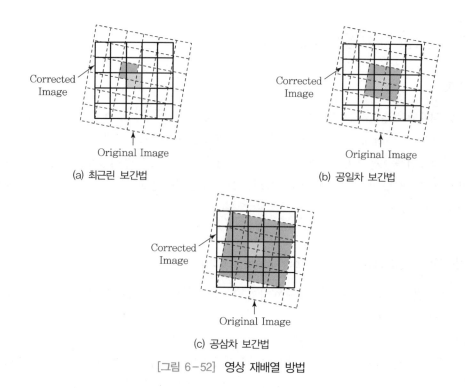

(a) 최근린 보간법

(b) 공일차 보간법

(c) 공삼차 보간법

[그림 6-52] 영상 재배열 방법

42 **정사투영 사진지도**

1. 개요

정사투영 사진지도란 정밀 수치 편위수정에 의해 얻어진 지도와 같은 정사투영 영상을 이용하여
제작된 지도로 대상 지역의 현장감이나 입체감 및 다양한 표현을 할 수 있는 차세대 지도이다.

2. 제작순서

정밀 수치 편위수정에 의한 정사투영 영상의 생성 과정은 광속조정법(Bundle Adjustment)에 의
해 항공사진의 외부표정요소를 결정하고 영상정합과정을 통해 DEM을 생성하며 생성된 DEM 자
료를 토대로 공선조건식을 이용한 사진좌표를 결정하는 것이다. 사진좌표는 다시 부등각사상 변
환(Affine 변환)에 의해 영상좌표로 변환되며, 영상좌표의 밝기값을 보간을 통해 결정한 후,
DEM 좌표의 각 위치에 옮김으로씨 정사투영 영상을 생성하게 된다.

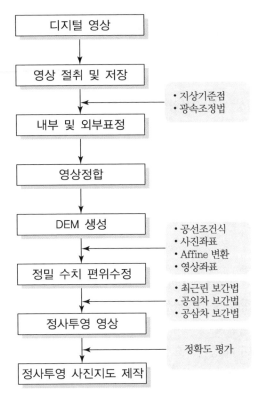

[그림 6-53] 정사투영 사진지도 제작 흐름도

3. 정사투영 사진지도 활용

(1) 수치적 자료 형태로 이루어져 있으므로 그 표현방법이 다양하다.

(2) 대상물을 사진의 형태로 표현하고 있으므로 현실감이 높고 판독이 용이하므로 향후 새로운 형태의 지도로 사용될 가능성이 크다.

(3) 실제의 지형을 상공에서 관측하는 듯한 느낌을 주며, 컴퓨터상에서 시점 및 관측방향을 자유롭게 변화시키며 지형을 표현할 수 있으므로 경관분석, 수로분석, 경사도분석 등에 유용하게 이용될 수 있다.

(4) 공학적인 용도의 지도는 물론 행정도, 관광안내도, 등반용 지도 등으로 활용될 경우에 종래의 지도에 비하여 보다 유용성이 높다.

(5) 최근에 많이 활용되고 있는 공간정보의 기본 자료로서 직접 이용할 수 있으며, 이를 처리하여 각종 정보를 추출할 수 있음은 물론 지형에 관련된 다양한 정보체계에서 응용이 가능하므로 정보화 시대에 있어서 필수적인 자료로 활용될 것이다.

엄밀정사영상(True Orthoimage)

1. 개요

엄밀정사영상(진정사영상)이란 정사영상을 생성하여 폐색지역을 탐색하고 정사영상에서 발생하는 폐색지역을 복원하여 정밀정사영상을 생성한다. 또한, 정사영상 제작에 관한 국내·외의 다양한 연구가 수행되어 정사영상의 폐색 및 이중 도면화 문제를 보정할 수 있는 방안 및 알고리즘이 정리되고, 이를 채용한 상용프로그램 등이 개발됨에 따라 도심지역에 대한 대축척, 고해상도의 엄밀정사영상의 제작이 가능하게 되었다.

2. 필요성

(1) 엄밀정사영상은 공간정보를 제공하는 시스템의 중요한 요소로 활용범위가 점차 확대되어 가고 있다. 지형도를 항공 및 위성영상과 중첩하여 실세계를 시각화하고 인지효과를 향상시켜 정보를 용이하게 추출할 수 있으며, 여러 목적의 의사결정을 효율적으로 수행할 수 있는 실감적인 영상지도의 요구가 증가하고 있다.

(2) 최근 스마트시티(Smart City)와 같은 개념이 도입된 도시계획의 새로운 패러다임이 등장하면서 도심전역에 대한 고품질 3차원 공간정보에 대한 필요성이 대두되고 있다.

(3) 엄밀정사영상은 지형·지물의 상호위치관계가 지형도와 동일함에 따라 정사사진을 통해 직접적으로 거리, 각, 지형·지물의 수평 및 수직위치좌표, 면적 등의 정보를 얻을 수 있어 엄밀한 영상이 요구된다.

(4) 엄밀정사영상은 시각적 효과가 양호하기 때문에 지형의 세세한 부분까지도 판독이 용이하여 수치지도에 비해 효과적으로 정보를 인식할 수 있는 장점을 가지고 있어 다양한 분야에서 제작 및 활용이 이루어지고 있다.

3. 제작방법

(1) 현황

① 최근 항공측량장비 및 기술의 발전으로 항공 LiDAR, 디지털 항공사진영상, GNSS/INS를 이용한 다중센싱기법을 이용하여 고품질의 영상 및 3차원 공간정보의 획득이 가능하게 되면서 정밀한 DSM의 생성이 가능하게 되었다.

② 또한, 정사영상 제작에 관한 국·내외의 다양한 연구가 수행되어 정사영상의 폐색 및 이중 도면화 문제를 보정할 수 있는 방안 및 알고리즘이 정립되고 이를 재용한 상용프로그램 등이 개발됨에 따라 도심지역에 대한 대축척, 고해상도의 엄밀영상의 제작이 가능하게 되었다.

(2) 엄밀정사영상 제작방법

엄밀정사영상이란 LiDAR 장비에 일체형으로 탑재된 디지털 카메라를 통해 취득한 영상을 외부표정요소, LiDAR, DSM 등과 함께 이용하여 제작한 정사영상으로 사진 및 카메라의 왜곡과 지형의 정사보정을 통하여 제작된 정사영상이다.

1) 항공 디지털카메라

① 항공레이저 측량장비와 일체형으로 제작, 운영되어 동시성을 확보하도록 할 것

② GNSS/INS 시스템과 일체형으로 통합되어 있어 외부표정요소 취득이 용이할 것

③ 영상은 컬러 및 적외선 영상의 촬영이 가능하며, 디지털 방식으로 빠르고 간편하게 결과물 확인이 가능할 것

④ 작업지역에 대한 영상촬영이 공백 없이 진행되도록 충분한 노출간격이 확보되어야 함

⑤ 디지털 카메라의 픽셀 및 주점거리가 고정되어 있기 때문에 고도가 높아질수록 지상해상도는 떨어지며 고도가 낮을수록 지상해상도가 좋아짐

2) 비행설계 및 촬영

① 비행 중 미리 작성된 비행설계를 바탕으로 디지털 카메라는 자동으로 데이터를 취득하게 되며 작업자는 모니터링용 컴퓨터에서 실시간으로 이를 확인함

② 촬영된 데이터는 외장 하드디스크에 저장되며, 작업용 컴퓨터에서 간단히 변환과정을 거쳐 영상을 얻음

3) 데이터 처리

디지털영상과 항공레이저측량에서 생성된 수치표고자료를 이용하여 단계별로 후처리하여 정사영상을 제작하며 이를 통해 전체적인 모자이크 영상 제작함

① 초기 외부표정요소 취득

- GNSS/INS 데이터, 이격거리, Boresight 값 등의 보정정보, 투영정보 등을 이용하여 취득

- Boresight(회전량 보정) − 카메라 좌표축과 INS 센서의 축이 서로 불일치하는 직각 좌표계의 X, Y, Z축의 회전량, 한 번 설정된 보정값은 일정시간, 촬영지역 변경 시 그 양이 변화되므로 보정값 갱신이 필요

② 항공삼각측량 수행

- GNSS/INS에 의한 외부표정요소가 얻어지면 영상과 초기 외부표정요소(EO) 값을 바탕으로 항공삼각측량 수행 정밀 외부표정요소 취득

- 각 카메라 노출순간에 대한 시간과 촬영된 사진번호에 대한 연관성을 이용하여 정확한 각 카메라 노출시각의 위치 및 자세 정보를 얻음

③ 정밀 DSM 생성 : 수치사진측량기법을 이용한 자동 DSM 추출방법과 LiDAR 데이터를 이용한 방법, LiDAR 데이터로부터 3차원 벡터를 추출하는 방법, 수치사진측량의 3차

원 도화데이터와 LiDAR 데이터를 함께 이용한 방법

④ 각 사진별 정사영상을 제작
- 대상물의 높이에 따라 발생되는 기복변위를 보정하는 수치미분편위수정은 직접법과 간접법이 있으며, 일반적으로 항공사진에는 간접법을 이용(기하학적 보정)
- 사진은 중심투영으로 얻어지기 때문에 지형에 경사와 기복이 있고 주점에서 거리가 멀어질수록, 대상물의 비고가 높을수록 폐색영역범위가 커지게 되는 특성이 있어 이에 따른 폐색영역에 대한 설정 및 보정(폐색영역 보정)
- 각 영상의 외부표정요소를 바탕으로 항공 LiDAR 측량의 지형데이터 위에 적절한 영상을 위치시킴으로써 각 사진별 정사영상을 제작

⑤ 모자이크 처리 : 모자이크 작업은 인접한 정사사진을 결합해서 하나의 큰 정사사진을 제작하는 작업을 의미한다. 중복도를 고려한 접합선(Seam Line)을 설정하고 각 부분에 적합한 영상을 지정, 여러 장의 정사영상으로 전체적인 하나의 모자이크 영상을 제작함

⑥ 색보정 및 위장처리 : 전체적인 사진의 색보정 및 영상 검열지역에 대한 위장처리가 동시에 작업되며, 최종적으로 영상 재단과 출력의 과정을 거치면 영상정보 구축 완료

⑦ 엄밀정사영상 품질 평가

44 DPW(Digital Photogrammetric Workstation)

1. 개요

DPW(Digital Photogrammetric Workstation)는 수치사진측량시스템 또는 수치식 도화기라고 하며, 디지털 카메라로 촬영된 원시영상을 디지털 형태로 변환된 실체시 정사사진으로부터 컴퓨터에서 활용이 가능한 수치지도를 그려내는(영상파일을 처리하는) 도화기를 말한다.

2. 구성 요소 및 주요 기능

(1) 구성 요소

① 하드웨어 : 워크스테이션, 3D 모니터, LCD 모니터, 데이터 입력장치
② 소프트웨어 : 스테레오 뷰어, 벡터 프로그램

(2) 주요 기능

① 다양한 항공카메라 영상 적용(프레임, 라인, UAV)
② 사용자 중심의 편리한 표정 기능

③ 표정 자동화 기능(내부표정, 상호표정)

④ Direct Georeferencing(외부표정 입력 기능)

⑤ 다양한 위성영상 적용

⑥ 벡터프로그램(오토캐드) 사용 및 높은 호환성

⑦ 상용소프트웨어 프로젝트파일 Import 기능

⑧ 3D 도화 자동화 기능 제공

⑨ 키패드를 이용한 명령어 입력

⑩ 핸드휠, 3D 마우스 등 다양한 장치를 이용한 데이터 입력

3. 특징

(1) 중복된 한 쌍의 실체 모델에 대한 수치영상파일을 사용하며, 이때 중복된 이미지는 컴퓨터 스크린에 표시되고 입체적으로 관측됨

(2) 수치영상의 분석 능력과 영상해석 또는 영상형상인식 능력을 통한 자동화

(3) 기존의 자료나 실체 모델로부터 얻어진 벡터 자료를 실체 영상에 중첩시킬 수 있음

(4) 항공사진의 측정을 위한 입체경이 부착된 것 이외에는 일반적인 데스크탑 컴퓨터와 동일

45 Pictometry(다방향 영상 촬영시스템)

1. 개요

Pictometry는 5개의 카메라로 구성된 시스템으로 수직영상을 포함하여 4장의 경사사진을 동시에 취득할 수 있다. 하나의 대상물에 대하여 다방향 상태(수직, 북쪽, 남쪽, 서쪽, 동쪽)에서 정보를 취득하여 기존 영상 취득 시스템에 비해 5배의 더 많은 정보를 제공하는 최신 항공측량기법이다.

2. Pictometry 촬영시스템

Pictometry는 다방향 영상 촬영시스템으로 수직(Nadir)을 향하고 있는 1대의 카메라와 전후좌우 40도의 경사(Oblique)를 이루며 지면을 향하고 있는 4대의 카메라, 관성항법장치(IMU), 저장장치 및 컨트롤러, 운영자콘솔 등으로 구성되어 있다.

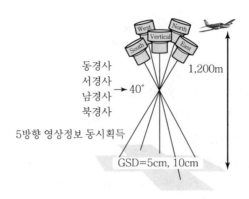

[그림 6-54] Pictometry 영상취득시스템

3. 특징

(1) Pictometry 카메라는 5방향의 영상정보를 동시에 획득하므로 기존의 카메라에서 획득할 수 없는 폐색지역 및 다양한 정보를 얻을 수 있다.

(2) Pictometry는 정사영상과 함께 지리부호화된 경사영상을 획득할 수 있다.

(3) Pictometry는 기존의 일반 항공사진에 비해 많은 정보를 담고 있으며, 직관적 인식력이 높다.

(4) Pictometry의 거의 수직사진의 기하학적 관계는 외부표정요소결정을 Direct Georeferencing 에 의해 지상기준점을 사용하지 않으며, 경사사진에 대한 외부표정요소는 거의 수직사진의 외부 표정요소로부터 계산된다.

4. 활용

(1) Pictometry 경사영상을 이용하여 거리와 높이, 면적, 각도 등을 측정할 수 있어 공간정보 구 축 및 다양한 분야에 활용될 수 있다.

(2) 최근 컴퓨터 기술과 네트워크 기술의 발달로 유비쿼터스 사회로 진입하는 데 있어 세밀함과 최신성이 요구되는 위치정보(3차원 공간정보) 획득에 활용될 수 있다.

---

46 드론(Drone)

1. 개요

드론은 조정사가 탑승하지 않고 무선전파 유도에 의해 비행과 조정이 가능한 비행기나 헬리콥터 모양의 무인기(UAV : Unmanned Aerial Vehicle)를 말한다. 2010년대를 전후하여 군사적 용 도 외 다양한 민간분야에도 활용되고 있다.

2. 드론의 역사

(1) 1916년 무기를 실은 비행기가 원격으로 날아가 적을 타격한다는 원리를 담은 'Aerial Target Project'를 진행하면서 군사용 무인기로 개발 시작

(2) 1930년 무인항공기에 '드론'이라는 이름으로 명명

(3) 1982년 이스라엘의 레바논 침공 시 처음으로 실전에 투입

(4) 최근 세계 각국은 무인 정찰과 폭격기, 교육용, 상업용 등의 용도로 드론을 개발

3. 드론의 구성

(1) 하드웨어 : 비행체, 컴퓨터, 항법장비, 송수신기, 가시광선과 적외선 센서 등

(2) 소프트웨어 : 지상통제장치, 임무탑재체, 데이터 링크, 이착륙 장치, 지상 지원 등

[그림 6-55] 각종 드론

4. 드론의 종류

드론은 비행기처럼 날개가 고정되어 비행하는 고정익 드론과 헬리콥터처럼 프로펠러의 회전력에 의해 비행하는 회전익 드론으로 크게 구분된다. 기본적으로 고정익 드론과 회전익 드론은 각각 비행기와 헬리콥터의 비행원리에 따른다. 고정익과 회전익 드론의 특징 및 활용분야는 다음과 같다.

[표 6-7] 고정익과 회전익 드론의 특징 및 활용분야

구분	고정익 드론	회전익 드론
특징	• 추력 및 양력발생장치가 분리되어 전진방향으로 가속을 얻으면 고정된 날개에서 양력을 발생하여 비행 • 드론 구조가 단순하고 고속, 고효율 비행이 가능	• 수직 이착륙 및 정점 체공이 요구될 경우 가장 적합 • 비행효율, 속도, 항속거리 등에 있어 고정익보다 불리 • 로터형, 덕트형, 여러 개의 로터를 대칭으로 배치한 멀티콥터형 등으로 구분
활용 분야	광역사진측량, 지적측량, GIS, 농업·연안 수산·광업·환경 관리, 건설현장 관리 등	소규모 지역 측량 및 구조물 안전진단, 영화 및 영상 촬영, 부동산 관리, 도심지 측량, 건설관리, 응급 지원, 교통단속·추적 등 법집행 등

5. 활용

최근 활용이 증대되고 있는 드론은 소규모 지역에 대한 고해상도 지형공간정보 제작이 가능하며, 산불 감시, 산림훼손 감시, 산사태 우려지역 및 산림병해충 예찰 등 다양한 분야에 도입하여 활용

되고 있다. 주요 활용분야는 다음과 같다.

(1) **군사용** : 무인정찰, 무인폭격

(2) **의학분야** : 응급환자를 탐지하고 수송하는 용도로 활용

(3) **기상분야** : 기상관측과 태풍 등 기상변화를 실시간으로 모니터링하는 데 이용

(4) **과학분야** : 멸종동물의 지역적 분포와 이동경로를 확인하고 지리적 특성을 파악, 정밀한 지도 제작에 활용

(5) **미디어 분야** : 과거에는 담지 못했던 영상을 촬영

(6) **물류분야** : 배송의 정확성, 효율성, 반품의 편리성

(7) **기타** : 정보통신분야, 농업분야, 보험분야

47 SIFT/SfM 기술

1. 개요

UAV를 이용한 사진측량에서는 SIFT(Scale Invariant Feature Transform) 기법 등을 이용하여 외부표정요소에 관계없이 영상을 자동정합하고, SfM(Structure from Motion) 기법을 활용하여 점군을 생성하여 수치표고모형(DEM), 정사영상 및 수치지형도를 제작하기도 한다.

2. 무인항공사진측량에 의한 정사영상 제작순서

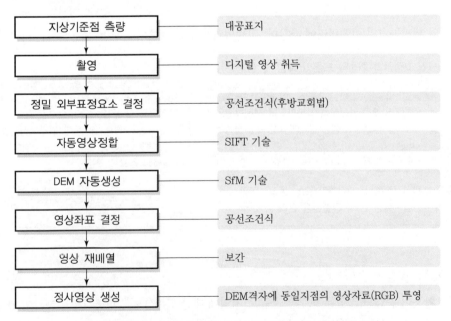

[그림 6-56] 무인항공사진측량에 의한 정사영상 생성 흐름도

3. SIFT(Scale Invariant Feature Transform) 기술

영상정합을 위한 SIFT 방법은 각각의 영상들로부터 특징점을 검출하는 방식으로 자동으로 영상을 정합하는 기술이다. 크게 특징점 추출단계, 서술자(Descriptor)를 생성하는 두 단계로 구분된다.

(1) 특징

① SIFT 기법은 회전, 축척, 명암, 카메라 위치 등에 관계없이 영상데이터를 특징점으로 변환하여 영상정합을 자동으로 수행한다.

② SIFT 기법은 축척, 방향성, 밝기 및 카메라 노출점 등의 변화에 불변하기 때문에 비행특성상 흔들림이 많은 드론으로 획득한 사진영상의 정합에 적합한 방법이다.

③ SIFT 기법은 UAV 영상의 처리를 위한 자동항공삼각측량(AAT) 과정의 기반자료가 된다.

④ SIFT 기법은 외부표정요소의 정확도와 관계없이 유효면적이 작은 대량의 사진영상을 자동으로 정합할 수 있는 장점이 있다.

(2) SIFT 처리

① 영상을 가우시안 차분(DoG)에 의해 순차적으로 블러링하여 구축한 영상들을 피라미드 방식의 스케일 공간에서 명암비가 극값(최대 또는 최소)인 특징점을 검출한다.

② 필터링된 특징점의 방위를 할당하고, 그 크기와 방향을 나타내는 서술자(Descriptor)를 생성한다.

③ 두 영상의 동일한 서술자를 이용하여 고속으로 영상정합을 수행한다.

(3) 영상의 특징점(Key-point)이 되기 위한 조건

① 물체의 형태나 크기, 위치가 변해도 쉽게 식별이 가능하여야 한다.

② 카메라의 시점, 조명이 변해도 영상에서 해당 지점을 쉽게 찾아낼 수 있어야 한다.

③ 영상에서 이러한 조건을 만족하는 가장 좋은 특징점은 바로 코너점(Corner Point)이고, 특징점(Key-point) 추출 알고리즘들은 이러한 코너점 검출을 바탕으로 하고 있다.

4. SfM(Structure from Motion) 기술

SfM(Structure from Motion)은 다촬영점 3차원 구조(형상) 복원기술로 여러 방향에서 찍은 수많은 영상들로부터 점군을 생성하여 3차원 형상을 구현하거나 증강현실 등에 이용할 수 있는 방법이다.

(1) 특징

① SfM 기법은 SIFT에 의해 정합된 영상을 고차적으로 번들조정하여 대상물과 카메라의 위치관계를 복원하여 3차원 점군(Point-Cloud)을 생성하는 기술이다.

② 전통적인 항공사진측량과 달리 외부표정요소 또는 지상기준점 좌표가 없어도 카메라의 자

세와 영상기하를 재구성할 수 있다.

③ 여러 시점에서 촬영된 2D 영상으로부터 카메라의 포즈(위치, 방향)를 추정하고 촬영된 물체나 장면의 3차원 구조를 복원하는 방법이다.

④ SfM 기법은 드론으로 촬영된 많은 수의 사진을 빠른 시간에 처리할 수 있고 비측량용 카메라를 사용할 수 있는 장점이 있다.

⑤ 다양한 각도로 촬영된 다수의 영상에서 매칭된 각 특징점의 3차원 좌표와 카메라 위치를 추정하여 3차원으로 영상기하를 재구성한다.

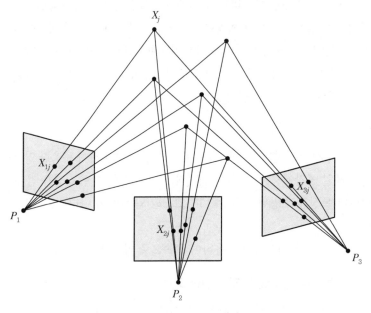

[그림 6-57] SfM 개념

(2) SfM 처리

① SIFT로 정합된 영상을 고차 번들 조정하여 3D 장면을 재구성함으로써 초기 포인트 클라우드를 생성한다.

② 초기 포인트 클라우드는 점밀도가 현저히 떨어지므로 영상을 분해하여 보간함으로써 고밀도의 3D 포인트 클라우드로 구조화한다.

레이저 사진측량

1. 개요

레이저 사진측량은 가시광선에 의한 기존의 광학렌즈를 사용하는 일반 사진측량과는 달리 단색
이며 동일한 파장을 갖는 레이저에 의해 얻어지는 레이저 사진을 이용하는 사진측량 방법으로 기
존의 지상사진 측량분야와 항공사진 측량분야의 대안으로 급부상하는 사진측량 방법이다.

2. 레이저 사진측량의 원리와 방법

레이저의 발광메커니즘은 자연계에 존재하지 않으며 강한 에너지, 뛰어난 지향성, 뛰어난 간섭
성, 단색성을 지닌다.

(1) 간섭원리

빛의 파장이론에 근거한 간섭의 원리는 진폭과 위상이 벡터적으로 더해지므로 영상처리나 보
정이 가능하다.
① 간섭관측체계와 레이저 사진기법(Holographic)에 의한 표현이 가능하다.
② 공간주파수로서 공간적 여과(Filtering)에 의한 영상처리(Image Processing)가 가능하다.

(2) 기록방법

레이저 사진(Hologram)은 하나의 광원이 분광기에 의해 2개의 간섭광으로 나뉘어 레이저 사
진판상의 감광유체에 기록된다.

(3) 재현방법

기록 당시와 동일한 상태를 재현하면 대상물의 3차원 상을 얻을 수 있다.

3. 레이저 사진측량의 특징

레이저 사진측량은 렌즈가 없기 때문에 렌즈 왜곡, 수차, 초점의 문제가 없으며 광학적 제한이나
심도의 제한이 없다. 또한 상호표정이 필요 없다는 장점이 있지만, 아직은 단거리에서만 가능하
며 단색광이라는 문제점이 있다.

4. 레이저 사진측량의 종류

레이저를 이용한 사진측량은 크게 지상사진측량 분야에 이용되는 레이저스캐너와 항공사진측량
에 이용되는 LiDAR로 구분할 수 있다.

(1) 레이저 스캐너(Laser Scanner)

3D 레이저 스캐너에 의한 스캔측량 방법으로 무수히 많은 레이저 광선을 대상물에 발사하여 3차원 좌표를 취득하는 직접측량 방식이다.

① 문화재 유지관리 및 구조물 안전진단 등에 사용된다.

② 기상조건의 영향이 적고 단시간 내에 측량이 가능하다.

(2) LiDAR(ALS)

항공기에 GNSS 수신기와 관성측량기를 장착하고 레이저를 이용해서 대상물을 촬영하여 대상물의 위치결정과 단면측량을 실시하는 항공사진측량방식이다.

① 투과율이 좋기 때문에 산림, 수목, 늪지대 등의 지형도 제작에 유용하다.

② 기상의 영향이 적고 기존의 항공사진측량보다 작업속도가 빠르다.

---

49 레이저 주사방식

1. 개요

레이저는 짧은 주기의 고에너지 펄스를 생성해낼 수 있다는 점과 작은 개구(Aperture)를 통해 고도로 밀집된 파장의 빛을 만들 수 있다는 장점이 있어서 정밀한 거리 관측에 많이 사용되고 있다. 레이저 주사방식에는 펄스(Pulse)방식과 CW(Continuous Wave)방식이 있다.

2. 펄스방식에 의한 거리관측(Direct Pulsed 방식)

펄스방식은 레이저의 왕복시간을 관측하여 이동거리를 직접 구하는 방법으로, 레이저펄스의 왕복시간을 관측하고 펄스가 주사되고 수신되는 사이의 시간차를 이용한다. 대부분 LiDAR체계는 펄스방식을 이용하고 있다.

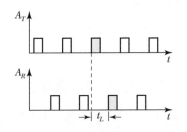

[그림 6-58] Pulse에 의한 거리관측원리

$$R = \frac{1}{2} C \cdot T_L$$

여기서, R : 레이저 송수신부와 지표면 객체 간의 거리
C : 빛의 속도
T_L : 시간(차)

3. CW(Continuous Wave)에 의한 거리관측

CW방식의 경우는 발사광과 반사광의 위상차로부터 시간차를 관측하여 레이저의 이동거리를 구한다.

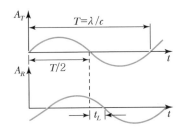

[그림 6-59] CW에 의한 거리관측원리

$$R = \frac{1}{2} C \cdot T_L = \frac{1}{2} C \cdot \frac{\phi}{2\pi} \cdot T = \frac{\lambda}{4\pi} \cdot \phi$$

여기서, R : 레이저 송수신부와 지표면 객체 간의 거리
C : 빛의 속도
T_L : 시간(차)
λ : 파장
ϕ : 위상(차)

4. 펄스방식과 CW방식의 주요 특징

[표 6-8] 펄스방식과 CW방식의 특징 비교

펄스방식	CW방식
• Direct Pulsed 방식은 펄스신호를 방출하여 물체로부터 반사된 펄스신호들이 Detector에 감지되는 시간을 측정하여 거리정보를 획득하는 원리 • 레이저펄스신호는 높은 에너지 10ns 이하의 펄스폭을 갖는 단일 펄스레이저 포인트 빔을 방사 • 높은 에너지 사용으로 CW방식에 비해 상대적으로 먼 거리의 물체도 측정 가능하여 수십에서 수백 미터 거리의 측정이 가능하고 주로 적외선영역의 파장대역을 사용 • 레이저펄스를 이용하는 방법은 높은 SNR을 가지고 10~12초까지 분해가 가능하며 cm급의 정확도 구현 • 높은 거리 정확도와 먼 거리의 물체 측정이 가능하여 주로 외부에서 사용하는 라이다에 적용되어 사용하는 방식	• CW방식은 특정 주파수를 가지고 연속적으로 변조되는 레이저빔을 방출하고 물체들로부터 반사되어 돌아오는 신호의 위상변화량을 측정하여 시간 및 거리정보를 획득하는 원리 • CW는 10MHz~100MHz 정도로 변조된 신호의 레이저빔을 연속적으로 방사 • 대상지역의 평균적인 특성을 측정하는 데 편리하고 세밀한 측정이 가능 • 주로 가시광선 영역이나 근적외선 영역의 파장대역을 사용 • 주위 다른 파장대 영역의 빛을 수신하는 단점이 있음 • 레이저를 장시간 지속적으로 발생시키며 주로 대상물 가까이 있는 경우에 사용하고 전력소비가 심해 장시간 사용이 곤란하다는 단점이 있음 • 짧은 거리 물체를 측정하는 데 용이한 방식으로 주로 실내에서 사용되는 라이다에 적용해 사용되는 방식

1. 개요

LiDAR 시스템의 검정(Calibration)은 시스템이 가지고 있는 자체 오차를 판별, 보정하여 정확한 지형의 3차원 위치 좌푯값을 계산하기 위한 것이다.

2. 시스템 검정 방법

일반적으로 LiDAR 시스템 검정은 지상 및 비행을 통해 이루어진다.
(1) 지상 : 항공LiDAR 측량기, GNSS 수신기, INS장비 상호 간의 이격거리 측정
(2) 비행 : 기 설치된 검정장 일대에 대한 실제 비행을 통해 보정계수 산출

3. Pitch, Roll, Scale 및 Offset 보정

(1) Pitch의 보정(Y축 회전량 오차를 보정하는 것)

비행방향으로 실제 건물을 측량한 건물외곽과 레이저 측량을 통해 얻어진 점들과의 차이를 알아내어 Pitch 보정량을 구한다.

(2) Roll의 보정(X축 회전량 오차를 보정하는 것)

건물의 종방향으로 비행하면서 횡방향으로 데이터를 취득하며, 실제 건물을 측량한 건물 최외곽 지점과 레이저 측량을 통해 얻어진 건물 최외곽 지점의 높이 차이를 계산하여 X축 회전량을 보정한다.

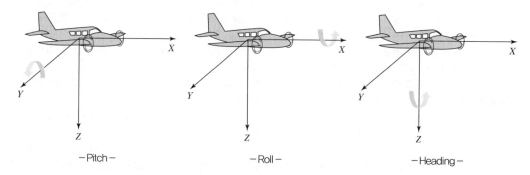

- Pitch - - Roll - - Heading -

[그림 6-60] Pitch, Roll 및 Heading 개념

(3) Heading의 보정(Z축 회전량 오차를 보정하는 것)

건물의 어떤 한 변에 대하여 45°가 되도록 항공레이저측량을 실시하여 건물의 경계선을 추출한 다음에 실제 경계선과의 교차로부터 연직방향축의 회전각의 차이를 계산하여 Z축 회전량을 보정한다.

(4) Scale 보정(거리측정의 Scale을 보정하는 것)

넓고 평평한 대지에 직교방향으로 여러 차례 항공LiDAR 측량을 실시하여 레이저 스캐너 주사폭의 양쪽 가장자리로 가면서 레이저 점 데이터의 오차를 제거한다.

(5) Offset 보정(지상기준점과 LiDAR 데이터와의 일정한 높이값의 차이를 보정하는 것)

지상기준점 배치를 따라 비행하여 취득된 모든 레이저 데이터가 지상기준점과 동일한 높이값을 갖도록 조정한다.

51 | 항공레이저 측량(LiDAR)의 필터링

1. 개요

항공레이저 측량을 이용하면 광범위한 지역의 고밀도 3차원 디지털 자료를 취득할 수가 있다. 취득된 고밀도 자료에는 건물, 교량과 같은 구조물과 수목, 식생 등 지표면에 존재하는 다양한 지물이 포함되어 있다. 따라서 구조물이나 식생 등을 제거하고 지표면에서 반사된 자료만을 추출하는 처리를 필터링이라 한다. 그러나 실제 필터링에서는 우선 대기 중의 구름, 수증기 및 건물로부터 다중반사된 명확한 노이즈를 제거한 후 이용 목적에 따라 식생이나 구조물을 제거한다.

2. 항공레이저 측량(LiDAR) 필터링 순서

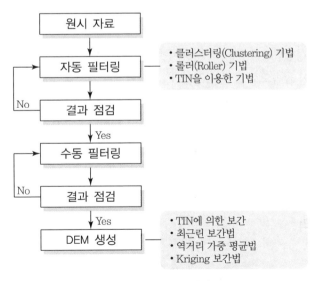

[그림 6-61] LiDAR 필터링 흐름도

3. 필터링 기법

(1) 자동 필터링

① 클러스터링(Clustering) 기법

복수의 자료 중 닮은 것끼리를 몇 개의 클러스터로 분류하는 방법으로 레이저 계측점 간의 경사량을 이용하여 클러스터링을 실시하여 지표와 지물을 분류하는 방법이다.

② 롤러(Roller) 기법

원주형의 롤러를 지표면에 접하도록 굴리면서 롤러 반경 이내의 계측점 중에서 임계값 이내인 것만을 지표면으로 분류하는 방법이다.

③ TIN을 이용한 기법

레이저 계측점의 분포특성이나 레이저 강도 등의 부가정보에 기초하여 지표면, 건물, 식생 등으로 분류하는 방법이다.

(2) 수동 필터링

자동처리로는 제거되지 않는 지물의 경우, 필터링된 자료를 등고선과 입체도 및 현황을 나타내는 정사영상 등과 합성하거나, 단면 표시하여 육안으로 제거해야 하는 레이저 계측점을 검출하여 컴퓨터 화면상에서 수동으로 제거한다.

---

52 MMS(Mobile Mapping System)

1. 개요

최근 GNSS와 관성항법장치(INS)의 사용이 보편화되고 센서 통합기술이 발달함에 따라 모바일 매핑기술(MMT)이 급속도로 발전하고 있다. 모바일 매핑시스템(MMS)은 차량에 GNSS, IMU, CCD Camera, Laser Scanner 등의 장비를 탑재하고 도로 및 주변지역의 영상을 획득하여 수치지도제작 및 갱신, 도로시설물 유지관리를 위한 시스템이다. 이 시스템은 국가의 지형정보와 국가의 시설물 정보의 DB를 구축하고 유지·관리하기 위해 필요로 하는 측량방법 중 비용 및 시간 면에서 효율적이고 향후 활용성이 높은 첨단정보시스템이다.

2. MMS구성과 원리

(1) 구성

차량 MMS는 차량의 위치와 자세를 결정하는 GNSS와 INS, 주행거리계(DMI), 디지털 방위계 장치와 매핑을 하여 지형·지물의 형상과 관련된 정보를 수집하기 위한 CCD 카메라,

LiDAR 등으로 구성되어 있다.

(2) 원리

① 차량 등의 이동체에 디지털카메라, 레이저 스캐너, GNSS, INS, DMI 등과 같은 다양한 센서들을 조합한다.

② 위치측정센서(GNSS/INS)와 지형 · 지물 측량센서(디지털카메라, 레이저 스캐너)를 사용하여 각종 정보를 획득한다.

③ GNSS/INS 통합기술을 이용하여 차량에 탑재한 지형 · 지물 측량센서들의 위치와 자세를 수 밀리초(ms) 수준의 간격으로 결정한다.

④ 위치와 자세정보, 영상정보(지상영상, LiDAR)를 이용하여 차량 주변에 위치한 지형 · 지물들의 위치정보와 형상정보 및 속성정보를 획득하여 매핑한다.

[그림 6-62] MMS 구성

3. 활용

(1) 국가 기본도 제작에 있어서 현지조사 및 현지보완측량

(2) 수치지형도제작 및 수시 갱신

(3) 도로관리정보시스템 구축

(4) 시설물 유지관리 시스템 구축

(5) 공사측량 및 각종 측량

(6) 자동지도제작 및 공간정보 자료 취득(3차원 자료 취득)

(7) 지능형 교통운송체계(ITS) 구현

(8) 공간영상분야 및 항법시스템 분야

(9) 3차원 지적정보 구축

53 | 대기에서 에너지 상호작용(대기의 투과 특성)

1. 개요

가장 중요한 에너지원은 태양이다. 태양에너지가 지구 표면에 닿기 전에 흡수(Absorption), 투과 (Transmission), 산란(Scattering)이라는 3가지 기본적인 상호작용이 일어난다. 이렇게 전달된 에너지는 지표면 물질에서 반사되거나 흡수된다.

2. 흡수와 투과

대기를 통과하는 전자기에너지는 여러 분자에 의해 일부 흡수된다. 대기 중에서 태양광을 제일 잘 흡수하는 것은 오존(O_3), 수증기(H_2O) 그리고 이산화탄소(CO_2)이다.

3. 대기의 투과 특성에 영향을 미치는 구성 물질

(1) 대기분자 : 탄산가스, 오존, 질소, 수증기 등의 기체분자
(2) 에어로졸 : 안개, 연무(Haze) 등의 물방울, 스모그, 먼지와 같은 큰 입자

4. 대기산란

대기산란은 대기 중에 존재하는 작은 입자나 기체의 분자가 전자기파를 원래의 경로에서 벗어나 게 함으로써 발생한다.

(1) 레일레이 산란(Rayleigh Scattering)

대기분자에 의한 산란은 파장에 비해 작은 입자에 의한 산란, 계절과 위도에 따라 다소 변동하 지만 시공간적으로 거의 일정하게 취급할 수 있다.

(2) 마이 산란(Mie Scattering)

에어로졸에 의한 산란은 산란을 일으키는 입자가 파장보다 크기가 비슷할 때 일어난다. 파장 의 의존성이 적으며, 에어로졸 양은 시공간적으로 크게 변동한다.

(3) 무차별 산란(Non-selective)

입자의 크기가 입사광의 파장보다 훨씬 클 때 발생하며, 물방울(구름입자)과 큰 먼지입자 등 에 의하여 일어난다.

5. 대기창(Atmospheric Window)

(1) 대기 내에서 전자기 복사에너지가 투과되는 파장영역을 말한다.

(2) 대기가 흡수, 산란한 후 지면에 도달하게 되는 나머지 빛의 파장영역을 뜻한다.

(3) 파장이 $0.3 \sim 1 \mu m$인 가시광선과 근적외선 일부를 광학적 창이라 하고, 파장이 수 mm~ 20m에 이르는 정도를 전파창이라 한다.

---

54 | 대기의 창(Atmospheric Window)

1. 개요

지구에는 모든 파장영역의 복사 에너지가 도달하지만 지구 대기를 거쳐 지상에 도달하는 전자기 파는 가시광선과 전파, 일부 적외선 영역에 해당되는 복사 에너지뿐이고, 나머지 파장영역의 전 자기파들은 지구 대기에 흡수된다. 따라서, 지상의 관측자는 몇 개 영역의 전자기파를 통해서만 우주를 관측할 수 있으며, 이러한 파장영역을 대기의 창이라고 부른다. 이 파장역은 대기에 의한 소산효과가 작아서 구름 관측을 위한 위성탑재센서에서 많이 이용된다. 또한 수증기 영상과 같이 수증기에 의한 에너지의 흡수가 잘 일어나는 파장대를 관측하면 대기 중 수증기량의 분포를 파악 할 수 있다.

2. 대기의 창의 종류

(1) 광학적 창

대기의 창 중 파장영역이 $0.4 \sim 0.7 \mu m$인 가시광선에 해당하는 부분은 광학 망원경을 통해 별 을 관찰할 수 있는 영역이므로 광학적 창이라고도 한다.

(2) 전파의 창

파장이 수 mm에서 20m 정도인 전파영역을 전파의 창이라고 한다. 전파 망원경은 안테나와 동일한 구조이며, 전파의 창을 통하여 들어오는 빛으로 영상을 만들어낸다.

(3) 적외선의 창

① 전자기파 중 파장이 $8 \sim 13 \mu m$인 영역은 지구 상에 적외선이 들어오는 통로로 이용될 수 있지만, 동시에 지구가 우주로 방출하는 지구복사에너지의 통로로도 이용될 수 있는 특징 이다. 지구의 평균온도는 약 288K이므로 지구를 흑체라 가정했을 때 최대 에너지를 방출 하는 파장은 약 $10 \mu m$가 되고, 이는 적외선 영역의 대기의 창과 일치한다.

② 따라서, 적외선 영역의 대기의 창을 이용하여 달이나 지구를 도는 인공위성에서 지표면이

방출하는 지구복사에너지를 촬영하면 햇빛이 비치지 않는 밤에도 지구의 영상을 얻을 수 있다. 적외선 영상은 해수의 온도와 구름의 온도를 알 수 있게 해주며, 중위도에서 해수의 흐름·전선·권운의 범위를 찾는 데도 이용된다.

3. 대기의 창

지표에서 방출된 장파의 빛은 연직방향으로 전파해갈 때 대기 중의 온실기체가 특정 파장의 빛을 흡수한다. 예를 들어 $9.6\mu m\,(1041cm^{-1})$ 부근의 빛은 대기 중의 오존에, $15\mu m\,(667cm^{-1})$ 부근의 빛은 이산화탄소에 흡수된다. 그러나 $9.6\mu m$ 부근의 오존에 의한 흡수를 제외한 $8\sim13\mu m$ $(1250\sim800cm^{-1})$의 빛은 거의 흡수되지 않고 대기를 통과한다. 따라서 우주(인공위성)에서 이 파장범위의 빛을 측정하면 지표에서 방출된 양과 거의 동일한 값이 된다. 이는 마치 사람이 유리창을 통하여 사물을 볼 수 있듯이 대기의 창을 통하여 지표를 볼 수 있음을 의미한다. 그림은 인공위성에서 측정한 것으로 대기의 창 영역에, 온도가 약 300K인 지표에서 방출된 복사에너지를 나타내고 있다.

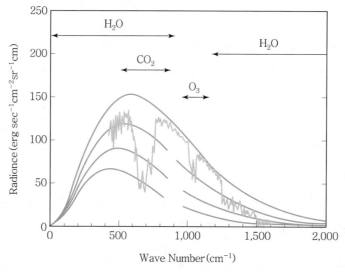

[그림 6-63] 인공위성에서 측정한 지표에서 방출된 복사에너지

대기를 통과하는 전자기 에너지는 여러 분자에 의해 일부 흡수된다. 대기 중에서 태양광을 제일 잘 흡수하는 것은 오존(O_3), 수증기(H_2O) 그리고 이산화탄소(CO_2)이다. $0\sim22\mu m$ 분광대역의 약 반 정도는 지표면 원격탐측에는 쓸모가 없다. 대기를 투과할 수 없기 때문이다. 대기의 주요 흡수지역을 벗어난 파장대역만이 원격탐측에 사용할 수 있다. 이 지역을 대기의 창이라 한다.
• 가시광선 및 근적외선 대역인 $0.4\sim2\mu m$ 대역을 통해 원격탐측이 이루어진다.
• 열적외선 지역의 3개의 윈도, $3\sim5\mu m$ 대역에 좁은 윈도 2개가 있으며, $8\sim14\mu m$ 대역에 상대적으로 넓은 세 번째 윈도가 있다.

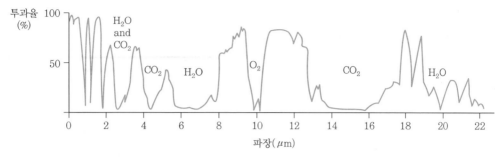

[그림 6-64] 대기 투과율

55 방사(복사)강도

1. 개요

방사강도는 원격탐측의 복사측정에서 미소방사원에 관한 용어로, 미소방사원으로부터 어떤 방향으로 단위입체각, 단위시간당 방사되는 에너지를 말한다.

2. 방사강도(I_e)

방사강도 미소복사원으로부터 어떤 방향으로 단위입체각, 단위시간당에 방사되는 방사에너지를 말한다.

$$I_e = \frac{d_\varphi}{d_\omega}$$

여기서, d_φ : 단위시간당 방사에너지
d_ω : 단위입체각

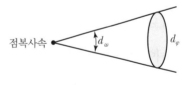

[그림 6-65] 방사강도

3. 방사 관련 용어

(1) 방사조도(E_e)

방사조도는 단위시간에 단위면적이 받는 방사에너지를 말한다.

$$E_e = \frac{d_\varphi}{d_s}$$

여기서, d_φ : 단위시간당 방사에너지
d_s : 단위면적

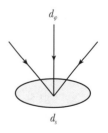

[그림 6-66] 방사조도

(2) 방사발산도(M_e)

방사발산도는 단위시간에 단위면적에서 방사되는 방사에너지를 말한다.

$$M_e = \frac{d_\varphi}{d_s}$$

여기서, d_φ : 단위시간당 방사에너지
d_s : 단위면적

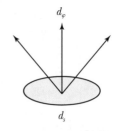

[그림 6-67] 방사발산도

(3) 방사휘도(L_e)

방사휘도는 겉보기 단위면적으로부터 단위입체각, 단위시간당 방사되는 방사에너지를 말한다.

$$L_e = \frac{d_\varphi{}^2}{d_\omega\, d_s \cos\theta}$$

여기서, d_φ : 단위시간당 방사에너지
d_ω : 단위입체각
d_s : 단위면적

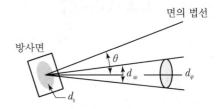

[그림 6-68] 방사휘도

---

56 흑체 복사(Blackbody Radiation)

1. 개요

물체는 방출율과 온도에 의해 결정되는 에너지와 스펙트럼 분포의 전자파를 복사한다. 이 복사는 온도에 의존하기 때문에 열복사라 한다. 열복사는 물체를 구성하는 물질과 조건에 따라 다르기 때문에 흑체(Blackbody)를 기준으로 열복사의 정량적인 법칙이 확립되어 있다. 흑체복사란 모든 투과 방사선을 흡수하고 반사가 전혀 없으며, 모든 분광 방사선을 방사시키는 완전 방사체인 동시에 완전 흡수체를 말한다.

2. 흑체(Blackbody)/복사(Radiance)

(1) 흑체

① 흑체란 입사하는 모든 전자파를 완전히 흡수하고, 반사도 투과도 하지 않는 물체이다.
② 파장(진동수)과 입체각에 관계없이 입사하는 모든 전자기 복사를 흡수하는 이상적인 물체이다.
③ 모든 투과 방사선을 흡수할 수 있고 주어진 온도에 대해 각 파장별로 단위면적당 최대 가능

한 에너지를 복사할 수 있는 이상적인 물체를 말한다. 원격탐측에서 흑체의 온도에 따른 복사 곡선은 태양복사나 지구복사와 같은 자연 현상을 설명하는 데 이용된다.

(2) 복사

매질을 통해 열이 흘러가는 전도나 열과 매질이 같이 움직이는 대류와 달리 전자기파를 통해서 고온의 물체에서 저온의 물체로 직접 에너지가 전달되는 현상을 말한다.

3. 흑체복사(Blackbody Radiation)

(1) 절대온도 0도($0K$, $n\,℃ = n + 273K$) 이상인 모든 물질은 분자교란(Molecular Agitation)으로 인하여 전자기 에너지를 방출한다. 교란은 분자의 운동을 말한다. 이는 태양 및 지구도 파동형태의 에너지를 방출함을 의미한다. 모든 전자기 에너지를 흡수하고 재방출할 수 있는 물질을 흑체(Blackbody)라고 한다. 흑체는 방사율(Emissivity, ε)과 흡수율(Absorptance, α)이 모두 최댓값인 1이다.

(2) 물체에서 방사되는 에너지의 양은 절대온도, 방사율, 파장의 함수이다. 물리학에서는 이러한 원리를 스테판-볼츠만의 법칙이라고 한다. 흑체는 연속파장대를 방사한다. 여러 가지 온도 대별로 흑체에서 방사되는 에너지는 그림과 같다. 이 그림에서 단위를 살펴보면, x축은 파장이며, y축은 단위면적당의 에너지의 양이다. 그러므로 곡선 아랫부분 면적은 그 온도에서의 총 에너지 방사량에 해당한다.

(3) 그림으로부터 온도가 높아지면 짧은 파장쪽이 강해진다고 결론지을 수 있다. 400℃의 경우에는 4μm에서 방사가 최대가 되며, 1,000℃의 경우에는 2.5μm에서 최대 방사가 이루어진다.

(4) 흑체의 방사량과 비교한 어떤 물질의 방사 능력을 그 물질의 방사율이라고 한다. 실세계에서는 흑체가 거의 없으며 모든 자연물의 방사율은 1보다 작다. 즉, 받은 에너지의 일부, 대부분 90~98%만을 재방사하게 된다. 따라서 그 나머지 에너지는 흡수된다. 이러한 물리적 특성은 지구온난화현상의 모델링에서 사용된다.

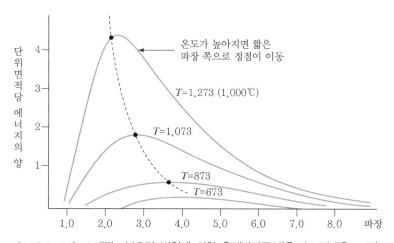

[그림 6-69] 스테판-볼츠만 법칙에 의한 흑체방사곡선(온도는 절대온도 K)

1. 개요

위성영상의 영상소(Pixel) 값이 갖는 분광특성은 토지피복분류 특성에 따라 다양한 연구분야에 활용되고 있다. 반사율(Reflectance)이란 어떤 면으로 입사하는 광속에 대한 반사광속의 비율이다. 또한, 빛(전자기파)의 파장별 반사율을 분광반사율(Spectral Reflectance) 또는 반사 스펙트럼이라고 하고, Albedo는 태양광을 입사광으로 생각한 경우의 반사율이다.

2. 전자기파

물체에 대한 전자기파는 매우 낮은 주파수의 음파에서부터 시작하여 초음파 영역, 라디오, 텔레비전, 휴대폰 레이더에서 사용하는 라디오파 영역, 적외선 영역, 가시광선 영역, 자외선 영역, X－선 영역, 그리고 우주선 영역 등 매우 광범위한 영역을 지칭한다. 사람이 볼 수 있는 전자기파 영역은 가시광선 영역으로, 이는 전자기파 영역에서 볼 때 매우 좁은 영역에 불과한 것으로 자연에 존재하는 대부분의 전자기파는 사람이 느낄 수 없다.

3. 분광반사율(Spectral Reflectance)

분광반사율은 빛(전자기파)의 파장별 반사율을 분광반사율 또는 반사 스펙트럼이라 하고, 분광반사율 곡선으로 표현하는 경우가 많다. 또한, 각각의 파장에 따라 대상물체의 분광반사율은 다르게 나타나므로 이러한 특성이 다양한 분야에서 적용되고 있다.

(1) 분광반사율의 수학적 정의

대상물체의 반사특성들은 반사된 입사에너지의 비율을 측정하여 수치화할 수 있다. 이러한 수치들은 파장에 따라 측정값이 바뀌며 이를 분광반사율이라 하며 수학적으로 다음과 같이 정의한다.

$$\rho_\lambda(분광반사율) = \frac{E_R(\lambda)}{E_I(\lambda)} = \frac{대상물체에서\ 반사된\ 파장\ \lambda의\ 에너지}{대상물체로\ 입사한\ 파장\ \lambda의\ 에너지}$$

$$E_I(\lambda) = E_R(\lambda) + E_A(\lambda) + E_T(\lambda)$$

$$E_R(\lambda) = E_I(\lambda) - [E_A(\lambda) + E_T(\lambda)]$$

여기서, E_I : 입사에너지, E_R : 반사에너지
E_A : 흡수된 에너지, E_T : 투과된 에너지

(2) 물체별 분광반사율

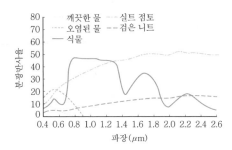

[그림 6-70] 식물, 흙, 물의 분광반사율

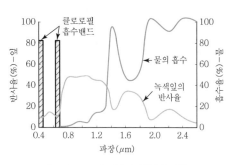

[그림 6-71] 잎의 분광반사율

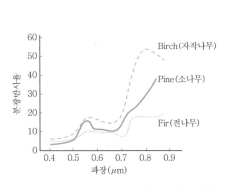

[그림 6-72] 식물종류에 따른 분광반사율

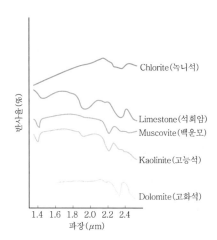

[그림 6-73] 암석 및 광물의 분광반사율

4. Albedo

원격탐측에서 사용되는 센서의 대부분은 반사된 태양광을 측정한다. 그러나 일부 센서 중에는 지구 자체에서 방출되는 에너지를 감지하거나, 자체적으로 송출한 에너지를 감지하는 것도 있다. Albedo란 태양광선 반사율로서 태양으로부터 물질의 표면에서 모든 방향으로 반사되어나가는 입사광에 대한 반사광의 강도의 비를 말한다. 지구표면의 평균 Albedo(가시광선)는 35%이다.

$$Albedo = \frac{E_{R(\lambda)}}{E_{I(\lambda)}} \times 100\%$$

여기서, Albedo : 반사도
E_R : 반사된 에너지
E_I : 입사된 에너지

1. 개요

식생지수(NDVI)는 위성영상을 이용하여 식생분포 및 활력도를 나타내는 지수이며, 단위가 없는 복사값으로서 녹색식물의 상대적 분포량과 활동성, 엽면적지수, 엽록소 함량과 관련된 지표이다. NDVI는 현재 식생분석을 위해 가장 보편적으로 사용되고 있다.

2. 식물 고유의 분광반사 특성

(1) 식물의 잎에 함유되어 있는 클로로필은 $0.45 \sim 0.67 \mu m$ 파장대를 강하게 흡수하며, 그 결과로서 가시영역의 적밴드에서의 반사율은 낮아진다.

(2) $0.74 \sim 1.3 \mu m$의 근적외 영역에서 식물의 잎에 포함되어 있는 클로로필은 강한 반사특징을 갖는다.

3. NDVI 산출방법

NDVI는 가시광선 밴드와 근적외선 밴드의 반사값을 연산하는 것으로 다음의 식으로 간단하게 구할 수 있다.

$$NDVI = \frac{NIR - RED}{NIR + RED}$$

여기서, NIR : 근적외선 밴드의 분광반사도
RED : 가시광선 밴드의 분광반사도

4. NDVI 특징

(1) 식물은 적색광(RED) 파장대에서 낮은 값을 보이고 근적외 파장대에서 높은 값을 보인다.

(2) NDVI는 −1에서 1 사이의 값을 가진다.

(3) NDVI의 지수가 양수값으로 증가하면 녹색식물의 증가를 의미한다.

(4) NDVI의 지수가 반대로 음수값이 되면 물, 황무지, 얼음, 눈 혹은 구름과 같이 식생이 존재하지 않는 지역을 나타낸다.

(5) 식생지수는 유효성 및 품질 관리를 위해 구체적인 생물학적 변수와 연관되어야 한다.

(6) 식생지수는 지형효과 및 토양변위 등에 영향을 줄 수 있는 내부효과를 정규화하여야 한다.

(7) 식생지수는 일관된 비교를 위해 태양각, 촬영각, 대기 상태와 같은 외부효과를 정규화하거나 모델링할 수 있어야 한다.

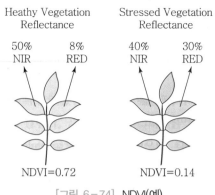

Heathy Vegetation
Reflectance

Stressed Vegetation
Reflectance

50%
NIR

8%
RED

40%
NIR

30%
RED

NDVI=0.72

NDVI=0.14

[그림 6-74] NDVI(예)

5. NDVI의 활용

(1) 식물의 정보 취득

NDVI를 지속적으로 관측하면 관측한 지점의 식물생장주기, 최초 및 최고 생장시기, 잎의 변화시기, 광합성 활동 등을 알 수 있다.

(2) 황사 발원지 모니터링

(3) 가뭄 모니터링

6. NDVI를 얻을 수 있는 위성(예)

(1) LANDSAT 위성(미국)

$$NDVI = \frac{TM_4 - TM_3}{TM_4 + TM_3}$$

(2) SPOT 위성(프랑스)

$$NDVI = \frac{XS_4 - XS_3}{XS_4 + XS_3}$$

(3) NOAA(AVHRR)

$$NDVI = \frac{CH_2 - CH_1}{CH_2 + CH_1}$$

Tasseled Cap 변환

1. 개요

Landsat 위성영상자료를 이용하여 식생지수를 구하는 방법 중에는 NDVI 외에도 RVI(Ratio Vegetation Index), DVI(Differential Vegetation Index), TVI(Transformed Vegetation Index), Tasseled Cap 방식이 있다. Tasseled Cap 방식은 계절의 순환에 따른 식생의 반사 특성을 설명하기 위해 Kauth와 Thomas(1976)에 의해 개발되어 도입된 개념으로 공간상에서 모든 밴드상의 영상 자료들을 플로팅한 후, 토양 밝기 지수(SBI)와 녹색식생지수(GVI), 반수분지수(NWI)의 세 축으로 변환하는 방법이다.

2. Tasseled Cap 변환지수

Tasseled Cap 변환에 의해 추출되는 지수 중에서 밝기(Brightness), 녹색도(Greenness), 습도(Wetness)는 토양에서 식생의 성장을 나타내는 데 유용하게 활용된다. Tasseled Cap 변환에서는 보통 밝기, 녹색도, 습도의 세 가지 지수를 사용하나, 대상 영상의 종류에 따라 부가적인 변환지수 영상들도 생성할 수 있다.

(1) 밝기도(SBI : Soil Brightness Index)

토양명도지수로 모든 밴드에 특정 가중치를 곱한 값의 합으로 나타내며, 이는 전체적인 밝기 정도를 나타내어 지표면과 다른 분포를 구별하는 데 이용할 수 있다. 지표면의 토양 종류 파악에 활용된다.

(2) 녹색도(GVI : Green Vegetation Index)

녹색식생지수로 근적외 밴드와 가시밴드 간의 대비도(Contrast)로 표현되며, 이는 녹색으로 표현되는 식생분포의 밀도와 존재 여부를 판별할 수 있게 한다. 계절적 식생상태의 변화와 경작지 유무를 판별하는 데 활용된다.

(3) 습도(NWI : None-Such Wetness Index)

반수분지수로 단파 적외선(Shortwave Index)과 근적외선 밴드 간의 대비도로 표현되며, 이는 습지, 식생밀도 및 기타 특징을 측정하는 데 이용된다. 관심 있는 지역의 수분 함유 정도를 나타낸다.

3. 활용

(1) 경작지의 변화 탐지 (2) 도시지역의 확장 탐지
(3) 인간의 활동에 의한 대규모 간척사업 감시 (4) 산림 훼손 감시

60 항공사진과 위성영상의 특징

1. 개요

항공사진은 항공기, 무인항공기 및 기구 등에서 촬영한 사진을 말한다. 최근 위성측량이 보편화되면서 종래 항공사진보다는 위성영상을 많이 활용하고 있으며, 항공사진과 위성영상은 다음과 같은 특징이 있다.

2. 항공사진과 위성영상의 특징

[표 6-9] 항공사진과 위성영상의 특징 비교

항공사진	위성영상
• 최고의 해상도 • 가장 최신의 데이터를 수집할 수 있음 • 필요한 지역을 임의의 축척으로 촬영 • 기상영향을 많이 받음 • 고해상도의 데이터로서 특히 컬러일 때 데이터 양이 많아 처리 및 저장이 어려움	• 자료의 양이 많고 다차원 • 각종 센서마다 각각 자료형태(Color, Format), 해상력, 좌표계, 정확도 등이 다름 • 환경조건, 지역, 시간에 의한 변동이 커짐에 따라 대상물이나 현상변화를 감지해야 함 • 불필요한 자료의 잡영(Noise)이 포함되어 있음 • 수많은 전처리과정이나 보정이 필요 • 다른 채널 간의 영상을 중합하는 것 외에 지상의 지리적 위치와의 대응이 필요 • 영상자료와 지상조사나 보조자료의 대응을 생각해야 함

3. 디지털 영상자료의 장점

좁은 의미에서 원격탐측은 인공위성 센서로 디지털 데이터를 취득하여 컴퓨터로 분석하는 방식을 의미하는데 기존의 아날로그 방식에 비해 디지털 자료는 다음과 같은 장점을 가진다.
(1) 보관이 용이하고 내용의 변질이 없다.
(2) 여러 가지 디지털 처리 기법을 통해 원하는 특성정보를 추출할 수 있다.
(3) 컴퓨터를 이용하여 처리속도가 빠르다.
(4) 정량화된 정보를 즉시 추출할 수 있다.
(5) 알고리즘에 바탕을 두므로 수작업에 비해 객관적이고 균일한 정확도를 가지며 신뢰할 만한 결과를 얻을 수 있다.

4. 고해상도 위성영상의 특징

위성에서 지표면에 대한 정보를 취득할 수 있는 공간해상도가 1m 내외로 발전하여 다양한 공간자료를 취득할 수 있게 되었다. 고해상도 위성영상은 항공영상에 비하여 다음과 같은 특징이 있다.

(1) 최근의 고해상도 위성영상은 공간해상도가 크게 향상되어 항공영상과 유사할 정도로 세밀해지면서 지도제작 기술에 접목되고 있다.

(2) 항공영상과는 다르게 위성영상의 경우 일정 궤도를 따라 위성이 운행하며, 주기적으로 지표면의 촬영이 가능하여 최신의 영상정보를 취득하고 바로 처리 가능한 디지털 형태로 송신되기 때문에 빠른 이용이 가능하다.

(3) 항공영상과 자료의 형태는 유사하지만 다른 특징으로 인해 취득된 위성영상의 처리를 위해서는 기존의 항공영상과는 다른 분석 기법의 개발 및 적용이 필요하다.

61 다목적 실용위성 아리랑 5호(KOMPSAT – 5)

1. 개요

악천후와 야간에도 지구를 관측할 수 있는 다목적 실용위성 5호(아리랑 5호)가 2013년 8월 22일 러시아에서 성공적으로 발사되었다. 아리랑 5호는 마이크로파를 지상에 쏘아 반사되어 돌아온 신호를 합성해 영상을 만든다. 이 때문에 구름이 꼈을 때나 밤에 관측이 어려운 기존 광학 영상위성(아리랑 3호)의 단점을 보완할 수 있다.

2. 특징

(1) 아리랑 5호는 국내 최초로 합성영상레이더(SAR : Synthetic Aperture Radar)를 탑재해 구름이 많이 끼는 등의 악천후와 야간에도 고해상도로 지구를 정밀 관측하는 전천후 지구 관측위성이다.

(2) 기존 아리랑 3호는 가시광선을 사용해 햇빛이 없는 밤이나 구름이 끼는 날에 지상을 관측하지 못한다. 반면 SAR는 가시광선이 아닌 마이크로파를 사용한다. 마이크로파는 가시광선보다 투과율이 좋아 구름을 통과한다.

(3) 아리랑 5호는 550km 상공에서 밤과 낮, 하루 2번 한반도를 관측하게 된다. 현재 우리나라는 기존의 아리랑 3호와 더불어 하루 4번 한반도를 관찰하는 관측 시스템을 구축하게 됐다.

3. 아리랑 5호의 SAR 촬영범위 및 해상도

[표 6-10] 아리랑 5호 현황

모드	촬영범위	해상도
고해상도	폭 5km	1m
표준	폭 30km	3m
광역	폭 100km	20m

4. 활용

(1) 해양 유류사고, 화산폭발과 같은 재난 감시와 공간정보 구축 등에 활용된다.

(2) 공공안전, 국토 · 자원관리, 환경감시는 물론 북핵 감시에도 활용된다.

5. 아리랑 위성 개발 현황

[표 6-11] 아리랑 위성 개발 계획

구분	탑재체 종류	성능(해상도)	무게	발사 시기
1호	광학 망원경	흑백 4m	470kg	1999년(가동 중단)
2호	광학 망원경	흑백 1m 컬러 4m	770kg	2006년(가동 중단)
3호	광학 망원경	흑백 0.7m	800kg	2012년
3A호	적외선 망원경	흑백 4m	1,000kg	2015년
5호	영상 레이더(SAR)	고해상도 모드 시 1m	1,400kg	2013년

62 다목적 실용위성 아리랑 3A호(KOMPSAT – 3A)

1. 개요

항공 우주연구원은 적외선 카메라와 광학관측 카메라를 탑재한 아리랑 3A를 2015년 러시아 야스니 발사장에서 발사하였다. 아리랑 3A호에는 적외선 카메라가 탑재되어 적외선 영상을 포착, 야간 촬영이 가능하다. 적외선 카메라를 활용하면 간단한 위장막 등으로 가려진 시설물이나 깊지 않은 지하시설물의 유무 등을 파악하는 것이 가능하다.

2. 주요 내용

[표 6-12] 아리랑 3A호 현황

발사기관	발사일	발사체	발사장소	궤도	탑재체	해상도
한국항공우주 연구원(KARI)	2015년	드네프르 로켓	러시아 야스니 발사장	태양동기 궤도	광학 및 적외선	광학(서브미터) 적외선(10m)

3. 아리랑 3A호 제원

(1) 발사일 : 2015년 3월 26일(러시아 야스니 발사장)

(2) 촬영고도 : 528km

(3) 해상도 : 흑백(0.55m), 컬러(2.2m), 적외선 센서(5.5m)

(4) 밴드 파장영역 : Pan($0.45 \sim 0.90\mu m$), Blue($0.45 \sim 0.52\mu m$), 근적외($0.76 \sim 0.90\mu m$), Green($0.52 \sim 0.60\mu m$), Red($0.63 \sim 0.69\mu m$)

(5) 촬영폭 : 15km

(6) 위성 제원 : 직경(2m), 높이(3.8m), 폭(6.3m), 중량(1.1톤)

(7) 위성 주기 : 28일

(8) 수명 : 4년

4. 특징

(1) 아리랑 3A호는 공공위성으로는 처음으로 민간기업인 한국항공우주산업이 본체 개발을 맡았다.

(2) 한국항공우주연구원의 위성 기술을 민간 기업에 이전함으로써, 위성 본체 제작기술의 산업화에 기여할 수 있을 것으로 기대된다.

(3) 1톤급 저궤도 위성(450~890km)으로 아리랑 3호와 같은 광학카메라를 갖추고 있어 눈에 보이는 영상을 얻을 수 있다. 또, 적외선 감지 기능이 추가돼 야간에도 지상의 열을 탐색할 수 있다.

(4) 아리랑 3A호가 성공적으로 발사되어 우리나라는 12기의 공공 인공위성을 보유한 나라가 되었다(통신기상위성+Optical 광학센서+SAR 영상레이더+IR 적외선 센서 탑재 위성).

5. 활용

(1) 공공안전, 재난재해, 국토·자원관리, 환경감시 등에 활용될 지상관측 임무를 수행한다.

(2) 산불을 탐지하고 홍수피해, 여름철 열섬현상 및 온·폐수 방류 등을 분석할 수 있는 정밀한 지상관측 임무를 수행하고 있다.

(3) 특히, 열 추적을 통해 지상에서 시동을 거는 차량이나 항공기의 이착륙, 로켓 발사 및 대규모 폭발 감지 등을 탐지할 수 있어 군사용으로 활용할 수 있을 것으로 판단된다.

국토위성(차세대 중형위성)

1. 개요

국토위성은 대한민국이 개발 중인 500kg 무게의 지상관측위성이다. 한국항공우주연구원은 공공 분야의 위성영상 수요에 효과적으로 대응하고, 국내 위성산업 저변 확대 및 산업체 육성, 위성의 해외수출 촉진을 위한 국토위성 1호를 개발하고 2021년에 발사하였다.

2. 주요 내용

(1) 인공위성 분야의 국내 산업 저변 확대 및 산업체 육성, 위성의 해외 수출 촉진을 위한 국토위성(차세대 중형위성) 개발사업이 추진되고 있다. 2025년까지 정밀 지구관측 등에 활용할 500kg급 저궤도 중형위성 12기 개발이 목표다.

(2) 국토위성(차세대 중형위성) 시리즈에는 1호에서 개발된 차세대 중형위성 표준플랫폼을 적용하여, 위성 개발기간과 비용을 줄이고, 광학카메라, 마이크로파 탐측기, 초분광기 등 다양한 탑재체도 국산화하여 탑재할 예정이다.

(3) 우선 국토위성 1단계 개발사업에서 500kg급 중형위성용 표준 플랫폼을 개발하고, 이를 활용한 해상도 50cm급 정밀 지상관측 중형위성 2기를 국내 독자 개발한다.

(4) 국토위성 1호기는 한국항공우주연구원이 주관하여 개발하며, 동시에 그동안 축적한 위성개발 경험과 시스템, 본체, 탑재체 개발기술 등을 체계적으로 국내 산업체에 이전한다. 2호기부터는 국내 산업체가 개발을 주도하도록 추진 중이다.

(5) 국토위성 1호는 2021년에 발사되었고, 국토위성 2호는 2022년에 발사될 예정이다.

(6) 이와 같이 개발되는 국토위성은 중대형급 실용위성에 비해 상대적으로 짧은 기간과 저렴한 비용으로 개발할 수 있어 산업화에 유리하다. 또한 단기간에 여러 기의 위성을 개발해 동시 운용함으로써 국내 공공 부문의 다양한 지구관측 수요를 충족시키고, 관측 주기도 단축시킨다는 계획이다.

3. 차세대 중형위성 1호 시스템 주요 규격

[표 6-13] 차세대 중형위성 1호 시스템 주요 규격

구분	주요 규격
위성시스템	• 총 중량 : 약 500kg 내외(탑재체 및 연료 포함) • 임무수명 : 4년 • 운용궤도 : 태양동기 원궤도(고도 약 500km)
전자광학 탑재체	• 해상도 : 흑백 0.5m급, 컬러 2.0m급(고도 500km 기준) • 파장대역 : 450~900nm(흑백 1 band, 컬러 4 bands) • 관측폭 : 12km 이상

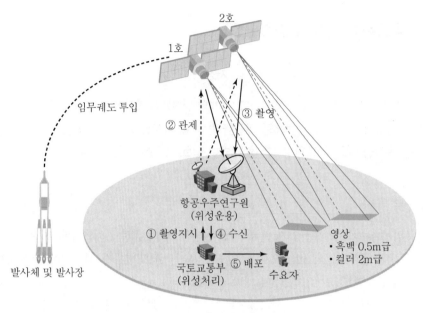

[그림 6-75] 국토위성시스템 개념도

4. 활용

(1) 지리정보시스템 구축

(2) 재난재해지역 탐지 및 적기 대응

(3) 3차원 공간정보, 정밀도로지도 등 디지털 트윈국토 실현

(4) 농업, 어업자원 정보 제공

(5) 공공안전, 국토·자원관리, 환경감시 및 북핵 감시에도 활용

(6) 기타

64 초미세 분광센서(하이퍼스펙트럴 센서, Hyperspectral Sensor)

1. 개요

하이퍼스펙트럴 영상은 수많은(36~288 정도의 밴드수), 좁은(5~10nm에 해당하는 좁은 대역폭), 연속적인(대략 $0.4~14.52 \mu m$ 영역의 파장대) 밴드들을 갖는 높은 분광해상도의 영상을 말하며 다른 영상에 비하여 각 물체가 갖는 분광정보를 가장 세밀하게 표현할 수 있으므로 기존에 취득된 영상보다 정밀하고 정확한 분석이 가능하다.

2. 도입배경

현재 하이퍼스펙트럴 원격탐측(Hyperspectral Remote Sensing) 분야에 활용되고 있는 초미세 분광 센서는 지질이나 광물탐사와 구분, 군사적인 목적으로 연구되기 시작하였으며, 각 물질의 물리 · 화학적 결합에 의한 흡수특성을 조사하는 지질학자가 분광학에 관심을 가지면서 1980년 대 중반에 하이퍼스펙트럴 영상을 원격탐측에 사용하기 시작하였다.

3. 특징

(1) 하이퍼스펙트럴 영상은 이미지 큐브(Image Cube)라 불리는 3차원 자료구조를 갖는다.
(2) 이미지 큐브에서 $X - Y$평면은 지형공간정보를 나타내며 Z축은 파장대에 해당하는 축으로 나타내진다.
(3) 지상의 지형공간은 센서의 밴드수(n)만큼의 분광을 가지며 n차원 분광으로 표시되고, 이러 한 n차원 분광특성을 분석하여 물질의 특성을 알아낼 수 있다.
(4) 하이퍼스펙트럴 영상은 많은 분광밴드를 가지고 있어 물체 특유의 반사 특성을 잘 반영하여 물체를 식별하거나 구분하는 데 용이하다.

4. 하이퍼스펙트럴 센서에 의한 데이터 취득 방식

(1) Push Broom 방식

관측 폭이 좁지만 많은 밴드수(200 밴드 내외)를 가지며 회절격자나 프리즘 방식기법으로 밴 드를 나눈다.

(2) Whisk Broom 방식

넓은 시야각을 가지는 반면 적은 밴드수를 가진다. 각 밴드는 일반적으로 회절격자와 필터방 식을 통해 나누어진다.

5. 위성에 탑재된 초미세 분광센서 현황

[표 6-14] 각종 초미세 분광센서의 제원

소유국	위성명	센서명	밴드수	밴드폭(μm)	해상도(m)	촬영폭(km)	발사연도
미국	EO-1	Hyperion	220	0.43~2.4	30	7.6	2001
	Terra(EOS-AM)	MODIS	36	0.405~14.385	250~1,000	2,330	1999
	Aqua(EOS-PM)						2002
	NEMO	COIS	210	0.4~2.5	30~60	30	2002

6. 활용

(1) 토지 피복도 제작

(2) 부영양화를 통한 수질조사

(3) 암석상태의 상태 분석

(4) 토양의 수분함량과 투수성 조사

(5) 암석의 종류와 구조를 통한 지질도 제작

(6) 토지와 자원 및 환경분야의 관측과 해석

(7) 군사분야의 지형공간정보 이용

65 휘스크브룸(Whisk Broom) 방식/푸시브룸(Push Broom) 방식

1. 개요

인공위성이나 항공기를 이용하여 지구를 촬영할 경우 일반 카메라처럼 일정한 대상을 촬영하는
방법과 비행방향과 같은 방향에 순차적으로 촬영해가는 방법이 있다. 고해상도의 영상면을 취득
할 경우 비행방향과 같은 방향으로 따라가면서 촬영 폭이 좁은 영상 여러 개를 모아 넓은 구역의
영상면을 취득하여야 되기 때문에 다중분광 및 초미세분광방법을 이용하고 있다. 이 방법에는 휘
스크브룸방식과 푸시브룸방식을 이용하여 영상면을 취득하고 있다.

2. 휘스크브룸(Whisk Broom) 방식

탑재체의 비행방향 축에 직각방향으로 회전가능한 반사경(Scanning Mirror)을 이용하여 일정
한 촬영폭(Swath Width)을 유지하며 넓은 폭의 영상면을 취득한다. 반사경이 회전하는 데 따른
복잡한 기하구조를 가지므로 기하보정이 쉽지 않다. 영상취득 시간이 짧고 영상면의 해상력은 반
사경의 각도에 따라 달라지며 영상면 왜곡도 크다. LANDSAT의 ETM$^+$, NOAA의 AVIRIS 등에
서 이용되는 방식이다(순간시야각(IFOV)이 적용됨).

3. 푸시브룸(Push Broom) 방식

카메라 본체는 움직이지 않고 선형센서를 이용하여 띠 모양의 영상을 취득하는 방식이다. 휘스크
브룸에 비해 영상폭이 좁으며 기하구조도 단순하여 기하보정이 쉽다. CCD 배열로 영상을 취득하
므로 휘스크브룸에 비해 영상왜곡이 적은 긴 영상을 취득할 수 있다. SPOT의 HRV, 아리랑위성
의 EOC, Quick Bird 등에서 이용되는 방식이다(순간시야각(IFOV)의 개념을 적용할 수 없음).

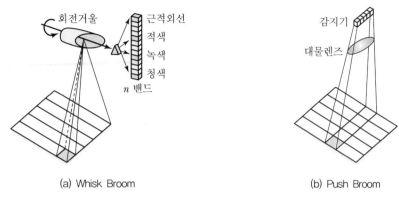

(a) Whisk Broom
(b) Push Broom

[그림 6-76] Whisk Broom과 Push Broom 방식

4. 기타

(1) Frame 방식 : KVR-1000(필름카메라), 디지털항공카메라(DMC, UC 등)
(2) Side-Looking 방식 : RADARSAT, KOMPSAT-5 등 SAR 센서

66 순간시야각(IFOV)

1. 개요

순간시야각(Instantaneous Field Of View)은 스캐너 형태를 지니고 있는 센서의 지상 분해능에 대한 척도로 센서가 한 번의 노출로 커버하는 지상의 영역을 의미한다. 이는 센서의 공간포괄영역을 나타내는 일반적인 표시방법으로서 주로 면적 또는 공간각으로 표시된다. 센서의 IFOV는 공간해상력을 결정하는 것으로 원격탐측 분야에서는 공간해상력이라는 말과 같은 의미로 사용된다.

2. IFOV 원리

관측시야각 β는 순간시야각이라고도 하며 약어로는 IFOV라고 한다. IFOV는 스캐너의 공간해상력을 결정한다. 시야각(FOV : Field Of View)은 스캐닝된 전체 각을 나타낸다. 항공 탑재 스캐너의 경우에는 일반적으로 각(Angle)으로 표현하고, 높이가 고정인 위성 탑재 스캐너의 경우 유효이미지 폭으로 표시한다.

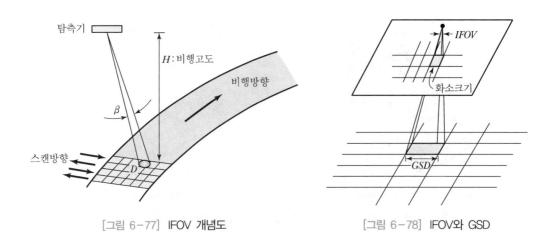

[그림 6-77] IFOV 개념도   [그림 6-78] IFOV와 GSD

$$D = H\beta$$

여기서, D : 탐측기에 의해 관측되는 지표의 원의 영역의 지름
H : 탐측기의 고도
β : IFOV(Milli Radians)

※ 디지털 영상의 표시

디지털 영상은 보통 화소의 크기로 표시하고 있으나 화소 대신에 순간시야각(IFOV)로 표시하기도 하며 IFOV 대신에 지상표본거리(GSD)를 사용하여 화소를 표현하기도 한다.

3. IFOV의 특징

(1) 센서의 스캐너는 IFOV의 에너지를 수신
(2) IFOV는 각도 β로 표현
(3) 입사각은 센서로 집중
(4) 지상의 IFOV 영역은 원으로 표현되고 해상도 셀이라고도 함

1. 개요

위성영상은 대상물에서 방사 또는 반사된 전자기파를 인공위성에 탑재된 탐측기를 이용하여 수집한 영상으로 일반적으로 해상도(Resolution)를 사용하여 그 정확도를 판단한다. 여기서 해상도란 관측이나 분석적 방법에 의해 구별이 가능하도록 관측된 값 사이의 최소차이로서, 특정 상태에서 세부묘사를 분별하는 디스플레이 체계의 능력을 관측하는 것을 해상도라 한다.

2. 해상도의 종류

디지털 해상도의 의미를 일반적으로 정의하면, 컴퓨터 모니터와 같은 디스플레이 장치를 이용하여 출력 가능한 영상의 픽셀 수라고 정의할 수 있으나 이와는 다르게 위성영상 분야에서는 해상도의 개념을 보통 4가지로 정의한다.

(1) 공간해상도(Spatial Resolution)

① 영상 내의 개개 픽셀이 표현 가능한 지상의 면적을 표현

② 보통 1m급, 5m급, 30m급 등으로 표현

③ 숫자가 작아질수록 보다 작은 지상물체의 판독이 가능

④ 일반적으로 해상도라 하면 이 공간해상도를 의미

(2) 분광해상도(Spectral Resolution)

① 센서가 얼마나 다양한 분광파장 영역을 수집할 수 있는가를 표현

② 분광해상도가 좋을수록 영상의 분석적 이용 가능성 상승

③ 영상의 질적 성능을 판별하는 중요한 기준

(3) 방사해상도(Radiometric Resolution)

① 센서에서 수집한 영상이 얼마나 다양한 값을 표현하는가를 표시

② 방사해상도가 높은 영상은 분석 정밀도가 높다는 의미 내포

(4) 주기해상도(Temporal Resolution)

① 지구상의 특정 지역을 얼마만큼 자주 촬영 가능한지를 표현

② 위성체의 하드웨어적 성능에 좌우

③ 주기해상도가 짧을수록 지형변이 양상을 주기적으로 빠르게 파악

④ 데이터베이스 축적을 통해 향후의 예측을 위한 좋은 모델링 자료를 제공

3. 해상도의 활용

(1) 공간해상도(Spatial Resolution) : 위성에 따른 분류

① 1m급 공간해상도

한 픽셀이 지상의 1×1m를 표현한다는 것으로 이론상으로 지상물체의 크기가 가로, 세로 1m 이상이면 어떤 물체인지 파악이 가능

② 50cm급 공간해상도

한 픽셀이 지상의 0.5×0.5m를 표현한다는 것으로 승용차나 손수레 같은 정도 크기의 물체에 대한 윤곽을 뚜렷이 파악하는 데 활용

(2) 분광해상도(Spectral Resolution) : 위성에 따른 분류

① Red, Green, Blue 영역에 해당하는 가시광선영역의 영상만 취득

② 가시광선은 물론 근적외, 중적외, 열적외 등 다양한 분광영역의 영상을 수집

(3) 방사해상도(Radiometric Resolution) : 픽셀의 표현에 따른 분류

1) 한 픽셀을 8bit로 표현

① 그 픽셀이 내재하고 있는 정보를 총 256개로 분류

② 그 픽셀이 표현하는 지상물체가 물인지, 나무인지, 건축물인지 256개의 성질로 분류

2) 한 픽셀을 11bit로 표현

① 그 픽셀이 내재하고 있는 정보를 총 2,048개로 분류

② 나무로 구분된 분류 중에서도 침엽수인지, 활엽수인지, 건강한지, 병충해가 있는지 등으로 보다 자세하게 분류할 수 있다는 의미

(4) 주기해상도(Temporal Resolution)

① 재해지역의 지형변이 양상의 파악

② 건설공사의 진척도 파악 등과 같은 변화탐지 성능과 관련

---

68 디지털 영상자료의 포맷 종류

1. 개요

디지털 영상은 아날로그 영상에 비하여 데이터의 전송 및 이용 과정이 편리할 뿐 아니라 화솟값의 집합으로 이루어졌으므로 범용으로 사용되는 그림 파일(TIFF, JPEG 등)과 같으면서도 원격탐측 등의 데이터 특성 및 분석에 필요한 부가정보를 이용할 수 있는 장점이 있다. 영상자료의 포맷 (기본형식)에는 화소, 멀티밴드 등이 있다.

2. 화소(Pixel)

(1) 디지털 데이터의 최소 구성단위

(2) Picture Elements의 약어

(3) 밴드 내에서 행번호와 열번호를 조합하여 위치 표시

(4) 각 화소는 데이터의 방사해상력에 따라 표현 범위가 달라짐

> **예** 6비트＝64(2^6)단계
>
> 8비트＝256(2^8)단계
>
> 11비트＝2,048(2^{11})단계

※ 수치영상자료는 대개 8비트로 표현되며, Pixel 값의 수치 표현 범위는 0～255이다.

2. 멀티밴드(Multi – Band 또는 Multi – Layer)

(1) 단일밴드로 이루어진 흑백영상과 달리 두 개 이상의 밴드로 이루어진 멀티밴드는 데이터의 저장 형태에 따라 3가지 방식으로 나누어진다.

   ① BIL(Band – Interleaved by Line)

     각 행(Line)의 화솟값을 밴드순으로 저장하면서 마지막 행까지 영상에 기록함

   ② BSQ(Band – Sequential)

     첫 밴드의 전체 화솟값을 기록하고 이후 순서대로 나머지 밴드를 저장하므로 밴드별로 영상출력 시 편리함

   ③ BIP(Band – Interleaved by Pixel)

     각 화소의 밴드별 값을 순서대로 기록하므로 다중분광 영상의 부분 입출력에 유리하지만 디지털 영상처리의 구현에 어려움이 따름

(2) Raw 형식의 위성영상 데이터는 주로 BIL이나 BSQ가 사용되며 데이터 형식은 이진수(Binary)이다.

4. 영상과 영상정보

(1) 영상은 일반적으로 이진수로 기록된다.

(2) 영상에 대한 다양한 정보는 텍스트 또는 이진정보로 표현되며 영상을 방사보정하거나 기하보정할 때 유용하다.

(3) 영상과 영상정보는 하나의 파일 또는 분리된 파일로 기록되며, 영상포맷에 따라 달라진다.

69 공간데이터의 수치처리에서 거리의 종류

1. 개요

공간데이터의 수치처리에서 공간데이터 간의 거리를 구하는 연산법에는 취급하는 거리의 개념에 따라 몇 가지 방법이 있다.

2. 유클리드 거리(Euclidean Distance)

2개의 관측값을 직선거리로 연결한 거리를 말한다.

(1) 2차원의 경우

$$D^2 = (x_1 - x_2)^2 + (y_1 - y_2)^2$$

(2) 3차원의 경우

$$D^2 = (x_1 - x_2)^2 + (y_1 - y_2)^2 + (z_1 - z_2)^2$$

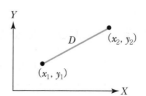

[그림 6-79] 유클리드 거리

3. 맨해튼 거리(Manhattan Distance)

맨해튼 거리는 격자 모양의 시가지를 걸어가는 것과 같은 경우의 거리로서 x축, y축에 평행한 직선거리의 합이다.

$$D = |x_1 - x_2| + |y_1 - y_2|$$

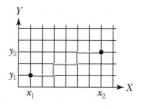

[그림 6-80] 맨해튼 거리

4. 대원 거리(Great Circle Distance)

대원 거리란 지구를 구라고 가정할 때, 지구상의 두 점의 거리를 구의 표면을 따라 측정한 거리를 말한다. 경위도 $P_1(\phi_1, \lambda_1)$점과 $P_2(\phi_2, \lambda_2)$의 대원 거리는 다음과 같다.

$$D = R_{arc} \cdot \cos\{(\sin\phi_1 + \sin\phi_2) + \cos\phi_1\cos\phi_2\cos(\lambda_1 - \lambda_2)\}$$

여기서, R : 구의 반경

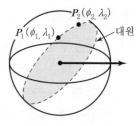

[그림 6-81] 대원 거리

5. 시간 거리(Time Distance)

시간 거리의 합은 어떤 교통수단을 이용할 때, 어느 지점에서 다른 특정 지점까지 소요되는 시간을 말한다. 유클리드 거리는 반드시 시간 거리와 일치하지 않는다.

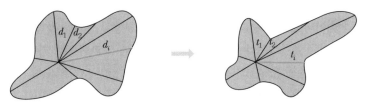

[그림 6-82] 교통에서 사용되는 시간 거리

6. 마할라노비스의 거리(Mahalanobis Distance)

정규분포의 확률밀도함수 $f(x)$가 주어졌을 때, 분포의 중심에서 임의의 점 x에 이르는 확률적 거리를 말하며, 영상분류에서 서로 다른 값들을 인식하기 위한 수치영상처리에 이용된다.

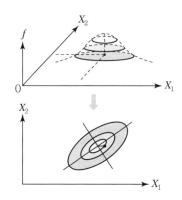

$$D^2 = (X - \overline{X})^t S^{-1} (X - \overline{X})$$

여기서, $\overline{X}$: 평균벡터, S : 분산-공분산행렬

$$S = \frac{1}{N} (X - \overline{X})(X - \overline{X})^t$$

[그림 6-83] 마할라노비스의 거리

---

70 영상융합(Image Fusion)

1. 개요

영상융합은 고해상도의 전정색 영상과 저해상도의 다중분광 영상을 병합하여 공간해상도는 전정색 영상의 공간해상도를, 분광학적 특성은 다중분광 영상의 것을 따르게 하여 전정색 영상의 시각적 성능과 다중분광 영상의 분석적 성능을 모두 유지시켜 영상의 판독을 효과적으로 하기 위한 기법이다.

2. 영상융합의 유형

(1) 광학영상 간의 융합으로 고해상영상(예 Panchromatic 영상)과 저해상영상(예 Multispectral 영상)을 융합하여 공간해상도와 분광해상도를 향상시킨다(예 Landsat TM이나 SPOT Panchromatic 영상 또는 SPOT XS와 SPOT Panchromatic 영상과의 융합).

(2) 광학영상과 레이더영상 간의 융합으로 레이더 위성영상의 정밀한 지형공간정보에 의한 지형 의 기복을 상세히 표현하거나 DEM의 정확도 향상에 효과적으로 기여한다(예 광학영상인 Landsat TM과 RADARSAT의 레이더 영상과의 융합).

※ 서로 다른 센서를 통해 수집된 원격탐측 자료를 융합할 때 주의사항 : 일단 융합하려는 데이터 셋은 서로 정확하게 기하보정되어 있어야 하며 동일한 화소 크기로 재배열되어야 한다.

3. 일반적인 영상융합(병합) 기법

(1) 단순 밴드 치환

(2) 색상 공간 모델 변환(RGB ↔ IHS Transform) = Color Space Model Transform

(3) 주성분 분석 변환(Principal Component Analysis Transform)

(4) 최소 상관 변환(Decorrelation Stretching Transform)

(5) 태슬드 캡 변환(Tasseled Cap Transform)

(6) 브로비 변환(Brovey Transform)

(7) 기타 : 회귀 크리깅에 기반한 영상융합, 평활화 필터를 이용한 강도조절 영상융합

4. 색상 공간모델 변환방법

R, G, B로 세분화된 세 밴드의 다중분광 영상을 I(Internsity), H(Hue), S(Saturation) 요소로 변환시킨 다음, 고해상도의 전정색 영상을 I(Internsity) 영상과 치환시켜 다시 R, G, B 영상으로 역변환시키는 방법이다.

5. 주성분 분석을 이용한 방법

R, G, B로 세분화된 세 밴드의 다중분광 영상으로 주성분 분석을 실시하여 1차 주성분(PC1), 2 차 주성분(PC2), 3차 주성분(PC3) 요소로 변환한 다음 1차 주성분 영상을 고해상도의 전정색 영 상으로 치환시켜 다시 R, G, B 영상으로 역변환시키는 방법이다. 두 방법 모두 기본적인 방법론 은 같지만 색상 공간모델 변환방법이 세 밴드의 입력영상에만 사용할 수 있는 반면에 주성분 분석 에 의한 방법이 보다 다양한 분광파장대의 입력영상을 사용할 수 있다는 장점이 있다.

71 | 주성분 분석(Principal Component Analysis)

1. 개요

주성분 분석이란 측정된 변수들의 선형 조합(Linear Combination)에 의해 대표적인 주성분을 만들어 차원(Dimension)을 줄이는 방법인데, 다중 밴드의 원격탐측 자료(예 Landsat TM)를 2, 3개의 주성분으로 줄이는 데 사용된다. 다중분광 영상에서는 각 밴드 자료 간에 상관이 있는 경우가 많기 때문에 주성분 분석을 이용함으로써 원래 영상에 포함되어 있던 대부분의 정보를 적은 수의 밴드로 나타낼 수 있다. 이것은 정보를 거의 상실하지 않고 자료 양을 줄일 수 있기 때문에 원격탐측의 영상자료의 변환, 융합 등에 활용되고 있다.

2. 주성분 분석의 개념

(1) 그림은 주성분 분석의 기본적인 개념으로 원래 자료는 2차원(밴드가 2개인 다중분광 영상자료)자료라고 하며, 2개 밴드 자료(x_1, y_1) 사이에는 상관이 있고, 그림에 나타낸 것과 같은 분포형상으로 되어 있다.

(2) 분포형상에 따라 새로운 축(z)을 정하고, 각 자료를 z축 상에 투영한다. 이 투영에 의해 각 자료는 z축 상의 점 자료(1차원)로 표현된다.

(3) 주성분 분석에서는 이러한 새로운 축(변량)을 기존 축(변량)의 선형변환으로 표현하고, 선형변환의 계수를 새로운 축 방향의 분산이 최대가 되도록 결정한다.

(4) 이러한 새로운 축(제1주성분)이 생성된 후 남은 정보를 다시 집약하기 위해 최초의 축과 직교하고, 거기다 남은 정보를 가능한 많이 반영하는 또 다른 하나의 축을 구할 수 있다.

(5) 그림의 경우에서는 z축에 직교한 축이 그것에 해당하며, 이것을 제2주성분이라 한다. 그림에서는 원래 자료가 2차원이기 때문에 제2주성분까지로 모든 정보가 표현된다. 일반적인 다차원 자료에서는 그 차원과 같은 수까지 주성분을 구할 수 있다.

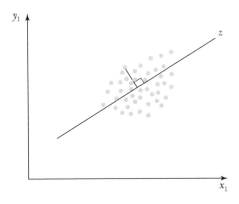

[그림 6-84] 주성분 분석의 개념

3. 응용

(1) 컬러합성에 의해 동시 시각화가 가능한 것은 3개 밴드(R, G, B)에 한정되어 있으므로, 다중 밴드에서는 그중의 일부만이 동시 시각화가 가능하다.

(2) 그러나 주성분 분석을 이용해서 3개 밴드로 자료를 압축함으로써 보다 많은 정보를 컬러 표시할 수 있다.

72 Kappa 분석

1. 개요

원격탐측을 이용해 작성된 토지이용도나 피복도 등은 지형자료의 가치를 지니기 위해서는 분류 결과의 정확도 검증이 있어야 하며, 분류정확도를 평가하는 방법이 있어야 한다. Kappa 분석(계수)은 원격탐측의 데이터 처리 분석 결과에 많이 사용되는 방법으로 지상에서의 실제 Class와 원격탐측 자료로 분석한 자료의 전체 정확도를 나타내는 계수이다.

2. Kappa 분석(Kappa Analysis)

정확도 평가에 사용되는 이산 다변량 기법 중 하나로, 원격탐측으로부터 추출된 토지이용지도를 정량적으로 평가하여 전체 분류 정확도를 결정하는 분석기법이다.

3. 분류결과 평가기법

원격탐측 자료의 분류결과를 객관적이고 정확하게 평가하는 기법으로 주로 매트릭스(Error Matrix)가 이용되며, 분류 정확도를 평가하기 위하여 두 가지 분류기법이 이용된다.

(1) 분류기법

분류 정확도를 평가하기 위해서는 원격탐측으로부터 유도된 자료 비교분석기법, 실제 지도에 의한 자료 분석기법 등이 있다.

(2) 정확도 평가방법(기법)

오차행렬을 이용하여 전체 정확도와 사용자 및 제작자 정확도만 제시했던 초기단계에서 정규화 작업을 거쳐서 Kappa 계수로 정확도를 평가하고 있다.

4. Kappa 계수 활용 예

(1) 다음의 표[이를 오차행렬(Error Matrix)이라고 함]는 지상에서 실제 A인데, 원탐자료에서 A로 분석한 것이 20개, 실제 B인데 원탐자료에서 B라고 분석한 것이 15개, 실제는 A인데 원탐자료는 B라고 분석한 경우가 10개, 실제는 B인데 원탐자료는 A라고 한 경우는 5개인 것을 보여준다.

구분		실제 A	실제 B
원탐자료	A	20	5
원탐자료	B	10	15

이때 계산되는 K 계수는 다음과 같이 계산된다.

$$K = \frac{P_r(a) - P_r(e)}{1 - P_r(e)}$$

여기서, $P_r(a)$: Relative Agreement Among Raters
$P_r(e)$: Hypothetical Probability of Chance Agreement
= Probability of Random Agreement

위의 표를 이용하여 위의 계수를 계산하면 다음과 같다.

$P_r(a)$는 원탐자료와 실제 자료가 일치하는 경우의 확률이므로 총 50개의 자료 중에서 A와 B로 일치하는 경우의 수이므로 $P_r(a) = (20 + 15)/50 = 0.75$이다.

$P_r(e)$를 계산하기 위해서는 다음의 경우를 생각해야 한다. 원탐자료가 A라고 분류할 확률은 (25/50＝50%)이다. 실제 자료가 A라고 분류할 확률은 (30/50)＝60%이다. 마찬가지로 원탐자료가 B라고 분류할 확률은 (25/50＝50%), 실제 자료가 B라고 분류할 확률은 (20/50 ＝40%)이다.

따라서 원탐자료와 실제 자료가 동시에 A라고 분류할 확률은 $0.5 \times 0.6 = 0.30$, 그리고 원탐 자료와 실제 자료가 동시에 B라고 분류할 확률은 $0.5 \times 0.4 = 0.20$이 된다. 따라서 두 자료가 동시에 agree할 확률 $P_r(e) = 0.3 + 0.2 = 0.5$가 된다. 따라서, K 계수는 위 식에 대입하게 되면, $K = \dfrac{0.7 - 0.5}{1 - 0.5} = \dfrac{0.2}{0.5} = 0.4$가 계산된다.

(2) 다음의 다른 예를 살펴보면 정확하게 알 수 있다.

100개의 자료에 대하여 분류방법 (a)와 분류방법 (b) 중 어느 것이 더 좋으냐를 구하려고 한다. 두 방법 모두 $P_r(a)$는 같지만 K 계수가 다르게 나타나는 경우이다.

〈분류방법 (a)의 결과〉		
구분	A	B
A	45	15
B	25	15

$$K = \frac{0.6 - 0.54}{1 - 0.54} = 0.1304$$

〈분류방법 (b)의 결과〉		
구분	A	B
A	25	35
B	5	35

$$K = \frac{0.6 - 0.46}{1 - 0.46} = 0.2593$$

$P_r(a)$는 원탐자료와 실제 자료가 일치하는 경우의 확률로, 총 100개의 자료 중에서 A와 B가 일치하는 경우의 수이므로 분류방법 (a), (b) 모두 $P_r(a) = (45+15)/100 = 0.60$, $P_r(a) = (25+35)/100 = 0.60$으로 같지만 $P_r(e)$가 두 방법에서 틀리기 때문에 K계수를 계산하면 (b) 방법이 K계수가 크므로 실제와 원탐자료 사이의 유사성이 크다고 할 수 있다.

---

73 다중분광과 초분광 영상의 특징

1. 개요

다중분광(Multispectral)은 몇 개의 파장에 대한 에너지를 기록하는 것을, 초분광(Hyperspectral)은 수백 개의 분광채널을 통해 연속적인 분광정보를 수집하는 것을 말하며 두 영상은 각기 다음과 같은 특징이 있다.

2. 다중분광영상(Multispectral Image)과 초분광영상(Hyperspectral Image)

다중분광영상은 서로 다른 파장대의 전자기파를 인식할 수 있는 센서들을 나열하여 대상지역을 스캐닝하여 얻어진 영상이며, 초분광영상은 매우 협소한 대역폭 내에서 또다시 전자체계를 세분화하여 운용함으로써 도출되는 영상이다.

3. 다중분광영상과 초분광영상의 특징

[표 6-15] 다중분광영상과 초분광영상의 특징 비교

다중분광영상	초분광영상
• 지표로부터 반사되는 전자기파를 렌즈와 반사경으로 집광하여 필터를 통해 분광한 다음 각 센서와 파장대별 강도를 인식하여 영상 형태로 저장 • 파장대역이 3~10개 정도 • 시표의 고유한 분광특성을 이용하여 디지털화된 광학영상을 다양한 종류의 영상처리기법으로 분류가 가능 • 위성영상의 특성상 낮은 공간해상도로 인해 넓은 지역 분류에만 해당되고 분류정확도가 낮음	• 일반 카메라와 가시광선 영역(400~700nm)과 근적외선 영역(700~900nm) 파장대를 수백 개로 세분하여 촬영함으로써 사람의 눈으로 보는 것보다 훨씬 다양한 스펙트럼의 빛을 감지할 수 있음 • 영상 데이터 정보가 입방체(Cube) 형태의 개념으로 축적 • 많은 수의 밴드와 좁은 밴드 폭을 가지므로 분류정확도가 높음 • 밴드의 수와 비례하여 영상의 저장용량도 증가하기 때문에 대용량 저장공간을 요구 • 영상처리에 상당한 처리시간이 소요 • 밴드마다 포함되는 잡음의 효과는 다중분광영상에 비해 많이 발생

RPC(Rational Polynomial Coefficient)

1. 개요

위성영상의 지상좌표화(Geo-referencing)는 영상의 임의 점과 대응되는 대상공간과의 상사관계를 규명하는 것이다. 지상좌표화를 위해서 대상공간의 기준점(GCP) 좌표취득, 공선조건의 선형화, 후방 및 전방교선법, Sensor 모형화 등에 관한 해석을 하여야 한다. 센서에 대한 물리적 자료는 궤도요소, 센서 검정자료, 센서 탑재기 자료 등을 제공하는 물리적 센서모형과 물리적 자료를 제공하지 않는 일반화된 센서모형이 있다.

2. 일반화된 센서모형(Generalized Sensor Model)

최근 상업용 위성인 IKONOS 영상의 경우 물리적 센서모형을 비공개하고 있다. 이와 같이 물리적 자료를 제공하지 않는 일반화된 센서모형에서는 대상물과 영상 간의 변화관계가 물리적인 영상처리 과정을 모형화할 필요 없는 어떤 함수로 표시된다. 일반화된 센서모형의 특징은 다음과 같다.

(1) 일회성 센서모형의 함수는 다항식과 같은 서로 다른 형태로 표현될 수 있으며, 센서의 상태를 몰라도 되기 때문에 서로 다른 형태의 센서에 적용이 가능하다.
(2) 물리적 센서모형을 알 수 없거나 실시간 처리가 필요할 때 사용된다.

3. 다항식 비례모형을 이용한 일반화된 센서모형화

(1) 다항식 비례모형(RFM : Rational Function Model)은 사용자에게 센서모형에 대한 자세한 내용은 공개하지 않으면서 사용자가 이해하기 쉽고 사용하기 쉽기 때문에 많은 사람들에게 고해상도 영상의 이용을 촉진시킬 수 있다.
(2) 최근에는 1m급 고해상도 과학영상은 대부분 RFM을 위한 RPC를 제공하고 있다. RFM은 지상좌표와 영상좌표 간의 기하관계를 단순하고도 정확하게 묘사할 수 있는 추상적 모델의 한 종류로서, 과거 복잡한 처리과정을 요구했던 물리적 센서모델의 대안으로 활발하게 이용되고 있다.

4. RPC(Rational Polynomial Coefficient) 기법

(1) RPC 모델은 영상과 지상좌표 간의 3차 방정식의 비율로 표현되는 수학적 모델이다. RPC 모델은 카메라 모델을 대체하기 위해 제작되었으며, 미국의 민간회사인 SPACE Imaging사에서 개발되었다.

(2) RPC 모델의 장점은 물리적 센서모델을 대체할 수 있는 모델링 방식으로 정확도 손실이 거의 없으며, 기존 물리적 모델에 비해 사용하기 쉽다는 특징이 있다.

(3) 향후 대부분의 고해상도 위성영상에서 RPC 파일이 제공될 것으로 예상된다. 특히, 위성의 종류가 다양해지고 각각의 위성마다 서로 다른 기하모델을 제공하는 현 시점에서 RPC는 다양한 위성 센서모델을 동일한 형태의 다항식으로 표현가능하다는 장점이 있다.

(4) RPC 파일이란 쉽게 말하자면 사진측량에서 내부표정요소 및 외부표정요소에 대한 정보이다. 즉, 위성영상촬영 당시의 경도, 위도, 높이의 3차원 요소를 위성영상에서의 Line과 Sample의 관계식으로 해석한 것이다. 기복변위가 수정된 정사영상을 만들기 위해서는 내부표정요소와 외부표정요소 등이 필요한데 RPC 파일은 이러한 표정요소에 필요한 정보를 담고 있다.

(5) 내부표정을 하려면 센서모형, 계수 및 카메라 검정자료 등에 대한 정보가 필요한데 고해상도 위성카메라는 이러한 요소들이 기존 위성과 달리 극히 복잡한 메카니즘으로 구성되어 있고, 기업에게는 중요한 기술적 정보를 담고 있기 때문에 일반에게는 공개하지 않는 것이 원칙이다. 따라서, 일반인들에게 이러한 정보를 제공하지 않고 정사영상제작 및 DEM 제작을 위해 촬영 당시의 표정요소 등에 관한 RPC 파일에 담아 제공한다.

(6) RPC 파일은 R.S S/W에서 정사영상을 제작, 입체영상을 이용한 DEM 제작 및 3D 수치지도 제작, SAR 위성영상에서 DEM 제작 등에 사용된다.

75 변화탐지(Change Detection)

1. 개요

변화탐지란 다중시기(Multi - Temporal)에 취득된 데이터를 이용하여 대상물(Objects) 또는 현상(Phenomena)들의 차이를 정량적으로 분석하는 과정을 말한다. 최근 다양한 센서의 등장으로 효율적인 변화탐지를 수행할 수 있다.

2. 변화탐지 방법

[그림 6-85] 변화탐지 방법

3. 변화탐지를 수행하기 위한 원격탐측 시스템의 고려사항

    (1) 시간해상도   (2) 촬영각
    (3) 공간해상도   (4) 분광해상도
    (5) 방사해상도

4. 변화탐지를 수행하기 위한 환경의 고려사항

    (1) 대기조건
    (2) 토양수분조건
    (3) 생물계절학적 주기특성
    (4) 차폐 고려
    (5) 조석

5. 변화정보를 추출하기 위한 원격탐측 자료처리

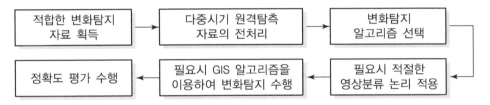

[그림 6-86] 변화탐지의 자료처리 흐름도

6. 활용

    (1) 토지이용 및 토지피복의 변화
    (2) 산불탐지, 산불 피해 면적 계산
    (3) 산림 및 식생의 변화
    (4) 경관변화
    (5) 산림 손실, 파괴, 손상 분석
    (6) 도심지 변화
    (7) 선택적 수목벌채, 재건
    (8) 환경변화(가뭄, 홍수, 사막화, 산사태)
    (9) 습지변화
    (10) 농작물 모니터링
    (11) 빙하변화
    (12) 지질변화

7. 최근 연구동향

위성영상의 주기적 취득에도 불구하고 데이터의 특징, 변화지역, 시기, 탐지 목적에 가장 적합한 변화탐지기법이 존재하지 않고, 다양한 센서(LiDAR, SAR, 초분광센서)의 등장에도 대부분의 변화탐지에 관한 연구는 단밴드 또는 다중분광영상에 국한되어 있어 초분광영상의 활용에 연구가 집중되고 있다.

76 레이더 영상의 왜곡

1. 개요

측면촬영방식으로 인한 레이더 영상의 왜곡은 크게 음영(Shadow), 단축(Foreshortening), 전도(Layover)로 나타낼 수 있다. 레이더 영상은 경사관측으로 인하여 기하 및 복사왜곡이 발생하게 된다. 즉 레이더 영상은 경사거리의 지상거리로의 변환에 의한 축척변화, 단축효과, 역전현상 및 지형이나 건물의 높이에 의한 그림자 효과, 잡영현상이 발생한다. 잡영현상은 레이더 영상 잡음의 일종으로 파의 응집으로 인한 간섭 때문에 발생한다.

2. 축척왜곡

레이더 영상은 근거리에서 원거리에 이르기까지 축척이 일정하지 않고 변한다. 동일한 크기의 대상물일 경우 근거리상의 관측대상물이 원거리 관측대상물보다 작게 보인다. 정확한 판독을 위해서는 일정한 축척으로 보정이 필요하다.

3. 지형에 의한 왜곡

(1) 단축

① 레이더 센서는 경사거리를 관측하기 때문에 경사진 지형의 영상 내 면적은 실제면적보다 작게 나타난다.
② 레이더 빔과 경사면이 직각일 때 가장 큰 왜곡량이 발생한다.
③ 레이더 영상 내에서 단축현상이 발생된 지형은 매우 밝은 색으로 나타난다.

(2) 전도

① 레이더 빔이 경사진 지형의 바닥부분보다 정상부에 먼저 도달하게 되면 역전되어 정상부가 오히려 더 가깝게 배열된다.

② 역전현상도 단축현상이 과도하게 발생할 경우 나타나는 현상이며, 역전현상이 발생된 지형 역시 매우 밝게 나타난다.

(3) 음영

경사면인 경우 경사의 뒷면에 대하여는 레이더 빔이 도달하지 못하므로 센서에 수신되는 신호가 없고 영상에서는 검은색으로 나타난다.

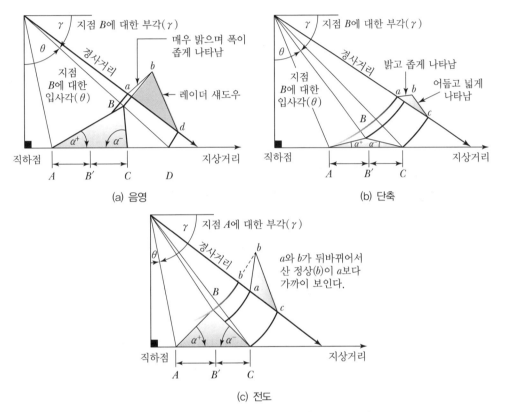

[그림 6-87] 레이더 영상의 음영, 단축, 전도 개념도

4. 복사왜곡(스펙클, Speckle)

(1) 소금과 후추를 섞어서 뿌린 것과 같은 효과를 발생한다.
(2) 스펙클은 관측대상 지역으로부터 반사 · 산란된 서로 다른 마이크로파의 상호작용에 의하여 발생되는 현상이다.
(3) 스펙클현상은 전파의 잡음으로 인하여 발생하는 것이며, 레이더 영상의 질을 저하시키고 영상의 판독을 어렵게 하는 요소이다.

1. 개요

레이더 시스템은 기상조건과 시간적인 조건에 영향을 받지 않는다는 장점을 가지고 있는 능동적 센서이다. SAR는 능동적 센서로 극초단파(Microwave)를 이용하며, 극초단파 중 레이더파를 지표면에 주사하여 반사파로부터 2차원 영상을 얻는 센서를 말한다. SAR 시스템을 이용한 위치결정 및 DEM 추출기법은 크게 입체시의 원리를 이용하는 기법과 레이더 간섭을 통한 두 영상의 위치정보를 이용하는 기법이 있다.

2. 입체시 기법에 의한 SAR

(1) 원리

SAR(고해상도 영상 레이더)는 반사파의 시간차를 관측하는 것뿐만 아니라 위상도를 관측하여 위상 조정 후에 해상도가 높은 2차원 영상을 생성한다.

(2) 특징

① 태양광선에 의존하지 않아 밤에도 영상의 촬영이 가능하다.

② 구름이 대기 중에 존재하더라도 영상을 취득할 수 있다.

③ 마이크로웨이브를 이용하여 영상을 취득한다.

④ 기상이나 일조량에 관계없이 자료 취득이 가능하다.

⑤ 지속적인 반복 관측에 의한 대상물의 시계별 분석자료로서 활용성이 높다.

⑥ 재해 상황이나 돌발사태 등의 경우에도 즉각적이고 신속하게 자료 취득을 할 수 있다.

⑦ 광학적 탐측기에 의해 취득된 영상에 비해 영상의 기하학적 구성이 복잡할 뿐만 아니라, 영상의 시각적 효과도 양호하지 못하다.

⑧ 영상이 명확하지 않기 때문에 자료의 정량적 분석을 수행하는 데는 곤란하다. 최근에는 SAR 영상의 해상력 증진으로 DEM 구축 등 정량적 분석이 가능하게 되었다.

(3) 자료 취득 방법

① SAR는 안테나가 이동을 하며 일정한 간격으로 전파를 발사하고 이에 대한 반사파를 수신하여 자료를 취득

② 반사신호는 지표면의 거칠기와 대상물 등의 물리적 성질에 영향을 받아 영상값 결정

③ 송신파의 신행방향인 거리 방향에 대해서 지연시간을 관측하여 자료값 확장

④ 탑재기의 진행방향에 대해서 전송된 신호의 도플러 효과에 의한 주파수 변화를 관측하여 개개의 자료값을 할당

⑤ 거리 방향에 대한 반사신호 지체시간의 좌우 방향에 대한 불명확을 없애기 위해 탑재기 측
면으로 관측 수행

3. InSAR(SAR Interferometry)

영상레이더 인터페로메트리(InSAR)는 두 개의 SAR 데이터 위상을 간섭시켜, 지형의 표고와 변
화, 운동 등에 관한 정보를 추출해 내는 기법이다.

(1) InSAR의 원리(기하모델)

레이더 간섭기법(Interferometry)의 경우는 동일한 지표면에 대하여 두 SAR 영상이 지니고
있는 위상정보의 차이값을 활용하는 것으로서, 공간적으로 떨어져 있는 두 개의 레이더 안테
나들로부터 받은 신호를 연관시킴으로써 고도값을 추출하고 위치결정 및 DEM을 생성한다.

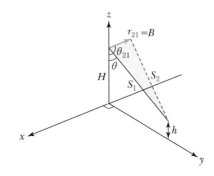

[그림 6-88] InSAR의 원리

$$h = H - S_1 \cos\theta$$
$$S_2{}^2 = S_1{}^2 + B^2 - 2S_1 B \sin(\theta - \alpha)$$

여기서, r_{21} : 레이더 안테나 간(Baseline)의 벡터, 거리 $B = |r_{21}|$
S_1, S_2 : Slant Range(경사거리)
h : 구하는 표고
H : 안테나 고도
θ : Off-Nadir 각
α : B의 수평각도

(2) InSAR 정보

InSAR는 데이터 관측 시 안테나끼리의 위치관계가 플랫폼의 이동방향에 수직인지, 평행인지
에 따라 얻어지는 정보가 달라진다.
① 수직인 경우(Cross Track 방향) : 지형의 표고를 추출
② 평행인 경우(Along Track 방향) : 이동 물체를 추출

(3) InSAR 관측방법

① 1개의 플랫폼에 2개의 안테나를 탑재해서 동시에 데이터를 취득하는 방법(Single Pass) :
주로 항공기에 의한 관측

② 1개 플랫폼에 1개의 안테나만 탑재하고 2회 관측으로 데이터를 취득하는 방법(Two Pass) :
주로 위성에 의한 관측

(4) InSAR의 특징

① 레이더 데이터는 주야에 관계없고, 구름을 통과하므로 상시관측이 가능

② 영상 대응점 검색을 필요로 하지 않기 때문에 특징점이 없는 지역에서의 계산이 가능

③ 차분을 이용하므로 InSAR 기술은 지각변동을 포착할 수 있음

④ Two Pass 위성관측의 경우 기선조건에 의한 궤도 간의 제약, 관측일 차이에 의한 지표면
의 변화 등 InSAR 관측조건을 만족하는 데이터가 적음

4. 간섭기법(InSAR)과 차분간섭기법(DInSAR)의 특징

[표 6-16] InSAR와 DInSAR의 특징 비교

InSAR	DInSAR
• 약간의 간격을 두고 발사되는 두 개의 마이크로 파를 관측하여 두 파에 대한 위상차(Phase Shift) 계산 　－1개의 플랫폼에 두 개의 안테나 　－2개의 플랫폼에 서로 다른 궤도 • DEM 추출(지표면의 3차원 구현) • 지상 이동 표적 탐지(GMTI)의 원리	• 서로 다른 시기에 관측한 데이터를 이용한 차분간섭기법 • 시계열 위상차를 기록한 영상(Interogram)의 위상차이를 추출하여 지표면의 변위 관측(수 cm 단위까지 감지) • 지진 변화탐지, 빙하의 이동, 침하현상, 화산활동 등에 활용

5. 활용분야

(1) 흙의 함수비 모니터링

(2) 농작물 수확량 산정 및 분류

(3) 토지 피복도 제작

(4) 홍수 모니터링

(5) 빙산의 검출 및 분류

(6) 지형의 표고변화, 운동에 관한 정보 추출, DEM 추출 및 지표의 변위량 탐지

(7) GNSS와 InSAR를 융합한 화산활동 감시

(8) 지질 및 광물탐지, 해상의 유류오염 분석, 해상상태와 빙하분석 등

(9) 국방감시정찰 및 지상 이동 표적 탐지(GMTI) 정보 획득

(10) 기타

78 레이더 간섭계(InSAR)

1. 개요

영상레이더 시스템은 주로 한 지역에서 하나의 영상을 얻어 왔으나, 3차원적인 지형정보나 속도 관련 정보를 추출하기 위하여 동일 지역에서 여러 레이더 영상을 얻은 경우도 있다. 간섭레이더 영상은 동일지역에 대하여 2개의 다른 안테나 위치 또는 촬영시점을 달리하여 한 쌍의 영상을 얻는 과정을 말한다. 한 쌍의 간섭자료(Interferogram)를 분석함으로써 영상에 포함된 제점의 위치(x, y, z)를 매우 정밀하게 측정할 수 있다.

2. 간섭레이더에 의한 지형도 제작

(1) 간섭레이더에 의한 지형도 제작은 안테나 위치가 다른 두 지점에서 촬영된 한 쌍의 영상이 있어야 하며, 두 영상의 촬영 시점에 대상물의 위치 변동이 없어야 한다. 두 영상은 동일한 위성이나 항공기에 탑재된 불과 수 미터 떨어진 한 쌍의 안테나에서도 얻어질 수 있다. 이와 같이 동시에 한 쌍의 간섭영상을 얻는 경우를 단일패스간섭계라 한다.

(2) 또한, 하나의 레이더시스템을 이용하여 동일지역을 두 번 촬영함으로써 얻을 수 있는데, 하루 정도의 시간 간격으로 거의 동일한 궤도 위치에서 동일지역을 연속하여 촬영하게 된다. 이와 같은 방법을 다중패스 또는 반복패스간섭계라 한다.

(3) 레이더 간섭계 자료는 전통적인 항공사진측량 기술에 의하여 제작되는 수치표고자료(DEM)만큼 매우 정밀한 지형정보를 제공할 수 있다. 그러나 간섭레이더는 구름이나 야간에도 사용될 수 있기 때문에 항공사진과 같은 광학영상을 촬영하기 힘든 어려운 열대지역이나 극권 또는 재난상태가 발생한 지역에서 요긴하게 사용될 수 있다. 지도제작분야에서 레이더 간섭계 자료에 대한 관심이 매우 높다.

3. 레이더 간섭계(InSAR)의 원리

(1) 레이더 간섭계 자료로부터 수치고도자료는 다음의 과정으로 추출된다. 먼저 두 영상은 그림과 같이 두 안테나와 지상의 목표물이 삼각형을 이루도록 정확하게 등록되어야 한다.

(2) 각각의 안테나에서 측정 목표물까지의 거리 r_1과 r_2, 두 안테나 간의 거리 B, 그리고 기준선 B의 수평각도 α를 알고 있다면, 목표물에서 하나의 안테나까지의 높이 h는 삼각함수의 코사인 법칙에 의하여 계산할 수 있다.

$$h = r_1\cos\theta \quad\text{...} ①$$

코사인 법칙에 의하여

$$(r_2)^2 = (r_1)^2 + B^2 - 2r_1 B \cos(90 + \theta - \alpha) \quad \cdots\cdots\cdots\cdots\cdots\cdots\cdots\cdots\cdots\cdots ②$$

$$(r_2)^2 = (r_1)^2 + B^2 - 2r_1 B \sin(\theta - \alpha) \quad \cdots\cdots\cdots\cdots\cdots\cdots\cdots\cdots\cdots\cdots\cdots\cdots ③$$

여기서, θ를 구한 후 이로부터 $h\,(h = r_1 \cos\theta)$를 계산할 수 있다. 영상의 모든 점에 대하여
이 계산을 되풀이한다.

(3) 영상촬영시점의 레이더 안테나의 정확한 해발고도를 알 수 있다면, 지상 목표물의 표면 높이
를 구할 수 있게 된다. 사실 한 쌍의 간섭레이더 영상에서 우리가 정확하게 측정할 수 있는 것
은 위상차를 이용한 상대적 거리차($r_1 - r_2$)이다. 이 거리차로부터 추가적인 계산과정을 거
쳐 높이 h를 구할 수 있다.

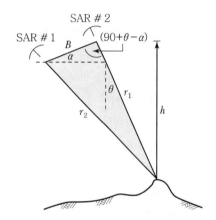

r_1, r_2 : 각 안테나에서 측점 목표물까지 거리
B : 두 안테나 간의 거리
α : 기준선 B의 수평각도
h : 목표물에서 하나의 안테나까지의 높이
θ : 입사각

[그림 6-89] 지형정보 추출을 위한 간섭레이더의 기하학적 관계

4. 레이더 간섭계(InSAR)에 의한 속도 탐지

(1) 동일 지점에서 여러 장의 레이더 영상이 촬영되었지만 촬영각도에 차이가 없다면, 그 영상들
로부터 지형과 관련된 정보의 추출은 불가능하며 그 대신 레이더 간섭자료는 두 영상의 촬영
시점 사이에 이동한 물체에 관한 정보를 얻을 수 있다.

(2) 즉, 두 촬영시점 간에 움직인 물체의 속도에 대한 정보를 얻을 수 있다. 간섭레이더 자료는 지
층의 이동, 지진에 따른 지각의 변형, 빙하의 이동속도, 해류의 모니터링, 파랑의 측정 등 여
러 목적에 성공적으로 사용되어 오고 있다.

(3) 또한, 간섭레이더 자료를 이용하여 인공구조물의 변형을 관측할 수 있기 때문에 변화탐지에
매우 유용하게 사용될 수 있다.

5. 활용 현황

(1) 최초의 단일패스 간섭레이더는 2000년 가을 우주왕복선에서 실시된 SRTM이다. SRTM은 C 밴드 안테나와 X밴드 안테나가 60m 간격으로 설치되었다.

(2) SRTM은 C밴드와 X밴드 간섭레이더(InSAR)를 이용하여 남위 56°와 북위 60° 사이에 걸쳐 있는 지구 육지 부분의 80%에 해당하는 지역의 지형자료를 단지 11일의 비행을 통하여 얻게 되었다. 여기서 얻어지는 지형도는 간섭레이더 지형고도자료(ITHD-2) 조건을 충족시키며, 항공사진측량이 아닌 간섭레이더에 의하여 제작된 최초의 전지구 지역의 수치지형자료이다. 한 쌍의 간섭레이더 영상은 또한 다양한 지구자원 분야에서 요긴하게 사용될 수 있다.

(3) 민간회사에서도 항공기 탑재 간섭레이더영상(InSAR)자료를 제공하고 있다. 가장 널리 사용되고 있는 시스템으로 인터맵의 X밴드 Star 3i이 있으며, 이 시스템은 3m 공간해상도의 수치지형자료와 함께 양질의 레이더 영상을 제공할 수 있다.

(4) 이러한 자료들은 토지이용, 토지피복 분석이나 수자원 유역관리에 있어서 매우 중요하게 사용될 수 있다.

CHAPTER 04 주관식 논문형(논술)

01 디지털카메라의 사진측량 활용

1. 개요

항공사진측량은 촬영영상 기록 매체로 필름을 사용하던 기존의 아날로그 카메라에서 CCD 센서 기술을 이용하여 촬영영상을 전자파일로 기록하는 현재의 디지털카메라 방식으로 발전되어 왔다. 우리나라에서 항공사진측량용 디지털카메라는 2009년부터 측량에 사용되었다. 최근 개발된 항공기용 디지털카메라는 기존 항공사진기와는 다르게 흑백, 천연색, 컬러 적외선 사진을 동시에 촬영할 수 있고, 색 감지기술이 기존의 필름보다 월등하여 더욱 선명한 항공영상을 촬영할 수 있어 수치지도, 수치고도모델, 정사사진 등의 다양한 산출물을 제작할 수 있어 그 활용도가 더욱 넓어질 것으로 기대된다.

2. 디지털카메라의 장단점

[표 6-17] 항공사진측량용 디지털카메라의 장단점

장점	단점
• 신속한 결과물의 이용 • 필름을 사용하지 않으므로 이에 들어가는 현상비용, 운영비용과 공간, 시간의 절감 • 필름으로부터 영상을 획득하기 위한 스캐닝 과정을 생략함으로써 오차의 발생방지 • 컴퓨터 파일로 존재함으로써 필름의 훼손이 없어 보관과 유지관리가 편리 • 비행촬영계획부터 자동화된 과정을 거치므로 영상의 품질관리 용이 • 보안지역 검열에 있어 이미지 처리 소프트웨어를 사용해 간편히 삭제 가능 • 일반 지형도 제작은 물론 GIS 분야, RS 응용분야, 시급성을 요하는 재난 재해분야, 사회간접자본시설 분야 등에 활용성이 높음	• 보통의 지상사진과 달리 항공사진은 항공기가 빠르게 움직이기 때문에 연속적인 각 사진이 약간 다른 시점에서 얻어짐. 따라서 각 영상에 기록된 지리적 영역이 서로 달라지게 되므로 각각의 영상을 등록하는 것이 필요 • 공간해상도면에서 기존의 항공사진을 대체하기 위해서는 많은 저장 공간이 요구됨 • 가격이 고가

3. 종류 및 특징

    (1) 2000년대 초부터 실용화되었다(우리나라는 2009년부터 사용).

    (2) 선형 센서와 면형 센서 방식으로 구분되어 발전해오고 있다.

    (3) 단일렌즈방식과 다중렌즈방식으로 구분된다.

    (4) 흑백, 천연색, 컬러 적외선 사진을 동시에 촬영할 수 있다.

    (5) 렌즈 초점거리는 약 20~120mm 정도이다.

    (6) 디지털 영상 크기는 7,500×12,000 픽셀 정도이다.

    (7) 촬영영상은 1,200Gbite 이상을 저장할 수 있다.

    (8) 촬영범위가 넓고, 지도 제작과정이 빠르며, 위치에 대한 정확도가 높다.

4. 디지털카메라의 종류

2000년대 초부터 실용화된 항공기용 디지털카메라는 광센서가 일자형으로 배열된 선형 센서 (Linear Array Sensor)와 현재 일반 디지털카메라에서 사용하는 면형 센서(Area Array Sensor) 두 종류가 있다. 두 센서의 특징은 다음과 같다.

[표 6-18] 선형 · 면형 센서의 특징

센서의 종류	특징
Linear Array Sensor (선형 센서)	• 선형의 CCD 소자를 이용하여 지면을 스캐닝하는 방식 • 비행방향에 대해 긴 선형의 라인 영상을 얻을 수 있으며, 수직영상에서는 진행방향에 폐색영역이 없는 것이 특징 • 상대적으로 높은 지상해상거리를 얻을 수 있으나 움직이는 대상물의 촬영에 한계 • 각 라인마다 기하학적 조건이 조금씩 변하기 때문에 각 라인에 대한 외부표정요소를 구해야 함 • 각 라인별 영상은 중심투영의 특성 • 현재 전방, 연직, 후방을 동시에 촬영하는 3-Line Camera가 사용됨
Area Array Sensor (면형 센서)	• 2차원 평면형태의 CCD 소자를 이용하여 일정면적을 동시에 촬영 • 중심투영의 영향에 따라 방사상 폐색영역이 발생하지만 중첩비율을 높임에 따라 이를 최소화 가능 • 기존의 아날로그 카메라와 동일한 촬영방식을 가지며, 상대적으로 지상표본거리(GSD)가 낮음 • CCD 소자의 개수에 대한 기술적인 제약으로 인해 촬영면적이 작아지는 문제점을 해결하기 위해서 일반적으로 여러 개의 센서를 병렬로 배치하여 함께 사용

5. 현재 활용되고 있는 디지털카메라

항공 디지털카메라는 크게 3대 회사가 대부분을 차지하고 있다. Leica의 ADS80, Z/I의 DMC, 마지막으로 Vexcel의 UC-D(UltraCam-D)로 세계적으로 이 3개의 카메라가 대부분의 시장을 차지하고 있다.

(1) Z/I Imaging사의 DMC(Digital Modular Camera)

① 기존의 아날로그 카메라처럼 프레임 단위로 촬영

② 여러 대의 카메라가 조합되어 전체 시스템을 구성

(2) Leica사의 ADS80(Airborne Digital Sensor)

① 아날로그 카메라와는 다른 방식을 이용 : 위성에서 많이 이용되는 선형 CCD(선형으로 배열된 CCD 센서를 이용하여 연속적으로 대상물을 측정하는 것으로, 쉬운 예로 사무실에서 쓰는 스캐너)를 사용한 Push Broom 방식의 디지털 카메라

② 흑백과 다중영상을 동시에 취득

(3) Applanix사의 DSS(Digital Sensor System)

① ADS80 카메라보다 좀 더 작은 영상을 제공

② 기존의 프레임 방식을 이용해 전통적인 항공삼각측량에 적용 가능

(4) Vexcel사의 UC−D(UltraCam−D)

6. 기대효과

항공기 디지털카메라는 흑백과 적외선을 포함한 천연색 영상을 동시에 촬영할 수 있으므로 지도 제작 및 판독 과정에서 더욱 많은 정보를 취득할 수 있다. 또한 촬영 단계부터 자동화된 과정에 의해서 작업을 수행하고 항공사진(아날로그)보다 높은 품질의 영상을 직접 취득함으로써 사진제작 과정이 필요 없으며, 컴퓨터에 의한 영상처리기법을 사용함으로써 효율적으로 공간정보 관련 다양한 응용분야에 적용될 것으로 기대된다.

[표 6−19] 항공측량용 디지털카메라의 효과

구분	내용	
비용절감	• 필름과 사진실이 불필요 • 촬영 가능일의 증가	• 자동화된 작업 흐름
시간절약	• 사용자의 개입을 최소화 • 스캐닝 작업이 불필요	• 인화 및 현상이 불필요
품질향상	• 영상의 해상도 향상 • 재생 가능한 컬러영상	• 영상의 고선명화 • 비행하면서 영상조정 가능
새로운 분야에 활용	• 새로운 차원의 다중분광 정보 • 멀티미디어 정보	• 짧은 시간 내에 결과물 획득

7. 국내 활용방안

(1) 항공사진측량의 주목적인 지도제작과 원격탐측을 활용한 다양한 분야에서 사용 가능
(2) 건설 및 설계분야, 재난 및 재해관리분야, 환경분야, 국방분야, 도시계획분야, 3차원 게임 및
    응용분야 등 다양한 분야에서 활용
(3) 위치정보와 결합된 위치기반서비스(LBS), 텔레매틱스 등의 부가가치 창출에 기여
(4) 지적도 자동 건물 등록에 활용
(5) 국토모니터링 기본자료로 활용

8. 결론

항공사진측량의 마지막 남은 아날로그 영역인 항공측량용 카메라는 시대의 필요와 세계적인 기술추세에 따른 변화에 직면하고 있다. 현재 기술력의 발달로 디지털카메라는 사진측량분야에 대중화를 이루었으며 앞으로 디지털 사진측량 분야에 지속적인 연구와 현황 파악 등 기술축적에 대한 적극적인 관심과 접근이 이루어져야 할 것이다.

---

02 사진측량의 공정 중 촬영계획(Flight Planning)과 지상기준점측량

1. 개요

사진측량의 공정은 대공표지 설치, 항공사진 촬영, 지상기준점측량, 항공삼각측량, 세부도화 등을 포함하여 수치지형도 제작용 도화원도 및 도화파일이 제작되기까지의 과정을 말한다. 촬영계획은 항공사진의 계획, 지상기준점의 계획, 요구성과를 도출하기 위해 필요한 기기와 수행방법의 결정, 비용과 작업공정의 견적 등이며, 지상기준점측량은 항공삼각측량 및 세부도화 작업에 필요한 기준점의 성과를 얻기 위하여 현지에서 실시하는 지상측량을 말한다.

2. 촬영계획

항공사진측량에서는 촬영된 사진이 모든 작업의 기초가 되므로 측량의 목적에 따라 필요한 정밀도의 지도가 제작되도록 가장 경제적으로 촬영되어야 한다. 따라서 촬영은 가장 적은 사진 매수로 필요한 정밀도를 갖도록 측량지역을 촬영하도록 계획하여야 한다. 가장 경제적이고 효과적으로 항공사진을 촬영하기 위해서는 먼저 다음 사항들을 고려하여야 한다.

(1) 사진의 중복도 및 촬영기선장
(2) 적정한 촬영고도 및 최소 등고선의 간격과 도화기의 종류 및 도화방법

(3) 도화작업의 경제성과 능률성

(4) 지상기준점의 배치관계

(5) 사진매수 및 지상기준점 측량의 작업량

(6) 촬영일시와 기상조건

(7) 사용 항공기와 항공카메라의 선정

(8) 적절한 촬영계획도의 작성

(9) 지형도의 사용목적 및 중요도

(10) 항공사진의 축척

(11) 지형도의 정밀도

(12) 촬영지역의 지형조건

(13) 인접 비행장의 위치 및 연료공급 문제

3. 지상기준점측량

항공삼각측량 및 세부도화 작업에 필요한 기준점의 성과를 얻기 위하여 현지에서 실시하는 지상
측량을 말한다.

(1) 지상기준점측량의 구분

① 평면기준점측량 : 삼변측량, 삼각측량, 다각측량, GNSS 측량

② 표고기준점측량 : 직접 수준측량

③ 불가피한 경우에는 다른 방법으로 측량할 수 있음

(2) 선점

1) 모든 지상기준점은 가급적 인접모델에서 상호 사용할 수 있도록 하고 사진 상에서 명확히
분별될 수 있는 지점으로 천정부터 45° 이상의 시계로 한다.

2) 선점의 위치는 반영구 또는 영구적이며 경사변화가 없도록 한다.

3) 지형 · 지물을 이용한 평면기준점은 선상 교차점이 적합하며 가상적인 표시는 피하여야 한다.

4) 표고기준점은 항공사진상에서 1mm 이상의 크기로 나타나는 평탄한 위치이며 사진 상의
색조가 적절하여야 하며 순백색 또는 흑색 등의 단일색조를 가진 곳은 가급적 피하여야 한다.

5) 평면기준점의 배치는 전면기준점측량(FG) 방식에서는 모델당 4점, 항공삼각측량(AT) 방식
에서는 블록(Block) 외곽에 촬영 진행방향으로는 2모델마다 1점씩 모델 중복부분에 촬영방
향과 직각방향으로는 코스 중복부분마다 1점씩 배치하는 것을 원칙으로 하고 항공삼각측량
의 정확도 향상을 위해 블록의 크기, 모양에 따라 20% 범위 내에서 증가시킬 수 있다.

① GNSS/INS 외부표정요소값을 이용할 경우에는 블록의 외곽에 우선적으로 배치하되
촬영 진행방향으로 6모델마다 1점 촬영 직각방향으로 코스 중복 부분마다 1점씩 배치
하도록 한다.

② GNSS/INS 외부표정요소값을 이용하는 디지털항공사진 카메라의 영상인 경우에는 동일 축척의 항공사진카메라의 6모델에 해당되는 기선장의 거리에 따라 평면기준점을 1점씩 배치하고 촬영직각방향으로 촬영코스 중복부분마다 1점씩 배치하는 것을 원칙으로 하되 촬영 횡중복도가 40%가 넘는 경우에는 촬영 2코스당 1점씩 배치할 수 있다.

6) 표고기준점의 배치는 전면기준점측량(FG) 방식에서는 모델당 6점, 항공삼각측량(AT) 방식에서는 모델당 4모서리에 4점을 배치하는 것을 원칙으로 한다. 단, 필요할 경우 수준노선을 따라 사진상 3~5cm마다 정확한 지점에 표고를 산출할 수 있다.

① GNSS/INS 외부표정요소값을 이용할 경우에는 블록의 외곽을 우선적으로 배치하되 각 촬영진행 방향으로 4모델 간격으로 1점, 촬영 직각방향으로 코스 중복부분마다 1점씩 배치하도록 한다.

② GNSS/INS 외부표정요소값을 이용하는 디지털항공사진 카메라의 영상인 경우에는 동일 축척의 항공사진카메라의 4모델에 해당되는 기선장의 거리에 따라 1점, 촬영코스 중복부분마다 1점씩 배치하는 것을 원칙으로 하되 횡중복도가 40%가 넘는 경우에는 촬영 2코스당 1점씩 배치할 수 있다.

7) 항공삼각측량(AT) 방식 중 독립모델법(Independent Model Method)에 의한 성과계산의 기준이 되는 블록(Block)의 크기는 코스 당 모델수 30모델 이내, 코스수는 7코스 이내로 전체 200모델을 표준으로 하며 블록의 형상은 사각형을 원칙으로 하며 광속조정법(Bundle Adjustment)의 경우는 모델수의 제한을 두지 않는다.

(3) 관측망의 구성

① 관측망은 기지변에서 기지변에 폐합 또는 결합시킨다.
② 모든 삼각형의 내각은 20~120° 범위이어야 한다.

(4) 작업방법 및 관측

1) TS 측량

① 수평각, 연직각 및 거리 관측은 1시준마다 동시에 실시하는 것을 원칙으로 한다.
② 수평각 관측은 1시준 1읽음, 망원경 정·반의 관측을 1대회로 한다.
③ 연직각 관측은 1시준 1읽음, 망원경 정·반의 관측을 1대회로 한다.
④ 거리 관측은 1시준 2읽음을 1Set(세트)로 한다. 거리 관측 시 기상관측(온도, 기압)은 거리 관측 개시 직전 또는 종료 직후에 실시한다.
⑤ 관측 대회 수는 다음 표와 같다.

[표 6-22] 지상기준점 측량의 관측대회 수

항목	구분, 기기	1km 이상	1km 미만	
		1급 TS	1급 TS	2급 TS
수평각 관측	읽음 단위	1″	1″	10″
	대회 수	2	2	3
	수평눈금	0°, 90°	0°, 90°	0°, 90°, 120°
연직각 관측	읽음 단위	1″	1″	10″
	대회 수	1		
거리 관측	읽음 단위	1mm		
	세트 수	2		

⑥ 수평관측에 있어서 1조의 관측방향 수는 5방향 이하로 한다.

⑦ 기록은 데이터레코드를 이용한다.

2) GPS 관측

① 관측망도에는 동시에 복수의 GPS 측량기를 이용하는 관측(이하 "세션"이라 함)계획을 기록한다.

② 관측은 기지점 및 구하는 점을 연결하는 노선이 폐합된 다각형을 구성하여 다음과 같이 실시한다.

• 다른 세션의 조합에 의한 점검을 위하여 다각형을 형성한다.

• 다른 세션에 의한 점검을 위하여 1변 이상의 중복관측을 실시한다.

③ 관측은 1개의 세션을 1회 실시한다.

④ 관측시간은 다음 표를 표준으로 한다.

[표 6-23] 지상기준점 측량 시 GPS 관측시간

관측방법	관측시간	데이터 수신 간격	비 고
정지측위	30분 이상	30초 이하	1급 기준점 측량(10km 미만), 2급 기준점 측량

⑤ GPS 위성의 작동상태, 비행정보 등을 고려하여 한곳으로 몰려 있는 위성배치의 사용은 피한다.

⑥ 수신 고도각은 15°를 표준으로 한다.

⑦ GPS 위성의 수는 동시에 4개 이상을 사용한다. 다만 신속정지측위일 경우에는 5개 이상으로 한다.

(5) 편심요소의 측정 제한

[표 6-24] 지상기준점 측량의 편심요소 측정 제한

편심거리	측정장비		측각단위	측거단위	측각횟수
	수평각	수평거리			
50m 미만	1″ 독	강권척	1″	1cm	2배각

(6) 계산

① 평면직각좌표 : 0.001(m)

② 경위도 : 0.001(초)

③ 표고 : 0.001(m)

④ 각 : 1(초)

⑤ 변장 : 0.001(m)

(7) 평면기준점 오차의 한계

[표 6-25] 지상기준점 측량의 평면기준점 오차 한계

도화축척	표준편차
1/500~1/600	±0.1m 이내
1/1,000~1/1,200	±0.1m 이내
1/2,500~1/3,000	±0.2m 이내
1/5,000~1/6,000	±0.2m 이내
1/10,000 이하	±0.5m 이내

(8) 수준망의 구성

수준노선은 기본수준점에 결합시키는 것을 원칙으로 한다. 다만 부득이 한 경우에는 기본수준점에 폐합시킬 수 있다.

(9) 관측

① 레벨은 2지점에 세운 표척의 중앙에 정치함을 원칙으로 한다.

② 관측거리는 70m를 표준으로 한다.

③ 표척은 2개를 1조로 하고 출발점에 세운 표척은 반드시 도착점에 세워야 한다.

④ 표척의 읽음은 mm로 한다.

⑤ 관측오차는 3급 수준측량의 허용범위인 15mm $\sqrt{S}$ 이내이어야 하며 초과하였을 경우에는 재관측을 하여야 한다.

(10) 계산

수준측량의 계산은 고차식을 표준으로 한다.

(11) 표고기준점 오차의 한계

[표 6-26] 지상기준점 측량의 표고기준점 오차 한계

도화축척	표준편차
1/500~1/600	±0.05m 이내
1/1,000~1/1,200	±0.10m 이내
1/2,500~1/3,000	±0.15m 이내
1/5,000~1/6,000	±0.2m 이내
1/10,000 이하	±0.3m 이내

4. 결론

항공사진측량은 지형도 제작뿐만 아니라 사진에 의한 광역 지역을 판독할 수 있는 많은 장점을 가지고 있으므로 그 활용에 대한 제도적 뒷받침과 연구가 체계적으로 진행되어야 할 것으로 판단된다.

03 사진 촬영

1. 개요

항공사진 촬영은 항공기에서 항공사진측량용 카메라를 이용한 사진 또는 영상의 촬영을 말한다. 항공사진 촬영은 일반 촬영과는 달리 많은 주의를 요하고, 촬영 후 사진의 성과 검사 등이 중요한 공정 중 하나이다.

2. 사진 촬영 시 고려해야 할 사항

(1) 높은 고도에서 촬영한 경우는 고속기를 이용하는 것이 좋으며, 낮은 고도에서의 촬영에는 노출 중의 편류에 의한 영향에 주의할 필요가 있다.

(2) 촬영 비행에는 항공기의 조종사 이외에 촬영사가 동승하여 사진기의 조작과 촬영을 한다.

(3) 촬영은 지정된 코스에서 코스 간격의 10% 이상의 차이가 없도록 한다.

(4) 고도는 지정고도에서 5% 이상 낮게, 혹은 10% 이상 높게 진동하지 않도록 하며 일정 고도로 촬영한다.

(5) 사진 간의 회전각은 5° 이내, 촬영 시의 카메라의 경사는 3° 이내로 한다.

3. 노출시간(Exposure Time)

촬영 시 가장 중요한 사항은 노출시간의 결정이며, 이것은 영상의 감광성, 필터의 성질, 반사광의 분광 분포 등과 밀접한 관계를 갖고 있다.

$$T_l = \frac{\Delta s \cdot m}{V}, \quad T_s = \frac{B}{V}$$

여기서, T_l : 최장 노출시간, T_s : 최소 노출시간 간격
Δs : 흔들림 양 , m : 축척 분모수
B : 촬영종기선 길이 $\left\{ ma\left(1 - \frac{p}{100}\right)\right\}$
V : 비행기 속도(m/sec)

4. 촬영 사진의 성과 검사

항공사진은 항공사진측량용 카메라로 촬영된 아날로그 항공사진과 디지털 항공사진으로 분류한다. 디지털 항공사진은 디지털 항공사진용 카메라로 촬영한 영상 또는 항공사진측량 카메라로 촬영한 필름을 항공사진 전용 스캐너로 독취한 영상을 말한다. 항공사진이 지형도 제작 및 각종 이용 목적에 적합한지의 여부는 중복도 이외에 사진의 경사, 편류, 축척, 구름의 유무 등에 대하여 검사하고 부적당하면 전부 또는 일부를 재촬영하여야 한다.

(1) 재촬영 요인의 판정기준(항공사진측량 작업규정)

① 항공기의 고도가 계획촬영 고도를 15% 이상 벗어날 때
② 촬영 진행방향의 중복도가 53% 미만인 경우가 전 코스 사진매수의 1/4 이상일 때
③ 인접한 사진축척이 ±10% 이상 차이 날 때
④ 인접 코스 간의 중복도가 표고의 최고점에서 5% 미만일 때
⑤ 사진상태가 구름, 그림자, 빛반사 등으로 인하여 도화나 영상지도 등 후속공정에 적합하지 않다고 판정될 때
⑥ 적설 또는 홍수로 인하여 지형을 구별할 수 없어 도화가 불가능하다고 판정될 때
⑦ 필름의 불규칙한 신축 또는 노출불량으로 입체시에 지장이 있을 때
⑧ 촬영 시 노출의 과소, 연기 및 안개, 스모그(Smog), 촬영셔터(Shutter)의 기능불능, 아날로그항공사진의 경우 현상처리의 부적당 등으로 사진의 영상이 선명하지 못하여 후속공정에 적합하지 않다고 판정될 때
⑨ 아날로그항공사진의 보조자료(고도, 시계, 카메라번호, 필름번호) 및 사진지표가 사진상에 분명하지 못할 때
⑩ 후속되는 작업 및 정확도에 지장이 있다고 인정될 때
⑪ 지상GNSS기준국과 항공기에서 수신한 GNSS신호가 단절되어 GNSS데이터 처리가 불가능할 때
⑫ 디지털항공사진 카메라의 경우 촬영코스당 지상표본거리(GSD)가 당초 계획하였던 목표값보다 큰 값이 10% 이상 발생하였을 때

⑬ 사진촬영 INS 성과에서 연직각(X, Y축의 회전값 4.5° 이내)과 편류각(촬영 코스방향에서의 Z축으로 9° 이내)이 기준값을 초과하였을 때

(2) 양호한 사진이 갖추어야 할 조건

① 촬영사진이 완전히 조정 검사되어 있을 것

② 사진의 렌즈 왜곡이 작고, 해상력이 50본/mm 이상일 것

③ 노출시간이 짧고, 노출시간 중 항공기의 운동에 의한 변형이 분해능 이하일 것

④ 필름의 신축, 변질의 위험성이 적고 신축이나 변위가 적을 것

⑤ 필름의 유제는 미립자이고 현상처리 중에 입자가 엉키지 않을 것

⑥ 도화하는 부분에 공백부가 없고 완전 입체시되어 있을 것

⑦ 구름이나 그림자가 찍혀 있지 않고, 가스나 연기 영향이 없을 것

⑧ 적설, 홍수 등의 이상 상태일 때의 사진이 아닐 것

⑨ 사진의 축척이 예상된 축척에 가깝고 각각의 사진의 축척차가 적을 것

⑩ 중복도가 예정된 값에 가깝고 공백부가 없을 것

⑪ 사진의 경사가 3° 이내이며 편류각이 5° 이내이어야 하며 사진에 헐레이션(Halation) 현상(흐린 현상)이 없을 것

5. 결론

사진촬영은 지형도 작성 및 응용분야에 중요한 단계로서 숙련된 기술과 교육이 요구되는 부분이다. 그러므로 철저한 교육과 숙련된 기술로서 발전된 촬영기술이 더욱더 개발되어야 할 것이다.

---

04 항공사진 촬영을 위한 검정장의 조건 및 검정방법

1. 개요

항공사진측량에서 사용되는 디지털 카메라는 유효면적이 넓으므로 촬영성과의 품질을 확보하기 위해서는 카메라의 성능을 최적화해야 한다. 따라서 촬영 전 자체적으로 렌즈 캘리브레이션을 수행하는 것 외에도 정기적인 검정장 검사를 통하여 그 성능을 점검해야 한다.

2. 항공사진측량용 카메라의 성능 기준

(1) 렌즈 왜곡수차는 0.01mm 이하이며, 초점거리는 0.01mm 단위까지 명확하여야 함

(2) 컬러 항공사진을 사용하는 항공사진측량용 카메라는 색수차가 보정된 것을 사용해야 함

(3) 항공기의 속도로 인한 영상의 흐림을 보정하는 장치 등을 갖추거나 실제적인 영상보정이 가능한 촬영방식을 이용하여 영상의 품질을 확보할 수 있어야 함

(4) 디지털 항공사진 카메라는 필요한 면적과 소정의 각 화소(Pixel)가 나타내는 X, Y 지상거리를 확보할 수 있어야 함

(5) 렌즈의 교환 없이 컬러, 흑백 및 적외선 영상의 동시 취득이 가능하여야 함

(6) 디지털 항공사진 카메라는 8bit 이상의 방사해상도를 취득할 수 있어야 함

(7) 촬영작업기관은 디지털 항공사진 카메라의 적정 성능 유지를 위하여 정기적으로 점검을 받아야 함

3. 검정장의 조건

(1) 검정장은 항공카메라의 위치정확도와 공간해상도의 검정이 가능한 장소이어야 함

(2) 검정장은 평탄한 곳을 선정하되 규격은 3km×3km 이상이어야 함

(3) 항공카메라 검정을 위한 촬영 시 동서방향을 원칙으로 하며 보정값 산출을 위하여 남북방향으로 최소 2코스 이상 촬영을 실시해야 함

(4) 위치정확도 검정을 위하여 평면ㆍ표고 측량이 가능하고 명확한 검사점이 있어야 하며, 스트립당 최소 2점 이상 존재해야 함

(5) 공간해상도 검정을 위하여 아래의 규격에 맞는 분석도형이 3개 이상 설치되어 있어야 함

[표 6-20] 공간해상도 검정을 위한 분석도형 규격

기준	직경	내부 흑백선상 개수
GSD 10cm 초과	4m	16개
GSD 10cm 이하	2m	16개

(6) 촬영작업기관은 검정장에 대한 항공사진촬영 전 촬영계획기관과 사전협의를 거쳐 항공촬영을 실시

4. 검정 방법

(1) 검정은 검정장을 이용하여 항공카메라의 위치정확도와 공간해상도의 평가 및 이상 유무를 검사하는 것이다.

(2) 위치정확도 검정은 검정장의 기준점과 검사점에 대한 항공삼각측량 후 위치정확도를 검정하는 것이며, 검사점의 위치정확도는 다음과 같다.

[표 6-21] 검사점의 위치정확도

도화축척	표준편차(m)	최댓값(m)
1/500~1/600	0.14	0.28
1/1,000~1/1,200	0.20	0.40
1/2,500~1/3,000	0.36	0.72
1/5,000	0.72	1.44
1/10,000	0.90	1.80
1/25,000	1.00	2.00

(3) 공간해상도 검정은 항공사진에 촬영된 분석도형의 시각적 해상도(l)와 영상의 선명도(c)를 검정하는 것을 말하며 각각 아래의 식으로 계산한다.

① 시각적 해상도(l)

$$l = \frac{\pi \times 직경비\left(= \dfrac{내부직경\,(d)}{외부직경\,(D)}\right)}{흑백선\ 수} \times 실제\ 외부\ 직경$$

② 영상의 선명도(c)

$$c = \frac{시각적\ 해상도\,(l)}{지상표본거리\,(GSD)}$$

(4) 검정데이터의 유효기간은 1년 이내로 한다. 다만, 이 기간 중 카메라를 비행기 본체에서 탈부착하거나 부착상태에서 변위가 발생하는 충격을 받았을 경우, 촬영계획기관에 보고하고 재검정을 실시한다.

5. 국토지리정보원이 주관하는 항공촬영카메라의 성능검사

최근 정기검정 시 촬영조건을 통일하기 위해 현행 각 항업사별로 수행했던 성능검사를 국토지리정보원이 주관하여 실시하고 있다.

(1) 검정기준

「항공사진측량 작업규정」에 따라 공간해상도, 방사해상도, 위치정확도에 대해 평가 및 장비적부를 판정한다.

① 공간해상도 : 영상선명도<1.1
② 방사해상도 : 밝기값 선형성
③ 평면·표고 표준편차<0.2m, 최댓값<0.4m

(2) 검정절차

수행사는 기간 내 검정장 촬영 및 AT 수행 후 데이터 납품, 국토지리정보원의 점검 후 최종적부를 판정한다. 주요 성능검정 절차는 다음과 같다.

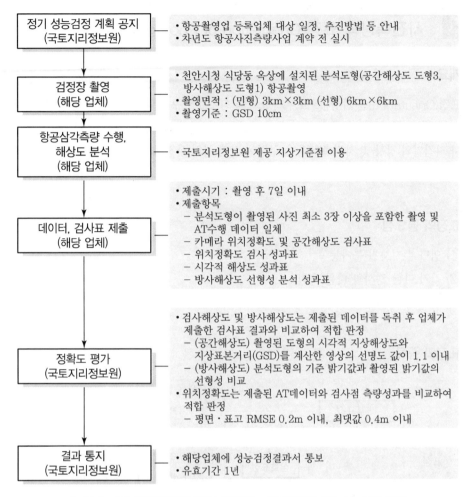

정기 성능검정 계획 공지 (국토지리정보원)	• 항공촬영업 등록업체 대상 일정, 추진방법 등 안내 • 차년도 항공사진측량사업 계약 전 실시
검정장 촬영 (해당 업체)	• 천안시청 식당동 옥상에 설치된 분석도형(공간해상도 도형3, 방사해상도 도형1) 항공촬영 • 촬영면적 : (민형) 3km×3km (선형) 6km×6km • 촬영기준 : GSD 10cm
항공삼각측량 수행, 해상도 분석 (해당 업체)	• 국토지리정보원 제공 지상기준점 이용

데이터, 검사표 제출
(해당 업체)
	• 제출시기 : 촬영 후 7일 이내
	• 제출항목
	  − 분석도형이 촬영된 사진 최소 3장 이상을 포함한 촬영 및
	    AT수행 데이터 일체
	  − 카메라 위치정확도 및 공간해상도 검사표
	  − 위치정확도 검사 성과표
	  − 시각적 해상도 성과표
	  − 방사해상도 선형성 분석 성과표

정확도 평가
(국토지리정보원)
	• 검사해상도 및 방사해상도는 제출된 데이터를 독취 후 업체가
	  제출한 검사표 결과와 비교하여 적합 판정
	  − (공간해상도) 촬영된 도형의 시각적 지상해상도와
	    지상표본거리(GSD)를 계산한 영상의 선명도 값이 1.1 이내
	  − (방사해상도) 분석도형의 기준 밝기값과 촬영된 밝기값의
	    선형성 비교
	• 위치정확도는 제출된 AT데이터와 검사점 측량성과를 비교하여
	  적합 판정
	  − 평면·표고 RMSE 0.2m 이내, 최댓값 0.4m 이내

결과 통지 (국토지리정보원)	• 해당업체에 성능검정결과서 통보 • 유효기간 1년

[그림 6-90] 국토지리정보원이 주관하는 항공촬영카메라 성능검사 절차

(3) 제출성과 및 검정 유효기간

① 제출성과는 분석도형이 촬영된 사진 3장 이상을 포함한 데이터 일체, 「항공사진측량 작업
　규정」내 관련 검사표 및 성과표 등

② 검정 유효기간은 성능검사서 발급일로부터 1년

6. 결론

항공사진측량에서 사용되는 디지털 카메라는 유효면적이 일반카메라에 비해 넓으므로 촬영성과
의 품질을 확보하기 위해서는 카메라 성능을 최적화해야 한다. 촬영영상의 품질은 카메라의 성능
과 직결되므로 검정장에서의 정기점검을 통해 카메라의 위치정확도와 공간해상도를 정량적으로
검정하여 최상의 상태를 유지하여야 한다.

05 사진측량의 표정(Orientation of Photography)

1. 개요

표정(Orientation)은 가상값으로부터 소요의 최확값을 구하는 단계적인 해석 작업을 말하며, 사진측량에서는 사진기와 사진 촬영 시 주위 사정으로 엄밀 수직사진을 얻을 수 없으므로 촬영점의 위치나 사진기의 경사 및 사진축척 등을 구하여 촬영 시의 사진기와 대상물 좌표계의 관계를 재현하는 것을 말한다. 표정은 기계적 방법과 해석적 방법이 있으며 내부표정과 외부표정으로 구분된다.

2. 표정의 필요성

(1) 엄밀 수직사진 불가능
(2) 각기 다른 경사와 다른 축척
(3) 촬영 당시 사진기와 대상물 좌표계와의 재현

3. 표정의 종류

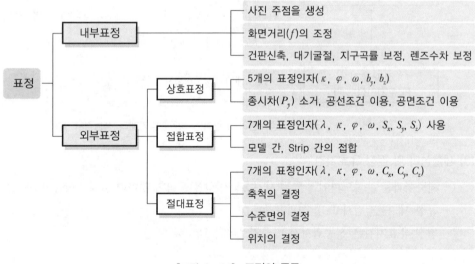

[그림 6-91] 표정의 종류

4. 내부표정(Inner Orientation)

내부표정이란 도화기의 투영기에 촬영 시와 동일한 광학관계를 갖도록 양화 필름을 정착시키는 작업이다. 사진의 주점을 도화기의 촬영중심에 일치시키고 초점거리를 도화기 눈금에 맞추는 작업이 기계적 내부표정 방법이며, 상좌표로부터 사진좌표를 구하는 수치처리를 해석적 내부표정 방법이라 한다.

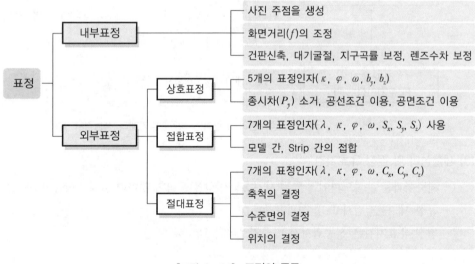

(1) 특징

① 기계좌표계와 사진좌표계 사이의 2차원적인 기하학적 관계를 수립하는 과정이다.

② 촬영 당시 광속의 기하상태를 재현하는 작업으로 기준점의 위치, 렌즈왜곡, 사진의 초점거리와 사진의 주점을 결정하고 부가적으로 사진의 오차를 보정하여 사진좌표의 정확도를 향상시키는 것을 말한다.

③ 내부표정에서 투영점을 찾기 위하여 설정해야 할 내부표정요소는 주점, 초점거리이다.

④ **기계적 내부표정** : 양화 필름의 지표를 투영기 건판지지기의 지표에 일치시키는 작업이다.

⑤ **해석적 내부표정** : 정밀좌표 관측기에 의해 관측된 상좌표를 사진좌표로 변환하는 작업이다.

(2) 내부표정 순서

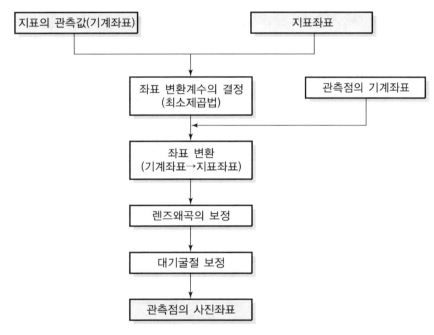

[그림 6-92] 내부표정 흐름도

(3) 내부표정 좌표조정 변환식

내부표정은 기계좌표로부터 지표좌표를 구한 다음 사진좌표를 구하는 단계적 표정으로서 좌표 변환식은 다음과 같은 2차원 변환식이 이용된다.

① **2차원 등각사상 변환(Conformal Transformation)** : 직교 기계좌표에서 관측된 지표좌표를 사진좌표로 변환할 때 이용되며, 축척변환, 회전, 평행변위 3단계로 이루어진다.

② **2차원 부등각사상 변환(Affine Transformation)** : 비직교인 기계좌표계에서 관측된 지표좌표계를 사진좌표계로 변환할 때 이용된다.

5. 상호표정(Relative Orientation)

대상물과의 관계는 고려하지 않고 좌우 사진의 양 투영기에서 나오는 광속이 이루는 종시차를 소거하여 1모델 전체가 완전 입체시가 되도록 하는 작업을 기계식 표정이라 하며, 좌우에 사진좌표를 주어서 공선조건에 의하여 미지변량을 구하는 해석적 표정으로 구분된다.

(1) 특징

① 중복사진의 각각의 사진좌표계 사이의 3차원적인 기하학적 관계를 수립하는 과정이다.

② 세부도화 시 한 모델을 이루는 좌우 사진에서 나오는 광속이 촬영면상에 이루는 종시차를 소거하여 목표 지형지물의 상대적 위치를 맞추는 작업을 말한다.

③ 사진기의 위치와 경사를 후방교회법으로 결정하는 과정이다.

④ 공선조건식을 활용하여 양쪽 사진의 종시차를 소거하는 작업이다.

⑤ Y 방향의 종시차를 소거하는 작업이다.

(2) 상호표정 순서

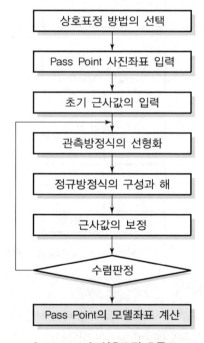

[그림 6-93] 상호표정 흐름도

(3) 상호표정 좌표조정 변환식

상호표정은 사진좌표로부터 사진기좌표를 구한 다음 모델좌표를 구하는 단계적 표정으로서 좌표 변환식은 다음과 같은 조건을 이용한다.

① 공선조건(Collinearity Condition) : 공간상의 임의의 점과 그에 대응하는 사진상의 점 및 사진기의 투영 중심이 동일직선상에 있어야 할 조건을 공선조건이라 한다. 입체사진측량에

서는 2개 이상의 공선조건이 얻어지므로 대상물의 3차원 좌표를 결정할 수 있다.

② 공면조건(Coplanarity Condition) : 두 개의 투영중심과 공간상의 두 점이 동일 평면상에 있기 위한 조건이다.

6. 절대표정(Absolute Orientation)

절대표정은 대지표정이라고도 하며, 상호표정이 끝난 모델을 피사체 기준점 또는 지상 기준점을 이용하여 피사체 좌표계 또는 지상 좌표계와 일치하도록 하는 작업이다. 절대표정은 축척의 결정, 수준면(경사조정)의 결정, 위치 결정 순서로 한다.

(1) 특징

① 상호표정으로 생성된 3차원 모델과 지상좌표계 사이의 기하학적 관계를 수립하는 과정이다.

② 축척을 정확히 맞추고 수준을 정확하게 맞추는 과정을 말한다.

③ 한 입체모델에서 수평위치 기준점 2점, 수직위치 기준점 3점이면 절대표정이 가능하다.

(2) 절대표정 순서

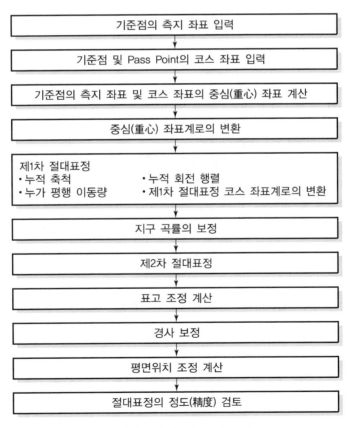

[그림 6-94] 절대표정 흐름도

(3) 대상물 3차원 좌표를 얻기 위한 조정법

대상물 3차원 좌표를 얻기 위한 조정의 기본단위로는 광속, 모델, 스트립, 블록이 이용되며, 실공간 3차원 위치 결정을 위한 조정법에는 광속조정법, 독립모델법, 다항식 조정법 등이 있다.

1) 다항식법(Polynomial Method)
① 스트립을 단위로 블록 조정
② 각 스트립을 다항식을 사용하여 최소제곱법 이용
③ 표고와 수평위치 조정으로 나누어 실시
④ 수평위치 조정방법에는 Helmert 변환, 등각사상 변환 이용
⑤ 다른 방법에 비하여 필요한 기준점 수가 많이 필요
⑥ 정확도가 다른 방법에 비하여 낮음
⑦ 계산량은 다른 방법에 비하여 적게 소요

2) 독립모델법(IMT : Independent Model Triangulation)
① 모델을 기본단위로 조정
② 접합점과 기준점을 이용하여 여러 모델들을 조정하여 절대좌표 환산
③ X, Y, Z를 동시 조정하는 방법과 X, Y/Z를 분리하여 조정하는 방법으로 대별됨
④ 복수 입체모델의 수평위치 조정에는 Helmert 변환식, 높이에 대해서는 1차 변환식이 결합
⑤ 다항식 방법에 비하여 기준점 수가 감소되며, 전체적인 정확도가 향상
⑥ 종래 큰 종·횡 모형에 자주 이용

3) 광속조정법(Bundle Adjustment)
① 사진을 기본단위로 사용하며 다수의 광속을 공선조건에 따라 표정
② 상좌표를 사진좌표로 변환한 다음 직접 절대좌표 환산
③ 기준점 및 접합점을 이용 최소제곱법으로 절대좌표를 산정
④ 각 점의 사진좌표가 관측값에 이용되며, 가장 조정능력이 높은 방법

4) DLT 방법
① 광속법을 변형한 방법
② 상좌표로부터 사진좌표를 거치지 않고 11개의 변수를 이용하여 직접 절대좌표 산정

7. 결론

사진측량에서 표정은 최종 절대좌표를 얻는 과정으로 항공사진측량의 가장 중요한 공정이다. 항공삼각측량의 진보로 보다 향상된 기법을 사용하고 있지만, 수치사진측량의 발달로 고가의 도화기를 이용하지 않고 컴퓨터상에서 사진측량의 모든 과정을 자동화할 수 있는 많은 연구가 필요하다고 판단된다.

1. 개요

항공삼각측량(사진기준점측량)은 도화기 또는 좌표측정기에 의하여 항공사진상에서 측정된 구점의 모델좌표 또는 사진좌표를 지상기준점 및 GNSS/INS 외부표정요소를 기준으로 지상좌표로 전환시키는 작업으로 시간 및 경비 절감, 표정점 감소, 높은 정확도, 경제성 등을 기대할 수 있는 기법이다.

2. 항공삼각측량의 분류

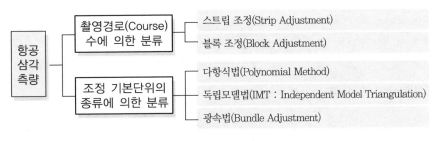

[그림 6-95] 항공삼각측량의 분류

3. 항공삼각측량의 작업 공정

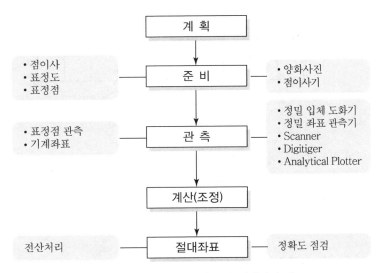

[그림 6-96] 항공삼각측량의 일반적 순서

4. 항공삼각측량의 계획

(1) 스트립(Strip) 조정계획

① 1코스의 모델 수는 10모델 표준으로 15모델 이내로 한다.

② 표정점수는 10모델마다 7점 이상으로 한다.

③ 절대표정에 필요한 표정점은 최초 모델에 3점, 마지막 2점, 중간에 2점을 둔다.

④ 표정점의 배치는 조정계산에 더욱 유용한 배치가 되도록 한다.

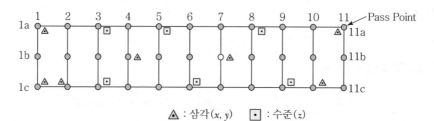

△ : 삼각(x, y)　□ : 수준(z)

[그림 6-97] 표정점 배치계획 (1)

(2) 블록(Block) 조정계획

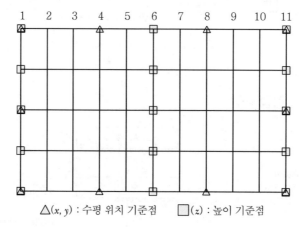

△(x, y) : 수평 위치 기준점　□(z) : 높이 기준점

[그림 6-98] 표정점 배치계획 (2)

① 수평위치 기준점과 높이 기준점의 정확도는 독립적인 관계이다.

② 삼각(△ : x, y)점은 블록 주변부(외곽)에 배치하는 것이 좋고, 축척조정에 관계한다.

③ 수준(□ : z)점은 Strip의 종방향과 횡방향 처음, 중간, 마지막에 횡방향으로 설치하며, 비행 방향에서의 높이의 만곡, 직각방향의 비틀림(경사) 등을 조정한다.

(3) 항공삼각측량계획 시 고려해야 할 요소

① 표정점 배치　　　　　　② 사진기의 피사각

③ 중복도　　　　　　　　④ 점이사

⑤ Block　　　　　　　　⑥ 자체 검정 유무

5. 항공삼각측량의 조정방법

항공삼각측량에는 조정의 기본단위로서 사진(Photo/Image), 입체모형(Model) 및 종접합 모형(Block)이 있으며, 이것을 기본단위로 하는 항공삼각측량 조정방법에는 다항식조정법(Polynomial Method), 독립모델법(Independent Model Triangulation), 광속조정법(Bundle Adjustment) 등이 있다.

(1) 다항식조정법(Polynomial Method)

① 스트립(Strip)을 단위로 하여 블록(Block)을 조정하는 것으로, 스트립마다 접합표정 또는 개략의 절대표정을 한 후, 블록(Block : 복스트립)에 포함된 기준점과 횡접합점을 이용하여 각 스트립의 절대표정을 다항식에 의한 최소제곱법으로 결정하는 방법이다.

② 다항식법은 표고와 수평위치의 조정을 나누어 실시하며, 수평위치 조정에 이용되는 방법에는 Helmert 변환, 2차원 등각사상 변환 등이 있다.

③ 이 방법은 다른 방법에 비해 필요한 기준점 수가 많게 되고 정확도도 저하된다. 단, 계산량은 다른 방법에 비해 적게 소모된다. 그러나 광속법이 개발됨에 따라 별로 사용되지 않는 방법이다.

④ 조정순서

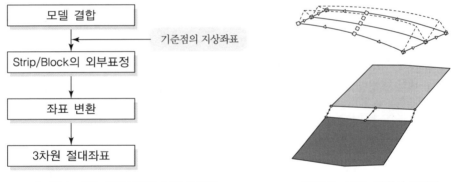

[그림 6-99] 다항식법의 처리 흐름도   [그림 6-100] 다항식 조정법

(2) 독립모델법(IMT : Independent Model Triangulation)

① 각 모델을 단위로 하여 접합점과 기준점을 이용하여 여러 모델의 좌표들을 절대좌표로 환산하는 방법이다.

② 독립모델법에는 7개의 미지변수가 존재하며, 각 점의 모델좌표가 관측값으로 취급된다.

③ 다항식에 비하여 기준점수가 감소되며, 전체적인 정확도가 향상되므로 큰 블록조정에 이용되나, 광속조정법이 개발됨에 따라 많이 사용되지 않고 있다.

④ 조정방법에는 수평위치 좌표와 높이를 동시에 조정하는 방법과 수평위치와 높이를 분리하여 조정하는 방법으로 나눌 수 있다.

⑤ 수평위치 조정에는 Helmert 변환식, 높이에 대해서는 1차 변환식이 이용된다.

⑥ 조정순서

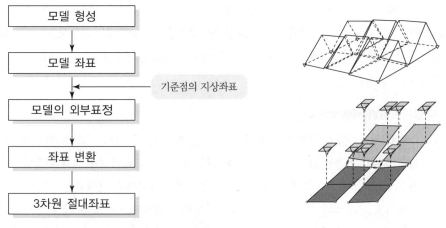

```
┌─────────────────┐
│    모델 형성     │
└─────────────────┘
         ↓
┌─────────────────┐
│    모델 좌표     │
└─────────────────┘
         ↓ ←──── 기준점의 지상좌표
┌─────────────────┐
│  모델의 외부표정  │
└─────────────────┘
         ↓
┌─────────────────┐
│    좌표 변환     │
└─────────────────┘
         ↓
┌─────────────────┐
│  3차원 절대좌표   │
└─────────────────┘
```

[그림 6-101] 독립모델법 처리 흐름도   [그림 6-102] 독립모델 조정법

(3) 광속조정법(Bundle Adjustment)

① 광속조정법은 상좌표를 사진좌표로 변환시킨 다음 사진좌표로부터 직접 절대좌표를 구하는 것으로, 종횡접합모형(Block) 내의 각 사진상에 관측된 기준점, 접합점의 사진좌표를 이용하여 최소제곱법으로 각 사진의 외부표정 요소 및 접합점의 최확값을 결정하는 방법이다.

② 각 점의 사진좌표가 관측값으로 이용되므로 다항식법이나 독립모델법에 비해 정확도가 가장 양호하며, 조정능력이 높은 방법이다.

③ 수동적인 작업은 최소이나 계산과정이 매우 복잡한 방법이다.

④ 내부 표정만으로 항공삼각측량이 가능한 최신의 방법이다.

④ 조정순서

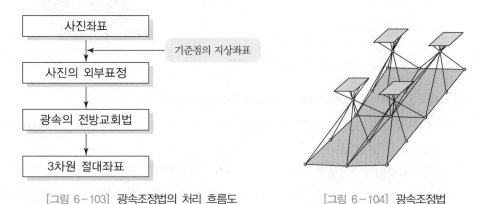

```
┌─────────────────┐
│    사진좌표      │
└─────────────────┘
         ↓ ←──── 기준점의 지상좌표
┌─────────────────┐
│  사진의 외부표정  │
└─────────────────┘
         ↓
┌─────────────────┐
│  광속의 전방교회법 │
└─────────────────┘
         ↓
┌─────────────────┐
│  3차원 절대좌표   │
└─────────────────┘
```

[그림 6-103] 광속조정법의 처리 흐름도   [그림 6-104] 광속조정법

(4) DLT 방법

광속조정법의 변형인 DLT 방법은 상좌표로부터 사진좌표를 거치지 않고 11개의 변수를 이용하여 직접 절대좌표를 구할 수 있다.

(5) 다항식/독립모델/광속조정법의 특징

[표 6-27] 항공삼각측량 조정법의 주요 특징

다항식법	독립모델법	광속조정법
• 스트립좌표를 기본 단위로 절대좌표 구함 • 다른 방법에 비해 기준점수가 많이 필요하고, 정확도가 저하 • 계산량은 다른 방법에 비해 적게 소모 • 기준점 및 종접합점의 불량점을 찾는 데는 용이 • 광속조정법이 개발됨에 따라 자주 이용되지 않음	• 모델좌표를 기본 단위로 절대좌표 구함 • 다항식에 비하여 기준점수가 감소되고 정확도가 향상되어 종래 큰 블록 조정에 이용 • 광속조정법이 개발됨에 따라 별로 이용되지 않음	• 사진좌표를 기본 단위로 절대좌표 구함 • 다항식법, 독립모델법에 비해 정확도가 가장 양호하며 조정 능력이 높은 방법 • 취급할 자료 및 미지수의 수가 다른 방법에 비해 매우 많음 • 수동적인 작업은 최소이나 계산과정이 매우 복잡한 방법

6. 결론

항공삼각측량은 사진측량 공정 중 가장 정확성을 요하는 단계이므로 매우 중요한 공정이다. 이에 철저한 표정점 배치 및 효과적인 해석법이 지속적으로 연구되어야 할 것이라 판단된다.

07 항공사진측량의 공선조건과 광속조정법

> 항공사진측량에 대한 다음 물음에 답하시오.
> 1. 공선조건식을 제시하고 그 의미를 설명하시오.
> 2. 광속조정법(Bundle Adjustment)의 정의, 작업순서, 관계식에 대해 설명하시오.

1. 공선조건식을 제시하고 그 의미를 설명하시오.

(1) 개요

공선조건(Collinearity Condition)은 사진의 노출점(L), 대상점(A), 상점(a)이 동일 직선 상에 있어야 하는 조건이며, 사진측량에서 가장 유용하게 사용되는 조건이다.

(2) 공선조건식

[그림 6-105]는 공선조건을 나타내는 그림이며, [그림 6-106]은 항공사진의 촬영점(L)은 X, Y, Z의 대상좌표체계에 대해 X_L, Y_L, Z_L의 좌표체계를 갖는다. 대상점 A에 상응하는 상점 a는 사진기좌표(x_a', y_a', z_a')를 가진다. 이 좌표는 대상좌표체계와 평행한 사진좌표체

계를 갖는다.

3차원 회전식을 이용하여 [그림 6-105]의 상점 a는 [그림 6-107]의 X, Y, Z 좌표체계에 평행인 x', y', z' 좌표체계로 회전변환될 수 있다. 회전된 사진기좌표 x_a', y_a', z_a'는 사진좌표(x_a, y_a), 카메라 초점거리(f), 회전요소$(\kappa, \varphi, \omega)$로 표현될 수 있다. 회전변환식은 다음과 같다.

$$
\begin{bmatrix} x_a' \\ y_a' \\ z_a' \end{bmatrix} = R_{\kappa,\varphi,\omega} \begin{bmatrix} x_a \\ y_a \\ z_a \end{bmatrix} \quad \cdots\cdots\cdots \text{①}
$$

여기서, x_a', y_a', z_a' : 변환좌표계(기울어지지 않은 좌표계)
x_a, y_a, z_a : 기울어진 좌표계
R : 회전변환계수
m : 회전$(\kappa, \varphi, \omega)$요소

①식을 다항식으로 표현하면,

$$
\left. \begin{aligned} x_a &= m_{11}x_a' + m_{12}y_a' + m_{13}z_a' \\ y_a &= m_{21}x_a' + m_{22}y_a' + m_{23}z_a' \\ z_a &= m_{31}x_a' + m_{32}y_a' + m_{33}z_a' \end{aligned} \right\} \quad \cdots\cdots\cdots \text{②}
$$

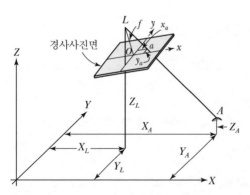

L : 노출점, A : 대상점, a : 상점
X_A, Y_A, Z_A : 대상점 좌표
X_L, Y_L, Z_L : 노출점 좌표
x_a, y_a, f : 상점 좌표

[그림 6-105] 공선조건

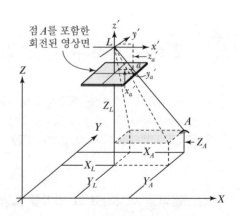

x_a', y_a', z_a' : 기울어지지 않는 좌표

[그림 6-106] 대상물 좌표체계와 평행하도록
회전된 사진좌표계

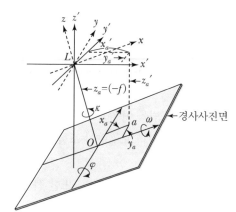

$x_a{'}, y_a{'}, z_a{'}$: 기울어지지 않는 좌표
x_a, y_a, z_a : 기울어진 좌표

[그림 6-107] 기울어진 좌표계와 기울어지지 않는 좌표계

공선조건식은 [그림 6-106]으로부터 유도된다.

$$\frac{x_a{'}}{X_A - X_L} = \frac{y_a{'}}{Y_A - Y_L} = \frac{-z_a{'}(f)}{Z_A - Z_L} \quad \dots\dots\dots ③$$

여기서, $x_a{'} = \left(\dfrac{X_A - X_L}{Z_A - Z_L}\right) z_a{'} \quad \dots\dots\dots\dots ④$

$y_a{'} = \left(\dfrac{Y_A - Y_L}{Z_A - Z_L}\right) z_a{'} \quad \dots\dots\dots\dots ⑤$

$z_a{'} = \left(\dfrac{Z_A - Z_L}{Z_A - Z_L}\right) z_a{'} \quad \dots\dots\dots\dots ⑥$

위의 식 ④, ⑤, ⑥을 식 ②에 대입하면,

$$x_a = m_{11}\left(\frac{X_A - X_L}{Z_A - Z_L}\right)z_a{'} + m_{12}\left(\frac{Y_A - Y_L}{Z_A - Z_L}\right)z_a{'} + m_{13}\left(\frac{Z_A - Z_L}{Z_A - Z_L}\right)z_a{'} \quad \dots\dots ⑦$$

$$y_a = m_{21}\left(\frac{X_A - X_L}{Z_A - Z_L}\right)z_a{'} + m_{22}\left(\frac{Y_A - Y_L}{Z_A - Z_L}\right)z_a{'} + m_{23}\left(\frac{Z_A - Z_L}{Z_A - Z_L}\right)z_a{'} \quad \dots\dots ⑧$$

$$z_a = m_{31}\left(\frac{X_A - X_L}{Z_A - Z_L}\right)z_a{'} + m_{32}\left(\frac{Y_A - Y_L}{Z_A - Z_L}\right)z_a{'} + m_{33}\left(\frac{Z_A - Z_L}{Z_A - Z_L}\right)z_a{'} \quad \dots\dots ⑨$$

⑦, ⑧식을 ⑨식으로 나누고 $z_a{'}$ 대신에 $-f$를 대입하면 공선조건의 기본식을 유도할 수 있다.

$$x_a = -f\left[\frac{m_{11}(X_A - X_L) + m_{12}(Y_A - Y_L) + m_{13}(Z_A - Z_L)}{m_{31}(X_A - X_L) + m_{32}(Y_A - Y_L) + m_{33}(Z_A - Z_L)}\right]$$

$$y_a = -f\left[\frac{m_{21}(X_A - X_L) + m_{22}(Y_A - Y_L) + m_{23}(Z_A - Z_L)}{m_{31}(X_A - X_L) + m_{32}(Y_A - Y_L) + m_{33}(Z_A - Z_L)}\right]$$

여기서, x_a, y_a : 상좌표, f : 초점거리

(3) 의미(특징)

① 공선조건은 지상점, 사진점, 투영중심이 동일한 직선상에 존재한다는 조건이다.

② 하나의 사진에서 충분한 지상기준점이 주어진다면 공선조건식에 의해 외부표정요소(X_0, Y_0, Z_0, κ, φ, ω)를 계산할 수 있다.

③ 상기 공선조건식은 비선형 방정식이므로 최소제곱법을 이용하여 표정요소 및 사진기준점 좌표를 구하기 위해서는 각각의 관측에 대한 초깃값과 보정량이 포함된 선형방정식으로 변환해야 한다(Taylor급수를 사용).

④ 선형화된 공선조건식을 이용하여 외부표정요소 결정(후방교회법) 또한 선형화된 공선조 건식을 이용 전방교회법에 의해 지상점의 3차원 좌표를 결정할 수 있다.

2. 광속조정법(Bundle Adjustment)의 정의, 작업순서, 관계식에 대해 설명하시오.

(1) 정의

① 광속조정법은 사진좌표(Photo Coordinate)를 기본단위로 하여 절대좌표를 구한다. 이 경우 상좌표를 사진좌표로 변환시킨 다음 사진좌표로부터 직접절대좌표(Absolute Coordinate) 를 구한다.

② 블록(Block) 내의 각 사진상에 관측된 기준점, 접합점의 사진좌표를 이용하여 최소제곱법 으로 각 사진의 외부표정요소 및 접합점의 최확값을 결정하는 방법이다.

③ 각 점의 사진좌표가 관측값으로 이용되며, 이 방법은 다항식법, 독립모델법과 비교하여 정 확도가 가장 양호하며 조정능력이 높은 방법이다.

(2) 작업순서

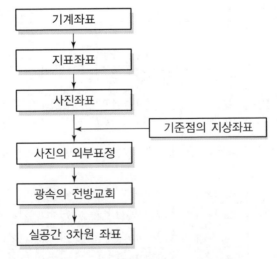

[그림 6-108] 광속조정법 처리 흐름도

(3) 관계식

번들 블록 조정은 공선조건을 사용한다. 공선조건식을 약간 변형하면 다음과 같다.

$$x_{ij} = x_0 - f \left[\frac{m_{11i}(X_j - X_{Li}) + m_{12i}(Y_j - Y_{Li}) + m_{13i}(Z_j - Z_{Li})}{m_{31i}(X_j - X_{Li}) + m_{32i}(Y_j - Y_{Li}) + m_{33i}(Z_j - Z_{Li})} \right]$$

$$y_{ij} = x_0 - f \left[\frac{m_{21i}(X_j - X_{Li}) + m_{22i}(Y_j - Y_{Li}) + m_{23i}(Z_j - Z_{Li})}{m_{31i}(X_j - X_{Li}) + m_{32i}(Y_j - Y_{Li}) + m_{33i}(Z_j - Z_{Li})} \right]$$

여기서, x_{ij}, y_{ij} : 사진상에 있는 한 점 j에 대한 사진좌표
x_0, y_0 : 사진좌표계 내에서의 주점 좌표
f : 초점거리
m_{11i}, m_{12i}, ..., m_{33i} : 사진 i에 대한 회전행렬
X_j, Y_j, Z_j : 대상좌표계 내에서의 j점 지상좌표
X_{Li}, Y_{Li}, Z_{Li} : 카메라 렌즈의 입사점에 대한 지상좌표계로의 좌표

공선조건식은 비선형 방정식이므로 Taylor급수전개식에 의하여 선형화하여야 하며 선형화된 공선조건식을 행렬로 표시하면 다음과 같다.

$$\dot{B}_{ij} + \dot{\triangle}_i + \ddot{B}_{ij} + \ddot{\triangle}_j = \varepsilon_{ij} + V_{ij}$$

여기서, $\dot{B}_{ij} = \begin{bmatrix} b_{11_{ij}} & b_{12_{ij}} & b_{13_{ij}} & -b_{14_{ij}} & -b_{15_{ij}} & -b_{16_{ij}} \\ b_{21_{ij}} & b_{22_{ij}} & b_{23_{ij}} & -b_{24_{ij}} & -b_{25_{ij}} & -b_{26_{ij}} \end{bmatrix}$, $\ddot{B}_{ij} = \begin{bmatrix} b_{14_{ij}} & b_{15_{ij}} & b_{16_{ij}} \\ b_{24_{ij}} & b_{25_{ij}} & b_{26_{ij}} \end{bmatrix}$

$$\dot{\triangle}_i = \begin{bmatrix} d\omega_i \\ d\varphi_i \\ d\kappa_i \\ dX_{Li} \\ dY_{Li} \\ dZ_{Li} \end{bmatrix}, \quad \ddot{\triangle}_j = \begin{bmatrix} dX_j \\ dY_j \\ dZ_j \end{bmatrix}, \quad \varepsilon_{ij} = \begin{bmatrix} J_{ij} \\ K_{ij} \end{bmatrix}, \quad V_{ij} = \begin{bmatrix} \nu_{x_{ij}} \\ \nu_{y_{ij}} \end{bmatrix}$$

행렬 $\dot{B}_j$는 사진 i의 외부표정요소에 관련된 공선조건식의 편미분 항으로 초기근사값에 의한 것이며, 행렬 $\ddot{B}_j$도 행렬 $\dot{B}_j$와 같이 대상점 j의 지상기준점 좌표계에 관련된 공선조건식의 미분 항으로 초기근사값에 의한 행렬이다. 행렬 $\dot{\triangle}_i$는 사진 i에 대한 외부표정요소의 초기근사값에 대한 보정값이며, $\ddot{\triangle}_j$는 대상점 j의 초기 좌푯값에 대한 보정값을 표시하는 행렬이다. 행렬 ε_{ij}는 사진 i에 있는 점 j의 측정된 좌표와 계산된 좌표의 차에 대한 행렬이고 V_{ij}는 사진좌표 x, y에 대한 잔차 행렬이다.

공선조건식을 기반으로 공간후방교회법(Space Resection)과 공간전방교회법(Space Intersection)의 개념과 활용

1. 개요

공선조건(Collinearity Condition)은 사진의 노출점(L), 대상점(A), 상점(a)이 동일 직선상에 있어야 하는 조건이며, 사진측량에서 가장 유용하게 사용되는 조건이다. 이 조건식은 3점의 지상기준점을 이용하여 노출점 L의 좌표(X_L, Y_L, Z_L)와 표정인자(κ, φ, ω)를 후방교회법에 의하여 구하고, 외부표정인자 6개와 상점(x, y)을 이용하여 새로운 지상점의 좌표(X, Y, Z)를 구하는 전방교회법에 이용된다.

2. 공선조건식

[그림 6-109]는 공선조건을 나타내는 그림이며, [그림 6-110]은 항공사진의 촬영점(L)은 X, Y, Z의 대상좌표체계에 대해 X_L, Y_L, Z_L의 좌표체계를 갖는다. 대상점 A에 상응하는 상점 a는 사진기좌표($x_a{}'$, $y_a{}'$, $z_a{}'$)를 가진다. 이 좌표는 대상좌표체계와 평행한 사진좌표체계를 갖는다.

3차원 회전식을 이용하여 [그림 6-109]의 상점 a는 [그림 6-111]의 X, Y, Z 좌표체계에 평행인 x', y', z' 좌표체계로 회전변환될 수 있다. 회전된 사진기좌표 $x_a{}'$, $y_a{}'$, $z_a{}'$는 사진좌표(x_a, y_a), 카메라 초점거리(f), 회전요소(κ, φ, ω)로 표현되어 질 수 있다. 회전변환식은 다음과 같다.

$$\begin{bmatrix} x_a{}' \\ y_a{}' \\ z_a{}' \end{bmatrix} = R_{\kappa,\varphi,\omega} \begin{bmatrix} x_a \\ y_a \\ z_a \end{bmatrix} \quad\cdots\cdots\cdots\cdots\cdots\cdots\cdots\cdots\cdots\cdots\cdots\cdots\cdots\cdots\cdots ①$$

여기서, $x_a{}'$, $y_a{}'$, $z_a{}'$: 변환좌표계(기울어지지 않은 좌표계)
x_a, y_a, z_a : 기울어진 좌표계
R : 회전변환계수
m : 회전(κ, φ, ω)요소

①식을 다항식으로 표현하면,

$$\left.\begin{array}{l} x_a = m_{11}x_a{}' + m_{12}y_a{}' + m_{13}z_a{}' \\ y_a = m_{21}x_a{}' + m_{22}y_a{}' + m_{23}z_a{}' \\ z_a = m_{31}x_a{}' + m_{32}y_a{}' + m_{33}z_a{}' \end{array}\right\} \quad\cdots\cdots\cdots\cdots\cdots\cdots\cdots\cdots\cdots\cdots ②$$

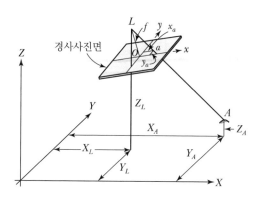

L : 노출점, A : 대상점, a : 상점

X_A, Y_A, Z_A : 대상점 좌표

X_L, Y_L, Z_L : 노출점 좌표

x_a, y_a, f : 상점 좌표

[그림 6-109] 공선조건

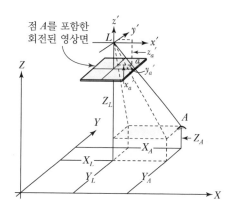

x_a', y_a', z_a' : 기울어지지 않는 좌표

[그림 6-110] 대상물 좌표체계와 평행하도록
회전된 사진좌표계

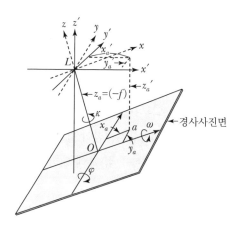

x_a', y_a', z_a' : 기울어지지 않는 좌표

x_a, y_a, z_a : 기울어진 좌표

[그림 6-111] 기울어진 좌표계와 기울어지지 않는 좌표계

공선조건식은 [그림 6-110]으로부터 유도된다.

$$\frac{x_a'}{X_A - X_L} = \frac{y_a'}{Y_A - Y_L} = \frac{-z_a'(f)}{Z_A - Z_L} \quad \cdots\cdots ③$$

$$여기서, \; x_a' = \left(\frac{X_A - X_L}{Z_A - Z_L}\right) z_a' \quad \cdots\cdots ④$$

$$y_a' = \left(\frac{Y_A - Y_L}{Z_A - Z_L}\right) z_a' \quad \cdots\cdots ⑤$$

$$z_a' = \left(\frac{Z_A - Z_L}{Z_A - Z_L}\right) z_a' \quad \cdots\cdots ⑥$$

위의 식 ④, ⑤, ⑥을 식 ②에 대입하면,

$$x_a = m_{11}\left(\frac{X_A - X_L}{Z_A - Z_L}\right)z_a{}' + m_{12}\left(\frac{Y_A - Y_L}{Z_A - Z_L}\right)z_a{}' + m_{13}\left(\frac{Z_A - Z_L}{Z_A - Z_L}\right)z_a{}' \quad \cdots\cdots\cdots\cdots\cdots ⑦$$

$$y_a = m_{21}\left(\frac{X_A - X_L}{Z_A - Z_L}\right)z_a{}' + m_{22}\left(\frac{Y_A - Y_L}{Z_A - Z_L}\right)z_a{}' + m_{23}\left(\frac{Z_A - Z_L}{Z_A - Z_L}\right)z_a{}' \quad \cdots\cdots\cdots\cdots\cdots ⑧$$

$$z_a = m_{31}\left(\frac{X_A - X_L}{Z_A - Z_L}\right)z_a{}' + m_{32}\left(\frac{Y_A - Y_L}{Z_A - Z_L}\right)z_a{}' + m_{33}\left(\frac{Z_A - Z_L}{Z_A - Z_L}\right)z_a{}' \quad \cdots\cdots\cdots\cdots\cdots ⑨$$

⑦, ⑧식을 ⑨식으로 나누고 $z_a{}'$ 대신에 $-f$를 대입하면 공선조건의 기본식을 유도할 수 있다.

$$x_a = -f\left[\frac{m_{11}(X_A - X_L) + m_{12}(Y_A - Y_L) + m_{13}(Z_A - Z_L)}{m_{31}(X_A - X_L) + m_{32}(Y_A - Y_L) + m_{33}(Z_A - Z_L)}\right]$$

$$y_a = -f\left[\frac{m_{21}(X_A - X_L) + m_{22}(Y_A - Y_L) + m_{23}(Z_A - Z_L)}{m_{31}(X_A - X_L) + m_{32}(Y_A - Y_L) + m_{33}(Z_A - Z_L)}\right]$$

여기서, x_a, y_a : 상좌표, f : 초점거리

3. 공선조건에 의한 공간후방교회법

(1) 개념

공선조건식에 의한 공간후방교회법은 사진의 6개의 외부표정요소, 즉 ω, κ, φ, X_L, Y_L, Z_L를 결정하는 방법이다. 이 방법에서는 최소한 3점의 지상기준점이 필요하다. 만일 지상기준점의 좌표를 알고 있다면 후방교회법에 의한 공선조건식은 점 A에 대하여 다음과 같다.

$$\left.\begin{array}{l} b_{11}d\omega + b_{12}d\varphi + b_{13}d\kappa - b_{14}dX_L - b_{15}dY_L - b_{16}dZ_L = J + v_{x_a} \\ b_{21}d\omega + b_{22}d\varphi + b_{23}d\kappa - b_{24}dX_L - b_{25}dY_L - b_{26}dZ_L = K + v_{y_a} \end{array}\right] \quad \cdots\cdots\cdots\cdots ⑩$$

하나의 기준점 당 2개의 방정식이 성립되므로 최소 3개의 기준점이 있으면 6개의 방정식이 성립되며 미지수가 6개이므로 유일해를 얻을 수 있다. 이 경우 식 ⑩의 우변 항의 잔차는 0이 된다. 만일 3점 이상의 기준점을 사용하면 최소제곱법을 사용하여야 한다. 공선조건식은 비선형방정식으로서 Taylor급수에 의하여 선형화하였으므로 미지수들에 대한 초기 가정값이 필요하다. 일반적으로 수직사진의 경우 $\omega = \varphi = 0$으로 하고 Z_L은 몇 개의 기준점으로부터 비행고도를 계산하고 이들을 평균하여 사용한다. X_L과 Y_L, κ는 영상좌표와 지상좌표 간의 2차원 사상변환 방법을 응용하여 계산한다.

(2) 활용

공선조건에 의한 공간후방교회법을 이용하여 선형화된 공선조건식으로 6개의 외부표정요소를 결정하는 데 활용된다.

4. 공선조건에 의한 공간전방교회법

(1) 개념

[그림 6-112]에서와 같이 외부표정요소가 결정된 사진으로부터 점 A에 대한 광속의 교차점을 구하면 점 A의 지상좌표를 구할 수 있다. 이러한 방법을 공간전방교회법이라 부른다. 공간전방교회법에 의하여 A점에 대한 좌표를 계산하기 위해서는 각 점에 대하여 식 ⑪과 같이 선형 공선조건식을 세울 수 있다.

$$\left. \begin{array}{l} b_{14}dX_A + b_{15}dY_A + b_{16}dZ_A = J + v_{x_a} \\ b_{24}dX_A + b_{25}dY_A + b_{26}dZ_A = K + v_{y_a} \end{array} \right] \cdots\cdots\cdots\cdots\cdots\cdots\cdots\cdots\cdots\cdots\cdots\cdots ⑪$$

그러나 6개의 외부표정요소는 이미 알고 있기 때문에 식 ⑪에 남아 있는 미지수는 단지 dX_A, dY_A, dZ_A, 3개이므로 최소제곱을 사용하여 결정할 수 있다. 이와 같이 계산된 보정값은 X, Y, Z의 초기 가정값에 합하여서 X, Y, Z에 대한 새로운 좌푯값으로 하여 계산을 반복하게 된다. 이러한 반복계산은 보정값, dX_A, dY_A, dZ_A이 무시할 정도의 값이 될 때까지 반복한다. 초깃값은 지상좌표를 알고자 하는 모든 기준점들에 대하여 필요하다.

일반적으로 이들 초깃값의 계산은 수직사진의 경우 시차공식을 사용하여 계산한다. 시차공식을 사용함에 있어 기준면으로부터 투영중심까지의 거리, Z_R은 두 사진의 노출점에 대한 지상좌표, 즉 X, Y, Z는 알고 있으므로 두 노출점의 Z좌표, 즉 Z_{L_1}과 Z_{L_2}의 평균값으로 하며 B의 값은 $B = \sqrt{(X_{L_2} - X_{L_1})^2 + (Y_{L_2} - Y_{L_1})^2}$으로 계산한다.

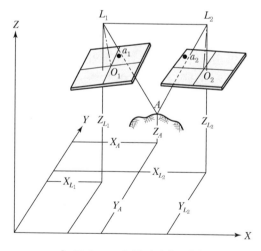

[그림 6-112] 공간전방교회법

(2) 활용

공선조건에 의한 공간전방교회법을 이용하여 외부표정요소와 결정된 사진좌표들로부터 지상점의 좌표를 결정하는데 활용된다.

5. 결론

공선조건(Collinearity Condition)은 사진의 노출점(L), 대상점(A), 상점(a)이 동일 직선상에 있어야 하는 조건이며, 사진측량에서 가장 유용하게 사용되는 조건이다. 그러므로 기본원리를 철저하게 학습하여 항공사진측량 및 위성측량 등 다양한 분야에 활용해야 할 것이다.

---

09 Direct Georeferencing(GNSS/INS 항공사진측량)

1. 개요

3차원 지형정보를 수집·처리하고 가공하는 기법들이 발달함에 따라 다양한 시스템들이 개발되고 있으며, 현재 인공위성, 항공기 및 차량 등을 이용하여 지형정보를 취득하는 매핑 센서들이 개발되고 있다. Direct Georeferencing이란 지형공간정보를 취득하는 매핑센서에 대한 여섯 개의 외부표정요소(X_0, Y_0, Z_0, κ, φ, ω), 즉 촬영이나 센싱 당시 탑재된 센서의 위치와 자세를 현지에서 직접 결정하여 모든 영상점들을 지상의 대응점에 매칭시키는 작업을 말한다.

2. Direct Georeferencing(GNSS/INS 항공사진측량)의 필요성

(1) 기존의 항공사진측량은 지상기준점 측량을 병행하여 지형도를 제작함으로써 많은 경비와 시간을 소요하게 되어 측량의 경제성과 효율성을 떨어뜨리는 단점이 있다.

(2) 이러한 단점을 극복하기 위해 선진 각국에서는 항공사진측량에 첨단 전자장비인 GNSS와 INS를 연계 활용하여 최소의 지상기준점만을 이용하여도 재래식 항측에 비해 정확도의 손실 없이 신속·정확한 지형정보의 취득 및 작업공정 단축 등이 가능한 혁신적인 GNSS/INS 항측 신기술을 개발, 이를 업무에 실용화하고 있다.

(3) 국내에서도 측량 신기술인 GNSS/INS를 항공사진측량에 접목하여 사진기준점 측량에의 적용 가능성과 정확도 등을 검증하고 실무적용을 위한 종합적이고 구체적인 작업규칙 및 품셈 등이 마련되고 있다.

3. 장점

Direct Georeferencing 작업이 완전히 구현되면 기존의 외부표정요소 결정 작업에 비하여 다음과 같은 장점이 있다.

(1) 지상측량작업과 사진기준점 측량(AT) 작업이 불필요함

(2) 영상자료로부터 직접 지상의 위치결정이 가능함

(3) 타 센서에 의해 수집된 데이터와의 연계 활용이 편리함

(4) 수집된 자료의 센서 좌표계와 독립적인 좌표계로 신속히 표현할 수 있음

4. 기본원리

(1) Direct Georeferencing

Direct Georeferencing은 GNSS로부터 플랫폼의 절대 위치정보를 얻고 시간이 경과함에 따라 변화하는 플랫폼의 위치 및 회전요소를 INS에 의하여 구한다.

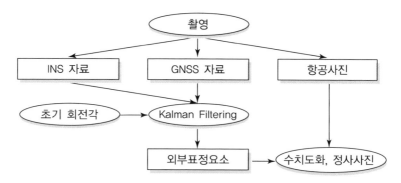

[그림 6-113] 항공사진측량의 Direct Georeferencing

※ Kalman Filtering : 반복적으로 관측되는 두 시스템의 관측값을 반복적인 연산을 통해 최확값을 얻어내는 기법이다.

※ 외부표정요소 : 항공사진측량에서 항공기에 GNSS 수신기를 탑재할 경우 비행기의 위치 $(X_0,\ Y_0,\ Z_0)$를 얻을 수 있으며, 관성측량장비(INS)까지 탑재한 경우 $(\kappa,\ \varphi,\ \omega)$를 얻을 수 있다. $(X_0,\ Y_0,\ Z_0)$ 및 $(\kappa,\ \varphi,\ \omega)$를 사진측량의 외부표정요소라 한다.

(2) 카메라 렌즈 좌표식

$$\begin{bmatrix} X_0 \\ Y_0 \\ Z_0 \end{bmatrix} = \begin{bmatrix} X_{GNSS} \\ Y_{GNSS} \\ Z_{GNSS} \end{bmatrix} - R'^T \begin{bmatrix} X_A \\ Y_A \\ Z_A \end{bmatrix}$$

여기서, $X_0,\ Y_0,\ Z_0$: 카메라 노출점의 좌표

$X_{GNSS},\ Y_{GNSS},\ Z_{GNSS}$: GNSS 안테나 좌표

$X_A,\ Y_A,\ Z_A$: 안테나 벡터에 대한 카메라의 좌표

R' : 회전행렬

$R' = \begin{bmatrix} \omega' = \omega - \Delta\omega \\ \varphi' = \varphi - \Delta\varphi \\ \kappa' = \kappa - \Delta\kappa \end{bmatrix}$ 여기서, $\omega,\ \varphi,\ \kappa$: 지상좌표계에 관련한 카메라의 각 외부표정

$\Delta\omega,\ \Delta\varphi,\ \Delta\kappa$: 거치대에 관련한 미소회전

$\omega',\ \varphi',\ \kappa'$: 안테나 벡터에 관련한 카메라 회전

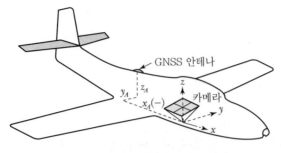

[그림 6-114] 항공기와 GNSS 장치

5. GNSS/INS 통합에 의한 효과

두 센서의 단점을 서로 보완하여 장점만을 취하므로 각기 단독 시스템으로는 불가능한 외부표정
요소를 매우 정밀하게 결정할 수 있는 효과가 있다.

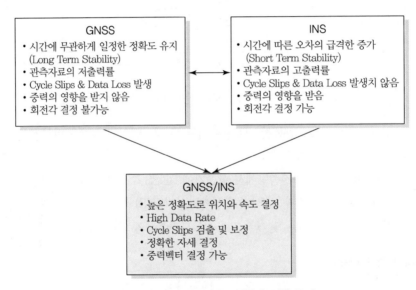

GNSS	INS
• 시간에 무관하게 일정한 정확도 유지 (Long Term Stability) • 관측자료의 저출력률 • Cycle Slips & Data Loss 발생 • 중력의 영향을 받지 않음 • 회전각 결정 불가능	• 시간에 따른 오차의 급격한 증가 (Short Term Stability) • 관측자료의 고출력률 • Cycle Slips & Data Loss 발생치 않음 • 중력의 영향을 받음 • 회전각 결정 가능

GNSS/INS
• 높은 정확도로 위치와 속도 결정
• High Data Rate
• Cycle Slips 검출 및 보정
• 정확한 자세 결정
• 중력벡터 결정 가능

[그림 6-115] GNSS/INS 통합에 의한 효과

6. 적용분야

(1) Mobile Mapping System(MMS)

(2) GNSS/INS를 이용한 항공사진측량

(3) 항공레이저측량(LiDAR)

(4) 항공중력관측

(5) 원격탐측 및 환경감시

7. 기대효과

(1) 블록의 규모와 형태에 따라 최소기준점(4~6점)만 설치하여도 기존 항공사진측량의 정확도 확보가 가능하기 때문에 외부표정요소의 직접 결정으로 지상기준점의 대폭 감소로 인한 지도 제작 사업비의 절감으로 항측의 경제성을 향상시킬 수 있다.

(2) 정확한 카메라 노출 지점의 자동 결정으로 신속하고 간편하게 수치정사사진지도 제작이 가능함에 따라 정확한 목표지점 촬영(Pinpoint Photography)이 가능하다.

(3) 항공사진촬영 시 GNSS 항법에 의한 비행코스의 일관성 및 정확성을 유지하여 스트립 배열의 자동화 및 종 · 횡 중복도의 자동조절 등으로 후속공정인 블록조정의 자동화를 꾀하여 항공사진측량의 일부 공정을 자동화할 수 있다.

(4) 향후 GNSS/INS 기술개발로 항공 중력측정, 위성 영상분석 및 MMS 등의 측량 관련 타 분야에 응용이 가능하다.

8. Boresight Calibration

(1) Boresight Calibration은 디지털 항공사진 카메라와 INS 간 좌표계의 방향을 일치시키는 방법으로 보정값 Misalignment Angle (T_x, T_y, T_z)와 Local Shift (d_x, d_y, d_z)를 산출하는 것이다.

(2) Direct Georeferencing 기술은 디지털 항공사진 카메라와 GNSS/INS 시스템에 의해 재래식 기준점 관측 없이 공간정보를 빠르고 정확하게 수집할 수 있다. 하지만 GNSS/INS를 장착한 센서를 이용하여 Direct Georeferencing이나 항공삼각측량 수행 시 Boresight Calibration 결과는 정확도에 중대한 영향을 미치므로, 항공기용 센서의 Boresight Calibration을 위해서는 정확하고 균등하게 분포된 GCP가 포함된 검증된 테스트 베드에서 촬영을 수행하여야 한다.

(3) 정확한 Boresight Calibration을 수행하였을 경우 별도의 항공삼각측량 없이 Direct Georeferencing 기술 적용만으로 중축척 정확도의 정사영상 제작이 가능하다. 이는 비용 및 작업시간을 절약할 수 있는 이점이 있고, 정사영상 제작 시 적은 기준점 수를 갖거나, 지상 기준점을 설치할 수 없을 때 매우 중요하게 사용된다.

9. 문제점 및 연구동향

(1) 지금까지 GNSS 항측에 대한 연구는 주로 기준점 감소와 블록의 형상을 최적화하는 데 집중되었다.

(2) 연구결과 곡선부 선회 시의 신호차단, GNSS 관측값의 편류현상, 위성의 기하학적 변화, 안테나의 편심과 시각동기, 기준 타원체 설정 등과 같은 여러 가지 문제점들이 노출되었다.

(3) 현재 GNSS 보조에 의한 블록 조정의 중심과제는 바로 이들의 정오차 보정에 있다. 그런데, GNSS 위치결정의 정확도를 저해하는 요인들이 GNSS 위성체계 완성, 새로운 수신기의 등장

및 응용프로그램의 개선 등으로 많이 소거해가는 실정이다.

(4) 현재 GNSS 항측에서 완전히 해결되지 않고 남아 있는 가장 큰 문제는 바로 불명확 상수의 미처리에 따른 편류오차이다. 따라서 GNSS 항측을 위해서는 이 편류오차를 블록 조정 전 효율적으로 소거하든지 그렇지 않으면 최소한 블록 조정 시 모형화해야 한다.

10. 결론

최근 측량은 전자 통신, 전자 광학기술, 컴퓨터 등의 발달로 첨단화 및 자동화되는 추세이다. 그러나 이런 첨단기술을 곧바로 실무에 적용하게 되면 많은 혼란이 야기될 수 있으므로, 산·학·연의 공동연구, 실험 및 기준제정 등을 통하여 결과 정확도를 상호 비교한 후 실무에 도입해야 할 것으로 판단된다.

10 　수치사진측량(Digital Photogrammetry)

1. 개요

수치사진측량(Digital Photogrammetry)은 수치영상(Digital Image)을 이용해 컴퓨터상에서 대상물에 대한 정보를 해석하고 취득한다는 점에서 기존 항공사진이나 지상사진 등에 아날로그 형태의 자료를 이용하는 해석사진측량과 차이가 있고, 수치사진측량 자료는 다양하게 응용될 수 있는 첨단 사진측량 방법이다. 특히, 사진측량의 일련 과정에 대한 자동화를 목적으로 연구가 진행되며, 관측과정의 자동화와 실시간 3차원 측량기법 개발 등이 활발히 이루어지고 있다.

2. 수치사진측량의 연혁

(1) 수치사진측량은 1970년대 중반부터 수치적 편위수정 방법에 의해 수치정사투영 영상을 생성하기 위한 연구가 시작

(2) 1979년 Konecny에 의해 구체적 방법 제시

(3) 1980년대 말에 수치영상자료 정량적 위치결정에 활발히 연구[영상정합/영상처리(Image Processing)]

(4) 1990년대 들어 입체영상의 동일점을 탐색하기 위한 영상정합 및 수치영상처리기법 등에 많은 연구

3. 수치사진측량의 특징

수치사진측량은 기존 아날로그 사진측량과 비교하면 다음과 같은 특징이 있다.

(1) 다양한 수치영상처리 과정(Digital Image Processing)에 이용되므로 자료에 대한 처리 범위가 넓음
(2) 기존의 아날로그 형태의 자료보다 취급이 용이
(3) 기존의 해석사진측량에서 처리가 곤란했던 광범위한 형태의 영상을 생성
(4) 수치 형태로 자료가 처리되므로 지형공간정보체계에 쉽게 적용
(5) 기존의 해석사진측량보다 경제적이며 효율적
(6) 자료의 교환 및 유지관리가 용이
(7) 다양한 결과물의 생성이 가능
(8) 자동화에 의해 효율성이 증가

4. 수치사진측량의 작업순서

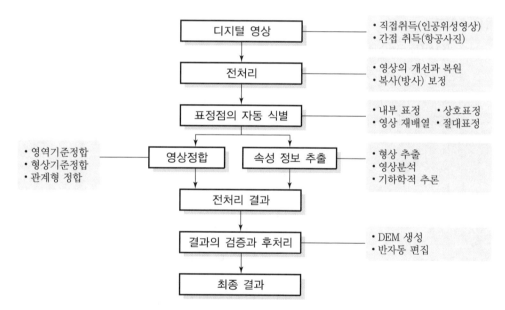

[그림 6-116] 수치사진측량의 작업 흐름도

5. 수치사진측량의 자료취득방법

수치사진측량의 자료취득방법은 크게 인공위성 센서에 의한 직접취득방법과 기존 사진을 주사(Scanning)하는 간접적 방법으로 구분되며, 세부적인 자료취득체계는 다음과 같다.

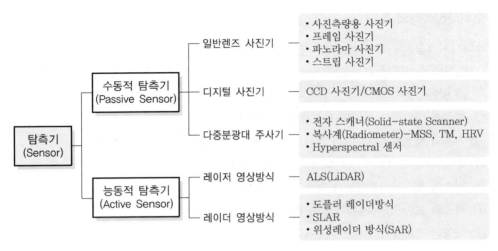

[그림 6-117] 수치사진측량의 자료취득체계

6. 수치영상처리

(1) 수치영상

수치영상(Digital Image)은 요소(Element) g_{ij}를 가지는 2차원 행렬 G로 구성된다. 수치영상은 그림과 같이 픽셀번호와 라인번호의 행렬형태로 나타내며, 하나의 작은 셀을 영상소(Pixel)라 하며, 영상소의 크기는 영상소의 해상도에 해당하고, 지상에 대응하는 거리를 지상해상도라 한다. 수치영상자료는 대개 8비트로 표현되며, Pixel 값의 수치표현 범위는 0~255이다.

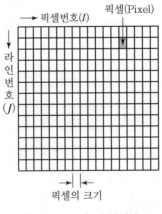

[그림 6-118] 수치영상

(2) 영상의 개선과 복원을 위한 기법

영상개선과 복원은 관측자를 위한 영상의 외향을 향상시키는 것으로서 이는 보다 주관적인 처리이며, 전형적인 대화형식으로 수행된다.

1) 영상의 개선과 복원을 위한 기법
   ① 점연산(Point Operations) 기법 : 하나의 입력 영상을 받아 하나의 출력 영상 생성
   ② 지역연산(Local Operations) 기법 : 주변 입력 영상의 영상소를 이용하여 출력 영상 생성
   ③ 전역연산(Global Operations) 기법 : 전체의 입력 영상의 영상소를 이용하여 출력 영상 생성
   ④ 기하학적 연산(Geometric Operations) 기법 : 기하학적 변환(축척/회전/평행 변환)

2) 영상의 개선과 복원의 세부기법
   ① 평활화(Smoothing) : 잡영이나 은폐된 부분을 제거
   ② 선명화(Sharpening) : 영상의 형상을 뚜렷하게 함
   ③ 결점 보정화(Correcting Defect) : 영상의 결함을 고침

3) 히스토그램 수정
   ① 대비 확장 : 가능한 한 밝기값을 최대한 넓힘
   ② 히스토그램의 균등화 : 영상의 밝기 분포를 균등화하여 좋은 품질의 영상 취득

4) 연산기법
   ① 이동평균 필터 : 잡영 자료를 평활화하기 위해 이용
   ② 이상적인 지역 통과 필터 : 주파수 영역에 관계없이 이용
   ③ 평활화 연산 기법

5) 영상보정
   영상보정은 사진기나 스캐너의 결함으로 발생한 가영상의 결함을 제거하기 위한 것으로 중앙값 필터에 의한 잘못된 영상소의 제거, 중앙값 필터에 의한 잘못된 행이나 열의 제거 방법 등이 있다.

(3) 영상 재배열

영상의 재배열은 수치영상이 기하학적 변환을 위해 수행되고 원래의 수치영상과 변환된 수치영상 관계에 있어 영상소의 중심이 정확히 일치하지 않으므로 영상소를 일대일 대응관계로 재배열할 경우 영상의 왜곡이 발생한다. 일반적으로 원영상에 현존하는 밝기값을 할당하거나 인접영상의 밝기값들을 이용하여 보간하는 것을 말한다.

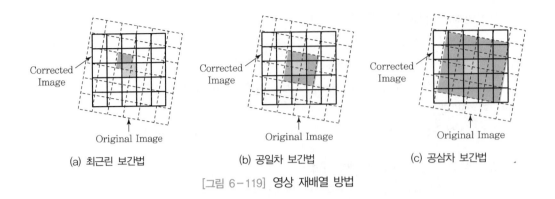

| (a) 최근린 보간법 | (b) 공일차 보간법 | (c) 공삼차 보간법 |

[그림 6-119] 영상 재배열 방법

7. 사진의 기하학적 특성

수치사진측량의 기하학적 특성은 기존 사진측량과 동일하며, 본문에서는 공선조건, 공면조건, 에피폴라 기하학을 중심으로 기술하고자 한다.

(1) 공선조건(Collinearity Condition)

공간상의 임의의 점(또는 대상물의 점 : X_p, Y_p, Z_p)과 그에 대응하는 사진상의 점(또는 상점 : x, y) 및 사진기의 촬영 중심(X_0, Y_0, Z_0)이 동일 직선상에 있어야 하는 조건을 공선조건이라 한다.

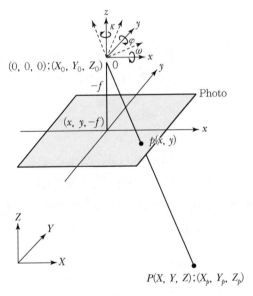

[그림 6-120] 공선조건

$$x(X, Y, Z : \omega, \varphi, \kappa, X_0, Y_0, Z_0, x_0, y_0, f)$$

$$= x_0 - f \frac{a_{11}(X_p - X_0) + a_{12}(Y_p - Y_0) + a_{13}(Z_p - Z_0)}{a_{31}(X_p - X_0) + a_{32}(Y_p - Y_0) + a_{33}(Z_p - Z_0)}$$

$$y(X, Y, Z : \omega, \varphi, \kappa, X_0, Y_0, Z_0, x_0, y_0, f)$$

$$= y_0 - f \frac{a_{21}(X_p - X_0) + a_{22}(Y_p - Y_0) + a_{23}(Z_p - Z_0)}{a_{31}(X_p - X_0) + a_{32}(Y_p - Y_0) + a_{33}(Z_p - Z_0)}$$

이 공선조건식은 3점의 지상기준점을 이용하여 투영중심 O의 좌표(X_0, Y_0, Z_0)와 표정인자 $(\kappa, \varphi, \omega)$를 후방교회법에 의하여 구하고 외부표정인자 6개와 내부표정요소(x_0, y_0, f)를 이용하여 새로운 지상점(X, Y, Z)을 구하는 전방교회법에 이용된다.

(2) 공면조건(Coplanarity Condition)

3차원 공간상의 평면의 일반식은 $AX + BY + CZ + D = 0$이며, 두 개의 투영중심과 공간상의 임의의 점 P의 두 상점이 동일 평면상에 있기 위한 조건이 공면조건이다.

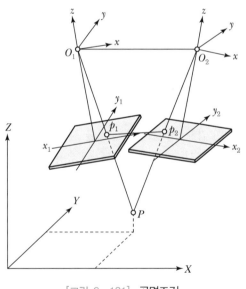

[그림 6-121] 공면조건

즉, 2개의 투영중심 $O_1(X_{O_1}, Y_{O_1}, Z_{O_1})$, $O_2(X_{O_2}, Y_{O_2}, Z_{O_2})$와 공간상의 임의의 점 P의 상점과 동일 평면상에 있기 위한 관계식은 다음과 같다.

$$\begin{vmatrix} X_{O_1} & Y_{O_1} & Z_{O_1} & 1 \\ X_{O_2} & Y_{O_2} & Z_{O_2} & 1 \\ X_{p_1} & Y_{p_1} & Z_{p_1} & 1 \\ X_{p_2} & Y_{p_2} & Z_{p_2} & 1 \end{vmatrix} \begin{vmatrix} A \\ B \\ C \\ D \end{vmatrix} = \begin{vmatrix} 0 \\ 0 \\ 0 \\ 0 \end{vmatrix}$$

따라서, 4점(O_1, O_2, p_1, p_2)이 동일 평면상에 있기 위한 조건인 공면조건을 만족하기 위해서는 다음의 행렬식이 0이 되어야 한다.

$$
\begin{vmatrix}
X_{O_1} & Y_{O_1} & Z_{O_1} & 1 \\
X_{O_2} & Y_{O_2} & Z_{O_2} & 1 \\
X_{p_1} & Y_{p_1} & Z_{p_1} & 1 \\
X_{p_2} & Y_{p_2} & Z_{p_2} & 1
\end{vmatrix} = 0
$$

※ 공면조건은 지상의 위치 좌표를 알고 있지 않더라도 표정할 수 있으므로, 수치사진측량에서는 공면조건식을 공선조건식보다 선호한다.

(3) 에피폴라 기하(Epipolar Geometry)

최근 수치사진측량 기술이 발달함에 따라 입체사진에서 공액점을 찾는 공정은 점차 자동화되어 가고 있으며, 공액요소 결정에 에피폴라 기하를 이용한다. 에피폴라 기하의 특징은 다음과 같다.

① 에피폴라 기하는 입체영상을 구성하는 두 영상의 기하학적 상관관계를 나타내는 개념이다.
② 입체모델을 구성하는 두 장의 영상 사이에는 반드시 에피폴라 선이 존재한다.
③ 에피폴라 선(Epipolar Line)과 에피폴라 평면(Epipolar Plane)은 공액요소 결정에 이용된다.
④ 에피폴라 평면은 투영중심 C', C''와 지상점의 P에 의해서 정의된다.
⑤ 에피폴라 선 e', e''은 평면과 에피폴라 평면의 교차점이다.
⑥ 에피폴라 선은 공액점 결정에서 탐색영역을 크게 감소시켜 준다.
⑦ 공액점 결정에 실제로 적용하기 위해서는 수치영상의 행(Row)과 에피폴라 선이 평행이 되도록 하는데 이러한 입체상(Stereo Pairs)을 정규화 영상(Normalized Images)이라 한다.
⑧ 에피폴라 기하는 입체시, 자동 Matching에 유용하게 활용된다.

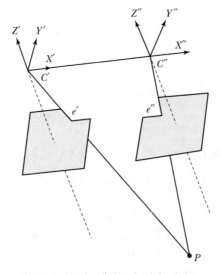

[그림 6-122] 에피폴라 기하 개념도

8. 영상정합(Image Matching)

사진측정학에서 가장 기본적인 과정은 입체사진의 중복 영역에서 공액점을 찾는 것이라 할 수 있으며, 아날로그나 해석적 사진측정에서는 이러한 점을 수작업으로 식별하였으나 수치사진측정기술이 발달함에 따라 이러한 공정은 점차 자동화되고 있다. 영상정합은 영상 중 한 영상의 한 위치에 해당하는 실제의 객체가 다른 영상의 어느 위치에 형성되었는가를 발견하는 작업으로서 상응하는 위치를 발견하기 위해서 유사성 측정을 이용한다.

(1) 영역기준정합(Area-Based Matching)

영역기준정합은 오른쪽 사진의 일정한 구역을 기준영역으로 설정한 후 이에 해당하는 왼쪽 사진의 동일 구역을 일정한 범위 내에서 이동시키면서 찾아내는 원리를 이용하는 기법으로 밝기값 상관법과 최소제곱정합법이 있다. 이 방법은 주변 픽셀들의 밝기값 차이가 뚜렷한 경우 영상정합이 용이하며, 불연속 표면에 대한 처리가 어렵다. 또한, 선형 경계를 따라서 중복된 정합점이 발견될 수도 있으며, 계산량이 많아서 시간이 많이 소요된다.

① 밝기값 상관법(Gray Value Corelation) : 간단한 방법으로 한 영상에서 정의된 대상지역을 다른 영상의 검색 영역상에서 한 점씩 이동하면서 모든 점들에 대해 통계적 유사성 관측값을 계산하는 방법이다. 입체 매칭을 수행하기 전에 두 영상에 대해 에피폴라 정렬을 수행하여 검색 영역을 크게 줄임으로써 정합의 효율성을 높일 수 있다.

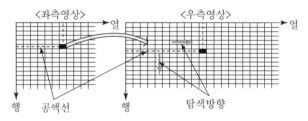

[그림 6-123] 영상정합(밝기값 상관법)

② 최소제곱정합법 : 최소제곱정합법은 탐색영역에서 대응점의 위치(x_s, y_s)를 대상영상 g_t와 탐색영역 g_s의 밝기값들의 함수로 정의하는 것이다.

$$g_t(x_t, y_t) = g_s(x_s, y_s) + n(x, y)$$

여기서, (x_t, y_t) : 대상영역에 주어진 좌표
(x_s, y_s) : 찾고자 하는 대응점의 좌표
n : 노이즈(Noise)

(2) 형상기준정합(Feature Matching)

형상기준정합에서는 대응점을 발견하기 위한 기본 자료로서 특징(점, 선 영역 등이 될 수 있으나, 일반적으로 Edge 정보를 의미)을 이용한다. 두 영상에서 상응하는 특징을 발견함으로써 대응점을 찾아낸다.

(3) 관계형 정합(Relation Matching)

영역기준정합과 형상기준정합은 여전히 전역적인 정합점을 구하기에는 역부족이다. 관계형 정합은 영상에 나타나는 특징들을 선이나 영역 등의 부호적 표현을 이용하여 묘사하고, 이러한 객체들뿐만 아니라 객체들끼리의 관계까지도 포함하여 정합을 수행한다.

9. 수치사진측량에 의한 3차원 위치 결정 순서

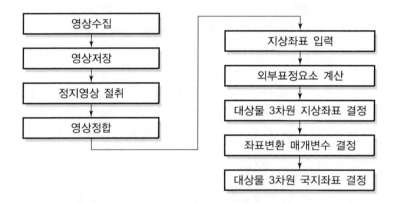

[그림 6-124] 수치사진측량의 3차원 위치 결정 흐름도

10. 수치사진측량에 의한 DEM 생성

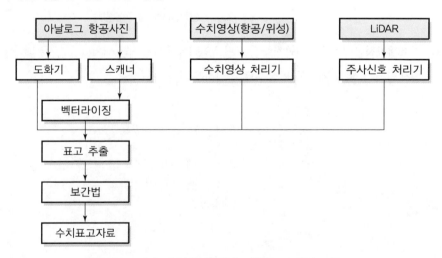

[그림 6-125] 수치사진측량에 의한 DEM 생성 흐름도

11. 수치 영상으로부터 정사투영 사진지도 제작 순서

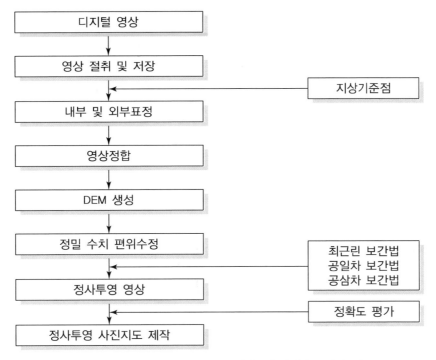

[그림 6-126] 수치사진측량에 의한 정사투영 사진지도 제작 흐름도

12. 응용

수치사진측량은 3차원 위치결정뿐만 아니라 다양한 분야에 응용된다.

(1) 자동항공삼각측량에 응용

(2) 자동수치표고(고도) 모형에 응용

(3) 수치정사투영영상 생성에 응용

(4) 실시간 3차원 측량에 응용

(5) 각종 주제도 작성에 응용

13. 결론

우리나라의 수치사진측량의 연구는 소수의 연구진에 의해 연구되고 있으며, 실용화에 대한 모든 장비 및 소프트웨어 개발은 외국에 의존하고 있는 실정이다. 최근에는 인공지능에 관한 연구가 수치사진측량에 도입됨으로써 컴퓨터에 의해 자동적으로 대상물을 인식하고 해석 및 도면화 단계까지의 연구가 진행되므로 우리나라에서도 수치사진측량에 대한 적극적인 연구가 이루어져야 될 것으로 판단된다.

11   수치영상처리(Digital Image Processing)

1. 개요

한 영상의 해상력을 증진시키기 위해 영상 질의 저하원인이 되는 노이즈(Noise)를 제거하거나 최소화시키며, 영상의 왜곡을 보정하고, 영상을 강조하여 특징을 추출하고 분류하므로 영상을 해석할 수 있게 하는 작업의 전반적인 과정을 수치영상처리라 한다.

2. 수치영상과 영상좌표계

(1) 수치영상(Digital Image)

수치영상은 요소(Element) g_{ij}를 가지는 2차원 행렬 G로 구성된다. 수치영상은 픽셀번호와 라인번호의 행렬 형태로 나타내며, 하나의 작은 셀을 영상소(Pixel)라 하며, 영상소의 크기는 영상소의 해상도에 해당하고, 지상에 대응하는 거리를 지상해상도로 한다.

(2) 영상좌표계(Image Coordinate System)

디지털 영상을 사진측량에 이용하기 위해 영상소의 위치와 x, y좌표계 사이의 관계를 나타내기 위한 좌표계를 영상좌표계라 한다.

[그림 6-127] 수치영상

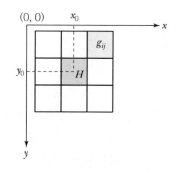

[그림 6-128] 영상좌표계

3. 영상 특성(Image Characteristics)

영상 특성을 나타내는 데는 대표적으로 영상의 통계적 속성을 표현하는 평균과 표준편차, 엔트로피, 히스토그램, 모멘트 등이 있다.

(1) 평균과 표준편차

평균값(g_a)은 영상 전체의 밝기값이며, 표준편차는 영상의 대비를 나타낸다. 작은 수는 낮은 대비값을 가진 편평한(Flat) 영상을 가르키며, 이것은 낮은 자료량을 가진 영상이다. 영상의 평균 밝기값(g_a)과 표준편차(δ)는 다음과 같이 정의된다.

$$g_a = \frac{1}{R \cdot C} \sum_{x=0}^{R-1} \sum_{y=0}^{C-1} g(x, y)$$

$$\delta = \sqrt{\frac{1}{R \cdot C} \sum_{x=0}^{R-1} \sum_{y=0}^{C-1} (g(x, y) - g_a)^2}$$

여기서, R : 행의 수, C : 열의 수

(2) 엔트로피(Entropy)

자료량을 표현하는 데 있어 전달의 효율을 나타내는 양을 엔트로피라 하며, 디지털 영상에서는 밝기값에 대한 불확실성을 관측한다. 즉, 특정한 무늬 구조를 가지지 않는 무작위 영상에 대해서는 엔트로피 값이 크게 된다. 엔트로피가 최대인 지역을 정합점으로 선택하는 기법은 엔트로피가 갖는 특성인 정보량이 최대인 곳을 선택한다. 정보량이 많은 곳은 영상소의 변화 확률이 높은 지역으로 영상에서는 경계선, 윤곽선일 가능성이 높은 영역이다.

(3) 히스토그램(Histogram)

영상의 히스토그램은 영상정보에 관한 여러 가지 작업을 수행하는 데 중요한 요소가 된다. 히스토그램은 가로에 밝기값, 세로에 영상소 개수로 축을 잡고 정량화된 밝기값을 누적 밀도함수로 표현한다.

(4) 모멘트(Moment)

어떤 축을 기준으로 한 값들의 분포 척도이다.

4. 영상개선 및 복원(Image Enhancement And Restoration)

영상의 개선과 복원은 관측자를 위한 영상의 외향을 향상시키는 것으로서 이것은 주관적 처리이며, 전형적인 대화 형식으로 수행된다. 영상의 품질을 높이기 위해서는 적합한 방법과 매개변수를 선택해야 한다.

(1) 평활화(Smoothing)

잡영이나 은폐된 부분을 제거함으로써 매끄러운 외양의 영상을 만들어내는 기술

(2) 선명화(Sharpening)

영상의 형상을 보다 뚜렷하게 함

(3) 결점 보정화(Correcting Defect)

영상의 결함을 고침(밝기값의 큰 착오를 제거)

5. 영상개선 및 복원기법(방법)

(1) 히스토그램 수정

1) 명암 대비 확장(Contrast Stretching) 기법

영상을 디지털화할 때는 가능한 밝기값을 최대한 넓게 사용해야 좋은 품질의 영상을 얻을 수 있다. 영상 내 픽셀의 최소, 최댓값의 비율을 이용하여 고정된 비율로 영상을 낮은 밝기와 높은 밝기로 펼쳐주는 기법을 말한다.

① 선형대비 확장기법
② 부분대비 확장기법
③ 정규분포 확장기법

2) 히스토그램 균등화(평활화)

히스토그램 균등화는 영상 밝기값의 분포를 나타내는 히스토그램이 균일하게 되도록 변환하는 처리이다. 즉, 출력할 때의 영상이 각 밝기값에서 동일한 개수의 영상소를 가지도록 영상의 밝기값을 분포시키도록 하는 것을 말한다. 너무 밝거나, 어두운 영상 또는 편향된 영상의 개선에 이용된다.

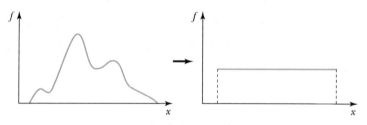

[그림 6-129] 히스토그램 균등화(평활화)

3) 영상 페더링(Image Feathering)

영상을 모자이크할 경우에 모자이크된 영상 내에서 경계선이 보이게 된다. 이 경계선을 중심으로 일정한 폭을 설정하여 영상을 부드럽게 처리할 수 있는 기법을 말한다.

(2) 연산기법

① 평활화 연산기법

필터를 이용하여 잡영을 줄이거나(삭제하거나) 해상도를 줄이는 연산기법으로 주로 가우스 필터가 이용된다.

② 선명화 연산기법

경우에 따라 경계선을 강조하기 위하여 고주파 요소로 영상의 작은 세부항목까지 개선을 요구하는 경우가 있다. 선명화는 공간 영역이나 주파수 영역에서 수행된다.

③ 미분 연산기법

작은 구역 안에서 발생되는 밝기값의 변화를 감지하는 데 이용된다.

(3) 영상보정(Image Correction)

영상보정은 사진기나 스캐너의 결함으로 발생한 가영상의 결함을 제거하기 위한 것으로 중앙값 필터에 의한 잘못된 영상소의 제거, 중앙값 필터에 의한 잘못된 행이나 열의 제거 방법, 이동평균법, 최댓값 필터법 등이 있다.

① 중앙값 필터에 의한 잘못된 영상소의 제거(Median Method)

이웃 영상소 그룹의 중앙값을 결정하여 영상소 변형을 제거하는 방법이다. 잡음만을 소거할 수 있는 기법으로 가장 많이 사용되는 기법이며, 어떤 영상소 주변의 값을 작은 값부터 재배열한 후 가장 중앙에 위치한 값을 새로운 값으로 설정한 후 치환하는 방법이다.

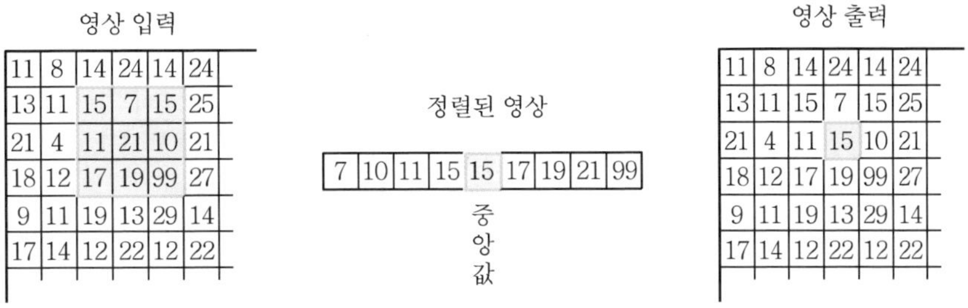

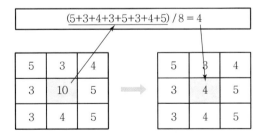

[그림 6-130] 중앙값 연산(예)

② 중앙값 필터에 의한 잘못된 행이나 열의 제거

실제 디지털 영상은 사진기나 스캐너는 기능 불량으로 가끔 행과 열을 손상시킬 수 있다. 이것을 파악하는 방법으로는 영상에서 주변의 행과 열은 비슷한 밝기값 분포를 갖는다는 가정하에 상관인자를 구하여 상관인자가 낮은 행이나 열을 잘못된 것으로 보고 제거하는 방법이다.

③ 이동평균법(Moving Average Method)

어떤 영상소의 값을 주변의 평균값을 이용하여 바꾸어주는 방법으로 영상 전역에 대해서도 값을 변경하므로 노이즈뿐만 아니라 테두리도 뭉개지는 단점이 발생한다.

$$(5+3+4+3+5+3+4+5)\,/\,8 = 4$$

5	3	4
3	10	5
3	4	5

5	3	4
3	4	5
3	4	5

[그림 6-131] 이동평균법 연산(예)

④ 최댓값 필터법(Maximum Filter)

영상에서 한 화소의 주변들에 윈도를 씌워 이웃 화소들 중에서 최댓값을 출력영상에 출력하는 필터링 방법이다.

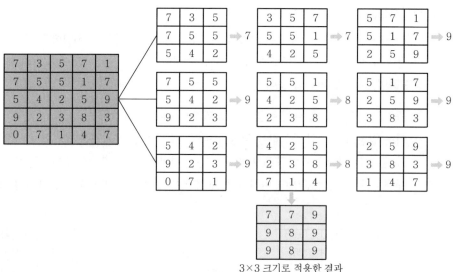

3×3 크기로 적용한 결과

[그림 6-132] 최댓값 필터법 연산(예)

(4) 영상 재배열

원래의 수치영상은 변환된 수치영상관계에 있어 영상소의 중심이 정확히 일치되지 않으므로 영상소를 일대일 대응관계로 재배열할 경우 영상의 왜곡이 발생한다. 영상 재배열은 일반적으로 원영상에 현존하는 밝기값을 할당하거나 인접 영상의 밝기값을 이용하여 보간하는 기하학적 변환을 말한다.

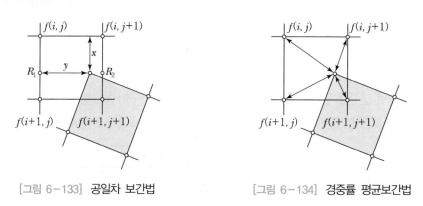

[그림 6-133] 공일차 보간법

[그림 6-134] 경중률 평균보간법

6. 결론

디지털 사진측량은 2000년 초 국내에 도입된 후 상당한 기술 발전으로 종래 사진측량 방식을 제치고 급속하게 실용화되고 있지만, 아직은 외국에서 하드웨어와 소프트웨어를 그대로 도입하여 사용하고 있는 수준에 머물러 있는 실정이다. 그러므로 영상처리 기술에 관한 이론과 지식을 습득하여 다양한 기능이나 알고리즘의 해석 및 응용 등에 연구 및 제도적 뒷받침이 필요할 때라 판단된다.

12

영상정합(Image Matching)

1. 개요

사진측정학에서 가장 기본적인 과정은 입체사진의 중복 영역에서 공액점을 찾는 것이라 할 수 있으며, 아날로그나 해석적 사진측정에서는 이러한 점을 수작업으로 식별하였으나 수치사진측정기술이 발달함에 따라 이러한 공정은 점차 자동화되고 있다. 영상정합은 영상 중 한 영상의 한 위치에 해당하는 실제의 객체가 다른 영상의 어느 위치에 형성되었는가를 발견하는 작업으로서 대응하는 위치를 발견하기 위해서 유사성 측정을 이용한다. 이는 사진측정학이나 로봇시각(Robot Vision) 등에서 3차원 정보를 추출하기 위해 필요한 주요기술이며, 수치사진측정학에서는 입체영상에서 수치표고모델을 생성하거나 항공삼각측량에서 점이사(Point Transfer)를 위해 적용된다.

2. 영상정합의 분류

영상정합은 정합의 대상기준에 따라 영역기준정합(단순정합), 형상기준정합, 관계형 정합(대상물 또는 기호정합)으로 분류된다.

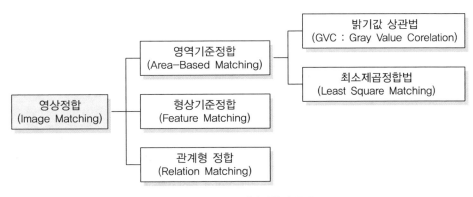

[그림 6-135] 영상정합의 종류

3. 정합방법과 정합요소의 관계

[표 6-28] 영상정합의 방법 및 요소

영상정합 방법	유사성 관측	영상정합 요소
영역기준정합	상관성, 최소제곱법	밝기값
형상기준정합	비용함수	경 계
관계형 정합	비용함수	기호 특성 : 대상물의 점, 선, 면 밝기값

4. 영상정합방법

(1) 영역기준정합(Area – Based Matching)

영역기준정합에서는 오른쪽 사진의 일정한 구역을 기준영역으로 설정한 후 이에 해당하는 왼쪽 사진의 동일구역을 일정한 범위 내에서 이동시키면서 찾아내는 원리를 이용하는 기법으로 밝기값 상관법과 최소제곱 정합법이 있다.

1) 밝기값 상관법(Gray Value Corelation)

간단한 방법으로 한 영상에서 정의된 대상지역을 다른 영상의 검색 영역상에서 한 점씩 이동하면서 모든 점들에 대해 통계적 유사성 관측값을 계산하는 방법이다. 입체 매칭을 수행하기 전에 두 영상에 대해 에피폴라(공액선) 정렬을 수행하여 검색 영역을 크게 줄임으로써 매칭의 효율성을 높일 수 있다.

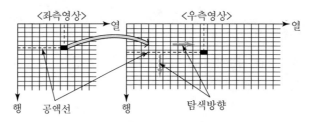

[그림 6-136] 영상정합(밝기값 상관법)

2) 최소제곱 정합법

최소제곱 정합법은 탐색영역에서 대응점의 위치$(x_s,\ y_s)$를 대상 영상 G_t와 탐색영역 G_s의 밝기값들의 함수로 정의하는 것이다.

$$G_t(x_t,\ y_t) = G_s(x_s,\ y_s) + n(x,\ y)$$

여기서, $(x_t,\ y_t)$: 대상영역에 주어진 좌표
$(x_s,\ y_s)$: 찾고자 하는 대응점의 좌표
n : 노이즈(Noise)

3) 영역기준 정합의 문제점

① 이웃 영상소와의 유사한 밝기값을 갖는 지역에서는 최적의 정합이 어렵다.
② 반복적인 Subpattern이 있을 때 정합점이 여러 개 발견될 수 있다.
③ 선형경계 주변에서는 경계를 따라서 중복된 정합점이 발견될 수 있다.
④ 불연속적인 표면을 갖는 부분에 대한 처리가 어렵다.
⑤ 회전이나 크기 변화를 처리하지 못한다.
⑥ 계산량이 많다.

(2) 형상기준정합(Feature Matching)

형상기준정합에서는 대응점을 발견하기 위한 기본자료로서 특징(점, 선, 영역 등이 될 수 있으나 일반적으로 Edge 정보를 의미함)을 이용한다. 두 영상에서 상응하는 특징을 발견함으로써 대응점을 찾아낸다. 특징정보를 추출하는 연산자는 이미 컴퓨터 시각분야에서는 많이 연구되어 있으며 대개 이러한 연산자들을 사용하거나 변경하여 사용한다. 형상기준정합을 하기 위해서는 먼저 두 영상에서 모두 특징을 추출해야 한다. 이러한 특징정보는 영상을 형태로 구성하며, 대응특징을 찾기 위한 검색영역을 줄이기 위하여 에피폴라(공액선) 정렬을 수행해야 한다.

(3) 관계형 정합(Relation Matching)

영역기준정합과 형상기준정합은 여전히 전역적인 정합점을 구하기에는 역부족이다. 관계형 정합은 영상에 나타나는 특징들을 선이나 영역 등의 부호적 표현을 이용하여 묘사하고, 이러한 객체들뿐만 아니라 객체들끼리의 관계까지도 포함하여 정합을 수행한다. Points, Blobs, Line, Region 등과 같은 구성요소들은 길이, 면적, 형상, 평균밝기값 등의 속성을 이용하여 표현된다. 이러한 구성 요소들은 공간적 관계에 의해 그래프로 구성되며, 두 영상에서 구성되는 그래프의 구성요소들의 속성들을 이용하여 두 영상을 정합한다. 입체영상의 시야각이 다르기 때문에 구성요소들의 차이가 발생할 수 있으며, 정합과정에서 이러한 차이를 보정할 수 있는 방법이 필요하다. 관계형 정합은 아직 연구개발 초기단계에 있으며, 앞으로 많은 발전이 있어야만 실제상황에의 적용이 가능할 것이다.

5. 정합의 특성 및 순서

(1) 특성

관계형 정합은 전역적인 지역의 개략 정합점들을 구하는 데 편리하며, 형상정합은 국소지역의 정밀한 정합점들을 구하는 데 유리하다. 또한, 형상기준정합의 결과는 매우 정밀한 정합점을 계산하기 위해서 영역기준정합의 근사 초깃값으로 사용될 수 있다.

(2) 순서

① 하나의 영상에서 정합요소(점이나 특징)를 선택한다.
② 나머지 영상에서 대응되는 공액요소를 찾는다.
③ 대상공간에서 정합된 요소의 3차원 위치를 계산한다.
④ 영상정합의 품질을 평가한다.

6. 결론

디지털 사진측량은 2000년 초 국내에 도입된 후 상당한 기술 발전으로 종래 사진측량 방식을 제치고 급속하게 실용화되고 있지만, 아직은 외국에서 하드웨어와 소프트웨어를 그대로 도입하여 사용하고 있는 수준에 머물러 있는 실정이다. 그러므로 영상처리 및 영상정합 기술에 관한 이론과 지식을 습득하여 다양한 기능이나 알고리즘의 해석 및 응용 등에 연구 및 제도적 뒷받침이 필요할 때라 판단된다.

13 수치표고모델(DEM : Digital Elevation Model)

1. 개요

공간상에 나타난 연속적인 기복변화를 수치적으로 표현하는 방법을 수치고도모형이라 한다. 수치지형모형(DTM)은 표고뿐만 아니라 지표의 다른 속성(자연적인 지성선 및 인공구조물)도 포함되어 있으나, 표고에 관한 정보만 다루는 경우에는 수치고도모형이라 하는 차이점이 있다. 수치고도모형은 현장 측량 및 사진측정학과 관련이 깊고, 측량뿐만 아니라 원격탐측 및 자연 사회과학과 밀접한 관련이 있다. 수치고도모형은 지형공간정보체계에서 중요한 요소이며, 지형뿐만 아니라 신체 형상이나 공업제품과 같은 각종 대상물 표현에도 사용되고 있다.

2. 구축 시 고려사항

(1) 자료취득은 가장 효율적인 방법으로 하여야 한다.
(2) 가능한 한 최소의 자료로 지형을 근사화시켜야 한다.
(3) 충분한 정확도를 유지하여야 한다.
(4) 보간은 간단하고 단시간 내에 지형을 근사화시켜야 한다.

3. 구축순서

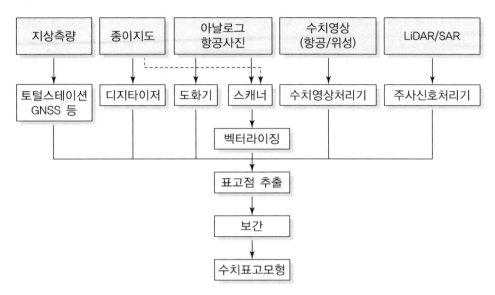

[그림 6-137] DEM 구축 흐름도

4. 자료취득 방법

(1) 기존의 지형도를 사용하는 방법

등고선과 점고도와 같은 고도에 관한 정보가 표현되어 있으며, 넓은 지역을 포함하나 정도가 낮다.

(2) 사진측량 및 위성측량에 의한 방법

수치고도자료를 얻는 가장 일반적인 방법이며, 등고선과 점고도와 같은 고도에 관한 정보가 표현되어 있다. 넓은 지역을 포함하며, 비교적 정확도가 높다.

① 항공사진(영상면)의 스캐닝(영상의 디지털화)

② 공선조건식에 의한 후방교선법으로 외부표정요소(λ, κ, φ, ω, X_0, Y_0, Z_0)를 결정(사진좌표와 지상기준점 활용)

③ 외부표정요소와 내부표정요소(x, y, f)를 이용한 전방교선법으로 사진(영상면)의 중복영역에 대해 지상좌표(X, Y, Z)를 결정한 후 보간법에 의해 DEM 생성

(3) 라이다(LiDAR)에 의한 방법

스캐너의 위치(X_0, Y_0, Z_0)와 자세(κ, φ, ω)는 GNSS/INS로부터 제공받고 레이저 펄스를 지표면에 주사하여 반사된 레이저파의 도달시간을 이용하여 지표면까지의 거리(D)를 구하여 3차원 위치좌표를 계산함으로써 DEM을 생성한다.

(4) SAR(Synthetic Aperture Radar) 위성영상에 의한 방법

SAR 영상을 이용한 DEM 추출기법은 크게 입체시의 원리를 이용하는 기법과 레이더 간섭을 통한 두 영상의 위상정보를 이용하는 기법이 있다.

① 입체시 기법은 기존의 항공사진(영상)이나 광학 원격탐측 영상에 적용되었던 공선조건식에 기초하여 지상기준점과 위성궤도에 대한 보조적인 정보를 이용하여 입체모형에 대한 변수를 최소제곱법에 의해 계산함으로써 모형식을 구성한 다음 영상 매칭을 통한 DEM을 생성한다.

② 레이더 간섭기법(Interferometry)의 경우는 동일한 지표면에 대하여 두 SAR 영상이 지니고 있는 위상정보의 차이값을 활용하는 것으로서, 공간적으로 떨어져 있는 두 개의 레이더 안테나들로부터 받은 신호를 연관시킴으로써 고도값을 추출하고 DEM을 생성한다.

(5) 지상측량에 의한 방법

토털스테이션과 GNSS 수신기에 의해 지상의 특징점들만 수집한다. 가장 중요한 지세의 특징만을 추출하므로 지형 표현이 용이하나, 고도자료를 취득하는 데 매우 고가인 자료추출 방법이다.

5. 자료추출 방법

수치고도모형은 공간상의 불규칙적인 기복변화를 컴퓨터를 통하여 수치적으로 지형을 표현하는 방법이며, 자료추출 방법은 격자법, 불규칙삼각망(점진 추출법), 등고선법, 임의법(점고도) 등으로 구분된다.

(1) 격자 방식/불규칙삼각망 방식

[표 6-29] 격자 · 불규칙삼각망 방식의 특징

격자(Raster) DEM	불규칙삼각망(TIN) DEM
• 고도만 저장하므로 자료구조가 간단하다. • 배열처리를 적용함에 있어서 계산이 빠르다. • 표면을 보간하기 위해 풀어야 하는 방정식 체계가 크다. • 표면을 표현하기 위해 높은 밀도의 점들을 저장해야 한다. • 규칙적인 격자에서 불연속선을 표현하는 데는 한계가 있다.	• Raster에 의한 표현보다 적은 점이 사용된다. • 자료량 조절이 용이하다. • 경사가 급한 지역에 적당하다. • Raster 자료의 단점인 해상력 저하, 중요한 정보의 상실 가능성을 해소한다. • 원래의 자료 점들이 삼각형에 의해서 연결되어 표면을 표현하여야 하므로 점들의 불규칙 구조로 인해 각각의 점들을 저장하려면 대상에 대한 더 많은 정보가 필요하다.

(2) 등고선방식

① 기존의 지형도를 사용하여 자료를 추출하는 경우 효과적인 방법이다.

② 평면좌표는 자동기록장치를 이용하면 보다 효과적이다.

③ 경험적으로 광각렌즈를 사용한 경우에는 경사가 30% 이상인 지역에서는 등고선을 작성할 수 없으며, 보통각렌즈를 사용한 경우에는 60% 이상인 지역에서는 등고선을 작성할 수 없다.

(3) 임의(점고도)방식

작업자가 단일한 특성을 가진 점들을 선택하고, 입체모형에서 그들의 수직위치를 관측하며, 점을 선택할 경우 어떤 특징들이 표면을 표현하는 데 중요한지 알고 있어야 한다.

① 지형의 주요점, 즉 산정, 계곡 등의 지성선을 빠뜨리지 않고 추출할 수 있다.

② 수치지형모형으로 지형의 기복을 가장 근사적으로 표현하는 방법이다.

③ 자료 취득시간이 많이 소요된다는 단점을 가지고 있다.

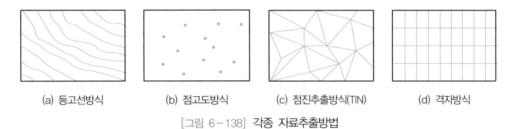

| (a) 등고선방식 | (b) 점고도방식 | (c) 점진추출방식(TIN) | (d) 격자방식 |

[그림 6-138] **각종 자료추출방법**

6. 수치고도모형의 보간(Interpolation)

보간이란 구하고자 하는 점의 높이와 좌푯값을 그 주변의 주어진 자료의 좌표로부터 보간함수를 적용하여 추정 계산하는 것으로 점보간, 선보간, 면보간 방법 등이 있다.

(1) 점보간

점보간은 관측점이 적고 인근의 관측값과 어느 정도의 연속성을 기대할 수 있는 경우에 사용된다. 예를 들면, 강우량이나 기온 등의 기상관측값과 우물에 의한 지하수위 관측값의 보간 등에 사용되며, 점보간 방법에는 티센 다각형, 가중평균방법 등이 많이 사용된다.

① **티센 다각형 보간법**(Thiesen Polygons Interpolation) : 티센 다각형에 의한 점보간은 최근린 보간법으로서 다각형 내에서는 모든 관측값을 동일한 값으로 적용한다.

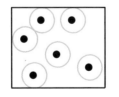 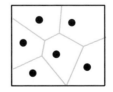

[그림 6-139] **티센 다각형 보간법**

② 가중 평균 보간법(Weight Average Interpolation) : 보간할 점을 중심으로 $6 \sim 8$점의 관측값이 반경 $d_{\max}$인 원속으로 들어오도록 원을 그린다. 이때 보간값(Z)은 다음 가중평균방법으로 구할 수 있다.

$$Z = \frac{\sum W_i Z_i}{\sum W_i}$$

여기서, W_i : 가중값
Z_i : 관측값
Z : 보간값

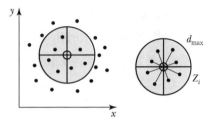

[그림 6-140] 가중 평균 보간법

(2) 선보간(Curve Fitting Interpolation)

선보간은 곡선접합(Curve Fitting)이라고도 하며, 최근린 보간, 선형 보간, 스플라인(Spline) 보간, 크리깅(Kriging) 보간법 등이 있다.

① 최근린 보간법(Nearest Neighbor Interpolation) : 최단거리에 있는 관측값을 사용하여 보간하는 방법이다.

② 선형 보간법(Linear Interpolation) : 두 개의 인접한 관측값을 직선으로 연결하는 방법으로 자료의 밀도가 매우 높은 경우에 효과적인 방법이다.

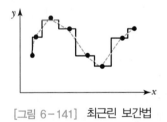

[그림 6-141] 최근린 보간법

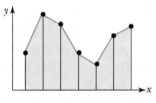

[그림 6-142] 선형 보간법

③ 3차 곡선법(스플라인 보간법) : 2개의 인접한 관측점에서 곡선의 1차 미분 및 2차 미분이 연속이라는 조건으로 3차 곡선을 접합한다. 이러한 곡선을 스플라인이라고 한다.

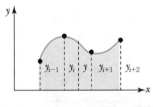

[그림 6-143] 스플라인 보간법

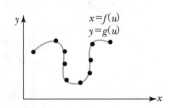

[그림 6-144] 보조변수를 사용한 스플라인 보간법

④ 크리깅(Kriging) 보간법 : 크리깅 보간법은 주위의 실측값들을 선형으로 조합하며, 통계학적인 방법을 이용하여 값을 추정한다. 즉, 값을 추정할 때 실측값과의 거리뿐만 아니라 주변에 이웃한 값 사이의 상관강도를 반영한다. 크리깅 보간법은 매우 정확하다는 특징이 있으나, 새로운 점에서 보간을 수행할 때마다 새로운 가중값을 계산하여야 하므로 많은 양의 계산이 필요하다는 단점이 있다.

(3) 면보간법

면보간 또는 곡면접합은 수치고도모형 등 연속 곡면상의 점을 보간하는 데 널리 이용된다. 보간방법은 격자 배열면 보간법과 불규칙 배열면 보간법으로 구분된다.

① 격자 배열면 보간법 : 격자 배열면 보간법에는 일반적으로 공일차 보간법과 공삼차 보간법이 널리 이용된다.

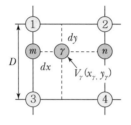

[그림 6-145] 공일차 보간법

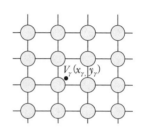

[그림 6-146] 공삼차 보간법

② 불규칙 배열면 보간법 : 불규칙 배열면의 보간법에는 일반적으로 가중평균, 다항식에 의한 보간법이 사용된다.

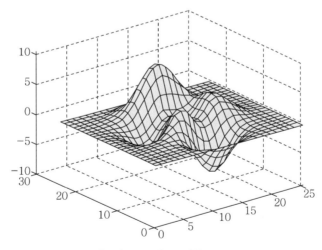

[그림 6-147] 보간된 DEM

7. 수치표고 모델의 격자규격에 따른 평면 및 수직위치 정확도의 한계

(1) 평면위치 정확도 : H(비행고도)/1,000

(2) 수직위치 정확도

[표 6-30] DEM의 격자규격에 따른 수직위치 정확도

격자규격	수치지도 축척	R.M.S.E	최대오차
1m×1m	1/1,000	0.5m 이내	0.75m 이내
2m×2m	1/2,500	0.7m 이내	1m 이내
5m×5m	1/5,000	1.0m 이내	1.5m 이내

8. 활용

(1) 국토공간영상정보 시스템에서 연대별 서비스를 통해 국토변화정보 제공

(2) 토목, 환경, 방재 등을 위한 기초자료로 활용

(3) 수자원 분석 및 확보 · 관리, 도로, 댐 등 건설공사를 위한 기초자료, 지형변화 분석 등에 활용

(4) 입체모형 제작이나 가시권 분석, 일조량 분석 등 국토 높이가 필요한 다양한 분야에서 활용

(5) 3차원 시각화 : 비행, 전투 시뮬레이션, 경관 시뮬레이션 등

(6) **지형분석** : 경사(Slope), 향(Aspect), 음영기복(Hillshade), 가시권(Viewshed) 분석 등

(7) **수문분석** : 유역분석 등

9. 결론

최근 다양화되고 있는 건설현장에서는 과거 2차원적인 평면도만으로는 수요자를 만족시킬 수 없으며, 다양한 지형변화에 대응하기가 어렵다. 이에 수치지형모형을 이용하면 다방면에 여러 형상의 지형변화를 표현할 수 있으므로 수자원분야, 도로 선형계획, 경관분석, GSIS와의 연계 등에 효과적으로 이용될 수 있을 것으로 판단된다.

우리나라(국토지리정보원) 수치표고자료의 구축현황과 활용방안

1. 개요

수치표고모델(DEM : Digital Elevation Model)은 국토를 일정한 격자 간격으로 구분하고 각 격자에 해당하는 평균 높이(표고)를 표시한 것으로 격자의 크기가 작을수록 세밀한 지형 표현이 가능한 것이 특징이다. 국토지리정보원은 우리나라에 대해 2005년부터 최근까지 다양한 해상도의 전국 또는 일부 지역의 수치표고모델을 제작하여 국토공간영상정보 시스템에서 연대별로 서비스하고 있다.

2. 수치표고자료 제작을 위한 공종별 작업순서

수치표고자료는 취득한 샘플 데이터와 보간법을 이용하여 수치표고자료를 제작하며, 격자자료는 사용 목적 및 정밀도를 고려하여 불규칙삼각망(TIN), 크리깅(Kriging) 보간 또는 공삼차 보간 등 정확도를 확보할 수 있는 보간방법으로 제작한다. 공종별 작업순서는 다음과 같다.

(1) 작업계획 및 준비

(2) 종단측량 및 특이점측량

(3) 지형자료의 획득

(4) 지형자료의 편집

(5) 지형자료의 처리

(6) 수치표고자료 생성 및 구축

(7) 도엽단위 파일 작성

(8) 정리 · 점검 및 성과품 작성

3. 작업방법

(1) 작업계획 및 준비

1) 작업시행 계획서 작성

① 사용장비 및 소프트 웨어에 대한 제작사, 품명, 규격, 수량, 성능

② 작업예정 공정표

③ 작업지역 색인도

④ 품질관리 계획서

⑤ 보안 계획서

2) 점검

① 기본 자료인 원시자료가 사용하고자 하는 장비와 소프트웨어에서 오류 없이 운용 가능한지 점검한다.

② 장비를 운용할 수 있는 환경조건(온도, 습도, 강우, 풍속 등)을 점검한다.

(2) 종단측량 및 특이점측량

수치표고자료 구축 시 위치 보정을 위하여 종단측량 및 특이점측량을 실시한다.

(3) 지형자료 취득 및 추출

① 수치지도의 표고자료는 등고선과 표고값을 추출한다.

② 도화기를 이용한 자료 취득은 "항공사진측량 작업내규"와 "수치지도 작성 작업규칙 및 내규"를 준용한다.

③ 레이저 측량에 의한 원시자료는 작업규정을 준수한다.

④ 측량기기(GNSS, TS, 레벨 등)를 이용하여 지형에 대한 표고자료를 직접 취득할 수 있으며, 측량계획기관의 별도의 지시가 있을 때에는 영상자료를 이용하여 간접 취득할 수 있다.

(4) 지형자료의 편집

① 선, 면 형태의 지형자료를 구분하여 편집한다.

② 각 유형의 지형자료에 입력된 표고값을 확인하고, 표고값은 지형자료 유형별로 화면에서 육안으로 검사한다.

(5) 수치표고자료 제작

① 보간된 점을 이용하여 수치표고자료를 생성하여야 하며, 수치표고자료의 격자 크기 및 정확도는 격자간격 5×5m인 경우 표준편차 ± 1.0m 이내, 최대 ± 1.5m 이내로 하고, 격자간격이 10×10m인 경우 표준편차 ± 2.0m, 최대 ± 3.0m 이내로 한다.

② 수치표고자료의 표고값은 m 단위로 표시한다.

(6) 도엽단위 파일 작성

① 생성된 수치표고자료는 당해 축척별 수치지도의 도엽을 기준으로 설정하는 것을 원칙으로 한다.

② 수치표고자료의 최종 성과품은 모든 시스템에서 호환되도록 ASCII 파일과 DXF 파일 등의 형식으로 한다.

(7) 정리 · 점검 및 성과품

4. 구축현황

수치표고 데이터는 2005~2009년까지 35개 지역 구축데이터 6,401매를 서비스하고 있으며, 국토지리정보원에서 추가 구축되는 수치표고 데이터를 시스템 환경에 맞게 수치표고 DB 및 속성 DB 데이터를 적용하여 국토공간 영상정보 시스템에서 연대별로 서비스되도록 하고 있다(2014년 12월 31일부터 90m 격자단위수치로 표현한 한반도 전역의 수치표고모델 서비스 실시).

※ 2020년 현재 고정밀 수치고도모형 신규·갱신으로 전국 통합수치표고모델(1m, 5m, 90m 등)을 구축하여 서비스하고 있다.

(1) 운영 중인 수치표고 데이터 현황

[표 6-31] 우리나라 수치표고 데이터 현황

년도	촬영지역	도엽	해상도	비고
2005년	대전시 일원	122	30m	LiDAR
2006년	원주시, 의왕시, 통영시, 울산시, 제주시, 진해시, 양산시	1,214	1m, 5m	LiDAR
2007년	인천시, 청주시, 부산시, 군산시, 광주시, 오산시, 대구시, 수원시	857	10m, 20m, 30m	LiDAR
2008년	공주시, 광양시, 창원시, 마산시, 의정부시, 구리시	1,503	–	LiDAR
2009년	여수시, 고양시, 남양주시, 춘천시, 가평군, 양평군, 광명시 외 5개 시, 서울시, 화성시, 평택시, 부천시, 시흥시, 안산시, 영덕군, 횡성군, 안성시, 이천시, 여주군, 용인시	2,705	1m, 5m, 30m	LiDAR
2010년	전국	17,646	5m	LiDAR
2014년	전국	17,633	5m	LiDAR
합계		41,680	–	

(2) 수치표고 데이터 종류별 현황

[표 6-32] 수치표고 데이터 종류별 현황

구분		인트라넷	인터넷
속성 DB	수치표고 관련 테이블 오라클 DB 관리	○	○
벡터 DB	수치표고 구축 지역 인덱스 관리	○	○
원본 DEM	원본 DEM ASCⅡ 형태	○	
DTD	수치표고 자료의 클래스를 분류한 자료	○	
음영기복도	수치표고 자료	○	
저해상도 NIX	• DEM 음영기복도＋속성메타데이터 • 압축 및 저해상도	○	○
Thumbnail	• 수치표고자료를 작게 줄여 검색 시 참고용 • 이미지 웹서비스용		○

5. 활용방안

(1) 국토공간영상정보 시스템에서 연대별 서비스를 통해 국토변화정보 제공

(2) 토목, 환경, 방재 등을 위한 기초자료로 활용

(3) 수자원 분석 및 확보·관리, 도로, 댐 등 건설공사를 위한 기초자료, 지형변화 분석 등에 활용

(4) 입체모형 제작이나 가시권 분석, 일조량 분석 등 국토 높이가 필요한 다양한 분야에서 활용

(5) 3차원 시각화 : 비행, 전투 시뮬레이션, 경관 시뮬레이션 등

(6) **지형분석** : 경사(Slope), 향(Aspect), 음영기복(Hillshade), 가시권(Viewshed) 분석 등

(7) **수문분석** : 유역분석 등

6. 결론

수치표고자료는 소요지점의 3차원 좌표를 구하여 지형 기복의 변화에 대한 기하학적 관계를 격자형으로 구조화한 것으로, 전국적으로 해상도가 좋은 수치표고자료를 구축하면 국토변화정보, 건설, 환경, 방재 등 다양한 분야에서 효율적으로 활용되어 국민 안전과 일거리 창출에 기여할 것이라 판단된다.

---

15 정사투영 사진지도 제작

1. 개요

영상은 카메라의 중심투영 원리로부터 얻어지기 때문에 지형의 기복에 따른 변위가 포함되어 나타나며 촬영 당시의 카메라 표정 상태에 의해 대상물에 왜곡이 포함되어 나타난다. 이와 같이 중심투영에 의해 발생되는 변위를 제거하여 지도와 같은 정사투영의 기하학 특성을 갖도록 하는 영상의 재처리를 정밀 수치 편위수정이라고 하며, 이로부터 얻어진 영상을 정사투영 영상이라고 한다(즉, 사진 내에서 축척의 변화가 없는 지도와 같은 영상).

2. 정사투영 사진지도의 역사

(1) 1903년 : 항공사진을 이용한 샤임플러그 조건의 정사영상 제작

(2) 1930~1970년 : 광학적 편위수정에 의한 정사영상 제작(Affine변환이나 투영변환과 같은 간단한 수학적 이론을 적용시켜 기하학적 영상을 보정)

(3) 1970년~ : 수치적 방법에 의한 정사영상 제작(영상 획득 매체의 발달로 인하여 영상의 재배열로 영상 생성)

3. 정사투영 사진지도의 특징

(1) 대상 지역의 현장감이나 입체감을 느끼기에 편리
(2) 무한대의 지형 및 문화정보를 판독해 낼 수 있는 사진의 세세한 부분까지 그대로 포함
(3) 거리, 각, 면적을 그대로 관측할 수 있는 지도의 특징을 지님
(4) 대상지의 표현을 다양하게 할 수 있음

4. 정사투영 사진지도의 제작순서

정밀 수치 편위수정에 의한 정사투영 영상의 생성 과정은 광속조정법(Bundle Adjustment)에 의해 항공사진의 외부표정요소를 결정하고 영상정합과정을 통해 DEM을 생성하며 생성된 DEM 자료를 토대로 공선조건식을 이용한 사진좌표를 결정하는 것이다. 사진좌표는 다시 부등각사상 변환(Affine 변환)에 의해 영상좌표로 변환되며, 영상좌표의 밝기값을 보간을 통해 결정한 후, DEM 좌표의 각 위치에 옮김으로써 정사투영 영상을 생성하게 된다.

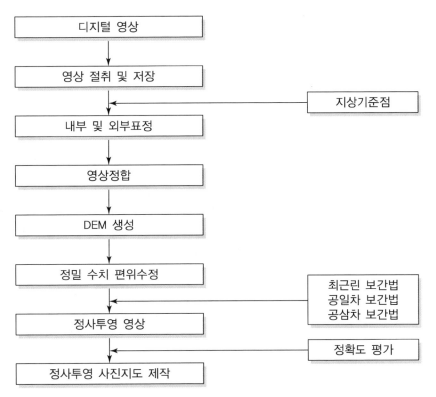

[그림 6-148] 정사투영 사진지도 제작 흐름도

5. 정밀 수치 편위수정(미분 편위수정)

정밀 수치 편위수정은 인공위성이나 항공사진에서 수집된 영상자료와 수치고도모형자료를 이용하여 정사투영사진을 생성하는 방법으로 수치고도모형 자료가 입력용으로 사용되는가 출력용으로 사용되는가의 구분에 의해 직접법과 간접법으로 구분된다. 즉, 중심투영에서 발생할 수 있는 왜곡을 제거하여 정사투영 영상을 갖도록 재처리하는 작업이다.

(1) 직접법(Direct Rectification)

직접법은 주로 인공위성 영상을 기하보정할 때 사용되는 방법으로 지상좌표를 알고 있는 대상물의 영상좌표를 관측하여 각각의 출력 영상소의 위치를 결정하는 방법이다. 직접 편위수정을 적용하기 위해 공선조건식을 이용하여 다음과 같이 정리할 수 있다.

$$X = (Z - Z_0)\frac{m_{11}(x - x_0) + m_{12}(y - y_0) + m_{13}f}{m_{31}(x - x_0) + m_{32}(y - y_0) + m_{33}f} + X_0$$

$$Y = (Z - Z_0)\frac{m_{21}(x - x_0) + m_{22}(y - y_0) + m_{23}f}{m_{31}(x - x_0) + m_{32}(y - y_0) + m_{33}f} + Y_0$$

여기서, X, Y, Z : 지상좌표
X_0, Y_0, Z_0 : 촬영점의 위치(투영중심)
x, y : 상좌표
x_0, y_0 : 상좌표의 중심좌표
f : 초점거리
m_{11}, m_{12}, …… : 회전행렬요소

(2) 간접법(Indirect Rectification)

간접법은 수치고도모형자료에 의해 출력 영상소의 위치가 이미 결정되어 있으므로 입력 영상에서 밝기값을 찾아 출력 영상소 위치에 나타내는 방법으로 항공사진을 이용하여 정사투영 영상을 생성할 때 주로 이용된다. 간접 편위수정을 위한 식은 다음과 같다.

$$x = x_0 - f\frac{m_{11}(X - X_0) + m_{12}(Y - Y_0) + m_{13}(Z - Z_0)}{m_{31}(X - X_0) + m_{32}(Y - Y_0) + m_{33}(Z - Z_0)}$$

$$y = y_0 - f\frac{m_{21}(X - X_0) + m_{22}(Y - Y_0) + m_{23}(Z - Z_0)}{m_{31}(X - X_0) + m_{32}(Y - Y_0) + m_{33}(Z - Z_0)}$$

(3) 정밀 수치 편위수정 방법

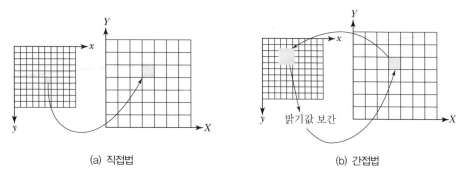

[그림 6-149] 정밀 수치 편위수정

(4) 정밀 수치 편위수정 방법의 특징

[표 6-33] 정밀 수치 편위수정 방법의 특징

구분\방법	간접법	직접법
단계	• 수치고도모형(X, Y) 좌표로부터 영상좌표(x, y)를 결정 • 보간법(최근린 보간, 공일차 보간, 공삼차 보간)에 의해 영상의 밝기값을 추정 • 보간된 밝기값을 수치고도모형 자료의 각 격자에 할당	• 영상좌표(x, y)를 이용하여 수치고도모형(X, Y) 좌표를 결정 • 영상의 밝기값을 가장 가까운 수치고도모형 자료의 격자에 할당
장점	모든 수치고도모형자료가 밝기값을 가짐	영상의 밝기값은 변하지 않음
단점	• 영상의 밝기값 보간에 시간이 소비됨 • 최종 편위수정된 영상은 밝기값의 보간에 의해 원영상과 동일하지 않음	수치고도모형 자료의 모든 격자가 영상의 밝기값을 가지는 것이 아니기 때문에 인접한 격자로부터 밝기값을 보간해야 됨

(5) 정밀 수치 편위수정 과정에서 제거되는 오차

① 영상의 내부표정오차

② 지형의 기하학적 왜곡

③ 센서의 자세에 의한 오차

6. 영상 재배열(Resampling)

영상 재배열은 디지털 영상의 기하학적 변환을 위한 수행 방법이며, 원래의 디지털 영상과 변환된 영상 사이의 관계에 있어 화소의 중심이 정확히 일치하지 않으므로 화소를 일대일 대응관계로 재배열할 경우에는 영상의 왜곡이 발생한다. 따라서, 일반적인 방법에서는 인접 영상이 밝기값들을 이용하여 보간에 의한 방법으로 재배열하게 된다.

(1) 최근린 보간법(Nearest Neighbor Interpolation)

최근린 보간법은 입력 격자상에서 가장 가까운 영상소의 밝기값을 이용하여 출력격자로 변환시키는 방법이다. 출력 화소의 최근린을 결정하기 위해 화소의 수정좌표를 역변환행렬을 사

용하여 원좌표계로 다시 바꾼다. 재배열된 영상
좌표는 공일차 보간법과 공삼차 보간법에서도 사
용된다. 이 방법은 원자료를 그대로 사용하기 때
문에 자료가 손실되지 않는다. 또한, 다른 두 가
지 방법보다 계산이 빠르고 출력 영상으로 밝기
값을 정확히 변환시킨다는 장점이 있는 반면에
0.5화소 이상의 변이가 발생할 수 있으며, 이로
인해 지표면에 대한 영상이 불연속적으로 나타날
수도 있다.

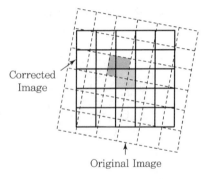

[그림 6-150] 최근린 보간법

(2) 공일차 보간법(Bilinear Interpolation)

공일차 보간법에서 편위수정된 화소의 자료값은 재변환된 좌표위치(x_r, y_r)와 입력 영상 내
의 가장 가까운 4개 화소 사이의 거리에 의하여 처리한다. 아래 그림과 같이 1, 2, 3, 4에 위치
해 있는 근린 화소를 이용하여 r점에서의 출력 화소 $r(V_r)$을 계산할 수 있다.

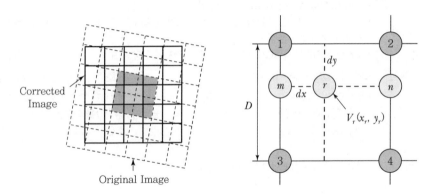

[그림 6-151] 공일차 보간법

$$V_r = \frac{\left[\dfrac{V_4 - V_2}{D} \times dy + V_2\right] - \left[\dfrac{V_3 - V_1}{D} \times dy + V_1\right]}{D} \times dx$$
$$+ \left[\frac{V_3 - V_1}{D}\right] \times dy + V_1$$

여기서, V_i : 영상소 i의 자료값
dy : 원좌표계의 Y_1과 Y_m 사이의 거리
D : 원좌표계의 Y_1과 Y_3 사이의 거리

(3) 공삼차 보간법(Bicubic Interpolation)

공삼차 보간법은 출력 자료를 결정하기 위해 4×4배열에 해당하는 16개의 화솟값을 사용한

다. 공삼차 보간법은 최근린 보간법에서 나타날 수 있는 지표면의 불연속적인 현상을 줄일 수 있고, 공일차 보간법보다 좋은 영상을 얻을 수 있다. 그러나 이는 다른 보간 방법에 비해 계산 시간이 2~3배 정도 오래 걸린다.

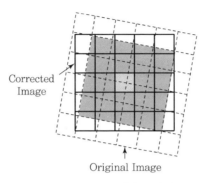

Corrected Image

Original Image

[그림 6-152] 공삼차 보간법

7. 정사투영 사진지도의 활용

(1) 수치적 자료 형태로 이루어져 있으므로 그 표현방법이 다양하다.

(2) 대상물을 사진의 형태로 표현하고 있으므로 현실감이 높고 판독이 용이해 향후 새로운 형태의 지도로서 사용될 가능성이 크다.

(3) 실제의 지형을 상공에서 관측하는 듯한 느낌을 주며, 컴퓨터상에서 시점 및 관측방향을 자유롭게 변화시키며 지형을 표현할 수 있으므로 경관분석, 수로분석, 경사도분석 등에 유용하게 이용될 수 있다.

(4) 공학적인 용도의 지도는 물론 행정도, 관광안내도, 등반용 지도 등으로 활용될 경우에 종래의 지도에 비하여 보다 유용성이 높다.

(5) 최근에 많이 활용되고 있는 GIS의 기본 자료로서 직접 이용할 수 있으며, 이를 처리하여 각종 정보를 추출할 수 있음은 물론 지형에 관련된 다양한 정보체계에서 응용이 가능하므로 정보화 시대에 있어서 필수적인 자료로 활용될 것이다.

8. 결론

최근 사진측량 분야는 종래 항공사진측량에 의한 종이 지도제작에서 탈피하여 위성영상 및 사진의 수치영상을 이용하여 다양한 지형도를 제작하고 있다. 그러나 공간정보 분야의 심도 있는 연구에도 불구하고 현장에서 적용이 활성화되지 못하고 활용 예가 한정되어 있는 면을 감안하면, 사회적인 공감대 및 유통체계 확립 등에 전문 인력 양성 및 제도적인 뒷받침이 선행되어야 할 것으로 판단된다.

1. 개요

4차 산업혁명 시대에 따라 디지털 트윈체계 구축 및 스마트시티 조성에 필수요소인 3차원 공간정보에 대한 기술 개발 및 연구가 활발히 진행되고 있으며, 영상처리 기술의 발달로 고품질의 정사영상에 대한 수요도 증가하고 있다. 실감정사영상은 3차원 공간정보의 핵심요소이자 기존 정사영상의 한계를 극복한 고도화된 영상정보자료이다. 국토지리정보원에서는 최상의 품질 취득이 가능한 실감정사영상 제작 기술 및 표준화된 작업공정을 마련하고 실감정사영상 제작 로드맵을 수립하였다.

2. 실감정사영상의 필요성

(1) 고품질의 정사영상에 대한 수요도 증가

(2) 수치지형도와 중첩 시 정확히 일치하고 영상기반에서 정확한 면적, 거리 산출이 가능

(3) 영상기반의 변화 탐지가 용이하여 국토영상정보 수시수정 체계의 기반자료로써 활용

(4) 4차 산업혁명 시대에 디지털 트윈체계 구축 및 스마트시티 조성에 필수요소인 3차원 공간정보로 활용

3. 실감정사영상 제작

(1) 실감정사영상 용어

① 실감정사영상(True Orthophoto) : 영상의 자연지형 및 인공지물 등에 대해 실감편위수정 및 폐색영역보정을 실시하여 제작한 영상(일반 정사영상과는 달리 모든 건물이 기복변위 없이 수직상태로 보정되어 있는 편위수정, 폐색영역 보정 등 방사적 특성을 개선한 정사영상을 의미)

② 실감편위수정 : 카메라 중심투영에 의해 영상에서 발생하는 자연지형 및 인공지물의 기복변위를 모두 수정하여 영상 전역에 걸쳐 축척이 일정하도록 엄밀하게 정사영상을 제작하는 작업

③ 폐색영역보정 : 영상에서 발생하는 자연지형 및 인공지물의 기복변위에 의해 폐색된 영역을 인접 영상을 이용하여 복원하는 작업

④ 3차원 정밀객체도화 : 입체사진 또는 단영상사진을 수치사진측량 기법과 시설물 모델링 기법을 통해 3차원 형태의 정밀한 지형지물 객체 정보를 도화하는 작업

⑤ 세밀도(LoD : Level of Detail) : 실감정사영상제작의 건물·교통시설물에 있어서 공간객체에 대한 표현의 수준

⑥ 수치빌딩모델(DBM : Digital Building Model) : 실세계의 모든 건물을 표현한 수치자료

⑦ 3차원 정밀수치표고자료 : 지표면에 대한 수치표고자료(DEM)와 지형·지물에 대한 3차
  원 정밀객체도화정보자료(DBM)를 통합하여 생성한 3차원 정밀수치표고자료(DSM)

⑧ 영상집성 : 인접한 실감정사영상들을 공간적으로 접합하기 위한 작업

(2) 실감정사영상 제작 절차

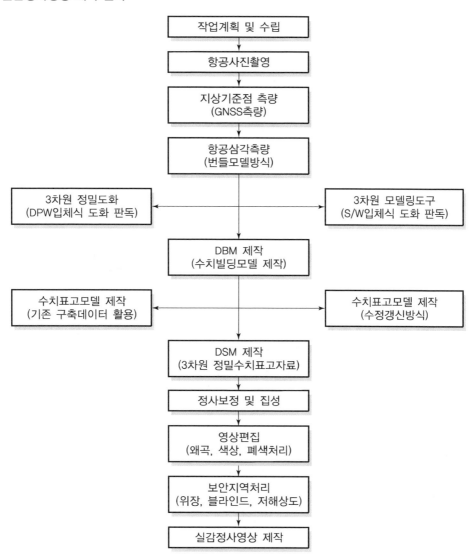

[그림 6-153] 실감정사영상 제작순서

(3) 실감정사영상 제작을 위한 공정별 주요내용

1) 작업계획 및 수립

작업지역 색인도, 자료수집 계획, 세부예정공정 및 일정 계획, 세부예정공정별 투입 기술자(경력) 및 장비(품명, 규격, 성능) 계획, 보안대책 및 안전관리

2) 항공사진촬영

① 폐색영역을 최소화하기 위한 방안으로 항공사진의 동서방향 횡종중복도 80% 중복도로 촬영

② 프레임방식의 카메라 센서를 권장

3) 지상기준점 측량

평면기준점 측량과 표고기준점 측량으로 구분하며 GNSS 측량을 수행

4) 항공삼각측량

항공사진에서 관측된 사진좌표를 지상기준점 및 GNSS/INS에 의한 외부표정요소를 기준으로 광속조정기법(Bundle Adjustment)을 이용하여 지상좌표(절대좌표)로 전환

5) 3차원 정밀도화

항공사진을 이용하여 정사영상 및 수치지형도 제작을 위해 생산되는 대표적인 중간 성과물로 LoD 수준에 따라 정밀도화 데이터가 제작되며 실감정사영상 제작에 활용이 가능

① LoD1 : 3층 이상 건물로 지붕의 높이가 하나의 동일한 높이를 가지고 있는 건물 묘사

② LoD2 : 3층 이상 건물로 지붕 모형이 삼각형의 높이를 가지고 있는 건물, 건물지붕 모형의 높이가 2개 이하의 서로 다른 높이를 가지고 있는 건물 묘사

③ LoD3 : 3층 이상 건물로 지붕 모형 높이가 3개 이상의 서로 다른 높이를 가지고 있는 건물 묘사

6) 3차원 모델링 도구

① 입체시를 위해 별도의 안경이나 장비 없이 스테레오매칭이 되는 2장 이상의 영상을 로딩하여 각 AT성과를 바탕으로 원본항공사진 두 장의 기복변위를 이용하여 건물의 높이 값을 결정하는 방식으로 작업

② 두 장의 항공사진의 기복변위량을 기반으로 3차원좌표를 결정하는 방식 : 건물의 지붕부분 형상을 그리고 다른 영상에서 해당건물의 지붕부분을 맞춰주는 작업을 통해 지붕부분의 3차원 좌표를 결정

7) 수치빌딩모델(DBM) 제작

DBM은 3차원 정밀도화성과를 활용하여 제작하고 단일객체 폴리곤을 기준으로 보가을 실시

8) 수치표고모델(DEM) 제작

① 지형의 변화로 불일치 할 경우 수정을 통해서 기 구축된 DEM자료를 갱신하여 활용

② 지면에 대한 수치표고자료는 수치사진측량 또는 항공레이저 측량을 통해 취득된 자료만을 사용하는 것을 원칙으로 한다. 단 품질향상을 위해 필요한 지역은 1/1,000 및 1/5,000 수치지형도 등을 이용하여 일부를 수정할 수도 있음

③ 지면 수치표고자료의 격자 간격은 영상 해상도 보다 낮게 설정 해야 함

9) 3차원 정밀수치표고자료(DSM) 제작

실감정사영상을 제작하기 위해 생산되는 중간 성과물로, LiDAR 데이터에서 추출된 지표면 포인트와 3차원 건물 벡터를 융합하여 제작하거나 디지털항공사진영상으로 제작된 정밀도화데이터와 LiDAR 데이터의 지표면 포인트를 융합하여 제작하는 등 다양한 방법으로 제작

10) 정사보정 및 집성

개별적으로 생성된 실감정사영상을 공간적으로 연결하는 영상 집성을 수행

11) 영상편집

① 폐색영역 보정

실감편위수정을 통해 폐색영역으로 탐지되어 표시된 지역을 온전히 나타나 있는 우선순위의 인접 영상을 이용하여 보정을 실시

② 그림자 영역보정

건물 등 객체의 그림자로 인하여 교량, 도로, 소화전 등 인접한 공간정보의 판독력이 저하되는 경우 그림자 지역에 대해 밝기값을 조정하여 해당 공간정보의 판독력을 향상시켜야 함

12) 보안지역 처리

국가주요목표시설물은 주변지역의 지형·지물 등을 고려하여 위장처리하여야 한다. 위장처리에는 주변지형에 맞는 위장처리, 블러링처리, 저해상도처리로 구분할 수 있으며, 관련 규정에 따라 전·후 영상을 제작

13) 실감정사영상 제작

기존 정사영상에 건물도화를 통해 구축된 정보를 바탕으로 모든 건물이 바로 서 있는 실감정사영상을 구축

4. 실감정사영상 로드맵

(1) 기술개발 및 기반조성 단계

① 실감정사영상 작업규정 등 제도적 기반 마련

② 실감정사영상 제작 효율화를 위한 공정별 자동화 기술 개발

③ 국토영상획득체계 재편에 의한 실감정사영상 제작 활용방안 마련

(2) 기술검증 및 제작확산 단계

① 도심지를 우선으로 한 고해상도 실감정사영상 제작 추진 및 기술 검증

② 국토전용위성을 활용한 전국단위 중해상도 실감정사영상 제작 및 활용수요 발굴

③ 객체검출 기법 기반의 수시수정체계 정립

(3) 전국 확산 및 운영단계

① 고해상도 실감정사영상 전국 확산과 수시수정체계 운영

② 국토영상 분류기법에 의한 AI학습데이터세트 구축 등 지능형 국토관리 지원

③ 융복합 공간정보 활용과 가상국토 구현을 위한 거버넌스 확립

5. 결론

2015년 이후 주요 도심지역을 대상으로 실감정사영상제작을 하였으나 표준화된 공정부재로 일관성 있는 데이터 확보가 미진하였기에 국토지리정보원은 표준 공정을 마련하고 로드맵을 수립하였다. 이에 따라 향후 실감정사영상 제작은 가상국토 구현 수요에 부응하는 영상정보 생산체계 정립, 실감정사영상 제작방식 다각화와 자동화, 영상정보 획득체계의 다변화와 수요 맞춤형 영상정보 제공 등 단계적으로 추진되어야 할 것이다.

---

17 | 항공사진 기반의 고해상도 근적외선 정사영상의 특성과 제작절차, 활용방안

1. 개요

우리나라 항공사진측량 분야는 디지털 항공사진촬영이 도입된 2010년부터 공간해상도 25cm급 촬영 시 컬러(RGB) 밴드와 근적외선(NIR) 밴드를 동시에 취득하여 취득된 영상밴드 간 조합을 통해 컬러 항공사진과 근적외 항공사진(CIR)으로 제작하여 원격탐측 및 다양한 분야에 효율적으로 활용하고 있다.

2. 특성

(1) 파장밴드(Band)는 반사된 에너지의 평균을 측정하는 전자기 분광대역의 일정한 한 구간(폭)
이다. 몇 개의 구분된 파장밴드로 나누어 측정하는 이유는 각각의 밴드가 특정한 지표면의 성
질과 연계되기 때문이다.

(2) 예를 들면, 청색광 영역의 반사 특성은 광물 함유량과 관계가 깊으며, 근적외선 영역의 반사
특성은 식물의 종류 및 활력도 판정에 사용될 수 있다.

(3) 근적외선은 식물에 포함된 엽록소(클로로필)에 매우 잘 반응하기 때문에 식물의 활성 조사에
이용되며, $0.7{\sim}0.9\mu m$의 전자기 분광대 영역으로 이 분광대에서 취득된 영상이 근적외선
영상이다.

3. 제작 절차

근적외선 항공사진은 촬영단위로 분할되어 광범위한 지역의 정보제공에 제약이 많아 정밀좌표
부여(항공삼각측량)와 지형 기복을 소거하고 영상처리(영상집성, 색상보정 등) 과정을 거쳐 정사
영상 형태로 제작하여 활용한다.

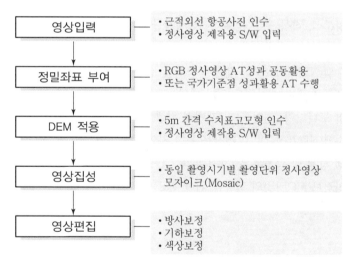

[그림 6-154] 근적외선 정사영상 제작 흐름도

(1) 영상입력 · 정밀좌표 부여 · DEM 적용

① 근적외선 항공사진과 RGB 정사영상을 제작에서 활용된 외부표정요소(EO) 및 수치고도모
형(DEM)을 정사영상용 S/W에 입력하고 촬영단위 근적외선 정사영상을 생성한다.

② 촬영단위 근적외선 정사영상 생성

근적외선 항공사진 입력 → 외부표정요소 입력 → 수치표고모델 입력 → 촬영단위 정사영
상 생성

(2) 영상집성

제작된 촬영단위 근적외선 정사영상에 대하여 동일 시기 영상을 분류하고 영상집성(Mosaic)한다.

(3) 영상편집

1) 촬영시기별 집성된 정사영상에 대하여 방사 및 기하보정 작업을 통해 인접 영상 간 단절감 없는 연속적인 정사영상 형태로 영상을 편집한다.

2) 방사보정과 기하보정
   ① 방사보정 : 촬영 당시 발생한 채색과 명암의 차이를 보정하는 과정
   ② 기하보정 : 수치표고모형(DEM) 최신성 등으로 발생되는 지형의 뒤틀림 및 단절현상을 보정하는 과정

4. 활용방안

기존 원격탐측(위성영상) 기반 각종 분석업무를 수행하는 기관을 중심으로 높은 공간해상도와 주기적 갱신이 수행되는 항공영상 기반 근적외선 정사영상의 높은 활용성이 예상된다.

(1) 농업 : 작황분석, 작목 구분 및 분류, 특정작물 재배치 추출

(2) 산림 : 식생분포 및 병해충 탐지, 불법 벌채지 탐지

(3) 환경 : 지수맵(NDVI, NDWI) 제작을 통한 환경 변화 탐지

(4) 지질 : 식생분포 및 식생활력도 정보 파악

(5) 해양 : 연안 모니터링, 연안 녹지/갯벌의 식생 파악

(6) 안전 : 지수맵(NDVI, NDWI) 제작을 통한 자연재해 파악

(7) 생태 : 식생 경계 및 속성분류, 하천 분석

(8) 기상 : 위성정보(MODIS)의 검증을 위한 지표

5. 결론

디지털 항공사진측량이 도입된 2010년부터 종래 흑백사진 위주의 측량에서 새로운 고해상도 컬러와 근적외선 영상을 동시에 취득하여 원격탐측을 수행하는 기관을 중심으로 높은 활용도가 예상된다. 그러므로 최신성 확보 및 다양한 측량기법을 통하여 최적의 고해상도 근적외선 영상을 제작할 수 있도록 노력해야 할 시점이라 판단된다.

UAV 기반의 무인항공사진측량

1. 개요

수치지도의 수시 수정이나 재난·재해의 피해조사 및 복구를 위한 지형도 제작 등 신속이 요구되는 지형측량에는 기존의 항공사진측량에 비해 이동성, 사용성, 접근성이 뛰어나고 기상조건에 영향을 덜 받는 UAV(Unmanned Aircraft Vehicle) 기반의 무인항공사진측량이 적합하다. UAV에 GNSS 및 INS가 결합된 자동비행장치(Auto Pilot)와 카메라를 탑재하여 취득한 영상은 수치사진측량 소프트웨어에 의해 정사영상, DEM 및 도화작업이 자동 또는 반자동으로 즉시 수행되므로 최단시간 내의 지형도 제작이 가능하다.

2. 무인항공기(UAV)의 종류

무인항공기는 비행 특성에 따라 고정익, 회전익 무인기로 대별할 수 있다.

(1) 고정익

비행시간이 길고 프로그램 비행이 용이하여 매핑에는 용이하나 이착륙공간 확보가 관건이다.

(2) 회전익

① 비행안전성이 높으나 운용시간이 짧고 고정익에 비해 스트립이나 블록영상을 얻기가 쉽지 않다.

② 체공시간 제약을 극복하기 위해 대형화될수록 전문적인 조작능력의 필요성과 경제적 부담이 증가한다.

3. UAV 무인항측 시스템의 구성

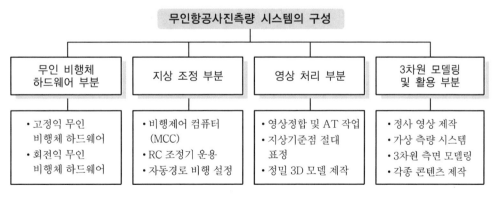

[그림 6-155] UAV시스템 구성

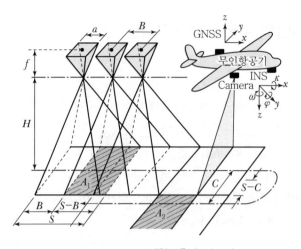

[그림 6-156] 무인항공측량 시스템

4. 항공사진측량과 무인항공사진측량의 장비 비교

[표 6-34] 항공사진측량과 무인항공사진측량의 주요 장비 비교

구분	항공사진측량	무인항공사진측량
항공기	경비행기	모형항공기
카메라	측량용 카메라 (렌즈왜곡수차 : 0.01mm 이하)	일반 카메라
GNSS	2주파 RTK (오차 : 15cm 이내)	1주파 RTK(오차 : 2~3m) 2주파 RTK(오차 : 15cm 이내)
INS	롤/피치각(0.01도) 헤딩각(0.05도)	롤/피치각(2도) 헤딩각(5도)

5. 무인항공사진측량의 일반적 순서

무인항공기를 탑재체로 사진측량기술을 적용하여 매핑을 수행하기 위한 일반적 순서는 크게 촬영과 영상처리부분으로 구분되며, 촬영은 촬영계획, 촬영, 영상처리는 DEM 및 정사영상생성 등으로 구분된다.

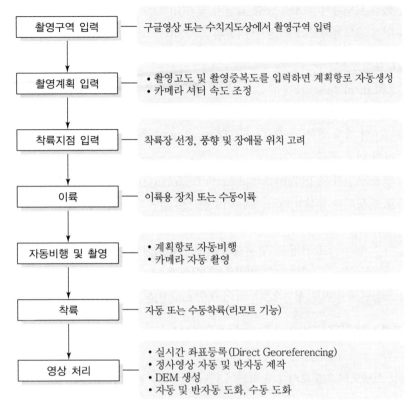

[그림 6-157] 무인항공사진측량 흐름도

6. 촬영 계획

(1) 카메라 캘리브레이션

1) PhotoModeler 5.0 소프트웨어에 의해 카메라 캘리브레이션을 실시하여 내부표정요소 획득

2) 카메라 캘리브레이션 자료

   ① 초점 길이(mm)

   ② CCD(Charge-Coupled Device, 광전 변환 장치) 센서의 크기(mm, X/Y)

   ③ X축 방향 광감지 센서의 개수(행)

   ④ Y축 방향 광감지 센서의 개수(열)

   ⑤ X축 방향 FOV 각(Field Of View, 시야/단위 : 도)

   ⑥ Y축 방향 FOV 각(Field Of View, 시야/단위 : 도)

   ⑦ 일정 고도에서의 X축 방향 FOV 거리(m)

   ⑧ 일정 고도에서의 Y축 방향 FOV 거리(m)

⑨ 일정 고도에서의 X축 방향 픽셀의 크기(m)

⑩ 일정 고도에서의 Y축 방향 픽셀의 크기(m)

3) 내부표정요소

① EFL(Equivalent Focal Length) : 렌즈 중심부에 유효한 초점 길이

② CFL(Calibrated Focal Length) : 방사상의 렌즈 왜곡 수차를 평균 배분한 초점길이

③ 렌즈의 방사 왜곡(Radial Lens Distortion) : 주점으로부터 방사선을 따라 생기는 상점의 위치 왜곡

④ 렌즈의 접선 왜곡(Tangential Lens Distortion) : 주점으로부터 방사 방향에 직각으로 발생되는 상점의 왜곡(매우 미소하므로 일반적으로는 무시)

⑤ 주점의 위치(Principal Point Location) : 지표축 X, Y에 대한 주점의 지표 좌표

⑥ 마주 보는 지표 간의 거리(지표의 좌푯값에 의해 주어짐)

⑦ 지표를 잇는 두 선의 교차각(90°±1′이어야 함)

⑧ 초점면의 평면도(평면으로부터 ±0.01mm 이상 벗어나지 않도록 함)

(2) 지상표본거리(GSD : Ground Sampling Distance)

1) GSD

영상 선명도의 척도로서 1개 픽셀이 나타내는 X, Y 방향으로의 지상 거리

2) GSD 계산 순서

사용하는 카메라 CCD 센서의 1개 픽셀에 대한 크기를 먼저 계산함

$$CCD\ 픽셀크기 = \frac{CCD\ 센서의\ 크기(mm)}{픽셀\ 수}$$

$$GSD = \frac{h}{f} \times CCD\ 픽셀\ 크기$$

여기서, h : 비행고도(m)

f : 카메라 초점거리(mm)

3) 측량용 UAV 시스템의 비행고도 대비 GSD 정밀도의 일반적 수준

① 100m 고도 : 3cm GSD

② 150m 고도 : 5cm GSD

③ 200m 고도 : 7.5cm GSD

④ 300m 고도 : 10cm GSD

4) 요구되는 GSD의 수준 및 촬영구역의 지형지물 비고에 따라 비행고도를 계획한다.

(3) 촬영 중복도

① 종중복도는 최소 60%, 횡중복도는 최소 30%
② 보다 양질의 접합점 확보를 위하여는 종중복·횡중복 공히 80%로 계획

(4) 카메라 설정

① ISO(International Standards Organization, 국제 표준화 기구)에서 정한 필름의 감도 (감광도) 수치를 촬영 당시의 빛의 양에 따라 조정함(일반적으로 ISO100 사용). ISO 수치 가 높을수록 밝은 영상으로 촬영되나 노이즈가 많이 발생됨
② 저고도 비행일수록 비행체의 지상 속도가 빨라지므로 셔터 속도를 올림

7. 정사영상지도 제작

무인항공사진측량은 기존의 전통적인 항공사진측량과 영상을 처리하는 원리는 거의 유사하나 작 업을 수행하는 방법에는 많은 차이가 있다.

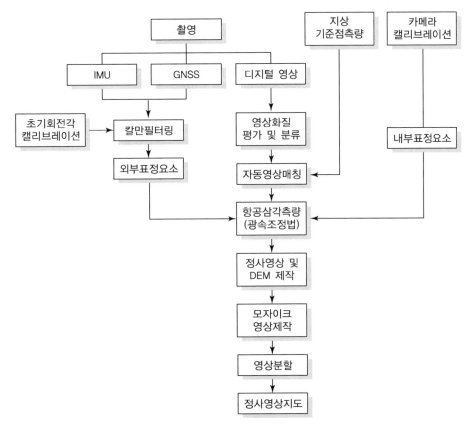

[그림 6-158] 정사영상지도 제작순서

8. 무인항공사진측량 시스템 오차

(1) 기계적 오차

배터리, 전파장애, S/W 오류, GNSS 수신 불량, 카메라 오차 등

(2) 자연적 오차

바람, 비 등 기상 및 조류, 태양반사에 의한 오차 등

(3) 인위적 오차(과실)

조정실수, 착오, 비행설계 실수에 의한 오차 등

(4) 비행고도에 따른 오차

(5) 지형적 특성에 의한 오차

기복변위, 부유식 구조물 등

(6) 지상기준점에 의한 오차

기준점 배치, 기준점 수에 따른 오차 등

9. 무인항공사진측량 시스템(UAS)의 정확도 향상 방안

(1) 하드웨어 및 현장 촬영 부분

① 비행성능이 검증되고 GNSS/IMU가 탑재된 UAV 본체 활용
② 비행 전 코스 입력에 의한 항공사진측량 방식의 촬영

(2) 사진측량 이론 기반의 영상처리

① 기하학적 보정을 통하여 수치 정사사진 제작이 가능한 소프트웨어를 이용
② GCP 측량 및 상호, 절대 표정에 의한 보정 작업

(3) 현장측량과 융합을 통한 오차 보완

① 지상현황측량, 도면자료 비교를 통한 보완
② 가상측량 시스템(VRS)에 의한 측량 보조

10. 일반항측 시스템과 UAV 무인항측 시스템의 비교

[표 6-35] 일반항측과 UAV 무인항측 시스템의 비교

구분	일반항측 시스템	UAV 무인항측 시스템
장점	• 넓은 지역의 신속한 측량 • 라이다 등 이기종 센서와의 융·복합 측량 가능 • 지도제작 및 공공측량 등에 적용(법·제도적으로 검증된 시스템)	• 저고도, 저속 비행으로 고정밀 영상 취득(GSD : 5cm 이내) • 구입 및 유지관리 비용 저렴 • 흐린 날씨에도 촬영 가능 • 일반측량기술자도 손쉽게 작동 가능 • 최근 공공측량에 적용
단점	• 높은 고도에서 촬영하므로 정밀영상 취득에 한계 • 기상조건에 영향을 많이 받음 • 구입 및 유지관리 비용 고가 • 일반측량기술자의 접근성 떨어짐	• 장시간 비행이 불가능하므로 촬영 면적 제한(1일 5km² 미만)

11. 적용 대상

무인항공기는 저비용으로 소규모지역의 최신 고화질 영상획득에 효과적인 시스템으로 요구정확도에 따른 측량의 보조수단으로 활용가능성을 제시하고 있다. 각종 센서에 의하여 무인항공기 조작의 편리성으로 측량인원 및 시간 절감효과를 얻을 수 있으며, 다양한 분야로의 진출과 수요창출이 기대되는 시스템으로 다음과 같은 분야에 적용할 수 있다.

(1) 공간정보 구축분야, 재난재해분야, 국토 모니터링 분야

(2) 수치지도의 수시 수정, 지적업무분야

(3) 신속한 재해 현황 파악 및 대책 수립

(4) 농작물, 산림 등의 병충해 피해 조사

(5) 소규모 지형현황측량

(6) 건설공사 공정사진촬영 및 준공도면 제작

(7) 초정밀 정사영상이 필요하거나 항공기 접근이 어려운 지역의 정사영상 촬영 시 적용

(8) 해양분야, 도시계획분야, 조경분야

(9) 기타(신재생 에너지분야 업무지원)

12. 결론

UAV 무인항측은 적은 비용으로 신속하고 정밀한 정사영상을 취득할 수 있는 최신 기술로서 향후 그 적용성이 크게 증가할 것으로 예상된다. 따라서 성능 및 정확도에 대한 검증은 물론 비행허가, 절차 및 안전운항 등에 대한 법·제도적 장치의 마련이 시급히 요구된다.

무인항공기(UAV) 측량에 대한 다음 물음에 답하시오.
1. UAV를 이용한 항공측량의 특징, 수치지도 제작과정에 대하여 각각 설명하시오.
2. UAV를 고정익과 회전익으로 구분할 때 각 활용분야에 대하여 설명하시오.

1. UAV를 이용한 항공측량의 특징, 수치지도 제작과정에 대하여 각각 설명하시오.

(1) 개요

무인항공사진측량(Unmanned Aerial Vehicle Photogrammetry)은 초소형 비행체에 디지털 카메라를 탑재하고, GNSS/INS에 의해 촬영구역을 자동 비행하여 사진영상을 취득한 다음 프로그램에 의해 사진의 왜곡을 보정한 후 모자이크하여 정사영상, DEM 및 도화작업(수치지도)을 자동 또는 반자동으로 제작이 가능한 시스템이다.

(2) UAV를 이용한 항공측량의 특징

① 일반 항공사진측량은 경제적, 시간적, 기술적으로 많은 비용이 소요되기 때문에 특수한 경우에만 제한적으로 사용되고 있다. 무인항공기를 이용한 사진측량의 기술적 발달에 따라 항공영상의 활용이 가능해질뿐더러 다양해지고 있다.

② 무인항공기를 이용한 사진측량은 카메라와 함께 라이다(LiDAR), 초분광(Hyperspectral) 및 열적외 센서 등 다양한 센서를 함께 활용함으로써 고도화 측량이 가능하여 다양한 3차원 영상획득이 가능하다.

③ 저고도에서 높은 중복도로 고해상도의 영상취득이 가능해짐에 따라 촬영고도에 따라 수 cm 오차범위 내의 해상도를 갖는 영상을 얻을 수 있으며, 비교적 가격이 저렴한 무인항공기를 사용하므로 경제적 비용 부담이 덜 하면서도 일반 항공사진측량의 성과물과 동일한 결과를 얻을 수 있다.

④ 무인항공사진측량은 일반적으로 고도 150m 이하에서 비행하므로 구름에 영향을 받지 않고 비, 눈 등으로 인한 기상악화에만 영향을 받으므로 촬영 시 시간과 비용을 절감할 수 있다.

⑤ 무인항공사진측량은 일반 측량기술자도 쉽게 작동할 수 있다는 장점이 있으나, 장시간 비행이 불가능하고 촬영 면적의 제한이 있다는 단점도 있다.

(3) 수치지도 제작과정

1) 수치지도 제작과정

UAV를 이용한 수치지도제작과정의 일반적 흐름도는 다음과 같다.

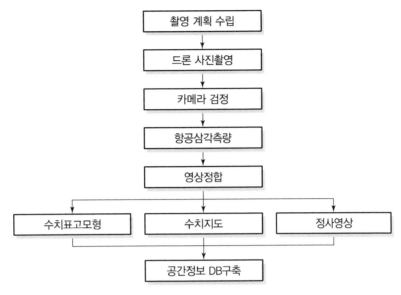

[그림 6-159] UAV를 이용한 항공사진측량의 자료처리 흐름도

2) 세부내용

① 촬영계획

촬영지역, GSD, 촬영고도, 중복도, 셔터속도, 비행노선 간격 설정 등을 고려하여 효과적인 촬영계획을 수립한다.

② 사진 촬영

바람의 영향을 고려한 이착륙 절차 수립, 촬영 실시간 모니터링, 착륙 후 메모리 수거 및 촬영한 자료에 대한 백업을 실시한다.

③ 카메라 검정

- 촬영 영상에 대한 후처리 작업을 수행하며, 먼저 UAV 카메라에 대한 왜곡량 보정을 수행한다.
- 왜곡량 보정 시 카메라 초점거리, 주점좌표도 필요시 보정한다. UAV에 사용되는 카메라는 비항측용 카메라이기 때문에 카메라 내부표정요소에 대한 정확한 데이터를 확보해야 후속 영상처리작업의 정확도를 확보할 수 있다.

④ 항공삼각측량(AT : Aerial Triangulation)

- 카메라 보정이 끝나면 UAV로 획득한 영상 카메라 검정자료, GNSS/IMU자료, 지상기준점 등을 이용하여 항공삼각측량을 수행한다.

- 항공삼각측량을 수행하게 되면 카메라의 외부표정요소값(X_0, Y_0, Z_0, ω, φ, κ)이 추출되고, 이 값은 정사영상 제작, 영상정합, 수치지형도 제작을 위한 입력값으로 사용된다.

⑤ 영상정합
- 항공삼각측량의 사진기준점을 자동으로 추출할 때도 사용하지만 가장 많이 사용되는 것은 수치표고모형 제작이다.
- UAV 사진측량에서는 SIFT(Scale Invariant Feature Transform) 기법과 SfM (Structure from Motion) 기법을 이용하여 영상을 자동정합하고 점군(Point-Cloud)을 생성하여 수치표고모형을 제작한다.

⑥ 수치표고모형 생성
- 항공삼각측량이 끝나면 수치표고모형 자료 생성이 가능하다.
- 수치표고모형에는 SIFT 영상정합과 SfM을 적용한 자동 점군 생성방법과 기존의 수치지도 및 LiDAR 자료를 이용한 정밀생성 방법 등이 있다.

⑦ 정사영상 제작
- 영상을 이용하여 지도를 제작하기 위해서는 기복변위를 제거한 정사투영 상태로 제작해야 한다.
- 기복변위를 제거하기 위해서 공선조건식을 이용하여 기복변위에 대한 편위수정을 하게 되고, 편위수정을 한 영상을 정사영상(Orthophoto)라 한다.

⑧ 수치지도 제작
- 수치지도는 카메라 검정자료, UAV영상, 항공삼각측량 성과를 이용하여 제작하는데, 수치지도를 제작하기 위해서는 수치사진측량시스템(DPW) 장비를 이용한다.
- UAV를 이용한 수치지도 및 각종 다양한 주제도를 제작하기 위한 시스템으로는 국내 기술로 개발한 Drone Grapher 시스템 등이 있다.

2. UAV를 고정익과 회전익으로 구분할 때 각 활용분야에 대하여 설명하시오.

(1) 개요

UAV는 비행기처럼 날개가 고정되어 비행하는 고정익 UAV와 헬리콥터처럼 프로펠러의 회전력에 의해 비행하는 회전익 UAV로 크게 구분된다. 기본적으로 고정익 UAV와 회전익 UAV는 각각 비행기와 헬리콥터의 비행원리에 따른다.

(2) 고정익과 회전익 UAV의 특징 및 활용분야

[표 6-36] 고정익과 회전익 UAV의 특징 및 활용

구분	고정익 UAV	회전익 UAV
특징	• 추력 및 양력발생장치가 분리되어 전진방향으로 가속을 얻으면 고정된 날개에서 양력을 발생하여 비행 • 드론 구조가 단순하고 고속, 고효율 비행이 가능	• 수직 이착륙 및 정점 체공이 요구될 경우 가장 적합 • 비행효율, 속도, 항속거리 등에 있어 고정익보다 불리 • 로터형, 덕트형, 여러 개의 로터를 대칭으로 배치한 멀티콥터형 등으로 구분
활용 분야	광역사진측량, 지적측량, GIS, 농업 · 연안 수산 · 광업 · 환경 관리, 건설현장 관리 등	소규모 지역 측량 및 구조물 안전진단, 영화 및 영상 촬영, 부동산 관리, 도심지 측량, 건설관리, 응급 지원, 교통단속 · 추적 등 법 집행 등

---

20 무인항공기(UAV) 사진측량의 작업절차(공종)와 방법

1. 개요

무인항공사진측량에서는 렌즈왜곡이 큰 일반 카메라와 정밀도가 낮은 IMU 센서를 사용하므로 기존의 항공사진측량 방법으로는 영상을 처리하기 어렵다. 따라서 컴퓨터 비전 분야의 SfM 기술을 바탕으로 영상을 3차원으로 재구성하여 3D 포인트 클라우드를 생성한 다음, 지상기준점 성과를 기준으로 이를 절대좌표로 변환하여 DEM과 정사영상을 생성한다.

2. 무인항공사진측량의 특징

(1) 렌즈왜곡이 큰 일반 카메라 사용

① 렌즈 전체 면에 걸쳐 왜곡이 과다하므로 렌즈 캘리브레이션이 무의미함

② 따라서 왜곡이 거의 없는 중심부 영상만 사용(실사용 영상면적 : 전체 촬영영상의 3~4% 만 사용)

③ 그러므로 중심부 영상을 충분히 확보하기 위하여 80% 이상의 중복도로 촬영

(2) 정밀도가 떨어지는 저가의 MEMS IMU 사용

① IMU에 의해 취득되는 외부표정요소는 정밀도가 떨어져 직접 사용이 어려움

② 따라서 SIFT와 SfM 방법으로 영상을 정합하고 3D 포인트 클라우드를 생성함

③ 지상기준점을 이용하여 포인트 클라우드를 절대좌표로 변환하고 DEM과 정사영상을 생성함

④ MEMS IMU는 비행 시 무인기의 비행자세를 유지하는 목적으로 사용함

⑤ 향후 입체시 등을 위한 정확한 외부표정요소는 지상기준점을 이용하여 공선조건식으로 결정함

3. 무인항공사진측량 순서

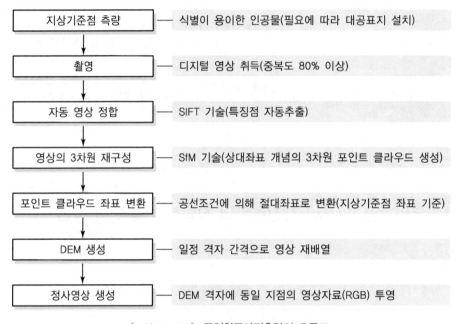

지상기준점 측량	— 식별이 용이한 인공물(필요에 따라 대공표지 설치)
촬영	— 디지털 영상 취득(중복도 80% 이상)
자동 영상 정합	— SIFT 기술(특징점 자동추출)
영상의 3차원 재구성	— SfM 기술(상대좌표 개념의 3차원 포인트 클라우드 생성)
포인트 클라우드 좌표 변환	— 공선조건에 의해 절대좌표로 변환(지상기준점 좌표 기준)
DEM 생성	— 일정 격자 간격으로 영상 재배열
정사영상 생성	— DEM 격자에 동일 지점의 영상자료(RGB) 투영

[그림 6-160] 무인항공사진측량의 흐름도

4. SIFT(Scale Invariant Feature Transform) 기술

영상정합을 위한 SIFT 방법은 각각의 영상들로부터 특징점을 검출하는 방식으로 자동으로 영상을 정합하는 기술이다. 크게 특징점 추출단계, 서술자(Descriptor)를 생성하는 두 단계로 구분된다.

(1) 특징

① SIFT 기법은 회전, 축척, 명암, 카메라 위치 등에 관계없이 영상데이터를 특징점으로 변환하여 영상정합을 자동으로 수행한다.

② SIFT 기법은 축척, 방향성, 밝기 및 카메라 노출점 등의 변화에 불변하기 때문에 비행특성상 흔들림이 많은 드론으로 획득한 사진영상의 정합에 적합한 방법이다.

③ SIFT 기법은 UAV 영상의 처리를 위한 자동항공삼각측량(AAT) 과정의 기반자료가 된다.

④ SIFT 기법은 외부표정요소의 정확도와 관계없이 유효면적이 작은 대량의 사진영상을 자동으로 정합할 수 있는 장점이 있다.

(2) SIFT 처리

① 영상을 가우시안 차분(DoG)에 의해 순차적으로 블러링하여 구축한 영상들을 피라미드 방식의 스케일 공간에서 명암비가 극값(최대 또는 최소)인 특징점을 검출한다.

② 필터링된 특징점의 방위를 할당하고, 그 크기와 방향을 나타내는 서술자(Descriptor)를 생성한다.

③ 두 영상의 동일한 서술자를 이용하여 고속으로 영상정합을 수행한다.

(3) 영상의 특징점(Key – point)이 되기 위한 조건

① 물체의 형태나 크기, 위치가 변해도 쉽게 식별이 가능하여야 한다.

② 카메라의 시점, 조명이 변해도 영상에서 해당 지점을 쉽게 찾아낼 수 있어야 한다.

③ 영상에서 이러한 조건을 만족하는 가장 좋은 특징점은 바로 코너점(Corner Point)이고, 특징점(Key – point) 추출 알고리즘들은 이러한 코너점 검출을 바탕으로 하고 있다.

5. SfM(Structure from Motion) 기술

SfM(Structure from Motion)은 다촬영점 3차원 구조(형상) 복원기술로 여러 방향에서 찍은 수많은 영상들로부터 점군을 생성하여 3차원 형상을 구현하거나 증강현실 등에 이용할 수 있는 방법이다.

(1) 특징

① SfM 기법은 SIFT에 의해 정합된 영상을 고차적으로 번들조정하여 대상물과 카메라의 위치관계를 복원하여 3차원 점군(Point – Cloud)을 생성하는 기술이다.

② 전통적인 항공사진측량과 달리 외부표정요소 또는 지상기준점 좌표가 없어도 카메라의 자세와 영상기하를 재구성할 수 있다.

③ 여러 시점에서 촬영된 2D 영상으로부터 카메라의 포즈(위치, 방향)를 추정하고 촬영된 물체나 장면의 3차원 구조를 복원하는 방법이다.

④ SfM 기법은 드론으로 촬영된 많은 수의 사진을 빠른 시간에 처리할 수 있고 비측량용 카메라를 사용할 수 있는 장점이 있다.

⑤ 다양한 각도로 촬영된 다수의 영상에서 매칭된 각 특징점의 3차원 좌표와 카메라 위치를 추정하여 3차원으로 영상기하를 재구성한다.

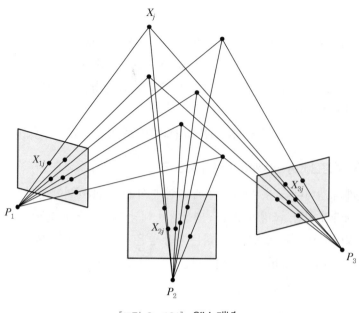

[그림 6-161] SfM 개념

(2) SfM 처리

① SIFT로 정합된 영상을 고차 번들 조정하여 3D 장면을 재구성함으로써 초기 포인트 클라우드를 생성한다.

② 초기 포인트 클라우드는 점밀도가 현저히 떨어지므로 영상을 분해하여 보간함으로써 고밀도의 3D 포인트 클라우드로 구조화한다.

6. DEM 및 정사영상 생성

(1) SfM에 의한 3차원 포인트 클라우드는 대상물과 영상 간의 상대좌표 체계이므로 지상기준점 좌표를 기준으로 공선조건에 의해 절대좌표로 변환

(2) 포인트 클라우드는 불규칙적으로 분포하므로 보간을 통해 일정 격자 간격의 DEM으로 변환

(3) DEM 위치에 상응하는 정사투영 면에 RGB 영상데이터를 투영하여 정사영상 생성

7. 결론

무인항공사진측량에서는 렌즈 왜곡이 큰 일반 카메라와 정밀도가 낮은 IMU 센서를 사용하므로 기존의 항공사진측량 방법으로는 영상을 처리하기 어렵다. 또한, 저가의 MEMS IMU에 의해 외부표성요소가 취득되므로 Direct Georeferencing을 수행할 경우 성과의 정확도가 떨어진다. 따라서 지상기준점 측량을 반드시 실시하여 공선조건식으로 외부표정요소를 정확히 결정해야 정확도가 높은 DEM과 정사영상을 생성할 수 있다.

1. 개요

최근 4차 산업혁명의 핵심 분야로 등장하고 있는 드론은 무선전파로 조종할 수 있는 무인항공 비행기이다. 실제 라이다 장비를 드론에 장착하여 항공측량을 수행하고 있으며, 토목이나 건축분야 뿐만 아니라 무인자동차에서도 필수적인 장비가 되었다.

2. 드론의 활용 현황

(1) 초기에 드론은 군사용 목적으로 개발되었지만 최근에는 기업, 택배업체, 영화촬영 등 다양한 산업 분야에 사용되고 있다.

(2) 또 산업분야뿐만 아니라 취미나 레저용으로도 점차 보편화되는 추세이므로 주변에서 흔히 접할 수 있게 되었다.

(3) 최근 국내에서는 토목과 건설 분야에서도 드론을 사용하여 건설현장의 모니터링에 활용하고 있다.

3. 라이다 시스템의 특징 및 원리

(1) 라이다(LiDAR : Light Detection And Ranging) 시스템의 특징

① 항공기에 장착하여 레이저 펄스를 지표면에 주사하고, 반사된 레이저 펄스의 도달시간을 관측함으로써 반사지점의 공간위치 좌표를 계산하여 지표면에 대한 지형정보를 추출하는 측량기법

② 완전 자동처리가 가능하며, 처리속도가 빠르고, 능동적 센서

③ 어느 정도 날씨에 구애를 받지 않는 장점이 있음

④ 토목이나 건축 분야뿐만 아니라 무인자동차에서도 필수적인 장비임

(2) 라이다의 기본 원리

1) 라이다의 구성

응용분야에 따라 때로는 매우 복잡하게 구성되지만, 기본적인 구성은 레이저 송신부, 레이저 검출부, 신호 수집 및 처리와 데이터를 송수신하기 위한 부분으로 단순하게 구분될 수 있다.

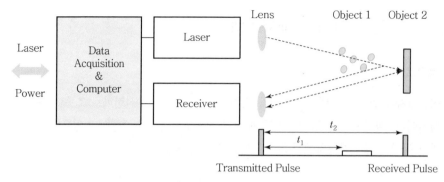
[그림 6-162] 라이다의 기본구성 및 동작 원리

2) 레이저 신호의 변조방법에 따른 구분

① TOF(Time Of Flight) 방식 : 레이저가 펄스 신호를 방출하여 측정 범위 내에 있는 물체들로부터의 반사 펄스 신호들이 수신기에 도착하는 시간을 측정함으로써 거리를 측정하는 방식

② PS(Phase Shift) 방식 : 특정 주파수를 가지고 연속적으로 변조되는 레이저 빔을 방출하고 측정 범위 내에 있는 물체로부터 반사되어 되돌아오는 신호의 위상 변화량을 측정하여 시간 및 거리를 계산하는 방식

4. 드론을 이용한 항공측량

(1) 기존 항공측량과 드론을 이용한 항공측량

① 항공측량기법은 접근하기 어려운 산악지형과 재난지역의 신속한 자료획득과 처리가 가능한 장점을 지니고 있으나, 항공기를 이용해야 하는 문제점으로 인하여 비용이 많이 들고, 항공기의 운항조건에 많은 영향을 받는다.

② 이러한 단점을 해결할 수 있는 방법이 드론을 이용한 항공측량이다.

③ 드론을 이용한 항공측량은 1km 이내의 고도에서 드론에 라이다 장비를 장착하여 지상을 촬영할 수 있도록 하는 방식으로 기존의 항공측량에 비해 적은 비용으로 섬세한 라이다 측량을 지원할 수 있다.

(2) 드론에 장착하는 라이다 시스템

① 라이다의 장비는 고유의 IP주소를 가지고 있으며 GNSS 장치와 연결되어서 3차원의 데이터를 생성한다.

② 라이다 장비에서 생성된 데이터는 컴퓨터와 연결하여 정보를 받을 수 있으므로 드론에 라이다 장비, GNSS 그리고 데이터 저상을 위한 컴퓨터를 장착해야 한다.

③ 또한, 라이다 장비는 지속적으로 레이저를 발사하기 때문에 전력의 소비가 심해서 별도의 배터리가 추가로 장착되어야 한다.

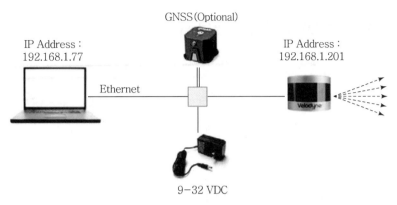

IP Address :
192.168.1.77

GNSS (Optional)

IP Address :
192.168.1.201

Ethernet

Velodyne

9~32 VDC

[그림 6-163] 드론에 장착하는 라이다 시스템의 구성

(3) 항공촬영 고도의 설정

① 드론을 이용하여 라이다 측량을 하는 경우, 라이다의 성능을 고려하여 정확한 촬영 고도를 설정

② 촬영 고도는 드론에 장착된 라이다의 성능과 응용에 따른 데이터의 정확성 등을 고려하여 설정

③ 드론을 이용한 라이다 측량에서는 드론을 자동비행모드로 설정하고 경로를 비행하게 하는 방식을 쓰게 되므로, 비행고도의 설정이 무엇보다도 중요함

(4) 라이다 데이터의 변환 과정

① 드론에 장착된 라이다의 원본 데이터인 pcap(packet capture) 파일을 시스템에 복사

② 라이다 제작 업체에서 제공하는 VeloView 프로그램을 이용하여 촬영데이터 확인

③ 저탄장 레이저 라인을 포함한 프레임을 추출

④ 추출된 프레임을 CSV(Comma-Seperated Values) 파일로 저장

5. 결론

현재 국내에서는 라이다 센서와 관련된 핵심 기술의 확보를 위한 기술 개발이 진행 중에 있으나, 확보된 기술의 수준이 상대적으로 미흡한 수준이다. 선진국과의 기술 격차를 좁히고, 자율주행자동차 시장과 더불어 급성장하고 있는 센서 시장의 선점을 위하여 적극적인 관심과 연구개발을 위한 투자가 필요한 시기이며, 빠른 기간 내에 기술 확보가 필요할 것으로 판단된다.

22 무인비행장치를 이용한 공공측량 작업절차와 작업지침의 주요 내용

1. 개요

국토지리정보원은 소규모 지역측량에 기존 항공사진측량의 문제점(운항 신속성 · 경제성 · 편리성)을 보완하기 위해 무인비행장치 활용에 필요한 공공측량 작업방법 · 절차 등 무인비행장치 이용에 관한 공공측량 작업지침을 제정하여 공공측량에 이용하도록 하였다.

2. 무인비행장치를 이용한 공공측량 작업절차

(1) 공공측량

공간정보의 구축 및 관리 등에 관한 법률에 따른 국가, 지방자치단체 등의 측량으로 공공의 이해, 안전과 관련이 있는 측량

(2) 공공측량 성과심사

공공측량의 정확도 확보를 위하여 측량성과를 심사하는 제도

(3) 공공측량 작업절차

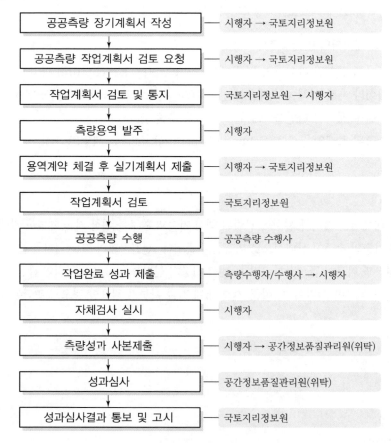

[그림 6-164] 공공측량 작업절차 흐름도

3. 무인비행장치 측량작업 지침의 주요 내용

(1) 무인비행장치를 이용한 공공측량작업에 대한 정의

「공간정보의 구축 및 관리 등에 관한 법률」 제12조, 제17조 및 제22조 제3항, 같은 법 시행규칙 제8조에 따라 무인비행장치에 의한 공공측량에 필요한 사항을 정의

① 제1조 : 목적

② 제2조 : 용어의 정의

③ 제3조 : 적용

④ 제6조 : 사용장비 및 성능기준

⑤ 제7조 : 작업순서

(2) 무인항공사진 촬영 전 선행작업에 대한 작업방법 명시

대공표지 설치, 지상기준점 측량 등 촬영 전 선행작업 방법 명시

① 제8조 : 대공표지

② 제9조 : 지상기준점의 배치

③ 제10조 : 지상기준점 측량방법

④ 제11조 : 검사점 측량방법 등

(3) 무인항공사진촬영 및 항공삼각측량의 정확도 확보

공간정보 구축을 위한 무인항공사진촬영의 방법, 항공삼각측량 작업방법 및 측량성과의 조정계산과 오차의 한계를 명시하여 정확도 확보

① 제13조 : 촬영계획

② 제14조 : 촬영비행 및 촬영

③ 제15조 : 재촬영

④ 제16조 : 성과 등

⑤ 제17조 : 항공삼각측량 작업방법

⑥ 제18조 : 조정계산 및 오차의 한계

(4) 공간정보 구축을 위한 무인항공사진 처리방법 제시

무인항공사진을 처리하여 수치표면자료, 수치표면모델, 정사영상, 수치지도 등 각종 공간정보를 제작하는 방법 제시

4. 무인비행장치 측량 작업순서 및 장비 성능 기준

(1) 작업순서

① 작업계획 수립

② 대공표지의 설치 및 지상기준점 측량

③ 무인항공사진촬영

④ 항공삼각측량

⑤ 수치표면모델(DSM) 생성 등

⑥ 정사영상 제작

⑦ 지형 · 지물의 묘사

⑧ 수치지형도 제작

⑨ 품질관리 및 정리점검

(2) 장비 성능 기준

1) 무인비행장치는 계획한 노선에 따른 안전한 이 · 착륙과 자동운항 또는 반자동운항이 가능

2) 무인비행장치는 기체의 이상 발생 등 사고의 위험이 있을 때 자동으로 귀환 가능

3) 무인비행장치는 운항 중 기체의 상태를 실시간으로 모니터링 가능

4) 무인비행장치에 탑재된 디지털카메라는 최소한 다음 성능을 갖추어야 한다.

   ① 노출시간, 조리개 개방시간, ISO 감도를 촬영에 적합하도록 설정

   ② 초점거리 및 노출시간 등의 정보 확인

   ③ 카메라의 이미지 센서 크기와 영상의 픽셀 수 확인

   ④ 카메라의 렌즈는 단초점렌즈 이용

   ⑤ 수치지형도 제작을 위한 디지털 카메라는 별도의 카메라 왜곡보정(검정)을 수행한 것을 사용

5. 무인비행장치 측량 주요 측량기준

(1) 지상기준점 배치

지상기준점의 수량은 1km^{2}당 9점 이상을 원칙으로 한다.

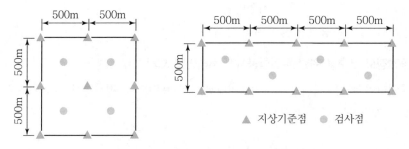

[그림 6-165] 무인비행장치 측량 지상기준점 배치

(2) 중복도

[표 6-37] 무인비행장치 측량의 촬영 중복도

구분	평탄한 저지대 지역	매칭점이 부족하거나 높이차가 있는 지역	높이차가 크거나, 고층건물이 있는 지역
촬영 방향 중복도	65% 이상	75% 이상	85% 이상
인접 코스 중복도	60% 이상	70% 이상	80% 이상

(3) 기타 적용 지침

항공사진측량 작업규정, 영상지도 제작에 관한 작업규정, 항공레이저측량 작업규정, 수치지도 작성 작업규칙, 수치지형도 작성 작업규정, 공공측량 작업규정

6. 결론

항공 및 지상측량에 의한 방식으로 측량품질 확보를 위하여 한국 공간정보산업협회에서 성과 심사를 받아왔으나 그동안 드론에 의한 공공측량 작업지침과 성과 심사 기준이 없어 공공측량에 적용할 수 없었다. 제도 개선에 따라 드론을 이용한 측량방법과 절차가 표준화되어, 각종 공간정보 제작과 지형·시설물 측량에 효율적으로 활용할 수 있을 것으로 보인다. 정확한 공간정보의 구축을 위하여 측량기술자들의 노력이 필요하다.

---

23   지상사진측량(Terrestrial Photogrammetry)

1. 개요

사진측량은 전자기파를 이용하여 대상물에 대한 위치, 형상(정량적 해석) 및 특성(정성적 해석)을 해석하는 측량방법으로 측량방법에 의한 분류상 항공사진측량, 지상사진측량, 수중사진측량, 원격탐측, 비지형 사진측량으로 분류되며, 이 중 지상사진측량은 지상에서 촬영한 사진을 이용하여 건축물, 시설물의 형태 및 변위관측을 위한 측량방법이다.

2. 지상사진측량의 특징

(1) 항공사진측량은 후방교회법이지만 지상사진측량은 전방교회법이다.
(2) 항공사진은 감광도에 중점을 두는데 지상사진은 렌즈수차만 작으면 된다.
(3) 항공사진은 광각사진이 경제적이나 지상사진은 보통각이 좋다.
(4) 항공사진에 비하여 기상의 영향이 적다.

(5) 지상사진은 시계가 전개된 적당한 촬영지점이 필요하다.

(6) 지상사진은 축척변경이 용이하지 않다.

(7) 항공사진에 비해 평면 위치의 정확도는 떨어지나 높이의 정도는 좋다.

(8) 소규모 지역에서 지상사진측량이 경제적이다.

(9) 소규모 지물의 판독은 지상사진 쪽이 유리하다.

(10) 항공사진은 지상 전역에 걸쳐 찍을 수 있으나, 지상사진은 보충촬영이 필요하다.

3. 지상사진측량 순서

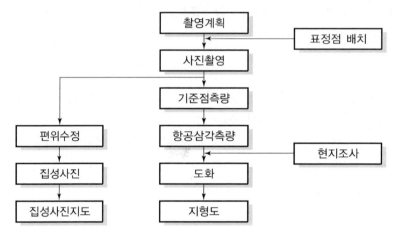

[그림 6-166] 지상사진측량 작업흐름도

4. 지상사진측량방법

(1) 촬영

1) 직각 수평 촬영

① 사진기 광축을 수평 또는 직각방향으로 향하게 하여 평면 촬영을 하는 방법

② 기선 길이는 대상물까지의 거리에 대하여 $\frac{1}{5} \sim \frac{1}{20}$ 정도로 택함

2) 편각 수평 촬영

① 사진기 축을 특정 각도만큼 좌우로 움직여 평행 촬영을 하는 방법

② 종래 댐 및 교량 지점의 지상사진측량에 자주 사용했던 방법

③ 초광각과 같은 렌즈 효과를 얻을 수 있음

3) 수렴 수평 촬영

서로 사진기의 광축을 교차시켜 촬영하는 방법

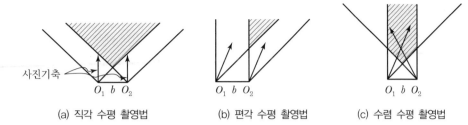

| (a) 직각 수평 촬영법 | (b) 편각 수평 촬영법 | (c) 수렴 수평 촬영법 |

[그림 6-167] 지상사진측량의 촬영방법

(2) 기준점 측량

대상물에 부착된 표정점 좌표를 해석하기 위해 지상기준점을 설치하며, 이 지상기준점의 3차
원 좌표를 얻기 위해 지상기준점 측량을 실시한다.

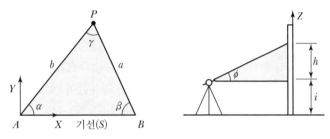

[그림 6-168] 기준점 측량방법

$$X = b\cos\alpha = \frac{\sin\beta \cdot \cos\alpha}{\sin\gamma}S$$

$$Y = \frac{\sin\beta \cdot \sin\alpha}{\sin\gamma}S$$

$$Z = \frac{\sin\beta \cdot \tan\phi}{\sin\gamma}S + i$$

5. 지상사진측량 응용

(1) 교통사고조사

(2) 건축물 형태 및 변위조사

(3) 문화재 보존

(4) 재해 예측

(5) 인체조사

(6) 의상 디자인

6. 결론

지상사진측량은 사진측량의 한 분야로서 교통사고조사, 재해지역 예측, 문화재 보존 등 많은 분야에 활용되고 있는 학문으로, 외국에서는 근거리 사진측량에 대한 많은 연구가 이루어져 실용화되고 있다. 그러나 우리나라에서는 종래 측량의 인식으로 인하여 첨단 측량분야가 발전되지 못하고 있으므로 앞으로 제도적 뒷받침과 실용화 연구가 병행되어야 할 것으로 판단된다.

24 | 항공레이저(LiDAR) 측량

1. 개요

대상물의 표고자료를 취득하기 위한 방법으로는 전통적인 지상측량과 사진측량, 원격탐측 등 다양한 방법들이 있으며, 최근 표고자료를 취득하기 위한 한 가지 방법으로 라이다(LiDAR) 측량이 활용되고 있다. 이 방법은 항공기에 LiDAR 시스템을 탑재하여 빠르게 지상의 점과 항공탑재 센서 간의 거리를 관측하고 고밀도, 고정도의 표고 데이터를 취득하고 산출한다. 라이다 시스템에는 기본적으로 지형도 제작에 사용되는 것과 수심측량에 사용되는 두 가지 시스템이 있다.

2. LiDAR의 역사적 배경

거리관측을 위한 레이저 사용은 약 1960년대부터 시작되었다. NASA, NOAA, DMA, USG 등의 여러 기관들이 해상과 지형을 관측하기 위한 라이다 시스템을 발전시키기 시작하였다. 1990년대 OTF GNSS 기술의 발전, 상대적으로 저렴한 IMU 장치, 휴대용 컴퓨터 등과 함께 라이다는 상업화가 가능해졌고 라이다 센서는 항공기에 탑재되기 시작했다. 라이다 관련 회사는 1995년 3개 사에서 2000년에 50개까지 전 세계적으로 증가하였다.

3. LiDAR의 원리

항공기에 항공 Laser Scanner, GNSS(GPS) 수신기 및 관성측량장비(INS)를 동시에 탑재하여 비행 방향을 따라 일정한 간격으로 지형의 기복을 관측하며, GNSS(GPS)는 LiDAR 장비의 위치를 관측하고, INS장비는 LiDAR장비의 자세를 관측한다.

(1) LiDAR의 거리 관측

LiDAR 측량에서는 레이저 펄스를 이용하여 거리를 측량하며, 레이저 펄스를 활용하여 거리를 구하는 방법은 다음과 같다.

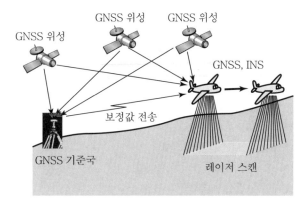

[그림 6-169] 항공 LiDAR 원리 (1)

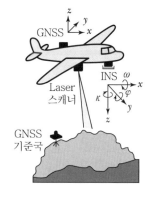

[그림 6-170] 항공 LiDAR 원리 (2)

$$d = \frac{1}{2}c \cdot t$$

여기서, d : 레이저 펄스와 대상면의 거리

t : 레이저 펄스의 왕복 이동시간

c : 레이저 속도(광속도 : $c = 3 \times 10^8 \text{m/sec}$)

(2) LiDAR의 3차원 위치 결정

GNSS(GPS)와 레이저 스캐너 간의 위치관계와 IMU와 레이저 스캐너 간의 자세관계를 알고 있을 때, 레이저 스캐너의 관측에 의해 만들어지는 레이저 스캐너와 표고점 간의 벡터에 의해 기준 좌표계에 대한 대상지물의 좌표를 다음과 같이 계산할 수 있다.

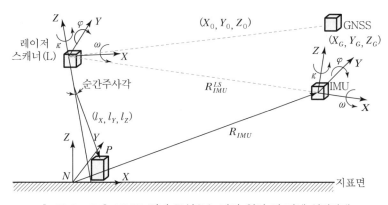

[그림 6-171] LiDAR 장비 구성요소 간의 위치 및 자세 상관관계

$$\begin{bmatrix} X \\ Y \\ Z \end{bmatrix} = \begin{bmatrix} X_0 \\ Y_0 \\ Z_0 \end{bmatrix} + \begin{bmatrix} X_G \\ Y_G \\ Z_G \end{bmatrix} + \left(R_{IMU} \cdot R_{IMU}^{LS} \right) \cdot \begin{bmatrix} l_X \\ l_Y \\ l_Z \end{bmatrix}$$

여기서, $(X,\ Y,\ Z)$: 지상점의 좌표

$(X_0,\ Y_0,\ Z_0)$: GNSS장비에 대한 레이저 스캐너의 위치

$(X_G,\ Y_G,\ Z_G)$: GNSS의 위치

R_{IMU} : 기준좌표계와 IMU 간의 회전행렬

R_{IMU}^{LS} : 레이저 스캐너와 IMU 간의 회전행렬

$(l_X,\ l_Y,\ l_Z)$: 레이저 광선 벡터

4. LiDAR의 수행능력과 제한성

(1) 수행능력

① 라이다 지도제작 시스템은 광범위한 기준점 망 없이도 신속 정확하게 지형표고자료를 취득할 수 있다.

② 라이다는 좁고 긴 지역의 지도제작에 이상적이며, 해안선에 대한 정확한 정보를 제공한다.

③ 레이저 지도제작은 주간, 구름 낀 날씨, 야간에도 가능하다.

④ 주간의 라이다 측량은 항공사진측량에 비해 태양각에 의존하지 않는다.

⑤ 순수한 지상의 지형도를 제작하기 위해 밀집된 숲을 투과할 수 있는 라이다 데이터를 이용하여 식생을 제거하고 분류할 수 있는 기능도 있다.

(2) 제한성

① 라이더 센서는 구름이 낀 동안에도 데이터 취득이 가능한데, 다만 구름이 비행기 위에 있을 경우이다.

② 라이다 센서는 비, 안개, 연무, 스모그, 눈보라 등의 상황에서는 사용이 불가능하다.

③ 다양하게 돌아오는 라이다 데이터는 순수한 지면모델을 제작할 때 식생분류 및 제거를 위해 디지털 사진 또는 위성영상이 필요하다.

5. LiDAR의 구성

LiDAR는 크게 하드웨어와 소프트웨어로 구분되며, 하드웨어는 레이저스캐너, INS, GNSS, 디지털카메라로 구성되고 소프트웨어는 분석, 통제, 항법용 프로그램으로 구성되어 있다.

[그림 6-172] LiDAR 구성

(1) 레이저 스캐너

① 대상물에 갔다가 되돌아오는 도달시간을 계산함으로 대상물들의 위치좌표 결정

② 비행 중 지표면을 스캔하여 지표면의 3차원 좌표를 갖는 점의 집합(Point Cloud) 획득

③ 레이저 발진 주파수, 지표면의 스캔 간격, 촬영거리를 조절하여 최상의 지표면 형상 취득

④ 레이저 관측점에 의하여 대상점까지의 거리와 거울 회전 각도로 스캔시간마다 비행기 자세와 위치를 통합처리하여 대상점의 3차원 좌표 계산

⑤ 관측범위는 주사각과 비행고도에 따라 결정

⑥ DEM과 DSM 제작

(2) GNSS-RTK

① 기준국과 연동되는 RTK

② 레이저 스캐너의 3차원 위치 결정

(3) INS

① 관성항법장치

② 레이저 스캐너의 자세정보 취득

③ RTK의 보조자료로 활용

(4) 디지털카메라

레이저 관측과 동시에 지상의 영상을 촬영

6. LiDAR 측량의 일반적 순서

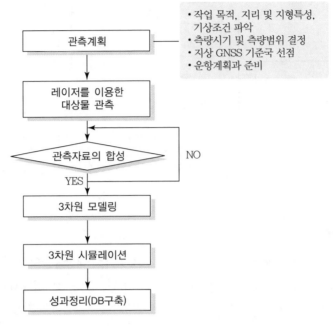

[그림 6-173] LiDAR 측량의 일반적 흐름도

7. LiDAR 측량의 자료처리 순서

LiDAR 측량의 자료처리는 항공기 GNSS 자료, 지상기지국 GNSS 자료, IMU 관측자료, 레이저 측량자료를 이용하여 크게 점군자료, 3차원 계측자료, 원시자료, 지면자료, DEM 등을 생성한다.

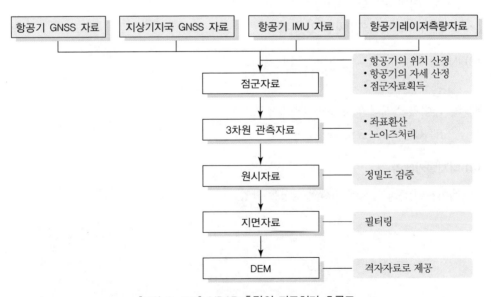

[그림 6-174] LiDAR 측량의 자료처리 흐름도

※ 자료처리 시 주의사항
　(1) 데이터의 품질을 위해 처리단계에서 비행고도, 위성의 신호상태, 수신위성 개수, 지상
　　　 GNSS 기준국과의 거리 등을 확인하여야 한다.
　(2) 항공레이저 측량 시스템에서 점의 위치는 GNSS에 의해 WGS-84 좌표체계의 경·위도
　　　 와 타원체고로 정의된다. 하지만 국내에서는 수치표고모델을 제작하기 위해서는 항공 레
　　　 이저 측량에서 원시자료의 타원체고를 정표고로 변환해야 한다.
　(3) 정표고 변환방식은 현지 직접측량에 의한 방식을 택하고 있으며, 최근 정밀 지오이드 모델
　　　 을 이용하여 변환하는 방법도 연구되고 있다.

8. LiDAR 오차

LiDAR 시스템의 에러를 발생시키는 요인으로는 크게 기계적 오차와 우연오차로 구할 수 있다.

[표 6-38] LiDAR 오차

기계적 오차	우연오차
• 레이저 스캐너 기계오차 • 레이저 펄스의 지연 • INS 축의 불위치 • INS gyro drift • GNSS 기선거리(기선거리>30km) • GNSS 신호의 대류권 지연	• 펄스의 탐지 • 점 위치의 흐트러짐 • INS 우연오차 • GNSS 우연오차 • 거친 지형, 지형경사 • 반사력, 식물

9. LiDAR 측량의 출력자료 종류

(1) 3차원 자료

　① 원시자료 : 레이저측량자료로부터 생성된 3차원 자료(무작위 점군자료)
　② 지면자료 : 원시자료를 필터링하여 지표면 이외의 반사점들을 제거한 점군자료
　③ 수치표고모델 : 무작위 점군으로 구성된 원시자료를 격자자료로 변환한 모델

(2) 기타 자료

　① 반사강도자료
　② 정사영상
　③ 위치정보

10. LiDAR의 입체표현방법

항공레이저 측량자료는 무작위적으로 취득된 점군자료이며, 종이에 출력할 경우 점군자료 그대
로 표현하는 것보다 격자방식으로 변환하여 표현하는 것이 높이를 인식하는 데 유리하다.

(1) 단채도(Color Map)

격자형 수치표고자료의 표고값을 여러 단계로 나눈 후 각각 별도의 색을 부여하는 시각적 표현방법

(2) 음영도(Shaded Map)

수치표고자료에 대한 광원의 위치(방위 및 고도)를 설정한 후에 지형의 음영기복을 시뮬레이션하는 표현방법

(3) 조감도(Bird Eyes View Map)

임의의 상공으로부터 수치표고자료를 입체로 표현한 가상적인 원근도

(4) 기타 입체적인 지형표현

① 적색입체지도 : 경사가 급한 면은 붉게, 산등성이는 밝게, 골짜기는 어둡게 표현한 영상
② 음양도 : 음영도와 주변 표고차를 명도로 변환한 그림을 합성
③ 음영단채도 : 음영도와 단채도를 합성한 지형도
④ 컬러 표고 경사도 : 수치표고자료로부터 표고값을 색상으로 할당한 그림과 경사량을 명암으로 할당한 그림을 합성

11. 활용

항공레이저 측량을 통해 취득된 정밀한 3차원 공간정보는 재난관리, 도시계획, 건설, 해양분야 등 다양하게 응용되고 있으며, 세부적인 활용범위는 다음과 같다.
(1) 지형 및 일반 구조물 측량
(2) 하천 및 사방(하천범람, 지진재해 및 토사재해)
(3) 해안선측량 및 해안지형의 변화 모니터링
(4) 도로(도로면관측, 시가지도로의 관측)
(5) 삼림환경(수목성장관측, 수종분포관측)
(6) 구조물의 변형량 계산
(7) 가상공간 및 건축시뮬레이션
(8) 도시, 수자원, 에너지(송전선이격조사, 풍력발전조사)

12. 항공 LiDAR 측량과 항공사진측량의 비교

항공 LiDAR 측량과 항공사진측량을 비교하면 다음과 같은 특징이 있다.

[표 6-39] 항공 LiDAR 측량과 항공사진측량의 비교

항목 \ 분류	항공 LiDAR 측량	항공사진측량
에너지원	능동	수동
센서타입	점	프레임 또는 선형 스캐닝
점 관측	직접	간접
이미지	없거나 단영상	고품질의 공간 및 방사영상
수평정확도	수직보다 정확도가 2~5배 떨어짐	수직보다 정확도가 1/3 좋음
수직정확도	10~15cm(고도 2,500m 정도)	비행고도와 카메라의 초점길이의 함수
비행제한	구름 조건과 계절, 태양, 날씨에 덜 영향받음	주간, 쾌청한 날에만 비행
생산율	거의 자동화되고 빠름	반자동(최근 자동화)
예산	사진측량의 25~33%	
제작	전용 소프트웨어	데스크톱 소프트웨어

13. IFSAR(InSAR)와 항공 LiDAR 측량의 비교

(1) 항공 LiDAR는 IFSAR(Interferometric Synthetic Aperture Radar)과 같은 레이더 기술보다 고정확도의 세밀한 지형정보를 제공한다.

(2) IFSAR에서는 고도데이터를 측면에서 취득하므로 센서가 열리지 않은 지역의 데이터는 얻지 못하나, 항공 LiDAR는 수직으로부터 좌우 10~20°까지 취득이 가능하므로 자료 결손을 최소화하고 지면이나 특정 지물의 꼭대기까지 직접 수직관측자료를 취득할 수 있다.

(3) IFSAR는 짧은 시간에 넓은 지역을 비행할 수 있고 구름의 영향을 받지 않는다는 장점을 지니고 있다.

(4) 현재 IFSAR와 LiDAR 양쪽의 장점을 이용한 결합에 관한 연구가 진행 중이다.

14. 결론

최근 위성영상 및 항공사진의 활용에 관한 관심이 증가되면서 레이저 및 레이더 센서에 대한 연구가 활발히 진행되고 있다. 그러나 장비의 고가 및 전문인력 미비로 측량 및 타 분야에 잘 활용되지 못하고 있으므로 전문인력 양성, 관계법령 개선 및 장비의 대중화를 통하여 다양한 분야에서 활용될 수 있는 기반을 마련해야 할 것으로 판단된다.

1. 개요

항공레이저측량 시스템은 항공기에 레이저 스캐너를 탑재하여 레이저를 주사하고, 반사되는 정보로 거리를 측정하고 GNSS, INS를 이용해 관측 지점에 대한 3차원 위치좌표를 취득하는 시스템을 말한다. 항공레이저측량 시스템은 일반적으로 GNSS, IMU, 레이저 스캐너 3가지 계측센서로 구성된다.

2. 항공레이저측량 탑재센서 및 취득 자료

[표 6-40] 탑재센서 및 취득 자료

센서명	계측대상 및 취득되는 자료
GNSS	0.5~1초 간격 항공기의 3차원 위치
IMU	1/200초 간격 항공기의 3방향 기울기와 가속도
레이저 스캐너	초당 수만회의 항공기와 지표면 간의 거리

3. 항공레이저측량 시 GNSS, IMU, 레이저 스캐너의 상호 관계

GNSS(GPS)와 레이저 스캐너 간의 위치관계와 IMU와 레이저 스캐너 간의 자세관계를 알고 있을 때, 레이저 스캐너의 관측에 의해 만들어지는 레이저 스캐너와 표고점 간의 벡터에 의해 기준좌표계에 대한 대상지물의 좌표는 다음과 같다.

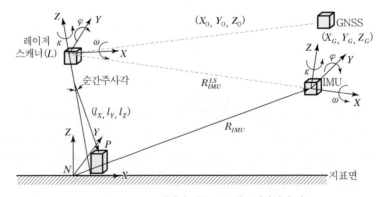

여기서, (X, Y, Z) : 지상점의 좌표
(X_0, Y_0, Z_0) : GNSS장비에 대한 레이저 스캐너의 위치
(X_G, Y_G, Z_G) : GNSS의 위치
R_{IMU} : 기준좌표계와 IMU 간의 회전행렬
R_{IMU}^{LS} : 레이저 스캐너와 IMU 간의 회전행렬
(l_X, l_Y, l_Z) : 레이저 광선 벡터

$$\begin{bmatrix} X \\ Y \\ Z \end{bmatrix} = \begin{bmatrix} X_0 \\ Y_0 \\ Z_0 \end{bmatrix} + \begin{bmatrix} X_G \\ Y_G \\ Z_G \end{bmatrix} + (R_{IMU} \cdot R_{IMU}^{LS}) \cdot \begin{bmatrix} l_X \\ l_Y \\ l_Z \end{bmatrix}$$

[그림 6-175] GNSS, IMU, 레이저 스캐너 간의 위치 및 자세 상관관계

4. 항공레이저측량 시 GNSS, IMU, 레이저의 상호 역할

(1) GNSS/IMU

수집되는 자료 해석을 통해 이동하는 항공기에 대한 위치와 자세를 정밀하게 측정하기 위한 시스템으로 각각의 시스템에 대한 결점을 상호 보완함으로써 정확도를 높인다.
- GNSS는 고속으로 이동하는 대상에 대한 단독 측위 시 정확도가 낮아지는 경우나 잡음, 위성전파의 누락 등으로 인해 위치추정이 불가능한 경우에는 IMU로 취득된 고빈도(200Hz 정도)의 관성자료를 합성함으로써 위치결정의 정확도나 빈도를 향상
- IMU에서 시간의 경과 및 위치 이동으로 인해 발생되는 오차는 GNSS를 이용하여 보정

1) GNSS(Global Navigation Satellite System)

① 인공위성을 이용한 지구위치 결정체계로 정확한 위치를 알고 있는 위성에서 발사한 전파를 수신하여 관측점까지의 소요시간 또는 반송파의 개수를 관측함으로써 관측점의 위치를 구하는 체계(GPS, GLONASS, Galileo, Beidou-2)이다.

② 원리 : GNSS 안테나와 카메라(레이저)의 투영중심간의 편위량 x_A, y_A, z_A를 구해야 한다. GNSS에 의해 얻은 대상공간좌표는 안테나를 기준으로 한 것이므로 렌즈중심좌표계로 변환해야 한다.

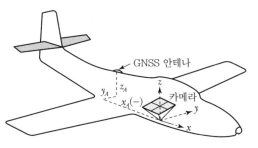

$$\begin{bmatrix} X_0 \\ Y_0 \\ Z_0 \end{bmatrix} = \begin{bmatrix} X_{GNSS} \\ Y_{GNSS} \\ Z_{GNSS} \end{bmatrix} - R'^T \begin{bmatrix} x_A \\ y_A \\ z_A \end{bmatrix}$$

여기서, X_0, Y_0, Z_0 : 카메라 노출점의 좌표
X_{GNSS}, Y_{GNSS}, Z_{GNSS} : GNSS 안테나 좌표
x_A, y_A, z_A : 안테나 벡터에 대한 카메라의 좌표
R' : 회전행렬

[그림 6-176] GNSS 안테나와 카메라좌표계 기하학

2) IMU(관성측정장치, Inertial Measuremnet Unit)

① 이동체의 자세인 롤링(Rolling), 피칭(Pithcing), 헤딩(Heading 또는 Yawing) 등의 각속도와 가속도를 측정하는 기기이다.

② 구성 : 직교하는 3축(X, Y, Z)에 각각 1개씩 설치된 3개의 가속도계와 3개의 자이로(Gyro)로 구성된다.

③ 원리 : 가속도계는 이동체의 3방향 가속도를 검출하고 자이로는 IMU 중심을 원점으로 하는 3축 주변의 각속도를 검출하여 시간적분하면 속도나 거리 및 각도로 변환할 수 있다.

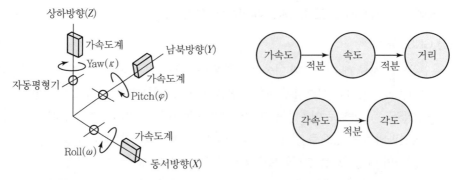

[그림 6-177] IMU 구조   [그림 6-178] 이동거리 및 자세방향각의 산출

(2) 레이저 거리측량장치

① 지표의 물체에 레이저광을 조사하고 그 반사광의 도달시간과 방향(스캐닝방향의 밀러각)을 기록하는 장치이다.

② 회전반사경을 이용하여 레이저광을 비행직각 방향으로 스캔하고 항공기가 스캔과 직교방향으로 이동함으로써 레이저가 지면전체를 스캐닝한다.

③ 조사지점의 형상(Trace)은 스캔 반사경의 회전기구에 따라 달라지지만 왕복회전반사경에서는 지그재그(Zigzag)모양 또는 사인파(Sinusoidal)모양이 되고, 1축 회전 반사경의 경우 평행선(Parallel)모양이 된다.

(3) 기록제어장치

고정확도의 시간정보에 의해 각 장치의 기능 및 동작을 연결시킴과 동시에 GNSS 시간정보에 관한 자료를 수록한다.

5. 활용

(1) 지형 및 일반 구조물 측량

(2) 하천 및 사방 : 하천범람, 지진재해 및 토사재해

(3) 해안선측량 및 해안지형의 변화 모니터링

(4) 도로 : 도로면관측, 시가지도로의 관측

(5) 삼림환경 : 수목성장관측, 수종분포관측

(6) 구조물의 변형량 계산

(7) 가상공간 및 건축시뮬레이션

(8) 도시, 수자원, 에너지 : 송전선이격조사, 풍력발전조사

6. 결론

최근 위성영상 및 항공사진의 활용에 관한 관심이 증가되면서 레이저 및 레이더 센서에 대한 연구가 활발히 진행되고 있다. 그러나 장비의 고가 및 전문인력 미비로 측량 및 타 분야에 잘 활용되지 못하고 있으므로 전문인력 양성, 관계법령 개선 및 장비의 대중화를 통하여 다양한 분야에서 활용될 수 있는 기반을 마련해야 할 것으로 판단된다.

26 항공레이저측량에 의한 수치표면자료(Digital Surface Data), 수치지면자료(Digital Terrain Data), 불규칙삼각망(TIN), 수치표고모델(DEM) 제작공정

1. 개요

항공레이저측량이란 항공기에 레이저스캐너를 탑재하여 레이저를 주사하고, 반사되는 정보로 거리를 측정하고 GNSS, INS를 이용하여 관측점에 대한 3차원 위치 좌표를 취득하는 시스템을 말한다. 항공레이저측량은 크게 자료수집, 처리 및 해석으로 구분되며, 무작위 점군을 격자형자료로 변환 후 수치표면모델(DSM)이나 수치표고모델(DEM) 또는 수치지형모델(DTM) 등의 자료로 변환한다. 본문에서는 항공레이저측량에 의한 수치표면자료, 수치지면자료, 불규칙삼각망, 수치표고모델의 제작공정을 항공레이저측량 작업규정 내용을 중심으로 기술하고자 한다.

2. 수치표고모델 제작을 위한 작업순서

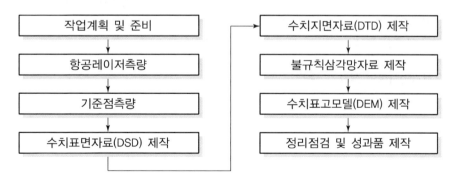

[그림 6-179] 수치표고모델 제작을 위한 작업 흐름도

3. 수치표면자료의 제작

수치표면자료란 원시자료를 기준점을 이용하여 기준좌표계에 의한 3차원 좌표로 조정한 자료로써 지면 및 지표 피복물에 대한 점 자료를 말한다.

(1) 수치표면자료의 제작

수치표면자료는 조정된 원시자료의 정확도를 검증 완료한 후, 정확도 기준 이내인 경우에 제작한다.

(2) 정표고 변환

① 조정이 완료된 항공레이저측량 원시자료의 타원체고를 정표고로 변환하여야 한다.

② 정표고 변환은 발주처와 협의하여 기준점 및 검사점 성과 또는 별도 성과를 이용하여 산출된 작업지역에 대한 지오이드 모델을 정하여 사용할 수 있다.

③ 정표고 변환한 결과를 보고서로 작성하여야 한다.

4. 수치지면자료의 제작

수치지면자료란 수치표면자료에서 인공지물 및 식생 등과 같은 표면의 높이가 지면의 높이와 다른 지표피복물에 해당하는 점 자료를 제거한 점의 자료를 말한다.

(1) 수치지면자료의 제작

① 필터링은 작업지역의 범위를 100m까지 연장하여 수행한다.

② 필터링은 자동 또는 수동 방식으로 수행할 수 있다.

③ 자동 방식으로 분류하기 어려운 교량, 고가도로, 낮은 공장지대, 하천, 건물밀집지역, 수목이 우거진 산림지역 등의 지형지물은 수동 방식으로 하여야 한다.

④ 필터링을 수행할 때에는 수치영상과 비교(또는 중첩)하여 식별, 분류작업을 실시하여야 한다.

⑤ 수치표면자료의 용량이 큰 경우에는 작업지역을 분할하여 실시할 수 있다. 이때, 작업 단위간에 인접부분은 20m 이상 중복 되도록 하여야 한다.

⑥ 수치지면자료는 지면과 지표 피복물로 구분되어야 한다.

(2) 수치지면자료의 점검 및 수정

① 단면검사에 의해 오류의 유무를 점검하고 수정한다.

② 동일한 시기에 촬영된 수치영상자료와 비교(또는 중첩)하여 오류의 유무를 점검하고 수정한다.

5. 불규칙삼각망자료의 제작

불규칙삼각망자료란 수치지면자료를 이용하여 불규칙삼각망을 구성하여 제작한 3차원 자료를 말한다.

(1) 불규칙삼각망자료의 제작

불규칙삼각망자료의 제작은 정표고로 변환된 수치지면자료를 이용하여 제작한다.

(2) 불규칙삼각망자료의 정확도 점검

실측된 기준점 및 검사점과 불규칙삼각망자료와의 표고 차이에 대한 최댓값, 최솟값, 평균, 표준편차 및 불규칙삼각망자료의 RMSE를 구하여 정확도를 점검한다.

(3) 불규칙삼각망자료의 오류확인 및 수정

생성된 불규칙삼각망자료를 화면상에서 육안으로 검사하고 오류를 확인하여 수정한다.

6. 수치표고모델의 제작

수치표고모델이란 수치지면자료를 이용하여 격자형태로 제작한 지표의 모형을 말한다.

(1) 수치표고모델의 제작

수치표고모델은 정표고로 변환된 수치지면자료를 이용하여 격자자료로 제작하여야 한다.

(2) 격자자료의 제작

격자자료는 사용목적 및 점밀도를 고려하여 불규칙삼각망, 크리깅(Kriging)보간 또는 공삼차보간 등 정확도를 확보할 수 있는 보간방법으로 제작하여야 한다.

(3) 수치표고모델 규격 및 정확도

수치표고모델의 격자 규격에 따른 평면 및 수직 위치 정확도의 한계는 다음과 같다.
① 평면위치 정확도 : H(비행고도)/1,000
② 수직위치 정확도

[표 6-41] 수치표고모델 규격 및 정확도

격자규격	1m×1m	2m×2m	5m×5m	비고
수치지도 축척	1/1,000	1/2,500	1/5,000	
RMSE	0.5m 이내	0.7m 이내	1.0m 이내	
최대오차	0.75m 이내	1.0m 이내	1.5m 이내	

7. 결론

최근 위성영상 및 항공사진의 활용에 관한 관심이 증가되면서 레이저 및 레이더 센서에 대한 연구가 활발히 진행되고 있다. 그러나 장비의 고가 및 전문인력 미비로 측량 및 타 분야에 잘 활용되지 못하고 있으므로 전문인력 양성, 관계법령 개선 및 장비의 대중화를 통하여 다양한 분야에서 활용될 수 있는 기반을 마련해야 할 것으로 판단된다.

1. 개요

라이다(LiDAR : Light Detection And Ranging)란 레이저를 이용하여 거리를 측정하는 기술로써 3차원 GIS(Geographic Information System) 정보구축을 위한 지형 데이터를 구축하고, 이를 가시화하는 형태로 발전되어 건설, 국방 등의 분야에 응용되었고, 최근 들어 자율주행자동차 및 이동로봇 등에 적용되면서 핵심 기술로 주목을 받고 있다. 본문에서는 라이다의 센서기술현황 및 응용분야를 중심으로 기술하고자 한다.

2. LiDAR의 원리 및 관련 기술

(1) LiDAR의 원리

① 라이다 기술은 1960년대 레이저의 발명 및 거리 측정기술과 함께 발전되어 1970년대에 항공지도제작 등에 활용되었다. 1970년대 이후 레이저 기술의 발전과 함께 다양한 분야에 응용 가능한 라이다 센서기술들이 개발되었으며, 선박설계 및 제작, 우주선 및 탐사로봇에도 장착되는 등 응용범위를 넓히고 있다.

② 라이다 센서는 마이크로웨이브 기기에 비해 측정 가능 거리 및 공간분해능(Spatial Resolution)이 매우 높은 편이다. 아울러 실시간 관측으로 2차원 및 3차원 공간 분포 측정이 가능한 장점이 있다.

③ 라이다 시스템은 레이저 송수신 모듈 및 신호처리 모듈로 구성되며, 레이저 신호의 변조 방법에 따라 ToF(Time of Flight) 방식과 PS(Phase Shift) 방식으로 구분될 수 있다.

④ ToF 방식은 레이저 펄스 신호가 측정범위 내의 물체에서 반사되어 수신기에 도착하는 시간을 측정함으로써 거리를 측정하는 원리이며, PS 방식은 특정 주파수를 가지고 연속적으로 변조되는 레이저 빔을 방출하고, 물체로부터 반사되어 오는 레이저 신호의 위상 변화량을 측정하여 거리를 측정하는 방식이다.

(2) LiDAR 관련 기술

라이다 기술은 기상관측 및 거리 측정을 목적으로 연구되었으며, 최근에는 무인로봇 센서, 자율주행차량용 센서 및 3차원 영상 모델링을 위한 다양한 기술로 발전하고 있다.

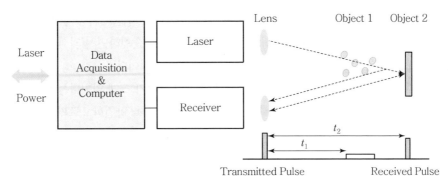

[그림 6-180] 라이다 시스템 기본 구성 및 동작 원리

3. LiDAR 기술 현황 및 응용 분야

(1) 항공측량 및 재난방재

① 레이저 펄스의 지상 도달시간을 측정함으로써 반사지점의 공간위치 좌표를 계산하여 3차원의 정보를 추출하는 측량기법을 이용할 경우 대상물의 특성에 따라 반사되는 시간이 모두 다르기 때문에 건물 및 지형·지물의 정확한 수치표고모델 생성이 가능하며, 고해상도 영상과 융합되어 건물 레이어의 자동구축, 광학영상에서 획득이 어려운 정보의 획득, 취득된 고정밀 수치표고모델을 이용하여 지형과 건물 및 구조물을 구분하여 정보를 생성함으로써 신속하고 효율적으로 3차원 모델을 생성할 수 있는 장점이 있다.

② 정밀한 3차원 지형정보 측정은 국토방재 측면에서 중요한 정보를 제공한다. 라이다의 활용은 홍수위험 지도제작을 위한 데이터 취득에 소요되는 시간이나 비용측면에서도 기존의 측량방법보다 훨씬 뛰어난 것으로 알려져 있으며, 우리나라에서도 2001년부터 하천지도 전산화 사업의 일환으로 추진되고 있는 홍수지도 시범제작에 라이다 기술을 적용하고 있다.

③ 아울러, 접근하기 어려운 재난지역의 신속한 자료 획득과 처리가 가능한 장점을 이용하여 광범위한 재난지역에 대한 대처방안을 마련하기 위한 정확한 데이터를 제공할 수 있다.

④ 항공측량기술과 유사한 개념인 Mobile Laser Scanning System은 차량에 Laser Scanner, GNSS 등을 정착하여 도로경계선, 도로시설물 등의 3차원 공간정보를 추출하는 시스템으로 라이다에서 구축하지 못한 도심지역의 정밀 데이터 취득에 효율적으로 활용 가능하다. 이러한 정보를 활용하여 최근에는 재난, 재해, 토목, 건설공사 등으로 쓰임새가 넓어지고 있으며, 터널과 도로의 균열, 차선의 도색 상태, 건물 노후화 측정 등과 같은 실생활과 밀접하게 연관되는 정보까지 획득할 수 있는 장점이 있다. 기존 수 미터에 달하던 오차율을 수 센티미터로 줄여 실제에 가까운 위치정보를 취득할 수 있다.

(2) 대기 원격탐측 및 기상 측정

① 라이다 기술은 레이저를 대기 중에 조사한 후 되돌아오는 광신호를 원격으로 분석하여 대기 중에 존재하는 오염물질의 농도를 거리별로 측정할 수 있으므로, 대기오염 측정 및 감시

에 있어서 시공간적 제약을 극복하는 대기오염 측정 기술로 활용할 수 있다.

② 특히, 자동차에 탑재한 측정장비는 감시대상 지역을 순회하면서 의심이 가는 곳을 집중적으로 관측할 수 있기 때문에 오염감시에 매우 효율적이다.

③ 대기 중 물질을 측정하는 방식은 특정 물질에서 흡수가 크게 일어나는 파장과 흡수가 일어나지 않는 두 개의 파장을 동시에 조사하여 산란 특성을 확인함으로써 대기 중에 존재하는 특정 물질을 검출하는 DIAL((Differential Absorption LiDAR) 기술을 이용한다. 이 방식은 검출한계가 매우 낮고 원거리까지 측정할 수 있어서 가장 많이 사용되고 있다.

(3) 고속 지상 레이저스캐닝

① 3차원 스캐너를 이용하여 레이저를 대상물에 투사하고 대상물의 형상정보를 취득하여 디지털 정보로 전환할 수 있으며, 이러한 3차원 스캐닝기술을 이용하면 볼트와 너트를 비롯한 초소형 대상물을 비롯해 항공기, 선박 심지어는 빌딩이나 다리 혹은 지형 같은 초대형 대상물의 형상정보를 손쉽게 취득할 수 있다.

② 3차원 스캐너로부터 얻어진 형상정보는 다양한 산업군에 필요한 역설계(Reverse Engineering)나 선박 등 제작, 제품의 세부측량을 통해 설계대비 제작 결과물의 품질관리(Quality Inspection) 분야에 적극적으로 활용되고 있다.

(4) 자율주행자동차

① 차량 주행과 관련된 주변 정보를 빠르게 수집하고 이를 해석하여 의사결정을 빠르고 정확하게 실행하기 위해 자동차용 센서가 자율주행자동차의 핵심기술로 인식되고 있다.

② 과거에는 차량의 작동상태나 주행상황 등을 측정하기 위한 목적으로 사용되어오던 센서가 최근에는 차량, 신호등 및 차선, 장애물 등 주행 외부환경에 대한 데이터를 수집하는 역할로 진화하였다. 완성차 및 부품업체뿐만 아니라 IT 업체들까지 첨단운전자지원시스템(ADAS) 개발에 주력하고 있는 것으로 나타났다.

③ 현재 물체 판독기능이 가능한 카메라와 야간환경을 위한 적외선 카메라, 원거리의 악천후 상황에서도 객체 검출이 가능한 레이더(RADAR), 측정 각도가 넓고 주변을 3차원으로 인지할 수 있는 라이다, 또한 감지 거리가 짧지만 레이더 시스템이나 광학 시스템에 비해 가격이 저렴한 초음파센서 등이 핵심 분야로 자리 잡고 있다.

4. LiDAR 시장동향

(1) 2015년 2.9억 달러 수준이었던 세계 라이다 시장은 2020년까지 17%의 연평균 성장률을 보이며, 향후 6.2억 달러 규모로 확대될 것으로 전망된다.

(2) 아시아의 경우에는 2015년 4,000만 달러에서 2020년에는 1.3억 달러까지, 향후 매년 약 20% 성장률로 확대될 것으로 전망되고 있다.

(3) 최근 자율주행자동차 등으로 인해서 주목받고 있는 모바일 라이다 세계 시장규모는 2015년

6,800만 달러 수준에서 2020년 1.8억 달러로, 향후 매년 약 20% 성장세를 보일 것으로 전망되며, 단점으로 지적되고 있는 높은 가격은 2015년 평균 4만 2,000달러에서 2020년 이후에는 2만 4,000달러로 단가가 큰 폭으로 떨어질 것으로 보인다.

(4) 국내에서는 자율주행자동차의 다양한 ADAS(Advanced Driver Assistance System)의 상용화를 목표로 라이다 기술 연구가 진행 중이며, 아직 차량용 라이다 생산 및 제품화 단계까지는 진행되지 않은 상황이다.

(5) 국외에서는 자율주행자동차를 위한 소형, 저가형의 라이다 센서를 개발하는 단계에 있으며, 저가형의 경우 1,000달러 이하 제품도 출시하고 있다.

5. 결론

라이다 모듈은 지구과학 및 우주탐사를 목적으로 지속적으로 발전해 왔으며, 최근 자동차의 안전 및 자율주행을 위한 핵심요소로 수요가 급증하는 추세이며, 이에 따른 연구 개발도 활발하게 진행 중에 있다. 현재 국내에서는 라이다 센서 관련 핵심기술의 확보를 위한 기술 개발이 진행중에 있으나 확보된 기술의 상대적인 수준이 미흡한 수준이다. 선진국과의 기술 격차를 좁히고 전기자동차의 등장 및 자율주행자동차 시장과 더불어 급성장하고 있는 센서 시장의 선점을 위해 적극적인 관심과 연구 개발을 위한 투자가 필요한 시기이며 빠른 기간 내에 기술 확보가 필요할 것으로 판단된다.

---

28 지상 LiDAR

1. 개요

지상 LiDAR는 대상체면에 투사한 Laser의 간섭이나 반사를 이용하여 대상체면상의 관측점에 대한 지형공간정보를 취득하는 관측방법으로서, 3차원 정밀관측은 대상체의 표면으로부터 상대적인 3차원(X, Y, Z) 지형공간좌표를 각각의 점 자료(Point Data)로 기록한다. 이와 함께 수치카메라를 이용하여 스캐닝과 동시에 수치영상을 확보하여 3차원 모형의 구축 시 텍스처(Texture) 자료로 활용이 가능하므로 3차원 지형공간정보 구축에 큰 편리성을 확보할 수 있다.

2. 지상 레이저 스캐너와 지상 디지털 스캐너

(1) 지상 레이저 스캐너

3차원 위치정보 획득이 용이, 측정 대상의 속성정보 획득이 어려운 경우가 많음

(2) 지상 디지털 스캐너

3차원 위치정보 획득에 많은 시간이 소요, 측정 대상의 속성정보 획득이 용이

① 외부표정요소 취득 : GNSS/INS

② 광학사진기 : 형상 관측, 속성정보 획득이 용이

③ 레이저 사진기 : 신속하게 3차원 위치정보 취득

3. 레이저 스캐닝체계에 의한 3차원 위치산정 순서

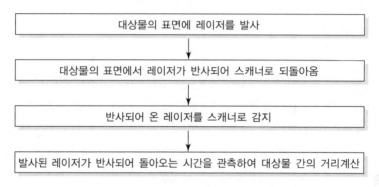

[그림 6-181] 레이저 스캐닝체계 흐름도

4. 지상 LiDAR 관측방법

(1) 시간차(TOF : Time Of Flight) 방식

① 레이저를 발사하여 반사되어 오는 시간적인 차이로 거리를 계산

② 레이저 송신부, 수신부, 처리부로 구성

③ 레이저가 반사되어 돌아오는 시간을 계산하여 거리를 결정하고 각도만큼 수평, 수직으로 회전하여 관측한 점 위치를 결정하는 방법

④ 이 방법은 삼각법에 비해 근거리에는 정밀도가 다소 떨어지나 중·장거리 관측에는 많이 사용하는 방법

⑤ 최근 사용의 편리성 및 정확도가 확보되는 시간차 방식이 주로 사용되고 있음

(2) 위상차(Phase Shift) 방식

① 주파수가 다른 파를 동시에 발산하여 생성된 두 파의 위상변위는 거리와 시간에 따라 점진적으로 큰 위상변위 생성

② 동일한 거리에서 두 신호를 검출하고 두 파의 출발시간을 알면 위상변위를 알 수 있음

③ 관측된 위상변위를 발생하기 위해 생성 파의 수와 일정한 속도가 주어진다면 관측거리가 계산됨

(3) 삼각측량법(Triangulation) 방식

① 일반적으로 근거리에 대한 지형공간자료 취득을 위하여 사용되는 기술
② 간단한 삼각측량법 원리를 이용하여 레이저가 점이나 선으로 대상 물체표면에 투영되는 하나 또는 그 이상의 CCD 카메라를 이용하여 물체의 위치를 기록
③ 레이저 빔의 각도는 스캐너가 내부적으로 기록하고, 고정된 기선길이로부터 기하학적으로 대상 물체와 장비의 거리가 결정되는 정밀한 측량방법
④ 높은 정확도를 얻으려면 시간이 오래 걸리며, 실물에 주사된 레이저가 CCD 카메라로 구분이 가능해야 하므로 직사광선이 있는 곳에서는 자료의 오류가 많이 발생하기 때문에 보다 좋은 자료를 얻기 위해서는 야간에 관측해야 하는 불편함이 있음
⑤ 레이저 스캐너 내부에서의 관측각을 사용하여 기지점을 근거로 미지점의 위치를 개별적으로 구하는 방법으로서, 주로 전방교선법(Intersection)이 적용됨
⑥ 기지점에 기기를 설치하여 미지점의 방향을 관측한 후 그들 방향선의 교점으로서 미지점의 위치를 결정하게 됨

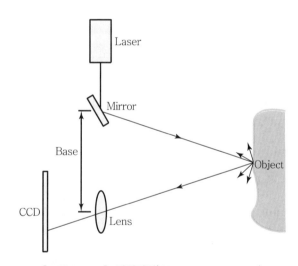

[그림 6-182] 광삼각법(Triangulation Method)

5. 레이저 스캐닝체계 활용

(1) 지형 및 일반 구조물의 관측
(2) 대상체 윤곽 및 용적관측
(3) 구조물의 변형량 계산
(4) 가상공간 및 건축의 모의관측
(5) 역사적 건물의 3차원 자료 기록보관
(6) 영화배경세트의 시각효과

6. 결론

최근 라이다의 3차원 자료는 사면지형해석, 토목설계, 건축, 문화재, 지리정보(GIS) 등 다양한 분야에 응용·활용되고 있다. 그러나 현재 사용되고 있는 지상라이다의 후처리 소프트웨어는 기능이 복잡하며, 필터링 기능이 국한되어 있어 현장상황에 맞는 필터링을 수행하지 못하고 있는 실정이다. 그러므로 효과적인 지상라이다 측량을 위해 필터링방법, 정확도 향상 등에 연구·개발이 이루어져야 할 것으로 판단된다.

29 차량 기반 MMS(Mobile Mapping System)

1. 개요

최근 GNSS와 관성항법장치(INS)의 사용이 보편화되고 센서 통합기술이 발달함에 따라 모바일 매핑기술(MMT)이 급속도로 발전하고 있다. 모바일 매핑시스템(MMS)은 차량에 GNSS, IMU, CCD Camera, Laser Scanner 등의 장비를 탑재하고 도로 및 주변지역의 영상을 획득하여 수치지도제작 및 갱신, 도로시설물 유지관리를 위한 시스템이다. 이 시스템은 국가의 지형정보와 국가의 시설물 정보의 DB를 구축하고 유지·관리하기 위해 필요로 하는 측량방법 중 비용 및 시간면에서 효율적이고 향후 활용성이 높은 첨단정보시스템이다.

2. 필요성

(1) 인터넷 지도, 내비게이션 등 생활 지리정보가 활성됨에 따라 최신 지리정보에 대한 요구 및 관심 증가
(2) 항공사진을 이용한 국가기본도 수정·갱신 주기에 대한 최신성 확보의 한계
(3) 항공사진측량에 의한 지형·지물의 국지적 변화에 대한 실시간 수정이 비경제적

3. MMS 구성과 원리

(1) 구성

차량 MMS는 차량의 위치와 자세를 결정하는 GNSS와 INS, 주행거리계(DMI), 디지털 방위계 장치와 매핑을 하여 지형·지물의 형상과 관련된 정보를 수집하기 위한 CCD 카메라, LiDAR 등으로 구성되어 있다.

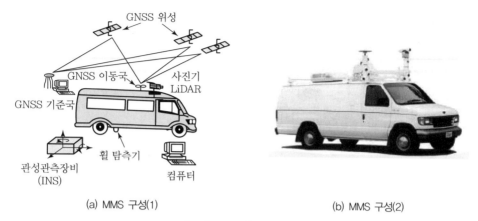

GNSS 위성

GNSS 이동국   사진기
LiDAR
GNSS 기준국

관성관측장비
(INS)   휠 탐측기

컴퓨터

(a) MMS 구성(1)

(b) MMS 구성(2)

[그림 6-183] MMS 구성

(2) 원리

① 차량 등의 이동체에 디지털카메라, 레이저 스캐너, GNSS, INS, DMI 등과 같은 다양한 센서들을 조합한다.

② 위치측정센서(GNSS/INS)와 지형지물 측량센서(디지털카메라, 레이저 스캐너)를 사용하여 각종 정보를 획득한다.

③ GNSS/INS 통합기술을 이용하여 차량에 탑재한 지형·지물 측량센서들의 위치와 자세를 수 밀리초(ms) 수준의 간격으로 결정한다.

④ 위치와 자세정보, 영상정보(지상영상, LiDAR)를 이용하여 차량 주변에 위치한 지형·지물들의 위치정보와 형상정보 및 속성정보를 획득하여 매핑한다.

4. MMS의 특징

(1) 측량 및 자료획득 시 시간과 비용 절감

(2) 공간정보 구축을 위한 현장작업의 최소화

(3) 각종 자료의 신속한 수정과 갱신

(4) 위치정보 및 영상정보제공

(5) 3차원 객체에 대한 지상 Laser Mapping 정보 제공

(6) 각종 센서의 하드웨어 & 소프트웨어 통합기술 확보

(7) 측량분야 응용 기술 및 신기술 지원

(8) 항공사진측량, LiDAR 및 위성영상과 지상정보의 통합 기반 구축

(9) 현실세계 재현(가상현실, 가상도시)을 위한 자료 제공

5. MMS의 획득자료의 종류

(1) GNSS : 차량의 위치정보

(2) INS : 차량의 자세 및 속도

(3) LiDAR : 3차원 지리정보(원시 및 지면자료, 수치표고모델), 각종 이미지 자료

(4) 수치영상 : 3차원 지리정보, 정사투영영상

6. MMS 작업공정(순서)

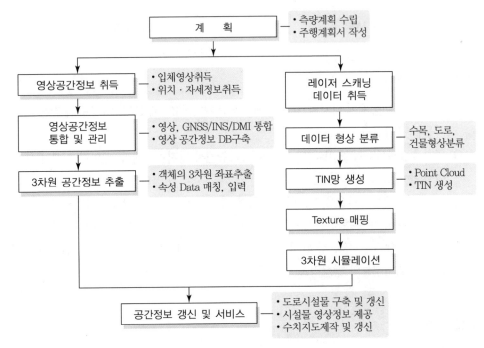

[그림 6-184] MMS 일반적 작업 흐름도

7. MMS 오차

MMS 시스템의 에러를 발생시키는 요인으로는 크게 기계적 오차와 우연오차로 구할 수 있다.

[표 6-42] MMS 오차

기계적 오차	우연오차
• 레이저 스캐너 기계오차 • 레이저 펄스의 지연 • INS 축의 불위치 • 카메라의 기계오차 • GNSS 신호의 대류권 지연/Cycle Slip	• 카메라의 우연오차 • 펄스의 탐지 • 점위치의 흐드러짐 • INS 우연오차 • GNSS 우연오차 • 거친 지형, 지형경사 • 반사력

8. MMS 정확도 향상 방법

(1) GNSS 수신 상태, IMU 상태 등의 작업지침 마련

(2) 카메라와 객체 간 거리가 가까운 곳에서의 위치결정

(3) 객체별(점, 선, 면) 특성에 따른 오차 보완

(4) 디지털카메라 등의 영상장비의 품질확보를 통한 영상좌표 취득 오차의 감소

(5) 소요 정확도를 확보하기 위한 전문인력 양성

9. 기대효과

(1) 국가기본도 수정 · 갱신 비용 절감

(2) 공간, 영상, 속성정보를 One-step 방식 획득으로 인한 신뢰도 향상

(3) 공중기반(항공사진측량) 및 지상기반(지상사진 등) 지리정보의 융 · 복합을 통한 다양한 비즈니스 가치 창출

(4) 다양한 형태의 지리정보 취득에 따른 다목적 · 다용도 개념의 새로운 지리정보 구축

(5) 최신의 지리정보 제공에 따른 대민 서비스 향상

(6) 신기술 적용에 따른 새로운 일자리 창출

10. 활용

(1) 국가 기본도 제작에 있어서 현지조사 및 현지보완측량

(2) 수치지형도제작 및 수시 갱신

(3) 도로관리정보시스템 구축

(4) 자율주행차 상용화를 위한 정밀도로지도제작

(5) 시설물 유지관리 시스템 구축

(6) 공사측량 및 각종측량

(7) 자동지도제작 및 공간정보 자료 취득(3차원 자료 취득)

(8) 지능형 교통운송체계(ITS) 구현

(9) 공간영상분야 및 항법시스템 분야

(10) 3차원 지적정보 구축

11. 결론

최근 MMS 기술의 발전으로 수치지형도제작 및 수정, 항공사진측량의 문제점인 도심지 사각지역 측량 등 다양한 분야에 그 효용성이 커지고 있다. 그러나 항공사진측량 및 항공레이저측량은 관련 작업 규정이 있어 현장에 활발하게 이용되고 있으나, MMS 경우는 관련규정이 없어 최신장비임에도 불구하고 현장에 많이 이용되고 있지 못하는 실정이다. 그러므로 관련법규 정비, 시스템 연구에 대한 국가적 지원, 교육훈련 등 많은 문제점을 조속히 해결해야 할 것으로 판단된다.

1. 개요

사진판독(Photographic Interpretation)은 사진을 이용하여 대상물의 정보를 추출하고 분석하기 위한 기술로서, 사용목적에 따라 다양한 분석방법으로 판독을 실시하고 정보를 얻는 작업이다. 이 정보를 기초로 하여 대상체를 종합 분석함으로써 피사체 또는 지표면의 형상, 지질, 식생, 토양 등의 연구수단으로 이용하고 있다.

2. 사진판독 요소

(1) 색조(Tone, Color)

피사체가 갖는 빛의 반사에 의한 것(수목의 종류를 판독)으로 식물의 집단이나 대상물의 판별에 도움된다.

(2) 모양(Pattern)

항공사진에 나타난 식생, 지형 또는 지표면 색조 등의 공간적 배열상태이다.

(3) 질감(Texture)

색조, 형상, 크기, 음영 등의 여러 요소의 조합으로 구성된 조밀, 거칢, 세밀함, 세선, 평활 등으로 표현한다(초목, 식물의 구분).

(4) 형상(Shape)

개체나 목표물의 윤곽구성, 배치 및 일반적인 형태를 말한다.

(5) 크기(Size)

어느 피사체가 갖는 입체적, 평면적인 넓이와 길이를 말한다.

(6) 음영(Shadow)

피사체 자체가 갖는 그림자(빛의 방향, 판독방향 고려)로 높은 탑과 같은 지물의 판독, 주위 색조와 대조가 어려운 지형의 판독에는 음영이 중요한 요소가 된다. 판독 시 빛의 방향과 촬영 시의 빛의 방향을 일치시키는 것이 입체감을 얻는 데 용이하다.

(7) 상호위치관계(Location)

특정 영상면이 주위 영상면과 어떤 관계가 있는가 파악하는 것은 영상면판독에 있어서 중요한 사항 중의 하나이다. 한 영상면은 일반적으로 주위의 영상면과 연관되어 있으므로 어떤 특정한 영상면만 보고 다른 영상면과의 관련사항은 고려하지 않으면 올바른 판독을 행하기 어렵다.

(8) 과고감(Vertical Exaggeration)

과고감은 지표면의 기복을 과장하여 나타낸 것으로 낮고 평탄한 지역에서의 지형 판독에 도움이 되는 반면, 경사면의 경사는 실제보다 급하게 보이므로 오판에 주의하여야 한다.

3. 사진판독의 순서

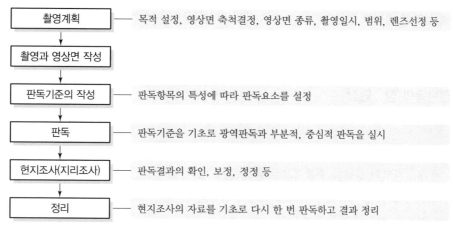

[그림 6-185] 일반적인 사진판독의 흐름도

4. 사진판독에 이용되는 영상면

[표 6-43] 사진판독에 이용되는 영상면

종류	성질	주된 용도
전정색영상면	가시광선의 흑백영상면	형태를 판독요소로 하는 것, 지질, 식물
적외선영상면	근적외선의 흑백영상면	식물과 물의 판독
천연색영상면	가시광의 천연색영상면	색을 판독요소로 하는 것
적외색영상면	가시광의 일부와 근적외선을 색으로 나타낸 영상면	식물의 종류와 활력의 판독
다중파장대영상면	가시광선과 근적외선을 대역별로 동시에 촬영한 흑백영상면	광범위한 이용면을 가지며, 특히 식물의 판독
열영상	표면온도의 흑백영상면	온도

5. 사진판독 방법

(1) 제1단계(관찰, 확인과정)

지형적인 차이, 색조나 색조구조, 수계모양, 선상(Imagery Lineation)의 상황 또는 식생의 밀도 등 단순한 관찰 및 확인과정단계로 영상면 자체가 확실하다면 판독이 완전히 틀리는 경우는 극히 적다. 그러나 이 단계에서 판독을 마치게 되면 영상면에서 정확한 정보를 얻을 수는 없다.

(2) 제2단계(관찰, 확인한 사항을 분류, 분석)

애추(崖錐), 단구(段丘), 현하상(現河床), 지반침하 등을 판독함으로써 1단계 과정보다는 고차원의 정보를 얻을 수 있으나 보다 많은 판독자의 주관이 개입되어 판독오차가 다소 커질 수도 있다.

(3) 제3단계(해석과정)

판독자의 경험과 전문지식을 기초로 하여 지질구조, 지층상하관계 또는 지반침하와 같은 움직임과 산사태 등의 과정에 대한 추측으로써 보다 높은 차원의 정보를 얻는 과정이다.

6. 사진판독의 장 · 단점

(1) 장점

① 단시간에 넓은 지역을 판독할 수 있다.
② 대상지역의 정보를 종합적으로 획득할 수 있다.
③ 접근하기 어려운 지역의 정보 취득이 가능하다.
④ 정보가 정확히 기록 보존된다.

(2) 단점

① 상대적인 판별이 불가능하다.
② 색조, 모양, 입체감 등이 나타나지 않는 지역의 판독이 불가능하다.
③ 기후 및 태양고도에 좌우된다.

7. 사진판독의 응용

(1) 토지 이용 및 도시계획조사
(2) 지형 및 지질 판독
(3) 환경오염 및 재해 판독
(4) 농업 및 산림조사

8. 결론

항공사진측량은 지형도 제작뿐만 아니라 사진에 의한 광역 지역을 판독할 수 있는 장점을 가지고 있으나, 그 효용성이 널리 알려져 있지 못하고 있는 실정이다. 그러므로 제도적으로 지질, 방재 측면 등에 항공사진측량에 의한 판독을 제도화하고 측량인이 사진판독의 유용성을 널리 알려야 할 것으로 판단된다.

31 원격탐측(Remote Sensing)의 특징, 순서 및 응용분야

1. 개요

원격탐측이란 지상이나 항공기 및 인공위성 등의 탑재기(Platform)에 설치된 탐측기(Sensor)를 이용하여 지표, 지상, 지하, 대기권 및 우주공간의 대상들에서 반사 혹은 방사되는 전자기파를 탐지하고 이들 자료로부터 토지, 환경 및 자원에 대한 정보를 얻어 이를 해석하는 기법이다.

2. 원격탐측의 역사

최초의 원격탐측은 항공기를 이용한 항공사진의 분석기법에 의하여 시작되었으며, 1957년 최초의 인공위성인 SPUTNIK(러시아)의 발사로 원격탐측의 새로운 전환점이 되었다. 1972년 최초의 지구관측위성 LANDSAT-1호(미국) 발사를 시작으로 1998년 최초의 상업용 위성(미국)까지, 원격탐측은 현재까지도 비약적으로 발전하고 있다.

[표 6-44] 원격탐측의 역사

세대	연대	특징
제1세대	1970~1985년	연구단계(미국 주도)
제2세대	1986~1997년	국제화(실용화)
제3세대	1998년~현재	상업화(민간기업 참여)

3. 원격탐측의 특징

(1) 짧은 시간에 넓은 지역을 동시에 관측할 수 있으며, 반복측정이 가능하고, 손쉽게 비교할 수 있다(광역성/주기성/신속성).

(2) 적지나 접근이 불가능한 지역에 대한 조사와 정보 수집이 가능하고 군사적 이용에 효과가 크다(접근성).

(3) 자료 취득에 시간과 인력을 절약할 수 있고 동시에 수집한 자료에 대해 정확성을 확보할 수 있다(신속성/정확성/경제성).

(4) 탐측된 자료가 즉시 이용될 수 있으며 각종 주제도 제작, 재해 및 환경문제 해결에 편리하다(분석성).

(5) 원격탐측 자료는 물체의 반사 또는 방사 스펙트럼 특성에 의존한다.

(6) 자료의 양은 대단히 많으며 불필요한 자료가 포함되어 있을 수 있다.

(7) 과학기술 및 전산기 분야의 발전에 직접 연관되어 시대에 따라 다양한 요구를 충족시키는 자료의 수집 방법으로 크게 이용이 예상된다.

4. 원격탐측 순서

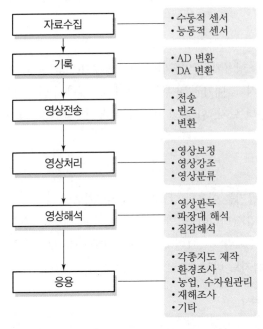

[그림 6 – 186] 원격탐측의 일반적 흐름도

5. 원격탐측의 문제점

(1) 자료의 보정

① 원거리에서 측정된 자료를 이용하여 정확한 지표면의 정보를 분석하기 위해서는 기하학적 및 방사 보정이 필수적이다.

② 이에 따라 원격탐측 영상에 대응되는 지표면의 특정 대상체에 대한 정확한 지리적 위치 및 분광 특성에 대한 정보가 요구된다.

(2) 분석결과의 신뢰도

① 원격탐측 기술을 이용하여 분석된 결과는 신뢰도 검증 작업을 필요로 하며, 이를 위해서는 대상지역의 자연적 및 인공적 요소들의 정확한 정보가 요구된다.

② 원격탐측 기술의 신뢰도를 높이기 위해서는 모든 분광대를 이용한 관측이 필요하나 실제적으로 획득된 자료의 분광영역은 극히 제한적이다.

③ 따라서 지표면의 대상물체에 대한 분광특성에 대한 데이터베이스의 구축이 필요하다.

6. 응용분야

원격탐측이 응용되는 분야는 토지, 환경 및 자원 관련분야에서 군사적 목적에까지 여러 분야에 응용되고 있다.

(1) 각종 지도 제작

(2) 국토 및 도시관리

(3) 해양, 지질, 환경조사

(4) 농업, 임업, 수자원관리

(5) 기상, 재해 조사

(6) 군사적 목적

7. 결론

원격탐측은 정성적 해석에 주로 이용되며 그 분야도 광역적이고 다양하게 이용할 수 있는 학문이다. 그러나 우리나라에서는 그 활용이 아직 활발하지 않으며 이에 대한 제도적 뒷받침과 연구가 체계적으로 진행되어야 할 것이라 판단된다.

32 원격탐측에서 전자파의 파장별 특성

1. 개요

일정한 온도의 모든 물질은 다양한 파장대의 전자기파를 방사한다. 파장대 전체영역을 일반적으로 전자기 분광대역(Electromagnetic Spectrum)이라고 한다. 그 범위는 감마선으로부터 라디오파까지 걸쳐있다. 원격탐측이란 대상물에 직접 접촉하지 않고 정보를 도출하는 과학기술로 자외선, 가시광선, 적외선 및 극초단파의 일부 영역에서 지표면의 각종 정보를 얻는다.

2. 전자기 에너지와 원격탐측

(1) 원격탐측은 다양한 형태의 전자기(EM : Electromagnetic) 에너지 측정을 기반으로 하고 있다. 지구상에서 가장 중요한 전자기 에너지원은 태양으로서, 우리가 볼 수 있는 가시광선, 열, 피부에 해로운 자외선 등을 방출하고 있다.

(2) 원격탐측에서 사용되는 센서의 대부분은 반사된 태양광을 측정한다. 그러나 일부 센서 중에는 지구 그 자체에서 방출되는 에너지를 감지하거나, 자체적으로 송출한 에너지를 감지하는 것도 있다.

(3) 원격탐측의 원리를 이해하기 위해서는 전자기 에너지의 특성과 상호작용 등에 대한 기본적인
이해가 필요하다. 또한 이러한 지식이 있어야만 원격탐측자료를 올바르게 분석할 수 있다.

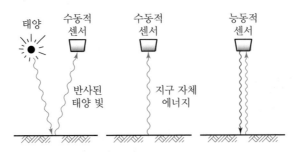

[그림 6-187] 원격탐측 센서 및 에너지원

3. 전자파의 파장별 특성

(1) 원격탐측은 이 전자기 분광대역 중 몇 가지 영역에서 이루어진다. 전자기 분광대역 중 광학부
분은 광학법칙이 적용되는 부분을 말한다. 즉, 반사 및 반사된 빛을 초점으로 모으는 데 사용
되는 굴절 등이 적용되는 분광대역이다.

(2) 광학대역은 X-ray(0.02)로부터 가시광선영역을 포함하여 원적외선(1,000μm)까지 부분을
말한다.

(3) 원격탐측에서 실제적으로 사용가능한 가장 짧은 파장대는 자외선대역이다. 자외선은 가시광
선의 보라색 부분을 벗어난 부분을 말한다.

(4) 지표상의 몇몇 물질, 주로 바위 혹은 광물질은 자외선을 비출 경우 가시광선을 방사하거나 형
광현상을 보인다. 극초단파(Microwave) 대역은 파장이 1mm로부터 1m 사이인 영역이다.

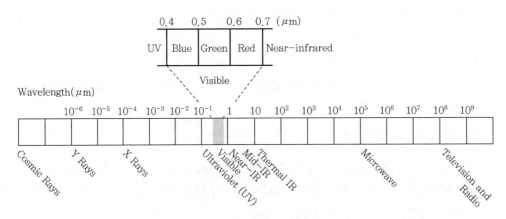

[그림 6-188] 전자기 파장대역

4. 세부내용

(1) 가시광선영역은 일반적으로 '빛'이라고 부르는 부분이다. 전자기 분광대역 전체에 비해서는 상대적으로 좁은 부분에 해당하며, 이 부분만이 색의 개념을 연결시킬 수 있다. 파란색, 녹색, 빨강색은 기본색 또는 가시광선영역의 기본 파장이다.

(2) 원격탐측에서 사용하는 긴 파장영역은 열적외선 영역과 극초단파(Microwave)영역이다. 열적외선은 표면 온도에 관한 정보를 제공한다. 이 표면온도는 다른 물리적 특성, 예를 들면 암석의 광물함유량 혹은 식물의 상태와 연결시킬 수 있다. 극초단파는 지표면의 평탄도, 함수량과 같은 표면의 성질에 관한 정보를 제공한다.

5. 결론

원격탐측의 원리를 이해하기 위해서는 전자기 에너지의 특성과 상호작용 등에 대한 기본적인 이해가 필요하다. 또한 이러한 지식이 있어야만 원격탐측 자료를 올바르게 분석할 수 있다. 하지만 이러한 발전된 최신기술을 실제업무에 활용하고 사업화하는 점에서는 측량업체 기술력의 한계, 현실적이고 체계적인 자료와 정보의 부재 등 많은 제약조건들이 존재하고 있는 것이 현실이다. 그러므로 교육훈련을 통하여 원격탐측 기법을 습득하고 최신 기술혁신의 급격한 변화에 능동적으로 대처해야 할 것으로 판단된다.

---

33 지표의 구성물질인 식물, 토양, 물의 대표적 분광반사특성

1. 개요

위성영상의 영상소(Pixel) 값이 갖는 분광특성은 토지피복분류 특성에 따라 다양한 연구분야에 활용되고 있다. 반사율(Reflectance)이란 어떤면으로 입사하는 광속에 대한 반사 광속의 비율이다. 또한, 빛(전자기파)의 파장별 반사율을 분광반사율(Spectral Reflectance) 또는 반사스펙트럼이라고 하고, Albedo는 태양광을 입사광으로 생각한 경우의 반사율이다. 물체의 분광반사율은 물체의 종류에 따라 다르다. 물체의 분광복사휘도는 분광반사율의 영향을 받기 때문에, 분광복사휘도를 관측하여 멀리서도 물체를 식별할 수 있다.

2. 분광반사율(Spectral Reflectance)

분광반사율은 빛(전자기파)의 파장별 반사율을 분광반사율 또는 반사스펙트럼이라고 하고, 분광반사율 곡선으로 표현하는 경우가 많다. 또한, 각각의 파장에 따라 대상 물체의 분광반사율은 다르게 나타나므로 이러한 특성이 다양한 분야에서 적용되고 있다.

[분광반사율의 수학적 정의]
대상 물체의 반사특성들은 반사된 입사에너지의 비율을 측정하여 수치화할 수 있다. 이러한 수치들은 파장에 따라 측정값이 바뀌며 이를 분광반사율이라 한다. 수학적 정의는 다음과 같다.

$$\rho_\lambda(분광반사율) = \frac{E_R(\lambda)}{E_I(\lambda)} = \frac{대상물체에서\ 반사된\ 파장\lambda의\ 에너지}{대상물체로\ 입사한\ 파장\ \lambda의\ 에너지}$$

$$E_I(\lambda) = E_R(\lambda) + E_A(\lambda) + E_T(\lambda)$$

$$E_R(\lambda) = E_I(\lambda) - [E_A(\lambda) + E_T(\lambda)]$$

여기서, E_I : 입사에너지
E_R : 반사에너지
E_A : 흡수된 에너지
E_T : 투과된 에너지

3. 식물, 토양, 물의 대표적 분광반사 특성

그림과 같이 식물은 근적외 영역에서 강하게 반사되고 흙은 식물과 달리 가시역과 단파장 적외역에서 반사가 강하다. 그리고 물은 적외역에서는 거의 반사되지 않는다.

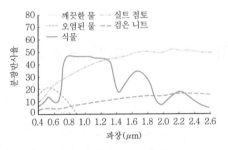

[그림 6-189] 식물, 흙, 물의 분광반사율

(1) 식물(Vegetation)

식물의 반사특성은 나뭇잎의 방향이나 구조 등 나뭇잎에 관한 여러 가지 성질에 따라 결정된다. 분광대역별 반사율은 나뭇잎의 색소, 두께, 성분(세포구조) 그리고 나뭇잎 조직에 포함된 수분의 양에 따라 달라진다. 그림과 같이, 가시광선 영역에서는 광합성 작용으로 인해 적색광과 청색광은 식물이 흡수하게 되어 반사율이 낮으며, 녹색은 많이 반사된다. 근적외선 영역에서는 반사가 가장 많이 되지만, 그 양은 나뭇잎의 성장단계 및 세포구조에 따라 달라진다.

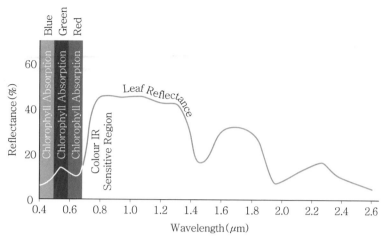

[그림 6-190] 식물의 분광반사율

(2) 토양(Soil)

토양의 반사곡선에 영향을 미치는 주요 원인은 토양의 색, 수분함량, 탄산염의 존재여부, 산화철의 함량 등이다.

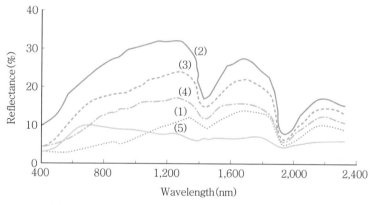

(1) Organic Dominated, (2) Minimally Altered, (3) Iron Altered,
(4) Organic Affected, (5) Iron Dominated

[그림 6-191] 토양의 분광반사율

(3) 물(Water)

물은 식물이나 토양에 비해 반사도가 낮다. 식물은 약 50% 정도, 토양은 약 30~40%까지 반사함에 비해 물은 기껏해야 입사광선의 10% 정도만 반사한다. 그림과 같이 물은 가시광선 영역 및 근적외선 대역에서만 전자에너지를 반사한다. 탁한 물의 경우 반사율이 가장 높으며, 클로로필을 함유한 조류가 들어 있는 경우 녹색광 부분에서 반사율이 최고가 된다.

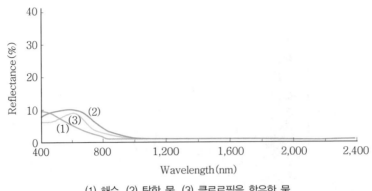

(1) 해수, (2) 탁한 물, (3) 클로로필을 함유한 물

[그림 6-192] 물의 분광반사율

4. 각각의 분광반사율에 영향을 미치는 요소(인자)

(1) 식물 잎의 분광반사율에 미치는 요소

① 잎의 색소, 내부구조, 수분함량 등이 잎의 반사 및 투과에 영향을 미치는 인자이다.

② 잎에 포함되어 있는 클로로필이라는 색소는 $0.45\mu m$ 부근과 $0.67\mu m$ 부근의 전자기파를 강하게 흡수하므로, 결과적으로 가시역에서는 $0.5 \sim 0.6\mu m$(녹색)의 반사율이 높다. 이 때문에 식물의 잎은 녹색으로 보인다.

③ $0.74 \sim 1.3\mu m$의 근적외역에서 반사율이 매우 높은데, 이것은 잎의 세포구조에 기인한 것이다.

④ 가시·근적외 영역이 식생조사에 이용되는 것은 적색밴드의 강한 흡수와 근적외 밴드의 강한 반사라는 특성이 있기 때문이다.

⑤ 그리고, 장파장 쪽에서는 물에 의한 흡수 밴드인 약 $1.5\mu m$와 $1.9\mu m$ 부근에서 명백한 반사율 저하가 보인다. 반사율 저하 비율은 잎의 수분함량에 따라 달라진다.

⑥ [그림 6-194]는 식생의 종류에 따른 분광반사율의 차이를 나타낸 것으로 근적외에서의 큰 차이는 잎의 세포구조 차이에 의한 것이다.

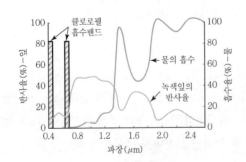

[그림 6-193] 나뭇잎의 분광반사율

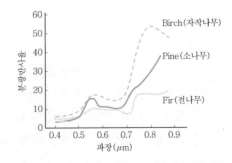

[그림 6-194] 식물 종류에 따른 분광반사율

(2) 물의 분광반사율에 미치는 요소

물의 원격탐측을 수행하는 데 있어 우선 순수한 물의 경우, 물에 입사된 광을 어떻게 흡수 및 산란시키는지를 이해하는 것이 필요하다. 그 다음에 유기 및 무기물질을 함유한 물에 대한 입사광의 효과를 고려하는 것이 바람직하다.

(3) 암석의 종류에 따른 분광반사율

암석의 종류 식별에는 $1.3 \sim 3.0 \mu$m의 단파장 적외역이 이용된다. 이와 같은 미묘한 분광반사율 특성을 조사하려면, 좁은 파장폭으로 세분화된 다파장 센서(이미지 분광계 : Imaging Spectrometer)가 필요하다.

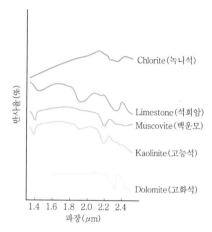

[그림 6-195] 암석과 광물의 분광반사율

5. 결론

원격탐측 기술의 가장 큰 장점은 빠른 시간 내에 보다 적은 비용과 인력을 투입하여 관련 분야의 제반 정보를 효율적으로 수집하여 제작하고 공간자료의 가공 및 분석기능을 통하여 원하는 정보를 경제적이고 효과적으로 획득할 수 있다는 점이다. 원격탐측 기술은 정보화 시대에 필수적으로 갖추어야 할 사회기반산업으로 중요한 위치를 차지하고 있으므로 국가적 차원의 정책 및 기초 연구들이 진행되어야 할 중요한 시점이라 판단된다.

---

34 | 원격탐측의 영상처리(Image Processing)

1. 개요

영상처리는 원격탐측의 과정 중에서 가장 중요한 부분으로서 영상보정, 강조, 분류로 크게 대별된다. 영상보정은 왜곡이 있는 영상으로부터 그것을 제거하는 것으로 영상자료로부터 복사휘도와 관련된 각종 왜곡을 제거하는 방사량 보정(Radiometric Correction)과 각 픽셀 위치좌표와 대상에서 좌표 간의 차이를 보정하는 기하보정(Geometric Correction)으로 구분된다. 또한, 인간의 육안 판독에 중점을 두고 변환하는 영상강조와 영상에서 원하는 정보를 추출하는 분류단계로 구분되어 처리된다.

2. 영상처리 순서

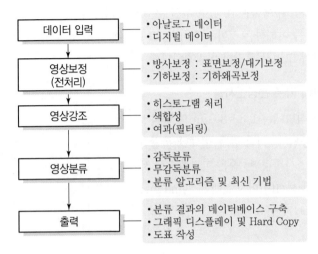

[그림 6-196] 원격탐측에 의한 영상처리 흐름도

3. 영상보정(Image Correction)

영상보정이란 왜곡이 있는 영상으로부터 그것을 제거하는 것인데 방사왜곡을 제거하는 것을 방사보정, 기하왜곡을 제거하는 것을 기하보정이라 한다.

[그림 6-197] 영상보정의 종류

(1) 방사보정(Radiometric Correction)

영상자료로부터 방사휘도와 관련 각종 왜곡을 제거하는 것으로 표면보정과 대기보정(헤이즈 현상, 태양의 고도각, 대기산란광 등의 대기나 일조조건)으로 구분된다.

1) 표면보정(Cosmetic Correction)

표면보정은 영상데이터에 포함되어 있는 시각적인 오류 또는 노이즈를 보정하기 위한 처리 과정을 말한다.

① **규칙직인 Line 누락** : 센서의 검출소자(Detector) 중 하나에서 문제가 발생하며, 주변 픽셀값을 평균하여 보정한다.

② Line Striping(줄무늬) : 검출소자의 불안정한 반응에 의해 발생하며, 전체 영상과 조화를 이룰 수 있도록 보정한다.

③ **불규칙 노이즈** : 디지털 필터링과 같은 복잡한 보정과정이 필요하다.

2) 대기보정(Atmospheric Correction)

대기보정은 헤이즈(Haze) 현상, 태양의 고도각, 대기산란광 등의 대기나 일조조건 등에 의해 영상에 발생한 여러가지 영향을 보정하는 것이다.

① **헤이즈 보정** : 산란된 빛은 영상데이터에 엷은 구름이나 안개가 낀 것 같은 헤이즈 현상이 발생하며, 많은 양의 깨끗한 물이나 그림자와 같은 검은 물체의 DN값이 0이라는 가정으로부터 보정한다.

② **태양 고도각 보정** : 서로 다른 계절에 획득된 영상은 태양의 일조 조건에 차이가 있다. 높은 태양 고도각을 갖는 영상을 기준으로 다른 영상의 픽셀값들을 보정한다.

③ **태양 산란광 보정** : 지표면으로부터 반사되어 센서에 흡수된 빛 중에는 대기 산란광(Skylight)이 포함되어 있어 영상의 대비를 저하시키는 요인이 된다. 대기 산란광에 의한 영향을 보정하기 위해서는 영상데이터 이외에 추가적인 자료가 있어야 한다.

(2) 기하보정(Geometric Correction)

원격탐측은 어떠한 센서를 사용했는지에 따라 영상의 기하학적 특성이 달라진다. 어떠한 영상을 사용하려면 반드시 기하학적 특성을 고려해야 한다.

1) 기하보정

① 기하왜곡이 있는 영상에서 그것을 제거하는 것이다.

② 영상상의 픽셀좌표(영상좌표)와 대상물의 지리좌표(지도좌표)와의 대응관계(좌표변환식)을 정량적으로 명확히 하는 것이다.

③ 센서의 기하특성에 의한 내부 왜곡보정, 플랫폼의 자세에 의한 왜곡, 지형 또는 지구의 형상에 의한 외부왜곡, 영상투영면에 의한 왜곡, 지도 투영법 차이에 의한 왜곡 등을 보정하는 것을 말한다.

④ 지상기준점을 사용하는 방법, 기존의 수치지형도를 사용하는 방법, 다른 기하보정영상을 사용하는 방법 등을 이용하여 보정한다.

2) 기하보정이 필요한 경우

① 2D와 3D 좌표를 추출할 경우 → 표정(Orientation)

② 영상을 융합할 경우 → Geocording

③ GIS 환경에서 영상자료를 시각화할 경우 → Georeferencing

④ 영상좌표체계를 특정지도 좌표체계로 연결(변환)할 경우 → 2차원/3차원 좌표변환

⑤ Geocording된 영상의 격자 자체를 변환하는 경우 → 영상재배열(최근린, 공일차, 공삼차 보간)

4. 영상강조

영상강조(Enhancement of Image)는 영상에서 불필요한 요소를 제거하여 사람의 눈으로 보기 쉬운 영상을 만들기 위한 일련의 과정을 말한다.

(1) 영상강조 방법

① 히스토그램 처리 : 대비확장, 평활화
② 색합성 : RGB, HIS, YMC
③ 필터링 : 저주파 패스 공간필터, 고주파 패스 공간필터, 중앙값 필터, 라플라시안 필터, 쇼벨 필터 등

5. 영상융합

영상융합(Image Fusion)은 고해상도의 전정색 영상과 저해상도의 다중분광 영상을 병합하여 공간해상도는 전정색 영상의 공간해상도를, 분광학적 특성은 다중분광 영상의 것을 따르게 하여 전정색 영상의 시각적 성능과 다중분광 영상의 분석적 성능을 모두 유지시켜 영상의 판독을 효과적으로 하기 위한 기법이다.

(1) 영상융합의 목적

다중분광 입력자료에 대해 스펙트럼 왜곡 없이 전정색 영상의 공간정보를 포함한 영상융합된 영상을 만들기 위한 것이다.

(2) 영상융합의 유형

① 광학영상 간의 융합으로 고해상영상과 저해상영상을 융합하여 공간해상도와 분광해상도를 향상시킨다.
② 광학영상과 레이더영상 간의 융합으로 레이더 위성영상의 정밀한 지형공간정보에 의한 지형의 기복을 상세히 표현하거나 DEM의 정확도 향상에 효과적으로 기여한다.

(3) 일반적인 영상융합(병합) 기법

① 단순 밴드 치환
② 색상 공간 모델 변환
③ 주성분 분석 변환
④ 최소 상관 변환
⑤ 태슬드 캡 변환
⑥ 브로비 변환
⑦ 회귀 크리깅에 기반한 영상융합
⑧ 평활화 필터를 이용한 강도 조절 영상융합

6. 영상분류(Image Classification)

원격탐측 영상에서 도로, 식생, 물 등 동일한 속성의 지역은 영상 내에서 유사한 분광 특성을 지닌다. 이와 같은 분광학적 특성의 유사성을 바탕으로 유사한 지역을 추출할 수 있도록 영상을 분류하는 과정을 말한다.

(1) 분류처리의 일반적 순서

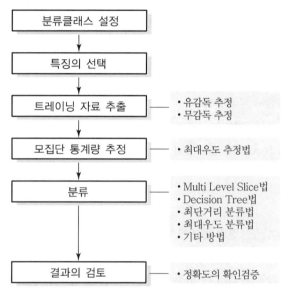

[그림 6-198] 영상분류의 일반적 흐름도

(2) 분류(Classification)

1) 클러스터링

유사한 특징을 가진 자료를 그룹화하는 방법이며, 무감독 추정이나 분류에 이용된다. 그룹을 짓는 방법에 따라 계층적 방법과 비계층적 방법으로 나누어진다.

2) Multi-Level Slice법

다차원의 특징공간을 각 축상에 설정되어 있는 치역(値域)에 의해 분할하는 분류방법이다. 분할에 의해 얻어진 다차원 직육면체가 각 분류 클래스에 대응한다.

3) Decision Tree법

① 각 화소의 특징 값을 설정한 기준치와 계층적으로 차례 차례 비교하여 분류하는 방법이다. 비교에 이용되는 특징 종류나 기준치는 현장 참자료(Ground Truth Data)나 대상물에 관한 지식 등에 근거해서 작성된다.

② Decision Tree법은 연산의 거의 대부분이 대소 비교로 이루어지기 때문에 복잡한 계산식을 이용하는 최대우도법 등에 비해 대단히 짧은 시간에 분류처리가 실행된다.

4) 최단거리 분류법

① 화소자료와 분류 클래스 특징과의 유사도를 특징공간에서의 거리로 나타내고, 거리가 가장 짧은(유사도가 가장 큰) 클래스로 화소자료를 분류하는 방법이다.

② 유클리드 거리, 표준 유클리드 거리, 마할라노비스 거리가 이용된다.

5) 최대우도 분류법

① 가장 많이 이용되는 분류법 중의 하나로 각 클래스에 대한 자료의 우도(Likelihood)를 구하고, 최대우도 클래스에 그 화소를 분류하는 방법이다.

② 최대우도 분류법을 이용하기 위해서는 모집단의 확률밀도함수를 알 필요가 있다.

6) 기타(진보된 분류방법)

① Sub-Pixel 분류방법

② Fuzzey 분류방법

③ Neural Network 분류방법

7. 결론

최근 위성영상 및 항공사진의 활용에 관심이 증가되면서 소요되는 비용과 시간을 절약하기 위해 자동으로 기하보정을 수행하는 등 다양한 연구가 진행되고 있다. 그러나 효율적인 원격탐측이 수행되기 위해서는 각종 단계의 데이터베이스가 구축되어야 하는 등 단계별 연구가 선행되어야 할 것으로 판단된다.

절대방사보정/상대방사보정

1. 개요

수치영상에 있어 방사량 보정은 기하왜곡보정과 함께 전처리 과정으로 Sensor 감지과정에서 발생하는 방사량 왜곡(에너지＝밝기값)에 의한 오차를 보정하는 과정이다. 즉, 대상물의 분광학적 특성을 주기적으로 기록하는 위성영상은 센서보정과 대기의 상태, 태양－센서－목표물 간의 기하학적 관계 등 여러 가지 원인들로 인해 동일한 지역이라 하더라도 촬영시기가 다르면 동일한 밝기값이 변화하게 되므로 방사보정을 통해 시기가 다른 두 영상의 밝기값 차이를 최소화시켜야 한다.

2. 방사왜곡

(1) 방사왜곡의 원인

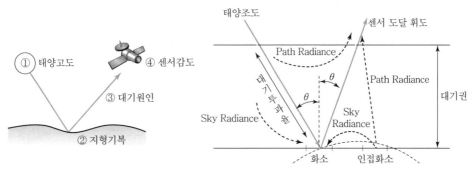

[그림 6-199] 방사왜곡

① 태양고도 변화
② 지형의 원인(기복)
③ 대기원인(효과)
④ 센서감도의 영향(기기오차)

(2) 방사보정의 종류

1) 표면보정(Cosmetic Correction)
   ① 방법 : Sensor 감도에 의한 왜곡, 영상 Data상의 시각적 오류＋노이즈 → 보정
   ② 종류 : 규칙적 Line 누락(Drop Outs), Line Striping, 불규칙한 노이즈

2) 대기보정(Atmospheric Correction)
   ① 방법 : 반사·산란된 파가 대기 중에 흡수·산란 감쇠 → 발생하는 오차 보정
   ② 종류 : 절대 방사보정(Absolute Radiometric Correction), 상대 방사보정(Relative Radiometric Correction)

3. 절대 방사보정(Absolute Radiometric Correction)

(1) 정의
① 지구와 태양 간의 거리, 태양고도각도 등 지구외기조건에 의해 발생할 수 있는 영향 보정
② 대기모델(Atmospheric Model)을 이용하여 태양에너지에서 각 밴드별로 입사하는 에너지량을 바탕으로 영상의 밝기값을 반사값으로 변환하여 대기의 흡수와 산란에 대한 영향을 최소화하는 것

(2) 방법

1) 헤이즈(Haze) 보정
① 원인 : 대기 구성성분에 의해 산란된 빛 → 영상 Data상에 옅은 구름이 낀 것 같은 현상 발생
② 헤이즈 현상 발생 시 → DN값 증가, 전체적인 영상 대비 감소
③ 헤이즈 영향 : 파장이 짧을 수록 더 많이 발생, 적외선의 경우 무시할 정도로 작음
④ 적외선 영역은 헤이즈 영향 없음. 많은 양의 깨끗한 물 또는 검은 물체의 DN값=0
 → 대응하는 파장대 영역의 픽셀과의 차이만큼 보정

2) 태양고도각 보정
① 원인 : 시간·계절에 따라 → 태양의 상대적 고도변화 → 영상의 밝기값이 서로 다른 값을 가짐
②
$$DN' = \frac{DN}{SIN(a)}$$
여기서, DN' : 태양고도각 보정 픽셀값
DN : 원 영상의 픽셀 값
a : 태양고도각

③ 태양의 고도각은 항상 90°보다 작으므로 1보다 작아 DN'가 DN보다 항상 큼
④ 서로 다른 시기에 획득된 영상을 사용하여 접합하거나 변화량 산출 시 주로 사용
⑤ 동일 지역에 대한 시계열 자료를 이용하는 경우 높은 태양 고도각을 갖는 영상을 기준으로 하여 다른 영상의 픽셀값을 보정하는 "상대적 태양고도각 보정"을 수행할 수도 있다.

3) 대기 산란광 보정
① 원인 : 지표면에서 반사된 빛 중에는 대기 산란광(Sky Light)을 포함 → 센서 감지 → 영상 대비 저하
② 추가적 자료 필요(에어로졸 분포, 대기 기체 구성 성분), 수치적 모델링 필요

4. 상대 방사보정(Relative Radiometric Correction)

(1) 정의

① 동일 지점의 영상은 촬영일시, 촬영조건 등의 변화로 인해 서로 다른 밝기값을 갖게 되어 영상 정합 시 문제가 되므로 보정이 요구되며, 이러한 영상 간의 밝기값의 차이를 최소화 하는 것이 상대방사보정임

② 원인 : 촬영 당시의 지표 구성에 따른 반사값, 태양과 센서의 위치로 인한 BRDF 효과, 대 기상태, 구름의 유무 등

(2) 방법

1) 히스토그램 매칭(Histogram Matching) 방법

① 각 영상의 히스토그램을 기준이 되는 히스토그램의 분포와 유사하게 만드는 방법

② 항공영상과 위성영상의 정합에 가장 많이 사용되는 방법

③ 인접하는 다수의 영상 중 어느 영상을 기준영상으로 설정하느냐에 따라 결과가 달라짐

④ 기준영상 전체를 사용하기보다는 중첩지역의 히스토그램을 대상으로 하는 것이 효과적임

2) 중첩지역 선형회귀변환(Overlap Linear Regression Transform) 방법

① 실험적이고, 경험적인 복사보정 방식으로 회귀식을 산출하는 방식에 따라 그 종류가 나뉨

② 중첩지역의 모든 밝기값을 이용하는 방법 : 기간 차이가 있는 두 영상의 경우 식생 등의 변화로 적용 곤란

③ 동일 지물에 대해 화솟값을 쌍으로 얻는 방법 : 불변성 지표물을 선정한 경우 촬영시기 차이에 의한 오차 최소화 가능

④ 각 영상의 통계치를 이용하는 방법

5. 결론

(1) 방사보정에서는 센서의 오류를 수정하기 위한 표면 보정과 대기나 일조 조건에 의한 영향을 감소시키기 위한 대기 보정을 실시한다. 대기 보정은 영상 접합 시에 있어 시계열 영상을 비교 할 경우 특히 중요하며 이와 같은 보정 방법은 원리를 충분히 이해한 후 주의하여 적용하여야 한다.

(2) 식생지, 시가화지역, 수역 등 토지피복 분류 중 대분류의 변화를 탐지하는 NDVI와 PCA 방식 의 변화 검출에 있어 절대, 상대 보정을 실시한 영상은 우수한 결과를 얻을 수 있다.

1. 개요

원격탐측 영상에서 도로, 식생, 물 등 동일한 속성의 지역은 영상 내에서 유사한 분광 특성을 지닌다. 이와 같은 분광학적 특성의 유사성을 바탕으로 유사한 지역을 추출할 수 있도록 영상을 분류하는 과정을 말한다.

2. 분류처리의 일반적 순서

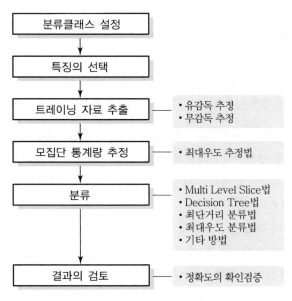

[그림 6-200] 분류처리의 일반적 흐름도

3. 트레이닝 자료 추출

(1) 무감독분류(Unsupervised Classification)

① 무감독분류는 지상참조 정보가 부족하고 이미지 내의 지표면의 특성을 선정하기 어려울 때 사용하는 분류방법이다.

② 일괄적이고 자동적인 처리에 의해 영상을 분류하는 방법으로 영상의 DN값들 사이에 존재하는 특성집단 혹은 클러스터에 따라 픽셀을 몇 개의 항목으로 분류하는 방법을 말한다.

③ 무감독분류 과정

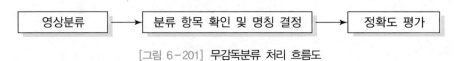

[그림 6-201] 무감독분류 처리 흐름도

④ 무감독분류 기법의 종류와 특성

[표 6-45] 무감독분류 기법의 장·단점

종류＼특성	장점	단점
순차적 군집화	입력자료가 간단, 빠름	시행착오적 방법
통계적 군집화	비교적 정확한 결과 획득	입력자료에 크게 의존
ISODATA	최소의 입력자료 필요	가장 속도가 느림
RGB 군집화	가장 빠름	항상 3개 밴드 필요

(2) 감독분류(Supervised Classification)

① 감독분류는 분류하고자 하는 지표면에 속성에 대한 특성을 알고 있거나 그 대상물의 대표적 위치를 알고 있는 경우 그 화솟값을 기준으로 동일 화소 특성을 가진 화솟값을 추출하는 방법이다.

② 감독분류 과정

[그림 6-202] 감독분류 처리 흐름도

③ 감독분류 기법의 종류와 특성

[표 6-46] 감독분류 기법의 장·단점

종류＼특성	장점	단점
평행사변형법	속도가 빠르고 간단함	불완전한 결과 나타냄
최소거리법	수학적으로 간단함	정확도가 다소 떨어짐
Mahalanobis법	군집의 Variance에 민감	과분류가 나타남
최대우도법	가장 정확한 방법	속도가 다소 느림

4. 모집단 통계량 추정방법

최대우도 추정법이 널리 이용된다. 최대우도 추정법이란 특정공간에서 모집단을 확률밀도 함수형으로 가정한 다음, 그 트레이닝 자료가 추출되는 확률(우도)을 가장 높일 수 있는 분포밀도의 통계량(평균이나 분산 등)을 모집단의 통계량으로 하는 방법이다.

5. 분류(Classification)

(1) 클러스터링

유사한 특징을 가진 자료를 그룹화하는 방법이며, 무감독 추정이나 분류에 이용된다. 그룹을 짓는 방법에 따라 계층적 방법과 비계층적 방법으로 나누어진다.

(2) Multi-Level Slice법

다차원의 특징공간을 각 축상에 설정되어 있는 치역(値域)에 의해 분할하는 분류방법이다. 분할에 의해 얻어진 다차원 직육면체가 각 분류 클래스에 대응한다.

(3) Decision Tree법

① 각 화소의 특징 값을 설정한 기준치와 계층적으로 차례차례 비교하여 분류하는 방법이다. 비교에 이용되는 특징 종류나 기준치는 현장 참자료(Ground Truth Data)나 대상물에 관한 지식 등에 근거해서 작성된다.

② Decision Tree법은 연산의 거의 대부분이 대소 비교로 이루어지기 때문에 복잡한 계산 식을 이용하는 최대우도법 등에 비해 대단히 짧은 시간에 분류처리가 실행된다.

(4) 최단거리 분류법

① 화소자료와 분류 클래스 특징과의 유사도를 특징공간에서의 거리로 나타내고, 거리가 가장 짧은(유사도가 가장 큰) 클래스로 화소자료를 분류하는 방법이다.

② 유클리드 거리, 표준 유클리드 거리, 마할라노비스 거리가 이용된다.

(5) 최대우도 분류법

① 가장 많이 이용되는 분류법 중의 하나로 각 클래스에 대한 자료의 우도(Likelihood)를 구하고, 최대우도 클래스에 그 화소를 분류하는 방법이다.

② 최대우도 분류법을 이용하기 위해서는 모집단의 확률밀도함수를 알 필요가 있다.

6. 진보된 분류방법

(1) Sub-Pixel 분류방법

1) 정의

이미지 픽셀보다 작은 크기의 사물을 분류하거나 탐지할 수 있는 방법을 말한다.

2) 방법

① 도로와 잔디지역에 걸쳐 있는 지역의 경우 이미지에 도로와 잔디의 밝기값이 동시에 반영된다.

② 이러한 경우 해당 이미지 픽셀의 성격을 도로나 잔디로 구분하기가 애매모호하게 되며 분류 시 Linear Mixing Model 방법을 이용한다.

③ Linear Mixing Model
  - 서로 다른 밴드에 해당하는 밝기값을 갖는 지역을 Mixing Space로 구분하여 전이지역 형태로 표현하는 방법이다.
  - 경계지역에서의 표면처리에 적용된다.

3) 특징
  ① 자연계의 모든 현상은 경계가 명확하지 않고 경계지역의 성격을 모두 갖는 일정 영역이 존재하게 된다.
  ② 수치사진측량의 경우 해상도를 좌우하는 픽셀의 크기가 아직 수 cm~수 m에 이르기 때문에 이러한 픽셀의 크기보다 작은 경계지역의 경우 영상에서 명확하게 표현되지 않는다.
  ③ 따라서 이러한 자연적 특성과 수치사진의 특성을 해결하여 경계지역 분류방법에 주로 적용될 수 있는 기법이 Sub-Pixel 분류방법이다.

(2) Fuzzey 분류방법
  ① 정의 : 데이터에 존재하는 불확실성과 양적 부정확성을 다루는 방법으로 정확하지 않은 자료, 하나가 아니라 여러 개의 정답을 갖기 쉬운 문제들을 다루기 위해 나온 수학적인 기법을 말한다.
  ② 기원 : 1965년 Lofti A. Zadeh에 의해 제창된 퍼지 집합론에 근거한다.
  ③ 퍼지 집합론 : 특정 대상이 어떤 군집에 속하거나 속하지 않는다는 2진법적 논리가 아닌 군집에 속하는 정도를 소속함수(Membership Function)로 나타내는 방법으로 비슷한지 여부를 판단한다.
  ④ 실세계 문제를 다루는 데 적합하다.
  ⑤ 클러스터링, 영상분류, 패턴인식 등 여러 분야에 응용된다.

(3) Neural Network 분류방법
  ① 정의 : 단일 프로세서들은 사람 두뇌를 통하여 문제를 처리하는 방식과 비슷한 방법으로 문제를 해결하기 위하여 전산기에서 채택하고 있는 구조를 말한다.
  ② 경험으로 학습해가는 인간 두뇌의 신경망에 착안한 방법으로 학습과정을 거쳐 패턴을 찾아내고 이를 일반화하는 방법이다.
  ③ 어떤 목표치를 주고 목표치에 도달할 때까지 연산자를 반복하여, 연산자를 훈련시키는 과정을 거친다.
  ④ 향후 예측에 유용하게 사용될 수 있다.

(4) Context 분류방법

① 지형패턴 인식 : 객체지향 분류방식

② 유사한 반사율, 도형, 형상 등을 이용 픽셀을 그루핑한다.

③ 그룹의 이질성 범위 내에서 알고리즘을 최소화한다.

④ 사용자는 특정지역의 반사값을 정한다.

7. 영상분류의 정확도 평가

(1) 분류결과의 정확도는 원격탐측 자료 분류의 최종적인 과정이다.

(2) 분류결과의 정확도는 매트릭스를 이용하여 정량적으로 측정한다.

(3) 최신 X, Y, Z의 3차원 정보를 제공하는 항공 라이다 데이터와 분광학적 장점을 갖는 고해상도 항공사진의 융합을 통해 분류정확도 향상에 대한 연구가 진행되고 있다(토지피복 분류 시 발생하는 빌딩 객체 오·분류 개선, 유사 분광특성을 갖는 객체 간의 오·분류 개선).

8. 결론

기존의 분류방법은 통계적 분류방법과 무감독 분류방법으로 구분되었으나, 최근에는 이 둘을 조합한 하이브리드 분류방법이 적용되고 있다. 최근에는 진보된 분류방법이 등장하여 기존에 이루어질 수 없었던 영역에 대한 분류도 이루어지고 있으므로 심도 있는 연구 및 교육이 이루어져야 할 것으로 판단된다.

37 위성영상을 이용한 토지피복지도 제작

1. 개요

토지피복이란 지표면의 물리적 상태, 즉 산림, 초지, 콘크리트 등이다. 토지피복지도는 지표면의 지형·지물의 형태를 일정한 생태학적 기준에 분류하여 동질의 특성을 지닌 지역을 지도의 형태로 표현한 주제도이다. 토지피복지도는 지표면의 현 상황을 가장 잘 반영하기 때문에 토지, 환경, 자원 및 기타 분야에 다양한 기초자료로 활용되고 있다.

2. 토지피복지도 제작순서

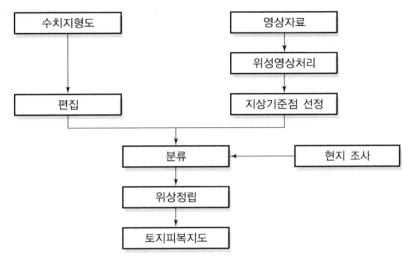

[그림 6-203] 토지피복지도 제작 흐름도

3. 자료수집

(1) **위성영상** : IRS-IC, Landsat 등
(2) **수치지형도** : 1/5,000 수치지형도
(3) **참고자료** : 임상도, 생태자연도, 지형도(1/25,000)
(4) **지상기준점** : 국토지리정보원 자료

4. 위성영상처리

(1) 방사량 보정(Radiometric Correction)

센서의 감도 특성에 기인하는 주변의 감광보정, 태양의 고도각 보정, 지형적 반사특성 보정 및 대기의 흡수, 산란 등에 의한 대기보정 등이 있다.

(2) 기하보정(Geometric Correction)

센서의 기하특성에 의한 내부왜곡 보정, 탑재기의 자세에 의한 왜곡 및 지형 또는 지구의 형상에 의한 외부왜곡, 영상 투영면에 의한 왜곡 및 지도 투영법 차이에 의한 왜곡 등을 보정하는 것을 말한다.

5. 토지피복지도의 분류

우리나라의 토지피복지도는 대분류 7가지, 중분류 22가지, 세분류 41가지 항목으로 분류하여 제작되고 있다.

[표 6-47] 우리나라 토지피복 분류 항목

대분류(7항목)		중분류(22항목)		세분류(41항목)
시가화 건조지역	100	주거지역	110	단독주거시설
				공동주거시설
		공업지역	120	공업시설
		상업지역	130	상업·업무시설
				혼합지역
		문화체육휴양지역	140	문화체육휴양시설
		교통지역	150	공항
				항만
				철도
				도로
				기타 교통·통신시설
		공공시설지역	160	환경기초시설
				교육·행정시설
				기타 공공시설
농업지역	200	논	210	경지정리가 된 논
				경지정리가 안 된 논
		밭	220	경지정리가 된 밭
				경지정리가 안 된 밭
		시설재배지	230	시설재배지
		과수원	240	과수원
		기타재배지	250	목장·양식장
				기타재배지
산림지역	300	활엽수림	310	활엽수림
		침엽수림	320	침엽수림
		혼효림	330	혼효림
초지	400	자연초지	410	자연초지
		인공초지	420	골프장
				묘지
				기타초지
습지	500	내륙습지	510	내륙습지
		연안습지	520	갯벌
				염전

대분류(7항목)		중분류(22항목)		세분류(41항목)
나지	600	자연나지	610	해변
				강기슭
				암벽 · 바위
		인공나지	620	채광지역
				운동장
				기타나지
수역	700	내륙수	710	하천
				호소
		해양수	720	해양수

6. 토지피복지도의 효율적 제작 방안

(1) 토지피복지도는 건설, 교통, 국방, 해양, 환경 등의 다른 분야와 폭넓은 의견 수렴으로 제작되어야 한다.

(2) 지역적 차원의 국토변화를 세밀하게 파악할 수 있는 효과적인 분류 항목이어야 한다.

(3) 토지피복지도의 주기적 갱신방안을 수립하여야 한다.

(4) 현재 피복분류 항목을 보다 체계화하고 제작 방법의 자동화 방안을 강구하여야 한다.

7. 결론

위성영상을 이용한 토지피복지도 제작은 건설, 교통, 환경, 국방 등 다양한 분야에 매우 중요한 자료로 대두되고 있다. 따라서 토지피복분류 항목들을 우리나라 지형적 특성에 맞게 선정하고 국토교통부, 환경부, 산림청 등 유관기관이 공유할 수 있도록 제작되어야겠다.

38 위성사진의 지상좌표화(Georeferencing)

1. 개요

위성영상의 지상좌표화(Georeferencing)는 영상의 임의의 점과 대응되는 대상공간과의 상사관계를 규명하는 것이다. 지상좌표화를 위해서 대상공간의 기준점(GCP) 좌표취득, 공선조건의 선형화, 후방 및 전방교선법, Sensor 모형화 등에 관한 해석을 하여야 한다. 센서에 대한 물리적 자료는 궤도요소, 센서 검정자료, 센서 탑재기 자료 등을 제공하는 물리적 센서 모형과 물리적 자료를 제공하지 않는 일반화된 센서 모형이 있다.

2. 물리적 센서 모형과 일반화된 센서 모형

(1) 물리적 센서 모형(Physical Sensor Model)

물리적 센서 모형은 센서에 대한 물리적 자료를 제공하는 것으로 물리적 센서 모형에 포함된 매개변수는 대상공간 좌표계에 대한 위치와 방향을 나타낸다.

1) 물리적 센서 모형의 종류
① 궤도매개변수(Orbit Parameters)
② 센서 탑재기(Sensor Platform)
③ 위치추산자료(Ephemeris Data)
④ 기복변위(Relief Displacement)
⑤ 지구곡률(Earth Curvature)
⑥ 대기굴절(Atmospheric Refraction)
⑦ 렌즈왜곡(Lens Distortion)

2) 특징
① 물리적인 센서 모형은 공선조건식과 같이 정교하기 때문에 항공삼각측량과 같은 조정에 아주 적합하다.
② 새로운 항측장비, 위성센서의 개발에 따라 새로운 센서자료를 처리하기 위해서는 사용자가 신규센서 모형을 처리할 수 있는 모듈이 추가된 소프트웨어의 구입이나 센서 모형에 대한 개발을 수행하여야 하는 단점이 있다.

(2) 일반화된 센서 모형(Generalized Sensor Model)

최근 상업용 위성인 IKONOS 영상의 경우 물리적 센서 모형을 비공개하고 있다. 이와 같이 물리적 자료를 제공하지 않는 일반화된 센서 모형에서는 대상물과 영상 간의 변화관계는 물리적인 영상처리 과정을 모형화할 필요가 없는 어떤 함수로 표시된다. 일반화된 센서 모형의 특징은 다음과 같다.
① 일회성 센서 모형의 함수는 다항식과 같은 서로 다른 형태로 표현될 수 있으며, 센서의 상태를 몰라도 되기 때문에 서로 다른 형태의 센서에 적용이 가능하다.
② 물리적 센서 모형을 알 수 없거나 실시간 처리가 필요할 때 사용된다.

3. 시간 종속함수를 이용한 물리적 센서 모형화

디힝식 모형을 이용한 알고리즘은 각 주사선에 대해 항공사진과 마찬가지로 6개의 외부표정요소 $(X_s, Y_s, Z_s, \kappa_s, \varphi_s, \omega_s)$가 존재하고, 중심궤도를 갖는 고도위성은 인접주사선과 상관성이 크므로 주사선이나 주사시간함수로 외부표정요소를 추정할 수 있다. 따라서 각 주사선의 외부표정요소를 시간에 관한 함수로 나타내며, 이를 다시 공선조건식을 이용하여 관측방정식을 구성한 다음 각각의 주사선을 중심으로 간주하여 최소 제곱법을 적용하여 최종 외부표정요소를 계산한다.

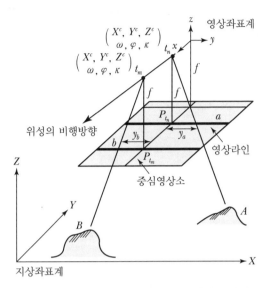

[그림 6-204] 위성과 지상공간의 기하학적 관계

4. 다항식 비례모형을 이용한 일반화된 센서 모형화

다항식 비례모형(RFM : Rational Function Model)은 사용자에게 센서 모형에 대한 자세한 내용은 공개하지 않으면서 사용자가 이해하기 쉽고 사용하기 쉽기 때문에 많은 사람들에게 고해상도 영상의 이용을 촉진시킬 수 있다.

(1) 전방 다항식 비례모형을 이용한 3차원 위치결정

전방 다항식 비례모형(Forward RFM)은 영상좌표 x_n, y_n를 지상좌표 X, Y, Z의 다항식 형태로 표현하며, 기본식은 다음과 같다.

$$x_n = \frac{A(X_n, Y_n, Z_n)}{B(X_n, Y_n, Z_n)} = \frac{\displaystyle\sum_{i=0}^{m_1}\sum_{j=0}^{m_2}\sum_{k=0}^{m_3} a_{ijk} X^i Y^j Z^k}{\displaystyle\sum_{i=0}^{n_1}\sum_{j=0}^{n_2}\sum_{k=0}^{n_3} b_{ijk} X^i Y^j Z^k}$$

$$y_n = \frac{A(X_n, Y_n, Z_n)}{B(X_n, Y_n, Z_n)} = \frac{\displaystyle\sum_{i=0}^{m_1}\sum_{j=0}^{m_2}\sum_{k=0}^{m_3} c_{ijk} X^i Y^j Z^k}{\displaystyle\sum_{i=0}^{n_1}\sum_{j=0}^{n_2}\sum_{k=0}^{n_3} d_{ijk} X^i Y^j Z^k}$$

여기서, a_{ijk}, b_{ijk}, c_{ijk}, d_{ijk}는 다항식 비례 모형의 계수값이고, m_1, m_2, m_3는 사용하고자 하는 다항식 비례모형의 차수를 의미한다.

(2) 후방 다항식 비례모형을 이용한 3차원 위치결정

후방 다항식 비례모형(Inverse RFM)은 지상좌표 X_n, Y_n을 영상좌표 x_n, y_n과 지상좌표 Z_n의 다항식의 형태로 나타낸다.

$$X_n = \frac{A(x_n, y_n, Z_n)}{B(x_n, y_n, Z_n)} = \frac{\sum_{i=0}^{m_1} \sum_{j=0}^{m_2} \sum_{k=0}^{m_3} a_{ijk} \, x^i \, y^j \, Z^k}{\sum_{i=0}^{n_1} \sum_{j=0}^{n_2} \sum_{k=0}^{n_3} b_{ijk} \, x^i \, y^j \, Z^k}$$

$$Y_n = \frac{C(x_n, y_n, Z_n)}{D(x_n, y_n, Z_n)} = \frac{\sum_{i=0}^{m_1} \sum_{j=0}^{m_2} \sum_{k=0}^{m_3} c_{ijk} \, x^i \, y^j \, Z^k}{\sum_{i=0}^{n_1} \sum_{j=0}^{n_2} \sum_{k=0}^{n_3} d_{ijk} \, x^i \, y^j \, Z^k}$$

(3) 상관성 분석을 통한 3차원 위치결정

대상센서에 대한 물리적 모형이 없는 경우 다항식 비례모형은 지상기준점의 분포, 수, 정확도에 따라 검사점의 3차원 위치정확도가 상당 부분 부정확한 결과를 나타낼 수 있다. 이러한 불확실성을 제거하기 위해 여러 가지 방법이 제안되었고, 상관성 분석을 통해 최적의 다항식 비례모형 계수를 선택, 접근하는 방법으로 센서 모형화의 정확도를 향상할 수 있는 일반적인 다항식 비례모형은 다음과 같다.

$$x = \frac{(1 \times YZ \dots Y^3 Z^3) \cdot (a_0 a_1 \dots a_{19})^T}{(1 \times YZ \dots Y^3 Z^3) \cdot (1 \, b_1 \dots b_{19})^T}$$

$$y = \frac{(1 \times yz \dots y^3 z^3) \cdot (c_0 c_1 \dots c_{19})^T}{(1 \times yz \dots y^3 z^3) \cdot (1 \, d_1 \dots d_{19})^T}$$

5. RPC(Rational Polynomial Coefficient) 기법

최근에는 1m급 고해상도 과학영상은 대부분 RFM을 위한 RPC를 제공하고 있다. RFM은 지상좌표와 영상좌표 간의 기하관계를 단순하고도 정확하게 묘사할 수 있는 추상적 모델의 한 종류로서, 과거 복잡한 처리과정을 요구했던 물리적 센서 모델의 대안으로 활발하게 이용되고 있다. RPC기법의 주요 특징은 다음과 같다.

(1) RPC 모델은 영상과 지상좌표 간의 3차 방정식의 비율로 표현되는 수학적 모델이다. RPC 모델은 카메라 모델을 대체하기 위해 제작되었으며, 미국의 민간회사인 SPACE Imaging사에서 개발되었다.

(2) RPC 모델의 장점은 물리적 센서 모델을 대체할 수 있는 모델링 방식으로 정확도 손실이 거의 없으며, 기존 물리적 모델에 비해 사용하기 쉽다는 특징이 있다.

(3) 향후 대부분의 고해상도 위성영상에서 RPC 파일이 제공될 것으로 예상된다. 특히, 위성의 종류가 다양해지고 각각의 위성마다 서로 다른 기하모델을 제공하는 현 시점에서 RPC는 다양한 위성센서 모델을 동일한 형태의 다항식으로 표현가능하다는 장점이 있다.

(4) RPC 파일이란 쉽게 말하자면 사진측량에서 내부표정요소 및 외부표정요소에 대한 정보이다. 즉, 위성영상촬영 당시의 경도, 위도, 높이의 3차원 요소를 위성영상에서의 Line과 Sample의 관계식으로 해석한 것이다. 기복변위가 수정된 정사영상을 만들기 위해서는 내부표정요소와 외부표정요소 등이 필요한데 RPC 파일은 이러한 표정요소에 필요한 정보를 담고 있다.

(5) 내부표정을 하려면 센서 모형, 계수 및 카메라 검정자료 등에 대한 정보가 필요한데 고해상도 위성카메라는 이러한 요소들이 기존 위성과 달리 극히 복잡한 메카니즘으로 구성되어 있고, 기업에게는 중요한 기술적 정보를 담고 있기 때문에 일반에게는 공개하지 않는 것이 원칙이다. 따라서, 일반인들에게 이러한 정보를 제공하지 않고 정사영상제작 및 DEM 제작을 위해 촬영 당시의 표정요소 등에 관한 RPC 파일에 담아 제공한다.

(6) RPC 파일은 R.S S/W에서 정사영상을 제작, 입체영상을 이용한 DEM 제작 및 3D 수치지도 제작, SAR 위성영상에서 DEM 제작 등에 사용된다.

6. 결론

최근 다양한 위성의 출현으로 종래 쓰이던 단일 방식의 영상처리는 그 한계를 드러내고 있는 실정이다. 다양하게 제시되는 위성 데이터를 어떻게 효과적으로 처리하여 활용하느냐 하는 것은 무엇보다 측량의 경비에 지대한 영향을 미치므로 국가적 지원 아래 적극적인 연구가 선행되어야 할 것으로 판단된다.

39 위성영상지도 제작

1. 개요

위성영상지도 제작이란 위성영상을 정사영상으로 변환하여 색조보정을 실시하고 지형, 지물 및 지명, 각종 경계선을 표시한 지도를 말한다. 최근 고해상도 위성의 출현으로 종래 정성적 해석에만 주로 활용된 위성영상을 이용하여 비접근 지역의 지형도 제작 및 국가지리정보 인프라 구축 등에 효율적으로 이용되고 있다.

2. 위성영상지도 제작순서

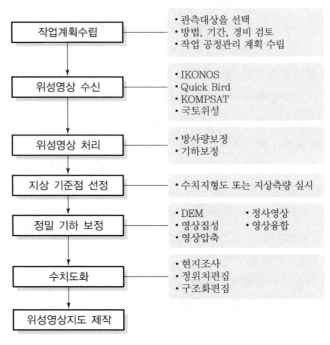

[그림 6-205] 위성영상지도 제작 흐름도

3. 위성영상지도 제작에 이용되는 위성

위성영상지도를 제작하기 위해서는 1m 이상의 고해상도 스테레오 위성영상을 이용해야 하며, 대표적인 위성으로는 IKONOS 위성, Quick Bird 위성, KOMPSAT(아리랑) 위성, 국토위성 등이 있다.

[표 6-48] IKONOS 위성과 Quick Bird 위성의 제원

구분	해상도	관측물	주기	경사각	고도	제작사
IKONOS	0.82m	11km	3일	98.12°	680km	Space Imaging사(미국)
Quick Bird	0.61m	15km	1~3.5일	98°	450km	Digital Globe사(미국)

[표 6-49] 아리랑 위성의 제원

구분	탑재체 종류	성능(해상도)	무게	발사 시기
1호	광학 망원경	흑백 4m	470kg	1999년(가동 중단)
2호	광학 망원경	흑백 1m 컬러 4m	770kg	2006년(가동 중단)
3호	광학 망원경	흑백 0.7m	800kg	2012년
3A호	적외선 망원경	흑백 4m	1,000kg	2015년
5호	영상 레이더(SAR)	고해상도 모드 시 1m	1,400kg	2013년

[표 6-50] 국토위성의 제원

구분	사용자 요구사항
임무수명 및 궤도	(임무수명) 4년 (궤도) 고도 500km, 29일 반복주기, 상승궤적 지방시 11 : 00 AM
해상도 및 관측폭	(해상도) 흑백 0.5m, 컬러 2.0m (관측폭) 흑백, 컬러 12km 이상
관측운영모드	스트립(Strip Imaging), 스폿(Spot Imaging), 다중패스 스테레오(Multi-pass Stereo Imaging)

4. 기대효과

위성영상지도는 도시계획, 개발계획, 건설, 재해·재난 예방 및 복구, 남북 경협사업 추진에 필요한 최신 지리정보를 제공함으로써 지역의 경제 활성화 및 국토균형 발전에 기여할 수 있으며, 세부적인 구축범위 및 효과는 다음과 같다.

[표 6-51] 위성영상지도의 기대효과

구축범위	구축효과
• 고해상 위성영상 • 대축척 수치 지형도 • 수치고도(표고)자료 • 영상지도	• 접경지역 재해 방지 • SOC 계획 수립 • 도시계획 수립 • 지리정보 인프라 구축

5. 결론

최근 고해상도 위성의 출현으로 지도제작 방법이 종래의 항공사진측량에 의한 지형도 제작에서 위성측량에 의한 지형도 제작으로 급속하게 변화하고 있는 실정이다. 그러므로 관계법령의 정비 및 전문인력 양성을 통하여 효과적인 지형도 제작이 이루어져야 할 것으로 판단된다.

40 변화탐지를 수행하기 위한 원격탐측 시스템의 고려사항 및 자료처리

1. 개요

변화탐지(Change Detection)란 두 장 또는 다중시기 영상의 비교 및 분석을 통해 자연적 요인 또는 인위적 요인에 의한 지형, 생태, 토지이용 등의 변화를 탐지하는 기법이다. 최근 다양한 센서의 등장으로 효율적인 변화탐지를 수행할 수 있다.

2. 변화탐지

(1) 지구의 표면은 기후, 계절, 환경 등의 자연적 요인과 도시의 개발 등 인위적 요인에 의해 지형과 생태, 토지 이용이 변하며, 따라서 지구관측위성에 의해 관측되는 영상도 달라지게 된다. 동일한 공간, 즉 위성영상을 이용하여 그 변화의 정도를 파악하는 것 또는 이와 관련된 기술을 말한다.

(2) 지리적 현상은 지형적, 주제적, 위상적 특성 외에도 시간에 따라 변화한다는 특성이 있다. 예를 들어, 어떤 필지의 2020년도 소유주를 알아내거나, 당초 산림이었던 지역이 어떤 과정을 통해 목초지로 바뀌었는지 등이 변화탐지의 예이다.

3. 변화탐지를 수행하기 위한 원격탐측 시스템의 고려사항

변화탐지 처리과정에서 다양한 매개변수의 영향을 이해하지 못하면 부정확한 결과를 초래할 수 있다. 변화탐지를 위하여 사용된 원격탐측 자료는 다음과 같은 일정한 시간, 촬영각, 공간ㆍ분광ㆍ방사해상도를 유지한 원격탐측 시스템에 의해 수집되어야 한다.

(1) 시간해상도

다중시기의 원격탐측 자료를 이용하여 변화탐지를 수행할 때에는 시간해상도가 일정하게 유지되어야 한다. 변화탐지에 사용되는 원격탐측 자료는 대략적으로 동일한 시간대에 자료를 획득하는 센서 시스템으로부터 자료가 수집되어야 한다.

(2) 촬영각

변화탐지에 사용되는 자료는 가능하다면 대략적으로 동일한 촬영각으로 취득되어야 한다.

(3) 공간해상도

두 영상 사이의 정확한 공간등록은 변화탐지를 수행함에 있어 필수적이다. 원격탐측 자료는 각 날짜에 동일한 순간시야각(IFOV)을 가진 센서 시스템을 이용하여 자료를 수집한다.

(4) 분광해상도

변화탐지를 위해 다중시기의 영상을 취득하기 위해서는 동일한 센서 시스템을 사용해야 한다.

(5) 방사해상도

방사해상도 변수가 변함없이 유지되는 동일한 원격탐측 시스템을 사용하여 다중시기에 원격탐측 자료가 수집되어야 한다.

4. 변화탐지를 수행하기 위한 환경의 고려사항

(1) 대기조건

① 운량, 구름에 의한 그림자

② 상대 습도

(2) 토양 수분조건

(3) 생물계절학적 주기 특성

① 자연적(식생, 토양, 물, 눈, 얼음 등)

② 인공적 현상

(4) 차폐 고려

① 자연적(나무, 그림자 등)

② 인공적(구조물, 그림자 등)

(5) 조석

5. 변화정보를 추출하기 위한 원격탐측 자료처리

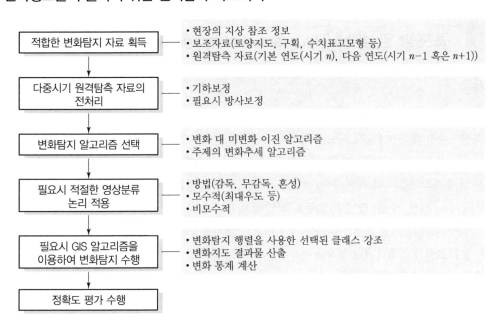

[그림 6-206] 변화정보 추출을 위한 원격탐측 자료처리 일반적 순서

6. 활용

(1) 토지이용 및 토지피복의 변화

(2) 산불탐지, 산불 피해 면적 계산

(3) 산림 및 식생의 변화

(4) 경관변화

(5) 산림 손실, 파괴, 손상 분석

(6) 도심지 변화

(7) 선택적 수목벌채, 재건

(8) 환경변화(가뭄, 홍수, 사막화, 산사태)

(9) 습지변화

(10) 농작물 모니터링

(11) 빙하변화

(12) 지질변화

7. 결론

변화탐지는 위성영상의 주기적 취득에도 불구하고 데이터의 특징, 변화지역, 시기, 탐지목적에 가장 적합한 변화탐지기법이 존재하지 않고, 다양한 센서(LiDAR, SAR, 초분광센서)의 등장에도 대부분의 변화탐지에 관한 연구는 단밴드 또는 다중분광영상에 국한되어 있어 초분광영상의 활용에 연구가 집중되고 있다. 그러므로 다양한 탐지기법에 많은 연구가 진행되어야 할 것으로 판단된다.

---

41 초분광 영상탐측(Hyperspectral Imagematics)

1. 개요

초분광 영상은 일반적으로 5~10nm에 해당하는 좁은 대역폭(Bandwidth)을 가지며 36~288 정도의 밴드수로 대략 $0.4 \sim 14.52 \mu m$ 영역의 파장대를 관측하고, 자료 취득방식에 따라 Push Broom 센서와 Wishk Broom 센서가 있다. 초분광 영상은 일반 카메라 영상과 달리 가시광선 영역과 근적외선 영역 파장대를 수백 개의 구역(밴드)으로 세분하여 촬영함으로써 미세한 분광특성을 분석하여 토지피복, 식생, 수질, 갯벌 특성 등의 식별에 이용된다. 이러한 수백 개 밴드의 초분광 영상에서 각 화소 위치의 분광 특성을 추출하기 위해서는 대기보정과 같은 전처리 과정이 매우 중요하며, 특정 목표물을 추출하거나 영상을 분류하는 기법 또한 다중분광 영상에서 적용되던 처리기법과는 다른 기법이 요구된다.

2. 도입배경

현재 하이퍼스펙트럴 원격탐측(Hyperspectral Remote Sensing) 분야에 활용되고 있는 초미세 분광 센서는 지질이나 광물탐사와 구분, 군사적인 목적으로 연구되기 시작하였으며, 각 물질의 물리·화학적 결합에 의한 흡수 특성을 조사하는 지질학자가 분광학에 관심을 가지면서 1980년대 중반에 하이퍼스펙트럴 영상을 원격탐측에 사용하기 시작하였다.

3. 초분광 영상(Hyperspectral Imagery)

(1) 초분광 영상 획득 원리

물체의 세로정보가 광학계의 슬릿(Slit)을 통과 후, 분광소자를 거치면서 2차원으로 변환된 정보가 화상소자(Charge Coupled Device) 검출기에 기록된다. 그 다음 2차원 객체에 대해 스캔 과정을 거치게 되면 초분광 영상을 획득하게 된다.

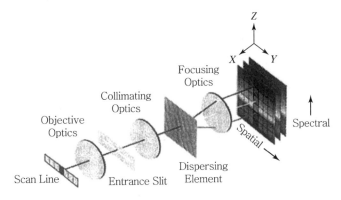

[그림 6-207] 초분광 영상 획득 원리

(2) 초분광 영상의 구조

초분광 영상의 이미지는 공간 좌표(Spatial Domain)로 구성되고, 폭은 분광 밴드(Spectral Domain)로 구성된 형태로서, 각 밴드를 기준으로 센서의 FOV(Field Of View)에 의해 촬영된 각 화소의 공간좌표를 가진 영상이 만들어지고 각 영상의 화소를 기준으로 화소 이내의 물질을 특징짓는 스펙트럼 값을 갖는다.

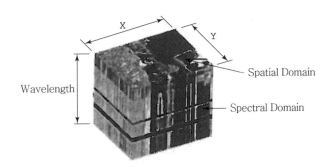

[그림 6-208] 초분광 영상의 구조

(3) 초분광 영상의 특징

① 초분광 영상은 분광밴드가 많고(Many), 연속적이고(Continuous), 파장폭이 좁은(Narrow) 세 가지 특징으로 정의될 수 있으며 기존의 다중분광 영상에 비해 자료량이 상대적으로 크다.

② 또한, 초분광 영상 자료는 좁은 파장폭 때문에 기존의 다중분광 자료보다 영상의 질이 떨어져서 상대적으로 낮은 SNR(신호대잡음비, Signal to Noise Ratio)을 가지고 있는 것으로 알려져 있다.

③ 하이퍼스펙트럴 영상은 이미지 큐브(Image Cube)라 불리는 3차원 자료구조를 갖는다.

④ 이미지 큐브에서 $X-Y$평면은 지형공간정보를 나타내며, Z축은 파장대에 해당하는 축을 나타낸다.

⑤ 지상의 지형공간은 센서의 밴드수(n)만큼의 분광을 가지며 n차원 분광으로 표시되고, 이러한 n차원 분광특성을 분석하여 물질의 특성을 알아낼 수 있다.

⑥ 하이퍼스펙트럴 영상은 많은 분광밴드를 가지고 있어 물체 특유의 반사 특성을 잘 반영하여 물체를 식별하거나 구분하는 데 용이하다.

4. 초분광 영상을 이용한 정보 추출의 일반적인 단계

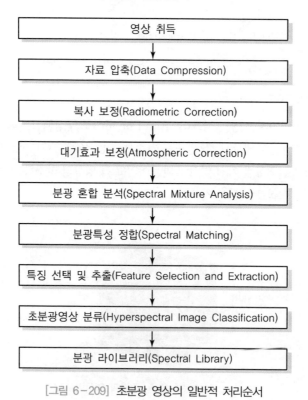

[그림 6-209] 초분광 영상의 일반적 처리순서

(1) 영상 취득

① 초분광센서 현황

[표 6-52] 초분광센서의 현황

소유국	위성명	센서명	밴드수	밴드폭(μm)	해상도(m)	촬영폭(km)	발사연도
미국	EO-1	Hyperion	220	0.43~2.4	30	7.6	2001
	Terra(EOS-AM)	MODIS	36	0.405~14.385	250~1,000	2,330	1999
	Aqua(EOS-PM)						2002
	NEMO	COIS	210	0.4~2.5	30~60	30	2002

② 영상 취득방식
- Push Broom 방식

  관측 폭이 좁지만 많은 밴드수(200 밴드 내외)를 가지며, 회절격자나 프리즘 방식으로 밴드를 나눈다.
- Whisk Broom 방식

  넓은 시야각을 가지는 반면 적은 밴드수를 가진다. 각 밴드는 일반적으로 회절격자와 필터방식을 통해 나누어진다.

(2) 자료 압축

① 자료량을 줄이는 데 중점을 두는 압축기법인 DPCM(DPCM : Differential Pulse Code Modulation)은 인접 밴드간 상관관계가 높은 초분광 영상에서 압축효과가 높은 방법으로 정보의 손실이 거의 없는 기법
② 정보의 손실을 감수하는 압축기법인 VQ(VQ : Vector Quantization)는 초분광 영상에서 각 밴드별 화솟값인 반사율을 파장에 대한 함수의 형태인 벡터로 표현하여 적용한 기법

(3) 복사 보정

① 초분광 영상의 상대적 SNR의 추정

  영상의 기본 통계값(평균, 표준편차)를 이용하는 방법과 Semivariogram을 이용하는 방법
② 복사보정

  각 센서별 광학적 특성과 연관된 복사보정 처리기법으로 밴드별 분광 반응도(Spectral Responsivity) 측정, 밴드별 유효 파장폭 결정 등이 있으며 복사 보정 처리가 미흡하여 질이 상대적으로 떨어지는 영상에서는 광학적 왜곡현상을 보정하기 위한 처리기법 사용

(4) 대기효과 보정

MODTRAN과 S6 모델과 같은 대기복사전달모델에 의하여 대기입자에 의한 산란 및 흡수량을 추정하여 센서에서 감지된 복사량으로부터 직접 가감하는 절대적 대기보정방법을 주로 사용

(5) 분광 혼합 분석

촬영된 지표면이 두 가지 이상의 물질로 구성된 혼합체인 경우 지표물의 반사에너지가 정량적으로 혼합된 결과로 나타나는데 혼합화소를 분석하기 위해 분광혼합분석 개념이 제시되었다. 각 화소에 포함되어 있는 여러 지표물의 고유한 분광반사특성을 이용하여 각 화소를 구성하는 여러 지표물의 점유비율(Fraction)을 해석하는 기법을 사용하며, 이때 각 화소를 이루고 있는 단일의 순수한 지표물을 Endmember라 하고, 각 화소는 여러 Endmember의 구성비율(Fraction)의 합으로 나타낼 수 있다.

초분광 영상에 적용되는 분광혼합 분석기법의 처리과정은 크게 세 단계로 구분할 수 있다.

① 보다 효과적인 영상처리와 영상의 노이즈를 제거하기 위해 초분광 영상의 수많은 분광정보를 줄이는 과정으로, 대표적으로 주성분 분석(PCA)과 MNF 변환 기법들이 있다.

② 영상의 혼합화소에 포함되는 Endmember의 종류와 각 Endmember의 분광신호를 정의하는 과정으로, 분광화소기법에서 매우 중요한 과정이다.

③ 혼합화소에 대한 각 Endmember의 구성비율을 추정하는 분광분해(Spectral Unmixing) 과정이다.

(6) 분광특성 정합

기존에 알려져 있는 대상물체의 기준 분광반사값을 이용하여 초분광영상에서 얻어지는 반사값과의 분광특성 유사성을 분석하여, 초분광 영상의 각 화소에 대한 대상물체의 종류 및 함유량 등을 정의한다.

(7) 특징 선택 및 추출(Feature Selection and Extraction)

① 밴드 선택(Band Selection) : 수 백 개의 분광 밴드 중 목적에 맞는 밴드만을 선택하거나, 특정 분광 변환기법을 통해 원하는 분광정보만을 나타내는 변환된 분광밴드들을 제작하는 과정

② 특징 선택(Feature Selection) : 밴드 선택 과정을 포함하는 보다 광범위한 개념으로 영상으로부터 패턴인식기에 사용될 분광특징 및 자료를 추출하는 과정

(8) 초분광 영상 분류

초분광 영상 분류는 영상의 모든 영역을 정해진 등급으로 분류(Classification)하는 의미뿐만 아니라, 특정 대상물만을 탐지(Target Detection)하거나 인식(Material Identification)하는 개념까지 확장되고 있다.

초분광 영상에서는 일반적으로 분류 전에 모든 분광 밴드를 사용하기보다는 이를 변환하여 차원을 감소시킨 후 분류기법에 적용시킨다.

① 기존의 분류기법들을 그대로 적용하는 기법 : 최소거리법(Minimum Distance), 최대우도법(Maximum Likelihood), 인공신경망(Neural Network) 기법 등

② 초분광 영상에만 적용 가능한 기법 : 분광각도분류(Spectral Angle Mapper)기법, MTMF 기법을 포함한 분광화소분석기법을 이용한 분류기법 등

(9) 분광 라이브러리

초분광 영상에서 얻어지는 각 화소단위의 분광반사특성을 이용하여 각 화소에 해당하는 지표물의 분류, 인식, 탐지를 위한 방법의 하나로 실험실이나 야외에서 측정된 다양한 종류의 지표물의 분광반사값을 보유하여 분광반사특성 곡선을 데이터베이스화한 분광라이브러리(Spectral Library)를 구축한다.

5. 초분광 영상의 활용

(1) 해양분야

해안선 재질 분류, 조간대 염생식물 탐지, 자연해안 관리, 해상 이용 현황 및 불법 양식장 탐지

(2) 수질환경분야

수질분석 적용, 기름유출, 녹조현상 등 탐지

(3) 산림분야

산림의 수종 분류, 엽록소의 함량, 수분함량, 광합성 지수 등을 분석하며, 이를 통해 종합적인 산림건강지수 산출

(4) 표적탐지

(5) 농업분야

농작물의 종류, 건강, 활성도, 특정 엽록소의 함량, 엽면적 지수 등 분석

(6) 도시분야

도시피복물의 종류 분류

6. 결론

최근 초분광 영상은 초기의 암석 및 광물탐사 분야에서 식물의 물리학적 정보 추출, 수질 분석, 군용 목표물 탐지 등의 다양한 목적으로 활용되고 있다. 또한, 초분광 영상 자료는 기존의 다중분광 영상 자료와 달리 수많은 분광밴드를 가지고 있기 때문에 기존 영상처리기법과는 다른 새로운 형태의 영상처리기술 개발이 활발히 진행되고 있다. 그러므로 국내에서도 이에 대한 교육과 연구 및 지원사업이 적극적으로 필요할 때라 판단된다.

1. 개요

최초 레이더의 목적은 선박의 충돌을 방지하는 시스템을 만드는 것이었으나, 1960년대부터 주로 군용 정찰장비로 개발되기 시작하였고, 1980년에 들어와서는 단순한 지형패턴 분석만이 아닌 이 동목표 추적(MTI : Moving Target Indicator) 능력을 가지게 되었다. 최근에는 초광대역 영상 레이더(SAR) 개발로 이제 전 지구와 혹성까지 레이더 전파 스펙트럼이 미치지 않는 곳이 없게 되었다. 레이더 시스템은 기상조건과 시간적인 조건에 영향을 받지 않는다는 장점을 가지고 있는 능동적 센서이다. SAR은 능동적 센서로 극초단파(Microwave)를 이용하며, 극초단파 중 레이더파를 지표면에 주사하여 반사파로부터 2차원 영상을 얻는 센서를 말한다. SAR 영상을 이용한 위치 결정 및 DEM 추출기법은 크게 입체시의 원리를 이용하는 기법과 레이더 간섭을 통한 두 영상의 위치정보를 이용하는 기법이 있다.

2. 레이더 시스템의 종류

(1) Doppler 레이더 시스템

날씨 예보, 항공기의 관제 시스템 및 항법 시스템에 이용된다.

(2) SLAR(항공기 탑재형)

항공기에 레이더를 탑재한 것으로 필요시 수시로 임의지역 영상 관측이 가능한 적시성, 저고도 비행으로 고해상도의 영상 획득, 획득 데이터 회수가 용이하다는 장점이 있는 반면 저고도 운항으로 원거리 표적관측에 다소 제약이 있으며, 지구대기에 의한 항공기의 자세, 고도 및 속도가 불안정하여 이에 대한 보정대책이 추가로 요구되는 단점이 있다.

(3) 위성레이더 시스템(위성 탑재형)

위성에 레이더를 탑재하여 대기권 밖의 비행으로 자세가 안정되고 관측상 제약이 없으나 궤도 비행주기에 의하여 원하는 시간에 관측하지 못하고 원거리 관측으로 인한 지구곡률에 대한 보정 등이 요구되는 단점이 있다.

3. 레이더 시스템 형식

레이더 시스템 형식은 저해상 영상레이더인 RAR과 고해상 영상레이더인 SAR로 구분된다. 두 형식 모두 극초단파 중 레이더파를 지표면에 발사하여 돌아오는 반사파를 이용하여 2차원 영상을 취득하는 센서이다.

(1) 실개구 레이더(RAR : Real Aperture Radar)

① 개개의 송신 펄스가 각각 영상 내의 한 요소가 된다면 이를 저해상도 영상레이더(SAR)라 한다.

② 전파의 빔을 발사하여 대상물로부터의 반사된 전파를 수신하고 대상물의 방향과 거리를 얻는 장치이다.

③ 플랫폼 진행방향의 해상력이 안테나의 구경과 파장에 비례하여 결정되는 레이더로 해상력을 높이려면 큰 안테나가 필요하게 된다.

④ 약 1~2m 가량의 고정된 길이의 안테나를 이용하며, 물리적으로 매우 큰 안테나 배열을 사용한다.

⑤ 촬영고도가 고정되어 있을 때 레이더의 특성상 입사각이 클수록 측면 해상도가 증가하지만 센서의 진행방향의 해상도는 감소하게 되는 특성이 있다.

⑥ 안테나 위치 변화에 따른 위상 보정 없이 합성함으로써 거리에 따라 횡거리 해상력이 다르며, 대부분의 항공기 탑재 측면 레이더(SLAR)가 이에 속한다.

(2) 합성개구 레이더(SAR : Synthetic Aperture Radar)

① 합성을 통한 방법으로 렌즈 구경을 증가시키는 효과를 구현하는 시스템으로 고해상도 영상레이더(SAR)라 한다.

② 직선 비행하는 항공기에서 일정 간격마다 발사한 레이더파가 지상 물체에서 반사하여 되돌아오는 에코(반향)의 합을 취하므로써 효과적으로 긴 안테나를 사용하는 경우와 같은 높은 해상력을 가진 상을 얻는다.

③ 1~2m 정도의 안테나를 사용하나 훨씬 큰 안테나(약 600m)를 사용하는 것과 같은 효과를 통해 해상력을 향상시킨다.

④ 입사각에 따른 센서 진행방향의 해상도의 문제점을 해소시킬 수 있다.

⑤ 먼 거리에서도 우수한 고해상력의 영상을 얻을 수 있다.

⑥ 위상보정에 의한 초점을 형성하므로 거리에 따른 횡거리 해상력의 변화가 없는 것이 특징이며, 현대식 영상레이더는 대부분 이에 속한다.

4. 레이더 시스템 모드(Mode)

요구되는 해상도는 식별 목표에 따라 다르며, 한 번의 비행으로 다수의 목표에 대한 정찰을 수행하는 것이 일반적이므로 레이더는 다양한 모드로 운용될 수 있도록 설계된다. 현재 운용되고 있는 모드는 스트립, 스폿라이트 및 스캔 모드 등이 있다.

(1) 스트립(Strip) 모드

가장 일반적이고 원천적인 영상모드로서 정찰범위가 가장 넓은 반면 해상도는 떨어진다. 영상 형성 범위는 비행방향과 직각인 지역에 대하여 띠모양으로 영상을 형성한다.

(2) 스폿라이트(Spotlight) 모드

특정 목표물이나 물체를 식별하기 위하여 좁은 지역에 대하여 일반 영상 합성시간 이상 동안 특정 지역의 빔을 집중조사하여 정밀 영상을 형성하는 모드로서 사각형 모양의 영상이 형성된다.

(3) 스캔(Scan) 모드

안테나 빔폭 이상의 넓은 지역의 영상을 취득하기 위하여 전자적으로 빔을 조향하면서 영상을 형성하는 모드로서 해상도는 상대적으로 가장 나빠진다. 위성탑재의 경우 거리방향으로 조향하여 Swath 폭을 상대적으로 넓히는 데 사용하며, 항공기 탑재의 경우 빔을 방위방향으로 조향하면서 DBS(Doppler Beam Sharping) 기법을 사용하여 영상을 중복 · 비교함으로써 이동 물체를 탐지할 수도 있다.

5. 레이더 탑재위성의 종류 및 특징

(1) ERS-1(European Space Agency)

European Space Agency에서 1991년 7월 17일에 발사된 위성으로 European SAR가 탑재되어 있으며, 지구 전체에 대한 SAR 영상을 취득하는 최초의 위성이다.

(2) JERS-1 위성(Japanese Earth Resources Satellite)

일본 국립 우주개발국에서 개발되어 1992년 2월 11일 발사된 SAR 관련 위성이다.

(3) RADARSAT 위성

캐나다 우주국의 주도로 개발되어 1995년 11월에 발사된 SAR 탑재 위성이다.

(4) 기타

SRTM(미국, 독일, 이탈리아), World DEM(민간), KOMPSAT-5(아리랑 5호), RADARSAT-2(캐나다, 2007년), ALOS-2(일본), COSMOS Sky Med(이탈리아), Terra SAR-X(독일)

6. 레이더 시스템의 구성요소

능동형 레이더 시스템의 구성요소는 펄스 생성기, 송신기, 듀플렉서, 안테나, 수신기, 그리고 수치기록 장치가 있다. 어떤 시스템은 영상의 현장 재생을 통하여 자료가 올바르게 획득되고 있는지 여부를 확인할 수 있도록 CRT 화면 장치를 포함하고 있다. 그림과 같이 1m 길이의 안테나는 합성을 통해서 수백 미터 길이의 안테나와 같은 효과를 낼 수 있다.

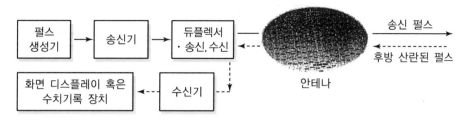

[그림 6-210] 능동형 극초단파 시스템의 구성요소

7. 레이더의 영상왜곡

측면촬영방식으로 인한 레이더 영상의 왜곡은 크게 음영(Shadow), 단축(Foreshortening), 전도(Layover)로 나타낼 수 있다. 레이더 영상은 경사관측으로 인하여 기하 및 복사왜곡이 발생하게 된다. 즉 레이더 영상은 경사거리의 지상거리로의 변환에 의한 축척변화, 단축효과, 역전현상 및 지형이나 건물의 높이에 의한 그림자 효과, 잡영현상이 발생한다. 잡영현상은 레이더 영상 잡음의 일종으로 파의 응집으로 인한 간섭 때문에 발생한다.

(1) 축척왜곡

레이더 센서는 관측 대상물의 거리 측정 시 지면상의 실제 수평거리와는 다소 차이가 있는 경사거리를 관측한다. 따라서, 레이더 영상은 근거리에서 원거리에 이르기까지 축척이 일정하지 않다.

(2) 지형에 의한 왜곡

1) 음영(Shadow)

지형의 특성으로 인하여 센서에서 발사한 극초단파가 도달하지 못하여 영상면에서 그 지역이 매우 어둡게 나타나는 현상이다. 이러한 현상은 물체의 후면경사(α)가 부각(γ)보다 더 큰 경우 발생한다.

① 항공사진의 경우에는 산란되는 태양빛에 의하여 그림자 지역이 어둡기는 하나 영상자료가 얻어진다. 그러나 레이더 영상의 음영은 완전히 검게 나타난다.

② 완전히 똑같은 형상의 산이라 해도 거리방향으로 어느 위치에 존재하는지에 따라 완전히 다른 음영의 특징을 보인다.

③ 레이더 음영은 단지 거리 방향으로만 존재하므로 레이더 영상에서 음영의 방향을 통해서 레이더 영상이 얻어진 방향과 함께 어느 쪽이 근지점이고 어느 쪽이 원지점인지 알 수 있다.

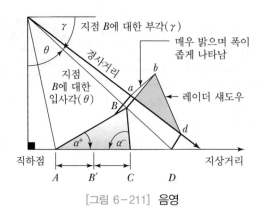

[그림 6-211] 음영

2) 단축(Foreshortening)

레이더 방향으로 기울어진 면이 영상면에 짧게 나타나게 되는 왜곡을 의미한다.

① 고도가 높을수록 단축 현상이 심하다.

② 입사각이 작을수록, 혹은 부각이 클수록 단축현상이 심하다.

③ 같은 형상의 대상체의 경우 안테나로부터 근거리에 있는 물체가 원지점에 있는 물체보다 심한 단축현상을 나타낸다.

④ 단축현상에 의하여 근지점에 있는 대상체의 경사는 실제보다 심하게 보이게 되며, 원지점에 있는 대상체 경사는 실제보다 완만한 것처럼 보인다.

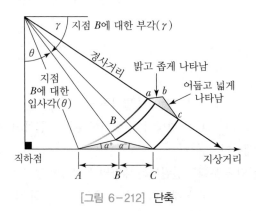

[그림 6-212] 단축

3) 전도(Layover)

전도는 고도가 높은 대상물의 신호가 먼저 들어옴으로써 수평위치가 뒤바뀌는 현상을 의미한다. 전도는 단축의 극단적인 경우로 입사각(θ)이 지표면(α)보다 작은 경우에 발생한다. 이러한 왜곡은 지형에 대한 자료가 있다고 해도 보정될 수 없다. 산악지역에 대한 레이더 영상을 해석할 때는 이러한 전도현상이 존재하는지를 매우 주의하여 관찰해야 한다.

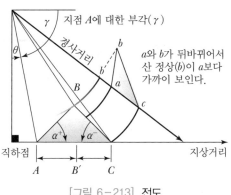

[그림 6-213] 전도

(3) 복사왜곡

1) 스페클(Speckle)

레이더 영상에서 스페클은 극초단파의 간섭(Coherent)에 의하여 발생하며, 산재된 점의 형태로 나타난다. 즉, 극초단파가 간섭에 의하여 증폭되거나 감소됨으로써 레이더 영상에서 밝거나 혹은 어두운 점들이 산재되게 된다. 스페클은 서로 다른 개구(Aperture)로써 얻어진 신호들을 간섭에 의한 영향이 적어지도록 결합함으로써 감소시킬 수 있다.

① Multi-look 처리 : 여러 빔들의 관측값을 평균하여 최종 영상을 획득하는 방법

② Speckle 필터 : 공간 필터링을 이용

8. 합성개구 레이더 시스템(SAR)

일반적으로 레이더의 거리해상도는 송신펄스 또는 압축펄스의 폭에 의하여 결정되고, 방위해상도는 안테나 빔폭에 의해서 결정된다. 안테나 빔폭을 충분히 적게 하기 위해서는 상대적으로 큰 안테나가 필요하나 현실적으로 불가능하므로 실제 안테나를 배열안테나의 한 개의 방사소자로 취급하여 탑재체의 이동으로 대형 합성배열안테나를 이론적으로 합성, 완성함으로써 방위해상도를 향상시키는 방법이 합성개구 레이더의 기본원리이다.

(1) SAR의 원리

① 레이더 영상탐측에서 획기적인 발전 중의 하나는 합성개구 레이더(Synthetic Aperture Radar)의 개발을 통한 방위 방향 분해능의 향상이라 할 수 있다. 실개구 레이더(Real Aperture Radar)에서는 안테나의 길이가 방위 방향 빔폭의 크기에 반비례하였다. 그러므로 방위 방향 분해능을 향상시키기 위해서는 안테나의 길이를 길게 하여야 했다. 그러나 이것은 실제 불가능한 일이므로 기술자들은 안테나 길이를 전자적으로 길게 합성시키는 방법을 개발하였다.

② 합성개구 레이더와 실개구 레이더와의 주된 차이점은 대상체를 향하여 훨씬 더 많은 수의
극초단파 펄스를 송신한다는 점이다. 이렇게 하여 동일 대상체에 대하여 더 많은 수의 반사
파 신호를 측정할 수 있게 되고, 도플러 원리(Doppler Principle)를 이용하여 인공적으로
방위 방향 빔폭을 좁게 함으로써 방위 방향 분해능을 향상시킬 수 있게 되었다.
③ 다음 그림과 같이 실제길이가 D인 안테나에 의하여 보내지고 다시 수신된 극초단파 펄스
들의 위상에 대한 기록을 광학적으로 혹은 수치적으로 처리하면 마치 길이가 L인 안테나
에 의하여 수신된 것과 같은 신호로서 합성할 수 있다. 합성개구 레이더에서 거리 방향으로
의 해상도는 펄스폭의 1/2과 같다. 그러나 방위 방향으로의 해상력은 근지점으로부터 원
지점까지 일정하다.

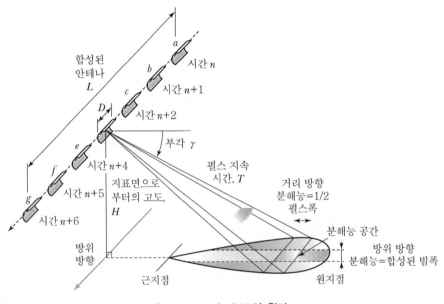

[그림 6-214] SAR의 원리

(2) 영상레이더의 원리(레이더 방정식)

영상레이더는 지표에서 반사된 신호의 강약에 따라 각기 다른 밝기값(DN)을 가지는 영상소
로 이루어진 영상을 얻게 된다. 수신에너지는 지표면으로부터 산란되어 안테나로 되돌아오는
에너지며, 이를 후방산란(Back Scatter)이라고 한다. 지표면에서 산란되는 극초단파 에너지
는 모든 방향을 향해 퍼져 나가므로 안테나에 그 일부만이 도달하게 된다. 따라서, 수신에너
지의 크기는 가까이 있는 대상체에 의한 것보다 멀리 있는 대상체에 의한 것이 더 작게 된다.
이와 같은 과정을 수학적으로 표현하면 다음과 같다.

$$P_r = \frac{G^2 \lambda^2 P_e \delta}{(4\pi)^3 R^4}$$

여기서, P_r : 수신에너지, G : 안테나 이득(gain)
λ : 파장, P_e : 송신에너지
δ : 레이더 단면적으로 대상물의 특성과 투사면적의 크기의 함수
R : 센서로부터 대상물에 이르는 거리

(3) SAR의 특징

① 마이크로웨이브(Microwave)를 이용하여 영상을 취득한다.

② 기상이나 일조량에 관계없이 자료 취득이 가능하다.

③ 태양광선에 의존하지 않아 밤에도 영상의 촬영이 가능하다.

④ 광학적 탐측기에 의해 취득된 영상에 비해 영상의 기하학적 구성이 복잡할 뿐만 아니라, 영상의 시각적 효과도 양호하지 못하다.

⑤ 지속적인 반복 관측에 의한 대상물의 시계별 분석자료로서 활용성이 높다.

⑥ 재해 상황이나 돌발사태 등의 경우에도 즉각적이고 신속하게 자료 취득을 할 수 있다.

⑦ 영상이 명확하지 않기 때문에 자료의 정량적 분석을 수행하는 데는 곤란하다. 최근에는 SAR 영상의 해상력 증진으로 DEM 구축 등 정량적 분석이 가능하게 되었다.

(4) SAR의 자료취득방법

① SAR는 안테나가 이동을 하며 일정한 간격으로 전파를 발사하고 이에 대한 반사파를 수신하여 자료를 취득한다.

② 거리방향에 대한 반사신호 지체시간의 좌우방향에 대한 불명확을 없애기 위해 탑재기 측면으로 관측을 수행한다.

③ 송신파의 진행방향인 거리 방향에 대해서 지연시간을 관측하여 자료값을 확장한다.

④ 탑재기의 진행방향에 대해서 전송된 신호의 도플러 효과에 의한 주파수 변화를 관측하여 개개의 자료값을 할당한다.

⑤ 반사신호는 지표면의 거칠기와 대상물 등의 물리적 성질에 영향을 받아 영상값이 결정된다.

(5) SAR 영상을 이용한 위치 결정 및 DEM 생성

SAR 영상의 입체시 원리를 이용하는 기법은 기존의 항공사진(영상)이나 광학 원격탐측 영상에 적용되었던 공선조건식에 기초하여 지상기준점과 위성궤도에 대한 보조적인 정보를 이용하여 입체모형에 대한 변수를 최소제곱법에 의해 계산함으로써 모형식을 구성한 다음 영상 매칭을 통한 위치결정 및 DEM을 생성한다. SAR 위성영상에 대한 수치고도모형 생성기법에는 레이더 간섭 기법, Radargrammetry, RPC 방법 등이 있다.

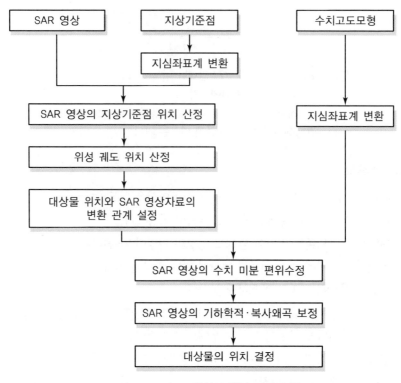

[그림 6-215] SAR 영상의 위치 결정 흐름도

(6) SAR 영상의 환경

① **표면 거칠기 특성** : SAR 영상은 상대적으로 매끄러운 표면에서는 후방산란이 적고, 중간 거칠기의 표면에서는 어느 정도 후방산란이 발생하며, 거친 표면에서는 사방으로 산란되어 후방산란이 크다.

② **극초단파 에너지에 대한 식물의 반응** : 수신되는 에너지의 크기는 송신된 극초단파 파장이나 편광조건에 따라 달라지며, 또한 그 식생의 구성요소들이 극초단파의 편광상태에 변화를 일으키는지 여부, 극초단파 에너지가 얼마나 식생들을 통과하는지 그리고 결국 지표면과도 반응을 하는지 하지 않는지 등에 따라 달라지게 된다.

③ **극초단파에 대한 물의 반응** : 정지되어 있는 물의 표면은 거의 모든 입사 극초단파 에너지를 센서의 반대방향으로 반사하므로 젖어 있지 않은 다른 지역에 비해 후방산란의 크기가 작다. 나무 아래에 물이 존재하는 지역은 물 표면과 나무 줄기 사이에서의 코너반사(Corner Reflection)에 의하여 매우 큰 후방산란이 관찰되므로 홍수지역을 효과적으로 추출할 수 있다.

④ **극초단파에 대한 인공구조물의 반응** : 도심의 건물, 자동차, 벽, 교량 등은 코너 반사체로서의 역할을 하여 입사 극초단파 에너지의 많은 양을 안테나를 향하여 반사한다. 이러한 현상 때문에 도심에 대한 레이더 영상에서는 매우 밝은 점들이 나타난다.

9. InSAR(SAR Interferometry)

영상레이더 인터페로메트리(InSAR)는 두 개의 SAR 데이터 위상을 간섭시켜, 지형의 표고와 변화, 운동 등에 관한 정보를 추출해내는 기법이다.

(1) InSAR의 원리(기하모델)

레이더 간섭기법(Interferometry)의 경우는 동일한 지표면에 대하여 두 SAR 영상이 지니고 있는 위상정보의 차이값을 활용하는 것으로서, 공간적으로 떨어져 있는 두 개의 레이더 안테나들로부터 받은 신호를 연관시킴으로써 고도값을 추출하고 위치결정 및 DEM을 생성한다.

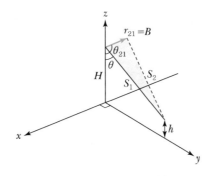

[그림 6-216] InSAR의 원리

$$h = H - S_1 \cos\theta$$
$$S_2{}^2 = S_1{}^2 + B^2 - 2S_1 B \sin(\theta - \alpha)$$

여기서, r_{21} : 레이더 안테나 간(Baseline)의 벡터, 거리 $B = |r_{21}|$
$\quad\quad S_1,\ S_2$: Slant Range(경사거리)
$\quad\quad h$: 구하는 표고
$\quad\quad H$: 안테나 고도
$\quad\quad \theta$: Off-Nadir 각
$\quad\quad \alpha$: B의 수평각도

(2) InSAR 정보

InSAR는 데이터 관측 시 안테나끼리의 위치관계가 플랫폼의 이동방향에 수직인지, 평행인지에 따라 얻어지는 정보가 달라진다.
① 수직인 경우(Cross Track 방향) : 지형의 표고를 추출
② 평행인 경우(Along Track 방향) : 이동 물체를 추출

(3) InSAR 관측방법

① 1개의 플랫폼에 2개의 안테나를 탑재해서 동시에 데이터를 취득하는 방법(Single Pass) : 주로 항공기에 의한 관측

② 1개의 플랫폼에 1개의 안테나만 탑재하고 2회 관측으로 데이터를 취득하는 방법(Two Pass) : 주로 위성에 의한 관측

(4) InSAR의 특징

① 레이더 데이터는 주야에 관계없고, 구름을 통과하므로 상시관측이 가능하다.
② 영상 대응점 검색을 필요로 하지 않기 때문에 특징점이 없는 지역에서의 계산이 가능하다.
③ 차분을 이용하므로 InSAR 기술은 지각변동을 포착할 수 있다.
④ Two Pass 위성관측의 경우 기선조건에 의한 궤도 간의 제약, 관측일 차이에 의한 지표면의 변화 등 InSAR 관측조건을 만족하는 데이터가 적다.
⑤ 항공사진측량에 의하여 제작되는 수치표고자료(DEM)만큼 매우 정밀한 지형정보를 제공할 수 있다.

(5) InSAR에 의한 속도 탐지

InSAR는 두 영상의 촬영시점 사이에 이동한 물체에 관한 정보를 얻을 수 있다. 즉, 두 촬영시점 간에 움직인 물체의 속도에 대한 정보를 얻을 수 있다. InSAR는 지층의 이동, 지진에 따른 지각의 변형, 빙하의 이동속도, 해류의 모니터링, 파랑의 측정 등 여러 목적에 사용되어 왔다. 또한, InSAR를 이용하여 인공구조물의 변형을 관측할 수 있기 때문에 변화 탐지에 매우 유용하게 사용될 수 있다.

10. SAR의 활용분야

해상의 기름 유출 시 오염 모니터링, 능동센서(Active Sensor)의 특징을 이용한 홍수 모니터링, 간섭기법(Interferometry)을 이용한 정밀한 수치고도모형(DEM) 생성, 빙하의 이동경로 관측, 지표의 붕괴 및 변이 관측, 화산활동의 관측 등에 이용되고 있다. 세부적인 활용분야는 다음과 같다.

(1) 흙의 함수비 모니터링
(2) 농작물 수확량 산정 및 분류
(3) 토지 피복도 제작
(4) 홍수 모니터링
(5) 빙산의 검출 및 분류/해수면 파랑조사
(6) 지형의 표고변화, 운동에 관한 정보 추출, DEM 추출 및 지표의 변위량 탐지
(7) GNSS와 InSAR을 융합한 화산활동 감시
(8) 지질 및 광물탐사, 해상의 유류오염 분석, 해상상태와 빙하 분석
(9) 국방 감시 정찰 및 시상이농표적탐지(GMTI) 정보 획득

11. SAR의 기술동향

(1) 과거에는 크고, 무겁고, 부피를 많이 차지하고, 강력한 발사체를 필요로 하여 많은 비용이 소요

(2) 최근 기술의 발전으로 점점 작아지고 가벼워지는 추세

(3) 기존 평면 안테나에서 곡선형 안테나로 변화되고 비용이 감소되어 많은 나라에서 관심을 가짐

(4) 2005~2006년 단 3개의 SAR 위성이 발사되었으나 2008년 18개의 SAR 위성이 군사 및 다양한 목적으로 발사됨

(5) 레이더 안테나가 커야 하며, 안테나를 크게 해서 L밴드로 가는 추세

(6) 위성, 항공 및 UAV에 탑재된 SAR 센서가 지속적으로 발전

12. 결론

최근 위성영상 및 항공사진의 활용에 관한 관심이 증가되면서 레이저 및 레이더 센서에 대한 연구가 활발히 진행되고 있다. 그러나 장비의 고가 및 전문인력 미비로 측량 전반에 활용되지 못하고 있으므로 전문인력 양성, 관계법령 개선 및 장비의 대중화를 통하여 다양한 분야에서 활용될 수 있는 기반을 마련해야 할 것으로 판단된다.

---

43 SAR를 이용한 지반 변위 모니터링 방안

1. 개요

합성개구 레이더(SAR : Synthetic Aperture Radar)는 플랫폼 진행의 직각방향으로 신호를 발사하고 수신된 신호의 반사강도와 위상을 관측하여 지표면의 2차원 영상을 얻는 방식이다. 또한 InSAR(SAR Interferometry)는 간섭계 합성개구 레이더로 센서를 기반으로 한 측지 레이더 기술로 서로 다른 시간에 획득한 레이더 이미지의 비교를 통해 변화를 파악하고 신호처리 알고리즘을 통해 자동 감지된 지형면의 변화 데이터를 검색할 수 있다. 또한, InSAR는 장기간 누적된 위성 레이저 이미지 자료를 이용하여 변형 데이터를 검색할 수 있으며, 산사태 측정부터 단일 건물 모니터링까지 다양한 측지분야에 활용할 수 있다.

2. InSAR(SAR Interferometry)

영상레이더 인터페로메트리(InSAR)는 두 개의 SAR 데이터 위상을 간섭시켜, 지형의 표고와 변화, 운동 등에 관한 정보를 추출해내는 기법이다.

[InSAR의 원리(기하모델)]

레이더 간섭기법(Interferometry)의 경우는 동일한 지표면에 대하여 두 SAR 영상이 지니고 있는 위상정보의 차이값을 활용하는 것으로서, 공간적으로 떨어져 있는 두 개의 레이더 안테나들로부터 받은 신호를 연관시킴으로써 고도값을 추출하고 위치결정 및 DEM을 생성한다.

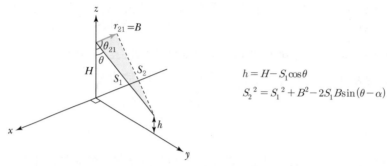

$$h = H - S_1 \cos\theta$$
$$S_2^{\,2} = S_1^{\,2} + B^2 - 2S_1 B \sin(\theta - \alpha)$$

여기서, r_{21} : 레이더 안테나 간(Baseline)의 벡터, 거리 $B = |r_{21}|$

S_1, S_2 : Slant Range(경사거리)

h : 구하는 표고

H : 안테나 고도

θ : Off-Nadir 각

α : B의 수평각도

[그림 6-217] InSAR의 원리

3. InSAR를 이용한 지반 변위 모니터링 방안

(1) InSAR의 지반 모니터링 원리

① InSAR는 여러 시간대의 레이더 이미지 집합으로부터 변화 데이터를 검색하는 원격감지기술로 위성 레이더 센서에서 지구를 향하여 신호를 송신하고 그 신호의 일부는 구조물이나 토지에서 반사되어 위성 안테나로 돌아오고 위성 센서에 포착된 반사 신호를 이용하여 지표면의 레이더 이미지를 생성한다.

② 레이더 이미지의 주요 정보는 레이더 안테나와 지상 물체 사이의 거리이며 동일한 기하학적인 방법으로 수집된 데이터로부터 다른 시간에 획득한 이미지를 비교함으로써 변화 차이를 탐지하고 측정한다.

③ 위성기반 합성개구 레이더는 레이더 펄스를 방출하고 수신하며 지상 물체에 의해 반사된 신호를 이용하여 레이더 이미지를 작성, 이 이미지는 표적의 거리 및 관련 정보를 나타낸다. 여러 차례 데이터 습득 비교를 통하여 일정 기간에 발생한 지반 및 구조물의 변형을 감지한다.

④ 레이더 간섭측정법은 단계적 측정의 비교를 기반하고 레이더 센서는 파장의 길이가 몇 센티미터에 불과한 마이크로파 영역에서 작동하는 이 기술의 감도가 극도로 높기 때문에 수백 킬로미터부터 떨어진 거리의 1mm의 변위도 감지할 수 있다.

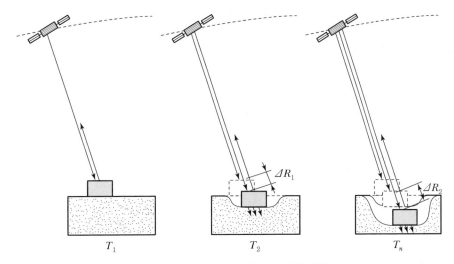

[그림 6-218] InSAR 지반 모니터링 원리

(2) InSAR의 지반 모니터링 한계

지구 대기가 레이더 신호에 영향을 주어 위상 변동을 주거나 지상 목표물의 전자기적인 특성
이 변경되어 다른 시간대 데이터의 비교를 방해 받는 경우이다.

4. InSAR 기술의 건설분야 활용

(1) 건설분야의 설계, 시공, 운영 및 유지보수에 적용
(2) 건설로 인한 피해 책임 확인
(3) 개별 구조물의 안전성 분석
(4) 광역지역 매핑에 활용
(5) 기타

5. 결론

InSAR 데이터를 사용하여 의사 결정자가 다양한 시나리오를 분석 및 평가할 수 있으며, 동종의
사례 및 신뢰할 수 있는 측정을 기반으로 특별한 작업을 계획할 수 있으므로 기존의 기술을 대체
하는 것보다 항공·위성 센서 및 지상 기반 장비와 함께 이용하면 시너지 효과가 더욱 증가될 것
으로 판단된다.

CHAPTER

05 실전문제

01 단답형(용어)

(1) GSD(Ground Sampling Distance)

(2) FMC

(3) 중심투영/정사투영

(4) 사진의 특수 3점

(5) 기복변위

(6) 사진 좌표계

(7) 2차원 등각사상변환(Conformal Transformation)

(8) 2차원 부등각사상변환

(9) 3차원 좌표변환

(10) 사진측량의 정오차 요인

(11) 공선조건/공면조건

(12) 입체시

(13) 부점

(14) 카메론 효과/과고감

(15) 시차/시차차

(16) 사진측량에 필요한 점

(17) 히스토그램 변환

(18) Sobel Edge Detection

(19) 영상정합(Image Matching)

(20) Georeferencing

(21) Digital Image Processing

(22) 에피폴라 기하

(23) 정밀수치편위수정

(24) 성사투영사진지도

(25) LiDAR(ALS)

(26) 격자와 불규칙망(TIN)

(27) 들로네 삼각형

(28) DTM/DEM/DSM

(29) Pictometry

(30) UAV 사진측량

(31) 순간시야각(IFOV)

(32) 분광반사율

(33) NDVI

(34) 아리랑 5호/3A

(35) 공간해상도/분광해상도/방사해상도/주기해상도

(36) 영상융합 및 분할

(37) 초분광 영상

(38) 레이더 영상의 음영/단축/전도/스페클

(39) SAR/SAR Interferometry

(40) 변화탐지

02 주관식 논문형(논술)

(1) 탐측기(Sensor)를 분류하고 각 특징을 설명하시오.

(2) 디지털 항공카메라의 특성 및 활용에 대하여 설명하시오.

(3) 사진측량에 이용되는 공선조건과 공면조건을 자세히 설명하시오.

(4) 시차와 시차공식에 대하여 설명하시오.

(5) 사진측량의 표정에 대하여 설명하시오.

(6) 내부표정에 대하여 설명하시오.

(7) 상호표정에 대하여 설명하시오.

(8) 절대표정에 대하여 설명하시오.

(9) 항공삼각측량에 대하여 설명하시오.

(10) GNSS 보조에 의한 항공삼각측량의 원리와 방법에 대하여 설명하시오.

(11) 촬영 계획 시 고려하여야 할 주요사항을 설명하시오.

(12) 항공사진 촬영 시 양호한 사진을 얻고자 할 때 갖추어야 될 조건에 대하여 설명하시오.

(13) 수치고도(표고)모형에 대하여 설명하시오.

(14) 수치지형모형의 자료취득 및 보간방법에 대하여 설명하시오.

(15) 수치사진측량에 대하여 설명하시오.

(16) 수치사진측량에 의한 수치영상처리에 대하여 설명하시오.

(17) 수치사진측량의 영상정합에 대하여 설명하시오.

(18) Direct Georeferencing에 대하여 설명하시오.

(19) 정밀 수치편위수정에 대하여 설명하시오.

(20) 수치사진측량을 이용한 정사투영사진지도제작에 대하여 설명하시오.

(21) 무인항공기 기반의 무인항공사진측량의 원리, 순서 및 활용에 대하여 설명하시오.

(22) 레이저 사진측량에 대하여 설명하시오.

(23) LiDAR에 의한 대상물 측량방법에 대하여 설명하시오.

(24) LiDAR의 필터링(자동/수동)에 대하여 설명하시오.

(25) Mobile Mapping System에 대하여 설명하시오.

(26) 사진판독에 대하여 설명하시오.

(27) 원격탐측에 대하여 설명하시오.

(28) 현재 사용 중이거나 계획 중인 지구관측위성에 대하여 설명하시오.

(29) 원격탐측의 영상처리 및 응용에 대하여 설명하시오.

(30) 원격탐측의 영상분류에 대하여 설명하시오.

(31) 토지피복지도 제작에 대하여 설명하시오

(32) 초분광원격탐측에 대하여 설명하시오.

(33) 고해상도 위성영상을 사용한 대축척 지형도제작에 대하여 설명하시오.

(34) 레이더(SAR) 영상시스템의 위치 결정 및 활용에 대하여 설명하시오.